한번에 합격하기 합격플래너

화학분석기사 필기

Plan1 저자쌤의 추천 Plan — 3회독 학습!

Plan2 나만의 셀프 Plan — □일 완성!

과목별 핵심이론		1회독	2회독	3회독	학습한 날짜
제1과목 화학의 이해와 환경·안전관리	1. 화학의 이해 □				___월 ___일 ~ ___월 ___일
	2. 환경관리 □				___월 ___일 ~ ___월 ___일
	3. 안전점검 □				___월 ___일 ~ ___월 ___일
제2과목 분석계획 수립과 분석화학 기초	1. 분석계획 수립 □				___월 ___일 ~ ___월 ___일
	2. 이화학 분석 □				___월 ___일 ~ ___월 ___일
	3. 전기화학 기초 □				___월 ___일 ~ ___월 ___일
	4. 시험법 밸리데이션 □				___월 ___일 ~ ___월 ___일
제3과목 화학물질 특성 분석	1. 크로마토그래피 분석 □				___월 ___일 ~ ___월 ___일
	2. 질량 분석 □				___월 ___일 ~ ___월 ___일
	3. 전기화학 분석 □				___월 ___일 ~ ___월 ___일
	4. 열 분석 □				___월 ___일 ~ ___월 ___일
제4과목 화학물질 구조 및 표면 분석	1. 분광 분석 □				___월 ___일 ~ ___월 ___일
	2. 표면 분석 □				___월 ___일 ~ ___월 ___일

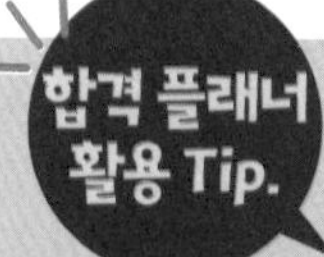

❖ **"저자쌤의 추천 Plan"** 란에는 공부한 날짜를 적거나 체크표시(√)를 하여 학습한 부분을 체크하시기 바랍니다. 저자쌤은 3회독 학습을 권장하나 자신의 시험준비 상황 및 기간을 고려하여 1회독, 또는 2회독으로 시험대비를 할 수도 있습니다.

❖ **"나만의 셀프 Plan"** 란에는 공부한 날짜나 기간을 적어 학습한 부분을 체크하시기 바랍니다.

❖ **"각 이론 및 기출 뒤에 있는 네모칸(□)"**에는 잘 이해되지 않거나 모르는 것이 있는 부분을 체크해 두었다가 학습 마무리 시나 시험 전에 다시 한 번 확인 후 시험에 임하시기 바랍니다.

한번에 합격하기 합격플래너 화학분석기사 필기

연도별 기출문제			1회독	2회독	3회독	학습한 날짜
과년도 출제문제 1	2017년 제1회 기출문제	☐				__월 __일 ~ __월 __일
	2017년 제4회 기출문제	☐				__월 __일 ~ __월 __일
	2018년 제1회 기출문제	☐				__월 __일 ~ __월 __일
	2018년 제4회 기출문제	☐				__월 __일 ~ __월 __일
	2019년 제1회 기출문제	☐				__월 __일 ~ __월 __일
	2019년 제2회 기출문제	☐				__월 __일 ~ __월 __일
	2019년 제4회 기출문제	☐				__월 __일 ~ __월 __일
과년도 출제문제 2	2020년 제1,2회 통합 기출문제	☐				__월 __일 ~ __월 __일
	2020년 제3회 기출문제	☐				__월 __일 ~ __월 __일
	2020년 제4회 기출문제	☐				__월 __일 ~ __월 __일
	2021년 제1회 기출문제	☐				__월 __일 ~ __월 __일
	2021년 제2회 기출문제	☐				__월 __일 ~ __월 __일
	2021년 제4회 기출문제	☐				__월 __일 ~ __월 __일
	2022년 제1회 기출문제	☐				__월 __일 ~ __월 __일
	2022년 제2회 기출문제	☐				__월 __일 ~ __월 __일
	2022년 제4회 기출문제(CBT)	☐				__월 __일 ~ __월 __일
최근 출제문제	2023년 제1회 기출문제(CBT)	☐				__월 __일 ~ __월 __일
	2023년 제2회 기출문제(CBT)	☐				__월 __일 ~ __월 __일
	2023년 제4회 기출문제(CBT)	☐				__월 __일 ~ __월 __일
	2024년 제1회 기출문제(CBT)	☐				__월 __일 ~ __월 __일
	2024년 제2회 기출문제(CBT)	☐				__월 __일 ~ __월 __일
	2024년 제3회 기출문제(CBT)	☐				__월 __일 ~ __월 __일
CBT	CBT 온라인 모의고사 (모의고사 응시 쿠폰 제공)	☐				__월 __일 ~ __월 __일
			__일 완성!	__일 완성!	__일 완성!	

한번에 합격하기

안전보건표지의 종류와 형태

1 금지 표지 (8종)

출입금지	보행금지	차량통행금지	사용금지

탑승금지	금연	화기금지	물체이동금지

2 경고 표지 (15종)

인화성물질 경고	산화성물질 경고	폭발성물질 경고	급성독성물질 경고	부식성물질 경고

방사성물질 경고	고압전기 경고	매달린 물체 경고	낙하물 경고	고온 경고

	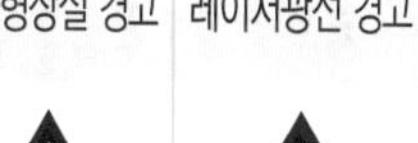			
저온 경고	몸균형상실 경고	레이저광선 경고	발암성·변이원성 생식독성·전신독성 호흡기과민성 물질 경고	위험장소 경고

3 지시 표지 (9종)

보안경 착용	방독마스크 착용	방진마스크 착용	보안면 착용	안전모 착용

귀마개 착용	안전화 착용	안전장갑 착용	안전복 착용

4 안내 표지 (8종)

녹십자표지	응급구호표지	들것	세안장치
			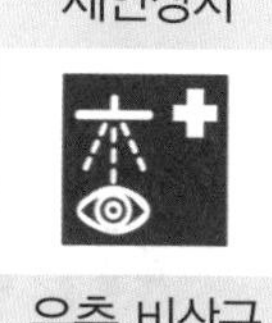
비상용기구	비상구	좌측 비상구	우측 비상구

※ 안전보건표지에 관한 문제는 다양한 형태로 종종 출제되고 있습니다. 단순해 보이지만, 눈여겨 봐두지 않으면 헷갈릴 수 있습니다. 절취선을 따라 잘라 활용하면서 안전보건표지의 종류와 형태를 익혀 두세요!

절취선

표준 주기율표
(Periodic Table of The Elements)

표기법:

원자 번호 **기호** 원소명(국문) 원소명(영문) 일반 원자량 표준 원자량

1	2	3	4	5	6	7	8	9	10	11	12	13	14	15	16	17	18
1 **H** 수소 hydrogen 1.008 [1.0078, 1.0082]																	2 **He** 헬륨 helium 4.0026
3 **Li** 리튬 lithium 6.94 [6.938, 6.997]	4 **Be** 베릴륨 beryllium 9.0122											5 **B** 붕소 boron 10.81 [10.806, 10.821]	6 **C** 탄소 carbon 12.011 [12.009, 12.012]	7 **N** 질소 nitrogen 14.007 [14.006, 14.008]	8 **O** 산소 oxygen 15.999 [15.999, 16.000]	9 **F** 플루오린 fluorine 18.998	10 **Ne** 네온 neon 20.180
11 **Na** 소듐 sodium 22.990	12 **Mg** 마그네슘 magnesium 24.305 [24.304, 24.307]											13 **Al** 알루미늄 aluminium 26.982	14 **Si** 규소 silicon 28.085 [28.084, 28.086]	15 **P** 인 phosphorus 30.974	16 **S** 황 sulfur 32.06 [32.059, 32.076]	17 **Cl** 염소 chlorine 35.45 [35.446, 35.457]	18 **Ar** 아르곤 argon 39.95 [39.792, 39.963]
19 **K** 포타슘 potassium 39.098	20 **Ca** 칼슘 calcium 40.078(4)	21 **Sc** 스칸듐 scandium 44.956	22 **Ti** 타이타늄 titanium 47.867	23 **V** 바나듐 vanadium 50.942	24 **Cr** 크로뮴 chromium 51.996	25 **Mn** 망가니즈 manganese 54.938	26 **Fe** 철 iron 55.845(2)	27 **Co** 코발트 cobalt 58.933	28 **Ni** 니켈 nickel 58.693	29 **Cu** 구리 copper 63.546(3)	30 **Zn** 아연 zinc 65.38(2)	31 **Ga** 갈륨 gallium 69.723	32 **Ge** 저마늄 germanium 72.630(8)	33 **As** 비소 arsenic 74.922	34 **Se** 셀레늄 selenium 78.971(8)	35 **Br** 브로민 bromine 79.904 [79.901, 79.907]	36 **Kr** 크립톤 krypton 83.798(2)
37 **Rb** 루비듐 rubidium 85.468	38 **Sr** 스트론튬 strontium 87.62	39 **Y** 이트륨 yttrium 88.906	40 **Zr** 지르코늄 zirconium 91.224(2)	41 **Nb** 나이오븀 niobium 92.906	42 **Mo** 몰리브데넘 molybdenum 95.95	43 **Tc** 테크네튬 technetium	44 **Ru** 루테늄 ruthenium 101.07(2)	45 **Rh** 로듐 rhodium 102.91	46 **Pd** 팔라듐 palladium 106.42	47 **Ag** 은 silver 107.87	48 **Cd** 카드뮴 cadmium 112.41	49 **In** 인듐 indium 114.82	50 **Sn** 주석 tin 118.71	51 **Sb** 안티모니 antimony 121.76	52 **Te** 텔루륨 tellurium 127.60(3)	53 **I** 아이오딘 iodine 126.90	54 **Xe** 제논 xenon 131.29
55 **Cs** 세슘 caesium 132.91	56 **Ba** 바륨 barium 137.33	57-71 란타넘족 lanthanoids	72 **Hf** 하프늄 hafnium 178.49(2)	73 **Ta** 탄탈럼 tantalum 180.95	74 **W** 텅스텐 tungsten 183.84	75 **Re** 레늄 rhenium 186.21	76 **Os** 오스뮴 osmium 190.23(3)	77 **Ir** 이리듐 iridium 192.22	78 **Pt** 백금 platinum 195.08	79 **Au** 금 gold 196.97	80 **Hg** 수은 mercury 200.59	81 **Tl** 탈륨 thallium 204.38 [204.38, 204.39]	82 **Pb** 납 lead 207.2	83 **Bi** 비스무트 bismuth 208.98	84 **Po** 폴로늄 polonium	85 **At** 아스타틴 astatine	86 **Rn** 라돈 radon
87 **Fr** 프랑슘 francium	88 **Ra** 라듐 radium	89-103 악티늄족 actinoids	104 **Rf** 러더포듐 rutherfordium	105 **Db** 더브늄 dubnium	106 **Sg** 시보귬 seaborgium	107 **Bh** 보륨 bohrium	108 **Hs** 하슘 hassium	109 **Mt** 마이트너륨 meitnerium	110 **Ds** 다름슈타튬 darmstadtium	111 **Rg** 뢴트게늄 roentgenium	112 **Cn** 코페르니슘 copernicium	113 **Nh** 니호늄 nihonium	114 **Fl** 플레로븀 flerovium	115 **Mc** 모스코븀 moscovium	116 **Lv** 리버모륨 livermorium	117 **Ts** 테네신 tennessine	118 **Og** 오가네손 oganesson

57 **La** 란타넘 lanthanum 138.91	58 **Ce** 세륨 cerium 140.12	59 **Pr** 프라세오디뮴 praseodymium 140.91	60 **Nd** 네오디뮴 neodymium 144.24	61 **Pm** 프로메튬 promethium	62 **Sm** 사마륨 samarium 150.36(2)	63 **Eu** 유로퓸 europium 151.96	64 **Gd** 가돌리늄 gadolinium 157.25(3)	65 **Tb** 터븀 terbium 158.93	66 **Dy** 디스프로슘 dysprosium 162.50	67 **Ho** 홀뮴 holmium 164.93	68 **Er** 어븀 erbium 167.26	69 **Tm** 툴륨 thulium 168.93	70 **Yb** 이터븀 ytterbium 173.05	71 **Lu** 루테튬 lutetium 174.97
89 **Ac** 악티늄 actinium	90 **Th** 토륨 thorium 232.04	91 **Pa** 프로트악티늄 protactinium 231.04	92 **U** 우라늄 uranium 238.03	93 **Np** 넵투늄 neptunium	94 **Pu** 플루토늄 plutonium	95 **Am** 아메리슘 americium	96 **Cm** 퀴륨 curium	97 **Bk** 버클륨 berkelium	98 **Cf** 캘리포늄 californium	99 **Es** 아인슈타이늄 einsteinium	100 **Fm** 페르뮴 fermium	101 **Md** 멘델레븀 mendelevium	102 **No** 노벨륨 nobelium	103 **Lr** 로렌슘 lawrencium

*표준 원자량은 2011년 IUPAC에서 결정한 새로운 형식을 따른 것으로 [ ] 안에 표시된 숫자는 2종류 이상의 안정한 동위원소가 존재하는 경우에 지각 시료에서 발견되는 자연 존재비의 분포를 고려한 표준 원자량의 범위를 나타낸 것임.

출처_© 대한화학회

한번에 합격하는 화학분석기사

필기

박수경 지음

BM (주)도서출판 성안당

■ 도서 A/S 안내

성안당에서 발행하는 모든 도서는 저자와 출판사, 그리고 독자가 함께 만들어 나갑니다.

좋은 책을 펴내기 위해 많은 노력을 기울이고 있습니다. 혹시라도 내용상의 오류나 오탈자 등이 발견되면 **"좋은 책은 나라의 보배"**로서 우리 모두가 함께 만들어 간다는 마음으로 연락주시기 바랍니다. 수정 보완하여 더 나은 책이 되도록 최선을 다하겠습니다.

성안당은 늘 독자 여러분들의 소중한 의견을 기다리고 있습니다. 좋은 의견을 보내주시는 분께는 성안당 쇼핑몰의 포인트(3,000포인트)를 적립해 드립니다.

잘못 만들어진 책이나 부록 등이 파손된 경우에는 교환해 드립니다.

저자 문의 e-mail : antidanger@kakao.com(박수경)
본서 기획자 e-mail : coh@cyber.co.kr(최옥현)
홈페이지 : http://www.cyber.co.kr 전화 : 031) 950-6300

머리말

이 책을 보시는 수험생 여러분의 화학분석기사 필기시험 합격을 기원합니다.

현재 화학, 공학, 환경 및 의·약학 등의 다양한 분야에서 기기를 이용한 분석법이 중요한 역할을 담당하고 있어, 화학분석기사는 화학, 화학공학, 환경 등의 관련 학과 전공자들이 도전할 만한 충분한 매력을 가지고 있는 자격증이라 생각됩니다.

화학분석기사의 출제기준은 폭넓은 시험범위와 전공심화 내용들을 포함하고 있어 시험대비하여 출제기준에 해당하는 모든 내용을 공부한다면 정말 힘들고 어려운 일일겁니다. 그러나 기출문제를 분석해 보면 출제 범위와 내용이 어느 정도 정해져 있고 매회 출제되는 시험문제의 약 50% 정도는 과년도 문제가 거듭 출제되고 있으므로 이를 잘 파악하여 효율적으로 준비한다면 어렵지 않게 합격점수인 60점 이상을 취득할 수 있을 것입니다.

이 책은 새출제기준과 출제경향을 모두 반영하면서도 필기시험 대비를 위해 꼭 필요한 내용만을 요약·정리하여 수험생들이 단기간에 시험준비를 하여 합격할 수 있게 집필하였으며, 그 구성은 다음과 같습니다.

PART 1. 과목별 핵심이론은 기출문제와 출제경향을 면밀히 분석, 검토하여 불필요한 시간과 노력의 낭비 없이 효율적으로 학습하여 합격점수 이상을 얻기 위해 꼭 필요한 내용과 반복 출제되는 내용을 엄선하여 자세하게 정리하였습니다.

PART 2. 과년도 출제문제①(2017~2019년)과 PART 3. 과년도 출제문제②(2020~2022년), 그리고 PART 4. 최근 출제문제(2023~2024년)의 기출문제 관련 파트에서는 적용된 출제기준별로 파트를 구분하여 꼼꼼하고 명쾌한 해설을 제시해 수험생들의 궁금점을 해소하고자 하였으며, 또한 2022년 제4회부터 출제방식이 CBT(Computer-Based Test)로 변경되어 더 이상 시험문제가 공개되지 않으나 여러 방면으로 수집한 CBT기출문제를 복원하여 정확한 해설과 함께 수록해 최신 기출문제를 통해 최신 출제경향을 알 수 있도록 하였습니다.

본 수험서가 수험생들에게 화학분석기사 자격증 취득이라는 좋은 결과를 가져다주길 바라며, 최선을 다해 집필하였으나 미흡하거나 잘못된 부분에 대해서는 차후 수정·보완하여 수험생들이 믿고 공부할 수 있는 도서가 될 수 있도록 계속 노력해 나가겠습니다.

마지막으로, 출판되기까지 오랜 기간 기다려 주시고 많은 도움을 주신 성안당 관계자분들께 진심으로 감사드립니다.

저자 **박수경**

시험 안내

1 자격 기본 정보

- 자격명 : 화학분석기사(Engineer Chemical Analysis)
- 관련 부처 : 산업통상자원부
- 시행 기관 : 한국산업인력공단

(1) 자격 개요

분석화학 및 기기분석 분야의 제반 환경의 발전을 위한 전문 지식과 기술을 갖춰 인재를 양성하고자 자격제도를 제정하였다.

(2) 수행 직무

화학 관련 산업제품이나 의약품, 식품, 소재 등의 개발, 제조, 검사를 함에 있어 제품의 품질을 유지하거나 향상시키기 위해 원재료나 제품 등의 화학성분의 조성과 함량을 분석하기 위한 분석계획 수립, 분석항목을 측정하고 자료를 분석, 종합 평가하여 결과의 보고 및 자료의 종합관리와 새로운 분석기법을 조사, 개발하는 직무를 수행한다.

(3) 진로 및 전망

모든 관련 업체에 취업이 가능하며, 정부투자기관에도 활용범위가 넓다.

해마다 화학분석기사에 도전하는 응시 인원은 적지 않습니다. 이는 화학분석기사 자격을 사회에서 많이 필요로 하고 있기 때문이며, 앞으로의 전망 또한 높게 평가되고 있습니다.

(4) 연도별 검정 현황

연도	필기			실기		
	응시	합격	합격률	응시	합격	합격률
2023	6,397명	1,801명	28.2%	3,050명	455명	14.9%
2022	6,273명	1,694명	27%	2,897명	716명	24.7%
2021	6,688명	1,860명	27.8%	3,130명	781명	25%
2020	4,136명	1,220명	29.5%	2,763명	499명	18.1%
2019	6,845명	3,881명	56.7%	5,063명	2,714명	53.6%
2018	4,425명	2,401명	54.3%	2,856명	1,081명	37.9%
2017	4,072명	2,344명	57.6%	2,690명	1,579명	58.7%
2016	3,283명	1,646명	50.1%	2,072명	701명	33.8%
2015	2,302명	1,128명	49%	1,247명	463명	37.1%
2014	1,918명	522명	27.2%	711명	112명	15.8%

2 자격 취득 정보

(1) 시험 일정

구 분	필기 원서접수 (인터넷) (휴일 제외)	필기시험	필기 합격 (예정자) 발표	실기 원서접수 (휴일 제외)	실기시험	최종합격자 발표
제1회	1월 중	2월 초	3월 중	3월 말	4월 중	6월 중
제2회	4월 중	5월 초	6월 중	6월 말	7월 중	9월 중
제3회	7월 말	8월 초	9월 초	9월 말	11월 초	12월 말

1. 원서접수시간은 원서접수 첫날 10:00부터 마지막 날 18:00까지임.
2. 필기시험 합격예정자 및 최종합격자 발표시간은 해당 발표일 09:00임.
3. 주말 및 공휴일, 공단창립기념일(3.18.)에는 실기시험 원서 접수 불가함.
4. 상기 기사(산업기사, 서비스) 필기시험 일정은 종목별, 지역별로 상이할 수 있음.
   [접수 일정 전에 공지되는 해당 회별 수험자 안내(Q-net 공지사항 게시) 참조 필수]

※ 화학분석기사 필기시험은 2022년 4회(마지막 시험)부터 CBT(Computer Based Test)로 시행되고 있습니다.

(2) 시험 수수료

① 필기 : 19,400원
② 실기 : 62,900원

(3) 취득방법

① 시행처 : 한국산업인력공단
② 관련학과 : 대학의 화학과, 화학공학 등 관련학과
③ 시험과목
- 필기 : 1. 화학의 이해와 환경 · 안전관리
  2. 분석계획 수립과 분석화학 기초
  3. 화학물질 특성 분석
  4. 화학물질 구조 및 표면 분석
- 실기 : 화학분석 실무

④ 검정방법
- 필기 : 객관식 4지 택일형, 과목당 20문항(과목당 30분)
- 실기 : 복합형(필답형(2시간)+작업형(4시간 정도))

⑤ 합격기준
- 필기 : 100점을 만점으로 하여 과목당 40점 이상, 전 과목 평균 60점 이상
- 실기 : 100점을 만점으로 하여 60점 이상

3 시험 접수에서 자격증 수령까지 안내

☑ 원서접수 안내 및 유의사항입니다.

- 원서접수 확인 및 수험표 출력기간은 접수당일부터 시험시행일까지 출력 가능(이외 기간은 조회 불가)합니다. 또한 출력장애 등을 대비하여 사전에 출력 보관하시기 바랍니다.
- 원서접수는 온라인(인터넷, 모바일앱)에서만 가능합니다.
- 스마트폰, 태블릿 PC 사용자는 모바일앱 프로그램을 설치한 후 접수 및 취소/환불 서비스를 이용하시기 바랍니다.

STEP 01 필기시험 원서접수

- 필기시험은 온라인 접수만 가능 (지역에 상관없이 원하는 시험장 선택 가능)
- Q-net(www.q-net.or.kr) 사이트 회원 가입
- 응시자격 자가진단 확인 후 원서 접수 진행
- 반명함 사진 등록 필요 (6개월 이내 촬영본 / 3.5cm×4.5cm)

STEP 02 필기시험 응시

- 입실시간 미준수 시 시험 응시 불가 (시험시작 20분 전에 입실 완료)
- 수험표, 신분증, 필기구(흑색 사인펜 등) 지참 (공학용 계산기 지참 시 반드시 포맷)

STEP 03 필기시험 합격자 확인

- CBT 시험 종료 후 즉시 합격여부 확인 가능
- Q-net(www.q-net.or.kr) 사이트에 게시된 공고로 확인 가능

STEP 04 실기시험 원서접수

- Q-net(www.q-net.or.kr) 사이트에서 원서접수
- 응시자격서류 제출 후 심사에 합격한 사람에 한하여 원서 접수 가능 (응시자격서류 미제출 시 필기시험 합격예정 무효)

〈화학분석기사 작업형 실기시험 기본 정보〉

안전등급(safety Level) : 4등급

위험 ▼	경고	주의	관심

시험장소 구분	실내
주요 시설 및 장비	분광광도계, 유리 실험기구 등
보호구	실험복, 보안경, 나이트릴 장갑 등

* 보호구(작업복 등) 착용, 정리정돈 상태, 안전사항 등이 채점 대상이 될 수 있습니다. 반드시 수험자 지참공구 목록을 확인하여 주시기 바랍니다.

STEP 05 실기시험 응시

- 수험표, 신분증, 필기구, 공학용 계산기, 종목별 수험자 준비물 지참
(공학용 계산기는 허용된 종류에 한하여 사용 가능하며, 수험자 지참 준비물은 실기시험 접수기간에 확인 가능)

STEP 06 실기시험 합격자 확인

- 문자 메시지, SNS 메신저를 통해 합격 통보
(합격자만 통보)
- Q-net(www.q-net.or.kr) 사이트 및 ARS (1666-0100)를 통해서 확인 가능

STEP 07 자격증 교부 신청

- Q-net(www.q-net.or.kr) 사이트를 통해 신청
- 상장형 자격증, 수첩형 자격증 형식 신청 가능

STEP 08 자격증 수령

- 상장형 자격증은 합격자 발표 당일부터 인터넷으로 발급 가능
(직접 출력하여 사용)
- 수첩형 자격증은 인터넷 신청 후 우편수령만 가능
(수수료 : 3,100원 / 배송비 : 3,010원)

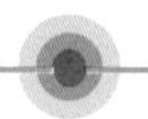

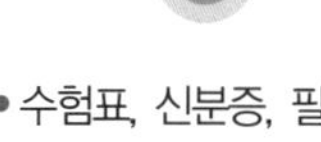

※ 자세한 사항은 Q-net 홈페이지(www.q-net.or.kr)를 참고하시기 바랍니다.

4 공학용 계산기 관련 안내

국가기술자격 공학용 기종 한정

(1) 적용대상

국가기술자격 기능장, 기사, 산업기사, 서비스, 기능사 등급 전 종목 수험자

(2) 적용시기

- 기능사 : 2019.1.1.부터
- 기사, 산업기사, 서비스 : 2020.7.1.부터
- 기능장 : 2022.1.1.부터

(3) 주요내용

기종 허용군에 한하여 사용이 가능하며, 그 외의 제조사 및 기종의 공학용 계산기는 사용할 수 없다.

(4) 공학용 계산기 기종 허용군

1. 카시오(CASIO) FX－901~999
2. 카시오(CASIO) FX－501~599
3. 카시오(CASIO) FX－301~399
4. 카시오(CASIO) FX－80~120
5. 샤프(SHARP) EL－501~599
6. 샤프(SHARP) EL－5100, EL－5230, EL－5250, EL－5500
7. 유니원(UNIONE) UC－600E, UC－400M, UC－800X
8. 캐논(CANON) F－715SG, F－788SG, F－792SGA
9. 모닝글로리(MORNING GLORY) ECS－101

- 허용군 내 기종 번호 말미의 영어 표기(ES, MS, EX 등)는 무관
- 사칙연산만 가능한 일반계산기는 기종 상관없이 사용 가능
- 직접 초기화가 불가능한 계산기는 사용 불가

(5) 공학용 계산기 사용법 예

■ CASIO FX－350 ES PLUS 기준

※ 카시오(CASIO) 계산기 기종(FX－901～999, FX－501～599, FX－301～399, FX－80～120)의 사용법이 유사하므로 다음의 사용법을 참고하여 공학용 계산기 사용법에 익숙하도록 연습하시길 바랍니다.

① 평균($\bar{x}$), 표준편차(s)

순 서		설 명
1	[MODE] + [2]	통계모드로 전환
2	[1]	SD(독립변수 통계) 모드
3	x_1 + [=]	x_1 데이터 입력 후 ENTER 기능
4	[AC]	데이터 입력창에서 나올 때 사용
5	[SHIFT] + [1] + [4] + [2] + [=]	평균($\bar{x}$)
	[SHIFT] + [1] + [4] + [4] + [=]	표준편차(s)

② 회귀직선식 : $y = Bx + A$

순 서		설 명
1	[MODE] + [2]	통계모드로 전환
2	[2]	LINE(선형회귀) 모드
3	x_1 + [=]	x_1 데이터 입력 후 ENTER 기능
4	y_1 + [=]	y_1 데이터 입력 후 ENTER 기능
5	[AC]	데이터 입력창에서 나올 때 사용
6	[SHIFT] + [1] + [5] + [1] + [=]	y절편(A)
	[SHIFT] + [1] + [5] + [2] + [=]	기울기(B)
	[SHIFT] + [1] + [5] + [3] + [=]	상관계수(r)

■ SHARP EL-5250 기준

※ 샤프(SHARP) 계산기 기종(EL-501~599, EL-5100, EL-5230, EL-5250, EL-5500)의 사용법이 유사하므로 다음의 사용법을 참고하여 공학용 계산기 사용법에 익숙하도록 연습하시길 바랍니다.

① 평균($\overline{x}$), 표준편차(s)

순 서		설 명
1	[MODE] + [1]	통계모드로 전환
2	[0]	SD(독립변수 통계) 모드
3	x_1 + [M+]	x_1 데이터 입력 후 ENTER 기능
4	[MATH] + [0] + [1] + [ENTER]	평균($\overline{x}$)
	[MATH] + [0] + [2] + [ENTER]	표준편차(s)

② 회귀직선식 : $y = bx + a$

순 서		설 명
1	[MODE] + [1]	통계모드로 전환
2	[1]	LINE(선형회귀) 모드
3	x_1 + [,]	x_1 데이터 입력 후 ENTER 기능
4	y_1 + [M+]	y_1 데이터 입력 후 ENTER 기능
5	[MATH] + [2] + [0] + [ENTER]	y절편(a)
	[MATH] + [2] + [1] + [ENTER]	기울기(b)
	[MATH] + [2] + [3] + [ENTER]	상관계수(r)

5 화학분석기사 필기 시험동향 및 시험합격을 위한 이 책의 활용 Tip

출제기준에 따른 3년간의 화학분석기사 필기시험 응시인원과 합격률을 비교하면 2019년 이전의 출제기준이 적용된 2017~2019년도의 응시인원은 총 15,342명이고 합격률은 평균 56.2%이며, 2020~2022년도의 출제기준이 적용된 2020~2022년도의 응시인원은 총 17,097명이고 합격률은 평균 28.1%임을 확인할 수 있습니다. 필기 응시인원은 15,342명에서 17,097명으로 11.4% 증가하였으나 합격률은 56.2%에서 28.1%로 50.0% 감소하였습니다. 응시인원의 증가는 화학분석기사의 수요 증가에 따른 결과이며, 합격률의 감소는 출제기준과 출제경향의 변화가 가장 큰 이유라 생각됩니다.

최근 공개된 자료에 의하면 2023년 화학분석기사 필기시험 응시인원은 6,397명이고 합격률은 28.2%로 응시인원은 꾸준히 증가하고 있으며 합격률은 2020~2022년도의 합격률과 거의 비슷함을 알 수 있습니다. 2023년 이후 화학분석기사 필기시험의 출제기준은 2019년 이전의 출제기준은 모두 포함하고 2020~2022년 출제기준은 75~80%만 포함하는 것으로 변경되었으므로 새롭게 바뀐 출제기준에 맞추어 필기시험을 잘 준비한다면 향후 필기시험 합격률은 조금씩 증가되어 40%까지 도달할 것으로 조심스럽게 예측해 봅니다.

본 도서를 이용하여 단기간 학습으로 목표점수 70점을 획득하기 위한 화학분석기사 필기시험 준비는 다음의 학습과정을 추천합니다. 물론 저자의 주관적인 생각입니다.

학습과정은 PART 4의 CBT 이후 기출복원문제(2023~2024년)로 기출문제 분석과 출제경향을 파악하고 → PART 1의 과목별 핵심이론을 학습, 요약 · 정리하며 → PART 2의 과년도 출제문제 1(2017~2019년) → PART 3의 과년도 출제문제 2(2020~2022년) → PART 4의 최근 출제문제(2023년 이후 CBT 기출복원문제) 순서로 반복학습하여 관련 문제의 반복숙지 및 실전대비하기입니다.

단, PART 3의 과년도 출제문제 2(2020~2022년)에서는 변경된 출제기준에 의해 현 시험범위에서 제외되는 부분이 있어 출제 가능성이 낮은 문제 번호에 ▲(삼각형) 표시를 해두었으니 시간이 부족할 경우에는 풀어보지 않아도 합격에는 크게 지장이 없습니다. 하지만 좀 더 시간적 여유가 있거나 고득점으로 합격하고자 한다면 PART 3의 모든 문제를 학습하고 전체적인 목차에 따라 학습하는 것이 가장 좋은 방법입니다.

CBT 안내

1 CBT란

Computer Based Test의 약자로, 컴퓨터 기반 시험을 의미한다.
정보기기운용기능사, 정보처리기능사, 굴삭기운전기능사, 지게차운전기능사, 제과기능사, 제빵기능사, 한식조리기능사, 양식조리기능사, 일식조리기능사, 중식조리기능사, 미용사(일반), 미용사(피부) 등 12종목은 이미 오래 전부터 CBT 시험을 시행하고 있으며, 이외의 기능사는 2016년 5회부터, 산업기사는 2020년 마지막 시험부터 시행되었고, 화학분석기사 등 모든 기사는 2022년 마지막 시험부터 CBT 시험이 시행되었다.

2 CBT 시험 과정

한국산업인력공단에서 운영하는 홈페이지 큐넷(Q-net)에서는 누구나 쉽게 CBT 시험을 볼 수 있도록 실제 자격시험 환경과 동일하게 구성한 가상 웹 체험 서비스를 제공하고 있으며, 그 과정을 요약한 내용은 아래와 같다.

(1) 시험시작 전 신분 확인절차

수험자가 자신에게 배정된 좌석에 앉아 있으면 신분 확인절차가 진행된다.
이것은 시험장 감독위원이 컴퓨터에 나온 수험자 정보와 신분증이 일치하는지를 확인하는 단계이다.

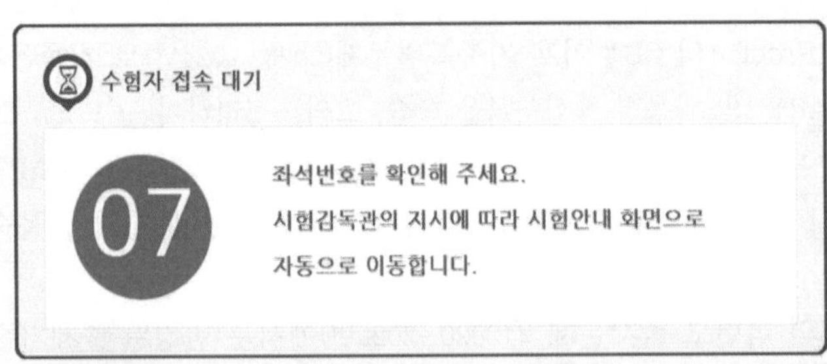

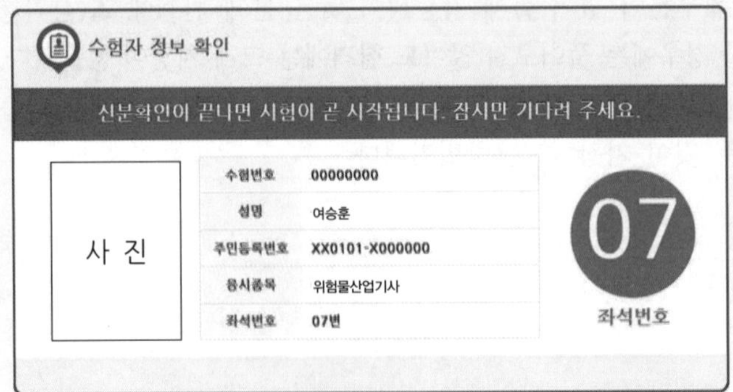

(2) CBT 시험안내 진행

신분 확인이 끝난 후 시험시작 전 CBT 시험안내가 진행된다.

안내사항 > 유의사항 > 메뉴 설명 > 문제풀이 연습 > 시험준비 완료

① 시험 [안내사항]을 확인한다.

- 시험은 총 5문제로 구성되어 있으며, 5분간 진행된다.
  ※ 자격종목별로 시험문제 수와 시험시간은 다를 수 있다.
  (화학분석기사 필기－80문제/2시간)
- 시험도중 수험자 PC 장애 발생 시 손을 들어 시험감독관에게 알리면 긴급장애조치 또는 자리이동을 할 수 있다.
- 시험이 끝나면 합격여부를 바로 확인할 수 있다.

② 시험 [유의사항]을 확인한다.

시험 중 금지되는 행위 및 저작권 보호에 관한 유의사항이 제시된다.

③ 문제풀이 [메뉴 설명]을 확인한다.

문제풀이 기능 설명을 유의해서 읽고 기능을 숙지해야 한다.

④ 자격검정 CBT [문제풀이 연습]을 진행한다.

실제 시험과 동일한 방식의 문제풀이 연습을 통해 CBT 시험을 준비한다.

- CBT 시험 문제화면의 기본 글자크기는 150%이다. 글자가 크거나 작을 경우 크기를 변경할 수 있다.
- 화면배치는 1단 배치가 기본 설정이다. 더 많은 문제를 볼 수 있는 2단 배치와 한 문제씩 보기 설정이 가능하다.

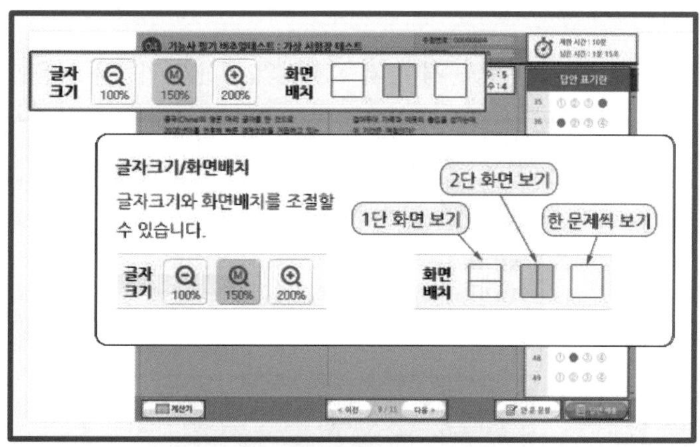

- 답안은 문제의 보기번호를 클릭하거나 답안표기 칸의 번호를 클릭하여 입력할 수 있다.
- 입력된 답안은 문제화면 또는 답안표기 칸의 보기번호를 클릭하여 변경할 수 있다.

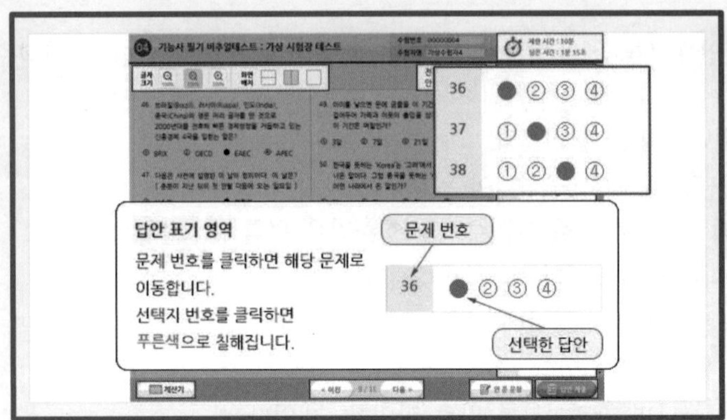

- 페이지 이동은 아래의 페이지 이동 버튼 또는 답안표기 칸의 문제번호를 클릭하여 이동할 수 있다.

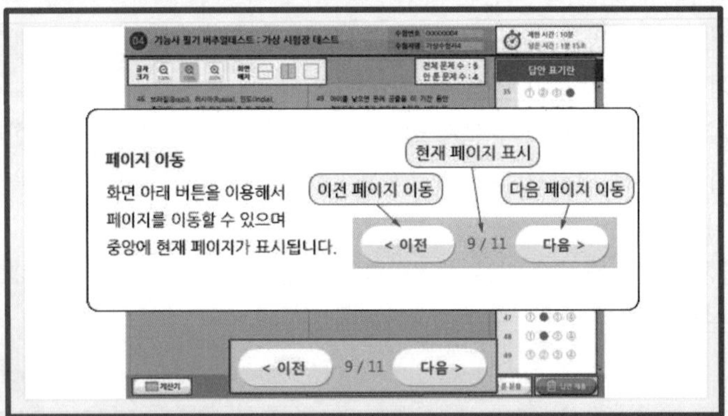

- 응시종목에 계산문제가 있을 경우 좌측 하단의 계산기 기능을 이용할 수 있다.

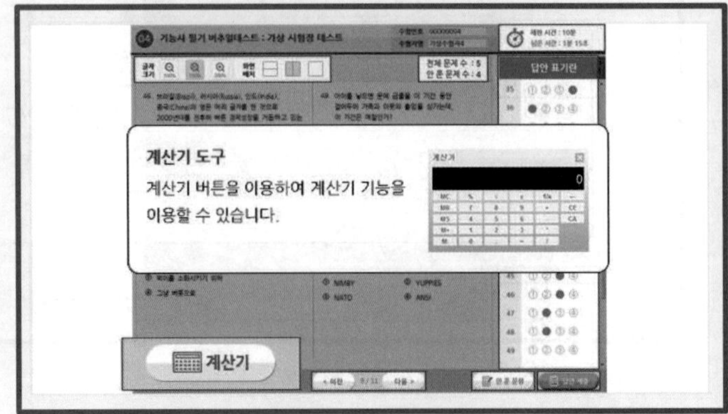

- 안 푼 문제 확인은 답안 표기란 좌측에 안 푼 문제 수를 확인하거나 답안 표기란 하단 [안 푼 문제] 버튼을 클릭하여 확인할 수 있다. 안 푼 문제번호 보기 팝업창에 안 푼 문제번호가 표시된다. 번호를 클릭하면 해당 문제로 이동한다.

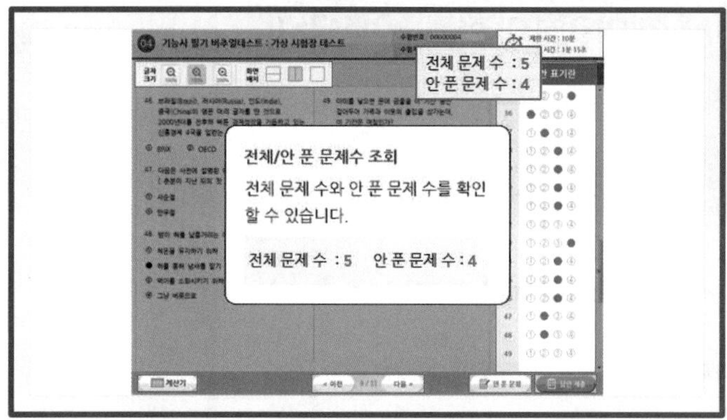

- 시험문제를 다 푼 후 답안 제출을 하거나 시험시간이 모두 경과되었을 경우 시험이 종료되며 시험결과를 바로 확인할 수 있다.
- [답안 제출] 버튼을 클릭하면 답안 제출 승인 알림창이 나온다. 시험을 마치려면 [예] 버튼을 클릭하고 시험을 계속 진행하려면 [아니오] 버튼을 클릭하면 된다. 답안 제출은 실수 방지를 위해 두 번의 확인 과정을 거친다. 이상이 없으면 [예] 버튼을 한 번 더 클릭하면 된다.

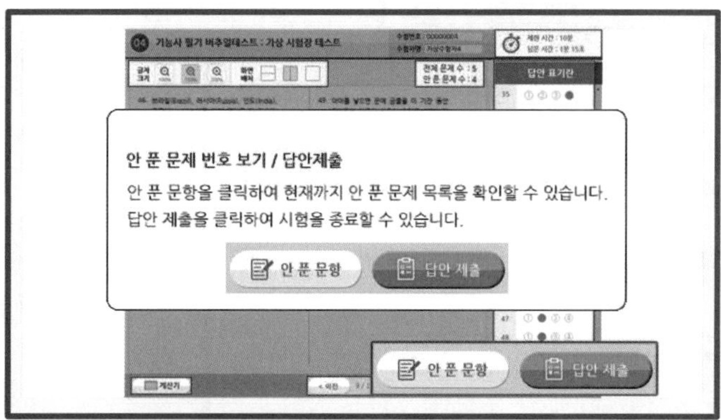

⑤ [시험준비 완료]를 한다.

시험 안내사항 및 문제풀이 연습까지 모두 마친 수험자는 [시험준비 완료] 버튼을 클릭한 후 잠시 대기한다.

(3) CBT 시험 시행

(4) 답안 제출 및 합격 여부 확인

이 책의 구성

PART 1. 과목별 핵심이론

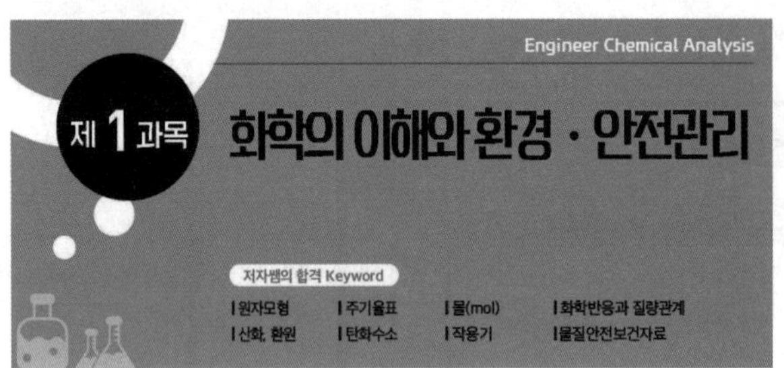

1. 화학의 이해

1-1 원자모형과 주기율표

1 원자모형과 에너지준위

(1) 돌턴의 원자설

화학반응에서 질량보존의 법칙, 일정성분비의 법칙, 배수비례의 법칙 등을 설명할 수 있다.

① 모든 물질은 더 이상 쪼갤 수 없는 원자(atom)로 구성되어 있다.

② 같은 원소의 원자는 크기와 질량이 같고, 다른 원소의 원자는 크기와 질량이 서로 다르다.

▶ **필수 또는 반복 출제되는 내용**

새출제기준과 다년간의 기출문제 및 최근 출제경향을 면밀히 검토, 분석하여 꼭 필요한 중요 내용과 시험에 반복하여 출제되는 내용만을 엄선해 자세하고도 쉽게 정리하여 수록하였습니다.

"시험에 출제율이 낮은 이론까지 공부하느라 불필요한 시간과 노력을 낭비하지 마세요!"

PART 2~3. 과년도 출제문제 1, 2

제1과목 | 일반화학

01 어떤 물질의 화학식이 C_2H_2ClBr로 주어졌고, 그 구조가 다음과 같을 때에 대한 설명으로 틀린 것은?

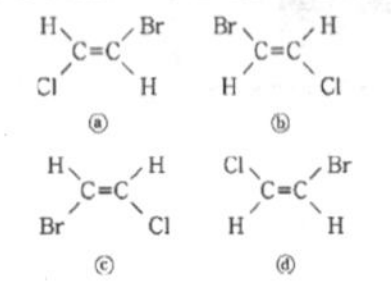

① ⓐ와 ⓑ는 동일 구조이다.
② ⓑ와 ⓓ는 동일 구조이다.
③ ⓑ와 ⓒ는 기하이성질체 관계이다.
④ ⓒ와 ⓓ는 동일 구조이다.

기하이성질체는 이중결합의 양쪽에 결합된 원자 또는 원자단의 공간적 배치가 다른 이성질체로, 이중결합을 중심으로 작용기가 같은 쪽에 있으면 시스형(cis-), 다른 쪽에 있으면 트랜스형(trans-)이라 한다.

한 짝짓지 않은 전자(홀전자) 수가 많게 배치된다.
→ 한 오비탈에 전자 2개가 동시에 들어가면 전자 사이의 반발력이 더 크게 작용하여 홀전자 상태로 있을 때보다 불안정하기 때문이다.

$_6C : 1s^2 2s^2 2s^2$

바닥상태 (짝짓지 않은 전자 존재) / 들뜬상태 (전자는 모두 짝지음)

03 어느 실험과정에서 한 학생이 실수로 0.20M NaCl 용액 250mL를 만들었다. 그러나 실제 실험에 필요한 농도는 0.005M이었다. 0.20M NaCl 용액을 가지고 0.005M NaCl 100mL를 만들려면, 100mL 부피플라스크에 0.20M NaCl을 얼마나 넣어야 하는가?

① 2mL ② 2.5mL
③ 4mL ④ 5mL

진한 시약에 있는 용질의 몰수와 묽혀진 용액에 있는 용질의 몰수는 같다.

▶ **적용된 출제기준별 기출문제**

과년도 출제문제 1(~2019년 출제기준 적용 시행 기출문제)+과년도 출제문제 2(2020~2022년 출제기준 적용 시행 기출문제)에 꼼꼼하고 명쾌한 해설을 제시하여 수험생들의 궁금증을 해소하고 문제를 쉽게 이해할 수 있도록 하였습니다.

"PART 3의 문제 중 ▲(삼각형) 표시가 되어 있는 것은 출제 가능성이 낮은 문제로, 시간이 없다면 건너뛰어도 합격에는 지장이 없어요."

PART 4. 최근 출제문제

제1과목 | 화학의 이해와 환경·안전관리

01 **Rutherford의 알파입자 산란실험을 통하여 발견한 것은?**

① 전자 ② 전하
③ 양성자 ④ 원자핵

알파(α)입자는 전자 2개를 가진 헬륨 원자(He)가 전자 2개를 잃어 형성된 헬륨 원자핵(He^{2+})이다. 러더퍼드는 α입자 산란실험을 통해 원자 중심에 부피가 매우 작으면서 원자 질량의 대부분을 차지하는 (+)전하를 띤 부분이 존재하는 것을 발견하고, 이를 원자핵이라고 하였다.

02 **NFPA hazard class의 ㉠~㉣에 해당하는 유해성 정보를 짝지은 것 중 틀린 것은?**

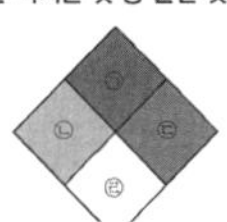

04 **철근이 녹슬 때 질량 변화는?**

① 녹슬기 전과 질량 변화가 없다.
② 녹슬기 전에 비해 질량이 증가한다.
③ 녹슬기 전에 비해 질량이 감소한다.
④ 녹이 슬면서 일정시간 질량이 감소하다가 일정하게 된다.

철의 녹스는 반응
철과 산소와의 반응이므로 반응한 산소의 질량만큼 녹슨 철의 질량은 증가한다.

05 **전기분해전지에서 구리가 석출되게 하였다. 1.0A의 일정한 전류를 161분 동안 흐르게 하였다면 생성물의 양은 약 몇 g인가? (단, 구리의 원자량은 64이다.)**

$$Cu^{2+} + 2e^- \rightleftarrows Cu(s)$$

① 1.6g ② 3.2g
③ 6.4g ④ 12.8g

전하량(C) = 전류(A) × 시간(s)
1F = 96,485C/mol

▸ **CBT 기출복원문제**

새출제기준에 따른 최신 기출문제(2023~2024년)에 정확한 정답과 꼼꼼하고 자세한 해설을 덧붙여 수록하여 수험생들이 문제를 쉽게 이해할 수 있을 뿐만 아니라, 최근의 시험출제 경향을 파악할 수 있도록 하였습니다.

"반복되어 출제되고 있는 문제는 또 출제될 확률이 높은 중요한 문제이니 반드시 숙지하고 넘어가세요."

부록 (앞부속물)

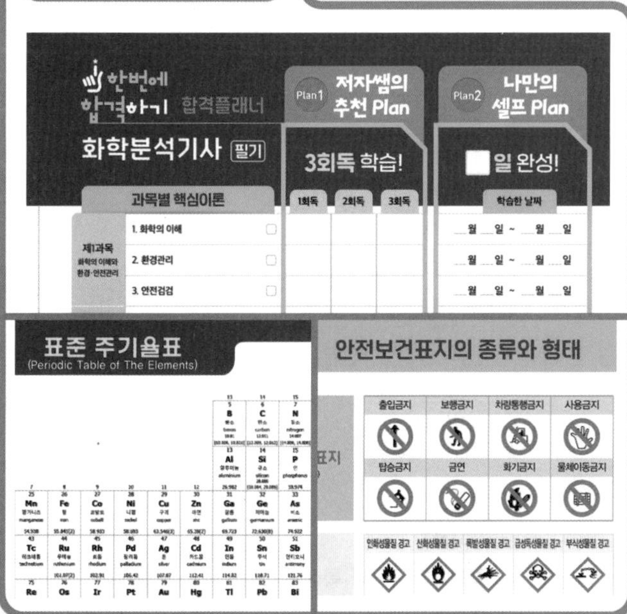

▸ **플래너, 주기율표, 안전보건표지 등**

도서의 앞부분에는 계획적인 학습으로 단기간에 시험에 합격할 수 있게 해주는 학습 플래너와 화학 공부 시 꼭 필요한 주기율표 및 안전보건표지를 수록하여 수험생들의 학습의 편의를 도울 수 있도록 하였습니다.

"합격 플래너와 주기율표 등은 절취하여 사용하시면 더 편리하고 좋아요!"

출제 기준

- 직무/중직무 분야 : 화학/화공
- 자격 종목 : 화학분석기사
- 적용 기간 : 2023.1.1. ~ 2025.12.31.
- 직무 내용 : 화학 관련 산업제품이나 의약품, 식품, 고분자, 반도체, 신소재 등 광범위한 분야의 화학제품이나 원료에 함유되어 있는 유기 및 무기 화합물들의 화학적 조성 및 성분함량을 분석하여 제품 및 원료의 품질을 평가하거나 제품생산 공정의 이상 유무를 파악하고 신제품을 연구 개발하는데 필요한 정보를 제공하는 등의 업무를 수행하는 직무이다.

〈필기〉

제1과목 | 화학의 이해와 환경·안전관리

주요 항목	세부 항목	세세 항목
1. 화학의 이해	(1) 원자모형과 주기율표	① 에너지 준위와 부준위
		② 전자 배치
		③ 원소들의 족과 주기
		④ 주기율 경향
		⑤ 원소들의 성질
		⑥ 원자가전자
	(2) 화학량론	① 아보가드로수
		② 몰 계산
		③ 성분비
		④ 실험식
		⑤ 분자식
		⑥ 반응비
		⑦ 화학량론 계산
	(3) 산과 염기	① 산 · 염기
		② pH 개념
		③ 산과 염기의 세기
	(4) 산화와 환원	① 산화, 환원 반응
		② 산화수법
		③ 반쪽 반응법
		④ 볼타전지
		⑤ 전해전지
	(5) 유기 및 무기 화합물	① 화합물의 종류와 특성
		② 명명법

주요 항목	세부 항목	세세 항목
2. 환경관리	(1) 화학물질 특성 확인	① 화학물질의 물리 · 화학적 성질
		② 화학물질의 화학반응
		③ 물질안전보건자료의 이해
	(2) 분석환경 관리	① 실험실 환경 유지 · 관리
		② 화학물질 취급기술
		③ 화학물질 보관방법
3. 안전점검	(1) 안전점검	① 화학물질 사고 유형 및 원인 분석
		② 화학물질관리법에 대한 지식
	(2) 안전장비 사용법	① 개인보호장구

제2과목 | 분석계획 수립과 분석화학 기초

주요 항목	세부 항목	세세 항목
1. 분석계획 수립	(1) 요구사항 파악 및 분석 시험방법 조사	① 분석계획서 작성
		② 표준시약
		③ 공인시험규격
		④ 실험기구 종류
2. 이화학 분석	(1) 단위와 농도	① SI 단위
		② 단위의 환산과 표시
		③ 용해도와 온도
		④ 불포화, 포화, 과포화
		⑤ 몰농도
		⑥ 몰랄농도
		⑦ 노르말농도
		⑧ 포말농도
	(2) 화학 평형	① 평형상수의 정의와 개념
		② 평형상수의 종류와 계산
		③ 평형과 열역학 관계
		④ 용해도곱
		⑤ 착물형성과 용해도
	(3) 활동도	① 이온 세기
		② 활동도 개념
		③ 활동도 계수
	(4) 무게 및 부피 분석법	① 무게 분석, 부피 분석의 원리
		② 무게 분석, 부피 분석의 계산

주요 항목	세부 항목	세세 항목
	(5) 산 · 염기 적정	① 산 · 염기 적정 기초
		② 산 · 염기 해리상수
		③ 완충용액
	(6) 킬레이트(EDTA) 적정법	① 킬레이트 적정 기초
		② 금속, 킬레이트 착물
		③ EDTA 적정
	(7) 산화, 환원 적정법	① 산화, 환원 적정 기초
		② 분석물질의 산화상태 조절
		③ 산화, 환원 적정
3. 전기화학 기초	(1) 전기화학	① 전기화학의 개념
		② 표준전위
		③ Nernst 식
		④ 갈바니전지
4. 시험법 밸리데이션	(1) 신뢰성 검증	① 균질성
		② 재현성
		③ 정확성, 정밀성
		④ 반복성
		⑤ 특이성
		⑥ 통계처리
	(2) 결과 해석	① 시험법 밸리데이션 허용기준치
		② 시험법 밸리데이션 유효숫자
		③ 시험법 밸리데이션 결과 해석

제3과목 | 화학물질 특성 분석

주요 항목	세부 항목	세세 항목
1. 화학특성 분석	(1) 화학특성 확인	① 화학물질 성상 확인
		② 화학물질 물리적 특성
		③ 화학물질 화학적 특성
		④ 분석기기 종류와 특징
		⑤ 화학물질 취급
	(2) 화학특성 분석	① 물성 측정기기 종류
		② 물성 분석시료 채취
		③ 물성 분석시료 전처리
		④ 물성 측정기기 작동법
		⑤ 물성 측정기기 안전관리

주요 항목	세부 항목	세세 항목
2. 크로마토그래피 분석	(1) 크로마토그래피 분석 실시	① 분석장비 운용기술
		② 분석조건 변경에 따른 결과 예측
		③ 분리분석의 원리 및 이론
		④ 얇은 막 크로마토그래피(TLC)
		⑤ 기체 크로마토그래피(GC)
		⑥ 고성능 액체 크로마토그래피(HPLC)
		⑦ 이온 크로마토그래피(IC)
		⑧ 기타 크로마토그래피
3. 질량 분석	(1) 원자 및 분자 질량 분석 실시	① 분석장비 운용기술
		② 분석조건 변경에 따른 결과 예측
		③ 질량 분석의 원리 및 이론
		④ 이온화 방법
		⑤ 질량분석계의 원리 및 종류
		⑥ 질량 분석의 응용
4. 전기화학 분석	(1) 전기화학 분석 실시	① 분석장비 운용기술
		② 분석조건 변경에 따른 결과 예측
		③ 전위차법
		④ 전기량법
		⑤ 전압–전류법
		⑥ 전도도법
5. 열 분석	(1) 열 분석 실시	① 분석장비 운용기술
		② 분석조건 변경에 따른 결과 예측
		③ 열 분석의 원리 및 이론
		④ 시차주사열량측정법(DSC)
		⑤ 무게분석법(TGA)
		⑥ 시차열분석법(DTA)
		⑦ 기타 열분석법

제4과목 | 화학물질 구조 및 표면 분석

주요 항목	세부 항목	세세 항목
1. 화학구조 분석	(1) 화학구조 분석방법 확인	① 분석대상물질 분류
		② 유·무기 복합체 구조 분석방법
		③ 구조 분석기기
2. 분광 분석	(1) 분광분석 기초	① 광학측정원리
		② 광학기기 구성
		③ 광학스펙트럼

주요 항목	세부 항목	세세 항목
	(2) 원자분광 분석 실시	① 분석장비 운용기술
		② 원자분광법의 원리 및 이론
		③ 원자흡수 및 형광분광법
		④ 유도결합플라스마(ICP) 원자방출분광법
		⑤ X선 분광법
	(3) 분자분광 분석 실시	① 분석장비 운용기술
		② 분자분광법의 원리 및 이론
		③ 자외선-가시선분광법(UV-VIS)
		④ 형광 및 인광 광도법
		⑤ 적외선분광법(IR)
		⑥ 핵자기공명분광법(NMR)
3. 표면 분석	(1) 표면 분석 분석 실시	① 분석장비 운용기술
		② 표면분석법의 원리 및 이론
		③ 원자힘현미경(AFM)
		④ 전자탐침미세분석기(EPMA)
		⑤ 주사전자현미경(SEM)
		⑥ 투과전자현미경(TEM)
		⑦ 기타 표면분석법

〈실기〉

■ 수행 준거

1. 시험 분석에 필요한 요구사항을 파악하고, 시험방법에 관한 자료조사를 하며, 시험노트 작성, 분석계획 수립 업무 등을 수행할 수 있다.
2. 분석방법의 범위와 목적을 설정하여 밸리데이션 계획을 수립하여 전처리 신뢰성을 검증하고, 분석한계를 결정하며, 시험법 신뢰성을 검증할 수 있다.
3. 시험법 밸리데이션의 적합여부를 판정하고 밸리데이션 결과보고서, 표준작업지침서 등을 작성할 수 있다.
4. 유기화학이나 무기화학으로 합성한 화학물질의 구조를 분석하기 위해 선정된 화학구조 분석방법을 토대로 화학구조 분석을 실시하여 화학구조를 확인할 수 있다.
5. 고분자물질의 표면 구조 및 조성에 대한 분석과 열적 특성, 기계적 특성 등의 물성 분석을 위해 화합물의 특성을 확인하고 분석하여 데이터를 확인할 수 있다.
6. 분석프로그램을 활용하여 측정 데이터의 신뢰성을 확인하고, 분석오차를 점검하여 분석 신뢰성을 검증할 수 있다.
7. 안전한 분석업무 수행을 위해 물질안전보건자료, 화학반응, 관련위험요소, 화학폐기물처리법 등을 확인하고 화학폐기물 유출, 안전사고 등에 대처할 수 있다.
8. 화학물질의 특성을 파악하여 분석환경을 관리하고 폐수 · 폐기물 · 유해가스 등의 관리업무를 수행할 수 있다.

9. 분석결과를 종합하기 위해 항목별 시험데이터를 처리하여 시험성적서를 작성하고 검증할 수 있다.
10. 분석장비 검 · 교정, 분석장비 유지 · 관리, 분석장비 소모품 관리, 분석장비 관리대장 작성 등을 수행할 수 있다.

실기 과목명 I 화학분석 실무

주요 항목	세부 항목
1. 분석계획 수립	(1) 요구사항 파악하기
	(2) 분석시험방법 조사하기
	(3) 분석노트 작성하기
	(4) 분석계획 수립하기
2. 시험법 밸리데이션 실시	(1) 밸리데이션 계획 수립하기
	(2) 분석한계 결정하기
	(3) 전처리 신뢰성 검증하기
	(4) 시험법 신뢰성 검증하기
3. 시험법 밸리데이션 평가	(1) 밸리데이션 결과 판정하기
	(2) 밸리데이션 결과보고서 작성하기
	(3) 분석업무지시서 작성하기
4. 화학구조 분석	(1) 화학구조 분석방법 확인하기
	(2) 화학구조 분석 실시하기
	(3) 화학구조 분석데이터 확인하기
5. 화학특성 분석	(1) 화학특성 확인하기
	(2) 화학특성 분석하기
	(3) 화학특성 분석데이터 확인하기
6. 분석결과 해석	(1) 측정데이터 신뢰성 확인하기
	(2) 분석오차 점검하기
	(3) 분석 신뢰성 검증하기
7. 안전 관리	(1) 물질안전보건자료 확인하기
	(2) 화학반응 확인하기
	(3) 위험요소 확인하기
	(4) 사고 대처하기
8. 환경 관리	(1) 화학물질특성 확인하기
	(2) 분석환경 관리하기
	(3) 폐수 · 폐기물 · 유해가스 관리하기
9. 분석결과보고서 작성	(1) 분석결과 종합하기
	(2) 분석결과 검증하기
	(3) 분석결과보고서 작성하기
10. 분석장비 관리	(1) 분석장비 검 · 교정하기

차례

PART 1 과목별 핵심이론

제1과목 | 화학의 이해와 환경 · 안전관리

제2과목 | 분석계획 수립과 분석화학 기초

제3과목 ▌ 화학물질 특성 분석

제4과목 | 화학물질 구조 및 표면 분석

PART 2 과년도 출제문제 1

2017 ~ 2019년 기출문제 (~2019년 출제기준 적용 시행된 기출문제)

PART 3 과년도 출제문제 [2]

2020 ~ 2022년 기출문제 (2020~2022년 출제기준 적용 시행된 기출문제)

PART 4 최근 출제문제

2023 ~ 2024년 기출문제 (2023~2025년 최신 출제기준 적용 시행된 기출문제)

화학분석기사는 2022년 제4회 시험부터 CBT(Computer Based Test) 방식으로 시행되고 있으므로 이 책에 수록된 기출문제 중 2022년 제4회부터는 기출복원문제임을 알려드립니다.

또한 컴퓨터 기반 시험(CBT)에 익숙해질 수 있도록 성안당 문제은행서비스(exam.cyber.co.kr)에서 실제 CBT 형태의 화학분석기사 온라인 모의고사를 제공하고 있습니다.
※ 온라인 모의고사 응시방법은 이 책의 표지 안쪽(앞날개)에 수록된 쿠폰을 참고해 주시기 바랍니다!

Engineer Chemical Analysis

화학분석기사

www.cyber.co.kr

PART 1

과목별 핵심이론

제1과목 | 화학의 이해와 환경·안전관리

제2과목 | 분석계획 수립과 분석화학 기초

제3과목 | 화학물질 특성 분석

제4과목 | 화학물질 구조 및 표면 분석

제1과목 | 화학의 이해와 환경·안전관리

출제기준

주요 항목	세부 항목	세세 항목
1. 화학의 이해	(1) 원자모형과 주기율표	① 에너지 준위와 부준위 ② 전자배치 ③ 원소들의 족과 주기 ④ 주기율 경향 ⑤ 원소들의 성질 ⑥ 원자가전자
	(2) 화학량론	① 아보가드로수 ② 몰 계산 ③ 성분비 ④ 실험식 ⑤ 분자식 ⑥ 반응비 ⑦ 화학량론 계산
	(3) 산과 염기	① 산, 염기 ② pH 개념 ③ 산과 염기의 세기
	(4) 산화와 환원	① 산화·환원 반응 ② 산화수법 ③ 반쪽반응법 ④ 볼타전지 ⑤ 전해전지
	(5) 유기 및 무기 화합물	① 화합물의 종류와 특성 ② 명명법
2. 환경관리	(1) 화학물질 특성 확인	① 화학물질의 물리화학적 성질 ② 화학물질의 화학반응 ③ 물질안전보건자료의 이해
	(2) 분석환경 관리	① 실험실 환경 유지·관리 ② 화학물질 취급기술 ③ 화학물질 보관방법
3. 안전점검	(1) 안전점검	① 화학물질 사고 유형 및 원인 분석 ② 화학물질관리법에 대한 지식
	(2) 안전장비 사용법	① 개인보호장구

저자쌤의 합격 Guide

화학의 이해와 환경·안전관리는 일반화학, 환경관리, 안전점검의 3개 범위로 나뉩니다. 일반화학에서는 원자모형의 개념을 확실히 이해하고, 간단한 실험식과 분자식 구하기, 산화·환원 반쪽 반응식 세우기, 화학량론 계산은 반드시 할 줄 알아야 합니다. 환경관리에서는 물질안전보건자료에 대한 내용을, 안전점검에서는 화학물질 보관 및 관리법에 대한 내용을 잘 정리하여 암기해야 합니다.

제 1 과목 화학의 이해와 환경·안전관리

| 원자모형 | 주기율표 | 몰(mol) | 화학반응과 질량관계
| 산화, 환원 | 탄화수소 | 작용기 | 물질안전보건자료

1. 화학의 이해

1-1 원자모형과 주기율표

1 원자모형과 에너지준위

(1) 돌턴의 원자설

화학반응에서 질량보존의 법칙, 일정성분비의 법칙, 배수비례의 법칙 등을 설명할 수 있다.

① 모든 물질은 더 이상 쪼갤 수 없는 원자(atom)로 구성되어 있다.

② 같은 원소의 원자는 크기와 질량이 같고, 다른 원소의 원자는 크기와 질량이 서로 다르다.

③ 두 개 이상의 서로 다른 원자들이 정수비로 결합하여 화합물을 만든다.

④ 두 원소의 원자들은 다른 비율로 결합하여 두 가지 이상의 화합물을 형성할 수 있다.

⑤ 화학반응은 원자들 간의 결합이 끊어지고 생성되면서 원자가 재배열될 뿐, 새로운 원자가 생성되거나 소멸되지 않는다.

(2) 원자의 구조

① 원자의 중심에 (+)전하를 띠는 원자핵이 있고, 그 주위에 (−)전하를 띠는 전자가 운동하고 있다.

② **원자핵** : 러더퍼드의 α 입자 산란 실험결과로 밝혀졌으며, (+)전하를 띠는 양성자와 전하를 띠지 않는 중성자로 이루어져 있다.

③ **전자** : 톰슨의 음극선 실험결과로 밝혀졌으며, (−)전하를 띠고, 크기가 작고, 양성자 질량의 약 $\frac{1}{1,800}$ 정도로 가벼워 원자핵 주위를 빠르게 운동한다.

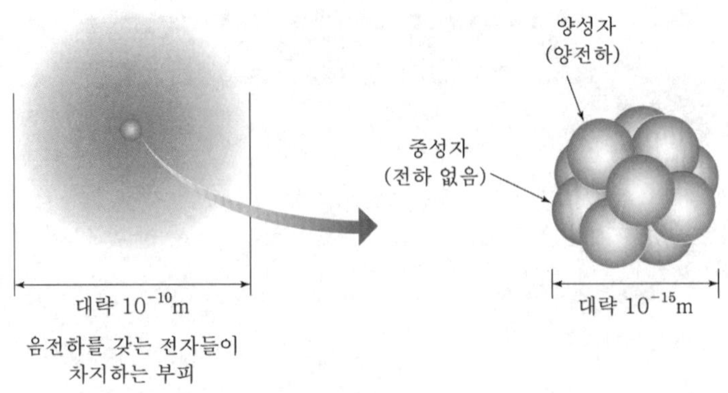

| 원자의 구조 |

④ 중성인 원자가 전자를 잃으면 (+)전하를 띠는 양이온이 되고, 전자를 얻으면 (−)전하를 띠는 음이온이 된다.

㉠ 전자 1개를 잃은 경우 : $Na \rightarrow Na^{+} + e^{-}$

㉡ 전자 1개를 얻은 경우 : $Cl + e^{-} \rightarrow Cl^{-}$

(3) 원자번호와 질량수

① 원자번호

㉠ 원자핵 속에 들어 있는 양성자수

㉡ 양성자수에 따라 원소의 성질이 달라지므로, 양성자수로 원자번호를 정한다.

원자번호 = 양성자수 = 중성원자의 전자수

② 질량수

㉠ 원자핵 속에 들어 있는 양성자수와 중성자수를 합한 값

㉡ 전자의 질량은 양성자나 중성자에 비해 무시할 수 있을 정도로 작으므로, 양성자수와 중성자수가 원자의 질량을 결정한다.

③ 원자의 표시

㉠ 원자번호는 원소기호의 왼쪽 아래에 쓰고, 질량수는 왼쪽 위에 쓴다.

㉡ 같은 종류의 원자는 양성자수가 같아 원자번호가 항상 같지만, 중성자수는 항상 같지만은 않다. 따라서 원자를 표시할 때는 원소기호에 원자번호와 질량수를 함께 나타내야 한다.

예 1. 질량수가 37인 염소는 $^{37}_{17}Cl$로 나타내며, 양성자 17개, 전자 17개, 중성자 20개를 가지고 있다.

2. 질량수가 40인 칼슘이온은 $^{40}_{20}Ca^{2+}$로 나타내며, 양성자 20개, 전자 18개, 중성자 20개를 가지고 있다.

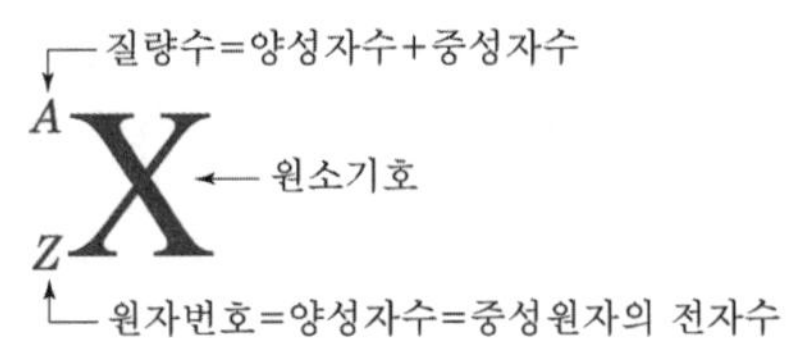

(4) 동위원소

① 동위원소는 원자번호(양성자수)는 같지만 중성자수가 달라 질량수가 다른 원소이다.

동위원소 : 주기율표에서 같은 위치에 있는 원소

예 수소는 수소(^1_1H), 중수소(^2_1H), 삼중수소(^3_1H) 3가지의 동위원소가 존재한다.

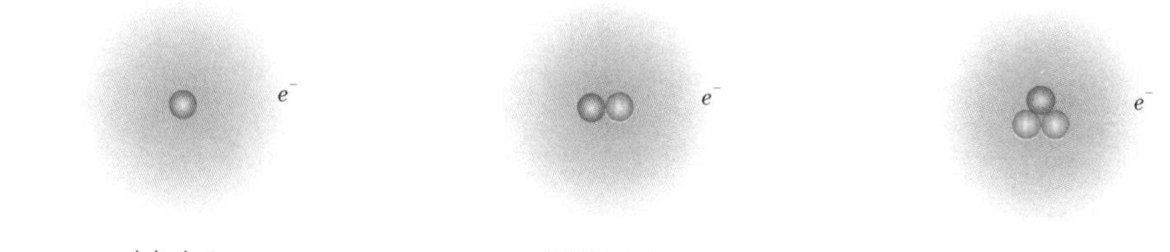

(a) 수소
1개의 양성자(◉)와 0개의 중성자
; 질량수=1

(b) 중수소
1개의 양성자(◉)와 1개의 중성자(◉)
; 질량수=2

(c) 삼중수소
1개의 양성자(◉)와 2개의 중성자(◉)
; 질량수=3

| 수소의 동위원소 |

② 동위원소들은 양성자수와 전자수가 같으므로 화학적 성질이 같지만, 중성자수가 다르므로 질량수가 달라 물리적 성질이 다르다.

(5) 보어의 원자모형

① 수소원자모형은 한 개의 전자가 한 개의 작고 양전하를 띤 원자핵 주위를 원을 그리며 돌고 있다.

② 전자껍질

㉠ 전자는 원자핵 주위의 특정한 에너지를 갖는 특정한 궤도에서만 회전할 수 있다. 이 궤도를 전자껍질이라고 한다.

㉡ 원자핵에서 가장 가까운 것부터 K($n=1$), L($n=2$), M($n=3$), N($n=4$) 껍질이라고 하며, n을 주양자수라고 한다.

㉢ 전자껍질의 에너지준위(E_n)는 주양자수 n에 따라 결정되며, 주양자수가 클수록 에너지가 높아진다.

③ 전자전이와 에너지 출입

전자가 에너지준위가 다른 궤도로 이동하면 두 궤도의 에너지 차이만큼 에너지를 흡수하거나 방출한다.

㉠ 바닥상태 : 원자가 가장 낮은 에너지를 갖는 안정한 상태

㉡ 들뜬상태 : 바닥상태에 있는 전자가 에너지를 흡수하여 높은 에너지준위로 올라가 있는 불안정한 상태

④ 발머(Balmer)-뤼드베리(Rydberg) 식

$$\frac{1}{\lambda} = R_\infty\left(\frac{1}{m^2} - \frac{1}{n^2}\right)$$

여기서, R_∞ : 뤼드베리상수($1.097\times10^{-2}\text{nm}^{-1}$)

m : 낮은 에너지 궤도의 주양자수 값

n : 높은 에너지 궤도의 주양자수 값

㉠ 수소원자의 선스펙트럼이 나타내는 파장을 나타낼 수 있다.

㉡ 예를 들어, 전자가 $n=5$ 궤도에서 $m=3$ 궤도로 전이할 때 방출되는 빛의 파장은 $\frac{1}{\lambda} = 1.097\times10^{-2}\left(\frac{1}{9} - \frac{1}{25}\right) = 7.801\times10^{-4}$이므로 $\lambda = 1{,}282\,\text{nm}$이다.

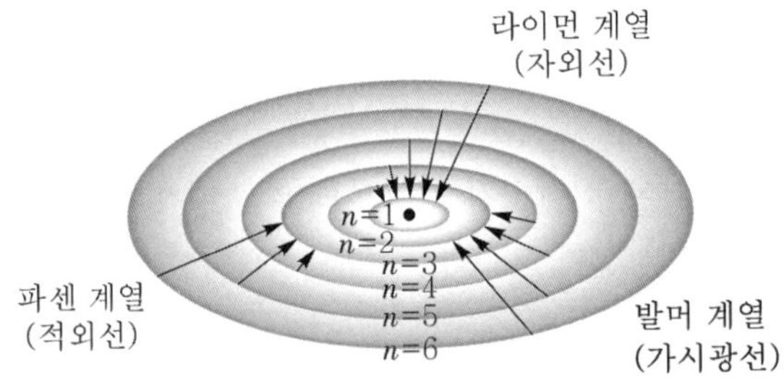

※ 높은 에너지의 궤도로부터 낮은 에너지의 궤도로 전자가 전이할 때,
두 궤도의 에너지 차이에 해당하는 진동수를 가진 전자기복사(에너지)를 방출한다.

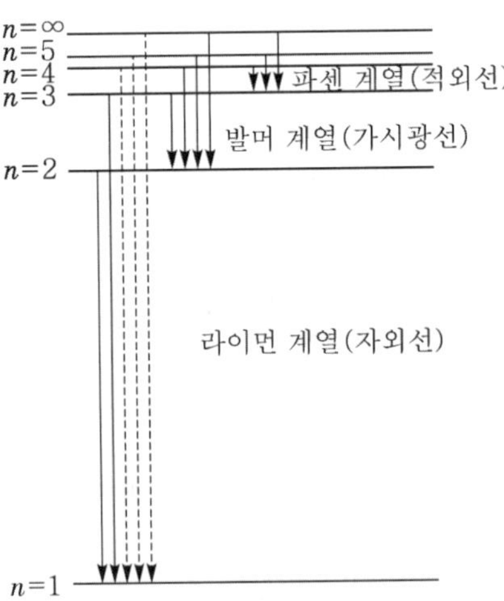

| 보어의 원자모형과 선스펙트럼 |

(6) 불꽃반응

① 금속원소가 포함된 화합물을 겉불꽃 속에 넣으면 금속원소에 따라 고유한 불꽃색이 나타난다.

금속원소	리튬	나트륨	칼륨	칼슘	구리	스트론튬
불꽃색	빨간색	노란색	보라색	주황색	청록색	빨간색

② 원소의 불꽃에서 나오는 빛을 분광기에 통과시키면 원소의 종류에 따라 선스펙트럼이 다르게 나타난다. 이를 이용하여 불꽃색이 비슷한 원소는 선스펙트럼으로 구분할 수 있다.

2 전자배치

(1) 현대의 원자모형

① 전자는 질량이 매우 작고 빠르게 운동하며 입자의 성질과 파동의 성질을 모두 가지고 있어 그 위치와 운동량을 정확하게 알 수 없으므로, 원자에서 일정한 에너지를 가진 전자의 존재는 확률로만 나타낼 수 있다.

② 특정 위치에서 전자가 발견될 확률을 계산하여 확률분포를 표시하면, 전자가 원자핵 주위에 구름처럼 퍼져 있다.

③ 원자의 경계가 뚜렷하지 않고 구름처럼 보이므로 전자구름모형이라고 한다.

(2) 오비탈(orbital)

① 원자핵 주위의 공간에서 전자가 발견될 확률을 나타내며, 궤도함수라고도 한다.

② **오비탈의 종류** : 오비탈의 모양에 따라 s, p, d, f, … 등의 기호로 나타낸다.

㉠ s 오비탈

- 구형으로, 전자의 존재 확률은 원자핵으로부터 거리에만 의존한다.
  ➜ 방향성이 없다.
- 모든 전자껍질에 1개씩 존재하며, 오비탈의 모양은 구형으로 같고 크기만 다르다.
- 주양자수(n)가 커질수록 에너지준위가 높고 오비탈의 크기가 커진다.
  ➜ $1s < 2s < 3s$, …

㉡ p 오비탈

- 아령모양으로, 원자핵으로부터의 방향에 따라 전자의 존재 확률이 다르다.
  ➜ 방향성이 있다.
- 오비탈의 방향에 따라 p_x, p_y, p_z 3개의 오비탈이 존재한다.
- K껍질($n=1$)에는 존재하지 않고, L껍질($n=2$) 이상에서 존재한다.

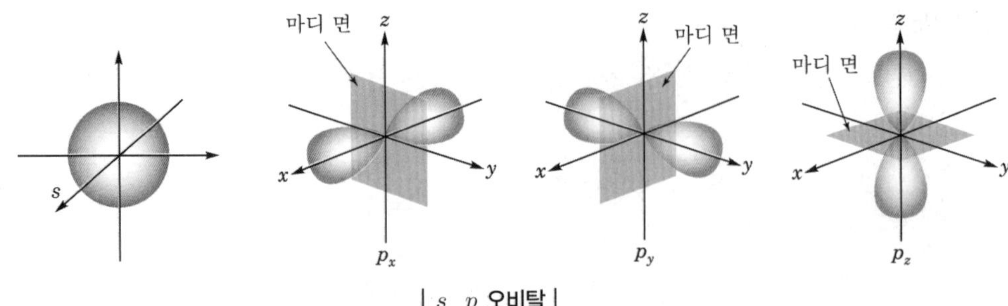

| s, p 오비탈 |

③ **오비탈 표시** : 주양자수 n과 오비탈의 모양 표시 s, p, d, f, …를 함께 써서 $1s$, $2s$, $2p$, $3s$, $3p$, $3d$, …로 나타낸다.

④ **전자껍질에 따른 오비탈의 종류와 수**

㉠ 주양자수가 n인 전자껍질에는 n종류의 오비탈이 존재한다. $n=1$이면 한 종류의 오비탈 즉 s오비탈이 존재하고, $n=2$이면 두 종류의 오비탈 즉 s오비탈과 p오비탈이 존재한다.

㉡ s오비탈은 1개, p오비탈은 3개, d오비탈은 5개, f오비탈은 7개의 오비탈을 가진다.

⑤ **오비탈의 에너지준위**

㉠ 수소원자 : 주양자수가 같은 오비탈은 종류에 관계없이 에너지준위가 같다.

➜ $1s < 2s = 2p < 3s = 3p = 3d < 4s = 4p = 4d = 4f < \cdots$

㉡ 다전자원자 : 주양자수뿐만 아니라 오비탈의 종류에 따라 에너지준위가 달라진다.

➜ $1s < 2s < 2p < 3s < 3p < 4s < 3d < 4p < \cdots$

4s오비탈의 에너지준위는 3d오비탈보다 에너지준위가 낮다.

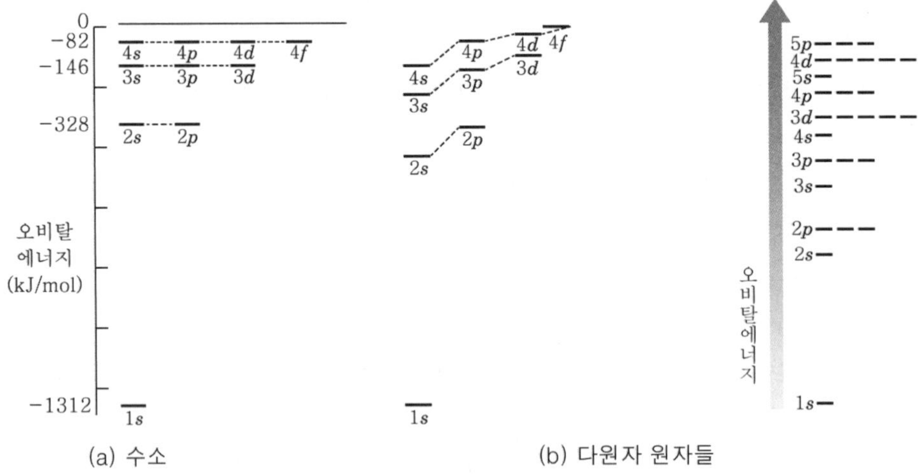

| 오비탈의 에너지준위 |

⑥ 원자가전자

㉠ 보어모형에 의한 전자배치에서 가장 바깥 전자껍질에 배치되어 있는 전자

예 $_3$Li : K(2)L(1), $_4$Be : K(2)L(2), $_{11}$Na : K(2)L(8)M(1), $_{12}$Mg : K(2)L(8)M(2), $_{19}$K : K(2)L(8)M(8)N(1)

㉡ 원자가전자는 화학결합에 관여하며 원소의 화학적 성질을 결정한다.

㉢ 원자가전자수가 같으면 화학적 성질이 비슷하다.

(3) 원자의 전자배치

① 오비탈의 최대수용 전자수

㉠ 각 오비탈에 스핀방향이 반대인 전자가 최대 2개까지 들어갈 수 있다.

㉡ s 오비탈에는 2개, p 오비탈에는 6개, d 오비탈에는 10개, f 오비탈에는 14개의 전자가 들어갈 수 있다.

전자껍질	K	L	M	N
주양자수(n)	1	2	3	4
오비탈의 종류	$1s$	$2s$, $2p$	$3s$, $3p$, $3d$	$4s$, $4p$, $4d$, $4f$
오비탈의 수(n^2)	1	1+3 = 4	1+3+5 = 9	1+3+5+7 = 16
최대수용 전자수($2n^2$)	2	8	18	32

② 오비탈과 전자의 표시

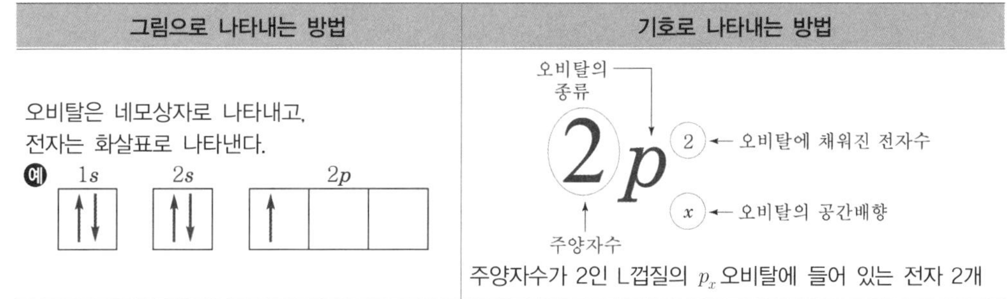

그림으로 나타내는 방법	기호로 나타내는 방법
오비탈은 네모상자로 나타내고, 전자는 화살표로 나타낸다. **예** $1s$ $2s$ $2p$	오비탈의 종류 / 오비탈에 채워진 전자수 / 오비탈의 공간배향 / 주양자수 $2p_x^2$ 주양자수가 2인 L껍질의 p_x 오비탈에 들어 있는 전자 2개

③ 오비탈과 전자배치

㉠ 쌓음원리 : 전자는 에너지준위가 낮은 오비탈부터 차례대로 채워진다.

$1s \rightarrow 2s \rightarrow 2p \rightarrow 3s \rightarrow 3p \rightarrow 4s \rightarrow 3d \rightarrow 4p \rightarrow 5s \rightarrow 4d \rightarrow 5p \rightarrow 6s$

$\rightarrow 4f \rightarrow 5d \rightarrow 6p \rightarrow \cdots$

㉡ 파울리의 배타원리 : 1개의 오비탈에는 스핀방향이 반대인 전자가 2개까지만 채워진다. 즉, 같은 오비탈에 있는 전자는 서로 다른 스핀 양자수를 갖게 된다.

예 $_3$Li : $1s^22s^1$

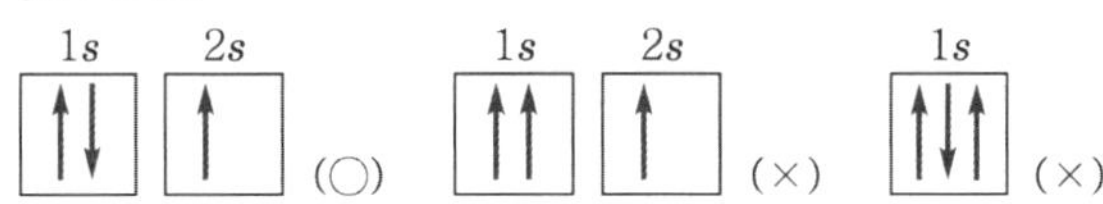

㉢ 훈트규칙 : 에너지준위가 같은 오비탈에 전자가 배치될 때 가능한 홀전자수가 많게 배치된다.

➜ 한 오비탈에 전자 2개가 동시에 들어가면 전자 사이의 반발력이 더 크게 작용하여 홀전자 상태로 있을 때보다 불안정하기 때문이다.

⚗ 홀전자 : 오비탈에 배치된 전자 중에서 쌍을 이루지 않고 1개씩 들어 있는 전자

예 $_6C$: $1s^2 2s^2 2p^2$: 홀전자 2개

1s 2s 2p ↑↓ ↑↓ ↑ ↑ (○) 1s 2s 2p ↑↓ ↑↓ ↑↓ (×)

④ 바닥상태의 전자배치

㉠ 에너지가 가장 낮은 안정한 상태의 전자배치이다.

㉡ 쌓음원리, 파울리의 배타원리, 훈트규칙을 따르는 전자배치이다.

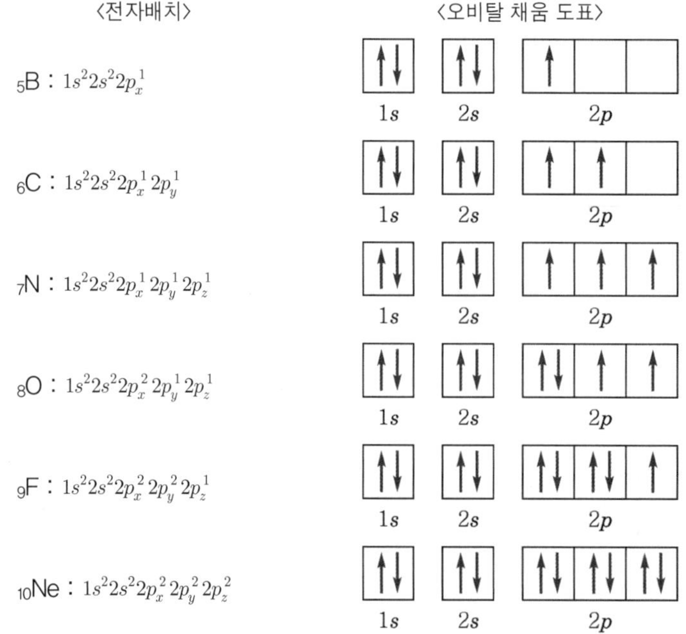

| 몇 가지 원자의 전자배치 |

(4) 주양자수(n)

① 양의 정수(n =1, 2, 3, …)이며, 오비탈의 크기와 에너지준위를 결정한다.

② n값이 증가함에 따라 허용되는 오비탈의 수는 증가하며, 그 오비탈의 크기가 커져서 전자가 핵으로부터 더 멀리 떨어져 있을 수 있게 된다.

③ 주양자수(n)에 따라 핵 주변의 연속적인 층, 즉 껍질(shell)로 그룹을 짓고 있다고 표현한다.

예 n =3인 오비탈은 3번째 껍질에 들어 있다고 말한다.

(5) 각운동량 양자수(l)

① 오비탈의 3차원적인 모양을 결정한다.

② 주양자수가 n인 오비탈에 대해 각운동량 양자수(l)는 0에서 $n-1$까지의 정수값을 가질 수 있다. 따라서 각 껍질에는 모양이 서로 다른 n개의 오비탈들이 존재한다.

③ 껍질 내의 오비탈들이 각운동량 양자수(l)에 따라 부준위(부껍질) 내에 다시 그룹을 지어 존재한다고 말한다. 그 순서는 s, p, d, f, g이다.

예 $n=3$이고 $l=2$인 오비탈은 3d오비탈이다. 여기서, 3은 3번째 껍질을 의미하고, d는 $l=2$인 부준위를 말한다.

각운동량 양자수(l)	0	1	2	3	4	…
부준위 표기	s	p	d	f	g	…

(6) 자기 양자수(m_l)

① 기준 좌표축에 대한 오비탈의 공간적 배향을 결정한다.

② 각운동량 양자수 l인 오비탈에 대하여 자기 양자수(m_l)는 $-l$에서 $+l$ 사이의 정수값을 가질 수 있다. 따라서 각 부준위 내의 오비탈은 모양은 같지만 $(2l+1)$개의 다른 공간적 배향으로 존재한다.

예 p오비탈의 각운동량 양자수(l)는 1이고, 자기양자수(m_l)는 -1, 0, 1의 3가지 값을 갖는다.

(7) 스핀 양자수(m_s)

① 전자들은 축을 중심으로 자전하는 전하를 띤 아주 작은 구와 같이 행동한다. 이 스핀은 아주 미약한 자기장과 $+\frac{1}{2}$ 또는 $-\frac{1}{2}$ 값을 가지는 스핀 양자수(m_s)를 초래한다.

② $m_s=+\frac{1}{2}$인 전자는 보통 위로 향한 화살표(↑)로 표시하고, $m_s=-\frac{1}{2}$인 전자는 아래로 향한 화살표(↓)로 표시한다.

3 원소들의 족과 주기

(1) 주기율표

① 원소들을 원자번호 순으로 배열하되, 비슷한 성질을 갖는 원소가 같은 세로줄에 오도록 배열하여 원소의 화학적 성질이 주기적으로 나타나도록 배열한 표이다.

② 족(group)

㉠ 주기율표의 세로줄로 1~18족으로 구성된다.

㉡ 같은 족 원소를 동족원소라고 한다.

㉢ 1족(1A족) 원소를 알칼리금속(Li, Na, K, Rb, Cs 등), 2족(2A족) 원소를 알칼리토금속(Be, Mg, Ca, Sr, Ba 등), 16족(6A족) 원소를 칼코젠(O, S, Se, Te 등), 17족(7A족) 원소를 할로젠(F, Cl, Br, I), 18족(8A족) 원소를 비활성 기체(He, Ne, Ar, Kr 등), 3~12족의 원소들은 전이원소(전이금속)라고 한다.

③ 주기(period)

㉠ 주기율표의 가로줄로 1~7주기로 구성된다.

㉡ 같은 주기의 원소들은 최외각전자의 전자껍질이 같다.

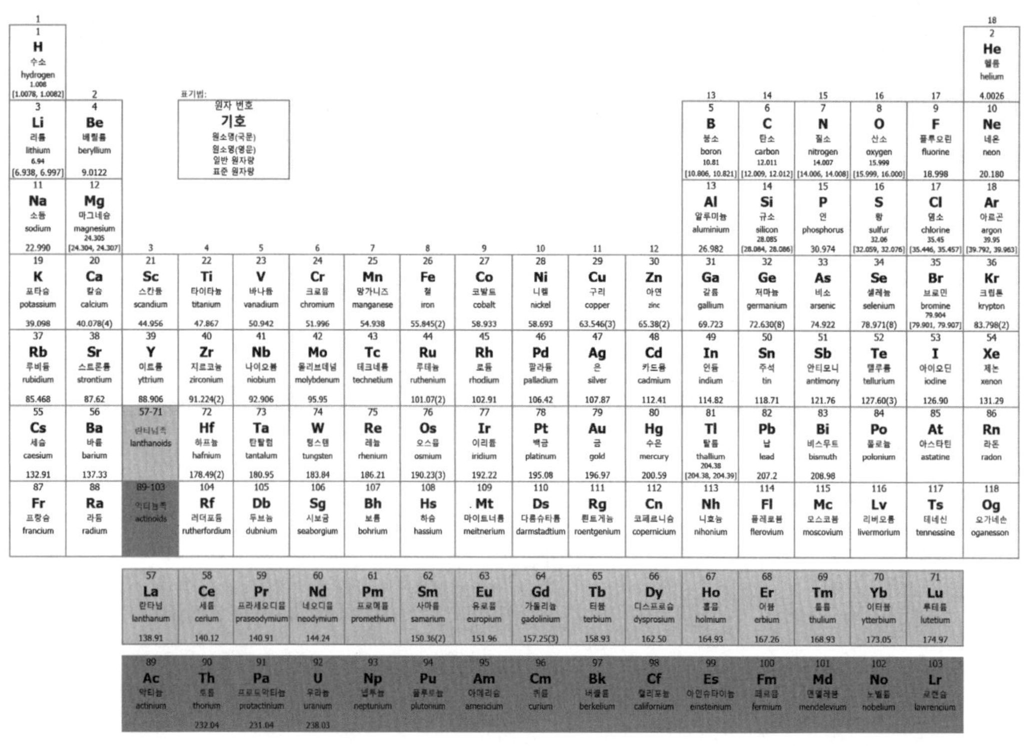

* 출처 : 대한화학회

| 주기율표 |

(2) 주기율이 나타나는 이유

원소의 화학적 성질을 결정하는 원자가전자수가 원자번호에 따라 주기적으로 변하기 때문이다.

① 주기율표에 원소의 가장 바깥 전자껍질의 전자배치를 나타내면 원자가전자수가 주기적으로 변한다.

② 같은 족 원소들은 원자가전자수가 같다.

→ 원자가전자수는 족 번호의 끝자리 수와 같다(단, 18족 원소는 제외한다).

㉠ 같은 족의 원소는 원자가전자수가 같아 화학적 성질이 비슷하다.

ⓛ 같은 족에서 원자번호가 커질수록 물리적, 화학적 성질이 규칙적으로 변한다.

예 17족 원소(할로젠)의 특성은 F^-, Cl^-로 -1가 이온을 형성하고, F_2, Cl_2 주로 이원자 분자로 존재하며, 수소와 반응하여 HF, HCl 할로젠화수소를 생성한다. 반응성은 F > Cl > Br > I으로 주기가 커질수록 작아진다.

③ 같은 주기 원소들은 전자껍질수가 같다.

➜ 전자껍질수는 주기번호와 같다.

㉠ 같은 주기에서는 원자가전자수는 원자번호가 클수록 증가하며, 17족에서 최대가 된다.

ⓛ 같은 주기에서는 원자번호가 커질수록 물리적, 화학적 성질이 규칙적으로 변한다.

〈 주족원소들의 원자가껍질 전자배치 〉

족	원자가껍질 전자배치	족	원자가껍질 전자배치
1(1A)	ns^1 (총 1개)	15(5A)	ns^2np^3 (총 5개)
2(2A)	ns^2 (총 2개)	16(6A)	ns^2np^4 (총 6개)
13(3A)	ns^2np^1 (총 3개)	17(7A)	ns^2np^5 (총 7개)
14(4A)	ns^2np^2 (총 4개)	18(8A)	ns^2np^6 (총 8개)

4 주기율 경향

(1) 금속원소와 비금속원소

준금속원소 : 금속과 비금속의 경계에 위치하며, 금속과 비금속의 중간 성질을 갖는다.

① **금속성** : 금속이 가지는 성질로 양이온이 되기 쉬운 원소일수록 금속성이 크다.

➜ 주기율표에서 왼쪽 아래로 갈수록 금속성이 증가한다.

② **비금속성** : 비금속이 가지는 성질로 음이온이 되기 쉬운 원소일수록 비금속성이 크다.

➜ 주기율표에서 오른쪽 위로 갈수록 비금속성이 증가한다(단, 18족 원소 제외).

구분	금속원소	비금속원소
주기율표에서의 위치	주기율표에서 왼쪽과 가운데 (단, 수소는 제외)	주기율표에서 오른쪽 (단, 수소는 제외)
이온 형성	전자를 잃어 양이온이 되기 쉽다. 예 $Na \rightarrow Na^+ + e^-$	전자를 얻어 음이온이 되기 쉽다. (단, 18족 원소는 제외) 예 $Cl + e^- \rightarrow Cl^-$
상온에서의 물리적 상태	고체(s)상태 (단, 수은(Hg)은 액체(l)상태)	기체(g), 고체(s) 상태 (단, 브로민(Br)은 액체(l)상태)
전성, 연성	전성과 연성이 있다. 전성 : 얇게 펴지는 성질(예 알루미늄 호일)	전성과 연성이 없다. 연성 : 가늘고 길게 늘어나는 성질(예 도선)
열전도성, 전기전도성	열과 전기가 잘 통한다.	열과 전기가 잘 통하지 않는다.
산화물의 성질	물에 녹아 염기성을 나타낸다. 예 $CaO + H_2O \rightarrow Ca(OH)_2$	물에 녹아 산성을 나타낸다. (단, 18족 원소는 제외) 예 $SO_3 + H_2O \rightarrow H_2SO_4$

(2) 원자 반지름

① 같은 종류의 두 원자가 결합하여 이원자 분자를 형성할 때 두 원자핵 사이의 거리의 반으로 원자 반지름을 정의한다.

② 금속원소의 경우 금속결정에서 인접한 두 원자의 원자핵 사이의 거리의 반을 원자 반지름으로 정의한다.

③ 원자 반지름 결정요인

㉠ 전자껍질수가 많을수록 원자 반지름이 증가한다.

→ 원자핵과 원자가전자 사이의 거리가 멀어지기 때문

㉡ 유효 핵전하가 클수록 원자 반지름이 감소한다.

→ 원자핵과 전자 사이의 인력이 증가하기 때문

유효 핵전하 : 원자에서 어떤 전자껍질에 채워진 전자가 실제로 느끼는 핵전하. 원자핵의 핵전하보다는 작은 값을 가지며, 원자핵과 가까운 전자껍질에 있는 전자일수록 큰 값을 가진다. 또한 전자껍질수가 같은 경우 원자번호가 클수록 유효 핵전하가 커진다.

㉢ 전자수가 많을수록 원자 반지름이 증가한다.

→ 전자 사이의 반발력이 증가하기 때문

④ 원자 반지름의 주기성

㉠ 같은 주기 : 원자번호가 클수록 원자 반지름이 감소한다.

→ 전자껍질수는 같고 양성자수가 증가하여 유효 핵전하가 증가하므로 원자핵과 전자 사이의 인력이 증가하기 때문

예 4주기 원소인 칼륨($_{19}$K)과 칼슘($_{20}$Ca)의 원자 반지름을 비교하면 $_{19}$K > $_{20}$Ca이다.

㉡ 같은 족 : 원자번호가 클수록 원자 반지름이 증가한다.

→ 전자껍질수가 증가하여 원자핵과 원자가전자 사이의 거리가 멀어지기 때문

예 6A족 원소인 황($_{16}$S)과 셀레늄($_{34}$Se)의 원자 반지름을 비교하면 $_{16}$S < $_{34}$Se이다.

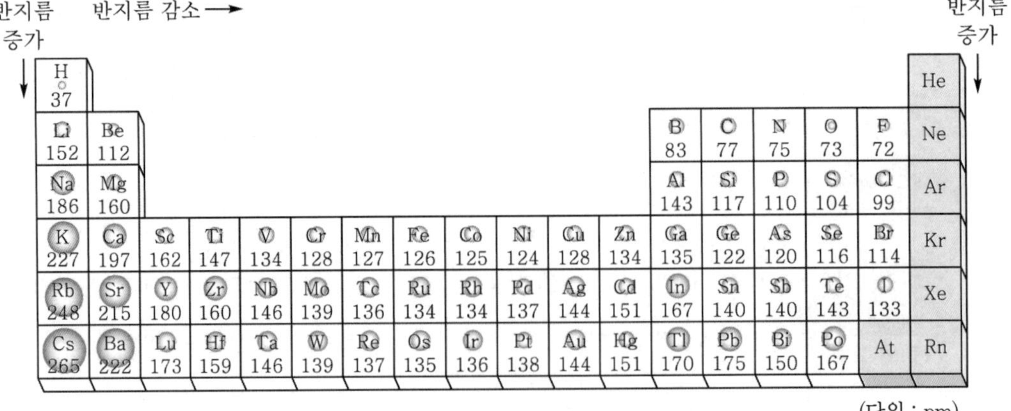

| 원소들의 원자 반지름 |

(3) 이온 반지름

① 양이온 반지름

㉠ 중성원자가 전자를 잃어 양이온이 되면 반지름이 감소한다.

➜ 전자껍질수가 감소하기 때문

㉡ 금속원소는 전자를 잃어 양이온이 되기 쉬우므로 원자 반지름보다 이온 반지름이 작다.

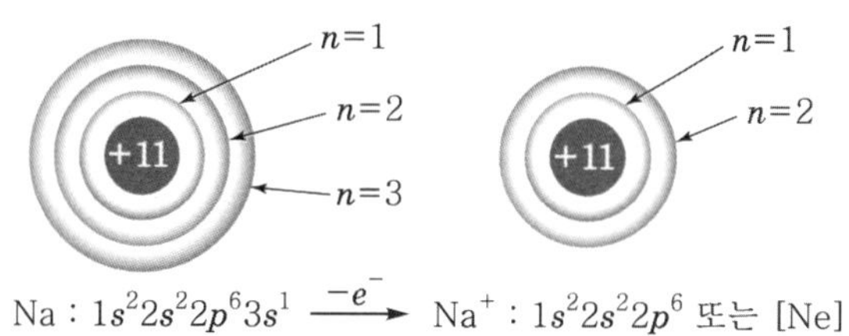

⚗ $n=3$에서 $n=2$로 전자껍질이 1개 줄어든다.

② 음이온 반지름

㉠ 중성원자가 전자를 얻어 음이온이 되면 반지름이 증가한다.

➜ 전자수가 많아져 전자 사이의 반발력이 증가하기 때문

㉡ 비금속원소는 전자를 얻어 음이온이 되기 쉬우므로 원자 반지름보다 이온 반지름이 크다.

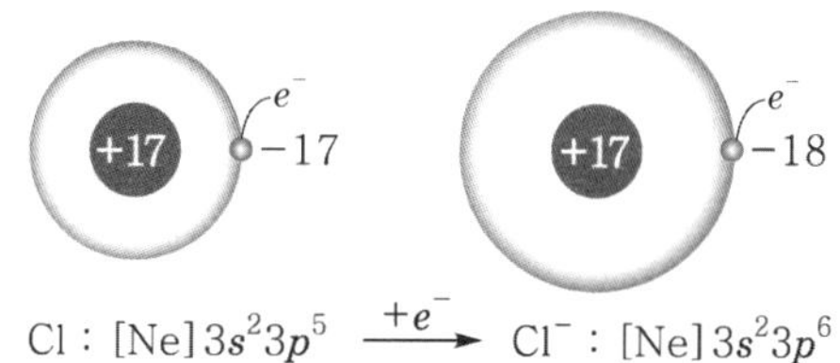

⚗ 가장 바깥 전자껍질에 전자가 들어오면서 전자 사이의 반발력이 커진다.

③ 이온 반지름의 주기성

⚗ 금속원소 : 원자 반지름 > 이온 반지름, 비금속원소 : 원자 반지름 < 이온 반지름

㉠ 같은 주기 : 원자번호가 클수록 양이온과 음이온의 반지름이 감소한다.

➜ 유효 핵전하가 증가하여 원자핵과 전자 사이의 정전기적 인력이 증가하기 때문

예 2주기 원소인 산소($_8O$)와 플루오린($_9F$)의 이온 반지름의 크기를 비교하면 $O_2^- > F^-$이다.

㉡ 같은 족 : 원자번호가 클수록 양이온과 음이온의 반지름이 증가한다.

➜ 전자껍질수가 증가하기 때문

예 2A족 원소인 마그네슘(Mg)과 칼슘(Ca)의 이온 반지름의 크기를 비교하면 $Mg^{2+} < Ca^{2+}$이다.

㉢ 등전자 이온의 반지름 : 원자번호가 클수록 반지름은 감소한다.

➜ 전하량이 증가하여 유효 핵전하가 증가하기 때문

예 $_{8}O^{2-} > {}_{9}F^{-} > {}_{11}Na^{+} > {}_{12}Mg^{2+}$

각 이온의 전자는 10개이고, 전자배치가 $1s^2 2s^2 2p^6$로 같다.

(4) 이온화에너지

① 기체상태의 중성원자로부터 전자 1개를 떼어 내어 기체상태의 양이온으로 만드는 데 필요한 에너지이다.

➜ 원자핵과 전자 사이의 인력이 클수록 이온화에너지가 크다.

$$M(g) + E \rightarrow M^{+}(g) + e^{-} \quad (E : \text{이온화에너지})$$

원자핵과 전자 사이의 인력을 끊고 전자를 떼어 내야 하므로 양이온이 될 때 에너지가 필요하며, 항상 양의 값이다.

예 $Na(g) + 495kJ/mol \rightarrow Na^{+}(g) + e^{-}$

Na(g)에서 전자 1mol을 떼어 내는 데 필요한 에너지는 495kJ이다.

② 이온화에너지가 작다. ➜ 전자를 떼어 내기 쉽다. ➜ 양이온이 되기 쉽다.

③ 이온화에너지가 크다. ➜ 전자를 떼어 내기 어렵다. ➜ 양이온이 되기 어렵다.

④ 이온화에너지의 주기성

㉠ 같은 주기 : 원자번호가 클수록 이온화에너지가 대체로 증가한다.

➜ 유효 핵전하가 증가하여 원자핵과 전자 사이의 인력이 증가하기 때문

예 5주기 원소인 텔루륨($_{52}Te$)과 아이오딘($_{53}I$)의 이온화에너지의 크기를 비교하면 $_{52}Te < {}_{53}I$이다.

㉡ 같은 족 : 원자번호가 클수록 이온화에너지는 감소한다.

➜ 전자껍질수가 증가하여 원자핵과 전자 사이의 인력이 감소하기 때문

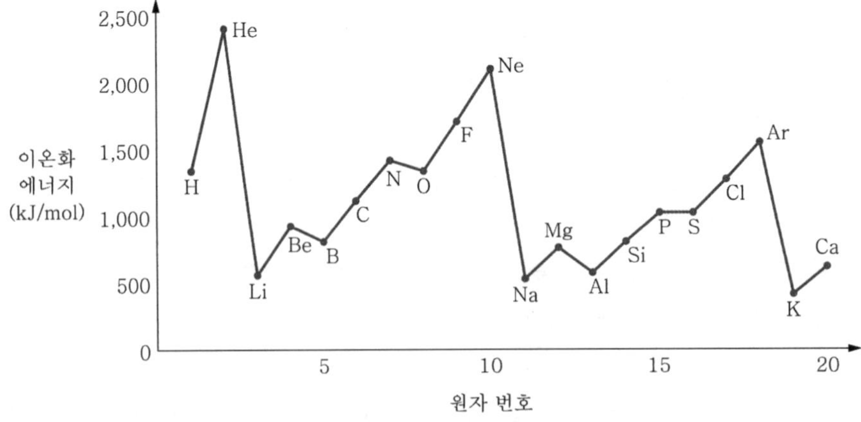

| 이온화에너지의 주기성 |

(5) 전자친화도

① 기체상태의 중성원자가 전자 1개를 얻어 기체상태의 음이온이 될 때 방출하는 에너지이다.

➜ 원자핵과 전자 사이의 인력이 클수록 전자친화도가 크다.

$\mathrm{X}(g) + e^- \rightarrow \mathrm{X}^-(g) + E$ (E : 전자친화도)

⚗ 원자핵과 전자 사이의 인력이 작용하므로 음이온이 될 때 에너지가 방출된다.

예 $Cl(g) + e^- \rightarrow Cl^-(g) + 349kJ/mol$

⚗ Cl(g)가 전자 1mol을 얻어 음이온이 될 때 방출하는 에너지는 349kJ이며, 모든 원소 중에서 염소의 전자친화도가 가장 크다.

② 전자친화도가 크다. ➜ 전자를 얻기 쉽다. ➜ 음이온이 되기 쉽다.

③ 전자친화도가 작다. ➜ 전자를 얻기 어렵다. ➜ 음이온이 되기 어렵다.

④ 전자친화도의 주기성

㉠ 같은 주기 : 원자번호가 클수록 전자친화도는 대체로 증가한다(단, 18족 원소는 제외).

➜ 유효 핵전하가 증가하여 원자핵과 전자 사이의 인력이 증가하기 때문

예 5주기 원소인 텔루륨($_{52}Te$)과 아이오딘($_{53}I$)의 전자친화도의 크기를 비교하면 $_{52}Te < _{53}I$이다.

㉡ 같은 족 : 원자번호가 클수록 전자친화도는 감소한다.

➜ 전자껍질수가 증가하여 원자핵과 전자 사이의 인력이 감소하기 때문

(6) 전기음성도

① 두 원자의 공유결합으로 생성된 분자에서 원자가 공유전자쌍을 끌어당기는 힘의 세기를 상대적인 수치로 나타낸 것으로, 단위는 없다.

② 전기음성도의 기준

플루오린(F)의 전기음성도를 4.0으로 정하고, 이 값을 기준으로 다른 원소들의 전기음성도를 상대적으로 정하였다.

예 플루오린(F) 4.0, 산소(O) 3.5, 질소(N) 3.0, 탄소(C) 2.5, 수소(H) 2.1

③ 전기음성도는 결합을 형성한 상태에서 원자가 공유전자쌍을 자기 쪽으로 끌어당겨 부분적인 (−)전하를 띠려는 경향을 나타내는 성질로, 이온화에너지와 전자친화도가 클수록 커지는 경향이 있다.

④ 전기음성도의 주기성

㉠ 같은 주기 : 원자번호가 클수록 전기음성도가 대체로 증가한다(단, 18족 원소는 제외).

➜ 유효 핵전하가 증가하여 원자핵과 전자 사이의 인력이 증가하기 때문

⚗ 18족 원소는 결합을 형성하지 않으므로 전기음성도를 나타낼 수 없다.

㉡ 같은 족 : 원자번호가 클수록 전기음성도가 대체로 감소한다.

➜ 전자껍질수가 증가하여 원자핵과 전자 사이의 인력이 감소하기 때문

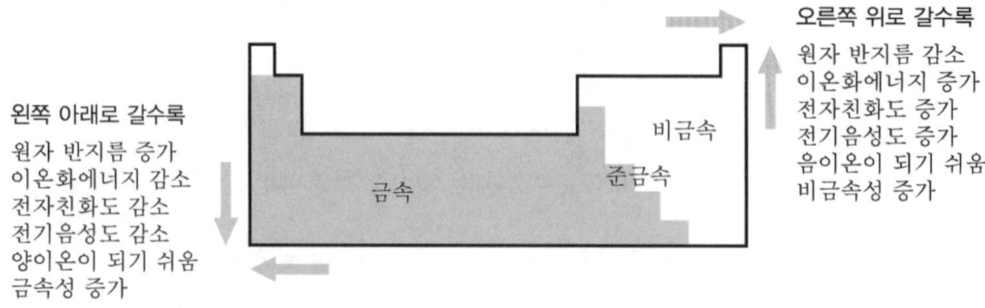

| 주기율 경향 |

5 원소들의 성질

(1) 비활성 기체의 전자배치

① 비활성 기체는 주기율표의 18족에 속하는 원소로, 헬륨(He), 네온(Ne), 아르곤(Ar), 크립톤(Kr) 등이 있다.

② 비활성 기체는 가장 바깥 전자껍질에 전자가 모두 채워져 안정한 전자배치를 이루며, 다른 원자와 결합하여 전자를 잃거나 얻으려 하지 않으므로 화학적으로 안정하다.

(2) 팔전자 규칙(octet rule)

원자들이 전자를 잃거나 얻어서 비활성 기체와 같이 가장 바깥 전자껍질에 전자 8개(단, He은 2개)를 채워 안정해지려는 경향을 뜻한다.

① **화학결합과 팔전자 규칙** : 원자들은 화학결합을 통해 팔전자 규칙을 만족시키는 안정한 전자배치를 이룬다.

② **이온의 형성과 팔전자 규칙** : 원자들이 전자를 잃거나 얻어 이온이 형성될 때는 비활성 기체와 같은 전자배치를 이룬다.

㉠ 양이온 : 금속원소는 전자를 잃어 양이온을 형성한다.

㉡ 음이온 : 비금속원소는 전자를 얻어 음이온을 형성한다.

(3) 이온결합

① 금속원소의 양이온과 비금속원소의 음이온 사이의 정전기적 인력에 의한 결합이다.

② **이온결정** : 이온결합화합물은 수많은 양이온과 음이온이 이온결합을 형성하여 삼차원적으로 서로를 둘러싸서 결정을 이룬다.

예 염화나트륨 결정 : 1개의 Na^+은 6개의 Cl^-에 의해 둘러싸여 있고, 1개의 Cl^-은 6개의 Na^+에 의해 둘러싸여 있다.

③ 이온결합력(쿨롱 힘)

㉠ 양이온과 음이온 사이에 작용하는 정전기적 인력으로, 이온의 전하량의 곱에 비례하고 두 이온 사이의 거리의 제곱에 반비례한다.

$$F = k \times \frac{q_1 \times q_2}{r^2}$$

여기서, F : 이온결합력(쿨롱 힘), q_1, q_2 : 두 이온의 전하량
k : 쿨롱 상수, r : 두 이온 사이의 거리

㉡ 이온결합력의 세기

- 이온의 전하량이 클수록 이온결합력이 강하다.
- 이온 사이의 거리가 짧을수록 이온결합력이 강하다.
- 이온결합력이 강할수록 이온결합화합물의 녹는점과 끓는점이 높다.

④ 이온결합화합물의 화학식

㉠ 양이온과 음이온의 개수비를 가장 간단한 정수비로 나타낸다.

㉡ 이온결합화합물은 전기적으로 중성이므로 양이온의 총 전하량과 음이온의 총 전하량이 같다.

(4) 공유결합

① 비금속원소의 원자들이 각각 전자를 내놓아 전자쌍을 만들고, 이 전자쌍을 공유하여 이루어지는 결합전자쌍을 공유함으로써 비활성 기체와 같은 전자배치를 이룬다.

② 공유전자쌍 : 두 원자에 서로 공유되어 결합에 참여하는 전자쌍이다.

③ 비공유전자쌍(고립전자쌍) : 공유결합에 참여하지 않고 한 원자에만 속해 있는 전자쌍이다.

(5) 배위결합

① 비공유전자쌍을 가진 원자나 분자가 다른 이온이나 분자에게 일방적으로 비공유전자쌍을 제공하여 이루어지는 공유결합이다.

② 배위결합의 예

㉠ 암모늄이온(NH_4^+) : 암모니아(NH_3)의 질소원자가 수소이온(H^+)에게 일방적으로 비공유전자쌍을 제공하여 형성된다.

㉡ 하이드로늄이온(H_3O^+) : 물(H_2O)의 산소원자가 수소이온(H^+)에게 일방적으로 비공유전자쌍을 제공하여 형성된다.

㉢ 삼플루오린화붕소암모늄(NH_3BF_3) : 삼플루오린화붕소는 팔전자 규칙에 어긋나지만, 암모니아에 있는 비공유전자쌍을 일방적으로 제공받아 삼플루오린화붕소암모늄을 형성하면 팔전자 규칙을 만족한다.

(6) 수소결합

① 수소결합은 전기음성도가 매우 큰 원자(O, N, F)에 결합한 수소원자와 같은 분자 또는 다른 분자의 전자가 풍부한 영역 간의 상호 인력이다.

② O-H, N-H, F-H 결합에서 수소는 부분양전하를 띠고, 전기음성도가 큰 원자가 부분음전하를 가져 극성이 크기 때문에 수소와 이웃원자의 비공유전자쌍 사이에는 매우 큰 쌍극자-쌍극자 인력이 생겨 수소결합을 형성한다.

③ NH_3, H_2O, HF는 수소결합을 하기 때문에 높은 끓는점을 갖는다.

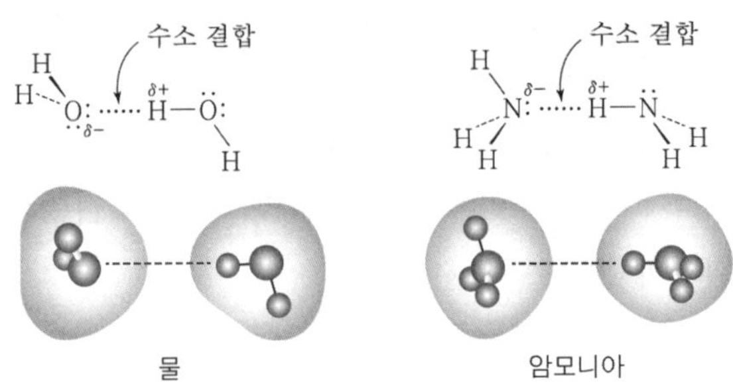

(7) 핵반응

① 핵반응이 화학반응과 다른 점은 원소가 다른 원소로 바뀐다는 것이다.

예 태양에너지는 수소에서 헬륨이 만들어지는 융합반응으로부터 생산된다. : ${}^{1}_{1}H + {}^{2}_{1}H \rightarrow {}^{3}_{2}He$

② **핵반응식** : 원소기호가 전체 중성원자를 나타내기보다는 원자 중 하나의 핵을 나타낸다. 따라서 아래첨자는 단지 핵전하(양성자)의 수를 나타낸다. 방출되는 전자는 ${}^{0}_{-1}e$로 나타내는데, 여기서 윗첨자인 0은 전자의 질량을 양성자 또는 중성자와 비교할 때 근본적으로 0임을 나타내고 아래첨자는 전하가 -1임을 나타낸다.

③ 중성자와 양성자의 총수(총칭하여 핵자라 불림) 또는 핵입자들이 반응식 양쪽 변에서 같기 때문에 반응식은 균형이 맞으며, 양변에서 핵의 전하와 다른 원소 단위의 입자(양성자와 전자)수도 같다. 핵반응식은 반응물의 질량수의 합과 생성물의 질량수의 합이 같을 때 균형이 맞는다.

예 우라늄(U) 동위원소의 핵분열 반응식 : ${}^{1}_{0}n + {}^{235}_{92}U \rightarrow {}^{139}_{56}Ba + {}^{94}_{36}Kr + 3{}^{1}_{0}n$

(8) 방사선

① **알파(α) 방사선** : α 입자는 두 개의 양성자와 두 개의 중성자로 구성된 헬륨 핵(${}^{4}_{2}He^{2+}$)과 동일하다.

② **베타(β) 방사선** : 질량 대 전하비가 전자($_{-1}^{0}e$ 또는 β^-)와 동일한 입자의 흐름으로 구성된다. β방출은 핵에 있는 중성자가 자발적으로 양성자와 전자로 붕괴되면서 방출될 때 발생한다.

③ **감마(γ) 방사선** : 전기장 또는 자기장에 아무런 영향을 받지 않고, 질량이 없으며, 매우 높은 에너지의 간단한 전자기 방사선이다. γ방사선은 항상 에너지를 방출하기 위한 메커니즘으로 α와 β방출을 수반한다. 그러나 생성되는 핵의 질량수나 원자번호는 변하지 않기 때문에 γ방사선은 종종 핵반응식에 나타나지 않는다.

6 원자가전자

(1) 루이스 구조

공유결합이나 극성공유결합에서 원자 사이의 전자의 공유를 나타내는 한 가지 방법은 루이스 구조로, 루이스 구조에서 가장 중요한 개념은 원자들이 결합을 형성할 때 완전한 원자가 껍질 또는 비활성 기체 전자배치를 만족시키도록 전자를 공유한다는 점이다.

① 단일결합인 경우

㉠ 수소(H_2)분자 : 전자 두 개를 공유함으로써 각 수소원자는 실질적으로 한 쌍의 전자를 갖게 되어 비활성 기체인 헬륨처럼 $1s^2$ 전자배치로 안정해진다.

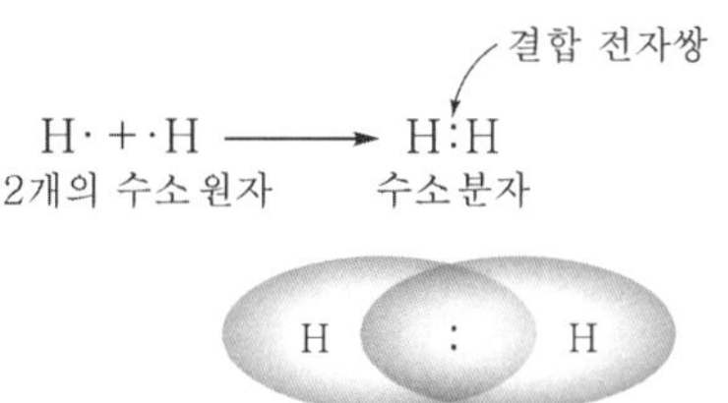

㉡ 플루오린(F_2)분자 : 플루오린원자의 7개 원자가전자 중 6개는 이미 3개의 원자 오비탈에 짝지어 채워져 있으므로 결합에서 공유되지 않는다. 그러나 일곱번째 원자가전자는 홀전자이므로 다른 플루오린과의 공유결합에서 공유될 수 있다. 그 결과 생성되는 F_2분자의 각 원자는 8개의 원자가 껍질전자를 갖는 비활성 기체 전자배치를 하며 팔전자 규칙을 따른다.

각 플루오린원자의 3쌍의 비결합전자를 고립전자쌍 또는 비결합전자쌍이라고 하며, 공유된 전자를 결합전자쌍이라고 한다.

〈 2주기 원소의 공유결합 〉

족	원자가전자 수	결합 수	예
13	3	3	BH_3
14	4	4	CH_4
15	5	3	NH_3
16	6	2	H_2O
17	7	1	HF

② 이중결합, 삼중결합인 경우

㉠ 산소(O_2) : 산소분자에서 산소원자는 두 쌍의 전자쌍, 즉 4개의 전자를 공유함으로써 원자가 껍질에 8개의 전자를 만족시키며 이중결합을 형성한다.

2개의 전자쌍은 이중결합을 형성한다. O=O

·Ö· + ·Ö· ⟶ Ö::Ö

㉡ 질소(N_2) : 질소분자의 질소원자는 세 쌍의 전자쌍, 즉 6개의 전자를 공유하여 삼중결합을 형성한다.

3개의 전자쌍은 삼중결합을 형성한다. N≡N

·N· + ·N· ⟶ :N:::N:

(2) 루이스 구조(전자점 구조) 그리기

① 단계 1 : 분자 또는 이온에 있는 전체 원자가전자수를 구한다.
모든 원자들에 대한 원자가전자수를 찾은 다음, 음이온은 각 음전하마다 1개의 전자를 더해주고, 양이온은 각 양전하마다 1개의 전자를 뺀다.

예 NO_3^-의 경우 N : 5개, O : 6개 × 3, e^- 1개이므로 전체 원자가전자는 24개이다.

② 단계 2 : 루이스 구조의 골격으로부터 단일결합선을 사용하여 결합을 표시한다.

㉠ 중심 원자는 일반적으로 가장 낮은 전기음성도를 갖는 원자이다(H 제외).

㉡ 수소와 할로젠 원소는 일반적으로 하나의 결합만을 형성한다.

③ 단계 3 : 단계 1에서 구한 전체 원자가전자수로부터 결합에 이용한 원자가전자수를 뺀 후에 남은 전자수를 구한다. 이 나머지 전자를 주변 원자에 필요한 만큼 할당하여 팔전자 규칙을 만족하게 한다.

예 NO_3^-의 경우, 24-6=18개 전자가 남아 O원자부터 팔전자 규칙을 만족하게 한다.

④ **단계 4 :** 단계 3 이후에도 남은 전자가 있다면 남은 전자는 중심 원자에 배치한다.

⑤ **단계 5 :** 중심 원자의 불완전한 팔전자를 해결하기 위해 다중결합을 만든다.
단계 3 이후에 남은 전자들이 더 이상 없지만, 중심 원자가 아직도 팔전자를 만족시키지 않으면 이웃원자에 있는 하나 이상의 고립전자쌍을 이용하여 다중결합을 만든다.

예 NO_3^-의 경우 중심 원자(N)가 팔전자를 만족하지 않으므로 [O = N — O : ; | ; :O:]⁻ 의 다중결합으로 만들어 팔전자 규칙을 만족하게 한다.

[O = N — O: ; | ; :O:]⁻ ⟷ [:O — N = O ; | ; :O:]⁻ ⟷ [:O — N — O: ; ‖ ; :O:]⁻

NO_3^- 이온의 루이스 구조는 3가지 모두 가능한 구조이며, 이를 공명구조라고 한다.

(3) 팔전자 규칙을 따르지 않는 경우

많은 분자가 팔전자 규칙을 만족하지만 예외인 경우도 있다.

① **전자 결핍**

붕소와 알루미늄 같은 3A족(13족) 원소들은 흔하게 8개보다 더 적은 수의 전자에 둘러싸이는 전자 결핍이 된다.

㉠ 플루오린화베릴륨(BeF_2) : 베릴륨(Be)은 원자가전자가 2개이다. 중심 원자인 베릴륨(Be)은 팔전자 규칙을 만족하지 않지만 구조적으로 안정하다.

㉡ 플루오린화붕소(BF_3) : 붕소(B)는 원자가전자가 3개이다. 중심 원자인 붕소(B)가 팔전자 규칙을 만족하지 않지만 구조적으로 안정하다.

② **확장 팔전자**

3주기와 그 아래 주기의 원소들은 팔전자 규칙에 의해 예측한 것보다 더 많은 수의 결합을 형성한다.

㉠ 오염화인(PCl_5) : 인(P)은 3주기 원소이므로 d오비탈이 존재하므로 8개 이상의 전자를 수용할 수 있다. PCl_5에서 인(P)은 10개의 전자를 가진다.

㉡ 육플루오린화황(SF_6) : 황(S)은 3주기 원소이므로 d오비탈이 존재하므로 8개 이상의 전자를 수용할 수 있다. SF_6에서 황(S)은 12개의 전자를 가진다.

1-2 화학량론

1 아보가드로수

(1) 원자량과 몰

① 원자량

㉠ 원자는 질량이 매우 작아 실제 질량을 그대로 사용하는 것은 불편하므로 특정 원자와 비교한 상대적 질량을 사용한다.

㉡ 질량수 12인 ^{12}C 원자의 질량을 12.00으로 정하고 이를 기준으로 하여 나타낸 원자들의 상대적인 질량값이다.

㉢ 평균원자량는 자연계에 존재하는 동위원소의 존재 비율을 고려하여 평균값으로 나타낸 원자량으로, 주기율표에 주어진 각 원소의 원자량은 모두 평균원자량이다.

② 1몰(mol)

㉠ 정확히 12.00g 속의 $^{12}_{6}C$ 원자의 수로 6.022×10^{23}개의 입자를 뜻하며, 이 수를 아보가드로수라고 한다.

㉡ 원자, 분자, 이온 등과 같이 매우 작은 입자의 묶음을 세는 단위이다.

(2) 분자량과 몰질량

① 분자량 : 분자를 구성하는 원자들의 원자량을 모두 합한 값이다.

② 실험식량 : 실험식을 구성하는 모든 원자들의 원자량의 합이다. 분자로 존재하지 않는 물질의 경우 실험식량으로 화학식량을 나타낸다.

③ 몰질량

㉠ 1몰의 질량 : 화학식량(원자량, 분자량)에 g을 붙인 값으로, 단위는 g/mol이다.

㉡ 원자나 분자의 몰수는 주어진 질량을 원자량이나 분자량으로 나누어 구한다.

2 몰 계산과 성분비

(1) 몰과 입자수

① 물질의 종류에 관계없이 물질 1몰(mol)에는 물질을 구성하는 입자 6.022×10^{23}개가 들어 있다.

예 질소분자 0.18mol에는 $0.18\text{mol}\times\frac{6.022\times10^{23}}{1\text{mol}}=1.08\times10^{23}$개의 질소분자가 들어 있다.

② 분자의 몰수로부터 분자를 구성하는 원자의 몰수를 알 수 있다.

예 1. 물분자(H_2O) 1mol에는 수소원자 2mol과 산소원자 1mol이 들어 있다.

2. 이산화탄소(CO_2)분자 0.01mol에는 $0.01\text{mol } CO_2 \times \frac{2\text{mol O}}{\text{mol } CO_2} = 0.02\text{mol O}$가 들어 있다.

(2) 몰질량과 몰, 입자수, 부피의 관계

몰질량=1mol의 질량, 6.022×10^{23}개=1mol의 입자수, STP에서 22.4L=기체 1mol의 부피

예 11.3g의 암모니아(NH_3) 속에 들어 있는 수소 원자의 mol수는

$$11.3\text{g } NH_3 \times \frac{1\text{mol } NH_3}{17\text{g } NH_3} \times \frac{3\text{mol H}}{1\text{mol } NH_3} = 1.99\text{mol H}$$, 즉 1.99mol이다.

(3) 성분비

원소의 백분율 성분비(=질량백분율)는 한 화합물 내에서 물질을 구성하는 각 원소들이 차지하는 질량백분율이다.

$$\text{원소의 질량백분율(\%)} = \frac{\text{화학식에 포함된 해당 원소의 원자량의 합}}{\text{화합물의 화학식량}} \times 100$$

3 실험식과 분자식

(1) 실험식

물질을 이루는 원자, 분자 또는 이온의 종류와 수를 가장 간단한 정수의 비로 나타낸 식으로 어떤 물질의 화학식을 실험적으로 구할 때 가장 먼저 구할 수 있는 식이다.

예 벤젠(C_6H_6)의 실험식은 CH이다.

(2) 실험식의 결정

원소 분석을 통해 물질을 구성하는 성분 원소의 질량비나 질량백분율을 구한 후 성분 원소의 질량비를 원자량으로 나누어 원자수의 비를 구하고 실험식을 나타낸다.

예를 들어, 백분율 성분비가 탄소(C) 84.1%와 수소(H) 15.9%인 화합물의 실험식을 구하는 과정은 다음과 같다.

먼저, 계산을 쉽게 하기 위해 임의로 100g의 물질을 취하고, 몰질량을 사용하여 100g에 포함된 원소의 몰수를 구한다.

$$84.1\text{g C} \times \frac{1\text{mol C}}{12.00\text{g C}} = 7.01\text{mol C},\ 15.9\text{g H} \times \frac{1\text{mol H}}{1.00\text{g H}} = 15.9\text{mol H}$$

C와 H의 상대적 몰수를 알고 있으므로 둘 중 더 작은 수인 7.01mol로 나누어 몰비를 구한다.

$$7.01\text{mol} \times \frac{1}{7.01\text{mol}} = 1,\ 15.9\text{mol} \times \frac{1}{7.01\text{mol}} = 2.24$$

1 : 2.24의 C : H 몰비를 최소 정수의 비로 나타낸다(4를 곱한다).

1 : 2.24≒4 : 9

따라서, 화합물의 실험식은 C_4H_9이다.

(3) 분자식

분자를 구성하는 원자의 종류와 수를 원소기호를 사용하여 나타낸 식이다.

⚠ 분자의 실제 원자수를 나타내는 분자식은 실험식과 동일하거나 그 배수일 수 있다.

(4) 분자식의 결정

실험식으로부터 분자식을 결정하려면 물질의 분자량을 알아야 한다.

$$\text{실험식} \times n = \text{분자식}$$

여기서, n : 실험식 단위수(양의 정수)

⚠ 실험식이 같더라도 n이 다르면 분자식은 달라진다.

$$n = \frac{\text{분자량}}{\text{실험식량}}$$

예를 들어, 실험식이 C_4H_9인 화합물의 분자량이 114.2일 때, 화합물의 분자식 구하는 과정은 다음과 같다.

먼저, 실험식량과 분자량을 이용하여 n(실험식 단위수)을 구한다.

$$n = \frac{114.2}{57.1} = 2.00$$

실험식의 아래첨자에 n을 곱한다.

$C_{(4\times2)}H_{(9\times2)}$

따라서, 화합물의 분자식은 C_8H_{18}이다.

4 반응비

(1) 화학반응식 균형 맞추기

⚠ 질량보존의 법칙 결과로 화학반응에서 원자가 생성되거나 파괴되지 않으므로, 생성물과 반응물에 있는 원자의 개수와 종류는 동일하여야 한다. 균형 맞춘 화학반응식을 균형 화학반응식이라고 한다.

① 각 반응물과 생성물의 정확한 화학식 단위를 사용하여 불균형 반응식을 작성한다.

⚠ "→"를 기준으로 반응물의 화학식은 왼쪽에, 생성물의 화학식은 오른쪽에 쓰고, 물질 사이는 "+"로 연결한다.

② 반응 전후 원자의 개수가 같도록 계수를 맞춘다.

③ 계수는 가장 간단한 정수로 나타내고 1이면 생략한다.

④ 반응식의 양쪽에 있는 원자의 개수와 종류가 같은지를 확인하여 답을 점검한다.

⑤ 물질의 상태를 표시할 경우 ( ) 안에 기호를 이용하여 나타낸다.

고체(s, solid), 액체(l, liquid), 기체(g, gas), 수용액(aq, aqueous solution)

(2) 화학반응식에서의 양적 관계

반응물과 생성물의 계수비로부터 몰수, 입자수, 부피, 질량 등의 양적 관계를 알 수 있다.

① 균형 화학반응식의 계수비는 물질의 몰(수)비 또는 입자수의 비와 같다.

② 기체의 부피비는 몰(수)비와 같으므로 기체반응에서 균형 화학반응식의 계수비는 기체의 부피비와 같다.

③ 화학반응 전후에 원자의 종류와 개수가 일정하므로 질량보존의 법칙이 성립된다.

5 화학량론 계산

(1) 화학량론(stoichiometry)

① 화학반응에서 반응물과 생성물에 대한 정량적인 연구를 뜻한다.

② **몰방법** : 화학반응에서 화학량론적 계수들은 각 물질의 몰수로 해석한다.

예 $N_2(g) + 3H_2(g) \rightarrow 2NH_3(g)$에서 화학량론적 계수에 의하면 N_2 한 분자가 반응하여 NH_3 두 분자를 생성한다. 따라서 위 반응식은 "질소기체 1mol과 수소기체 3mol이 반응하여 암모니아기체 2mol이 생성되었다"라고 해석할 수 있다.

③ **한계시약(=한계반응물)** : 반응에서 먼저 소모되는 반응물로서, 이 물질의 양이 처음에 얼마나 있었는지에 따라 생성물의 양이 결정된다. 이 반응물이 완전히 소모되면 생성물은 더 이상 만들어지지 않는다.

④ **초과시약** : 한계시약과 반응할 때 필요한 양보다 훨씬 더 많은 양이 존재하는 반응물이다.

(2) 반응수득률

① **이론적 수득량** : 반응 초기에 존재하는 한계시약이 완전히 반응했을 때 얻을 수 있는 생성물의 양이다.

② **실제 수득량** : 실제 반응을 통해서 얻은 생성물의 양으로 이론적 수득량보다 적다.

③ **수득백분율** : 이론적 수득량에 대한 실제수득량의 비

$$\text{수득백분율(\%)} = \frac{\text{실제 수득량}}{\text{이론적 수득량}} \times 100$$

6 반응열(Q)

화학반응이 일어날 때는 열을 방출하거나 흡수하는데, 이때 방출하거나 흡수하는 열을 반응열이라고 한다.

(1) 발열반응

① 화학반응이 일어날 때 열을 방출하는 반응이다.

② 생성물의 에너지 총합이 반응물의 에너지 총합보다 작으므로 반응하면서 열을 방출한다.
→ 열을 방출하므로 주위의 온도가 올라간다.

③ 생성물이 반응물보다 에너지가 작으므로 더 안정하다.

④ $A+B \rightarrow C+Q$ 또는 $A+B \rightarrow C$, $\Delta H < 0$

(2) 흡열반응

① 화학반응이 일어날 때 열을 흡수하는 반응이다.

② 생성물의 에너지 총합이 반응물의 에너지 총합보다 크므로 반응하면서 열을 흡수한다.
→ 열을 흡수하므로 주위의 온도가 내려간다.

③ 반응물이 생성물보다 에너지가 작으므로 더 안정하다.

④ $A+B+Q \rightarrow C$ 또는 $A+B \rightarrow C$, $\Delta H > 0$

(3) 반응엔탈피(ΔH)

① 일정한 압력에서 화학반응이 일어날 때의 엔탈피 변화로, 생성물의 엔탈피 합에서 반응물의 엔탈피 합을 뺀 값이다.

$\Delta H_{반응} = \sum H_{생성물} - \sum H_{반응물}$

엔탈피 : 어떤 압력과 온도에서 물질이 가지고 있는 에너지

② 발열반응에서는 생성물의 엔탈피 합이 반응물의 엔탈피 합보다 작으므로 반응이 진행되면서 엔탈피가 감소한다.

$\sum H_{생성물} < \sum H_{반응물}$, $\Delta H < 0$

③ 흡열반응에서는 생성물의 엔탈피 합이 반응물의 엔탈피 합보다 크므로 반응이 진행되면서 엔탈피가 증가한다.

$\sum H_{생성물} > \sum H_{반응물}$, $\Delta H > 0$

(4) 반응열의 종류

① **연소열(연소엔탈피)** : 어떤 물질 1mol이 완전연소할 때 방출되는 열량

② 생성열(생성엔탈피)

㉠ 어떤 물질 1mol이 성분 원소의 가장 안정한 홑원소 물질로부터 생성될 때 흡수되거나 방출되는 열량

㉡ 표준생성엔탈피($\Delta H_f°$) : 25℃, 1atm에서 성분 원소로부터 물질 1mol이 생성될 때의 엔탈피 변화

③ **분해열** : 어떤 물질 1mol이 성분 원소의 가장 안정한 홑원소 물질로 분해될 때 흡수되거나 방출되는 열량

④ **중화열** : 산과 염기가 중화반응하여 1mol의 물(H_2O)이 생성될 때 방출되는 열량

⑤ **용해열** : 어떤 물질 1mol이 충분한 양의 용매에 용해될 때 방출되거나 흡수되는 열량

7 기체에 대한 화학량론

(1) 기체의 압력과 부피와의 관계

온도가 일정할 때 일정량의 기체에 가해지는 압력이 커지면 기체의 부피는 작아지고, 가해지는 압력이 작아지면 기체의 부피는 커진다.

① **보일 법칙**(Boyle's law) : 일정한 온도에서 일정량의 기체의 부피(V)는 압력(P)에 반비례한다.

② $P \times V$=일정 ➜ $P_1 \times V_1 = P_2 \times V_2$

(2) 기체의 온도와 부피와의 관계

압력이 일정할 때 일정량의 기체는 온도가 높아지면 기체의 부피는 커지고, 온도가 낮아지면 기체의 부피가 작아진다.

① **절대영도** : 이론적으로 기체의 부피가 0이 되는 온도로 −273.15℃이며, 이 온도를 절대온도의 기준으로 하여 0K이라고 한다.

절대온도(K)=섭씨온도(℃)+273.15

⚗ 절대온도를 섭씨온도(℃)+273으로 계산하기도 한다.

② **샤를 법칙**(Charle's law) : 일정한 압력에서 일정량의 기체의 부피(V)는 절대온도(T)에 비례한다.

③ $\frac{V}{T}$=일정 ➜ $\frac{V_1}{T_1} = \frac{V_2}{T_2}$

(3) 아보가드로 법칙(Avogadro's law)

일정한 온도와 압력에서 기체의 부피(V)는 몰수(n)에 비례한다.

① 온도와 압력이 같을 때, 기체는 종류에 관계없이 같은 부피 속에 같은 수의 입자를 갖는다.

② 기체 1mol은 0℃, 1atm(STP)에서 22.4L의 부피를 차지하며, 기체의 몰수가 많아지면 부피도 이에 비례하여 증가한다.

(4) 이상기체방정식

일정한 온도와 압력에서 기체의 부피(V)는 몰수(n)에 비례한다.

① **이상기체법칙** : 보일 법칙, 샤를 법칙, 아보가드로 법칙의 기체 관련 법칙을 하나의 식으로 정리한 것이다.

$$PV = nRT$$

여기서, P : 압력, V : 부피, n : 몰수, R : 기체상수, T : 온도

이상기체 : 분자 자체의 부피가 없고, 분자 사이의 인력이나 반발력이 작용하지 않는 가상적인 기체
→ 기체 관련 법칙이 완전히 적용된다.

② **기체상수(R)** : 0℃, 1atm(STP)에서 기체 1몰의 부피는 22.4L이므로, 이 값들을 이상기체법칙에 대입하여 구한 비례상수(R)는 다음과 같다.

$$R = \frac{PV}{nT} = \frac{1\text{atm} \times 22.4\text{L}}{1\text{mol} \times 273\text{K}} = 0.0821\text{atm} \cdot \text{L/mol} \cdot \text{K}$$

③ 반 데르 발스(van der Waals)는 보정된 압력과 보정된 부피를 이용하여 이상기체방정식을 수정하여 실제 기체에 대한 방정식을 유도하였다.

(5) 돌턴의 부분압력법칙

혼합기체의 전체 압력은 각 성분 기체의 부분압력의 합과 같다.

$$P_{전체} = P_A + P_B + P_C + \cdots$$

$P_{전체} = \frac{n_{전체}RT}{V}$, $P_A = \frac{n_ART}{V}$, $P_B = \frac{n_BRT}{V}$ 를 대입하면 다음과 같다.

$\frac{n_{전체}RT}{V} = \frac{n_ART}{V} + \frac{n_BRT}{V} = \frac{(n_A + n_B)RT}{V}$ 이다.

(6) 그레이엄(Graham)의 확산법칙

일정한 온도와 압력에서 기체의 분출 또는 확산 속도는 기체의 분자량의 제곱근에 반비례한다.

$$\frac{V_A}{V_B} = \sqrt{\frac{M_B}{M_A}}$$

(7) 기체분자운동론

기체의 여러 가지 성질을 기체분자의 운동을 이용하여 설명하는 이론이며, 기체분자운동론의 가정은 다음과 같다.

① 기체는 끊임없이 무질서하게 움직이는 많은 수의 분자로 이루어져 있다.

➜ 기체분자들은 빠른 속력으로 끊임없이 무질서한 직선운동을 한다.

② 기체분자 사이에는 인력과 반발력이 작용하지 않는다.

➜ 분자 사이에 인력이 크게 작용하면 액체나 고체 상태가 된다.

③ 기체분자 자체의 부피는 기체가 차지하는 전체 부피에 비해 매우 작으므로 무시한다.

➜ 기체분자들은 서로 멀리 떨어져 있기 때문에 기체가 차지하는 부피의 대부분은 빈 공간이다.

④ 기체분자 사이의 충돌이나 벽과의 충돌은 완전탄성충돌이므로 충돌 후 에너지 손실이 없다.

➜ 기체분자들은 충돌할 때 에너지 손실이 없기 때문에 충돌 후에도 속력이 느려지지 않는다.

⑤ 기체분자의 평균운동에너지는 절대온도에만 비례한다.

1-3 산과 염기

1 산과 염기 정의

(1) 아레니우스(Arrhenius)의 산과 염기

① 산(acid)

㉠ 수용액에서 수소이온(H^+)을 내놓을 수 있는 물질이다.

㉡ 염산(HCl), 황산(H_2SO_4), 질산(HNO_3), 아세트산(CH_3COOH), 인산(H_3PO_4) 등이 있다.

$HCl(aq) \rightarrow H^+(aq) + Cl^-(aq)$, $H_3PO_4(aq) \rightleftarrows 3H^+(aq) + PO_4^{3-}(aq)$

㉢ 수소이온(H^+)은 실제로는 수용액에서 단독으로 존재하는 것은 아니다. 수소이온(H^+)은 물(H_2O)분자와 배위결합하여 하이드로늄이온(H_3O^+)의 형태로 존재한다.

② 염기(base)

㉠ 수용액에서 수산화이온(OH^-)을 내놓을 수 있는 물질이다.

㉡ 수산화소듐(NaOH), 수산화칼슘[$Ca(OH)_2$], 수산화포타슘(KOH), 수산화마그네슘[$Mg(OH)_2$] 등이 있다.

$NaOH(aq) \rightarrow Na^+(aq) + OH^-(aq)$

③ 아레니우스 정의와 중화반응

㉠ 산과 염기가 반응하여 물과 염을 생성하는 중화반응에서 발생하는 중화열은 아레니우스 이론의 증거가 된다.

㉡ 중화반응은 $H^+(aq)$과 $OH^-(aq)$의 반응이기 때문에 강한 산과 강한 염기가 반응하여 물이 생성되는 반응의 반응열(ΔH)은 항상 $-57.7kJ/mol$이다.

반응열(ΔH)이 음의 값(< 0)이면 열을 방출하는 발열반응이다.

(2) 브뢴스테드-로리(Brönsted-Lowry)의 산과 염기

① **산** : 양성자(H^+)를 내놓는 물질(분자 또는 이온) ➜ 양성자 주개(proton donor)

② **염기** : 양성자(H^+)를 받아들이는 물질(분자 또는 이온) ➜ 양성자 받개(proton acceptor)

③ 물(H_2O)과 염산(HCl)의 반응

$HCl(aq) + H_2O(l) \rightleftarrows H_3O^+(aq) + Cl^-(aq)$

㉠ 정반응의 경우에는 염산(HCl)이 물(H_2O)에게 양성자(H^+)를 주었으므로 염산(HCl)은 산으로 작용하였고, 물(H_2O)은 양성자(H^+)를 받았으므로 염기로 작용하였다.

㉡ 역반응의 경우에는 하이드로늄이온(H_3O^+)이 염화이온(Cl^-)에게 양성자(H^+)를 주었으므로 하이드로늄이온(H_3O^+)은 산으로 작용하였고, 염화이온(Cl^-)은 양성자(H^+)를 받았으므로 염기로 작용하였다.

④ 짝산(conjugate acid)과 짝염기(conjugate base)

$$\underset{\text{산1}}{HCl} + \underset{\text{염기2}}{H_2O} \rightleftharpoons \underset{\text{산2}}{H_3O^+} + \underset{\text{염기1}}{Cl^-}$$

(HCl → H_2O : H^+, H_3O^+ → Cl^- : H^+)

㉠ H^+의 이동에 의하여 산과 염기로 되는 한 쌍의 물질을 짝산－짝염기 쌍이라고 한다.

$$\text{짝산} \rightleftharpoons \text{짝염기} + H^+$$

㉡ 염산과 물의 반응에서는 HCl과 Cl^-, H_3O^+과 H_2O이 짝산－짝염기 쌍이다. HCl의 짝염기는 Cl^-이고 Cl^-의 짝산은 HCl이며, H_3O^+의 짝염기는 H_2O이고, H_2O의 짝산은 H_3O^+이다.

짝산－짝염기 (산1 — 염기1)

산1 + 염기2 ⇌ 염기1 + 산2

짝산－짝염기 (염기2 — 산2)

예 $\underset{\text{산1}}{HF(aq)} + \underset{\text{염기2}}{H_2O(l)} \rightleftarrows \underset{\text{염기1}}{F^-(aq)} + \underset{\text{산2}}{H_3O^+(aq)}$

$\underset{\text{산1}}{CH_3COOH(aq)} + \underset{\text{염기2}}{H_2O(l)} \rightleftarrows \underset{\text{염기1}}{CH_3COO^-(aq)} + \underset{\text{산2}}{H_3O^+(aq)}$

⑤ 양쪽성 물질(amphoteric substance)

㉠ 암모니아(NH_3)와 물의 반응에서는 염산과 물의 반응과는 달리 물이 암모니아에게 H^+를 주므로 물이 산으로 작용하고 암모니아가 염기로 작용한다.

$H_2O(l)$ + $NH_3(aq)$ ⇄ $OH^-(aq)$ + $NH_4^+(aq)$

산1　　염기2　　염기1　　산2

㉡ 물은 염기로도 작용하고 산으로도 작용하는데, 물과 같이 하나의 물질이 산으로 작용하기도 하고 염기로 작용하기도 하는 것을 양쪽성 물질이라고 한다.

㉢ 양쪽성 물질은 H^+을 내놓을 수도 있고 받을 수도 있는 물질이다.

예 H_2O, HS^-, HCO_3^-, HSO_4^-, $H_2PO_4^-$ 등

(3) 루이스(Lewis)의 산과 염기

① **산** : 다른 물질의 전자쌍을 받아들이는 물질 ➜ 전자쌍 받개(electron pair acceptor)

② **염기** : 다른 물질에 전자쌍을 내놓는 물질 ➜ 전자쌍 주개(electron pair donor)

③ 루이스 정의의 특징

㉠ 루이스의 산 · 염기 정의에서 산은 양성자를 내놓는 물질뿐만 아니라 금속이온과 최외각에 전자쌍을 받을 수 있는 다른 이온이나 분자까지 확장된다.

㉡ 염기는 양성자를 받아들일 수 있는 물질뿐만 아니라 다른 이온이나 분자에게 줄 수 있는 비공유전자쌍을 가진 물질까지 확장된다.

㉢ 삼플루오린화붕소(BF_3)의 반응 : NH_3는 BF_3에게 전자쌍을 제공했으므로 루이스 염기로 작용했고, BF_3는 전자쌍을 받았으므로 루이스 산으로 작용했다. 루이스의 산 · 염기 반응에서 형성되는 결합은 루이스 염기가 고립 전자쌍을 루이스 산에게 일방적으로 제공하여 형성되는 배위공유결합이다.

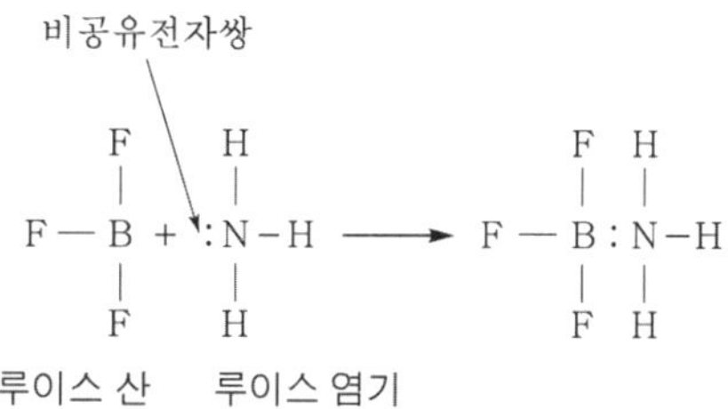

(4) 반응성

① **산과 염기의 성질** : 산은 수용액 중에서 H_3O^+(또는 H^+)의 농도를 증가시키는 물질이며, 염기는 H_3O^+(또는 H^+)의 농도를 감소시키거나 OH^-의 농도를 증가시키는 물질이다.

산의 성질	염기의 성질
신맛이 있다.	쓴맛이 있고, 미끈미끈하다.
푸른색 리트머스 종이를 붉은색으로 변색시킨다.	붉은색 리트머스 종이를 푸른색으로 변색시킨다.
BTB 용액을 노란색으로 변색시킨다.	BTB 용액을 푸른색으로 변색시킨다.
금속과 반응하여 수소(H_2)기체를 발생시킨다.	페놀프탈레인 용액을 붉게 변색시킨다.
염기와 중화반응한다.	산과 중화반응한다.

② 산과 금속의 반응

㉠ 산은 마그네슘(Mg), 알루미늄(Al), 아연(Zn), 철(Fe)과 같이 수소보다 반응성이 큰 금속과 반응하여 수소(H_2)기체를 발생시킨다.

㉡ 농도가 같은 산에서는 강한 산일수록 수소(H_2)기체를 빨리 발생시킨다.

$Mg(s) + 2HCl(aq) \rightarrow MgCl_2(aq) + H_2(g)$

$Zn(s) + H_2SO_4(aq) \rightarrow ZnSO_4(aq) + H_2(g)$

㉢ 금속을 산의 수용액 속에 넣으면 금속이 이온으로 녹아 나오면서 내놓은 전자를 산의 수용액 중에 있는 수소이온이 받아 수소기체로 발생한다.

㉣ 수소보다 반응성이 작은 금속인 구리(Cu), 수은(Hg), 은(Ag), 금(Au), 백금(Pt) 등은 산과 반응하지 않는다.

③ 금속의 반응성

㉠ 금속의 반응성은 금속이 양이온으로 되려는 경향을 의미한다.

㉡ 금속의 반응성이 클수록 전자를 쉽게 잃어 양이온이 되기 쉽고, 산화가 잘 되므로 환원력이 크며, 산이나 물과의 반응성이 커진다.

<table>
<tr><th>이온화 경향</th><th colspan="5">K > Ca > Na > Mg > Al > Zn > Fe > Sn > Pb > (H) > Cu > Hg > Ag > Au</th></tr>
<tr><td>금속의 반응성</td><td colspan="5">크다 ──────────────→ 작다</td></tr>
<tr><td>공기와의 반응</td><td colspan="2">쉽게 산화됨</td><td colspan="2">서서히 산화됨</td><td>산화 안 됨</td></tr>
<tr><td>물과의 반응</td><td>찬물과 반응</td><td colspan="2">고온에서 반응</td><td colspan="2">반응하지 않음</td></tr>
<tr><td>산과의 반응</td><td colspan="4">산과 반응함</td><td>반응하지 않음</td></tr>
</table>

④ 할로젠의 반응성

㉠ 할로젠 원소는 반응성이 클수록 전자를 얻어 환원되기 쉽다. 원자번호가 클수록 할로젠 분자의 반응성이 감소하는 경향이 나타난다.

➜ $F_2 > Cl_2 > Br_2 > I_2$

㉡ 할로젠 반응성의 비교 : 어떤 할로젠 분자(A_2)와 다른 할로젠화 이온(B^-)의 반응에서

- 반응성이 $A_2 > B_2$일 때 : 반응성이 큰 할로젠 분자(A_2)는 전자를 얻어 환원되고, 반응성이 작은 할로젠화 이온(B^-)은 전자를 잃고 산화된다.

  ➜ $A_2 + 2B^- \rightarrow 2A^- + B_2$

- 반응성이 $A_2 < B_2$일 때 : 반응이 일어나지 않는다.

  ➜ $A_2 + 2B^- \rightarrow$ 반응×

  예 $F_2 + 2I^- \rightarrow 2F^- + I_2$ 반응이 일어난다.
  $I_2 + 2Cl^- \rightarrow$ 반응이 일어나지 않는다.

2 pH 개념

(1) pH 척도(pH scale)

① H_3O^+(또는 H^+)의 농도를 몰농도로 나타내면 너무 작은 값이므로 사용하기에 불편하여, pH 척도로 알려진 로그 척도로 표현하는 것이 더 편리하다.

② 용액의 pH는 H_3O^+의 몰농도에 −log를 취한 것이다.

$pH = -\log[H_3O^+]$

⚗ $[H_3O^+]$가 클수록 pH는 작아지며, pH가 1씩 감소할 때마다 $[H_3O^+]$는 10배씩 증가한다.

③ 25℃의 순수한 물이나 중성 용액에서 $[H_3O^+]=1.00\times10^{-7}$M이므로 pH=7.00이 된다.

④ pH를 정의한 것과 같은 방법으로 pOH를 정의하면 다음과 같다.

$pOH = -\log[OH^-]$

⑤ 25℃에서 $K_w=[H_3O^+][OH^-]=1.00\times10^{-14}$이므로 양변에 −log를 취하면

$$-\log K_w = -\log[H_3O^+][OH^-]$$
$$= -\log[H_3O^+] + -\log[OH^-]$$
$$= -\log(1.00\times10^{-14})$$

에서 pH + pOH=14.00이다.

⚗ $\log AB = \log A + \log B$

(2) 수용액의 액성과 pH

① 산성 용액은 $[H_3O^+]$가 1.00×10^{-7}M보다 크므로 pH가 7.00보다 작고, 염기성 용액은 $[H_3O^+]$가 1.0×10^{-7}M보다 작으므로 pH가 7.00보다 크다.

② pH가 작을수록 산성이 강해지고, pH가 커질수록 염기성이 강해진다.

③ 25℃ 수용액에서 pH와 pOH의 합은 항상 14.00이므로 pH가 커지면 pOH는 작아진다.

㉠ 산성 : $pH < 7.00$, $pOH > 7.00$

㉡ 중성 : $pH = 7.00$, $pOH = 7.00$

㉢ 염기성 : $pH > 7.00$, $pOH < 7.00$

3 산과 염기의 세기

(1) 산의 세기

① 염산, 황산, 질산과 같은 강산은 수용액 중에서 대부분 이온화한다.

② 아세트산이나 탄산과 같은 약산은 대부분 분자로 존재하고 일부만 이온화한다.

③ 같은 농도의 여러 가지 산에서 전류의 세기는 산의 세기에 따라 달라지는데, 강산일수록 이온이 많아 전류의 세기가 강하다.

(2) 염기의 세기

① 수산화소듐(NaOH)이나 수산화포타슘(KOH)과 같이 물에 잘 녹는 염기는 물속에서 대부분 해리하므로 강한 염기성을 나타내고 전류도 잘 흐르게 한다.

② 물에 잘 녹지 않는 염기는 수산화이온(OH^-)을 잘 내놓지 않으므로 염기성을 거의 나타낼 수 없고 전류도 잘 흐르게 할 수 없다.

③ 암모니아(NH_3)는 물에 잘 녹지만 물 분자와 암모니아 분자가 결합하고 있으므로 일부만 이온화하여 암모늄이온(NH_4^+)과 수산화이온(OH^-)으로 이온화하여 약한 염기성을 나타낸다.

(3) 이온화도

$$\text{이온화도}(\alpha) = \frac{\text{이온화된 전해질의 몰수}}{\text{용해된 전해질의 몰수}} \quad (0 \le \alpha \le 1)$$

• 전해질 : 물에 녹아 이온화하여 전기가 통하는 물질로 강산과 강염기는 강전해질, 약산과 약염기는 약전해질이다.
• 비전해질 : 이온화하지 않아 전기가 통하지 않는 물질로 설탕($C_{12}H_{22}O_{11}$), 포도당($C_6H_{12}O_6$), 에탄올(C_2H_5OH) 등이 있다.

① 전해질을 물에 녹였을 때 이온화 평형을 이루는 전해질 수용액에서 용해된 전해질의 전체 몰수에 대한 이온화된 전해질 몰수의 비를 이온화도라고 하며, α로 나타낸다. 이온화도(α)가 1에 가까우면 강한 전해질이고, 이온화도(α)가 0에 가까우면 약한 전해질이다.

② 산과 염기의 이온화도

㉠ 수용액은 H_3O^+에 의해 산성을 나타내고, OH^-에 의해 염기성을 나타낸다.

㉡ 같은 몰수의 전해질을 물에 녹였을 때 이온화도(α)가 큰 물질일수록 이온화 평형에서의 H_3O^+이나 OH^-의 평형 농도가 크므로 산성이나 염기성이 강하다.

㉢ 약산 HA는 수용액에서 이온화 평형 $HA(aq) \rightleftarrows H^+(aq) + A^-(aq)$을 이룬다.

예 25℃에서 이온화도(α)가 0.2인 약산 HA 수용액에서 각 화학종의 존재비는 몰수비로 $HA : H^+ : A^- = 4 : 1 : 1$이다.

㉣ 이온화도(α)는 같은 온도에서는 농도가 작을수록 커지고, 같은 농도에서는 온도가 높을수록 커진다.

(4) 이온화상수

① 산의 이온화상수(K_a, 산 해리상수)

$$K_a = \frac{[H_3O^+][A^-]}{[HA]}$$

㉠ 수용액 상태에서 산 HA가 물에 녹아 이온화 평형 $HA(aq) + H_2O(l) \rightleftarrows H_3O^+(aq) + A^-(aq)$을 이룬다.

㉡ K_a는 다른 평형상수와 마찬가지로 온도에 의존한다.

㉢ 이온화상수 K_a는 온도가 일정하면 산의 농도에 관계없이 항상 일정하며, K_a가 크면 강한 산이고 K_a가 작으면 약한 산이다.

예 아세트산(CH_3COOH)의 이온화상수(K_a)는
이온화 평형 $CH_3COOH(aq) + H_2O(l) \rightleftarrows CH_3COO^-(aq) + H_3O^+(aq)$을 이루므로
$K_a = \frac{[CH_3COO^-][H_3O^+]}{[CH_3COOH]} = 1.75 \times 10^{-5}$(25℃에서)이다.

② 염기의 이온화상수(K_b)

$$K_b = \frac{[BH^+][OH^-]}{[B]}$$

㉠ 수용액 상태에서 염기 B가 물에 녹아 이온화 평형 $B(aq) + H_2O(l) \rightleftarrows BH^+(aq) + OH^-(aq)$을 이룬다.

㉡ 일정한 온도에서 염기의 이온화상수도 산의 이온화상수와 같이 일정한 값을 가진다.

㉢ K_b가 클수록 강한 염기이고, K_b가 작을수록 약한 염기이다.

③ 이온화도(α)와 이온화상수의 관계

㉠ 처음 농도가 C(M)인 약한 산 HA와 K_a와 α의 관계는 다음과 같다.

$HA(aq) + H_2O(l) \rightleftarrows H_3O^+(aq) + A^-(aq)$ 반응에서

	HA	⇄	H^+	+	A^-
처음 농도(M)	C		0		0
이온화된 농도(M)	$-C\alpha$		$+C\alpha$		$+C\alpha$
평형 시 농도(M)	$C-C\alpha$		$C\alpha$		$C\alpha$

이온화상수 $K_a = \frac{[H_3O^+][A^-]}{[HA]} = \frac{(C\alpha)^2}{C(1-\alpha)} = \frac{C\alpha^2}{1-\alpha}$

㉡ 약한 산의 경우에는 α의 값이 매우 작으므로 $1-\alpha \fallingdotseq 1$이다.

$$K_a = \frac{C\alpha^2}{1-\alpha} \fallingdotseq C\alpha^2,\ \alpha = \sqrt{\frac{K_a}{C}}$$

㉢ 약한 산인 HA 수용액의 평형상태에서 H^+의 농도는 다음과 같다.

$$[H^+] = C\alpha = C \times \sqrt{\frac{K_a}{C}} = \sqrt{K_a C}$$

④ 산 · 염기의 상대적 세기

㉠ 강산인 HCl은 이온화상수 값이 매우 크기 때문에 물에 녹으면 거의 100% 이온화된다.

㉡ $HCl + H_2O \rightleftarrows H_3O^+ + Cl^-$ (K_a = 매우 크다.)
　 산　　염기　　　산　　　염기

이 반응에서 K_a가 매우 크기 때문에 평형은 오른쪽으로 치우쳐 있으므로 산의 세기는 $HCl > H_3O^+$이고, 염기의 세기는 $H_2O > Cl^-$이다.

㉢ 모든 산 · 염기 반응은 항상 약한 산과 약한 염기가 생성되는 쪽으로 반응이 진행된다.

㉣ 위의 반응에서 강산 HCl의 짝염기 Cl^-은 약한 염기가 되고, 약산 H_3O^+의 짝염기 H_2O는 강한 염기가 된다.

⑤ 짝산과 짝염기의 세기

㉠ 브뢴스테드-로리(Brönsted-Lowry)의 산 · 염기 반응은 H^+에 대한 경쟁반응에 의해 지배된다.

㉡ 강한 산과 강한 염기가 반응하여 약한 산과 약한 염기가 생성되는 쪽으로 반응이 진행된다.

㉢ 산의 세기가 강할수록 그 산의 짝염기의 세기는 약해지고, 산의 세기가 약할수록 그 짝염기의 세기는 강해진다.

- 산의 세기 : $HCl > CH_3COOH$
- 염기의 세기 : $Cl^- < CH_3COO^-$

⑥ 할로젠화 수소산의 세기

㉠ 결합에너지가 약할수록 강한 산이다.

- 결합에너지 : HI(298kJ/mol) < HBr(366kJ/mol) < HCl(432kJ/mol) < HF(570kJ/mol)

㉡ 결합에너지가 비슷할 경우 극성이 클수록 강한 산이다. 즉, 할로젠화 수소산의 극성변화는 결합에너지보다 덜 중요하다.

- 극성 세기 : HI < HBr < HCl < HF

㉢ 산의 세기 : HI > HBr > HCl > HF

⑦ 산소산의 세기

㉠ 산소산의 일반식은 H_nYO_m이며, Y는 비금속 원자, n과 m은 정수이다.

예 H_2CO_3, HNO_3, HClO, H_2SO_4 등

㉡ 산소산이 해리하려면 O−H 결합이 끊어져야 한다. 따라서 결합을 약하게 하거나 극성을 증가시키는 요인이 산의 세기를 증가시킨다.

㉢ Y만 다른 경우, 산의 세기는 Y의 전기음성도가 증가함에 따라 증가한다.

예 HClO > HBrO > HIO

㉣ 산소 원자의 수만 다른 경우, 산소 원자의 수가 증가함에 따라 Y의 산화수가 증가하여 산의 세기는 증가한다.

예 $HClO_4$ > $HClO_3$ > $HClO_2$ > HClO

(5) 물의 해리

① 물의 자동 이온화

▲ 물의 자동 이온화 반응은 반응속도가 매우 빨라 각 화학종 사이의 전환이 빠르게 일어난다. 반응의 평형은 왼쪽으로 매우 치우쳐 있는데 따라서 매우 적은 수의 물 분자만이 해리되어 H_3O^+과 OH^- 상태로 존재한다.

㉠ 순수한 물도 약한 전해질이며, 물속에는 H_2O 분자들 이외에 아주 적은 수의 이온이 존재한다.

㉡ 브뢴스테드−로리의 산 · 염기 정의에서 물 분자는 산으로 작용할 수도 있고 염기로 작용할 수도 있는 양쪽성 물질이다.

② 이웃한 두 물 분자가 각각 산과 염기로 작용하여 양성자(H^+)를 주고받을 수 있다.

$H_2O(l) + H_2O(l) \rightleftarrows H_3O^+(aq) + OH^-(aq)$

이 반응의 평형상수식은 $K_c = [H_3O^+][OH^-]$로 나타낼 수 있다.

③ 물의 이온곱 상수(K_w)

$$K_w = [H_3O^+][OH^-]$$

㉠ K_w를 물의 이온곱 상수(ion product constant of water)라고 하며, 25℃에서 1.00×10^{-14}의 값을 가진다.

㉡ K_w는 온도가 높아질수록 커지는데, 물의 이온화 과정이 흡열반응이기 때문이다.

$H_2O(l) \rightleftarrows H^+(aq) + OH^-(aq)$, $\Delta H = +57.7kJ/mol$

▲ 반응열(ΔH)이 양의 값(> 0)이면 열을 흡수하는 흡열반응이다.

㉢ 온도가 높아지면 르 샤틀리에 원리에 의해 평형이 정반응 쪽으로 이동하게 되므로 $[H^+]$와 $[OH^-]$가 커지게 되어 K_w값이 커지는 것이다.

㉣ 물의 이온곱 상수 K_w는 온도에 의해서만 영향을 받으므로 순수한 물이나 산성 수용액, 염기성 수용액에서도 그 값이 변하지 않는다.

(6) 수소이온의 농도

① 순수한 물에서의 수소이온의 농도

㉠ 물 분자의 이온화식에서 생성되는 수소이온(H^+)과 수산화이온(OH^-)의 계수비는 1 : 1 이다.

㉡ $H_2O(l) \rightleftarrows H^+(aq) + OH^-(aq)$에서 물 분자 한 개가 자동 이온화하면 H^+과 OH^-이 한 개씩 생성되고, 이들이 결합하여 물 분자를 생성할 때도 각각 한 개씩 반응하므로 순수한 물에 존재하는 H^+과 OH^-의 몰수는 항상 같다.

㉢ 25℃에서 $K_w = [H^+][OH^-] = 1.00 \times 10^{-14}$이므로 순수한 물에 존재하는 H^+과 OH^-의 몰농도(M)는 $[H^+][OH^-] = \sqrt{K_w} = 1.00 \times 10^{-7}$이 된다. 중성 용액의 $[H^+] = [OH^-] = 1.00 \times 10^{-7}$M이다.

㉣ 25℃에서 물의 밀도와 몰질량으로부터 계산된 순수한 물의 몰농도는 약 55.4M이다.

> 25℃ 물의 밀도 0.997g/mL, 몰 질량 18.0g/mol
>
> 물의 몰농도 $= \dfrac{0.997\text{g}}{1\text{mL}} \times \dfrac{1{,}000\text{mL}}{1\text{L}} \times \dfrac{1\text{mol}}{18.0\text{g}} = 55.4\text{M}$

이로부터 해리된 것과 해리되지 않은 물 분자의 비는 약 $\dfrac{2}{10^9}$이며, 물 분자 십억(10^9) 개당 2개가 이온화된다는 것을 알 수 있다.

> $\dfrac{[H_2O]_{해리}}{[H_2O]_{비해리}} = \dfrac{1.00 \times 10^{-7}\text{M}}{55.4\text{M}} = 1.8 \times 10^{-9} ≒ 2 \times 10^{-9}$

② 수용액에서의 수소이온 농도

㉠ 산성 용액

- $H_2O(l) \rightleftarrows H^+(aq) + OH^-(aq)$의 평형상태에서 염화수소(HCl) 기체를 녹이면 염화수소가 수용액에서 이온화하여 H^+을 내놓으므로 르 샤틀리에 원리에 의해 평형이 역반응 쪽으로 이동하게 된다. 따라서 수용액 속에 존재하는 $[OH^-]$는 감소하게 된다.

  > 평형상태에 있는 반응계에 어떤 변화(농도, 온도, 압력 등)가 가해지면 이 변화를 완화시키려는 방향으로 평형이 이동하여 새로운 평형상태에 도달하게 된다.

- 산성 용액에서도 $K_w = [H^+][OH^-] = 1.00 \times 10^{-14}$의 값은 일정하므로 H^+의 농도가 증가하면 OH^-의 농도는 감소하여 산성 용액은 $[H^+] > 1.00 \times 10^{-7}\text{M} > [OH^-]$의 관계가 성립한다.

㉡ 염기성 용액

- $H_2O(l) \rightleftarrows H^+(aq) + OH^-(aq)$의 평형상태에서 수산화소듐(NaOH)을 녹이면 수산화소듐이 수용액에서 이온화하여 OH^-을 내놓으므로 르 샤틀리에 원리에 의해 평형이 역반응 쪽으로 이동하게 된다. 따라서 수용액 속에 존재하는 $[H^+]$는 감소하게 된다.
- 염기성 용액에서도 $K_w = [H^+][OH^-] = 1.00 \times 10^{-14}$의 값은 일정하므로 OH^-의 농도가 증가하면 H^+의 농도는 감소하여 염기성 용액은 $[OH^-] > 1.00 \times 10^{-7}M > [H^+]$의 관계가 성립한다.

(7) 산의 이온화상수(K_a)와 염기의 이온화상수(K_b)와의 관계

① 짝산과 짝염기 관계인 NH_4^+과 NH_3의 수용액에서 산 · 염기 이온화 반응식은 다음과 같다.

$$NH_4^+(aq) + H_2O(l) \rightleftarrows H_3O^+(aq) + NH_3(aq),\ K_a = \frac{[H_3O^+][NH_3]}{[NH_4^+]}$$

$$NH_3(aq) + H_2O(l) \rightleftarrows NH_4^+(aq) + OH^-(aq),\ K_b = \frac{[NH_4^+][OH^-]}{[NH_3]}$$

전체 반응 : $2H_2O(l) \rightleftarrows H_3O^+(aq) + OH^-(aq),\ K_w = [H_3O^+][OH^-]$

② 전체 반응의 평형상수는 더해진 두 반응의 평형상수들의 곱과 같다.

$$K_a \times K_b = \frac{[H_3O^+][NH_3]}{[NH_4^+]} \times \frac{[NH_4^+][OH^-]}{[NH_3]} = [H_3O^+][OH^-] = K_w = 1.00 \times 10^{-14}$$

③ 짝산의 세기가 커질수록 짝염기의 세기는 작아진다.

1-4 산화와 환원

1 산화(oxidation)와 환원(reduction) 반응

- 산화 : 산소를 얻음, 수소를 잃음, 전자를 잃음, 산화수 증가
- 환원 : 산소를 잃음, 수소를 얻음, 전자를 얻음, 산화수 감소

(1) 전자의 이동에 의한 산화 · 환원 정의

① 산화

㉠ 화학반응에서 어떤 원자나 이온이 전자를 잃는 반응

㉡ $Mg \rightarrow Mg^{2+} + 2e^-$ (산화반응) : Mg이 전자 2개를 잃고 Mg^{2+}이 되었으므로 Mg은 산화되었다.

② 환원

㉠ 원자, 분자, 이온 등이 전자를 얻는 반응

㉡ $Cu^{2+} + 2e^- \rightarrow Cu$ (환원반응) : Cu^{2+}이 전자 2개를 얻어 Cu가 되었으므로 Cu^{2+}은 환원되었다.

③ 황산구리(Ⅱ) 수용액과 아연의 반응

㉠ 푸른색 황산구리(Ⅱ) 수용액에 아연판을 넣으면, 아연판의 표면에 붉은색의 금속구리가 석출되며 용액의 푸른색은 점차 옅어진다.

㉡ 산화 : $Zn(s) \rightarrow Zn^{2+}(aq) + 2e^-$ ······ A

환원 : $Cu^{2+}(aq) + 2e^- \rightarrow Cu(s)$ ······ B

전체 반응 : $Zn(s) + Cu^{2+}(aq) \rightarrow Zn^{2+}(aq) + Cu(s)$

A를 산화 반쪽반응, B를 환원 반쪽반응이라고 한다.

(2) 산화수에 의한 산화와 환원

① 산화수(oxidation number)

㉠ 산화수는 어떤 원자가 중성인지, 전자가 많은지, 전자가 부족한지를 나타내는 수치로 물질 중의 원자가 어느 정도 산화 또는 환원되었는가를 결정할 수 있다.

㉡ 이온결합성 물질

이온결합물질에서는 산화수가 물질을 구성하고 있는 이온의 전하와 같다.

예 $NaCl \rightarrow Na^+ + Cl^-$ (Na의 산화수 : +1, Cl의 산화수 : -1)

$MgCl_2 \rightarrow Mg^{2+} + 2Cl^-$ (Mg의 산화수 : +2, Cl의 산화수 : -1)

㉢ 공유결합성 물질

- 공유결합물질에서는 공유전자쌍을 전기음성도가 큰 원소가 완전히 차지했다고 가정했을 때 그 원소가 가지는 전하를 나타낸다.
- H_2O의 경우는 O의 전기음성도가 H보다 크므로 공유전자쌍을 산소가 모두 가졌다고 가정하면, O는 전자 2개를 얻는 것과 같으므로 산화수가 −2가 되고 H는 전자 1개를 잃은 것과 같으므로 산화수가 +1이 된다.
- NH_3의 경우 N의 전기음성도가 H보다 크므로 공유전자쌍을 질소가 모두 가졌다고 가정하면, N는 전자 3개를 얻는 것과 같으므로 산화수가 −3이 되고 H는 전자 1개를 잃는 것과 같으므로 산화수가 +1이 된다.

② 산화수 규칙

산화 · 환원반응식에서 각 물질들의 산화수를 결정할 때 다음 규칙은 항상 성립한다.

㉠ 홑원소 물질의 산화수는 0이다.

예 홑원소 물질인 Cu, B, Cl_2, P_4, H_2, O_2, C, Na에서 각 원자의 산화수는 모두 0이다.

㉡ 단원자 이온의 경우 산화수는 이온의 전하와 같다.

예 Na^+, Cl^-, Mg^{2+}, O^{2-} 등의 이온은 산화수가 각각 +1, -1, +2, -2이다.

㉢ 다원자 이온의 경우 각 원자의 산화수의 총합이 다원자 이온의 전하와 같다.

예 OH^-에서 O의 산화수는 -2이고 H의 산화수는 +1이므로, 산소의 산화수(-2) + 수소의 산화수(+1)＝이온의 총 전하량(-1)이다.

㉣ 화합물에서 모든 원자의 산화수의 총합은 0이다.

예 H_2O에서 O의 산화수는 -2이고 H의 산화수는 +1이므로, 산소의 산화수(-2) × 1 + 수소의 산화수(+1) × 2＝0이다.

※ 다음은 산화수를 결정할 때 알아두면 편리한 규칙으로, 약간의 예외가 있을 수 있다. 만약 규칙들이 서로 상충될 경우에는 우선순위가 높은 규칙에 따른다.

1. 화합물에서 1족 금속 원자는 +1, 2족 금속 원자는 +2, 13족 금속 원자는 +3의 산화수를 갖는다.

예 • NaH, $NaCl$, Na_2O, KOH, K_2O → 각 화합물에서 Na과 K의 산화수는 모두 +1이다.
• MgH_2, $MgCl_2$, $CaCO_3$, CaO_2, CaO → 각 화합물에서 Mg과 Ca의 산화수는 모두 +2이다.
• $AlCl_3$, Al_2O_3, $Al(OH)_3$ → 각 화합물에서 Al의 산화수는 모두 +3이다.

2. 화합물에서 H의 산화수는 +1이다.

예 H_2CO_3, H_2O, H_2O_2, HCl → 각 화합물에서 H의 산화수는 모두 +1이다.

3. 화합물에서 O의 산화수는 −2이다.

예 $HClO_4$, H_2SO_4 → 각 화합물에서 O의 산화수는 모두 -2이다.

4. 화합물에서 할로젠의 산화수는 −1이다.

예 $CaCl_2$, $NaCl$, KBr, KI → 각 화합물에서 Cl, Br, I의 산화수는 모두 -1이다.

주의해야 할 산화수

- 수소의 산화수 : NaH, MgH_2 등은 우선순위가 높은 규칙 1.과 모든 화합물에서 산화수의 총합은 항상 0이라는 규칙에 의해 수소의 산화수가 -1이 된다.
- 산소의 산화수 : KO, H_2O_2에서는 우선순위가 높은 규칙 1., 2.와 화합물에서 산화수의 총합은 항상 0이라는 규칙에 의해 산소의 산화수가 -1이 된다.
- 할로젠의 산화수 : $HClO$, $HClO_2$, $HClO_3$, $HClO_4$ 등은 우선순위가 높은 규칙 2., 3.과 화합물에서 산화수의 총합은 항상 0이라는 규칙에 의해 염소의 산화수가 각각 +1, +3, +5, +7이 된다.

③ 산화수에 의한 산화·환원의 정의

㉠ 어떤 원자나 이온이 전자를 잃으면 산화수가 증가하고, 전자를 얻으면 산화수가 감소한다.

㉡ 산화수가 증가하는 반응을 산화라 하고, 산화수가 감소하는 반응을 환원이라고 한다.

예

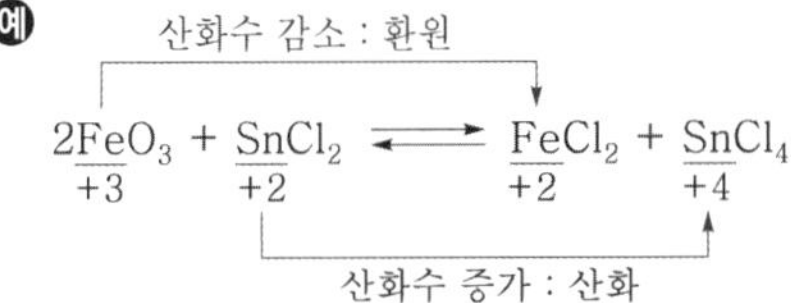

(3) 산화제(oxidation agent)

① 산화 · 환원반응에서 다른 물질을 산화시키고 자신은 환원되는 물질을 산화제라고 한다.

② 전자를 얻는 성질이 강할수록 강한 산화력을 가지므로 전기음성도가 큰 대부분의 비금속원소는 산화제가 될 수 있다.

산화력 : 다른 물질을 산화시키는 능력

예 F_2, Cl_2, O_2, O_3

③ 산화수가 높은 원소를 포함한 물질은 산화제가 될 수 있다.

예 $KMnO_4$, $K_2Cr_2O_7$, HNO_3, $HClO_4$

④ 같은 원자가 여러 가지 산화수를 가지는 경우 산화수가 가장 큰 원자를 포함한 화합물이 가장 강한 산화제이다.

예 $KMnO_4$, MnO_2, Mn_2O_3, $MnCl_2$ 중에서 $KMnO_4$가 가장 강한 산화제이다.

(4) 환원제(reduction agent)

① 산화 · 환원반응에서 다른 물질을 환원시키고 자신은 산화되는 물질을 환원제라고 한다.

② 전자를 내놓는 성질이 강할수록 강한 환원력을 가지므로 이온화에너지가 작은 대부분의 금속원소는 환원제가 될 수 있다.

환원력 : 다른 물질을 환원시키는 능력

예 Li, Na, K, Mg, Ca, Zn

③ 산화수가 낮은 원소를 포함한 물질은 환원제가 될 수 있다.

예 $FeCl_2$, $SnCl_2$, H_2S

④ 같은 원자가 여러 가지 산화수를 가지는 경우 산화수가 가장 작은 원자를 포함한 화합물이 가장 강한 환원제이다.

예 H_2S, S, SO_2, SO_3 중에서 H_2S가 가장 강한 환원제이다.

(5) 산화 · 환원반응의 양적 관계

① 산화 · 환원반응에서 산화제가 받는 전자의 몰수와 환원제가 주는 전자의 몰수가 같기 때문에 감소한 산화수와 증가한 산화수는 같다.

② 산화 · 환원반응의 당량점에서는 환원제가 주는 전자수(증가된 산화수)＝산화제가 받는 전자수(감소된 산화수)이다.

$$nMV = n'M'V'$$

여기서, M, M' : 산화제와 환원제의 농도

V, V' : 산화제와 환원제의 부피

n, n' : 산화제와 환원제 1mol당 이동한 전자수

2 산화수법

(1) 산화 · 환원반응에서 증가하는 산화수와 감소하는 산화수가 같다는 것을 이용하여 산화 · 환원반응식의 계수를 완성한다.

(2) 예를 들어, $Sn^{2+} + MnO_4^- + H^+ \rightarrow Sn^{4+} + Mn^{2+} + H_2O$ 반응의 계수를 산화수법을 이용하여 완성하면 (산성 용액에서) 다음과 같다.

① 반응에 관여하는 원자의 산화수를 구한 수, 변화한 산화수를 조사한다.

산화수 증가 : 산화

$$\underset{+2}{Sn^{2+}} + \underset{+7}{MnO_4^-} + H^+ \rightleftharpoons \underset{+4}{Sn^{4+}} + \underset{+2}{Mn^{2+}} + H_2O$$

산화수 감소 : 환원

② 증가한 산화수와 감소한 산화수가 같도록 반응식의 계수를 맞춘다. 즉 Sn 앞에는 5를 쓰고, Mn 앞에는 2를 쓴다.

(2×5)

$$5Sn^{2+} + 2MnO_4^- + H^+ \rightleftharpoons 5Sn^{4+} + 2Mn^{2+} + H_2O$$

(5×2)

③ 양변의 O 원자수를 H_2O를 사용하여 맞춘다(산소 원자수 8개 ➜ $8H_2O$).

$5Sn^{2+} + 2MnO_4^- + H^+ \rightarrow 5Sn^{4+} + 2Mn^{2+} + 8H_2O$

④ 양변의 H 원자수를 H^+를 사용하여 맞춘다(수소 원자수 16개 ➜ $16H^+$).

$5Sn^{2+} + 2MnO_4^- + 16H^+ \rightarrow 5Sn^{4+} + 2Mn^{2+} + 8H_2O$

⑤ 전체 반응식은 $5Sn^{2+} + 2MnO_4^- + 16H^+ \rightarrow 5Sn^{4+} + 2Mn^{2+} + 8H_2O$ (산성 용액에서)이 된다.

3 반쪽반응법

(1) 산화 · 환원반응에서 각 물질이 잃은 전자수와 얻은 전자수가 같다는 것을 이용한다. 산화 · 환원반응식을 산화반응과 환원반응으로 나누어 계수를 맞추기 때문에 반쪽반응법(또는 이온-전자법)이라고 한다.

(2) 예를 들어, $Sn^{2+} + MnO_4^- + H^+ \rightarrow Sn^{4+} + Mn^{2+} + H_2O$ 반응의 계수를 반쪽반응법을 이용하여 완성하면 (염기성 용액에서) 다음과 같다.

① 반응에 관여하는 원자의 산화수를 구한 수, 변화한 산화수를 조사한다.

산화수 증가 : 산화

$$\underset{+2}{\underline{Sn}}^{2+} + \underset{+7}{\underline{MnO_4}}^{-} + H^+ \rightleftharpoons \underset{+4}{\underline{Sn}}^{4+} + \underset{+2}{\underline{Mn}}^{2+} + H_2O$$

산화수 감소 : 환원

② 산화 반쪽반응과 환원 반쪽반응으로 나눈다.

산화반응 : $Sn^{2+} \rightarrow Sn^{4+}$

환원반응 : $MnO_4^- \rightarrow Mn^{2+}$

③ 각 반쪽반응의 원자수가 같도록 계수를 맞춘다.

산화반응 : $Sn^{2+} \rightarrow Sn^{4+}$

환원반응 : $MnO_4^- + 8H^+ \rightarrow Mn^{2+} + 4H_2O$

산소의 개수를 맞추기 위해 생성물질에 $4H_2O$를 첨가하고, 수소의 개수를 맞추기 위해 반응물질에 $8H^+$를 첨가하였다.

④ 각 반쪽반응의 전하량이 같아지도록 필요한 전자수를 더한다.

산화반응 : $Sn^{2+} \rightarrow Sn^{4+} + 2e^-$

환원반응 : $MnO_4^- + 8H^+ + 5e^- \rightarrow Mn^{2+} + 4H_2O$

⑤ 산화반응에서 잃은 전자수와 환원반응에서 얻은 전자수가 같아지도록 개수를 맞춘다.

산화반응 × 5, 환원반응 × 2

산화반응 : $5Sn^{2+} \rightarrow 5Sn^{4+} + 10e^-$

환원반응 : $2MnO_4^- + 16H^+ + 10e^- \rightarrow 2Mn^{2+} + 8H_2O$

⑥ 두 반쪽반응을 더한다.

산화반응 : $5Sn^{2+} \rightarrow 5Sn^{4+} + 10e^-$

환원반응 : $2MnO_4^- + 16H^+ + 10e^- \rightarrow 2Mn^{2+} + 8H_2O$

전체 반응 : $5Sn^{2+} + 2MnO_4^- + 16H^+ \rightarrow 5Sn^{4+} + 2Mn^{2+} + 8H_2O$ (산성 용액에서)

※ 염기성 수용액에서 일어나는 경우는 산성 수용액에서 전체 반응을 구한 다음 OH^-과 H_2O를 이용하여 원자수를 맞춘다.

⑦ H^+의 개수와 같은 개수의 OH^-을 반응물질과 생성물질에 첨가하여 $H^+ + OH^- \rightarrow H_2O$가 생성되게 하여 원자수를 맞춘다.

$5Sn^{2+} + 2MnO_4^- + 16H^+ + 16OH^- \rightarrow 5Sn^{4+} + 2Mn^{2+} + 8H_2O + 16OH^-$

$6H^+ + 16OH^- \rightarrow 16H_2O$

⑧ 전체 반응은 $5Sn^{2+} + 2MnO_4^- + 8H_2O \rightarrow 5Sn^{4+} + 2Mn^{2+} + 16OH^-$ (염기성 용액에서)이 된다.

4 볼타전지

(1) 화학전지

① 산화 · 환원반응을 이용하여 화학에너지를 전기에너지로 전환하는 장치이다.

② **구성** : 반응성이 다른 두 금속을 전해질 수용액에 담그고 도선으로 연결한다. 두 전극의 반응성 차이가 클수록 전류가 강하게 흐른다.

③ **원리** : 반응성이 큰 금속이 산화되어 전자를 내놓고, 전자는 도선을 따라 반응성이 작은 금속 쪽으로 이동하여 전류가 흐른다.

㉠ 산화전극(−극, anode) : 반응성이 큰 금속으로 구성되며, 금속이 전자를 잃고 산화된다.

㉡ 환원전극(+극, cathode) : 반응성이 작은 금속으로 구성되며, 전해질의 양이온이 환원된다.

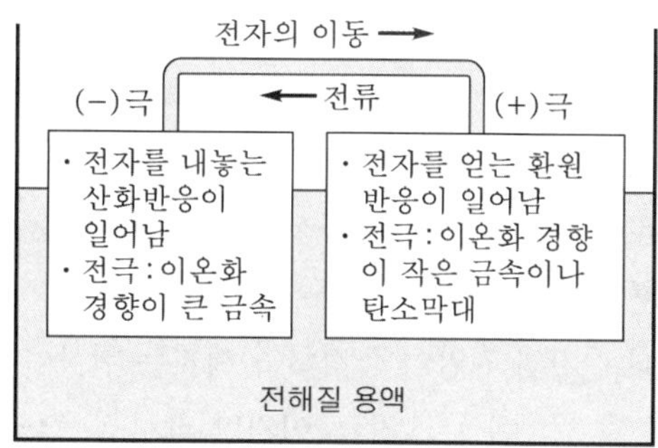

| 전지의 구조 |

(2) 화학전지의 표시 : 선 표시법

① 산화전극(−극)은 왼쪽에, 환원전극(+극)은 오른쪽에 쓴다.

② 서로 다른 상이 접촉하면 '|'로 표시하며, 만일 염다리가 존재하면 염다리는 '‖'로 표시한다.

③ 농도, 온도, 물질의 상태를 괄호 안에 표시한다.

예 $Zn(s) \mid ZnSO_4(aq) \parallel CuSO_4(aq) \mid Cu(s)$

(3) 볼타전지(=갈바니전지)

① **구성** : 아연판과 구리판을 묽은 황산(H_2SO_4)에 담그고 도선으로 연결하여 전자가 아연판에서 구리판으로 이동하여 전류가 흐르게 연결한 화학전지로 되어 있다.

② 전극반응

㉠ 아연판에서의 반응

- 아연이 구리보다 이온화 경향이 더 크므로 아연이 구리보다 반응성이 더 크다.

- 두 금속을 전해질 용액에 담글 때 반응성이 큰 금속이 (−)극이 되고, 반응성이 작은 금속이 (+)극이 되므로 아연판은 (−)극, 구리판은 (+)극이 된다.
- (−)극의 아연판이 묽은 황산에 녹아 들어가면서 전자를 내놓으며, 이 전자는 도선을 따라 이동하게 된다.
- 전자를 잃어 (+)이온이 되는 것을 산화라고 하므로 아연판에서 일어나는 반응은 산화반응이며, 시간이 지날수록 아연판의 질량은 점점 감소하게 된다.
- (−)극 : $Zn(s) \rightarrow Zn^{2+}(aq) + 2e^-$ ➜ 산화반응, 산화전극(anode)

㉡ 구리판에서의 반응

- 아연판이 내놓은 전자가 도선을 따라 구리판으로 이동하면 용액 중에 존재하는 H^+이 전자를 받아 수소기체로 발생하게 된다.
- (+)이온이 전자를 받는 것을 환원이라고 하므로 구리판에서 일어나는 반응은 환원반응이다.
- 구리가 반응물질로 참여하는 것이 아니므로 시간이 지나도 구리판의 질량은 변함 없다.
- (+)극 : $2H^+(aq) + 2e^- \rightarrow H_2(g)$ ➜ 환원반응, 환원전극(cathode)

③ 분극(polarization)현상

㉠ 전지를 사용할 때 전지의 전압이 급격히 떨어지는 현상이다.
➜ 볼타전지의 초기 전압은 1.1V 정도이지만 잠시 후 전압이 0.4V 정도로 급격하게 떨어지게 된다.

㉡ 원인 : 구리판에서 발생하는 수소(H_2)기체가 구리판 표면에 달라붙어 용액 속 수소이온(H^+)이 구리판으로부터 전자를 얻는 것을 방해하기 때문이다.

㉢ 분극현상을 제거하기 위해서 감극제(소극제, depolarization)를 넣어 구리판을 둘러싸고 있는 수소기체를 산화시켜 주면 된다.

- 감극제는 분극현상을 제거하기 위해 사용하는 산화제로 이산화망가니즈(MnO_2), 과산화수소(H_2O_2), 중크로뮴산포타슘($K_2Cr_2O_7$) 등이 있다.
- 감극제인 이산화망가니즈를 구리전극 쪽에 넣어 주면 수소기체가 물로 산화된다.
  $2MnO_2 + H_2 \rightarrow Mn_2O_3 + H_2O$

④ 볼타전지의 표시법

㉠ 볼타전지에서 일어나는 반응을 화학식으로 나타내면 다음과 같다.

(−)극 : $Zn(s) \rightarrow Zn^{2+}(aq) + 2e^-$
(+)극 : $2H^+(aq) + 2e^- \rightarrow H_2(g)$
전체 반응 : $Zn(s) + 2H^+(aq) \rightarrow Zn^{2+}(aq) + H_2(g)$

㉡ 선 표시법

- $Zn(s)\ |\ H_2SO_4(aq)\ |\ Cu(s)$
- 왼쪽에 (−)극을 쓰고 오른쪽에 (+)극을 쓰며, 중간에는 전해질 용액을 표시한다.
- 금속과 용액의 접촉면은 '｜'로 표시하며, 만일 염다리가 존재하면 염다리는 '‖'로 표시한다.

⑤ 볼타전지의 대표적인 예로는 다니엘(Daniell)전지가 있다.

(4) 다니엘전지

① **구성** : 아연판을 황산아연($ZnSO_4$) 수용액에, 구리판을 황산구리(Ⅱ)($CuSO_4$) 수용액에 넣고 염다리로 연결한 화학전지이다.

② **전극반응**

㉠ 아연판에서의 반응

- 아연의 반응성이 구리의 반응성보다 크기 때문에 아연이 산화되어 아연이온으로 녹아 나오면서 전자를 내놓으며, 이 전자는 도선을 타고 구리판 쪽으로 이동한다.
- 아연판의 질량은 시간이 지남에 따라 점점 감소한다.
- (−)극 : $Zn(s) \rightarrow Zn^{2+}(aq) + 2e^-$ ➜ 산화반응

㉡ 구리판에서의 반응

- 아연판에서 이동해 온 전자를 구리이온이 받아 구리로 석출되는 환원반응이 일어난다.
- 구리판의 질량은 시간이 지남에 따라 점점 증가한다.
- 구리판에서의 반응 결과 수용액에 존재하는 구리이온의 수가 감소하므로 수용액의 색깔은 점점 옅어지게 된다.

  ⚗ 황산구리(Ⅱ) 수용액은 푸른색을 띤다.
- (+)극 : $Cu^{2+}(aq) + 2e^- \rightarrow Cu(s)$ ➜ 환원반응

③ **염다리**

다니엘전지의 두 용액은 염다리로 연결되어 있다.

㉠ KCl, Na_2SO_4, KNO_3 등의 전해질 용액을 만들어진 U자 관으로 두 전해질이 섞이지 않게 하고, 양쪽 반쪽전지의 전하가 중성이 되도록 해 준다.

㉡ 염다리를 만들 때는 반쪽전지의 전극반응에 영향을 주지 않는 염을 사용하여야 한다.

⚗ 염다리에 사용한 염의 성분이 전해질과 반응하여 침전물을 형성하거나, 전해질에 사용한 염의 성분이 전극반응에 참여하는 경우 그 염은 사용할 수 없다.

㉢ 염다리 대신에 초벌구이 컵을 사용하여 다니엘전지를 만들 수도 있다.

㉣ 선 표시법으로 나타낼 때 '‖'는 염다리를 나타내는 기호이다.

④ 다니엘전지의 표시

㉠ 다니엘전지에서 일어나는 반응을 화학식으로 나타내면 다음과 같다.

(−)극 :	$Zn(s) \rightarrow Zn^{2+}(aq) + 2e^-$
(+)극 :	$Cu^{2+}(aq) + 2e^- \rightarrow Cu(s)$
전체 반응 :	$Zn(s) + Cu^{2+}(aq) \rightarrow Zn^{2+}(aq) + Cu(s)$

㉡ 선 표시법 : $Zn(s) \mid ZnSO_4(aq) \parallel CuSO_4(aq) \mid Cu(s)$

⑤ 특징

㉠ 환원되어 생성된 물질이 금속 고체이므로 분극현상이 없다.

㉡ 전지를 사용하지 않을 때는 화학반응이 일어나지 않아 수명이 길다.

㉢ 서로 다른 금속과 그 금속의 양이온 수용액으로 구성하여 다양한 전지를 만들 수 있다.

㉣ 단점 : 두 가지 전해질과 염다리를 사용하므로 사용하기에 다소 불편하다.

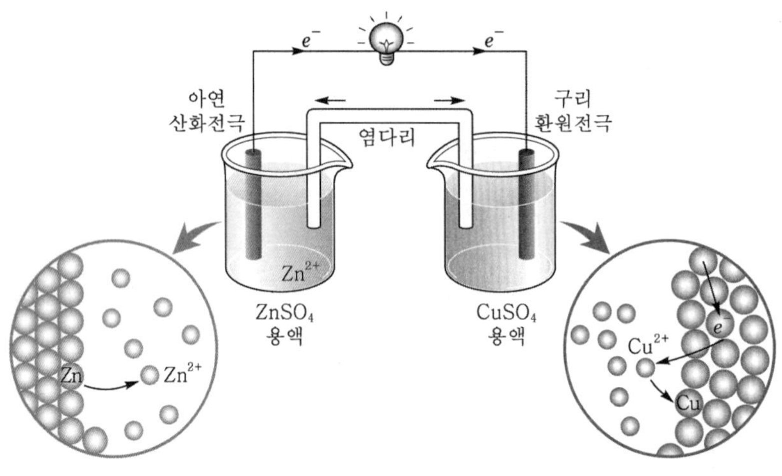

| 다니엘전지 |

5 전해전지

(1) 전기분해와 전해전지

① **전기분해** : 전류를 사용하여 화학적 변화를 일으키는 공정이다.

㉠ 수용액의 전기분해는 용액 내에서 전류를 운반하는 전해질이 있어야 한다.

㉡ 전해질의 이온이 물보다 쉽게 산화되거나 환원되지 않는 경우 물이 양쪽 전극에서 반응한다.

- 환원전극에서 전기분해되지 않는 양이온 : 물보다 표준환원전위($E°$)가 더 작은 금속 양이온의 경우 물의 환원이 선택적으로 더 잘 일어나 환원전극에서 수소기체가 발생한다.

- 산화전극에서 전기분해되지 않는 음이온 : F^-, SO_4^{2-}, PO_4^{3-}, NO_3^-, CO_3^{2-}의 경우 물의 산화가 선택적으로 더 잘 일어나 산화전극에서 산소기체가 발생한다.

② **전해전지** : 전류를 이용하여 비자발적 반응을 진행하는 전지이다.

㉠ 갈바니전지와 전해전지에서 일어나는 과정은 서로 반대이다.

전지 형태	전지전위(E)	자유에너지 변화(ΔG)	반응의 종류
갈바니전지	$E > 0$	$\Delta G < 0$	자발적 반응
전해전지	$E < 0$	$\Delta G > 0$	비자발적 반응

㉡ 전해전지에서는 배터리에 의해서 산화전극이 전자를 공급받으므로 (+)극이다.

- 산화전극 : 산화반응이 일어나는 전극, (+)극
- 환원전극 : 환원반응이 일어나는 전극, (-)극

⚠ 갈바니전지에서는 산화전극이 외부 회로에 전자를 공급하므로 (-)극이다.

(2) 전기분해의 정량적 관점

① 한 전극에서 전기분해에 의해 생성되는 물질의 양은 전지를 통해 흐르는 전하량에 의존한다.

$$\text{전하량(C)} = \text{전류(A)} \times \text{시간(s)}$$

② 전자 1mol의 전하량은 96,500C이므로 전지를 통해 흐른 전자의 몰수를 알 수 있다.

③ 일정한 시간 동안 전해전지에 흘려 준 전류로부터 생성된 생성물의 양을 알 수 있다.

1-5 유기 및 무기 화합물

1 화합물의 종류와 특성

⚠ 탄소와 수소 원자를 가지고 있는 유기화합물이 많은 이유는 1) 탄소원자 한 개당 4개의 결합을 할 수 있기 때문, 2) 안정한 C-C 결합으로 수많은 탄소원자들이 연결될 수 있기 때문, 3) 구조이성질체가 생길 수 있기 때문, 4) 탄소원자에 다양한 작용기가 결합되어 있기 때문이다.

(1) 사슬모양 탄화수소

⚠ 단일결합만을 포함하면 포화탄화수소, 이중결합 또는 삼중결합을 포함하면 불포화탄화수소이다.

① 알케인(alkane)

㉠ 탄소원자 사이의 결합이 모두 단일결합인 사슬모양의 포화탄화수소, 일반식은 C_nH_{2n+2}, (n=1, 2, 3, …)이다.

㉡ C-C와 C-H 단일 공유결합만이 존재한다.

㉢ 구조 : 각 탄소원자를 중심으로 결합한 원자가 사면체로 배열하는 입체구조이며, 결합각은 109.5°에 가깝다.

㉣ 성질

- 화학적으로 안정하므로 상온에서 쉽게 반응하지 않는다.
- 극성이 작으므로 물에 잘 녹지 않는다.
- 탄소수가 많아질수록 분자 사이의 인력이 증가하므로 녹는점과 끓는점이 높아진다.
- 탄소수가 4개 이상이 되면 구조이성질체가 존재한다.
- 탄소수가 1~4개까지는 실온에서 기체이고, 5~17개까지는 액체, 18개 이상은 고체이다.

㉤ 구조이성질체 : 분자식은 같으나 구조식이 달라서 끓는점, 색, 용해도, 반응성 등의 물리적 · 화학적 성질이 다른 이성질체를 뜻한다.

- 탄소수가 많아질수록 구조이성질체의 수가 많아진다.
  ➜ 탄소사슬이 길어질수록 가지가 붙을 수 있는 위치가 많아지기 때문
- 길고 곧게 뻗은 사슬구조의 이성질체는 가지 달린 구조보다 녹는점과 끓는점이 높은 경향이 있다.
  ➜ 가지가 없는 분자는 표면적이 넓어 분자 사이의 인력이 크기 때문
- 에테인(C_2H_6)과 프로페인(C_3H_8)의 구조는 이들 분자에서 탄소원자끼리 결합할 수 있는 방법은 한 가지 밖에 없기 때문에 곧은 사슬형이다. 즉, 구조이성질체가 없다.
- 뷰테인(C_4H_{10})은 두 가지의 탄소원자끼리 결합할 수 있는 방법을 가지므로 n-뷰테인(normal)과 아이소뷰테인의 구조이성질체(structural isomer)가 나타난다.
  - n-뷰테인은 탄소가 선형으로 연결되어 있으므로 곧은 사슬 알케인이다.
  - 아이소뷰테인과 같은 가지 달린 알케인에서는 1개 이상의 탄소가 맨 끝이 아닌 탄소원자에 결합한다.
- 알케인 계열에서 탄소원자의 수가 증가함에 따라 구조이성질체의 수가 급격히 증가한다.

  예 펜테인(pentane, C_5H_{12})은 3개, 헥세인(hexane, C_6H_{14})은 5개, 헵테인(heptane, C_7H_{16})은 9개이지만, 데케인(decane, $C_{10}H_{22}$)은 75개, $C_{30}H_{62}$는 400만 개 이상의 이성질체가 가능하다.

$CH_3-CH_2-CH_2-CH_2-CH_3$

노말(n)-펜테인

$CH_3-CH(CH_3)-CH_2-CH_3$

iso-펜테인
(2-메틸뷰테인)

$CH_3-C(CH_3)_2-CH_3$

neo-펜테인
(2, 2-디메틸프로페인)

| 펜테인(pentane, C_5H_{12})의 구조이성질체 |

ㅂ 광학이성질체 : 하나의 탄소원자에 네 개의 서로 다른 원자나 작용기가 붙어 있어서 아무리 회전해도 결코 겹쳐지지 않는 두 개의 거울상으로 존재하는 이성질체로, 이때 이 탄소원자를 카이랄(chiral) 중심 또는 부제 탄소, 비대칭 탄소(즉, 한 탄소원자에 네 개의 다른 원자나 원자단이 결합)라고 한다.

② 알켄(alkene, olefin)

ㄱ 적어도 한 개의 탄소-탄소 원자 사이에 이중결합이 있는 사슬모양의 불포화탄화수소이다.

ㄴ 일반식 : C_nH_{2n} ($n=2, 3, 4, \cdots$)
가장 간단한 알켄은 에틸렌(C_2H_4)이다.

ㄷ 구조 : 이중결합하는 두 탄소원자와 결합한 원자들은 같은 평면에 존재하며, 탄소를 중심으로 결합각은 120°이다.

ㄹ 입체이성질체 : 분자 내의 원자 또는 원자단의 공간에서의 배치가 다름에 따라 생기는 이성질체로 기하이성질체와 광학이성질체가 있다.

- 기하이성질체 : 이중결합의 양쪽에 결합된 원자 또는 원자단의 공간적 배치가 다른 이성질체로 이중결합을 중심으로 작용기가 같은 쪽에 있으면 시스형(cis-), 다른 쪽에 있으면 트랜스형(trans-)이라 한다.

예 (시스형) $CH_3(Cl)C=C(Cl)CH_3$ — 두 CH_3가 같은 쪽, 두 Cl이 같은 쪽
(트랜스형) $CH_3(Cl)C=C(CH_3)Cl$ — CH_3와 Cl이 서로 반대쪽

시스형 트랜스형

- 광학이성질체 : 하나의 탄소원자에 네 개의 서로 다른 원자나 작용기가 붙어 있어서 아무리 회전해도 결코 겹쳐지지 않는 두 개의 거울상으로 존재하는 이성질체로 이때 이 탄소원자를 카이랄(chiral) 중심 또는 부제 탄소, 비대칭 탄소라고 한다.

예 뷰텐(C_4H_8)의 이성질체는 4개이고, C_4H_8의 이성질체는 고리구조를 갖는 이성질체까지 포함하여 6개이다.
- 뷰텐(C_4H_8)의 이성질체 : 고리구조를 갖지 않는 이성질체

$H_3C-CH_2-CH=CH_2$ (각 C에 H)

$H_3C-CH=CH-CH_3$ → 시스형: CH_3, CH_3가 같은 쪽 (H, H 같은 쪽) / 트랜스형: CH_3와 H가 반대쪽

$H_3C-C(=CH_2)-CH_3$

- 뷰텐(C_4H_8)의 이성질체 : 고리구조를 갖는 이성질체

H_2C-CH_2 / H_2C-CH_2 (사각 고리)

$H_2C-CH-CH_3$ (위에 CH_2로 연결된 삼각 고리)

③ 알카인(alkyne)

㉠ 적어도 한 개의 탄소-탄소 원자 사이에 삼중결합이 있는 사슬모양의 불포화탄화수소이다.

㉡ 일반식 : C_nH_{2n-2} ($n=2, 3, 4, \cdots$)
가장 간단한 알카인은 아세틸렌(C_2H_2)이다.

㉢ 구조 : 삼중결합을 하는 두 탄소원자와 결합한 원자들은 같은 직선상에 존재하며, 탄소를 중심으로 결합각은 180°이다.

(2) 고리모양 탄화수소

⚗ 벤젠고리가 있으면 방향족 탄화수소, 벤젠고리가 없으면 지방족 탄화수소이다.

① 사이클로알케인(cycloalkane)

㉠ 탄소원자 사이의 결합이 모두 단일결합으로 이루어진 고리모양의 포화탄화수소이다.

㉡ 일반식 : C_nH_{2n} ($n=3, 4, \cdots$)

㉢ 명명법 : 탄소수가 같은 알케인의 이름 앞에 '사이클로(cyclo)-'를 붙이면 되므로 '사이클로(cyclo)-에인(ane)'이 된다.

㉣ 구조

이름	사이클로프로페인	사이클로뷰테인	사이클로펜테인	사이클로헥세인
분자식	C_3H_6	C_4H_8	C_5H_{10}	C_6H_{12}
구조식	△	□	⬠	⬡
결합각	약 60°	약 90°	약 108°	약 109.5°
특징	결합각이 109.5°보다 작아 불안정하므로 결합이 잘 끊어져 고리가 열린다.		결합각이 알케인과 같이 109.5°에 가까워 구조적으로 안정하다.	

㉤ 구조이성질체 : 사이클로알케인과 알켄은 일반식이 C_nH_{2n}으로 같으므로 탄소수가 같은 경우 서로 구조이성질체 관계이다.

예 사이클로헥세인과 헥세인(C_6H_{12})

② 사이클로알켄(cycloalkene) : 고리 내에 이중결합이 있는 고리모양의 불포화탄화수소이다.

③ 아렌(arene)

㉠ 벤젠고리를 포함한 불포화탄화수소로, 방향성을 띠며 탄소-수소 비율이 높다.

㉡ 벤젠(C_6H_6) : 6개의 탄소원자가 고리모양으로 결합되며, 각 탄소원자에 수소원자가 1개씩 결합되어 있다. → 고리모양의 불포화탄화수소

- 벤젠의 공명구조 : 단일결합과 이중결합이 교대로 결합된 두 구조가 혼성된 구조이다.

⚗ 벤젠은 단일결합과 이중결합이 교대로 존재하는 것이 아니라, 단일결합과 이중결합의 중간적 결합을 갖는다.

- 결합길이 : 탄소원자 사이의 결합길이는 단일결합(154pm), 이중결합(134pm)의 중간 정도(140pm)로 모두 같다.
- 결합각이 120°인 정육각형의 평면구조이며, 공명구조를 하고 있어 안정하다.

㉢ 벤젠의 유도체

- 톨루엔, 페놀, 벤조산, 아닐린 등이 있다.

벤젠 톨루엔 페놀 벤조산 아닐린

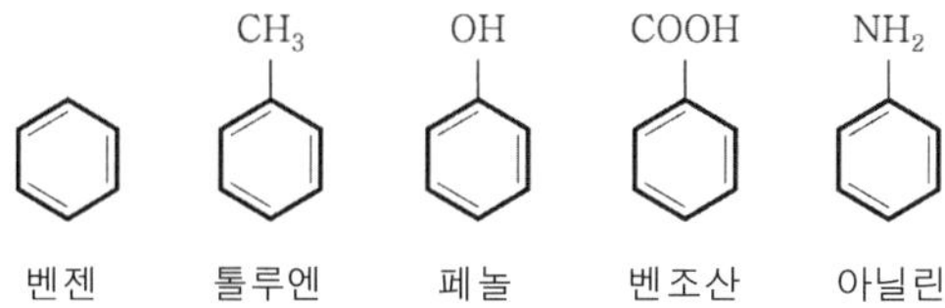

- 구조이성질체

예 • 다이브로모벤젠의 구조이성질체 : 3가지

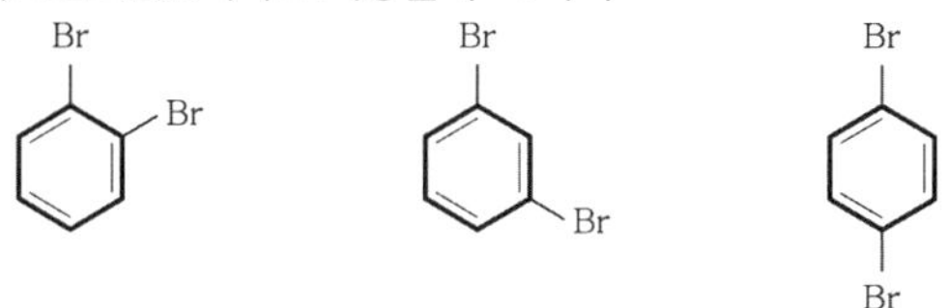

o－다이브로모벤젠 *m*－다이브로모벤젠 *p*－다이브로모벤젠

• 브롬화이염화벤젠의 구조이성질체 : 6가지

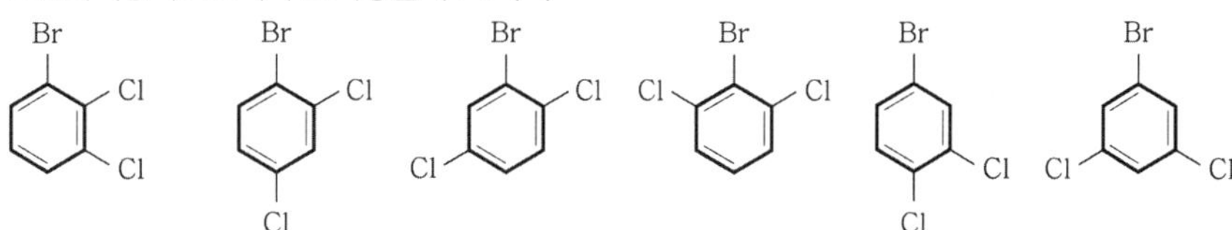

㉣ 그 밖의 방향족 탄화수소

- 나프탈렌($C_{10}H_8$) :
- 안트라센($C_{14}H_{10}$) :
- 페난트렌($C_{14}H_{10}$) :

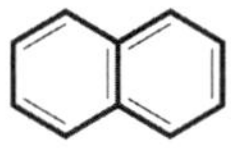

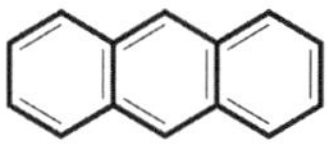

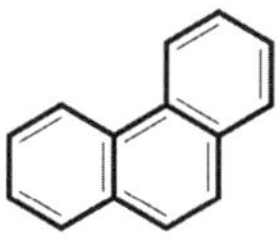

(3) 탄화수소 유도체

① 알코올(alcohol)

㉠ 모든 알코올은 하이드록실(hydroxyl, －OH)기를 가지고 있다.

- 알코올분자의 －OH기의 산소와 다른 알코올분자의 수소 사이에 수소결합을 형성하여 분자량이 비슷한 다른 유기분자에 비해 일반적으로 끓는점이 높다.

- 알코올분자는 탄소의 개수가 적은 경우 극성을, 탄소의 개수가 많은 경우 비극성을 띤다.
- 탄소의 개수가 많을수록 물에 잘 용해되지 않는다.
- 알킬기(R)의 크기가 증가할수록 알코올분자는 물보다 탄화수소의 성질에 더 가까워진다.

㉡ 메탄올(CH_3OH) : 제일 간단한 지방족 알코올, 목정(wood alcohol)이라고도 부른다. 독성이 매우 커서 수 mL에도 눈이 멀게 된다.

㉢ 에탄올(C_2H_5OH)

- 직선 사슬 알코올 중 유일하게 무해한 것이다.

  ⚠ 공업용 에탄올에는 메탄올을 섞어서 사람들이 마시지 못하게 하며, 메탄올이나 다른 독성 물질이 함유된 에탄올을 변성 알코올이라고 한다.
- 알케인(에테인)에서 유도되었기 때문에 지방족 알코올이라고 한다.
- 인체에는 알코올 탈수소효소(alcohol dehydrogenase)가 있어서 에탄올을 산화하여 아세트알데하이드(acetaldehyde)가 되는 신진대사를 돕는다.

㉣ -OH의 수에 따른 분류

- 1가 알코올 : 수소원자가 -OH로 1개 치환된 알코올

  예 CH_3CH_2-OH
  에탄올
- 2가 알코올 : 수소원자가 -OH로 2개 치환된 알코올

  예 $OH-CH_2CH_2-OH$
  에틸렌글리콜
- 3가 알코올 : 수소원자가 -OH로 3개 치환된 알코올

  예 $CH_2-CH-CH_2$ (각 탄소에 OH, OH, OH)
  글리세린

㉤ 알킬기(R)의 수에 따른 분류

- 1차 알코올 : -OH기가 결합되어 있는 탄소에 다른 탄소 1개가 결합된 알코올
- 2차 알코올 : -OH기가 결합되어 있는 탄소에 다른 탄소 2개가 결합된 알코올
- 3차 알코올 : -OH기가 결합되어 있는 탄소에 다른 탄소 3개가 결합된 알코올

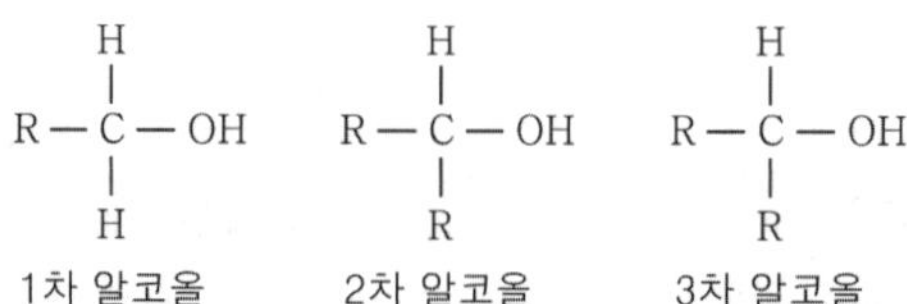

② 에터(ether)

㉠ R-O-R′의 일반식을 가진다. R′와 R은 탄화수소기(지방족 또는 방향족)이다.

㉡ 분자 간의 인력이 비교적 작으므로 끓는점이 낮다.

㉢ 물에 대한 용해도가 비교적 작다.

㉣ 알코올처럼 연소성이 크다. 공기 중에 방치했을 때 에터는 서서히 산화되어 폭발성이 있는 과산화물이 된다.

㉤ 두 개의 알코올분자로부터 한 분자의 물이 탈수되어 생성된다.

$ROH + R'OH \rightarrow ROR' + H_2O$

③ 카보닐기

카보닐기($R_2C=O$)는 극성이고, 카보닐기를 가지는 화합물은 비슷한 분자량의 탄화수소보다 물에 잘 용해된다. 카보닐기를 가지고 있는 유기화합물은 알데하이드(aldehyde)와 케톤(ketone)이 있다.

㉠ 알데하이드(aldehyde)

- 알데하이드(RCHO)는 카보닐기의 탄소에 적어도 수소 하나가 결합되어 있다.
- 분자 사이에서 수소결합을 할 수 없기 때문에 비슷한 분자량의 알코올보다 끓는점이 낮다.
- 가장 간단한 알데하이드는 폼알데하이드(HCHO)이다.
- 1차 알코올이 산화되면 알데하이드가 된다.

㉡ 케톤(ketone)

- 케톤(RCOR′)은 카보닐기의 탄소에 두 개의 탄소가 결합되어 있다.
- 가장 간단한 케톤은 아세톤(CH_3COCH_3)이다. 아세톤은 대부분의 유기물을 용해시키므로 주로 용매로 사용되며, 물과도 완전히 섞인다.
- 알데하이드보다 반응성이 적다.
- 2차 알코올이 산화되면 케톤이 된다.

④ 카복실산(carboxylic acid)

㉠ 카복시기(-COOH)의 일반식을 가진다.

㉡ 적당한 조건하에서 알코올과 알데하이드는 카복실산으로 산화할 수 있다.

㉢ 모든 단백질분자는 아미노기($-NH_2$)와 카복시기(-COOH)를 가진 특별한 종류의 카복실산인 아미노산으로 만들어져 있다.

㉣ 수소결합을 하므로 비슷한 크기의 알코올보다 끓는점이 높다.

⑤ 에스터(ester)

㉠ R′COOR의 일반식을 가진다. R′는 H 또는 알킬이나 방향족 탄화수소기이고, R은 알킬이나 방향족 탄화수소기이다.

㉡ 향료 제조에 이용되며, 과일에 에스터가 들어 있어 독특한 향기를 낸다.

㉢ 비누화(saponification) : 에스터의 알칼리성 가수분해반응에 대한 일반적인 용어로 사용된다.

㉣ 비교적 반응성이 적다.

⑥ 아민(amine)

㉠ 아민은 NH_3의 수소가 다른 알킬기로 치환된 화합물로 R_3N의 일반식을 갖는 유기염기이고, R 중 하나는 알킬기나 방향족 탄화수소기이다.

㉡ 약한 브뢴스테드 염기로 물과 반응한다.

$RNH_2 + H_2O \rightleftarrows RNH_3^+ + OH^-$

㉢ 치환된 알킬기(R)의 수에 따른 분류

- 1차 아민 : 알킬기 1개가 치환, RNH_2
- 2차 아민 : 알킬기 2개가 치환, $RNHR_1$
- 3차 아민 : 알킬기 3개가 치환, RNR_1R_2
- R_4N^+ : N에 알킬기 4개가 결합되어 있으면 4차 암모늄염의 양이온이 된다.

CH_3-NH-H (N에 H 결합)	$CH_3-N(H)-CH_3$	$CH_3-N(CH_3)-CH_3$	$CH_3-N^+(CH_3)_2-CH_3$
1차 아민 (RNH_2)	2차 아민 (R_2NH)	3차 아민 (R_3N)	4차 아민 (R_4N^+)

㉣ 아마이드(amide) : $-CONH-$

- 1차 아마이드 : $RCONH_2$
- 2차 아마이드 : RCONHR
- 3차 아마이드 : $RCONR_1R_2$

⑦ 작용기 요약

작용기	작용기 이름	화합물 이름	작용기	작용기 이름	화합물 이름
-OH	히드록시기	알코올	RCOR′	카보닐기	케톤
ROR′	에터기	에터	RCOOR′	에스터기	에스터
RCHO	알데하이드기	알데하이드	$-NH_2$	아미노기	아민
RCOOH	카복시기	카복실산	-	-	-

㉠ 알코올의 특징을 나타내는 -OH의 H는 쉽게 해리되지 않는다.

㉡ 페놀의 -OH의 H는 해리될 수 있어서 페놀은 약산으로 작용한다.

→ $-O^-$의 음전하가 벤젠고리에 흡수될 수 있어서 안정해지기 때문이다.

(4) 고분자화합물

① 분자량이 10,000 이상인 물질을 고분자화합물이라고 한다.

② 고분자화합물은 분자량이 적은 분자가 반복적으로 결합하여 생성된다.

㉠ 단위체 : 기본단위가 되는 분자량이 적은 분자

㉡ 중합반응 : 단위체들이 서로 결합하여 고분자화합물을 형성하는 반응이다.

- 첨가중합반응 : 빠져나가는 분자가 없이 단위체가 연속적으로 결합하여 중합체를 형성하는 반응이다. 종류로는 폴리에틸렌(PE : 단위체인 에틸렌 $H_2C=CH_2$), 폴리프로필렌(PP : 단위체인 프로필렌 $H_2C=CH(CH_3)$), 폴리염화비닐(PVC : 단위체인 염화비닐 $H_2C=CHCl$), 폴리스타이렌(PS : 단위체인 스타이렌 $H_2C=CH(C_6H_5)$) 등이 있다.

  예 폴리에틸렌 생성 : 단위체인 에틸렌의 이중결합 중 하나가 끊어지면서 다른 단위체와 결합한다.
  $H_2C=CH_2 + H_2C=CH_2 \rightarrow \left(H_2C-CH_2 \right)_n$

- 축합중합반응 : 단위체가 중합반응할 때 물분자와 같이 작은 분자가 빠져나가면서 중합체를 형성하는 반응이다. 종류로는 나일론, 폴리에스터, 페놀수지, 단백질 등이 있다.

  예 1. 6,6-나일론 생성 : 단위체인 헥사메틸렌다이아민과 아디프산이 중합반응할 때, 헥사메틸렌다이아민의 H^+와 아디프산의 OH^-이 반응하여 H_2O로 빠져나가고 두 단위체가 결합을 형성하여 6,6-나일론이 생성된다.
  2. 에스터화 반응 : 카복실산과 알코올이 축합반응을 할 때 물과 에스터가 생성된다.

㉢ 중합체 : 단위체들의 중합반응으로 만들어지는 고분자화합물이다.

③ 고분자화합물의 분류

㉠ 천연 고분자물질 : 자연상태에 존재하거나 생물체에 의해 합성되는 고분자물질이다.

구분	단위체	중합방법	이용
녹말	포도당	축합중합	음식물로 섭취되어 에너지원
셀룰로스	포도당	축합중합	면, 마 등의 섬유나 종이
단백질	아미노산	축합중합	세포, 효소 등 생명체를 구성하는 주성분
DNA	뉴클레오티드	축합중합	유전 정보의 저장 및 단백질 구성에 관여
천연고무	아이소프렌	첨가중합	장난감, 지우개

㉡ 합성 고분자물질 : 인공적으로 합성하여 만든 고분자물질로, 대부분 석유를 원료로 합성한다.

구분	예	중합방법	이용
합성수지 (플라스틱)	폴리에틸렌(PE)	첨가중합	주방용 랩, 봉지, 물통, 장난감
	폴리스타이렌(PS)	첨가중합	스티로폼 용기, 단열재
	폴리염화비닐(PVC)	첨가중합	PVC관, 벽지, 창틀의 재료
	페놀수지	축합중합	전기소켓, 주방기구 손잡이
합성섬유	나일론	축합중합	밧줄, 스타킹, 전선 절연체
	폴리에스터(테릴렌)	축합중합	와이셔츠, 사진 필름
합성고무	네오프렌 고무	첨가중합	전선의 피복
	SBR 고무	첨가중합	자동차 타이어, 구두창

㉢ 열의 특성에 따른 합성수지의 분류

- 열가소성 수지 : 사슬모양의 구조로 되어 있으며, 열을 가하면 쉽게 변형된다.
  ➜ 가열을 통한 성형 및 가공이 쉽다. 주로 첨가중합반응으로 생성되며, 종류로는 폴리에틸렌, 폴리스타이렌, 폴리염화비닐 등이 있다.
- 열경화성 수지 : 그물모양의 구조로 되어 있으며, 열을 가해도 쉽게 변형되지 않는다.
  ➜ 열에 강해야 하는 주방기구 손잡이 등에 이용된다. 주로 축합중합반응으로 생성되며, 종류로는 페놀수지 등이 있다.

2 명명법

(1) 이온결합 화합물

① 양이온의 명명

㉠ 주족금속

- 1족 원소들은 +1가 양이온(M^+), 2족 원소들은 +2가 양이온(M^{2+}), 13족 원소들은 +3가 양이온(M^{3+})을 형성한다.
- 금속 이름에 '이온(ion)'을 붙인다.

  예 Na^+ : 소듐이온(sodium ion), Mg^{2+} : 마그네슘이온(magnesium ion), Al^{3+} : 알루미늄이온(aluminium ion)

㉡ 전이금속

- 두 가지 이상의 양이온을 형성한다.
- 금속의 전하를 괄호 안에 전하수를 나타내는 로마숫자를 써서 표현하고, 금속 이름에 '이온(ion)'을 붙인다.

  예 Fe^{2+} : 철(Ⅱ)이온[iron(Ⅱ) ion], Fe^{3+} : 철(Ⅲ)이온[iron(Ⅲ) ion], Cu^+ : 구리(Ⅰ)이온[cupper(Ⅰ) ion], Cu^{2+} : 구리(Ⅱ)이온[cupper(Ⅱ) ion]

② 음이온의 명명

㉠ 일원자 음이온 : 음이온의 원소 이름 끝에 '-화이온(-ide ion)'을 붙인다.

예 Cl^- : 염화이온(chloride ion), Br^- : 브로민화이온(bromide ion)

㉡ 다원자 음이온

화학식	명칭	화학식	명칭	화학식	명칭
CH_3COO^-	아세트산이온	NO_2^-	아질산이온	MnO_4^-	과망가니즈산이온
CN^-	사이안화이온	NO_3^-	질산이온	O_2^{2-}	과산화이온
ClO^-	하이포아염소산이온	SO_3^{2-}	아황산이온	PO_4^{3-}	인산이온
ClO_2^-	아염소산이온	SO_4^{2-}	황산이온	HPO_4^{2-}	인산수소이온
ClO_3^-	염소산이온	HSO_4^-	황산수소이온	$H_2PO_4^{2-}$	인산이수소이온
ClO_4^-	과염소산이온	CrO_4^{2-}	크로뮴산이온	CO_3^{2-}	탄산이온
OH^-	수산화이온	$Cr_2O_7^{2-}$	다이크로뮴산이온	HCO_3^-	탄산수소이온

③ 이온결합 화합물의 명명

㉠ 한국어 명명법 : 음이온을 먼저 명명하고 다음에 양이온을 명명한다.

예 1. KBr : 브로민화 칼륨, $AlCl_3$: 염화 알루미늄
2. $FeCl_2$: 염화 철(Ⅱ), $FeCl_3$: 염화 철(Ⅲ)

㉡ 영어 명명법 : 먼저 양이온을, 다음에 음이온을 명명한다.

예 1. KBr : potassium bromide, $AlCl_3$: aluminium chloride
2. $FeCl_2$: iron(Ⅱ) chloride, $FeCl_3$: iron(Ⅲ) chloride

(2) 이성분 분자성 화합물

① 공유결합하고 있는 두 개의 원소로만 이루어진 이성분 분자성 화합물은 이성분 이온결합 화합물과 같은 방법으로 명명한다.

② 화합물에서 한 원소는 전자가 부족하여 양이온과 유사하고, 다른 원소는 전자가 풍부하여 음이온과 유사하다.

③ 양이온성 원소는 원소명 그대로 쓰고, 음이온성 원소는 원소명 끝에 '-화(-ide)'라고 쓴다.

④ HF : 수소는 양이온과 유사하고 플루오린은 음이온과 유사하므로, 플루오린화 수소(hydrogen fluoride)라고 명명한다.

⑤ 다른 비율로 결합하여 다른 화합물을 만드는 경우, 이성분 분자성 화합물의 이름은 존재하는 각각의 원자수는 수 접두사를 사용하여 표시한다.

㉠ 일(mono)-, 이(di)-, 삼(tri)-, 사(tetra)-, 오(penta)-, 육(hexa)-, 칠(hepta)-, …

예 N_2O_4 : 사산화이질소(dinitrogen tetroxide), P_4O_7 : 칠산화사인(tetraphosphorus heptoxide)

㉡ 화학식의 첫 원자에는 일(mono)- 접두사를 사용하지 않는다.

예 CO : 일산화탄소(carbon momoxide), CO_2 : 이산화탄소(carbon dioxide)

(3) 지방족 탄화수소

① 알케인

㉠ 탄소수를 나타내는 말의 어미에 '–에인(ane)'을 붙인다.

탄소수	1	2	3	4	5
분자식	CH_4	C_2H_6	C_3H_8	C_4H_{10}	C_5H_{12}
명칭	메테인 (methane)	에테인 (ethane)	프로페인 (propane)	뷰테인 (butane)	펜테인 (pentane)

㉡ 알케인과 모든 다른 유기화합물 명명법은 국제순수 및 응용화학연합(IUPAC, International Union of Pure and Applied Chemistry)의 제안에 따른다.

㉢ 처음 4개의 알케인(메테인, 에테인, 프로페인, 뷰테인)은 비체계적인 이름을 사용한다.

㉣ 탄소 5~10개를 포함하는 알케인에 대해서는 탄소원자수에 그리스어 접두사(prefixe)가 반영되어 있다.

mono(1), di(2), tri(3), tetra(4), penta(5), hexa(6), hepta(7), octa(8), nona(9), deca(10)

㉤ IUPAC 규칙에 따른 탄화수소 명명

- 탄화수소 모체의 이름은 분자에서 가장 긴 탄소사슬의 것이 된다.

예 화합물의 CH_3 / H_3C CH_3 주골격 이름은 제일 긴 사슬이 탄소원자 7개이므로 헵테인(heptane)이다.

4번째 탄소에 $-CH_3$(methyl)기가 치환되었으므로 4-methylheptane이 된다.

- 수소원자가 한 개 적은 알케인을 알킬(alkyl)기라고 한다. 가장 긴 사슬에서 가지가 생긴 곁사슬을 알킬기로 명명한다.

〈 일반적인 알킬기 〉

명칭	식	명칭	식
메틸(methyl)	CH_3-	에틸(ethyl)	CH_3-CH_2-
n–프로필(n–propyl)	$CH_3-CH_2-CH_2-$	n–뷰틸(n–butyl)	$CH_3-CH_2-CH_2-CH_2-$
아이소프로필(isopropyl)	$CH_3-\underset{}{\overset{\vert}{C}H}-CH_3$	t–뷰틸(t–butyl)	$CH_3-\overset{CH_3}{\overset{\vert}{\underset{\vert}{C}}}-CH_3$

- 1개 이상의 수소가 다른 기로 치환되었을 때, 그 화합물의 이름에 치환된 위치를 나타내어야 한다. 모든 치환된 위치의 번호가 낮은 값을 가지는 방향으로 제일 긴 사슬의 각 탄소원자에 번호를 붙인다.

예

$$\overset{1}{C}H_3-\overset{2}{\underset{}{C}H}(CH_3)-\overset{3}{C}H_2-\overset{4}{C}H_2-\overset{5}{C}H_3$$

2-methylpentane (○)

$$\overset{1}{C}H_3-\overset{2}{C}H_2-\overset{3}{C}H_2-\overset{4}{C}H(CH_3)-\overset{5}{C}H_3$$

4-methylpentane (×)

- 같은 작용기가 2개 이상 있을 때 이(di)-, 삼(tri)-, 사(tetra)-와 같은 접두어를 이용한다. 숫자와 숫자 사이는 콤마(,)를 사용한다.

예

$$\overset{1}{CH_3}-\overset{2}{CH}(CH_3)-\overset{3}{CH}(CH_3)-\overset{4}{CH_2}-\overset{5}{CH_2}-\overset{6}{CH_3}$$

2,3-dimethylhexane

$$\overset{1}{CH_3}-\overset{2}{CH_2}-\overset{3}{C}(CH_3)_2-\overset{4}{CH_2}-\overset{5}{CH_2}-\overset{6}{CH_3}$$

3,3-dimethylhexane

- 2개 이상의 다른 알킬기가 있을 때는 알킬기의 이름은 알파벳 순서로 놓는다. 알파벳 순서를 고려할 때 접두어는 무시한다.

예

$$\overset{1}{CH_3}-\overset{2}{CH_2}-\overset{3}{CH}(CH_3)-\overset{4}{CH}(C_2H_5)-\overset{5}{CH_2}-\overset{6}{CH_2}-\overset{7}{CH_3}$$

4-ethyl-3-metylheptane

- 알케인은 다른 많은 치환기가 있을 수 있다.

예

$$\overset{1}{CH_3}-\overset{2}{CH}(Br)-\overset{3}{CH}(NO_2)-\overset{4}{CH_3}$$

2-bromo-3-nitrobutane

$$Br-\overset{1}{CH_2}-\overset{2}{CH_2}-\overset{3}{CH}(NO_2)-\overset{4}{CH_3}$$

1-bromo-3-nitrobutane

〈 몇 가지 치환기의 명칭 〉

치환기	명칭	치환기	명칭
$-NH_2$	아미노(amino)	$-F$	플루오로(fluoro)
$-Cl$	클로로(chloro)	$-Br$	브로모(bromo)
$-NO_2$	나이트로(nitro)	$-CH=CH_2$	바이닐(vinyl)

② 알켄

㉠ 탄소수를 나타내는 말의 어미에 '-엔(ene)'을 붙인다.

탄소수	2	3	4	5	6
분자식	C_2H_4	C_3H_6	C_4H_8	C_5H_{10}	C_6H_{12}
명칭	에텐, 에틸렌 (ethene)	프로펜, 프로필렌 (propene)	뷰텐 (butene)	펜텐 (pentene)	헥센 (hexene)

㉡ 주 골격 화합물의 이름은 이중결합이 포함된 가장 긴 사슬의 탄소원자수에 의해 결정한다.

㉢ IUPAC 규칙에 따른 탄화수소 명명

- C=C 결합을 포함하는 화합물의 이름은 엔(-ene)으로 끝난다.

- 알켄의 이름에서 숫자로 이중결합의 위치를 표시한다. 숫자는 알켄의 C=C 결합을 포함하는 사슬에서 탄소원자의 위치를 나타내는 탄소의 원자번호(작은 수 기준)이다.

  예 CH_2=CH-CH_2-CH_3 1-butene
  CH_3-CH=CH-CH_3 2-butene

- 한 분자 내에 이중결합 2개를 가질 때는 다이엔(diene), 3개를 가질 때는 트라이엔(triene)이라 하고, 이중결합의 위치는 숫자로 나타낸다.

  예 CH_2=CHCH=CH_2CH_3 1,3-pentadiene
  CH_2=CHCH=CHCH=CH_2 1,3,5-hexatriene

- 기하이성질체가 존재하면 시스(cis)인지 트랜스(trans)인지를 나타낸다.

  예

4-methyl-cis-2-hexene　　4-methyl-trans-2-hexene

③ 알카인

㉠ 탄소수를 나타내는 말의 어미에 '-아인(yne)'을 붙인다.

탄소수	2	3	4	5	6
분자식	C_2H_2	C_3H_4	C_4H_6	C_5H_8	C_6H_{10}
명칭	에타인, 아세틸렌 (ethyne)	프로파인 (propyne)	뷰타인 (butyne)	펜타인 (pentyne)	헥사인 (hexyne)

㉡ 주 골격 화합물의 이름은 삼중결합이 포함된 가장 긴 사슬의 탄소원자수에 의해 결정한다.

㉢ 알카인의 이름에 탄소-탄소 삼중결합의 위치를 나타낸다.

예 HC≡C-CH_2-CH_3 1-butyne
CH_3-C≡C-CH_3 2-butyne

(4) 방향족 탄화수소

① **벤젠의 수소 한 개가 치환된 화합물의 명명법** : 치환기의 이름을 먼저 쓴 다음 벤젠을 쓴다.

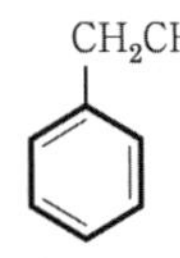

에틸벤젠 (ethylbenzene)

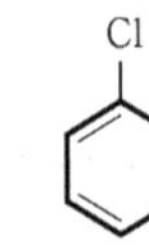

클로로벤젠 (chlorobenzene)

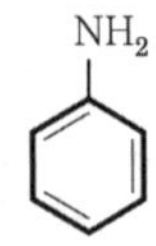

아미노벤젠 (aminobenzene)

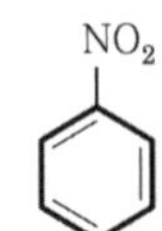

나이트로벤젠 (nitrobenzene)

② 한 개 이상의 치환기가 있으면 처음 치환기에 대한 또 다른 치환기의 위치를 표시해 준다.

㉠ 탄소원자에 번호는 다음과 같이 붙인다.

예

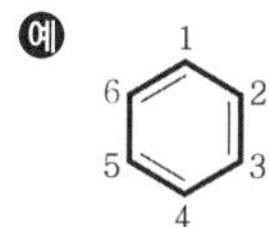

㉡ 접두어 o–(ortho–, 오르토–), m–(meta–, 메타–), p–(para–, 파라–)는 두 치환기의 상대적 위치(o–는 1, 2 위치, m–는 1, 3 위치, p–는 1, 4 위치)를 나타낸다.

예

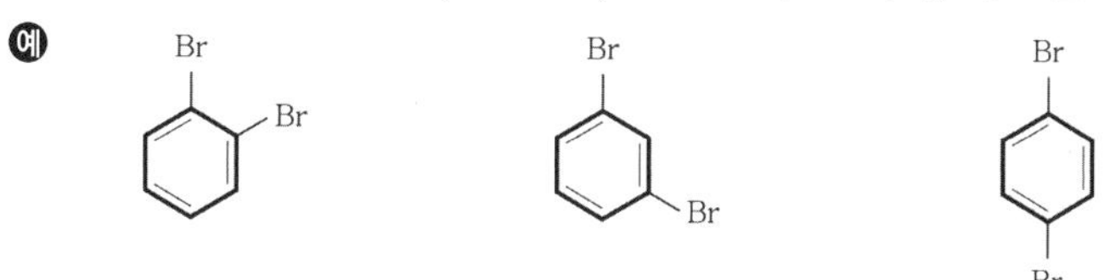

1,2-bromobenzene 또는 o-bromobenzene

1,3-bromobenzene 또는 m-bromobenzene

1,4-bromobenzene 또는 p-bromobenzene

③ 두 개의 치환기들이 서로 다른 경우에는 알파벳이 먼저인 것에 번호를 붙이고 먼저 명명한다.

예

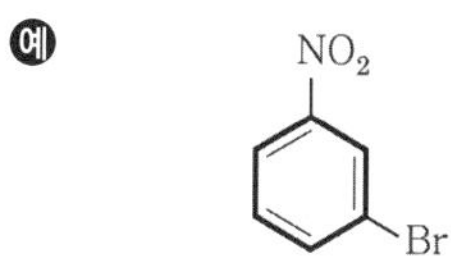

3-bromonitrobenzene
또는 m-bromonitrobenzene

④ 방향족기에서 수소 하나가 제거된 작용기를 '아릴(aryl)기'라고 한다.

예 벤젠에서 수소원자가 제거된 C_6H_5–를 '페닐(phenyl-)기'라고 한다.

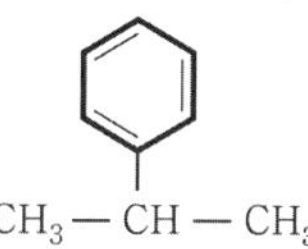

2-phenylpropane
또는 isopropyl benzene

(5) 알코올

① 주 골격 사슬의 탄화수소 이름의 끝에 '–올(–ol)'을 붙인다.

② 알코올의 주 골격 사슬은 –OH기가 결합된 탄소를 포함하는 가장 긴 사슬로 한다.

③ 다른 치환기와는 관계없이 –OH기가 붙어 있는 위치가 가장 작은 수가 되도록 한다.

④ 한 분자 내에 –OH기가 2개 이상인 경우에는 –올(–ol) 앞에 접두사를 써 주며, 그 위치를 접두사 앞에 탄소원자의 위치번호로 나타낸다.

예 $HOCH_2CH_2CH_2CH_2OH$ 1,4-butanediol

⑤ 페놀에 다른 작용기가 치환되어 있으면 OH의 탄소를 1번으로 놓고 치환기의 위치와 개수를 표시한다.

예

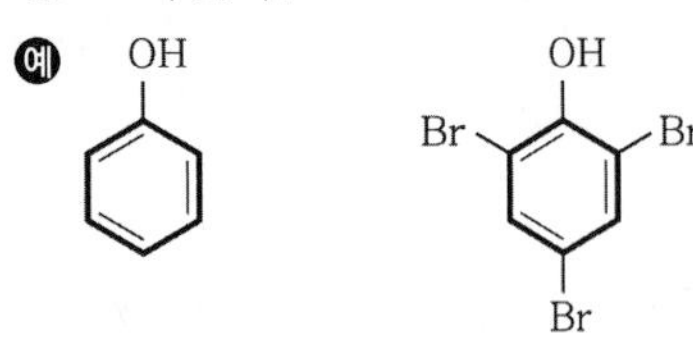

phenol 2,4,6-tribromophenol

(6) 케톤

① 마지막이 '-온(one)'으로 끝난다.

② 주 골격 사슬은 케톤기를 포함해야 하며, 케톤기의 탄소가 작은 숫자가 되도록 시작하여야 한다.

예 케톤기의 위치를 나타내는 숫자를 사용한다(아세톤은 예외임).

$$CH_3 - \overset{\overset{\displaystyle O}{\|}}{C} - CH_2 - \underset{\underset{\displaystyle CH_3}{|}}{CH} - CH_3$$

4-methyl-2-pentanone

2. 환경관리

2-1 화학물질 특성 확인

1 화학물질의 물리·화학적 성질

(1) 화학물질

화학물질이란 원소·화합물 및 인위적인 반응을 일으켜 얻어진 물질과 자연상태에서 존재하는 물질을 화학적으로 변형시키거나 추출 또는 정제한 것을 말한다(화학물질관리법 제2조).

① **유독물질** : 유해성이 있는 화학물질로서 대통령령으로 정하는 기준에 따라 환경부 장관이 정하여 고시한 것을 말한다.

② **허가물질** : 위해성이 있다고 우려되는 화학물질로서 환경부 장관의 허가를 받아 제조, 수입, 사용하도록 환경부 장관이 관계 중앙행정기관의 장과의 협의와 화학물질평가위원회의 심의를 거쳐 고시한 것을 말한다.

③ **제한물질** : 특정 용도로 사용되는 경우 위해성이 크다고 인정되는 화학물질로서 그 용도로의 제조, 수입, 판매, 보관·저장, 운반 또는 사용을 금지하기 위하여 환경부 장관이 관계 중앙행정기관의 장과의 협의와 화학물질평가위원회의 심의를 거쳐 고시한 것을 말한다.

④ **금지물질** : 위해성이 크다고 인정되는 화학물질로서 모든 용도로의 제조, 수입, 판매, 보관·저장, 운반 또는 사용을 금지하기 위하여 환경부 장관이 관계 중앙행정기관의 장과의 협의와 화학물질평가위원회의 심의를 거쳐 고시한 것을 말한다.

⑤ **사고대비물질** : 화학물질 중에서 급성 독성·폭발성 등이 강하여 화학사고의 발생 가능성이 높거나 화학사고가 발생한 경우에 그 피해 규모가 클 것으로 우려되는 화학물질로서 화학사고 대비가 필요하다고 인정하여 환경부 장관이 지정·고시한 화학물질을 말한다.

⑥ **유해화학물질** : 유독물질, 허가물질, 제한물질 또는 금지물질, 사고대비물질, 그 밖에 유해성 또는 위해성이 있거나 그러할 우려가 있는 화학물질을 말한다.

(2) 화학물질의 분류

화학물질은 물리적 위험성, 건강 유해성, 환경 유해성에 의해 분류할 수 있다. '유해성'이란 화학물질의 독성 등 사람의 건강이나 환경에 좋지 않은 영향을 미치는 화학물질 고유의 성질을 말하며, '위해성'이란 유해성이 있는 화학물질이 노출되는 경우 사람의 건강이나 환경에 피해를 줄 수 있는 정도를 말한다(산업안전보건법 시행규칙 [별표 18]).

① 물리적 위험성에 의한 분류

㉠ 폭발성 물질 : 자체의 화학반응에 의하여 주위 환경에 손상을 줄 수 있는 정도의 온도, 압력 및 속도를 가진 가스를 발생시키는 고체 · 액체 물질이나 혼합물

㉡ 인화성 가스 : 20℃, 표준압력(=101.3kPa)에서 공기와 혼합하여 인화되는 범위에 있는 가스와 54℃ 이하 공기 중에서 자연발화하는 가스

㉢ 인화성 액체 : 표준압력(=101.3kPa)에서 인화점이 93℃ 이하인 액체

㉣ 인화성 고체 : 쉽게 연소되거나, 마찰에 의하여 화재를 일으키거나 촉진할 수 있는 물질

㉤ 에어로졸 : 재충전이 불가능한 금속 · 유리 또는 플라스틱 용기에 압축가스 · 액화가스 또는 용해가스를 충전하고 내용물을 가스에 현탁시킨 고체나 액상 입자로, 액상 또는 가스상에서 폼 · 페이스트 · 분말상으로는 방출되는 분사장치를 갖춘 것

㉥ 산화성 가스 : 일반적으로 산소를 공급함으로써 공기보다 다른 물질의 연소를 더 잘 일으키거나 촉진하는 가스

㉦ 산화성 액체 및 고체 : 그 자체로는 연소하지 않더라도, 일반적으로 산소를 발생시켜 다른 물질을 연소시키거나 연소를 돕는 액체 및 고체

㉧ 고압가스 : 20℃, 200kPa 이상의 압력 하에서 용기에 충전되어 있는 가스 또는 냉동액화 가스

㉨ 자기반응성 물질 : 열적인 면에서 불안정하여 산소가 공급되지 않아도 강렬하게 발열 · 분해하기 쉬운 액체 · 고체 또는 혼합물

㉩ 자연 발화성 액체 및 고체 : 적은 양으로도 공기와 접촉하여 5분 안에 발화할 수 있는 액체 및 고체

㉪ 자기발열성 물질 : 주위의 에너지 공급없이 공기와 반응하여 스스로 발열하는 물질

㉫ 물 반응성 물질 : 물과의 상호작용을 하여 자연발화되거나 인화성 가스를 발생하는 고체 · 액체 또는 혼합물

㉬ 유기과산화물 : 1개 또는 2개의 수소원자가 유기라디칼에 의하여 치환된 과산화수소의 유도체인 2개의 -O-O- 구조를 갖는 액체 또는 고체 유기물질

㉭ 금속 부식성 물질 : 화학적인 작용으로 금속을 손상 또는 부식시키는 물질

② 건강 유해성에 의한 분류

㉠ 급성 독성 물질 : 입이나 피부를 통해 1회 또는 24시간 이내에 여러 차례로 나누어 투여하거나 호흡기를 통하여 4시간 동안 흡입하는 경우 유해한 영향을 일으키는 물질

㉡ 피부 부식성 또는 자극성 물질 : 접촉 시 피부조직을 파괴하거나 자극을 일으키는 물질

㉢ 심한 눈 손상 또는 눈 자극성 물질 : 접촉 시 눈 조직의 손상 및 시력의 저하를 일으키는 물질

㉣ 호흡기 과민성 물질 : 호흡기를 통하여 흡입되는 경우 기도에 과민반응을 일으키는 물질

㉤ 피부과민성 물질 : 피부에 접촉되는 경우 피부 알레르기 반응을 일으키는 물질

㉥ 생식세포 변이원성 물질 : 자손에게 유전될 수 있는 사람의 생식세포에 돌연변이를 일으킬 수 있는 물질

㉦ 발암성 물질 : 암을 일으키거나 암의 발생을 증가시키는 물질

㉧ 생식 독성 물질 : 생식기능, 생식능력 또는 태아의 발생·발육에 유해한 영향을 일으키는 물질

㉨ 특정 표적 장기 독성 물질(1회 노출) : 1회 노출로 특정 표적 장기 또는 전신에 독성을 일으키는 물질

㉩ 특정 표적 장기 독성 물질(반복 노출) : 반복적인 노출로 특정 표적 장기 또는 전신에 독성을 일으키는 물질

㉪ 흡인 유해성 물질 : 액체나 고체 화학물질이 입이나 코를 통하여 직접적으로 또는 구토로 인하여 간접적으로 기관 및 더 깊은 호흡기관으로 유입되어 폐렴, 폐 손상이나 사망과 같은 심각한 급성 영향을 일으키는 물질

③ 환경 유해성에 의한 분류

㉠ 수생환경 유해성 물질 : 단기간 또는 장기간 노출에 의하여 물속에 사는 수생생물과 수중 생태계에 유해한 영향을 일으키는 물질

㉡ 오존층 유해성 물질 : 오존층 보호를 위한 특정 물질의 제조 규제 등에 관한 법률에 따른 특정 물질

④ 물리적 인자에 따른 분류

㉠ 소음 : 소음성 난청을 유발할 수 있는 85dB 이상의 시끄러운 소리

㉡ 진동 : 착암기, 손망치 등의 공구를 사용함으로써 발생하는 백랍병, 레이노현상, 말초순환장애 등의 국소 진동 및 차량 등을 이용함으로써 발생되는 관절통, 디스크, 소화장애 등의 전신 진동

㉢ 방사선 : 직접 및 간접적으로 공기 또는 세포를 전리하는 능력을 가진 알파선, 베타선, 감마선, 엑스선, 중성자선 등의 방사선

㉣ 이상기압 : 게이지 압력이 cm^2당 1kg 이상인 기압

㉤ 이상기온 : 고온, 한랭, 다습으로 인한 열사병, 동상, 피부질환 등을 일으킬 수 있는 기온

2 화학물질의 화학반응

폭발과 연소는 본질적으로 다른 것이 아니라, 폭발은 연소의 한 형태이다. 화학적으로 말하면 연소는 발열과 발광을 수반하는 산화반응이고, 폭발은 그 반응이 급격히 진행되며 빛을 발하는 것 외에 폭발음과 충격 압력을 내며 순간적으로 반응이 완료된다.

(1) 폭발의 구분

① **물리적 폭발** : 기체나 액체의 팽창, 상변화 등의 물리현상이 압력 발생의 원인이 되는 폭발

② **화학적 폭발** : 물체의 연소, 분해, 중합 등의 화학반응으로 압력이 상승하는 폭발

(2) 화학적 폭발의 종류

① 가스폭발

㉠ 가연성 가스와 지연성 가스와의 혼합기체에서 발생하며 폭발범위 내에 있고 점화원(불씨, 정전기 등)이 존재해야 한다.

㉡ 예로는 증기운폭발, 비등액체팽창증기폭발 등이 있다.

- 증기운폭발(UVCE ; unconfined vapor cloud explosion) : 다량의 가연성 가스나 인화성 액체가 외부로 누출될 경우 해당 가스 또는 인화성 액체의 증기가 공기와 혼합하여 폭발성을 가진 증기운을 형성하고, 이때 점화원에 의해 점화할 경우 화구를 형성하여 폭발하는 현상이다.
- 비등액체팽창증기폭발(BLEVE ; boiling liquod expanding vapor explosion) : 저장탱크 내의 가연성 액체가 끓으면서 기화한 증기가 팽창한 압력에 의해 폭발하는 현상이다.

② 분무폭발

㉠ 고압의 유압설비 일부가 파손되어 내부의 가연성 액체가 공기 중에 분출되고 이것의 미세한 방울이 공기 중에 부유하고 있을 때 착화에너지가 주어지면 발생한다.

㉡ 분무폭발과 비슷한 것으로 박막폭굉이 있으며, 이것은 압력유, 윤활유가 공기 중에 분무될 때 발생한다.

③ 분진폭발

㉠ 가연성 고체의 분진이 공기 중에 부유하고 있을 때에 어떤 착화원에 의해 폭발하는 현상으로 단위용적당 발열량이 크기 때문에 역학적 파괴효과는 가스폭발 이상이다.

㉡ 분진폭발의 조건은 가연성 분진, 지연성 가스(공기), 점화원의 존재, 밀폐된 공간이다.

㉢ 분진폭발을 예방하기 위해서는 불활성 가스로 완전히 치환하던가, 산소농도를 약 5% 이하로 하고, 점화원을 제거하여야 한다.

㉣ 분진폭발을 일으키는 대표적인 물질은 먼지, 플라스틱 분말, 금속분(Al, Zn, Ti 등)이다.

④ 분해폭발

㉠ 분해에 의해 생성된 가스가 열팽창되고 이때 생기는 압력상승과 이 압력의 방출에 의해 일어나는 폭발현상으로 가스폭발의 특수한 경우이다.

㉡ 일반적으로 분해할 때 흡열하는 경우와는 달리, 분해할 때 발열하는 에틸렌, 산화에틸렌, 아세틸렌, 과산화물 등이 대표적인 물질이다.

(3) 폭발 방지대책

① 가연성 가스, 증기 및 분진이 폭발범위 내로 축적되지 않도록 환기를 실시한다.

② 불활성 가스 봉입 등 공기 또는 산소의 혼입을 차단한다.

③ 불꽃, 기계 및 전기적인 점화원의 제거 또는 억제한다.

3 물질안전보건자료의 이해

(1) GHS(세계조화시스템)

GHS(globally harmonized system of classification and labelling of chemicals)는 화학물질에 대한 분류 및 표지가 국제적으로 일치되지 않아 발생될 수 있는 유통과정의 혼란을 예방하기 위하여 유엔(UN)에서 권고한 지침으로, 유해성·위험성 분류 및 경고표시를 국제적으로 통일시키는 기준을 말한다.

① 화학물질의 유해성 · 위험성 분류에 따른 그림문자 및 신호어

㉠ 그림문자 및 코드

〈유독물 그림문자〉

그림문자 및 코드	의미	그림문자 및 코드	의미	그림문자 및 코드	의미
GHS01	폭발성	GHS02	• 인화성 • 자연발화성 • 자기발열성 • 물 반응성	GHS03	산화성
GHS04	고압가스	GHS05	• 금속 부식성 • 피부 부식성/자극성 • 심한 눈 손상/자극성	GHS06	급성 독성
GHS07	경고	GHS08	• 호흡기 과민성 • 발암성 • 변이원성 • 생식 독성 • 표적 장기 독성 • 흡인 유해성	GHS09	수생환경 유해성

㉡ 신호어

- 심각한 유해성 구분에 '위험'
- 상대적으로 심각성이 낮은 유해성 구분에 '경고'

② GHS 경고표시 항목

㉠ 명칭 : 대상 화학물질의 명칭(MSDS상의 제품명)으로 IUPAC 표준명칭을 사용할 수 있다.

㉡ 그림문자 : 경고표지의 기재항목에 해당되는 것은 모두 표시한다.

- '해골과 X자형 뼈' 그림문자와 '감탄부호(!)' 그림문자에 모두 해당되는 경우에는 '해골과 X자형 뼈' 그림문자만을 표시한다.
- 부식성 그림문자와 피부 자극성 또는 눈 자극성 그림문자에 모두 해당되는 경우에는 부식성 그림문자만을 표시한다.
- 호흡기 과민성 그림문자와 피부 과민성, 피부 자극성 또는 눈 자극성 그림문자에 모두 해당되는 경우에는 호흡기 과민성 그림문자만을 표시한다.
- 5개 이상의 그림문자에 해당되는 경우에는 4개의 그림문자만을 표시할 수 있다.

㉢ 신호어 : '위험' 또는 '경고' 표시 모두 해당하는 경우에는 '위험'만 표시한다.

〈벤젠의 MSDS〉

벤젠(CAS NO. 71-43-2)

신호어
- 위험

유해 · 위험 문구
- 고인화성 액체 및 증기
- 삼키면 유해함
- 삼켜서 기도로 유입되면 치명적일 수 있음
- 피부에 자극을 일으킴
- 눈에 심한 자극을 일으킴
- 졸음 또는 현기증을 일으킬 수 있음
- 유전적인 결함을 일으킬 수 있음
- 암을 일으킬 수 있음
- 태아 또는 생식능력에 손상을 일으킬 것으로 의심됨
- (호흡기) 장기에 손상을 일으킴
- 장기간 또는 반복 노출되면 장기(중추신경계, 조혈계)에 손상을 일으킴
- 장기적인 영향에 의해 수생생물에게 독성이 있음

예방조치 문구

예방
- 열, 스파크, 화염, 고열로부터 멀리하십시오.
- 이 제품을 사용할 때에는 먹거나, 마시거나, 흡연하지 마시오.
- 옥외 또는 환기가 잘 되는 곳에서만 취급하시오.
- 보호장갑, 보호의, 보안경, 안면보호구를 착용하시오.

내용
- 흡입하면 신선한 공기가 있는 곳으로 옮기고 호흡하기 쉬운 자세로 안정을 취하시오.
- 삼켰다면 입을 씻어내시오. 토하게 하려 하지 마시오.
- 피부 또는 머리카락에 묻으면 오염된 모든 의복은 벗거나 제거하시오. 피부를 물로 씻으시오. 샤워하시오.
- 눈에 묻으면 몇 분간 물로 조심해서 씻으시오. 가능하면 콘택트렌즈를 제거하시오. 계속 씻으시오.

저장
- 용기는 환기가 잘 되는 곳에 단단히 밀폐하여 보관하고 저온으로 유지하시오.

폐기
- (관련 법규에 명시된 내용에 따라) 내용물 용기를 폐기하시오.

㉣ 유해 · 위험 문구 : 해당 문구 모두 기재, 중복되는 문구 생략, 유사한 문구 조합 가능

㉤ 예방조치 문구 : 예방 · 대응 · 저장 · 폐기 각 1개 이상을 포함하여 6개만 표시 가능(해당 문구 중 일부만 표기할 때에는 "기타 자세한 사항은 물질안전보건자료(MSDS)를 참고하시오."라는 문구 추가)

㉥ 공급자 정보 : 제조자 또는 공급자의 회사명, 전화번호, 주소 등

(2) 물질안전보건자료(MSDS, materials safety data sheet)

물질안전보건자료는 화학물질의 유해 위험성, 응급조치 요령, 취급방법 등을 설명해 주는 자료로서 화학제품의 안전 사용을 위한 설명서이다.

① 적용 대상 화학물질

㉠ 폭발성 물질, 산화성 물질, 극인화성 물질, 고인화성 물질, 인화성 물질, 금수성 물질, 고독성 물질, 독성 물질, 유해물질, 부식성 물질, 자극성 물질, 과민성 물질, 발암성 물질, 변이원성 물질, 생식 독성 물질, 환경 유해 물질

㉡ 위 물질을 1% 이상 함유한 화학물질(단, 발암성 물질은 0.1% 이상)

② MSDS 항목

1. 화학제품과 회사에 관한 정보	9. 물리·화학적 특성
2. 유해성 및 위험성	10. 안정성 및 반응성
3. 구성성분의 명칭 및 함유량	11. 독성에 관한 정보
4. 응급조치 요령	12. 환경에 미치는 영향
5. 폭발 및 화재 시 대처방법	13. 폐기 시 주의사항
6. 누출사고 시 대처방법	14. 운송에 필요한 정보
7. 취급 및 저장 방법	15. 법적 규제 현황
8. 노출 방지 및 개인 보호구	16. 그 밖의 참고사항

③ 물질안전보건자료(MSDS)의 작성원칙

항목	작성원칙
언어	• 한글로 작성하는 것이 원칙임 • 화학물질명, 외국 기관명 등의 고유명사는 영어로 표기할 수 있음 • 실험실에서 시험·연구 목적으로 사용하는 시약으로 MSDS가 외국어로 작성된 경우에는 한국어로 번역하지 않을 수 있음
자료의 신뢰성	• 해당 국가의 우수 실험실 기준(GLP)에 따라 수행한 시험결과를 우선적으로 고려해야 함
제공되는 자료의 출처	• 외국어로 번역된 MSDS를 번역하고자 하는 경우에는 자료의 신뢰성이 확보될 수 있도록 최초의 작성 기관명 및 시기를 함께 기재함 • 여러 형태의 자료를 활용하여 작성 시 제공되는 자료의 출처를 기재함 • 단위는 계량에 관한 법률이 정하는 바에 따름
해당 자료가 없는 경우	• 각 작성항목은 빠짐없이 기재하는 것이 원칙임 • 부득이 어느 항목에 대한 정보를 얻을 수 없는 경우에는 '자료 없음'으로 기재함 • 적용이 불가능하거나 대상이 되지 않는 경우에는 '해당 없음'으로 기재함
구성성분의 함유량 기재	• 함유량이 ±5% 범위 내에서 함유량의 범위로 함유량을 대신하여 표시할 수 있음 • 함유량이 5% 미만인 경우에는 그 하한값을 1.0%로 함 • 발암성 물질, 생식세포 변이원성 물질은 0.1%, 호흡기 과민성 물질(가스)은 0.2%, 생식 독성 물질은 0.3%로 함
영업비밀자료	• MSDS를 작성할 때 영업비밀로 보호할 가치가 있다고 인정되는 경우에는 화학물질 또는 화학물질을 함유한 제재는 구체적으로 식별할 수 있는 정보로 기재하지 않을 수 있음

(3) NFPA 704

① 응급 대응 시 화학물질(가스)의 위험성을 규정하기 위하여 미국화재예방협회(national fire protection association)에서 발표한 표준 시스템이다.

② 건강, 화재, 반응, 그리고 기타(물반응성, 방사선) 위험성에 대해 등급을 화재다이아몬드(fire diamond)로 불리는 표식으로 표기한다.

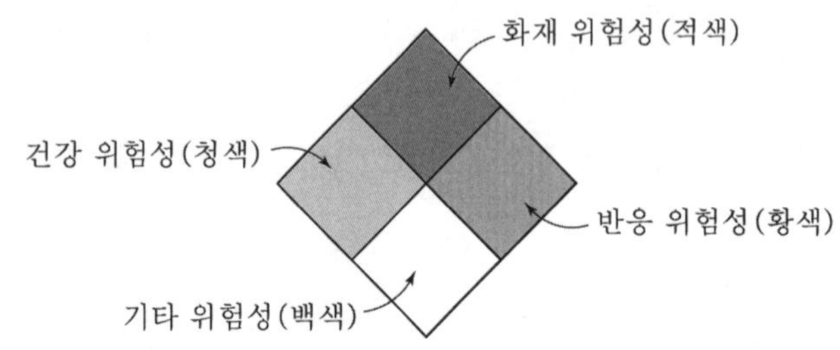

등급	건강 위험성(청색)	화재 위험성(인화점, 적색)	반응 위험성(황색)
0	유해하지 않음	잘 타지 않음	안정함
1	약간 유해함	93.3℃ 이상	열에 불안정함
2	유해함	37.8～93.3℃	화학물질과 격렬히 반응함
3	매우 유해함	22.8～37.8℃	충격이나 열에 폭발 가능함
4	치명적임	22.8℃ 이하	폭발 가능함

기타 위험성(백색)에는 다음의 특정 기호가 표시될 수 있다.

W 혹은 ₩(물반응성), OX 혹은 OXY(산화제), COR(부식성, 강한 산성/강한 염기성), BIO(생물학적 위험), POI(독성), 방사능 표시, CRY 혹은 CRYO(극저온 물질)을 표기할 수 있다.

2-2 분석환경 관리

1 실험실 환경 유지 · 관리

(1) 시료 보관시설

① 분석과 실험 전에 시료를 보관하는 공간으로서, 시료의 변질을 최대한 억제하기 위한 시설이다.

② 최소한 3개월의 시료를 보관할 수 있는 공간이 되어야 하며, 보관온도는 시료의 변질을 막기 위해 약 4℃로 유지하여야 한다.

③ 시료의 특성상 독성 물질, 방사성 물질, 감염성 물질의 시료는 표기 및 보관조건 등을 기재하여 소형 냉장고 또는 별도의 냉장시설과 같은 별도의 공간을 확보하여 보관해야 하며, 안전장치는 반드시 설치하고 물질에 대한 사용 및 보관 기록을 유지해야 한다.

④ 잠금장치는 내부에서도 풀 수 있도록 해야 하며, 전기 공급은 일정 기간 공급되지 않아도 최소한 1시간 정도는 4℃를 유지할 수 있는 별도의 무정전 전원(UPS)을 설치하는 것이 좋다.

⑤ 환기시설은 시료의 장기간 보관 때문에 변질로 인한 악취가 발생할 경우를 대비하여 설치해야 한다. 환기시설은 독립적으로 개폐할 수 있도록 해야 하며, 작동 시 짧은 시간 내에 환기할 수 있도록 약 0.5m/s 이상의 풍속으로 환기되어야 한다.

⑥ 시료 보관시설은 벽면 응축이 발생할 수 있으므로 상대습도는 25~30% 정도로 조절하며, 배수 라인은 별도로 설비하여 바닥에 물이 고이지 않도록 해야 한다.

(2) 시약 보관시설

① 시료를 분석하기 위한 고체 · 액체 시약을 보관하는 공간으로서, 실험이 이루어지는 공간과 분리된 공간을 말한다.

② 시약의 균질성과 안정성을 확보하고 오염이나 혼동을 막기 위하여 별도로 갖추어져야 한다. 공간은 가능한 한 시약 여유분의 약 1.5배 이상이 확보되어야 한다.

③ 시약은 종류별로 구분하여 배치하고, 반드시 눈에 잘 띄는 곳에 비치해야 한다.

④ 일부 분석기기용 표준 시약인 경우 냉동상태로 보관하게 되어 있으므로 시약 보관용으로 상온, 냉장, 냉동 등의 설비를 갖추어야 한다.

⑤ 시약의 특성상 독성 물질, 방사성 물질, 감염성 물질의 시약은 별도의 공간에 보관해야 하고, 표기 및 보관조건 등이 기재되어야 하며, 안전장치를 반드시 설치하고 물질에 대한 기록을 보관하여야 한다.

⑥ 무기물질, 유기물질, 유기용매, 부식성 시약물질은 실험실의 안전과 오염을 방지하기 위하여 별도로 용기를 선택하여 보관한다.

⑦ 조명은 기재사항을 볼 수 있을 정도의 150lx 이상이어야 한다.

⑧ 항상 통풍이 잘 되도록 설비해야 하고, 환기는 외부 공기와 원활하게 접촉할 수 있도록 환기속도는 약 0.3~0.4m/s 이상이어야 한다.

(3) 유리기구 보관시설

① 시료 분석에 사용하는 유리기구를 보관하는 공간이다.

② 최소한의 면적은 전체 유리기구를 보관할 수 있는 공간의 약 1.5배 이상이어야 한다.

③ 조명은 150lx 이상이어야 하며, 유리기구의 안전한 보관을 위해 가능한 한 종류별로 분리 · 보관해야 한다.

④ 별도의 유리기구 보관시설이 없는 경우에는 실험자가 손쉽게 실험할 수 있도록 실험실 내에 비치하여야 한다.

⑤ 미생물 실험 등에 사용한 유리기구는 감염이나 오염이 되지 않도록 별도의 보관실에서 세척한 후 건조대나 건조시설을 갖추어 보관하는 것이 좋다.

(4) 이화학분석실

① 분석실을 갖추기 위한 실내의 공간을 일정 규모 이상으로 분리하여 설치되어야 하며, 분석 목적에 따라 분리하여 시설을 갖추어야 한다.

② 원활한 실험 수행을 위해 중앙 냉·난방장치가 설비되어야 하며, 주말 등 휴무기간 동안에 실험실의 온도 유지를 위해서는 별도의 냉·난방장치를 설비해야 한다.

③ 실내온도는 18~28℃, 상대습도는 40~60%로 유지하는 것이 바람직하다.

④ 환기 및 통풍은 잘 이루어지도록 해야 하며, 시료 분석상 개별적인 환기시설(후드)이 필요할 경우 별도의 환기시설을 갖춘다.

⑤ 환기는 항상 외부 공기와 접촉을 차단하지 않는 것이 좋으나, 배출된 공기는 내부로 재유입되지 않아야 한다.

⑥ 분석실 환기횟수는 10~15회/시간, 환기장치의 높이는 바닥에서부터 약 2.5~3m, 공기의 기류속도는 0.5m/s 정도가 되도록 한다. 단, 환기로 인해 실험 수행에 지장이 없어야 하며, 실험자의 호흡에 지장이 없는 위치에 설치해야 하고, 환기장치 가동 시 실험자가 소음으로 지장을 받지 않도록 가능한 한 60dB 이하가 되도록 해야 한다.

⑦ 흄 후드(fume hood)를 이용하는 경우에는 취급하는 위험물질의 종류에 따라 적절히 조절하여 사용한다.

⑧ 조명은 300lx 이상이어야 한다.

⑨ 분석실 내에 실험용액 및 폐액을 잘 분리할 수 있도록 배수설비를 별도로 설비해야 하고, 관의 재질은 가능한 한 산성이나 알칼리성 물질에 잘 부식되지 않는 재질을 선택해야 하며, 또한 쉽게 파손되지 않도록 하고, 외부 폐기물처리장으로 직접 이송되도록 설비해야 한다. 만약 배수설비가 되어 있지 않다면 별도의 공간에 산성과 알칼리성 물질의 폐액통을 구분하여 처리하는 것이 좋다.

⑩ 별도의 생물학적 산소 요구량(BOD) 분석실을 운영하는 경우에는 온도에 매우 민감하므로 측정값의 오차를 줄이기 위해 실내온도를 20℃로 유지하는 것이 좋고, 습도 역시 완전한 실험을 위해 65%로 유지하는 것이 좋으며, 적절한 환기가 필요하므로 독립적인 환기설비를 통해 실험실 환경을 유지하는 것이 좋다. 또한 생물학적 산소 요구량 실험은 온도가 매우 중요하므로 배양기(incubator)의 전원이 차단되지 않도록 설비해야 한다.

(5) 기기분석실(GC, GC/MS, AA, UV 등)

① 질소가스 등과 같은 운반가스(carrier gas)를 이용하여 기기를 통해 시료를 분석하는 별도의 공간을 말한다.

② 시료 분석 항목별로 독립적으로 설비되어야 하며, 별도의 공간을 갖추어야 한다. 공간은 일정 규모 이상으로 격리하여 설치되어야 하며, 실험에 용이하도록 분석장비 현황을 고려하여 여유 있게 공간을 배치하여야 한다.

③ 원활한 실험 수행과 분석기기의 안정을 위해 냉 · 난방장치(온도 유지)가 기기실별로 별도로 설비되어야 하며, 실내온도는 18~28℃로 유지하는 것이 바람직하다.

④ 환기 및 통풍은 잘 이루어지도록 해야 하며, 시료 분석상 개별적인 환기시설이 필요한 경우에는 별도의 환기시설을 갖추어야 한다.

⑤ 환기시설은 실험실 조건과 유사하게 설비해야 하며, 독립적으로 전원의 공급 및 차단이 가능하도록 설비하는 것이 좋다.

⑥ 조명은 최소한 300lx 이상이어야 한다.

⑦ 기기실 벽면에서 분석장비로 연결되는 가스 배관은 가변성 자재를 사용하여 장비 이동 시 배관시설을 조정할 수 있도록 하며, 각 라인에 가스 목록을 부착하여 사용하는 것이 바람직하다.

⑧ 각각의 가스 배관은 외부의 가스저장실에서부터 일괄적으로 연결해야 하며, 배관의 스톱밸브, 필터, 압력 게이지 등이 각 가스 배관별로 설치되어야 한다.

⑨ 가스 배관의 형태는 일반 스테인리스관(직경 5~10mm)을 설치해야 한다. 단, 분석기기에 단독적으로 가스를 연결할 경우에는 가스통에 대한 안전장치를 반드시 설치해야 한다.

⑩ 기기분석실에 안정적인 전원을 공급할 수 있도록 무정전전원장치(UPS) 또는 전압조정장치(AVR)를 설치해야 하며, 특히 무정전전원장치는 정전 시 사용시간이 총 1시간 이상 될 수 있도록 설비해야 한다.

⑪ 가스 배관이 외벽에 설치될 때에는 누출을 확인할 수 있도록 가스누출경보장치를 조작이 용이하고 쉽게 볼 수 있는 곳에 설치해야 한다.

(6) 분석용 가스저장실

① 분석기기에 사용되는 가스를 저장하는 공간이다.

② 가능한 한 실험실 외부 공간에 배치하여야 하며, 외부의 열을 차단할 수 있는 지하공간이나 음지 쪽에 설치하여야 한다.

③ 적절한 습도를 유지하기 위해 상대습도 65% 이상 유지하도록 환기시설을 설비하는 것이 바람직하다.

④ 최소 면적은 분석용 가스 저장분의 약 1.5배 이상이어야 하며, 가스별로 배관을 별도로 설비하고 가능한 한 이음매 없이 설비해야 한다.
⑤ 가스저장시설의 안전표시와 각 가스 라인을 표기하고 구분하여 사용해야 한다.
⑥ 저장된 가스통이 넘어지는 것을 방지하기 위해 자물쇠 등 잠금장치를 별도로 설비해야 한다.
⑦ 출입문에 위험표지 등 경고문을 부착해야 하며, 반드시 가스통의 유 · 출입 상황을 기재하고 잠금장치를 설치하여 관리자가 통제하도록 한다.
⑧ 조명은 독립적으로 조절할 수 있도록 하고, 각 가스 라인을 쉽게 구별할 수 있도록 최소 150lx 이상이어야 하며, 가능한 한 방폭등으로 설치하고, 점멸스위치는 출입구 바깥 부분에 설치하는 것이 바람직하다.
⑨ 지붕과 벽은 불연재료를 사용한다.
⑩ 안전관리시설은 「고압가스안전관리법」의 기준에 맞게 설비되어야 한다.
⑪ 채광은 불연재료로 하고, 연소의 우려가 없는 장소의 채광면적을 최소화하여 설치한다.
⑫ 환기는 가능한 한 자연배기방식으로 하는 것이 바람직하며, 만약 환기구를 설치할 경우에는 지붕 위 또는 지상 2m 이상의 높이에서 회전식이나 루프 팬 방식으로 설치하는 것이 바람직하다.

(7) 폐기물 · 폐수 처리 또는 저장 시설

① 폐기물저장시설은 실험실과 별도로 외부에 설치하는 것이 바람직하며, 폐기물에 의한 오염 및 혐오감을 주지 않도록 하고 최소한 3개월 이상 폐기물을 보관할 수 있는 공간이어야 한다.
② 폐기물저장시설은 재활용이 가능한 폐기물과 지정 폐기물 등 각 종류별로 별도 보관할 수 있는 공간을 배치하는 것이 바람직하다.
③ 폐기물저장시설은 습기로 인한 냄새 발생이나 썩는 것을 방지하기 위해 외부와의 환기 및 통풍이 잘 될 수 있도록 해야 하며(온도 10~20℃, 습도 45% 이상), 가연성 폐기물은 화재가 발생하지 않도록 구분하여 시설을 갖추는 것이 바람직하다.
④ 지정 폐기물은 부식 또는 손상되지 않는 재질로 된 보관용기나 보관시설에 보관하여야 한다. 폐유기용매는 휘발되지 않도록 밀폐된 용기에 보관하여야 하며, 지정 폐기물의 보관창고에 지정 폐기물의 종류별로 양 및 보관기간 등을 기재한 표지판을 설치하여 보관한다.
⑤ 독성 물질이나 감염성 폐기물의 보관은 성상별로 밀폐 포장하여 보관하도록 하며, 보관용기는 감염성 폐기물 전용용기를 사용한다. 또한 보관창고, 보관장소 및 냉동시설에는 보관 중인 감염성 폐기물의 종류, 양 및 보관기간 등을 기재한 표지판을 설치하여야 한다.
⑥ 실험을 통해 발생되는 폐수의 저장시설은 반드시 별도의 설비가 갖추어져야 하며, 일일 발생량을 기준으로 최소한 6개월 이상 저장할 수 있는 여유공간에 설비해야 한다.

⑦ 폐수저장시설은 가능한 한 지하나 혐오감을 주지 않는 공간에 설비해야 하며, 방수처리가 완벽한 재질을 사용하여 폐수가 외부로 유출되지 않도록 해야 한다.

⑧ 폐수저장시설은 발생되는 폐액(산, 알칼리)에 따라 저장시설을 별도로 분리 · 보관할 수 있도록 설비해야 하며, 폐수저장시설에서 나오는 악취 및 냄새가 외부로 유출되지 않도록 밀폐하고, 부식 또는 훼손되지 않는 재질로 설비한다.

(8) 출입문 및 출입로

① 건물의 출입문 및 출입로는 시료나 장비 등 무거운 장비의 운반이 용이하도록 설계해야 한다.

② 출입로는 왕래에 불편하지 않도록 설비해야 하며, 최소한 폭이 2m 이상 되어야 한다. 장비 또는 기기의 운반을 고려한다면 최소 폭이 3m 이상이어야 한다.

③ 건물의 출입문은 경첩 등 돌출이 없는 것으로 설비하도록 하고, 높이는 2.5~3m 정도이어야 한다.

④ 건물의 출입문 및 출입로는 화재나 긴급 시 근무자가 신속하게 이동할 수 있도록 손쉽게 작동되어야 한다.

⑤ 실험실 출입문은 출입자의 안전을 위해 실험실 안쪽으로 열도록 하고, 손쉽게 개폐할 수 있도록 하며, 출입문의 개수는 적어도 2개 이상 설비해야 한다.

⑥ 실험실 출입문은 개폐 시 출입자의 힘이 크게 가해지지 않도록 최소 2~6kg의 무게로 개폐할 수 있도록 해야 한다.

⑦ 실험실 출입문 주변에는 분석자의 원활한 출입을 위해 가구, 위험물질, 분석장비를 설치하지 않도록 한다.

2 화학물질 취급기술

(1) 화학물질의 취급 시 주의사항

① **산화성 액체 · 산화성 고체** : 분해가 촉진될 우려가 있는 물질에 접촉시키거나 가열하거나 마찰시키거나 충격을 가하지 않는다.

② **인화성 액체** : 화기나 그 밖에 점화원이 될 우려가 있는 것에 접근시키거나 주입 또는 가열하거나 증발시키지 않는다.

③ **물반응성 물질, 인화성 고체** : 각각 그 특성에 따라 화기나 그 밖의 점화원이 될 우려가 있는 것에 접근시키거나 발화를 촉진시키는 물질 또는 물에 접촉시키거나 가열하거나 마찰시키거나 충격을 가하지 않는다.

④ **폭발성 물질, 유기과산화물** : 화기나 그 밖에 점화원이 될 우려가 있는 것에 접근시키거나 가열, 마찰시키거나 충격을 가하지 않는다.

(2) 화학물질의 운반 시 주의사항

① 유해물질을 손으로 운반할 경우 적절한 운반용기에 넣고 운반하여 넘어지거나 깨지지 않도록 해야 한다.

② 바퀴가 달린 수레로 운반할 때에는 고르지 못한 평면에서 튀거나 갑자기 멈추지 않도록 고른 회전을 할 수 있는 바퀴를 가진 것이어야 한다.

③ 가연성 액체의 경우 다음을 준수한다.

㉠ 증기를 발산하지 않는 내압성 용기로 운반한다.

㉡ 저장소에 보관 중에는 환기가 잘 되도록 한다.

㉢ 점화원을 제거하도록 한다.

㉣ 용기를 개봉한 채로 운반하지 않는다.

④ 위험물은 온도 변화 등에 의하여 누설되지 않도록 운반용기를 주의하여 밀봉, 수납하여야 한다. 특히, 온도 변화 등에 의하여 증기를 발생시키는 위험물의 경우 운반용기 안의 압력이 상승할 우려가 있으므로 이러한 경우 가스 배출구를 설치한 운반용기에 수납한다.

⑤ 운반용기는 위험물과 위험한 반응을 일으키지 않는 적합한 재질의 운반용기를 선정하여야 한다.

⑥ 고체 위험물은 운반용기 내용적의 95% 이하로 수납을 해야 하고, 액체 위험물은 98% 이하로 수납하되 55℃의 온도에서도 누설되지 않도록 충분한 공간 용적을 유지하도록 해야 한다.

3 화학물질 보관방법

(1) 화학물질 저장 · 보관 시 일반적인 주의사항

① 환기가 잘 되고 직사광선을 피할 수 있는 곳에 보관하며, 보관장소는 열과 빛을 동시에 차단할 수 있어야 한다.

② 선반 보관 시 추락방지 가드가 설치된 선반에 적당량의 시약을 보관한다.

③ 눈높이 이상의 시약을 보관하는 행위는 주의하고, 특히 부식성, 인화성 약품은 가능한 한 눈높이 아래에 보관한다.

④ 용량이 큰 화학물질은 취급 시 파손에 대비하기 위해 선반의 하단이나 낮은 곳에 보관한다.

⑤ 화학물질 특성에 따라 분류하여 적절한 보관장소에 분리 · 보관한다.

⑥ 휘발성 액체는 열, 태양, 점화원 등에서 멀리 보관한다.

⑦ 보관된 화학물질은 정기적 물품조사를 실시하여 정기적인 유지관리를 실시하고, 미사용 또는 장기간 보관된 화학물질은 폐기 처리한다.

⑧ 화학물질의 구입량은 연구에 필요한 최소량으로 주문한다.

⑨ 보관한 화학물질의 특성에 따라 누출을 검출할 수 있는 가스누출경보기를 갖추고 주기적으로 체크하여 작동 여부를 확인한다.

⑩ 인체에 화학물질이 직접 누출될 경우를 대비하여 긴급세척장비를 설치하고 주기적으로 체크하여 작동 여부를 확인한다.

⑪ 긴급세척장비의 위치는 알기 쉽게 도식화하여 연구활동종사자가 모두 볼 수 있는 곳에 표시한다.

⑫ 산성 및 염기성 물질의 누출에 대비하여 중화제 및 제거물질 등을 구비한다.

⑬ 화학물질을 소분하여 사용하거나 보관할 경우, 보관용기 특성을 반드시 확인하고 화학물질의 정보가 기입된 라벨을 반드시 부착한다.

⑭ 화재에 대비하여 소화기를 반드시 배치한다.

⑮ 화학물질의 정보가 부착된 라벨이 손상되지 않게 다루며, 읽기 쉽게 작성한다.

⑯ 용매는 밀폐된 상태로 보관하고, 독성이 있는 화학물질은 잠금장치가 되어 있는 안전한 시약장에 보관한다.

⑰ 가스가 발생하는 약품은 정기적으로 가스 압력을 제거한다.

⑱ 약품 보관 용기 뚜껑의 손상 여부를 정기적으로 확인하여 화학물질의 노출을 방지한다.

⑲ 연구실에 GHS-MSDS를 비치하고 교육한다.

⑳ 다량의 인화물질의 보관을 위해서는 별도의 보관장소를 마련할 필요가 있다.

㉑ 부식성 물질 또는 급성 독성 물질을 취급하면서 누출시키는 등으로 인체에 접촉시키지 않도록 한다.

㉒ 화학물질을 성상별로 분류하여 보관한다.

(2) 화학물질의 보관 시 주의사항

① 물성이나 특성별로 저장하는 등 일정한 기준에 따라 시약을 분류하는 과정이 필요하다.

② 분류를 달리하는 위험물의 혼재금지 기준을 참고하여 보관 및 저장한다.

③ 인화성 액체는 인화성 용액 전용 안전캐비닛에 따라 저장하며, 산화제류, 산류와 함께 보관하지 않는다.

④ 산 · 염기는 산 전용 안전캐비닛에 따로 보관하며, 인화성 액체 및 고체류, 염기류, 산화제류, 무기산류와 함께 보관하지 않는다.

⑤ 물반응성 물질은 건조하고 서늘한 장소에 보관하고, 물 및 발화원과 격리 조치하며, 모든 수용액과 모든 산화제와는 함께 보관하지 않는다.

⑥ 산화제는 불연성에 따로 보관하고, 환원제류, 인화성 물질류, 인화원이 될 만한 물질, 유기물과 함께 보관하지 않는다.

⑦ 유별을 달리하는 위험물의 혼재 기준

위험물의 구분	제1류	제2류	제3류	제4류	제5류	제6류
제1류		×	×	×	×	○
제2류	×		×	○	○	×
제3류	×	×		○	×	×
제4류	×	○	○		○	×
제5류	×	○	×	○		×
제6류	○	×	×	×	×	

[비고] 1. "×" 표시는 혼재할 수 없음을 표시한다.
2. "○" 표시는 혼재할 수 있음을 표시한다.
3. 이 표는 지정수량의 1/10 이하의 위험물에 대하여는 적용하지 아니한다.
제1류 위험물 : 산화성 고체
제2류 위험물 : 가연성 고체
제3류 위험물 : 자연발화성 및 금수성 물질
제4류 위험물 : 인화성 액체
제5류 위험물 : 자기반응성 물질
제6류 위험물 : 산화성 액체

3. 안전점검

3-1 안전관리

1 화학물질 사고 유형 및 비상조치 요령

(1) 화학물질 사고 유형

① **누출사고** : 화학물질이 누출된 것으로 화재나 폭발 등에 이르지 않는 것을 말한다.

② **화재사고** : 누출된 화학물질이 인화하여 화재가 발생한 것으로 폭발 및 파열사고를 제외한 경우를 말한다.

③ **폭발사고** : 누출된 화학물질이 인화하여 폭발 또는 폭발 후 화재가 발생한 것을 말한다.

(2) 화학물질 누출사고 시 비상조치 및 대응

① 해당 연구실(연구실 책임자, 연구활동종사자) 비상조치 방안

㉠ 주변 연구활동종사자들에게 사고 상황을 알린다.

㉡ 안전담당부서에 화학물질 누출 발생사고 상황을 신고한다.

㉢ 화학물질에 노출된 부상자의 노출된 부위를 깨끗한 물로 20분 이상 씻어준다(금수성 물질이나 인 등 물과 반응하는 물질이 묻었을 경우 물로 세척은 금지한다).

㉣ 위험성이 높지 않다고 판단되면 안전담당부서와 함께 정화 및 폐기 작업을 실시한다.

② 안전담당부서(연구실 안전환경관리자) 비상조치 방안

㉠ 누출물질에 대한 GHS-MSDS 확인 및 대응 장비를 확보한다.

㉡ 사고현장에 접근 금지테이프 등을 이용하여 통제구역을 설정한다.

㉢ 개인보호구 착용 후 사고처리(흡착제, 흡착포, 중화제 등 사용)한다.

㉣ 부상자 발생 시 응급조치 및 인근 병원으로 후송한다.

③ 대응 방안

㉠ 메인밸브를 잠그고, 모든 장비의 작동을 멈춘다.

㉡ 누출이 발생한 지역을 표시하여 작동을 멈출 수 있도록 한다.

㉢ 누출된 화학물질(가스)의 종류와 양을 확인하고 상황을 정확히 파악하여 관계자에게 알린 후 119에 연락한다.

(3) 화학물질 화재 · 폭발사고 시 비상조치 및 대응

① 해당 연구실(연구실 책임자, 연구활동종사자) 비상조치 방안

㉠ 주변 연구활동종사자들에게 사고 상황을 알린다.

㉡ 위험성이 높지 않다고 판단되면 초기진화를 실시한다.

㉢ 2차 사고에 대비하여 현장에서 멀리 떨어진 안전한 장소에서 물을 분무한다.

㉣ 금수성 물질이 있는 경우 물과의 반응성을 고려하여 화재진압을 실시한다.

㉤ 유해가스 또는 연소생성물의 흡입 방지를 위한 개인 보호구를 착용한다.

㉥ 유해물질에 노출된 부상자의 노출된 부위를 깨끗한 물로 20분 이상 씻어준다.

㉦ 초기진화가 힘든 경우 지정대피소로 신속하게 대피한다.

② 안전담당부서(연구실 안전환경관리자) 비상조치 방안

㉠ 방송을 통한 사고 상황 전파로 신속한 대피를 유도한다.

㉡ 호흡이 없는 부상자 발생 시 심폐소생술을 실시한다.

㉢ 사고현장에 접근금지테이프 등을 이용하여 통제구역을 설정한다.

㉣ 필요시 전기 및 가스 설비의 공급을 차단한다.

㉤ 사고물질의 누설, 유출 방지가 곤란한 경우 주변의 연소 방지를 중점적으로 실시한다.

㉥ 유해화학물질의 확산, 비산 및 용기의 파손, 전도 방지 등의 조치를 실행한다.

㉦ 소화를 하는 경우 중화, 희석 등 재해조치를 병행한다.

㉧ 부상자 발생 시 응급조치 및 인근 병원으로 후송한다.

③ 대응 방안

㉠ 독성 또는 인화성 가스의 누출이 원인이 된 화재의 경우에는 폭발과 중독의 위험을 피하기 위해 신속하게 대피해야 한다.

㉡ 화재가 발생한 장소는 있는 그대로 놓아둔 채 떠나는 것이 좋으며, 사고확대 방지로 연소물질을 제거하거나 필요한 관계자를 제외한 다른 사람들의 접근을 차단한다.

㉢ 피난처를 마련하고, 사고의 확대를 방지하도록 한다.

㉣ 독성 가스와 접촉한 신체에 대하여 응급처치키트를 사용하여 조치를 취한다.

㉤ 가스안전책임자는 비상대응 설비 및 물품을 확인하며, 가스마스크, 정화통과 같은 소모품은 사용 후 교체하거나 정기적으로 다시 채워놓아야 한다.

2 화학물질관리법에 대한 지식

(1) 안전점검

① 일상점검

㉠ 실험실에서 사용되는 기계 · 기구 · 전기 · 약품 · 병원체 등의 보관상태 및 보호장비의 관리실태 등을 육안으로 실시하는 점검이다.

㉡ 대상 : 모든 연구실

㉢ 실시 주기 : 연구활동 전 매일 1회(단, 저위험연구실은 주 1회)

㉣ 실시자 : 해당 연구실의 연구활동종사자

② 정기점검

㉠ 실험실에서 사용되는 기계 · 기구 · 전기 · 약품 · 병원체 등의 보관상태 및 보호장비의 관리실태 등을 안전점검기기 등을 이용해 실시하는 세부적인 점검이다.

㉡ 대상 : 모든 연구실(예외 : 저위험연구실, 안전관리 우수연구실 인증을 받은 연구실, 해당 연도 정밀안전진단 실시 연구실)

㉢ 실시주기 : 매년 1회 이상

㉣ 실시자 : 자격기준을 만족하는 자체인력 또는 과학기술정보통신부 등록 대행기관

③ 특별안전점검

㉠ 폭발 및 화재사고 등 실험실종사자의 안전에 치명적인 위험을 야기할 가능성이 있을 것으로 예상되는 경우에 실시하는 점검이다.

㉡ 대상 : 사고위험예측 연구실

㉢ 실시주기 : 연구 주체의 장이 필요하다고 인정하는 경우

㉣ 실시자 : 자격기준을 만족하는 자체인력 또는 과학기술정보통신부 등록 대행기관

(2) 정밀안전진단

① 실험실의 잠재적 위험성의 발견과 그 개선대책의 수립을 목적으로 법적 자격을 갖춘 안전전문가가 실시하는 조사 · 평가이다.

② 대상 : 위험한 작업을 수행하는 실험실(고위험연구실 : 유해화학물질 취급 연구실, 유해인자 취급 연구실, 독성가스 취급 연구실), 안전점검 실시 결과 실험실 사고 예방을 위해 필요하다고 인정되는 경우, 중대한 연구실 사고가 발생한 경우

③ 실시주기 : 2년에 1회 이상 정기적으로 실시(고위험연구실)

④ 실시내용 : 정기점검 실시내용, 유해인자별 노출도평가의 적정성, 유해인자별 취급 및 관리의 적정성, 연구실 사전유해인자 위험분석의 적정성

(3) 안전교육

① 연구활동종사자 교육

구분	교육대상		교육시간
신규 교육 · 훈련	근로자	정밀안전진단을 실시해야 하는 연구실에 신규로 채용된 연구활동종사자	8시간 이상 (채용 후 6개월 이내)
		그 외의 연구실에 신규로 채용된 연구활동종사자	4시간 이상 (채용 후 6개월 이내)
	근로자가 아닌 사람	대학생, 대학원생 등 연구활동에 참여하는 연구활동종사자	2시간 이상 (연구활동 참여 후 3개월 이내)
정기 교육 · 훈련	저위험군의 연구활동종사자		연간 3시간 이상
	정밀안전진단을 실시해야 하는 연구실의 연구활동종사자		반기별 6시간 이상
	그 외의 연구실의 연구활동종사자		반기별 3시간 이상
특별안전 교육 · 훈련	연구실 사고가 발생했거나 발생할 우려가 있다고 연구주체의 장이 인정하는 연구실의 연구활동종사자		2시간 이상

② 연구실 안전 환경관리자 전문교육

구분	교육시기(주기)	교육시간
신규교육	연구실안전환경관리자로 지정된 후 6개월 이내	18시간 이상
보수교육	신규교육을 이수한 후 매 2년이 되는 날을 기준으로 전후 6개월 이내	12시간 이상

(4) 화학물질 및 물리적 인자의 노출기준

근로자가 유해인자에 노출되는 경우 노출기준 이하 수준에서는 거의 모든 근로자에게 건강상 나쁜 영향을 미치지 아니하는 기준을 말한다.

① **시간가중평균노출기준(TWA)** : 1일 8시간 작업을 기준으로 하여 유해인자의 측정치에 발생시간을 곱하여 8시간으로 나눈 값을 말한다.

$$\text{TWA 환산값} = \frac{C_1T_1 + C_2T_2 + \cdots + C_nT_n}{8}$$

여기서, C : 유해인자의 측정값, T : 유해인자의 발생시간

② **단시간노출기준(STEL)** : 15분간의 시간가중평균노출값으로 노출농도가 시간가중평균노출기준(TWA)을 초과하고 단시간노출기준(STEL) 이하인 경우에는 1회 노출지속시간이 15분 미만이어야 한다.

③ **최고노출기준(C)** : 1일 작업시간 동안 잠시라도 노출되어서는 아니되는 기준으로 노출기준 앞에 'C'를 붙여 표시한다.

(5) 안전보건표지

* 산업안전보건법 시행규칙 [별표 6] 참조

| 안전보건표지의 종류와 형태 |

3-2 안전장비 사용법

1 개인보호장구

개인보호장구는 실험실에서 유해화학물질 등을 다루는 등의 발생 가능한 위해로부터 연구자의 안전을 지켜 주는 가장 기본적인 장비이자 최소한의 장치이다.

(1) 보호구의 종류

① 실험복

㉠ 피부 보호를 위한 최소한의 보호장비이다.

㉡ 1인당 한 벌씩 보유한다.

㉢ 실험복에 묻어 있는 화합물 등이 다른 사람에게 옮겨져서 사고나지 않도록 주의한다.

㉣ 실험복은 실험실 안에서만 착용하고 식당이나 실험실 바깥에서는 절대로 착용하지 않는다.

㉤ 열과 산 등에 약한 합성섬유로 된 것은 피하고, 면으로 된 것을 사용한다.

㉥ 실험복이 목에 꽉 끼거나 너무 크지 않게 잘 맞는 것을 착용한다.

② 보안경

㉠ 화합물이나 유리파편 등으로부터 눈을 보호하는 장비이다.

㉡ 화학약품 취급 시 반드시 착용한다.

㉢ 화합물이나 파손 위험이 있는 유리기구를 다룰 때 꼭 착용한다.

㉣ 기존 안경을 착용하는 실험자의 경우 안경 위에 고글을 착용하거나 도수 있는 플라스틱 렌즈를 가진 보안경을 제작하여 착용한다.

㉤ 콘택트렌즈를 착용하면 화합물이 렌즈와 망막 사이에 낄 경우 위험할 수 있으므로 렌즈 대신 안경이나 고글을 착용한다.

③ 보안면

㉠ 안면 전체를 보호할 필요가 있을 경우 착용한다.

㉡ 진공 유리기구를 다루거나 후드 안에서 폭발 위험이 있는 실험을 수행할 때 착용한다.

④ 보호장갑

㉠ 손을 보호하기 위해 착용한다.

㉡ 1회용 장갑 : 실험실에서 가장 일반적으로 사용하는 장갑으로 니트릴 장갑, 라텍스 장갑 등이 있다.

㉢ 강산이나 부식성 화합물을 다룰 때는 두꺼운 합성 고무장갑을 착용한다.

㉣ 액체 질소나 드라이아이스 등의 극저온 물질을 다룰 때는 두꺼운 가죽장갑을 착용한다.

ⓜ 뜨거운 물체를 만질 때는 열에 견딜 수 있는 장갑을 착용한다.

ⓑ 장갑 착용 전에 구멍이나 찢김이 확인되면 즉시 폐기한다.

ⓢ 장갑에 묻은 오염물질이 다른 곳을 오염시키지 않도록 주의한다.

ⓞ 유리기구를 세척할 때 유리가 깨져 손이 베이는 경우가 많이 발생하므로 세척용 장갑 안에 목장갑을 착용하여 사고를 예방한다.

⑤ 귀마개와 이어머프

㉠ 85dB 이상의 과도한 소음이 발생하는 곳에서는 반드시 사용한다.

㉡ 초음파를 사용하는 실험실에서는 반드시 헤드폰 모양의 이어머프를 착용한다.

⑥ 방독면

㉠ 유기용제, 산 · 알칼리성 화학물질의 가스와 증기 독성을 제거해 호흡기를 보호하기 위해 사용한다.

㉡ 유독가스가 발생하는 실험을 흄 후드(fume hood) 밖에서 수행해야 할 경우에는 반드시 착용한다.

㉢ 올바른 정화통이 부착된 방독면을 착용해야 분진, 산, 증기, 일산화탄소, 유기용매 등으로부터 보호받을 수 있다.

〈 시험가스별 정화통의 색 및 대상유해물질 〉

시험가스	정화통의 색	대상유해물질
유기화합물용	갈색	유기용제, 유기화합물 등의 가스 또는 증기
할로젠용	회색	할로젠 가스나 증기
황화수소용		황화수소가스
시안화수소용		시안화수소가스나 시안산증기
일산화탄소용	적색	일산화탄소가스
암모니아용	녹색	암모니아가스
아황산가스용	노란색	아황산 가스나 증기
아황산 · 황용(복합용)	백색 및 노란색	아황산가스 및 황의 증기 또는 분진

⑦ 안전화

㉠ 발 보호를 위해 실험실에서는 앞이 막히고, 발등이 덮이면서 구멍이 없는 신발을 착용해야 한다.

㉡ 구멍이 뚫린 신발, 슬리퍼, 샌들, 천으로 된 신발 등은 유해물질이나 날카로운 물체에 노출될 가능성이 많으므로 착용해서는 안 된다.

- 중량물의 떨어짐이나 끼임 등의 위험에서 발과 발등을 보호한다.
- 날카로운 물체에 찔릴 위험으로부터 발바닥을 보호한다.

- 감전 예방과 정전기에 의한 인체 대전을 방지하기 위해 사용한다.
- 각종 화학물질로부터 발을 보호한다.

㉢ 안전화는 훼손이나 변형하지 않고, 특히 뒤축을 꺾어 신지 않도록 주의한다.

㉣ 장화는 구멍이나 찢김이 있으면 즉시 폐기한다.

㉤ 내부가 항상 건조하도록 관리하며, 가죽제 안전화는 물에 젖지 않도록 주의한다.

㉥ 화학물질에 노출되었으면 물에 씻어 말린다.

(2) 보호구의 착용

직접적으로 유해물질을 접촉하는 장갑의 경우, 다른 보호구를 오염시키지 않기 위해 착용은 가장 마지막에, 탈의는 가장 먼저 해야 한다.

① 개인보호구 착용순서

긴소매 실험복 → 마스크, 호흡보호구 → 고글, 보안경 → 장갑

② 개인보호구 탈의순서

장갑 → 고글, 보안경 → 마스크, 호흡보호구 → 긴소매 실험복

인생에서 가장 멋진 일은
사람들이 당신이 해내지 못할 것이라 장담한 일을
해내는 것이다.

-월터 배젓(Walter Bagehot)-

☆

항상 긍정적인 생각으로 도전하고 노력한다면,
언젠가는 멋진 성공을 이끌어 낼 수 있다는 것을 잊지 마세요. ^^

제2과목 | 분석계획 수립과 분석화학 기초

출제기준

주요 항목	세부 항목	세세 항목
1. 분석계획 수립	(1) 요구사항 파악 및 분석시험방법 조사	① 분석계획서 작성 ② 표준시약 ③ 공인시험 규격 ④ 실험기구 종류
2. 이화학 분석	(1) 단위와 농도	① SI 단위 ② 단위의 환산과 표시 ③ 용해도와 온도 ④ 불포화, 포화, 과포화 ⑤ 몰농도 ⑥ 몰랄농도 ⑦ 노르말농도 ⑧ 포말농도
	(2) 화학평형	① 평형상수의 정의와 개념 ② 평형상수의 종류와 계산 ③ 평형과 열역학 관계 ④ 용해도곱 ⑤ 착물 형성과 용해도
	(3) 활동도	① 이온 세기 ② 활동도 개념 ③ 활동도 계수
	(4) 무게 및 부피 분석법	① 무게 분석, 부피 분석의 원리 ② 무게 분석, 부피 분석의 계산
	(5) 산·염기 적정	① 산·염기 적정 기초 ② 산·염기 해리상수 ③ 완충용액
	(6) 킬레이트(EDTA) 적정법	① 킬레이트 적정 기초 ② 금속·킬레이트 착물 ③ EDTA 적정
	(7) 산화·환원 적정법	① 산화·환원 적정 기초 ② 분석물질의 산화상태 조절 ③ 산화·환원 적정
3. 전기화학 기초	(1) 전기화학	① 전기화학의 개념 ② 표준전위 ③ Nernst 식 ④ 갈바니전지
4. 시험법 밸리데이션	(1) 신뢰성 검증	① 균질성 ② 재현성 ③ 정확성, 정밀성 ④ 반복성 ⑤ 특이성 ⑥ 통계처리
	(2) 결과 해석	① 시험법 밸리데이션 허용기준치 ② 시험법 밸리데이션 유효숫자 ③ 시험법 밸리데이션 결과 해석

저자쌤의 합격 Guide

분석계획 수립과 분석화학 기초는 분석화학과 시험법 밸리데이션의 2개 범위로 나뉩니다.

분석화학은 일반화학에 비해 다소 복잡한 계산문제가 출제됩니다. 활동도, 화학평형, 산 · 염기 적정, EDTA 적정, 산화 · 환원 적정에 관한 기본 개념들을 확실히 이해하고, 간단한 이온 세기의 계산, Nernst 식을 이용한 전위 계산, 각각의 적정과정에서 평형상수를 이용한 농도 계산과 단위 변환을 포함한 화학량론 계산은 반드시 할 줄 알아야 합니다. 시험법 밸리데이션에서는 정확성과 정밀성, 통계처리에 대한 내용을 잘 정리하고 암기해야 하며, 계산기를 사용한 통계처리에 익숙해져야 합니다.

제 2 과목 분석계획 수립과 분석화학 기초

저자쌤의 합격 Keyword

몰농도	몰랄농도	평형상수	K_a, K_b
활동도	산·염기 적정	완충용액	EDTA 적정
산화·환원 적정	갈바니전지	Nernst 식	시험법 밸리데이션

1. 분석계획 수립

1-1 요구사항 파악 및 분석시험방법 조사

1 분석계획서 작성

(1) 분석계획서

① 화학물질 분석에서 시험의뢰서는 원료, 반제품, 완제품의 정해진 규격에 따라 원활한 시험이 진행되도록 정해진 시험방법에 따라 시험하기 위한 분석계획서를 준비한다.

② 분석계획서 항목

㉠ 접수번호, 시료번호 등

㉡ 품명

㉢ 시험항목

㉣ 분석방법

㉤ 시험 시작 및 완료 일정

㉥ 시험담당자

㉦ 주의사항

(2) 화학분석의 일반적 단계

① 질문의 구성 : 분석목적을 명확하게 표현한다.

② 분석과정 선택 : 문헌조사를 통해 적정한 실험과정을 찾거나 측정을 위한 독창적인 실험과정을 개발한다.

③ **시료 채취** : 분석한 대표물질을 선택하는 과정이다.
④ **시료 준비** : 대표시료를 녹여 화학분석에 적합한 시료로 바꾸는 과정이다.
⑤ **분석** : 분취량에 들어 있는 분석물질의 농도를 측정한다.
⑥ **보고와 해석** : 한계를 첨부하고, 명료하고 완전하게 작성한다.
⑦ **결론 도출** : 보고서를 작성한 분석자는 실험 정보를 이용해서 결론을 내리는 작업에 참여해서는 안 된다.

2 표준시약

(1) 시약의 종류 및 등급

① 절대순도를 가진 시약이란 없으며, 많든 적든 간에 불순물을 포함하고 있는데 이와 같은 불순물의 함유 정도에 따라 시약의 등급을 나누게 된다. 불순물이 적게 들어 있을수록 질이 좋은 시약이며, 가격도 훨씬 비싸다. 항상 고순도의 비싼 시약을 사용해야 하는 것은 아니며, 실험의 성질에 따라 더 낮은 순도의 시약을 사용해도 관계없는 경우도 많다.
② 정량 분석 실험에서는 대체로 고순도의 시약을 사용하게 되는데, 이때 시약 속에 포함된 불순물은 분석에 방해를 주는 수준에는 훨씬 못 미친다.
③ 순도가 낮은 시약은 증류, 승화, 재결정 등의 방법으로 정제하여 사용할 수 있으며, 순도가 의심스러운 시약은 바탕시험(blank test)을 거친 후에 사용해야 한다.
④ 정량 분석용, 정성 분석용, 합성용 등의 용도로 나눌 수 있으나 그 등급은 국가마다 달리 규정하고 있다. 미국이나 영국에서는 특급시약과 C.P급 및 공업용급으로 나누며, 일본은 특급, 1급, 공업 약품으로 나눈다.

(2) 시약 및 초자기구

① 시약의 조제 및 사용법

㉠ 분석에 사용되는 물은 증류수 또는 이와 동등한 순도의 물을 사용하되 적합한 용매 등으로 분석방해물질을 제거하여 사용한다.
㉡ 잔류농약 분석용 시약은 잔류농약 시험용 또는 이와 동등한 규격의 시약을 사용하되, 각종 시험법에 따라 시험할 때 크로마토그램 등에 방해 피크가 나타나지 않아야 한다.
㉢ 정제용 흡착제는 시료, 목적 성분 및 흡착제의 특성 등을 고려하여 적절한 정제용 흡착제를 사용하고, 보관 시에는 대기 중의 불순물 등에 오염되지 않도록 밀봉하는 등 필요한 조치를 하여 보관한다.
㉣ 표준물질은 4℃ 정도의 냉암소에 흡습되지 않게 보관해야 하며, 사용할 때는 실온에 일정시간(30분 정도) 동안 방치한 후 사용한다.
㉤ 표준원액은 100~1,000ppm의 농도로 조제하되, 물질별 용해도, 조제 후의 분해 여부, 시험조작 및 저장 등을 감안하여 적절한 용매를 선택하여 조제하고, 조제된 표준원액은

성분 및 함량의 변화가 없도록 보관해야 하며, 시약명, 조제 농도, 사용 용매, 조제 월일, 조제자 등을 기재한 표찰을 붙여야 한다.

ⓑ 표준용액은 표준원액을 단계적으로 희석하여 적절한 농도로 조제하되, 분석할 때마다 조제해야 하며, 조제 후 농도 적합 여부에 대한 실험을 한 후 사용해야 한다.

ⓢ 기타 시약은 분석 목적에 맞게 제조된 전용시약(잔류농약 분석용 시약 등) 또는 특급시약을 사용하되 가급적 동일한 순도 및 규격을 사용하고, 시약의 특성에 따라 알맞은 온도, 습도, 보관장소 등을 고려하여 보관 · 관리한다.

ⓞ 분석용 가스는 각 분석방법이 정하는 순도 이상으로 사용하되, 별도의 규정이 없는 경우는 고순도(99.999% 이상)용을 사용해야 한다.

② 유리기구(초자기구)

초자기구 : 유리로 만든 여러 가지 실험도구(기구)로 삼각플라스크, 시험관, 페트리 접시, 바이알 병 등이 있으며, '유리기구'를 정식명칭으로 사용하고 있다.

㉠ 각종 시험법별로 적정한 유리기구를 사용하되 필요시 내열유리(pyrex제), 실란(silane) 처리된 제품을 사용할 수 있다.

㉡ 분석용 유리기구는 기기 분석용과 전처리용으로 구분하여 사용 · 보관한다.

㉢ 유리기구의 세척은 먼저 수돗물로 잘 헹구고 초음파세척기 등을 사용하여 실험실용 세제로 세척한 다음 아세톤 등의 용매로 세척하고, 다시 증류수로 세척하여 건조한 후 사용해야 하며, 특히 피펫 등 오염될 가능성이 크거나 농도가 높은 시약 또는 시료를 취급한 경우에는 사용 후 즉시 세척해야 한다.

③ 정밀한 부피측정을 위한 기구

㉠ 피펫, 뷰렛, 부피플라스크 등이 있으며, 이러한 기구들을 이용하면 부피를 신뢰성 있게 측정할 수 있다.

㉡ 부피측정기구는 제조업자가 검정하는 방식과 검정 시의 온도가 표시되어 있다.

- TD 20℃ : 'TD'는 '옮기는(to deliver)'이라는 의미로, 20℃에서 피펫이나 뷰렛과 같은 기구를 이용하여 다른 용기로 옮겨진 용액의 부피를 의미한다.
- TC 20℃ : 'TC'는 '담아있는(to contain)'이라는 의미로, 20℃에서 부피플라스크와 같은 용기에 표시된 눈금까지 액체를 채웠을 때의 부피를 의미한다.

㉢ 피펫과 뷰렛은 보통 일정부피를 옮겨서 검정하고, 부피플라스크는 담겨 있는 상태로 검정한다.

㉣ A표시가 있는 유리기구는 미국표준기술연구(NIST, National Institute of Standards and Technology)에서 정한 하용오차 내에 들어오는 유리기구임을 의미하며, A표시가 없는 유리기구는 허용오차가 2배 이상 더 크다. A표시가 있는 플라스크와 피펫 등의 유리기구를 사용하면 더 정확하고 정밀한 부피 측정이 가능하다.

3 공인시험규격

(1) 화학물질 표준시험방법

① **한국표준화규격(KS, Korean Standard)** : 「산업표준화법」에 의거하여 우리나라 정부가 제정한 국가규격이며, 제정일부터 5년마다 규격의 적합 여부를 심의하여 개정, 확인, 폐지 등을 결정한다. 총 21개 부문(A~X) 중의 한 부문을 나타내는 알파벳 기호와 규격의 고유번호인 숫자 네 자리로 구성되어 있다.

② **미국재료시험협회(ASTM, American Sockety for Testing Materials)** : 표준화의 대상을 규격(specification), 방법(method), 정의(definition)로 대별하고 있으며, 다시 이들을 정식규격(standard)과 가규격(tentative)으로 구분하고 있다. 또 제정된 규격에는 규격번호와 함께 기호를 붙여 품종 내용을 표시하고 있다.

③ **일본공업규격(JIS, Japanese Industrial Standard)** : 일본규격협회(JSA)에서 발행하는 일본국가규격이다. 각 부문은 분류번호가 세 자리 숫자로 된 규격번호로 되어 있으며, 총 18개 부문(A~X) 중의 한 부문을 나타내는 알파벳 기호와 규격의 고유번호인 숫자 네 자리로 구성되어 있다.

④ **국제표준화기구(ISO, International Organization for Standardization)** : 품질경영시스템에 대한 국제규격이다. ISO 9001:2000은 어떤 조직이든지 규모와 형태, 인원수에 관계없이 모든 조직에 적용할 수 있다.

⑤ **영국국가규격(BS, British Standard)** : 영국국가표준원(BSI)에서 제정한 국가규격이다. 제정번호 순으로 일련번호를 부여하고 있으며, BS genaral series, BS automobile series, BS aircaraft materials and components, BS/MOE standards, BS codes of particle의 5종류로 분류된다.

⑥ **독일공업규격(DIN, Deusche Industries Normen)** : 독일표준원에서 제정한 국가규격이다. KS와 같이 부문별 규격 분류는 없고 전 규격에 일련번호를 부여하고 있으며, 철강에 관한 규격에는 품질규정, 기술적 공급조건, 치수규격, 일반규격 및 시행규격으로 구분되어 있다.

(2) 공인시험방법

분석실험을 수행하기에 앞서 각 실험목적에 맞는 공인시험방법을 찾고 표준절차에 맞추어 수행해야 한다.

① **대한민국약전** : 식품의약품안전처

② **ISO(국제표준화기구)** : 국제표준화기구

③ **공정시험법** : 국립환경과학원

④ **USP(미국약전)** : 미국약전회의

2. 이화학 분석

2-1 단위와 농도

1 SI 단위와 표시

(1) SI 기본단위

⚗ SI는 프랑스어로 'Système International d'Unités'의 약어이다.

전 세계적으로 과학자들은 국제단위계(SI)를 표준단위로 사용한다.

물리량	단위명	단위
질량	킬로그램(kilogram)	kg
길이	미터(meter)	m
시간	초(second)	s
온도	켈빈(kevin)	K
물질의 양	몰(mole)	mol
전류	암페어(ampere)	A
광도	칸델라(candela)	cd

⚗ 질량과 무게는 보통 구분하지 않고 사용되나 질량을 비교하는 과정을 무게달기(weighing)라고 부르며, 무게를 잰 결과뿐만 아니라 질량을 아는 물체를 중량(weight)이라고 부른다.

(2) SI 유도단위

부피, 밀도, 힘, 압력, 에너지 같은 많은 단위들은 기본단위로부터 유도되었다.

물리량	단위
부피	1L = 1,000cm^3 (=10cm×10cm×10cm) = 1,000mL ⚗ 1,000L = 1m^3
밀도	1g/cm^3 = 1g/mL
힘	1N = 1kg · m/s^2
압력	1Pa = 1N/m^2 = 1kg · m/s^2 · m^2 = 1kg/s^2 · m ⚗ 1atm = 760mmHg = 101,325Pa, 1bar = 10^{5}Pa
에너지	1J = 1N · m = 1kg · m^2/s^2 ⚗ 4.184J = 1cal

(3) 단위의 환산

① 힘(F) = 질량(m) × 가속도(a) = $\mathrm{kg} \times \mathrm{m/s^2}$

② 압력$(P) = \dfrac{\text{힘}(F)}{\text{면적}(A)} = \dfrac{\mathrm{kg} \times \mathrm{m/s^2}}{\mathrm{m^2}} = \mathrm{kg/s^2} \cdot \mathrm{m}$

③ 에너지(E) = 힘(F) × 거리(l) = $\mathrm{kg} \times \mathrm{m/s^2} \times \mathrm{m} = \mathrm{kg} \times \mathrm{m^2/s^2}$

④ 일률$(P) = \dfrac{\text{에너지}(E)}{\text{시간}(t)} = \dfrac{\mathrm{kg} \times \mathrm{m^2/s^2}}{\mathrm{s}} = \mathrm{kg} \times \mathrm{m^2/s^3}$

압력 : Pressure, 일률 : Power

(4) 단위의 접두사

매우 작거나, 매우 큰 측정량을 몇 개의 간단한 숫자로 나타내기 위하여 접두사를 함께 사용한다.

단위의 접두사	기호	거듭제곱	단위의 접두사	기호	거듭제곱
tera－	T	10^{12}	centi－	c	10^{-2}
giga－	G	10^{9}	milli－	m	10^{-3}
mega－	M	10^{6}	micro－	μ	10^{-6}
kilo－	k	10^{3}	nano－	n	10^{-9}
deci－	d	10^{-1}	pico－	p	10^{-12}

2 용해도(solubility)와 온도

온도가 일정하면 용질은 용해 평형상태까지 녹아 포화용액이 된다. 어떤 용질이 포화용액까지 녹았을 때의 용질의 양을 용해도라 하고, 그 값은 용매와 용질의 종류에 따라 다르며 온도에 따라서도 달라진다.

(1) 고체의 용해도

① 일정한 온도에서 용매 100g에 최대로 녹을 수 있는 용질의 g수로 나타낸다.

② 온도에 따른 고체의 용해도

㉠ 대부분의 고체는 용해반응이 흡열반응이므로 온도가 높아질수록 용해도가 증가한다.

예 $NaNO_3$, KNO_3, 설탕($C_{12}H_{22}O_{11}$)

㉡ 용해반응이 발열반응인 고체는 온도가 높아질수록 용해도가 감소한다.

예 $Ca(OH)_2$, $Ce_2(SO_4)_3$

③ 용해도 곡선

㉠ 온도에 따른 물질의 용해도를 그래프로 나타낸 것이다.

㉡ 용해도 곡선상의 모든 점은 그 온도에서의 포화용액을 의미하며, 곡선보다 윗부분은 과포화용액, 곡선보다 아랫부분은 불포화용액을 의미한다.

㉢ 포화용액의 온도를 급격하게 낮추면 과포화용액이 되고, 이 용액을 서서히 저어주거나 충격을 가하면 용질이 석출되면서 다시 포화용액이 된다.

④ 용해도 곡선을 이용하면 용액을 냉각할 때 석출되는 용질의 질량이나 용액의 온도를 높일 때 더 녹일 수 있는 용질의 질량을 구할 수 있다.

예를 들어, 60℃ 질산포타슘(KNO_3) 포화 수용액 105g을 20℃로 냉각할 때 석출되는 질산포타슘(KNO_3)의 질량은 다음과 같다(단, 질산포타슘(KNO_3)의 용해도는 60℃에서 110, 20℃에서 31.6이다).

60℃에서 녹아 있는 용질의 양을 확인하면 60℃에서 질산포타슘의 용해도는 110이므로 질산포타슘 포화수용액 105g은 물 50g과 질산포타슘 55g이 녹아 있는 용액이다.

$210g : 110g = 105g : x(g)$, $x = 55g$

20℃에서 최대한 녹을 수 있는 용질의 양을 확인하면 20℃에서 질산포타슘의 용해도는 31.6이므로 물 50g에는 최대 질산포타슘 15.8g이 녹을 수 있다.

$100g : 31.6g = 50g : x(g)$, $x = 15.8g$

석출량 = 높은 온도에서 녹아 있는 용질의 양 − 냉각한 온도에서 최대로 녹을 수 있는 용질의 양이므로 다음과 같다.

석출량 = $55g - 15.8g = 39.2g$

따라서, 석출되는 질산포타슘(KNO_3)의 질량은 39.2g이다.

(2) 기체의 용해도

기체의 용해도는 기체의 종류에 따라 다르고 온도와 압력에 따라서도 달라진다. 일반적으로 물 100mL에 녹는 기체의 부피나 물 100g에 녹는 기체의 질량으로 나타낸다.

① 기체의 종류와 용해도

㉠ 기체의 용해도는 기체의 종류에 의해 영향을 받는다.

㉡ NH_3, HCl, H_2S, SO_2와 같이 극성을 띠는 기체는 대부분 물에 대한 용해도가 매우 크다.

㉢ Cl_2, CO_2, O_2, H_2, N_2와 같이 극성을 띠지 않는 비극성 기체는 물에 대한 용해도가 작다.

② 온도와 기체의 용해도

㉠ 기체분자들은 분자 간의 인력이 거의 없으나 기체분자들이 물에 녹으면 인력이 생겨나므로 에너지가 낮아지게 된다.

㉡ 운동에너지가 큰 기체분자들이 물에 용해되면 운동에너지가 작아지게 된다.

㉢ 기체의 용해과정은 발열과정이고, 온도를 높이면 열을 흡수하는 쪽으로 반응이 진행되므로 기체의 용해도가 감소하게 된다. 따라서 기체의 용해도는 온도가 높아지면 감소하게 되는 것이다.

기체 + 물 → 용액 + 열

예 여름철에는 수온이 높아져서 물에 녹아 있는 산소기체의 양이 작아지므로 물고기들이 호흡을 하기 위해 수면으로 떠오른다.

③ 압력과 기체의 용해도

㉠ 사이다나 콜라의 뚜껑을 열면 거품이 쏟아져 나온다. 이것은 뚜껑을 여는 순간 압력이 낮아져서 이산화탄소가 기체상태로 빠져나오기 때문이다.

㉡ 기체의 용해도는 압력이 작을수록 감소하고 압력이 높을수록 증가한다.

예 잠수부들이 잠수하는 경우 받는 압력의 증가로 인해 혈액 속의 공기는 증가한다.

㉢ 헨리의 법칙 : 일정한 온도에서 일정량의 용매에 용해되는 기체의 질량은 그 기체의 부분압력에 비례한다.

용매가 물인 경우, 물과 반응하지 않고 용해도가 작은 기체(H_2, He, N_2, O_2, Ne, CO_2, CH_4 등)에 잘 적용되고 물에 대한 용해도가 큰 기체(NH_3, HCl, SO_2 등)는 헨리의 법칙이 잘 적용되지 않는다.

3 불포화, 포화, 과포화

(1) 용액

① 균일 혼합물은 혼합물을 구성하는 입자의 크기에 따라 용액, 콜로이드, 서스펜션으로 나눌 수 있다.

균일 혼합물 중 가장 중요한 것은 용액으로, 지름이 0.2~2nm의 입자들인 이온이나 분자를 포함하고 있다.

균일 혼합물	입자의 크기	특징	예
용액 (solution)	~2.0nm	빛에 투명, 방치해도 분리되지 않는다.	공기, 바닷물, 포도주
콜로이드 (colloid)	2.0~1,000nm	빛에 불투명, 방치해도 분리되지 않으며, 여과할 수 없다.	우유, 버터, 안개
서스펜션 (suspension)	1,000nm~	빛에 불투명, 방치하면 분리되며, 여과할 수 있다.	혈액, 에어로졸, 스프레이

② 용해(dissolution)

㉠ 둘 이상의 물질이 균일하게 섞이는 현상을 말한다.

㉡ 용해 결과 생성되는 균일 혼합물을 용액이라고 한다.

㉢ 녹이는 물질을 용매(solvent)라 하고, 녹는 물질을 용질(solute)이라고 한다.

㉣ 액체에 액체가 용해되어 용매와 용질의 구분이 명확하지 않을 경우에는 보통 양이 적은 성분을 용질이라 하고, 양이 많은 성분을 용매라고 한다.

③ 용해의 원리

⚗ 용해의 원리를 설명하기 위해서는 용액을 구성하는 성분 입자 간의 힘이 매우 중요하다. 입자 간의 힘에는 용매 분자와 용매 분자 사이의 인력, 용질 분자와 용질 분자 사이의 인력, 용매 분자와 용질 분자 사이의 인력이 있다.

㉠ 끼리끼리 녹는다(like dissolves like) : 용질 분자와 용매 분자의 분자구조가 비슷할 때 잘 일어난다.

㉡ 용질 분자와 용매 분자 사이의 인력 ≥ 용매 분자 사이의 인력 : 용해가 잘 일어난다.

예 물과 알코올, 물과 암모니아, 물과 설탕

㉢ 용질 분자와 용매 분자 사이의 인력 < 용매 분자 사이의 인력 : 용해가 일어나지 않는다.

예 물과 벤젠, 물과 기름

④ 여러 가지 물질의 용해성

㉠ 이온성 물질 : 극성 용매인 물에는 잘 녹으나, 비극성 용매인 벤젠(C_6H_6)이나 사염화탄소(CCl_4)에는 잘 녹지 않는다.

예 $NaCl$, $NaNO_3$, KCl, KNO_3

㉡ 극성 물질 : 극성 용매인 물에는 잘 녹으나, 비극성 용매인 벤젠이나 사염화탄소에는 잘 녹지 않는다.

예 CH_3OH, HCl, NH_3, HF

㉢ 비극성 물질 : 비극성 용매인 벤젠이나 사염화탄소에는 잘 녹으나, 극성 용매인 물에는 잘 녹지 않는다.

예 Cl_2, Br_2, I_2, $C_{10}H_8$(나프탈렌)

㉣ 용매의 극성에 따른 용질의 용해성 비교 : 용매의 극성은 벤젠(C_6H_6) < 클로로포름($CHCl_3$) < 에탄올(C_2H_5OH) < 물(H_2O) 순으로 증가한다. 용매의 극성이 증가할수록 극성 물질의 용해성은 증가하고 이온성 물질의 용해성도 증가한다.

(2) 용해 평형

용해과정에서 용해된 분자나 이온수가 많아지면 이들 중 일부는 다시 결정으로 석출되기도 한다. 이때 용질이 용해되는 속도와 석출되는 속도가 같아지면 용질은 더 이상 녹지 않는 것처럼 보이는데, 이와 같은 동적 평형상태를 용해 평형이라고 한다.

⚗ 용해 평형 : 용해속도 = 석출속도, 용매 + 용질 $\underset{\text{석출속도}}{\overset{\text{용해속도}}{\rightleftarrows}}$ 용액

(3) 용액의 종류

① 포화용액

㉠ 어떤 온도에서 일정량의 용매에 용질이 최대한 녹아 있는 용액이다.

㉡ 포화용액은 용해 평형상태에 있다. 즉, 이 용액에서 용해속도와 석출속도는 같다.

㉢ 포화상태의 용액에 용질을 더 넣어도 겉보기에는 더 이상 녹지 않는 것처럼 보이지만, 포화용액에서도 용해와 석출은 계속되고 있다.

② 불포화용액

㉠ 포화용액보다 용질이 적게 녹아 있어서 용질을 더 녹일 수 있는 용액이다.

㉡ 불포화용액에 용질을 더 넣으면 용해속도가 석출속도보다 더 크기 때문에 용질이 용해된다.

③ 과포화용액

㉠ 포화용액보다 용질이 비정상적으로 많이 녹아 있는 용액이다.

㉡ 불안정한 상태의 용액으로 흔들어 주거나 충격을 가하면 용질이 석출된다.

(4) 묽은 용액의 총괄성

비휘발성, 비전해질 용질이 녹아 있는 묽은 용액의 증기압력 내림, 끓는점 오름, 어는점 내림, 삼투압은 모두 용질의 종류에 관계없이 용질의 입자수, 즉 몰수에만 비례한다.

① 증기압력 내림

㉠ 증기압력 : 일정한 온도에서 밀폐된 용기에 액체를 넣어 두면 액체의 양이 감소하다가 일정해지는 이때 증기가 나타내는 압력이다.

➜ 액체 표면에서 증발하는 분자수와 응축하는 분자수가 같아져서 액체의 양과 증기의 양이 일정하게 유지된다.

증발속도와 응축속도가 같은 동적 평형상태가 이루어진다.

- 증기압력의 크기 : 분자 사이의 인력이 작은 물질일수록, 같은 물질인 경우에는 액체의 온도가 높을수록 증기압력이 크다.
- 증기압력과 끓는점 : 액체의 온도가 높아져 액체의 증기압력이 커지다가 외부 압력과 같아지면, 액체 표면뿐만 아니라 내부에서도 기화가 일어나 액체가 끓기 시작한다.
  ➜ 이때의 온도를 끓는점이라고 한다.

㉡ 증기압력 내림(ΔP) : 일정한 온도에서 비휘발성 용질이 녹아 있는 용액의 증기압력이 순수한 용매의 증기압력보다 낮아지는 현상이다.

$$\Delta P = P°_{\text{용매}} - P_{\text{용액}}$$

- 증기압력 내림이 나타나는 이유
  - 용질 입자와 용매 입자 사이의 인력이 작용하여 용매 입자의 증발이 방해를 받는다.
  - 비휘발성 용질 입자가 용액 표면의 일부를 차지하므로 증발할 수 있는 용매 입자수가 감소한다.
- 증기압력 내림의 크기 : 용액의 농도가 진할수록 증기압력 내림이 커진다.

ⓒ 라울의 법칙 : 비휘발성, 비전해질 용질이 녹아 있는 묽은 용액의 증기압력은 순수한 용매의 증기압력과 용매의 몰분율을 곱한 것과 같다.

$$P_{용액} = P°_{용매} \times X_{용매}$$

여기서, $P_{용액}$: 묽은 용액의 증기압력

$P°_{용매}$: 용매의 증기압력

$X_{용매}$: 용매의 몰분율

- 비휘발성, 비전해질 용질이 녹아 있는 묽은 용액의 증기압력 내림(ΔP) : 용매의 종류에 따라 다르고, 용매가 같으면 용질의 종류에 관계없이 용질의 몰분율($X_{용질}$)에 비례한다.
  - 용질 입자와 용매 입자 사이의 인력이 작용하여 용매 입자의 증발이 방해를 받는다.
  - 비휘발성 용질 입자가 용액 표면의 일부를 차지하므로 증발할 수 있는 용매 입자수가 감소한다.
- 전해질 용질이 녹아 있는 묽은 용액의 증기압력 내림(ΔP) : 염화소듐(NaCl)과 같은 이온성 물질이 용질이면 염화소듐 화학식 단위보다 전체 용질 입자 농도에 근거하여 몰분율을 계산해야 한다.

  → 물 15.0mol에 염화소듐 1.00mol을 용해시킨 용액은 완전해리를 가정했을 때 2.00mol의 용해된 입자를 가지게 된다.
- 이상용액 : 라울의 법칙을 만족하는 가상적인 용액으로, 농도가 묽은 용액일수록 이상용액에 가깝게 행동한다.
- 몰분율(X_A) : 혼합물에서 어떤 성분(A)의 몰수를 전체 몰수로 나눈 값

$$X_{용매} = \frac{n_{용매}}{n_{용매} + n_{용질}}, \quad X_{용질} = \frac{n_{용질}}{n_{용매} + n_{용질}}$$

- 휘발성 용질을 갖는 용액의 증기압력
  - 돌턴의 부분압력 법칙에 따라 두 휘발성 액체 A와 B의 혼합물에서 전체 증기압력 $P_{전체}$는 각 성분의 증기압력인 P_A와 P_B의 합이다.
  - 각 성분의 증기압력인 P_A와 P_B는 라울의 법칙에 따라 계산한다. 즉, A의 증기압력은 순수한 A의 증기압력($P_A°$)과 A의 몰분율(X_A)을 곱한 값과 같고, B의 증기압력은 순수한 B의 증기압력($P_B°$)과 B의 몰분율(X_B)을 곱한 값과 같다.

$$P_{전체} = P_A + P_B = (P_A° \times X_A) + (P_B° \times X_B)$$

② **끓는점 오름(ΔT_b)** : 용액의 끓는점(T_b')이 순수한 용매의 끓는점(T_b)보다 높아지는 현상이다.

➜ 같은 온도에서 비휘발성 용질이 녹아 있는 용액의 증기압력은 순수한 용매의 증기압력보다 낮아 더 높은 온도로 가열해야 증기압력이 외부 압력과 같아지기 때문

$$\Delta T_b = T_b' - T_b$$

여기서, T_b' : 용액의 끓는점

T_b : 순수한 용매의 끓는점

㉠ 몰랄 끓는점 오름상수(K_b) : 농도가 $1m$인 용액의 끓는점 오름으로, 용질의 종류에 관계없이 용매에 따라 다른 값을 갖는다.

㉡ 비휘발성, 비전해질 용질이 녹아 있는 묽은 용액의 끓는점 오름 : 용매가 같으면 용질의 종류에 관계없이 일정량의 용매에 녹아 있는 용질의 몰수에 비례한다.

➜ 묽은 용액의 끓는점 오름은 용액의 몰랄농도(m)에 비례한다.

$$\Delta T_b = K_b \times m$$

여기서, K_b : 몰랄 끓는점 오름상수

m : 용액의 몰랄농도

㉢ 전해질 용질이 녹아 있는 묽은 용액의 끓는점 오름 : 염화소듐과 같은 이온성 물질이 용질이면 염화소듐 화학식 단위보다 전체 용질 입자 농도에 근거하여 몰랄농도를 계산해야 한다.

➜ $1.00m$ 염화소듐 용액은 완전해리를 가정했을 때 2.00mol의 용해된 입자를 가지게 되므로 $2.00m$이 된다.

③ **어는점 내림(ΔT_f)** : 용액의 어는점(T_f')이 순수한 용매의 어는점(T_f)보다 낮아지는 현상이다.

➜ 비휘발성 용질이 녹아 있는 용액에서는 용질의 입자가 용매 입자의 인력을 방해하므로 순수한 용매만 있을 때보다 얼기 어렵기 때문

$$\Delta T_f = T_f - T_f'$$

여기서, T_f : 순수한 용매의 어는점

T_f' : 용액의 어는점

㉠ 몰랄 어는점 내림상수(K_f) : 농도가 $1m$인 용액의 어는점 내림으로, 용질의 종류에 관계없이 용매에 따라 다른 값을 갖는다.

㉡ 비휘발성, 비전해질 용질이 녹아 있는 묽은 용액의 어는점 내림 : 용매가 같으면 용질의 종류에 관계없이 일정량의 용매에 녹아 있는 용질의 몰수에 비례한다.

➜ 묽은 용액의 어는점 내림은 용액의 몰랄농도(m)에 비례한다.

$$\Delta T_f = K_f \times m$$

여기서, K_f : 몰랄 어는점 내림상수

m : 용액의 몰랄농도

㉢ 전해질 용질이 녹아 있는 묽은 용액의 어는점 내림 : 염화소듐과 같은 이온성 물질이 용질이면 염화소듐 화학식 단위보다 전체 용질 입자 농도에 근거하여 몰랄농도를 계산해야 한다.

➜ $1.00m$ 염화소듐 용액은 완전해리를 가정했을 때 2.00mol의 용해된 입자를 가지게 되므로 $2.00m$이 된다.

④ 삼투현상과 삼투압

㉠ 삼투현상과 반투막

- 삼투현상 : 반투막을 사이에 두고 용매는 같지만 농도가 서로 다른 두 용액을 넣을 때 농도가 낮은 용액에서 농도가 높은 용액 쪽으로 용매 분자가 이동하는 현상이다.
- 반투막(반투과성 막) : 물과 같이 크기가 작은 용매 분자는 자유롭게 통과하지만 크기가 큰 용질 분자는 통과하지 못하는 얇은 막으로 식물의 세포막, 달걀 속껍질 등이 있다.

㉡ 삼투압 : 삼투현상이 일어날 때 반투막에 작용하는 압력이다.

- 반투막을 사이에 두고 용매는 같지만 농도가 서로 다른 두 용액을 넣으면 삼투에 의해 양쪽 수면에 높이 차가 생기는데, 이를 0으로 만들기 위해 가하는 압력과 그 크기가 같다.
- 용매나 용질의 종류에 관계없이 일정량의 용액 속에 녹아 있는 용질의 입자수에 영향을 받는다.

㉢ 반트 호프 법칙 : 비휘발성, 비전해질 용질이 녹아 있는 묽은 용액의 삼투압(π)은 용매나 용질의 종류에 관계없이 용액의 몰농도(C)와 절대온도(T)에 비례한다.

$$\pi = CRT$$

여기서, π : 삼투압(atm)

C : 몰농도(M)

R : 기체상수(0.0821atm · L/mol · K)

T : 절대온도(K)

4 농도

(1) 몰농도

① 용액 1L 속에 녹아 있는 용질의 몰수를 나타낸 농도로, 단위는 mol/L 또는 M으로 나타낸다.

$$\text{몰농도(M)} = \frac{\text{용질의 몰수(mol)}}{\text{용액의 부피(L)}} = \frac{\text{용질의 질량(g)}}{\text{용질의 몰질량(g/mol)}} \times \frac{1}{\text{용액의 부피(L)}}$$

$$M = \frac{n}{V},\ n = M \times V$$

여기서, M : 몰농도, V : 용액의 부피, n : 용질의 몰수

② 화학반응의 양적 계산에 매우 유용하게 이용되며, 용액의 양을 질량이 아닌 부피로 나타내므로 화학실험에서의 측정 시 매우 편리하다.

③ 액체의 부피는 온도가 높아지면 팽창하고, 온도가 내려가면 수축하므로 몰농도는 온도에 의하여 변하게 된다. 즉 온도가 높아지면 몰농도가 작아지고, 온도가 낮아지면 몰농도가 증가한다.

(2) 몰랄농도

① 용매 1kg 속에 녹아 있는 용질의 몰수를 나타낸 농도로, 단위는 mol/kg 또는 m으로 나타낸다.

$$\text{몰랄농도(m)} = \frac{\text{용질의 몰수(mol)}}{\text{용매의 질량(kg)}} = \frac{\text{용질의 질량(g)}}{\text{용질의 몰질량(g/mol)}} \times \frac{1}{\text{용매의 질량(kg)}}$$

② 용액의 질량을 기준으로 농도를 표시하므로 온도가 변해도 농도가 변하지 않는다. 따라서 용액의 끓는점 오름이나 어는점 내림을 정량적으로 계산할 때 이용한다.

(3) 퍼센트농도

① 질량백분율, 부피백분율, 무게/부피백분율

$$\text{질량백분율 \%(w/w)} = \frac{\text{용질의 질량(g)}}{\text{용액(용매+용질)의 질량(g)}} \times 100$$

퍼센트농도에 단위가 %로만 사용되는 경우는 질량백분율을 의미한다.

$$\text{부피백분율 \%(v/v)} = \frac{\text{용질의 부피}}{\text{용액의 부피}} \times 100$$

$$\text{무게/부피백분율 \%(w/v)} = \frac{\text{용질의 무게(g)}}{\text{용액의 부피(mL)}} \times 100$$

② ppm농도, ppb농도, ppt농도

$$\text{ppm농도(part per million, 백만분율)} = \frac{\text{용질의 질량}}{10^6\text{g 용액}} = \frac{\text{용질의 질량}}{\text{용액의 질량}} \times 10^6$$

$$\text{ppb농도(part per billion, 십억분율)} = \frac{\text{용질의 질량}}{10^9\text{g 용액}} = \frac{\text{용질의 질량}}{\text{용액의 질량}} \times 10^9$$

$$\text{ppt농도(part per trillion, 일조분율)} = \frac{\text{용질의 질량}}{10^{12}\text{g 용액}} = \frac{\text{용질의 질량}}{\text{용액의 질량}} \times 10^{12}$$

미량 성분의 함유율을 나타내는 분율의 단위는 분율값이 작아, 즉 용액이 아주 묽으므로 밀도를 1g/mL로 가정해도 무방하므로 다음과 같이 나타낼 수 있다.

$$1\text{ppm} = \frac{1\text{mg}}{1\text{L}},\ 1\text{ppb} = \frac{1\mu\text{g}}{1\text{L}},\ 1\text{ppt} = \frac{1\text{ng}}{1\text{L}}$$

1ppm = 1,000ppb, 1ppb = 1,000ppt

묽힘 : 1. 진한 시약에 있는 용질의 몰수와 묽혀진 용액에 있는 용질의 몰수는 같다.

$$M_{\text{진한}} \times V_{\text{진한}} = M_{\text{묽은}} \times V_{\text{묽은}}$$

2. 두 용액에 사용된 단위가 같기만 하면 부피의 단위는 mL 또는 L 모두 가능하다.

(4) 노르말농도

① 용액 1L 속에 녹아 있는 용질의 당량수를 나타낸 농도, 단위는 당량수/L 또는 N으로 나타낸다.

$$\text{노르말농도(N)} = \frac{\text{용질의 당량수}}{\text{용액의 부피(L)}} = \frac{\text{용질의 질량} \times \dfrac{1}{\text{용질 g당량}}}{\text{용액의 부피(L)}} = \frac{\text{산 또는 염기의 몰수(mol)} \times \text{가수}(n)}{\text{용액의 부피(L)}} = \text{몰농도(M)} \times \text{가수}(n)$$

여기서, 가수(n)는 산이나 염기 한 분자가 내놓을 수 있는 H^+ 또는 OH^-의 개수이다.

② **당량** : 화학반응에서 화학량론적으로 각 원소나 화합물에 할당된 일정한 물질량으로 단위가 없으며, 화학반응의 종류와 성질에 의해 결정된다.

㉠ 전기 화학당량 : 전자 1mol이 전기량에 반응하는 물질량

㉡ 산 · 염기 당량 : H^+ 또는 OH^- 1mol을 내줄 수 있는 산 · 염기의 양

③ **g당량** : 당량에 g을 붙인 값으로 당량만큼의 질량을 의미하며, 산 · 염기의 경우 H^+ 또는 OH^- 1mol을 내줄 수 있는 질량을 말한다.

④ **당량수** : 주어진 질량 안에 들어 있는 당량의 수로 산 · 염기의 경우 주어진 질량 안에 들어 있는 H^+ 또는 OH^-를 의미한다.

(5) 포말농도(F)

① 고체상 혹은 용액으로 분자로 존재하지 않는 이온성 염의 농도를 나타낼 때 사용하는 농도이다.

② 수치적으로는 몰농도와 같은 값이나, 포말농도의 의미는 몰농도와 다르다.

㉠ 강전해질의 몰농도는 용액 중에서 물질이 다른 화학종으로 변화되는 것을 강조하기 위해 포말농도(F)로 표시한다.

㉡ 바닷물에 포함된 염화마그네슘($MgCl_2$)의 농도를 말할 때 0.056M이라고 하는 것보다는 실제로 0.056F라고 해야 한다.

2-2 화학평형

1 평형상수

(1) 평형상태

① 정반응의 속도와 역반응의 속도가 같아서 반응물과 생성물의 농도비가 일정해지는 상태로 열역학적으로 $\Delta G = 0$이 되는 상태이다.

② 화학반응이 평형에서 정지한 것처럼 보이지만 정반응과 역반응의 속도가 동일하기 때문에 반응물과 생성물의 양은 일정하게 유지된다.

③ 화학평형의 위치는 평형에 도달하는 과정과는 무관하다.

(2) 평형상수식

① 화학평형의 위치에 대한 농도나 압력의 영향을 정량적으로 설명할 수 있다.

② 화학반응의 방향과 완결 정도를 예측할 수 있다.

③ 평형이 이루어지는 속도에 관해서는 아무런 정보를 주지 않는다.

④ 화학평형에 관한 일반 반응식 $aA + bB \rightleftarrows cC + dD$ 에서 평형상수식은 다음과 같다.

대문자는 반응물과 생성물의 화학식을 나타내고, 소문자는 반응식의 균형을 맞추는 데 필요한 정수이다. a(mol)의 A가 b(mol)의 B와 반응하여 c(mol)의 C와 d(mol)의 D를 생성한다는 것을 나타낸다.

$$K = \frac{[C]^c[D]^d}{[A]^a[B]^b}$$

여기서, K : 평형상수(equilibrium constant) ➜ 온도에 따라 그 값이 변함

㉠ 대괄호 [ ]는 다음의 의미를 가진다.

- 화학종이 녹아 있는 용질이면 몰농도
- 화학종이 기체이면 몰농도 또는 atm 단위의 부분압력

㉡ 평형상수식의 농도(또는 압력)는 각 물질의 몰농도(또는 압력)를 열역학적 표준상태인 1M(또는 1atm)로 나눈 농도비(또는 압력비)이므로, 단위들이 상쇄되므로 평형상수는 단위가 없다.

열역학 측정이 이루어지는 조건을 의미한다. 일반적으로 용액 속의 용질의 농도는 1M, 기체의 압력은 1atm, 온도는 25℃이다.

㉢ 화학종이 순수한 액체, 순수한 고체, 또는 용매가 과량으로 존재한다면 평형상수식에 나타나지 않는다.

(3) 르 샤틀리에 원리(Le chatelier's principle)

① 동적 평형상태에 있는 반응 혼합물에 자극(스트레스)을 가하면 그 자극의 영향을 감소시키는 방향으로 평형이 이동하여 새로운 평형에 도달한다.

자극 : 본래의 평형을 방해하는 농도, 압력, 부피, 온도 변화 등

② **평형 이동** : 화학평형을 유지하던 조건이 변하면 동적 평형이 깨지면서 반응이 진행되어 새로운 평형상태에 도달한다.

③ **농도 변화에 따른 평형 이동** : 어떤 반응이 평형상태에 있을 때 반응물이나 생성물의 농도를 변화시키면 그 농도 변화를 줄이는 방향으로 알짜반응이 진행되어 평형이 이동한다.

㉠ 반응물이나 생성물의 농도 증가 ➜ 그 물질의 농도가 감소하는 방향으로 평형 이동

㉡ 반응물이나 생성물의 농도 감소 ➜ 그 물질의 농도가 증가하는 방향으로 평형 이동

④ **압력 변화에 따른 평형 이동** : 어떤 반응이 평형상태에 있을 때 일정한 온도에서 압력을 변화시키면 그 압력 변화를 줄이는 방향으로 알짜반응이 진행되어 평형이 이동한다.

㉠ 압력이 높아지면(입자수 증가) ➜ 기체의 몰수가 감소하는 방향으로 평형 이동

㉡ 압력이 낮아지면(입자수 감소) ➜ 기체의 몰수가 증가하는 방향으로 평형 이동

㉢ 주의할 점

- 반응 전후 기체의 몰수가 같은 반응은 압력에 의해 평형이 이동하지 않는다.
- 고체나 액체가 포함된 반응에서는 기체의 몰수만 비교한다.
  ➜ 고체나 액체는 압력의 영향을 받지 않기 때문

- 일정한 부피의 용기의 반응에 영향을 주지 않는 기체(비활성 기체)를 첨가한 경우 평형이 이동하지 않는다.

⑤ **온도 변화에 따른 평형 이동** : 어떤 반응이 평형상태에 있을 때 온도를 변화시키면 그 온도 변화를 줄이는 방향으로 알짜반응이 진행되어 평형이 이동한다.

㉠ 온도가 높아지면 ➜ 흡열반응 쪽으로 평형 이동

㉡ 온도가 낮아지면 ➜ 발열반응 쪽으로 평형 이동

㉢ 평형상태에서 평형상수는 온도에 의해서만 변하는 값이다.

➜ 온도가 변하면 평형상수도 변한다.

- 흡열반응 : 온도가 높을수록 평형상수가 커진다.
- 발열반응 : 온도가 높을수록 평형상수가 작아진다.

⑥ **반응지수(Q, reaction quotient)** : 평형상수식에 반응 당시의 반응물과 생성물의 농도를 대입한 값이다.

㉠ $Q < K$: 알짜반응은 왼쪽에서 오른쪽으로 진행된다(반응물이 생성물로).

㉡ $Q > K$: 알짜반응은 오른쪽에서 왼쪽으로 진행된다(생성물이 반응물로).

㉢ $Q = K$: 알짜반응은 일어나지 않는다(평형상태).

⑦ **촉매(catalyst)** : 반응 동안에 자신은 소모되지 않으면서 정반응과 역반응의 속도를 증가시키는 물질로, 평형상태의 조성은 변화시키지 않는다.

2 평형상수의 종류와 계산

(1) 약산의 평형

약산(HA)의 포말농도(F)와 K_a값이 주어질 때, 약산 HA의 pH를 구하는 과정은 다음과 같다.

⚠ 포말농도 1L에 녹은 어떤 화합물의 전체 몰수이다. 약산 HA의 포말농도는 A^-로 변한 것에 관계없이 용액에 넣어 준 전체 HA의 양이다.

① **반응** : $HA \overset{K_a}{\rightleftharpoons} H^+ + A^-$, $H_2O \overset{K_w}{\rightleftharpoons} H^+ + OH^-$

② **전하 균형** : $[H^+] = [A^-] + [OH^-]$

③ **질량 균형** : $F = [A^-] + [HA]$

④ **평형식** : $K_a = \dfrac{[H^+][A^-]}{[HA]}$, $K_w = [H^+][OH^-]$

⑤ **산의 해리분율(α)** : HA가 해리되어 A^-의 형태로 있는 분율로 정의한다.

$$\alpha = \frac{[A^-]}{[A^-] + [HA]} = \frac{x}{x + (F - x)}$$

약산 용액에서 산의 해리로 생긴 $[H^+]$ 농도는 물의 해리로 생기는 농도보다 훨씬 많다. HA가 해리하면 A^-가, 물이 해리하면 OH^-가 생긴다. 산의 해리가 물의 해리보다 훨씬 많다면 $[A^-] \gg [OH^-]$라 할 수 있어서, 전하 균형식은 $[H^+] \approx [A^-]$로 둔다.

$[H^+] = x$라고 두면, $[A^-] = x$, $[HA] = F - x$가 되며, $K_a = \dfrac{[H^+][A^-]}{[HA]} = \dfrac{x^2}{(F-x)}$이다.

식을 풀이하여 $[H^+]$의 값을 구하고, $pH = -\log[H^+]$로 계산한다.

(2) 약염기의 평형

약염기(B)는 약산과 거의 같은 방법으로 약염기(B)의 포말농도(F)와 K_b값이 주어질 때, 약염기 B의 pH를 구할 수 있다.

① **반응** : $B + H_2O \overset{K_b}{\rightleftharpoons} BH^+ + OH^-$

② **평형식** : $K_b = \dfrac{[BH^+][OH^-]}{[B]}$

③ **질량 균형** : $F = [B] + [BH^+]$

④ **염기의 회합분율(α)** : 물과 반응한 분율이다.

$$\alpha = \frac{[BH^+]}{[BH^+] + [B]} = \frac{x}{x + (F - x)}$$

대부분의 OH^-는 $B + H_2O$의 반응으로부터 오고, 물의 해리는 무시할 수 있다고 가정한다.

$[OH^-] = x$라 놓으면 각 OH^-에 대해 BH^+가 한 개 생기므로 $[BH^+] = x$라 두어야 한다.

염기 B의 포말농도를 F라 하면, $[B] = F - [BH^+] = F - x$가 된다.

$$K_b = \frac{[BH^+][OH^-]}{[B]} = \frac{x^2}{(F-x)}$$

식을 풀이하여 $[OH^-] = x$를 구하여, $[H^+]$의 값과 $pH = -\log[H^+]$를 계산한다.

(3) 염의 산 - 염기 성질

산이 염기와 중화할 때 염이라고 하는 이온성 화합물이 생성된다. 이 염 용액은 양이온과 음이온 성분의 산-염기 성질에 따라 중성, 산성, 염기성이 될 수 있다. 일반적인 규칙은 강산과 강염기의 반응으로 생긴 염 용액은 중성이고, 강산과 약염기의 반응으로 생긴 염 용액은 산성이며, 약산과 강염기의 반응으로 생긴 염 용액은 염기성이다.

① **중성 용액을 생성하는 염** : 강염기(NaOH)와 강산(HCl)으로부터 생성된 NaCl과 같은 염은 물에 용해되어 중성 용액이 된다. 왜냐하면, 그 양이온이나 음이온은 물과 반응하여 H_3O^+나 OH^- 이온을 생성하지 않기 때문이다.

② **산성 용액을 생성하는 염** : 약염기(NH_3)와 강산(HCl)으로부터 생성된 NH_4Cl과 같은 염은 산성 용액을 생성한다. 이런 경우, 음이온은 산도 염기도 아니지만 양이온은 약산이다.

$NH_4^+(aq) + H_2O(l) \rightleftarrows H_3O^+(aq) + NH_3(aq)$

염의 양이온 또는 음이온이 물과 반응하여 H_3O^+나 OH^- 이온을 생성하는 것을 염의 가수분해 반응이라고 한다.

③ **염기성 용액을 생성하는 염** : 강염기(NaOH)와 약산(HCN)으로부터 생성된 NaCN과 같은 염은 염기성 용액을 생성한다. 이런 경우, 양이온은 산도 염기도 아니지만 음이온은 약산이다.

$CN^-(aq) + H_2O(l) \rightleftarrows HCN(aq) + OH^-(aq)$

④ **산성 양이온과 염기성 음이온을 포함하는 염** : 양이온과 음이온이 모두 양성자 이동 반응을 할 수 있는 $(NH_4)_2CO_3$와 같은 염의 경우, NH_4^+는 약산이며 CO_3^{2-}는 약염기이므로 $(NH_4)_2CO_3$ 용액의 pH는 양이온 산과 음이온 염기의 상대적인 세기에 의존한다.

㉠ $K_a > K_b$: 양이온의 K_a가 음이온의 K_b보다 크면, 용액은 과량의 H_3O^+ 이온을 함유할 것이다(pH < 7.0).

㉡ $K_a < K_b$: 양이온의 K_a가 음이온의 K_b보다 작으면, 용액은 과량의 OH^- 이온을 함유할 것이다(pH > 7.0).

㉢ $K_a \approx K_b$: 양이온의 K_a와 음이온의 K_b가 비슷하면, 용액은 거의 같은 농도의 H_3O^+와 OH^- 이온을 함유할 것이다(pH ≈ 7.0).

(4) 다양성자성 산-염기 평형

① 이양성자성 산과 염기

㉠ 산 평형상수 : $H_2A \rightleftarrows HA^- + H^+ \cdots K_{a1}$

$HA^- \rightleftarrows A^{2-} + H^+ \cdots K_{a2}$

㉡ 염기 평형상수 : $A^{2-} + H_2O \rightleftarrows HA^- + OH^- \cdots K_{b1}$

$HA^- + H_2O \rightleftarrows H_2A + OH^- \cdots K_{b2}$

㉢ K_a와 K_b의 관계

- $K_{a1} \times K_{b2} = K_w$
- $K_{a2} \times K_{b1} = K_w$

② 삼양성자성 산과 염기

㉠ 산 평형상수 : $H_3A \rightleftarrows H_2A^- + H^+ \cdots K_{a1}$

$H_2A \rightleftarrows HA^{2-} + H^+ \cdots K_{a2}$

$HA^{2-} \rightleftarrows A^{3-} + H^+ \cdots K_{a3}$

㉡ 염기 평형상수 : $A^{3-} + H_2O \rightleftarrows HA^{2-} + OH^- \cdots K_{b1}$

$HA^{2-} + H_2O \rightleftarrows H_2A^- + OH^- \cdots K_{b2}$

$H_2A^- + H_2O \rightleftarrows H_3A + OH^- \cdots K_{b3}$

㉢ K_a와 K_b의 관계

- $K_{a1} \times K_{b3} = K_w$
- $K_{a2} \times K_{b2} = K_w$
- $K_{a3} \times K_{b1} = K_w$

3 평형과 열역학 관계

(1) 용해과정의 엔탈피 변화($\Delta H_{용해}$)

① **용해와 용액** : 용질과 용매가 균일하게 섞이는 현상을 용해라 하고, 용해에 의해 만들어지는 균일 혼합물을 용액이라고 한다.

② **용액의 형성과정** : 용질 입자와 용매 입자가 각각 분리되는 과정과 용질 입자와 용매 입자가 섞이는 과정으로 나누어 생각할 수 있다.

㉠ 용질 – 용질의 인력을 극복하는 흡열과정(ΔH_1)

㉡ 용매 – 용매의 인력을 극복하는 흡열과정(ΔH_2)

㉢ 용질 – 용매의 새로운 인력이 형성되는 발열과정(ΔH_3)

③ **용해 엔탈피 변화**($\Delta H_{용해}$) : 용질이 용매에 용해될 때의 용해 엔탈피 변화 ($\Delta H_{용해}$)는 헤스 법칙에 의해 각 과정의 엔탈피 변화의 합과 같다.

$$\Delta H_{용해} = \Delta H_1 + \Delta H_2 + \Delta H_3$$

헤스법칙 : 전체 반응의 반응엔탈피는 각 구성 반응의 반응엔탈피의 합과 같다.

(2) 용해과정의 엔트로피 변화($\Delta S_{용해}$)

① 용해과정에서는 용매와 용질이 섞여 무질서해지므로 엔트로피가 증가($\Delta S_{용해} > 0$)하는 경우가 많다.

② 고체의 용해과정에서는 엔트로피가 크게 증가한다.

(3) 용해과정의 자유에너지 변화($\Delta G_{용해}$)

자발적으로 용해가 일어나려면 $\Delta G_{용해} < 0$이 되어야 한다.

→ $\Delta G_{용해} = \Delta H_{용해} - T \cdot \Delta S_{용해}$

(4) 평형과 열역학

① $\Delta G°$와 평형상수(K) 사이의 관계식

반응물과 생성물이 표준상태에 있지 않은 일반적인 반응에 대한 Gibbs 자유에너지 변화는 다음과 같다.

$$\Delta G = \Delta G° + RT\ln Q$$

여기서, R : 기체상수(8.314J/K · mol)

T : 절대온도(K)

Q : 반응지수

화학반응이 평형에 도달하면 $\Delta G = 0$이고, $Q = K$가 되므로

$$\Delta G° = -RT\ln K \quad \therefore\ K = e^{\frac{-\Delta G°}{RT}}$$

㉠ $\Delta G°$는 오직 온도에 따라서만 변하므로 K는 특정한 온도에서 상수가 되며 온도에 의해서만 변하는 함수이다.

㉡ $\Delta G° < 0$, $K > 1$이면 평형에서 정반응이 유리하고, $\Delta G° > 0$, $K < 1$이면 평형에서 역반응이 유리하다.

② 엔탈피 변화(ΔH), 엔트로피 변화(ΔS), 자유에너지 변화(ΔG)

㉠ 엔탈피 변화(ΔH)는 일정한 압력하에서 반응이 일어날 때 흡수되는 열이다.

➜ 발열반응은 $\Delta H < 0$,

흡열반응은 $\Delta H > 0$이다.

㉡ 엔트로피 변화(ΔS)는 무질서도의 변화를 나타낸 값이다.

➜ 무질서도가 증가하는 반응은 $\Delta S > 0$,

무질서도가 감소하는 반응은 $\Delta S < 0$이다.

㉢ Gibbs 자유에너지 변화(ΔG)는 반응의 자발성을 결정하는 척도이다.

$\Delta G = \Delta H - T \cdot \Delta S$

- 화학반응은 열이 방출되고($\Delta H < 0$) 무질서도가 증가하는 것($\Delta S > 0$)이 유리하다. ΔG는 이 두 가지 효과를 고려하여 반응이 유리한지 또는 불리한지를 결정하는 값이다.
- $\Delta G < 0$이면 자발적 반응, $\Delta G = 0$이면 평형상태, $\Delta G > 0$이면 비자발적 반응이다.

③ 흡열반응에서 온도가 증가하면 르 샤틀리에 원리에 의해 평형상수 K는 증가하고, 발열반응에서 온도가 증가하면 르 샤틀리에 원리에 의해 평형상수 K는 감소한다.

4 용해도곱

(1) 용해도곱 상수 (K_{sp}, solubility product)

용해도곱 상수를 용해도곱이라고 한다.

① 고체 염이 용액 내에서 녹아 성분 이온으로 나누어지는 반응에 대한 평형상수이다.

② 대부분의 난용성 염은 포화수용액 중에서 매우 적은 양의 일부가 완전히 해리된다.

③ 불용성 염인 $Ba(IO_3)_2$를 물에 용해하면 다음과 같은 평형을 이룬다. 이때, 용해도곱 상수 $K_{sp}=[Ba^{2+}][IO_3^-]^2$이다.

$Ba(IO_3)_2(s) \rightleftarrows Ba^{2+}(aq) + 2IO_3^-(aq)$

④ K_{sp} 식에서 보여 주는 중요한 점은 이러한 평형의 위치는 일부 고체가 존재하는 한 $Ba(IO_3)_2$의 양에 무관하다.

⑤ K_{sp}는 온도에만 영향을 받는 온도의 함수이다.

(2) 용해도에 영향을 미치는 요인

① 공통이온 효과(common-ion effect)

㉠ 침전물을 구성하는 이온들과 같은 이온을 가진 가용성 화합물이 그 고체로 포화된 용액에 첨가될 때 이온성 침전물의 용해도를 감소시키는 것이다.

㉡ 르 샤틀리에 원리가 염의 용해반응에 적용된 것이다.

② 용액의 pH

㉠ 염기성 음이온(약산의 짝염기)을 함유하는 이온화합물은 산성이 증가하면(pH 감소하면) 용해도가 증가한다.

㉡ $CaCO_3$의 용해도는 용액의 pH가 감소함에 따라 증가한다. 이것은 CO_3^{2-}이 수소이온과 결합하여 HCO_3^-를 생성하기 때문이다. 르 샤틀리에 원리에 따라 용액으로부터 CO_3^{2-}는 제거되기 때문에 평형은 오른쪽으로 이동한다($CaCO_3 \rightleftarrows Ca^{2+} + CO_3^{2-}$).

㉢ 강산의 음이온(Cl^-, Br^-, I^-, NO_3^-, ClO_4^-)들을 포함하는 염류는 그 음이온들이 수소이온과 결합하지 않기 때문에 용해도는 pH에 영향을 받지 않는다.

5 착물 형성과 용해도

(1) 착물 형성

① 음이온 X^- 가 금속이온 M^+ 를 침전시킬 때, 가끔 X^- 의 진한 농도에서 MX가 다시 녹는 것이 관찰된다. 용해도가 증가하는 것은 한 개 또는 그 이상의 단순한 이온이 서로 결합된 MX_2^- 와 같은 착이온(complex ion)이 형성되기 때문이다.

② 루이스(Lewis) 산과 염기

㉠ PbI^+, PbI_3^-, PbI_4^{2-}와 같은 착이온에서 아이오딘화 이온은 Pb^{2+}의 리간드이다. 이 착물에서 Pb^{2+}는 루이스 산으로 작용하고 I^-는 루이스 염기로 작용하며, 루이스 산은 루이스 염기와 결합할 때 전자쌍을 받아들인다. 루이스 산과 루이스 염기 사이의 결합을 배위결합 또는 배위 공유결합이라고 한다.

리간드(ligand)는 주목하는 화학종에 결합된 원자나 원자의 무리이다.

㉡ 용액에 금속 양이온과 배위 공유결합을 형성할 수 있는 루이스 염기가 포함되어 있으면 이온성 화합물의 용해도는 매우 크게 증가한다.

(2) 착물 형성이 용해도에 주는 영향

① 만약 Pb^{2+}와 I^-가 반응하여 오직 고체 PbI_2만 만든다면 과량의 I^-가 존재할 경우 Pb^{2+}의 용해도는 매우 낮을 것이다.

$PbI_2(s) \rightleftarrows Pb^{2+}(aq) + 2I^-(aq)$, $K_{sp} = 7.9 \times 10^{-9}$

그러나 I^-의 농도가 커지면 고체 PbI_2가 녹는 것이 관찰되고 이것은 Pb^{2+}와 I^- 간에 연속적으로 착이온이 생성되기 때문이다.

㉠ $Pb^{2+}(aq) + I^-(aq) \rightleftarrows PbI^+(aq)$, $K_1 = 1.0 \times 10^2$

㉡ $Pb^{2+}(aq) + 2I^-(aq) \rightleftarrows PbI_2(aq)$, $\beta_2 = 1.4 \times 10^3$

㉢ $Pb^{2+}(aq) + 3I^-(aq) \rightleftarrows PbI_3^-(aq)$, $\beta_3 = 8.3 \times 10^3$

㉣ $Pb^{2+}(aq) + 4I^-(aq) \rightleftarrows PbI_4^{2-}(aq)$, $\beta_4 = 3.0 \times 10^4$

착이온 형성에 대한 평형상수를 형성상수라 하며, β_i는 총괄형성상수 또는 누적형성상수라고 한다.

② 낮은 I^- 농도에서 납의 용해도는 $PbI_2(s)$에 지배되지만, 높은 I^- 농도에서는 착이온이 형성되어 녹은 납의 전체 용해도는 Pb^{2+}만의 용해도보다는 상당히 커진다.

③ 녹은 납의 전체 농도 $[Pb]_{전체} = [Pb^{2+}] + [PbI^+] + [PbI_2(aq)] + [PbI_3^-] + [PbI_4^{2-}]$

낮은 $[I^-]$에서 $[Pb]_{전체}$와 비교해 보면 $[I^-]$가 증가하면 공통이온 효과에 의해 $[Pb]_{전체}$이 감소한다. 그러나 충분히 높은 $[I^-]$에서는 착물 형성이 우세해지기 때문에 $[Pb]_{전체}$은 증가한다.

2-3 활동도

1 이온 세기

① 이온 세기는 용액 중에 있는 이온의 전체 농도를 나타내는 척도이다.

$$\mu = \frac{1}{2}(C_1Z_1^2 + C_2Z_2^2 + \cdots)$$

여기서, μ : 이온 세기

C_1, C_2, $\cdots$: 이온의 몰농도

Z_1, Z_2, $\cdots$: 이온의 전하

② 1가 이온으로 구성된 강전해질 용액의 이온 세기는 그 염의 전체 몰농도와 동일하다.

③ 용액이 다중 전하를 가진 이온들로 구성되어 있다면 이온 세기는 그것의 몰농도보다 더 커진다.

④ 이온 세기가 증가하면 난용성 염의 용해도가 증가한다.

➜ 난용성 염에서 해리된 양이온과 음이온의 주위에 반대 전하를 가진 비활성 염의 이온들이 둘러싸여 이온 사이의 인력을 감소시키므로 서로 합쳐지려고 하는 경향이 줄어들기 때문에 용해도가 증가하게 된다.

2 활동도 개념

① 이온평형의 경우에는 전해질이 화학평형에 미치는 영향에 따라 평형상수가 달라지므로 평형상수식을 농도 대신 활동도로 나타내야 한다.

$$A_c = \gamma_c[\mathrm{C}]$$

여기서, A_c : 활동도

γ_c : 화학종 C의 활동도 계수

[C] : 화학종 C의 몰농도

② 성분 C의 활동도와 활동도 계수는 전해질의 성질에 무관하고 이온 세기에 의존한다.

③ 활동도는 용액 중에 녹아 있는 화학종의 유효농도 또는 실제 농도를 나타낸다.

3 활동도 계수

① 화학종이 포함된 평형에서 그 화학종이 평형에 미치는 영향의 척도이다.
② 전해질의 종류나 성질에는 무관하다.
③ 전하를 띠지 않는 중성 분자의 활동도 계수는 이온 세기에 관계없이 대략 1이다.
④ 농도와 온도에 민감하게 반응한다.
⑤ 용액이 매우 묽을 경우 주어진 화학종의 활동도 계수는 1에 매우 가까워진다.
⑥ 이온 세기가 작을수록, 이온의 전하가 작을수록, 이온 크기(수화 반경)가 클수록 활동도 계수는 증가한다.

2-4 무게 및 부피 분석법

1 침전무게법

분석물을 거의 녹지 않는 침전물로 바꾼 다음 이 침전물을 거르고 불순물이 없도록 씻고 적절한 열처리에 의해 조성이 잘 알려진 생성물로 바꾼 후 무게를 측정한다.

⚗ 매우 정확하고 정밀한 데이터를 얻게 해 주는 분석저울을 사용하여 질량을 측정한다.

Ca^{2+}의 무게 분석법의 경우 $C_2O_4^{2-}$와 반응하여 생성된 용해도가 매우 작은 침전물 $CaC_2O_4 \cdot H_2O$은 수분을 많이 함유하고 있어 화학 조성이 일정하지 않으므로 열처리에 의해 조성이 잘 알려진 CaO로 바꾸어 무게를 측정하여 정량할 수 있다.

(1) 침전물과 침전제의 성질

① 무게법 침전제는 분석물과 특이적(specifically) 또는 선택적(selectively)으로 반응해야 한다.
② 이상적인 침전제는 분석물과 반응하여 다음과 같은 생성물을 만들어야 한다.
  ㉠ 쉽게 걸러지고 오염물질이 없게 씻어져야 한다.
  ㉡ 매우 낮은 용해도를 가져서 거르거나 씻는 동안 분석물에 큰 손실이 없어야 한다.
  ㉢ 대기의 구성성분과 반응하지 않아야 한다.
  ㉣ 건조시키거나 필요에 따라 강열한 후에 잘 알려진 조성을 가져야 한다.

  ⚗ 강열 : 침전물을 거른 후 무게가 일정하게 될 때까지 강하게 가열하는 것

(2) 침전물의 입자 크기와 거르기 능력

⚗ 일반적으로 큰 입자들로 이루어진 침전물은 불순물 없이 거르고 씻기가 쉬워 무게법 분석에 적합하다.

① 입자 크기는 침전물의 용해도, 온도, 반응물의 농도 및 반응물의 섞는 속도와 같은 실험변수에 영향을 받는다.

② 상대 과포화도(relative supersaturation)

$$\text{상대 과포화도} = \frac{Q - S}{S}$$

여기서, Q : 어떤 순간에서의 용질의 농도

S : 평형 용해도

㉠ 상대 과포화도가 클 때 침전물은 콜로이드화 되는 경향이 있고, 상대 과포화도가 작을 때는 결정성 고체가 되기 쉽다.

⚗ 콜로이드 : 직경이 10^{-4} cm보다 작은 입자들로 이루어진 고체이다.

㉡ 입자 크기를 증가시키기 위하여 침전물이 생성되는 동안에 상대 과포화도를 최소화하여야 한다.

③ 침전물 생성 메커니즘

㉠ 입자 크기에 영향을 주는 상대 과포화도의 효과는 침전물이 두 단계 즉, 결정핵 생성(nucleation)과 입자 성장(particle growth)을 거쳐 생성된다고 가정한다.

⚗ 결정핵 생성 : 매우 적은 수의 원자들, 이온들 또는 분자들이 안정한 고체를 형성하는 과정이다.

㉡ 생성된 침전물의 입자 크기는 이 두 침전과정 중 지배적인 메커니즘에 의해 결정된다.

㉢ 결정핵 생성속도는 상대 과포화도가 증가함에 따라 지수 · 함수적으로 증가한다. 즉, 상대 과포화도가 높을 때 결정핵 생성이 주된 침전 메커니즘이 되므로 많은 수의 작은 입자들이 생성된다.

㉣ 입자 성장속도는 상대 과포화도가 증가함에 따라 완만하게 증가한다. 상대 과포화도가 낮으면 입자 성장속도가 지배적이므로 존재하는 입자에 고체가 석출되어 더 많은 핵심이 생성되지 못하게 되어 결정성 서스펜션이 된다.

㉤ 결정핵 생성이 지배적이라면 매우 작은 많은 입자들로 만들어지고, 입자 성장이 지배적이라면 적은 수의 큰 입자들이 얻어진다.

④ 실험적으로 입자 크기의 조절

㉠ 침전물의 용해도를 증가시키기 위해 온도를 서서히 높인다.

㉡ Q를 최소화하기 위해 묽은 용액으로 침전시킨다.

㉢ 국부적으로 생기는 과포화 조건을 피하기 위해 잘 저어 주면서 침전제를 서서히 가한다.

㉣ 침전물의 용해도가 pH에 의존하는 경우 pH를 조절하면서 더 큰 입자를 얻을 수 있다.

(3) 무게법 계산

무게 적정법은 적정 시약의 질량을 측정하는 실험방법으로 더 빠르고 편리한 것 외에도 부피 적정법에서 갖지 않는 다음과 같은 장점들을 가지고 있다.

① 유리기구의 검정과 용액의 정확한 주입을 위한 지루한 작업이 필요 없다.

② 무게 몰농도는 부피 몰농도에 비해 온도에 따라 변하지 않기 때문에 온도 보정이 필요 없다.

③ 무게 측정은 부피 측정보다 상당히 큰 정밀도와 정확도로 수행된다. 높은 감도는 매우 적은 양의 표준시약이 소모되는 작은 시료를 분석할 수 있도록 한다.

④ 무게법 적정은 부피법 적정에 비하여 자동화하기가 더 쉽다.

2 부피분석법

(1) 부피 분석

① 분석물질과 화학량론으로 반응하는 데 필요한 적정 시약의 부피를 측정하여 이 부피로부터 분석물질의 양을 결정하는 방법이다.

② 적정법을 사용하며, 적정은 분석물질과 시약 사이의 반응이 완결되었다고 판단될 때까지 표준시약을 가하는 과정이다.

③ 적정법으로는 산 · 염기 적정, 산화 · 환원 적정, 킬레이트(착물 형성) 적정, 침전 적정 등이 있다.

④ 화학 조성과 순도가 정확하게 알려진 일차 표준물질에 근거한다.

(2) 부피 분석법에서 사용되는 용어

① **표준용액**(standard solution) : 부피 적정을 하기 위해 사용되는 농도를 알고 있는 시약이다.

② **적정**(titration) : 분석물과 표준용액 사이의 반응이 완결될 때까지 뷰렛이나 다른 액체 주입기를 사용하여 표준용액을 분석물 용액에 서서히 첨가하는 것을 말한다. 처음과 마지막 눈금 차이로부터 적정이 완결되는 데 필요한 표준용액의 부피 또는 질량을 측정한다.

③ **적정법** : 분석물과 완전하게 반응하는 데 필요한 농도를 알고 있는 시약의 양을 결정하는 것에 근거하는 분석방법이다. 시약은 화학물질의 표준용액이거나 알려진 크기의 전류일 수 있으며, 부피 적정법은 표준시약의 부피가 측정하고자 하는 양이다.

㉠ 직접 적정 : 적정 시약을 시료에 가하면서 지시약의 색이 바뀌는 부피를 직접 관찰하는 방법이다.

㉡ 역적정 : 분석물질에 농도를 알고 있는 첫 번째 표준용액을 과량 가해 분석물질과의 반응이 완결된 다음 두 번째 표준용액을 가하여 첫 번째 표준용액의 남은 양을 적정하는 방법으로 분석물과 표준용액 사이의 반응속도가 느리거나 표준용액이 불안정할 때 사용한다.

ⓒ 바탕 적정 : 적정 오차를 보정하기 위해 분석물질만 빼고 똑같은 적정 과정을 실시하는 것이다.

④ **당량점**(equivalence point) : 시료 중에 존재하는 분석물의 양과 화학량론적으로 적정 시약이 첨가되었을 때 도달하는 이론상의 지점이다.

⑤ **종말점**(end point)

㉠ 적정에서의 당량점은 실험적으로 결정할 수 없으며, 대신 당량의 조건과 관련된 몇 가지 물리적인 변화를 관찰함으로써 당량점을 추정할 수 있다. 용액의 물리적 성질이 갑자기 변하는 점으로 보통 지시약이 변색되는 것을 기준으로 나타나는 적정의 끝지점을 종말점이라 한다.

㉡ 종말점 검출을 위해 사용하는 기기에는 비색계, 탁도계, 분광기, 온도감지기, 굴절계, 전압계, 전류계 및 전도도 측정장치 등이 있으며, 기기들은 적정하는 동안에 특성 변화를 하는 용액의 성질에 감응한다.

⑥ **적정 오차**(titration error) : 당량점과 종말점 사이의 부피나 질량의 차이이다. 이런 차이는 물리적 변화와 관찰자의 능력이 충분하지 않은 결과로 인하여 커지며, 적정 오차는 바탕 적정을 통해 보정할 수 있다.

⑦ **지시약**(indicator)

㉠ 당량점 또는 당량점 부근에서 물리적 변화(종말점)를 관찰할 수 있도록 분석물 용액에 가해진다.

㉡ 분석물이나 적정 시약의 상대적 농도 변화가 당량점 부근에서 크게 일어나므로 지시약의 색 변화를 일으킨다.

㉢ 전형적인 지시약은 색이 나타나거나 사라지든지, 색 변화를 일으키든지, 또는 혼탁함이 나타나거나 사라지는 변화를 일으킨다.

⑧ **일차 표준물질**(primary standard)

㉠ 적정 및 기타 분석법에서 기준물질로 사용되는 매우 순수한 화합물이다.

㉡ 분석법의 정확도는 일차 표준물질의 성질에 크게 의존한다.

㉢ 일차 표준물질의 중요한 필수조건은 다음과 같다.

⚗ 이런 기준에 일치하거나 근접하는 화합물의 수는 매우 적으며, 상품화되어 이용할 수 있는 일차 표준물질의 수는 한정되어 있다. 따라서 일차 표준물질 대신 때로는 덜 순수한 화합물인 이차 표준물질을 사용하기도 하는데 이차 표준물질은 순도가 화학분석에 의해 결정되는 물질이다.

- 99.99% 이상의 높은 순도로 시약의 무게를 재면 곧바로 사용할 수 있을 정도로 순수하며, 순도를 확인하는 정립된 방법이 있어야 한다.
- 건조시키는 온도에서 안정해야 하며, 상온과 대기 중에서 안정해야 한다.
- 습도 변화에 의해 고체의 조성이 변하지 않도록 수화된 물이 없어야 한다.
- 적정할 매질에서 적절한 용해도를 나타내야 표준용액을 쉽게 만들 수 있다.

- 표준물질 무게달기와 연관된 상대오차를 최소화하기 위하여 비교적 큰 몰질량을 가져야 한다.
- 합리적인 가격이어야 한다.

(3) 표준용액

① 표준용액 또는 표준 적정 시약은 적정법 분석에 사용되는 농도를 알고 있는 용액이다.

② 적정법 분석을 위한 이상적인 표준용액은 다음과 같다.

㉠ 단지 한 번만 그 농도를 결정하면 될 수 있을 만큼 충분히 안정해야 한다.

㉡ 적정 시약이 첨가되는 시간을 최소화하기 위하여 분석물과 빠르게 반응해야 한다.

㉢ 만족할 만한 종말점을 얻기 위해 분석물과 거의 완전히 반응해야 한다.

→ 평형상수 K가 커야 한다.

㉣ 간단한 균형 반응식으로 설명할 수 있도록 분석물과 선택적으로 반응해야 한다.

㉤ 부반응 또는 역반응이 일어나지 않아야 한다.

㉥ 반응의 종말점을 외부에서 명확하게 인정할 수 있어야 한다.

③ 적정법의 정확도는 적정에서 사용된 표준용액 농도의 정확도보다는 좋을 수 없다.

④ 두 가지 기본적인 방법을 이용하여 표준용액의 농도를 결정한다.

직접법에 의한 용액 제조가 가장 좋다. 그러나 일차 표준물질로서 요구되는 성질의 결핍으로 인해 표준화가 필요하다.

㉠ 직접법(direct method) : 일차 표준물질의 무게를 조심스럽게 달아 용해시키고 부피플라스크에서 정확히 아는 부피를 묽힌다.

㉡ 표준화(standardization) : 정확한 질량의 일차 표준물질이나 이차 표준물질 또는 부피를 정확하게 알고 있는 다른 표준용액에 표준화시킬 물질을 첨가(적정)하여 농도를 결정한다.

이차 표준물질, 이차 표준용액의 농도는 일차 표준용액의 농도보다 더 큰 불확정도를 갖는다.

2-5 산 · 염기 적정법

1 산 · 염기 적정의 기초

(1) 산 · 염기 지시약

① 약한 유기산이거나 약한 유기염기이며, 그들의 짝염기나 짝산으로부터 해리되지 않은 상태에 따라서 색이 서로 다르다.

② 산 형태 지시약인 HIn은 다음과 같은 평형으로 나타낼 수 있다.

$$HIn + H_2O \rightleftarrows In^- + H_3O^+$$

산성 색　　　　　염기성 색

이 반응에서 분자 내 전자배치 구조의 변화는 해리를 동반하므로 색 변화를 나타낸다.

③ 염기 형태 지시약인 In은 다음과 같은 평형으로 나타낼 수 있다.

$$In + H_2O \rightleftarrows InH^+ + OH^-$$

염기성 색　　　　　산성 색

④ 산성형 지시약의 해리에 대한 평형상수 $K_a = \dfrac{[H_3O^+][In^-]}{[HIn]}$에서 용액의 색을 조절하는 $[H_3O^+] = K_a \times \dfrac{[HIn]}{[In^-]}$는 지시약의 산과 그 짝염기형의 비를 결정한다.

⑤ 지시약 HIn은 $\dfrac{[HIn]}{[In^-]} \geq \dfrac{10}{1}$일 때 순수한 산성형 색을 나타내고, $\dfrac{[HIn]}{[In^-]} \leq \dfrac{1}{10}$일 때 염기성형 색을 나타낸다.

⑥ 지시약의 변색 pH 범위 $= pK_a \pm 1$이다.

㉠ 완전히 산성형 색일 경우

$$[H_3O^+] = K_a \times \frac{[HIn]}{[In^-]} = K_a \times 10$$

㉡ 완전히 염기성형 색일 경우

$$[H_3O^+] = K_a \times \frac{[HIn]}{[In^-]} = K_a \times 0.1$$

㉢ 헨더슨－하셀바흐(Henderson-Hasselbalch) 식

$$pH = pK_a + \log\frac{[In^-]}{[HIn]}$$

- 이 식에서 $\dfrac{[In^-]}{[HIn]} \geq \dfrac{10}{1}$이면 염기성 색을 띠고, $\dfrac{[In^-]}{[HIn]} \leq \dfrac{1}{10}$이면 산성 색을 띤다.
- 헨더슨－하셀바흐 식 유도과정

$$K_a = \frac{[H^+][A^-]}{[HA]}$$

양변에 log를 취하여 정리하면 $\log K_a = \log[H^+] + \log\left(\dfrac{[A^-]}{[HA]}\right)$,

양변에 −1을 곱하여 정리하면 $-\log[H^+] = -\log K_a + \log\left(\dfrac{[A^-]}{[HA]}\right)$

$$\therefore\ pH = pK_a + \log\left(\frac{[A^-]}{[HA]}\right)$$

(2) 산 · 염기 지시약의 적정 오차

① **측정 가능한 오차 :** 지시약의 색 변화가 일어나는 지점의 pH가 당량점의 pH와 다를 때 발생한다. 지시약을 주의하여 선택하거나 바탕 보정을 함으로써 최소화될 수 있다.

② **측정 불가능한 오차 :** 육안으로 지시약의 중간색을 재현성 있게 구별하기에는 능력의 한계가 있어 발생한다. 오차의 크기는 당량점에서의 시약의 mL당 pH 변화, 지시약 농도, 지시약의 두 색에 대한 눈의 감도에 의존한다.

(3) 적정에 따른 산 · 염기 지시약의 선택

지시약	변색범위	산성 색	염기성 색	적정 형태
메틸오렌지	3.1 ~ 4.4	붉은색	노란색	• 산성에서 변색 • 약염기를 강산으로 적정하는 경우, 약염기의 짝산이 약산으로 작용 • 당량점에서 pH < 7.00
브로모크레졸그린	3.8 ~ 5.4	노란색	푸른색	
메틸레드	4.8 ~ 6.0	붉은색	노란색	
브로모티몰블루	6.0 ~ 7.6	노란색	푸른색	• 중성에서 변색 • 강산을 강염기로 또는 강염기를 강산으로 적정하는 경우, 짝산, 짝염기가 산 · 염기로 작용하지 못함 • 당량점에서 pH = 7.00
페놀레드	6.4 ~ 8.0	노란색	붉은색	
크레졸퍼플	7.6 ~ 9.2	노란색	자주색	• 염기성에서 변색 • 약산을 강염기로 적정하는 경우, 약산의 짝염기가 약염기로 작용 • 당량점에서 pH > 7.00
페놀프탈레인	8.0 ~ 9.6	무색	붉은색	
알리자린옐로	10.1 ~ 12.0	노란색	오렌지색 – 붉은색	

2 산 · 염기 적정

(1) 강산에 의한 강염기의 적정

① 적정 시약과 분석물질 사이의 화학반응식을 쓴 다음 그 반응을 이용하여 적정 시약이 가해진 후의 조성과 pH를 계산한다.

② 강염기를 강산으로 적정하는 경우 그 적정 곡선에는 세 가지 영역이 나타난다.

㉠ 당량점에 도달하기 이전의 pH는 용액 속에 남아 있는 과량의 OH^-에 의해 결정된다.

㉡ 당량점에서는 H^+의 양이 모든 OH^-와 반응하여 H_2O를 생성한다. 이때 용액의 pH는 물의 해리에 의해 결정된다.

㉢ 당량점 이후의 pH는 용액 중에 있는 과량의 H^+에 의해 결정된다.

당량점은 가한 적정 시약이 분석물질과 화학량론적 반응을 일으키는 데 필요한 정확한 양이 되는 점으로 적정에서 찾는 이상적인 결과이다. 실제로 측정하는 것은 종말점으로 지시약의 색이나 전극전위와 같은 것의 급격한 물리적 변화로 나타난다.

③ 예를 들어, 0.02000M NaOH 50.00mL를 0.1000M HCl로 적정하는 과정은 다음과 같다.

㉠ 적정 시약(HCl)과 분석물질(NaOH) 사이의 알짜 화학반응은 $H^+ + OH^- \rightarrow H_2O$이고,

$K = \dfrac{1}{K_w} = 1.00 \times 10^{14}$이다.

㉡ 강산과 강염기의 반응에 대한 평형상수 $K = 1.00 \times 10^{14}$이므로 반응이 완결된다고 할 수 있다. 즉, 가해지는 H^+는 즉시 화학량론적으로 대응되는 OH^-와 반응하게 된다.

㉢ 당량점에 도달하는 데 필요한 HCl의 부피(V_e)는 NaOH의 mmol＝HCl의 mmol를 이용하여 계산하면 다음과 같다.

$0.0200\text{M} \times 50.00\text{mL} = 0.1000\text{M} \times V_e(\text{mL})$ $\therefore V_e = 10.00\text{mL}$이다.

㉣ 10.00mL의 HCl가 가해지고 나면 적정은 완결된다. 당량점에 도달하기 전에는 미반응된 과량의 OH^-가 남고, 당량점을 지나게 되면 용액에는 과량의 H^+가 있게 된다.

④ 당량점 이전($V_x < V_e$)

$V_x = 2.00\text{mL}$를 가한 경우 용액의 pH를 구하면 다음과 같다.

㉠ 당량점 이전이므로 과량의 OH^-이 남아 있다.

	H^+	+	OH^-	$\rightleftarrows$	H_2O
반응 전(mmol)	0.1000×2.00		0.02000×50.00		
반응(mmol)	−0.1000×2.00		−0.1000×2.00		+0.1000×2.00
반응 후(mmol)	0		8.000×10^{-1}		2.000×10^{-1}

㉡ $[OH^-] = \dfrac{(0.02000 \times 50.00) - (0.1000 \times 2.00)\text{mmol}}{(50.00 + 2.00)\text{mL}} = 1.538 \times 10^{-2}\text{M}$

$[H^+][OH^-] = K_w = 1.00 \times 10^{-14}$에 대입하면

$[H^+] = \dfrac{K_w}{[OH^-]} = \dfrac{1.00 \times 10^{-14}}{1.538 \times 10^{-2}} = 6.502 \times 10^{-13}\text{M}$이다.

㉢ $\text{pH} = -\log[H^+] = -\log(6.502 \times 10^{-13}) = 12.19$

⑤ 당량점에서($V_x = V_e$)

㉠ 가해지는 H^+의 양이 모든 OH^-와 반응하여 H_2O를 생성하므로 용액의 pH는 물의 해리에 의해서 결정된다.

	H_2O	$\rightleftarrows$	H^+	+	OH^-
반응 전(M)					
반응(M)			$+x$		$+x$
반응 후(M)			x		x

㉡ $[H^+][OH^-] = K_w = 1.00 \times 10^{-14}$에 대입하여 $x^2 = 1.00 \times 10^{-14}$,

$\therefore x = [H^+] = 1.00 \times 10^{-7}\text{M}$이다.

㉢ $pH = -\log[H^+] = -\log(1.00 \times 10^{-7}) = 7.000$

⑥ 당량점 이후($V_x > V_e$)

V_x =10.50mL를 가한 경우 용액의 pH를 구하면 다음과 같다.

㉠ 당량점 이후이므로 과량의 H^+이 남아 있다.

	H^+	+	OH^-	⇄	H_2O
반응 전(mmol)	0.1000×10.50		0.02000×50.00		
반응(mmol)	−0.02000×50.00		−0.02000×50.00		+0.02000×50.00
반응 후(mmol)	5.000×10^{-2}		0		1.000

㉡ $[H^+] = \dfrac{(0.1000 \times 10.50) - (0.02000 \times 50.00)\text{mmol}}{(50.00 + 10.50)\text{mL}} = 8.264 \times 10^{-4}\text{M}$

㉢ $pH = -\log[H^+] = -\log(8.264 \times 10^{-4}) = 3.08$

(2) 강염기에 의한 약산의 적정

① 약산을 강염기로 적정하는 경우 적정 계산은 네 가지 유형으로 생각할 수 있다.

㉠ 염기가 가해지기 전 물에 HA만이 존재하는 경우에는 약산의 문제가 되는데, 이때 pH는 $HA \overset{K_a}{\rightleftharpoons} H^+ + A^-$의 평형으로 결정된다.

㉡ NaOH가 가해지기 시작하면서 당량점에 도달하기 직전까지는 생성되는 A^-와 미반응 HA의 완충용액으로 있게 되는데, 이때 완충용액의 pH는 헨더슨-하셀바흐 식 $pH = pK_a + \log\left(\dfrac{[A^-]}{[HA]}\right)$을 이용한다.

㉢ 당량점에서 모든 HA는 A^-로 변화되어 물에 단지 A^-만을 녹인 것과 같은 용액이 만들어지는데, 이러한 약염기 문제는 $A^- + H_2O \overset{K_b}{\rightleftharpoons} HA + OH^-$ 반응에 의해 pH값을 계산할 수 있다.

㉣ 당량점 이후에서는 과량의 NaOH가 A^- 용액에 가해지는데, 이 용액의 pH는 강염기에 의해 결정되며, 단순히 과량의 NaOH가 물에 가해지는 것과 같이 pH를 계산한다. 이 경우 A^-의 존재에 의해 나타나는 효과는 매우 작기 때문에 무시한다.

② 0.02000M 약산 HA($pK_a = 6.27$, $K_a = 5.37 \times 10^{-7}$) 50.00mL를 0.1000M NaOH로 적정하는 과정은 다음과 같다.

㉠ 적정 시약(NaOH)과 분석물질(HA) 사이의 알짜화학반응은 $HA + OH^- \rightarrow A^- + H_2O$이고 $K = \dfrac{1}{K_b} = \dfrac{1}{1.86 \times 10^{-8}} = 5.38 \times 10^7$이다.

㉡ 반응의 평형상수($K = 5.38 \times 10^7$)가 크므로 반응은 가해지는 OH^-에 따라 완결된다고 할 수 있다. 즉, 강염기와 약산의 반응은 완결된다.

㉢ 당량점에 도달하는 데 필요한 염기 NaOH의 부피(V_e)는 HA의 mmol=NaOH의 mmol를 이용하여 계산하면 다음과 같다.

$0.02000\text{M} \times 50.00\text{mL} = 0.1000\text{M} \times V_e(\text{mL}) \quad \therefore\ V_e = 10.00\text{mL}$

③ 염기를 가하기 이전($V_x = 0$)

㉠ 염기가 용액에 가해지기 이전에는 0.02000M 약산 HA용액은 $pK_a = 6.27$, $K_a = 5.37 \times 10^{-7}$이다. 이것은 단순히 약산 HA의 문제이다.

	HA	⇄	H^+	+	A^-
반응 전(M)	0.02000				
반응(M)	$-x$		$+x$		$+x$
반응 후(M)	$0.02000-x$		x		x

㉡ $K_a = \dfrac{[H^+][A^-]}{[HA]} = 5.37 \times 10^{-7}$에 대입하면 $K_a = 5.37 \times 10^{-7} = \dfrac{x^2}{0.0200 - x}$,

$\therefore\ x = 1.036 \times 10^{-4}\text{M}$ 이다.

㉢ $\text{pH} = -\log[H^+] = -\log(1.036 \times 10^{-4}) = 3.98$

④ 당량점 이전($V_x < V_e$)

$V_x = 2.00\text{mL}$를 가한 경우, 용액의 pH를 구하면 다음과 같다.

㉠ 용액에 OH^-이 가해지면 HA와 A^-의 완충용액으로 pH는 $\dfrac{[A^-]}{[HA]}$의 값을 알면 헨더슨-하셀바흐 식 $\text{pH} = pK_a + \log\left(\dfrac{[A^-]}{[HA]}\right)$으로 계산할 수 있다.

적정 반응	HA	+	OH^-	⇄	A^-	+	H_2O
반응 전(mmol)	0.02000×50.00		0.1000×2.00				
반응(mmol)	−0.1000×2.00		−0.1000×2.00		+0.1000×2.00		
반응 후(mmol)	0.08000		0		0.1000×2.00		

㉡ $\text{pH} = pK_a + \log\left(\dfrac{[A^-]}{[HA]}\right)$

$$= 6.27 + \log\left(\frac{0.1000 \times 2.00}{(0.02000 \times 50.00) - (0.1000 \times 2.00)}\right) = 5.67$$

가해준 적정 시약의 부피 $V_x = \frac{1}{2}V_e$(mL)가 되면 $\frac{[A^-]}{[HA]} = 1$이 되어 $\text{pH} = pK_a$이다.

⑤ 당량점에서($V_x = V_e$)

㉠ 당량점에서 NaOH의 양은 HA를 정확하게 소모한다.

적정 반응	HA	+	OH^-	⇄	A^-	+	H_2O
반응 전(mmol)	0.02000×50.00		0.1000×10.00				
반응(mmol)	−0.1000×10.00		−0.1000×10.00		+0.1000×10.00		
반응 후(mmol)	0		0		0.1000×10.00		

㉡ 반응 후 용액에는 A^-만 남게 되어 단순히 약염기의 용액이 되므로 약염기와 물과의 반응을 고려한다.

$$[A^-] = \frac{(0.1000 \times 10.00)\text{mmol}}{(50.00 + 10.00)\text{mL}} = 1.667 \times 10^{-2}\text{M}$$

㉢ $A^- + H_2O \overset{K_b}{\rightleftharpoons} HA + OH^-,\quad K_b = \frac{K_w}{K_a}$

적정 반응	A^-	+	H_2O	⇄	HA	+	OH^-
반응 전(M)	1.667×10^{-2}						
반응(mmol)	$-x$				$+x$		$+x$
반응 후(mmol)	$1.667\times10^{-2}-x$				x		x

$K_b = \frac{K_w}{K_a} = \frac{1.0 \times 10^{-14}}{5.37 \times 10^{-7}} = 1.862 \times 10^{-8}$을 이용하면

$K_b = 1.862 \times 10^{-8} = \frac{x^2}{1.667 \times 10^{-2} - x} \quad \therefore x = [OH^-] = 1.762 \times 10^{-5}\text{M}$

$[H^+][OH^-] = K_w = 1.00 \times 10^{-14}$에 대입하면

$[H^+] = \frac{1.00 \times 10^{-14}}{1.762 \times 10^{-5}} = 5.675 \times 10^{-10}\text{M}$이다.

㉣ $pH = -\log[H^+] = -\log(5.675 \times 10^{-10}) = 9.25$

㉤ 이 적정에서 당량점의 pH = 9.25이며, pH = 7.00이 아님을 주의해야 한다. 약산의 적정에서는 당량점에서의 pH가 항상 7.00 이상인데 이것은 산이 당량점에서 그 짝염기로 바뀌기 때문이다.

⑥ 당량점 이후($V_x > V_e$)

이때부터는 A^- 용액에 NaOH를 가하게 되는데, NaOH는 A^-보다 강염기이므로 pH는 용액에 있는 과량의 OH^- 농도에 의해서 결정된다.

V_x =10.10mL를 가한 경우, 용액의 pH를 구하면 다음과 같다.

㉠ 당량점 이후이므로 과량의 OH^-이 남아 있다.

$$[OH^-] = \frac{(0.1000 \times 10.10) - (0.02000 \times 50.00)\text{mmol}}{(50.00 + 10.10)\text{mL}} = 1.664 \times 10^{-4}\text{M}$$

㉡ $[H^+][OH^-] = K_w = 1.00 \times 10^{-14}$에 대입하면

$$[H^+] = \frac{1.00 \times 10^{-14}}{1.664 \times 10^{-4}} = 6.010 \times 10^{-11}\text{M}$$ 이다.

㉢ $pH = -\log[H^+] = -\log(6.010 \times 10^{-11}) = 10.22$

(3) 강산에 의한 약염기의 적정

① 약염기 B를 강산(H^+)으로 적정하는 경우는 약산을 강염기로 적정하는 것의 정반대이다.

② 적정 시약과 분석물질 사이의 알짜 화학반응은 $B + H^- \rightarrow BH^+$이다.

③ 반응물이 약염기와 강산이므로, 반응은 산이 가해지는 즉시 완결된다.

④ 먼저 당량점에 도달하는 데 필요한 강산(H^+)의 부피(V_e)는 B의 mmol=H^+의 mmol를 이용하여 계산한다.

⑤ 약염기 B를 강산(H^+)으로 적정하는 경우, 적정 계산은 네 가지 유형으로 생각할 수 있다.

㉠ 산(H^+)이 가해지기 전의 용액은 물 중에 약염기 B만을 포함하고 있다.

pH는 $B + H_2O \overset{K_b}{\rightleftharpoons} BH^+ + OH^-$의 평형으로 결정된다.

㉡ 산(H^+)이 가해지기 시작하면서 당량점 사이에서 용액은 B와 BH^+의 완충용액이고, 완충용액의 pH는 헨더슨 – 하셀바흐 식 $pH = pK_a + \log\left(\frac{[B]}{[BH^+]}\right)$을 이용한다. 가해준 적정 시약의 부피 $V_x = \frac{1}{2}V_e$(mL)가 되면 $\frac{[B]}{[BH^+]} = 1$이 되어, $pH = pK_a$(BH^+의 경우)이다.

㉢ 당량점에서 모든 B가 약산 BH^+로 전환된다. 이때의 pH는 BH^+의 산 해리반응으로부터 계산된다.

$$BH^+ \overset{K_a}{\rightleftharpoons} B + H^+,\ K_a = \frac{K_w}{K_b}$$

용액은 당량점에서 BH^+를 포함하므로 액성은 산성이다.

➜ 당량점에서의 pH는 7.00 이하가 된다.

㉣ 당량점 이후에서는 과량의 강산 H^+가 pH를 결정하게 된다. 이 경우 약산 BH^+의 존재에 의해 나타나는 효과는 매우 작기 때문에 무시한다.

(4) 이양성자성계에서의 적정

① 일양성자성 산과 염기의 적정에 대한 원리는 그대로 다양성자성 산과 염기의 적정에 응용할 수 있다.

② 0.100M HBr로 0.100M 염기 B 10.00mL를 적정하는 과정은 다음과 같다.

㉠ 염기 B는 $pK_{b1}=4.00$, $pK_{b2}=9.00$인 이양자성 염기이다.

㉡ 적정시약(B)과 분석물질(HBr) 사이의 알짜반응은 $B+H^+ \rightarrow BH^+$, $BH^+ + H^+ \rightarrow BH_2^{2+}$ 이다.

㉢ 제1당량점에 도달하는 데 필요한 HBr의 부피(V_{e1})는 약염기 B의 mmol=HBr의 mmol를 이용하여 계산하면 $0.1000\text{M}\times 10.00\text{mL}=0.1000\text{M}\times V_{e1}(\text{mL})$, $V_{e1}=10.00\text{mL}$이므로 제1당량점에서 적정 시약의 부피 V_{e1}는 10.00mL이다.

㉣ 제2당량점에서는 두 번째 반응이 첫 번째 반응과 같은 몰수의 HBr이 사용되므로 적정 시약의 부피 $V_{e2}=2\times V_{e1}$이어야 한다.

③ 산을 가하기 이전($V_x=0$)에는 용액에 약염기 B만 존재하게 되므로 pH는 다음 반응에 의해 구할 수 있다.

	B	+ H_2O	⇄	BH^+	+ OH^-
반응 전(M)	0.100				
반응(M)	$-x$			$+x$	$+x$
반응 후(M)	$0.100-x$			x	x

$$K_{b1}=\frac{[BH^+][OH^-]}{[B]}=\frac{x^2}{0.100-x}=1.00\times10^{-4}\quad \therefore\ x=[OH^-]=3.16\times10^{-3}\text{M}$$

$[H^+][OH^-]=K_w=1.00\times10^{-14}$에 대입하면 $[H^+]=\dfrac{1.00\times10^{-14}}{3.16\times10^{-3}}=3.16\times10^{-12}\text{M}$

$$pH=-\log[H^+]=-\log(3.16\times10^{-12})=11.50$$

④ 제1당량점 사이($0<V_x<V_{e1}$)에서 용액은 B와 BH^+의 완충용액이다. 완충용액의 pH는 헨더슨 – 하셀바흐 식 $pH=pK_a+\log\left(\dfrac{[B]}{[BH^+]}\right)$을 이용한다.

가해준 적정 시약의 부피 $V_x=\dfrac{1}{2}V_e(\text{mL})$가 되면 $\dfrac{[B]}{[BH^+]}=1$이 되어, $pH=pK_a$(BH^+의 경우)이다.

$V_x=1.50\text{mL}$를 가한 경우 용액의 pH를 구하면 다음과 같다.

	B	+	H^+	⇄	BH^+
반응 전(mmol)	0.100×10.00		0.100×1.50		
반응(M)	−0.100×1.50		−0.100×1.50		+0.100×1.50
반응 후(M)	0.850		0		0.150

$K_{a1} \times K_{b2} = K_w$, $K_{a2} \times K_{b1} = K_w$ 이므로, $K_{a1} = 1.00 \times 10^{-5}$, $K_{a2} = 1.00 \times 10^{-10}$ 이다.

$$\mathrm{pH} = pK_{a2} + \log\left(\frac{[\mathrm{B}]}{[\mathrm{BH}^+]}\right) = 10.00 + \log\left(\frac{(0.100 \times 10.00) - (0.100 \times 1.50)}{0.100 \times 1.50}\right) = 10.75$$

⑤ 제1당량점($V_x = V_{e1}$)에서 B가 이양성자성 산 BH_2^{2+}의 중간형인 BH^+로 전환된다. 이때 BH^+는 산인 동시에 염기이다.

$$[\mathrm{H}^+] = \sqrt{\frac{K_1K_2\mathrm{F} + K_1K_w}{K_1 + \mathrm{F}}}\ (K_1 = K_{a1} = 1.00 \times 10^{-5},\ K_2 = K_{a2} = 1.00 \times 10^{-10})$$

$$[\mathrm{BH}^+] = \frac{(0.100 \times 10.00)\mathrm{mmol}}{(10.00 + 10.00)\mathrm{mL}} = 5.00 \times 10^{-2}\mathrm{M}$$

$$[\mathrm{H}^+] = \sqrt{\frac{(1.00 \times 10^{-5})(1.00 \times 10^{-10})(5.00 \times 10^{-2}) + (1.00 \times 10^{-5})(1.00 \times 10^{-14})}{1.00 \times 10^{-5} + 5.00 \times 10^{-2}}}$$

$$= 3.16 \times 10^{-8}\mathrm{M}$$

$$\mathrm{pH} = -\log[\mathrm{H}^+] = -\log(3.16 \times 10^{-8}) = 7.50$$

⑥ 제1당량점과 제2당량점 사이($V_{e1} < V_x < V_{e2}$)에서 모두 BH^+(염기)와 BH_2^{2+}(산)를 포함하는 완충용액이다. 완충용액의 pH는 헨더슨 − 하셀바흐 식 $\mathrm{pH} = pK_{a_1} + \log\left(\frac{[\mathrm{BH}^+]}{[\mathrm{BH}_2^{2+}]}\right)$을 이용한다.

$V_x = 13.0\mathrm{mL}$를 가한 경우, 용액의 pH를 구하면 다음과 같다.

	BH^+	+	H^+	⇄	BH_2^{2+}
반응 전(mmol)	0.100×10.00		0.100×3.00		
반응(mmol)	−0.100×3.00		−0.100×3.00		+0.100×3.00
반응 후(mmol)	0.700		0		0.300

$$\mathrm{pH} = pK_{a1} + \log\left(\frac{[\mathrm{BH}^+]}{[\mathrm{BH}_2^{2+}]}\right) = 5.00 + \log\left(\frac{(0.100 \times 10.00) - (0.100 \times 3.00)}{0.100 \times 3.00}\right) = 5.38$$

⑦ 제2당량점($V_x = V_{e2}$)에서는 모두 BH_2^{2+}로, 이 용액은 실제로 물에 BH_2Cl_2를 녹인 것과 같다.

$$[\mathrm{BH}_2^{2+}] = \frac{(0.100 \times 10.00)\mathrm{mmol}}{(10.00 + 20.00)\mathrm{mL}} = 3.33 \times 10^{-2}\mathrm{M}$$

	BH_2^{2+}	⇄	BH^+	+	H^+
반응 전(M)	3.33×10^{-2}				
반응(M)	$-x$		$+x$		$+x$
반응 후(M)	$3.33\times10^{-2}-x$		x		x

$$K_{a1}=\frac{[BH^+][H^+]}{[BH_2^{2+}]}=\frac{x^2}{3.33\times10^{-2}-x}=1.00\times10^{-5}\quad\therefore\ x=[H^+]=5.77\times10^{-4}M$$

$$pH=-\log[H^+]=-\log(5.77\times10^{-4})=3.24$$

⑧ 제2당량점 이후($V_x > V_{e2}$)에서 용액의 pH는 가해진 강산의 부피로 계산할 수 있다.

$V_x=25.0$mL를 가한 경우 용액의 pH를 구하면 0.100M HBr 5.00mL만큼 과량이므로

$[H^+]=\frac{(0.1000\times5.00)\text{mmol}}{(10.00+25.00)\text{mL}}=1.43\times10^{-2}\text{M}$이다.

$$pH=-\log[H^+]=-\log(1.43\times10^{-2})=1.84$$

⑨ 불분명한 종말점

㉠ 대부분의 이양성자성 산이나 염기의 적정은 두 개의 뚜렷한 종말점을 나타낸다. 그런데 몇 가지 적정에서는 두 개의 종말점이 나타나지 않는 경우도 있다.

예 0.100M HCl에 의한 0.100M 니코틴($pK_{b1}=6.15$, $pK_{b2}=10.85$) 10.0mL의 적정의 경우

니코틴(B)$+H^+ \rightleftarrows BH^+$, $pK_{b1}=6.15$, $K_{b1}=7.08\times10^{-7}$

$BH^++H^+ \rightleftarrows BH_2^{2+}$, $pK_{b2}=10.85$, $K_{b2}=1.41\times10^{-11}$

㉡ BH_2^{2+}가 너무 강한 산(또는 BH^+가 대단히 약한 염기)이기 때문에 제2당량점에서는 분명한 변곡점이 나타나지 않는다.

㉢ 적정의 낮은 pH(≤3)에 가까워졌을 때 HCl이 모두 BH^+와 반응하여 BH_2^{2+}가 된다고 가정할 수 없다.

㉣ pH가 너무 낮거나 높을 때, 또는 pK_a값이 서로 비슷할 때 종말점은 불분명해진다.

(5) 전하 균형(charge balance)

① 용액의 전기적 중성에 대한 산술적 표현으로, 용액 중에서 양전하의 합과 음전하의 합은 같다.

$$n_1[C_1]+n_2[C_2]+n_3[C_3]+\cdots=m_1[A_1]+m_2[A_2]+m_3[A_3]+\cdots$$

여기서, [C] : 양이온의 농도
n : 양이온의 전하
[A] : 음이온의 농도
m : 음이온의 전하

예 이온성 화학종 H^+, OH^-, Na^+, $H_2PO_4^-$, HPO_4^{2-}, PO_4^{3-}가 들어 있는 용액을 고려하면, 전하 균형은 다음과 같다.
$[H^+] + [Na^+] = [OH^-] + [H_2PO_4^-] + 2[HPO_4^{2-}] + 3[PO_4^{3-}]$

② 중성 화학종은 전하 균형에 나타나지 않는다.

(6) 질량 균형(mass balance)

물질 보존의 표현으로, 어떤 원자를 포함하는 모든 화학종을 합한 양이 용액에 가해 준 그 원자의 양과 같다.

예 아세트산(CH_3COOH) 0.15mol을 물에 녹여 전체 부피를 1.00L로 만든 용액을 고려하면, 아세트산은 부분적으로 아세트산 이온(CH_3COO^-)으로 해리되며($CH_3COOH \rightleftarrows CH_3COO^- + H^+$), 아세트산의 질량 균형은 다음과 같다.

$$\underset{\text{용액에 첨가한 것}}{0.15\text{M}} = \underset{\text{해리하지 않은 것}}{[CH_3COOH]} + \underset{\text{해리한 것}}{[CH_3COO^-]}$$

(7) 중화 적정의 응용 – 켈달(Kjeldahl) 질소분석법

① 유기물질 속에 질소를 정량하는 가장 일반적인 방법인 Kjeldahl 질소 분석법은 중화 적정에 기반을 두고 있다.

② 켈달법에는 시료를 뜨거운 진한 황산용액에서 분해시켜 결합된 질소를 암모늄이온(NH_4^+)으로 전환시킨 다음, 이 용액을 냉각시켜 묽히고 염기성으로 만든다. 그런 후에 염기성 용액에서 증류하여 발생되는 암모니아를 과량의 산성 용액으로 모으고, 중화 적정(역적정법)하여 정량한다.

예제 **켈달(Kjeldahl) 질소분석법에서 시료 0.146g으로부터 NH_3를 0.0214M HCl 10.00mL 속으로 증류시킨다. 미반응 HCl을 적정하는데 0.0195M NaOH 3.12mL가 소비되었다. 시료 속의 질소함량(%)을 구하시오.**

풀이 | $(0.0214\times10.00)-(0.0195\times3.12)$mmol은 HCl 속으로 증류시킨 NH_3의 양과 같으며, N의 몰질량을 14g/mol로 계산하면 다음과 같다.

$$0.1532\text{mmol NH}_3 \times \frac{1\text{mmol N}}{1\text{mmol NH}_3} \times \frac{14\text{mg N}}{1\text{mmol N}} \times \frac{1\text{g}}{1{,}000\text{mg}} = 2.1448\times10^{-3}\text{g N}$$

$$\therefore \text{시료 속의 질소함량(\%)} = \frac{2.1448\times10^{-3}\text{g N}}{0.146\text{g 시료}}\times100 = 1.47\%$$

3 완충용액

완충용액(buffer solution)은 산이나 염기의 첨가나 희석에 대해 pH 변화를 막아주는 용액이다. 일반적으로 완충용액은 아세트산/아세트산소듐(CH_3COOH/CH_3COONa)이나 염화암모늄/암모니아(NH_4Cl/NH_3)와 같은 약산 또는 약염기의 짝산/짝염기 쌍으로 만들어진다.

(1) 완충용액의 pH 계산

① 약산/짝염기 완충용액, 약산 HA와 그 짝염기 A^-를 포함하는 용액은 평형의 위치에 따라 산성, 중성 또는 염기성이 된다.

② 완충용액의 pH는 헨더슨-하셀바흐(Henderson-Hasselbalch) 식 $pH = pK_a + \log\frac{[A^-]}{[HA]}$ 으로 구한다.

③ 완충용액의 pH는 용액의 부피에 무관하며 희석하여도 pH 변화가 거의 없는데, 용액의 부피가 변할 때 각 성분의 농도도 비례하여 변하기 때문이다.

④ 완충용액의 pH는 이온 세기와 온도에 의존한다.

(2) 완충용액의 성질

① 산과 염기의 첨가효과

약산 HA가 다음과 같은 평형을 이루고 있을 때

$HA + H_2O \rightleftarrows H_3O^+ + A^-$

㉠ 강산이 첨가되면 $[H_3O^+]$가 증가되어 역반응이 진행되어 A^-가 HA로 바뀐다.

㉡ 강염기가 첨가되면 $[H_3O^+]$가 감소되어 정반응이 진행되어 HA가 A^-로 바뀐다.

㉢ 강산이나 강염기를 너무 많이 첨가하여 HA나 A^-가 모두 소모되지 않는 한 헨더슨-하셀바흐 식의 $\log\frac{[A^-]}{[HA]}$의 변화가 크지 않아 pH의 변화도 크지 않게 된다.

② 완충용량

㉠ 강산 또는 강염기가 첨가될 때 pH 변화를 얼마나 잘 막는지에 대한 척도로, 완충용량이 클수록 pH 변화에 대한 용액의 저항은 커진다.

㉡ 완충용액 1.00L를 pH 1.00 단위만큼 변화시킬 수 있는 강산이나 강염기의 몰수로 정의된다.

㉢ 완충용액의 두 구성성분의 전체 농도뿐만 아니라 농도비에 따라 달라지며, 완충용액은 $pH = pK_a$(즉, $[HA]=[A^-]$)일 때 pH 변화를 막는 데 가장 효과적이다.

㉣ 짝염기에 대한 산의 농도비가 1보다 크거나 작을 때 급격히 감소된다.

㉤ 적절한 완충용량을 갖는 완충용액이 되기 위해서는 선택되는 산의 pK_a값이 요구되는 pH의 ±1 단위 범위에 있어야 한다.

2-6 킬레이트(EDTA) 적정법

1 킬레이트 적정 기초

(1) 착화합물 적정(complexometric titration)

① 착화합물의 형성을 기초로 하는 적정이다.

착화합물 : 착물, 중심 금속이온에 리간드가 배위결합하여 생성된 이온인 착이온을 포함하는 물질이다.

② 대부분의 리간드는 Li^+, Na^+, K^+와 같은 1가 이온을 제외한 모든 금속이온과 강한 1 : 1 착물을 형성한다.

③ **분석적으로 유용한 킬레이트 리간드** : EDTA, DCTA, DTPA, EGTA

④ 화학량론은 이온의 전하와 관계없이 1 : 1이다.

(2) 리간드(ligand)

① 양이온 또는 중성 금속원자에게 한 쌍의 전자를 제공하여 공유결합을 형성하는 이온이나 분자이다.

② 전자쌍 주개, 결합에 필요한 비공유전자쌍을 적어도 한 개는 가지고 있으며, 제공된 전자는 양이온 또는 중성 금속원자와 리간드에 의해 공유된다. 이러한 결합을 배위결합이라고 한다.

배위결합 : 공유결합의 한 형태로 공유할 전자쌍을 한 원자가 일방적으로 제공하여 형성되는 화학결합

③ **배위수(coordination number)** : 양이온이 전자 주개와 공유결합을 형성한 수이다.

④ 금속이온은 전자쌍을 주는 리간드로부터 전자쌍을 받을 수 있으므로 Lewis 산이고, 리간드는 전자를 주는 것으로 Lewis 염기이다.

⑤ **킬레이트(chelate)** : 두 자리 이상의 리간드가 중심 금속이온과 배위결합하여 고리모양을 이룬 착화물이다.

1. 한 자리 리간드(monodentate) : 하나의 주개만을 가진 리간드
2. 여러 자리 리간드(multidentate) 또는 킬레이트 리간드 : 두 개 이상의 리간드 원자가 금속이온과 결합하는 리간드

2 금속 킬레이트 착물

(1) 킬레이트 효과(chelate effect)

① 여러 자리 리간드가 유사한 한 자리 리간드보다 더 안정한 금속 착물을 형성하는 능력이다.

② $\Delta G = \Delta H - T \cdot \Delta S$ 자발적인 반응($\Delta G < 0$, $\Delta H < 0$, $\Delta S > 0$)은 같은 온도, ΔH가 비슷한 두 리간드를 비교하면 $\Delta S_{\text{여러 자리 리간드}} > \Delta S_{\text{한 자리 리간드}}$로 여러 자리 리간드 반응이 더 우세하다.

예 에틸렌다이아민 두 분자와 $Cd(H_2O)_6^{2+}$의 반응은 메틸아민 네 분자와의 반응보다 우세하다.

㉠ 두 반응 모두 엔탈피 변화(ΔH)는 주로 $Cd(H_2O)_6^{2+}$와 4개의 N 사이의 배위결합에 의한 결합에너지 차이에 의해 나타나므로 비슷하다.

㉡ 엔트로피 변화(ΔS)는 $Cd(H_2O)_6^{2+}$이 네 분자의 메틸아민과 반응하는 경우 분자수가 4에서 1로 줄어들고, $Cd(H_2O)_6^{2+}$이 두 분자의 에틸렌디아민과 반응하는 경우 분자수가 2에서 1로 줄어들게 되어 메틸아민과 반응하는 경우 엔트로피 변화(ΔS)는 크게 감소한다.

→ 무질서에서 질서

㉢ 자유에너지 변화 $\Delta G = \Delta H - T \cdot \Delta S$는 엔탈피 변화는 비슷한데 엔트로피 변화($\Delta S$)에 차이가 있어 자유에너지 변화와 비슷한 값이 아니다. 메틸아민과 반응하는 경우의 ΔG는 엔트로피 변화(ΔS)가 크게 감소하므로 에틸렌다이아민과 반응하는 경우의 ΔG보다 더 큰 값을 갖게 된다.

㉣ 자발적인 반응($\Delta G < 0$, $\Delta H < 0$, $\Delta S > 0$)이 더 안정한 화합물을 형성하는 방향이므로 엔트로피 변화의 감소가 적은 에틸렌다이아민과 반응하는 경우 더 안정한 착물을 형성한다.

(2) EDTA

에틸렌다이아민테트라아세트산(ethylenediaminetetraacetic acid)의 약자이고, 가장 널리 이용되는 킬레이트제이며, 여섯자리 리간드로 대부분의 금속이온과 1 : 1 착물을 형성한다. 직접 적정이나 반응의 간접적인 과정들을 이용하면 주기율표의 모든 원소를 EDTA로 분석할 수 있다.

① EDTA의 산 · 염기 성질

㉠ EDTA는 H_6Y^{2+}로 표시되는 육양성자성계이다.

㉡ 산성 수소원자들은 금속-착물을 형성함에 따라 수소원자들을 잃게 된다.

$$(HO_2CCH_2)_2\overset{+}{N}HCH_2CH_2\overset{+}{N}H(CH_2CO_2H)_2 \quad H_6Y^{2+}$$

$pK_1 = 0.0(CO_2H)$	$pK_2 = 1.50(CO_2H)$
$pK_3 = 2.00(CO_2H)$	$pK_4 = 2.69(CO_2H)$
$pK_5 = 6.13(NH^+)$	$pK_6 = 10.37(NH^+)$

μ=1M, pK_1을 제외하고 pK는 25℃, μ=0.1M에서의 값이다.

| EDTA 구조 |

㉢ 처음 네 개의 $pK_1 \sim pK_4$ 값은 카르복시기의 양성자들에 대한 값이고, 나중 두 개의 pK_5, pK_6 값은 암모늄기의 양성자들에 대한 값이며, 분율 조성이 0.5일 때 pH$= pK_a$이다.

- $H_6Y^{2+} \rightleftarrows H_5Y^+ + H^+$, $pK_1 = 0.00$
- $H_5Y^+ \rightleftarrows H_4Y + H^+$, $pK_2 = 1.50$
- $H_4Y \rightleftarrows H_3Y^- + H^+$, $pK_3 = 2.00$
- $H_3Y^- \rightleftarrows H_2Y^{2-} + H^+$, $pK_4 = 2.69$
- $H_2Y^{2-} \rightleftarrows HY^{3-} + H^+$, $pK_5 = 6.13$
- $HY^{3-} \rightleftarrows Y^{4-} + H^+$, $pK_6 = 10.37$

ⓡ pH에 따른 주화학종

pH 감소						pH 증가
H_6Y^{2+}	H_5Y^+	H_4Y	H_3Y^-	H_2Y^{2-}	HY^{3-}	Y^{4-}

0.00 1.50 2.00 2.69 6.13 10.37

ⓜ 중성 산은 H_4Y로 표시되는 사양성자성 산이다.

ⓑ Y^{4-}형으로 존재하는 EDTA 분율($\alpha_{Y^{4-}}$) : 각 화학종에 대한 α는 그 형태로 존재하는 EDTA의 분율로 정의한다.

$$\alpha_{Y^{4-}} = \frac{[Y^{4-}]}{[H_6Y^{2+}]+[H_5Y^+]+[H_4Y]+[H_3Y^-]+[H_2Y^{2-}]+[HY^{3-}]+[Y^{4-}]} = \frac{[Y^{4-}]}{[EDTA]}$$

여기서, [EDTA] : 용액 중에 존재하는 모든 유리 EDTA 화학종들의 전체 농도이다.

'유리(free) EDTA'는 금속이온과 착물을 형성하지 않은 EDTA를 의미한다.

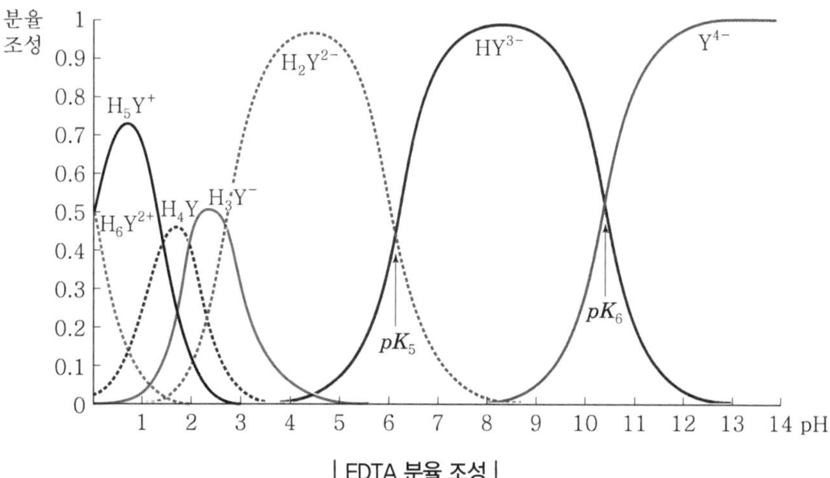

| EDTA 분율 조성 |

〈25℃, μ=0.10M에서 EDTA에 대한 $\alpha_{Y^{4-}}$ 값〉

pH	$\alpha_{Y^{4-}}$	pH	$\alpha_{Y^{4-}}$
0	1.3×10^{-23}	8	4.2×10^{-3}
1	1.4×10^{-18}	9	0.041
2	2.6×10^{-14}	10	0.30
3	2.1×10^{-11}	11	0.81
4	3.0×10^{-9}	12	0.98
5	2.9×10^{-7}	13	1.00
6	1.8×10^{-5}	14	1.00
7	3.8×10^{-4}		

② EDTA 착물

㉠ 형성상수(K_f, formation constant)는 금속과 리간드의 반응에 대한 평형상수로 안정도 상수(stability constant)라고도 한다.

㉡ $M^{n+} + Y^{4-} \rightleftarrows MY^{n-4}$, $K_f = \dfrac{[MY^{n-4}]}{[M^{n+}][Y^{4-}]}$

K_f는 금속이온과 화학종 Y^{4-}의 반응에 한정된다.

㉢ 형성상수는 용액 중에 존재하는 여섯 가지 다른 형태의 EDTA 중 하나로 정의될 수 있다.

③ 조건 형성상수

㉠ 대부분의 EDTA는 pH 10 이하에서 Y^{4-}로 존재하지 않으며, 낮은 pH에서는 주로 HY^{3-}와 H_2Y^{2-}로 존재한다.

㉡ Y^{4-}형으로 존재하는 EDTA 분율($\alpha_{Y^{4-}}$)의 정의로부터 $[Y^{4-}] = \alpha_{Y^{4-}}[EDTA]$로 나타낼 수 있다. 이 식에서 [EDTA]는 금속이온과 결합하지 않은 전체 EDTA의 농도이며, 유리 EDTA의 소량만이 Y^{4-} 이온 형태로 존재한다.

㉢ 형성상수식을 다시 나타내면 다음과 같다.

$$K_f = \frac{[MY^{n-4}]}{[M^{n+}][Y^{4-}]} = \frac{[MY^{n-4}]}{[M^{n+}]\alpha_{Y^{4-}}[EDTA]}$$

㉣ 조건 형성상수 식은 다음과 같다.

$$K_f' = \alpha_{Y^{4-}} K_f = \frac{[MY^{n-4}]}{[M^{n+}][EDTA]}$$

이 값은 특정한 pH에서 MY^{n-4}의 형성을 의미한다.

ⓜ 조건 형성상수는 EDTA 착물 형성에서 유리 EDTA가 모두 한 형태로 존재하는 것처럼 취급할 수 있다.

$$M^{n+} + EDTA \rightleftarrows MY^{n-4},\ K_f' = \alpha_{Y^{4-}} K_f = \frac{[MY^{n-4}]}{[M^{n+}][EDTA]}$$

pH가 주어지면 $\alpha_{Y^{4-}}$를 알 수 있고 K_f'를 구할 수 있다.

3 EDTA 적정

금속을 EDTA로 적정하는 동안에 변화하는 유리 M^{n+} 농도의 계산이며, 적정 반응은 $M^{n+} + EDTA \rightleftarrows MY^{n-4}$, $K_f' = \alpha_{Y^{4-}} K_f = \frac{[MY^{n-4}]}{[M^{n+}][EDTA]}$이다. K_f'값이 크면 적정의 각 점에서 반응은 완전히 진행되며, 적정 곡선은 넣어준 EDTA 소비량에 대한 $-\log[M^{n+}](=pM)$의 그래프이다.

(1) 당량점 이전

① 이 영역에서는 EDTA가 모두 소모되고, 용액에는 과량의 M^{n+}가 남게 된다.

② 유리금속이온의 농도는 반응하지 않은 과량의 M^{n+}의 농도와 같으며, MY^{n-4}의 해리는 무시한다.

(2) 당량점에서

① 용액 속에 금속과 EDTA가 정확히 같은 양만큼 존재하게 된다.

② 이 용액은 순수한 MY^{n-4}를 녹인 용액과 같다고 생각할 수 있다.

③ MY^{n-4}가 약간 해리함으로써 소량의 유리 M^{n+}가 생성된다.

$$MY^{n-4} \rightleftarrows M^{n+} + EDTA$$

이 반응에서 EDTA는 각 형태로 존재하는 모든 유리 EDTA의 전체 농도를 의미한다.

④ 당량점에서는 $[M^{n+}] = [EDTA]$이다.

(3) 당량점 이후

① 과량의 EDTA가 존재하고, 모든 금속이온은 MY^{n-4}의 형태로 존재한다.

② 유리 EDTA의 농도는 당량점 이후에 첨가된 과량의 EDTA의 농도와 같다.

(4) 적정 계산

pH가 10.00으로 완충되어 있는 0.0400M Ca^{2+}용액 50.00mL에 0.0800M EDTA 용액으로 적정할 경우 적정 곡선의 모양을 구하면 다음과 같다.

Ca^{2+} + EDTA $\rightleftarrows$ CaY^{2-}

$K_f' = \alpha_{Y^{4-}} K_f = (0.30) \times (10^{10.65}) = 1.34 \times 10^{10}$

당량점의 부피(V_e) : $0.0400 \times 50.00 = 0.0800 \times V_e$, $V_e = 25.00\text{mL}$

① **당량점 이전** : EDTA 5.00mL를 가했을 경우 $p\text{Ca}$를 구하면 [Ca^{2+}]가 과량으로 남게 된다.

$$[\text{Ca}^{2+}] = \frac{(0.0400 \times 50.00) - (0.0800 \times 5.00)\,\text{mmol}}{50.00 + 5.00\,\text{mL}} = 2.909 \times 10^{-2}\text{M}$$

$$\therefore\ p\text{Ca} = -\log(2.909 \times 10^{-2}) = 1.54$$

② **당량점에서** : EDTA 25.00mL를 가했을 경우 $p\text{Ca}$를 구하면 금속은 모두 CaY^{2-}의 형태로 존재한다. CaY^{2-}의 해리를 고려하면 다음과 같다.

$$[\text{CaY}^{2-}] = \frac{(0.0400 \times 50.00)\text{mmol}}{50.00 + 25.00\text{mL}} = 2.667 \times 10^{-2}\text{M}$$

	Ca^{2+} +	EDTA	$\rightleftarrows$ CaY^{2-}
초기 농도(M)			2.667×10^{-2}
반응 농도(M)	$+x$	$+x$	$-x$
반응 후 농도(M)	x	x	$2.667 \times 10^{-2} - x$

$$\frac{[\text{CaY}^{2-}]}{[\text{Ca}^{2+}][\text{EDTA}]} = K_f' = 1.34 \times 10^{10}$$

$$\frac{2.667 \times 10^{-2} - x}{x^2} \simeq \frac{2.667 \times 10^{-2}}{x^2} = 1.34 \times 10^{10},\ x = 1.411 \times 10^{-6}\text{M}$$

$$\therefore\ p\text{Ca} = -\log(1.411 \times 10^{-6}) = 5.85$$

③ **당량점 이후** : EDTA 26.00mL를 가했을 경우 $p\text{Ca}$를 구하면 이 영역에서 실제로 금속은 모두 CaY^{2-}의 형태로 존재하며, 반응하지 않은 과량의 EDTA가 존재한다. CaY^{2-}와 과량의 EDTA의 농도는 쉽게 계산된다.

$$[\text{EDTA}] = \frac{(0.0800 \times 26.00) - (0.0400 \times 50.00)\,\text{mmol}}{50.00 + 26.00\,\text{mL}} = 1.053 \times 10^{-3}\,\text{M}$$

$$[\text{CaY}^{2-}] = \frac{(0.0400 \times 50.00)\,\text{mmol}}{50.00 + 26.00\,\text{mL}} = 2.632 \times 10^{-2}\,\text{M}$$

$$\frac{[\text{CaY}^{2-}]}{[\text{Ca}^{2+}][\text{EDTA}]} = K_f' = 1.34 \times 10^{10}$$

$$\frac{(2.632 \times 10^{-2})}{[\text{Ca}^{2+}](1.053 \times 10^{-3})} = 1.34 \times 10^{10},\ [\text{Ca}^{2+}] = 1.865 \times 10^{-9}\text{M}$$

$$\therefore\ p\text{Ca} = -\log(1.865 \times 10^{-9}) = 8.73$$

(5) 보조착화제

① pH가 높은 염기성 용액에서 금속을 EDTA로 적정하려면 보조착화제(auxiliary complexing agent)를 사용해야 한다.

⚗ pH 10에서 $\alpha_{Y^{4-}}$은 0.30의 값을 나타내므로 $\alpha_{Y^{4-}}$을 높이려면 염기성 용액에서 적정한다.

② 보조착화제의 종류는 암모니아, 타타르산, 시트르산, 트라이에탄올아민 등의 금속과 강하게 결합하는 리간드이다.

③ 보조착화제의 역할은 금속과 강하게 결합하여 수산화물 침전이 생기는 것을 막는다. 그러나 EDTA가 가해질 때는 결합한 금속을 내어줄 정도의 약한 결합이 되어야 한다.

⚗ 결합 세기 : 금속 - 수산화물 < 금속 - 보조 착화제 < 금속 - EDTA

(6) 금속이온 지시약

① EDTA 적정법에서 종말점 검출을 위해 사용한다.

⚗ 다른 방법으로는 전위차 측정(수은전극, 유리전극, 이온 선택성 전극), 흡광도 측정이 있다.

② 금속이온과 결합할 때 색이 변한다.

③ 지시약으로 사용되려면 EDTA보다는 약하게 금속과 결합해야 한다.

⚗ 결합세기 : 금속 - 지시약 < 금속 - EDTA

④ 금속이 지시약으로부터 자유롭게 유리되지 않는다면 금속이 지시약을 막았다(block)고 한다.

예 Cu^{2+}, Ni^{2+}, Co^{2+}, Cr^{3+}, Fe^{3+}, Al^{3+}의 금속이 지시약 에리오크롬 블랙 T를 막는다(block).

(7) EDTA 적정방법

① 직접 적정(direction titration)

㉠ 분석물질을 EDTA 표준용액으로 적정한다.

㉡ 분석물질은 금속 - EDTA 착물에 대한 조건상수가 크게 되도록 적절한 pH로 완충되어야 한다.

㉢ 유리 지시약은 금속 - 지시약 착물과 뚜렷하게 색깔 차이가 나야 한다.

② 역적정(back titration)

㉠ 일정한 과량의 EDTA를 분석물질에 가한 다음, 과량의 EDTA를 제2의 금속이온 표준용액으로 적정한다.

㉡ 분석물질이 EDTA를 가하기 전에 침전물을 형성하거나, 적정 조건에서 EDTA와 너무 천천히 반응하거나, 혹은 지시약을 막는 경우에 사용한다.

㉢ 역적정에 사용된 제2의 금속이온은 분석물질의 금속을 EDTA 착물로부터 치환시켜서는 안 된다.

③ 치환 적정(displacement titration)

치환 적정은 적당한 지시약이 없을 때 사용한다.

㉠ Hg^{2+} 적정

- Hg^{2+}를 과량의 $Mg(EDTA)^{2-}$로 적정하여 Mg^{2+}를 치환시킨 후, 유리된 Mg^{2+}를 EDTA 표준용액으로 적정하면 Hg^{2+}의 양을 알 수 있다.
- $Hg^{2+} + MgY^{2-} \rightleftarrows HgY^{2-} + Mg^{2+}$

㉡ Ag^{+} 적정

- Ag^{+}는 테트라사이아노니켈산(Ⅱ) 이온으로부터 Ni^{2+}를 치환시킨 후, 유리된 Ni^{2+}를 EDTA 표준용액으로 적정하면 Ag^{+}의 양을 알 수 있다.
- $2Ag^{+} + Ni(CN)_4^{2-} \rightleftarrows 2Ag(CN)_2^{-} + Ni^{2+}$

④ 간접 적정(indirection titration)

㉠ 특정한 금속이온과 침전물을 형성하는 음이온은 EDTA로 간접 적정함으로써 분석할 수 있다.

㉡ 음이온을 과량의 표준 금속이온으로 침전시킨 다음 침전물을 거르고 세척한 후, 거른 액 중에 들어 있는 과량의 금속이온을 EDTA로 적정한다.

가림

1. 가리움제(masking agent) : 분석물질과 EDTA와의 반응으로부터 분석물질의 어떤 성분을 막아 주는 시약이다.
2. 가리움제가 시료 내의 방해 화학종과 먼저 반응하여 착물을 형성하여 방해를 줄이고 분석물이 잘 반응할 수 있도록 도와주기 때문에 시료를 전처리할 때 가리움제를 넣어 준다.

   예 Mg^{2+}와 Al^{3+}의 혼합물에서 우선 Al^{3+}을 F^{-}으로 가려주면, EDTA와 반응할 수 있는 것은 Mg^{2+}만 남으므로 Mg^{2+}을 적정할 수 있다.
3. 가림벗기기(demasking) : 가리움제로부터 금속이온을 떼어놓는 것을 말한다.

   예 사이안화 착물은 폼알데하이드를 가하면 가림을 벗길 수 있다.

2-7 산화 · 환원 적정법

1 산화 · 환원 적정 기초

(1) 산화 · 환원 지시약(redox indicator)

① 산화된 상태에서 환원된 상태로 될 때 색깔이 변하는 화합물이다.

② 주로 이중결합들이 콘주게이션(conjugation)된 유기물이다.

③ 대표적인 지시약인 페로인(ferroin)은 연한 푸른색(산화형)에서 붉은색(환원형)으로 변한다.

$$\mathrm{In(산화형)} + ne^- \rightleftarrows \mathrm{In(환원형)}$$

$$E = E° - \frac{0.05916}{n}\log\left(\frac{[\mathrm{In(환원형)}]}{[\mathrm{In(산화형)}]}\right)$$

④ 산화 · 환원 지시약의 색깔 변화는 분석물과 적정 시약의 화학적 성질과는 무관하며, 적정 과정에서 생기는 계의 전극전위의 변화에 의존한다.

⑤ In(환원형)의 색이 관찰될 조건은 $\frac{[\mathrm{In(환원형)}]}{[\mathrm{In(산화형)}]} \geq \frac{10}{1}$, In(산화형)의 색이 관찰될 조건은 $\frac{[\mathrm{In(환원형)}]}{[\mathrm{In(산화형)}]} \leq \frac{1}{10}$ 이다.

⑥ 지시약의 변색 전위 범위는 $E = E° \pm \frac{0.05916}{n}$ 이며, 당량점에서의 전위와 지시약의 표준 환원전위($E°$)가 비슷한 것을 사용해야 한다.

⑦ 적정 시약과 분석물질 사이의 표준 전위의 차이가 클수록 당량점에서 적정 곡선의 변화가 더 급격하다. 즉, 당량점에서의 전위 변화가 급격하게 나타난다.

지시약의 전위 범위는 적정 곡선의 급경사 부분과 겹쳐야 한다.

(2) 과망가니즈산포타슘에 의한 산화

① 과망가니즈산포타슘($KMnO_4$)은 진한 자주색을 띤 강산화제이다.

② 강산성 용액(pH 1)에서 무색의 Mn^{2+}로 환원된다.

③ 중성 또는 알칼리 용액에서는 갈색 고체인 MnO_2를 생성한다.

$$MnO_4^- + 4H^+ + 3e^- \rightleftarrows MnO_2(s) + 2H_2O,\ E° = 1.692\mathrm{V}$$

④ 강알칼리 용액(2M NaOH)에서는 초록색의 망가니즈산(VI) 이온을 생성한다.

$$MnO_4^- + e^- \rightleftarrows MnO_4^{2-},\ E° = 0.56\mathrm{V}$$

⑤ 순수하지 못해서 일차 표준물질이 아니며, 옥살산소듐으로 표준화하여 사용한다.

⑥ 종말점은 MnO_4^-의 적자색이 묽혀진 연한 분홍색이 지속적으로 나타나는 것으로 정한다.

⑦ 반응식

㉠ $2MnO_4^- + 5C_2O_4^{2-} + 16H^+ \rightleftarrows 2Mn^{2+} + 8H_2O + 10CO_2$

㉡ $2MnO_4^- + 5H_2O_2 + 6H^+ \rightleftarrows 2Mn^{2+} + 8H_2O + 5O_2$

㉢ $MnO_4^- + 5Fe^{2+} + 8H^+ \rightleftarrows 2Mn^{2+} + 5Fe^{3+} + 8H_2O$

(3) 다이크로뮴산포타슘에 의한 산화

① 산성 용액에서 오렌지색의 다이크로뮴산이온($Cr_2O_7^{2-}$)은 초록색의 크로뮴(Ⅲ)(Cr^{3+})으로 환원되는 강한 산화제이다.

$$Cr_2O_7^{2-} + 14H^+ + 6e^- \rightleftarrows 2Cr^{3+} + 7H_2O$$

② 염기성 용액에서 다이크로뮴산이온($Cr_2O_7^{2-}$)은 산화력이 없는 노란색의 크로뮴산이온(CrO_4^{2-})으로 변화된다.

③ $K_2Cr_2O_7$은 $KMnO_4$나 Ce^{4+}만큼 강산화제가 아니다.

④ Fe^{2+}를 적정하거나, Fe^{2+}를 Fe^{3+}로 산화시킬 수 있는 다른 화학종들의 간접 정량에 주로 이용된다.

(4) 아이오딘을 이용하는 방법

① **아이오딘용액** : 아이오딘(I_2)이 물에 잘 녹지 않아(20℃에서 1.3×10^{-3}M) 분석하는 데 사용할 수 있는 농도의 용액을 만들기 위해 아이오딘화포타슘(KI)의 진한 용액에 아이오딘(I_2)을 녹여 만든 삼아이오딘화(I_3^-) 용액이다.

$$I_2(s) + I^- \rightleftarrows I_3^-, \ K = 7\times10^2$$

② **녹말-아이오딘 착물** : 상당히 많은 분석방법들이 아이오딘이 관련된 적정을 기초로 두고 있다. 녹말은 아이오딘과 진한 푸른색 착물을 형성하기 때문에 이들 적정에서 선택할 수 있는 지시약이다. 그러나 녹말은 I_2가 존재하는지를 알려줄 수 있지만, 산화 · 환원 전위의 변화에 감응하는 것은 아니기 때문에 산화 · 환원 지시약은 아니다.

③ **직접 아이오딘 적정법(I_3^-로 적정)**

㉠ 환원성 분석물질(환원제)을 아이오딘용액(I_3^-)으로 직접 적정한다(I^- 생성).

㉡ 녹말 지시약은 적정을 시작할 때 가하고, 당량점 이후 과량의 I_3^- 한 방울이 용액을 진한 푸른색으로 변하게 한다.

④ **간접 아이오딘 적정법(I_3^-의 적정)**

㉠ 산화성 분석물질(산화제)에 과량의 I^-을 가하면 I_3^-이 생성되며, 유리된 I_3^-을 싸이오황산소듐($Na_2S_2O_3$) 표준용액으로 적정한다.

㉡ I_3^-이 당량점까지의 전체 반응 과정에 존재하므로 녹말 지시약은 당량점 직전까지는 가하지 않아야 하며, 색깔이 진한 붉은색에서 엷은 노란색으로 변하는 지점에서 지시약을 첨가한다.

2 분석물질의 산화상태 조절

산화 · 환원 적정을 할 때 분석물은 적정하기 전에 하나의 산화상태로만 있어야 한다.
예를 들어, Fe이 Fe^{2+}와 Fe^{3+}로 존재할 때 산화제로 적정하려면 모두 Fe^{2+}이 되도록 예비 산화제 또는 예비 환원제를 사용하여 분석물질의 산화상태를 조절해야 한다. 예비 산화제 또는 예비 환원제는 분석물과 정량적이어야 하며, 이어지는 적정에서 방해작용을 하지 않도록 과량으로 놓아준 경우에는 쉽게 제거할 수 있어야 한다.

(1) 예비 산화제

① 과황산이온($S_2O_8^{2-}$)

㉠ 과황산이온은 매우 센 산화제로, 촉매로 은이온(Ag^+)이 필요하다.
$S_2O_8^{2-} + Ag^+ \rightarrow 2SO_4^{2-} + Ag^{3+}$, 생성된 Ag^{3+}이 강산화제이다.

㉡ 과량의 시약은 분석물질의 산화가 완결된 후 용액을 끓여 주면 파괴된다.

㉢ Mn^{2+}을 MnO_4^-으로, Ce^{3+}을 Ce^{4+}으로, Cr^{2+}을 $Cr_2O_7^{2-}$으로, VO^{2+}을 VO_2^+으로 산화시킬 수 있다.

② 산화은(Ⅰ, Ⅲ)($Ag^{I}Ag^{III}O_2$)

㉠ 진한 무기산에 용해시키면 $S_2O_8^{2-}/Ag^+$ 짝과 비슷한 산화력을 갖는다.

㉡ 과량의 Ag^{3+}은 끓여 주면 제거할 수 있다.

③ 비스무트산소듐($NaBiO_3$)

㉠ Ag^{2+}이나 $S_2O_8^{2-}$과 산화력이 비슷할 정도로 센 산화제이다.

㉡ 과량의 고체 산화물은 걸러서 제거된다.

④ 과산화수소(H_2O_2)

㉠ 염기성 용액에서 좋은 산화제로서 Co^{2+}을 Co^{3+}으로, Fe^{2+}을 Fe^{3+}으로, Mn^{2+}을 MnO_2으로 산화시킨다.

㉡ 산성 용액에서는 좋은 환원제로서 $Cr_2O_7^{2-}$을 Cr^{3+}으로, MnO_4^-을 Mn^{2+}으로 산화시킨다.

㉢ 과량의 H_2O_2는 끓는 물에서 자발적으로 불균등화 반응을 일으켜 제거된다.

(2) 예비 환원제

① 금속(Zn, Al, Cd, Pb, Ni 등)

㉠ 금속의 막대를 분석물 용액에 직접 넣어 준다.

㉡ 환원이 완결되면 금속 고체는 걸러서 제거한다.

② Jones 환원기

㉠ 아연(Zn) 알갱이를 $HgCl_2$ 용액에 넣어 만든 아말감으로 둘러싸인 아연 고체 환원제가 채워져 있다.

㉡ 아연 아말감은 환원 능력이 순수한 금속만큼 크고, 수소이온이 환원되는 것을 억제하기 때문에 센 산성 용액을 통과시키더라도 수소기체가 거의 발생되지 않는다.

㉢ 아연은 $Zn^{2+} + 2e^- \rightleftarrows Zn(s)$ 반응에 대한 $E^\circ = -0.764V$인 강한 환원제이므로 Jones 환원기는 그다지 선택적이지 않다.

③ Walden 환원기

㉠ 환원제인 고체 Ag과 1M HCl이 유리관에 채워져 있다. 이때 HCl을 사용하는 것은 Ag이 낮은 용해도를 갖는 AgCl을 생성하면 더 좋은 환원제가 되기 때문이다.

㉡ Ag 금속 표면에 생긴 AgCl 피막은 Zn 막대를 담가주면 제거할 수 있다.

㉢ Ag – AgCl 전극의 환원전위(0.222V)가 비교적 크지 않기 때문에 Jones 환원기보다 더 선택적이다.

④ 알갱이 형태의 금속 Cd 환원기

㉠ 대기오염 정도를 관찰하기 위한 질소 산화물 농도를 측정하기 위해 사용한다.

㉡ NO_2를 NO_3^-로 산화시키고 그 다음 Cd 환원기를 통과시켜 NO_2^-으로 환원시킨 후 분광법으로 정량한다.

⑤ 염화주석($SnCl_2$)

㉠ 뜨거운 HCl 용액 중에서 Fe^{3+}을 Fe^{2+}으로 환원시키는 데 이용된다.

㉡ 과량의 환원제는 과량의 $HgCl_2$를 가하면 파괴된다.

⑥ 염화크로뮴(Ⅱ)($CrCl_2$)

㉠ 종종 예비 환원에 사용되는 센 환원제이다.

㉡ 과량의 Cr^{2+}은 공기 중의 O_2에 의해서 산화된다.

3 산화 · 환원 적정

산화 · 환원 적정은 분석물질과 적정 시약 사이에 일어나는 산화 – 환원반응에 기초를 두고 있다. Pt 전극과 포화칼로멜 전극을 이용한 전위차법으로 관찰하면서 철(Ⅱ)이온의 세륨(Ⅳ) 표준용액으로 적정하는 과정을 생각해 보자.

① 적정 반응

$$Ce^{4+} + Fe^{2+} \rightarrow Ce^{3+} + Fe^{3+}$$

② Pt 지시전극에서의 두 가지 평형(지시전극의 반쪽반응)

㉠ $Fe^{3+} + e^- \rightleftarrows Fe^{2+}$, $E^\circ = 0.767V$

㉡ $Ce^{4+} + e^- \rightleftarrows Ce^{3+}$, $E° = 1.70V$

(1) 당량점 이전

① 일정량의 Ce^{4+}를 첨가하면 적정 반응에 따라 Ce^{4+}은 소비되고, 같은 몰수의 Ce^{3+}와 Fe^{3+}이 생성된다.

Ce^{4+}의 농도는 까다로운 평형에 관한 문제를 풀어야만 구할 수 있다.

② 당량점 이전에는 용액 중에 반응하지 않은 여분의 Fe^{2+}가 남아 있으므로 Fe^{2+}와 Fe^{3+}의 농도를 쉽게 구할 수 있다.

③ $E = E_+ - E_-$

$$E = \left[0.767 - 0.05916\log\frac{[Fe^{2+}]}{[Fe^{3+}]}\right] - 0.241$$

④ 적정 시약의 부피가 당량점에 도달하는 데 필요한 양의 반이 될 때$\left(V = \frac{1}{2}V_e\right)$, Fe^{3+}와 Fe^{2+}의 농도가 같아진다. $\log 1 = 0$이므로 $E_+ = E°(Fe^{3+} \mid Fe^{2+}) = 0.767V$가 된다.

(2) 당량점에서

① 모든 Fe^{2+} 이온과 반응하는 데 필요한 정확한 양의 Ce^{4+} 이온이 가해졌다.

② 모든 세륨은 Ce^{3+} 형태로, 모든 철은 Fe^{3+} 형태로 존재한다.

③ 평형에서 Ce^{4+}와 Fe^{2+}는 극미량만이 존재하게 된다.

④ $[Ce^{3+}] = [Fe^{3+}]$, $[Ce^{4+}] = [Fe^{2+}]$

⑤ 당량점에서의 전지전압을 나타내기 위하여 두 반응 모두 이용하면 편하다.

㉠ 두 반응에 대한 Nernst 식은 다음과 같다.

$$E_+ = 0.767 - 0.05916\log\frac{[Fe^{2+}]}{[Fe^{3+}]}$$

$$E_+ = 1.70 - 0.05916\log\frac{[Ce^{3+}]}{[Ce^{4+}]}$$

㉡ 두 식을 합하면

$$2E_+ = 0.767 + 1.70 - 0.05916\log\left(\frac{[Fe^{2+}][Ce^{3+}]}{[Fe^{3+}][Ce^{4+}]}\right)$$

㉢ 당량점에서 $[Ce^{3+}] = [Fe^{3+}]$, $[Ce^{4+}] = [Fe^{2+}]$이므로, $\log 1 = 0$

$2E_+ = 2.47V$, $E_+ = 1.24V$

㉣ 전지전압 $E = E_+ - E_- = 1.24 - 0.241 = 1.00V$

⑥ 이 적정에서 당량점에서의 전위는 반응물의 농도 및 부피와는 무관하다.

(3) 당량점 이후

① 모든 철 원자는 Fe^{3+} 형태로 존재한다. Ce^{3+}의 몰수는 Fe^{3+}의 몰수와 같고, 농도를 알고 있는 반응하지 않은 과량의 Ce^{4+}가 존재한다.

② 당량점 이후에는 용액 중에 반응하지 않은 과량의 Ce^{4+}가 남아 있으므로 Ce^{4+}와 Ce^{3+}의 농도를 쉽게 구할 수 있다.

③ $E = E_+ - E_-$

$$E = \left[1.70 - 0.05916 \log \frac{[Ce^{3+}]}{[Ce^{4+}]}\right] - 0.241$$

④ 적정 시약의 부피가 당량점에 도달하는 데 필요한 양의 두 배가 될 때($V = 2V_e$), Ce^{3+}와 Ce^{4+}의 농도가 같아진다. $\log 1 = 0$이므로 $E_+ = E°(Ce^{4+} \mid Ce^{3+}) = 1.70V$가 된다.

3. 전기화학 기초

3-1 전기화학

1 전기화학의 개념

(1) 전하

① 입자가 띠고 있는 정전기의 양으로 쿨롬(C, coulombs)의 단위로 측정된다.

② 전자 한 개의 전하량은 1.602×10^{-19}C이다.

③ 패러데이 상수(F, Faraday constant)는 전자 1mol의 전하량으로 96,485C이고, 단위는 C/mol이다.

④ 전자 n몰의 전하량 $= n \times F$

n은 이동한 전자의 몰수이다.

(2) 전류

① 회로에 초당 흐르는 전하량을 전류(I, current)라고 하며, 암페어(A, ampere)의 단위로 측정된다.

② 1A의 전류는 초당 1C의 전하가 회로상의 한 점을 통과하는 것을 나타낸다.

$$1\text{A} = 1\text{C/s}$$

(3) 전위차와 일

① 어떤 두 점의 전위차(전압, E)는 한 점에서 다른 점으로 전하를 옮길 때 필요한 또는 할 수 있는 단위 전하당 일이며, 볼트(V, volt)의 단위로 측정된다.

$$1\text{V} = \frac{1\text{J}}{1\text{C}}$$

② **전기적 일(= 에너지)** : 전하 q가 전위차 E를 통하여 이동할 때 한 일, 줄(J, joule)의 단위를 사용한다. 1J의 에너지는 1C의 전하가 전위차가 1V인 점들 사이를 이동할 때 얻거나 잃는 양이다.

일 $= q \times E$

③ **자유에너지 변화(ΔG)**

㉠ 일정한 온도와 압력에서 가역적으로 행해지는 어떤 화학반응에 대한 자유에너지 변화

(ΔG)는 반응이 주위에 할 수 있는 최대의 전기적 일과 같다.

㉡ 주위에 한 일 $= -\Delta G$

⚠ 음의 부호는 일이 주위에 대하여 행해질 때 계의 자유에너지가 감소하는 것을 의미한다.

㉢ $\Delta G = -$일 $= -q \times E$

㉣ 자유에너지 변화와 전위차의 관계 : $\Delta G = -nFE$

이 식에서 n은 이동한 전자의 몰수이다.

(4) 전기분해와 패러데이 법칙

① **전기분해** : 전기에너지를 이용하여 비자발적인 산화 · 환원반응을 일으켜 물질을 분해하는 반응이다.

② **전기분해 생성물의 양적 관계** : 산화 · 환원반응은 전자의 이동에 의해 일어나므로 전기분해 생성물의 양은 이동한 전자의 몰수에 비례한다.

③ 패러데이 법칙

㉠ 전기분해에서 생성되거나 소모되는 물질의 양은 흘려준 전하량에 비례한다.

㉡ 전기분해에서 일정한 전하량에 의해 생성되거나 소모되는 물질의 질량은 각 물질의 당량에 비례한다.

④ 1F(패럿)

㉠ 전하량(Q) : 전류의 세기(I)에 전류를 공급한 시간(t)을 곱해서 구하며, 단위는 C이다.

$Q = I \times t$ (1C은 1A의 전류가 1초 동안 흘렀을 때의 전하량)

㉡ 1F : 전자 1몰의 전하량으로, 약 96,485C이다.

1F = 전자 1몰의 전하량 = 전자 1개의 전하량 × 아보가드로수

$$= \frac{1.602 \times 10^{-19}\text{C}}{1\text{개 전자}} \times \frac{6.022 \times 10^{23}\text{개 전자}}{1\text{mol 전자}} \fallingdotseq 96{,}485\text{C/mol}$$

㉢ 산화 · 환원반응식에 이동하는 전자의 몰수로 생성물의 양을 계산할 수 있다.

2 표준전위

(1) 표준 수소전극과 표준 전지전위

① 전극전위(기전력, electrode potential)

㉠ 화학전지 내에서 산화 · 환원반응이 일어나면서 전자의 이동으로 인해 생기게 되는 두 전극 사이의 전위차이며, 전압으로 측정하고 단위는 볼트(V)이다.

㉡ 전지의 기전력은 2개의 반쪽전지를 도선으로 연결했을 때 일어나는 전자의 이동으로 인해 생기기 때문에 반쪽전지만으로는 측정할 수 없다.

㉢ 반쪽전지의 종류(전극을 이루는 물질), 전해질 수용액의 농도 및 온도에 따라 다르다.

㉣ 표준 수소전극을 기준으로 표준 수소전극과 다른 반쪽전지로 이루어진 전지의 기전력을 측정하여 각 반쪽전지 전위의 상대적인 크기를 측정하게 된다.

➜ 이를 그 반쪽전지의 전극전위라고 한다.

② **표준 수소전극(SHE, standard hydrogen electrode)**

㉠ 반쪽전지의 전위는 표준 수소전극을 기준으로 한 상대값으로 정한다.

➜ 산화 · 환원반응은 동시에 일어나므로 어느 한쪽의 전지만 분리하여 전위를 측정할 수 없다.

㉡ 구성 : 25℃에서 H^+의 농도가 1M인 수용액에 백금전극을 사용하여, 그 주변에 1atm의 수소(H_2)기체를 채워 놓은 반쪽전지이다.

㉢ 표준 수소전극의 전위는 0.00V로 정하며, 모든 표준 전극전위의 기준이 된다.

$2H^+(aq,\ 1M,\ 25℃) + 2e^- \rightarrow H_2(g,\ 1atm,\ 25℃),\ E^\circ = 0.00V$

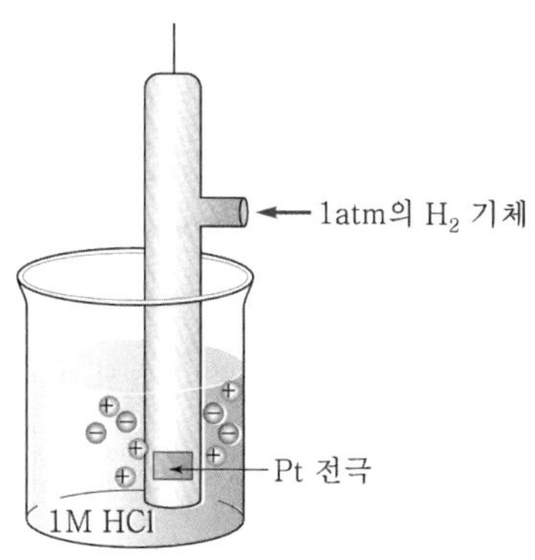

| 표준 수소전극 |

③ **표준 환원전위(E°, standard reduction potential)**

전해질의 농도가 1M, 기체의 압력이 1atm, 온도가 25℃일 때 표준 수소전극을 기준으로 정한 반쪽전지의 전위이다.

㉠ 표준 환원전위가 클수록 환원되기 쉽다.

➜ 강한 산화제이다.

㉡ 표준 환원전위가 클수록 전자를 더 잘 받으므로 이온화 경향이 작다.

➜ 반응성이 작다.

㉢ 표준 환원전위값이 (+)이면 수소보다 환원되기 쉽고, (−)이면 수소보다 환원되기 어렵다.

㉣ 전지에서는 표준 환원전위가 큰 쪽이 환원전극(+극), 작은 쪽이 산화전극(−극)이 된다.

④ **표준 전지전위(표준 기전력, $E^\circ_{전지}$)**

25℃, 1atm, 1M의 표준상태에서 두 반쪽전지의 전위차이다.

㉠ 표준 전지전위 계산 : 환원반응이 일어나는 반쪽전지의 표준 환원전위에서 산화반응이 일어나는 반쪽전지의 표준 환원전위를 빼서 구한다.

- $E°_{전지} = E°_{환원전극} - E°_{산화전극} = E°_{(+)극} - E°_{(-)극}$
  $=$ 큰 값의 $E°$ − 작은 값의 $E°$

㉡ 전극의 종류와 표준 전지전위($E°_{전지}$)

- 두 전극반응의 표준 환원전위 차가 클수록 표준 전지전위가 크다.
- 두 전극을 이루는 금속의 이온화 경향 차이가 클수록 표준 전지전위가 크다.

⑤ **표준 전극전위의 이용**

㉠ 금속의 반응성 비교

- 황산구리(Ⅱ) 수용액에 못을 넣고 관찰하면 못 표면에 점점 붉은 빛의 구리가 석출되면서 황산구리(Ⅱ) 수용액의 푸른색이 옅어진다.
  → 이것은 구리보다 철의 반응성이 더 크므로 철이 구리에게 전자를 주고 Fe^{2+}으로 되며, Cu^{2+}이 금속구리로 석출되기 때문이다.
- 철과 구리의 표준 환원전위값
  $Fe^{2+}(aq) + 2e^- \rightarrow Fe(s),\ E° = -0.45V$ (표준 환원전위)
  $Cu^{2+}(aq) + 2e^- \rightarrow Cu(s),\ E° = +0.34V$ (표준 환원전위)
- 표준 환원전위값이 작은 금속일수록 금속의 반응성이 더 크다(산화되기 쉽다).
  → 철의 표준 환원전위값이 더 작으므로 철의 반응성이 구리의 반응성보다 더 크다. 따라서 $Cu^{2+}(aq) + Fe(s) \rightarrow Fe^{2+}(aq) + Cu(s)$ 반응이 일어난다.

㉡ 전지의 표준 기전력 계산

- 두 반쪽전지의 전극전위값의 차이를 기전력이라 하며, 두 반쪽전지의 표준 전극전위값을 알면 전지의 기전력을 계산할 수 있다.

> 전지의 기전력($E°_{전지}$)
> =(+)극의 표준 환원전위($E°_{환원}$) − (−)극의 표준 환원전위($E°_{산화}$)
> =(+)극의 표준 환원전위 + (−)극의 표준 산화전위
> =큰 값의 표준 환원전위 − 작은 값의 표준 환원전위

예를 들어, 전극전위값을 이용하여 $Zn(s) + Cu^{2+}(aq) \rightarrow Zn^{2+}(aq) + Cu(s)$의 기전력 $E°$를 계산하면 다음과 같다.

$Zn^{2+}(aq) + 2e^- \rightarrow Zn(s),\ E° = -0.76V$

$Cu^{2+}(aq) + 2e^- \rightarrow Cu(s),\ E° = +0.34V$

Cu의 표준 환원전위값이 더 크므로 Cu는 (+)극이며 환원전극으로 작용하고, Zn은 (−)극이며 산화전극으로 작용한다.

(−)극 :	$Zn(s) \rightarrow Zn^{2+}(aq) + 2e^-$	$E^\circ_{산화} = -0.76V$
(+)극 :	$Cu^{2+}(aq) + 2e^- \rightarrow Cu(s)$	$E^\circ_{환원} = +0.34V$
전체 반응 :	$Zn(s) + Cu^{2+}(aq) \rightarrow Zn^{2+}(aq) + Cu(s)$	$E^\circ_{전지} = +1.10V$

예를 하나 더 들어 보면, 전극전위값을 이용하여 (−) Zn ∣ H_2SO_4 ∣ Ag (+)의 기전력 E°를 계산하면 다음과 같다.

$Zn^{2+}(aq) + 2e^- \rightarrow Zn(s),\ E^\circ = -0.76V$

$Ag^+(aq) + e^- \rightarrow Ag(s),\ E^\circ = +0.80V$

두 반쪽전지 반응의 e^-를 소거하기 위하여 두 번째 반응을 2배로 할 때 표준 전극전위 0.80V는 2배로 하지 않는다. 즉 전극전위는 세기 개념으로 상대적 위치에너지의 차이이므로 전자의 몰수와는 관계없다.

⚠ 전체 반응식을 구하기 위해 각 반쪽반응식에 어떤 수를 곱하더라도 그 반쪽반응의 E°에는 그 수를 곱하면 안 된다.

(−)극 :	$Zn(s) \rightarrow Zn^{2+}(aq) + 2e^-$	$E^\circ_{산화} = -0.76V$
(+)극 :	$2Ag^+(aq) + 2e^- \rightarrow 2Ag(s)$	$E^\circ_{환원} = +0.80V$
전체 반응 :	$Zn(s) + 2Ag^+(aq) \rightarrow Zn^{2+}(aq) + 2Ag(s)$	$E^\circ_{전지} = +1.56V$

㉢ 산화 · 환원반응의 진행방향 예측

- 산화 · 환원반응의 표준 전극전위 E°의 값이 (+)이면 정반응이 자발적으로 진행되며, (−)이면 역반응이 자발적으로 진행된다.
- E°의 값이 (+)이면 그 값이 클수록 쉽게 환원될 수 있는 금속이며, (−)값이면 수소보다 산화반응이 일어나기 쉽다는 것을 뜻한다.

(2) 자유에너지와 전지전위와의 관계

① **자유에너지 변화(ΔG)와 반응의 자발성** : 화학반응에서 $\Delta G < 0$이면 그 반응은 자발적이고, $\Delta G > 0$이면 그 반응은 비자발적이다.

② **전지전위($E^\circ_{전지}$)와 반응의 자발성** : 화학전지에서 $E^\circ_{전지} > 0$일 때 자발적인 산화 − 환원반응이 일어난다.

③ **전지전위($E^\circ_{전지}$)와 자유에너지 변화(ΔG)의 관계** : 화학전지에서 전지전위($E^\circ_{전지}$) >0일 때, $\Delta G^\circ < 0$이므로 자발적으로 반응이 일어난다.

$\Delta G^\circ = -nFE^\circ_{전지}$

여기서, n : 전지반응에서 이동하는 전자의 몰수

F : 패러데이 상수(96,485C/mol)

㉠ ΔG°, $E^\circ_{전지}$는 25℃, 1atm, 1M의 표준상태에서의 자유에너지 변화와 전지전위를 나타낸다.

㉡ 화학전지는 $E^\circ_{전지}=0$이 될 때까지 자발적으로 산화 · 환원반응을 일으킨다.

㉢ 반응물과 생성물 사이의 자유에너지 차이(ΔG)가 클수록 전지전위의 절대값이 크다.

3 네른스트(Nernst) 식

르 샤틀리에 원리로부터 반응물의 농도를 증가시키면 반응이 오른쪽으로 진행되며, 생성물의 농도를 증가시키면 반응이 왼쪽으로 진행된다. 반응의 알짜 추진력은 Nernst 식으로 나타낼 수 있는데, 이 식은 표준상태에서 추진력(E° 모든 활동도의 값이 1)과 농도에 대한 의존성을 나타내는 두 항으로 이루어져 있다.

(1) 갈바니전지

① 갈바니전지(볼타전지)는 자발적인 화학반응으로부터 전기를 발생한다.

② 전기를 발생시키기 위해서는 한 반응물은 산화되어야 하고 다른 반응물은 환원되어야 한다.

③ 두 반응물은 격리되어 있어야 하는데, 그렇지 않으면 전자는 단순히 환원제에서 산화제로 직접 흐르게 된다.

④ 산화제와 환원제를 물리적으로 격리시켜 전자가 한 반응물에서 다른 물질로 외부 회로를 통해서만 흐르도록 해야 한다.

(2) 반쪽반응에 대한 Nernst 식

반쪽반응 : $aA+ne^- \rightleftarrows bB$

① Nernst 식

$$E=E^\circ-\frac{RT}{nF}\ln\frac{A_B^b}{A_A^a}$$

여기서, E° : 표준 환원전위

R : 기체상수(8.314J/K · mol)

T : 온도(K)

n : 전자의 몰수

F : Faraday 상수(96,485C/mol)

A_A : 화학종 A의 활동도

A_B : 화학종 B의 활동도

$\frac{A_B^b}{A_A^a}$ = 반응지수(Q)

반응지수 Q는 평형상수와 같은 형태를 갖고 있으나 활동도값이 평형값이 될 필요는 없다. 순수한 고체, 순수한 액체, 용매는 그들의 활동도가 1이나 1에 가깝기 때문에 Q에서 제외된다. 용질은 몰농도로, 기체의 농도는 bar로 표시되며, 모든 활동도가 1이면 $Q=1$이고, $\ln Q=0$이므로 $E=E°$이 된다.

② 자연로그(ln)를 상용로그(log)로 바꾸고 온도 25℃(=298.15K)를 대입하면 다음과 같다.

$$E = E° - \frac{0.05916(\mathrm{V})}{n}\log Q$$

③ 반응지수 Q값이 10배 변화할 때마다 전위는 $\frac{59.16}{n}$ mV씩 변화한다.

④ Nernst 식은 반응지수 Q에 알맞은 식을 넣음으로써 반쪽반응에 대한 식 또는 전체 전지반응에 대한 식으로 나타낼 수 있다.

(3) 완전한 반응식에 대한 Nernst 식

① 측정된 전압은 두 전극 간의 전위차이다.

② 완전한 전지에 대한 Nernst 식

$$E_{전지} = E_{+} - E_{-} = E_{환원} - E_{산화}$$

이 식에서 E_{+}는 전위차계의 플러스 단자에 연결된 전극의 전위이고, E_{-}는 마이너스 단자에 연결된 전극의 전위이다.

③ 각 반쪽반응(환원반응으로 쓰여짐)의 전위는 Nernst 식에 의해 결정되고, 완전한 반응식에 대한 전압은 두 반쪽전지 전위 간의 차이이다.

④ 알짜전지반응식을 쓰고 전압을 알아내는 과정

㉠ 양쪽 반쪽전지에 대한 환원형태의 반쪽반응식을 쓰고 $E°$를 찾는다. 두 반응이 같은 수의 전자를 포함하도록 반쪽반응식에 적당한 수를 곱하며, 반응에서 어떤 수를 곱할 때 $E°$에는 곱하지 않는다.

㉡ 전위차계의 플러스 단자에 연결된 오른쪽 반쪽전지에서의 반쪽반응에 대한 Nernst 식을 쓴다. 이것이 $E_{+}(=E_{환원})$이다.

㉢ 전위차계의 플러스 단자에 연결된 왼쪽 반쪽전지에서의 반쪽반응에 대한 Nernst 식을 쓴다. 이것이 $E_{-}(=E_{산화})$이다.

㉣ 뺄셈으로 알짜전지 전압을 구한다($E_{전지}=E_{+}-E_{-}$).

㉤ 계수가 맞추어진 알짜전지반응식을 쓰기 위해 오른쪽 반쪽반응식에서 왼쪽 반쪽반응식을 뺀다.

⑤ 알짜전지전압, $E_{전지}(=E_{+}-E_{-})>0$이면 알짜전지반응은 정방향으로 자발적이고, $E_{전지}<0$이면 알짜전지 반응은 역반응이 자발적이다.

(4) 표준 환원전위($E°$)와 평형상수(K)와의 관계

① 갈바니전지는 전지반응이 평형상태에 있지 않으므로 전기를 생성한다.

② 전위차계에 흐르는 전류는 무시할 수 있으므로 각 반쪽전지의 농도는 변하지 않는다.

③ 전위차계를 도선으로 바꾸어 연결하면 많은 양의 전류가 흐르고 전지가 평형에 도달할 때까지 농도는 변할 것이다.

④ 평형에서는 반응이 더 이상 진행되지 않으며, $E=0$이다.

⑤ $0 = E° - \dfrac{0.05916(\mathrm{V})}{n}\log K$이므로,

$$E° = \frac{0.05916(\mathrm{V})}{n}\log K \quad \therefore\ K = 10^{\frac{nE°}{0.05916}}$$

(5) 형식전위($E°'$)

① 산화 · 환원반응의 표준 전위는 갈바니전지에서 모든 활동도가 1인 경우에서 정의된다.

② 형식전위(formal potential)는 특별한 조건(pH, 이온 세기, 착화제의 농도 등)에서 적용되는 환원전위이다.

③ 생화학자들은 pH 7에서의 형식전위를 $E°''$로 나타내며, pH 0에서 적용되는 표준 전위($E°$)보다 더 선호한다.

"E zero prime"이라고 읽는다.

④ 반쪽반응 $aA + ne^- \rightleftarrows bB + m\mathrm{H}^+$에서 A는 산화된 화학종이고, B는 환원된 화학종이다. 이 반쪽반응에 대한 Nernst 식은 다음과 같다.

$$E = E° - \frac{0.05916}{n}\log\frac{[B]^b[\mathrm{H}^+]^m}{[A]^a}$$

$E°''$을 구하려면 대수항에 각각 A와 B의 포말농도에 관한 항들만 남도록 Nernst 식을 다시 정리한다.

⑤ $E°''$을 구하는 식

$$E = (E° + \text{다른 항}) - \frac{0.05916}{n}\log\frac{F_B^b}{F_A^a} = E°' - \frac{0.05916}{n}\log\frac{F_B^b}{F_A^a}$$

pH=7일 때 ($E°$+다른 항)값을 $E°''$이라 정의한다.

4. 시험법 밸리데이션

4-1 신뢰성 검증

1 균질성

① 어떤 일정 상태에서 하나의 물질 내부에서 어느 부분을 취해도 다른 부분과 똑같은 물리적 · 화학적 성질을 가지고 있는 것을 말하며, 균일(homogeneous)이라고도 한다.
② 화학분석에서 시료는 균질해야 하며, 분석할 대표 물질을 선택하는 시료채취과정에서 시료를 잘못 택하거나 채취와 분석 사이에서 변질되면 그 결과는 의미 없다.

2 재현성(실험실 간 정밀성, reproducibility)

① 동일 시료를 다른 사람이 다른 실험실에서 분석할 때 관찰되는 재현성으로 정할 수 있다.
② 일반적으로 규격화된 분석방법을 사용한 연구에 적용되는데, 서로 다른 공간의 실험실에서 동일한 검체로부터 얻은 분석결과들 사이의 근접성을 의미한다.
③ 실험실 간 정밀성이 표현된다면 실험실 내 정밀성은 검증하지 않아도 된다.
④ 시험결과의 재현성은 실험실 간 시험에 의해 평가되어야 한다.
⑤ 표준방법에 시험법을 등재하는 등 시험법을 표준화할 필요가 있을 경우에는 재현성의 평가가 요구된다.

3 정확성

① 분석결과가 이미 알고 있는 참값이나 표준값에 근접한 정도를 나타낸다.
② 절대오차 또는 상대오차로 표현된다.
③ 정확도를 표시하는 방법
㉠ 미지시료의 매트릭스가 유사한 표준 기준물질을 분석하며, 사용한 분석방법의 정밀도 내에서 기준물질에 들어 있는 분석물질의 공인된 값을 알아낼 수 있어야 한다.
㉡ 두 가지 이상의 다른 방법으로 결과를 비교하며, 예상되는 정밀도 내에서 일치해야 한다.
㉢ 분석물질을 소량 첨가한 바탕시료를 분석하며, 미지시료와 매트릭스가 같아야 한다.

㉣ 미지시료와 매트릭스를 같게 만들지 못할 경우에는 미지시료에 표준물 첨가를 행하며, 첨가한 분석물질의 아는 양을 구하면 교정은 정확하다.

④ 규정된 범위에 있는 최소한 세 가지 농도에 대해서 분석방법의 모든 조작을 적어도 9회 반복 분석(세 가지 농도에 대해서 각 농도당 3회 반복 측정)한 결과로부터 평가한다.

⑤ 이미 알고 있는 양의 분석대상 물질을 첨가한 검체를 분석한 경우에는 회수율(%)로 나타내고, 이미 알고 있는 참값과 비교하는 경우에는 평균값과 참값과의 차이를 신뢰구간과 함께 기재한다.

$$\text{회수율(\%)} = \frac{C_{AM} - C_S}{C_A} \times 100$$

여기서, C_{AM} : 해당 표준물질을 첨가하여 시료를 분석한 분석값

C_S : 표준물질을 첨가하지 않은 시료의 분석값

C_A : 첨가 농도

4 정밀성

결과의 재현성으로서 일반적으로 표준편차로 나타낸다. 균질한 검체에서 반복적으로 채취한 검체를 정해진 절차에 따라 측정하였을 때 각각의 측정값들 사이의 근접성(분산 정도)을 말한다.

(1) 기기 정밀도(instrument precision)

① 주입 정밀도(injection precision)라고도 한다.

② 한 시료의 동일한 양을 한 기기에 반복적으로 주입(≥10회)할 때 관찰되는 재현성이다. 주입량의 변동 및 기기 감응의 변동에 따라서 정밀도가 변동된다.

(2) 분석 내 정밀도(intra-assay precision)

① 한 사람이 하루 동안에 한 기기를 사용하여 균일한 물질을 여러 번 분석함으로써 평가한다.

② 각 분석은 독립적이므로 분석 내 정밀도는 분석방법이 얼마나 재현성이 있는지를 알 수 있다.

③ 여러 단계가 관여하므로 분석 내 변이성이 기기 변이성보다 크다. 기기 정밀도는 ≤1%이고, 분석 내 정밀도는 ≤2%이다.

(3) 실험실 내 정밀성(intermediate precision)

① 중간 정밀도 또는 견고성(ruggedness)이라고도 한다.

② 같은 실험실에서 서로 다른 사람이 다른 날 다른 기기를 사용하여 분석할 때 관찰되는 변화이다.

③ 동일한 공간의 실험실 내에서 다른 시험자, 다른 실험일, 다른 장비 또는 기구 등을 사용하여 분석한 측정값들 사이의 근접성을 의미한다.

④ 실험실 내의 정밀성 평가 범위는 분석방법이 사용되는 조건에 따라 결정되며, 정밀성에 영향을 미치는 여러 요인에 대한 영향을 확인해야 한다.

⑤ 평가가 필요한 대표적인 변동요인으로는 시험자, 시험장비, 실험일 등이다. 그러나 이러한 요인들에 대해 개별적으로 시험을 실시할 필요는 없다.

5 반복성(병행 정밀성, repeatability)

① 동일한 시험자가 동일한 실험실 내에서 동일한 분석장비와 실험기구, 같은 제조처에서 제조한 동일 로트(lot)번호와 시약 등 동일한 조작조건에 따라 복수의 검체를 시간차로 반복 분석하여 얻은 분석결과들 사이의 근접성을 의미한다.

② 규정된 범위를 포함한 농도에 대해서는 최소 9회 이상 반복하여 측정한다. 예를 들면, 세 가지 농도에 대해서 각 농도당 3회씩 반복 측정한다.

③ 시험 농도의 100% 해당 농도로 시험법의 모든 조작을 최소 6회씩 반복 측정한다.

6 특이성(specificity)

① 시료에 있는 다른 모든 것으로부터 분석물질을 구별해내는 분석방법의 능력이다.

② 측정대상 물질, 불순물, 분해물, 배합성분 등이 혼재된 상태에서 분석대상 물질을 선택적이고 정확하게 측정할 수 있는 정도를 말한다.

③ 분석을 시작하기 전 매트릭스가 혼재되어 있을 때 보조적인 시험방법을 추가로 고려해야 하는지의 여부를 결정한다.

④ 시험법의 특이성이 충분히 확보되지 않는 경우 다른 시험법을 통해 보완할 수 있다.

⑤ 순도시험, 확인시험 및 정량(함량)시험의 밸리데이션에는 특이성을 평가하여야 하고, 특이성을 확보하기 위한 시험법은 적용되는 목적에 따라 다르게 진행되어야 한다.

⑥ 어떤 시험법이 특정 분석대상 물질에 대해 특이적이고 확실하게 구별할 수 있는 시험법임을 입증하는 것이 항상 가능한 것은 아니다. 이런 경우에는 분석대상 물질을 확실하게 구별(분리)하기 위해 2개 또는 그 이상의 시험법을 조합하는 것도 바람직하다.

⑦ 한 가지 분석법으로 특이성을 입증하지 못할 경우 다른 분석법을 추가로 사용하여 특이성을 보완하여 입증할 수 있다.

7 통계처리

(1) 평균과 중앙값

① **평균**(mean 또는 average) : 측정한 값들의 합을 전체 수로 나눈 값으로 산술평균이라고도 한다.

$$\overline{x} = \frac{\sum_{i=1}^{n} x_i}{n}$$

여기서, x_i : 개개의 x값을 의미

n : 측정수, 자료수

② **중앙값**(median) : 한 세트의 자료를 오름차순 또는 내림차순으로 나열하였을 때의 중간값을 의미한다.

㉠ 결과들이 홀수 개이면, 중앙값은 순서대로 나열하여 중앙에 위치하는 결과가 된다.

㉡ 결과들이 짝수 개이면, 중간의 두 결과에 대한 평균이 중앙값이 된다.

(2) 정밀도

① 측정의 재현성을 나타내는 것으로 정확히 똑같은 방법으로 측정한 결과의 근접한 정도이다. 일반적으로 한 측정의 정밀도는 반복시료들을 단순히 반복하여 측정함으로써 쉽게 결정된다.

반복시료 : 같은 지점에서 동일한 시각에, 동일한 방법으로 채취한 시료들을 말한다. 동일한 분석방법으로 독립적으로 분리되어 측정되며, 반복시료의 분석결과를 통해 시료의 대표성을 평가한다.

② **정밀도의 척도**

㉠ 표준편차(s) : 표준편차가 작을수록 정밀도는 더 크다.

$$s = \sqrt{\frac{\sum_{i=1}^{N}(x_i - \overline{x})^2}{N-1}}$$

여기서, x_i : 각 측정값

$\overline{x}$: 평균

N : 자료수

㉡ 분산(가변도, s^2) : 표준편차의 제곱으로 나타낸다.

㉢ 평균의 표준오차(s_m)$= \frac{s}{\sqrt{N}}$

㉣ 상대 표준편차(RSD)= $s_r = \frac{s}{\bar{x}}$

- $\frac{1}{\mathrm{RSD}} = \frac{S}{N}$: 신호 대 잡음비로 나타낸다.
- 신호 대 잡음비 : $d\sqrt{n}$
  측정횟수(n)의 제곱근에 비례한다.
- 같은 신호 세기에서 바탕 세기가 높으면 신호 대 잡음비는 감소한다.

㉤ 변동계수(CV, coefficient of variation)

$$CV(\%) = \mathrm{RSD} \times 100 = \frac{s}{\bar{x}} \times 100$$

㉥ 퍼짐(spread) 또는 구간(w, range) : 그 무리에서 가장 큰 값과 가장 작은 값 사이의 차이이다.

(3) 정확도

① 측정값과 참값 또는 허용치와의 근접성을 의미하며, 오차로 나타낸다.

② **절대오차(E)** : 측정값과 참값과의 차이를 의미한다. 절대오차의 부호는 측정값이 작으면 부호는 음이고, 측정값이 크면 부호는 양이다.

$$E = x_i - x_t$$

여기서, x_i : 어떤 양을 갖는 측정값

x_t : 어떤 양에 대한 참값 또는 인정된 값

③ **상대오차(E_r)** : 절대오차를 참값으로 나눈 값으로 절대오차보다 더 유용하게 이용되는 값이다.

$$E_r(\%) = \frac{x_i - x_t}{x_t} \times 100$$

④ **상대 정확도** : 측정값이나 평균값을 참값에 대한 백분율로 나타내는 방법이다.

상대오차는 오차의 백분율, 상대 정확도는 측정값의 백분율이다.

(4) 신뢰구간

① Student의 t는 신뢰구간을 나타낼 때와 서로 다른 실험으로부터 얻은 결과를 비교하는 데 가장 빈번하게 쓰이는 통계학적 도구이다.

② 신뢰구간 계산

$$신뢰구간 = \bar{x} \pm \frac{t \cdot s}{\sqrt{n}}$$

여기서, t : Student의 t, 자유도 : $n-1$

$\bar{x}$: 시료의 평균, s : 표준편차

n : 자료수

예제 **시료를 반복 측정하여 다음과 같은 결과를 얻었다. 이 결과에 대한 90% 신뢰구간을 구하시오.**

18.32, 18.33, 18.33, 18.35, 18.33, 18.32, 18.31, 18.34

자유도	One Side Student의 t값		
	0.1	0.05	0.025
6	1.440	1.943	2.447
7	1.415	1.895	2.365
8	1.397	1.860	2.306
9	1.383	1.833	2.262
10	1.372	1.812	2.228

풀이 I 평균($\bar{x}$) : 18.33, 표준편차(s) : 0.012, $n=8$

One Side Student의 t값은 0.05에서 자유도 $= n-1 = 7$에서 구하면 1.895이다.

$\therefore$ 90% 신뢰구간 $= \bar{x} \pm \frac{t \cdot s}{\sqrt{n}} = 18.33 \pm \frac{1.895 \times 0.012}{\sqrt{8}} = 18.33 \pm 0.01$

(5) Grubbs 시험

이상점(outlier) : 다른 점으로부터 멀리 떨어져 있는 자료이다.

① 이상점을 포함하여 평균을 얻어야 하는지 아니면 이상점을 버려야 하는지에 대한 결정을 한다. 계산은 전체 자료에 대해 평균($\bar{x}$)과 표준편차(s)를 구한다.

$$G_{계산} = \frac{|의심스러운\ 값 - \bar{x}|}{s}$$

㉠ $G_{계산} > G_{표}$, 그 의심스러운 점은 버려야 한다.

㉡ $G_{계산} < G_{표}$, 그 의심스러운 점은 포함시켜야 한다.

② 국제표준기구에서 추천하는 Grubbs 시험은 이전에 사용하던 Q시험을 대신한다. Q시험은 의심스러운 결과를 버릴 것인지 보유할 것인지를 판단하는데 사용되던 통계학적 시험법이다.

(6) 최소 제곱법(method of least squares)

① 흩어져 있어 한 직선에 놓이지 않는 실험자료 점들을 지나는 '최적' 직선을 그리기 위해 사용한다.

② 어떤 점은 최적 직선의 위 또는 아래에 놓이게 된다.

③ 직선의 식

$$y = ax + b$$

여기서, a : 기울기

b : y절편

㉠ 기울기$(a) = \dfrac{n\sum_{i=1}^{n}(x_i y_i) - \sum_{i=1}^{n}x_i \sum_{i=1}^{n}y_i}{n\sum_{i=1}^{n}(x_i^2) - (\sum_{i=1}^{n}x_i)^2}$

㉡ y절편$(b) = \dfrac{\sum_{i=1}^{n}(x_i^2)\sum_{i=1}^{n}y_i - \sum_{i=1}^{n}x_i \sum_{i=1}^{n}(x_i y_i)}{n\sum_{i=1}^{n}(x_i^2) - (\sum_{i=1}^{n}x_i)^2}$

㉢ 상관계수$(r) = \dfrac{n\sum_{i=1}^{n}(x_i y_i) - \sum_{i=1}^{n}x_i \sum_{i=1}^{n}y_i}{\sqrt{\left\{n\sum_{i=1}^{n}(x_i^2) - (\sum_{i=1}^{n}x_i)^2\right\}\left\{n\sum_{i=1}^{n}(y_i^2) - (\sum_{i=1}^{n}y_i)^2\right\}}}$

④ 검정곡선의 작성

㉠ 적당한 농도 범위를 갖는 분석물질의 알려진 시료를 준비하여, 이 표준물질에 대한 분석과정의 감응을 측정한다.

㉡ 보정 흡광도를 구하기 위하여 측정된 각각의 흡광도로부터 바탕시료의 평균 흡광도를 빼준다(보정 흡광도 = 관찰한 흡광도 − 바탕 흡광도). 바탕시료는 분석물질이 들어 있지 않을 때 분석과정의 감응을 측정한다.

㉢ 농도 대 보정 흡광도의 그래프를 그린다.

㉣ 미지 용액을 분석할 때도 바탕시험을 동시에 하여 보정 흡광도를 얻는다.

㉤ 미지 용액의 보정 흡광도를 검량선의 직선의 식에 대입하여 농도를 계산한다. 이때 미지 용액의 농도가 검량선의 구간에서 벗어나면 미지 용액을 구간 내에 포함되도록 적절하게 희석 또는 농축하여 흡광도를 다시 측정하여야 한다.

4-2 결과 해석

1 시험법 밸리데이션 허용기준치

(1) 화학분석에서의 오차

화학분석에서 오차는 측정조건에 따라 그 크기가 달라질 수 있지만 아무리 노력해도 오차를 완전히 없앨 수는 없다. 이러한 오차의 원인을 확인해 보면 보정이 가능한 오차와 불가능한 오차로 분류할 수 있다.

① 우연오차(random error)

㉠ 측정값에 포함된 오차 중에는 그 원인을 정확히 알 수 없는 것이 있다. 아무리 주의를 기울여도 항상 동일한 측정값을 얻을 수 없고 조금씩 다른 측정값을 얻게 되곤 한다. 이처럼 오차의 원인이 불분명하고 측정값이 불규칙적이어서 그 양을 정확히 측정할 수 없는 오차를 우연오차라고 한다.

㉡ 분석 측정 시에 조절하지 않는 혹은 조절할 수 없는 변수에 의해 발생하는 오차이다. 완전히 제거가 불가능하나 실험을 정밀히 조절하여 유의수준 이하로 감소시킬 수 있다.

㉢ 측정자와는 별개로 필연히 발생하는 오차이다. 재현 불가능한 것으로 원인을 알 수 없기 때문에 보정이 불가능하다.

㉣ 측정횟수가 많아질수록 오차가 상쇄되어 감소한다. 우연오차에 의해 분산이 발생하며, 측정값의 정밀도에 영향을 미친다.

② 계통오차(systematic error)

㉠ 오차의 원인이 각 측정결과에 동일한 크기로 영향을 미쳐 모든 측정값과 참값 사이에 동일한 크기의 편차가 생기는 경우가 있는데, 이러한 편차를 계통오차라고 한다.

㉡ 반복적인 측정에서 일정하게 유지되거나 예측될 수 있는 형태의 오차이다. 실험설계를 잘못하거나 장비의 결함에서 발생하는 오차이므로 실험을 정확히 똑같은 방법으로 다시 수행하면 재현이 가능하다. 계통오차의 주요 특징은 재현성이다.

㉢ 동일한 측정조건에서 항상 같은 크기와 부호를 가진다. 측정장비, 측정방법 및 측정물의 불완전성과 환경의 영향에 의해 유래된다. 계통오차는 측정자의 노력에 의해 그 크기와 원인을 알 수 있으며, 보정이 가능한 오차이며, 계통오차에 따라 측정값은 편차가 생기고 측정값의 정확도에 영향을 미친다.

㉣ 계통오차를 검출하는 방법

- 인증표준물질과 같은 조성을 정확히 알고 있는 표준물을 분석한다.
- 분석할 성분이 들어 있지 않는 바탕시료를 분석한다.
- 같은 양을 측정하기 위해 다른 여러 분석법을 통해 해당 시료를 분석한다.
- 같은 시료를 다른 실험실에서 다른 실험자가 분석해 본다.

㉤ 계통오차의 발생 예
- 잘못 표준화한 pH미터를 사용하는 경우
- 교정되지 않은 뷰렛을 사용하는 경우

③ 발생원인에 따른 오차와 보정방법

㉠ 시약 및 기기의 오차 : 검정되지 않은 측정기기나 시약 및 용매에 포함되어 있는 불순물 등으로 인해 나타나는 오차이다. 기기오차는 기기의 비이상적 거동, 잘못된 검정, 또는 부적절한 조건에서의 사용에 의해서 생긴다. 검출 가능하며, 기기의 검정을 통해 보정이 가능한 계통오차에 속한다.

㉡ 조작오차 : 시료의 채취 시 실수, 과도한 침전물 또는 충분하지 않은 세척, 온도의 변화에 따른 침전물의 생성 및 가온 등과 같이 대부분 실험 조작의 실수에서 유래하는 오차이다. 실수를 줄여 보정이 가능한 계통오차에 속한다.

㉢ 개인(시험자)오차 : 색상의 분별 정도에 따른 종말점의 결정오차, 눈금의 판독 시 잘못된 습관과 같이 측정자에 의한 오차로서 잘못된 습관에 의한 오차이다. 실험자의 경솔함, 부주의, 개인적 성향으로부터 생긴다. 검출 가능하며, 측정자의 연습으로 보정이 가능한 계통오차에 속한다.

㉣ 방법오차 : 반응의 미완결, 침전물의 용해도, 공침, 무게 측정 시 검체의 휘발성 또는 흡습성에 의한 부반응, 부정확 또는 유발반응 등과 같이 분석방법의 기초 원리인 화학반응과 시약의 비이상적 거동으로 방해하는 오차이다. 분석 시스템에서 비이상적인 화학적 · 물리적 거동으로 인하여 생긴다. 검출이 어려우며, 계통오차에 속한다.

㉤ 고정오차 : 측정항목의 농도와 무관하게 크기가 일정하게 나타나는 계통오차를 고정오차라고 하며, 여러 가지 농도에서 분석하여 얻은 측정값들이 같은 크기의 오차를 갖게 된다. 분석방법에 고정오차가 있는지를 확인하기 위해서는 기지농도의 동일한 시료(또는 표준물질)를 반복 측정하여 평균값을 계산한 다음 참값과 비교하는 검정방법을 통해서 알 수 있다.

㉥ 비례오차 : 측정항목의 농도에 따라 크기가 변화하는 계통오차를 비례오차라고 하며, 농도가 커질수록 증가하지만 상대오차로 환산하면 일정한 크기의 오차가 된다.

㉦ 검정 허용오차 : 계량기 등의 검정 시에 허용되는 규정된 최대값과 최소값의 차이이다.

㉧ 분석오차 : 시험 및 검사에서 수반되는 오차이다.

㉨ 환경오차 : 온도, 습도, 기압 등의 외부 영향에 의한 오차로 우연오차에 속한다.

(2) 오차를 줄이기 위한 시험법

① 공시험(blank test) : 시료를 사용하지 않고 다른 모든 조건을 시료 분석법과 같은 방법으로 실험하는 것을 의미한다. 지시약 오차, 시약 중의 불순물로 인한 오차, 기타 분석 중 일어나는 여러 계통오차 등 시료를 제외한 물질에서 발생하는 오차들을 제거하는 데 사용된다.

② **조절시험**(control test) : 시료와 유사한 성분을 함유한 대조시료를 만들어 시료 분석법과 같은 방법으로 여러 번 분석한 결과를 분석값과 대조하는 방법이다. 대조시료를 분석한 다음 기지 함량값과 실제로 얻은 분석값의 차만큼 시료 분석값을 보정해 주며, 보정값이 함량에 비례할 때에는 비례 계산하여 시료 분석값을 보정한다.

③ **회수시험**(recovery test) : 시료와 같은 공존 물질을 함유하는 기지 농도의 대조시료를 분석함으로써 공존 물질의 방해작용 등으로 인한 분석값의 회수율을 검토하는 방법이다. 시료 속의 분석물질의 검출신호가 시료 매트릭스의 방해작용으로 인해 얼마만큼 감소하는가를 검토하는 방법이다.

④ **맹시험**(blind test) : 실용 분석에서는 분석값이 일정한 수준까지 재현성 있게 검토될 때까지 분석을 되풀이한다. 이 과정에서 얻어지는 처음 분석값은 조작에 익숙하지 못하여 흔히 오차가 크게 나타나므로 맹시험이라고 하며, 결과에 포함시키지 않고 버리는 경우가 많다. 때로는 그 결과에 따라 시험량, 시액 농도 등을 보다 합리적으로 개선할 수 있다. 따라서 일종의 예비시험이라고 할 수 있다.

⑤ **평행시험**(parallel test) : 같은 시료를 같은 방법으로 여러 번 되풀이하는 시험이다. 이것은 우연오차가 있는 매회 측정값으로부터 그 평균값과 표준편차 등을 얻기 위해 실시한다. 계통오차 자체는 매 분석 반복마다 존재하므로 계통오차를 제거하는 방법은 아니다.

(3) 오차의 최소화

분석과정에서 정확도를 확실하게 보증하는 몇 가지 방법이 있다. 이런 방법들 중의 대부분은 측정단계에서 발생할 수도 있는 오차를 보정하거나 또는 최소화하는 것에 의존한다.

① **분리** : 분리방법에서 시료를 깨끗이 하는 것은 시료의 매트릭스에서의 가능한 방해요인들로부터의 오차를 최소화하는 중요한 방법이다. 여과, 침전, 투석, 용매 추출, 휘발과 같은 방법들이 시료 속의 잠재적인 방해요인들을 제거하는 데 모두 유용한 방법들이다.

② **포화, 매트릭스 변형, 가리움**

㉠ 포화법(saturation method) : 매트릭스 효과가 시료 내 방해 화학종의 농도와 상관없도록 모든 시료와 표준물, 그리고 바탕용액에 방해물질들을 넣는 것을 의미한다. 그러나 이 방법은 분석물의 감도와 검출능력을 낮출 수도 있다.

㉡ 매트릭스 변형제(matrix modifier) : 그 자체가 방해 화학종이 아닌 것으로서 분석적인 응답신호가 방해 화학종의 농도와 상관없이 얻어지도록 충분한 양으로서 시료와 표준물 그리고 바탕용액에 추가되는 화학종을 의미한다.

㉢ 가리움제(masking agent) : 방해 화학종과 선택적으로 결합하여 방해하지 않는 착화합물을 만들기 위해 사용된다. 추가되는 시약이 분석물에 많은 양으로 포함되거나 다른 방해 화학종을 포함하지 않도록 주의가 요구된다.

③ 표준물 첨가법(standard addition) : 시험법 밸리데이션 결과 해석 참고
④ 내부 표준물법(internal standard) : 시험법 밸리데이션 결과 해석 참고

2 시험법 밸리데이션 유효숫자

(1) 유효숫자(significant figures)

화학분석에서 측정결과를 산출할 때 반올림 등에 의하여 처리되지 않은 부분으로 오차를 반영하여도 신뢰할 수 있는 숫자를 자릿수로 나타낸 것을 말하며, 일반적으로 유효숫자의 부분을 따로 떼어서 정수부분이 한 자리인 소수로 쓰고 소수점의 위치는 10의 거듭제곱으로 나타낸다.

(2) 유효숫자를 이용한 근삿값의 표현

근삿값을 나타내는 숫자 중에서 반올림하지 않은 부분의 숫자나 측정하여 얻은 믿을 수 있는 숫자를 유효숫자라고 하는데, 근삿값의 표현에서 이를 분명히 하기 위해 다음과 같이 유효숫자로 된 부분을 정수부분이 한 자리인 수 a로 나타내고 여기에 10의 거듭제곱을 곱한 꼴로 나타낸다.

$a \times 10^n$ 또는 $a \times \dfrac{1}{10^n}$

여기서, n : 양의 정수, $1 \le a < 10$이다.

따라서 유효숫자를 이용한 측정결과의 표현은 다음과 같다.

유효숫자×접두어(단위의 지수 표현)×단위(길이, 질량, 시간, 온도 등)

(3) 유효숫자를 세는 규칙

① 0이 아닌 정수는 언제나 유효숫자이다.

② 0은 유효숫자일수도, 아닐 수도 있다.

㉠ 앞부분에 있는 0은 유효숫자가 아니다.

예 0.00417 (유효숫자 3개 : 4, 1, 7)

㉡ 중간에 있는 0은 유효숫자로 인정한다.

예 2008 (유효숫자 4개)

㉢ 끝부분에 있는 0은 숫자에 소수점이 있는 경우에만 유효숫자로 인정한다.

예 100(유효숫자 1개), 1.00(유효숫자 3개)

③ 완전수는 유효숫자가 무한 개이다.

완전수는 측정장치를 사용하지 않고 단지 셈을 통해(세어서) 수를 결정하는 수이다.

예 시험자가 8명(8.00000 ⋯ 무한 개의 소수점 아래 0을 가지고 있다.)

(4) 계산에 필요한 유효숫자 규칙

① **곱셈, 나눗셈** : 유효숫자 개수가 가장 적은 측정값과 유효숫자가 같도록 해야 한다.

예 $98 \times 4.17\ (=408.66) = 4.1 \times 10^2$

② **덧셈, 뺄셈** : 계산에 이용되는 가장 낮은 정밀도의 측정값과 같은 소수 자리를 갖는다.

예 $1.23 + 4.5 + 6.789\ (=12.519) = 12.5$

③ log와 antilog

㉠ 어떤 수의 log값은 소수점 아래의 자리의 수가 원래 수의 유효숫자와 같도록 한다. log는 정수부분인 지표와 소수부분인 가수로 구성된다.

예 log 417＝2.620에서 2는 지표, 0.620은 가수이며, 417은 4.17×10^2으로 쓸 수 있다. log 417의 가수에 있는 자릿수는 417에 있는 유효숫자의 수와 같아야 하며, 지표 2는 4.17×10^2의 지수와 일치한다.

㉡ antilog : 어떤 수의 antilog값은 원래 수의 소수점 오른쪽에 있는 자리의 수와 같은 유효숫자를 갖도록 한다.

예 $\log 339 = \log(3.39 \times 10^2) = 2.530$
$10^{2.530} = 339$ (유효숫자 3개)

(5) 반올림 규칙

계산결과에서 비유효숫자를 잘라 버리면서 오른쪽 끝의 마지막 자릿수를 조정하는 과정이다.

① 5보다 작으면, 앞에 있는 숫자는 그대로 남는다.

② 5보다 크면, 앞에 있는 숫자가 1 증가한다.

③ 5이고, 앞에 있는 숫자가 짝수이면 변하지 않고 홀수이면 1이 증가한다.

(6) 절대 불확정도와 상대 불확정도

▲ 불확정도를 표준편차로 나타내기도 한다.

① 절대 불확정도

측정에 따르는 불확정도의 한계에 대한 표현이다.

예 교정된 뷰렛을 읽는 데 평가된 불확정도가 ±0.02mL라면 읽기와 관련된 절대 불확정도는 ±0.02mL라고 한다. 눈금을 12.25로 읽을 때 불확정도 ±0.02는 실제 값이 12.23에서 12.27 범위의 어떤 값이든 될 수 있음을 의미한다.

② 상대 불확정도

절대 불확정도를 관련된 측정의 크기와 비교하여 나타낸 것으로, 뷰렛을 12.25±0.02mL라고 읽었을 때의 상대 불확정도$\left(=\dfrac{\text{절대 불확정도}}{\text{측정의 크기}}\right)$는 단위가 없는 값이 된다.

예 뷰렛 12.25±0.02mL에서의 상대 불확정도 $= \dfrac{0.02\text{mL}}{12.25\text{mL}} = 0.002$가 된다.

(7) 불확정도의 전파

유의수준의 불확정도를 가지는 분석값들의 연산에서, 각각의 연산에 따른 각 절대 불확정도 또한 연산에 의해 전파(propagation)된다. 이를 오차의 전파라고도 한다.

계산 종류	예시	불확정도(표준편차)
덧셈 또는 뺄셈	$y=a+b$	$s_y = \sqrt{s_a^2+s_b^2}$
곱셈 또는 나눗셈	$y=a\times b$	$\frac{s_y}{y} = \sqrt{\left(\frac{s_a}{a}\right)^2+\left(\frac{s_b}{b}\right)^2}$
지수식	$y=a^x$	$\frac{s_y}{y}=x\left(\frac{s_a}{a}\right)$
log	$y=\log_{10}a$	$s_y=\frac{1}{\ln 10}\times\frac{s_a}{a}$
antilog	$y=\text{antilog}_{10}a$	$\frac{s_y}{y}=\ln 10\times s_a$

여기서, a, b는 불확정도(표준편차)가 각각 s_a, s_b인 실험변수이다.

> **예제** pH=5.21(±0.03)에 대한 [H⁺] 및 불확정도를 구하시오.
>
> **풀이** pH $=-\log[H^+]$에서 $[H^+]=10^{-pH}$의 함수가 된다.
> $[H^+]=10^{-5.21}=6.2\times10^{-6}$ (유효숫자 2개)
> 불확정도는 $\frac{s_y}{y}=(\ln 10)\times s_x$ 를 이용하면,
> $s_y=(\ln 10)\times s_x\times y=(\ln 10)\times 0.03\times 6.2\times 10^{-6}=4\times 10^{-7}=0.4\times 10^{-6}$
> 따라서, $[H^+]=6.2(\pm 0.4)\times 10^{-6}$
> $\therefore [H^+]=6.2(\pm 0.4)\times 10^{-6}$ M

3 시험법 밸리데이션 결과 해석

(1) 검정곡선법(표준검량법, 외부 표준물법)

① 표준물에 대한 농도 – 기기 감응곡선을 작성하고 이와 따로 준비되는 시료에 대해 측정하여, 그 기기 감응값을 앞서 작성한 검정곡선을 이용해 농도를 측정하는 방법이다.

② 표준물과 매트릭스가 맞지 않을 경우 시료의 매트릭스를 제거하거나 표준물에 매트릭스를 매칭시켜 작성한다.

③ 검정곡선의 검증

㉠ 검정곡선은 작성 후 얻어진 검정곡선의 결정계수(R^2) 및 감응계수의 상대 표준편차가 일정 수준 이내여야 하며, 이상으로 편차가 큰 경우 재작성해야 한다($R^2 \geq 0.98$이면 허용).

감응계수 : 검정곡선 작성용 표준용액의 농도에 대한 반응값이다.

㉡ 검정곡선은 매 분석마다 작성하는 것이 원칙이며, 분석과정 중 검정곡선의 직선성을 검증하기 위해 각 시료 20개, 시료군마다 1회의 검정곡선 검증을 실시하여야 한다.

㉢ 검증은 방법검출한계의 5~50배 또는 검정곡선의 중간 농도에 해당하는 표준용액에 대해 측정값이 검정곡선 작성 시의 지시값보다 10% 이내에서 일치해야 한다.

(2) 표준물 첨가법(stardard addition)

① 시료와 동일한 매트릭스(matrix)에 일정량의 표준물질을 한 번 이상 일정하게 농도를 증가시키며 첨가하고, 이 아는 농도를 통해 곡선을 작성하는 방법이다. 이 방법은 분석물질의 농도에 대한 감응이 직선성을 가져야 한다.

⚗ 매트릭스는 분석물질을 제외하고 미지시료 중에 함유되어 있는 모든 화학종을 말하며, 매트릭스 효과란 시료 중에 존재하고 있는 분석물질이 아닌 다른 어떤 물질에 의해서 일으키는 분석신호의 변화로서 정의한다.

② 매질효과의 영향이 큰 분석방법에서 분석대상 시료와 동일한 매질을 제조할 수 없을 때 매트릭스 효과를 쉽게 보정할 수 있는 방법이다.

③ 미지시료에 아는 양의 분석물질을 첨가시킨 다음, 증가된 신호로부터 원래 미지시료 중에 얼마나 많은 양의 분석물질이 함유되어 있는가를 측정한다. 표준물질은 분석물질과 같은 화학종의 물질이다.

④ 표준물 첨가법은 원자흡수법에 주로 사용되고, 시료의 조성이 잘 알려져 있지 않거나 복잡하여 분석신호에 영향을 줄 때, 매트릭스 효과가 있을 가능성이 큰 시료 분석에 유용하다.

⑤ 표준물 첨가식

㉠ 단일 점 방법

$$\frac{[X]_i}{[S]_f + [X]_f} = \frac{I_X}{I_{S+X}}$$

여기서, $[X]_i$: 초기 용액 중의 분석물질의 농도

$[S]_f$: 최종 용액 중의 표준물질의 농도

$[X]_f$: 최종 용액 중의 분석물질의 농도

I_X : 초기 용액의 신호, I_{S+X} : 최종 용액의 신호

예제 Na^+을 함유하고 있는 시료의 원자방출 실험에서 4.20mV의 신호가 나왔다. 시료 95.0mL에 2.00M NaCl 표준용액 5.00mL를 첨가한 후 측정하였더니 8.40mV였을 때 시료 중에 함유된 Na^+의 농도(M)를 구하시오. (단, 소수점 셋째 자리까지 구하시오.)

풀이 I

$$\frac{[Na^+]_{초기}}{\left([Na^+]_{초기} \times \frac{95.0}{100}\right) + \left(2.00 \times \frac{5.00}{100}\right)} = \frac{4.20}{8.40}$$

$2.00[Na^+]_{초기} = 0.950[Na^+]_{초기} + 0.100$ $\quad \therefore [Na^+]_{초기} = 0.095M$

ⓛ 다중 첨가법

- 시료를 같은 크기로 여러 개로 나눈 것들에 하나 이상의 표준 용액을 첨가하는 것이다.
- 각각의 용액은 흡광도를 측정하기 전에 고정된 부피로 희석된다.
- 시료의 양이 한정되어 있을 때는 미지의 용액 한 개에 표준물을 계속 첨가함으로써 표준물 첨가법을 실행한다.
- Beer 법칙에 따르면 용액의 흡광도는 다음과 같다.

$$A_S = \frac{\varepsilon b V_S C_S}{V_t} + \frac{\varepsilon b V_X C_X}{V_t} = k V_S C_S + k V_X C_X$$

여기서, ε : 흡광계수, b : 빛이 지나가는 거리(셀의 폭)

V_S : 표준물질의 부피, C_S : 표준물질의 농도

V_t : 최종 용액의 부피, V_X : 분석물질(미지시료)의 부피

C_X : 분석물질(미지시료)의 농도, k : $\frac{\varepsilon b}{V_t}$의 상수

이 식을 A_S를 V_S에 대한 함수로 그리면 $A_S = m V_S + b$의 직선을 얻는다.

기울기 $m = kC_S$, y절편 $b = k V_X C_X$, $\frac{m}{b} = \frac{C_S}{V_X C_X}$ $\therefore C_X = \frac{b C_S}{m V_X}$

(3) 내부 표준물법(internal stardard)

① 시료에 이미 알고 있는 농도의 내부 표준물을 첨가하여 시험분석을 수행하는 방법으로서 시험분석 절차, 기기 또는 시스템의 변동에 의해 발생하는 오차를 보정하기 위해 사용한다.

② 분석되는 시료의 양이 시간에 따라 변하거나 기기 감응의 세기 보정에 유용하다.

③ 내부 표준물은 시료를 분석하기 전에 바탕시료, 검정곡선용 표준물질, 시료, 시료추출물에 첨가되는 농도를 알고 있는 화합물이다.

내부 표준물은 분석물질과는 다른 화학종의 물질이다.

④ 분석물질의 신호와 내부 표준의 신호를 비교하여 분석물질이 얼마나 들어 있는지를 알아낸다.

⑤ 감응인자(F)

$$\frac{A_X}{[X]} = F \times \frac{A_S}{[S]}$$

여기서, $[X]$: 분석물질의 농도, $[S]$: 표준물질의 농도

A_X : 분석물질 신호의 면적, A_S : 표준물질 신호의 면적

⑥ 내부 표준물법은 원자방출법에 주로 사용된다.

예제 예비실험에서 0.0840M의 X와 0.0670M의 S를 함유하는 용액의 봉우리 넓이는 $A_X = 423$이고, $A_S = 342$였다. 미지시료를 분석하기 위하여 0.150M의 S 10.0mL를 미지시료 10.0mL에 첨가하여 최종 부피 25.0mL로 묽혔다. $A_X = 553$이고, $A_S = 582$일 때 미지시료 중에 함유된 X의 농도(M)를 구하시오. (단, 소수점 셋째 자리까지 구하시오.)

풀이 | $\frac{423}{0.0840} = F \times \frac{342}{0.0670}$, $F = 0.9865$

$$\frac{553}{[X] \times \frac{10.0\text{mL}}{25.0\text{mL}}} = 0.9865 \times \frac{582}{0.150 \times \frac{10.0\text{mL}}{25.0\text{mL}}}$$

$\therefore [X] = 0.144\text{M}$

(4) 검출한계(DL, detection limit)

① 시각적 평가를 이용하는 방법

㉠ 분석기기를 사용하지 않는 시험방법뿐만 아니라 기기 분석에 대해서도 시각적인 평가가 가능하다.

㉡ 검출한계는 이미 알고 있는 양의 분석대상 물질을 함유한 검체를 분석하고, 그 물질을 정확히 검출할 수 있는, 즉 분석대상 물질을 육안으로 확실히 검출할 수 있는 가장 낮은 농도를 육안으로 확인한다.

② 신호 대 잡음비를 이용하는 방법

㉠ 바탕선(baseline)에 잡음이 있는 경우에 적용 가능하다.

예 크로마토그래피

㉡ 이미 알고 있는 저농도 분석대상 물질을 함유하는 검체의 신호(signal)와 공시험 검체의 신호(noise)를 비교하여 설정함으로써 신호 대 잡음비를 구할 수 있다.

㉢ 검출한계를 산출할 때의 신호 대 잡음비는 보통 3 : 1 혹은 2 : 1이 사용된다.

㉣ 일반적으로 신호 대 잡음비가 3~2 : 1로 확인되는 분석대상 물질의 농도를 검출한계로 정한다.

예 액체 또는 기체 크로마토그래피에서 신호 대 잡음의 비율을 산출할 때 사용되는 잡음의 높이는 분석대상 물질의 피크의 1/2 높이에서 유지시간의 20배 이상의 시간 동안 특정한 크로마토그램으로부터 구한다.

③ 반응의 표준편차와 검량선의 기울기를 이용하는 방법

㉠ 검출한계는 다음 식에 의해 확인할 수 있다.

$$\text{검출한계} = 3.3 \times \frac{\sigma}{S}$$

여기서, σ : 반응의 표준편차

S : 검량선의 기울기(일반적으로 x축은 농도, y축은 신호의 크기)

㉡ 기울기 S는 분석대상 물질의 직선성 평가에 사용한 검량선을 통해 구할 수 있으며, 표준편차 σ를 구하는 방법은 다음과 같은 여러 가지 방법이 있다.

- 공시험 검체의 표준편차를 이용하는 방법
  - 적절한 개수의 공시험 검체를 분석하여 이 분석값의 표준편차를 계산함으로써 시험방법의 기본 반응 정도를 측정할 수 있다.
- 검량선을 이용하는 방법
  - 검량선은 정량한계에 근접한 분석대상 물질을 함유하는 검체를 가지고 작성되어야 한다.
  - 회귀 직선에서 잔차의 표준편차 또는 검량선에서 y절편의 표준편차를 표준편차 σ로서 사용하여 계산할 수 있다.

(5) 정량한계(LOQ, limit of quantitation)

① 시각적 평가를 이용하는 방법

㉠ 이화학 분석방법뿐만 아니라 기기 분석에 있어서도 시각적인 평가가 가능하다.

㉡ 정량한계는 이미 알고 있는 농도의 분석대상 물질을 함유한 검체를 분석하고, 정밀성과 정확성이 확보된 정량할 수 있는 최저 농도를 확인하는 것이다.

㉢ 정량한계 부근의 농도로는 조제된 적당한 수의 검체를 별도로 분석하여 정량한계 결정 시 설정한 정량한계가 타당함을 입증한다.

② 신호 대 잡음비를 이용하는 방법

㉠ 바탕선(baseline)에 잡음이 있는 경우에 적용 가능하다.

㉡ 이미 알고 있는 저농도 분석대상 물질이 함유된 검체와 공시험 검체의 신호를 비교하여 신호 대 잡음비를 구할 수 있다.

㉢ 검출한계를 산출할 때의 신호 대 잡음비는 일반적으로 10 : 1이 적절하다.

③ 반응의 표준편차와 검량선의 기울기를 이용하는 방법

$$\text{정량한계} = 10 \times \frac{s}{m}$$

여기서, s : 반응의 표준편차

m : 검량선의 기울기

제3과목 | 화학물질 특성 분석

출제기준

주요 항목	세부 항목	세세 항목
1. 화학특성 분석	(1) 화학특성 확인	① 화학물질 성상 확인 ② 화학물질 물리적 특성 ③ 화학물질 화학적 특성 ④ 분석기기 종류와 특징 ⑤ 화학물질 취급
	(2) 화학특성 분석	① 물성 측정기기 종류 ② 물성 분석 시료 채취 ③ 물성 분석 시료 전처리 ④ 물성 측정기기 작동법 ⑤ 물성 측정기기 안전관리
2. 크로마토그래피 분석	(1) 크로마토그래피 분석 실시	① 분석장비 운용기술 ② 분석조건 변경에 따른 결과 예측 ③ 분리 분석의 원리 및 이론 ④ 얇은 막 크로마토그래피(TLC) ⑤ 기체 크로마토그래피(GC) ⑥ 고성능 액체 크로마토그래피(HPLC) ⑦ 이온 크로마토그래피(IC) ⑧ 기타 크로마토그래피
3. 질량 분석	(1) 원자 및 분자 질량 분석 실시	① 분석장비 운용기술 ② 분석조건 변경에 따른 결과 예측 ③ 질량 분석의 원리 및 이론 ④ 이온화 방법 ⑤ 질량분석계의 원리 및 종류 ⑥ 질량 분석의 응용
4. 전기화학 분석	(1) 전기화학 분석 실시	① 분석장비 운용기술 ② 분석조건 변경에 따른 결과 예측 ③ 전위차법 ④ 전기량법 ⑤ 전압－전류법 ⑥ 전도도법
5. 열 분석	(1) 열 분석 실시	① 분석장비 운용기술 ② 분석조건 변경에 따른 결과 예측 ③ 열 분석의 원리 및 이론 ④ 시차주사열량측정법(DSC) ⑤ 무게분석법(TGA) ⑥ 시차열분석법(DTA) ⑦ 기타 열 분석법

저자쌤의 합격 Guide

화학물질 특성 분석은 분리 분석, 질량 분석, 전기 분석, 열 분석의 4개 범위로 나뉩니다.
분리 분석에서는 크로마토그래피의 기본 이론 및 기체 · 액체 크로마토그래피의 특징과 검출기에 대해, 질량 분석에서는 이온화 장치와 질량분석기에 대해, 전기 분석에서는 전위차법, 전기량법, 전압전류법의 각각의 특징과 중요점에 대해, 열 분석에서는 각 분석법의 차이점에 대해 잘 정리하여 암기해야 합니다.

제 3 과목 화학물질 특성 분석

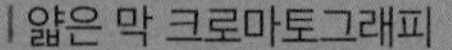

저자쌤의 합격 Keyword

| 얇은 막 크로마토그래피 | 기체 크로마토그래피 | 고성능 액체 크로마토그래피
| 질량 분석법 | 이온화 장치 | 전위차법
| 전기량법 | 전압 - 전류법 | 시차주사열량측정법
| 무게 분석법 | 시차열 분석

1. 크로마토그래피 분석

1-1 크로마토그래피 분석 실시

1 분리 분석의 원리 및 이론

분리분석법은 여러 혼합물로부터 분석물을 분리하는 방법으로, 침전법, 증류법, 추출법, 크로마토그래피법, 전기이동 등이 있다. 다성분인 복잡한 시료의 경우 크로마토그래피법과 전기이동을 주로 이용한다.

(1) 크로마토그래피의 개요

① 시료를 기체, 액체 또는 초임계 - 유체인 이동상(mobile phase)에 의해 이동시키면서 칼럼 속 혹은 고체 판 위에 고정되어 있는 용해되지 않는 정지상(stationary phase, 고정상)과의 분배평형을 통해 분리하는 방법이다.

② 시료의 구성성분들의 분배 정도에 차이가 나는 이동상과 정지상을 선택하면, 시료성분 중에 정지상에 강하게 붙잡히는 것은 이동상의 흐름에 따라 천천히 움직이고 정지상에 약하게 잡히는 성분은 이동상의 흐름에 따라 빠르게 운반된다.

③ 이동속도의 차이 때문에 시료 구성성분들은 정성적으로, 정량적으로 분석할 수 있는 분리된 띠로 분리된다.

(2) 크로마토그래피법

정지상과 이동상을 접촉시키는 방법에 따라 두 가지의 형태로 나뉜다.

① 평면 크로마토그래피

㉠ 유리판이나 다공성 종이에 정지상을 입혀 놓았다.

㉡ 이동상은 액체만 사용할 수 있고, 모세관 작용이나 중력의 영향으로 정지상을 통해 움직이게 된다.

② 칼럼 크로마토그래피

㉠ 정지상은 좁은 칼럼에 고정되어 있으며 그 칼럼을 통하여 이동상이 압력에 의해 강제로 흐르게 된다.

㉡ 이동상의 종류에 따라 기체 크로마토그래피, 액체 크로마토그래피, 초임계-유체 크로마토그래피로 나뉜다.

〈칼럼 크로마토그래피의 분류〉

이동상의 종류에 따른 분류	정지상의 종류에 따른 분류	정지상	상호작용
기체 크로마토그래피 (GC)	기체 – 액체 크로마토그래피 (GLC)	액체	분배
	기체 – 고체 크로마토그래피 (GSC)	고체	흡착
액체 크로마토그래피 (LC)	액체 – 액체 크로마토그래피 (LLC)	액체	분배
	액체 – 고체 크로마토그래피 (LSC)	고체	흡착
	이온교환 크로마토그래피	이온교환수지	이온교환
	크기 배제 크로마토그래피	중합체로 된 다공성 젤	거름/분배
	친화 크로마토그래피	작용기 선택적인 액체	결합/분배
초임계 – 유체 크로마토그래피 (SFC)		고체 표면에 결합된 유기 화학종	분배

액체 크로마토그래피법은 분리관 또는 평면법으로 할 수 있지만, 기체 크로마토그래피와 초임계 - 유체 크로마토그래피법은 분리관 방법으로만 할 수 있다.

(3) 화학종의 이동속도

두 분석물을 분리하는 크로마토그래피 칼럼의 효율성은 부분적으로 두 화학종이 용리되는 상대속도에 의존한다. 이 속도는 이동상과 정지상 사이에 화학종이 분배하는 반응의 평형상수의 크기에 의해 결정된다.

① 분배계수(=분배비, 분포상수)

㉠ 용질 A의 이동상과 정지상 사이의 분포평형에 대한 평형상수 K_C를 분배계수라고 한다.

㉡ $A_{이동상} \rightleftarrows A_{정지상}$, 이 평형에 대한 평형상수는 다음과 같다.

$$K_C = \frac{C_S}{C_M}$$

여기서, C_M : 이동상에 머무는 용질 A의 몰농도

C_S : 정지상에 머무는 용질 A의 몰농도

② 머무름인자(k_A', retention factor)

㉠ 용질의 이동속도를 나타낸다.

$$k_A' = \frac{t_R - t_M}{t_M}$$

여기서, t_R : 분석물질의 머무름시간

t_M : 불감시간

㉡ 머무름시간(t_R, retention time) : 시료를 주입한 후 분석물 봉우리가 검출기에 도달할 때까지 걸리는 시간이며, 주입한 분석물의 양과는 무관하다.

㉢ 불감시간(t_M, dead time) : 머무르지 않는 화학종이 검출기에 도달하는 시간, 무용시간이라고도 한다.

머무르지 않는 화학종 : 분석물 봉우리의 왼쪽에 있는 작은 봉우리는 칼럼에 의해 머무르지 않는 화학종의 봉우리이다. 머무르지 않는 화학종의 이동속도는 이동상 분자의 평균 이동속도와 같다.

㉣ 화학종의 $k_A' < 1$이면 용리가 매우 빨라서 머무름시간의 정확한 측정이 어렵고, $k_A' > 20 \sim 30$이면 용리시간이 길다. 이상적인 분리는 $1 < k_A' < 10$에서 이루어진다.

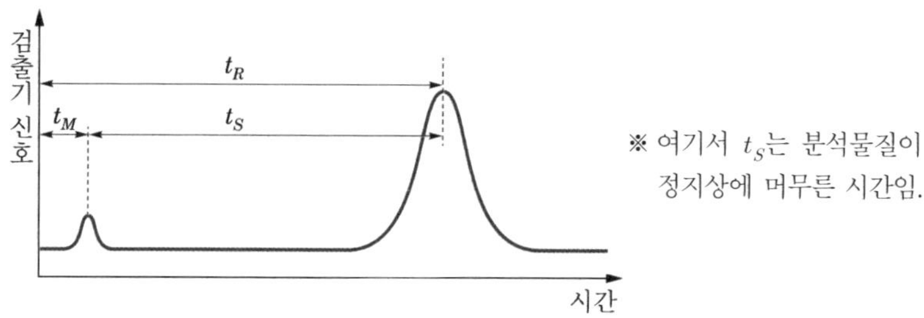

| 두 성분 혼합물의 전형적 크로마토그램 |

③ 선택인자(α, selectivity factor)

㉠ 두 분석물질 간의 상대적인 이동속도를 나타낸다.

㉡ 두 화학종 A와 B에 대한 칼럼의 선택인자

$$\alpha = \frac{K_B}{K_A} = \frac{k_B'}{k_A'} = \frac{(t_R)_B - t_M}{(t_R)_A - t_M}$$

여기서, K_B : 더 세게 붙잡혀 있는 화학종 B의 분배계수

K_A : 더 약하게 붙잡혀 있거나 또는 더 빠르게 용리되는 화학종 A의 분배계수

㉢ 선택인자는 항상 1보다 크다.

(4) 단높이(H, plate height)

크로마토그래피 칼럼 효율을 정량적으로 표시하는 척도로 두 가지 연관있는 항[단높이(H)와 이론단수(N)]이 널리 사용된다.

① **이론단**(theoretical plate) : 이동상과 정지상 사이에서 용질의 평형이 일어난다고 가정하는 가상의 층으로, 크로마토그래피 칼럼을 수많은 불연속적인 얇은 층, 즉 이론단으로 이루어진 증류관으로 생각한다. 용질이 칼럼 아래로 이동하는 것을 평형을 이룬 이동상이 한 단에서 다음 단으로 단계적으로 이동하는 것이라고 간주하고 이론적인 연구를 시작한 데서 비롯된 용어이다.

$$H = \frac{L}{N},\ N = 16\left(\frac{t_R}{W}\right)^2$$

여기서, L : 칼럼의 충전길이

N : 이론단의 개수(이론단수)

W : 봉우리 밑변의 너비

t_R : 머무름시간

② 단높이(H)가 낮을수록, 이론단수(N)가 클수록, 칼럼의 길이(L)가 길수록 분배평형이 더 많은 단에서 이루어지게 되므로 칼럼의 효율은 증가한다.

③ 칼럼의 길이(L)가 일정할 때, 단의 높이(H)가 감소하면 단의 개수(이론단수, N)는 증가한다.

④ 단높이(H)는 이론단 하나의 높이(HETP, hieght equivalent to a theoretical plate)라고도 한다.

$$H = \frac{\delta^2}{L}$$

여기서, δ^2 : 반복 측정한 데이터의 가변도

(5) 띠넓힘 현상(칼럼효율)에 영향을 미치는 변수

① 이동상의 선형속도

② 이동상의 확산계수 : 확산계수는 온도가 증가하고, 점도가 감소함에 따라 증가한다.

③ 정지상에서의 확산계수

④ 머무름인자

⑤ 충전제 입자지름

⑥ 정지상 표면에 입힌 액체 막 두께

봉우리 띠넓힘을 줄이는 방법
1. 고체 충전제의 입자 크기를 작게 한다.
2. 지름이 작은 충전관을 사용한다.
3. 기체 이동상의 경우에는 온도를 낮춘다.
4. 액체 정지상의 경우에는 흡착된 액체 막의 두께를 최소화한다.

(6) van Deemter 식

① 단높이와 칼럼 변수와의 관계를 나타내는 식이다.

$$H = A + \frac{B}{u} + C_S u + C_M u$$

여기서, H : 단높이(cm)
A : 소용돌이 확산계수
B : 세로확산계수
C_S : 정지상과 관련된 질량이동계수
C_M : 이동상과 관련된 질량이동계수
u : 이동상의 선형속도(cm/s)

② 다중 경로항(A)

㉠ 소용돌이 확산 : 분석물의 입자가 충전 칼럼을 통해 지나가는 통로가 다양함에 따라 같은 화학종의 분자라도 칼럼에 머무는 시간이 달라진다. 분석물의 입자들이 어떤 시간 범위에 걸쳐 칼럼 끝에 도착하게 되어 띠넓힘이 발생하는 다중 경로효과를 소용돌이 확산이라고 한다.

㉡ 이동상(용매)의 속도와는 무관하며, 칼럼 충전물질의 입자의 직경에 비례하므로 고체 충전제 입자 크기를 작게 하면 다중 경로가 균일해지므로 다중 경로 넓힘은 감소시킬 수 있다.

③ 세로확산항(B/u)

㉠ 세로확산이 일어나면 농도가 진한 띠의 중앙부분에서 띠 양쪽의 농도가 묽은 영역으로(즉, 흐름의 같은 방향과 반대방향으로) 용질이 이동하게 된다.

㉡ 세로확산에 대한 기여는 이동상의 속도에는 반비례한다. 이동상의 속도가 커지면 확산시간이 부족해져서 세로확산이 감소한다.

㉢ 이동상이 기체일 경우 세로방향 확산의 속도는 온도를 낮추어 확산계수를 감소시킴으로써 상당히 느리게 만들 수 있다.

④ 질량이동항($C_S u$, $C_M u$)

㉠ 질량이동계수는 정지상의 막 두께의 제곱, 모세관 칼럼 지름의 제곱, 충전입자 지름의 제곱에 비례한다.

㉡ 단높이가 작을수록 칼럼효율이 증가하므로 질량이동계수를 작게 해야 한다.

㉢ 충전물 입자 크기를 작게 하고, 지름이 작은 충전관을 사용하며, 액체 정지상의 막 두께를 줄임으로써 띠넓힘을 줄일 수 있다.

(7) 분리능(R_s, resolution)

두 가지 분석물질을 분리할 수 있는 칼럼의 능력을 정량적으로 나타내는 척도이다.

$$R_s = \frac{(t_R)_B - (t_R)_A}{\frac{W_A + W_B}{2}} = \frac{2[(t_R)_B - (t_R)_A]}{W_A + W_B}$$

여기서, W_A, W_B : 봉우리 A, B의 너비

$(t_R)_A$, $(t_R)_B$: 봉우리 A, B의 머무름시간

① A와 B를 완전하게 분리하려면 분리능이 1.5가 되어야 하며, 분리능이 0.75인 경우에는 분리가 잘 되지 않는다.

② 분리능이 1.0인 경우 띠 B가 약 4%의 A를 포함하며, 분리능이 1.5인 경우 약 0.3% 겹친다.

③ 분리능은 칼럼의 길이를 늘이면, 즉 단의 수(N)를 증가시키면 개선된다. 그러나 단이 증가하면 분리에 필요한 시간이 길어지게 된다.

$R_s \propto \sqrt{N} \propto \sqrt{L}$

2 얇은 막 크로마토그래피(TLC)

평면 크로마토그래피에는 얇은 막 크로마토그래피, 종이 크로마토그래피, 전기 크로마토그래피의 세 가지 형태가 있다. 이들 각각은 자체가 지지체로서 유리, 플라스틱 또는 금속을 사용하여 표면에 평평하고 얇은 층으로 물질을 도포하여 이용한다. 이동상은 모세관 작용에 의하거나 때로는 중력이나 전기적 전위의 도움을 받아 정지상을 통하여 이동한다.

(1) 평면 크로마토그래피

① 대부분의 평면 크로마토그래피는 얇은 막 방법을 바탕으로 두고 있는데, 이 방법이 종이 크로마토그래피보다 더 빠르고 더 좋은 분해능을 갖고 감도도 더 좋기 때문이다.

② 얇은 막 크로마토그래피는 생산품의 순도를 판별하거나, 여러 생화학 및 유기 화합물 합성에서 반응의 완결을 확인하거나, 제약산업에서 생산품의 순도를 판별하는 중요한 역할을 한다.

③ 정지상은 미세한 입자(실리카 젤, 알루미나 등)의 얇고 접착성 층으로 도포된 판유리나 플라스틱 전개판이다.

(2) 시료 점적법

① 0.01~0.1% 시료용액을 전개판의 끝에서 1~2cm 되는 위치에 점적한다.

② 높은 분리효율을 얻기 위해서는 점적의 지름이 작아야 하는데 정성 분석에서는 약 5mm, 정량 분석에서는 이보다 더 작아야 한다.

③ 묽은 용액의 경우에는 건조시켜 가면서 3~4번 반복해서 점적한다.

(3) 전개판 전개

① 시료가 이동상에 의해 정지상을 통해 이동하는 과정으로서 액체 크로마토그래피의 용리현상과 유사하다.

② 전개판의 가장 일반적인 전개방법은 먼저 전개판의 한쪽 끝에 시료 한 방울을 떨어뜨리고 그것의 위치를 연필로 표시하며 시료 용매를 증발시킨 후에 전개판을 전개 용매의 증기로 포화된 밀폐상자 속에 넣는다.

③ 전개판의 한쪽 끝은 전개 용매에 담겨져 있는데 이때 시료와 전개액이 직접 접촉되지 않아야 한다.

④ 전개 용매는 미세한 입자 사이의 모세관 작용에 의해 전개판 위로 올라간다.

⑤ 전개액이 전개판의 절반 또는 2/3를 지나간 후에 전개판을 전개상자에서 꺼내어 건조시킨다.

(4) 지연지수(R_f, retardation factor)

① 용매의 이동거리와 용질(각 성분)의 이동거리의 비(시료의 출발선으로부터 측정한 직선거리)이다.

$$R_f = \frac{d_R}{d_M}$$

여기서, d_M : 용매의 이동거리

d_R : 용질의 이동거리

② R_f값이 1에 근접한 값을 가질수록 시료가 이동상을 따라 많이 이동해야 하므로 정지상보다 이동상에 분배가 크다.

③ R_f값에 영향을 주는 변수 : 정지상의 두께, 이동상과 정지상의 수분 함량, 온도, 전개상자의 이동상 증기의 포화 정도, 시료의 크기 등

④ 머무름인자(κ)와 지연지수(R_f)와의 관계 : $\kappa = \dfrac{1-R_f}{R_f}$

(5) 2차원 평면 크로마토그래피

① 시료는 전개판의 한쪽 구석에 점적하고, 전개는 용매 A를 이용하여 위쪽 방향을 진행한 다음 용매 A는 증발시켜 제거한다.

② 전개판을 90° 회전시킨 다음 용매 B를 이용하여 위쪽으로 전개한다.

| 2차원 TLC 크로마토그래피 전개의 개략도 |

(6) 정량 분석

① 존재하는 성분의 양을 구하는 반정량적 측정은 표준물질의 반점의 면적과 시료 반점의 면적을 측정 · 비교하여 얻어진다.

② 전개판으로부터 반점을 긁어내어 얻은 정지상 고체로부터 분석물을 추출하여 적절한 물리적 또는 화학적 방법으로 분석물을 측정하면 더 좋은 정보를 얻을 수 있다.

3 기체 크로마토그래피(GC, gas chromatography)

시료를 증발시켜 크로마토그래피 칼럼에 주입하고 이동상인 비활성 기체의 흐름을 이용하여 용리시킨다. 이동상 기체로는 비활성 기체인 아르곤(Ar), 질소(N_2), 수소(H_2)도 사용되지만 가장 흔하게 사용되는 이동상 기체는 헬륨(He)이다. 대부분의 크로마토그래피와는 달리 이동상은 분석물질의 입자와 상호작용하지 않고 칼럼을 통하여 입자들을 이동시키는 역할만 한다.

(1) 기체 크로마토그래피의 종류

정지상의 종류에 따라 두 가지로 분류된다.

① 기체-액체 크로마토그래피(GLC, gas liquid chromatography)

㉠ 정지상으로 액체를 사용하고, 모든 과학분야에 널리 이용되고 있으며, 일반적으로 GLC를 GC라고 한다.

㉡ 비활성 고체의 표면에 고정시킨 액체상과 기체 이동상 사이에서 분석물질이 분배하는 것을 기초로 두고 있다.

② 기체-고체 크로마토그래피(GSC, gas solid chromatography)

㉠ 정지상으로 고체를 사용하며, 고체 정지상에 분석물질이 물리적 흡착으로 머무르게 되는 것을 이용한다.

㉡ 활성 또는 극성 분자가 반영구적으로 머물러 있고, 용리 봉우리에 꼬리끌기가 나타나기 때문에 분자량이 작은 기체 화학종을 분리하는 경우를 제외하고는 널리 응용되지 않고 있다.

㉢ 분배계수가 보통 GLC의 경우보다 대단히 크기 때문에 공기, 황화수소, 이황화탄소, 질소산화물, 일산화탄소, 이산화탄소 및 희유기체와 같이 기체-액체 칼럼에 머물지 않는 화학종들을 분리하는 데 유용하다.

희유기체 : 공기에 들어 있는 양이 희박한 기체로 아르곤(Ar), 헬륨(He), 네온(Ne), 크립톤(Kr), 제논(Xe), 라돈(Rn)의 여섯 가지 기체 원소이다.

㉣ 충전관과 열린 모세관 모두 사용한다. 열린 모세관은 흡착제의 얇은 막이 모세관의 내부벽에 입혀져 있는데 이런 관을 다공성층 모세관(PLOT관, porous layer open tubular column)이라고 한다.

(2) 시료 주입

① 시료는 양이 적당하고 짧은 증기층으로 주입해야 칼럼의 효율이 좋아진다.

② 많은 양의 시료를 서서히 주입하면 띠는 넓어지며 분리능이 떨어진다.

③ 시료 주입구의 온도는 보통 시료 중 가장 비휘발성인 물질의 끓는점보다 50℃ 정도 더 높다.

④ 시료의 주입방법

㉠ 분할 주입법

- 분할 주입에서는 시료가 뜨거운 주입구로 주입되고 분할 배기구를 이용해 일정한 분할비로 시료의 일부만이 칼럼으로 들어간다.
- 주입되는 동안 분할비의 오차가 생길 수 있고 휘발성이 낮은 화합물이 손실될 수 있어 정량 분석에는 좋지 않다.
- 고농도 분석물질이나 기체 시료에 적합하며, 분리도가 높고 불순물이 많은 시료를 다룰 수 있다.
- 열적으로 불안정한 시료는 분해될 수 있다.

㉡ 비분할 주입법

- 분할 주입에서보다 온도가 조금 낮으며, 분할 배기구가 닫힌 상태에서 시료를 분할 없이 천천히 칼럼에 주입한다.
- 농도가 매우 낮은 희석된 용액에 적합하다.
- 휘발성이 낮은 화합물은 손실될 수 있으므로 정량 분석에는 좋지 않다.
- 분리도가 높다.

㉢ 칼럼 내 주입법

- 시료가 뜨거운 주입기를 통하지 않고 칼럼에 직접 주입되므로 시료의 손실이 거의 없어 정량 분석에 가장 적합하다.
- 초기 칼럼 온도로부터 분리가 시작되므로 열에 예민한 화합물에 좋다.
- 분리도가 낮다.

(3) 온도 프로그래밍(temperature programming)

① 분리가 진행되는 동안 칼럼의 온도를 계속적으로 또는 단계적으로 증가시키는 것이다.

② 끓는점이 넓은 영역에 걸쳐 있는 분석물질에 대하여 시료의 분리효율을 높이고 분리시간을 단축시키기 위해 사용한다.

③ HPLC에서의 기울기 용리와 같다.

④ 일반적으로 최적의 분리는 가능한 낮은 온도에서 이루어지도록 한다. 그러나 온도가 낮아지면 용리시간이 길어져서 분석을 완결하는 데도 시간이 오래 걸린다.

(4) 검출기

① **불꽃이온화검출기**(FID, flame ionization detector)

㉠ 기체 크로마토그래피에서 가장 널리 사용되는 검출기로, 버너를 가지고 있으며 칼럼에서 나온 용출물은 수소와 공기와 함께 혼합되고 전기로 점화되어 연소된다.

㉡ 시료를 불꽃에 태워 이온화시켜 생성된 전류를 측정한다. 대부분의 유기화합물들은 수소-공기 불꽃 온도에서 열분해될 때 불꽃을 통해 전기를 운반할 수 있는 전자와 이온들을 만든다.

㉢ 생성된 이온의 수는 불꽃에서 분해된(환원된) 탄소원자의 수에 비례한다.

㉣ 연소하지 않는 기체(H_2O, CO_2, SO_2, NO_x 등)에 대해서는 감응하지 않는다.

㉤ H_2O에 대한 감도를 나타내지 않기 때문에 자연수 시료 중에 들어 있는 물 및 질소(N)와 황(S)의 산화물로 오염된 유기물을 포함한 대부분의 유기시료를 분석하는 데 유용하다.

㉥ 장점 : 감도는 높고(~10^{-13}g/s), 선형 감응범위가 넓으며(~10^7g), 잡음이 적다. 또한 기기 고장이 별로 없고, 사용하기 편하다.

㉦ 단점 : 시료를 파괴한다.

② **열전도도검출기**(TCD, thermal conductivity detector)

㉠ 분석물 입자의 존재로 인하여 생기는 운반기체와 시료의 열전도도 차이에 감응하여 변하는 전위를 측정한다.

㉡ 이동상인 운반기체로 N_2를 사용하지 않고 He과 H_2와 같이 분자량이 매우 작은 기체를 사용하는데, 이들의 열전도도가 다른 물질보다 6배 정도 더 크기 때문에 사용한다.

㉢ 장점 : 간단하고, 선형 감응범위가 넓으며(~10^5g), 유기 및 무기 화학종 모두에 감응한다. 또한 검출 후에도 용질이 파괴되지 않아 용질을 회수할 수 있으며, 비파괴적이고, 보조기체가 불필요하다.

㉣ 단점 : 감도가 낮으며, 모세 분리관을 사용할 때는 칼럼으로부터 용출되는 시료의 양이 매우 적어 사용하지 못한다.

③ 황화학발광검출기(SCD, sulfur chemiluminescene detector)

황화합물과 오존 사이의 반응을 근거로 한 검출기로, 황의 농도에 비례한다.

④ 전자포획검출기(ECD, electron capture detector)

㉠ 살충제와 polychlorinated biphenyl과 같은 화합물에 함유된 할로젠 원소에 감응 선택성이 크기 때문에 환경 시료에 널리 사용된다.

㉡ X-선을 측정하는 비례계수기와 매우 유사한 방법으로 작동한다.

㉢ ^{63}Ni과 같은 β-선 방사체를 사용하며, 방사체에서 나온 전자는 운반기체(주로 N_2)를 이온화시켜 많은 수의 전자를 생성한다.

㉣ 유기화학종이 없으면 이온화 과정으로 인해 검출기에 일정한 전류가 흐른다. 그러나 전자를 포착하는 성질이 있는 유기분자들이 있으면 검출기에 도달하는 전류는 급격히 감소한다.

㉤ 검출기의 감응은 전자포획원자를 포함하는 화합물에 선택적이며, 할로젠, 과산화물, 퀴논, 나이트로기와 같은 전기음성도가 큰 작용기를 포함하는 분자에 특히 감도가 좋고, 아민, 알코올, 탄화수소와 같은 작용기에는 감응하지 않는다.

㉥ 장점 : 불꽃이온화검출기에 비해 감도가 매우 좋고 시료를 크게 변화시키지 않는다.

㉦ 단점 : 선형으로 감응하는 범위가 작다(~10^2g).

⑤ 열이온검출기(TID, thermionic detector)

㉠ 질소인검출기(NPD, nitrogen phosphorous detector)라고도 한다.

㉡ 질소와 인을 함유하는 유기화합물, 헤테로 원자에 대하여 선택적으로 감응한다.

㉢ FID와 비교할 때 TID는 인(P) 함유 화합물에 대하여 500배, 질소(N) 함유 화학종에 대해서는 50배 정도 감도가 더 좋다.

㉣ 인 함유 살충제를 검출하고 정량하는 데 유용하다.

㉤ 루비듐 실리케이트(rubidium silicate) 구슬을 사용한다.

⑥ 불꽃광도검출기(FPD, flame photometric detector)

㉠ 공기와 물의 오염물질, 살충제 및 석탄의 수소화 생성물 등을 분석하는 데 널리 이용된다.

㉡ 황과 인을 포함하는 화합물에 감응하는 선택성 검출기이다.

⑦ 그 밖에 원자방출검출기(AED, atomic emission detector), 광이온화검출기(photoionization detector), 질량분석검출기, 전해질전도도검출기 등이 있다.

(5) 이상적인 검출기의 조건

아래에 제시한 조건을 모두 만족시키는 검출기는 아직 없다.

① 적당한 감도, 10^{-8}~10^{-15}g 분석물/s 범위 내에 들어야 한다.

② 안정성과 재현성이 높아야 한다.

③ 분석물질 질량범위 내에서 직선적인 감응을 나타내야 한다.

④ 실온부터 적어도 400℃까지의 온도범위는 가지고 있어야 한다.

⑤ 흐름속도와 관계없이 짧은 시간에 감응해야 한다.

⑥ 신뢰도가 높고, 사용하기 편해야 한다.

⑦ 모든 분석물에 대한 감응도가 비슷하거나 또는 하나 이상의 분석물 종류에 대하여 선택적인 감응을 보여야 하며, 쉽게 예측할 수 있어야 한다.

⑧ 시료를 파괴하지 않아야 한다.

(6) 머무름지수(I, retention index)

① 용질을 확인하는 데 사용되는 파라미터이다.

② 머무름지수 눈금을 결정하는 데는 n-alkane을 표준으로 삼는다.

③ n-alkane의 머무름지수는 화합물에 들어 있는 탄소수의 100배에 해당하는 값으로 정의하며, 칼럼 충전물, 온도, 크로마토그래피의 다른 조건과 관계없다.

④ n-alkane 이외의 화합물 : $\log t_R' = \log(t_R - t_M)$을 이용하여 탄소원자수를 계산한다. 탄소원자수에 대한 보정 머무름시간의 log값, 즉 $\log t_R'$을 도시하면 직선이 얻어지므로 기울기를 이용하여 탄소원자수를 구해서 100을 곱하면 머무름지수(I)를 구할 수 있다.

⑤ 예를 들어, $n-$Butane의 $\log t_R' = 2.0$, $n-$Pentane의 $\log t_R' = 2.5$임을 이용하여 $\log t_R' = 2.3$인 미지시료의 머무름지수를 구하면 다음과 같다.

시료의 탄소원자수를 x로 두면 탄소원자수에 대한 $\log t_R'$의 관계에서 기울기는

$\dfrac{2.5-2.0}{5-4} = \dfrac{2.5-2.3}{5-x}$이다.

여기서, $x=4.60$이고, $4.60 \times 100 = 460$이다.

따라서 시료의 머무름지수는 460이다.

(7) 열린 모세관 칼럼

칼럼에는 충전칼럼과 열린 모세관 칼럼의 두 종류가 있는데, 열린 칼럼이 고분리도, 짧은 분석 시간, 높은 감도를 제공하므로 많은 분석에서 내경이 0.1~0.5mm이고 길이가 15~100m인 양 끝이 열린 모세관 칼럼을 사용한다.

① **벽 도포 열린 관 칼럼(WCOT, wall-coated open tubular)**

㉠ 칼럼 내부를 정지상으로 얇게 입히고 가운데는 비어 있는 칼럼이다.

㉡ 칼럼 재질은 스테인리스 스틸, 알루미늄, 구리, 플라스틱 또는 유리 등이 있다.

② **용융 실리카 열린 관 칼럼(FSOT, fused silica open tubular)**

㉠ 벽 도포 열린 칼럼의 일종으로서 칼럼 재질로 금속 산화물이 포함되지 않은 용융 실리카를 사용한다.

㉡ 유리 칼럼보다 벽의 두께가 매우 얇다.

㉢ 칼럼 외부를 폴리아미드로 입혀서 강도가 높다.

㉣ 칼럼에 주입하는 시료의 양을 줄여야 하므로 시료를 분할 주입하며, 감응속도가 빠르고 감도가 좋은 검출기를 사용해야 한다.

③ **지지체 도포 열린 관 칼럼(SCOT, support-coated open tubular)**

㉠ 모세관의 안쪽 표면에 규조토와 같은 지지체를 얇은 막(~30μm) 형태로 입히고 그 위에 액체 정지상을 흡착시킨 열린 관 칼럼이다.

㉡ 벽 도포 칼럼보다 정지상의 양이 더 많으므로 시료 용량이 더 크다.

④ **다공성막 열린 관 칼럼(PLOT, porous layer open tubular)**

다공성 중합체의 고체상 입자가 칼럼 내벽에 부착되어 있는 열린 관 칼럼이다.

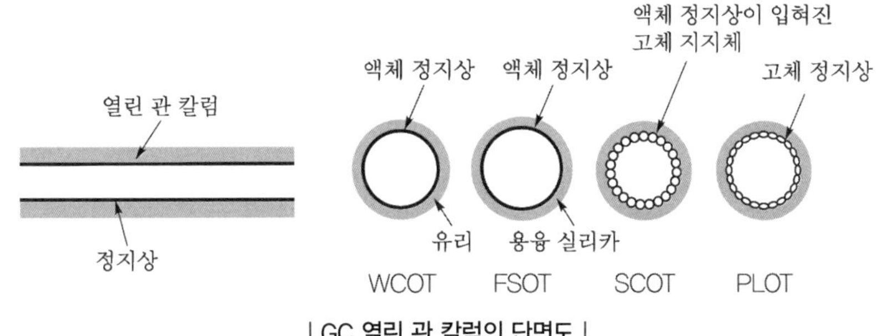

| GC 열린 관 칼럼의 단면도 |

4 고성능 액체 크로마토그래피(HPLC, high performance liquid chromatography)

이동성이 액체인 크로마토그래피이다. 칼럼 효율을 높이기 위해 충전물의 입자 크기를 줄이고 높은 압력을 가하여 작동하는 고성능 액체 크로마토그래피는 고전적 중력-흐름 액체 크로마토그래피와 차이가 난다. 현재 사용하는 LC는 모두 HPLC를 뜻한다.

(1) HPLC의 종류

정지상의 종류에 따라 다시 분류된다.

구분	정지상	상호작용
분배 크로마토그래피	액체	분배
흡착 크로마토그래피 (액체-고체 크로마토그래피, LSC)	고체	흡착
이온교환 크로마토그래피 (이온 크로마토그래피)	이온교환수지	이온교환
크기 배제 크로마토그래피 (젤 크로마토그래피)	중합체로 된 다공성 젤	거름과 분배

(2) 분배 크로마토그래피(partition chromatography)

① 용질이 정지상 액체와 이동상 사이에서 분배되어 평형을 이루어 분리된다.

② 액체 크로마토그래피 중 가장 널리 이용되는 방법이다.

③ 액체 정지상이 고체 지지체 표면에 얇은 막을 형성하는 방법에 따라 두 가지로 나뉜다.

㉠ 액체-액체 크로마토그래피 : 액체 정지상이 충전물 표면에 물리적 흡착으로 머물러 있다.

㉡ 결합상 크로마토그래피 : 정지상이 충전물 표면에 화학적 결합에 의하여 붙어 있다.

④ 이동상과 정지상의 상대적 극성에 따라 두 가지로 나뉜다.

㉠ 정상 분배 크로마토그래피(normal-phase chromatography) : 정지상으로 실리카, 알루미나 입자에 도포시킨 물 또는 트리에틸렌글리콜과 같은 극성이 매우 큰 것을 사용하고, 이동상으로는 헥산 또는 이소프로필에테르와 같이 비극성인 용매를 사용한다.

➜ 정상 분배 크로마토그래피에서는 극성이 가장 작은 성분이 상대적으로 이동상에 가장 잘 녹기 때문에 먼저 용리되며, 이동상의 극성을 증가시키면 용리시간이 짧아진다. 먼저 사용했다는 이유로 정상 크로마토그래피라고 한다.

㉡ 역상 분배 크로마토그래피(reversed-phase chromatography) : 정지상은 비극성인 것으로 종종 탄화수소를 사용하며 이동상은 물, 메탄올, 아세토나이트릴과 같이 비교적 극성인 용매를 사용한다.

➜ 역상 분배 크로마토그래피에서는 극성이 가장 큰 성분이 처음에 용리되고, 이동상의 극성을 증가시키면 용리시간도 길어진다.

⚗ 물을 이동상으로 사용할 수 있다는 장점이 있다.

⚗ 여러 분석물 작용기들의 극성이 증가하는 순서는 탄화수소(CH) < 에터(ROR′) < 에스터(RCOOR′) < 케톤 < 알데하이드(RCHO) < 아미드 < 아민(RNH_2) < 알코올(ROH), 물은 제시된 작용기를 포함하는 화합물보다 극성이 크다.

(3) 흡착 크로마토그래피(adsorption chromatography)

① 액체－고체 크로마토그래피(LSC)로, 고체 정지상으로 실리카와 알루미나를 사용하며 흡착 · 치환 과정이 머무름의 주된 요인이 된다.

② 분자량이 5,000 이하이고, 비극성－비수용성의 성질을 지닌 분석물을 분리할 때 가장 효과적이며, 분석물질의 극성이 증가할수록 머무름 시간은 길어진다.

③ 이성질체, 동족체와 같이 비슷한 크기의 시료 분리에 주로 사용된다.

(4) 이온교환 크로마토그래피(ion exchange chromatography)

① 정지상으로 $-SO_3^-H^+$, $-N(CH_3)_3^+OH^-$ 등이 공유결합되어 있는 이온교환수지를 사용하여 용질 이온들이 정전기적 인력에 의해 정지상에 끌려 이온교환이 일어나는 것을 이용한다.

② 교환반응상수는 이온의 전하가 클수록, 수화된 이온의 크기가 작을수록 크다.

㉠ 양이온 교환반응상수(K_{ex})

$$RSO_3^-H^+ + M^+ \rightleftarrows RSO_3^-M^+ + H^+,\ K_{ex} = \frac{[RSO_3^-M^+][H^+]}{[RSO_3^-H^+][M^+]}$$

㉡ 음이온 교환반응상수(K_{ex})

$$RN(CH_3)_3^+OH^- + A^- \rightleftarrows RN(CH_3)_3^+A^- + OH^-,\ K_{ex} = \frac{[RN(CH_3)_3^+A^-][OH^-]}{[RN(CH_3)_3^+OH^-][A^-]}$$

③ 용리액 억제칼럼(suppressor)

㉠ 시료 이온의 전도도에는 영향을 주지 않고 용리 용매의 전해질을 이온화하지 않는 분자 화학종으로 바꿔 주는 이온교환수지로 충전되어 있는 억제 칼럼이다.

㉡ 이온교환 분석칼럼의 바로 뒤에 설치하여 사용함으로써 용매 전해질의 전도도를 막아 시료 이온만의 전도도를 검출할 수 있게 해 준다.

④ 단일 칼럼 이온 크로마토그래피

㉠ 용리액 억제 칼럼을 따로 사용하지 않는 것으로 용리된 시료 이온과 용리액의 주된 이온 사이의 적은 전도도 차이에 의존한다.

㉡ 전도도의 차이를 증폭하기 위하여 소량의 교환체를 사용하는데, 교환체는 낮은 당량 전도도를 지닌 화학종으로 용리할 수 있게 한다.

㉢ 억제관 이온 크로마토그래피보다 감도가 다소 떨어지고, 측정농도범위도 작아진다.

(5) 크기 배제 크로마토그래피(size exclusion chromatography)

① 친수성 충전물을 이용한 크로마토그래피를 젤 거르기 크로마토그래피라 하며, 소수성 충전물을 이용한 크로마토그래피를 젤 투과 크로마토그래피라고 한다.

② 충전물은 균일한 미세 구멍의 그물구조를 가지고 있는 작은 실리카 또는 중합체 입자로 되어 있다.

③ 분자가 구멍에 들어가 있는 동안 효과적으로 붙잡히며 이동상의 흐름에서 제거된다. 구멍에 머무르는 평균시간은 분석물 분자의 유효 크기에 따라 달라지며, 충전물의 평균 구멍 크기보다 큰 분자는 배제되므로 머무름이 사실상 없어진다.

④ 구멍보다 상당히 작은 지름을 가진 분자는 구멍 미로를 통해 침투 또는 투과할 수 있으므로 오랜 시간 동안 붙잡혀 있게 된다.

⑤ 여러 크로마토그래피 방법들과는 달리 분석물과 정지상 사이에 화학적, 물리적 상호작용이 일어나지 않는다.

⑥ 분자량 10,000 이상의 생체 고분자(글루코오스 계열의 화합물)를 분리하고자 할 때 가장 적합하다.

(6) 기울기 용리(gradient elution)

① 극성이 다른 2~3가지 용매를 사용하여 용리가 시작된 후에 용매들을 섞는 비율은 이미 프로그램된 비율에 따라 단계적으로 또는 연속적으로 변화시킨다.

② 분리효율을 높이고 분리시간을 단축시키기 위해 사용한다.

③ 기체 크로마토그래피에서 온도 프로그래밍을 이용하여 얻은 효과와 유사한 효과가 있다.

④ 일정한 조성의 단일 용매를 사용하는 분리법을 등용매 용리(isocratic elution)라고 한다.

(7) 펌프장치

HPLC 펌프장치에 필요로 하는 조건들은 다음과 같다.

① 6,000psi(약 400atm)까지의 압력 발생

② 펄스 충격이 없는 출력

③ 0.1~10mL/min 범위의 흐름속도

④ 흐름속도 재현성의 상대오차를 0.5% 이하로 유지

⑤ 여러 용매에 의해 잘 부식되지 않음

(8) 액체 크로마토그래피 칼럼

① **분석칼럼** : 대부분의 액체 크로마토그래피 칼럼의 길이는 10~30cm이고, 내부 지름은 약 4~10mm이며, 충전물의 입자 크기는 보통 5μm 또는 10μm이다.

→ 흔히 사용되고 있는 칼럼은 길이가 25cm이고, 내부 지름은 4.6mm이며, 충전물의 입자 크기는 5μm이다.

② **보호칼럼** : 분석칼럼의 수명 연장을 위해 사용한다.

㉠ 보통 짧은 보호칼럼을 분석칼럼 앞에 설치하여 용매에서 들어오는 입자성 물질과 오염물질뿐만 아니라 정지상에 비가역적으로 결합되는 시료 성분을 제거하는데 분석칼럼의 분리효율을 높이고 분리시간을 단축시키기 위해 사용한다.

㉡ 이동상을 정지상으로 포화시키는 역할도 한다.
→ 정지상의 손실을 최소화할 수 있다.

㉢ 보호칼럼 충전물의 조성은 분석관의 조성과 거의 같아야 하고, 입자의 크기는 더 크게 하여 압력강하를 최소화한다.

㉣ 오염되었을 때는 다시 충전물을 채우거나 새 것으로 교체한다.

(9) 검출기

① **흡수검출기** : 자외선, 가시광선, 적외선 영역에서 용리액의 흡광도를 측정하여 검출한다. 자외선가시광선흡수검출기는 HPLC에 이용되는 검출기 중 가장 널리 사용되는 검출기이다.

㉠ 필터UV흡수검출기 : 광원으로는 수은램프를 사용한다. 254nm의 센 선을 필터로 분리하여 사용하거나 313nm, 334nm, 365nm선을 필터로 바꾸어 가면서 선택하여 사용하는데 이 파장들 중 어느 하나를 흡수하는 용질에만 사용된다.

㉡ 단색화장치UV흡수검출기 : 회절발 광학계를 이용하여 주사하는 분광광도계인 검출기이다.

㉢ 적외선흡수검출기 : 유용한 여러 용매의 투광도가 낮으며, 물과 알코올의 넓은 적외선 흡수띠로 인해 많은 응용에 거의 사용하지 못한다.

② **형광검출기**

㉠ 형광을 발하는 화학종에 대해 사용 가능하고, 흡수방법보다 10배 이상의 높은 감도를 나타낸다.

형광을 발하는 화학종 : 의약품, 천연물, 임상시료 및 석유 화학제품 등

㉡ 형광을 발하는 유도체를 만드는 시약으로 시료를 전처리하면 형광을 발하는 화학종의 수가 더 많게 할 수 있다.

㉢ 형광유도체(dansylchloride)는 일차와 이차 아민, 아미노산, 페놀과 반응하여 형광화합물을 만들기 때문에 단백질을 가수분해하여 생긴 아미노산을 검출하는 데 널리 사용되고 있다.

③ **굴절률검출기** : 이동상과 시료용액과의 굴절률 차이를 이용한 것으로, 셀에 기준 용액과 굴절률이 다른 시료용액이 들어오면 유리판에서 빛살이 굴절되는 각도가 달라져 검출기의 다른 위치로 빛살이 도달하게 되어 신호를 얻는다.

㉠ 거의 모든 용질에 감응한다.

㉡ 흐름속도에 영향을 받지 않는다.

㉢ 온도에 매우 민감하므로 0.01℃ 이내로 온도를 유지해야 한다.

→ 굴절률이 온도에 따라 달라진다.

㉣ 감도가 낮아 미량 분석에는 사용되지 않는다.

㉤ 기울기 용리를 사용할 수 없다.

→ 기준인 이동상의 조성이 계속 변하면 시료와 기준 용액을 맞추기가 불가능해진다.

④ **전기화학검출기** : 일정 전위영역에서 산화 · 환원반응을 일으키는 유기 작용기를 가지고 있는 화학종을 적당한 전기화학 분석법으로 검출한다.

⑤ 그 밖에 **증발산란광검출기, 질량분석검출기, 전도도검출기, 광학활성검출기, 원소선택성검출기, 광이온화검출기** 등이 있다.

5 초임계 유체 크로마토그래피(SFC, supercritical fluid chromatography)

(1) 초임계 유체

초임계 유체는 임계온도와 임계압력보다 높은 온도와 압력상태에 있는 물질을 말하며, 그 성질은 다음과 같다.

임계온도 : 압력을 높여도 구별할 수 있는 액체 상이 존재할 수 없는 온도
임계압력 : 임계온도에서 그 물질의 증기압력

① 기체상과 액체상으로 있는 물질들이 가지는 밀도, 점도 등의 다른 성질 값들의 중간 정도의 값을 갖는다.

② 높은 밀도($0.2 \sim 0.5 g/cm^3$) 때문에 결과적으로 분자량이 큰 비휘발성 분자를 잘 녹일 수 있다.

③ 비교적 낮은 온도에서 대기와 단순히 평형이 유지되게 하여 분석물들을 쉽게 회수할 수 있다.

→ 열적으로 불안정한 분석물에서는 매우 중요하다.

④ 값이 싸고, 무해하고, 대기 중으로 증발을 시켜도 환경에는 아무런 영향을 주지 않는 비독성 물질이다.

⑤ 액체 용매보다 10배 정도 더 높은 용질의 확산성과 10배 정도 더 낮은 점도를 가지고 있다.

(2) 초임계 유체 크로마토그래피

① 기체 크로마토그래피(GC)와 액체 크로마토그래피(LC)의 각각의 장점을 결합시켜 만든 혼성 방법이다.

② GC 또는 LC로 쉽게 분리되지 않는 화합물들을 분리하고 정량할 수 있다.

→ 이런 화합물들은 비휘발성이거나 열적으로 불안정하여 GC는 부적합하고, LC에서 검출법으로 이용하는 분광법이나 전기화학법에 검출될 수 있는 작용기를 갖고 있지 않다.

(3) 기기장치와 작동 변수

① GC에서 사용되는 것과 유사한 항온 칼럼 오븐이 온도를 정밀하게 조절하기 위해 필요하다.

② 흐름제한기 혹은 역압력 조절장치를 이용하여 칼럼의 적정압력을 유지한다.

③ 압력효과

㉠ 이동상의 밀도가 분석물질의 칼럼 머무름에 영향을 미친다.

㉡ 이동상의 밀도는 온도, 압력, 이동상의 조성에 의하여 결정되며, 밀도가 증가하면 이동상 용매의 능력이 증가되므로 용리시간이 짧아진다.

㉢ GC에서의 온도 프로그래밍과 HPLC에서의 기울기용리로 얻을 수 있는 것들과 유사한 효과를 SFC에서는 칼럼 압력의 선형적 증가나 칼럼 압력 조절을 통한 선형적인 밀도 증가를 통하여 얻을 수 있다.

④ 정지상

㉠ 충전칼럼은 열린 관 칼럼과 비교하여 더 큰 이론단수(100,000 이상)를 가지고, 많은 양의 시료를 분석하는 데 적용될 수 있다.

㉡ 초임계 유체의 점도가 낮기 때문에 LC에서 사용하는 것보다 긴 길이의 열린 관 칼럼을 사용할 수 있다.

⑤ 이동상

㉠ 가장 널리 사용되는 이동상은 이산화탄소(CO_2)이다.

㉡ 이산화탄소의 임계온도가 31℃이고 임계압력이 72.9atm이기 때문에 HPLC 장치의 작동영역을 벗어나지 않고도 다양한 온도와 압력을 선택할 수 있다.

㉢ 그 외의 C_2H_6, C_5H_{12}, CCl_2F_2, $C_2H_5OC_2H_5$, NH_3, THF 등이 사용된다.

2. 질량 분석

2-1 원자 및 분자 질량 분석 실시

1 질량분석법의 원리 및 이론

(1) 원자 및 분자 질량분석법

① 미지시료의 원소를 정확히 알기 위해 농도를 결정하기 위한 도구로 널리 사용된다.

② 주기율표의 대부분의 원소들을 정량할 수 있다.

③ 장점

㉠ 많은 원소에 대해 검출한계가 다른 광학방법보다 약 10^3배 정도 뛰어나다.

㉡ 스펙트럼이 비교적 단순하여 쉽게 해석이 가능하다.

㉢ 원자의 동위원소비를 측정할 수 있다.

④ 단점

㉠ 기기 비용이 광학적 기기보다 비싸다.

㉡ 시간당 5~10% 정도의 기기적 변동이 있다.

⑤ 질량분석법의 분석단계

㉠ 원자화

㉡ 이온의 흐름으로 원자화에서 형성된 원자의 일부분을 전환

㉢ 질량 대 전하비(m/z)를 기본으로 형성된 이온의 분리

m : 원자 질량단위의 이온의 질량, z : 전하

㉣ 각각의 형태의 이온의 수를 세거나 또는 적당한 변환기로 시료로부터 형성된 이온 전류를 측정

⑥ 원자 질량분석법의 형태

이름	약어	원자 이온원	대표적 질량분석계
유도쌍 플라스마	ICPMS	고온 아르곤 플라스마	사중극자
직류 플라스마	DCMS	고온 아르곤 플라스마	사중극자
마이크로파-유도 플라스마	MIPMS	고온 아르곤 플라스마	사중극자
스파크 광원	SSMS	라디오 주파수 전기 스파이크	이중 초점
열법 이온화	TIMS	전기가열 플라스마	이중 초점
글로우방전	GDMS	글로우방전 플라스마	이중 초점
레이저 마이크로 탐침	LMMS	집중된 레이저 빛살	비행시간
이차이온	SIMS	가속 이온에 의한 충격	이중 초점

(2) 질량분석법의 원자량과 분자량

① 동위원소의 질량을 구별할 수 있다.

② 원자 질량단위(amu) : ${}^{12}_{6}C$ 을 12amu로 놓고 이것에 대한 상대적인 값이다.

질량 분광학에서는 amu를 dalton이라고도 부른다(1amu=1dalton=1Da).

③ 특정 동위원소의 정확한 질량이나 특정 동위원소가 포함되어 있는 화합물의 정확한 질량을 구별한다.

예 ${}^{12}C^{1}H_4 : m = (12.000 \times 1) + (1.007825 \times 4) = 16.031\text{Da}$
${}^{13}C^{1}H_4 : m = (13.00335 \times 1) + (1.007825 \times 4) = 17.035\text{Da}$

④ 보통 소수점 이하 3~4자리의 정확한 질량을 사용한다.

→ 고분해능 질량분석계는 이 정도의 정밀도를 갖고 있기 때문이다.

⑤ 질량 대 전하비(m/z)

㉠ 한 이온의 원자나 분자량(m)을 그 이온의 전하(z)로 동위원소의 질량을 구별할 수 있다.

예 ${}^{12}C^{1}H_4^{+}$의 $m/z = \dfrac{16.031}{1} = 16.031$이고, ${}^{13}C^{1}H_4^{2+}$의 $m/z = \dfrac{17.035}{2} = 8.518$이다.

㉡ 대부분의 이온은 1가 전하를 가지므로 m/z는 질량을 나타낸다.

2 이온화 방법

(1) 이온화 장치

〈분자 질량분석법에서 사용되는 이온화 장치의 종류〉

시료를 이온화시키는 방법	종류
기체-상(gas-phase) 이온화 장치 (시료를 기체로 만든 상태에서 이온화)	전자충격이온화(EI, electron impact ionization)
	화학이온화(CI, chemical ionization)
	장이온화(FI, field ionization)
탈착식 이온화 장치 (시료를 기체로 만들지 않고 액체 또는 고체 상태에서 이온화)	장탈착이온화(FD, field desorption)
	전기분무이온화(ESI, electrospray ionization)
	매트릭스지원 레이저탈착이온화(MALDI, matrix-assisted laser desorption ionization)
	빠른 원자충격이온화(FAB, fast atom bombardment)
	이차이온질량분석(SIMS, seconclary ion mass spectrometry)
	열분무이온화(TS, thermospray ionization)
	플라스마탈착이온화(PD, plasma desorption)
대기 탈착식 이온화 장치 (최소의 시료로 덮개 없이 탈착 이온화원을 사용)	탈착전기분무이온화(DESI, desorption electro spray ionization)
	실시간 직접 분석(DART, direct analysis in real time)

(2) 기체-상 이온화 장치

① 시료를 먼저 기체상태로 만든 후 화합물을 이온화시키는 방법으로 끓는점이 500℃ 이하의 열에 안정한 시료에 적용할 수 있다.

② 일반적으로 분자량이 10^3Da보다 큰 물질의 분석에는 불리하다.

③ 종류로는 전자충격이온화, 화학이온화, 장이온화 등이 있다.

㉠ 전자충격이온화(EI)

- 전자이온화 장치라고도 한다.
- 시료의 온도를 충분히 높여 분자 증기를 만들고 기화된 분자들이 높은 에너지의 전자빔에 의해 부딪혀서 이온화된다.
- 고에너지의 빠른 전자빔으로 분자를 때리므로 토막내기 과정이 매우 잘 일어난다.
- 토막내기 과정으로 생긴 분자이온보다 작은 질량의 이온을 딸이온(daughter ion)이라 한다.
- 센 이온원으로 분자이온이 거의 존재하지 않으므로 분자량의 결정이 어렵다.
- 기준 봉우리 : 가장 높은 값을 나타내는 봉우리로, 크기를 임의로 100으로 정한다.
- 토막내기가 잘 일어나므로 스펙트럼이 가장 복잡하다.
- 기화하기 전에 분석물의 열분해가 일어날 수 있다.

㉡ 화학이온화(CI)

- 메테인(CH_4)이나 암모니아(NH_3) 등과 같은 시약 기체를 전자충격으로 생성된 과량의 시약 기체의 양이온과 시료의 기체분자들이 서로 충돌하여 이온화된다.
- 시료 분자 MH와 CH_5^+ 또는 $C_2H_5^+$ 사이의 충돌에 의해 양성자 전이로 $(MH+1)^+$, 수소화 이온 전이로$(MH-1)^+$, $C_2H_5^+$ 이온 결합으로 $(MH+29)^+$ 봉우리를 관찰할 수 있다.
- 전자이온화 스펙트럼에 비해 스펙트럼이 단순하다.
- 시약기체를 선택한 후 시료를 선택적으로 이온으로 만들 수 있으므로 선택적인 시료 분석의 감도가 좋다. 단, 선택적 이온화로 다양한 시료를 한 번에 분석할 수 없다.

㉢ 장이온화(FI)

- 센 전기장(10^8V/cm)의 영향으로 이온이 생성된다.
- 전자이온화 스펙트럼에서 분자이온 $(MH)^+$이 보이지 않지만 장 이온화 스펙트럼에서는 $(MH+1)^+$ 봉우리가 선명하게 나타난다.

(3) 탈착식 이온화 장치

① 비휘발성이거나 열적으로 불안정한 시료를 다루기 위한 여러 가지 탈착이온화 방법이 개발되어 예민한 생화학적 물질과 분자량이 10^5Da 이상의 큰 화학종의 질량 스펙트럼 분석이 가능하다.

② 탈착방법은 시료의 기화과정과 이온화 과정 없이 여러 가지 형태의 에너지를 고체나 액체 시료에 가해서 직접 기체상태의 이온을 형성하여, 스펙트럼은 매우 간단해져서 분자이온이나 혹은 양성자가 첨가된 분자이온만 형성할 때도 있다.

③ 종류로는 장탈착이온화, 전기분무이온화, 매트릭스지원 레이저탈착이온화, 빠른 원자충격이온화 등이 있다.

㉠ 장탈착이온화(FD)

- 전극을 시료용액으로 표면을 입힌 채로 시료실에서 제거될 수 있는 탐침에 올리며, 시료 도입 탐침을 시료실에 넣고 높은 전위를 가해 이온화시킨다.
- 분자이온 봉우리를 확인하기 가장 쉬운 이온화 방법이다.

예 글루탐산의 장탈착 스펙트럼의 경우 장이온화 스펙트럼보다 더 간단하고, 질량 148에 양성자가 붙은 분자이온 봉우리와 질량 149에 동위원소 봉우리만 나타난다.

㉡ 전기분무이온화(ESI)

- 시료를 극성 유기용매에 녹여 수천 볼트의 전압을 가하여 높은 전기장 안에서 하전된 미세한 액체방울로 분사시킨다. 분사된 액체방울의 용매는 기화되는 과정을 통하여 작아지게 되고, 이들의 하전된 밀도는 더욱 증가되어 주위의 기체에 탈착되어 다중전하를 띠는 분자이온을 생성시키는 방법이다.
- 적은 에너지를 사용하므로 분자량이 10^5Da 근처인 열적으로 불안정한 생체물질의 정확한 분자량을 분석할 수 있다.
- 실온과 대기압에서 작동하므로 HPLC의 칼럼이나 모세관 전기영동법의 모세관으로부터 나오는 시료용액을 다른 처리과정 없이 이온화 장치로 도입시킬 수 있다.

㉢ 매트릭스지원 레이저탈착이온화(MALDI)

- 낮은 농도의 시료를 금속 탐침에 고체나 액체의 형태로 골고루 퍼뜨린 다음 진공으로 된 이온화원에 넣고 시료에 레이저살의 초점을 맞춘다.
- MALDI 매트릭스는 레이저 복사선을 강하게 흡수하고, 매트릭스와 분석물질은 탈착 및 이온화되어 이온다발을 만든다.
- 수천에서 수십만 Da의 분자량을 갖는 극성 생화학 고분자에 대한 정확한 분자질량의 정보를 얻을 수 있다.

㉣ 빠른 원자충격이온화(FAB)

- 점도가 높은 매트릭스 용액과 같은 응축된 시료를 높은 에너지의 제논(Xe), 아르곤(Ar)의 빠른 원자로 충격하여 이온화시키는 방법이다.
- 분자량이 크고 극성인 화학종을 이온화시킨다.

(4) 하드(hard) 이온화 장치와 소프트(soft) 이온화 장치

이온화 장치는 하드 또는 소프트로 분류하기도 한다.

① 하드 이온화 장치에서 생성된 이온은 큰 에너지를 넘겨 받아 높은 에너지 상태로 들뜨게 된다. 이 경우 많은 토막이 생기면서 이완되는데 이 과정에서 분자이온의 질량 대 전하의 비보다 작은 조각이 된다. 전자충격이온화 장치가 해당된다.

② 소프트 이온화 장치는 토막이 적게 일어나고 스펙트럼이 간단하다. 화학이온화 장치, 탈착식 이온화 장치가 해당된다.

3 질량분석계의 구성

질량분석계의 구성은 다음과 같다.

시료도입장치 ➜ 기체 10^{-5}~10^{-8}torr(진공상태를 유지) 이온화원
➜ 질량분석기 ➜ 검출기(변환기) ➜ 신호처리장치

(1) 시료도입장치

① 매우 적은 양의 시료(μmol 이하)를 질량분석기로 보내어 기체 이온으로 만든다.

② 고체나 액체 시료를 기화시키는 장치가 필요하다.

③ 직접 도입장치, 배치식 도입장치, 크로마토그래피 또는 모세관 전기이동 도입장치 등이 있다.

㉠ 직접 도입장치 : 열에 불안정한 화합물, 고체시료, 비휘발성 액체시료에 적용, 진공 봉쇄상태로 되어 있는 시료 직접 도입 탐침에 의해 이온화 지역으로 주입된다.

㉡ 배치식 도입장치 : 기체나 끓는점이 500℃까지의 액체시료에 적용, 압력을 감압하여 끓는점을 낮추어 기화시킨 후 기체시료를 진공인 이온화 지역으로 새어 들어가게 한다.

㉢ 크로마토그래피 또는 모세관 전기이동 도입장치 : GC/MS, LC/MS 또는 모세관 전기이동관을 질량분석기와 연결시키는 장치, 용리 기체로 용리한 후 용리 기체와 분리된 시료 기체를 도입한다.

(2) 이온화원

* 이온화 방법 참고

(3) 질량분석기

생성된 이온들을 질량 대 전하비(m/z)에 따라 분리하는 장치로, 광학분광계에서 복사선을 그의 성분 파장으로 분산시키는 회절발과 유사한 역할을 한다. 이상적인 분석기는 미소한 질량의

차이를 구별할 수 있어야 하고, 쉽게 측정할 수 있는 이온 전류를 얻을 수 있도록 충분한 이온을 통과시켜야 한다.

① 분리능(=분해능, R, resolution)

㉠ 질량분석기가 두 질량 사이의 차를 식별 · 분리할 수 있는 능력을 말한다.

$$R=\frac{m}{\Delta m}$$

여기서, Δm : 겨우 분리된 가까운 두 봉우리 사이의 질량 차이

m : 첫 번째 봉우리의 명목상 질량 또는 두 봉우리의 평균 질량

㉡ 두 봉우리 사이의 골짜기 높이가 그들 높이의 수%를 넘지 않으면 두 봉우리는 분리되었다고 한다.

때로는 10%가 판단기준으로 사용된다.

예 m/z 값이 400.0과 400.1인 봉우리를 분리하는 질량분석기의 분해능(R)은 다음과 같다.

$$R=\frac{400.0}{(400.1-400.0)}=4{,}000$$

② 질량분석기의 종류

원자 질량분석법의 질량분석장치로는 일반적으로 사중극자 분석계를 사용하지만, 비행-시간 분석계, 이중초점분석계도 사용 가능하다.

㉠ 자기장섹터분석기(=자기장부채꼴질량분석기, 단일초점분석기) : 부채꼴 모양의 영구자석 또는 전자석을 이용하여 이온살을 굴절시켜 무거운 이온은 적게 휘고 가벼운 이온은 크게 휘는 성질을 이용하여 분리한다.

$$\frac{m}{z}=\frac{B^2r^2e}{2V}$$

여기서, m : 질량(kg)

z : 전하

B : 자기장(T, $\mathrm{W/m^2}$)

r : 곡면 반지름(m)

e : 이온의 전하($=1.6\times10^{-19}$C)

V : 가속전압

㉡ 이중초점분석기

- 이온 빛살 초점에 대하여 정전기분석계와 자석 부채꼴 분석계가 있다.
- 광원으로 나오는 이온들은 휘어진 정전기장 속에서 슬릿을 통해 가속되고 휘어진 자기장을 내는 슬릿 속에서 운동에너지의 좁은 띠를 갖는 이온 빛살 초점을 제공한다.
- 가벼운 이온들은 많이 휘어지고 무거운 이온들은 덜 휘어진다.

㉢ 사중극자 질량분석기

- 기기의 중심부에 질량필터의 전극 역할을 하는 4개의 원통형 금속막대가 있고, 막대에 걸리는 DC 전압과 고주파 AC 전압은 질량 대 전하비를 일정하게 유지하기 위해 계속적으로 증가시켜 특정 m/z값을 갖는 이온들만 검출기로 보내어 분리한다.
- 주사시간이 짧고, 부피가 작고 값이 싸고 튼튼하여 널리 사용되는 질량분석기이다.
  ➜ 원자 질량분석계에서 사용되는 가장 일반적인 질량분석기이다.
- 고질량 필터 : 고주파수 교류 전위(AC 신호) + 양극 막대(양의 DC 전위)
  무거운 이온들은 그대로 통과하고, 가벼운 이온들은 AC 전위의 음의 주기 동안 막대에 충돌하여 제거된다.
- 저질량 필터 : 고주파수 교류 전위(AC 신호) + 음극 막대(음의 DC 전위)
  무거운 이온들은 AC 전위에 감응하지 않으므로 막대에 부딪혀 중성분자로 변하고, 가벼운 이온들은 막대 사이에 남아 통과한다.
- 좁은띠 필터 : 고질량 필터 + 저질량 필터
  한 쌍의 막대에는 고질량 필터를, 다른 한 쌍의 막대에는 저질량 필터를 걸어주어 동시에 작용시키면 제한된 범위의 m/z를 갖는 이온들만 통과한다.

㉣ 비행시간분석기(TOF, time-of-flight)

- 모든 이온들이 이온원으로부터 표류지역으로 높은 전압으로 가속되므로 운동에너지가 같게 되어 가벼운 이온은 빨리, 무거운 이온은 느리게 검출기에 도달되어 분리되는 원리이다.
- 분리능, 재현성 또는 질량 확인의 용이성 등의 관점에서 볼 때 비행시간 질량분리형 기기는 자기장이나 사중극자 기기보다 만족성이 떨어진다.
- 기기가 간단하고 튼튼하며 이온화 발생기를 장치하기 쉽고, 사실상 무제한의 질량 범위를 가지며, 데이터 획득 속도가 빠르다.
- 비행시간(t_F)은 다음과 같이 표현된다.

$$t_F = \frac{L}{v} = L\sqrt{\frac{m}{2zeV}} \quad \left(t_F\text{는 } zeV = \frac{1}{2}m\left(\frac{L}{t_F}\right)^2 \text{ 식에서 유도}\right)$$

여기서, L : 발생원에서 검출기까지의 거리
v : 가속된 이온의 속도
m : 질량(kg)
z : 전하
e : 이온의 전하($=1.6\times10^{-19}$C)
V : 가속전압

ⓜ 이온포획(이온포집)분석기

- 기체상태 음이온이나 양이온이 전기장과 자기장에서 생성되어 이 이온들을 한동안 잡아둘 수 있는 장치이다.
- 이온 사이클로트론 공명현상을 이용한 질량분석기이다.

⚗ 이온 사이클로트론 공명현상 : 자기장에서 원운동을 하는 이온은 m/z에 따라 각주파수(=사이클로트론 주파수)가 달라지는데, 여기에 사이클로트론 공명 주파수를 갖는 AC 전압을 걸러 주면 이온이 에너지를 흡수하여 원운동의 반경이 증가하는 현상이다.

ⓑ Fourier 변환(FT)질량분석기

- 적외선 기기, 핵자기 공명기기의 경우와 같이 Fourier 변환원리는 신호 대 잡음비를 개선하고 속도를 더 빠르게 하며 감도를 증진시키고 분리능을 높인다.
- Fourier 변환기기의 가장 중요한 부분은 이온이 한동안 일정한 궤도를 회전할 수 있는 이온 포획이며 이 공간은 이온 사이클로트론 공명현상을 이용할 수 있게 설계되어 있다.

(4) 검출기

① **전자증배관** : 가장 널리 사용되며, 광전증배관과 비슷한 원리를 가진다.

② Faraday컵

③ 배열변환기

㉠ 전기광학이온검출기(EOID)

㉡ 마이크로 – Faraday 배열검출기

④ 사진건판검출기

⑤ 섬광검출기

4 질량분석계의 응용

(1) 질량분석법의 이용

① 시료물질의 원소 조성에 대한 정보를 얻을 수 있다.

② 유기물, 무기물, 생화학 분자의 구조에 대한 정보를 얻을 수 있다.

③ 복잡한 혼합물의 정성 및 정량 분석에 대한 정보를 얻을 수 있다.

④ 고체 표면의 구조와 조성에 대한 정보를 얻을 수 있다.

⑤ 시료에 존재하는 원소의 동위원소비에 대한 정보를 얻을 수 있다.

(2) 순수 화합물의 확인

① **분자량 결정** : 질량 스펙트럼으로부터 $(M+1)^+$, $(M-1)^+$, M^+(분자이온) 봉우리 확인으로 분자량을 구할 수 있다.

② **정확한 분자량으로부터 분자식 결정** : 소수점 이하 3~4자리의 정확한 분자량을 구하는 것만으로도 분자식의 결정이 가능하다.

③ **동위원소비에서 분자식 구함** : 얻은 동위원소의 비로부터 시료의 원소 조성에 관한 정보와 분자식을 구하는 것이 가능하다.

원소	가장 많은 동위원소	가장 많은 동위원소에 대한 존재 백분율
수소	^{1}H (100)	^{2}H (0.015)
탄소	^{12}C (100)	^{13}C (1.08)
질소	^{14}N (100)	^{15}N (0.37)
산소	^{16}O (100)	^{17}O (0.04)
염소	^{35}Cl (100)	^{37}Cl (32.5)
브로민	^{79}Br (100)	^{81}Br (98.0)

④ **조각 이온 패턴으로부터 얻는 구조적 정보** : 토막내기는 가지 달린 탄화수소에서 많이 일어난다.

㉠ n-alkane : $-CH_2-$ 잘 끊어짐

㉡ 이중결합 : $H_2C=C-C^+$(알릴카보양이온)이 잘 생김

㉢ 산소원자 : 산소로부터 β 위치결합 잘 끊어짐

㉣ 알코올, 알데하이드 : H_2O 잘 끊어짐

⑤ **스펙트럼 비교에 의한 화합물 확인** : 미지시료의 질량 스펙트럼을 예측되는 화합물의 질량 스펙트럼과 비교하여 화합물을 확인한다.

⑥ **고고학적 유물의 시대 감정에 이용**

(3) 연결 질량 스펙트럼법에 의한 혼합물의 분석

질량분석법은 순수한 화합물의 확인에 유용한 방법이지만 일반적으로 여러 가지 m/z값을 갖는 많은 수의 토막 봉우리들이 생기기 때문에 간단한 혼합물의 경우를 제외하고는 직접 정성 또는 정량 분석에 이용하는 데는 한계가 있다. 이런 이유로 질량분석기와 여러 가지 효과적으로 분리할 수 있는 기기들을 조합하는 방법이 있다.

① **유도결합플라스마(ICP)/질량분석기** : 금속의 정성 및 정량 분석에 가장 많이 사용되고 있는 원자질량분석장치이다.

② **크로마토그래피/질량분석기**

㉠ GC/MS : 복잡한 유기물질과 생화학 혼합물을 분석에 사용한다.

㉡ LC/MS : 비휘발성분을 포함하는 시료의 분석에 사용한다.

③ **모세관 전기이동/질량분석기** : 단백질, 폴리펩타이드, DNA 등과 같은 거대 생물분자의 분석에 사용한다.

3. 전기화학 분석

3-1 전기화학 분석 실시

1 전기 분석의 원리 및 이론

전기화학 분석은 전기화학전지(electrochemical cell)를 구성하는 분석용액의 전기적 성질을 이용하여 정성 및 정량적 정보를 얻는 분석법들을 포함한다. 전기화학 분석법을 통해 낮은 검출한계를 얻을 수 있고, 화학량론, 전하이동속도, 질량이동속도, 흡착속도, 화학흡착의 정도, 그리고 화학반응의 속도와 평형상수에 대한 정보를 얻을 수 있으며, 전기화학 분석법으로는 전위차법, 전기량법 및 전압전류법이 있다.

(1) 전기화학전지의 전도성

전기화학전지

- 전극이라고 부르는 두 개의 금속 전도체를 가지고 있고, 이들 전극이 적절한 전해질에 담겨 있다.
- 두 전극은 외부에서 금속 도선에 연결되어야 하며, 두 전해질 용액은 한쪽에서 다른 쪽으로 이온이 움직일 수 있게 접촉되어 있어야 하고, 전자이동은 두 전극에서 각각 일어날 수 있어야 한다.
- 염다리는 염화칼륨(KCl)이나 다른 전해질로 포화된 용액이 채워진 관으로, 양쪽 끝부분은 다공성 마개로 막혀 있어 이들을 통해 이온은 이동하지만 한 전해질 용액에서 다른 전해질 용액으로 용액이 빨려 올라가지 못하도록 한다. 즉 전지의 양쪽 용액이 섞이지 않도록 하고 전기적 접촉을 하게 한다.

① 외부 도선과 마찬가지로 구리(Cu)와 아연(Zn) 전극에서 전자가 전하운반체로서 아연극에서 도선을 통해 구리극으로 움직인다.

② 용액 내에서는 양이온과 음이온이 이동하면서 전기가 흐르게 된다. 왼쪽의 반쪽전지에서는 아연이온이 아연전극에서 떨어져 나오고 반면에 황산이온(SO_4^{2-})과 황산수소이온(HSO_4^-)은 아연전극으로 향하게 된다. 다른 반쪽전지에서는 구리이온이 전극으로 향하고 음이온이 반대방향으로 움직인다. 염다리 내에서는 칼륨이온(K^+)은 오른쪽으로, 염화이온(Cl^-)은 왼쪽으로 이동하면서 전기를 운반하게 된다.

③ 두 전극 표면에서는 산화 · 환원반응이 일어나는데 이 메커니즘에 따라 용액이 이온 전도와 전극의 전자 전도가 짝지어져서 전류가 흐르도록 완전한 회로가 구성된다. 두 전극반응은 다음 반응식으로 표현된다.

㉠ 산화반응 : $Zn(s) \rightleftarrows Zn^{2+} + 2e^-$, 산화가 일어나는 전극을 산화전극(anode)이라고 한다.

㉡ 환원반응 : $Cu^{2+} + 2e^- \rightleftarrows Cu(s)$, 환원이 일어나는 전극을 환원전극(cathode)이라고 한다.

(2) 용액구조 : 이중층

양전위가 전극에 가해졌을 때 전극 가까이의 용액의 구조는 다음과 같다.

① 전위를 가한 직후에 순간적으로 전류가 흐르다가 활성 화학종이 전극 표면에 존재하지 않으면 빠르게 0으로 감소한다. 이 전류는 하전 전류로 두 전극 표면에 음전하의 과잉상태를 만드는 전류이다.

② 이온의 이동성 때문에 전극에 바로 접촉하고 있는 용액층이 반대 하전을 띠게 된다.

③ 양전위를 걸어주기 때문에 금속전극은 과잉의 양전위를 가지고 있으며, 하전된 용액층은 다음과 같이 두 부분으로 되어 있다.

㉠ 전하가 촘촘히 있는 내부층 : 전위는 전극 표면에서 멀어질수록 직선적으로 감소한다.

㉡ 전하 확산층 : 전위가 지수함수적으로 감소한다.

④ 전극 가까이의 용액에서 볼 수 있는 전하의 집합상태를 전기 이중층이라고 한다.

(3) 패러데이 전류와 비패러데이 전류

① **패러데이 전류** : 산화전극에서는 산화반응에 의하여, 환원전극에서는 환원반응에 의하여 전류가 직접 이동하는 것을 패러데이 과정이라고 한다. 이때 Faraday 법칙을 따르는데 이는 전극에서 일어나는 화학반응물의 양이 전류에 비례한다는 것이다. 이렇게 흐르는 전류를 패러데이 전류라고 한다.

② **비패러데이 전류** : 분석물의 산화 혹은 환원과 관계없이 흐르는 전류로, 잔류전류와 충전전류가 있다.

㉠ 잔류전류 : 분석물질이 없을 때 전극 표면이나 용액에 있는 불순물의 환원에 의해 나타나는 전류

㉡ 충전전류 : 전극에 있는 전자와 용액에 있는 이온 사이의 정전기적 인력과 반발력에 기인된 것으로 전극 계면이 전기적 이중층으로 하전되기 때문에 흐르는 전류

(4) 전류의 흐름에 의한 전자의 질량이동

전극은 전극 표면에 존재하는 매우 얇은 용액층만을 감지하기 때문에 패러데이 전류는 벌크 용액으로부터 전극 표면으로 활성 화학종의 계속적인 질량이동이 필요하다. 세 가지 메커니즘에 의하여 질량이동이 일어난다.

① **대류(convection)** : 젓기나 전극 표면을 지나는 용액의 흐름의 결과로 나타나는 용액의 기계적인 운동이나 온도, 밀도차에 의한 용액의 움직임에 의해 분자나 이온이 이동하는 것이다.

② **전기이동(migration)** : 이온과 하전된 전극 사이의 정전기적 인력에 의하여 용액을 통하여 이온이 움직이는 것이다.

③ **확산(diffusion)** : 농도 차이에 의한 화학종의 운동에 의한 것이다.

(5) 액간 접촉전위(liquid junction potential)

① 조성이 다른 두 전해질 용액 사이의 경계면이나 같은 전해질이지만 농도가 다른 두 용액 사이의 경계면에서 생기는 전위차이다.

② 양이온과 음이온의 이동속도가 다르고, 경계면에서 분포상태가 같지 않기 때문에 생긴다.

③ 크기는 수십 mV 정도이며, 두 용액 사이에 염다리를 삽입하면 줄일 수 있다.

염다리 속의 염의 농도가 증가할수록, 염을 구성하는 이온의 이동도의 크기가 서로 비슷할수록 염다리의 효율은 높아진다. 일반적으로 사용하는 염은 포화 KCl 용액으로, 포화 KCl 용액은 농도가 4M 이상이고 두 이온의 이동도가 4% 정도 다르기 때문에 액간 접촉전위는 몇 mV 이하로 된다.

(6) 전기화학전지의 전위

① $E_{\text{cell}} = E_{\text{오른쪽}} - E_{\text{왼쪽}} = E_{+} - E_{-} = E_{\text{환원}} - E_{\text{산화}} = E_{\text{cathode}} - E_{\text{anode}} = E_{\text{지시}} - E_{\text{기준}}$

② Nernst 식

$$E = E^{\circ} - \frac{0.05916}{n}\log Q$$

여기서, E° : 표준 환원전위

n : 전자의 몰수

Q : 반응지수

(7) 전기화학전지의 전류

① 전기화학전지에서 전류가 흐르면, 측정한 전지전위는 열역학적 계산 결과(전류를 흐르게 하지 않고 전위를 측정하는 전위차법)와는 달라진다.

② 전류 차이는 ohm 저항, 전하-이동 과전압, 반응 과전압, 확산 과전압, 결정화 과전압과 같은 몇 가지 편극효과를 포함하는 현상 때문에 일어난다.

③ 갈바니전지의 전위를 감소시키고 전기분해전지에서는 전해전류가 흐르는 데 필요한 전위를 증가시킨다.

④ **과전압** : 예상되는 전류를 얻기 위해 이론값보다 더 걸어주어야 하는 전압이다.

⑤ **편극** : 전기화학전지에서 전류가 흐를 때 실측 전극전위가 Nernst 식으로부터 벗어나는 편차이다.

㉠ 일정 전극전위에서 전지전위와 전류 사이에 직선관계가 성립해야 하나 실제로는 직선에서 벗어나는데 이런 경우 전지는 편극되었다고 한다.

㉡ 편극의 원인

- 농도 편극 : 반응 화학종이 전극 표면까지 이동하는 속도가 요구되는 전류를 유지시킬 수 있는 정도가 되지 않을 경우 발생한다. 반응 화학종이 벌크용액으로부터 전극 표면

으로 이동하는 속도가 느려 전극 표면과 벌크용액 사이의 농도 차이에 의해 발생되는 편극이다.

⚗ 반응물의 농도가 낮을 때와 전체 전해질의 농도가 높을 때 농도 편극이 더 잘 일어난다. 한편 기계적으로 저어줄 때, 전극의 크기가 클수록, 전극의 표면적이 클수록 편극효과는 감소한다.

- 반응 편극 : 반쪽전지 반응은 중간체가 생기는 화학과정을 통해 이루어지는데, 이런 중간체의 생성 또는 분해 속도가 전류를 제한할 때 발생한다.
- 흡착, 탈착, 결정화 편극 : 흡착, 탈착, 결정화 같은 물리적 변화 과정의 속도가 전류를 제한할 때 발생한다.
- 전하이동 편극 : 반응 화학종과 전극 사이의 전자 이동속도가 느려 전극에서 산화 · 환원 반응의 속도 감소로 인해 발생되는 편극이다.

2 전위차법

전류가 흐르지 않는 상태에서 전기화학전지의 전위를 측정하여 용액의 화학적 조성이나 농도를 분석하는 방법이다.

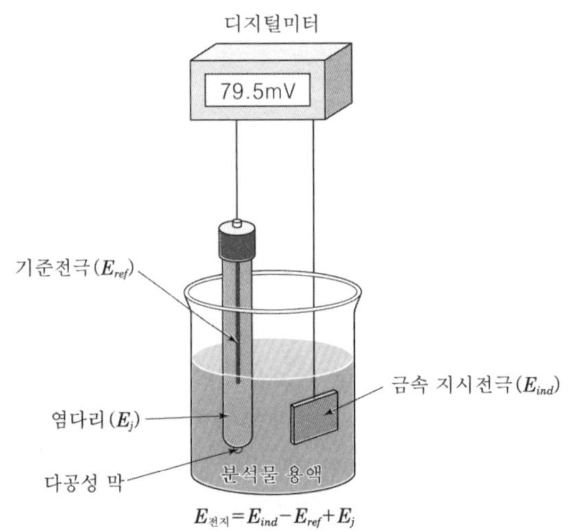

| 전위차 측정에 사용되는 전지 |

(1) 기준전극(reference electrode)

어떤 한 전극전위값이 이미 알려져 있거나, 일정한 값을 유지하거나, 분석물 용액의 조성에 대하여 완전히 감응하지 않는 전극이다.

① 기준전극의 조건

㉠ 반응이 가역적이고, Nernst 식에 따라야 한다.

㉡ 시간 흐름에 대하여 일정한 전위를 나타내야 한다.

㉢ 작은 전류가 흐른 후에는 본래 전위로 돌아와야 한다.

㉣ 온도가 주기적으로 변해도 과민반응을 나타내지 않아야 한다.

㉤ 반전지전위값이 알려져 있어야 한다.

② **표준 수소전극(SHE, standard hydrogen electrode)**

㉠ 수소이온의 활동도가 1이고, 수소의 부분압력이 1atm으로 전극의 전위는 모든 온도에서 정확히 0V이다.

㉡ 전극반응 : $2H^+ + 2e^- \rightleftarrows H_2(g)$

㉢ 선 표시법 : $Pt(s) \mid H_2(g,\ 1atm) \mid H^+(aq,\ A=1) \parallel$

㉣ 수소전극의 전위는 온도, 용액에 있는 수소이온의 활동도, 전극 표면에서의 수소 압력에 의존한다.

㉤ 수소전극은 염다리로 짝지어진 반쪽전지에 따라 산화전극으로 또는 환원전극으로도 작용한다.

㉥ 전극 표면을 만들고 반응물의 활동도를 조절하기 어려워 거의 사용하지 않는다.

③ **포화 칼로멜 전극(SCE, saturated calomel electrode)**

㉠ 염화수은(Ⅰ)(Hg_2Cl_2, 칼로멜)으로 포화되어 있고 포화 염화칼륨(KCl) 용액에 수은을 넣어 만든다.

㉡ 전극반응 : $Hg_2Cl_2(s) + 2e^- \rightleftarrows 2Hg(l) + 2Cl^-(aq)$

㉢ 선 표시법 : $Hg(l) \mid Hg_2Cl_2$(포화), KCl(포화) $\parallel$

㉣ 전극의 전위는 온도에 의해서만 변한다(Cl^-의 농도가 변하지 않으므로). 단, 온도가 변할 때 새로운 평형전이에 느리게 도달하는 단점이 있다.

㉤ 70℃ 부근에서 칼로멜의 분해반응이 일어나므로 높은 온도에서 사용이 불가능하다.

④ **은-염화은(Ag/AgCl) 전극**

㉠ 염화은(AgCl)으로 포화된 염화칼륨 용액 속에 잠긴 은(Ag) 전극으로 이루어져 있다.

㉡ 전극반응 : $AgCl(s) + e^- \rightleftarrows Ag(s) + Cl^-(aq)$

㉢ 선 표시법 : $Ag(s) \mid AgCl$(포화), KCl(포화) $\parallel$

㉣ 가장 많이 사용된다.

㉤ 60℃ 이상의 고온에서 사용할 수 있다.

⑤ **기준전극 사용 시 주의사항**

㉠ 기준전극 내부 용액의 수위는 시료용액의 수위보다 항상 높게 유지되어야 한다.

➜ 전극용액의 오염을 방지하고 분석물과의 반응을 방지하기 위함

㉡ 기준전극은 전위차법 측정에서 항상 왼쪽 전극으로 취급한다.

㉢ 기준전극은 전지에서 IR 저항을 감소시키기 위하여 가능한 한 작업전극에 가까이 위치시킨다.

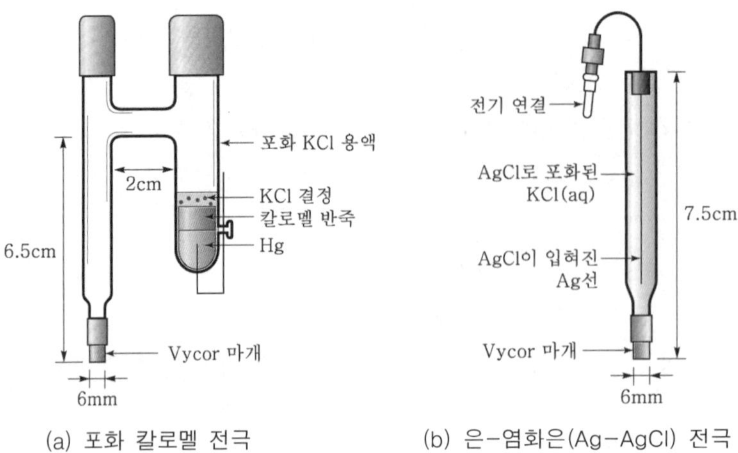

(a) 포화 칼로멜 전극　　(b) 은-염화은(Ag-AgCl) 전극

| 기준전극 |

⑥ 서로 다른 기준전극에 대한 전위 변환

SCE에 대하여 전극전위가 0.309V인 전극은 (표준 수소전극에 대한 상대전위는 SCE = 0.244V, 포화 Ag/AgCl 기준전극 = 0.199V) $0.309\text{V} = E_{\text{지시}} - E_{\text{기준}} = E_{\text{지시}} - 0.244\text{V}$, $E_{\text{지시}} = 0.553\text{V}$이므로, 포화 Ag/AgCl에 대하여 $0.553\text{V} - 0.199\text{V} = 0.354\text{V}$ 전극전위를 나타낸다.

(2) 지시전극(reference electrode)

이상적인 지시전극은 분석이온의 활동도 변화에 빨리 재현성 있게 감응해야 한다.

① **금속전극** : 금속전극은 1차 전극, 2차 전극, 3차 전극 및 산화 · 환원 전극으로 구분한다.

㉠ 1차 전극

- 용액 안의 금속 양이온과 직접적인 평형에 있는 금속전극이다.
- 1차 전극은 전극이 매우 선택적이지 않고 그 자신의 양이온은 물론, 그 보다 더 쉽게 환원되는 양이온에도 감응한다는 등의 이유로 전위차 분석에 널리 사용되지 않는다.

㉡ 2차 전극

- 금속이온과 침전이나 안정한 착물이온을 형성하는 음이온의 활동도에 감응할 수 있다.
- 은 전극의 경우 할로젠이나 할로젠과 유사한 음이온에 대한 2차 전극으로 이용될 수 있다.
- EDTA 적정에서 당량점을 찾는 데 유용하게 사용된다.

㉢ 3차 전극

- 다른 양이온에도 감응할 수 있다. 이 경우 3차 전극이 된다.
- 예로 수은전극은 칼슘을 함유하는 용액의 pCa를 측정하는 데 사용된다. 따라서 수은 전극은 칼슘이온에 대한 3차 전극이다.

㉣ 금속 산화 · 환원 전극 : 백금, 금, 팔라듐 또는 비활성 금속들로 만들어진 전극은 산화 · 환원계의 지시전극으로 이용된다.

② **막전극(membrane electrode)** : 선택성이 크기 때문에 이온 선택성 전극(ISE, ion-selective electrode)이라고 한다.

㉠ 막에 한 종류의 이온이 선택적으로 결합할 때 분석물 용액과 기준 용액 사이의 막을 가로질러 발생하는 일종의 액간 접촉전위를 측정하는 전극이다.

㉡ 거대 분자, 분자 응집체, 할로젠화은과 같은 낮은 용해도를 갖는 이온성 무기화합물을 막으로 사용한다.

㉢ 결정질 막전극과 비결정질 막전극이 있다.

- 결정질 막전극 : 단일 결정(F^- 측정용 LaF_3), 다결정질 또는 혼합 결정(S^{2-}와 Ag^+ 측정용 Ag_2S)
- 비결정질 막전극 : 유리(Na^+와 H^+ 측정용 규산염유리), 액체(Ca^{2+} 측정용 액체 이온 교환체와 K^+ 측정용 중성 운반체), 강체질 고분자에 고정된 측정용 액체(Ca^{2+}와 NO_3^- 측정용 PVC 매트릭스)

㉣ 유리전극은 가장 보편적인 이온 선택성 전극이다(수소이온 선택성 전극).

㉤ 선택계수가 높을수록 다른 이온에 대한 방해가 크다.

- A이온 선택성 전극이 A이온보다 B이온에 대해 10배 더 강하게 감응하면 선택계수($K_{A,\ B}$)의 값은 10이다.
- 선택계수가 0이면 방해 없음을 의미한다.

③ **pH 측정에 영향을 미치는 오차**

㉠ 알칼리 오차 : 소듐 오차라고도 한다. 유리전극은 수소이온(H^+)에 선택적으로 감응하는데 pH 11~12보다 큰 용액에서는 H^+의 농도가 낮고 알칼리금속(Na^+) 이온의 농도가 커서 전극이 알칼리금속(Na^+) 이온에 감응하기 때문에 측정된 pH는 실제 pH보다 낮아진다.

㉡ 산 오차 : pH가 0.5보다 낮은 강산 용액에서는 유리 표면이 H^+로 포화되어 H^+이 더 이상 결합할 수 없기 때문에 측정된 pH는 실제 pH보다 높아진다.

㉢ 탈수 : H^+에 올바르게 감응하기 위해 마른 전극은 몇 시간 정도 반드시 담가 두어야 한다.

㉣ 낮은 이온 세기의 용액 : 이온 세기가 너무 낮으면 용액의 전기전도도가 작아 pH 측정이 어려워진다.

㉤ 접촉전위의 변화 : pH를 측정할 때 생기는 근본적인 불확정성으로 분석물질 용액의 이온 조성과 표준 완충용액의 이온 조성이 다르므로 접촉전위가 변하게 되어 약 0.01pH 단위의 오차가 발생한다.

㉥ 표준 완충용액의 불확정성

ⓢ 온도 변화에 따른 오차 : pH미터는 pH를 측정하는 온도와 같은 온도에서 교정되어야 한다.

ⓞ 전극의 세척 불량 : 전극이 수용액과 다시 평형에 도달하는 동안 수 시간 정도 표류할 수 있다.

④ 이온 선택성 전극의 장점

㉠ 짧은 감응시간

㉡ 직선적 감응의 넓은 범위

㉢ 색깔이나 혼탁도에 영향을 받지 않음

㉣ 시료의 비파괴성, 비오염성

⑤ 이온 선택성 막의 조건

㉠ 분석물질 용액에 대한 용해도가 거의 0이어야 한다.

㉡ 약간의 전기전도도를 가져야 한다.

㉢ 막 속에 함유된 몇 가지 화학종들은 분석물 이온과 선택적으로 결합할 수 있어야 한다.

㉣ 이온교환, 결정화, 착물 형성 등의 방법으로 분석물과 결합할 수 있어야 한다.

㉤ 전극의 감응은 온도에 따라 변한다.

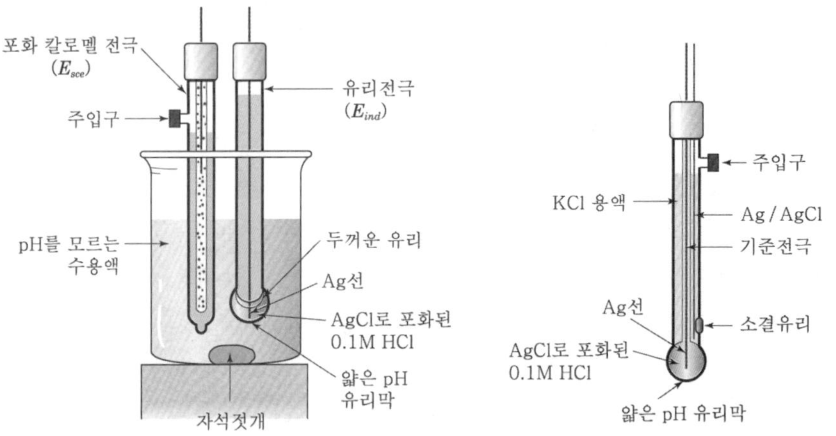

(a) pH를 모르는 용액에 담겨 있는 유리전극(지시전극)과 SCE(기준전극)

(b) 유리전극과 Ag-AgCl 전극 기준전극으로 이루어진 복합전극

| pH를 측정하는 전형적인 전극 시스템 |

(3) 전위차법 적정

① 전위차법 적정은 적당한 지시전극의 전위를 적정 부피의 함수로 측정하는 방법으로, 적당한 지시전극 전위는 적정의 당량점을 구하는 데 이용한다.

② 전위차법을 이용한 종말점은 널리 응용될 수 있으며 지시약을 사용하는 방법보다 더욱 정확한 데이터를 제공한다. 또한 시료 부피에 대한 전지전위의 그래프로부터 종말점을 찾을 수 있다.

③ 특히 색깔을 띠었거나 흐린 용액을 적정하는 경우와 용액에 생각지도 않은 화학종이 들어 있는 것을 검출하는 데 유용하다.

④ 자동적정기를 사용하지 않으면 지시약을 사용하는 적정보다 시간이 더 걸리는 단점이 있으며, 지시약을 함께 사용하면 종말점 예상이 쉬워진다.

3 전기량법

분석물질을 충분한 시간 동안 산화나 환원을 하도록 하여 새로운 산화상태로 분석물을 완전히 전기분해하는 데 필요한 전기량을 측정하는 방법이다.

1. 전기무게분석법 : 전기분해 결과로 생기는 생성물을 한 전극에 석출시켜 침전물 형태로 무게를 재는 방법으로, 많은 양의 분석에 적당하다.
2. 일정전위전기량법과 일정전류전기량법 : 전기분해 반응을 완전히 일으키는 데 필요한 전기량을 측정하여 존재하는 분석물질의 양을 정량하는 방법이다.

(1) 전기량의 단위

전기량이나 전하량은 C(쿨롬)이나 F(패럿) 단위로 측정한다.

① **1C (쿨롬)** : 1초 동안 1A의 일정한 전류에 의해서 운반되는 전기량($1C = 1A \times 1s$)

$$Q = I \times t$$

여기서, Q : 전하량(C)

I : 전류(A)

t : 시간(s)

② **1F (패럿)** : 1mol의 전자가 가지고 있는 쿨롬 단위의 전하량($1F = 96,485C/mol$)

$$\text{전자 } n(\text{mol})\text{의 전하량} : Q = n \times F$$

여기서, Q : 전하량

n : 몰수

F : 96,485C/mol

③ **일과 전압과의 관계** : 1J의 에너지는 1C의 전하가 전위차가 1V인 점들 사이를 이동할 때 얻거나 잃은 양이다.

$$\text{일(J)} = \text{전하량(C)} \times \text{전위차(V)}$$

④ 패러데이 법칙

㉠ 전기분해에 의해 전극에서 석출되는 물질의 양은 물질이 같은 경우에는 용액을 통하는 전기량에 비례한다.

㉡ 용액을 통하는 전기량이 같을 경우에는 물질의 전기화학당량(전자 1mol의 전기량에 의해 석출되는 물질량)에 비례한다.

㉢ 전류가 많이 흐를수록, 시간이 지날수록, 전기화학당량이 클수록 석출되는 물질의 양은 많아진다.

(2) 일정전위전기량법

작업전극의 전위를 시료 중에 존재하는 다른 성분은 반응하지 않는 일정전위로 유지시키며 분석물만을 정량적으로 반응하여 전기분해하는 방법으로 조절전위전기분해라고도 한다.

① 장치

일정전위전기량법에 쓰이는 기기장치는 전기분해전지, 일정전위기, 적분기로 구성된다.

㉠ 전기분해전지 : 작업전극으로 백금망인 것과 수은 풀로 이루어진 것이 있다.

㉡ 일정전위기 : 기준전극에 대해서 작업전극의 전위를 일정하게 유지시켜 주는 전기적인 장치로 전기분해의 선택성을 높인다.

② 3전극계 사용

3전극계에서는 전류가 작업전극과 보조전극 사이를 흐르고 기준전극으로는 거의 흐르지 않아 기준전극의 전위가 일정하므로 작업전극과 기준전극 사이의 전압을 전위차계로 측정하고, 작업전극에 흐르는 전류를 전류계로 측정한다.

㉠ 작업전극 : 분석물의 반응이 일어나는 전극

- 조절 환원전극 : 작업전극에서 환원반응이 일어남
- 조절 산화전극 : 작업전극에서 산화반응이 일어남

㉡ 기준전극 : 작업전극의 전위를 측정하기 위한 전극

㉢ 보조전극(상대전극) : 전류의 흐름을 위해 필요한 또 다른 전극

(3) 전기량법 적정(=일정전류전기량법)

일정한 전류량에 의해 반응이 100% 효율로 전기분해되어 생성된 적정 시약을 분석물질과 반응시키는 방법이다.

① 일정전류기(정전류기)를 사용하여 항상 일정하고 정확한 값을 아는 전류를 유지하도록 한다.

② 종말점에 도달하기까지 필요한 시간(s)과 전류(A)를 곱하여 전기분해에서 반응한 분석물과 비례하는 전기량을 구할 수 있다.

$$\text{전기량}(Q) = \text{전류}(A) \times \text{시간}(s)$$

③ 전기량법 적정에서도 화학당량점을 검출하는 방법이 필요하다.
  ㉠ 부피법 분석에서 이용될 수 있는 대부분의 종말점 검출법 이용이 가능하다.
  ㉡ 전위차법, 전류법, 전기전도법, 그리고 지시약을 이용하는 방법을 이용한다.

④ 농도 편극의 효과 때문에 분석물이 100% 전류효율로 반응하기 위해서는 과량의 보조시약을 사용하여야 한다.

⑤ **전기량법 적정 장치** : 일정전류원, 정밀한 전자시계, 적정전지, 종말점검출기

⑥ **전기량법 적정에서의 오차 발생요인**
  ㉠ 전기분해가 일어나는 동안의 전류 변화
  ㉡ 100% 전류효율로부터의 벗어남
  ㉢ 전류 측정의 오차
  ㉣ 시간 측정의 오차
  ㉤ 당량점과 종말점 차이에서 생기는 적정 오차

4 전압전류법(voltammetry)

지시전극 또는 작업전극이 편극된 상태에서 걸어준 전위의 함수로 전류를 측정하여 분석물에 대한 정보를 얻는 일련의 전기분석법으로, 편극이 잘 일어나게 하기 위해서 전압전류법에서 사용하는 작업전극은 전극의 표면적이 작은 미소전극(microelectrode)을 사용한다. 전압전류법은 여러 매질에서의 산화·환원 과정의 기본적인 연구, 표면흡착 과정, 화학적으로 개량한 전극 표면에서의 전자이동 메커니즘 연구에 널리 이용된다.

(1) 들뜸전위 신호

① **직선주사(선형주사)** : 폴라로그래피 선형주사 전압전류법에 사용
② **시차펄스** : 시차펄스 폴라로그래피에 사용
③ **사각파(제곱파)** : 사각파 전압전류법에 사용
④ **삼각형(세모파)** : 순환 전압전류법에 사용

〈 전압전류법에 이용되는 들뜸전위 신호 〉

분류	파형	전압전류법 형태	분류	파형	전압전류법 형태
직선주사	E / 시간 →	• 유체역학 전압전류법 • 폴라로그래피	시차펄스	E / 시간 →	시차펄스 전압전류법
사각파	E / 시간 →	사각파 전압전류법	삼각형	E / 시간 →	순환 전압전류법

(2) 전압전류법의 장치

전지는 지지 전해질(supporting electrolyte)이라 부르는 과량의 비활성 전해질이 포함된 용액에 잠긴 3개의 전극을 가지고 있다.

① **작업전극**(working electrode) : 미소전극으로 전극의 전위가 시간에 따라 선형적으로 변하며, 전극은 편극이 일어나기 쉽도록 그 부피를 되도록 작게 하였다.

② **기준전극** : 전체 실험과정 동안 일정한 전위를 유지하는 전극이다.

③ **상대전극** : 백금선 코일 또는 수은풀이고, 단순히 용액을 통해서 전원에서 미소전극까지 전기가 흐르게 하는 역할을 한다.

(3) 수은미소전극

수은전극 표면에서 수소가 발생할 때까지는 높은 과전압으로 비교적 넓은 범위의 큰 음전위를 나타낸다. 새로운 수은방울이 생길 때마다 쉽게 새로운 금속 표면이 형성되고 여러 가지 금속이 온들이 수은전극 표면에서 화학적으로 복잡하지 않게 가역적으로 환원되어 아말감을 형성한다.

① **원판전극** : 수은금속을 전기 석출시켜 만든 수은필름 전극이다.

② **매달린 수은방울전극**(HMDE, hanging mercury drop electrode) : 수은 저장관에 연결된 매우 미세한 모세관으로 된 것, 마이크로미터 나사로 추진되는 피스톤 장치에 의해 금속 수은이 모세관을 통하여 밀려나온다. 이 마이크로미터 나사에 의하여 수은방울의 표면적이 5% 내외에서 재현성 있게 형성된다.

③ **적하수은전극**(DME, dropping mercury electrode) : 약 50cm 정도 되는 수은주의 압력으로 수은이 흘러내릴 수 있는 10cm 정도의 미세 모세관(직경~0.05nm)으로 이루어져 있

다. 새로운 수은방울이 매 2~6초 간격으로 형성되며, 방울의 직경이 0.5~1mm로서 매우 높은 재현성을 갖는다.

(4) 전압전류곡선(voltammogram)

① 수은필름 미소전극에서 분석화학종 A가 환원되어 생성물 B로 될 때의 전형적인 선형주사 전압전류곡선을 나타낸 것이다. 미소전극에 걸어준 전위가 음의 값을 가지도록 선형주사 전위의 음극 단자에 연결시킨다. 관례로 환원전류를 항상 양의 부호로, 산화전류를 음의 부호로 나타낸다.

② 선형주사 전압전류곡선은 일반적으로 전압전류파라고 부르고 S형이다.

③ 급상승 영역 다음에 나타나는 일정한 전류를 한계전류(i_l, limiting current)라고 한다.

④ 한계전류는 일반적으로 반응물의 농도에 직접 비례한다.

$$i_l = kC_A$$

여기서, C_A : 분석물의 농도

k : 상수

⑤ 한계전류의 1/2되는 지점의 전위를 반파전위(half-wave potential)라고 하며, $E_{1/2}$로 표시한다. 반파전위는 그 반쪽반응의 표준전위에 밀접한 관계를 가지고 있다.

⑥ 재현성 있는 한계전류를 빠르게 얻기 위해서 용액 또는 미소전극은 계속 재현성 있게 움직이거나 적하수은전극과 같은 적하전극을 사용해야 한다.

⑦ 용액이나 전극을 계속 움직이게 하는 선형주사 전압전류법을 유체역학 전압전류법이라고 한다.

⑧ 전압전류곡선은 가해진 전위에 따른 전압의 변화를 나타내므로 분석물의 산화 · 환원 과정에 따라 나타나는 산화 봉우리와 환원 봉우리 전류의 크기와 반파전위로부터 정량 및 정성 분석, 전극반응의 가열성, 산화 · 환원 반응의 중간체 존재 확인 및 표면흡착 과정 등을 알 수 있다.

(5) 전류법 적정

① 적정 반응에 참여하는 반응물 또는 생성물 중 적어도 하나가 미소전극에서 산화 또는 환원 반응을 한다면 유체역학 전압전류법을 이용하여 적정의 당량점을 결정할 수 있다.

② 한계전류 영역의 한 일정전위에서의 전류를 적정시약의 부피(또는 적정시약이 일정전류 전기량법에 의해 생성된다면 시간)의 함수로서 측정한다.

③ 당량점 양쪽의 데이터를 도시하면 기울기가 다른 두 직선을 얻게 된다.

④ 종말점은 두 직선을 외연장하여 만나는 지점이다.

⑤ 전류법 적정곡선은 다음 중 한 가지이다.

㉠ 분석물은 미소전극에서 환원되지만 적정시약은 환원되지 않는 적정에서 나타난다.

㉡ 미소전극에서 적정시약은 반응하지만 분석물은 반응하지 않는 적정에서 나타난다.

㉢ 분석물과 적정시약 모두 미소전극에서 반응하는 적정에서 나타난다.

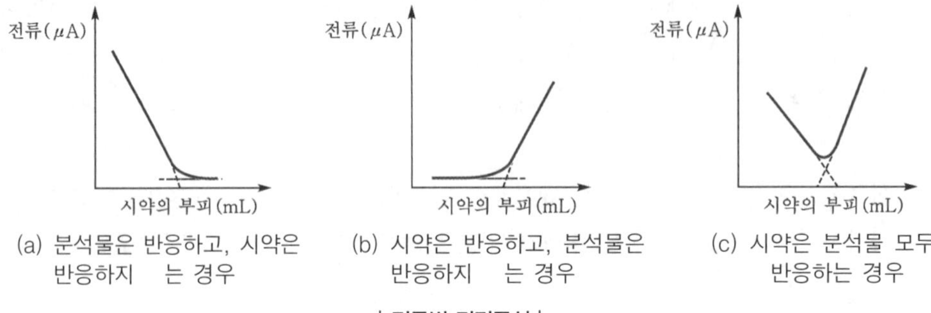

| 전류법 적정곡선 |

(6) 순환전압전류법(cyclic voltammetry)

① 젓지 않은 용액 중에서 작은 정지전극의 전류응답이 나타나게 세모파 전위신호로서 들뜨게 한다.

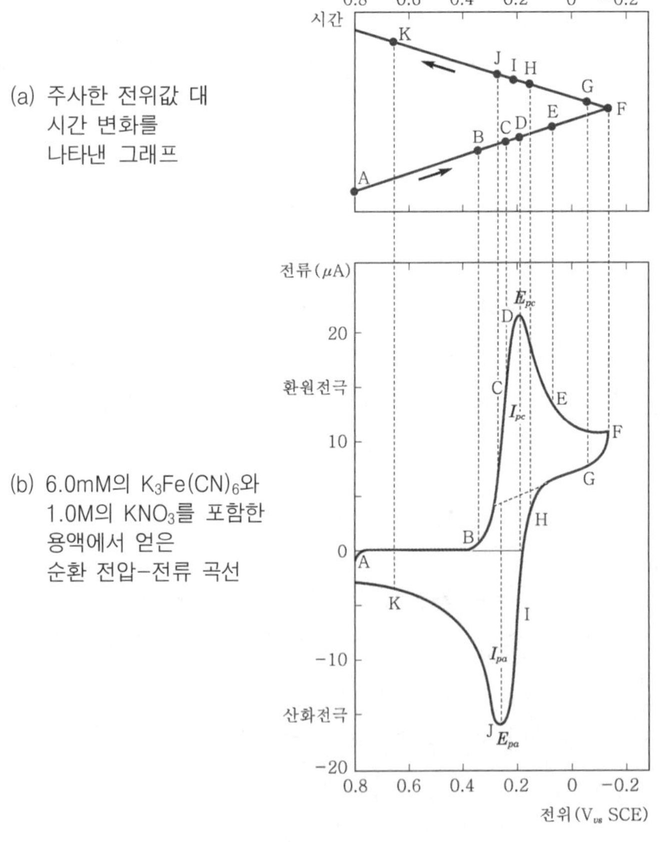

| 순환전압전류법 |

② 그림에서의 전위는 포화 칼로멜 전극에 대해서 처음에는 +0.8V에서 −0.2V까지 선형으로 변화시킨다. 그 후 주사방향을 반대로 하여 전위를 처음 값 +0.8V에 되돌아가게 한다. 이와 같은 들뜸전위 순환을 몇 번 반복한다. 이 역방향으로 순환시키는 전위를 스위칭 전위라 부른다(이 경우 +0.8V와 −0.2V).

③ 시료의 구성성분에 따라서 초기 주사방향이 음의 방향이 될 수도 있고, 양의 방향이 될 수도 있다. 더 큰 음의 방향의 주사를 정방향 주사라고 하고, 그 반대방향의 주사를 역방향 주사라고 한다.

④ 순환전압전류곡선에서 중요한 파라미터 : 환원 봉우리 전위 E_{pc}, 산화 봉우리 전위 E_{pa}, 환원 봉우리 전류 i_{pc} 및 산화 봉우리 전류 i_{pa}이다.

㉠ 가역반응에서 환원 봉우리 전류와 산화 봉우리 전류가 거의 같다.

㉡ 가역반응에서 환원 봉우리 전위와 산화 봉우리 전위의 차는 $\frac{0.05916}{n}$V 이다.

㉢ 순환전압전류법의 피크는 분석물의 농도에 직접 비례하고 표준물질로부터 얻은 전압전류곡선으로부터 각 피크에 해당하는 화합물을 확인할 수 있으므로 특정 성분의 정량 및 정성 분석이 가능하다.

⑤ 측정 시료보다 바탕 전해질(지지 전해질)의 농도를 크게 한다.

➜ 지지 전해질은 분석물이 전기이동에 의하여 전극으로 이동되는 것을 최소화하기 위해 측정 시료의 농도보다 높게 과량으로 첨가해야 한다.

⑥ 순환전압전류법의 이용

㉠ 특정 유기화합물과 금속−유기화합물계의 산화 · 환원 반응속도 및 반응메커니즘 연구에 이용된다.

㉡ 화합물의 산화 · 환원 거동 연구에 이용된다.

(7) 폴라로그래피

① 유체역학 전압전류법과 차이점 : 폴라로그래피는 대류가 없고, 작업전극으로 적하수은전극을 사용한다.

② 폴라로그래피의 한계전류가 확산과 대류에 의해서가 아니라 확산에만 의해서 지배된다.

➜ 대류가 없기 때문에 폴라로그래피 한계전류는 일반적으로 유체역학 한계전류보다 한 단위 이상 작은 값을 가지게 된다.

③ 적하수은전극(DME)

㉠ 폴라로그래피에서 사용되는 작업전극으로 수은 저장용기로부터 가는 모세관으로 수은이 흘러나와 수은방울이 만들어지면 전류와 전압이 측정된 후 수은방울이 기계적으로 제거되고 다시 수은방울이 생성되어 측정이 반복되는 전극이다.

ⓑ 장점

- 수소의 환원에 대한 과전압이 크다.
  → 아연과 카드뮴 등과 같은 금속이온이 이들 금속의 열역학 전압으로는 수소를 발생시키지 않고는 석출이 불가능함에도 불구하고 산성 용액 중에서 이들 금속이온을 석출시킬 수 있다.
- 새로운 수은전극 표면이 계속적으로 생성된다.
  → 전극의 거동은 전극의 과거 경력과 무관한 것이 된다. 즉, 흡착 또는 석출된 불순물에 의한 영향을 거의 받지 않는다.
- 주어진 어떠한 전위에서도 관계없이 재현성 있는 평균전류를 즉시 얻을 수 있다.

ⓒ 단점

- 수은이 쉽게 산화된다.
  → 산화전극으로 사용하는데 제한이 따른다. +0.4V보다 큰 전위에서는 수은(Ⅰ)이 형성되어 다른 산화성 물질의 곡선과 겹치게 된다.
- 비패러데이 잔류전류 또는 충전전류가 흐른다.
- 전류 극대현상이 종종 발생한다.
  → 전류 극대현상은 분해전압 부근에서 전류가 직선적으로 증대하고 어느 전위의 점에서 날카로운 산형의 정점을 이룬 후 급격히 낙하해서 보통의 한계전류가 되는 현상이다.
  → 젤라틴, Triton X-100(계면활성제), 메틸레드 등과 같은 고분자 물질을 시료용액에 소량 첨가하여 방지한다. 과량으로 첨가할 경우 확산전류를 작게 하기 때문에 많은 양을 첨가하는 것을 삼가야 한다.

④ 폴라로그램

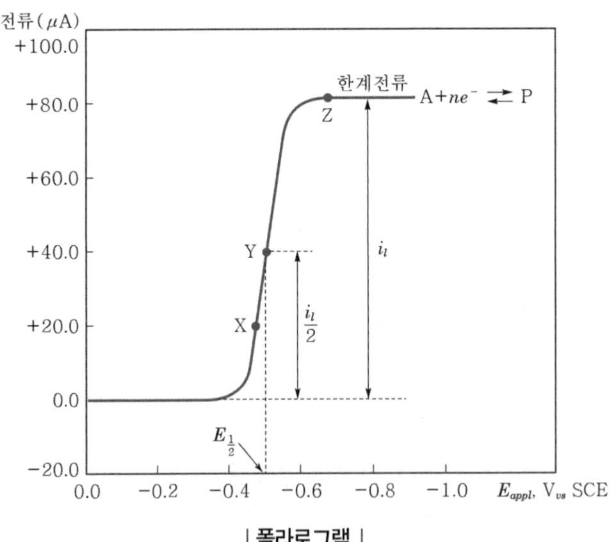

| 폴라로그램 |

㉠ 한계전류 : 전위를 변화시킴에 따라 전류가 급상승한 후 평평한 영역으로 나타나는 최대 전류

㉡ 잔류전류 : 분석물질이 없을 때 전극 표면이나 용액에 있는 불순물의 환원에 의해 나타나는 전류

㉢ 확산전류(diffusion current)

- 전류의 크기가 적하수은전극 쪽으로 이동하는 반응물의 확산속도에만 의존할 때의 한계전류를 확산전류라고 한다.
- 폴라로그래피의 한계전류는 확산에 의해서만 나타나므로 확산전류이다.
- 분석물의 농도에 비례하므로 정량분석이 가능하다.
- 한계전류와 잔류전류의 차이이다.

㉣ 반파전위(half-wave potential)

- 한계전류의 절반에 도달했을 때의 전위이다.
- 분석하는 화학종의 특성에 따라 달라지므로 정성적 정보를 얻을 수 있다.
- 금속이온과 리간드(착화제)의 종류에 따라 다르다.

⑤ 모든 폴라로그래피법의 개념은 패러데이 전류와 방해하는 충전전류의 차이가 클 때 전류를 측정한다.

➜ 펄스법 폴라로그래피는 패러데이 전류를 상승시키고, 비패러데이 충전전류를 감소시키기 때문에 높은 감도를 나타낸다.

(8) 벗김법(stripping method)

① 전기화학반응에서 공통적이고 특성적인 초기 단계를 가지는 각종 전기화학반응을 포함한다.

② 모든 과정에서 첫 번째로 하는 것은 저어주는 용액에서 분석물을 미소전극에 석출시키고 정확히 일정시간 후에 전기분해를 중지하고 저어주는 것을 멈추고 석출된 분석물을 분석한다.

③ 분석과정의 두 번째 단계 동안 분석물은 다시 용해되어 미소전극에서부터 다시 벗겨져 나온다. 그래서 벗김법이라는 명칭이 붙여진 것이다.

④ **양극 벗김법(=산화전극 벗김법)** : 미소전극이 석출과정에서는 환원전극으로 작용하고, 분석물이 산화되어 원래 형태의 용액으로 돌아가는 벗김과정에서는 산화전극으로 작용한다.

⑤ **음극 벗김법(=환원전극 벗김법)** : 미소전극이 석출과정에서는 산화전극으로, 벗김과정에서는 환원전극으로 작용한다.

⑥ 석출단계는 분석물질을 전기화학적으로 예비농축시키는 단계이다. 즉, 미소전극 표면의 분석물 농도는 본체 용액의 농도보다 훨씬 진하다.

⑦ 예비농축의 결과로 벗김법은 감도가 좋고, 모든 전압전류법 중에서 검출한계가 가장 낮다. 극미량 분석에 유용하며, 매달린 수은방울전극(HMDE)이 주로 사용된다.

⚗ 전압전류법의 검출한계는 전류 채취 폴라로그래피($\sim 10^{5}$) > 사각파 전압전류법($10^{-7} \sim 10^{-8}$) > 벗김법($\sim 10^{-9}$) 순이다.

⑧ 카드뮴 – 니켈 벗김분석

㉠ 들뜸신호 : 처음에 −1.0V의 일정한 환원전위를 미소전극에 걸어 카드뮴과 니켈이온을 환원시켜 금속으로 석출시키고 두 금속이 전극에 상당량 석출될 때까지 몇 분간 주어진 전위를 유지한다. 전극전위를 −1.0V로 유지시키고 30초간 저어주는 것을 멈춘다. 그리고 전극의 전위를 양의 방향으로 증가시킨다.

㉡ 전지의 전류를 전위에 대한 함수로 기록한 전압–전류 곡선 : −0.6V보다 다소 큰 음의 전위에서 카드뮴이 산화되어 전류가 갑자기 증가하게 된다. 석출된 카드뮴이 산화됨에 따라 전류 봉우리가 감소하여 원래 수준으로 되돌아간다. 전위가 좀더 양의 방향으로 증가하면 니켈이 산화되는 두 번째 봉우리가 나타난다.

㉢ 반응식

$Cd + Ni^{2+} \rightarrow Cd^{2+} + Ni$

- $Cd^{2+} + 2e^{-} \rightleftarrows Cd(s), \quad E^{\circ} = -0.403V$
- $Ni^{2+} + 2e^{-} \rightleftarrows Ni(s), \quad E^{\circ} = -0.250V$

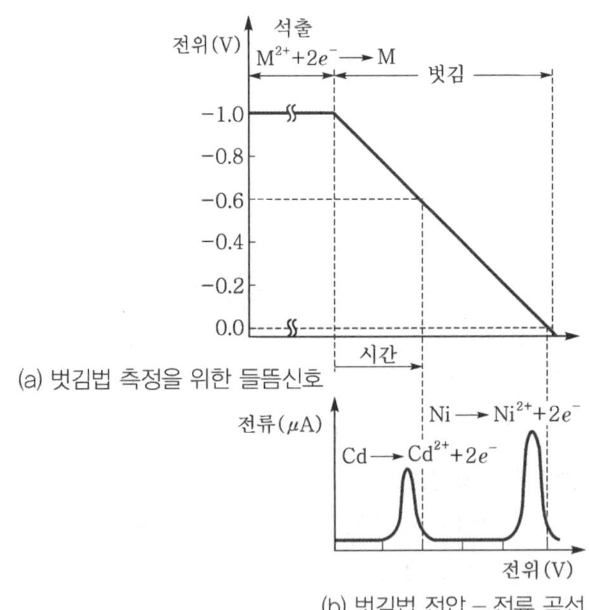

(a) 벗김법 측정을 위한 들뜸신호

(b) 벗김법 전압 – 전류 곡선

| 들뜸신호와 전압 – 전류 곡선 |

4. 열 분석

4-1 열 분석 실시

1 열 분석의 원리 및 이론

열 분석은 제어된 온도 프로그램으로 가열하면서 물질 또는 그 물질의 반응 생성물의 물리적 특성을 온도의 함수로 측정하는 기술이다. 시료물질에 대한 물리적 정보보다는 화학적 정보를 제공해 주는 열 분석으로는 시차주사열계량, 열무게 분석, 시차열 분석, 미세열 분석이 있다.

2 시차주사 열계량법(DSC, differential scanning calorimetry)

① 시료물질과 기준물질을 조절된 온도 프로그램으로 가열하면서 이 두 물질에 흘러 들어간 열량의 차이를 시료 온도의 함수로 측정하는 열 분석 방법이다.

② DSC 열 분석도에서는 온도가 변함에 따라 여러 과정이 일어남을 알 수 있다. 열흐름의 증가는 발열과정(위로 볼록 ∩)을, 열흐름의 감소는 흡열과정(아래로 볼록 ∪)을 나타낸다.

③ 시차주사열계량법과 시차열분석의 근본적인 차이는 시차주사열계량법의 경우는 에너지 차이를 측정하는 것이고, 시차 열분석은 온도 차이를 기록하는 것이다.

④ 두 방법에서 사용하는 온도 프로그램은 비슷하다. 열분석 중에서 시차주사열계량법이 가장 널리 사용되고 있다.

⑤ 시차주사열계량법 기기

㉠ 전력보상(power compensated) DSC 기기 열량법 : 시료와 기준물질 사이의 온도를 동일하게 유지시키는 데 필요한 전력을 측정한다.

㉡ 열흐름(heat flux) DSC 기기 : 시료와 기준물질로 흘러들어 오는 열흐름의 차이를 측정한다. 콘스탄탄(constantan) 열전기판을 사용하며, 크로멜-콘스탄탄(chromel-constantan) 열전기쌍으로 열의 차이를 측정한다.

콘스탄탄은 60% 구리와 40% 니켈의 합금이고, 크로멜은 크롬, 니켈, 철로 된 여러 종류의 합금에 대한 상품명이다.

㉢ 변조(modulated) DSC 기기 : 열흐름 DSC 방법과 동일한 가열장치 및 용기 배열을 사용한다. Fourier 변환법을 사용하여 전체 신호 열용량 구성요소와 관련되는 가역적 열흐름 신호와 속도론적 과정과 관련 있는 비가역적 열흐름 신호로 분리된다.

⑥ 응용

㉠ 정량적 응용 : 결정형 물질의 용융열과 결정화 정도를 결정에 사용된다.

㉡ 유리전이 온도와 녹는점 결정 : 녹는점은 여러 조제물의 순도를 밝히는 데 매우 유용하다.

㉢ 결정성과 결정화 속도

㉣ 반응속도론 : 중합체 형성반응과 같은 화학반응은 발열반응이며, 열 방출속도의 결정은 시간의 함수로서 반응의 정도를 결정하는 데 사용된다.

㉤ 단백질 안정성과 구조

3 열무게분석법(TGA, thermogravimetric analysis)

열무게분석에서는 조절된 환경하에서 시료의 온도를 증가시키면서 시료의 무게를 시간 또는 온도의 함수로 연속적으로 기록한다.

(1) 기기장치

① 감도가 매우 좋은 분석저울(=열저울)

㉠ 0.001~100g까지의 질량을 갖는 시료에 대한 정량적인 정보를 제공해 줄 수 있는 저울을 사용할 수 있다.

㉡ 가장 일반적인 형태는 1~20mg까지의 범위를 가진 저울을 사용한다.

㉢ 시료집게는 전기로 속에 장치되어 있어야 하지만 그 외 저울 부품들은 전기로와 열적으로 격리되어 있어야 한다.

② 전기로

㉠ 온도 범위는 실온부터 1,500℃ 정도까지이다.

㉡ 전기로의 가열과 냉각속도는 0~200℃/min 정도까지의 속도를 선택할 수 있다.

㉢ 열이 저울로 이동하는 것을 막기 위해 전기로의 외각을 단열하고 냉각시킬 필요가 있다.

③ 기체주입장치 : 질소 또는 아르곤을 전기로에 넣어 주어 시료가 산화되는 것을 방지한다.

④ 기기장치의 조정과 데이터 처리를 위한 장치

㉠ 실제 온도는 시료에 작은 열전기쌍을 직접 꽂아야 얻을 수 있다. 시료가 촉매분해 될 수 있고, 시료가 오염될 우려가 있으며, 열전기쌍 도선으로 인해 무게오차가 생길 수 있어서 직접 측정방법은 사용하지 않는다.

㉡ 기록 온도는 작은 열전기쌍을 시료용기에 가능한 한 가까이에 놓고 측정한다.

(2) 응용

① 분해반응과 산화반응, 기화, 승화, 탈착 등과 같은 물리적 변화에 이용한다.
② 다성분 시료의 조성 분석 및 분해과정에 대한 정보를 제공한다.
③ 여러 종류의 중합체 합성물의 분해 메커니즘에 대한 정보를 제공한다.

(3) 열분해곡선

시간의 함수로 무게 또는 무게 백분율을 도시한 것을 열분해곡선(thermal decomposition curve) 또는 열분석도(thermogram)라고 한다.

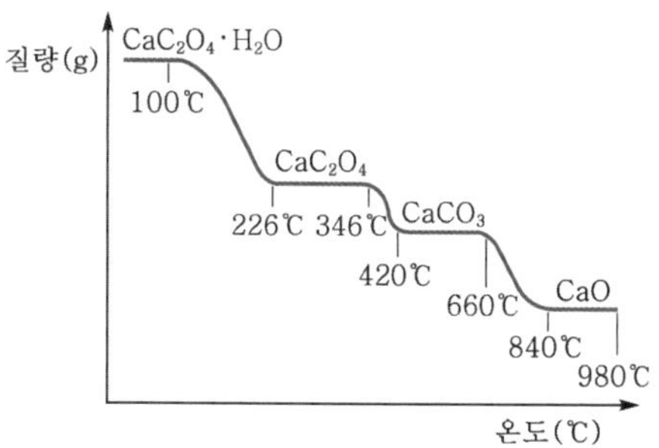

| $CaC_2O_4 \cdot H_2O$의 열분석도 |

명확하게 나타나는 수평영역은 칼슘화합물이 안정하게 존재하는 온도 영역(226~346℃ : CaC_2O_4, 420~660℃ : $CaCO_3$, 840~980℃ : CaO)임을 알려 준다.

4 시차열분석법(DTA, differential thermal analysis)

시료와 기준물질이 온도 제어 프로그램으로 가열되면서 이 두 물질 사이의 온도 차이를 온도함수로 측정하는 방법이다.

(1) 시차열분석도

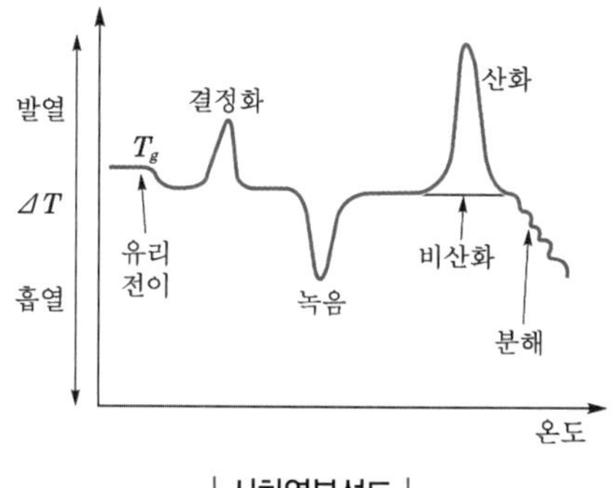

| 시차열분석도 |

① **유리전이(glass transition)**

㉠ 중합체가 가열될 때 초기에 나타나는 현상이다.

㉡ 유리전이 온도(T_g) : 유리질 무정형 중합체가 고무처럼 말랑말랑해지는 특성적인 온도이다.

㉢ 유리질에서 고무질로의 전이에서는 열을 방출하거나 흡수하지 않으므로 엔탈피의 변화가 없다($\Delta H = 0$).

㉣ 고무질의 열용량은 유리질의 열용량과 달라 기준선이 낮아질 뿐, 어떤 봉우리도 나타나지 않는다.

② **결정 형성(결정화)** : 첫 번째 봉우리

열분석도에서 두 개의 최대와 하나의 최소가 나타나는데 이들 모두 봉우리라 부른다. 두 개의 최대점은 시료로부터 열이 방출되는 발열과정의 결과로 생긴 것이고, 최소점은 분석물에 의해서 열이 흡수되는 흡열반응의 결과로 생긴 것이다.

㉠ 특정 온도까지 가열되면 많은 무정형 중합체는 열을 방출하면서 미세 결정으로 결정화되기 시작한다.

㉡ 시간적 여유를 많이 가지면 결정이 더 생기고 성장하기 때문에 가열속도를 느리게 하면 봉우리의 면적은 점점 더 커지게 된다.

㉢ 열이 방출되는 발열과정의 결과로 생긴 것으로 이로 인해 온도가 올라간다.

③ **용융(녹음)** : 두 번째 봉우리

㉠ 형성된 미세 결정이 녹아서 생기는 것이다.

㉡ 열을 흡수하는 흡열과정의 결과로 생긴 것으로 이로 인해 온도가 내려간다.

④ **산화** : 세 번째 봉우리

㉠ 공기나 산소가 존재하여 가열할 때만 나타난다.

㉡ 열이 방출되는 발열반응의 결과로 생긴 것으로 이로 인해 온도가 올라간다.

⑤ **분해** : ΔT값이 마지막 음의 변화를 하는 것은 중합체가 흡열분해하여 여러 가지 물질을 생성할 때 나타나는 결과이다. 유리전이 과정과 분해과정은 봉우리가 나타나지 않는다.

시차열분석의 봉우리는 시료의 온도 변화로 인해 나타나는 화학반응과 물리적 변화로부터 생긴 결과이다. 흡열 물리적 과정으로는 용융, 기화, 승화, 흡수, 탈착 등이 있다. 흡착과 결정화는 보통 발열과정이다. 또한 화학반응은 흡열 또는 발열 과정일 수 있다. 흡열반응에는 탈수, 비활성 기체 중에서의 환원, 그리고 분해 등이 있다. 발열반응에는 공기나 산소 존재하에서의 산화반응, 중합반응, 촉매반응 등이 있다.

⑥ 봉우리의 면적은 시료의 질량(m), 화학 또는 물리적 과정의 엔탈피 변화(ΔH), 어떤 기하학적인 인자 및 열전도 인자 등에 의해서 영향을 받는다.

(2) 시차열분석 특성

① 유기화합물의 녹는점, 끓는점 및 분해점 등을 측정하는 간단하고 정확한 방법이다.

② 일반적으로 모세관법이나 가열관법으로 얻은 값보다 더 정밀하고 재현성이 있다.

③ 압력의 영향을 받는데, 높은 압력에서는 끓는점이 높아지므로 시차열분석도의 결과도 달라진다.

예 대기압(1atm)에서와 200psi(13.6atm)에서 벤조산의 시차열분석도를 비교하면 두 개의 봉우리가 나타나는데, 첫 번째 봉우리는 벤조산의 녹는점을 나타내고 두 번째 봉우리는 벤조산의 끓는점을 나타낸다. 끓는점을 나타내는 두 번째 봉우리는 일치하지 않는데, 더 높은 압력인 200psi에서 측정한 벤조산의 두 번째 봉우리가 더 높은 온도에서 나타난다.

(3) 응용

① 정성분석에 주로 이용된다.

② 중합체의 특성 연구에 널리 사용되는 방법이다.

③ 세라믹과 금속산업에도 널리 사용되며, 세라믹과 금속물질의 분해온도, 상전이, 녹는점과 결정화 온도, 그리고 열적 안정성에 대해 연구하는 데 이용된다.

④ 상평형 그림을 얻고, 상전이 과정 연구에 이용된다.

제4과목 | 화학물질 구조 및 표면 분석

출제기준

주요 항목	세부 항목	세세 항목
1. 화학구조 분석	(1) 화학구조 분석방법 확인	① 분석대상 물질 분류 ② 유 · 무기 복합체 구조 분석방법 ③ 구조 분석기기
2. 분광 분석	(1) 분광 분석 기초	① 광학측정 원리 ② 광학기기 구성 ③ 광학스펙트럼
	(2) 원자분광 분석 실시	① 분석장비 운용기술 ② 원자분광법의 원리 및 이론 ③ 원자흡수 및 형광분광법 ④ 유도결합플라스마(ICP) 원자방출분광법 ⑤ X선 분광법
	(3) 분자분광 분석 실시	① 분석장비 운용기술 ② 분자분광법의 원리 및 이론 ③ 자외선 – 가시선분광법(UV–VIS) ④ 형광 및 인광 광도법 ⑤ 적외선분광법(IR) ⑥ 핵자기공명분광법(NMR)
3. 표면 분석	(1) 표면 분석 실시	① 분석장비 운용기술 ② 표면 분석법의 원리 및 이론 ③ 원자힘현미경(AFM) ④ 전자탐침미세분석기(EPMA) ⑤ 주사전자현미경(SEM) ⑥ 투과전자현미경(TEM) ⑦ 기타 표면 분석법

저자쌤의 합격 Guide

화학물질 구조 및 표면 분석은 분광 분석과 표면 분석의 2개 범위로 나뉩니다.
분광 분석에서는 각 분광법의 고유한 특성과 전체 분광법에 적용되는 측정 관련 기초이론과 광학기기 장치에 대해 자주 출제되고 있습니다. 분광법은 범위와 응용분야가 매우 넓어 모든 내용들을 깊이 있게 학습하려면 많은 시간과 노력이 필요하므로 시험에 자주 출제되었던 중요한 내용만을 확실히 암기하여 60점 이상의 점수를 얻을 수 있도록 해야 합니다.

화학물질 구조 및 표면 분석

| 광학측정 원리 | 원자흡수분광법 | 원자방출분광법
| X-선 분광법 | 자외선-가시광선 분광법 | 적외선분광법
| 핵자기공명분광법 | 표면 분석법

1. 분광 분석

1-1 분광 분석 기초

1 광학측정원리

(1) 전자기복사선

① 전자기복사선의 성질

㉠ 파동적 성질 : 회절, 간섭, 투과, 굴절, 반사, 산란

㉡ 양자역학적(입자적) 성질 : 광전효과, 흡수

② 전자기복사선의 분류

γ-선	X-선	자외선	가시광선	적외선	마이크로파	라디오파
γ-ray	X-ray	Ultraviolet (UV)	Visible (VIS)	Infrared (IR)	Microwave	Radiowave

← 에너지 증가, 파장 감소 　　　　 에너지 감소, 파장 증가 →

③ 전자기복사선을 이용하는 분광법

㉠ 광학적 분광법 : 흡광, 형광, 인광, 산란, 방출 및 화학발광의 현상에 바탕을 둔 것이다.

㉡ 원자분광법과 분자분광법 : 빛을 흡수하거나 방출하는 입자가 원자인지, 분자인지에 따라 원자분광법과 분자분광법으로 나뉘고, 측정하는 빛을 입자가 흡수한 것인지 방출한 것인지, 복사선에 의해 들떴다가 발광한 것인지에 따라 흡수법, 방출법, 형광 · 인광법으로 나뉜다.

- 원자분광법 : 원자 흡수 및 형광 분광법, 유도결합플라스마 원자방출분광법, X-선 분광법
- 분자분광법 : 자외선-가시광선흡수분광법, 형광 및 인광 광도법, 적외선흡수분광법, 핵자기공명분광법

전자기파	파장범위	양자전이 형태	분광법 종류
라디오파	0.6 ~ 10m	자기장 내의 핵스핀	핵자기공명(NMR)분광법
마이크로파	3cm	자기장 내의 전자스핀	전자스핀공명(ESR)분광법
	0.75 ~ 375mm	분자의 회전	마이크로파흡수분광법
적외선	780nm ~ 1mm	분자의 진동/회전	IR흡수분광법 및 Raman산란법
가시광선	400 ~ 780nm	최외각전자, 결합전자	UV-VIS 흡수, 방출, 형광 분광법, 원자분광법
자외선	10 ~ 400nm		
X-선	0.1 ~ 100Å	내부전자	X-선 흡수, 방출, 형광, 회절 분광법
감마선	0.005 ~ 1.4Å	핵	감마선방출분광법

(2) 투광도와 흡광도

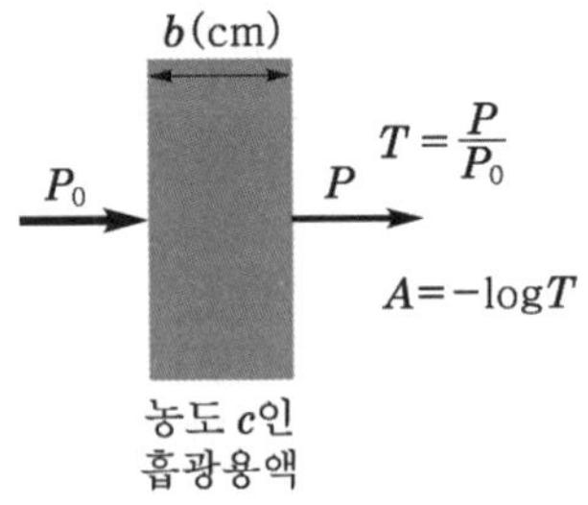

| 흡광용액에 의한 복사선 빛살의 감쇠 |

① 투광도(=투과도)

㉠ 빛의 흡광물질의 농도가 c이고, 두께가 b(cm)인 매질을 통과하기 전과 후의 복사선의 세기는 흡광원자나 분자와 광자 사이의 상호작용에 따라 빛의 세기는 P_0로부터 P까지 변한다.

㉡ 매질에서의 투광도 T는 매질에 의해 투과되는 입사복사선의 분율로 나타낸다.

$$T=\frac{P}{P_0},\quad \%T=\frac{P}{P_0}\times 100$$

② **흡광도** : 매질의 흡광도는 빛살의 감쇠가 클수록 커진다.

$$A = -\log T = -\log \frac{P}{P_0}$$

③ **베르 - 람베르트 법칙(Beer-Lambert law)**

㉠ 베르 법칙(Beer's law ; 흡광도는 농도에 비례함)과 람베르트 법칙(Lambert law ; 흡광도는 매질을 통과하는 거리에 비례함)을 합한 법칙이다.

일반적으로 베르 법칙이라고 하면 베르 - 람베르트의 법칙을 의미한다.

㉡ 단색 복사선에서 흡광도는 매질을 통과하는 거리와 흡수물질의 농도 c에 직접 비례한다.

$$A = \varepsilon bc$$

여기서, ε : 몰흡광계수($cm^{-1} \cdot M^{-1}$)
b : 셀의 길이(cm)
c : 시료의 농도(M)

㉢ 흡광도와 투광도 사이의 관계식

$$A = -\log T = \varepsilon bc$$

㉣ 베르 법칙은 분석물의 농도범위가 $10^{-4} \sim 10^{-3}$M의 묽은 용액에서 잘 맞다.

(3) 신호와 잡음

모든 분석 측정의 신호는 두 가지 성분으로 이루어져 있다. 한 성분은 신호(signal)로 화학자가 관심을 갖고 있는 분석물에 관한 정보를 가지고 있고, 또 다른 성분은 잡음(noise)으로 분석결과의 정확도와 정밀도를 감소시킨다. 잡음은 검출되는 분석물의 검출 최소한계보다 낮은 외부에서 오는 원하지 않는 신호 정보이다.

① **신호 대 잡음비(S/N, signal-to-noise)**

㉠ 대부분의 측정에서 잡음의 평균 세기는 신호의 크기에는 무관하고 일정하다.

㉡ 신호 대 잡음비(S/N)는 분석물 신호(S)를 잡음 신호(N)로 나눈 값으로 측정횟수(n)의 제곱근에 비례한다.

$$\frac{S}{N} \propto \sqrt{n}$$

② 잡음

㉠ 화학잡음 : 분석하려는 계의 화학적 성질에 영향을 주는 조절할 수 없는 변수에 의해 발생한다.

㉡ 기기잡음 : 기기의 각 부분장치로부터 나오는 잡음으로 각종 원인에 의해 발생하며, 종류는 다음과 같다.

- 열적 잡음(thermal noise)
  - Johnson 잡음 또는 백색잡음(white noise)이라고도 한다.
  - 전자 또는 하전체가 기기의 저항회로 소자 속에서 열적 진동을 하기 때문에 생긴다.
  - 온도가 낮을수록, 저항이 작을수록, 열적 잡음이 줄어든다.

  열적 잡음은 주파수와 무관하다.
- 산탄잡음(shot noise)
  - 전자 또는 다른 하전 입자가 접촉 계면을 가로지를 때 나타난다.
  - 띠너비를 감소시켜서 최소화할 수 있다.
- 깜빡이잡음(flicker noise)
  - 원인은 알려져 있지 않으나 언제 어디서나 존재하며 주파수(f)에 반비례한다.
  - 약 100Hz보다 낮은 주파수에서 심하므로 저주파 필터를 걸어서 줄인다.
- 환경잡음(environmental noise)
  - 주위로부터 자연적으로 발생하는 다양한 형태의 잡음들로 이루어져 있다.
  - 기기 안의 모든 도체가 안테나 역할을 할 수 있기 때문이다.

2 광학기기 구성

(1) 광학기기의 부분장치

① 안정한 복사에너지 광원(source)

② 시료를 담는 투명한 용기(시료용기)

③ 측정을 위해 제한된 스펙트럼 영역을 제공하는 장치(파장선택기)

④ 복사선을 유용한 신호(전기신호)로 변환시키는 복사선검출기(detector)

⑤ 변환된 신호를 계기 눈금, 음극선관, 디지털 계기 또는 기록기 종이 위에 나타나도록 하는 신호처리장치와 판독장치(read out)

(2) 광학기기의 배치

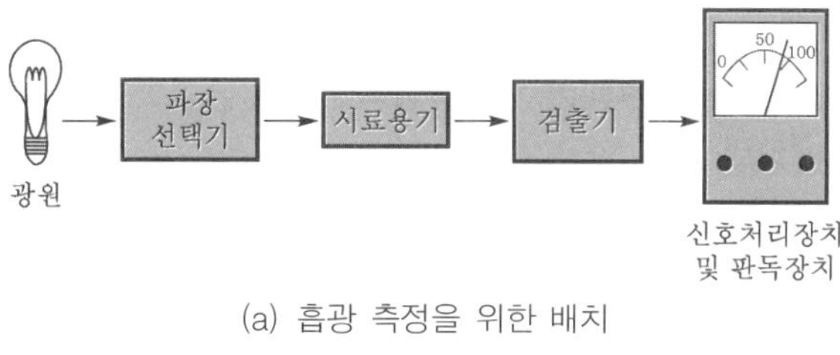

(a) 흡광 측정을 위한 배치

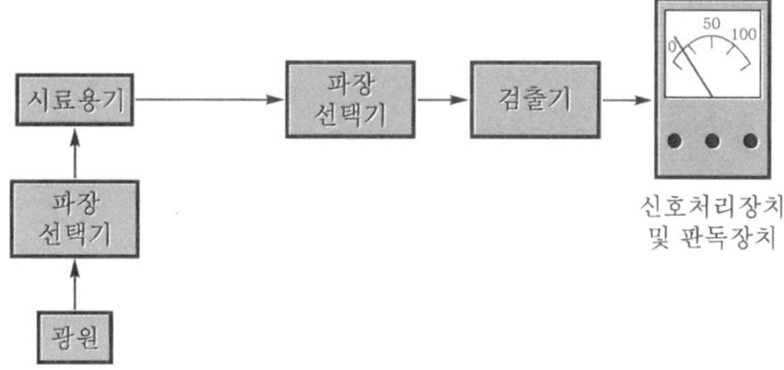

(b) 형광 측정을 위한 배치

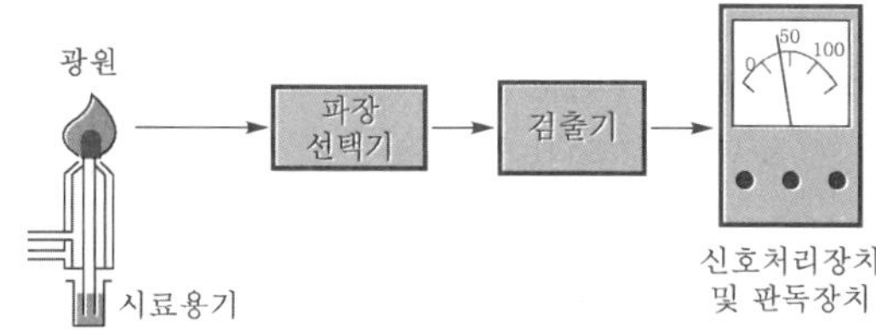

(c) 방출 분광학을 위한 배치

| 기기 배치 |

① 흡수법

연속 광원을 쓰는 일반적인 흡수분광법에서는 시료가 흡수하는 특정 파장의 흡광도를 측정해서 정량하는 것이므로 파장선택기가 광원 뒤에 놓이나 시료와 같은 금속에서 나오는 선 광원을 쓰는 원자흡수분광법에서는 광원보다 원자화 과정에서 발생되는 방해 복사선을 제거하는 것이 중요하므로 파장선택기가 시료 뒤에 놓인다.

㉠ 분자흡수법 : 광원 – 파장선택기 – 시료용기 – 검출기 – 신호처리장치 및 판독장치

㉡ 원자흡수법 : 광원 – 시료용기 – 파장선택기 – 검출기 – 신호처리장치 및 판독장치

② 형광 · 인광 및 산란법

시료가 방출하는 빛의 파장을 검출해야 하므로 광원에서 나오는 빛의 영향을 최소화하기 위해 광원 방향에 대하여 보통 90°의 각도에서 측정한다. 발광을 측정하는 장치에서는 두 개의 단색화 장치를 사용하여 광원의 들뜸 빛살과 시료가 방출하는 방출 빛살에 대해 모두 파장을 분리한다.

③ 방출분광법 및 화학발광분광법

시료 그 자체가 광원이 되므로 외부 복사선 광원을 필요로 하지 않는다.

㉠ 광원, 시료용기 – 파장선택기 – 검출기 – 신호처리장치 및 판독장치

㉡ 방출분광법에서 시료용기는 아크, 스파크 또는 불꽃으로 모두 다 시료를 포함하고 있으며, 특정 복사선을 방출한다.

㉢ 화학발광분광법에서 복사선의 광원은 분석물질과 반응시약의 용액이며, 이는 투명한 시료용기에 들어 있다.

(3) 광원

광원이 분광광도법에 적용되려면 쉽게 검출되고, 측정될 수 있는 충분한 세기의 복사선을 방출해야 하며, 출력 세기가 일정기간 동안 일정해야 한다.

① 연속 광원

㉠ 넓은 범위의 파장을 포함하고 있으며, 파장에 따라 세기가 변하는 복사선을 방출하는 광원이다.

㉡ 흡수와 형광분광법에서 사용된다.

㉢ 자외선 영역(10~400nm) : 중수소(D_2)

아르곤, 제논, 수은등을 포함한 고압 기체, 충전아크 등은 센 광원이 요구될 때 사용

㉣ 가시광선 영역(400~780nm) : 텅스텐 필라멘트

㉤ 적외선 영역(780nm~1mm) : 1,500~2,000K으로 가열된 비활성 고체 니크롬선(Ni-Cr), 글로바(SiC), Nernst 백열등

② 선 광원

㉠ 매우 제한된 범위의 파장을 가진 몇 개의 불연속선을 방출하는 광원이다.

㉡ 원자흡수분광법, 원자 및 분자 형광법, Raman 분광법에 사용된다.

㉢ 수은 증기등, 소듐 증기등은 자외선과 가시선 영역에서 비교적 소수의 좁은 선스펙트럼을 방출한다.

㉣ 속빈 음극등, 전극 없는 방전등은 원자 흡수와 형광법에 널리 사용되는 선 광원이다.

속인 음극등 : 유리관에 네온과 아르곤 등이 1~5torr 압력으로 채워진 텅스텐 양극과 원통 음극으로 이루어진 광원으로, 원자흡수분광법에서 가장 많이 사용되는 광원이다.

③ 레이저(LASER) 광원

㉠ 레이저(LASER)는 유도 방출 복사선에 의한 빛살의 증폭(light amplication by stimulate emission of radiation)의 약어이다.

㉡ 빛의 증폭현상으로 인해 파장범위가 좁고, 세기가 세며, 좁은 띠의 복사선 빛살을 낸다.

㉢ 레이저 발생 메커니즘 : 펌핑 – 자발 방출 – 유도 방출 – 흡수

유도 방출(자극 방출) : 간섭성 복사선을 방출하는 과정으로 레이저 발생의 바탕이 되는 과정이다.

(4) 시료용기

방출분광법을 제외한 모든 분광법에서는 측정을 위한 시료용기가 필요하며, 단색화 장치와 마찬가지로 시료를 담는 용기(cell)인 셀과 큐벳(cuvette)은 투명한 재질로 되어 있고 이용하는 스펙트럼 영역의 복사선을 흡수하지 않아야 한다. 시료용기의 재질에 따른 이용방법은 다음과 같다.

① 석영, 용융 실리카 : 자외선 영역(350nm 이하)과 가시광선 영역에 이용한다.

② 규산염 유리, 플라스틱 : 가시광선 영역에 이용한다.

③ 결정성 NaCl, KBr 결정, TlI, TlBr : 자외선, 가시광선, 적외선 영역에서 모두 가능하나, 주로 적외선 영역에서 이용한다.

(5) 파장선택기

대부분의 분광법 분석에서는 띠(band)라고 부르는, 제한된 좁고 연속적인 파장의 다발을 이루고 있는 복사선을 필요로 한다. 좁은 띠너비는 감도를 증가시키고, 방출법과 흡수법 분석에서 선택성을 높이며, 복사선 신호와 농도 사이에서 직선관계를 성립하므로 가능한 좁은 띠너비 복사선을 만드는 것이 중요하다. 파장선택기는 연속 광원으로부터 나오는 넓은 범위의 혼합된 파장의 빛으로부터 좁은 띠너비를 가지는 제한된 영역의 파장의 복사선을 선택하는 장치로 필터와 단색화 장치가 있다.

분광광도계는 파장을 선택하기 위해 단색화 장치 또는 다색화 장치를 가지고 있어 여러 파장을 선택할 수 있고, 광도계는 파장을 선택하기 위해 필터를 가지고 있어 하나 또는 몇 개의 파장만을 선택할 수 있다.

① 필터(filter)

원하는 한 영역의 복사선 띠를 선택하는 장치로, 종류는 다음과 같다.

㉠ 간섭필터

- 두 개의 유리판 사이에 투명한 유전체를 채워서 만드는데, 유전체층의 두께를 조절하여 투과하는 복사선의 파장을 선택한다.
- 광학적 간섭에 의해 좁은띠의 복사선을 제공한다.

㉡ 흡수필터 : 필요 없는 영역을 흡수하고 원하는 영역을 선택한다.

② 단색화 장치(monochromator)

빛을 각 성분 파장으로 분산시키고 좁은 띠의 파장을 선택하여 연속적으로 단색광의 빛을 변화하면서 주사(scanning)할 수 있는 장치이다. 단색화 장치의 부분장치로는 입구슬릿, 평행한 빛살로 만든 평행화 렌즈 또는 거울, 복사선을 성분 파장으로 분산시키는 회절발 또는 프리즘, 초점장치, 출구슬릿 등이 있다.

㉠ 슬릿

- 인접 파장을 분리하는 역할을 하는 장치로 단색화 장치의 성능 특성과 품질을 결정하는데 중요한 역할을 한다.

- 슬릿이 좁아지면 유효 띠너비가 줄어들고, 분해능이 증가하여 더 미세한 스펙트럼을 얻을 수 있지만 복사선의 세기가 현저하게 감소한다. 슬릿너비가 넓은 경우 상세한 스펙트럼의 모양이 필요한 정성 분석과 정량 분석에 이용된다.
- 슬릿너비와 역선분산능과의 관계식

$$\Delta\lambda_{\mathrm{eff}} = wD^{-1}$$

여기서, $\Delta\lambda_{\mathrm{eff}}$: 유효 띠너비

w : 슬릿너비

D^{-1} : 역선분산능

$D^{-1} = \dfrac{d}{nf}$ (단위 : nm/mm 또는 Å/nm)

여기서, n : 회절차수, f : 초점거리, d : 홈 사이의 거리

- 두 개의 슬릿너비가 똑같을 때 띠너비의 1/2을 유효 띠너비라 하고, 주어진 파장에서 설정한 단색화 장치에서 나오는 파장범위를 말한다. 두 선이 완전히 분리되려면 유효 띠너비가 파장 차이의 1/2이 되어야 한다.

㉡ 회절발

- 많은 수의 평행하고 조밀한 간격의 홈을 가지고 있어 복사선을 그의 성분 파장으로 분산(회절현상에 의해 파장이 분산되는 원리를 이용)시키는 역할을 한다.
- 종류로는 에셀레트 회절발, 오목 회절발, 홀로그래피 회절발 등이 있다.
- 분해능(R, resolution) : 인접 파장의 상을 분리하는 능력의 정도

$$R = \frac{\lambda}{\Delta\lambda} = nN$$

여기서, λ : 두 상의 평균 파장

$\Delta\lambda$: 두 상의 파장 차이

n : 회절차수

N : 홈수

- 에셀레트(echelette) 회절발의 회절 메커니즘

$$n\lambda = d(\sin A + \sin B)$$

여기서, n : 회절차수

λ : 회절되는 파장

d : 홈 사이의 거리

A : 입사각

B : 반사각

㉢ 단색화 장치의 종류

회절발 단색화 장치와 프리즘 단색화 장치가 있다.

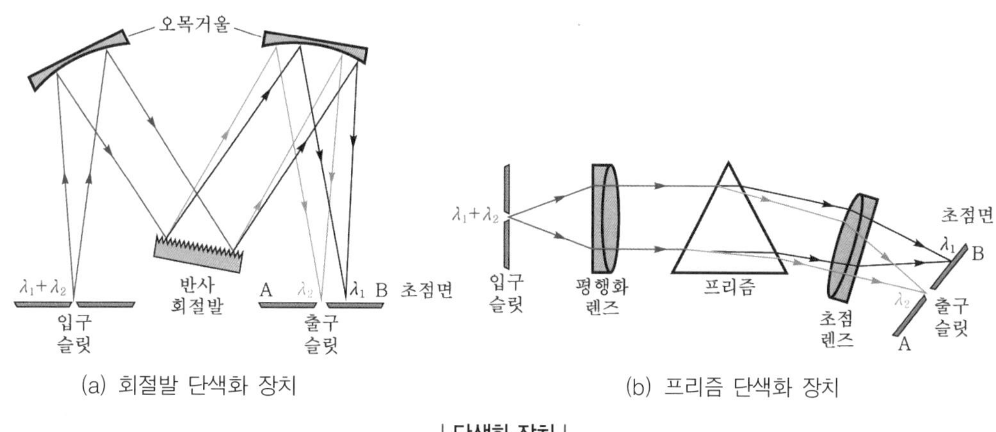

(a) 회절발 단색화 장치

(b) 프리즘 단색화 장치

| 단색화 장치 |

(6) 복사선변환기

이상적인 변환기는 높은 감도, 높은 신호 대 잡음비, 넓은 파장 영역에 걸쳐 일정한 감응을 나타내고, 빠른 감응시간, 빛의 조사가 없을 때에는 0의 출력을 내며, 변환기에 의해 얻어진 신호는 복사선의 세기에 정비례하여야 한다. 복사선에너지를 전기신호로 변환시키는 변환기는 광자에 감응하는 광자변환기, 열에 감응하는 열검출기가 있다.

① 광자변환기(photon transducer)

㉠ 광자검출기 또는 광전검출기라고도 하며, 복사선을 흡수하여 전자를 방출할 수 있는 활성 표면을 가지고 있어서 복사선에 의해 광전류가 생성된다.

㉡ 가시광선이나 자외선 및 근적외선을 측정하는 데 주로 사용된다.

㉢ 한 번에 한 파장의 복사선을 검출하는 광전류기와 여러 파장의 복사선을 동시에 검출하는 다중채널광자변환기가 있다.

㉣ 광전류기의 종류 : 광전압전지, 진공광전관, 광전증배관(PMT), 규소다이오드검출기, 광전도검출기 등

㉤ 다중채널광자변환기의 종류 : 광다이오드 배열, 전하이동장치 등

② 열검출기

㉠ 열변환기라고도 하며, 복사선에 의한 온도 변화를 감지한다.

㉡ 주로 적외선을 검출하는 데 이용되며, 적외선의 광자는 전자를 광방출시킬 수 있을 만큼 에너지가 크지 못하기 때문에 광자변환기로 검출할 수 없다.

㉢ 종류 : 열전기쌍, 볼로미터(bolometer), 서미스터(thermistor), 파이로전기검출기 등

3 광학스펙트럼

전자기복사선을 "광자(photon)"라는 에너지의 불연속적인 입자의 흐름으로 보는 입자모형을 이용하여 복사에너지의 흡수와 방출을 설명한다.

(1) 에너지와 파장과의 관계식

$$E = h\nu = h\frac{c}{\lambda} = h\bar{\nu}c$$

여기서, h : 플랑크상수(6.626×10^{-34}J · s)

ν : 진동수(s^{-1})

λ : 파장(m)

c : 진공에서 빛의 속도(3.0×10^8m/s)

$\bar{\nu}$: 파수(m^{-1}) $= \frac{1}{\lambda}$

(2) 복사선의 방출

들뜬 입자에서 발생되는 복사선은 보통 방출스펙트럼에 의해서 특성이 파악되며, 이는 대개 방출된 복사선의 상대 세기를 파장 또는 주파수의 함수로 나타낸다.

① **선스펙트럼** : 자외선 및 가시광선 영역의 선스펙트럼은 기체상태에서 잘 분리되는 개별적 원자 입자에서 빛을 방출할 때 나타난다.

② **띠스펙트럼** : 기체상태의 라디칼 또는 작은 분자들이 존재할 때 자주 나타난다.

③ **연속스펙트럼** : 고체가 백열상태로 가열되었을 때 발생한다.

1-2 원자분광 분석 실시

1 원자분광법의 원리 및 이론

(1) 원자선 너비

① 원자선 너비는 원자분광법에서 중요한 사항이다. 좁은 선의 경우, 중첩하여 스펙트럼선이 나타나는 방해 가능성을 감소시키기 때문에 방출 및 흡수 측정에서 크게 바람직하다. 또한 선 너비는 원자흡수분광법의 기기설계에서도 중요하다.

② 원자의 전자 에너지준위는 일반적으로 차이가 크고 단일 에너지 상태이기 때문에 원자 스펙트럼의 원자선은 단일 파장만으로 구성되어 있다. 즉, 원자스펙트럼은 선스펙트럼이다.

③ 원자선은 두 개의 불연속적인 단일 에너지 상태 사이의 전자전이로부터 생기기 때문에 원자선 너비는 0이 되어야 한다. 실제 원자선은 몇 가지 원인에 의해 한정된 너비를 갖게 된다.

(2) 선 넓힘의 원인

원자스펙트럼선의 너비에 영향을 주는 요인

① **불확정성 효과** : 하이젠베르크(Heisenberg)의 불확정성 원리에 의해 생기는 선 넓힘으로 자연선 너비라고도 한다.

② **도플러 효과** : 검출기로부터 멀어지거나 가까워지는 원자의 움직임에 의해 생기는 선 넓힘으로 원자가 검출기로부터 멀어지면 원자에 의해 흡수되거나 방출되는 복사선의 파장이 증가하고 가까워지면 감소한다.

③ **압력 효과** : 원자들 간의 충돌로 바닥상태의 에너지준위의 작은 변화로 인해 흡수하거나 방출하는 파장이 어떤 범위를 가지게 되어 생기는 선 넓힘이다.

④ **전기장과 자기장 효과(Zeeman 효과)** : 센 자기장이나 전기장하에서 에너지준위가 분리되는 현상에 의해 생기는 선 넓힘이다. 원자분광법에서는 선 넓힘의 원인이 아닌 스펙트럼 방해를 보정하는 바탕보정 시 이용하므로 바탕보정 방법으로 분류한다.

(3) 시료 도입방법

전체 시료를 대표하는 일정 분율의 시료를 원자화 장치로 도입시킨다.

① **용액 시료의 도입** : 기압식 분무기, 초음파분무기, 전열증기화, 수소화물생성법 등이 있다.

② **고체 시료의 도입**

㉠ 플라스마와 불꽃원자화 장치로 분말, 금속이나 미립자 형태의 고체 시료를 도입하는 것은 시료 분해와 용해시키는 데 걸리는 시간과 지루함을 피할 수 있는 장점이 있으나, 검량선, 시료의 조건화, 정밀도 및 정확도에 어려움이 있다.

㉡ 시료를 시료용액의 분무에 의해 주입하는 것만큼 만족한 결과를 나타내지는 못하며, 대부분의 경우 연속 신호보다는 불연속 분석신호를 준다.

㉢ 직접 시료 도입, 전열증기화, 레이저 증발, 아크와 스파크 증발, 글로우방전법 등이 있다.

2 원자흡수분광법(AAS, atomic absorption spectrometry)

시료에 들어 있는 원소들을 원자화 과정을 통해 기체상태의 중성원자로 만들고 복사선을 투과시켜 바닥상태에 있는 최외각전자를 들뜨게 하여 흡수스펙트럼을 얻어 분석 원소를 정량하는 방법으로, 분석시료에 들어 있는 한 가지 원소를 정량하는 데 가장 널리 사용된다.

(1) 시료 원자화 방법

① 불꽃 원자화

㉠ 시료용액을 기체 연료와 혼합된 산화제 기체의 흐름에 의해 분무시켜 불꽃 속으로 도입시켜 원자화한다.

㉡ 원자화 발생과정 : 탈용매 → 증발 → 해리(원자화)

- 탈용매 : 용매가 증발되어 매우 미세한 고체분자 에어로졸을 만든다.
- 증발 : 에어로졸이 기체분자로 휘발된다.
- 해리 : 기체분자들의 대부분이 해리되어 기체원자를 만든다.

㉢ 불꽃에 사용되는 연료와 산화제

연료	산화제
천연가스	공기, 산소
수소	공기, 산소
아세틸렌	공기, 산소, 산화이질소

㉣ 불꽃 원자화 장치의 성능 특성

- 재현성이 우수하다.
- 시료 효율과 감도가 낮다.
  ➜ 많은 시료가 폐기통으로 빠져 나가며 각 원자가 빛살 진로에서 머무는 시간이 짧기(10^{-4}s 정도) 때문이다.

② 전열 원자화

㉠ 시료를 양 끝이 열려 있고 중앙에 구멍이 있는 원통형 흑연관의 시료 주입구를 통해 마이크로 피펫으로 주입하고 전기로의 온도를 높여 원자화한다.

㉡ 전열 원자화 장치의 가열순서 : 건조 → 회화 → 원자화

- 건조 : 용매를 제거하기 위해 낮은 온도(수백℃)에서 증발시킨다.
- 회화(=탄화, 열분해) : 유기물을 분해시키기 위해 약간 높은 온도(약 1,000~2,000℃)에서 가열한다.
- 원자화 : 전류를 빠르게 증가시켜 2,000~3,000℃에서 원자화시킨다.

㉢ 전열 원자화의 장점

- 원자가 빛 진로에 머무는 시간이 1s 이상으로 원자화 효율이 우수하다.
- 감도가 높아 작은 부피의 시료도 측정 가능하다.
- 직접 원자화가 가능하다.

  ➜ 고체, 액체 시료를 용액으로 만들지 않고 직접 도입

㉣ 전열 원자화의 단점

- 분석과정이 느리다.

  ➜ 가열하고, 냉각하는 순환과정 때문
- 측정 농도 범위가 보통 10^2 정도로 좁고, 정밀도가 떨어진다.
- 동일한 표준물질을 찾기 어렵다.

  ➜ 검정하기 어렵다.

  ⚗ 불꽃이나 플라스마 원자화 장치가 적당한 검출한계를 나타내지 못할 경우에만 이 방법을 사용한다.

㉤ 매트릭스 변형제 : 전열 원자화 장치에서 분석물이 원자화될 때 매트릭스와 반응하여 매트릭스가 분석물보다 더 잘 휘발되게 하거나 또는 분석물과 반응하여 분석물의 휘발성을 낮추어 비교적 높은 온도의 회화과정에서 매트릭스만 휘발시켜 제거하여 분석물이 손실되는 것을 방지하는 역할을 한다.

③ 수소화물 생성 원자화

㉠ 비소(As), 안티모니(Sb), 주석(Sn), 셀레늄(Se), 비스무트(Bi) 및 납(Pb)을 포함하는 시료를 원자화 장치에 도입하기 위하여 수소화붕소소듐($NaBH_4$) 수용액을 가하여 휘발성 수소화물(MH_n)을 생성시키는 방법이다.

㉡ 휘발성 수소화물(MH_n)은 비활성 기체에 의해 원자화 장치로 운반되고 가열하면 분해되어 분석물 원자가 생성된다.

㉢ 검출한계를 10~100배 정도 향상시킬 수 있다.

➜ 휘발성이 큰 원소들은 불꽃에서 직접 원자화시키면 불꽃에 머무른 시간이 짧아 감도가 낮아진다. 그러나 휘발성이 큰 수소화물을 만들면 이들이 쉽게 기체화되므로 용기 내에서 모은 후 이를 한꺼번에 원자화 장치에 도입하여 원자화시킬 수 있기 때문에 감도가 높아지고 검출한계는 낮아진다.

④ 찬 증기 원자화

㉠ 오직 수은(Hg) 정량에만 이용하는 방법이다.

㉡ 수은은 실온에서도 상당한 증기압을 나타내어 높은 온도의 열원을 사용하지 않고도 기체 원자화할 수 있다.

㉢ 여러 가지 유기수은화합물들이 유독하기 때문에 찬 증기 원자화법이 이용된다.

⑤ 그 밖에 글로우방전 원자화, 유도결합 아르곤 플라스마 원자화, 직류 아르곤 플라스마 원자화, 마이크로 유도 아르곤 플라스마 원자화, 전기 아크 원자화, 스파크 원자화 등이 있다.

(2) 복사선 광원

① 원자 흡수에 근거를 둔 분석법은 원자흡수선이 좁고, 전자전이에너지가 각 원소마다 독특하기 때문에 높은 선택성을 가진다.

② 원자의 흡수선 너비가 좁기 때문에 흡수 봉우리보다 더 좁은 띠너비를 갖는 선 광원을 주로 사용한다.

③ 광원의 방출 복사선이 한 원소만의 빛살이며 그 원소의 원자만을 들뜨게 하므로, 각 원소를 분석할 때마다 각각의 선 광원이 필요하다.

④ 선 광원으로는 속빈 음극등, 전극 없는 방전등이 있다. 이 중 속빈 음극등은 원자흡수분광법에서 가장 흔히 사용되는 광원이다.

(3) 스펙트럼 방해

① 방해 화학종의 흡수선 또는 방출선이 분석선에 너무 가까이 있거나 겹쳐서 단색화 장치에 의하여 분리가 불가능한 경우에 생긴다.

② 스펙트럼 방해 보정법(매트릭스 방해 보정법)

㉠ 연속 광원 보정법 : 중수소(D_2)램프의 연속 광원과 속빈 음극등이 번갈아 시료를 통과하게 하여 중수소램프에서 나오는 연속 광원의 세기의 감소를 매트릭스에 의한 흡수로 보아 연속 광원의 흡광도를 시료 빛살의 흡광도에서 빼 주어 보정하는 방법이다.

㉡ 두 선 보정법 : 광원에서 나오는 방출선 중 시료가 흡수하지 않는 방출선 하나를 기준선으로 선택해서 시료를 통과하고 나온 기준선의 세기 감소를 매트릭스 방해로 보아 기준선의 흡광도를 시료 빛살의 흡광도에서 빼 주어 보정하는 방법이다.

㉢ 광원 자체 반전에 의한 바탕 보정법 : 속빈 음극등이 번갈아가며 먼저 작은 전류에서, 그 다음에는 큰 전류에서 작동하도록 프로그램하여 큰 전류로 작동할 때 속빈 음극등에서 방출하는 복사선의 자체 반전이나 자체 흡수현상을 이용해 바탕 흡광도를 측정하여 보정하는 방법이다.

㉣ Zeeman 효과에 의한 바탕 보정법 : 원자 증기에 센 자기장을 걸어 전자전이 준위에 분리를 일으키고(Zeeman 효과) 각 전이에 대한 편광된 복사선의 흡수 정도의 차이를 이용해 보정하는 방법이다.

원자 증기에 센 자기장을 걸어 주면 원자의 에너지준위는 분리되어 분석물 봉우리와는 다른 흡수 봉우리가 생기는데, 이 두 종류의 흡수 봉우리는 편광 복사선에 대해 서로 다른 감응도를 나타낸다. 광원 앞에 회전편광판을 놓고 회전시켜 수직 또는 수평으로 편광된 빛을 시료에 주기적으로 쪼여 주면 매트릭스는 두 편광 복사선을 모두 흡수하는 반면, 분석물 봉우리는 둘 중 하나의 편광 복사선만을 흡수한다. 따라서 분석물과 매트릭스가 모두 흡수한 편광 복사선의 흡광도에서 매트릭스만이 흡수한 편광 복사선의 흡광도를 빼 주어 보정한다.

(4) 화학적 방해

원자화 과정에서 분석물이 여러 가지의 화학적 변화를 받아서 흡수 특성이 변화하는 경우에 생긴다.

① 휘발성이 낮은 화합물 생성에 의한 방해

㉠ 분석물이 음이온과 반응하여 휘발성이 작은 화합물을 만들어 분석 성분의 원자화 효율을 감소시키는 음이온에 의한 방해이다.

㉡ 휘발성이 낮은 화합물의 생성에 의한 방해를 줄이는 방법

- 가능한 한 높은 온도의 불꽃을 사용한다.
- 해방제(releasing agent)를 사용한다.

➜ 방해물질과 우선적으로 반응하여 방해물질이 분석물질과 작용하는 것을 막을 수 있는 시약인 해방제를 사용한다.

예 Ca 정량 시 PO_4^{3-}의 방해를 막기 위해 Sr 또는 La을 과량 사용하고, 또한 Mg 정량 시 Al의 방해를 막기 위해 Sr 또는 La을 해방제로 사용한다.

- 보호제(protective agent)를 사용한다.

➜ 분석물과 반응하여 안정하고 휘발성 있는 화합물을 형성하여 방해물질로부터 분석물을 보호해 주는 시약인 보호제를 사용한다.

예 EDTA, 8-hydroquinoline, APDC

② 해리 평형에 의한 방해

㉠ 원자화 과정에서 생성되는 금속 산화물(MO)이나 금속 수산화물(MOH)의 해리가 잘 일어나지 않아 원자화 효율을 감소시키는 해리 평형에 의한 방해이다.

㉡ 산화제로 산화이질소(N_2O)를 사용하여 높은 온도의 불꽃을 사용하면 줄일 수 있다.

③ 이온화 평형(이온화 방해)

㉠ 높은 온도의 불꽃에 의해 분석원소가 이온화를 일으켜 중성원자가 덜 생기는 방해로, 이온화가 많이 일어나 원자의 농도를 감소시켜 나타나는 방해이다.

㉡ 온도가 증가하면 들뜬 원자수가 증가하므로 이온의 형성을 억제하기 위해 들뜬 온도를 낮게 하고 압력은 높인다.

㉢ 분석물질보다 이온화가 더 잘 되어 불꽃에 높은 농도의 전자를 제공하는 이온화 억제제(ionization suppressor)를 사용함으로써 이온화 평형의 이동을 막고 시료의 이온화를 억제할 수 있다. 이온화 억제제로는 주로 K, Rb, Cs과 같은 알칼리금속이 사용된다.

예 Sr 정량 시 이온화 억제제로 K 첨가, K 정량 시 이온화 억제제로 Cs 첨가

3 원자형광분광법(AFS, atomic fluorescence spectrometry)

Pb, Hg, Cd, Zn, As, Sb, Bi, Ge 및 Se와 같은 원소들을 증기 및 수소화물을 생성하여 원자형광분광법으로 유용하게 정량하는 방법들이 소개되고 있지만, 체계적이고 잘 정립된 흡수법과 방출법에 비해 큰 이점이 없어 잘 사용되지 않고 있다.

(1) 기기장치

① 광원

㉠ 연속 광원을 사용해야 하지만, 대부분의 연속 광원이 원자 흡수선만큼 좁은 영역에서 사용되는 경우 형광 출력이 매우 작아지므로 그에 따라 충분한 감도를 제공하기에는 너무 낮다.

㉡ 전극 없는 방전등 : 가장 널리 사용되는 광원으로 속빈 음극등보다 10~100배 정도의 큰 복사선 세기를 갖는다.

㉢ 레이저 광원 : 높은 세기와 좁은 띠너비를 갖는 광원이므로 원자형광법의 이상적인 광원이지만, 높은 가격과 운영상의 복잡성으로 원자형광법에 널리 적용되지 않고 있다.

② 분산형 기기

㉠ 변조 광원, 원자화 장치(불꽃 또는 전열), 단색화 장치 또는 필터 시스템, 검출기, 신호처리장치 및 판독장치로 구성된다.

㉡ 광원을 제외하고 원자흡수분광법과 유사하다.

③ 비분산형 기기

㉠ 광원, 원자화 장치 및 검출기로 구성된다.

㉡ 장점

- 단순성 및 값싼 기기장치
- 다중 성분 분석에 대한 적응성
- 높은 에너지 산출 및 높은 감도
- 다중 방출선에서 나오는 에너지의 동시 수집과 이에 따른 감도 증가

(2) 방해효과

원자흡수분광법에서 알려진 것과 같은 유형이고, 거의 같은 크기로 나타난다.

(3) 응용

윤활유, 바닷물, 지질학적 자료, 금속 시료, 임상 시료, 환경 시료 및 농산물 시료와 같은 물질에 들어 있는 금속을 분석하는 데 이용된다.

4 유도결합플라스마 원자방출분광법 (ICP - AES, inductively coupled plasma atomic emission spectrometry)

고온(6,000K)의 아르곤 플라스마로 원자를 들뜨게 하면 각 원자들은 빠른 이완으로 자외선-가시광선 선스펙트럼을 방출하는데, 이 방출스펙트럼의 파장 및 세기를 측정하여 특정 원소를 정량 및 정성 분석하는 방법이다.

(1) 플라스마(plasma)

① 진한 농도의 양이온과 전자를 포함하는 전도성 기체 혼합물이다.

② 두 가지의 농도는 알짜전하가 0에 가깝게 되어 있다.

③ 높은 온도 플라스마 세 가지 형태

㉠ 유도쌍 플라스마(ICP)

유도쌍 플라스마(ICP) 광원 : 석영으로 된 3개의 동심원통으로 되어 있고, 이 속으로 아르곤은 5~20L/min 유속으로 통하고 있다. 관의 윗부분은 물로 냉각시키는 유도코일로 둘러싸여 있고, 이 코일은 라디오파 발생기에 의하여 가동된다. 흐르고 있는 아르곤의 이온화는 Tesla 코일의 스파크로서 시작된다. 이렇게 얻은 이온들과 전자들은 유도코일에 의해 유도 발생한 변동하는 자기장과 작용하며, Ar^+와 전자가 자기장에 붙들려 큰 저항열을 발생하는 플라스마를 만든다.

㉡ 직류 플라스마(DCP)

㉢ 마이크로 유도 플라스마(MIP)

(2) ICP 원자화 광원의 장점

① 플라스마 광원의 온도가 매우 높기 때문에 원자화 효율이 좋고 원소 상호간의 화학적 방해가 거의 없다.

② 아르곤의 이온화로 인한 전자밀도가 높아서 시료의 이온화에 의한 방해가 거의 없다.

③ 플라스마 단면의 온도 분포가 균일하여 자체 흡수나 자체 반전이 없으므로 넓은 선형 측정 범위를 갖는다.

④ 높은 온도에서도 잘 분해되지 않는 산화물, 즉 내화성 화합물을 형성하는 텅스텐(W), 우라늄(U), 지르코늄(Zr) 등의 낮은 농도의 원소들도 측정이 가능하다.

⑤ 화학적으로 비활성인 환경에서 원자화가 일어나므로 분석물의 산화물이 형성되지 않아 원자의 수명이 증가한다.

⑥ 광원이 필요 없고, 하나의 들뜸조건에서 동시에 여러 원소들의 스펙트럼을 얻을 수 있으며, 다원소 분석이 가능하다.

⑦ 염소(Cl), 브로민(Br), 아이오딘(I) 및 황(S)과 같은 비금속원소들도 측정이 가능하다.

5 X-선 분광법

전자기복사선의 방출, 흡수, 산란, 형광 및 회절을 이용하여 소듐(Na)보다 큰 원자량을 갖는 주기율표상의 모든 원소의 정성 및 정량 분석에 사용된다.

특수한 장치를 사용하여 5~10 범위의 원자번호를 갖는 원소들도 정량이 가능하다.

(1) X-선 분광법의 개요

① X-선은 고에너지 전자의 감속 또는 원자의 내부 오비탈에 있는 전자들의 전자전이에 의해 생성된 짧은 파장의 전자기복사선이다.

② X-선의 파장은 10^{-2}~100 Å 이나 통상적인 X-선 분광법은 약 0.1~25 Å 영역으로 국한된다.

③ **X-선 방출** : 분석 목적으로 X-선은 다음 네 가지 방법으로 생성된다.

㉠ 고에너지의 전자살로 금속표적에 충격을 가하는 방법

㉡ X-선 형광의 이차 살을 생성하기 위해 X-선 일차 살에 어떤 물질을 노출시키는 방법

㉢ 방사성 동위원소의 붕괴과정에서 X-선 방출을 만드는 방법

㉣ 가속기 방사선 광원으로부터 얻는 방법

④ 자외선 및 가시광선 광원과 마찬가지로 X-선 광원도 연속스펙트럼과 선스펙트럼 모두 발생한다.

㉠ 전자살 광원으로부터의 연속스펙트럼

㉡ 전자살 광원으로부터 얻는 선스펙트럼

㉢ 형광 광원으로부터의 선스펙트럼

㉣ 방사성 광원으로부터의 선스펙트럼

(2) 기기 구성요소

광원, 입사선의 파장을 제한하는 장치, 시료집게, 복사선검출기, 신호처리기와 판독장치로 구성된다. X-선 기기는 스펙트럼의 분해방법에 따라 파장 분산형(wavelength dispersive), 에너지 분산형(energy dispersive)으로 나뉜다.

① **광원**

㉠ X-선관 : Coolidge관

㉡ 방사성 동위원소

㉢ 2차 형광 광원

② **X-선용 필터, X-선용 단색화 장치** : X-선용 단색화 장치는 광학기기에서 슬릿과 같은 역할을 하는 한 쌍의 빛살 평행화 장치와 한 개의 분산요소로 이루어진다. 분산요소는 측각기 또는 회전 가능한 테이블에 설치된 단결정이다.

③ X-선 변환기(광자계수기)

㉠ 기체충전변환기

- Geiger관
- 비례계수기
- 이온화상자

㉡ 섬광계수기

㉢ 반도체변환기

(3) X-선 흡수스펙트럼

① X-선 빛살이 얇은 막의 물질을 통과할 때 흡수와 산란으로 인해 그 세기가 감소하는 것이 일반적이다. 매우 가벼운 원소를 제외한 모든 원소들에서 산란의 영향은 보통 적으므로 어느 정도의 흡수가 일어나는 파장 영역에서는 무시할 수 있다.

② 한 원소의 흡수스펙트럼도 방출스펙트럼처럼 단순하고 몇 개의 확실한 흡수 봉우리로 이루어져 있다. 최대흡수파장은 원소의 특성이며, 화학적 상태에는 크게 상관이 없다.

③ 최대 흡수를 지난 바로 다음 파장에서 흡수끝(absorption edge)이라 불리는 선명한 불연속적인 모습이 나타난다.

④ **질량흡수계수** : Beer 법칙은 다른 종류의 전자기복사선에서와 마찬가지로 X-선의 흡수에도 적용될 수 있다.

$$\ln\frac{P_0}{P} = \mu_M \rho x$$

여기서, P, P_0 : 투과 및 입사 빛살의 세기

μ_M : 질량흡수계수(cm^2/g)

ρ : 시료의 밀도

x : 시료 두께(cm)

질량흡수계수는 시료에 포함된 원소들의 무게분율의 더하기 함수이다.

$$\mu_M = W_A\mu_A + W_B\mu_B + W_C\mu_C + \cdots$$

여기서, μ_M : 무게분율이 각각 W_A, W_B 및 W_C인 원소 A, B 및 C를 포함하는 시료의 질량흡수계수

W_A, W_B, W_C : 해당하는 각 원소의 무게 분율

μ_A, μ_B, μ_C : 해당하는 각 원소의 질량흡수계수

(4) X-선 회절법(XRD, X-ray diffraction)

① X-선의 회절

X-선이 결정 내의 질서정연한 환경에서 산란될 때 원자 사이의 간격이 대략 X-선의 파장과 같은 크기를 가지므로, 산란된 복사선 사이에서 보강간섭과 상쇄간섭이 일어나고 그 결과 X-선이 회절되어 결정 속의 원자 배열에 관련된 간섭무늬를 얻게 된다.

② Bragg 식

X-선의 회절에서 두 X-선의 경로차가 $2d\sin\theta$이고 이것이 파장의 정수배일 때 보강간섭을 일으키게 된다.

$$n\lambda = 2d\sin\theta$$

여기서, n : 회절차수
λ : X-선 파장
d : 결정의 층간 거리
θ : 입사각

③ X-선 회절법의 특징

㉠ 스테로이드, 비타민, 항생물질과 같은 복잡한 천연물질의 구조를 밝힌다.
㉡ 결정성 물질의 원자 배열과 원자 간 거리에 대한 정보를 제공한다.
㉢ 결정질 화합물을 편리하게 정성 분석할 수 있다.
㉣ 고체시료에 들어 있는 화합물에 대한 정성 및 정량적인 정보를 제공해 준다.

(5) X-선 형광법(XRF, X-ray fluorescence)

① X-선이 흡수되면 높은 에너지준위의 전자가 전이되어 바닥상태로 돌아가는 전자들뜸이온이 생성된다. 짧은 순간 후에 이온은 일련의 전이과정을 거쳐 바닥상태로 돌아가는데 이때는 전자충격으로 인해 들뜰 때와 같은 파장의 복사선을 방출(형광)한다.

② 형광선의 파장은 해당 흡수끝 파장보다 항상 더 큰데, 흡수는 전자가 완전히 제거 즉, 이온화되는 것이고 반면에 방출은 전자가 원자 내의 더 높은 에너지준위로부터 전이되는 것이기 때문이다.

③ 매트릭스 효과

㉠ 산란효과 : 입사 복사선과 얻어진 형광의 일부가 두꺼운 시료를 투과하면서 흡수와 산란이 일어날 수 있다. 산란효과는 최종적으로 검출기에 도달하는 빛의 세기가 줄어든다.

㉡ 흡수효과 : X-선 형광 측정에서 검출기에 도달한 선의 알짜세기는 X-선 형광을 발생하는 원소의 농도뿐만 아니라 동시에 매트릭스 원소들의 농도와 질량흡수계수에 의해서도 영향을 받는다.

$$P_x = P_s \times W_x$$

여기서, P_x : 측정한 상대 복사선 세기

P_s : 분석원소만 있을 때의 세기

W_x : 시료 중 분석원소의 무게분율

㉢ 증강효과 : 입사 살에 의해 들떠서 만들어진 특징적 방출스펙트럼을 내는 원소가 시료에 포함되어 있을 때 나타나는데, 이 방출스펙트럼이 분석선의 이차들뜸을 유발(상승효과)한다.

㉣ 흡수 및 증강 효과를 보상하기 위한 방법

- 외부 표준물에 의한 검정
- 내부 표준물의 사용
- 시료와 표준물의 묽힘

④ X-선 형광법의 장점

㉠ 스펙트럼이 단순하여 스펙트럼선 방해가 적다.

㉡ 비파괴 분석법이어서 시료에 손상을 주지 않는다.

➜ 그림, 골동품, 보석, 주화 및 다른 값 있는 물질을 분석하기 위해 사용

㉢ 실험과정이 빠르고 편리하다.

➜ 수분 내에 다중원소 분석

㉣ 정확도와 정밀도가 좋다.

⑤ X-선 형광법의 단점

㉠ 감도가 좋지 않다.

➜ 가장 적당한 조건에서 수ppm 이하이다.

㉡ 가벼운 원소 측정이 어렵다.

➜ 검출과 측정에서 오제(Auger) 방출이라고 하는 경쟁과정이 형광세기를 감소시키므로 원자번호가 23(V, 바나듐) 이하로 적어지면서 점점 더 나빠지며, 원자번호 8번보다 큰 것만 분석 가능하다.

㉢ 기기가 비싸다.

1-3 분자분광 분석 실시

1 분자분광법의 원리 및 이론

(1) 혼합물에서의 베르 법칙(Beer's law)

베르 법칙은 한 가지 종류 이상의 물질들을 포함하는 매질에서도 적용된다.

여러 가지 화학종들 사이에서 상호작용이 일어나지 않는다면, 다중성분계에 대한 전체 흡광도는 다음 식으로 나타낼 수 있다.

$$A_{\text{전체}} = A_1 + A_2 + \cdots + A_n = \varepsilon_1 bc_1 + \varepsilon_2 bc_2 + \cdots + \varepsilon_n bc_n$$

(2) 베르 법칙으로부터의 편차

① 베르-람베르트 법칙을 베르 법칙이라고도 한다.

$$\text{흡광도 } A = \varepsilon bc$$

여기서, ε : 몰흡광계수($cm^{-1} \cdot M^{-1}$)

b : 셀의 길이(cm)

c : 시료의 농도(M = mol/L)

㉠ 흡광도는 단위가 없다.

㉡ 분석성분의 농도가 0.01mol/L 이하의 낮은 농도에서 잘 성립한다.

㉢ 몰흡광계수는 특정 파장에서 흡수한 빛의 양을 의미하며, 매질의 굴절률, 전해질을 포함하는 경우 전해질의 해리는 몰흡광계수를 변화시켜 베르 법칙의 편차를 유발한다.

② 겉보기 화학편차 : 분석성분이 해리하거나 회합하거나 또는 용매와 반응하여 분석성분과 다른 흡수스펙트럼을 내는 생성물을 만들 때 베르 법칙으로부터 겉보기 편차가 일어난다.

③ 미광복사선(떠돌이 빛)에 의한 기기편차

㉠ 미광복사선이란 측정을 위해 선정된 띠너비 범위 밖에 있는 파장의 빛으로, 회절발, 렌즈나 거울, 필터 및 창과 같은 광학기기 부품의 표면에서 일어나는 산란과 반사로 인해 생긴 기기로부터 오는 복사선이다.

㉡ 미광복사선은 시료를 통과하지 않으면서 검출기에 도달하므로 시료에 흡수되지 않고 투과하는 빛의 세기에 더해지기 때문에 투광도가 증가하는 결과가 되어 흡광도는 감소한다.

④ 다색복사선에 대한 겉보기 기기편차

㉠ 베르 법칙은 단색복사선에서만 확실하게 적용된다.

㉡ 다색복사선의 경우 농도가 커질수록 흡광도가 감소한다.

⑤ 기기편차인 경우 : 항상 음의 흡광도 오차를 유발한다.

2 자외선 - 가시광선 분광법(UV - VIS)

분자가 200~700nm 영역의 가시광선 또는 자외선을 흡수하게 되면 원자가전자 또는 결합전자의 전이를 일으키므로 흡수스펙트럼과 흡광도로부터 흡광작용기를 포함하는 많은 수의 무기, 유기 및 생물학적 화학종의 정성 및 정량적 정보를 얻을 수 있다.

(1) 분자의 에너지

① 분자의 전체 에너지는 병진(translation), 진동(vibration), 회전(rotation), 전자(electronic) 에너지의 합으로 나타낼 수 있다. 이들 중 병진에너지만 연속적 변화를 나타내고, 다른 에너지는 모두 양자화되어 있다.

$$E_{전체} = E_{병진} + E_{회전} + E_{진동} + E_{전자}$$

② 분자 내 전자전이의 에너지 크기 순서

$$n \rightarrow \pi^* < \pi \rightarrow \pi^* < n \rightarrow \sigma^* < \sigma \rightarrow \sigma^*$$

③ 발색단(chromophores)

㉠ 불포화 작용기를 포함하고 자외선-가시광선을 흡수할 수 있는 분자

㉡ 특징적인 전이에너지나 흡수 파장에 대해 흡광을 하는 원자단

㉢ 유기화합물의 흡수는 대부분 $n \rightarrow \pi^*$와 $\pi \rightarrow \pi^*$ 전이에서 일어나므로, π 오비탈을 제공하는 발색단이 있어야 한다.

④ 조색단(auxochrome)

㉠ 작용기가 자외선 영역에서 그 자신은 흡수하지 않고 발색단 봉우리를 장파장으로 이동시키고 동시에 세기를 증가시키는 효과를 가진다.

㉡ 조색단 치환은 고리의 π전자와 작용할 수 있는 적어도 한 쌍의 전자를 가진다. 이런 작용은 π^*상태를 안정화시키는, 즉 에너지를 낮추는 효과를 가지고 있으며 해당 띠의 파장을 증가시킨다.

(2) 흡수 봉우리의 세기와 위치에 영향을 주는 요소

① **용매효과** : 용매의 극성이 증가함에 따라 용매와 유기분자와의 상호작용으로 흡수 봉우리의 파장이 단파장 또는 장파장 쪽으로 이동하는 효과이다.

㉠ 청색 이동(blue shift) : $n \rightarrow \pi^*$ 전이의 경우, 짧은 파장 쪽으로 이동

➜ 극성 용매와 분석물질의 상호작용으로 비공유전자쌍을 안정화시키므로 n오비탈의 에너지준위를 낮추어 더 큰 에너지를 흡수하기 때문이다.

ⓒ 적색 이동(red shift) : $\pi \rightarrow \pi^*$ 전이의 경우, 긴 파장 쪽으로 이동

→ 극성 용매와 분석물질의 상호작용으로 π^*오비탈의 에너지준위를 낮추어 더 적은 에너지를 흡수하기 때문이다.

② **콘쥬게이션 효과** : 긴 파장 쪽으로 이동

둘 이상의 이중결합이나 삼중결합이 단일결합과 교대로 연결되어 있는 경우를 콘쥬게이션이라 하며, 콘쥬게이션 횟수가 많을수록 π오비탈과 π^*오비탈의 에너지 간격이 줄어들어 $\pi \rightarrow \pi^*$ 전이에너지가 작아져 장파장 쪽으로 이동한다.

③ **입체효과** : 발색단이나 조색단의 유무 및 분자의 세부구조에 의해 흡수 봉우리의 세기와 위치가 조금씩 달라진다.

(3) 광도법 및 분광광도법 적정

분석성분, 적정시약 또는 적정생성물이 복사선을 흡수한다면 광도법이나 분광광도법 측정은 적정 당량점의 위치를 찾는 데 유용하다. 또 다른 방법으로는 흡수 지시약이 흡광도 변화를 일으키게 하여 당량점의 위치를 찾을 수도 있다.

① 적정곡선

㉠ 부피 변화에 대한 보정된 흡광도를 적가액 부피의 함수로 도시하여 얻는다.

㉡ 많은 적정에서 곡선은 기울기가 다른 두 개의 선형 영역으로 구성되는데, 하나는 적정 초기에 일어나고 다른 것은 당량점을 지나서 존재한다.

㉢ 외연장한 두 직선의 교차점이 종말점이 된다.

② 대표적인 광도법 적정곡선

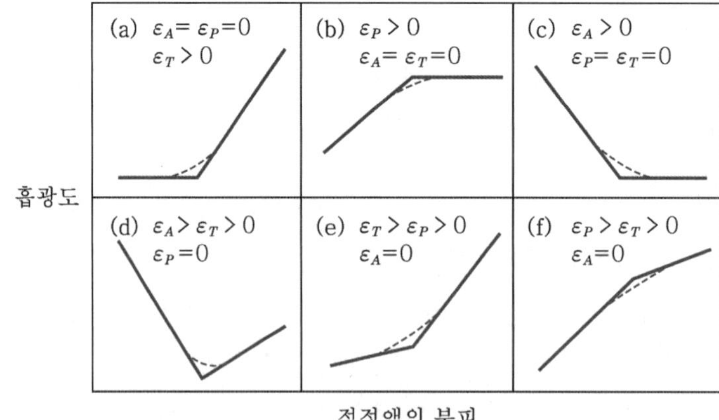

※ 분석성분, 생성물, 적정시약의 몰흡광계수가 각각 ε_A, ε_P, ε_T로 주어진다.

| 광도법 적정곡선 |

㉠ (a)는 분석성분과 반응하여 흡광하지 않는 생성물을 만드는 흡광하는 적가용액과 흡광하지 않는 화학종의 적정에 대한 곡선이다.

㉡ (b)는 흡수하지 않는 반응물로부터 흡수 화학종의 형성에 대한 적정곡선이다.

③ 광도법 적정의 응용

㉠ 여러 번 측정한 데이터를 이용하여 종말점을 정하기 때문에 가끔은 광도법 적정이 직접 광도법 분석보다 더 정확하다.

㉡ 흡수하는 다른 화학종이 함께 존재하더라도 적정에서는 단지 흡광도의 변화만을 측정하므로 분석에 방해를 하지 않는다.

㉢ 흡광도가 점차 변하는 당량점으로부터 멀리 떨어진 위치에서 흡광도를 측정하기 때문에 광도법으로 구한 종말점은 다른 보통 방법들로 구한 종말점보다 더 좋은 이점을 가지고 있다. 적정의 당량점 부근에서 얻은 측정값을 이용하는 다른 적정법(전위차법 적정 또는 지시약 종말점법 적정)과 달리 평형상수가 크지 않은 반응에서도 효과적으로 적정할 수 있다.

3 형광 및 인광 광도법

분석성분의 분자가 자외선-가시광선 영역의 광자를 흡수하여 들뜬 후 바닥상태로 되돌아가면서 다시 빛을 방출하는 과정을 발광(luminescence)이라고 하는데, 이때의 방출스펙트럼으로부터 분석물의 정성 및 정량적 정보를 얻는 분광법이다. 분자발광에는 분자 형광, 인광 및 화학발광의 세 가지 종류가 있다. 형광과 인광은 광자를 흡수함으로써 들뜨게 된다는 점에서 비슷하며, 이 두 가지 현상을 일반적으로 광 발광(photoliminecence)이라고도 부른다. 화학발광은 화학반응 중에 생성되는 들뜬 화학종의 방출스펙트럼에 바탕을 두고 있다.

(1) 단일항 상태와 삼중항 상태

① 단일항 상태(singlet state) : 모든 전자스핀이 짝지어 있는 분자의 전자상태로, 자기장에 놓이는 경우에도 전자의 에너지준위는 분리되지 않는다. 이를 반자기성(diamagnetic)이라고 한다.

② 삼중항 상태(triplet state) : 스핀이 짝짓지 않고 평행한 상태로 수명이 길며, 짝짓지 않은 전자를 포함하는 자유라디칼은 자기모멘트를 가지며 자기장에 끌린다. 따라서 자유라디칼은 상자기성(paramagnetic)이다.

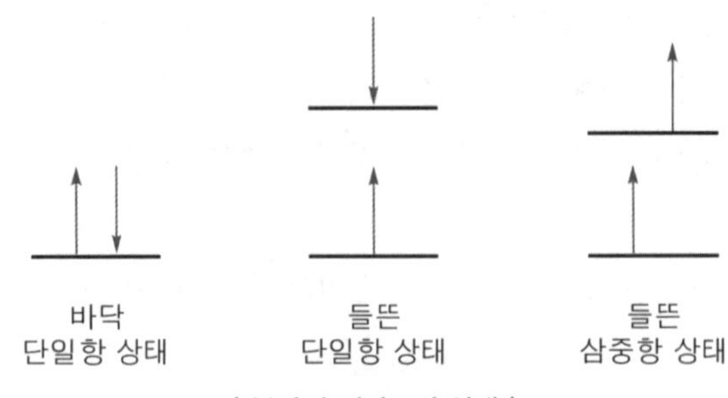

| 분자의 전자스핀 상태 |

(2) 형광과 인광

① 형광

㉠ 들뜬 단일항 상태에서 바닥 단일항 상태로 전이할 때 방출한다.

㉡ 빛이 밝고, 잔광시간이 짧다(10^{-10}~10^{-5}초).

㉢ 공명 형광(resonance fluorescence) : 흡수한 파장을 변화시키지 않고 그대로 방출하는 것이며, 공명 복사선이라고도 한다.

㉣ 스토크스 이동(Stokes shift) : 보다 긴 파장 쪽, 즉 낮은 에너지 쪽으로 이동하는 것이며, 많은 분자 화학종이 공명 형광을 나타내지만 분자 형광(또는 인광)은 공명선보다 긴 파장이 중심인 복사선 띠로 나타나는 경우가 훨씬 더 많다.

② 인광

㉠ 들뜬 삼중항 상태에서 바닥 단일항 상태로 전이할 때 방출한다.

㉡ 단일항 – 삼중항 상태전이는 단일항 – 단일항 상태전이보다 일어날 가능성이 낮고, 들뜬 삼중항 상태의 수명은 꽤 길다.

㉢ 빛이 형광에 비해 어둡고, 잔광시간은 형광의 잔광시간보다 일반적으로 길다(10^{-4}~수초).

(3) 이완과정(비활성화 과정)

들뜬 분자가 복사선을 방출하지 않고 바닥상태로 돌아가는 여러 가지 과정이다.

① **진동이완** : 분자는 전자 들뜸과정에서 몇 가지의 진동준위 중의 어느 한 준위로 들뜬다. 들뜬 화학종의 분자와 용매분자 사이의 충돌이 빠른 에너지 전이를 유발하여 용매의 온도가 조금 높아지게 한다. 진동이완은 충분히 짧아서 진동으로 들뜬 분자의 평균수명은 10^{-12}초 또는 그 이하이며, 보다 높은 진동준위로부터 가장 낮은 진동준위로의 전이과정이다.

② **내부전환** : 들뜬 전자가 복사선을 방출하지 않고 더 낮은 에너지의 전자상태로 전이하는 분자 내부의 과정으로, 전자 에너지준위가 비슷하여 진동 에너지준위가 서로 겹치게 될 때 특히 효과적으로 잘 나타난다.

③ **외부전환** : 들뜬 분자와 용매 또는 다른 용질 사이의 상호작용(용매, 용질과의 충돌)으로 인한 에너지 전이이며, 들뜬 분자가 용매나 다른 용질과 충돌하면서 바닥상태로 비복사 이완하는 것으로 충돌소광이라고도 한다. 형광의 세기가 용매에 영향을 크게 받고, 높은 온도나 낮은 온도에서 형광의 세기가 감소하는 것은 외부전환이 일어나는 증거이다.

④ **계간전이** : 단일항 상태에서 삼중항 상태로 일어나는 전이로, 내부 전환의 경우와 마찬가지로 계간전이가 일어날 확률은 두 상태의 진동준위가 겹칠 때 높아진다. 단일항 – 삼중항 상태의 전이에서 가장 낮은 단일항의 진동준위가 삼중항의 높은 진동상태 중의 하나와 겹치므로 스핀상태의 변화가 일어날 가능성이 커지게 되며, 들뜬 전자의 스핀의 반대방향으로 되어 분자의 다중도가 변하는 과정이다.

㉠ 산소분자와 같은 상자기성 화학종이 용액에 들어 있으면 계간전이가 잘 일어난다.

㉡ 아이오딘, 브롬과 같은 무거운 원자를 포함하고 있는 분자에서 일반적으로 잘 나타난다.

⑤ **인광** : 삼중항 – 단일항 전이는 단일항 – 단일항 전이보다 훨씬 덜 일어난다. 외부전환과 내부전환이 인광보다 빨리 일어나므로 인광 방출은 낮은 온도에서, 점도가 큰 매질 또는 고체 표면에 흡착된 분자에서만 나타난다.

(4) 형광 세기에 영향을 주는 변수

① **양자효율** : 들뜬 전체 분자수에 대한 발광 분자수의 비를 양자효율 또는 양자수득률이라고 하는데, 양자효율이 클수록 형광을 잘 방출한다.

② **형광에서 전이형태**

㉠ $\pi^* \rightarrow \pi$ 또는 $\pi^* \rightarrow n$ 전이에서는 형광이 잘 나타난다.

㉡ $\sigma^* \rightarrow \sigma$ 전이에 해당하는 형광은 거의 나타나지 않는다.

➜ 이러한 크기의 복사선에너지는 유기분자의 결합을 끊어낼 정도로 매우 크다.

㉢ 250nm 이하의 자외선을 흡수하는 경우에는 복사선에너지가 매우 커서 유발분해 또는 분해를 일으켜 비활성이 되므로 형광을 거의 방출하지 않는다.

③ **양자효율과 전이형태** : 형광은 가장 작은 전이에너지 $n \rightarrow \pi^*$형인 화합물보다 $\pi \rightarrow \pi^*$형의 화합물에서 더 많이 발생한다는 것을 실험적으로 관찰할 수 있다. 즉, $\pi^* \rightarrow \pi$ 전이의 양자효율이 더 크다.

④ **분자구조**

㉠ 가장 세고 유용한 형광을 내는 화합물은 작은 에너지의 $\pi \rightarrow \pi^*$ 전이를 하는 방향족 작용기를 가지고 있는 화합물이다.

㉡ 방향족 탄화수소는 고리의 수와 이들이 모여 있는 정도가 증가할수록 양자효율이 증가한다.

㉢ 피리딘(pyridine, 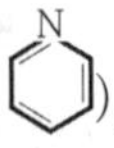), 퓨란(furane, ), 싸이오펜(thiophene, ), 피롤(pyrrole, 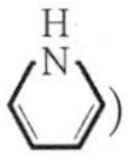)과 같은 간단한 헤테로고리 화합물은 형광을 발생하지 않지만 퀴놀린(quinoline, 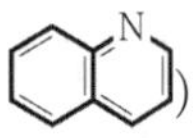)과 같은 접합고리 구조를 갖는 화합물은 형광을 발생한다.

⑤ **구조적 단단하기** : 단단한(rigid) 구조를 갖는 분자가 양자효율이 좋다.
→ 단단할수록 내부 전환이 안 일어난다.

⑥ **온도와 용매** : 온도가 낮을수록, 용매의 점도가 증가할수록 충돌횟수가 감소하므로 외부전환이 감소하여 형광이 증가한다.

⑦ **pH** : 산성 또는 염기성 고리 치환체를 갖는 방향족 화합물의 형광은 pH의 영향을 받는다.
→ 이온화 여부에 따라 공명구조가 달라지기 때문에

(5) 분자발광(luminescence)법의 특징

① 감도가 좋다.

② 검출한계가 낮다.
→ 몇 ppb 정도로 낮은 범위이다.

③ 흡수법에 비해 선형 농도 측정범위가 넓다.

④ 시료 매트릭스보다 방해효과를 받기 쉽다.

⑤ 정량 분석이 가능하지만, 흡수법보다 널리 쓰이지 않는다.
→ 많은 화학종들이 UV-VIS 영역에서 광발광보다는 흡수하기 때문에

4 적외선(IR) 분광법

적외선 흡수스펙트럼은 파장에 대한 투광도와 파수 또는 파장에 대한 흡광도로 나타나며, 2,000cm^{-1} 이하의 파수에서 유용한 정성적인 적외선스펙트럼이 많이 나타난다.

영역	파장(λ) 범위	파수($\bar{\nu}$) 범위
근적외선	0.78 ~ 2.5μm	12,800 ~ 4,000cm^{-1}
중적외선	2.5 ~ 50μm	4,000 ~ 2,000cm^{-1}
원적외선	50 ~ 1,000μm	200 ~ 10cm^{-1}
많이 사용하는 영역	2.5 ~ 25μm	4,000 ~ 400cm^{-1}

① 4,000~400cm^{-1}(많이 사용하는 영역) : 분자 내 작용기와 골격구조에 따라 다른 IR 흡수 봉우리를 가지므로 IR 스펙트럼의 흡수 봉우리 파장으로부터 작용기를 확인하여 분자구조를 알아낼 수 있다.

② 4,000~1,500cm^{-1}(작용기 영역) : 여러 작용기들의 신축진동과 굽힘진동으로 인한 흡수 봉우리가 나타난다.

③ 1,500~400cm^{-1}(지문 영역) : 분자구조와 구성원소의 차이로 흡수 봉우리 분포에 큰 변화가 생기는 영역, 만일 두 개의 시료의 지문 영역 스펙트럼이 일치하면 확실히 같은 화합물이라고 할 수 있다.

$$\text{파수}(\mathrm{cm^{-1}}) = \frac{1}{\text{파장}(\mu\mathrm{m})} \times 10^4$$

$$\text{파수}(\mathrm{cm^{-1}}) = \frac{\text{주파수}(\mathrm{Hz}\ \text{또는}\ \mathrm{s^{-1}})}{c(\mathrm{cm/s})}$$

여기서, c : 진공에서의 빛의 속도 $3.00\times10^{10}\mathrm{cm/s}$

(1) 적외선 흡수분광법의 서론

① 진동과 회전의 쌍극자 변화

㉠ 적외선의 흡수는 여러 가지 진동과 회전상태 사이에 작은 에너지 차가 존재하는 분자 화학종에만 일어난다.

㉡ 적외선을 흡수하기 위하여 분자는 진동이나 회전운동의 결과로 쌍극자모멘트의 알짜변화를 일으켜야 한다.

⚠ 쌍극자모멘트는 두 개의 전하 중심 사이의 전하 차이와 그 거리에 의해 결정된다.

㉢ O_2, N_2, Cl_2와 같은 동핵 화학종의 진동이나 회전에서 쌍극자모멘트의 알짜변화가 일어나지 않는다.

➜ 결과적으로 적외선을 흡수할 수 없다.

㉣ 흡수된 적외선의 진동수는 분자의 진동운동과 일치하므로 IR 스펙트럼으로 분자운동의 종류와 분자 내 결합 종류(작용기)도 알 수 있다.

② 분자진동의 종류

㉠ 분자에서 원자의 상대적 위치는 정확히 고정되어 있지 않고 여러 가지 종류의 진동 크기에 따라 연속적으로 요동하고 있다.

㉡ 큰 분자는 많은 수의 진동 중심을 갖고 있을 뿐만 아니라, 몇 개의 중심 사이에서 상호작용이 일어난다.

㉢ 진동은 신축(streching)과 굽힘(bending)의 기본 범주로 구분된다.

- 신축진동 : 두 원자 사이의 결합축을 따라 원자 간의 거리가 연속적으로 변화함을 말하며, 대칭(symmetric) 신축진동과 비대칭(asymmetric) 신축진동이 있다.

| 신축진동 |

- 굽힘진동 : 두 결합 사이의 각도 변화를 말하며, 가위질진동(scissoring), 좌우흔듦진동(rocking), 앞뒤흔듦진동(wagging), 꼬임진동(twisting)이 있다.

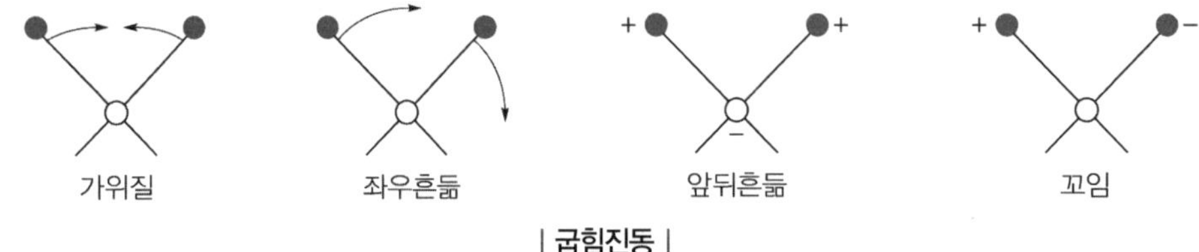

| 굽힘진동 |

+는 페이지로부터 독자를 향한 운동이고, -는 반대로 향하는 운동이다.

㉣ 한 개의 중심 원자에 붙은 결합들 사이에 진동이 일어나면 진동의 상호작용 또는 짝지음이 일어나며, 짝지음의 결과는 진동의 특성을 변화시킨다.

③ 분자진동의 파수

$$\overline{\nu} = \frac{1}{2\pi c}\sqrt{\frac{\kappa}{\mu}}$$

여기서, $\overline{\nu}$: cm^{-1} 단위의 흡수 봉우리의 파수

c : cm/s 단위의 빛의 속도(3.00×10^{10}cm/s)

μ : kg단위의 환산질량(reduced mass)$\left(\mu = \dfrac{m_1 m_2}{m_1 + m_2}\right)$

κ : N/m단위의 화학결합의 강도를 나타내는 힘상수

파수는 힘상수가 클수록, 환산질량이 작을수록 커진다.

단일결합의 전형적인 힘상수 $\kappa = 5 \times 10^2$N/m, 이중결합의 힘상수 $\kappa = 1 \times 10^3$N/m, 삼중결합의 힘상수 $\kappa = 1.5 \times 10^3$N/m이다.

④ 진동방식

㉠ N개의 원자를 포함하는 분자는 $3N$의 자유도를 갖는다.

㉡ 분자운동은 공간에서 전체 분자의 운동(무게중심의 병진운동), 무게중심으로 전체 분자의 회전운동, 원자 각 개의 다른 원자에 상대적인 운동(개별적 진동)을 고려한다.

㉢ 기준 진동방식(normal mode)

- 비선형 분자의 진동수 : $3N-6$
  병진운동에 3개의 자유도를 사용하고 전체 분자의 회전을 기술하는 데 또 다른 3개의 자유도가 필요하다. 전체 자유도 $3N$에서 6개의 자유도를 빼면, 즉 $3N-6$의 자유도가 원자 간 운동에 따라서 분자 내에서 일어나는 가능한 진동의 수를 나타낸다.
- 선형 분자의 진동수 : $3N-5$
  모든 원자가 단일 직선상에 나열되기 때문에 결합축에 관한 회전은 가능하지 않고, 회전운동을 기술하기 위하여 2개의 자유도가 사용된다.

㉣ 기준 진동방식보다 더 적은 수의 봉우리

- 분자의 대칭성으로 인해 특별한 진동에서 쌍극자모멘트의 변화가 일어나지 않는 경우
- 1~2개의 진동에너지가 서로 같거나 거의 같은 경우
- 흡수 세기가 일반적인 방법으로 검출될 수 없을 만큼 낮을 경우
- 진동에너지가 측정기기 범위 밖의 파장영역에 있는 경우

㉤ 기준 진동방식보다 더 많은 수의 봉우리

- 기준 진동 봉우리의 2배 또는 3배의 주파수를 가진 배진동(overtone) 봉우리가 나타난다.
- 광자가 동시에 2개의 진동방식을 들뜨게 할 경우 복합띠(combination bands)가 나타난다.

  복합띠의 주파수는 두 개의 기본 주파수의 차 또는 합이다.

⑤ 진동짝지음

어떤 진동에너지 또는 흡수 봉우리의 파장은 분자 내 다른 진동자에 의하여 영향 또는 짝지음을 받는다. 한 진동에너지가 분자 내 다른 진동에 의하여 영향을 받아 흡수 봉우리의 파장이 변하는 현상을 진동짝지음이라고 한다.

㉠ 두 가지 진동에 공통 원자가 있을 때만 이 신축진동 사이에 센 짝지음이 일어난다.

㉡ 짝지음진동들이 각각 대략 같은 에너지를 가질 때 상호작용은 크게 일어난다.

㉢ 두 개 이상의 결합에 의해 떨어져 진동할 때 상호작용은 전혀 또는 거의 일어나지 않는다.

㉣ 짝지음은 같은 대칭성 화학종에서 진동할 때 일어난다.

(2) 적외선 광원과 변환기

① 적외선 광원

㉠ 적외선 광원은 1,500~2,200K 사이의 온도까지 전기적으로 가열되는 불활성 고체로 구성되어 있으며, 흑체의 복사선과 비슷한 연속 복사선이 방출된다.

ⓒ 광원의 종류로는 Nernst 백열등, Globar 광원, 백열선 광원, 니크롬선, 수은 아크, 텅스텐 필라멘트등, 이산화탄소 레이저 광원 등이 있다.

② 적외선 변환기

㉠ 일반적으로 파이로전기변환기, 광전도변환기, 열변환기가 있다.

㉡ 파이로전기변환기는 광도계, 일부 FTIR 분광기 및 분산형 분광광도계에서 사용되며, 광전도변환기는 많은 FTIR 기기에서 사용된다.

(3) 시료 취급

분석물의 묽은 용액의 자외선-가시광선스펙트럼은 비교적 쉽게 얻을 수 있으며, 적정범위의 흡광도 측정은 농도 또는 시료용기의 길이를 적당히 조절하여 얻는다. 반면, 적외선 영역에서 투명한 좋은 용매가 없기 때문에 적외선 분광법에서는 일반적으로 응용할 수 없으며, 결과적으로 시료 취급법은 보통 가장 어렵고 시간이 많이 소요되는 부분이 된다.

① **기체 시료** : 낮은 끓는점의 액체나 기체의 스펙트럼은 시료를 진공용기에 확산시켜서 얻을 수 있다. 이 목적을 위해 몇 cm에서 10m 이상까지 범위의 광로를 갖는 여러 용기가 있다. 짧은 용기 내에서 반사 표면에 빛을 반사시켜 긴 광로를 얻는 방법으로 빛살이 용기에서 나오기 전에 시료를 수없이 많이 통과하게 한다.

② **용액** : 가능하면 적외선스펙트럼을 얻을 수 있는 편리한 방법은 자외선-가시광선에서처럼 기지농도의 시료를 포함하기 위해 준비된 용액이다.

③ **용매** : 모든 적외선 영역에 걸쳐 투명한 단일 용매는 존재하지 않는다. 물과 알코올은 중간 적외선 영역을 강하게 흡수할 뿐만 아니라, 용기창으로 흔하게 사용되는 물질인 할로젠화 알칼리금속을 침식하기 때문에 거의 사용하지 않는다.

④ **시료용기** : 용매는 적외선을 세게 흡수하려는 경향성이 있기 때문에 적외선 용기는 자외선-가시광선 영역에서 사용되는 것보다 대단히 좁고(0.01~1mm), 적외선 복사선의 광로 사정으로 시료 농도는 0.1~10% 정도 필요하다.

㉠ NaCl창이 가장 흔하게 사용된다. NaCl창은 주의하더라도 그 표면은 습기의 흡수로 인하여 흐려지며, 연마용 가루로 문지르면 원상태로 돌아간다.

㉡ 용기의 광로길이(=시료용기의 폭)

$$b = \frac{\Delta N}{2(\overline{\nu_1} - \overline{\nu_2})}$$

여기서, ΔN : 간섭무늬수

$\bar{\nu}_1$, $\bar{\nu}_2$: 두 개의 알려진 파장 λ_1과 λ_2의 파수

㉢ 자주 사용되는 IR 시료용기의 창 물질

창 물질	적용범위(cm^{-1})	창 물질	적용범위(cm^{-1})
NaCl	40,000 ~ 625	CaF_2	50,000 ~ 1,100
KBr	40,000 ~ 385	BaF_2	50,000 ~ 770
KCl	40,000 ~ 500	AgBr	50,000 ~ 285

⑤ **액체** : 시료의 양이 적거나 적당한 용매가 없을 때 순수한 액체 시료로 스펙트럼을 얻는데 다만, 매우 얇은 시료 필름만이 좋은 스펙트럼을 얻게 된다. 몇 방울의 순수한 액체를 두 개의 암염판 사이에 압착하여 0.01mm 이하의 두께를 갖는 층을 만들어 측정한다.

⑥ **고체** : 대부분의 유기화합물은 중적외선 영역에서 많은 흡수 봉우리를 나타내며, 봉우리가 겹치지 않는 용매를 발견하는 것이 종종 어렵게 된다. 따라서 스펙트럼은 액체 또는 고체 매트릭스에서 고체를 분산시켜 얻으며, 일반적으로 고체 시료는 복사선의 산란효과를 막기 위해 그 고체의 입자크기를 적외선 빛살의 파장보다 작게 분쇄해야 한다.

⑦ 펠렛(pelleting)

㉠ 고체 시료를 취급하는 일반적인 방법 중 하나가 KBr 펠렛이다.

㉡ 할로젠화염들은 그 미세 분말에 적당한 압력을 가하면 투명한 또는 반투명한 유리같은 성질을 갖는 차가운 유체의 성질을 갖는다.

㉢ 곱게 간 시료 1mg 이하를 건조한 KBr 분말 100mg 정도와 고르게 혼합하여 압력을 가해 압축하여 만든다.

⑧ 멀(mull)

IR을 투과하는 용매에 용해되지 않는 고체이거나 KBr로 펠렛을 만들기 어려운 고체의 경우는 광물성 오일 또는 유동성 플루오르 함유 탄화수소에 고체시료를 분산시킨 멀로 IR 스펙트럼을 얻는다.

(4) Fourier 변환(FT ; Fourier transform) 분광법

기기 종류
- 회절 단색화 장치를 가지는 분산형 회절발 분광광도계
- 간섭계를 이용한 Fourier 변환 분광기
- 특정 파장에서 대기 기체의 분석을 위해 사용되고 있는 필터 또는 흡수 기체를 사용하는 비분산형 광도계

① Fourier 변환 적외선 기기

㉠ 단색화 장치가 필요 없다.

㉡ 기기 구성

- 광원
- 광검출기
- Michelson 간섭계(Michelson interferometer) : 빛살분할기, 고정거울, 이동거울로 구성된다.

간섭계에서 빛살분할기는 광원에서 나오는 빛살을 분할하여 고정거울과 이동거울로 향하게 하고 반사되어 나오는 빛을 다시 모아주는 역할을 하는데, 이때 이동거울의 위치에 따른 두 빛살의 진행거리 차이(δ, 지연)에 의해 위상차가 생겨 상쇄간섭과 보강간섭이 일어나므로 빛의 세기가 달라진다. 이 합한 빛살의 세기 변화를 두 빛살의 진행거리 파이의 함수로 얻은 검출기의 출력을 간섭도(interferogram)라 한다.

㉢ 지연(δ) 두 빛살의 진행거리의 차이로 거울이 움직여야 하는 거리의 2배이다. 분해능 $\Delta\overline{V} = \dfrac{1}{\delta}$이고, $\Delta\overline{V} = \overline{V_1} - \overline{V_2}$이다.

② Fourier 변환 분광법의 장점

㉠ 분산형 기기보다 10배 이상의 좋은 신호 대 잡음비(S/N)를 갖는다.

➜ 기기들이 복사선의 세기를 감소시키는 광학부분장치와 슬릿을 거의 가지고 있지 않기 때문에 검출기에 도달하는 복사선의 세기는 분산기기에서 오는 것보다 더 크게 되므로 신호 대 잡음비가 더 커진다.

㉡ 높은 분해능과 정확하고 재현성 있는 주파수 측정이 가능하다.

➜ 높은 분해능으로 인해 매우 많은 좁은 선들의 겹침으로 개개의 스펙트럼의 특성을 결정하기 어려운 복잡한 스펙트럼을 분석할 수 있다.

㉢ 빠른 시간 내에 측정된다.

➜ 광원에서 나오는 모든 성분 파장들이 검출기에 동시에 도달하기 때문에 전체 스펙트럼을 짧은 시간 내에 얻을 수 있다.

㉣ 일정한 스펙트럼을 얻을 수 있다.

➜ 정밀한 파장 선택으로 재현성이 높기 때문이다.

㉤ 기계적 설계가 간단하다.

(5) 분산형 기기

① 상품화된 분산형 적외선 분광광도계는 일반적으로 이중빛살형이며, 기록형 기기로서 복사선을 분산시키는데 반사 회절발을 사용한다.

② 이중빛살형 설계는 적외선의 중요한 특성인 광원과 검출기의 성능에 더 많은 것을 요구하지 않는다.

➜ 적외선 광원의 비교적 낮은 세기와 적외선 검출기의 낮은 감도, 그로 인하여 신호의 큰 증폭이 필요하기 때문

③ 적외선 영역에서 일반적으로 이중빛살기기를 사용하는 또 다른 이유는 대기의 수분과 이산화탄소가 몇몇 중요한 영역에서 흡수하여 방해를 야기하고 있어 기준 빛살이 두 가지 화합물의 흡수를 거의 완전하게 보상해 준다.

➜ 안정된 100%의 기본선이 얻어진다.

④ 분산형 적외선 분광광도계는 낮은 주파수 토막기를 가지며, 검출기를 둘러싸고 있는 여러 가지 물건에서 나오는 적외선 방출과 같은 외부 복사선 신호와 광원에서 오는 신호를 검출기가 식별할 수 있게 한다.

⑤ 대부분의 분산형 기기에 사용되는 검출기의 느린 감응시간은 낮은 토막내기 속도를 요구한다.

(6) 비분산형 기기

① 많은 수의 단순하고 단단한 기기가 적외선 정량 분석용으로 설계되었으며, 일부는 단순한 필터 또는 비분산형 광도계이다.

② 전체 스펙트럼을 얻을 수 있도록 분산시스템 대신에 필터 쐐기를 이용한다.

(7) 주요 작용기의 주파수(cm^{-1})

① 대부분의 작용기는 독특한 IR 흡수띠를 가지며, 화합물에 따라서 크게 변하지 않는다.

② 케톤류의 C=O 흡수는 항상 1,680~1,750cm^{-1} 범위에서 일어나며, 알코올의 O-H 흡수는 3,400~3,650cm^{-1} 범위에서, 알켄의 C=C는 1,640~1,680cm^{-1}에서 흡수가 일어난다.

③ 특정 작용기가 어디에서 흡수하는지를 알아냄으로써 IR 스펙트럼으로부터 유용한 구조적인 정보를 얻을 수 있다.

작용기	주파수 범위(cm^{-1})
C－O	1,050～1,300
C－H(alkane) 1,340～1,470 굽힘진동	1,400～1,500
C＝C(benzene)	1,500～1,600
C＝C 1,610～1,680 C＝O 1,690～1,760	1,600～1,800
C≡C, C≡N	2,100～2,280
C－H(alkane) 2,850～3,000 신축진동 C－H(alkene) 3,000～3,100 신축진동 C－H(alkyne) 3,300 신축진동	2,850～3,300
O－H(free) 3,500～3,650	3,200～3,650

④ IR의 특성적인 흡수 위치는 4,000cm^{-1}에서부터 400cm^{-1}까지를 네 개의 영역으로 나누어 볼 수 있다.

㉠ 4,000 ~ 2,500cm^{-1} 영역 : N-H, C-H 그리고 O-H의 단일결합의 신축운동에 의해 일어나는 흡수에 해당된다. N-H, O-H 결합은 3,300 ~ 3,600cm^{-1} 범위에서 흡수하고, 3,000cm^{-1} 부근에서는 C-H 결합 신축운동에 대한 흡수가 일어난다.

㉡ 2,500 ~ 2,000cm^{-1} 영역 : 삼중결합 신축운동에 대한 흡수가 일어나는 영역이다. C≡C, C≡N 결합은 모두 이 영역에서 흡수 봉우리가 나타난다.

㉢ 2,000 ~ 1,500cm^{-1} 영역 : 각종 이중결합(C=O, C=N, C=C)의 흡수가 일어난다. 일반적으로 카보닐기 흡수는 1,690~1,760cm^{-1}에서 일어나고, 알켄 신축운동은 일반적으로 1,610~1,680cm^{-1}의 좁은 범위에서 나타난다.

㉣ 1,500cm^{-1} 이하 영역 : 지문 영역에 속한다. 이 영역에서는 C-C, C-O, C-N, C-X 등의 단일결합의 진동에 의한 많은 흡수가 일어난다.

5 핵자기공명분광법(NMR, nuclear magnetic resonance spectroscopy)

핵자기공명분광법은 약 4~900MHz의 라디오 주파수 영역에서 전자기복사선에 흡수 측정을 기반으로 한다. 핵의 외부전자를 흡수하는 자외선, 가시광선, 적외선의 흡수과정과는 달리 원자핵이 흡수과정에 관여한다.

(1) 핵자기공명분광법의 서론

① 자기성을 가지는 핵스핀은 외부 자기장이 없을 때 무작위적으로 배향하지만, 핵의 시료를 강한 자석의 극 사이에 두게 되면 외부 자기장(B_0)에 의해서 핵들은 특정한 배향을 갖는다.

→ 외부 자기장에 대해 같은 방향(평행, parallel)으로 배향하거나 반대방향(역평행, antiparallel)으로 배향한다.

② 두 배향은 같은 에너지 상태가 아니므로 같은 양으로 존재하지 않는다.

→ 평행 배향이 외부 자기장의 세기에 비례하여 약간 낮은 에너지를 가지므로, 평행 배향이 역평행 배향보다 약간 더 우세하게 된다.

③ **핵자기공명** : 배향된 핵에 적절한 진동수의 전자기 복사선이 조사되면 에너지 흡수가 일어나 낮은 에너지 상태에서 높은 에너지 상태로의 스핀 젖혀짐(spin-flip)이 일어난다. 이 스핀 젖혀짐이 일어날 때 핵은 가해준 복사선과 공명을 이룬다고 할 수 있다.

→ 이로 인해 핵자기공명이라 부른다.

④ 핵스핀 상태 사이의 에너지 차이(ΔE)는 외부 자기장의 세기에 비례한다.

→ 매우 강한 자기장에서는 두 스핀 상태 사이의 에너지 차이가 커서 스핀 젖혀짐을 하기 위해서 더 높은 진동수의 복사선이 필요하다. 약한 자기장을 사용하면 핵스핀 사이의 전이에는 더 작은 에너지가 필요하다.

⑤ ^{1}H, ^{2}H, ^{14}N, ^{19}F, ^{31}P 홀수 개의 양성자를 갖는 핵들과 ^{13}C와 같이 홀수 개의 중성자를 갖는 핵들은 자기적 성질을 나타낸다.

→ ^{12}C, ^{16}O, ^{32}S과 같이 양성자와 중성자 모두 짝수 개를 갖는 핵들은 자기적 현상을 보이지 않는다.

⑥ 관계식

$$\Delta E = h\nu = \gamma\left(\frac{h}{2\pi}\right)B_0$$

여기서, ΔE : 두 상태 사이의 에너지 차이

h : 플랑크상수(6.63×10^{-34}J · s)

ν : 전이를 일으키는 데 필요한 복사선의 주파수

γ : 자기회전비율

B_0 : 외부 자기장 세기

⑦ NMR 기기 구성

㉠ 균일하고 센 자기장을 갖는 자석

㉡ 대단히 작은 범위의 자기장을 연속적으로 변화할 수 있는 장치

㉢ 라디오파(RF) 발신기

㉣ 검출기 및 증폭기

(2) NMR 흡수 특징

① $B_{유효} = B_{외부} - B_{국부}$

분자 내의 모든 핵들은 전자에 의해 둘러싸여 있다. 분자에 외부(applied) 자기장이 가해지면 핵 주위에 있는 전자들 역시 작은 국부적(local) 자기장을 생성한다. 이 국부적 자기장은 외부 자기장에 대항하여 나타나고, 핵에 의해 실제적으로 느껴지는 유효(effective) 자기장은 외부 자기장보다 약간 작아지게 된다. 국부적인 자기장의 효과를 기술할 때, 핵이 그를 둘러싸고 있는 전자에 의해 외부 자기장의 영향으로부터 가려막혀(shielded) 있다고 한다.

② NMR 스펙트럼은 효과적으로 유기화합물의 탄소-수소 골격의 지도를 제공한다. 분자 내의 각각의 핵은 서로 약간씩 다른 전자적 환경에 놓여 있어서 서로 약간씩 다른 정도로 가려막혀 있으므로 각각의 핵이 느끼는 유효 자기장은 서로 다르다. 서로 다른 핵에 의해 느껴지는 유효 자기장의 작은 차이를 감지할 수 있고, 분자 내 화학적으로 서로 다른 ^{1}H나 ^{13}C 핵에 대한 서로 다른 NMR 신호를 볼 수 있다.

③ 서로 다른 종류의 핵은 스핀 젖혀짐에 필요한 에너지의 양이 다르므로 ^{1}H와 ^{13}C 스펙트럼은 한 분광기에서 동시에 관찰되지 않으며, 두 종류의 스펙트럼은 따로 기록된다. NMR 스펙트럼은 영(zero)의 흡수선을 바닥에 배치하고, IR 스펙트럼에서는 영(zero)의 흡수선(100% 투과율)을 위에 배치한다.

(3) 화학적 이동

① **NMR 스펙트럼** : 스펙트럼의 왼쪽에서부터 오른쪽으로 갈수록 외부 자기장의 세기가 증가하도록 나타낸다. 따라서 도표의 왼쪽 부분은 낮은 장(downfield)이고, 오른쪽 부분은 높은 장(upfield)이다. 도표의 낮은 장 쪽에서 흡수를 보이는 핵은 공명을 위해 낮은 세기의 자기장이 필요하며 이는 상대적으로 가려막기가 작다는 것을 의미하고, 높은 장 쪽에서 흡수를 보이는 핵은 공명을 위해 높은 세기의 자기장이 필요하며 가려막기가 크다는 것을 의미한다.

② **TMS(tetramethylsilane, $(CH_3)_4Si$)** : 흡수 위치를 확인하기 위해서 NMR 도표는 보정되고 기준점으로 사용되는 내부표준물질이다. 사용하는 내부표준물질은 연구대상 핵과 용매에 따라 다르다. TMS의 모든 양성자는 동일하며, 비활성이고, 거의 모든 유기액체에 녹으며 증류에 의해 시료로부터 쉽게 제거된다. 스펙트럼을 찍을 때 기준 흡수 봉우리가 나타나도록 시료에 소량의 TMS를 첨가하는데, TMS는 유기화합물에서 일반적으로 나타나는 다른 흡수보다도 높은 장에서 단일 흡수 봉우리를 나타내기 때문에 ^1H와 ^{13}C 측정 모두에 기준으로 사용된다.

㉠ 화학적 이동(chemical shift) : 핵이 흡수를 일으키는 도표상의 위치를 화학적 이동이라고 한다. 화학적 이동은 주변 환경이 다른 핵들이 서로 다른 외부 자기장 값에서 전자기파 흡수 피크를 나타내는 현상으로, 편재 반자기 전류효과 때문에 나타난다. 핵 주위를 돌고 있는 전자들도 일종의 내부 자기장을 형성하는데, 이 자기장들이 보통 외부 자기장과는 반대 방향이므로 핵들이 실제로 느끼는 유효 자기장의 값은 외부에서 걸어준 자기장의 값과 다르게 되는데 이를 편재 반자기 전류효과라고 한다.

㉡ TMS의 화학적 이동을 0으로 하면 다른 신호들은 일반적으로 도표의 왼쪽 방향인 낮은 장에서 나타난다.

③ **델타(δ) 척도** : NMR 도표는 델타(δ) 척도라는 임의적인 척도 눈금을 매겨 나타낸다. δ는 단위가 없지만, $\frac{1}{10^6}$의 상대적인 이동을 의미하므로 ppm 단위처럼 사용하며, 1δ 단위는 분광기 작동 진동수의 백만분의 일(1ppm)에 해당된다.

$$\delta = \frac{\text{관찰된 화학적 이동(TMS로부터 Hz수)}}{\text{MHz로 나타낸 분광기의 진동수}}$$

㉠ 시료의 ^1H NMR 스펙트럼을 200MHz의 기기로 측정하면 1δ는 200Hz가 된다.

㉡ δ로 나타낸 NMR 흡수의 화학적 이동은 사용한 분광기의 진동수에 관계없이 일정하다. 200MHz 기기에서 2.0δ에서 흡수를 일으키는 ^1H 핵은 500MHz 기기에서도 2.0δ에서 흡수가 일어난다.

→ 서로 다른 자기장의 세기에서 작동하는 여러 종류의 분광기가 있으므로 진동 단위(Hz)로 나타내는 화학적 이동은 분광기에 따라 서로 크게 달라진다. 한 분광기에서 TMS로부터 120Hz 낮은 장에서 나타나는 공명은 더 센 자석을 지닌 다른 분광기에서는 TMS로부터 600Hz 낮은 장에서 나타날 수 있다.

㉢ 스핀-스핀 분리는 일반적으로 Hz 단위로 표현된다. 주파수 단위(J)의 스핀-스핀 분리는 200MHz와 500MHz 기기에서 같다. 그러나 주파수 단위의 화학적 이동은 500MHz 기기를 사용하면 더 증가된다.

④ ^{1}H NMR 흡수는 TMS의 양성자 흡수로부터 낮은 장 쪽으로 0~10δ에서 일어나며, 대부분의 ^{13}C NMR 흡수는 TMS의 탄소 흡수신호에서 낮은 장 쪽으로 0~220δ에서 일어난다. 서로 다른 신호가 우연히 겹칠 수 있는 가능성이 매우 크다.

⑤ 높은 장 세기의 기기가 낮은 장 세기의 기기를 이용하는 것보다 서로 다른 NMR 흡수신호를 높은 장 세기에서 좀 더 넓게 분리할 수 있는 장점이 있다. 두 신호가 우연히 서로 겹칠 수 있는 가능성이 작아지고, 스펙트럼의 분석이 쉬워진다.

⑥ 화학적 이동에 영향을 주는 요인

㉠ 외부 자기장의 세기 : 외부 자기장 세기가 클수록 화학적 이동(ppm)은 커진다. 그러나 δ값은 상대적인 이동을 나타내는 값이어서 Hz값의 크기와 상관없이 일정한 값을 갖는다.

㉡ 핵 주위의 전자밀도(가리움 효과) : 핵 주위의 전자밀도가 크면 외부 자기장의 세기를 많이 상쇄시켜 가리움이 크고, 핵 주위의 전자밀도가 작으면 외부 자기장의 세기를 적게 상쇄시키므로 가리움이 적다. 가리움이 적을수록 낮은 자기장에서 봉우리가 나타난다. 즉, 화학적 이동은 커진다.

→ 혼성 효과, 수소결합 효과, 전기음성도 효과 등

㉢ 발진기 진동수 : 발진기 진동수가 클수록 화학적 이동은 커진다.

(4) ^{13}C NMR 분광법의 특성

① ^{13}C NMR을 사용하여 분자 내에 있는 서로 다른 탄소원자의 수를 알 수 있다.

→ ^{13}C이 스핀을 갖는 자연에 존재하는 탄소의 유일한 동위원소이지만, 천연에서의 존재비는 약 1.1%밖에 되지 않는다. ^{13}C의 낮은 존재비에 의해 생기는 문제는 신호 평균화로 기기의 감도를 증가시키고 FT-NMR로 기기의 처리속도를 증가시킴으로써 해결할 수 있다.

② 대부분의 ^{13}C 공명은 TMS 기준선으로부터 0~220ppm 사이에서 나타나고, ^{13}C 공명의 정확한 화학적 이동은 분자 내 탄소의 전자적 환경에 의해 결정된다.

㉠ 탄소의 화학적 이동이 탄소와 결합한 원자의 전기음성도에 의해 영향을 받는다. 산소, 질소 또는 할로젠과 같은 전기음성도가 큰 원자에 결합된 탄소는 알케인 탄소보다 낮은 장에서 흡수를 일으킨다. 전기음성도가 큰 원자는 전자를 당기기 때문에 인접한 탄소로부터 전자를 잡아당겨 탄소에 벗김이 일어나 더 낮은 장에서 공명이 일어난다.

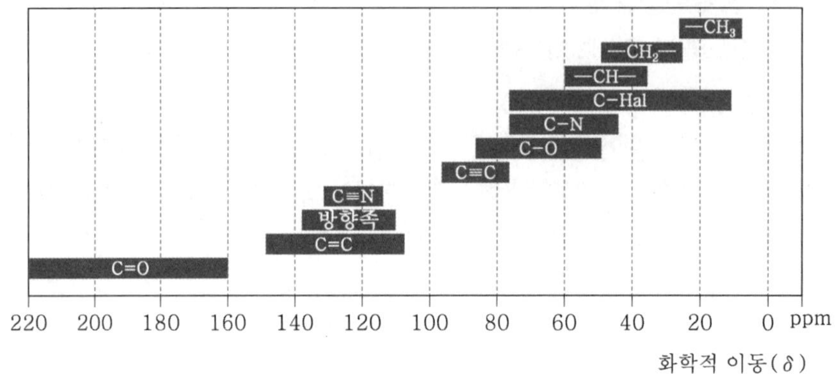

| ^{13}C NMR에서의 화학적 이동 상관관계 |

㉡ sp^3 혼성화된 탄소는 일반적으로 0~90δ 영역에서 흡수하고, sp^2 혼성화된 탄소는 160~220δ 영역에서, 카보닐기의 탄소(C=O)는 160~220δ 영역인 스펙트럼의 매우 낮은 장에서 나타나 쉽게 구별된다.

③ ^{13}C NMR의 장점

㉠ 주위에 대한 것보다는 분자의 골격에 대한 정보를 제공한다.

㉡ 봉우리의 겹침이 ^{1}H NMR보다 적다.

➜ 대부분의 유기화합물에서 ^{13}C의 화학적 이동이 200ppm 정도 ➜ 분자량이 200~400 범위인 화합물에서 각 탄소의 공명 봉우리 관찰 가능

㉢ 탄소 간 동종핵의 스핀-스핀 짝지음이 일어나지 않는다.

➜ 자연에 존재하는 시료 중에서 동일 분자 내에서 두 개의 ^{13}C 원자가 이웃하며 존재할 가능성은 대단히 적기 때문에

㉣ ^{13}C와 ^{12}C 간의 이종핵 스핀 짝지음도 ^{12}C의 스핀 양자수가 0이므로 일어나지 않는다.

㉤ ^{13}C 원자와 양성자 간의 상호작용은 짝풀림하는 좋은 방법이 된다.

➜ 짝풀림으로 특별한 종류의 탄소의 스펙트럼은 일반적으로 단일선으로 구성되어 있다.

④ ^{13}C 원자와 양성자 사이의 짝풀림

㉠ 넓은띠 짝풀림(broad-band decoupling)

㉡ 공명 비킴 짝풀림(off-resonance decoupling) 또는 공명 없는 짝풀림

㉢ 펄스 배합 짝풀림(pulsed decoupling) 또는 게이트(gate) 짝풀림

(5) DEPT ^{13}C NMR 분광법

① DEPT-NMR(distortionless enhancement by polarization transfer)로 분자 내 각 탄소에 결합된 수소의 수를 결정할 수 있다.

② DEPT-NMR 실험은 세 단계로 진행된다.

㉠ 모든 탄소의 화학적 이동을 알기 위해 넓은띠-짝풀림(broadband-decoupled)이라는 보통 스펙트럼을 얻는다.

㉡ 다음, CH 탄소에 의한 신호만을 얻기 위해 특수한 조건하에서 DEPT-90이라는 두 번째의 스펙트럼을 얻는다. CH_3, CH_2 및 사차탄소에 의한 신호는 나타나지 않는다.

㉢ 마지막으로 DEPT-135라고 하는 세 번째 스펙트럼에서는 CH_3와 CH 공명신호는 정상의 양(positive)의 신호로 나타나고, CH_2 신호는 바탕선 아래로 봉우리가 나타나는 음(negative)의 신호가 되도록 하며, 사차탄소는 나타나지 않는다.

③ C 사차탄소 : 넓은띠-짝풀림 스펙트럼에서 DEPT-135 신호 제거

㉠ CH : DEPT-90

㉡ CH_2 : 음의 DEPT-135

㉢ CH_3 : 양의 DEPT-135 신호에서 DEPT-90 신호 제거

(6) ^{1}H NMR 분광법에서 화학적 이동

① 화학적 이동의 차이는 서로 다른 핵을 둘러싸고 있는 전자들의 국부적인 자기장이 원인이다.

㉠ 전자에 의해 강하게 가려막힌 핵을 공명시키기 위해서는 더 높은 외부 자기장을 필요로 하며, NMR 도표지의 오른쪽에서 흡수가 일어난다.

㉡ 전자에 의해 약하게 가려막힌 핵을 공명시키기 위해서는 낮은 외부 자기장을 필요로 하며, NMR 도표지의 왼쪽에서 흡수가 일어난다.

② 대부분의 ^{1}H NMR 흡수는 0~10δ에서 일어난다.

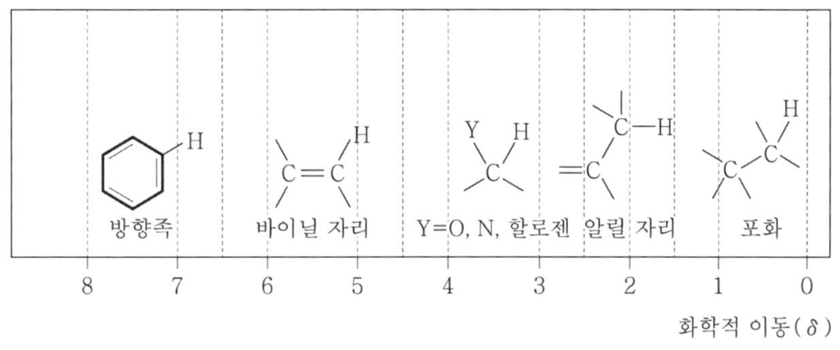

| ^{1}H NMR 스펙트럼의 영역 |

③ **전자적인 환경과 ^{1}H 화학적 이동과의 관계** : 포화 sp^3 혼성 탄소에 결합된 양성자는 높은 장에서 흡수가 일어나고, sp^2 혼성 탄소에 결합된 양성자는 낮은 장에서 흡수한다. N, O 또는 할로젠과 같이 전기음성적인 원자가 결합된 탄소의 양성자 역시 낮은 장에서 흡수한다.

④ ^{1}H NMR 분광법을 위한 가장 좋은 용매는 양성자를 포함하지 않아야 한다. 이런 이유로 사염화탄소(CCl_4)가 매우 이상적이다. 그러나 많은 화합물이 사염화탄소에 대하여 상당히 낮은 용해도를 갖고 있으므로 NMR 실험에서의 용매로서의 유용성이 제한되므로 많은 종류의 중수소-치환 용매가 대신 사용된다. 중수소화된 클로로포름($CDCl_3$) 및 중수소화된 벤젠(C_6D_6)이 흔히 사용되는 용매들이다.

〈주위 환경과 ^{1}H 화학적 이동과의 상관관계〉

수소의 종류	구조	화학적 이동(δ)	수소의 종류	구조	화학적 이동(δ)
기준물질	$Si(CH_3)_4$	0	할로젠화 알킬	H–C(–)(–)–Hal	2.5 ~ 4.0
알킬(일차)	$-CH_3$	0.7 ~ 1.3	알코올	–C(–)(–)–O–H	2.5 ~ 5.0
알킬(이차)	$-CH_2-$	1.2 ~ 1.6	에터	H–C(–)(–)–O–	3.3 ~ 4.5
알킬(삼차)	–CH(–)–	1.4 ~ 1.8	바이닐자리	>C=C<H	4.5 ~ 6.5
알릴자리	C=C–C(H)(–)–	1.6 ~ 2.2	아릴	Ar–H	6.5 ~ 8.0
메틸케톤	–C(=O)–CH_3	2.0 ~ 2.4	알데하이드	–C(=O)–H	9.7 ~ 10.0
방향족 메틸	Ar–CH_3	2.4 ~ 2.7	카복실산	–C(=O)–O–H	11.0 ~ 12.0
알카이닐	–C≡C–H	2.5 ~ 3.0			

(7) ^{1}H NMR 흡수의 적분 : 양성자수 계산

① 봉우리 아래의 면적은 그 봉우리가 나타내는 양성자의 수에 비례한다.

② 봉우리 아래의 면적을 적분하여 분자 내 서로 다른 종류의 양성자의 상대적인 비를 알 수 있다.

예 methyl 2,2-dimethylpropanoate의 두 봉우리를 적분하면 1 : 3의 비가 되며, 이는 3개의 동등한 $-OCH_3$ 양성자와 9개의 동등한 $(CH_3)_3C-$ 양성자들로부터 예상할 수 있는 것과 같다.

(8) ^{1}H NMR 스펙트럼에서 스핀 - 스핀 갈라짐

지금까지의 ^{1}H NMR 스펙트럼에서는 분자 내 서로 다른 종류의 양성자는 각각 단일 봉우리로 나타났다. 그러나 한 양성자의 흡수가 다중선(multiplet)이라고 부르는 여러 개의 봉우리로 나타나는 경우가 흔하다.

① 스핀-스핀 갈라짐(spin-spin splitting)이라고 부르는 한 핵의 다중흡수현상은 이웃한 원자의 핵스핀 간의 상호작용, 또는 짝지음(coupling)에 의한 것이다. 즉, 한 핵의 작은 자기장이 이웃한 핵이 느끼는 자기장에 영향을 미치는 것이다.

② **n+1 규칙** : NMR 스펙트럼에서 n개의 동등하며 이웃한 양성자들은 n+1개의 봉우리로 나타난다.

③ **짝지음 상수(J, coupling constant)** : 다중선에서 각 봉우리 사이의 거리를 짝지음 상수(J)라고 하며, Hz 단위로 측정되고 보통 0~18Hz 범위에 속한다.

동등하며 인접한 양성자수	다중선	세기의 비
0	단일선	1
1	이중선	1 : 1
2	삼중선	1 : 2 : 1
3	사중선	1 : 3 : 3 : 1
4	오중선	1 : 4 : 6 : 4 : 1
5	육중선	1 : 5 : 10 : 10 : 5 : 1
6	칠중선	1 : 6 : 15 : 20 : 15 : 6 : 1

④ ^{1}H NMR에서의 스핀-스핀 갈라짐은 다음 네 가지 규칙으로 요약된다.

㉠ 화학적으로 동등한 양성자들은 스핀-스핀 갈라짐이 나타나지 않는다.

➜ 동등한 양성자들은 같은 탄소 또는 다른 탄소에 결합되어 있을 수 있지만 신호는 갈라지지 않는다.

㉡ n개의 서로 동등하며 이웃한 양성자를 갖는 양성자의 신호는 짝지음 상수를 갖는 n+1개의 다중선으로 분리된다.

➜ 두 탄소 이상 서로 떨어져 있는 양성자는 보통 짝짓지 않지만, 서로 결합에 의해 분리되어 있을 때 작은 짝지음 상수를 나타내는 경우도 있다.

㉢ 서로 짝짓는 두 양성자 무리는 동일한 짝지음 상수를 가져야 한다.

➜ 짝지음 상수는 갈라진 봉우리 사이의 간격을 Hz 단위로 나타낸 값으로 자기장의 세기와는 무관하다.

㉣ 네 개의 결합길이보다 큰 거리에서는 짝지음이 거의 일어나지 않는다.

⑤ ^{13}C 핵과 이웃한 탄소와 짝지음이 일어나지 않는 것은 자연에서의 존재비가 낮아 두 개의 ^{13}C 핵이 서로 이웃할 가능성이 낮기 때문이다.

2. 표면 분석

2-1 표면 분석 실시

1 표면 분석법의 원리 및 이론

(1) 고체 표면의 정의

① 고체와 진공, 고체와 기체 혹은 고체와 액체 사이의 경계면을 말한다.

② 고체 본체의 평균 조성과는 성분이 다른 고체의 일부분이다.

③ 표면 조성은 고체의 원자나 분자의 가장 위층뿐만 아니라 최외각층으로부터 고체의 벌크까지 조성이 연속하여 변하는 일정하지 않은 전이층을 모두 포함한다. 따라서 몇 개의 원자의 깊이나 혹은 수십 개의 원자층의 깊이일 수도 있다.

④ 고체 표면의 화학적 조성은 고체 내부나 벌크와는 상당히 다른 경우가 많다.

(2) 표면 측정법의 종류

① 고전적인 방법은 표면의 물리적 성질에 대한 유용한 정보를 알려주지만 화학적 성질에 대한 정보는 별로 제공하지 않는다.

㉠ 광학현미경과 전자현미경으로 표면 이미지를 얻는다.

㉡ 흡착등온선, 표면면적, 표면의 울퉁불퉁한 정도, 구멍의 크기 및 반사도 등을 측정한다.

② 분광학적 표면 분석법을 이용하면 0.1nm부터 1nm까지의 두께에 해당하는 고체 표면 층의 정성 및 정량적인 화학적 정보를 얻을 수 있다.

㉠ 분광법 : 고체 표면을 구성하는 화학종을 확인하고 농도를 측정한다.

㉡ 현미경법 : 표면의 영상을 얻고 표면의 형태 즉 물리적 특성을 측정한다.

(3) 표면 분광법의 일반적인 방법

① 고체 시료는 광자, 전자, 이온 또는 중성 분자로 이루어진 1차 빔(primary beam)을 쪼여준다.

② 표면에 1차 빔이 쪼여지면 고체 표면으로부터 광자, 전자, 분자 또는 이온들로 이루어진 2차 빔(secondary beam)이 생성되어 튀어나온다.

㉠ 1차 빔의 입자 종류가 2차 빔의 입자 종류와 같지 않을 수도 있다.

㉡ 효과적인 표면 분석을 위해 1차 빔이나 2차 빔 또는 둘 모두가 광자가 아니라 전자, 이온 또는 분자로 이루어져야 한다.

➜ 측정하려는 것이 고체의 벌크가 아니라 시료의 표면이기 때문이다.

㉢ 1keV의 전자나 이온의 빔은 대략 2.5nm 정도를 침투하는 반면에, 광자는 1,000nm 정도를 침투한다.

③ 산란, 튀어나옴 또는 방출로 인해 생긴 2차 빔은 여러 분광학적 방법에 의해 연구된다.

(4) 표면의 시료 채취

① 1차 빔을 시료의 작은 면적에 집중시켜 쪼여주고 이때 나오는 2차 빔을 관찰하는 방법이다.

② 표면을 주사하는 방법으로 1차 빔을 이동시키면서 측정하려는 표면영역을 가로지르는 래스터(raster) 방식으로 주사하고 이로 인해 생긴 2차 빔의 변화를 관찰하는 방법이다.

③ 깊이분포 측정법(depth profiling)으로 이온총에서 나온 이온빔이 표면을 때려 구멍을 박는 동안 좀 더 좁은 1차 빔을 이용하여 구멍의 중앙으로부터 2차 빔을 얻어 깊이분포에 따라 나타나는 표면 조성에 대한 분석결과를 얻는 방법이다.

(5) 표면의 환경

① 대부분의 표면 분광학적 방법은 진공상태의 환경을 필요로 한다.

㉠ 높은 진공상태는 실험대상의 표면과 실험 시 사용되는 입자들이 충분히 상호반응할 수 있는 평균 자유 행로를 길게 한다.

㉡ 진공상태는 표면분석을 하는 동안 유입된 기체의 오염없이 시료 표면을 깨끗하게 유지시킨다.

② 산소, 습기 또는 이산화탄소 등과 같은 공기의 구성성분이 시료 표면에 흡착하여 시료가 오염되는 것을 방지해야 한다.

㉠ 흡착문제를 해결하기 위한 시료 표면을 깨끗이 하는 장치가 필요하다.

㉡ 시료를 깨끗하게 하는 방법

- 높은 온도에서 시료를 구워주는 방법
- 전자전이로부터 만든 비활성 기체 이온 빔을 시료에 쪼여주는 방법
- 연마제를 사용하여 시료 표면을 기계적으로 깎거나 닦아내는 방법
- 여러 용매 속에 시료를 넣어 초음파를 사용하여 씻어내는 방법
- 산화물을 제거하기 위해 환원성 기체 분위기에서 시료를 씻어내는 방법

③ 1차 빔 자체가 측정과정 중에 표면을 변화시킬 수도 있다.

㉠ 1차 빔에 의한 손상은 1차 빔의 운동에너지에 따라 달라진다.

㉡ 이온 1차 빔이 시료 표면에 가장 많이 손상을 주고, 광자 1차 빔이 가장 적게 손상을 준다.

2 원자힘현미경(AFM, atomic force microscope)

표면의 상세한 지형이 변함에 따라 z축 방향인 위 · 아래로 움직이는 매우 날카로운 팁 끝을 이용하여 xy 래스터 방식으로 시료 표면을 주사하는 방법에 기초를 두고 있다. 이러면 움직임이 측정되어 표면의 상세한 지형의 이미지로 전환된다.

(1) 원자힘현미경의 원리

① 전도체 또는 절연체 모두의 표면에 있는 각 원자에 대한 분리된 영상을 얻게 해 준다.

② 캔틸레버(cantilever)와 시료의 표면 사이에 작용하는 힘은 캔틸레버를 매우 약간 구부러지게 하는데 이를 광학적인 방법으로 측정한다.

③ 팁 끝 또는 때때로 시료의 움직임은 압전기 관을 통해서 얻어진다.

④ 주사하는 동안 팁 끝의 힘은 팁 끝의 상하운동에 의해 일정하게 유지되기 때문에 상세한 지형 정보를 얻게 된다.

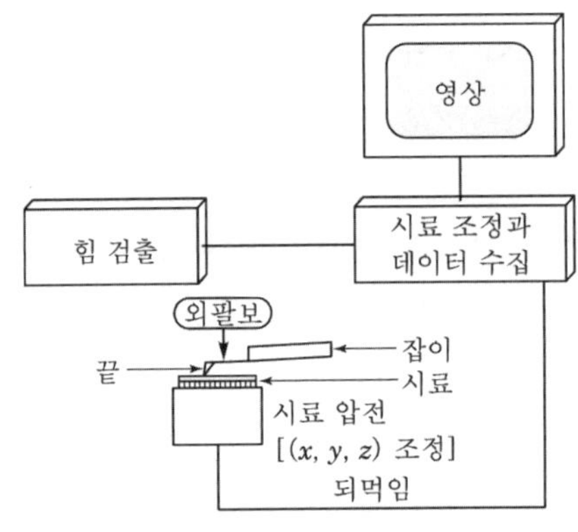

| 원자힘현미경의 전형적 형태 |

(2) 팁 끝과 캔틸레버

① 원자힘현미경의 성능은 캔틸레버와 팁 끝의 물리적 특성에 따라 크게 달라진다.

② 캔틸레버-팁 끝 장치는 실리콘, 산화 실리콘 또는 질화 실리콘의 칩 하나를 깎아서 완전히 하나로 된 캔틸레버-팁 끝 장치를 만든다.

③ 이론상으로 팁 끝의 정점에 한 개의 원자가 위치한다.

(3) 원자힘현미경의 방식

① 접촉 방식(contact mode)

㉠ 모든 원자힘 현미경 측정은 대기압력 상태 또는 액체 안에서 이루어지며, 유입된 기체나 액체 표면으로부터의 표면장력들은 팁 끝을 아래방향으로 끌어당길 수 있다.

㉡ 탐침은 시료 표면과 일정하게 접촉을 유지하면서 시료를 스캔한다.

㉢ 피드백 시스템으로 인해 캔틸레버의 휘어짐이 일정하게 유지되어 그 결과, 탐침과 시료와의 힘도 일정하게 유지되어 탐침과 시료는 서로 밀착되어 있는 상태가 된다.

② 비접촉 방식(noncontact mode)

㉠ AFM 캔틸레버를 1nm 또는 그 이하 진동으로, 탐침은 인력의 움직임 영역 내 시료 표면으로부터 수 nm~수십 nm의 위치를 유지한다.

㉡ 팁 끝과 시료 사이의 끌어당기는 반 데르 발스 힘은 팁 끝의 표면 위를 주사함으로써 측정된다.

㉢ 접촉 방식에서 검출되는 것보다 실질적으로 약한 힘이므로 미세한 신호를 재생시킬 때 사용된다.

③ 톡톡 두드리기 방식(tapping mode)

㉠ 압전소자로 캔틸레버를 수백 kHz의 주파수로 진동시킨다.

㉡ 진동은 일정한 추진력에 의해 일어나며 이 진동의 진폭은 연속적으로 측정된다.

㉢ 캔틸레버는 팁 끝이 각 진동과정 중 바닥에 위치할 때만 표면에 닿도록 자리잡고 있어 접촉 방식에 의해서는 얻을 수 없거나 얻기 어려운 각종 물질에 대해서도 매우 성공적인 이미지를 얻을 수 있다.

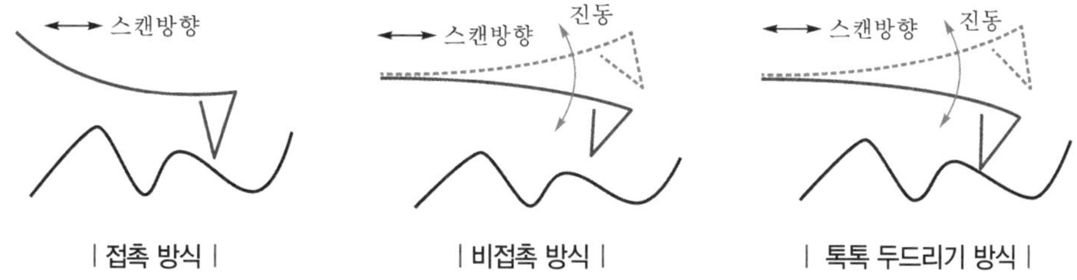

| 접촉 방식 | | 비접촉 방식 | | 톡톡 두드리기 방식 |

3 전자탐침미세분석기(EPMA, electron probe microanalysis)

좁게 집중된 전자빔으로 시료 표면에서 X-선이 방출되도록 유도한다. 그 결과 X-선 방출이 검출되고 파장이나 에너지 분산 분광기로 분석한다.

(1) 기기장치

① 전자빔, 가시선 및 X-선의 세 가지 통합 복사선원을 사용한다.

② 10^{-5}torr 이하의 압력을 유지하는 진공장치와 파장 또는 에너지 분산 분광기가 필요하다.

③ 시료대는 보통 시료를 서로 직각방향으로 움직이면서 동시에 회전할 수 있는 장치를 가지고 있어 표면 어느 곳이나 주사할 수 있다.

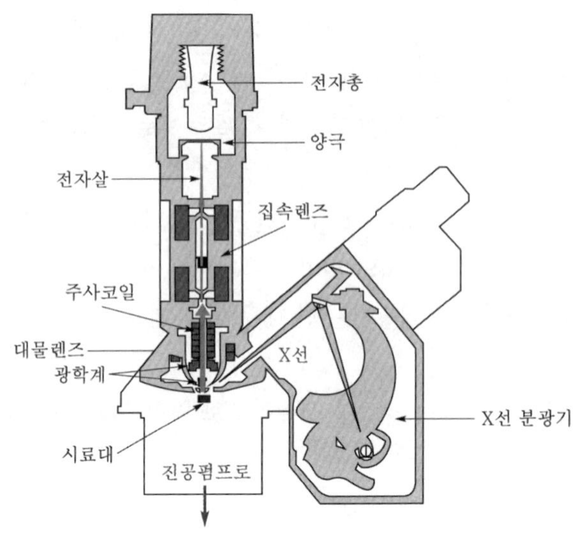

| 전자탐침미세분석기의 구성도 |

(2) 응용

① 표면의 물리적 · 화학적 성질에 대한 많은 정보를 제공한다.

② 야금과 세라믹의 위상 연구, 합금의 입계 조사, 반도체에서 불순물의 확산속도 측정, 불균일 촉매의 활성 자리 연구 등에 중요하게 응용된다.

③ 표면에 대한 정성과 정량 분석 결과가 얻어진다.

4 주사전자현미경(SEM, scanning electron microscopy)

시료 표면에 전자빔을 주사(scanning)하여 튀어나오는 물질을 이미지화하는 전자현미경이다.

(1) 구조 및 작동원리

① 전자총, 집광렌즈, 주사코일, 대물렌즈, 검출기로 구성되어 있다.

㉠ 집광렌즈(condense lens) : 전자총에서 나온 전자빔을 다시 시료면에 모으기 위한 전자렌즈이다.

㉡ 주사코일(scanning coil) : 전자빔을 편향시키기 위한 코일이다.

㉢ 대물렌즈(objective lens) : 물체의 상을 맺기 위해 사용되는 렌즈로, 물체에 가까운 쪽에 있는 렌즈이다.

② 전자총으로부터 나온 전자빔은 집광렌즈, 주사코일, 대물렌즈를 통해 시료에 도달한다.

③ 전자빔으로 인해 시료 표면으로부터 나온 전자를 검출기를 통해 검출하고 이를 영상신호로 전환하여 이미지화한다.

④ 이미지를 이용해 시료의 표면 관찰 및 성분 분석 등을 할 수 있다.

전자총
전자빔
집광렌즈
주사코일
비율 조절
주사 발생기
대물렌즈
증폭기
BSE 검출기
SE 검출기
디스플레이
시료

| SEM 모식도 |

(2) SEM 분석

① **이차 전자(secondary electrons)** : 매우 빠른 속도로 진행하는 전자가 고체와 부딪혀 표면에 방출되는 전자

㉠ 급경사면에서는 이차전자의 밀도가 높아 밝다.

㉡ 평탄한 면에서는 이차전자의 밀도가 낮아 어두운 입체상을 얻는다.

② **후방산란 전자(backscattered electrons)** : 입사 전자가 핵에 의해서 후방으로 탄성산란된 입사 전자

㉠ 원자핵이 클수록 후방산란전자도 증가한다.

㉡ 후방산란 전자 상을 통해 화학조성이 서로 다른 상들을 구분할 수 있다.

③ **특성 X-선(characteristic X-ray)** : 외부 전자가 원자 내부 전자와 충돌할 때 전자의 준위가 내려가면서 외부로 방사하는 전자파이다.

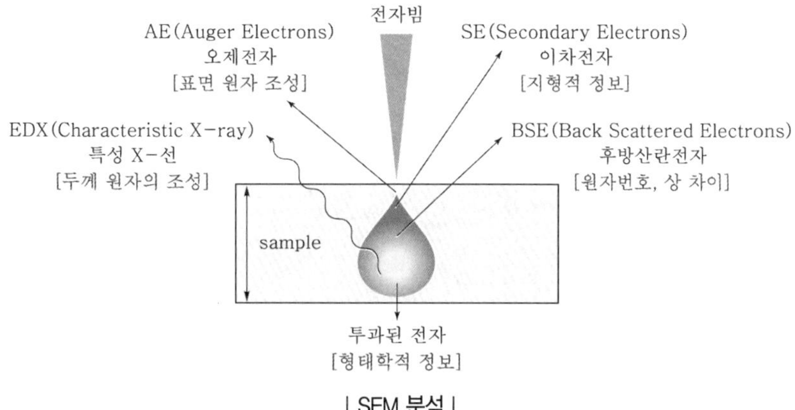

| SEM 분석 |

5 투과전자현미경(TEM, transmission electron microscopy)

시료에 전자빔을 투과시켜 이미지를 만드는 전자현미경이다.

(1) 구조 및 작동원리

① 전자총, 집광렌즈, 대물렌즈, 스크린으로 구성되어 있다.

㉠ 집광렌즈(condense lens) : 전자총에서 나온 전자빔을 모아주는 렌즈이다.

㉡ 대물렌즈(objective lens) : 물체의 상을 맺기 위해 사용되는 렌즈로 TEM의 성능을 결정한다.

㉢ 투사렌즈(projection lens) : 대물렌즈에 의해 맺어진 상을 다시 확대하는 데 쓰이는 렌즈이다.

② 전자총으로부터 나온 전자빔은 집광렌즈를 통해 시료에 도달하고 전자빔은 시료를 투과한다.

③ 투과된 전자빔은 대물렌즈, 투사렌즈를 지나 스크린에 나타나고 이를 관찰한다.

④ 전자선을 사용하므로 진공장비이며, 배율의 범위는 100~100만배 정도이다.

⑤ 뛰어난 배율과 해상력으로 인해 미시적인 내부구조를 고배율로 확대하여 직접 관찰할 수 있다.

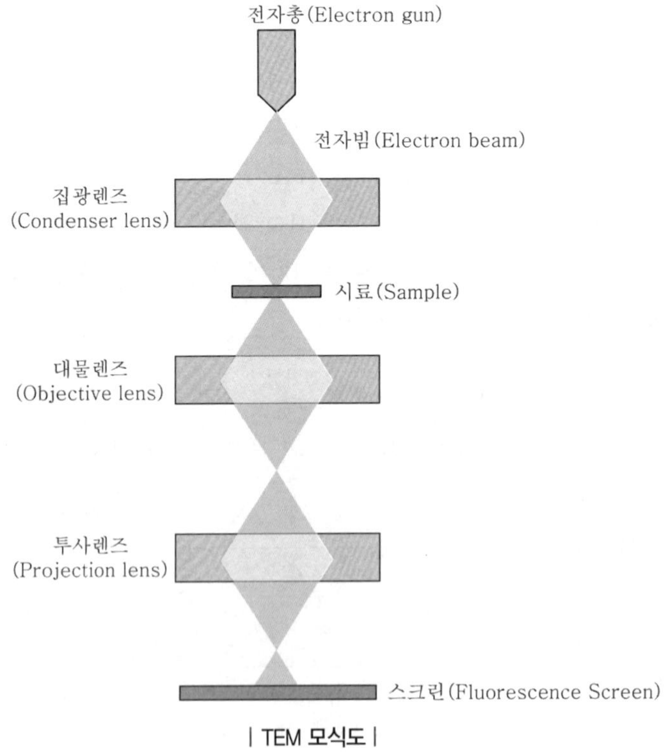

| TEM 모식도 |

(2) TEM 분석

① **영상 분석** : 미세구조 해석

② **전자회절** : 결정구조 분석

③ **화학 분석** : 화학성분 분석

㉠ 에너지분산분광법(EDS)

㉡ 에너지손실전자분광법(EELS)

성공하려면
당신이 무슨 일을 하고 있는지를 알아야 하며,
하고 있는 그 일을 좋아해야 하며,
하는 그 일을 믿어야 한다.
-윌 로저스(Will Rogers)-

☆

때론 지치고 힘들지만 언제나 가슴에 큰 꿈을 안고 삽시다.
노력은 배반하지 않습니다. ^^

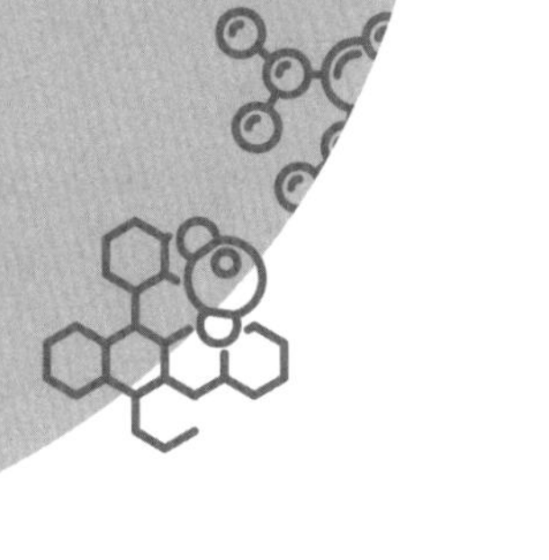

PART 2

과년도 출제문제 1

(2017~2019년 기출문제)

이 파트는 "~2019년 출제기준"을 적용하여 시행된 기출문제입니다.

최신 출제기준과 과목명이 크게 달라 다른 과목으로 생각하고 건너뛰기 쉬우나, 현재 적용되는 출제기준과 비교하면 주요항목과 세부항목 및 세세항목의 내용이 크게 차이가 없으므로 반드시 풀어보고 학습하시기 바랍니다.

* 모든 계산문제는 계산결과와 가장 가까운 보기를 정답으로 선택하면 됩니다.

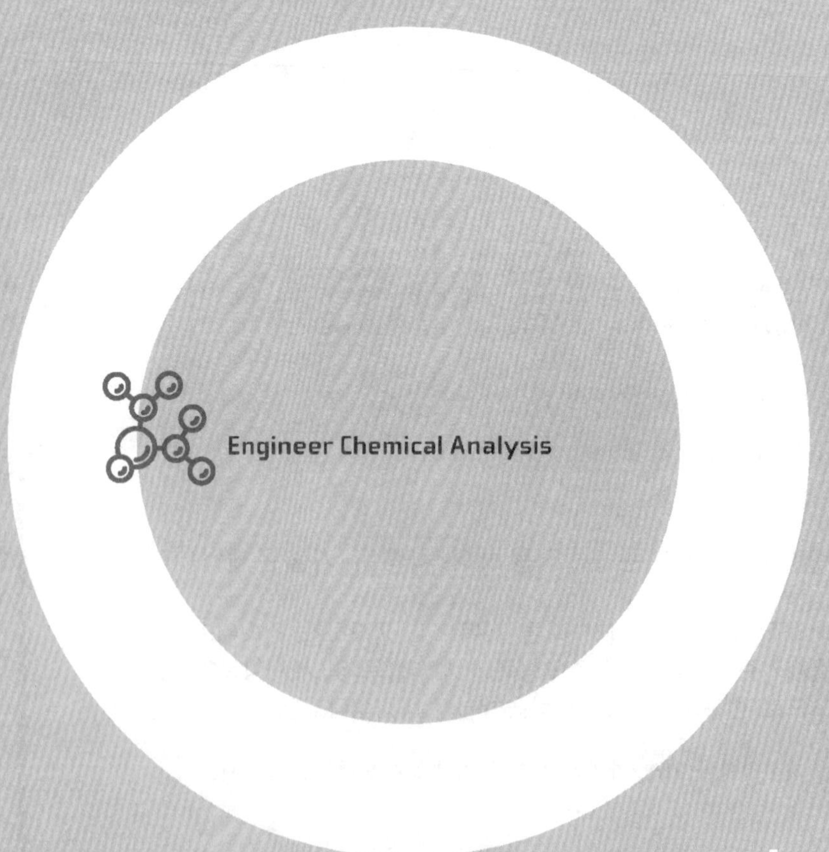
Engineer Chemical Analysis

제1과목 | 일반화학

01 어떤 물질의 화학식이 C_2H_2ClBr로 주어졌고, 그 구조가 다음과 같을 때에 대한 설명으로 틀린 것은?

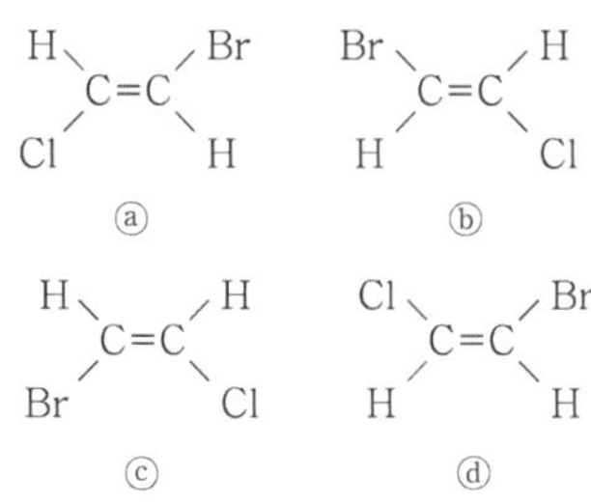

① ⓐ와 ⓑ는 동일 구조이다.
② ⓑ와 ⓓ는 동일 구조이다.
③ ⓑ와 ⓒ는 기하이성질체 관계이다.
④ ⓒ와 ⓓ는 동일 구조이다.

✔ 기하이성질체는 이중결합의 양쪽에 결합된 원자 또는 원자단의 공간적 배치가 다른 이성질체로, 이중결합을 중심으로 작용기가 같은 쪽에 있으면 시스형(cis-), 다른 쪽에 있으면 트랜스형(trans-)이라 한다.
1. ⓐ와 ⓑ는 트랜스형으로 동일 구조
2. ⓒ와 ⓓ는 시스형으로 동일 구조
3. ⓑ와 ⓓ는 **트랜스형과 시스형의 기하이성질체** 관계이다.

Check
1. 구조이성질체는 분자식은 같지만 구조식이 달라서 성질이 다른 이성질체이다.
2. 입체이성질체는 분자 내의 원자 또는 원자단의 공간에서의 배치가 다름에 따라 생기는 이성질체로, 기하이성질체와 광학이성질체가 있다.

02 어떤 상태에서 탄소(C)의 전자배치가 $1s^22s^22p_x^2$으로 나타났다. 이 전자배치에 대하여 올바르게 설명한 것은?

① 들뜬상태, 짝짓지 않은 전자 존재
② 들뜬상태, 전자는 모두 짝지었음
③ 바닥상태, 짝짓지 않은 전자 존재
④ 바닥상태, 전자는 모두 짝지었음

✔ **훈트규칙**
에너지준위가 같은 오비탈에 전자가 배치될 때 가능한 짝짓지 않은 전자(홀전자) 수가 많게 배치된다.
→ 한 오비탈에 전자 2개가 동시에 들어가면 전자 사이의 반발력이 더 크게 작용하여 홀전자 상태로 있을 때보다 불안정하기 때문이다.
$_6C : 1s^22s^22s^2$

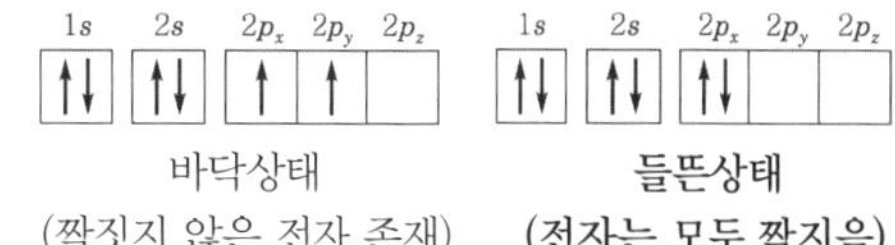

바닥상태 (짝짓지 않은 전자 존재) **들뜬상태 (전자는 모두 짝지음)**

03 어느 실험과정에서 한 학생이 실수로 0.20M NaCl 용액 250mL를 만들었다. 그러나 실제 실험에 필요한 농도는 0.005M이었다. 0.20M NaCl 용액을 가지고 0.005M NaCl 100mL를 만들려면, 100mL 부피플라스크에 0.20M NaCl을 얼마나 넣어야 하는가?

① 2mL ② 2.5mL
③ 4mL ④ 5mL

✔ 진한 시약에 있는 용질의 몰수와 묽혀진 용액에 있는 용질의 몰수는 같다.
묽힘공식 : $M_{진한} \times V_{진한} = M_{묽은} \times V_{묽은}$
두 용액에 사용된 단위가 같기만 하면, 부피의 단위는 mL 또는 L 모두 가능하다.
$0.20\,M \times x(mL) = 0.005\,M \times 100\,mL$
$x = 2.5mL$
∴ 0.20M 진한 용액 **2.5mL**를 취해 최종 부피가 100mL가 되도록 증류수를 채워준다.

04 다음 반응에서 산화된 원소는?

$Zn + H_2SO_4 \rightarrow ZnSO_4 + H_2$

① Zn ② H
③ S ④ O

✔ 어떤 원자나 이온이 전자를 잃으면 산화수가 증가하고, 전자를 얻으면 산화수가 감소한다. 산화수가 증가하는 반응을 산화라 하고, 산화수가 감소하는 반응을 환원이라고 한다.

	$Zn + H_2SO_4$	→	$ZnSO_4 + H_2$
산화수	0 +1 +6 −2		+2 +6 −2 0

∴ Zn : 0 → +2, **산화수 증가(산화)**
H : +1 → 0, 산화수 감소(환원)

05 **황산칼슘($CaSO_4$)의 용해도곱(K_{sp})이 2.4×10^{-5}이다. 이 값을 이용하여 황산칼슘($CaSO_4$)의 용해도를 구하면? (단, 황산칼슘의 분자량은 136.2g이다.)**

① 1.141g/L ② 1.114g/L
③ 0.667g/L ④ 0.121g/L

✔ $CaSO_4$를 물에 용해하면 다음과 같은 평형을 이룬다.
$CaSO_4(s) \rightleftarrows Ca^{2+}(aq)+SO_4^{2-}(aq)$
$K_{sp}=[Ca^{2+}][SO_4^{2-}]=2.4\times10^{-5}$
평형에서의 농도를 $[Ca^{2+}]=[SO_4^{2-}]=x$로 두면,
$K_{sp}=x^2=2.4\times10^{-5}$
$x=4.90\times10^{-3}$mol/L
평형에서의 몰농도(M)를 g/L의 용해도로 바꾸면
$$\frac{4.90\times10^{-3}\text{mol } CaSO_4}{1L}\times\frac{136.2\text{g } CaSO_4}{1\text{mol } CaSO_4}=\mathbf{0.667g/L}$$

06 **메탄의 연소반응이 다음과 같을 때, CH_4 24g과 반응하는 산소의 질량은 얼마인가?**

$$CH_4+2O_2 \rightarrow CO_2+2H_2O$$

① 24g ② 48g
③ 96g ④ 192g

✔ $$24g\ CH_4\times\frac{1mol\ CH_4}{16g\ CH_4}\times\frac{2mol\ O_2}{1mol\ CH_4}\times\frac{32g\ O_2}{1mol\ O_2}$$
$=\mathbf{96g\ O_2}$

07 **Lewis 구조 가운데 공명구조를 가지는 화합물을 올바르게 나열한 것은?**

① H_2O, HF ② H_2O, O_3
③ O_3, NO_3^- ④ H_2O, HF, O_3, NO_3^-

✔ **루이스 구조**
1. H_2O H−Ö−H
2. HF H−F̈:
3. O_3 :Ö−Ö=Ö ⟷ Ö=Ö−Ö:
4. NO_3^- [Ö=N−Ö: / | / :Ö:]⁻ ⟷ [:Ö−N=Ö / | / :Ö:]⁻ ⟷ [:Ö−N−Ö: / ‖ / :O:]⁻

08 **이온 반지름의 크기를 잘못 비교한 것은?**

① $Mg^{2+} > Ca^{2+}$
② $F^- < O^{2-}$
③ $Al^{3+} < Mg^{2+}$
④ $O^{2-} < S^{2-}$

✔ • 같은 주기에서는 원자번호가 클수록 이온의 반지름이 감소한다.
→ 유효 핵전하가 증가하여 원자핵과 전자 사이의 정전기적 인력이 증가하기 때문
• 같은 족에서는 원자번호가 클수록 이온의 반지름이 증가한다.
→ 전자껍질 수가 증가하기 때문
$Mg^{2+} < Ca^{2+}$: 같은 족이므로 원자번호가 더 큰 Ca^{2+}의 반지름이 더 크다.

09 **탄화수소화합물에 대한 설명으로 틀린 것은?**

① 탄소–탄소 결합이 단일결합으로 모두 포화된 것을 alkane이라 한다.
② 탄소–탄소 결합에 이중결합이 있는 탄화수소화합물은 alkene이라 한다.
③ 탄소–탄소 결합에 삼중결합이 있는 탄화수소화합물은 alkyne이라 한다.
④ 가장 간단한 alkyne화합물은 프로필렌(C_3H_4)이다.

✔ **알카인**(alkyne)
탄소원자 사이에 삼중결합이 있는 사슬모양의 불포화탄화수소로, 일반식은 C_nH_{2n-2}, (n=1,2,3,⋯)이다. 또한 가장 간단한 alkyne화합물은 **아세틸렌**(=에타인, C_2H_2)이다.

10 **Na_2CO_3 용액에 HCl 용액을 첨가하면 다음과 같은 반응이 진행된다. 이 반응에 근거하여 Na_2CO_3 용액의 몰농도와 노르말농도 사이의 관계를 올바르게 나타낸 것은?**

$$Na_2CO_3+2HCl \rightarrow H_2CO_3+2NaCl$$

① 0.10M = 0.20N ② 0.10M = 0.10N
③ 0.10M = 0.05N ④ 0.10M = 0.01N

✔ 노르말농도(N, 규정농도)=몰농도(M)×가수(n)
가수(n)는 산이나 염기 한 분자가 내놓을 수 있는 H^+ 또는 OH^-의 개수이다.

정답 | 05.③ 06.③ 07.③ 08.① 09.④ 10.①

∴ 1개의 Na_2CO_3 2개의 H^+와 반응하므로 Na_2CO_3의 가수는 2이다.
Na_2CO_3의 몰농도가 0.10M일 때 Na_2CO_3의 노르말농도는 0.20N(=0.10M×2)이다.

Check

노르말농도(N, 규정농도)

$$= \frac{\text{용질의 당량수}}{\text{용액의 부피(L)}}$$

$$= \frac{H^+ \text{ 또는 } OH^- \text{의 몰수(mol)}}{\text{용액의 부피(L)}}$$

$$= \frac{\text{산 또는 염기의 몰수(mol)} \times \text{가수}(n)}{\text{용액의 부피(L)}}$$

$$= \text{몰농도}(M) \times \text{가수}(n)$$

11 용액에 관한 설명으로 틀린 것은?

① 휘발성 용매에 비휘발성 용질이 녹아 있는 용액의 끓는점은 순수한 용매보다 높아진다.
② 용액은 둘 또는 그 이상의 물질로 이루어진 혼합물이다.
③ 몰랄농도는 용액 1kg당 포함된 용질의 몰수를 나타낸다.
④ 몰농도는 용액 1L당 포함된 용질의 몰수를 나타낸다.

✔ 몰랄농도(m)는 용매 1kg 속에 녹아 있는 용질의 몰수를 나타낸 농도로 단위는 mol/kg 또는 m으로 나타낸다.

12 화학평형에 대한 설명으로 틀린 것은?

① 동적 평형에 있는 계에 자극이 가해지면 그 자극의 영향을 최대화하는 방향으로 평형이 변화한다.
② 정반응이 발열반응이면 반응온도를 낮추면 평형상수가 증가한다.
③ 평형상태에 있는 기체반응혼합물을 압축하면 반응은 기체분자의 수를 감소시키는 방향으로 진행된다.
④ 촉매는 반응혼합물의 평형 조성에 영향을 주지 않는다.

✔ **르 샤틀리에 원리(Le Chatelier's principle)**
동적 평형상태에 있는 반응혼합물에 자극(스트레스)을 가하면, 그 자극의 영향을 **감소시키는 방향**으로 평형이 이동하여 새로운 평형에 도달한다.

13 다음 중 실험식이 다른 것은?

① CH_2O ② $C_2H_6O_2$
③ $C_6H_{12}O_6$ ④ $C_3H_6O_3$

✔ 실험식은 화합물을 이루는 원자나 이온의 종류와 수를 가장 간단한 정수비로 나타낸 식으로 어떤 물질의 화학식을 실험적으로 구할 때 가장 먼저 구할 수 있는 식이다.
1. CH_2O, $C_6H_{12}O_6$, $C_3H_6O_3$의 실험식 : CH_2O
2. $C_2H_6O_2$의 실험식 : CH_3O

14 입체이성질체의 대표적인 2가지 형태 중 하나에 해당하는 것은?

① 배위이성질체 ② 기하이성질체
③ 결합이성질체 ④ 이온화이성질체

✔ 입체이성질체는 분자 내의 원자 또는 원자단의 공간에서의 배치가 다름에 따라 생기는 이성질체로, **기하이성질체**와 **광학이성질체**가 있다.

Check

- **기하이성질체**
  이중결합의 양쪽에 결합된 원자 또는 원자단의 공간적 배치가 다른 이성질체로 이중결합을 중심으로 작용기가 같은 쪽에 있으면 시스형(cis-), 다른 쪽에 있으면 트랜스형(trans-)이라 한다.
- **광학이성질체**
  하나의 탄소원자에 네 개의 서로 다른 원자나 작용기가 붙어 있어서 아무리 회전해도 결코 겹쳐지지 않는 두 개의 거울상으로 존재하는 이성질체로, 이때 이 탄소원자를 카이랄(chiral) 중심 또는 부제 탄소, 비대칭 탄소라고 한다.

15 다음 중 벤젠의 유도체가 아닌 것은?

① 벤조산 ② 아닐린
③ 페놀 ④ 헵테인

✔ **헵테인 : C_7H_{16}**

Check

벤젠의 유도체

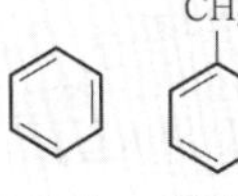

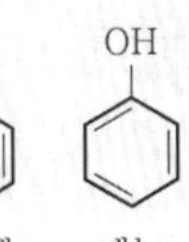

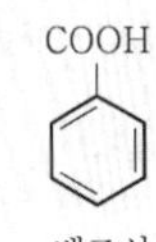

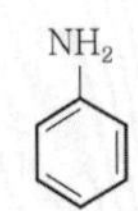

정답 | 11.③ 12.① 13.② 14.② 15.④

16 다음 방향족화합물 구조의 명칭에 해당하는 것은 어느 것인가?

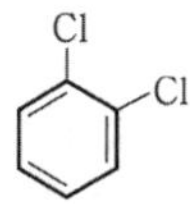

① ortho-dichlorobenzene
② meta-dichlorobenzene
③ para-dichlorobenzene
④ delta-dichlorobenzene

✔ dichlorobenzene의 오르토(o-), 메타(m-), 파라(p-) 형태의 3가지 이성질체

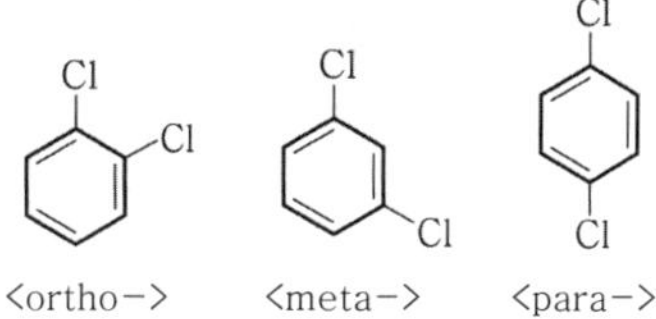

17 철근이 녹이 슬 때 질량은 어떻게 되겠는가?

① 녹슬기 전과 질량 변화가 없다.
② 녹슬기 전에 비해 질량이 증가한다.
③ 녹이 슬면서 일정시간 질량이 감소하다가 일정하게 된다.
④ 녹슬기 전에 비해 질량이 감소한다.

✔ $4Fe(s)+3O_2(g) \rightarrow 2Fe_2O_3(s)$
철이 녹스는 과정은 철이 공기 중의 산소와 결합하여 산화되는 과정으로 결합하는 산소의 양 만큼 **녹슨 철(산화철)의 질량은 증가**한다.

18 0.120mol의 $HC_2H_3O_2$와 0.140mol의 $NaC_2H_3O_2$가 들어 있는 1.00L 용액의 pH를 계산하면 얼마인가? (단, $K_a = 1.8\times10^{-5}$이다.)

① 3.82 ② 4.82
③ 5.82 ④ 6.82

✔ 완충용액의 pH 계산은 헨더슨-하셀바흐 식으로 구한다.

$$pH = pK_a + \log\frac{[A^-]}{[HA]}$$

$$\therefore pH = -\log(1.8\times10^{-5}) + \log\frac{0.140}{0.120} = 4.81$$

19 0℃, 1atm에서 0.495g의 알루미늄이 모두 반응할 때 발생되는 수소기체의 부피는 약 몇 L인가?

$2Al(s)+6HCl(aq) \rightarrow 2AlCl_3(aq)+3H_2(g)$

① 0.033 ② 0.308
③ 0.424 ④ 0.616

✔ • **방법 1**
0℃, 1atm(STP)에서 기체 1mol의 부피는 기체 종류에 관계없이 22.4L이다.

$$0.495g\ Al\times\frac{1\,mol\ Al}{27g\ Al}\times\frac{3\,mol\ H_2}{2\,mol\ Al}\times\frac{22.4L}{1\,mol}$$

$= 0.616L$

• **방법 2**
이상기체방정식 : $PV=nRT$
기체상수(R)=0.0821atm · L/mol · K으로 이상기체법칙을 나타낸 식으로 이상기체에 잘 적용된다.
$PV=nRT$에서

$$1\,atm\times x(L) = \left(0.495g\ Al\times\frac{1mol\ Al}{27g\ Al}\times\frac{3mol\ H_2}{2mol\ Al}\right)\times0.0821atm\cdot L/mol\cdot K\times273K$$

$\therefore x = 0.616L$

20 산과 염기에 대한 다음 설명 중 틀린 것은?

① 산은 수용액 중에서 양성자(H^+, 수소이온)를 내놓는 물질을 지칭한다.
② 양성자를 주거나 받는 물질로 산과 염기를 정의하는 것은 브뢴스테드에 의한 산 · 염기의 개념이다.
③ 산과 염기의 세기는 해리도를 통해 가늠할 수 있다.
④ 아레니우스에 의한 산의 정의는 물에서 해리되어 수산화이온을 내놓는 물질이다.

✔ 아레니우스(Arrhenius)의 산 · 염기 정의
1. **산(acid)은 수용액에서 수소이온(H^+)을 내놓을 수 있는 물질이다.**
2. 염기(base)는 수용액에서 수산화이온(OH^-)을 내놓을 수 있는 물질이다.

정답 | 16.① 17.② 18.② 19.④ 20.④

제2과목 | 분석화학

21 **0.10M NaCl 용액 속에 PbI_2가 용해되어 생성된 Pb^{2+}(원자량 207.0g/mol) 농도는 약 얼마인가? (단, PbI_2의 용해도곱 상수는 7.9×10^{-9}이고 이온세기가 0.10M일 때, Pb^{2+}과 I^-의 활동도계수는 각각 0.36과 0.75이다.)**

① 33.4mg/L ② 114.0mg/L
③ 253.0mg/L ④ 443.0mg/L

✔ 이온평형의 경우에는 화학평형에 이온세기가 영향을 미치므로 평형상수 식을 농도 대신 활동도로 나타내야 한다.

활동도 $A_c = \gamma_c[C]$

여기서, γ_c : 화학종 C의 활동도계수

C : 화학종 C의 몰농도

$$PbI_2(s) \rightleftarrows \underset{x}{\underline{Pb^{2+}}}(aq) + \underset{2x}{\underline{2I^-}}(aq)$$

$$K_{sp} = A_{Pb^{2+}}(A_{I^-})^2 = (0.36\times x)(0.75\times 2x)^2 = 7.9\times10^{-9}$$

$$x = [Pb^{2+}] = 2.14\times10^{-3}M$$

$$\therefore \frac{2.14\times10^{-3}\text{mol } Pb^{2+}}{1L}\times\frac{207.0g\ Pb^{2+}}{1mol\ Pb^{2+}}\times\frac{1,000mg}{1g} = 443.0mg/L$$

22 **다음 중 질량의 SI 단위는?**

① mg ② g
③ kg ④ ton

✔ 전 세계적으로 과학자들은 국제단위계(SI)를 표준단위로 사용한다.

물리량	단위명	약자
질량	킬로그램(kilogram)	**kg**
길이	미터(meter)	m
시간	초(second)	s
온도	켈빈(kevin)	K
물질의 양	몰(mole)	mol
전류	암페어(ampere)	A
광도	칸델라(candela)	cd

23 **칼슘이온 Ca^{2+}를 무게분석법을 활용하여 정량하고자 한다. 이때 효과적으로 사용할 수 있는 음이온은?**

① $C_2O_4^{2-}$ ② SO_4^{2-}
③ Cl^- ④ SCN^-

✔ **침전무게법**

분석물을 거의 녹지 않는 침전물로 바꾼 다음 이 침전물을 거르고 불순물이 없도록 씻고 적절한 열처리에 의해 조성이 잘 알려진 생성물로 바꾼 후 무게를 측정한다. Ca^{2+}의 무게분석법의 경우, $C_2O_4^{2-}$와 반응하여 생성된 용해도가 매우 작은 침전물 $CaC_2O_4\cdot H_2O$는 수분을 많이 함유하고 있어 화학조성이 일정하지 않으므로 열처리에 의해 조성이 잘 알려진 CaO로 바꾸어 무게를 측정하여 정량할 수 있다.

24 **HCl 용액을 표준화하기 위해 사용한 Na_2CO_3가 완전히 건조되지 않아서 물이 포함되어 있다면 이것을 사용하여 제조된 HCl 표준용액의 농도는?**

① 참값보다 높아진다.
② 참값보다 낮아진다.
③ 참값과 같아진다.
④ 참값의 $\frac{1}{2}$이 된다.

✔ Na_2CO_3가 완전히 건조되지 않아서 물이 포함되어 있다면 표기된 mol은 실제 mol보다 많은 양으로 더 높은 농도로 나타나 있다. 적정을 통해 구한 HCl 양도 실제 mol과 반응을 하지만 나타내는 것은 높은 mol로 나타난다.

즉, 10개로 표기된 Na_2CO_3가 실제로 8개의 Na_2CO_3라면 실제 반응한 16개의 HCl이지만 20개가 반응한 것으로 나타나게 된다.

∴ **실제 HCl보다 농도는 높아진다.**

25 **화학평형상수 값은 다음 변수 중에서 어느 값의 변화에 따라 변하는가?**

① 반응물의 농도
② 온도
③ 압력
④ 촉매

✔ 평형상수 K는 **온도**에 의해서만 변하는 상수이다.

정답 | 21.④ 22.③ 23.① 24.① 25.②

26 다음 중 화학평형에 대한 설명으로 옳은 것은 어느 것인가?

① 화학평형상수는 단위가 없으며, 보통 K로 표시하고 K가 1보다 크면 정반응이 유리하다고 정의하며, 이때 Gibbs 자유에너지는 양의 값을 가진다.

② 평형상수는 표준상태에서의 물질의 평형을 나타내는 값으로 항상 양의 값이며, 온도에 관계없이 일정하다.

③ 평형상수의 크기는 반응속도와는 상관이 없다. 즉, 평형상수가 크다고 해서 반응이 빠름을 뜻하지 않는다.

④ 물질의 용해도곱(solubility product)은 고체염이 용액 내에서 녹아 성분이온으로 나뉘는 반응에 대한 평형상수로, 흡열반응은 용해도곱이 작고 발열반응은 용해도곱이 크다.

✔ 화학평형에 관한 반응식 $aA+bB \rightleftarrows cC+dD$에서 평형상수식은 다음과 같다.

$$K=\frac{[C]^c[D]^d}{[A]^a[B]^b}$$

평형상수 식의 농도(또는 압력)는 각 물질의 몰농도(또는 압력)를 열역학적 표준상태인 1M(또는 1atm)로 나눈 농도비(또는 압력비)이므로, 단위들이 상쇄되므로 **평형상수는 단위가 없다.**

① 화학반응이 평형에 도달하면

$\Delta G° = -RT\ln K$

$\therefore\ K=e^{-\frac{\Delta G°}{RT}}$

$\Delta G° < 0$, $K>1$이면 평형에서 정반응이 유리하고, $\Delta G° > 0$, $K<1$이면 평형에서 역반응이 유리하다.

② $\Delta G°$는 오직 온도에 따라서만 변하므로 K는 특정한 온도에서 상수가 되며 **온도에 의해서만 변하는 함수**이다.

③ 평형상수는 평형에서의 반응물과 생성물의 농도의 비를 나타낼 뿐 **반응속도와는 관계 없다.**

④ 용해도곱(K_{sp}) 또한 고체 염이 용액 내에서 녹아 성분이온으로 나누어지는 반응에 대한 평형상수이며, **흡열반응**에서 온도가 증가하면 르 샤틀리에 원리에 의해 **평형상수 K는 증가**하고, **발열반응에서** 온도가 증가하면 **평형상수 K는 감소한다.**

27 1차 표준물질(primary standard)에 대한 설명으로 틀린 것은?

① 순도가 99.9% 이상이다.

② 시약의 무게를 재면 곧바로 사용할 수 있을 정도로 순수하다.

③ 일상적으로 보관할 때 분해되지 않는다.

④ 가열이나 진공으로 건조시킬 때 불안정하다.

✔ **1차 표준물질의 중요한 필수조건**

1. **99.99% 이상**의 높은 순도로 **시약의 무게를 재면 곧바로 사용**할 수 있을 정도로 순수하며, 순도를 확인하는 정립된 방법이 있어야 한다.
2. **건조**시키는 온도에서 **안정**해야 하며, **상온과 대기 중에서 안정**해야 한다.
3. 습도 변화에 의해 고체의 조성이 변하지 않도록 수화된 물이 없어야 한다.
4. 적정할 매질에서 적절한 용해도를 나타내야 표준용액을 쉽게 만들 수 있다.
5. 표준물질 무게달기와 연관된 상대오차를 최소화하기 위하여 비교적 큰 몰질량을 가져야 한다.
6. 합리적인 가격이어야 한다.

28 다음 각각의 용액에 1M의 HCl을 2mL씩 첨가하였다. 다음 중 어떤 용액이 가장 작은 pH 변화를 보이겠는가?

① 0.1M NaOH 15mL

② 0.1M CH_3COOH 15mL

③ 0.1M NaOH 30mL와 0.1M CH_3COOH 30mL의 혼합용액

④ 0.1M NaOH 30mL와 0.1M CH_3COOH 60mL의 혼합용액

✔ 완충용액은 산이나 염기의 첨가나 희석에 대해 pH 변화를 막아 주는 용액으로, 일반적으로 완충용액은 아세트산/아세트산소듐이나 염화암모늄/암모니아와 같은 약산 또는 약염기의 짝산/짝염기 쌍으로 만들어진다.

① 0.1M NaOH 15mL : 염기성 용액

② 0.1M CH_3COOH 15mL : 산성 용액

③ 0.1M NaOH 30mL와 0.1M CH_3COOH 30mL의 혼합용액 : 모두 반응하여 CH_3COO^-의 염기성 용액

④ 0.1M NaOH 30mL와 0.1M CH_3COOH 60mL의 혼합용액 : CH_3COOH와 CH_3COO^-의 **완충용액**

정답 | 26.③ 27.④ 28.④

Check

산과 염기의 첨가효과

약산 HA가 다음과 같은 평형을 이루고 있을 때

$HA + H_2O \rightleftarrows H_3O^+ + A^-$

1. 강산이 첨가되면 $[H_3O^+]$가 증가해 역반응이 진행되어 A^-가 HA로 바뀐다.
2. 강염기가 첨가되면 $[H_3O^+]$가 감소해 정반응이 진행되어 HA가 A^-로 바뀐다.
3. 강산이나 강염기를 너무 많이 첨가하여 HA나 A^-가 모두 소모되지 않는 한 헨더슨-하셀바흐 식의 $\log\frac{[A^-]}{[HA]}$의 변화가 크지 않아 pH의 변화도 크지 않게 된다.

29 **2.00μmol의 Fe^{2+}이온이 Fe^{3+}이온으로 산화되면서 발생한 전자가 1.5V의 전위차를 가진 장치를 거치면서 수행할 수 있는 최대 일의 양은 약 몇 J인가?**

① 29J ② 2.9J
③ 0.29J ④ 0.029J

✔ 1J의 에너지는 1C의 전하가 전위차가 1V인 점들 사이를 이동할 때 얻거나 잃는 양이고(일$=q\times E$), 전자 1mol의 전하량 1F=96,485C/mol이다.

$Fe^{2+} \rightleftarrows Fe^{3+} + e^-$

$\therefore \left(2.00\times10^{-6}\,\text{mol Fe}^{3+}\times\frac{1\text{mol }e^-}{1\text{mol Fe}^{3+}}\times\frac{96,485\,\text{C}}{1\text{mol }e^-}\right)\times1.5\text{V} = \mathbf{0.289J}$

30 EDTA(ethylenediaminetetraacetic acid, H_4Y) **를 이용한 금속(M^{n+}) 적정 시 조건 형성상수** (conditional formation constant) K_f'**에 대한 설명으로 틀린 것은? (단, K_f는 형성상수이다.)**

① EDTA(H_4Y) 화학종 중 $[Y^{4-}]$의 농도 분율을 $\alpha_{Y^{4-}}$로 나타내면, $\alpha_{Y^{4-}}=[Y^{4-}]/[\text{EDTA}]$이고 $K_f'=\alpha_{Y^{4-}}K_f$이다.

② K_f'는 특정한 pH에서 형성되는 MY^{n-4}의 형성을 의미한다.

③ K_f'는 pH가 높을수록 큰 값을 갖는다.

④ K_f'를 이용하면 해리된 EDTA의 각각의 이온농도를 계산할 수 있다.

✔ EDTA

$M^{n+} + Y^{4-} \rightleftarrows MY^{n-4}$

형성상수 $K_f = \frac{[MY^{n-4}]}{[M^{n+}][Y^{4-}]}$

K_f는 금속이온과 화학종 Y^{4-}의 반응에 한정된다.

M^{n+}+EDTA $\rightleftarrows MY^{n-4}$ 조건 형성상수 :

$K_f' = \alpha_{Y^{4-}}K_f = \frac{[MY^{n-4}]}{[M^{n+}][\text{EDTA}]}$

[EDTA]는 금속이온과 결합하지 않은 전체 EDTA의 농도이며, K_f'는 EDTA 착물 형성에서 유리 EDTA가 모두 한 형태로 존재하는 것처럼 취급할 수 있다. Y^{4-}형으로 존재하는 EDTA 분율($\alpha_{Y^{4-}}$)의 정의로부터 $[Y^{4-}]=\alpha_{Y^{4-}}[\text{EDTA}]$로 나타낼 수 있으며, 유리 EDTA의 소량만이 Y^{4-} 이온형태로 존재한다. 또한 pH가 주어지면 $\alpha_{Y^{4-}}$를 알 수 있고, K_f'를 구할 수 있다. 이 값은 특정한 pH에서 MY^{n-4}의 형성을 의미한다. 대부분의 EDTA는 pH 10 이하에서 Y^{4-}로 존재하지 않으며, 낮은 pH에서 주로 HY^{3-}와 H_2Y^{2-}로 존재한다. 또한 pH가 높을수록 K_f'는 큰 값을 갖는다.

31 **산화 · 환원 지시약에 대한 설명 중 틀린 것은? (단, $E°$는 표준환원전위, n은 전자수이다.)**

① 지시약은 주로 이중결합들이 콘쥬게이션된(conjugated) 유기물이다.

② 변색범위는 주로 $E = E° \pm \frac{1}{n}$[V]이다.

③ 당량점에서의 전위와 지시약의 표준환원전위($E°$)가 비슷한 것을 사용해야 한다.

④ 분석하고자 하는 이온과 결합했을 때 산화된 상태와 환원된 상태의 색이 달라야 한다.

✔ $E = E° - \frac{0.05916}{n}\log\left(\frac{[\ln(\text{환원형})]}{[\ln(\text{산화형})]}\right)$

산화 · 환원 지시약의 색깔 변화는 분석물과 적정시약의 화학적 성질과는 무관하며, 적정과정에서 생기는 계의 전극전위의 변화에 의존한다.

ln(환원형)의 색이 관찰될 조건은

$\frac{[\ln(\text{환원형})]}{[\ln(\text{산화형})]} \geq \frac{10}{1}$

ln(산화형)의 색이 관찰될 조건은

$\frac{[\ln(\text{환원형})]}{[\ln(\text{산화형})]} \leq \frac{1}{10}$이다.

지시약의 변색 전위범위는 $\boldsymbol{E = E° \pm \frac{0.05916}{n}}$이다.

적정시약과 분석물질 사이의 표준전위의 차이가 클수록 당량점에서 적정곡선의 변화가 더 급격하다.

정답 | 29.③ 30.④ 31.②

32 20.00mL의 0.1000M Hg_2^{2+}를 0.1000M Cl^-로 적정하고자 한다. Cl^-를 40.00mL 첨가하였을 때, 이 용액 속에서 Hg_2^{2+}의 농도는 약 얼마인가? (단, $Hg_2Cl_2(s) \rightleftarrows Hg_2^{2+}(aq)+2Cl^-(aq)$, $K_{sp}=1.2\times10^{-18}$이다.)

① 7.7×10^{-5}M ② 1.2×10^{-6}M
③ 6.7×10^{-7}M ④ 3.3×10^{-10}M

✔ $Hg_2^{2+}(aq) + 2Cl^-(aq) \rightleftarrows Hg_2Cl_2(s)$
당량점 부피(V_e)는 1 : 2 =(0.1000×20.00) : (0.1000×V_e), V_e=40.00mL이다.
주어진 조건, 당량점에서는 모두 $Hg_2Cl_2(s)$이 생성되므로 용해도곱(K_{sp})을 고려하여 평형에서의 Hg_2^{2+} 농도를 구할 수 있다.

$$Hg_2Cl_2(s) \rightleftarrows \underset{x}{\underline{Hg_2^{2+}}}(aq) + \underset{2x}{\underline{2Cl^-}}(aq)$$

$$K_{sp} = [Hg_2^{2+}][Cl^-]^2 = x(2x)^2 = 1.2\times10^{-18}$$

$$\therefore\ x=[Hg_2^{2+}]=\mathbf{6.69\times10^{-7}}\text{M}$$

33 다음 중 $KMnO_4$와 H_2O_2의 산화 · 환원 반응식을 바르게 나타낸 것은?

① $MnO_4^- + 2H_2O_2 + 4H^+ \rightarrow MnO_2 + 4H_2O + O_2$
② $MnO_4^- + 2H_2O_2 \rightarrow 2MnO + 2H_2O + 2O_2$
③ $2MnO_4^- + 5H_2O_2 + 6H^+ \rightarrow 2Mn^{2+} + 8H_2O + 5O_2$
④ $2MnO_4^- + 5H_2O_2 \rightarrow 2Mn^{2+} + 5H_2O + \frac{13}{2}O_2$

✔ **이온-전자법**
산화 · 환원 반응에서 각 물질이 잃은 전자수와 얻은 전자수가 같다는 것을 이용한다. 이온-전자법은 산화 · 환원 반응식을 산화반응과 환원반응으로 나누어서 계수를 맞추어 주기 때문에 반쪽반응식을 이용한 방법이라고도 한다.
$MnO_4^- + H_2O_2 \rightarrow Mn^{2+} + H_2O + O_2$
이 반응의 계수를 완성하면

1. 반응에 관여하는 원자의 산화수를 구한 수, 변화한 산화수를 조사한다.
   $\underset{+7\ -2}{MnO_4^-} + \underset{+1\ -1}{H_2O_2} \rightarrow \underset{+2}{Mn^{2+}} + \underset{+1\ -2}{H_2O} + \underset{0}{O_2}$
2. 산화 반쪽반응과 환원 반쪽반응으로 나눈다.
   산화반응 : $O^- \rightarrow O^0$
   환원반응 : $Mn^{7+} \rightarrow Mn^{2+}$
3. 각 반쪽반응의 원자수가 같도록 계수를 맞춘다.
   산화반응 : $2H_2O_2 \rightarrow 2H_2O + O_2$
   환원반응 : $MnO_4^- + 8H^+ \rightarrow Mn^{2+} + 4H_2O$
   산소의 개수를 맞추기 위해 생성물질에 $4H_2O$를 첨가하고, 수소의 개수를 맞추기 위해 반응물질에 $8H^+$를 첨가하였다.
4. 각 반쪽반응의 전하량이 같아지도록 필요한 전자수를 더한다.
   산화반응 : $H_2O_2 \rightarrow 2H^+ + O_2 + 2e^-$
   환원반응 : $MnO_4^- + 8H^+ + 5e^- \rightarrow Mn^{2+} + 4H_2O$
5. 산화반응에서 잃은 전자수와 환원반응에서 얻은 전자수가 같아지도록 개수를 맞춘다.
   산화반응×5, 환원반응×2
   산화반응 : $5H_2O_2 \rightarrow 10H^+ + 5O_2 + 10e^-$
   환원반응 : $2MnO_4^- + 16H^+ + 10e^-$
   $\rightarrow 2Mn^{2+} + 8H_2O$
6. 두 반쪽반응을 더한다.

∴ 전체반응
$2MnO_4^- + 5H_2O_2 + 6H^+ \rightarrow 2Mn^{2+} + 8H_2O + 5O_2$

34 다음 표에서 약염기성 용액을 강산 용액으로 적정할 때 적합한 지시약과 적정이 끝난 후 용액의 색깔을 올바르게 나타낸 것은?

지시약	변색범위 (pH)	산성 용액에서 색깔	염기성 용액에서 색깔
메틸레드	4.8 ~ 6.0	빨강	노랑
페놀레드	6.4 ~ 8.0	노랑	빨강
페놀프탈레인	8.0 ~ 9.6	무색	빨강

① 메틸레드, 빨강
② 메틸레드, 노랑
③ 페놀프탈레인, 빨강
④ 페놀레드, 빨강

✔ **약염기성 용액(B)을 강산(H⁺)으로 적정**
$B + H^+ \rightarrow BH^+$ 생성된 BH^+는 약염기(B)의 좀더 강한 짝산이므로 물(H_2O)과의 가수분해반응이 진행되어 $BH^+ + H_2O \rightleftarrows H_3O^+ + B$로, 용액은 약산성(<pH 7.0)이 된다.

지시약	변색범위	적정 형태
• 메틸오렌지 • 브로모크레졸 그린 • 메틸레드	산성에서 변색	**약염기를 강산으로 적정하는 경우,** 약염기의 짝산이 약산으로 작용, 당량점에서 pH < 7.00
• 브로모티몰 블루 • 페놀레드	중성에서 변색	강산을 강염기로 또는 강염기를 강산으로 적정하는 경우, 짝산, 짝염기가 산 · 염기로 작용하지 못함, 당량점에서 pH = 7.00
• 크레졸퍼플 • 페놀프탈레인 • 알리자린옐로 • GG	염기성에서 변색	약산을 강염기로 적정하는 경우, 약산의 짝염기가 약염기로 작용, 당량점에서 pH > 7.00

정답 | 32.③ 33.③ 34.①

35 **금속 착화합물(metal complex)에서 금속이온과 리간드 간의 결합형태는 무엇인가?**

① 금속결합　② 이온결합
③ 수소결합　④ 배위결합

리간드(ligand)
양이온 또는 중성 금속원자에게 한 쌍의 전자를 제공하여 공유결합을 형성하는 이온이나 분자이다. 리간드는 전자쌍 주개로 결합에 필요한 비공유전자쌍을 적어도 한 개는 가지고 있으며, 제공된 전자는 양이온 또는 중성 금속원자와 리간드에 의해 공유된다. 이러한 결합을 **배위결합**이라고 한다.

36 **다음과 같은 선 표기법으로 나타내어진 전기화학전지에 관한 설명으로 틀린 것은?**

Cd(s) | $Cd(NO_3)_2$(aq) ‖ $AgNO_3$ | Ag(s)

① Cd(s)는 산화되었다.
② Ag^+(aq)는 환원되었다.
③ 두 개의 염다리가 쓰였다.
④ 이 전지에서 전자는 Cd(s)로부터 나와서 Ag(s)로 이동한다.

선 표시법
각각의 상 경계를 수직선(|)으로, 염다리는 ‖으로 표시하고, 전극은 왼쪽 끝과 오른쪽 끝에 나타낸다.
산화전극 | 전해질 용액 ‖ 전해질 용액 | 환원전극
1. 산화전극, (−)극 : $Cd(s) \rightleftarrows Cd^{2+}(aq) + 2e^-$
2. 환원전극, (+)극 : $Ag^+(aq) + e^- \rightleftarrows Ag(s)$
3. **한 개의 염다리를 사용하였다.**

37 **증류수에 $Hg_2(IO_3)_2$로 포화시킨 용액에 KNO_3와 같은 염을 첨가하면 용해도가 증가한다. 이를 설명할 수 있는 요인으로 가장 적합한 것은?**

① 가리움 효과　② 착물 형성
③ 르 샤틀리에의 원리　④ 이온세기

이온세기는 용액 중에 있는 이온의 전체 농도를 나타내는 척도이다.
이온세기가 **증가**하면 난용성 염의 **용해도**가 **증가**한다.
→ 난용성 염에서 해리된 양이온과 음이온의 주위에 반대 전하를 가진 비활성 염의 이온들이 둘러싸여 이온 사이의 인력을 감소시키므로 서로 합쳐지려고 하는 경향이 줄어들기 때문에 용해도가 증가하게 된다.

38 **EDTA 적정 시 pH가 높은 경우에는 EDTA를 넣기 전에 수산화물인 $M(OH)_n$의 침전물이 형성되는 경우가 있으며, 이런 경우에는 많은 오차가 발생한다. 다음 중 이를 방지하기 위한 가장 적절한 방법은?**

① pH를 낮춘다.
② 적정 전에 용액을 끓인다.
③ 침전물을 거른 후 적정한다.
④ 암모니아 완충용액을 가한다.

pH 10에서 $\alpha_{Y^{4-}}$은 0.30의 값을 나타내므로 $\alpha_{Y^{4-}}$을 높이려면 염기성 용액에서 적정한다. pH가 높은 염기성 용액에서 금속은 수산화물 침전을 형성하므로 EDTA로 적정하려면 보조착화제를 사용해야 한다. 보조착화제의 종류는 **암모니아**, 타타르산, 시트르산, 트라이에탄올아민 등의 금속과 강하게 결합하는 리간드이다. 보조착화제의 역할은 금속과 강하게 결합하여 수산화물 침전이 생기는 것을 막는다. 그러나 EDTA가 가해질 때는 결합한 금속을 내어줄 정도의 약한 결합이 되어야 한다.

- 결합세기
  금속 − 수산화물 < 금속 − 보조착화제 < 금속 − EDTA

39 **25℃에서 100mL의 물에 몇 g의 Ag_3AsO_4가 용해될 수 있는가? (단, 25℃에서 Ag_3AsO_4의 $K_{sp} = 1.0 \times 10^{-22}$, Ag_3AsO_4의 분자량은 462.53 g/mol이다.)**

① 6.42×10^{-4}g　② 6.42×10^{-5}g
③ 4.53×10^{-9}g　④ 4.53×10^{-10}g

Ag_3AsO_4를 물에 용해하면 다음과 같은 평형을 이룬다.

$$Ag_3AsO_4(s) \rightleftarrows \underset{3x}{\underline{3Ag^+(aq)}} + \underset{x}{\underline{AsO_4^{3-}(aq)}}$$

$K_{sp} = [Ag^+]^3[AsO_4^{3-}] = 1.0 \times 10^{-22}$

$(3x)^3 \times x = 27x^4 = 1.0 \times 10^{-22}$

$x = 1.387 \times 10^{-6}$ mol/L

1L에 1.387×10^{-6}mol 용해되므로 100mL = 0.1L에 용해되는 Ag_3AsO_4의 질량을 구할 수 있다.

$$\frac{1.387 \times 10^{-6}\text{mol } Ag_3AsO_4}{1\text{L}} \times \frac{462.53\text{g } Ag_3AsO_4}{1\text{mol } Ag_3AsO_4} \times 0.1\text{L}$$

$= \mathbf{6.42 \times 10^{-5}g\ Ag_3AsO_4}$

정답 | 35.④　36.③　37.④　38.④　39.②

40 **다음 표의 표준환원전위를 참고할 때 다음 중 가장 강한 산화제는?**

화학반응	$E°$(V)
$Na^+ + e^- \rightleftarrows Na(s)$	−2.71
$Ag^+ + e^- \rightleftarrows Ag(s)$	+0.80

① Na^+ ② Ag^+
③ Na(s) ④ Ag(s)

✔ **표준환원전위($E°$)**
산화전극을 표준수소전극으로 한 화학전지의 전위로, 반쪽반응을 환원반응의 경우로만 나타낸 상대환원전위이다. 표준환원전위가 클수록 환원이 잘 되는 것이므로 강한 산화제, 산화력이 크다.
∴ 표준환원전위가 가장 큰 Ag^+가 **가장 강한 산화제**이다.

제3과목 ǀ 기기분석 I

41 **NMR 기기에서 표준물로 사용되는 것은?**

① 아세토니트릴
② 테트라메틸실란(TMS)
③ 폴리스티렌−디비닐 벤젠
④ 8−히드록시 퀴놀린(8−HQ)

✔ **TMS(tetramethylsilane, $(CH_3)_4Si$)**
NMR 분광법에서 흡수위치를 확인하기 위해서, NMR 도표는 보정되고 TMS는 기준점으로 사용된다. 스펙트럼을 찍을 때에 기준흡수봉우리가 나타나도록 시료에 소량의 TMS를 첨가한다. TMS는 유기화합물에서 일반적으로 나타나는 다른 흡수보다도 높은 장에서 단일흡수봉우리를 나타내기 때문에 ^1H과 ^{13}C 측정 모두에 기준으로 사용된다.

42 **다음 보기에서 삼중결합 진동모드를 관찰할 수 있는 분자는?**

> ㉠ CHCH ㉡ CH_3CCH ㉢ CH_2CHCH_3

① ㉠ ② ㉡
③ ㉠, ㉡ ④ ㉠, ㉡, ㉢

✔ 적외선을 흡수하기 위하여 분자는 진동이나 회전운동의 결과로 쌍극자모멘트의 알짜변화를 일으켜야 한다. O_2, N_2, Cl_2와 같은 동핵 화학종의 진동이나 회전에서 쌍극자모멘트의 알짜변화가 일어나지 않는다.
➜ 결과적으로 적외선을 흡수할 수 없다.
㉠ $H-C\equiv C-H$, 삼중결합이나 대칭구조로 쌍극자모멘트의 알짜변화가 없다.
㉡ $CH_3-C\equiv C-H$, 삼중결합이고 비대칭구조로 쌍극자모멘트의 알짜변화를 일으켜 **적외선을 흡수한다.**
㉢ $CH_2=CHCH_3$, 삼중결합이 없다.

43 **양성자와 ^{13}C 원자 사이에 짝풀림을 하는 여러 가지 방법이 있다. ^{13}C NMR에 이용하는 짝풀림이 아닌 것은?**

① 넓은 띠 짝풀림
② 공명 비킴 짝풀림
③ 펄스 배합 짝풀림
④ 자기장 잠금 짝풀림

✔ **^{13}C 원자와 양성자 사이의 짝풀림**
1. **넓은 띠 짝풀림**(broad−band decoupling)
2. **공명 비킴 짝풀림**(off−resonance decoupling) 또는 공명 없는 짝풀림
3. **펄스 배합 짝풀림**(pulsed decoupling) 또는 게이트(gate) 짝풀림

44 **나트륨 D라인의 파장은 589nm이다. 이 광선이 굴절률 1.09인 매질을 지날 때, ⓐ 이 광선의 에너지, ⓑ 주파수(frequency)를 각각 구한 값으로 옳은 것은? (단, 프랭크상수 $h = 6.627\times10^{-34}$J · sec, 광속 $c = 2.99\times10^8$m/sec 이다.)**

① ⓐ 3.66×10^{-19}J, ⓑ 6.04×10^{14}Hz
② ⓐ 3.66×10^{-19}J, ⓑ 5.54×10^{14}Hz
③ ⓐ 3.36×10^{-19}J, ⓑ 5.08×10^{14}Hz
④ ⓐ 3.36×10^{-19}J, ⓑ 4.66×10^{14}Hz

✔ $E = h\nu$, $\lambda\nu = c$
ⓐ $E = h\nu = h\dfrac{c}{\lambda} = 6.627\times10^{-34}\times\dfrac{2.99\times10^8}{589\times10^{-9}}$
$= \mathbf{3.36\times10^{-19}\ J}$

정답 ǀ 40.② 41.② 42.② 43.④ 44.③

ⓑ $\nu = \frac{c}{\lambda} = \frac{2.99 \times 10^{8} m/s}{589 \times 10^{-9} m}$

$= 5.076 \times 10^{14} s^{-1}$, $s^{-1} = Hz$이므로

$= 5.08 \times 10^{14} Hz$

Check
빛의 에너지와 주파수는 매질에 관계없이 일정하다.

45 광학기기의 구성이 각 분광법과 바르게 짝지어진 것은?

① 흡수분광법 : 시료 → 파장선택기 → 검출기 → 기록계 → 광원
② 형광분광법 : 광원 → 시료 → 파장선택기 → 검출기 → 기록계
③ 인광분광법 : 광원 → 시료 → 파장선택기 → 검출기 → 기록계
④ 화학발광법 : 광원과 시료 → 파장선택기 → 검출기 → 기록계

✔ • **흡수분광법**
1. 일반적 배치 : 광원－파장선택기－시료용기－검출기－신호처리 및 판독장치
2. 원자흡수법 : 광원－시료용기－파장선택기－검출기－신호처리 및 판독장치

• **형광·인광 및 산란법**
시료용기－파장선택기－검출기－신호처리 및 판독장치
|
파장선택기
|
광원

• **방출분광법 및 화학발광분광법**
시료 그 자체가 광원이 되므로 외부 복사선 광원을 필요로 하지 않는다.
광원, 시료용기－파장선택기－검출기－신호처리 및 판독장치

46 분광분석기기에서 단색화 장치에 대한 설명으로 가장 거리가 먼 것은?

① 연속적으로 단색광의 빛을 변화하면서 주사하는 장치이다.
② 분석하려는 성분에 맞는 광을 만드는 역할을 한다.
③ 필터, 회절발 및 프리즘 등을 사용한다.
④ 슬릿은 단색화 장치의 성능 특성과 품질을 결정하는 데 중요한 역할을 한다.

✔ **분석하려는 성분에 맞는 광을 만드는 분광분석기기는 광원이다.**
단색화 장치는 빛을 각 성분 파장으로 분산시키고 좁은 띠의 파장을 선택하여 연속적으로 단색광의 빛을 변화하면서 주사할 수 있는 장치로, 입구 슬릿, 평행화 렌즈 또는 거울, 회절발 또는 프리즘, 초점장치, 출구 슬릿으로 구성된다.
슬릿은 인접 파장을 분리하는 역할을 하는 장치로 단색화 장치의 성능과 특성과 품질을 결정하는 데 중요한 역할을 한다.

47 NMR 스펙트럼의 1차 스펙트럼 해석에 대한 규칙의 설명으로 틀린 것은?

① 동등한 핵들은 다중흡수봉우리를 내주기 위하여 서로 상호작용하지 않는다.
② 짝지음 상수는 네 개의 결합길이보다 큰 거리에서는 짝지음이 거의 일어나지 않는다.
③ 띠의 다중도는 이웃 원자에 있는 자기적으로 동등한 양성자의 수(n)에 의해 결정되며, n으로 주어진다.
④ 짝지음 상수는 가해 준 자기장에 무관하다.

✔ **^{1}H NMR에서의 스핀－스핀 갈라짐**
n개의 서로 동등하며 이웃한 양성자를 갖는 양성자의 신호는 짝지음 상수 J를 갖는 $n+1$**개의 다중선으로 분리**된다.
➜ 두 탄소 이상 서로 떨어져 있는 양성자는 보통 짝짓지 않지만, 서로 결합에 의해 분리되어 있을 때 작은 짝지음 상수를 나타내는 경우도 있다.

48 어떤 금속(M)－리간드(L) 착화합물의 해리는 다음과 같이 진행된다. (전하 생략)

$$ML_2 \rightarrow M + 2L$$

M농도가 2.30×10^{-5}M이고 과량의 L을 가하여 모든 M이 착물(ML_2)로 존재할 때 흡광도(A)가 0.780이었다. 같은 양의 M을 화학량론적 양의 L과 혼합한 용액의 흡광도(A)가 0.520이었다면 이때 착화합물의 해리도(%)는 얼마인가?

① 66.5 ② 33.5
③ 16.8 ④ 1.68

정답 | 45.④ 46.② 47.③ 48.②

흡광도

$A=\varepsilon bC$, 즉 $A \propto C$

착물 전체 ML_2의 흡광도($A=0.780$) $\propto C_{전체\ ML_2}$

해리되지 않은 ML_2의 흡광도

($A=0.520$) $\propto$ $C_{해리되지\ 않은\ ML_2}$

$$해리도(\%)=\frac{C_{해리된\ ML_2}}{C_{전체\ ML_2}}\times 100$$

$$=\left(1-\frac{C_{해리되지\ 않은\ ML_2}}{C_{전체\ ML_2}}\right)\times 100$$

$$=\left(1-\frac{0.520}{0.780}\right)\times 100=\mathbf{33.3\%}$$

49 불꽃원자화와 비교한 유도결합플라스마 원자화에 대한 설명으로 옳은 것은?

① 이온화가 적게 일어나서 감도가 더 높다.
② 자체흡수효과가 많이 일어나서 감도가 더 높다.
③ 자체반전효과가 많이 일어나서 감도가 더 높다.
④ 고체상태의 시료를 그대로 분석할 수 있다.

유도결합플라스마 원자화의 장점

1. **이온화가 적게 일어나서 감도가 더 높다.** 아르곤의 이온화로 인한 전자밀도가 높아서 시료의 이온화에 의한 방해가 거의 없다.
2. 플라스마 단면의 온도 분포가 균일하여 자체 흡수나 자체 반전이 없으므로 넓은 선형 측정범위를 갖는다. 플라스마 광원의 온도가 매우 높기 때문에 원자화 효율이 좋고, 원소 상호간의 화학적 방해가 거의 없다.
3. 고체상태의 시료는 그대로 분석하지 않고, 전열증기화, 레이저, 아크와 스파크 증발, 글로우방전 등으로 증기화하여 플라스마로 도입, 분석한다.

50 원자분광법에서 용액 시료의 도입방법이 아닌 것은?

① 초음파분무기
② 기체분무기
③ 글로우방전법
④ 수소화물발생법

원자분광법의 시료 도입방법

1. 용액 시료의 도입방법 : 초음파분무기, 기체분무기, 전열증기화, 수소화물생성법 등이 있다.
2. **고체 시료**의 도입방법 : 직접 시료 도입, 전열증기화, 레이저 증발, 아크와 스파크 증발, **글로우방전법** 등이 있다.

51 불꽃, 전열, 플라스마 원자화 장치의 특징에 대한 설명으로 틀린 것은?

① 플라스마의 경우 원자화 온도는 보통 4,000~6,000℃ 정도이다.
② 불꽃원자화는 재현성은 좋으나 시료 효율, 감도는 좋지 않다.
③ 전열원자화 장치가 불꽃원자화 장치보다 많은 양의 시료를 필요로 한다.
④ 전열원자화 장치의 경우 중앙에 구멍이 있는 원통형 흑연관에서 원자화가 일어난다.

전열원자화 장치

1. 시료를 양 끝이 열려 있고 중앙에 구멍이 있는 원통형 흑연관의 시료 주입구를 통해 마이크로 피펫으로 주입하고 전기로의 온도를 높여 원자화한다.
2. 원자가 빛 진로에 머무는 시간이 1초 이상으로 원자화 효율이 우수하다.
3. 감도가 높아 **작은 부피의 시료도 측정 가능**하다.
4. 고체, 액체 시료를 용액으로 만들지 않고 직접 원자화가 가능하다.

52 다음 ^1H-핵자기 공명(NMR) 스펙트럼의 화학적 이동(chemical shift)에 대한 설명 중 옳지 않은 것은?

① 외부 자기장 세기가 클수록 화학적 이동(δ, ppm)은 커진다.
② 가리움이 적을수록 낮은 자기장에서 봉우리가 나타난다.
③ 300MHz NMR로 얻은 화학적 이동(Hz)은 200MHz NMR로 얻은 화학적 이동(Hz)보다 크다.
④ 화학적 이동은 편재 반자기 전류효과 때문에 나타난다.

화학적 이동의 파라미터 δ는 기준물질의 공명선에 대한 상대적인 이동을 나타내는 값으로 ppm 단위로 표시한다. 외부 자기장 세기가 클수록 화학적 이동(Hz)은 커지나, **화학적 이동(δ, ppm)**은 외부 자기장의 세기와 상관없이 **일정하다.**

정답 | 49.① 50.③ 51.③ 52.①

53 0.5nm/mm의 역선 분산능을 갖는 회절발 단색화 장치를 사용하여 480.2nm와 480.6nm의 스펙트럼선을 분리하려면 이론상 필요한 슬릿너비는 얼마인가?

① 0.2mm ② 0.4mm
③ 0.6mm ④ 0.8mm

슬릿너비와 역선 분산능과의 관계식

$\Delta\lambda_{eff} = wD^{-1}$

여기서, $\Delta\lambda_{eff}$: 유효띠너비
w : 슬릿너비
D^{-1} : 역선 분산능

두 개의 슬릿의 너비가 똑같을 때 띠너비의 1/2을 유효띠너비라 하고 주어진 파장에서 설정한 단색화 장치에서 나오는 파장범위를 말한다. 두 선이 완전히 분리되려면 유효띠너비가 파장 차이의 1/2이 되어야 한다.

$\Delta\lambda_{eff} = \frac{1}{2}(480.6 - 480.2) = w \times 0.5$

$\therefore\ w = 0.4\text{mm}$

54 원자 X-선 분광법 중 고체 시료에 들어 있는 화합물에 대한 정성 및 정량적인 정보를 제공해 주고, 결정성 물질의 원자배열과 간격에 관한 정보를 제공해 주는 방법은?

① X-선 형광법 ② X-선 회절법
③ X-선 흡수법 ④ X-선 방출법

X-선 회절법의 특징

1. 스테로이드, 비타민, 항생물질과 같은 복잡한 천연물질의 구조를 밝힌다.
2. 결정성 물질의 원자배열과 원자 간 거리에 대한 정보를 제공한다.
3. 결정질 화합물을 편리하게 정성분석할 수 있다.
4. 고체 시료에 들어 있는 화합물에 대한 정성 및 정량적인 정보를 제공해 준다.

55 IR 변환기의 종류가 아닌 것은?

① thermocouple
② pyroelectric detector
③ photodiode array(PDA)
④ photo-conducing detector

적외선검출기

1. 열전기쌍(thermocouple)
2. 볼로미터(bolometer)
3. 파이로전기검출기(pyroelectric detector)
4. 광전도검출기(photo-conducting detector)

56 형광(fluorescence)에 대한 설명으로 가장 옳은 것은?

① $\sigma^* \rightarrow \sigma$ 전이에서 주로 발생한다.
② pyridine, furan 등 간단한 헤테로고리화합물은 접합고리구조를 갖는 화합물보다 형광을 더 잘 발생한다.
③ 전형적으로 형광은 수명이 약 10^{-10}~ 10^{-5}s 정도이다.
④ 250nm 이하의 자외선을 흡수하는 경우에 형광을 방출한다.

① $\pi^* \rightarrow \pi$ 또는 $\pi^* \rightarrow n$ 전이에서는 형광이 잘 나타난다.
$\sigma^* \rightarrow \sigma$ 전이에 해당하는 형광은 거의 나타나지 않는다.
→ 이러한 크기의 복사선에너지는 유기분자의 결합을 끊어낼 정도로 매우 크다.
② pyridine, furan 등 간단한 헤테로고리화합물은 형광을 발생하지 않지만 퀴놀린(quinoline)과 같은 접합고리구조를 갖는 화합물보다 형광을 발생한다.
③ 전형적으로 형광은 수명이 약 10^{-10}~ 10^{-5}s 정도이다.
④ 250nm 이하의 자외선을 흡수하는 경우에는 복사선에너지가 매우 커서 유발분해 또는 분해를 일으켜 비활성이 되므로 형광을 거의 방출하지 않는다.

57 원자분광법에서 원자선 너비는 여러 가지 요인들에 의해서 넓힘이 일어난다. 선 넓힘의 원인이 아닌 것은?

① 불확정성 효과
② 제만(Zeeman) 효과
③ 도플러(doppler) 효과
④ 원자들과의 충돌에 의한 압력 효과

정답 | 53.② 54.② 55.③ 56.③ 57.②

✔ 선 넓힘의 원인

1. 불확정성 효과 : 하이젠베르크(Heisenberg)의 불확정성 원리에 의해 생기는 선 넓힘으로, 자연선 너비라고도 한다.
2. 도플러 효과 : 검출기로부터 멀어지거나 가까워지는 원자의 움직임에 의해 생기는 선 넓힘으로, 원자가 검출기로부터 멀어지면 원자에 의해 흡수되거나 방출되는 복사선의 파장이 증가하고 가까워지면 감소한다.
3. 압력 효과 : 원자들 간의 충돌로 바닥상태의 에너지 준위의 작은 변화로 인해 흡수하거나 방출하는 파장이 어떤 범위를 가지게 되어 생기는 선 넓힘이다.

Check

전기장과 자기장 효과(Zeeman 효과)

센 자기장이나 전기장하에서 에너지준위가 분리되는 형상에 의해 생기는 선 넓힘이다. 원자분광법에서는 선 넓힘의 원인이 아닌 스펙트럼 방해를 보정하는 바탕보정 시 이용하므로 **바탕보정 방법으로 분류**한다.

58 **빛의 흡수와 발광(luminescence)을 측정하는 장치에서 두드러진 차이를 보이는 분광기 부품은?**

① 광원 ② 시료용기
③ 검출기 ④ 단색화 장치

✔ • **흡수법**

연속광원을 쓰는 일반적인 흡수분광법에서는 시료가 흡수하는 특정파장의 흡광도를 측정해서 정량하는 것이므로 **단색화 장치**가 광원 뒤에 놓이나, 시료와 같은 금속에서 나오는 선 광원을 쓰는 원자흡수분광법에서는 광원보다 원자화 과정에서 발생되는 방해 복사선을 제거하는 것이 중요하므로 **단색화 장치**가 시료 뒤에 놓인다.

• **형광·인광 및 산란법**

시료가 방출하는 빛의 파장을 검출해야 하므로 광원에서 나오는 빛의 영향을 최소화하기 위해 광원 방향에 대하여 보통 90°의 각도에서 측정한다. 발광을 측정하는 장치에서는 두 개의 **단색화 장치**를 사용하여 광원의 들뜸 빛살과 시료가 방출하는 방출 빛살에 대해 모두 파장을 분리한다.

59 **어떤 분자가 S_1상태로부터 형광빛을 내놓고 (fluoresce), T_1상태로부터 인광빛을 내놓는다 (phosphoresce). 다음 설명 중 옳은 것은?**

① 형광파장이 인광파장보다 짧다.
② 형광파장보다 인광파장이 흡수파장에 가깝다.
③ 한 분자에서 나오는 빛이므로 잔광시간 (decaytime)은 유사하다.
④ 인광의 잔광시간이 형광의 잔광시간보다 일반적으로 짧다.

✔ S_1상태가 T_1상태보다 에너지준위가 더 높으므로 **형광파장이 인광파장보다 짧다.**

Check

• **형광**

1. 들뜬 단일항 상태에서 바닥 단일항 상태로 전이할 때 방출
2. 빛이 밝고 잔광시간이 짧다(10^{-10}~10^{-5}초).
3. 공명형광 : 흡수한 파장을 변화시키지 않고 그대로 방출하는 것
4. 스토크스 이동(Stokes shift) : 흡수한 파장보다 긴 파장의 빛을 방출하는 것

• **인광**

1. 들뜬 삼중항 상태에서 바닥 단일항 상태로 전이할 때 방출
2. 인광은 일어날 가능성이 낮고 들뜬 삼중항 상태의 수명은 꽤 길다.
3. 빛이 형광에 비해 어둡고 잔광시간의 형광의 잔광시간보다 일반적으로 길다(10^{-4}~ 수초).

60 **순수한 화합물 A를 녹여 정확히 10mL의 용액을 만들었다. 이 용액 중 1mL를 분취하여 100mL로 묽힌 후 250nm에서 0.50cm의 셀로 측정한 흡광도가 0.432였다면 처음 10mL 중에 있는 시료의 몰농도는? (단, 몰 흡광계수(ε)는 $4.32\times10^3 M^{-1}cm^{-1}$이다.)**

① 1×10^{-2}M ② 2×10^{-2}M
③ 1×10^{-3}M ④ 2×10^{-4}M

✔ Beer's law

$A=\varepsilon bC$

$0.432=4.32\times10^3\times0.50\times C$

C는 묽은 용액의 몰농도이다.

$C=2\times10^{-4}$M

진한 용액 1mL를 취하여 묽은 용액 100mL를 만들었으므로

묽힘 공식 : $M_{진한}\times V_{진한}=M_{묽은}\times V_{묽은}$

$M_{진한}\times 1\text{mL}=2\times10^{-4}\times100\text{mL}$

$\therefore M_{진한}=2\times10^{-2}$M

정답 | 58.④ 59.① 60.②

제4과목 | 기기분석 II

61 **다음 이성질체 혼합물 중 키랄 정지상 관으로만 분리가 가능한 혼합물질은?**

① 구조 이성질체 혼합물
② 거울상 이성질체 혼합물
③ 부분입체 이성질체 혼합물
④ 시스-트랜스 이성질체 혼합물

✔ **거울상 이성질체 혼합물** 중 어느 하나와 착물을 더 잘 만드는 키랄 분리시약을 키랄 이동상 첨가제 또는 키랄 정지상으로 사용하여 거울상 이성질체 혼합물을 분리하는 것을 키랄 크로마토그래피라고 한다.

62 **카드뮴 전극이 0.0150M Cd^{2+} 용액에 담겨진 경우 반쪽전지의 전위를 Nernst 식을 이용하여 구하면 약 몇 V인가?**

$$Cd^{2+} + 2e^{-} \rightleftarrows Cd(s),\ E^{\circ} = -0.403V$$

① −0.257 ② −0.311
③ −0.457 ④ −0.511

✔ Nernst 식

$$E = E^{\circ} - \frac{0.05916}{n}\log Q$$

$$E = -0.403 - \frac{0.05916}{2}\log\frac{1}{0.0150} = \mathbf{-0.457V}$$

63 **HPLC의 검출기에 대한 설명으로 옳은 것은?**

① UV 흡수검출기는 254nm의 파장만을 사용한다.
② 굴절률검출기는 대부분의 용질에 대해 감응하나 온도에 매우 민감하다.
③ 형광검출기는 대부분의 화학종에 대해 사용이 가능하나 감도가 낮다.
④ 모든 HPLC 검출기는 용액의 물리적 변화만을 감응한다.

✔ ① 흡수검출기는 자외선, 가시광선, 적외선 영역에서 용리액의 흡광도를 측정하여 검출한다.
② 굴절률검출기는 이동상과 시료용액과의 굴절률 차이를 이용한 것으로, 셀에 기준용액과 굴절률이 다른 시료용액이 들어오면 유리판에서 빛살이 굴절되는 각도가 달라져 검출기의 다른 위치로 빛살이 도달하게 되어 신호를 얻는다. 거의 모든 용질에 감응하고, 굴절률이 온도에 따라 달라지므로 온도에 민감하다.
③ 형광검출기는 형광을 발하는 화학종에 대해 사용 가능하고, 흡수방법보다 10배 이상의 높은 감도를 나타낸다.
④ **전기화학검출기나 질량분석검출기**는 산화·환원 반응, 이온화 반응과 같은 **화학적 변화에 감응한다.**

64 **전위차법에서 지시전극은 분석물의 농도에 따라 전극전위의 값이 변하는 전극이다. 지시전극에는 금속 지시전극과 막 지시전극이 있는데, 다음 중 막 지시전극에 해당하는 것은?**

① 은/염화은전극 ② 산화-환원전극
③ 유리전극 ④ 포화칼로멜전극

✔ • **막 전극**
선택성이 크기 때문에 이온선택성 전극이라고 부르며, 결정질 막 전극과 비결정질 막 전극이 있다. **유리전극**은 가장 보편적인 이온선택성 전극이다.
• **금속 지시전극**
전극 표면에서 진행되는 산화·환원반응에 감응하여 전위를 발생시키는 전극으로 가장 보편적인 금속 지시전극은 백금전극이다.

65 **전위차 적정법에 대한 설명으로 틀린 것은?**

① 서로 다른 해리도를 갖는 산 또는 염기성 용액의 혼합물을 적정하여 각 화합물의 당량점을 측정할 수 있다.
② 알맞은 지시약이 없는 경우 착색용액이나 비용매 중에서 적정 당량점을 찾을 수 있다.
③ 전위차법은 침전적정법, 착화적정법에 응용할 수 있다.
④ 지시약을 전위차법과 함께 사용하면 종말점 예상이 어려워진다.

✔ **전위차법 적정**
적당한 지시전극의 전위를 적정부피의 함수로 측정하는 방법으로, 시료 부피에 대한 전지전위의 그래프로부터 종말점을 찾을 수 있다.
자동적정기를 사용하지 않으면 지시약을 사용하는 적정보다 시간이 더 걸리는 단점이 있으며, **지시약을 함께 사용하면 종말점 예상이 쉬워진다.**

정답 | 61.② 62.③ 63.② 64.③ 65.④

66 전자충격법에 의한 질량분석법으로 물질을 분석할 때 분자이온의 안정도가 가장 작을 것이라고 생각되는 것은?

① $CH_3CH_2CH_3$ ② CH_3CH_2OH
③ CH_3CHO ④ CH_3COCH_3

질량분석법에서 분자이온의 안정도가 가장 작은 물질은 **알코올(−OH)**이다. 알코올은 원래 분자이온의 봉우리가 항상 대단히 약하거나 존재하지 않는다. 그러나 물을 잃은 $(M-18)^+$의 봉우리가 세게 나타나며, 산소 다음에 오는 C−C 결합은 보통 잘 끊어지고, 1차 알코올은 항상 CH_2OH^+ 이온의 질량 31인 봉우리가 세게 나타난다.

67 모세관 전기이동을 이용하여 시료를 분리하는 주요 원인은?

① 전기삼투와 전기이동
② 모세관 내부에 충전된 고정상에 의한 분리 효과
③ 고전압에 의한 분리관 내 수소이온 농도의 기울기에 의한 분리
④ 모세관에 연결된 고전압 전극의 힘에 의하여 끌려가는 힘

모세관 전기이동법에서는 분석물 이온들이 전기장 영향하에서 완충용액이 채워진 모세관에서 서로 다른 이동도를 가진 이온들을 분리하는 방법으로, 시료를 분리하는 주요 원인은 **전기삼투와 전기이동**이다.

68 액체 크로마토그래피에서 분리효율을 높이고 분리시간을 단축시키기 위해 기울기 용리법(gradient elution)을 사용한다. 이 방법에서는 용매의 어떤 성질을 변화시켜 주는가?

① 극성 ② 분자량
③ 끓는점 ④ 녹는점

기울기 용리(gradient elution)
극성이 다른 2~3가지 용매를 사용하여 용리가 시작된 후에 용매들을 섞는 비율은 이미 프로그램된 비율에 따라 단계적으로 또는 연속적으로 변화시킨다. 분리효율을 높이고 분리시간을 단축시키기 위해 사용하며, 기체 크로마토그래피에서 온도프로그래밍을 이용하여 얻은 효과와 유사한 효과가 있다.
그리고 일정한 조성의 단일 용매를 사용하는 분리법을 등용매 용리라고 한다.

69 백금(Pt)전극을 써서 수소이온을 발생시키는 전기량 적정법으로 염기 수용액을 정량할 때 전해용액으로서 적당한 것은?

① 0.10M $Ce_2(SO_4)_3$ 수용액
② 0.01M $FeSO_4$ 수용액
③ 0.08M $TiCl_3$ 수용액
④ 0.10M NaCl 또는 Na_2SO_4 수용액

강염기 또는 약염기는 백금(Pt) 산화전극에서 생성되는 수소이온(H^+)을 이용하여 전기량 적정법으로 분석할 수 있다.

$$H_2O \rightleftarrows \frac{1}{2}O_2(g) + 2H^+ + 2e^-$$

산화전극에서는 물의 산화반응과 경쟁하지 않는 화학종 즉, 산화되지 않는 화학종을 포함하는 전해용액을 사용한다.
① $Ce_2(SO_4)_3$ 수용액 : $Ce^{3+} \rightleftarrows Ce^{4+} + e^-$
② $FeSO_4$ 수용액 : $Fe^{2+} \rightleftarrows Fe^{3+} + e^-$
③ $TiCl_3$ 수용액 : $Ti^{3+} \rightleftarrows Ti^{4+} + e^-$
④ NaCl 또는 Na_2SO_4 수용액 : Na^+은 더 이상 산화되지 않는다.

70 기체 크로마토그래피법에서의 시료의 주입방법은 크게 분할주입과 비분할주입으로 나뉜다. 다음 중 분할주입(split injection)에 대한 설명이 아닌 것은?

① 열적으로 안정하다.
② 기체 시료에 적합하다.
③ 고농도 분석물질에 적합하다.
④ 불순물이 많은 시료를 다룰 수 있다.

분할주입에서는 시료가 뜨거운 주입구로 주입되고 분할 배기구를 이용해 일정한 분할비로 시료의 일부만 칼럼으로 들어간다. 주입되는 동안 분할비의 오차가 생길 수 있고 휘발성이 낮은 화합물이 손실될 수 있어 정량분석에는 좋지 않다. 또한 **고농도 분석물질이나 기체 시료에 적합**하며, 분리도가 높고 **불순물이 많은 시료**를 다룰 수 있으며, **열적으로 불안정한 시료는 분해될 수 있다.**

정답 | 66.② 67.① 68.① 69.④ 70.①

71 **용액 중 이온들이 전극 표면으로 이동하는 주요 과정이 아닌 것은?**

① 확산 ② 전기이동
③ 대류 ④ 화학반응성

✔ 전극은 전극 표면에 존재하는 매우 얇은 용액층만을 감지하기 때문에 패러데이 전류는 벌크용액으로부터 전극 표면으로 활성 화학종의 계속적인 질량이동이 필요하며, 세 가지 메커니즘에 의하여 질량이동이 일어난다.

① **확산(diffusion)** : 농도 차이에 의해 진한 영역에서 묽은 영역으로 화학종이 이동하는 과정
② **전기이동(migration)** : 이온과 하전된 전극 사이의 정전기적 인력에 의하여 용액을 통하여 이온이 움직이는 것
③ **대류(convection)** : 전기나 전극 표면을 지나는 용액의 흐름의 결과로 나타나는 용액의 기계적인 운동에 의한 물질의 이동과정

72 **다음의 그래프는 항생제 클로람페니콜(RNO_2) 2mM 용액의 순환 전압전류곡선이다. 0.0V에서 주사를 시작하여 피크 A를 얻었고, 이어서 B와 C를 순서대로 얻었다. 이 피크들이 나타나는 이유는 아래와 같다. 다음 설명 중 틀린 것은?**

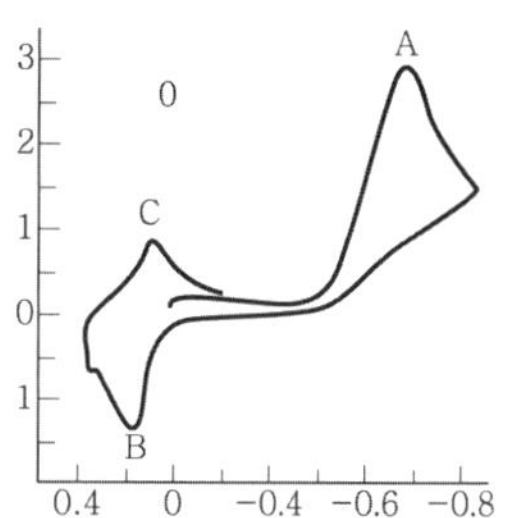

- 피크 A는 RNO_2가 4전자－환원으로 RNHOH가 생성될 때 나타난다.
- 피크 B는 RNHOH가 2전자－산화로 RNO가 생성될 때 나타난다.
- 피크 C는 피크 B와 반대로 RNO가 RNHOH로 환원될 때 나타난다.

① 피크 A의 반응은 비가역반응이다.
② 0.4V에서 주사를 시작하면 피크 C가 첫 번째로 나타난다.
③ 반대방향으로 주사를 시작하면 피크 B는 나타나지 않는다.
④ 10회 전압순환 동안 피크 B의 크기는 변하지 않는다.

✔ ① $\frac{0.0592}{4}$V 차이의 전위에서 같은 절대값의 크기의 산화 봉우리가 나타나면 피크 A의 반응이 가역반응인데 그렇지 않으므로 비가역반응이다.
② 피크 C는 RNO가 RNHOH로 환원될 때 나타나는 피크인데, **0.4V에서 주사를 시작하면** 처음 용액에는 RNO_2만 있고 RNO가 없으므로 **아무런 피크도 나타나지 않는다.**
③ 피크 B는 RNHOH가 RNO로 산화될 때 나타나는 피크인데, 반대방향으로 주사를 시작하면 처음 용액에는 RNO_2만 있고 RNHOH가 없으므로 피크 B는 나타나지 않는다.
④ 전압전류법에서 피크의 크기는 분석물의 농도에 비례하므로 처음 분석물의 농도가 같으면 모든 피크의 크기는 변하지 않는다.

73 **기체 크로마토그래피 검출기 중 니켈－63(^{63}Ni)과 같은 β－선 방사체를 사용하며, 할로젠과 같은 전기음성도가 큰 작용기를 지닌 분자에 특히 감도가 좋고 시료를 크게 변화시키지 않는 검출기는?**

① 불꽃이온화검출기
(FID ; Flame Ionization Detector)
② 전자포착검출기
(ECD ; Electron Capture Detector)
③ 원자방출검출기
(AED ; Atomic Emission Detector)
④ 열전도도검출기
(TCD ; Thermal Conductivity Detector)

✔ **전자포착검출기**

^{63}Ni과 같은 β－선 방사체를 사용하며, 방사체에서 나온 전자는 운반기체(N_2)를 이온화시켜 많은 수의 전자를 생성한다. 또한 유기 화학종이 없으면 이 이온화 과정으로 인해 검출기에 일정한 전류가 흐르며, 전자를 포착하는 성질이 있는 유기분자들이 있으면 검출기에 도달하는 전류는 급격히 감소한다. 그리고 검출기의 감응은 선택적이며, 할로젠, 과산화물, 퀴논, 니트로기와 같은 전기음성도가 큰 작용기를 포함하는 분자에 특히 감도가 좋고, 아민, 알코올, 탄화수소와 같은 작용기에는 감응하지 않는다.

정답 | 71.④ 72.② 73.②

74 **10cm 관에 물질 A와 B를 분리할 때 머무름시간은 각각 10분과 12분이고, A와 B의 봉우리 너비는 각각 1.0분과 1.1분이다. 이때 관의 분리능을 계산하면?**

① 1.5 ② 1.9
③ 2.1 ④ 2.5

분리능(R_s)

두 가지 분석물질을 분리할 수 있는 관의 능력을 정량적으로 나타내는 척도

$$R_s = \frac{(t_R)_B - (t_R)_A}{\frac{W_A + W_B}{2}} = \frac{2[(t_R)_B - (t_R)_A]}{W_A + W_B}$$

여기서, W_A, W_B : 봉우리 A, B의 너비

$(t_R)_A$, $(t_R)_B$: 봉우리 A, B의 머무름시간

$$\therefore\ R_s = \frac{2(12-10)}{1.0+1.1} = 1.90$$

75 **시차주사열량법(DSC ; Differential Scanning Calorimetry)에서 시료 온도를 일정한 속도로 변화시키면서 시료와 기준으로 흘러 들어오는 열 흐름의 차이가 측정되는 기기장치는?**

① 전력-보상 DSC 기기 (power-compensated DSC instrument)
② 열-플럭스 DSC 기기 (heat-flux DSC instrument)
③ 변조 DSC 기기 (modulated DSC instrument)
④ 시차열분석기기 (differential thermal analytical instrument)

- **시차주사열량법(DSC)**

  시료물질과 기준물질을 조절된 온도 프로그램으로 가열하면서 이 두 물질에 흘러 들어간 열량의 차이를 시료 온도의 함수로 측정하는 열법 분석방법이다.

- **시차주사열량법 기기장치**

  1. 전력 보상 DSC 기기 : 시료와 기준물질의 두 온도 모두를 직선적으로 증가 또는 감소시키면서 시료물질의 온도를 기준물질의 온도와 똑같게 유지하기 위해 필요로 하는 전력을 측정한다.
  2. **열-플럭스 DSC 기기** : 시료 온도를 일정한 속도로 변화시키면서 시료와 기준물질로 흘러 들어오는 열 흐름의 차이를 측정한다.
  3. 변조 DSC 기기 : 가열장치와 시료를 놓은 위치는 열-플럭스 DSC와 비슷하나 사인파 함수를 총괄 온도 프로그램에 겹쳐 놓아 미세 크기의 가열과 냉각과정이 순환되면서 총괄 온도를 점진적으로 증가 또는 감소시키면서 Fourier 변환법을 이용하여 거꾸로 된 열 흐름 신호와 바로 된 열 흐름 신호를 측정한다.

Check

시차열분석기기(DTA)

시차열법 분석의 기기장치로서, 시료물질과 기준물질을 조절된 온도 프로그램으로 가열하면서 이 두 물질의 온도 차이를 온도함수로 측정한다.

76 **열무게 측정장치의 구성이 아닌 것은?**

① 단색화 장치 ② 온도감응장치
③ 저울 ④ 전기로

열무게 측정법(TGA) 기기장치

1. 감도가 매우 좋은 분석저울
2. 전기로 : 시료를 가열하는 장치
3. 온도감응장치 : 시료의 온도를 측정하고 기록하는 장치
4. 기체주입장치 : 질소 또는 아르곤을 전기로에 넣어 주어 시료가 산화되는 것을 방지한다.
5. 기기장치의 조정과 데이터 처리를 위한 장치

77 **벗김분석(stripping method)이 감도가 좋은 이유는?**

① 전극을 커다란 수은방울을 사용하기 때문이다.
② 농축단계에서 사전에 전극에 금속이온을 농축하기 때문이다.
③ 현미경 전극에 높은 전위를 가하기 때문이다.
④ 분광기 전극의 전위를 빠른 속도로 주사하기 때문이다.

벗김법

전기분해 과정을 통해 분석물을 미소전극에 석출시킨 후 역방향으로 전압을 걸어 전극으로부터 분석물을 벗겨내면서 전압전류법의 한 방법으로 정량한다. 석출단계는 분석물질을 전기화학적으로 예비농축 시키는 단계이므로 미소전극 표면의 분석물 농도는 본체 용액의 농도보다 훨씬 진하다. **예비농축의 결과로 벗김법은 감도가 좋고,** 모든 전압전류법 중에서 검출한계가 가장 낮다. 또한 극미량 분석에 유용하며, 매달린 수은방울 전극(HMDE)이 주로 사용된다.

정답 | 74.② 75.② 76.① 77.②

78 **유도결합플라스마(ICP) 원자방출광원장치는 원자 방출 및 질량분석기와 결합하여 금속의 정성 및 정량에 많이 사용되고 있다. 이 ICP에 대한 설명으로 틀린 것은?**

① 무전극으로 광원을 발생시켜 기존의 다른 방출 광원보다 오염 가능성이 적다.
② 불활성 기체를 사용하여 광원을 발생시켜 산화물 분자들의 간섭을 줄였다.
③ 상대적으로 이온이 많이 발생하여 쉽게 이온화되는 원소들에 의한 영향이 크다.
④ 고온으로서 원자화 및 여기상태로 만드는 효율이 높다.

ICP 원자화 광원의 장점
플라스마의 온도가 매우 높으므로 원자화 효율이 좋고 원소 상호간의 화학적 방해가 거의 없다. 또한 아르곤의 이온화로 인해 전자밀도가 높아서 **시료의 이온화에 의한 방해가 거의 없다.**

79 **van Deemter 식으로부터 얻을 수 있는 가장 유용한 정보는 무엇인가?**

① 이동상의 적절한 유속(flow rate)을 알 수 있다.
② 정지상의 적절한 온도(temperature)를 알 수 있다.
③ 선택계수(α, selectivity corfficient)를 알 수 있다.
④ 분석물질의 머무름시간(retention time)을 알 수 있다.

- **van Deemter 식**
  단 높이와 관 변수와의 관계를 나타내는 식

  $$H = A + \frac{B}{u} + C_S u + C_M u$$

  여기서, H : 단 높이(cm)
  u : 이동상의 선형속도(cm/s)
  A : 소용돌이 확산계수
  B : 세로확산계수
  C : 질량이동계수
  C_S : 정지상과 관련된 질량이동계수
  C_M : 이동상과 관련된 질량이동계수
- **van Deemter 도시**
  단 높이(H)를 이동상의 선형속도(u)에 대해 도시한 곡선으로 **이동상의 적절한 유속**을 알 수 있다.

80 **분자량이 50.00과 50.01인 물질을 질량분석기에서 분리하기 위하여 최소한 어느 정도의 분리능을 가진 질량분석기를 사용해야 하는가?**

① 100.5 ② 1000.5
③ 5000.5 ④ 10000.5

분리능(R)
질량분석기가 두 질량 사이의 차를 식별 분리할 수 있는 능력

$$R = \frac{m}{\Delta m}$$

여기서, Δm : 겨우 분리된 가까운 두 봉우리 사이의 질량 차이
m : 첫 번째 봉우리의 명목상 질량 또는 두 봉우리의 평균 질량

$$\therefore R = \frac{\frac{50.01 + 50.00}{2}}{50.01 - 50.00} = 5000.5$$

정답 | 78.③ 79.① 80.③

제1과목 | 일반화학

01 존재 가능한 다른 구조의 다이브로모벤젠(dibromobenzene)은 몇 가지 종류인가?

① 2　　② 3
③ 4　　④ 5

✔ dibromobenzene의 오르토(o－), 메타(m－), 파라(p－) 형태의 3가지 이성질체

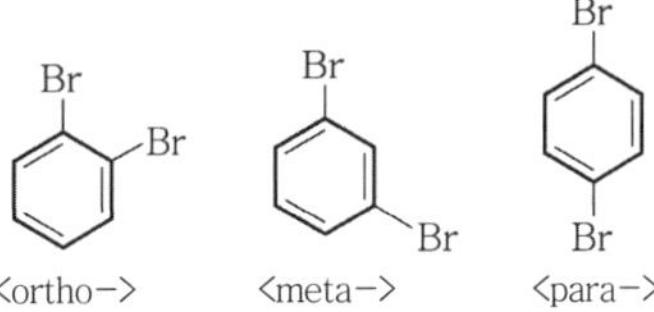

02 3.84mol의 Na_2CO_3이 완전히 녹아 있는 수용액에서 나트륨이온(Na^+)의 몰(mol)수로 옳은 것은?

① 1.92mol　　② 3.84mol
③ 5.76mol　　④ 7.68mol

✔ $Na_2CO_3 \rightleftarrows 2Na^+ + CO_3^{2-}$
1mol의 Na_2CO_3가 완전해리되면 2mol의 Na^+이 해리된다.

$\therefore\ 3.84mol\ Na_2CO_3 \times \dfrac{2mol\ Na^+}{1mol\ Na_2CO_3} = \mathbf{7.68mol\ Na^+}$

03 ^{222}Rn에 관한 내용 중 틀린 것은? (단, ^{222}Rn의 원자번호는 86이다.)

① 양성자수＝86　　② 중성자수＝134
③ 전자수＝86　　④ 질량수＝222

✔ $^{222}_{86}Rn$ **원자번호와 질량수**

$^{A}_{Z}X$
A: 질량수＝양성자수＋중성자수
X: 원소기호
Z: 원자번호＝양성자수＝중성원자의 전자수

① 양성자수 ＝ 86
② 중성자수 ＝ 222－86 ＝ **136**
③ 전자수 ＝ 86
④ 질량수 ＝ 222

04 화학식 $C_4H_{10}O$로 존재할 수 있는 알코올의 구조이성질체는 몇 개인가?

① 3개　　② 4개
③ 5개　　④ 7개

✔ $C_4H_{10}O$의 구조이성질체 : 4개

```
1.    H   H   H   H          2.    H   H  OH   H
      |   |   |   |                |   |   |   |
  H — C — C — C — C — OH       H — C — C — C — C — H
      |   |   |   |                |   |   |   |
      H   H   H   H                H   H   H   H

3.          H                4.          H
          H-C-H                        H-C-OH
       H    |                       H    |
  H —  C  — C — OH             H —  C  — C — H
       H    |                       H    |
          H-C-H                        H-C-H
            H                            H
```

05 슈크로오스($C_{12}H_{22}O_{11}$) 684g을 물에 녹여 전체 부피를 4.0L로 만들었을 때 이 용액의 몰농도(M)는 얼마인가?

① 0.25　　② 0.50
③ 0.75　　④ 1.00

✔ 몰농도(M)는 용액 1L 속에 녹아 있는 용질의 몰수를 나타낸 농도로, 단위는 mol/L 또는 M으로 나타낸다.

$몰농도(M) = \dfrac{용질의\ 몰수(mol)}{용액의\ 부피(L)}$

$C_{12}H_{22}O_{11}$의 몰질량 $= (12\times12)+(1\times22)+(16\times11) = 342g/mol$

$\therefore\ 684g\ C_{12}H_{22}O_{11} \times \dfrac{1mol\ C_{12}H_{22}O_{11}}{342g\ C_{12}H_{22}O_{11}} \times \dfrac{1}{4.0L}$

$= \mathbf{0.50M}$

06 용해도에 대한 설명 중 틀린 것은?

① 일정압력하에서 물속에서 기체의 용해도는 온도가 증가함에 따라 증가한다.
② 액체 속 기체의 용해도는 기체의 부분압력에 비례한다.
③ 탄산음료를 차갑게 해서 마시는 것은 기체의 용해도를 증가시키기 위함이다.
④ 잠수부들이 잠수할 경우 받는 압력의 증가로 인해 혈액 속의 공기의 양은 증가한다.

정답 | 01.② 02.④ 03.② 04.② 05.② 06.①

✔ 일정압력하에서 물속에서 기체의 용해도는 **온도가 증가함에 따라 감소**한다.

Check

- **온도와 기체의 용해도**
  기체의 용해과정은 발열과정이고, 온도를 높이면 열을 흡수하는 쪽으로 반응이 진행되므로 기체의 용해도가 감소하게 된다. 따라서 기체의 용해도는 온도가 높아지면 감소하게 되는 것이다.
- **압력과 기체의 용해도**
  기체의 용해도는 압력이 작을수록 감소하고, 압력이 높을수록 증가한다.
- **헨리의 법칙**
  일정한 온도에서 일정량의 용매에 용해되는 기체의 질량은 그 기체의 부분압력에 비례한다.

07 몰질량이 162g/mol이며, 백분율 질량 성분비가 탄소 74.0%, 수소 8.7%, 질소 17.3%인 화합물의 분자식은? (단, 탄소, 수소, 질소의 원자량은 각각 12.0amu, 1.0amu, 14.0amu이다.)

① $C_{11}H_{16}N$ ② $C_{10}H_{14}N_2$
③ $C_9H_{26}N_4$ ④ $C_8H_{24}N_3$

✔ • **방법 1**

탄소(C) : $74\,gC \times \dfrac{1\,mol\ C}{12\,g\ C} \fallingdotseq 6.17\,mol\ C$

수소(H) : $8.7\,gH \times \dfrac{1\,mol\ H}{1\,g\ H} = 8.7\,mol\ H$

질소(N) : $17.3\,gN \times \dfrac{1\,mol\ N}{14\,g\ N} \fallingdotseq 1.24\,mol\ N$

6.17mol C : 8.7mol H : 1.24mol N
=5mol C : 7mol H : 1mol N

실험식 C_5H_7N, 실험식 단위수$(n) = \dfrac{162}{81} = 2$

∴ **분자식** $C_{10}H_{14}N_2$

• **방법 2**

몰질량 $\times \dfrac{\text{원소의 질량백분율}}{100}$ = 1mol 속에 함유된 원소의 질량

탄소(C) : $162\,g/mol \times \dfrac{74.0}{100} \fallingdotseq 120$

수소(H) : $162\,g/mol \times \dfrac{8.7}{100} \fallingdotseq 14$

질소(N) : $162\,g/mol \times \dfrac{17.3}{100} \fallingdotseq 28$

$C : H : N = \dfrac{120}{12} : \dfrac{14}{1} : \dfrac{28}{14} = 10 : 14 : 2$

∴ **분자식** $C_{10}H_{14}N_2$

08 암모니아 56.6g에 들어 있는 분자의 개수는? (단, N 원자량 : 14.01g/mol, H 원자량 : 1.008g/mol이다.)

① 3.32×10^{23} 개 분자
② 17.03×10^{24} 개 분자
③ 6.78×10^{23} 개 분자
④ 2.00×10^{24} 개 분자

✔ **1몰(mol)**

정확히 12.0g 속의 $^{12}_{6}C$ 원자의 수, 6.022×10^{23}개의 입자를 뜻하며, 이 수를 아보가드로수라고 한다. 물질의 종류에 관계없이 물질 1몰(mol)에는 물질을 구성하는 입자 6.022×10^{23}개가 들어 있다.

$56.6\,g\ NH_3 \times \dfrac{1\,mol\ NH_3}{17.03\,g\ NH_3} \times \dfrac{6.022 \times 10^{23}\text{ 개}}{1\,mol\ NH_3}$

$= 2.00 \times 10^{24}$ 개 NH_3

09 용액 내의 Fe^{2+}의 농도를 알기 위해 적정 실험을 하였는데, 이 과정에 대한 설명 중 옳은 것은?

① 농도가 알려진 NH_4^+ 용액으로 색이 자줏빛으로 변할 때까지 철 용액에 한 방울씩 떨어뜨린다.
② 농도가 알려진 NH_4^+ 용액으로 색이 무색으로 변할 때까지 철 용액에 한 방울씩 떨어뜨린다.
③ 농도를 아는 MnO_4^- 용액으로 색이 자주빛으로 변할 때까지 철 용액에 한 방울씩 떨어뜨린다.
④ 농도를 아는 MnO_4^- 용액으로 색이 무색으로 변할 때까지 철 용액에 한 방울씩 떨어뜨린다.

✔ MnO_4^-을 이용한 산화·환원 적정 실험으로 Fe^{2+}의 농도를 구할 수 있다.

$MnO_4^- + 5Fe^{2+} + 8H^+ \rightleftarrows 2Mn^{2+} + 5Fe^{3+} + 8H_2O$
(적자색 : MnO_4^-, 무색 : $2Mn^{2+}$)

종말점은 과량의 **MnO_4^-의 적자색(자주빛)이 묽혀진 연한 분홍색이 지속적으로 나타나는 것**으로 정한다.

10 다음 중 원자의 크기가 가장 작은 것은?

① K ② Li
③ Na ④ Cs

정답 | 07.② 08.④ 09.③ 10.②

✔ **1A족 원자 반지름**

$_{3}Li < _{11}Na < _{19}K < _{37}Rb < _{55}Cs$

같은 족에서는 원자번호가 클수록 원자 반지름이 증가한다.

→ 전자껍질 수가 증가하여 원자핵과 원자가전자 사이의 거리가 멀어지기 때문

11 N의 산화수가 +4인 것은?

① HNO_3 ② NO_2

③ N_2O ④ NH_4Cl

✔ **산화수를 정하는 규칙**

화합물에서 모든 원자의 산화수의 총합은 0이며, 1족 금속원자는 +1, 2족 금속원자는 +2, 13족 금속원자는 +3의 산화수를 갖는다. 그리고 화합물에서 H의 산화수는 +1, O의 산화수는 −2이다.

N의 산화수를 x로 두면

① HNO_3 : $(+1)+(x)+(-2\times3)=0$ ∴ $x=+5$

② **NO_2** : $(x)+(-2\times2)=0$ ∴ $x=$**+4**

③ N_2O : $(2\times x)+(-2)=0$ ∴ $x=+1$

④ NH_4Cl : $(x)+(+1\times4)+(-1)=0$ ∴ $x=-3$

12 용액의 조성을 기술하는 방법에 대한 설명 중 틀린 것은?

① 질량퍼센트 : 용액 내에서 각 성분 물질의 질량퍼센트로 정의한다.

② 몰농도 : 용액 1L당 용질의 몰수로 정의한다.

③ 몰랄농도 : 용매 1kg당 용질의 몰수로 정의한다.

④ 몰분율 : 혼합물에서 한 성분의 몰분율이란 그 성분의 몰수를 해당 성분을 제외한 나머지 성분 전체의 몰수로 나눈 것이다.

✔ **몰분율(X_A)**

혼합물에서 어떤 성분(A)의 **몰수**를 전체 몰수로 나눈 값이다.

$$X_A = \frac{n_A}{n_{전체}}$$

13 메탄 2.80g에 들어 있는 메탄의 분자수는 얼마인가?

① 1.05×10^{22} 분자 ② 1.05×10^{23} 분자

③ 1.93×10^{22} 분자 ④ 1.93×10^{23} 분자

✔ 메탄(CH_4) 몰질량 $=(12\times1)+(1\times4)$
$=16\text{g/mol}$

$$2.80\text{g 메탄}\times\frac{1\text{mol 메탄}}{16\text{g 메탄}}\times\frac{6.022\times10^{23}\text{개}}{1\text{mol 메탄}}$$

$=$ **1.05×10^{23}개 메탄**

14 다음 중 산과 염기에 대한 설명 중 틀린 것은 어느 것인가?

① 산은 물에서 수소이온(H^+)의 농도를 증가시키는 물질이다.

② 산과 염기가 반응하여 물과 염을 생성하는 반응을 중화반응이라고 한다.

③ 염기성 용액에서는 H^+의 농도보다 OH^-의 농도가 더 크다.

④ 산성 용액은 푸른 리트머스 시험지를 노랗게 변색시킨다.

✔

산의 성질	염기의 성질
신맛이 있다.	쓴맛이 있고, 미끈미끈하다.
푸른색 리트머스 종이를 붉은색으로 변색시킨다.	붉은색 리트머스 종이를 푸른색으로 변색시킨다.
BTB 용액을 노란색으로 변색시킨다.	BTB 용액을 푸른색으로 변색시킨다.
금속과 반응하여 수소(H_2)기체를 발생시킨다.	페놀프탈레인 용액을 붉게 변색시킨다.
염기와 중화반응한다.	산과 중화반응한다.

15 alkene에 해당하는 것은?

① C_6H_{14}

② C_6H_{12}

③ C_6H_{10}

④ C_6H_6

✔ **알켄(alkene, olefin)**

탄소원자 사이에 이중결합이 있는 사슬모양의 불포화탄화수소로 일반식은 $C_nH_{2n}(n=2, 3, 4, \cdots)$이다.

∴ **C_6H_{12}이 알켄**에 해당된다.

정답 | 11.② 12.④ 13.② 14.④ 15.②

16 다음 반응이 일어난다고 할 때 산화되는 물질은 어느 것인가?

> • $Ag^+(aq)+Fe^{2+}(aq) \rightarrow Ag(s)+Fe^{3+}(aq)$
> • $2Al^{3+}(aq)+3Mg(s) \rightarrow 2Al(s)+3Mg^{2+}(aq)$

① $Ag^+(aq)$, $Al^{3+}(aq)$
② $Fe^{2+}(aq)$, $Mg(s)$
③ $Ag^+(aq)$, $Mg(s)$
④ $Fe^{2+}(aq)$, $Al^{3+}(aq)$

어떤 원자나 이온이 전자를 잃으면 산화수가 증가하고, 전자를 얻으면 산화수가 감소한다. 산화수가 증가하는 반응을 산화라 하고, 산화수가 감소하는 반응을 환원이라고 한다.

1. $Ag^+(aq) + Fe^{2+}(aq) \rightarrow Ag(s) + Fe^{3+}(aq)$
   +1 +2 0 +3
   • Ag^+ : +1 → 0, 산화수 감소(환원)
   • **Fe^{2+}** : +2 → +3, 산화수 증가(산화)
2. $2Al^{3+}(aq) + 3Mg(s) \rightarrow 2Al(s) + 3Mg^{3+}(aq)$
   +3 0 0 +3
   • Al^{3+} : +3 → 0, 산화수 감소(환원)
   • **Mg** : 0 → +3, 산화수 증가(산화)

17 어떤 온도에서 다음 반응의 평형상수는 50이다. 같은 온도에서 x몰의 $H_2(g)$와 2.5몰의 $I_2(g)$를 반응시켜 평형에 이르렀을 때 4몰의 HI(g)가 되었고, 0.5몰의 $I_2(g)$가 남아 있었다. x의 값은 얼마인가?

> $H_2(g)+I_2(g) \rightleftarrows 2HI(g)$

① 1.64　② 2.64
③ 3.64　④ 4.64

	$H_2(g)$	+	$I_2(g)$	$\rightleftarrows$	$2HI(g)$
초기(mol)	x		2.5		
변화(mol)	−2		−2		+4
평형(mol)	x−2		0.5		4

전체 부피는 1L로 가정하면

$$K=\frac{[HI]^2}{[H_2][I_2]}=\frac{(4)^2}{(x-2)(0.5)}=50$$

$\therefore$ $x=2.64$mol

18 다음 무기화합물의 명칭에 해당하는 것은?

> $NaHSO_3$

① 삼황산수소나트륨　② 황산수소나트륨
③ 과황산수소나트륨　④ 아황산수소나트륨

무기화합물 명명법
음이온 이름 먼저 명명+양이온 명명
HSO_3^- : 아황산수소 이온 + Na^+ : 나트륨(소듐) 이온
$\therefore$ $NaHSO_3$: **아황산수소나트륨**(아황산수소소듐)

19 0.40M NaOH와 0.10M H_2SO_4를 1 : 1 부피로 섞었을 때, 이 용액의 pH는 얼마인가?

① 10　② 11
③ 12　④ 13

부피를 V로 두면

	$H_2SO_4(aq)$	+ $2NaOH(aq)$	$\rightleftarrows$ $2H_2O(l)$	+ $Na_2SO_4(aq)$
초기(mol)	$0.10\times V$	$0.40\times V$		
변화(mol)	$-0.10\times V$	$-0.20\times V$		$+0.10\times V$
최종(mol)	0	$0.20\times V$		$0.10\times V$

$$[OH^-]=\frac{0.20\times V}{V+V}=0.10M$$

$[H^+][OH^-]=1.00\times10^{-14}$이므로

$$[H^+]=\frac{1.00\times10^{-14}}{[OH^-]}=\frac{1.00\times10^{-14}}{0.1}$$
$$=1.00\times10^{-13}M$$

$\therefore$ pH $=-\log(1.00\times10^{-13})=13.00$

20 텔루륨(Te)과 요오드(I)의 이온화에너지와 전자친화도의 크기 비교를 옳게 나타낸 것은?

① 이온화에너지 : Te<I, 전자친화도 : Te<I
② 이온화에너지 : Te<I, 전자친화도 : Te>I
③ 이온화에너지 : Te>I, 전자친화도 : Te>I
④ 이온화에너지 : Te>I, 전자친화도 : Te<I

같은 주기에서 원자번호가 클수록 유효 핵전하가 증가하여 원자핵과 전자 사이의 인력이 증가하기 때문에 이온화에너지와 전자친화도는 대체로 증가한다.
$\therefore$ $_{52}Te$과 $_{53}I$의 이온화에너지와 전자친화도의 크기는 $_{52}Te < _{53}I$이다.

정답 I 16.② 17.② 18.④ 19.④ 20.①

제2과목 | 분석화학

21 **부피분석법인 적정법을 이용하여 정량분석을 할 경우 다음 중 가장 옳은 설명은 어느 것인가?**

① 적정 실험에서 측정하고자 하는 당량점과 실험적인 종말점은 항상 일치한다.
② 적정 오차는 바탕 적정(blank titration)을 통해 보정할 수 있다.
③ 역적정 실험 시에는 적정 시약(titrant)을 시료에 가하면서 지시약의 색이 바뀌는 부피를 직접 관찰한다.
④ 무게 적정(gravimetric titration) 실험 시에는 적정 시약의 부피를 측정한다.

① 적정 실험에서 측정하고자 하는 당량점과 실험적인 종말점은 적정 오차가 발생한다.
② 적정 오차는 당량점과 종말점 사이의 부피나 질량의 차이이다. 이런 차이는 물리적 변화와 관찰자의 능력이 충분하지 않은 결과로 인하여 커진다. **적정 오차는 바탕 적정을 통해 보정할 수 있다.**
③ 직접 적정 실험 시에는 적정 시약(titrant)을 시료에 가하면서 지시약의 색이 바뀌는 부피를 직접 관찰한다. 역적정실험 시에는 분석물질에 농도를 알고 있는 첫 번째 표준용액을 과량 가해 분석물질과의 반응이 완결된 다음 두 번째 표준용액을 가하여 첫 번째 표준용액의 남은 양을 적정하는 방법으로 분석물과 표준용액 사이의 반응속도가 느리거나 표준용액이 불안정할 때 사용한다.
④ 무게 적정 실험 시에는 적정 시약의 부피 대신에 시약의 질량을 측정한다.

Check

- **당량점**
  시료 중에 존재하는 분석물의 양과 화학량론적으로 적정 시약이 첨가되었을 때 도달하는 이론상의 지점이다.
- **종말점**
  적정에서의 당량점은 실험적으로 결정할 수 없다. 대신 당량의 조건과 관련된 몇 가지 물리적인 변화를 관찰함으로써 당량점을 추정할 수 있다. 용액의 물리적 성질이 갑자기 변하는 점으로 보통 지시약이 변색되는 것을 기준으로 나타나는 적정의 끝지점을 종말점이라 한다.

22 **다음 화학평형식에 대한 설명으로 틀린 것은?**

$$Hg_2Cl_2(s) \rightleftarrows Hg_2^{2+}(aq) + 2Cl^-(aq)$$

① 이 반응을 나타내는 평형상수는 K_{sp}라고 하며, 용해도 상수 또는 용해도곱 상수라고도 한다.
② 이 용액에 Cl^-이온을 첨가하면 용해도는 감소한다.
③ 온도를 증가시키면 K_{sp}는 변한다.
④ 이 용액에 Cl^-이온을 첨가하면 K_{sp}는 감소한다.

공통이온의 효과
침전물을 구성하는 이온들과 같은 이온을 가진 가용성 화합물이 그 고체로 포화된 용액에 첨가될 때 이온성 침전물의 용해도를 감소시키는 것이다. 르 샤틀리에 원리가 염의 용해반응에 적용된 것이다.
∴ Cl^-이온을 첨가하면 공통이온의 효과로 용해도는 감소하지만, **K_{sp}는 온도에 의해서만 변하므로 증가하거나 감소하지 않는다.**

23 **금속 킬레이트에 대한 설명으로 옳은 것은?**

① 금속은 루이스(Lewis) 염기이다.
② 리간드는 루이스(Lewis) 산이다.
③ 한 자리(monodentate) 리간드인 EDTA는 6개의 금속과 반응한다.
④ 여러 자리(multidentate) 리간드가 한 자리(monodentate) 리간드보다 금속과 강하게 결합한다.

- **킬레이트(chelate)**
  두 자리 이상의 리간드가 중심 금속이온과 배위결합하여 고리모양을 이룬 착화물이다. 금속이온은 전자쌍을 주는 리간드로부터 전자쌍을 받을 수 있으므로 Lewis 산이고, 리간드는 전자를 주는 것으로 Lewis 염기이다.
- **킬레이트 효과(chelate effect)**
  여러 자리 리간드가 유사한 한 자리 리간드보다 더 안정한 금속 착물을 형성하는 능력이다. $\Delta G = \Delta H - T\Delta S$ 자발적인 반응($\Delta G<0$, $\Delta H<0$, $\Delta S>0$)은 같은 온도, ΔH가 비슷한 두 리간드를 비교하면 $\Delta S_{여러\ 자리\ 리간드} > \Delta S_{한\ 자리\ 리간드}$로 **여러 자리 리간드 반응이 더 우세하다.**

정답 | 21.② 22.④ 23.④

24 **H^+와 OH^-의 활동도계수는 이온세기가 0.050M일 때는 각각 0.86과 0.81이었고, 이온세기가 0.10M일 때는 각각 0.83과 0.76이었다. 25℃에서 0.10M KCl 수용액에서 H^+의 활동도는?**

① 1.00×10^{-7}
② 1.05×10^{-7}
③ 1.10×10^{-7}
④ 1.15×10^{-7}

✔ 이온평형의 경우에는 전해질이 화학평형에 미치는 영향에 따라 평형상수 값이 달라지므로 평형상수식을 농도 대신 활동도로 나타내야 한다.
활동도는 용액 중에 녹아 있는 화학종의 유효농도 또는 실제농도를 나타낸다.
활동도 $A_c = \gamma_c[C]$
여기서, γ_c : 화학종 C의 활동도계수
$[C]$: 화학종 C의 몰농도
이온세기는 용액 중에 있는 이온의 전체 농도를 나타내는 척도이다.
이온세기$(\mu) = \frac{1}{2}(C_1Z_1^2 + C_2Z_2^2 + \cdots)$
여기서, C_1, C_2, … : 이온의 몰농도
Z_1, Z_2, … : 이온의 전하
0.10M KCl수용액의 이온세기(μ)
$= \frac{1}{2}[0.1 \times (+1)^2 + 0.1 \times (-1)^2]$
$= 0.10$M이므로
H^+와 OH^-의 활동도계수는 0.83, 0.76이다.
$K_w = A_{H^+}A_{OH^-} = (0.83 \times x) \times (0.76 \times x)$
$= 1.00 \times 10^{-14}$
$x = 1.26 \times 10^{-7}$M
$\therefore A_{H^+} = 0.83 \times 1.26 \times 10^{-7} = \mathbf{1.05 \times 10^{-7}}$M

25 **Cd^{2+}이온이 4분자의 암모니아(NH_3)와 반응하는 경우와 2분자의 에틸렌다이아민($H_2NCH_2CH_2NH_2$)과 반응하는 경우에 대한 설명으로 옳은 것은?**

① 엔탈피 변화는 두 경우 모두 비슷하다.
② 엔트로피 변화는 두 경우 모두 비슷하다.
③ 자유에너지 변화는 두 경우 모두 비슷하다.
④ 암모니아와 반응하는 경우가 더 안정한 금속착물을 형성한다.

✔ ① **두 반응 모두 엔탈피 변화(ΔH)**는 주로 Cd^{2+}와 4개의 N 사이의 배위결합에 의한 **결합에너지 차이에 의해 나타나므로 비슷하다.**
② 엔트로피 변화(ΔS)는 Cd^{2+}이 네 분자의 메틸아민과 반응하는 경우 분자수가 4에서 1로 줄어들고, Cd^{2+}이 두 분자의 에틸렌다이아민과 반응하는 경우 분자수가 2에서 1로 줄어들게 되어 메틸아민과 반응하는 경우 엔트로피 변화(ΔS)는 크게 감소한다.
➜ 무질서에서 질서
③ 자유에너지 변화, $\Delta G = \Delta H - T \cdot \Delta S$는 엔탈피 변화는 비슷한데 엔트로피 변화($\Delta S$)에 차이가 있어 자유에너지 변화는 비슷한 값이 아니다. 메틸아민과 반응하는 경우의 ΔG는 엔트로피 변화(ΔS)가 크게 감소하므로 에틸렌다이아민과 반응하는 경우의 ΔG보다 더 큰 값을 갖게 된다.
④ 자발적인 반응($\Delta G < 0$, $\Delta H < 0$, $\Delta S > 0$)이 더 안정한 화합물을 형성하는 방향이므로 엔트로피 변화의 감소가 적은 에틸렌다이아민과 반응하는 경우 더 안정한 착물을 형성한다.

Check
에틸렌다이아민 두 분자와 Cd^{2+}의 반응은 메틸아민 네 분자와의 반응보다 우세하다.
➜ 킬레이트 효과

26 **다음 중 가장 센 산화력을 가진 산화제는?**

① 세륨이온(Ce^{4+}), $E° = 1.44$V
② 크롬산이온(CrO_4^{2-}), $E° = -0.12$V
③ 과망간산이온(MnO_4^-), $E° = 1.507$V
④ 중크롬산이온($Cr_2O_7^{2-}$), $E° = 1.36$V

✔ 표준환원전위($E°$)는 산화전극을 표준수소전극으로 한 화학전지의 전위로, 반쪽반응을 환원반응의 경우로만 나타낸 상대환원전위이다. 표준환원전위가 클수록 환원이 잘 되는 것이므로 강한 산화제, 산화력이 크다.
∴ 표준환원전위가 가장 큰 **과망간산이온(MnO_4^-)이 가장 강한 산화제**이다.

27 **EDTA 적정의 종말점을 검출하기 위한 방법이 아닌 것은?**

① 금속이온 지시약 ② 유리전극
③ 이온선택성 전극 ④ 가리움제

✔ EDTA 적정법에서 종말점 검출을 위한 가장 일반적인 방법으로 **금속이온 지시약**을 사용한다. 다른 방법으로는 전위차 측정(수은전극, **유리전극, 이온선택성 전극**), 흡광도를 측정하는 방법이 있다.

정답 | 24.② 25.① 26.③ 27.④

28 **산화 · 환원 적정에서 과망간산칼륨($KMnO_4$)은 산화제로 작용하며 센 산성 용액(pH 1 이하)에서 다음과 같은 반응이 일어난다. 과망간산칼륨을 산화제로 사용하는 산화 · 환원 적정에서 종말점을 구하기 위한 지시약으로서 가장 적절한 것은?**

- $MnO_4^- + 8H^+ + 5e^- \rightleftarrows Mn^{2+} + 4H_2O$
- $E^\circ = 1.507V$

① 페로인
② 메틸렌블루
③ 과망간산칼륨
④ 다이페닐아민 술폰산

✔ 센 산성 용액에서 과망간산칼륨을 산화제로 사용하는 산화 · 환원 적정에서는 MnO_4^-(적자색) ⇄ Mn^{2+}(무색)으로 변하므로 **과망간산칼륨이 자체 지시약으로 사용**된다.

29 **Fe^{2+}이온을 Ce^{4+}로 적정하는 반응에 대한 설명으로 틀린 것은?**

① 적정 반응은 $Ce^{4+} + Fe^{2+} \rightarrow Ce^{3+} + Fe^{3+}$이다.
② 전위차법을 이용한 적정에서는 반당량점에서의 전위는 당량점의 전위(V_e)의 약 1/2이다.
③ 당량점에서 $[Ce^{3+}]=[Fe^{3+}]$, $[Fe^{2+}]=[Ce^{4+}]$이다.
④ 당량점 부근에서 측정된 전위의 변화는 미세하여 정확한 측정을 위해 산화－환원 지시약을 사용해야 한다.

✔ Ce^{4+}에 의한 Fe^{2+}의 적정 반응은 **당량점 부근에서 전위변화가 급격하게 나타나 산화 · 환원 지시약을 따로 사용할 필요가 없다.**

Check

Pt 전극과 칼로멜 전극을 이용한 전위차법으로 관찰하면서 Fe^{2+}를 Ce^{4+} 표준용액으로 적정하는 과정이다.

- 적정 반응
  $Ce^{4+} + Fe^{2+} \rightarrow Ce^{3+} + Fe^{3+}$
- Pt 지시전극에서의 두 가지 평형
  1. $Fe^{3+} + e^- \rightleftarrows Fe^{2+}$, $E^\circ = 0.767V$
  2. $Ce^{4+} + e^- \rightleftarrows Ce^{3+}$, $E^\circ = 1.70V$
- 당량점 이전
  1. 일정량의 Ce^{4+}를 첨가하면 적정 반응에 따라 Ce^{4+}은 소비하고, 같은 몰수의 Ce^{3+}와 Fe^{3+}이 생성된다. 용액 중에 반응하지 않은 여분의 Fe^{2+}가 남아 있으므로, Fe^{2+}와 Fe^{3+}의 농도를 쉽게 구할 수 있다.
     $E = E_+ - E_-$
     $= \left[0.767 - 0.05916\log\dfrac{[Fe^{2+}]}{[Fe^{3+}]}\right] - 0.241$
  2. 적정 시약의 부피가 당량점에 도달하는 데 필요한 양의 반이 될 때$\left(V = \dfrac{1}{2}V_e\right)$, Fe^{3+}와 Fe^{2+}의 농도가 같아진다.
     $\log 1 = 0$이므로 $E = 0.767 - 0.241 = 0.526V$이다.
- 당량점에서
  1. 모든 Fe^{2+}이온과 반응하는 데 필요한 정확한 양의 Ce^{4+}이온이 가해졌다. 모든 세륨은 Ce^{3+} 형태로, 모든 철은 Fe^{3+} 형태로 존재하며, 평형에서 Ce^{4+}와 Fe^{2+}는 극미량만이 존재하게 된다.
  2. $[Ce^{3+}]=[Fe^{3+}]$, $[Ce^{4+}]=[Fe^{2+}]$
     $E_+ = 0.767 - 0.05916\log\dfrac{[Fe^{2+}]}{[Fe^{3+}]}$
     $E_+ = 1.70 - 0.05916\log\dfrac{[Ce^{3+}]}{[Ce^{4+}]}$
     $2E_+ = (0.767 + 1.70)$
     $\quad - 0.05916\log\dfrac{[Fe^{2+}][Ce^{3+}]}{[Fe^{3+}][Ce^{4+}]}$
     $2E_+ = (0.767 + 1.70) = 2.467$
  3. $E = E_+ - E_- = \dfrac{2.467}{2} - 0.241 = 0.9925V$

반당량점에서의 전위(0.526V)는 당량점에서의 전위(0.9925V)의 약 1/2이다.

30 **난용성 고체염인 $BaSO_4$로 포화된 수용액에 대한 설명으로 틀린 것은?**

① $BaSO_4$ 포화수용액에 황산용액을 넣으면 $BaSO_4$가 석출된다.
② $BaSO_4$ 포화수용액에 소금물을 첨가 시에도 $BaSO_4$가 석출된다.
③ $BaSO_4$의 K_{sp}는 온도의 함수이다.
④ $BaSO_4$ 포화수용액에 $BaCl_2$ 용액을 넣으면 $BaSO_4$가 석출된다.

✔ 난용성 고체염인 $BaSO_4$를 물에 용해하면 다음과 같은 평형을 이룬다.

정답 I 28.③ 29.④ 30.②

$BaSO_4(s) \rightleftarrows Ba^{2+}(aq) + SO_4^{2-}(aq)$

$K_{sp} = [Ba^{2+}][SO_4^{2-}]$

공통이온인 Ba^{2+}, SO_4^{2-} 이온의 첨가는 공통이온의 효과로 침전물의 용해도가 감소되어 $BaSO_4(s)$이 증가하고(석출됨), **그 외의 이온**을 첨가하면 이온세기에 의해 침전물의 용해도가 증가되어 $BaSO_4(s)$이 감소한다(**석출되지 않음**).

31 산(acid)에 대한 일반적인 설명으로 옳은 것은?

① 알코올은 산성 용액으로 알코올의 특징을 나타내는 OH와 H가 쉽게 해리된다.
② 페놀은 중성 용액으로 OH의 H는 해리되지 않는다.
③ 물속에서 H^+는 H_3O^+로 존재한다.
④ 디에틸에터는 산성 용액으로 H가 쉽게 해리된다.

① 알코올의 특징을 나타내는 −OH의 H는 쉽게 해리되지 않는다.
② 페놀의 −OH의 H는 해리될 수 있어서 페놀은 약산으로 작용한다.
→ $-O^-$의 음전하가 벤젠고리에 흡수될 수 있어서 안정해지기 때문
③ $H^+ + H_2O \rightleftarrows H_3O^+$
④ 디에틸에터($C_2H_5OC_2H_5$)는 해리될 수 있는 H가 없다.

32 무게분석을 위하여 침전된 옥살산칼슘(CaC_2O_4)을 무게를 아는 거름도가니로 침전물을 거르고 건조시킨 다음 붉은 불꽃으로 강열한다면 도가니에 남는 고체 성분은 무엇인가?

① CaC_2O_4　　② $CaCO_2$
③ CaO　　④ Ca

분석물을 거의 녹지 않는 침전물로 바꾼 다음 이 침전물을 거르고 불순물이 없도록 씻고 적절한 열처리에 의해 조성이 잘 알려진 생성물로 바꾼 후 무게를 측정한다. Ca^{2+}의 무게분석법의 경우, $C_2O_4^{2-}$와 반응하여 생성된 용해도가 매우 작은 침전물 $CaC_2O_4 \cdot H_2O$는 수분을 많이 함유하고 있어 화학조성이 일정하지 않으므로 열처리(강열)에 의해 조성이 잘 알려진 **CaO**로 바꾸어 무게를 측정하여 정량할 수 있다.

$CaC_2O_4 \cdot H_2O \rightarrow CaCO_3 + CO + H_2O$

$CaCO_3 \rightarrow CaO + CO_2$

33 전하를 띠지 않는 중성분자들은 이온세기가 0.1M보다 작을 경우 활동도계수(activity coefficient)를 얼마라고 할 수 있는가?

① 0　　② 0.1
③ 0.5　　④ 1

활동도계수

1. 화학종이 포함된 평형에서 그 화학종이 평형에 미치는 영향의 척도이다.
2. 전해질의 종류나 성질에는 무관하다.
3. **전하를 띠지 않는 중성분자의 활동도계수는 이온세기에 관계없이 대략 1이다.**
4. 농도와 온도에 민감하게 반응하며 용액이 매우 묽을 경우 주어진 화학종의 활동도계수는 1에 매우 가까워진다.
5. 이온세기가 작을수록, 이온의 전하가 작을수록, 이온크기(수화반경)가 클수록 활동도계수는 증가한다.

34 뉴스에서 A제과회사의 과자에서 발암물질로 알려진 아플라톡신이 기준치 10ppb보다 높은 14ppb가 검출되어 전량 폐기했다고 밝혔다. 이 과자 1kg에서 몇 mg의 아플라톡신이 검출되었는가?

① 14g
② 14mg
③ 0.14mg
④ 0.014mg

ppb 농도(십억분율)

$$14\,\text{ppb} = \frac{14\,\text{g}}{10^9\,\text{g}} = \frac{14\,\text{g}}{10^6\,\text{kg}}$$

$$\frac{14\text{g 아플라톡신}}{10^6\text{kg 과자}} \times \frac{1{,}000\text{mg}}{1\text{g}} = 1.4 \times 10^{-2} = 0.014\text{mg/kg}$$

과자 1kg에서 0.014mg의 아플라톡신이 검출되었다.

35 전지의 두 전극에서 반응이 자발적으로 진행되려는 경향을 갖고 있어 외부 도체를 통하여 산화전극에서 환원전극으로 전자가 흐르는 전지, 즉 자발적인 화학반응으로부터 전기를 발생시키는 전지를 무슨 전지라 하는가?

① 전해전지　　② 표준전지
③ 자발전지　　④ 갈바니전지

정답 | 31.③ 32.③ 33.④ 34.④ 35.④

갈바니전지(볼타전지)
전기를 발생시키기 위해 자발적인 화학반응을 이용한다. 즉, 한 반응물은 산화되어야 하고, 다른 반응물은 환원되어야 한다. 산화제와 환원제를 물리적으로 격리시켜 전자가 한 반응물에서 다른 물질로 외부 회로를 통해서만 흐르도록 해야 한다.

36 **다음 반응에서 $\Delta H° = -75.2\text{kJ/mol}$, $\Delta S° = -132\text{J/K}\cdot\text{mol}$일 때의 설명으로 옳은 것은? (단, $\Delta H°$와 $\Delta S°$는 각각 표준 엔탈피 변화와 표준 엔트로피 변화를 의미하며, 온도에 관계없이 일정하다고 가정한다.)**

$$HCl(g) \rightleftarrows H^+(aq) + Cl^-(aq)$$

① 특정 온도보다 낮은 온도에서 자발적으로 진행될 가능성이 크다.
② 특정 온도보다 높은 온도에서 자발적으로 진행될 가능성이 크다.
③ 온도와 관계없이 항상 자발적으로 일어난다.
④ 온도에 관계없이 자발적으로 일어나지 않는다.

Gibbs 자유에너지 변화(ΔG)
반응의 자발성을 결정하는 척도이다.
$\Delta G = \Delta H - T\cdot\Delta S$
화학반응은 열이 방출되고($\Delta H<0$), 무질서도가 증가하는 것($\Delta S>0$)이 유리하다. ΔG는 이 두 가지 효과를 고려하여 반응이 유리한지 또는 불리한지를 결정하는 값이다.
$\Delta G<0$이면 자발적 반응, $\Delta G=0$이면 평형상태, $\Delta G>0$이면 비자발적 반응이다.
$\therefore \Delta G = -75.2\times10^3 - T\times(-132) < 0$,
$T < 569.7\text{K}$
569.7K보다 낮은 온도에서는 자발적으로 진행될 가능성이 크다.

37 **25℃에서 0.028M의 NaCN 수용액의 pH는 얼마인가? (단, HCN의 $K_a = 4.9\times10^{-10}$이다.)**

① 10.9 ② 9.3
③ 3.1 ④ 2.8

$NaCN(aq) \rightarrow Na^+(aq) + CN^-(aq)$
NaCN이 100% 해리되어 생성된 CN^-는 약산 HCN의 짝염기이므로 좀더 강한 짝염기이다.
좀더 강한 짝염기는 $CN^-(aq) + H_2O(l) \rightleftarrows HCN(aq) + OH^-(aq)$의 가수분해반응이 진행되어 OH^-이 생성된다.

	$CN^-(aq)+H_2O(l)$	$\rightleftarrows HCN(aq)$	$+OH^-(aq)$
초기(M)	0.028		
변화(M)	$-x$	$+x$	$+x$
최종(M)	$0.028-x$	x	x

$$K_b = \frac{K_w}{K_a} = \frac{1.00\times10^{-14}}{4.9\times10^{-10}} = 2.04\times10^{-5}$$

$$K_b = \frac{x^2}{(0.028-x)} = 2.04\times10^{-5}$$

$$x = [OH^-] = 7.56\times10^{-4}\text{M}$$

$$[H^+] = \frac{1.00\times10^{-14}}{7.56\times10^{-4}} = 1.32\times10^{-11}\text{M}$$

$\therefore$ pH $= -\log(1.32\times10^{-11}) = \mathbf{10.9}$

38 **0.1M의 Fe^{2+} 50mL를 0.1M의 Tl^{3+}로 적정한다. 반응식과 각각의 표준환원전위가 다음과 같을 때, 당량점에서 전위(V)는?**

- $2Fe^{2+} + Tl^{3+} \rightarrow 2Fe^{3+} + Tl^+$
- $Fe^{3+} + e^- \rightarrow Fe^{2+}$, $E°=0.77\text{V}$
- $Tl^{3+} + 2e^- \rightarrow Tl^+$, $E°=1.28\text{V}$

① 0.94 ② 1.02
③ 1.11 ④ 1.20

산화 · 환원 적정, 당량점에서
$2Fe^{2+} + Tl^{3+} \rightarrow 2Fe^{3+} + Tl^+$
모든 Fe^{2+}이온과 반응하는 데 필요한 정확한 양의 Tl^{3+}이온이 가해졌다.
모든 Tl^{3+}은 Tl^+ 형태로, 모든 Fe^{2+}은 Fe^{3+} 형태로 존재한다.
평형에서 Tl^{3+}와 Fe^{2+}는 극미량만이 존재하게 된다.
$[Fe^{3+}]=2[Tl^+]$, $[Fe^{2+}]=2[Tl^{3+}]$
당량점에서의 전지전압을 나타내기 위하여 두 반응 모두 이용한다.
두 반응에 대한 Nernst 식은 다음과 같다.

$$E_+ = 0.77 - 0.05916\log\frac{[Fe^{2+}]}{[Fe^{3+}]} \cdots ㉠$$

$$E_+ = 1.28 - \frac{0.05916}{2}\log\frac{[Tl^+]}{[Tl^{3+}]} \cdots ㉡$$

㉠+2×㉡을 하면

$$3E_+ = (0.77 + 1.28\times2) - 0.05916\log\left(\frac{[Fe^{2+}][Tl^+]}{[Fe^{3+}][Tl^{3+}]}\right)$$

$[Fe^{3+}]=2[Tl^+]$, $[Fe^{2+}]=2[Tl^{3+}]$이므로
$\log 1=0$, $3E_+=3.33\text{V}$
$\therefore \mathbf{E_+ = 1.11V}$
당량점에서의 전위는 반응물의 농도 및 부피와는 무관하다.

정답 | 36.① 37.① 38.③

39 **녹말과 같은 고유 지시약을 제외한 일반 산화 · 환원 지시약의 색깔 변화에 대한 설명으로 가장 옳은 것은?**

① 산화 · 환원 적정 과정에서 적정 곡선의 모양이 거의 수직 상승하는 범위에 의존한다.
② 산화 · 환원 적정에 참여하는 분석물과 적정 시약의 화학적 성질에 의존한다.
③ 산화 · 환원 적정 과정에서 생기는 계의 전극전위의 변화에 의존한다.
④ 산화 · 환원 적정 과정에 변하는 용액의 pH 변화에 의존한다.

✔ 산화 · 환원 지시약은 산화된 상태에서 환원된 상태로 될 때 색깔이 변하는 화합물로, 주로 이중결합들이 콘쥬게이션(conjugation)된 유기물이다.

$$E = E^{\circ} - \frac{0.05916}{n}\log\left(\frac{[\text{In(환원형)}]}{[\text{In(산화형)}]}\right)$$

산화 · 환원 지시약의 색깔 변화는 분석물과 적정 시약의 화학적 성질과는 무관하며, **적정 과정에서 생기는 계의 전극전위의 변화에 의존한다.**

In(환원형)의 색이 관찰될 조건은

$\frac{[\text{In(환원형)}]}{[\text{In(산화형)}]} \geq \frac{10}{1}$ 이고,

In(산화형)의 색이 관찰될 조건은

$\frac{[\text{In(환원형)}]}{[\text{In(산화형)}]} \leq \frac{1}{10}$ 이다.

지시약의 변색 전위범위는 $E = E^{\circ} \pm \frac{0.05916}{n}$ 이다.

40 **아세트산(CH_3COOH) 6g을 물에 용해하여 500mL 용액을 만들었다. 이 용액의 몰농도(mol/L)는 얼마인가? (단, 아세트산의 분자량은 60g/mol이다.)**

① 0.1M
② 0.2M
③ 0.5M
④ 1.0M

✔ 몰농도(M) $= \frac{\text{용질의 몰수(mol)}}{\text{용액의 부피(L)}}$

$$\therefore\ 6\text{g } CH_3COOH \times \frac{1\text{mol } CH_3COOH}{60\text{g } CH_3COOH} \times \frac{1}{0.500\text{L}}$$

$= 0.20\text{M}$

제3과목 | 기기분석 I

41 **원자 스펙트럼의 선 넓힘을 일으키는 요인으로 가장 거리가 먼 것은?**

① 온도　② 압력
③ 자기장　④ 에너지준위

✔ **에너지준위는 원소마다 고유한 선스펙트럼을 얻을 수 있는 요인**이다.

Check
온도가 증가하면 원자들의 평균운동에너지 증가로 충돌이 더 잘 일어나므로 압력효과의 선 넓힘을 일으키는 요인이 된다.

42 **다음 중 원자분광법에서 원자선 너비가 중요한 주된 이유는?**

① 원자들이 검출기로부터 멀어져 발생되는 복사선 파장의 증폭을 방지할 수 있다.
② 다른 원자나 이온과의 충돌로 인한 에너지 준위의 변화를 막을 수 있다.
③ 원자의 전이시간의 차이로 발생되는 선 좁힘 현상을 제거할 수 있다.
④ 스펙트럼선이 겹쳐서 생기게 되는 분석방해를 방지할 수 있다.

✔ **원자선 너비가 좁을수록** 스펙트럼선의 겹침이 적어지므로 **스펙트럼선이 겹쳐서 생기게 되는 분석방해를 방지할 수 있다.**

43 **230nm 빛을 방출하기 위하여 사용되는 광원으로 가장 적절한 것은?**

① tungsten lamp
② deuterium lamp
③ nernstglower
④ globar

✔
- **자외선 영역(10~400nm)**
  중수소(D_2), 아르곤, 제논, 수은등을 포함한 고압기체 충전아크등
- **가시광선 영역(400~780nm)**
  텅스텐 필라멘트
- **적외선 영역(780nm~1mm)**
  1,500~2,000K으로 가열된 비활성 고체 니크롬선(Ni−Cr), 글로바(SiC), Nernst 백열등

정답 | 39.③ 40.② 41.④ 42.④ 43.②

44 **IR spectrophotometer에 일반적으로 가장 많이 사용되는 파수의 단위는?**

① nm ② Hz
③ cm^{-1} ④ rad

✔ 파수($\bar{\nu}$)$=\frac{1}{\lambda}$로, 가장 많이 사용되는 단위는 cm^{-1}이다.

45 **적외선 흡수분광기의 시료용기에 사용할 수 있는 재질로 가장 적합한 것은?**

① 유리 ② 소금
③ 석영 ④ 사파이어

✔ **시료용기 재질**
1. 규산염 유리 : 가시광선 영역에 이용
2. 결정성 NaCl, KBr 결정 : **적외선 영역**에서 시료 용기의 창으로 이용
3. 석영, 용융 실리카 : 자외선 영역, 가시광선 영역에 이용

46 **원자분광법에서 시료 도입방법에 따른 시료 형태로서 틀린 것은?**

① 직접 주입 – 고체
② 기체분무화 – 용액
③ 초음파분무화 – 고체
④ 글로우방전 튕김 – 전도성 고체

✔ **시료 도입방법**
1. **용액 시료**의 도입 : 기체분무기, **초음파분무기**, 전열증기화, 수소화물 생성법
2. 고체 시료의 도입 : 직접 시료 도입, 전열증기화, 레이저 증발
3. 전도성 고체 시료의 도입 : 아크와 스파크 증발, 글로우방전법

47 **UV–B를 차단하기 위한 햇볕 차단제의 흡수 스펙트럼으로부터 280nm 부근의 흡광도가 0.38이었다면 투과되는 자외선 분율은?**

① 42% ② 58%
③ 65% ④ 73%

✔ 매질에서의 투광도 T는 매질에 의해 투과되는 입사 복사선의 분율로 나타낸다.

$T=\frac{P}{P_0}$, $\%T=\frac{P}{P_0}\times 100$

흡광도 $A=-\log T=-\log\frac{P}{P_0}$

$0.38=-\log T$, $T=10^{-0.38}=0.417$

$0.417\times 100=41.7\%$

∴ 투과되는 자외선 분율(%)=%투광도=**41.7%**

48 **530nm 파장을 갖는 빛의 에너지보다 3배 큰 에너지의 빛의 파장은 약 얼마인가?**

① 177nm ② 226nm
③ 590nm ④ 1,590nm

✔ $E=h\nu=h\frac{c}{\lambda}=h\bar{\nu}c$

에너지(E)는 파장(λ)에 반비례한다.

에너지가 3배가 되면 파장은 $\frac{1}{3}$배가 되므로

∴ $\lambda=530\,\text{nm}\times\frac{1}{3}=$ **177nm**

49 **다음 중 원적외선 영역의 파장(μm) 범위는?**

① 0.78~2.5 ② 2.5~15
③ 2.5~50 ④ 50~1,000

✔ **적외선 영역**

영역	파장(λ) 범위	파수($\bar{\nu}$) 범위
근적외선	0.78~2.5μm	12,800 ~4,000cm^{-1}
중적외선	2.5~50μm	4,000 ~2,000cm^{-1}
원적외선	50~1,000μm	200~10cm^{-1}
많이 사용하는 영역	2.5~25μm	4,000 ~400cm^{-1}

Check
파장(μm)과 파수(cm^{-1})의 관계

파수(cm^{-1})$=\frac{1}{\text{파장}(\mu m)}\times 10^4$

50 **원자흡수분광법에서 스펙트럼 방해를 제거하는 방법이 아닌 것은?**

① 연속광원 보정
② 보호제를 이용한 보정
③ Zeeman 효과를 이용한 보정
④ 광원 자체 반전에 의한 보정

정답 I 44.③ 45.② 46.③ 47.① 48.① 49.④ 50.②

✔ **보호제를 이용한 보정은 화학적 방해를 제거하는 방법**이다. 보호제는 분석물과 반응하여 안정하고 휘발성 있는 화합물을 형성하여 방해물질로부터 분석물을 보호해 주는 시약으로, 종류로는 EDTA, 8-hydroquinoline, APDC 등이 있다.

Check

원자흡수분광법의 스펙트럼 방해는 방해 화학종의 흡수선 또는 방출선이 분석선에 너무 가까이 있거나 겹쳐서 단색화 장치에 의하여 분리가 불가능한 경우에 생긴다. 연속광원 보정법, 두 선 보정법, Zeeman 효과에 의한 바탕 보정, 광원 자체 반전에 의한 바탕 보정으로 보정한다.

51 Beer의 법칙에 대한 실질적인 한계를 나타내는 항목이 아닌 것은?

① 단색의 복사선
② 매질의 굴절률
③ 전해질의 해리
④ 큰 농도에서 분자 간의 상호작용

✔ 베르(Beer)법칙은 단색 복사선에서만 확실하게 적용된다.

Check

- 몰흡광계수(ε)는 특정 파장에서 흡수한 빛의 양을 의미하며, 매질의 굴절률, 전해질을 포함하는 경우 전해질의 해리는 몰흡광계수를 변화시켜 베르법칙(흡광도 $A=\varepsilon bc$)의 편차를 유발한다.
- 다색 복사선에 대한 겉보기 기기 편차 : 다색 복사선의 경우 농도가 커질수록 흡광도가 감소한다.

52 적외선 흡수분광법에서 적외선을 가장 잘 흡수할 수 있는 화학종은?

① O_2　　② HCl
③ N_2　　④ Cl_2

✔ **O_2, N_2, Cl_2와** 같은 동핵 화학종의 진동이나 회전에서 쌍극자모멘트의 알짜변화가 일어나지 않는다.
→ 결과적으로 **적외선을 흡수할 수 없다.**
적외선의 흡수는 여러 가지 진동과 회전상태 사이에 작은 에너지 차가 존재하는 분자 화학종에만 일어난다. 적외선을 흡수하기 위하여 분자는 진동이나 회전운동의 결과로 쌍극자모멘트의 알짜변화를 일으켜야 한다.

53 IR을 흡수하려면 분자는 어떤 특성을 가지고 있어야 하는가?

① 분자구조가 사면체이면 된다.
② 공명구조를 가지고 있으면 된다.
③ 분자 내에 π결합이 있으면 된다.
④ 분자 내에서 쌍극자모멘트의 변화가 있으면 된다.

✔ 적외선을 흡수하기 위하여 분자는 진동이나 회전운동의 결과로 쌍극자모멘트의 알짜변화를 일으켜야 한다.

54 분산형 적외선(dispersive IR) 분광기와 비교할 때, Fourier 변환 적외선(FTIR) 분광기에서 사용되지 않는 장치는?

① 검출기(detector)
② 광원(light source)
③ 간섭계(interferometer)
④ 단색화 장치(monochromator)

✔ 일반적인 분광법에서는 단색화 장치를 이용하여 복사선의 세기를 주파수 또는 파장의 함수로 나타내는 주파수 함수 스펙트럼을 기록하지만 Fourier 변환 분광법에서는 빛을 분할하지 않고 전체 빛살을 일시에 받아들이는 간섭계를 사용하여 먼저 시간에 따른 복사선의 세기변화 관계를 나타내는 시간함수 스펙트럼을 기록한 후 수학적 변환을 통해 주파수 함수 스펙트럼으로 변환시킨다.
Fourier 변환 적외선 기기는 광원, 광검출기, Michelson 간섭계(빛살분할기, 고정거울, 이동거울)로 구성되며, **단색화 장치는 사용하지 않는다.**

55 원자 X선 분광법에 이용되는 X선 신호변환기 중 기체충전변환기에 속하지 않는 것은?

① 증강계수기
② 이온화상자
③ 비례계수기
④ Geiger관

✔ **X-선 변환기(광자계수기)**
1. 기체충전변환기 : **Geiger관, 비례계수기, 이온화상자**
2. 섬광계수기
3. 반도체변환기

정답 | 51.① 52.② 53.④ 54.④ 55.①

56 **핵자기공명 분광학에서 이용하는 파장은?**

① 적외선 ② 자외선
③ 라디오파 ④ 마이크로파

✔ 핵 스핀상태 전이를 일으키는 라디오파 영역의 복사선의 흡수를 이용하여 유기 및 무기 화합물의 구조를 밝히는 분광법이다. 핵자기공명 분광법은 유기분자의 탄소-수소 골격에 관한 "지도"를 제공함으로써 질량분석법, 적외선분광법 및 핵자기공명분광법을 함께 사용하면 매우 복잡한 분자의 구조 해석이 가능해진다.

57 **양성자의 자기모멘트 배열을 반대방향으로 변화시키는 데 100MHz의 라디오 주파수가 필요하다면, 양성자 NMR의 자석의 세기는 약 몇 T인가? (단, 양성자의 자기회전 비율은 $3.0\times10^8\,T^{-1}s^{-1}$이다.)**

① 2.1 ② 4.1
③ 13.1 ④ 23.1

✔ $\Delta E = h\nu = \gamma\left(\frac{h}{2\pi}\right)B_0$

여기서, γ : 자기회전 비율
B_0 : 외부 자기장 세기

$\nu = \frac{\gamma B_0}{2\pi}$ 이므로

$B_0 = \frac{2\pi\nu}{\gamma} = \frac{2\pi\times(100\times10^6)}{3.0\times10^8} = 2.1\text{T}$

58 **NMR 기기에서 자석은 자기장과 관련이 있으므로 중요한 부품이다. 감도와 분해능이 자석의 세기와 질에 따라서 달라지므로 자장의 세기를 정밀하게 조절하는 것이 중요하다. 다음 중 NMR 기기에서 사용되는 초전도 자석장치의 특징이 아닌 것은?**

① 자기장이 균일하고 재현성이 높다.
② 초전도 자석의 자기장이 일반 전자석보다 세다.
③ 전자석보다 복잡한 구조로 되어 있으므로 작동비가 많이 든다.
④ 초전도성을 유지하기 위해서 Nb/Sn이나 Nb/Ti 합금선으로 감은 솔레노이드를 사용한다.

✔ 초전도 자석장치는 매우 낮은 온도에서 전기저항이 0에 가까워지는 현상인 초전도 현상을 이용하므로 전자석보다 자기장의 세기가 크고, 안정도가 크며, **구조가 간단하고** 단순하며, 부피도 작고, **작동비가 비교적 적게 든다.**

59 **공장 인근의 해수에는 약 10mg/L 정도의 납(Pb)을 함유하고 있다. 유도결합플라스마 방출분광법(ICP-AES)으로 해수 시료를 분석하고자 할 때 가장 적절한 분석방법은?**

① ICP-AES로 분석하기 좋은 농도 범위이므로 전처리하지 않고 직접 분석한다.
② 해수에 염산(HCl)을 가하여 증발 · 농축시킨 후 질산으로 유기물을 분해시켜 ICP-AES로 분석한다.
③ 해수 중의 유기물을 질산(HNO_3)으로 분해시키고 NaCl(소금) 매트릭스로부터 납(Pb)을 분리 후 분석한다.
④ 해수 중에는 NaCl이 3% 정도 함유되어 있지만 Pb를 정량하는데 거의 영향을 주지 않으므로 유기물을 황산으로 분해시킨 후 직접 분석한다.

✔ 해수 중의 유기물을 산화력이 큰 **질산(HNO_3)으로 분해**시키고, 매트릭스에 의한 스펙트럼 방해를 제거하기 위해 **NaCl(소금) 매트릭스로부터 납(Pb)을 분리 후 분석한다.**

60 **나트륨은 589.0nm와 589.6nm에서 강한 스펙트럼띠(선)를 나타낸다. 두 선을 구분하기 위해 필요한 분해능은?**

① 0.6 ② 491.2
③ 589.3 ④ 982.2

✔ **분해능(R, resolution)**
인접 파장의 상을 분리하는 능력의 정도

$R = \frac{\lambda}{\Delta\lambda}$

여기서, λ : 두 상의 평균파장
$\Delta\lambda$: 두 상의 파장 차이

$\therefore R = \frac{\frac{589.0+589.6}{2}}{589.6-589.0} = 982.2$

정답 | 56.③ 57.① 58.③ 59.③ 60.④

제4과목 | 기기분석 II

61 **다음 그림은 어떤 시료의 얇은 층 크로마토그램이다. 이 시료의 지연인자(retardation factor) R_f값은?**

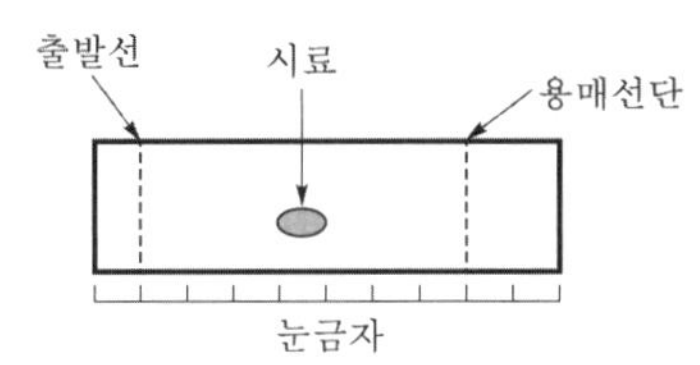

① 0.10 ② 0.20
③ 0.30 ④ 0.50

✔ **지연인자(R_f, 지연지수)**

용매의 이동거리와 용질(각 성분)의 이동거리의 비

$R_f = \frac{d_R}{d_M}$ (시료의 출발선으로부터 측정한 직선거리)

여기서, d_M : 용매의 이동거리

d_R : 용질의 이동거리

$\therefore R_f = \frac{3.5}{7} = 0.50$

62 **질량분석기에서 사용하는 시료 도입장치가 아닌 것은?**

① 직접 도입장치
② 배치식 도입장치
③ 펠렛식 도입장치
④ 크로마토그래피 도입장치

✔ **펠렛식 도입장치**는 적외선 흡수분광법에서 고체 시료를 도입하는 장치이다.

Check

질량분석기에서 시료 도입장치는 매우 적은 양의 시료를 질량분석계로 보내어 기체이온으로 만든다. 고체나 액체 시료를 기화시키는 장치가 포함되기도 한다.

- **직접 도입장치**
  열에 불안정한 화합물, 고체 시료, 비휘발성 액체인 경우, 진공 봉쇄상태로 되어 있는 시료를 직접 도입 탐침에 의해 이온화 지역으로 주입된다.
- **배치식 도입장치**
  기체나 끓는점이 500℃까지의 액체인 경우, 압력을 감압하여 끓는점을 낮추어 기화시킨 후 기체 시료를 진공인 이온화 지역으로 새어 들어가게 한다.
- **크로마토그래피 또는 모세관 전기이동 도입장치**
  GC/MS, LC/MS 또는 모세관 전기이동관을 질량분석기와 연결시키는 장치, 용리 기체로 용리한 후 용리 기체와 분리된 시료 기체를 도입한다.

63 **다음 중 갈바니전지에서 전류가 흐를 때 전위가 달라지는 요인으로 가장 거리가 먼 것은 어느 것인가?**

① 저항전위
② 압력 과전압
③ 농도 편극 과전압
④ 전하이동 편극 과전압

✔ 전기화학전지에서 전류가 흐르면 측정한 전지전위는 열역학적 계산결과(전류를 흐르게 하고 전위를 측정하는 전위차법)와는 달라진다. 이런 차이는 **저항전위**(IR 강하), **농도 편극 과전압, 전하-이동 과전압**, 반응 과전압, 확산 과전압, 결정화 과전압과 같은 몇 가지 편극효과를 포함하는 현상 때문에 일어난다. 이 차이는 갈바니전지의 전위를 감소시키고 전기분해전지에서는 전해전류가 흐르는 데 필요한 전위를 증가시킨다.

64 **원자질량분석장치 중에서 상업화가 가장 많이 되어 쓰이는 것은 ICP-MS이다. 이들 장치에 대한 설명으로 가장 바르게 설명한 것은?**

① Ar을 이용한 사중극자 ICP-MS에서는 Fe, Se 등의 주동위원소들이 간섭 없이 고감도로 측정이 잘 된다.
② ICP와 결합된 sector 질량분석장치는 고분해능이면서 photon baffle이 필요 없어 고감도 기능을 유지한다.
③ Ar 플라스마는 고온이므로 모두 완전히 분해되어 측정되므로 OH_2^+ 등의 poly-atomic 이온에 의한 간섭이 없다.
④ Ar ICP는 고온의 플라스마이므로, F 등의 할로젠 원소들도 완전히 이온화시켜 측정할 수 있다.

정답 | 61.④ 62.③ 63.② 64.②

✔ ICP-MS 장치
ICP-MS에서 플라스마 중의 광자가 이온과 함께 검출기에 도달하면 신호를 나타낼 수 있으므로 광자의 흐름을 차단하는 칸막이인 photon baffle을 이용하여 플라스마 중의 광자가 검출기에 도달하지 못하도록 막는다. ICP와 결합된 sector 질량분석장치는 자기장에 의해 이온들의 진행방향이 휘어져 검출기에 도달하고 광자는 자기장에 영향을 받지 않아 검출기에 도달하지 않으므로 photon baffle이 필요 없어 고분해능이면서 고감도 기능을 유지한다.

65 **초미립 세라믹 분말이나, 세라믹 분말로 만들어진 소재 및 부품들에 존재하는 금속원소들을 분석 시 시료를 단일 산이나, 혼합 산으로 녹일 때 잘 녹지 않는 시료들이 많다. 이러한 경우에 시료를 전처리 없이 직접 원자화 장치에 도입할 수 있는 방법은 여러 가지가 있다. 다음 중 고체 분말이나 시편을 녹이지 않고 직접 도입하는 방법이 아닌 것은?**

① 전열가열법
② 레이저증발법
③ fritted disk 분무법
④ 글로우방전법

✔ 고체 시료의 도입방법으로는 직접 시료 도입, **전열증기화**, **레이저 증발**, 아크와 스파크 증발, **글로우방전법**이 있다.

66 **일반적으로 사용되는 기체 크로마토그래피의 검출기 중 보편적으로 사용되는 검출기가 아닌 것은 어느 것인가?**

① Refractive Index Detector(RID)
② Flame Ionization Detector(FID)
③ Electron Capture Detector(ECD)
④ Thermal Conductivity Detector(TCD)

✔ **굴절률검출기**(RID ; refractive index detector)는 **액체 크로마토그래피 검출기**이다.

Check
기체 크로마토그래피 검출기
1. 불꽃이온화검출기
(FID ; flame ionization detector)
2. 전자포착검출기
(ECD ; electron capture detector)
3. 열전도도검출기
(TCD ; thermal conductivity detector)
4. 황화학발광검출기
(SCD ; sulfur chemiluminescene detector)
5. 원자방출검출기
(AED ; atomic emission detector)
6. 열이온검출기
(TID ; thermionic detector)
7. 불꽃광도검출기
(FPD ; flame photometric detector)
8. 광이온화검출기
(photoionization detector)

67 **액체 크로마토그래피에 쓰이는 다음 용매 중 극성이 가장 큰 용매는?**

① 물(water)
② 톨루엔(toluene)
③ 메탄올(metanol)
④ 아세토나이트릴(acetonitrile)

✔ 극성 세기 비교
물(H_2O) > 아세토나이트릴(CH_3CN) > 메탄올(CH_3OH) > 톨루엔($C_6H_5CH_3$)

68 **폴리에틸렌에 포함된 카본블랙을 정량하고자 한다. 가장 알맞은 열분석법은?**

① TGA ② DSC
③ DTA ④ TMA

✔ 카본블랙은 흑색의 미세한 탄소분말로 산소와 반응하여 이산화탄소로 쉽게 날아가므로 온도를 증가시키면서 탈수나 분해를 포함하는 전이를 온도나 시간의 함수로써 질량 감소를 측정하는 **TGA(열무게분석법)**가 적합하다.

69 **질량분석기의 이온화 장치(ionization source) 중 시료분자 및 이온의 부서짐 및 토막내기(fragmentation)가 가장 많이 일어나는 것은?**

① 장이온화(field ionization)
② 화학이온화(chemical ionization)
③ 전자충격이온화(electron impact ionization)
④ 기질보조 레이저탈착이온화(martix assisted laser desorption ionization)

정답 | 65.③ 66.① 67.① 68.① 69.③

✔ 전자충격이온화(EI)
시료의 온도를 충분히 높여 분자증기를 만들고 기화된 분자들이 높은 에너지의 전자빔에 의해 부딪혀서 이온화되며, 고에너지의 빠른 전자빔으로 분자를 때리므로 토막내기 과정이 매우 잘 일어난다. 토막내기 과정으로 생긴 분자이온보다 작은 질량의 이온을 딸이온(daughter ion)이라 하며, 센 이온원으로 분자이온이 거의 존재하지 않으므로 분자량의 결정이 어렵다. 또한 토막내기가 잘 일어나므로 스펙트럼이 가장 복잡하며, 기화하기 전에 분석물의 열분해가 일어날 수 있다.

70 다음 ( ) 안에 알맞은 용어는?

최신 열무게측정기기(TGA)는 ( ), 전기로, 기체주입장치, 마이크로컴퓨터/마이크로프로세스로 구성되어 있다.

① 시린저
② 검출기
③ 정교하게 제작된 온도계
④ 감도가 매우 좋은 분석저울

✔ 열무게측정법(TGA) 기기장치
1. **감도가 매우 좋은 분석저울**
2. 전기로 : 시료를 가열하는 장치
3. 온도감응장치 : 시료의 온도를 측정하고 기록하는 장치
4. 기체주입장치 : 질소 또는 아르곤을 전기로에 넣어 주어 시료가 산화되는 것을 방지한다.
5. 기기장치의 조정과 데이터 처리를 위한 장치

71 다음 중 GLC에 사용되는 고체 지지체 물질(solid support)의 조건으로 적합하지 않은 것은?

① 단단해서 쉽게 깨지지 않아야 한다.
② 입자 모양과 크기가 불균일하여야 한다.
③ 단위체적당 큰 비표면적을 가져야 한다.
④ 액체 정지상을 쉽고 균일하게 도포할 수 있어야 한다.

✔ 고체 지지체의 성질
1. 단단해서 쉽게 깨지지 않아야 한다.
2. **입자 모양과 크기가 작고 균일해야 한다.**
3. 단위체적당 큰 비표면적을 가져야 한다.
4. 액체 정지상을 쉽고 균일하게 도포할 수 있어야 한다.
5. 고온에서 비활성이어야 한다.

72 다음 전지의 전위는?

- $Zn \mid Zn^{2+}(1.0M) \parallel Cu^{2+}(1.0M) \mid Cu$
- $Zn^{2+} + 2e^- \rightarrow Zn,\ E^\circ = -0.763V$
- $Cu^{2+} + 2e^- \rightarrow Cu,\ E^\circ = 0.337V$

① −1.10V ② −0.42V
③ 0.427V ④ 1.10V

✔ $E_{cell} = E_+ - E_- = E_{환원} - E_{산화}$

Nernst 식 : $E = E^\circ - \frac{0.05916}{n}\log Q$

여기서, E° : 표준환원전위
n : 전자의 볼수
Q : 반응지수

Zn^{2+}, Cu^{2+}의 농도가 1M이므로 표준환원전위의 차이로 전지전위를 구한다.

$\therefore E_{cell} = 0.337 - (-0.763) = 1.100V$

73 전기분석법이 다른 분석법에 비하여 갖고 있는 특징에 대하여 설명한 것 중 옳지 않은 것은?

① 기기장치가 비교적 저렴하다.
② 복잡한 시료에 대한 선택성이 있다.
③ 화학종의 농도보다 활동도에 대한 정보를 제공한다.
④ 전기화학측정법은 한 원소의 특정 산화상태에 따라 측정된다.

✔ 전기분석법은 분석 성분의 산화·환원 과정에 따른 전위나 전류를 측정하는 것에 기초하는 분석방법이므로 대부분의 화학종이 산화·환원 반응이 가능하므로 **복잡한 시료에 대한 선택성은 가지지 않는다.**

74 다음 중 기준전극으로 주로 사용되는 전극은 어느 것인가?

① Cu/Cu^{2+} 전극 ② $Ag/AgCl$ 전극
③ Cd/Cd^{2+} 전극 ④ Zn/Zn^{2+} 전극

✔ 기준전극
어떤 한 전극전위 값이 이미 알려져 있든지, 일정한 값을 유지하든지, 분석물 용액의 조성에 대하여 완전히 감응하지 않는 전극이다.
1. 포화 칼로멜 전극(SCE) : 염화수은(Ⅰ)(Hg_2Cl_2, 칼로멜)으로 포화되어 있고 포화 염화포타슘(KCl) 용액에 수은을 넣어 만든다.
2. **은-염화은(Ag/AgCl) 전극** : 염화은(AgCl)으로 포화된 염화포타슘(KCl) 용액 속에 잠긴 은(Ag) 전극으로 이루어져 있다.

정답 | 70.④ 71.② 72.④ 73.② 74.②

75 **순환 전압-전류법(cyclic voltammetry)에 대한 설명으로 틀린 것은?**

① 두 전극 사이에 정주사(forward scan) 방향으로 전위를 걸다가 역주사(reverse scan) 방향으로 원점까지 전위를 낮춘다.
② 작업전극의 표면적이 같다면, 전류의 크기는 펄스 차이 폴라로그래피 전류와 거의 같다.
③ 가역반응에서는 양극 봉우리 전류와 음극 봉우리 전류가 거의 같다.
④ 가역반응에서는 양극 봉우리 전위와 음극 봉우리 전위의 차이는 $\frac{0.0592}{n}$[V]이다.

✔ 작업전극의 표면적이 같다면 **펄스 차이 폴라로그래피**가 펄스를 주지 않는 전압-전류법에 비해 **전류의 크기는 크다.**

76 **액체 크로마토그래피에서 주로 이용되는 기울기 용리(gradient elution)에 대한 설명으로 틀린 것은?**

① 용매의 혼합비를 분석 시 연속적으로 변화시킬 수 있다.
② 분리시간을 크게 단축시킬 수 있다.
③ 극성이 다른 용매는 사용할 수 없다.
④ 기체 크로마토그래피의 온도변화 분석과 유사하다.

✔ 기울기 용리(gradient elution)
극성이 다른 2~3가지 용매를 사용하여, 용리가 시작된 후에 용매들을 섞는 비율은 이미 프로그램된 비율에 따라 단계적으로 또는 연속적으로 변화시킨다. 분리효율을 높이고 분리시간을 단축시키기 위해 사용하며, 기체 크로마토그래피에서 온도프로그래밍을 이용하여 얻은 효과와 유사한 효과가 있다. 그리고 일정한 조성의 단일 용매를 사용하는 분리법을 등용매 용리라고 한다.

77 **질량분석계의 질량분석장치를 이용하는 방법에 해당되지 않는 분석기는?**

① 원도 질량분석기
② 사중극자 질량분석기
③ 이중초점 질량분석기
④ 자기장 부채꼴 질량분석기

✔ 질량분석기 종류
1. **사중극자 질량분석기**
2. **이중초점 질량분석기**
3. 자기장 섹터 분석기(=**자기장 부채꼴 질량분석기**, 단일초점 분석기)
4. 비행-시간 분석기(TOF)
5. 이온포착(이온포집) 분석기
6. Fourier 변환 질량분석기

78 **아주 큰 분자량을 갖는 극성 생화학 고분자의 분자량에 대한 정보를 알 수 있는 가장 유용한 이온화법은?**

① 장이온화(FI)
② 화학이온화(CI)
③ 전자충격이온화(EI)
④ 매트릭스 지원 레이저 탈착 이온화(MALDI)

✔ 비휘발성이거나 열적으로 불안정한 시료를 다루기 위해 여러 가지 탈착 이온화 방법이 개발되어 예민한 생화학적 물질과 분자량이 10^5Da 이상의 큰 화학종의 질량스펙트럼 분석이 가능하다. 탈착방법은 시료의 기화 과정과 이온화 과정 없이 여러 가지 형태의 에너지를 고체나 액체 시료에 가해서 직접 기체 상태의 이온을 형성하여 스펙트럼은 매우 간단해져서 분자이온이나 혹은 양성자가 첨가된 분자이온만 형성할 때도 있다. 장탈착식 이온화(FD), 전기분무 이온화(ESI), **매트릭스 지원 레이저 탈착 이온화(MALDI)**, 빠른 원자충격이온화(FAB) 장치가 있다.

79 **2.00mmol의 전자가 2.00V의 전위차를 가진 전지를 통하여 이동할 때 행한 전기적인 일의 크기는 약 몇 J인가? (단, Faraday 상수는 96,500C/mol이다.)**

① 193J
② 386J
③ 483J
④ 965J

✔ 일(J) = 전하량(C) × 전위차(V)
1J의 에너지는 1C의 전하가 전위차가 1V인 점들 사이를 이동할 때 얻거나 잃은 양이다.
∴ 일(J) $= 2.00\times10^{-3}$mol × 96,500C/mol × 2.00V
= 386J

정답 | 75.② 76.③ 77.① 78.④ 79.②

80 **이온교환 크로마토그래피를 이용하여 음이온, 할로젠화물, 알칼로이드, 비타민 B 복합물 및 지방산을 분리하는 데 가장 적절한 이온-교환 수지는?**

① 강산성 양이온-교환수지
② 약산성 양이온-교환수지
③ 강염기성 음이온-교환수지
④ 약염기성 음이온-교환수지

✔ 이온교환 크로마토그래피는 정지상으로 이온교환수지를 이용하여 이온들을 분리하고 정량하는 방법이다. 음이온을 분리하기 위해서는 음이온교환수지를, 알칼로이드가 들어 있으므로 **강염기성 음이온-교환수지**를 사용한다.

정답 | 80.③

길을 가다가 돌이 나타나면
약자는 그것을 걸림돌이라고 말하고,
강자는 그것을 디딤돌이라고 말한다.

-토마스 칼라일(Thomas Carlyle)-

☆

같은 돌이지만 바라보는 시각에 따라 그리고 마음가짐에 따라
걸림돌이 되기도 하고 디딤돌이 되기도 합니다.
자기에게 주어진 상황을 활용할 줄 아는 자만이
성공의 문에 도달할 수 있습니다. ^^

2018 제1회 화학분석기사

2018년 3월 4일 시행

제1과목 | 일반화학

01 다음과 같은 반응에서 압력을 증가시키면 어떻게 되는가?

$$3H_2(g) + N_2(g) \rightleftarrows 2NH_3(g)$$

① 평형이 왼쪽으로 이동
② 평형이 오른쪽으로 이동
③ 평형이 이동하지 않음
④ 평형이 양쪽으로 이동

✔ 어떤 반응이 평형상태에 있을 때 일정한 온도에서 압력을 변화시키면 르 샤틀리에 원리에 의해 그 압력 변화를 줄이는 방향으로 알짜반응이 진행되어 평형이 이동한다.
1. 압력이 높아지면(입자수 증가)
➜ 기체의 몰수가 감소하는 방향으로 평형 이동
2. 압력이 낮아지면(입자수 감소)
➜ 기체의 몰수가 증가하는 방향으로 평형 이동
∴ **압력을 증가시키면** 4 → 2 기체의 몰수가 감소하는 **오른쪽으로 평형 이동**

02 1.00g의 아세틸렌이 완전히 연소할 때 생성되는 이산화탄소의 부피는 표준상태에서 몇 L인가? (단, 모든 기체는 이상기체라고 가정한다.)

① 1.225L ② 1.725L
③ 2.225L ④ 2.725L

✔ 표준상태(0℃, 1atm)에서 모든 기체 1몰의 부피는 22.4L이다.
아세틸렌의 완전연소 반응식
$2C_2H_2 + 5O_2 \rightarrow 4CO_2 + 2H_2O$

$$1.00\text{g } C_2H_2 \times \frac{1\text{mol } C_2H_2}{26\text{g } C_2H_2} \times \frac{4\text{mol } CO_2}{2\text{mol } C_2H_2}$$

$$= 7.692 \times 10^{-2} \text{ mol } CO_2$$

$$\therefore 7.692 \times 10^{-2} \text{ mol } CO_2 \times \frac{22.4\text{L}}{1\text{mol}} = \mathbf{1.723L}$$

03 화학식과 그 명칭을 잘못 연결한 것은?

① C_3H_8 – 프로판 ② C_4H_{10} – 펜탄
③ C_6H_{14} – 헥산 ④ C_8H_{18} – 옥탄

✔ 알케인(alkane)
탄소원자 사이의 결합이 모두 단일결합인 사슬모양의 포화탄화수소로, 일반식은 C_nH_{2n+2}, (n=1, 2, 3, …)이다. 명명법은 탄소수를 나타내는 말의 어미에 '–에인(ane)'을 붙인다.
1. C_4H_{10} – **뷰탄(뷰테인)** : 탄소수가 4인 알케인
2. C_5H_{12} – 펜탄(펜테인) : 탄소수가 5인 알케인

04 질산(HNO_3) 23g이 물 200g에 녹아 있다. 이 질산 용액의 몰랄농도는 약 얼마인가?

① 1.243m ② 1.825m
③ 2.364m ④ 2.992m

✔ 몰랄농도(m)
용매 1kg 속에 녹아 있는 용질의 몰수를 나타낸 농도, 단위는 mol/kg이다.

$$23\text{g } HNO_3 \times \frac{1\text{mol } HNO_3}{63\text{g } HNO_3} \times \frac{1}{0.20\text{kg}} = 1.825\text{m}$$

05 다음 반응에 대한 평형상수 K_c를 올바르게 나타낸 것은?

$$NH_4NO_3(s) \rightleftarrows N_2O(g) + 2H_2O(g)$$

① $K_c = \dfrac{[N_2O(g)][H_2O(g)]^2}{[NH_4NO_3(s)]^2}$

② $K_c = \dfrac{[N_2O(g)][H_2O(g)]^2}{[NH_4NO_3(s)]^3}$

③ $K_c = [N_2O(g)][H_2O(g)]^2$

④ $K_c = \dfrac{[N_2O(g)][H_2O(g)]^2}{[NH_4NO_3(s)]}$

✔ 화학평형에 관한 반응식 $aA + bB \rightleftarrows cC + dD$에서 평형상수식은 다음과 같다.

$$K_c = \frac{[C]^c[D]^d}{[A]^a[B]^b}$$

평형상수식의 농도(또는 압력)는 각 물질의 몰농도(또는 압력)를 열역학적 표준상태인 1M(또는 1atm)로 나눈 농도비(또는 압력비)이므로, 단위들이 상쇄되므로 평형상수는 단위가 없다.
화학종이 순수한 액체, 순수한 고체, 또는 용매가 과량으로 존재한다면 평형상수식에 나타나지 않는다.
$NH_4NO_3(s) \rightleftarrows N_2O(g) + 2H_2O(g)$의 평형상수는 $K_c = [N_2O][H_2O]^2$이다.

정답 | 01.② 02.② 03.② 04.② 05.③

06 원자에 대한 설명 중 틀린 것은?

① 수소원자(H)는 1개의 중성자와 1개의 양성자 그리고 1개의 전자로 이루어져 있다.
② 수소원자에서 전자가 빠져 나가면 수소이온(H^+)이 된다.
③ 수소원자에서 전자가 빠져 나간 것이 양성자이다.
④ 탄소의 경우처럼 수소 역시 동위원소들이 존재한다.

✔ ① 수소원자(^1_1H)는 **양성자 1개, 중성자 0개, 전자 1개**로 이루어져 있다.
②, ③ 수소원자에서 전자가 빠져 나가면 양성자 1개만 남게 되고 이를 수소이온(H^+) 또는 양성자라고 한다.
④ 수소의 동위원소는 수소(^1_1H), 중수소(^2_1H), 삼중수소(^3_1H) 3가지가 존재한다.
- ^1_1H : 양성자 1개, 중성자 0개, 전자 1개
- ^2_1H : 양성자 1개, 중성자 1개, 전자 1개
- ^3_1H : 양성자 1개, 중성자 2개, 전자 1개

07 NaBr과 Cl_2가 반응하여 NaCl과 Br_2를 형성하는 반응의 두 반쪽반응은?

① (산화) : $Cl_2 + 2e^- \rightarrow 2Cl^-$
(환원) : $2Br^- \rightarrow Br_2 + 2e^-$
② (산화) : $2Br^- \rightarrow Br_2 + 2e^-$
(환원) : $Cl_2 + 2e^- \rightarrow 2Cl^-$
③ (산화) : $Br^- \rightarrow Br + e^-$
(환원) : $Cl + e^- \rightarrow Cl^-$
④ (산화) : $Br + 2e^- \rightarrow Br^{2-}$
(환원) : $2Cl^- \rightarrow Cl_2 + 2e^-$

✔ 어떤 원자나 이온이 전자를 잃으면 산화수가 증가하고 전자를 얻으면 산화수가 감소한다. 산화수가 증가하는 반응을 산화라 하고, 산화수가 감소하는 반응을 환원이라고 한다.

$$\underset{+1\ -1}{2NaBr} + \underset{0}{Cl_2} \rightarrow \underset{+1\ -1}{2NaCl} + \underset{0}{Br_2}$$

(Br: $-1 \rightarrow 0$, Cl: $0 \rightarrow -1$)

산화수 증가($-1 \rightarrow 0$), **산화** : $2Br^- \rightarrow Br_2 + 2e^-$
산화수 감소($0 \rightarrow -1$), **환원** : $Cl_2 + 2e^- \rightarrow 2Cl^-$

08 40.9% C, 4.6% H, 54.5% O의 질량백분율 조성을 가지는 화합물의 실험식에 가장 가까운 것은 어느 것인가?

① CH_2O ② $C_3H_4O_3$
③ $C_6H_5O_6$ ④ $C_4H_6O_3$

✔ 실험식은 화합물을 이루는 원자나 이온의 종류와 수를 가장 간단한 정수비로 나타낸 식으로, 어떤 물질의 화학식을 실험적으로 구할 때 가장 먼저 구할 수 있는 식이며, 성분 원소의 질량비를 원자량으로 나누어 원자수의 비를 구하여 실험식을 나타낸다.

단계 1) % → g 바꾸기
전체 양을 100g으로 가정한다.
40.9% C → 40.9g C
4.6% H → 4.6g H
54.5% O → 54.5g O

단계 2) g → mol 바꾸기 : 몰질량을 이용한다.

탄소 C : $40.9\,gC \times \dfrac{1\,mol\,C}{12\,gC} \fallingdotseq 3.4\,mol\,C$

수소 H : $4.6\,gH \times \dfrac{1\,mol\,H}{1\,gH} = 4.6\,mol\,H$

산소 O : $54.5\,gO \times \dfrac{1\,mol\,O}{16\,gO} \fallingdotseq 3.4\,mol\,O$

단계 3) mol비 구하기 : 가장 간단한 정수비로 나타낸다.
C : H : O = 3.4 : 4.6 : 3.4
= 1 : 1.35 : 1
= 3 : 4 : 3

∴ 실험식은 $C_3H_4O_3$이다.

09 다음 중 물에 대한 용해도가 가장 낮은 물질은 어느 것인가?

① CH_3CHO
② CH_3COCH_3
③ CH_3OH
④ CH_3Cl

✔ 극성 물질은 극성 용매에, 비극성 물질은 비극성 용매에 녹기 때문에 극성이면서 수소결합을 할 수 있는 분자가 물에 대한 용해도가 크다. 아세트알데하이드(CH_3CHO), 아세톤(CH_3COCH_3), 메탄올(CH_3OH)은 모두 전기음성도가 큰 산소원자를 가지고 있어 극성이 크고 수소결합도 할 수 있어 물에 대한 용해도가 큰 것에 비해, 염화메탄(CH_3Cl)은 전기음성도가 작은 치를 가지고 있어 극성이 작고 수소결합을 할 수 없으므로 물에 대한 용해도가 가장 낮다.

정답 | 06.① 07.② 08.② 09.④

10 $CH_3COOCH_2CH_3$를 특성기에 따라 분류하면 다음 중 무엇에 해당하는가?

① 카복시산류
② 에스터류
③ 알데하이드류
④ 에터류

✔ 특성기에 따라 분류하면 $CH_3-COO-CH_2CH_3$는 **-COO-에스터기**를 포함하고 있다.
① 카복시산 : -COOH
③ 알데하이드 : -CHO
④ 에터 : -O-

11 이소프로필알코올(isopropyl alcohol)을 올바르게 나타낸 것은?

① CH_3-CH_2-OH
② $CH_3-CH(OH)-CH_3$
③ $CH_3-CH(OH)-CH_2-CH_3$
④ $CH_3-CH_2-CH_2-OH$

✔ ① CH_3-CH_2-OH : 에틸알코올
② **$CH_3-CH(OH)-CH_3$: 이소프로필알코올**
③ $CH_3-CH(OH)-CH_2-CH_3$: 이소부틸알코올
④ $CH_3-CH_2-CH_2-OH$: 노말프로필알코올

12 다음 중 산-염기 반응의 쌍이 아닌 것은?

① C_2H_5OH + $HCOOH$
② CH_3COOH + $NaOH$
③ CO_2 + $NaOH$
④ H_2CO_3 + $Ca(OH)_2$

✔ ① **$C_2H_5OH + HCOOH \rightarrow HCOOC_2H_5 + H_2O$**
: 알코올(에틸알코올)과 산의 축합반응
② $CH_3COOH + NaOH \rightarrow CH_3COONa + H_2O$
: 산과 염기의 반응
③ $CO_2 + 2NaOH \rightarrow Na_2CO_3 + H_2O$
: CO_2는 전자쌍을 받아 CO_3^{2-}가 되므로 루이스 산으로 정의된다. 산과 염기의 반응
④ $H_2CO_3 + Ca(OH)_2 \rightarrow CaCO_3 + 2H_2O$
: 산과 염기의 반응

13 25℃에서 에틸알코올(C_2H_5OH) 30.0g을 물 100.0g에 녹여 만든 용액의 증기압(mmHg)은 얼마인가? (단, 25℃에서 순수한 물의 증기압은 23.8mmHg이고, 순수한 에틸알코올에 대한 증기압은 61.2mmHg이다.)

① 24.5mmHg
② 27.7mmHg
③ 36.8mmHg
④ 52.3mmHg

✔ 돌턴의 부분압력 법칙에 따라, 두 휘발성 액체 A와 B의 혼합물에서 전체 증기압력 $P_{전체}$는 각 성분의 증기압력인 P_A와 P_B의 합이다.
각 성분의 증기압력 P_A와 P_B는 라울법칙에 따라 계산한다. 즉, A의 증기압력은 A의 몰분율(X_A)과 순수한 A의 증기압력($P°_A$)을 곱한 값과 같고, B의 증기압력은 B의 몰분율(X_B)과 순수한 B의 증기압력($P°_B$)을 곱한 값과 같다.

$$P_{전체} = P_A + P_B = (X_A \cdot P°_A) + (X_B \cdot P°_B)$$

$$30.0\text{g } C_2H_5OH \times \frac{1\text{mol } C_2H_5OH}{46\text{g } C_2H_5OH} \fallingdotseq 0.65\text{mol } C_2H_5OH$$

$$100.0\text{g } H_2O \times \frac{1\text{mol } H_2O}{18\text{g } H_2O} \fallingdotseq 5.56\text{molg } H_2O$$

$$\therefore \left(\frac{0.65}{0.65+5.56} \times 61.2\right) + \left(\frac{5.56}{0.65+5.56} \times 23.8\right) = 27.7\text{mmHg}$$

14 주기율표에 대한 일반적인 설명 중 가장 거리가 먼 것은?

① 주기율표는 원자번호가 증가하는 순서로 원소를 배치한 것이다.
② 세로열에 있는 원소들이 유사한 성질을 가진다.
③ 1A족 원소를 알칼리금속이라고 한다.
④ 2A족 원소를 전이금속이라고 한다.

✔ **족(group)**
주기율표의 세로줄로 1~18족으로 구성되며, 같은 족 원소를 동족원소라고 한다. 1(1A)족 원소를 알칼리금속, **2(2A)족 원소를 알칼리토금속**, 17(7A)족 원소를 할로젠, 18(8A)족 원소를 비활성 기체, **3~12족의 원소들은 전이원소(전이금속)**이라고 한다.

정답 | 10.② 11.② 12.① 13.② 14.④

15 질량백분율이 37%인 염산의 몰농도는 약 얼마인가? (단, 염산의 밀도는 1.188g/mL이다.)

① 0.121M
② 0.161M
③ 12.1M
④ 16.1M

✔ $\frac{37\text{g HCl}}{100\text{g 용액}} \times \frac{1.188\text{g 용액}}{1\text{mL 용액}} \times \frac{1{,}000\text{mL 용액}}{1\text{L 용액}} \times \frac{1\text{mol HCl}}{36.5\text{g HCl}} = 12.04\text{M}$

16 다음의 반응에서 산화되는 물질은 무엇인가?

$Cl_2(g) + 2Br^-(aq) \rightarrow 2Cl^-(aq) + Br_2(l)$

① Br^-　② Cl_2
③ Br_2　④ Cl_2, Br_2

✔ $\underset{0}{Cl_2}(g) + 2\underset{-1}{Br^-}(aq) \rightarrow 2\underset{-1}{Cl^-}(aq) + \underset{0}{Br_2}(l)$
산화수 증가(−1 → 0), **산화** : $2Br^- \rightarrow Br_2 + 2e^-$
산화수 감소(0 → −1), 환원 : $Cl_2 + 2e^- \rightarrow 2Cl^-$
∴ 산화되는 물질은 Br^-이다.

17 다음 중 이온에 대한 설명으로 틀린 것은 어느 것인가?

① 전기적으로 중성인 원자가 전자를 얻거나 잃어버리면 이온이 만들어진다.
② 원자가 전자를 잃어버리면 양이온을 형성한다.
③ 원자가 전자를 받아들이면 음이온을 형성한다.
④ 이온이 만들어질 때 핵의 양성자수가 변해야 한다.

✔ 이온의 형성은 전자만 관여하므로 핵의 양성자수는 변하지 않으며, 양성자수가 변하면 다른 원소가 되며 이 과정은 핵반응에서 일어난다.

18 다음 원자나 이온 중 짝짓지 않은 3개의 홀전자를 가지는 것은?

① N　② O
③ Al　④ S^{2-}

✔ **전자 배치**
① $_7N : 1s^2 2s^2 2p_x^1 2p_y^1 2p_z^1$
② $_8O : 1s^2 2s^2\ 2p_x^2 2p_y^1 2p_z^1$
③ $_{13}Al : 1s^2 2s^2 2p^6 3s^2 3p_x^1$
④ $_{16}S^{2-} : 1s^2 2s^2 2p^6 3s^2 3p_x^2 3p_y^2 3p_z^2$
∴ $_7N$가 짝짓지 않은 **3개의 홀전자**를 갖는다.

19 유기화합물의 작용기 구조를 나타낸 것 중 틀린 것은?

① 케톤 : $>C=O$
② 아민 : $-\overset{|}{\underset{|}{C}}-\overset{|}{\underset{|}{N}}-$
③ 알데하이드 : $-\overset{O}{\overset{\|}{C}}-H$
④ 에스터 : $-\overset{O}{\overset{\|}{C}}-O-$

✔ 아민은 NH_3의 수소가 다른 알킬기로 치환된 화합물로 R_3N의 일반식을 갖는 유기 염기이고, R 중 하나는 알킬기나 방향족 탄화수소기이며, 치환된 알킬기(R)의 수에 따라 1차 아민, 2차 아민, 3차 아민으로 분류한다.
∴ ② N에 알킬기 4개가 결합되어 있으면 **4차 암모늄염의 양이온**이 된다.

20 물질의 구성에 관한 설명 중 틀린 것은?

① 몰(mole)질량의 단위는 g/mol이다.
② 아보가드로수는 수소 12.0g 속의 수소원자의 수에 해당한다.
③ 몰(mole)은 아보가드로수만큼의 입자들로 구성된 물질의 양을 의미한다.
④ 분자식은 분자를 구성하는 원자의 종류와 수를 원소기호를 사용하여 나타낸 화학식이다.

✔ **1몰(mol)**
정확히 **12.0g 속의 $^{12}_{6}C$ 원자의 수**, 6.022×10^{23}개의 입자를 뜻하며, 이 수를 아보가드로수라고 한다.

정답 | 15.③ 16.① 17.④ 18.① 19.② 20.②

제2과목 | 분석화학

21 킬레이트 적정법에서 사용하는 금속 지시약이 가져야 할 조건이 아닌 것은?

① 금속 지시약은 금속이온과 반응하여 킬레이트화합물을 형성할 수 있어야 한다.
② 금속 지시약이 금속이온과 반응하여 형성하는 킬레이트화합물의 안정도 상수는 킬레이트 표준용액이 금속 지시약과 반응하여 형성하는 킬레이트화합물의 안정도 상수보다 작아야 한다.
③ 적정에 사용하는 금속 지시약에 농도는 가능한 한 진하게 해야 하고, 금속이온의 농도는 작게 해야 한다.
④ 금속 지시약과 금속이온이 만드는 킬레이트화합물은 분명하게 특이한 색깔을 띠어야 한다.

✔ 적정에 사용하는 금속 지시약의 농도는 **가능한 한 묽게 하여** 적정 반응에 대한 영향을 최소화해야 한다.

22 20.00mL의 0.1000M Hg_2^{2+}를 Cl^-로 적정하고자 한다. 반응을 완결시키는 데 필요한 0.1000M Cl^-의 부피(mL)는 얼마인가? (단, $Hg_2Cl_2(s) \rightleftarrows Hg_2^{2+}(aq)+2Cl^-(aq)$, $K_{sp}=1.2\times10^{-18}$이다.)

① 10mL　　② 20mL
③ 30mL　　④ 40mL

✔ $Hg_2^{2+}(aq) + 2Cl^-(aq) \rightleftarrows Hg_2Cl_2(s)$에서
1mmol Hg_2^{2+} : 2mmol Cl^-
$=(0.1000M\times20.00mL) : (0.1000M\times x(mL))$
$\therefore x=40.00mL$

23 다음 중 부피분석에 해당하지 않는 것은?

① 젤 투과에 의한 단백질 분석
② EDTA를 사용하는 납이온 분석
③ 요오드에 의한 아스코브산의 정량
④ 과망간산칼륨에 의한 옥살산의 정량

✔ 부피분석은 분석물질과 화학량론으로 반응하는 데 필요한 적정 시약의 부피를 측정하여 이 부피로부터 분석물질의 양을 결정하는 방법이다. 종류로는 산·염기 적정, 산화·환원 적정, 착물 형성 적정, 침전 적정 등이 있다.
① 젤 투과에 의한 단백질 분석 : 크로마토그래피법의 분리 분석
② EDTA를 사용하는 납이온 분석 : 킬레이트(착물 형성) 적정
③ 요오드에 의한 아스코브산의 정량 : 산화·환원 적정
④ 과망간산칼륨에 의한 옥살산의 정량 : 산화·환원 적정

24 HBr(분자량 80.9g/mol)의 질량백분율이 46.0%인 수용액의 밀도는 1.46g/mL이다. 이 용액의 몰농도(mol/L)는 얼마인가?

① 3.89mol/L　　② 5.69mol/L
③ 8.30mol/L　　④ 39.2mol/L

✔ $\frac{46.0g\ HBr}{100g\ 용액}\times\frac{1.46g\ 용액}{1mL\ 용액}\times\frac{1,000mL\ 용액}{1L\ 용액}\times\frac{1mol\ HBr}{80.9g\ HBr}=8.30mol/L$

25 용해도곱(solubility product)은 고체염이 용액 내에서 녹아 성분 이온으로 나눠는 반응에 대한 평형상수로 K_{sp}로 표시된다. PbI_2는 다음과 같은 용해반응을 나타내고, 이때 K_{sp}는 7.9×10^{-9}이다. 0.030M NaI를 포함한 수용액에 PbI_2를 포화상태로 녹일 때, Pb^{2+}의 농도는 몇 M인가? (단, 다른 화학반응은 없다고 가정한다.)

- $PbI_2(s) \rightleftarrows Pb^{2+}(aq)+2I^-(aq)$
- $K_{sp}=7.9\times10^{-9}$

① 7.9×10^{-9}　　② 2.6×10^{-7}
③ 8.8×10^{-6}　　④ 2.0×10^{-3}

✔ **공통이온의 효과**
침전물을 구성하는 이온들과 같은 이온을 가진 가용성 화합물이 그 고체로 포화된 용액에 첨가될 때 이온성 침전물의 용해도를 감소시키는 것이다.

정답 | 21.③ 22.④ 23.① 24.③ 25.③

$$PbI_2(s) \rightleftarrows Pb^{2+}(aq) + 2I^-(aq)$$

초기(M)			0.030
변화(M)	$-x$	$+x$	$+2x$
최종(M)		x	$0.030+2x$

$K_{sp} = [Pb^{2+}][I^-]^2 = x(0.030+2x)^2 \approx x(0.030)^2$

$= 7.9 \times 10^{-9}$

$\therefore\ x = 8.78 \times 10^{-6}$M

Check

0.03의 5% 미만의 덧셈 또는 뺄셈의 경우 $0.03+2x \approx 0.03$으로 근사법이 가능하므로 근사법을 적용하여 구한 x가 8.78×10^{-6}이므로 즉, 0.03의 5%인 1.5×10^{-3} 미만이므로 $0.03+2x \approx 0.03$ 근사법을 적용해도 된다.

26 25℃, 0.10M KCl 용액의 계산된 pH 값에 가장 근접한 값은? (단, 이 용액에서의 H^+와 OH^-의 활동도계수는 각각 0.83과 0.76이다.)

① 6.98 ② 7.28
③ 7.58 ④ 7.88

이온평형의 경우에는 전해질이 화학평형에 미치는 영향에 따라 평형상수 값이 달라지므로 평형상수식을 농도 대신 활동도로 나타내야 한다.

활동도 $A_c = \gamma_c[C]$

여기서, γ_c : 화학종 C의 활동도계수

[C] : 화학종 C의 몰농도

$H_2O(l) \rightleftarrows H^+(aq) + OH^-(aq)$

$x \quad x$

$K_w = A_{H^+}A_{OH^-} = (0.83\times x)(0.76\times x)$

$= 1.00\times10^{-14}$

$x = 1.26\times10^{-7}$M

$\therefore$ pH $= -\log A_{H^+}$

$= -\log(0.83\times1.26\times10^{-7}) = 6.98$

27 0.3M $La(NO_3)_3$ 용액의 이온 세기를 구하면 몇 M인가?

① 1.8 ② 2.6
③ 3.6 ④ 6.3

이온 세기

용액 중에 있는 이온의 전체 농도를 나타내는 척도

이온세기$(\mu) = \frac{1}{2}(C_1Z_1^2 + C_2Z_2^2 + \cdots)$

여기서, $C_1, C_2, \cdots$: 이온의 몰농도

$Z_1, Z_2, \cdots$: 이온의 전하

$La(NO_3)_3(aq) \rightarrow La^{3+}(aq) + 3NO_3^-(aq)$

0.3 $\quad$ $0.3\times3=0.9$

$\therefore$ 이온세기$(\mu) = \frac{1}{2}[(0.3\times3^2)+(0.9\times(-1)^2)]$

$= 1.8$M

28 유해물질인 벤젠(분자량=78.1)이 하천에 무단 방출되어 이를 측정한 결과 15ppb가 존재하는 것으로 보고되었다. 이 농도를 몰농도로 바꾸면 약 얼마인가?

① 1.9×10^{-6}M
② 1.9×10^{-7}M
③ 1.9×10^{-10}M
④ 1.9×10^{-13}M

$1\,\text{ppb} = \frac{1\,\mu g}{1\,L}$

$\frac{15\mu g\ 벤젠}{1L\ 용액} \times \frac{1g}{10^6\mu g} \times \frac{1\,mol\ 벤젠}{78.1g\ 벤젠} = 1.92\times10^{-7}$M

29 표준 수소전극의 표준 환원전위 $E°=0.0$V, 은-염화은 전극의 표준 환원전위 $E°=0.197$V, 포화 칼로멜 전극의 표준 환원전위 $E°=0.241$V이다. 어떤 분석용액을 기준전극으로 은-염화은 전극을 사용하여 전압을 측정하였더니 0.284V이었다. 기준전극을 포화 칼로멜 전극으로 바꿔 사용하였을 때 측정되는 전압은 몇 V인가?

① 0.240V
② 0.241V
③ 0.284V
④ 0.288V

전지전위 $E°_{cell} = E°_{환원전극} - E°_{산화전극}$

$= E°_{지시전극} - E°_{기준전극}$

은-염화은 기준전극 사용 : $0.284V = E°_{지시} - 0.197$,

$E°_{지시} = 0.481$V

포화 칼로멜 기준전극 사용 : $E°_{cell} = 0.481 - 0.241$

$\therefore E°_{cell} = 0.240$V

정답 | 26.① 27.① 28.② 29.①

30 **금이 왕수에서 녹을 때 미량의 금이 산화제인 질산에 의해 이온이 되어 녹으면 염소이온과 반응해서 제거되면서 계속 녹는다. 이때 금이온과 염소이온 사이의 반응은?**

① 산화-환원
② 침전
③ 산-염기
④ 착물 형성

✔ 금이 왕수(질산과 염산이 1 : 3의 부피비로 혼합되어 있는 용액)에 녹을 때, Au와 질산에 의해 Au^{3+}로 산화되며, Au^{3+}은 Cl^-과 배위결합으로 $[AuCl_4]^-$의 안정한 착물을 형성한다.

31 **부피분석의 한 가지 방법으로 용액 중의 어떤 물질에 대하여 표준용액을 과잉으로 가하여, 분석물질과의 반응이 완결된 다음 미반응의 표준용액을 다른 표준용액으로 적정하는 방법은?**

① 정적정법
② 후적정법
③ 직접 적정법
④ 역적정법

✔ **부피분석 방법**
1. 직접 적정(=정적정법) : 적정 시약을 시료에 가하면서 지시약의 색이 바뀌는 부피를 직접 관찰하는 방법이다.
2. **역적정** : 분석물질에 농도를 알고 있는 첫 번째 표준용액을 과량 가해 분석물질과의 반응이 완결된 다음 두 번째 표준용액을 가하여 첫 번째 표준용액의 남은 양을 적정하는 방법으로 분석물과 표준용액 사이의 반응속도가 느리거나 표준용액이 불안정할 때 사용한다.

32 **다음 반응에서 염기-짝산과 산-짝염기 쌍을 각각 올바르게 나타낸 것은?**

$$NH_3 + H_2O \rightleftarrows NH_4^+ + OH^-$$

① NH_3-OH^-, $H_2O-NH_4^+$
② $NH_3-NH_4^+$, H_2O-OH^-
③ H_2O-NH_3, $NH_4^+-OH^-$
④ $H_2O-NH_4^+$, NH_3-OH^-

✔ • 산
양성자(H^+)를 내놓는 물질(분자 또는 이온)
➜ 양성자 주개(proton donor)
• 염기
양성자(H^+)를 받아들이는 물질(분자 또는 이온)
➜ 양성자 받개(proton acceptor)
• H^+의 이동에 의하여 산과 염기로 되는 한 쌍의 물질을 짝산-짝염기쌍이라고 한다.

염기-짝산

$$NH_3 + H_2O \rightleftarrows NH_4^+ + OH^-$$

산-짝염기

33 **활동도 및 활동도계수에 대한 설명으로 옳은 것은?**

① 활동도는 농도나 온도에 관계없이 일정하다.
② 이온 세기가 매우 작은 묽은 용액에서 활동도계수는 1에 가까운 값을 갖는다.
③ 활동도는 활동도계수를 농도의 제곱으로 나눈 값이다.
④ 이온의 활동도계수는 전하량과 이온 세기에 비례한다.

✔ ① 활동도는 활동도계수가 농도와 온도에 민감하게 반응하므로, 활동도도 농도나 온도에 영향을 받는다.
② **이온 세기가 매우 작은 묽은 용액에서 활동도계수는 1에 가까운 값을 갖는다.**
③ 활동도는 활동도계수와 농도를 곱한 값이다.
활동도 $A_c = \gamma_c[C]$
여기서, γ_c : 화학종 C의 활동도계수
[C] : 화학종 C의 몰농도
④ 이온 세기가 작을수록, 이온의 전하가 작을수록, 이온 크기(수화 반경)가 클수록, 이온의 활동도계수는 증가한다.

34 **염산의 표준화를 위하여 사용하는 탄산나트륨을 완전히 건조하지 않았다면 표준화된 염산의 농도는 완전히 건조한 (무수)탄산나트륨을 사용하여 표준화했을 때의 염산 농도에 비해 어떻게 되는가?**

① 높게 된다.
② 낮게 된다.
③ 같은 농도를 갖는다.
④ 탄산나트륨에 있는 물의 양과 무관하다.

정답 | 30.④ 31.④ 32.② 33.② 34.①

✔ Na_2CO_3가 완전히 건조되지 않아서 물이 포함되어 있다면 표기된 mol은 실제 mol보다 많은 양으로 더 높은 농도로 나타나 있다. 적정을 통해 구한 HCl 양도 실제 mol과 반응을 하지만 나타내는 것은 높은 mol로 나타난다.
즉, 10개로 표기된 Na_2CO_3가 실제 8개의 Na_2CO_3라면 실제 반응한 16개 HCl이지만 20개가 반응한 것으로 나타나게 된다.
∴ **실제 HCl보다 농도는 높아진다.**

35 $Ba(OH)_2$ 용액 200mL를 중화하기 위하여 0.2M HCl 용액 100mL가 필요하였다. $Ba(OH)_2$ 용액의 노르말농도(N)는?

① 0.01 ② 0.05
③ 0.1 ④ 0.5

✔ 노르말농도(N, 규정 농도)
=몰농도(M)×가수(n)
$2HCl + Ba(OH)_2 \rightarrow BaCl_2 + 2H_2O$
2mmol HCl : 1mmol $Ba(OH)_2$
=(0.2M×100mL) : (x(M)×200mL)
$Ba(OH)_2$의 몰농도 x
x=0.05M, $Ba(OH)_2$의 가수=2
∴ $Ba(OH)_2$의 노르말농도=0.05M×2=**0.10N**

36 산화 · 환원 적정 시 MnO_4^-와 Mn^{2+} 또는 Fe^{2+}와 Fe^{3+}가 용액 중에 함께 존재하는 경우와 같이 때로는 분석물질을 적정하기 전에 산화상태를 조절할 필요가 있다. 산화상태를 조절하는 방법이 아닌 것은?

① Jones 환원관을 이용한 예비 환원
② Walden 환원관을 이용한 예비 환원
③ 과황산이온($S_2O_8^{2-}$)을 이용한 예비 산화
④ 센 산 또는 센 염기를 이용한 예비 산화/환원

✔
- **예비 산화**
  과산화이황산이온(=과황산이온, $S_2O_8^{2-}$), 산화은($Ag^{I}Ag^{III}O_2$), 고체 비스무트산 소듐($NaBiO_3$), 과산화수소(H_2O_2)
- **예비 환원**
  염화 주석($SnCl_2$), 염화 크로뮴($CrCl_2$), Jones 환원, Walden 환원기
- **센 산과 센 염기를 이용한 산 · 염기 반응**은 산화 · 환원반응이 아니므로, 즉 산화상태가 변하는 반응이 아니므로 **예비 산화/환원에 사용할 수 없다.**

37 다음 중 산화전극(anode)에서 일어나는 반응이 아닌 것은?

① $Ag^+ + e^- \rightarrow Ag(s)$
② $Fe^{2+} \rightarrow Fe^{3+} + e^-$
③ $Fe(CN)_6^{4-} \rightarrow Fe(CN)_6^{3-} + e^-$
④ $Ru(NH_3)_6^{2+} \rightarrow Ru(NH_3)_6^{3+} + e^-$

✔ **산화전극(anode)**
전극의 (−)극으로 산화반응이 일어나는 전극, 산화수가 증가된다.
∴ $Ag^+ + e^- \rightarrow Ag(s)$ 반응은 +1에서 0으로 산화수 감소, 즉 **환원반응**으로 환원전극에서 일어나는 반응이다.

38 전극전위에 대한 설명 중 틀린 것은?

① 전극전위의 크기는 이온물질의 산화제로서의 상대적인 세기를 나타낸다.
② 전극전위의 값이 양(+)인 것은 표준 수소전극과 짝을 이루었을 때 환원전극으로서 자발적인 반응을 나타낸다.
③ 표준 전극전위는 반응물과 생성물의 활동도가 1에서 평형상태의 활동도를 갖는 상태로 진행시키려는 상대적인 힘이다.
④ 표준 전극전위의 값은 완결된 반쪽반응(half-reaction)에서 보여주는 반응물과 생성물의 몰수에 달려 있다.

✔ 표준 환원전위(E°)는 반응물과 생성물의 활동도가 1인 표준상태에서 측정한 전위로, 균형 맞춘 반쪽반응의 **반응물과 생성물의 몰수와는 무관하다.**

39 퀴리가 라듐을 발견할 때 염화라듐($RaCl_2$)에 들어 있는 염소의 양을 재어서 라듐의 원자량을 결정하였다. 염소의 양을 측정하는 데 사용할 수 있는 가장 적당한 방법은?

① 무게 분석 ② 산 · 염기 적정
③ EDTA 적정 ④ 산화 · 환원 적정

✔ 염소의 양을 측정하는 데 사용할 수 있는 가장 적당한 방법은 **무게 분석**이다. 무게 측정은 부피 측정보다 상당히 더 큰 정밀도와 정확도로 수행되며, 높은 감도는 매우 적은 양의 표준 시약이 소모되는 작은 시료를 분석할 수 있도록 한다.

정답 | 35.③ 36.④ 37.① 38.④ 39.①

40 **메틸아민(Methylamine)은 약한 염기로, 염해리상수(K_b) 값은 다음과 같은 평형식에서 구할 수 있다. 메틸아민의 짝산인 메틸암모늄이온(Methylammonium ion)의 산해리상수(K_a)를 구하기 위한 화학평형식으로 옳은 것은?**

- $CH_3NH_2 + H_2O \rightleftarrows CH_3NH_3^+ + OH^-$
- $K_b = 4.4 \times 10^{-4}$

① $CH_3NH_2 \rightleftarrows CH_3N^-H + H^+M$
② $CH_3NH_3^+ \rightleftarrows CH_3NH_2 + H^+$
③ $CH_3NH_3^+ + OH^- \rightleftarrows CH_3NH_2 + H_2O$
④ $CH_3NH_2 + OH^- \rightleftarrows CH_3N^-H + H_2O$

✔ $CH_3NH_3^+ \rightleftarrows H^+ + CH_3NH_2$

$$K_a = \frac{[H^+][CH_3NH_2]}{[CH_3NH_3^+]} = \frac{K_w}{K_b} = \frac{1.00\times10^{-14}}{4.4\times10^{-4}}$$
$$= 2.27\times10^{-11}$$

제3과목 | 기기분석 I

41 **자외선-가시광선(UV-Visible) 흡수분광법에서 주로 관여하는 에너지준위는?**

① 전자에너지준위(Electronic Energy Level)
② 병진에너지준위(Translation Energy Level)
③ 회전에너지준위(Rotational Energy Level)
④ 진동에너지준위(Vibrational Energy Level)

✔ **전자기 복사선의 파장범위**

전자기파	파장범위	유발전이	응용 분광법
라디오파	0.6~10m	핵스핀 상태전이	NMR 분광법
마이크로파	1mm~1m	전자스핀 상태전이	
적외선	780nm ~1mm	분자의 진동/회전 상태전이	IR 흡수 분광법
가시광선	400~780nm	**최외각전자, 결합전자의 상태전이**	UV-VIS **흡수 분광법, 원자 분광법**
자외선	10~400nm		
X-선	0.1~100Å	내각전자의 상태전이	X-선 분광법

42 **적외선 흡수스펙트럼을 나타낼 때 가로축으로 주로 파수(cm^{-1})를 쓰고 있다. 파장(μm)과의 관계는?**

① 파수 $= \dfrac{10{,}000}{\text{파장}}$
② 파수×파장 = 1,000
③ 파수×파장 = 100
④ 파수 $= \dfrac{1{,}000{,}000}{\text{파장}}$

✔ $\text{파수}(cm^{-1}) = \dfrac{1}{\text{파장}(\mu m)} \times 10^4$

43 **다음 스펙트럼 영역 중 에너지가 가장 낮은 영역은 어느 것인가?**

① Visible spectrum
② Far IR spectrum
③ IR spectrum
④ Near IR spectrum

✔ **전자기 복사선에너지**
γ선 > X선 > 자외선 > 가시광선 > 근적외선 > 중적외선 > **원적외선** > 마이크로파 > 라디오파

44 **불꽃원자화(Flame Atomizer) 방법과 비교한 전열원자화(Electrothermal Atomizer) 방법의 특징에 대한 설명으로 틀린 것은?**

① 감도가 불꽃원자화에 비하여 뛰어나다.
② 적은 양의 액체 시료로도 측정이 가능하다.
③ 고체 시료의 직접 분석이 가능하다.
④ 측정농도 범위가 10^6 정도로서 아주 넓고 정밀도가 우수하다.

✔ **전열원자화의 특징**
① 감도가 불꽃원자화에 비하여 뛰어나다.
→ 원자화 효율이 우수하다.
② 적은 양의 액체 시료로도 측정이 가능하다.
→ 감도가 높아 작은 부피의 시료도 측정 가능하다.
③ 고체 시료의 직접 분석이 가능하다.
→ 직접 원자화가 가능하다.
④ 분석과정이 느리며, **측정농도 범위가 보통 10^2 정도로 좁고, 불꽃원자화에 비해 정밀도가 떨어진다.**

정답 | 40.② 41.① 42.① 43.② 44.④

45 이상적인 변환기의 성질이 아닌 것은?

① 높은 감도
② 빠른 감응시간
③ 높은 신호-대-잡음비
④ 반드시 Nernst 식에 따라야 함

✔ 복사선 변환기는 빛을 전기적 신호로 바꾸는 장치로 검출기이다. 이상적인 변환기는 **높은 감도, 높은 신호-대-잡음비**, 넓은 파장영역에 걸쳐 일정한 감응을 나타내고, **빠른 감응시간**, 빛의 조사가 없을 때에는 0의 출력을 내며, 변환기에 의해 얻어진 신호는 복사선의 세기에 정비례하여야 한다.

46 적외선 흡수분광법에서 흡수봉우리의 파수(cm^{-1})가 가장 큰 작용기는?

① C=O
② C-O
③ O-H
④ C=C

✔ ① C=O : 1,690~1,760cm^{-1}
② C-O : 1,050~1,300cm^{-1}
③ O-H : 3,500~3,650cm^{-1}
④ C=C : 1,610~1,680cm^{-1}

Check

IR의 특성적인 흡수 위치

4,000cm^{-1}에서부터 400cm^{-1}까지를 네 개의 영역으로 나누어 볼 수 있다.

1. 4,000~2,500cm^{-1} 영역 : N-H, C-H, 그리고 O-H의 단일결합의 신축운동에 의해 일어나는 흡수에 해당된다. N-H, O-H 결합은 3,300~3,600cm^{-1} 범위에서 흡수하고, 3,000cm^{-1} 부근에서는 C-H 결합 신축운동에 대한 흡수가 일어난다.
2. 2,500~2,000cm^{-1} 영역 : 삼중결합 신축운동에 대한 흡수가 일어나는 영역이다. C≡C, C≡N 결합은 모두 이 영역에서 흡수봉우리가 나타난다.
3. 2,000~1,500cm^{-1} 영역 : 각종 이중결합(C=O, C=N, C=C)의 흡수가 일어난다. 일반적으로 카보닐기 흡수는 1,690~1,760cm^{-1}에서 일어나고, 알켄 신축운동은 일반적으로 1,610~1,680cm^{-1}의 좁은 범위에서 나타난다.
4. 1,500cm^{-1} 이하 영역 : 지문영역에 속한다. 이 영역에서는 C-C, C-O, C-N, C-X 등의 단일결합의 진동에 의한 많은 흡수가 일어난다.

47 핵자기공명 분광법에 대한 설명으로 틀린 것은?

① 시료를 센 자기장에 놓아야 한다.
② 화학종의 구조를 밝히는 데 주로 사용된다.
③ 흡수과정에서 원자의 핵이 관여하지 않는다.
④ 4~900MHz 정도의 라디오 주파수 영역의 전자기 복사선의 흡수를 측정한다.

✔ 흡수과정에서 센 자기장하에서 갈라진 **원자의 핵스핀 상태의 전이가 일어나는데 원자 핵에서 일어나는 변화**이다.

48 적외선 분광법에서 물분자의 이론적 진동방식 수는?

① 2개 ② 3개
③ 4개 ④ 5개

✔ N개의 원자를 포함하는 분자는 $3N$의 자유도를 갖는다. 분자운동은 공간에서 전체 분자의 운동(무게중심의 병진운동), 무게중심으로 전체 분자의 회전운동, 원자 각 개의 다른 원자에 상대적인 운동(개별적 진동)을 고려한다.
1. 비선형 분자의 진동수 : $3N-6$
2. 선형 분자의 진동수 : $3N-5$
∴ 물(H_2O)분자는 비선형 분자이므로 진동수는 $(3\times3)-6=$**3개**이다.

49 분광분석기의 구성 중 검출기로 이용되는 것은 어느 것인가?

① Cuvette(큐벳)
② Grating(회절발)
③ Chopper(토막기)
④ Photomultiplier tube(광전증배관)

✔ **복사선 변환기(검출기)**

광전 변환기	광전류기	광전압전지
		진공광전관
		광전증배관
		규소 다이오드 검출기
	다중채널 광자변환기	광다이오드 배열
		전하이동장치
열검출기	볼로미터	
	열전기쌍	
	파이로전기검출기	

정답 | 45.④ 46.③ 47.③ 48.② 49.④

50 500nm 파장의 빛은 어느 영역에 해당하는가?

① 적외선
② 자외선
③ 가시광선
④ 방사선

✔ **전자기 복사선의 파장범위**

전자기파	파장범위	유발전이	응용 분광법
라디오파	0.6~10m	핵스핀 상태전이	NMR 분광법
마이크로파	1mm~1m	전자스핀 상태전이	
적외선	780nm ~1mm	분자의 진동/회전 상태전이	IR 흡수 분광법
가시광선	400~780nm	최외각전자, 결합전자의 상태전이	UV-VIS 흡수 분광법, 원자 분광법
자외선	10~400nm		
X-선	0.1~100Å	내각전자의 상태전이	X-선 분광법

51 원자분광법에서의 고체 시료의 도입에 대한 설명으로 틀린 것은?

① 미세분말시료를 슬러리로 만들어 분무하기도 한다.
② 원자화 장치 속으로 시료를 직접 수동으로 도입할 수 있다.
③ 시료 분해 및 용해과정이 없어서 용액시료 도입보다 정확도가 높다.
④ 보통 연속신호 대신 불연속신호가 얻어진다.

✔ **고체 시료의 도입**

1. 플라스마와 불꽃원자화 장치로 분말, 금속이나 미립자 형태의 고체 시료를 도입하는 것은 시료 분해와 용해시키는 데 걸리는 시간과 지루함을 피할 수 있는 장점이 있으나, 검량선, 시료의 조건화, 정밀도 및 **정확도에 어려움이 있다.**
2. 시료를 시료용액의 분무에 의해 주입하는 것만큼 만족한 결과를 나타내지는 못하며, 대부분의 경우 연속신호보다는 불연속 분석신호를 준다.
3. 방법으로는 직접 시료 도입, 전열증기화, 레이저 증발, 아크와 스파크 증발, 글로우방전법이 있다.

52 불꽃에서 분석원소가 이온화되는 것을 방지하기 위한 이온화 억제제로 가장 적당한 것은 어느 것인가?

① Al
② K
③ La
④ Sr

✔ 분석물질보다 이온화가 더 잘 되어 불꽃에 높은 농도의 전자를 제공하는 이온화 억제제(ionization suppressor)를 사용함으로써 이온화 평형의 이동을 막고 시료의 이온화를 억제할 수 있다. 주로 K, Rb, Cs과 같은 알칼리금속이 사용된다.

53 1.0cm 두께의 셀(cell)에 몰흡광계수가 5.0×10^3L/mol·cm인 표준시료 2.0×10^{-4}M 용액을 넣고 측정하였다. 이때 투과도는 얼마인가?

① 0.1
② 0.4
③ 0.6
④ 1.0

✔ 흡광도 $A=\varepsilon bc=-\log T$

여기서, ε : 몰흡광계수
b : 셀의 길이
c : 시료의 농도

$A=(5.0\times10^3)\times1.0\times(2.0\times10^{-4})=1.0$

$1.0=-\log T$

$\therefore\ T=10^{-1.0}=0.1$

54 분자의 쌍극자모멘트의 알짜변화를 주로 이용하는 분석은?

① 적외선 흡수
② X선 흡수
③ 자외선 흡수
④ 가시광선 흡수

✔ 분자는 진동이나 회전운동의 결과로 쌍극자모멘트의 알짜변화가 일어나면 **적외선을 흡수**하여 진동에너지준위의 전이가 일어난다. O_2, N_2, Cl_2와 같은 동핵 화학종의 진동이나 회전에서 쌍극자모멘트의 알짜변화가 일어나지 않으므로 적외선을 흡수할 수 없다.

정답 I 50.③ 51.③ 52.② 53.① 54.①

55 적외선 분광법에서 사용되는 광원 중 광검출과 라이더(Lidar)와 같은 원격제어 감응을 하는 용도로 널리 사용되는 광원은?

① Globar 광원
② 수은 아크 광원
③ 텅스텐 필라멘트등
④ 이산화탄소 레이저 광원

✔ **이산화탄소 레이저 광원**
라이더(Lidar)는 기존의 레이저에서 마이크로파를 레이저광으로 대체한 것으로 레이저 라이더라고 한다. 레이저광을 시료 과적에 투과시키면 복사선의 일부가 라이더 기기로 반사되어 분석된다.

56 원자흡수분광법에서는 매트릭스에 의한 방해가 있을 수 있다. 매트릭스 방해를 보정하는 방법으로 가장 거리가 먼 것은?

① 완충제를 사용하는 방법
② 보조광원(중수소등이나 자외선등)을 사용하여 보정하는 방법
③ 서로 이웃에 있는 두 가지 스펙트럼의 세기를 측정하여 보정하는 2선 보정법
④ Zeeman 효과와 Smith Hieftje 바탕보정법

✔ 스펙트럼 방해(매트릭스 방해)는 방해 화학종의 흡수선 또는 방출선이 분석선에 너무 가까이 있거나 겹쳐서 단색화 장치에 의하여 분리가 불가능한 경우에 생긴다. 연속광원 보정법(보조광원 사용 바탕보정법), 두 선 보정법, Zeeman 효과에 의한 바탕보정, 광원 자체 반전에 의한 바탕보정(Smith Hieftje 바탕보정법)으로 보정한다.

57 매트릭스 효과가 있을 가능성이 있는 복잡한 시료를 분석하는 데 특히 유용한 분석법은?

① 내부 표준법 ② 외부 표준법
③ 표준물 첨가법 ④ 표준 검정곡선 분석법

✔ **표준물 첨가법**
시료와 동일한 매트릭스에 일정량의 표준물질을 한 번 이상 일정하게 농도를 증가시키며 첨가하고, 이 아는 농도를 통해 곡선을 작성하는 방법이다. 매질 효과의 영향이 큰 분석방법에서 분석대상 시료와 동일한 매질을 제조할 수 없을 때 **매트릭스 효과를 쉽게 보정할 수 있는 방법**이다.

58 염소(Cl)를 포함한 수용성 유기화합물 중의 카드뮴(Cd)을 유도결합플라스마 방출 분광법(ICP-AES)으로 정량할 때 가장 올바른 조작은?

① 물에 용해하므로 일정량을 용해 후 직접 정량한다.
② 유기물을 700℃에서 연소시킨 후 질산 처리하여 Cd를 정량한다.
③ 질산과 황산으로 유기물을 분해시키고 황산을 제거한 후 Cd를 정량한다.
④ 물에 용해시킨 후 질산을 100mL당 2mL의 비율로 가하여 산 농도를 조절하고 Cd를 정량한다.

✔ 산화력이 큰 **질산과 황산으로 유기물을 분해**시키고, 매트릭스에 의한 스펙트럼 방해를 최소화해야 하므로 **황산을 제거한 후 Cd를 정량분석**한다.

59 X선 분광법에서 복사선에너지를 전기신호로 변환시키는 검출기가 아닌 것은?

① 기체-충전 변환기
② 섬광계수기
③ 광전증배관
④ 반도체변환기

✔ **X-선 변환기(광자계수기)**
1. 기체-충전 변환기 : Geiger관, 비례계수기, 이온화상자
2. 섬광계수기
3. 반도체변환기

60 원자흡수분광법(atomic absorption)에서 사용하는 광원으로 가장 적당한 것은?

① 수은등(mercury lamp)
② 전극등(electron lamp)
③ 방전등(discharge lamp)
④ 속빈 음극등(hollow cathode lamp)

✔ **원자흡수분광법**
원자 흡수봉우리의 띠너비가 좁기 때문에 흡수봉우리보다 더 좁은 띠너비를 갖는 선 광원을 사용해야 한다. **속빈 음극등**, 전극 없는 방전등은 원자흡수와 형광법에 널리 사용되는 선 광원이다.

정답 | 55.④ 56.① 57.③ 58.③ 59.③ 60.④

제4과목 | 기기분석 II

61 분자질량법에 사용되는 이온원의 종류와 이온화 도구가 잘못 짝지어진 것은?

① 전자충격 – 빠른 전자
② 장이온화 – 높은 전위전극
③ 전자분무이온화 – 높은 전기장
④ 빠른 원자충격법 – 빠른 이온살

시료를 이온화 시키는 방법	이온원 종류 – 이온화 도구
기체–상 (gas-phase) 이온화 장치 : 시료를 기체로 만든 상태에서 이온화	전자충격이온화 – 높은 에너지의 빠른 전자빔(EI, electron impact ionization)
	화학이온화 – 시약 기체의 양이온 (CI, chemical ionization)
	장이온화 – 높은 전위 (FI, field ionization)
탈착식 이온화 장치 : 시료를 기체로 만들지 않고 액체 또는 고체 상태에서 이온화	장탈착 이온화 – 높은 전위 (FD, field desorption)
	전기분무이온화 – 높은 전기장 (ESI, electrospray ionization)
	매트릭스 지원 레이저 탈착 이온화 – 레이저빔(MALDI, matrix-assisted laser desorption ionization)
	빠른 원자충격이온화 – 빠른 원자 (FAB, fast atom bombardment)

62 일반적으로 열분석법은 온도 프로그램으로 가열하면서 물질 또는 그 반응생성물의 물리적 성질을 온도 함수로 측정하는 분석법이다. 고분자 중합체를 시차열분석(DTA)을 통해 분석할 때 흡열반응 피크(peak)로 측정할 수 있는 것은?

① 유리전이 과정　② 녹는 과정
③ 분해 과정　④ 결정화 과정

시차열분석법(DTA)
유리전이 → 결정 형성 → 용융 → 산화 → 분해

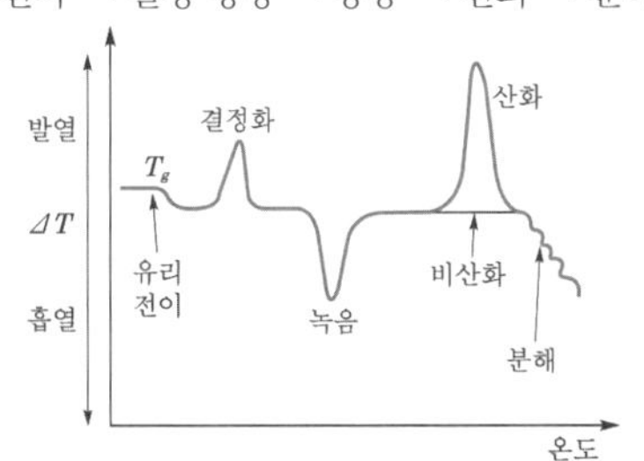

| 시차열분석도 |

1. 유리전이(glass transition)
   ① 유리질에서 고무질로의 전이에서는 열을 방출하거나 흡수하지 않으므로 엔탈피의 변화가 없다(ΔH=0).
   ② 고무질의 열용량은 유리질의 열용량과 달라 기준선이 낮아질 뿐, 어떤 봉우리도 나타나지 않는다.
2. 결정 형성 : 첫 번째 봉우리
   ① 특정 온도까지 가열되면 많은 무정형 중합체는 열을 방출하면서 미세결정으로 결정화되기 시작한다.
   ② 열이 방출되는 발열과정의 결과로 생긴 것으로 이로 인해 온도가 올라간다.
3. **용융** : 두 번째 봉우리
   ① 형성된 미세결정이 녹아서 생기는 것이다.
   ② 열을 흡수하는 **흡열과정의 결과**로 생긴 것으로 이로 인해 온도가 내려간다.
4. 산화 : 세 번째 봉우리
   열이 방출되는 발열반응의 결과로 생긴 것으로 이로 인해 온도가 올라간다.
5. 분해
   유리전이 과정과 분해과정은 봉우리가 나타나지 않는다.

63 얇은 층 크로마토그래피(TLC)에 대한 설명으로 틀린 것은?

① 얇은 층 크로마토그래피(TLC)의 응용법은 기체 크로마토그래피와 유사하다.
② 시료의 점적법은 정량측정을 할 경우 중요한 요인이다.
③ 최고의 분리효율을 얻기 위해서는 점적의 지름이 작아야 한다.
④ 묽은 시료인 경우는 건조시켜 가면서 3~4회 반복 점적한다.

얇은 층 크로마토그래피
1. 정지상 : 미세한 입자(실리카겔, 알루미나 등)의 얇은 접착성 층으로 도포된 판유리나 플라스틱 전개판
2. **이동상 : 액체를 사용하고, HPLC의 최적 조건을 얻는 데 사용된다.**
3. 시료 점적법 : 정량측정을 할 경우 매우 중요하다. 일반적으로 0.01~0.1% 시료용액을 전개판의 끝에서 1~2cm되는 위치에 점적하며, 높은 분리효율을 얻기 위해서는 점적의 지름이 작아야 하는데 정성분석에서는 약 5mm, 정량분석에서는 이보다 더 작아야 한다. 또한 묽은 용액의 경우에는 건조시켜 가면서 3~4번 반복해서 점적한다.

정답 | 61.④ 62.② 63.①

64 **질량분석기로 $C_2H_4^+$(MW=28.0313)과 CO^+(MW=27.9949)의 봉우리를 분리하는 데 필요한 분리능은 약 얼마인가?**

① 770
② 1,170
③ 1,570
④ 1,970

분리능(R)
질량분석기가 두 질량 사이의 차를 식별 분리할 수 있는 능력

$$R = \frac{m}{\Delta m}$$

여기서, Δm : 겨우 분리된 가까운 두 봉우리 사이의 질량 차이
m : 첫 번째 봉우리의 명목상 질량 또는 두 봉우리의 평균 질량

$$\therefore R = \frac{\frac{28.0313+27.9949}{2}}{28.0313-27.9949} = 769.6$$

65 **질량분석계로 분석할 경우 상대세기(abundance)가 거의 비슷한 두 개의 동위원소를 갖는 할로젠 원소는?**

① Cl(chlorine)
② Br(bromine)
③ F(fluorine)
④ I(iodine)

동위원소의 비

원소	가장 많은 동위원소	가장 많은 동위원소에 대한 존재 백분율
수소	^{1}H(100)	^{2}H(0.015)
탄소	^{12}C(100)	^{13}C(1.08)
질소	^{14}N(100)	^{15}N(0.37)
산소	^{16}O(100)	^{17}O(0.04)
염소	^{35}Cl(100)	^{37}Cl(32.5)
브로민	**^{79}Br(100)**	**^{81}Br(98.0)**

66 **다음 특성을 가진 이온화 방법은?**

- 분자량이 크고 극성인 화학종을 이온화시킨다.
- 글리세롤 용액 매트릭스를 사용한다.
- 큰 에너지의 아르곤을 사용하여 시료를 이온화시킨다.
- 매트릭스로부터 만들어지는 이온덩어리의 형성으로 인한 기본 잡음이 있다.

① 전자충격 이온화
② 전기분무 이온화
③ 빠른 원자충격 이온화
④ 매트릭스 지원 레이저 탈착 이온화

빠른 원자충격 이온화(FAB)는 글리세롤 용액 매트릭스와 응축된 시료를 Xe, Ar의 빠른 원자로 충격하여 이온화시키는 방법으로, 분자량이 크고 극성인 화학종을 이온화시킨다.

67 **길이 3.0m의 분리관을 사용하여 용질 A와 B를 분석하였다. 용질 A와 B의 머무름시간은 각각 16.80분과 17.36분이고, 봉우리 너비(4τ)는 각각 1.12분과 1.24분이었으며, 머물지 않는 화학종은 1.10분만에 통과하였다. 분해능을 1.50으로 하기 위해서는 관의 길이를 약 몇 m로 해야 하는가?**

① 10m ② 20m
③ 30m ④ 40m

분해능(R_s)
두 가지 분석물질을 분리할 수 있는 관의 능력을 정량적으로 나타내는 척도

$$R_s = \frac{(t_R)_B-(t_R)_A}{\frac{W_A+W_B}{2}} = \frac{2\{(t_R)_B-(t_R)_A\}}{W_A+W_B}$$

여기서, W_A, W_B : 봉우리 A, B의 너비
$(t_R)_A$, $(t_R)_B$: 봉우리 A, B의 머무름시간

$$R_s = \frac{2(17.36-16.80)}{1.12+1.24} = 0.475$$

$R_s \propto \sqrt{N}$(N : 이론단수), $N \propto L$(L : 관의 길이)이므로 $R_s \propto \sqrt{L}$이다.
분해능을 1.50으로 하기 위한 관의 길이 x는
$0.475 : \sqrt{3.0} = 1.50 : \sqrt{x}$
$\therefore x = 29.9\text{m}$

정답 | 64.① 65.② 66.③ 67.③

68 이산화탄소의 질량스펙트럼에서 분자이온이 나타나는 질량 대 전하(m/z)비는 얼마인가?

① 44
② 28
③ 16
④ 12

✔ 이산화탄소 분자이온$(CO_2)^+$의 m/z
분자량 $m = 12 + (16 \times 2) = 44$, 전하 $z = +1$
∴ $(CO_2)^+$의 $m/z = 44$

69 백금 환원전극을 사용하여 용액 안에 있는 Sn^{4+}이온을 Sn^{2+}이온으로 5.00mmol/h의 일정한 속도로 환원시키려고 한다. 이 전극에 흘려야 하는 전류는 약 몇 mA인가? (단, 패러데이상수 F=96,500C/mol이고, Sn의 원자량은 118.7이며, 다른 산화-환원 과정은 일어나지 않는다.)

① 134 ② 268
③ 536 ④ 965

✔ 1C = 1A × 1s
$Sn^{4+} + 2e^- \rightarrow Sn^{2+}$

$$\text{전류(A)} = \frac{\text{전하량(C)}}{\text{시간(s)}}$$

$$= \frac{5.00 \times 10^{-3}\text{mol } Sn^{4+}}{1\text{h}} \times \frac{2\text{mol } e^-}{1\text{mol } Sn^{4+}} \times \frac{1\text{h}}{3,600\text{s}} \times \frac{96,500\text{C}}{1\text{mol } e^-}$$

$$= 0.2681\text{A}$$

∴ 268.1mA

70 고고학적인 유물의 시대를 결정하고자 할 때 가장 유용하게 사용될 수 있는 분석법은?

① 질량분석법
② 원자흡수분광법
③ 전기화학분석법
④ 자외선-가시선 분자흡수분광법

✔ 고고학적인 유물의 시대를 결정하려면 탄소의 동위원소인 ^{13}C의 존재비율을 확인하여야 하므로 동위원소비를 구할 수 있는 분석법인 **질량분석법**이 유용하게 사용될 수 있다.

71 폴라로그래피에서 시료의 정성분석에 사용되는 파라미터는?

① 확산전류
② 반파전위
③ 잔류전류
④ 한계전류

✔ **폴라로그래피**

① 확산전류 : 전류의 크기가 적하 수은전극 쪽으로 이동하는 반응물의 확산속도에만 의존할 때의 한계전류를 확산전류라고 한다. 확산전류는 한계전류와 잔류전류의 차이고, 분석물의 농도에 비례하므로 정량분석이 가능하며, 폴라로그래피의 한계전류는 확산에 의해서만 나타나므로 확산전류이다.
② **반파전위** : 한계전류의 절반에 도달했을 때의 전위이다. 분석하는 화학종의 특성에 따라 달라지므로 **정성적 정보**를 얻을 수 있으며, 반파전위는 금속이온과 리간드(착화제)의 종류에 따라 다르다.
③ 잔류전류 : 분석물질이 없을 때 전극 표면이나 용액에 있는 불순물의 환원에 의해 나타나는 전류이다.
④ 한계전류 : 전위를 변화시킴에 따라 전류가 급상승한 후 평평한 영역으로 나타나는 최대 전류이다.

72 머무름시간이 410초인 용질의 봉우리 너비는 바탕선에서 측정해보니 13초이다. 다음의 봉우리는 430초에 용리되었고, 너비는 16초이다. 두 성분의 분리도는?

① 1.18
② 1.28
③ 1.38
④ 1.48

✔ **분리능(R_s)**
두 가지 분석물질을 분리할 수 있는 관의 능력을 정량적으로 나타내는 척도

$$R_s = \frac{(t_R)_B - (t_R)_A}{\frac{W_A + W_B}{2}} = \frac{2\{(t_R)_B - (t_R)_A\}}{W_A + W_B}$$

여기서, W_A, W_B : 봉우리 A, B의 너비
$(t_R)_A$, $(t_R)_B$: 봉우리 A, B의 머무름시간

$$\therefore R_s = \frac{2(430-410)}{13+16} = 1.38$$

정답 I 68.① 69.② 70.① 71.② 72.③

73 **질량분석계의 질량분석관(analyzer)의 형태가 아닌 것은?**

① 비행시간(TOF)형
② 사중극자(quadrupole)형
③ 매트릭스 지원 탈착(MALDI)형
④ 이중초점(double focusing)형

질량분석기의 종류

1. 자기장 섹터 분석기(=자기장 부채꼴 질량분석기, 단일초점 분석기)
2. **이중초점 분석기**
3. **사중극자 질량분석기**
4. **비행-시간 분석기(TOF)**
5. 이온포착(이온포집) 분석기
6. Fourier 변환 질량분석기

74 **전압전류법(voltammetry)에 대한 설명 중 틀린 것은?**

① 반파전위는 정성분석을, 확산전류는 정량분석을 가능하게 한다.
② 폴라로그래피는 적하 수은전극을 이용하는 전압전류법이다.
③ 벗김분석이 아주 민감한 전압전류법인 이유는 분석물질이 농축되기 때문이다.
④ 측정하고자 하는 전류는 패러데이 전류이고, 충전전류(charging current)는 패러데이 전류를 생성시키게 하므로 최대화해야 한다.

측정하고자 하는 전류는 패러데이 전류이고, **충전전류(charging current)는 비패러데이 전류를 생성시키게 하므로 최소화해야 한다.**

Check

- **패러데이 전류**
  산화전극에서는 산화반응에, 환원전극에서는 환원반응에 의하여 전류가 직접 이동하는 것을 패러데이 과정이라고 하며, 이때 Faraday 법칙을 따르는데 이는 전극에서 일어나는 화학반응물의 양이 전류에 비례한다는 것이다. 이렇게 흐르는 전류를 패러데이 전류라고 한다.
- **비패러데이 전류**
  분석물의 산화 혹은 환원과 관계없이 흐르는 전류로 잔류전류와 충전전류가 이에 속한다.

75 **전기량법 적정 장치에서 반드시 필요로 하지 않는 것은?**

① 적정 전지 ② 일정 전류원
③ 기체발생장치 ④ 정밀한 전자시계

전기량법 적정(=일정 전류 전기량법)
분석물이 전극에서 완전히 반응할 때까지 일정한 전류를 흘려주어 전류의 크기와 시간으로부터 전기량을 계산하여 분석물의 양을 정량하는 방법이다. 전기량법 적정 장치로는 **일정 전류원, 정밀한 전자시계, 적정 전지**, 종말점 검출기 등이 있다.

76 **기체 크로마토그래피(GC)에 대한 설명으로 옳은 것은?**

① 이동상은 항상 기체이다.
② 이동상은 액체일 수 있다.
③ 고정상은 항상 액체이다.
④ 고정상은 항상 고체이다.

칼럼 크로마토그래피법
정지상은 좁은 칼럼에 고정되어 있으며, 그 칼럼을 통하여 이동상이 압력이나 중력의 힘으로 흐른다. 이동상의 종류에 따라 기체 크로마토그래피법, 액체 크로마토그래피법, 초임계-유체 크로마토그래피법으로 나뉜다.

이동상의 종류에 따른 분류	정지상의 종류에 따른 분류	정지상	상호 작용
기체 크로마토그래피 (GC)	기체-액체 크로마토그래피 (GLC)	액체	분배
	기체-고체 크로마토그래피 (GSC)	고체	흡착
액체 크로마토그래피 (LC)	액체-액체 크로마토그래피 (LLC)	액체	분배
	액체-고체 크로마토그래피 (LSC)	고체	흡착
	이온교환 크로마토그래피	이온 교환수지	이온 교환
	크기 배제 크로마토그래피	중합체로 된 다공성 젤	거름/분배
	친화 크로마토그래피	작용기 선택적인 액체	결합/분배
초임계-유체 크로마토그래피 (SFC)		액체	분배

정답 | 73.③ 74.④ 75.③ 76.①

77 **고성능 액체 크로마토그래피(HPLC)에서 사용되는 펌프시스템에서 요구되는 사항이 아닌 것은 어느 것인가?**

① 펄스 충격이 없는 출력을 내야 한다.
② 흐름속도의 재현성이 0.5% 또는 더 좋아야 한다.
③ 다양한 용매에 의한 부식을 방지할 수 있어야 한다.
④ 사용하는 칼럼의 길이가 길지 않으므로 펌핑압력은 그리 크지 않아도 된다.

✔ **HPLC 펌프장치의 필요조건**

1. 펄스 충격 없는 출력
2. 흐름속도 재현성의 상대오차를 0.5% 이하로 유지
3. 여러 용매에 의해 잘 부식되지 않음
4. 6,000psi(약 400atm)까지의 압력 발생
5. 0.1~10mL/min 범위의 흐름속도

78 **크로마토그래피에서 단높이(plate height)에 대한 설명으로 옳은 것은?**

① 단높이는 띠의 변화량(σ^2)과 띠가 이동한 거리 사이의 비례상수이다.
② 동일 길이의 칼럼에서 단높이가 커질수록 분해능이 좋아진다.
③ 동일 길이의 칼럼에서 단높이가 커질수록 피크의 폭(peak width)이 작아진다.
④ 칼럼의 길이가 길어지면 단높이는 작아진다.

✔ ① 단높이(H)는 $H=\dfrac{\sigma^2}{L}$로 정의된다. 따라서 **단높이(H)**는 띠의 변화량(σ^2)과 띠가 **이동한 거리(L) 사이의 비례상수이다.**

②, ③ 동일 길이의 칼럼에서 칼럼의 효율은 단높이가 작을수록, 이론단수가 클수록 증가한다. 단높이가 커질수록 칼럼의 효율이 떨어져 분해능이 나빠지고 피크의 폭(peak width)이 커진다.

④ 칼럼의 길이가 길어지면 이론단수가 증가한다.

79 **얇은 층 크로마토그래피(TLC)에서 지연지수(retardation factor)에 대한 설명 중 틀린 것은?**

① 항상 1 이하의 값을 갖는다.
② 1에 근접한 값을 가지면 이동상보다 정지상에 분배가 크다.
③ 시료가 이동한 거리를 이동상이 이동한 거리로 나눈 값이다.
④ 정지상의 두께가 지연지수 값에 영향을 준다.

✔ **지연지수(=지연인자(R_f))**

1. 용매의 이동거리와 용질(각 성분)의 이동거리의 비(시료의 출발선으로부터 측정한 직선거리)이다.

$$R_f = \frac{d_R}{d_M}$$

여기서, d_M : 용매의 이동거리
d_R : 용질의 이동거리

2. **1에 근접한 값을 가지면** 시료가 이동상을 따라 많이 이동해야 하므로 **정지상보다 이동상에 분배가 크다.**
3. 정지상의 두께가 두꺼워지면 정지상의 분배가 커지므로 시료의 이동한 거리가 짧아져서 지연지수에 영향을 준다.

80 **다음 질량분석계 중 자기장을 주로 이용하는 것은 무엇인가?**

① 이온포집 질량분석계
② 비행시간 질량분석계
③ 사중극자 질량분석계
④ Fourier 변환 질량분석계

✔ 이온 사이클로트론 공명현상을 이용한 질량분석계로 이온포집 질량분석계와 Fourier 변환 질량분석계가 있는데, **자기장을 주로 이용하는 것은 Fourier 변환 질량분석계**이다.

정답 | 77.④ 78.① 79.② 80.④

제1과목 | 일반화학

01 원자 내에서 전자는 불연속적인 에너지준위에 따라 배치된다. 이러한 주 에너지준위 중에서 전자가 분포할 확률을 나타낸 공간을 무엇이라 부르는가?

① 원자핵
② Lewis 구조
③ 전위(potential)
④ 궤도함수

✔ **궤도함수**(=오비탈)는 원자핵 주위의 공간에 전자가 존재할 확률을 나타낸 공간이다.

02 0.25M NaCl 용액 350mL에는 약 몇 g의 NaCl이 녹아 있는가? (단, 원자량은 Na 22.99g/mol, Cl 35.45g/mol이다.)

① 5.11g ② 14.6g
③ 41.7g ④ 87.5g

✔ **몰농도(M)**
용액 1L 속에 녹아 있는 용질의 몰수를 나타낸 농도, 단위는 mol/L 또는 M으로 나타낸다.

$$\text{몰농도(M)} = \frac{\text{용질의 몰수(mol)}}{\text{용액의 부피(L)}}$$

$$\frac{0.25\,\text{mol NaCl}}{1\,\text{L 용액}} \times 0.350\,\text{L 용액} \times \frac{58.44\,\text{g NaCl}}{1\,\text{mol NaCl}}$$

$= 5.11\text{g NaCl}$

03 다음 산화 · 환원 반응이 산성 용액에서 일어난다고 가정할 때, ⓐ, ⓑ, ⓒ, ⓓ에 알맞은 숫자를 순서대로 나열한 것은?

$H_3AsO_4(s) + (\text{ ⓐ })H^+(aq) + (\text{ ⓑ })Zn(s)$
$\rightarrow AsH_3(g) + (\text{ ⓒ })H_2O(l) + (\text{ ⓓ })Zn^{2+}(aq)$

① 8, 16, 4, 16 ② 8, 4, 4, 3
③ 6, 3, 3, 3 ④ 8, 4, 4, 4

✔ $H_3AsO_4(s) + H^+(aq) + Zn(s)$
$\rightarrow AsH_3(g) + H_2O(l) + Zn^{2+}(aq)$
반응의 계수를 완성하면(산성 조건에서)

1. 반응에 관여하는 원자의 산화수를 구한 수, 변화한 산화수를 조사한다.
$H_3AsO_4(s) + H^+(aq) + Zn(s)$
+1 +5 −2 / +1 / 0
$\rightarrow AsH_3(g) + H_2O(l) + Zn^{2+}(aq)$
−3 +1 / +1 −2 / +2
2. 산화 반쪽반응과 환원 반쪽반응으로 나눈다.
① 산화반응 : $Zn \rightarrow Zn^{2+}$
② 환원반응 : $H_3AsO_4 \rightarrow AsH_3$
3. 각 반쪽반응의 원자수가 같도록 계수를 맞춘다. 산소의 개수를 맞추기 위해 생성물질에 $4H_2O$를 첨가하고, 수소의 개수를 맞추기 위해 반응물질에 $8H^+$을 첨가하였다.
① 산화반응 : $Zn \rightarrow Zn^{2+}$
② 환원반응 : $H_3AsO_4 + 8H^+ \rightarrow AsH_3 + 4H_2O$
4. 각 반쪽반응의 전하량이 같아지도록 필요한 전자수를 더한다.
① 산화반응 : $Zn \rightarrow Zn^{2+} + 2e^-$
② 환원반응 : $H_3AsO_4 + 8H^+ + 8e^-$
$\rightarrow AsH_3 + 4H_2O$
5. 산화반응에서 잃은 전자수와 환원반응에서 얻은 전자수가 같아지도록 개수를 맞춘다(산화반응×4).
① 산화반응 : $4Zn \rightarrow 4Zn^{2+} + 8e^-$
② 환원반응 : $H_3AsO_4 + 8H^+ + 8e^- \rightarrow AsH_3 + 4H_2O$
6. 두 반쪽반응을 더한다.

∴ 전체 반응
$H_3AsO_4 + 8H^+ + 4Zn \rightarrow AsH_3 + 4H_2O + 4Zn^{2+}$

04 알데하이드(aldehyde)와 케톤(ketone)에 관한 설명 중 옳지 않은 것은?

① 알데하이드들은 전반적으로 강한 냄새를 풍긴다.
② 포름알데하이드는 생물표본 보관에 흔히 사용되는 보존제이다.
③ 카보닐 작용기는 케톤에는 있으나 알데하이드에는 없다.
④ 케톤에는 카보닐 작용기에 두 개의 탄소가 결합되어 있다.

✔ **카보닐 작용기(−CO−)**
알데하이드(R−CHO)는 적어도 수소 1개가 **카보닐기**의 탄소에 결합하고 있고, **케톤(R−CO−R′)**에서는 **카보닐기**의 탄소원자에 2개의 탄화수소기가 결합하고 있다.

정답 | 01.④ 02.① 03.④ 04.③

05 0℃에서 액체 물의 밀도는 0.9998g/mL이고, K_w값은 1.14×10^{-15}이다. 액체 물분자의 0℃에서의 해리 백분율은 얼마인가?

① 3.4×10^{-8}%
② 3.4×10^{-6}%
③ 6.1×10^{-8}%
④ 7.5×10^{-6}%

$$[H_2O]=\frac{0.9998\text{g } H_2O}{1\text{mL}}\times\frac{1{,}000\text{mL}}{1\text{L}}\times\frac{1\text{mol } H_2O}{18\text{g } H_2O}=55.54\text{M}$$

$K_w=[H^+][OH^-]=x^2=1.14\times10^{-15}$

$x=[H^+]=3.38\times10^{-8}\text{M}$

$$\therefore \text{해리 백분율(\%)}=\frac{[H^+]}{[H_2O]}\times100=\frac{3.38\times10^{-8}}{55.54}\times100=\mathbf{6.09\times10^{-8}\%}$$

06 다음의 조건하에 있는 Zn/Cu 전지의 전위를 25℃에서 계산하면? (단, $E^\circ_{Cu^{2+}/Cu}=0.34\text{V}$, $E^\circ_{Zn^{2+}/Zn}=-0.76\text{V}$이다.)

$Zn(s)|Zn^{2+}(0.50M)\|Cu^{2+}(0.030M)|Cu(s)$

① 1.06V ② 1.63V
③ 2.12V ④ 3.18V

Nernst 식

$$E=E^\circ-\frac{0.05916}{n}\log Q$$

측정된 전압은 두 전극 간의 전위차

$E_{전지}=E_+-E_-=E_{환원}-E_{산화}$

$E_{환원}$: $Cu^{2+}+2e^-\rightarrow Cu$, $E^\circ=0.34\text{V}$

$E_{산화}$: $Zn^{2+}+2e^-\rightarrow Zn$, $E^\circ=-0.76\text{V}$

$$\therefore E_{전지}=\left(0.34-\frac{0.05916}{2}\log\frac{1}{0.03}\right)-\left(-0.76-\frac{0.05916}{2}\log\frac{1}{0.50}\right)=\mathbf{1.06V}$$

07 땅에 매설한 연료탱크나 송수관의 강철을 녹슬지 않게 하는데 철보다 활성이 큰 금속을 전선으로 연결한다. 이때 사용되는 금속과 방법이 알맞게 짝지어진 것은 무엇인가?

① Al－산화막 형성
② Mg－음극 보호
③ Ag－도금 피막 형성
④ Cu－희생적 산화

음극화 보호(희생금속법)
철보다 반응성이 큰 아연(Zn)이나 **마그네슘(Mg)**을 철에 연결하면 반응성이 큰 금속이 먼저 전자를 잃고 산화되므로 철의 부식을 방지할 수 있다.

08 다음 중 수소의 질량백분율(%)이 가장 큰 것은?

① HCl ② H_2O
③ H_2SO_4 ④ H_2S

원소의 질량백분율
백분율 성분비로, 화합물에서 각 성분 원소가 차지하는 질량 비율이다.
원소의 질량백분율(%)

$$=\frac{\text{화학식에 포함된 원소의 원자량의 합}}{\text{화합물의 화학식량}}\times100$$

① HCl : $\frac{1}{1+35.5}\times100=2.74\%$

② H_2O : $\mathbf{\frac{2}{2+16}\times100=11.1\%}$

③ H_2SO_4 : $\frac{2}{2+32+(16\times4)}\times100=2.04\%$

④ H_2S : $\frac{2}{2+32}\times100=5.88\%$

09 다음 중 영구기체(상온에서 압축하여 쉽게 액화할 수 없는 기체)가 아닌 것은?

① 수소 ② 이산화탄소
③ 질소 ④ 아르곤

영구기체는 임계온도가 상온 이하인 기체로, 수소, 헬륨, 산소, 질소, 아르곤 등이 있다. 모든 기체는 임계온도 이하에서는 압축만으로 액화되고, 임계온도 이상에서는 압축만으로 액화되지 않는다. 상온에서 압축에 의해 쉽게 액화되는 기체로는 염소, 암모니아, **이산화탄소** 등이 있다.

10 다음 중 사이클로알케인(cycloalkane)의 화학식에 해당하는 것은?

① C_2H_6 ② C_3H_8
③ C_4H_{10} ④ C_6H_{12}

정답 | 05.③ 06.① 07.② 08.② 09.② 10.④

사이클로알케인(cycloalkane)

1. 탄소원자 사이의 결합이 모두 단일결합으로 이루어진 고리모양의 포화탄화수소, 일반식은 C_nH_{2n} (n=2,3,4,…)이다.
2. 명명법 : 탄소수가 같은 알케인의 이름 앞에 '사이클로(cyclo)-'를 붙이면 되므로 '사이클로(cyclo)-에인(ane)'이 된다.
3. 구조이성질체 : 사이클로알케인과 알켄은 일반식이 C_nH_{2n}으로 같으므로 탄소수가 같은 경우 서로 구조이성질체 관계이다.

11 유기화합물의 이름이 틀린 것은?

① $CH_3-(CH_2)_4-CH_3$: 헥산
② C_2H_5OH : 에틸알코올
③ $C_2H_5OC_2H_5$: 디에틸에터
④ H-COOH : 벤조산

- H-COOH : 폼산
- C_6H_5COOH : 벤조산

12 다음 중 화합물의 실험식량이 가장 작은 것은?

① $C_7H_4O_2$ ② $C_{10}H_8OS_3$
③ C_5H_4O ④ $C_{12}H_{18}O_4N$

실험식
화합물을 이루는 원자나 이온의 종류와 수를 가장 간단한 정수비로 나타낸 식으로, 어떤 물질의 화학식을 실험적으로 구할 때 가장 먼저 구할 수 있는 식이다.
각 화합물의 실험식과 실험식량은 다음과 같다.
① $C_7H_4O_2$: (12×7)+(1×4)+(16×2)=120
② $C_{10}H_8OS_3$: (12×10)+(1×8)+16+(32×3) =240
③ C_5H_4O : (12×5)+(1×4)+16=80
④ $C_{12}H_{18}O_4N$: (12×12)+(1×18)+(16×4)+14 =240

13 유기화합물에 대한 설명으로 틀린 것은?

① 방향족 탄화수소이다.
② 포화탄화수소는 다중결합이 없는 탄화수소를 말한다.
③ 알데하이드는 알코올을 산화시켜 얻을 수 있다.
④ 물과는 달리 알코올은 수소결합을 하지 못한다.

수소결합
전기음성도가 큰 F, O, N 원자에 결합한 H원자와 이웃한 분자의 F, O, N 원자 사이에 형성되는 강한 정전기적 인력으로 분자량이 비슷한 경우 분산력이나 쌍극자-쌍극자 힘보다는 훨씬 강하다.
수소결합을 하는 물질로는 HF, H_2O, NH_3, C_2H_5OH, CH_3COOH 등이 있다.

14 파울리의 배타원리를 올바르게 설명한 것은?

① 전자는 에너지를 흡수하면 들뜬상태가 된다.
② 한 원자 안에 들어 있는 어느 두 전자도 동일한 네 개의 양자수를 가질 수 없다.
③ 부껍질 내에서 전자의 가장 안정된 배치는 평행한 스핀의 수가 최대인 배치이다.
④ 양자수는 주양자수, 각운동량 양자수, 자기 양자수, 스핀 양자수 4가지가 있다.

파울리의 배타원리
1개의 오비탈에는 스핀방향이 반대인 전자가 2개까지만 채워진다. 즉, 같은 오비탈에 있는 전자는 서로 다른 스핀 양자수를 갖게 된다. 따라서 4개의 양자수 중 주양자수, 각운동량 양자수, 자기 양자수가 같더라도 파울리의 배타원리에 의해 다른 스핀 양자수를 갖게 되므로 **한 원자 안에 들어 있는 어느 두 전자도 동일한 네 개의 양자수를 가질 수 없다.**

15 원자구조에 대한 설명 중 틀린 것은?

① 원자의 구조는 중심에 핵이 있고, 그 주위에 전자가 둘러싸고 있는 형태이다.
② 원자핵은 양성자와 중성자로 이루어져 있다.
③ 원자의 질량수는 양성자수와 전자수를 합친 것과 같다.
④ 원자번호는 원자핵에 있는 양성자수와 같다.

질량수는 원자핵 속에 들어 있는 **양성자수와 중성자수를 합한 값**이다.

16 나일론-6라 불리는 합성섬유는 탄소 63.68%, 질소 12.38%, 수소 9.80% 및 산소 14.14%의 원자별 질량비를 지니고 있다. 나일론-6의 실험식은 어느 것인가?

① $C_5N_2H_{10}O$ ② $C_6NH_{10}O_2$
③ $C_5NH_{11}O$ ④ $C_6NH_{11}O$

정답 | 11.④ 12.③ 13.④ 14.② 15.③ 16.④

✔ 실험식은 화합물을 이루는 원자나 이온의 종류와 수를 가장 간단한 정수비로 나타낸 식으로, 어떤 물질의 화학식을 실험적으로 구할 때 가장 먼저 구할 수 있는 식이며, 성분 원소의 질량비를 원자량으로 나누어 원자수의 비를 구하여 실험식을 나타낸다.
단계 1) % → g 바꾸기 : 전체 양을 100g으로 가정한다.
- 63.68% C → 63.58g C
- 12.38% N → 12.38g N
- 9.80% H → 9.80g H
- 14.14% O → 14.14g O

단계 2) g → mol 바꾸기 : 몰질량을 이용한다.
- 탄소 C : $63.68\text{g C} \times \frac{1\text{mol C}}{12\text{g C}} ≒ 5.31\text{mol C}$
- 질소 N : $12.38\text{g N} \times \frac{1\text{mol N}}{14\text{g N}} ≒ 0.88\text{mol N}$
- 수소 H : $9.80\text{g H} \times \frac{1\text{mol H}}{1\text{g H}} = 9.80\text{mol H}$
- 산소 O : $14.14\text{g O} \times \frac{1\text{mol O}}{16\text{g O}} ≒ 0.88\text{mol O}$

단계 3) mol비 구하기 : 가장 간단한 정수비로 나타낸다.
C : N : H : O = 5.31 : 0.88 : 9.80 : 0.88
≒ 6 : 1 : 11 : 1
∴ 실험식은 $C_6NH_{11}O$이다.

17 다음 중 완충용량이 가장 큰 용액은?

① 0.01M 아세트산과 0.01M 아세트산나트륨의 혼합용액
② 0.1M 아세트산과 0.004M 아세트산나트륨의 혼합용액
③ 0.005M 아세트산과 0.1M 아세트산나트륨의 혼합용액
④ 1M 아세트산과 0.001M 아세트산나트륨의 혼합용액

✔ **완충용량**
강산 또는 강염기가 첨가될 때 용액이 얼마나 pH 변화를 잘 막는지에 대한 척도로, 완충용액은 $pH = pK_a$ 즉, $[HA] = [A^-]$일 때 pH 변화를 막는 데 가장 효과적이다. 완충용액의 유용한 pH 범위는 대체로 $pK_a \pm 1$이며, 이 범위 바깥에서는 첨가된 강산이나 강염기와 반응할 만큼 약산이나 약염기가 충분히 많지 않고, 완충용액의 농도를 증가시키면 완충용량도 증가한다.

18 C_4H_8의 모든 이성질체의 개수는 몇 개인가?

① 4 ② 5
③ 6 ④ 7

✔ **C_4H_8의 이성질체**
일반식이 C_nH_{2n}이므로 alkene과 고리화합물이 포함된다.

C=C−C−C

(H)(H)C=C(C)(C)

H H / C−C=C−C 〈cis〉

H / C−C=C−C / H 〈trans〉

(C / C−C−C 삼각 고리)

C−C / C−C (사각 고리)

19 어떤 반응의 평형상수를 알아도 예측할 수 없는 것은?

① 평형에 도달하는 시간
② 어떤 농도가 평형조건을 나타내는지 여부
③ 주어진 초기농도로부터 도달할 수 있는 평형의 위치
④ 평형조건에서 반응의 진행 정도

✔ 평형상수(K)는 화학 평형의 위치에 대한 농도나 압력의 영향을 정량적으로 설명할 수 있으며, 반응지수(Q)와 평형상수로부터 어떤 농도가 평형조건을 나타내는지 여부와 주어진 초기농도로부터 도달할 수 있는 평형의 위치를 예측할 수 있다.
평형상수로부터 화학반응의 방향과 완결 정도를 예측할 수 있지만, 평형이 이루어지는 **속도, 평행에 도달하는 시간에 관해서는 아무런 정보를 주지 않는다.**

20 다음 산과 염기에 대한 설명 중 틀린 것은?

① 아레니우스 염기는 물에 녹으면 해리되어 수산화 이온을 내놓는 물질이다.
② 아레니우스 산은 물에 녹으면 해리되어 수소이온을 내놓는 물질이다.
③ 염기는 리트머스의 색깔을 파란색에서 빨간색으로 변화시킨다.
④ 산은 마그네슘, 아연 등의 금속과 반응하여 수소기체를 발생시킨다.

✔ 산은 푸른색 리트머스 종이를 붉은색으로 변색시키고, 염기는 붉은색 리트머스 종이를 푸른색으로 변색시킨다.

정답 | 17.① 18.③ 19.① 20.③

제2과목 | 분석화학

21 **100℃에서 물의 이온곱 상수(K_w) 값은 49×10^{-14}이다. 0.15M NaOH 수용액의 온도가 100℃일 때 수산화 이온(OH^-)의 농도는?**

① 7.0×10^{-7}M
② 0.021M
③ 0.075M
④ 0.15M

✔ $NaOH(aq) \xrightarrow{100\%} Na^+(aq) + OH^-(aq)$
$[OH^-]=0.15M$
$H_2O(l) \rightleftarrows H^+(aq) + OH^-(aq)$
$K_w = [H^+][OH^-] = x(0.15+x) = 49\times10^{-14}$
$x = 3.27\times10^{-12}$
$\therefore [OH^-] = 0.15+3.27\times10^{-12} \simeq 0.15M$
강염기 NaOH 수용액에서는 물의 자동 이온화를 무시해도 된다.

22 **질소와 수소로부터 암모니아를 만드는 반응에서 평형을 이동시켜 암모니아의 수득률을 높이는 방법이 아닌 것은?**

$N_2(g)+3H_2(g) \rightleftarrows 2NH_3(g)+22kcal$

① 압력을 높인다.
② 질소의 농도를 증가시킨다.
③ 수소의 농도를 증가시킨다.
④ 암모니아의 농도를 증가시킨다.

✔ **르 샤틀리에 원리**
동적 평형상태에 있는 반응 혼합물에 자극(스트레스)을 가하면, 그 자극의 영향을 감소시키는 방향으로 평형이 이동하여 새로운 평형에 도달한다.
① 압력을 높인다.
압력이 높아지면(입자수 증가), 기체의 몰수가 감소하는 방향으로 평형 이동 : 오른쪽으로 평형 이동(정반응 진행), 수득률 증가
② 질소의 농도를 증가시킨다.
반응물의 농도 증가, 그 물질의 농도가 감소하는 방향으로 평형 이동 : 오른쪽으로 평형 이동(정반응 진행), 수득률 증가
③ 수소의 농도를 증가시킨다.
반응물의 농도 증가, 그 물질의 농도가 감소하는 방향으로 평형 이동 : 오른쪽으로 평형 이동(정반응 진행), 수득률 증가
④ 암모니아의 농도를 증가시킨다.
생성물의 농도 증가, 그 물질의 농도가 감소하는 방향으로 평형 이동 : **왼쪽으로 평형 이동(역반응 진행), 수득률 감소**

23 **0.05M 니코틴(B, $pK_{b1}=6.15$, $pK_{b2}=10.85$)을 0.05M HCl로 적정하면 제1당량점은 뚜렷하게 나타나지만 제2당량점은 그렇지 않다. 다음 중 그 이유로 옳은 것은?**

① BH_2^{2+}가 약산이기 때문이다.
② 강산으로 적정하였기 때문이다.
③ BH^+가 너무 약한 염기이기 때문이다.
④ $BH^+ \rightarrow BH_2^{2+}$ 반응이 잘 진행되기 때문이다.

✔ 대부분의 이양성자성 산이나 염기의 적정은 두 개의 뚜렷한 종말점을 나타낸다. 그런데 몇 가지 적정에서는 두 개의 종말점이 나타나지 않는 경우도 있다.
HCl에 의한 니코틴 적정의 경우
니코틴(B) + $H^+ \rightleftarrows BH^+$
$pK_{b1}=6.15$, $K_{b1}=7.08\times10^{-7}$
$BH^+ + H^+ \rightleftarrows BH_2^{2+}$
$pK_{b2}=10.85$, $K_{b2}=1.41\times10^{-11}$
BH^+가 대단히 약한 염기이기 때문에 제2당량점에서는 분명한 변곡점이 나타나지 않는다.

24 **옥살산($H_2C_2O_4$)은 뜨거운 산성 용액에서 과망가니즈산이온(MnO_4^-)과 다음과 같이 반응한다. 이 반응에서 지시약 역할을 하는 것은?**

$$5H_2C_2O_4+2MnO_4^-+6H^+ \rightleftarrows 10CO_2+2Mn^{2+}+8H_2O$$

① $H_2C_2O_4$ ② MnO_4^-
③ CO_2 ④ H_2O

✔ 과망가니즈산포타슘($KMnO_4$)은 진한 자주색을 띤 강산화제이다. 강산성 용액(pH 1)에서 무색의 Mn^{2+}로 환원된다.
$\underset{+7}{MnO_4^-} + 8H^+ + 5e^- \rightleftarrows \underset{+2}{Mn^{2+}} + 4H_2O$
종말점은 MnO_4^-의 적자색이 묽혀진 연한 분홍색이 지속적으로 나타나는 것으로 정한다.

정답 | 21.④ 22.④ 23.③ 24.②

25 **1차 표준물질 KIO_3(분자량=214.0g/mol) 0.208g으로부터 생성된 I_2를 적정하기 위해서 다음과 같은 반응으로 $Na_2S_2O_3$가 28.5mL가 소요되었다. 적정에 사용된 $Na_2S_2O_3$의 농도는 몇 M인가?**

- $IO_3^- + 5I^- + 6H^+ \rightarrow 3I_2 + 3H_2O$
- $I_2 + 2S_2O_3^{2-} \rightarrow 2I^- + S_4O_6^{2-}$

① 0.105M　② 0.205M
③ 0.250M　④ 0.305M

✔ $0.208g\ KIO_3 \times \frac{1mol\ KIO_3}{214.0g\ KIO_3} \times \frac{1mol\ IO_3^-}{1mol\ KIO_3}$

$\times \frac{3mol\ I_2}{1mol\ IO_3^-} \times \frac{2mol\ S_2O_3^{2-}}{1mol\ I_2}$

$= 5.83 \times 10^{-3} mol\ S_2O_3^{2-}$

$5.83 \times 10^{-3} mol\ S_2O_3^{2-} \times \frac{1mol\ Na_2S_2O_3}{1mol\ S_2O_3^{2-}}$

$= 5.83 \times 10^{-3} mol\ Na_2S_2O_3$

$\therefore [Na_2S_2O_3] = \frac{5.83 \times 10^{-3} mol}{28.5 \times 10^{-3} L} = $ **0.205M**

26 **40.00mL의 0.1000M I^-를 0.2000M Pb^{2+}로 적정하고자 한다. Pb^{2+}를 10.00mL 첨가하였을 때, 이 용액 속에서 I^-의 농도(M)는 약 얼마인가? (단, $PbI_2(s) \rightleftarrows Pb^{2+}(aq) + 2I^-(aq)$, $K_{sp} = 7.9 \times 10^{-9}$이다.)**

① 0.000025M　② 0.0025M
③ 0.1000M　④ 0.2000M

✔ $Pb^{2+}(aq) + 2I^-(aq) \rightleftarrows PbI_2(s)$ 반응에서
1mmol Pb^{2+} : 2mmol I^-
$=(0.2000M \times x(mL)) : (0.1000M \times 40.00mL)$
당량점 부피는 x=10mL이므로, 당량점에서는 첨가한 Pb^{2+}만큼 모두 $PbI_2(s)$가 생성된다.
$PbI_2(s)$를 물에 용해하면 다음과 같은 평형을 이룬다.
$PbI_2(s) \rightleftarrows Pb^{2+}(aq) + 2I^-(aq)$
$K_{sp} = [Pb^{2+}][I^-]^2 = 7.9 \times 10^{-9}$
평형에서의 농도를 $[Pb^{2+}] = x$로 두면
$[I^-] = 2x$이고, $K_{sp} = x(2x)^2 = 7.9 \times 10^{-9}$이다.
$x = [Pb^{2+}] = 1.25 \times 10^{-3}M$
$\therefore [I^-] = 2x = 2 \times 1.25 \times 10^{-3} = $ **2.5×10^{-3}M**

27 **농도(concentration)에 대한 설명으로 옳은 것은 무엇인가?**

① 몰랄농도(m)는 온도에 따라 변하지 않는다.
② 몰랄농도는 용액 1kg 중 용질의 몰수이다.
③ 몰농도(M)는 용액 1kg 중 용질의 몰수이다.
④ 몰농도는 온도에 따라 변하지 않는다.

✔ • **몰랄농도(m)**
용액 1kg 중 용질의 몰수로 기준이 질량이므로 **온도에 따라 변하지 않는다.**
• **몰농도(M)**
용액 1L 중 용질의 몰수이다. 액체의 부피는 온도가 높아지면 팽창하고 온도가 내려가면 수축하므로, 몰농도는 온도에 의하여 변하게 된다. 즉 온도가 높아지면 몰농도가 작아지고, 온도가 낮아지면 몰농도가 증가한다.

28 **산-염기 적정에 대한 설명으로 옳은 것은?**

① 산-염기 적정에서 당량점의 pH는 항상 14.00이다.
② 적정 그래프에서 당량점은 기울기가 최소인 변곡점으로 나타난다.
③ 다양성자 산(multiprotic acid)의 당량점은 1개이다.
④ 다양성자 산의 pK_a값들이 매우 비슷하거나, 적정하는 pH가 매우 낮으면 당량점을 뚜렷하게 관찰하기 힘들다.

✔ ① **강산-강염기** 적정에서 당량점의 **pH는 7.00**이고, **약산-강염기 또는 약염기-강산**의 적정에서 당량점의 **pH는 7.00보다 크거나 작다.**
② 적정 그래프에서 당량점은 기울기가 **최대인** 변곡점으로 나타난다.
③ 다양성자 산의 당량점은 **여러 개**이다.

29 **MnO_4^- 이온에서 망가니즈(Mn)의 산화수는 얼마인가?**

① −1　② +4
③ +6　④ +7

✔ Mn의 산화수를 x로 두면
$x + (-2) \times 4 = -1$
$\therefore x = +7$

정답 | 25.② 26.② 27.① 28.④ 29.④

30 $pK_a = 4.76$인 아세트산 수용액의 pH가 4.76일 때 $\frac{[CH_3COO^-]}{[CH_3COOH]}$의 값은 얼마인가?

① 0.18 ② 0.36
③ 0.50 ④ 1.00

✔ **헨더슨-하셀바흐 식**

$$pH = pK_a + \log\frac{[A^-]}{[HA]}$$

$$4.76 = 4.76 + \log\frac{[CH_3COO^-]}{[CH_3COOH]}$$

$$\log\frac{[CH_3COO^-]}{[CH_3COOH]} = 0$$

$$\therefore \frac{[CH_3COO^-]}{[CH_3COOH]} = \mathbf{1.00}$$

31 활동도는 용액 속에 존재하는 화학종의 실제 농도 또는 유효농도를 나타낸다. 다음 중 활동도계수의 성질이 아닌 것은? (단, $a_i = f_i[i]$이고, a_i는 화학종 i의 활동도, f_i는 i의 활동도계수, $[i]$는 i의 농도이다.)

① 동일한 수화 이온 반지름을 갖는 경우 +이온이든 −이온이든 전하수가 같으면 f_i의 값은 같다.
② 수화된 이온의 반지름이 작으면 작을수록 f_i의 값도 작아진다.
③ 이온의 세기가 증가하면 f_i의 값도 증가한다.
④ 무한히 묽은 용액일 경우에는 $f_i = 1$이다.

✔ **활동도계수**
화학종이 포함된 평형에서 그 화학종이 평형에 미치는 영향의 척도로, 전해질의 종류나 성질에는 무관하다. **이온 세기가 작을수록**, 이온의 전하가 작을수록, 이온의 크기(수화 반경)가 클수록 **활동도계수는 증가한다.**

32 다음 각각의 반쪽반응식에서 비교할 때 강한 산화제와 강한 환원제를 모두 올바르게 나타낸 것은?

- $Ag^+ + e^- \rightleftarrows Ag(s)$, $E° = 0.799V$
- $2H^+ + 2e^- \rightleftarrows H_2(g)$, $E° = 0.000V$
- $Cd^{2+} + 2e^- \rightleftarrows Cd(s)$, $E° = -0.402V$

① 강한 산화제 : Ag^+, 강한 환원제 : Ag(s)
② 강한 산화제 : H^+, 강한 환원제 : $H_2(g)$
③ 강한 산화제 : Cd^{2+}, 강한 환원제 : Ag(s)
④ 강한 산화제 : Ag^+, 강한 환원제 : Cd(s)

✔ • **강한 산화제**
표준 환원전위가 클수록 환원이 잘 되는 것이므로 강한 산화제이며, 산화력이 크다.
∴ 강한 산화제는 Ag^+
• **강한 환원제**
표준 환원전위가 작을수록 산화가 잘 되는 것이므로 강한 환원제이며, 환원력이 크다.
∴ 강한 환원제는 **Cd(s)**

33 25℃에서 2.60×10^{-5}M HCl 수용액 속의 OH^- 이온의 농도는?

① 3.85×10^{-7}M
② 3.85×10^{-8}M
③ 3.85×10^{-9}M
④ 3.85×10^{-10}M

✔ $HCl(aq) \xrightarrow{100\%} H^+(aq) + Cl^-(aq)$
$[H^+] = 2.60 \times 10^{-5}M$
$K_w = [H^+][OH^-] = 1.00 \times 10^{-14}$

$$\therefore [OH^-] = \frac{1.00 \times 10^{-14}}{2.60 \times 10^{-5}} = \mathbf{3.85 \times 10^{-10}}\,M$$

34 다음 중 침전 적정에서 종말점을 검출하는 데 일반적으로 사용하는 사항으로 거리가 먼 것은 어느 것인가?

① 전극
② 지시약
③ 빛의 산란
④ 리트머스 시험지

✔ ① 전극 : 전위차를 측정
② 지시약 : 종말점에서 침전물에 흡착되어 색이 변하는 지시약을 사용
③ 빛의 산란 : 침전이 형성되면서 빛이 산란되는 현상을 이용
④ **리트머스 시험지 : 산-염기 적정에서 사용**

정답 | 30.④ 31.③ 32.④ 33.④ 34.④

35 **EDTA의 pK_1부터 pK_6까지의 값은 0.0, 1.5, 2.0, 2.69, 6.13, 10.37이다. 다음 EDTA의 구조식은 pH가 얼마일 때의 주요 성분인가?**

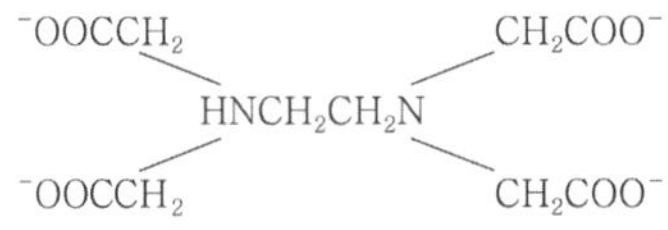

① pH 12 ② pH 7
③ pH 3 ④ pH 1

✔ EDTA는 H_6Y^{2+}로 표시되는 육양성자성계이다.
산성 수소원자들은 금속−착물을 형성함에 따라 수소원자들을 잃게 된다.
처음 네 개의 $pK_1 \sim pK_4$ 값은 카복실기의 양성자들에 대한 값이고, 나중 두 개의 pK_5, pK_6 값은 암모늄기의 양성자들에 대한 값이며, 분율 조성이 0.5일 때 pH$=pK_a$이다.

1. $H_6Y^{2+} \rightleftarrows H_5Y^+ + H^+$, $pK_1=0.00$
2. $H_5Y^+ \rightleftarrows H_4Y + H^+$, $pK_2=1.50$
3. $H_4Y \rightleftarrows H_3Y^- + H^+$, $pK_3=2.00$
4. $H_3Y^- \rightleftarrows H_2Y^{2-} + H^+$, $pK_4=2.69$
5. $H_2Y^{2-} \rightleftarrows HY^{3-} + H^+$, $pK_5=6.13$
6. $HY^{3-} \rightleftarrows Y^{4-} + H^+$, $pK_6=10.37$
7. pH에 따른 주화학종

pH 감소 — pH 증가

H_6Y^{2+}	H_5Y^+	H_4Y	H_3Y^-	H_2Y^{2-}	HY^{3-}	Y^{4-}

0.00 1.50 2.00 2.69 6.13 10.37

∴ 제시된 구조 HY^{3-}가 **주화학종**이 되려면 6.13 < pH < 10.37이어야 한다.

36 **다음 중 전기화학에 대한 설명으로 옳은 것은 어느 것인가?**

① 전자를 잃었을 때 산화되었다고 하며, 산화제는 전자를 잃고 자신이 산화된다.
② 전자를 얻게 되었을 때 산화되었다고 하며, 환원제는 전자를 얻고 자신이 산화된다.
③ 볼트(V)의 크기는 쿨롬(C)당 줄(J)의 양이다.
④ 갈바니전지(galvanic cell)는 자발적인 화학반응으로부터 전기를 발생시키는 영구기관이다.

✔ ① 전자를 잃었을 때 산화되었다고 하며, 환원제는 전자를 잃고 자신이 산화된다.
② 전자를 얻게 되었을 때 환원되었다고 하며, 산화제는 전자를 얻고 자신이 환원된다.
③ 어떤 두 점의 전위차(전압)는 한 점에서 다른 점으로 전하를 옮길 때 필요한 또는 할 수 있는 단위전하당 일이며, 볼트(V)의 단위로 측정된다.

$$1V=\frac{1J}{1C}$$

④ 갈바니전지(galvanic cell)는 자발적인 화학반응으로부터 전기를 발생시킨다. 그러나 화학반응이 완결된 후에는 전기를 발생시킬 수 없으므로 영구기관은 아니다.

37 **갈바니전지(galvanic cell)에 대한 설명으로 틀린 것은?**

① 볼타전지는 갈바니전지의 일종이다.
② 전기에너지를 화학에너지로 바꾼다.
③ 한 반응물은 산화되어야 하고, 다른 반응물은 환원되어야 한다.
④ 연료전지는 전기를 발생하기 위해 반응물을 소모하는 갈바니전지이다.

✔ **갈바니전지**
볼타전지라고도 하며, 전기를 발생시키기 위해 자발적인 화학반응을 이용한다. 즉, 한 반응물은 산화되어야 하고, 다른 반응물은 환원되어야 한다(**화학에너지를 전기에너지로 바꾼다**).

38 **플루오르화칼슘(CaF_2)의 용해도곱은 3.9×10^{-11}이다. 이 염의 포화용액에서 칼슘이온의 몰농도는 몇 M인가?**

① 2.1×10^{-4}
② 3.4×10^{-4}
③ 6.2×10^{-6}
④ 3.9×10^{-11}

✔ $CaF_2(s)$를 물에 용해하면 다음과 같은 평형을 이룬다.

$$CaF_2(s) \rightleftarrows Ca^{2+}(aq) + 2F^-(aq)$$
$$x \qquad 2x$$

$K_{sp}=[Ca^{2+}][F^-]^2=x\times(2x)^2=3.9\times10^{-11}$

∴ $x=[Ca^{2+}]=\mathbf{2.14\times10^{-4}}$M

정답 | 35.② 36.③ 37.② 38.①

39 순수하지 않은 옥살산 시료 0.7500g을 0.5066M NaOH 용액 21.37mL로 2번째 당량점까지 적정하였다. 시료 중에 포함된 옥살산($H_2C_2O_4 \cdot 2H_2O$, 분자량=126)의 wt%는 얼마인가?

① 11% ② 63%
③ 84% ④ 91%

$$H_2C_2O_4 + NaOH \rightleftarrows H_2O + NaHC_2O_4$$
$$NaHC_2O_4 + NaOH \rightleftarrows H_2O + Na_2C_2O_4$$
$$H_2C_2O_4 + 2NaOH \rightleftarrows 2H_2O + Na_2C_2O_4$$

$$(0.5066\,M \times 21.37 \times 10^{-3}\,L)\,mol\ NaOH \times \frac{1\,mol\ H_2C_2O_4}{2\,mol\ NaOH} \times \frac{1\,mol\ H_2C_2O_4 \cdot 2H_2O}{1\,mol\ H_2C_2O_4} \times \frac{126\,g\ H_2C_2O_4 \cdot 2H_2O}{1\,mol\ H_2C_2O_4 \cdot 2H_2O} = 0.682g\ H_2C_2O_4 \cdot 2H_2O$$

∴ 시료 중에 포함된 옥살산의 wt%

$$= \frac{0.682g\ H_2C_2O_4 \cdot 2H_2O}{0.7500g\ \text{시료}} \times 100 = \mathbf{90.9\%}$$

40 미지시료 중의 Hg^{2+}이온을 정량하기 위하여 과량의 $Mg(EDTA)^{2-}$를 가하여 잘 섞은 다음 유리된 Mg^{2+}를 EDTA 표준용액으로 적정할 수 있다. 이때 금속-EDTA 착물 형성상수(K_f : formation constant)의 비교와 적정법의 이름이 올바르게 연결된 것은?

① $K_{f,Hg} > K_{f,Mg}$: 간접 적정
② $K_{f,Hg} > K_{f,Mg}$: 치환 적정
③ $K_{f,Mg} > K_{f,Hg}$: 간접 적정
④ $K_{f,Mg} > K_{f,Hg}$: 치환 적정

- **치환 적정**
  적당한 지시약이 없을 때 사용한다. 과량의 $Mg(EDTA)^{2-}$를 가하여 Mg^{2+}를 치환시킨 후 유리된 Mg^{2+}를 EDTA 표준용액으로 적정하려면 **분석물의 형성상수가 Mg^{2+}의 형성상수보다 커야** 분석물과 EDTA가 결합할 수 있다.
- **간접 적정**
  특정한 금속이온과 침전물을 형성하는 음이온은 EDTA로 간접 적정함으로써 분석할 수 있다. 음이온을 과량의 표준 금속이온으로 침전시킨 다음 침전물을 거르고 세척한 후, 거른 액 중에 들어 있는 과량의 금속이온을 EDTA로 적정한다.

제3과목 | 기기분석 I

41 양성자 NMR 기기는 4.69T의 자기장 세기를 갖는 자석을 사용한다. 이 자기장에서 수소핵이 흡수하는 주파수는 몇 MHz인가? (단, 양성자의 자기회전비는 2.68×10^8radian $T^{-1}s^{-1}$이다.)

① 60 ② 100
③ 120 ④ 200

$$\Delta E = h\nu = \gamma\left(\frac{h}{2\pi}\right)B_0,\ \nu = \frac{\gamma B_0}{2\pi}$$

여기서, γ : 자기회전비율
B_0 : 외부 자기장 세기

$$\nu = \frac{2.68 \times 10^8 \times 4.69}{2\pi} = 2.00 \times 10^8\ s^{-1}$$

$1s^{-1} = 1Hz$이고, $10^6 Hz = 1MHz$이므로

∴ $\nu = 2.00 \times 10^8 s^{-1} = 2.00 \times 10^2 MHz = \mathbf{200MHz}$

42 자외선-가시선 흡수분광계에서 자외선 영역의 연속적인 파장의 빛을 발생시키기 위해서 널리 쓰이는 광원은?

① 중수소등 ② 텅스텐 필라멘트등
③ 아르곤 레이저 ④ 크세논 아크등

- **자외선 영역**(10~400nm)
  중수소(D_2), 아르곤, 제논, 수은등을 포함한 고압 기체 충전아크등
- **가시광선 영역**(400~780nm)
  텅스텐 필라멘트
- **적외선 영역**(780nm~1mm)
  1,500~2,000K으로 가열된 비활성 고체 니크롬선(Ni-Cr), 글로바(SiC), Nernst 백열등

43 불꽃원자흡수분광법(flame atomic absorption spectroscopy)에 비해 유도결합플라스마(ICP) 원자방출분광법의 장점이 아닌 것은?

① 불꽃보다 ICP의 온도가 높아서 시료가 완전하게 원자화된다.
② 불꽃보다 ICP의 온도가 높아서 이온화가 많이 일어난다.
③ 광원이 필요 없고, 다원소(multielement) 분석이 가능하다.
④ 불꽃보다 ICP의 온도가 균일하므로 자체 흡수(self-absorption)가 적다.

정답 | 39.④ 40.② 41.④ 42.① 43.②

✔ ICP는 아르곤의 이온화로 인한 전자밀도가 높아서 시료의 **이온화에 의한 방해가 거의 없다.**

44 형광에 대한 설명으로 틀린 것은?

① 복잡하거나 단순한 기체, 액체 및 고체 화학계에서 나타난다.
② 전자가 복사선을 흡수하여 들뜬상태가 되었다가 바닥상태로 되돌아가며 흡수파장과 같은 두 개의 복사선을 모든 방향으로 방출한다.
③ 흡수한 파장을 변화시키지 않고 그대로 재방출하는 형광을 공명복사선 또는 공명형광이라고 한다.
④ 분자형광은 공명선보다 짧은 파장이 중심인 복사선 띠로 나타나는 경우가 훨씬 더 많다.

✔ 분자가 들뜬상태에서 여러 가지 비활성화 과정에 의해 에너지를 잃게 되므로 분자형광은 **공명선보다 긴 파장이 중심**인 복사선 띠로 나타나는 경우가 훨씬 더 많다.

45 다음 중 일반적으로 사용되는 원자화 방법(atomization)이 아닌 것은?

① 불꽃원자화(flame atomization)
② 초음파원자화(ultrasonic atomization)
③ 유도쌍 플라스마(ICP, inductively coupled plasma)
④ 전열증발화(electrothermal vaporization)

✔ **원자화 방법의 종류**
1. **불꽃원자화**
2. **전열원자화**
3. 수소화물 생성 원자화
4. 찬 증기 원자화 : 수은(Hg) 정량에만 이용
5. 글로우방전 원자화, **유도결합 아르곤 플라스마**, 직류 아르곤 플라스마, 마이크로 유도 아르곤 플라스마, 전기아크, 스파크 등

46 분광광도법으로 단백질을 분석하는 과정에 대한 설명으로 옳지 않은 것은?

① 분석파장에서는 단백질에 존재하는 방향족 고리의 평균 흡광도가 나타난다.
② 단백질이 일정한 파장의 전자기 복사선을 흡수하는 성질을 이용한 방법이다.
③ 주로 280nm의 자외선 영역에서 분석한다.
④ 분석파장에서 염이나 완충용액 등 일반 용질들은 흡광도를 거의 나타내지 않는다.

✔ 분광광도법으로 단백질을 분석할 때는 단백질 분자 내 존재하는 방향족 고리의 복사선 흡수 성질을 이용한다. 분석 파장인 280nm 부근(자외선 영역)에서는 단백질에 존재하는 방향족 고리의 **최대 흡광도**가 나타난다.

47 적외선 분광법으로 검출되지 않는 비활성 진동 모드는?

① CO_2의 대칭 신축진동
② CO_2의 비대칭 신축진동
③ H_2O의 대칭 신축진동
④ H_2O의 비대칭 신축진동

✔ • 적외선의 흡수는 여러 가지 진동과 회전상태 사이에 작은 에너지 차가 존재하는 분자 화학종에만 일어난다. 적외선을 흡수하기 위하여 분자는 진동이나 회전운동의 결과로 쌍극자모멘트의 알짜변화를 일으켜야 한다.
• 신축진동은 두 원자 사이의 결합축을 따라 원자 간의 거리가 연속적으로 변화함을 말한다. 대칭(symmetric) 신축진동과 비대칭(asymmetric) 신축진동이 있다.
∴ 선형 분자인 CO_2 **대칭 신축진동**은 쌍극자모멘트의 알짜변화를 일으키지 않아 **적외선에서 비활성 진동**이다.

48 2×10^{-5}M $KMnO_4$ 용액을 1.5cm의 셀에 넣고 520nm에서 투광도를 측정하였더니 0.60을 보였다. 이때 $KMnO_4$의 몰흡광계수는 약 몇 L/cm · mol인가?

① 1.35×10^{-4}　② 5.0×10^{-4}
③ 7,395　④ 20,000

✔ • **베르 법칙(Beer's law)**
흡광도 $A = \varepsilon bc$
여기서, ε : 몰흡광계수($cm^{-1} \cdot M^{-1}$)
b : 셀의 길이(cm)
c : 시료의 농도(M=mol/L)

정답 | 44.④ 45.② 46.① 47.① 48.③

- 흡광도(A)와 투광도(T)의 관계

$A = -\log T$

$\therefore \varepsilon = \frac{A}{bc} = \frac{-\log 0.6}{1.5 \times 2 \times 10^{-5}}$

$= 7.395 \times 10^3 \, M^{-1}cm^{-1}$

49 다음 중 측정된 분석신호와 분석농도를 연관 짓기 위한 검정법이 아닌 것은?

① 검정곡선법 ② 표준물첨가법
③ 내부 표준물법 ④ 연속광원보정법

검정법 종류

1. 검정곡선법(표준검량법, 외부 표준물법)
2. 표준물첨가법
3. 내부 표준물법

50 X-선 형광법의 장점에 해당하지 않는 것은 어느 것인가?

① 감도가 우수하다.
② 자외선 스펙트럼이 비교적 단순하다.
③ 시료를 파괴하지 않고 분석이 가능하다.
④ 단시간 내에 여러 원소들을 분석할 수 있다.

X-선 형광법의 단점

감도가 좋지 않고, 기기가 비싸며, 가벼운 원소 측정이 어렵다(원자번호 8번보다 큰 것만 분석 가능).

Check

X-선 형광법의 장점

1. 스펙트럼이 단순하여 스펙트럼선 방해가 적다.
2. 비파괴 분석법이어서 시료에 손상을 주지 않는다.
3. 실험과정이 빠르고 편리하다.
   → 수분 내에 다중원소 분석
4. 정확도와 정밀도가 좋다.

51 장치가 고가임에도 불구하고 램프가 필요 없고, 대부분의 원소에 대해 검출한계는 낮고 선택성은 높으며, 정밀도와 정확도가 매우 우수한 특성을 고루 지닌 측정법은?

① 불꽃원자흡수법
② 전열원자흡수법
③ 플라스마 방출법
④ 유도쌍 플라스마 – 질량분석법

유도쌍 플라스마-질량분석법(ICPMS)

유도쌍 플라스마 광원의 장점과 질량분석법의 장점을 모두 가지고 있어 대부분의 원소에 대해 검출한계는 낮고 선택성은 높으며, 정밀도와 정확도가 매우 우수하며, 다중원소 분석을 쉽게 할 수 있다.

52 순차측정기기 중 변속-주사(slew-scan) 분광계에 대한 설명으로 틀린 것은?

① 분석선 근처 파장가지는 빠르게 주사하다가 그 다음 분석선에서는 주사속도가 급격히 감소되어 일련의 작은 단계로 변화되면서 주사한다.
② 동시 다중채널기기(simultaneousmulti-channel instrument)보다 더 빠르고 더 적은 시료를 소모하는 장점이 있다.
③ 변속주사는 유용한 데이터가 없는 파장영역에서 소비되는 시간을 최소화할 수 있다.
④ 회절발 작동이 컴퓨터 통제하에 이루어지며, 변속을 아주 효과적으로 수행할 수 있다.

동시 다중채널기기(simultaneousmultichannel instrument)와 비교하면 변속-주사 분광계의 장점은 상당히 저렴하고 파장을 미리 한정된 수로 선택해 놓지 않기 때문에 더 많은 응용성을 가지며, **단점은 더 느리고 시료가 더 많이 소모된다**는 점이다.

53 원자흡수분광법에서 전열원자화 장치가 불꽃원자화 장치보다 원소 검출능력이 우수한 주된 이유는?

① 시료를 분해하는 능력이 우수하다.
② 원자화 장치 자체가 매우 정밀하다.
③ 전체 시료가 원자화 장치에 도입된다.
④ 시료를 탈용매화시키는 능력이 우수하다.

전열원자화 장치에서는 **전체 시료**가 양 끝이 열려 있고 중앙에 구멍이 있는 원통형 흑연관의 시료 주입구를 통해 도입된 후 전기로의 온도를 높여 **원자화되고** 원자화되는 동안 노 밖으로 빠져 나가기 어렵기 때문에 불꽃보다 적은 양의 시료와 높은 감도를 제공한다. 반면 불꽃원자화 장치에서 시료는 분무기를 거쳐 혼합실에서 산화제 및 연료와 혼합된 후 불꽃으로 도입되는데 이 과정에서 많은 시료가 바닥으로 떨어져 폐기통으로 빠져 나가게 된다.

정답 | 49.④ 50.① 51.④ 52.② 53.③

54 NMR에서 흡수봉우리를 관찰해 보면 벤젠이나 에틸렌은 δ값이 상당히 큰 값이고, 아세틸렌은 작은 쪽에서 나타남을 알 수 있다. 이러한 현상을 설명해 주는 인자는?

① 용매 효과
② 입체 효과
③ 자기 이방성 효과
④ McLafferty 이전반응 효과

자기 이방성 효과(=자기 비등방성 효과)
화합물에 외부 자기장을 걸어주었을 때 화합물 내에서 유도되는 자기장의 세기가 화합물의 배향에 따라 달라지는 성질을 말하는 것으로, 이중결합이나 삼중결합을 가지고 있는 화합물에서 π전자의 회전에 의해 발생되는 2차 자기장의 영향으로 나타난다.
벤젠이나 에틸렌은 전자전류에 의해 생성된 2차 자기장이 양성자에 대해 가해 준 자기장과 같은 방향으로 자기 효과를 발휘하여 가리움 벗김이 일어나 δ값이 커지지만, 아세틸렌은 전자가 결합 축을 중심으로 회전하여 양성자가 가리워지기 때문에 δ값이 작은 쪽에서 나타난다.

55 전형적인 분광기기는 일반적으로 5개의 부분장치로 이루어져 있다. 이에 해당하지 않는 것은 무엇인가?

① 광원 ② 파장선택기
③ 기체도입기 ④ 검출기

전형적인 분광기기의 부분장치
1. 안정한 복사에너지 **광원**
2. 시료를 담는 투명한 용기
3. 측정을 위해 제한된 스펙트럼 영역을 제공하는 장치(**파장선택기**)
4. 복사선을 유용한 신호(전기신호)로 변환시키는 **복사선검출기**
5. 신호처리장치와 판독장치

56 다음 중 방출분광계의 바람직한 특성이 아닌 것은?

① 고분해능
② 빠른 신호 획득과 회복
③ 높은 세기의 미광 복사선
④ 정확하고 정밀한 파장 확인 및 선택

방출분광계의 바람직한 특성
1. 고분해능
2. 빠른 신호 획득과 회복
3. 정확하고 정밀한 파장 확인 및 선택
4. **낮은 세기의 미광 복사선**
5. 넓은 측정농도 범위
6. 정밀한 세기 읽기
7. 주위 환경변화에 대한 높은 안정도
8. 쉬운 바탕보정

57 원자분광법에서 주로 고체 시료의 시료 도입에 이용할 수 있는 장치는?

① 기체분무기(pneumatic nebulizer)
② 초음파분무기(ultrasonic nebulizer)
③ 전열증발기(electrothermal vaporizer)
④ 수소화물 발생기(hydridegeneration device)

- 고체 시료의 도입방법으로는 직접 시료 도입, **전열증기화**, 레이저 증발, 아크와 스파크 증발, 글로우방전법이 있다.
- 용액 시료의 도입방법으로 기체분무기, 초음파분무기, 전열증기화, 수소화물 생성법이 있다.

58 분광분석법은 다음 중 어떤 현상을 바탕으로 측정이 이루어지는가?

① 분석용액의 전기적인 성질
② 각종 복사선과 물질과의 상호작용
③ 복잡한 혼합물을 구성하는 유사한 성분으로 분리
④ 물질을 가열할 때 나타나는 물리적인 성질

분광분석법
각종 복사선과 물질과의 상호작용을 이용하여 물질에 관한 정보를 얻는 분석법이다. 물질은 복사선을 흡수하여 들뜬상태가 되고 복사선을 방출하면서 바닥상태로 돌아가는데, 들뜰 때 흡수하거나 산란된 복사선의 양을 측정하거나 바닥상태로 되돌아갈 때 방출하는 복사선의 양을 측정함으로써 정량, 정성분석을 할 수 있다.

59 다음 중 분자분광기기가 아닌 것은?

① 적외선분광기
② X선형광분광기
③ 핵자기공명분광기
④ 자외선/가시선분광기

정답 | 54.③ 55.③ 56.③ 57.③ 58.② 59.②

분광분석법

입자에 따라 구분	측정하는 빛의 종류에 따라 구분
원자분광법	원자흡수 및 형광분광법
	유도결합플라스마원자방출분광법
	X-선분광법
분자분광법	자외선-가시선흡수분광법
	형광 및 인광광도법
	적외선흡수분광법
	핵자기공명분광법

60 10Å의 파장을 갖는 X-선 광자에너지 값은 약 몇 eV인가? (단, Plank 상수는 6.63×10^{-34}J·s, 1J=6.24×10^{18} eV이다.)

① 12.50 ② 125

③ 1,250 ④ 12,500

$E=h\nu=h\frac{c}{\lambda}=h\bar{\nu}c$

여기서, h : 플랑크상수

ν : 진동수(s^{-1})

λ : 파장(m)

c : 진공에서 빛의 속도(3.0×10^8m/s)

$\bar{\nu}$: 파수(m^{-1}) $=\frac{1}{\lambda}$

$$\therefore E=6.63\times10^{-34}\text{J}\cdot\text{s}\times\frac{3.0\times10^8\text{ m/s}}{10\times10^{-10}\text{ m}}\times\frac{6.24\times10^{18}\text{ eV}}{1\text{J}}=\mathbf{1.241\times10^3eV}$$

제4과목 | 기기분석 II

61 다음 중 질량분석계의 시료 도입장치가 아닌 것은 어느 것인가?

① 배치식 ② 연속식

③ 직접식 ④ 모세관 전기이동

질량분석계의 시료 도입장치

1. **배치식** 도입장치 : 기체나 끓는점이 500℃까지의 액체인 경우, 압력을 감압하여 끓는점을 낮추어 기화시킨 후 기체 시료를 진공인 이온화 지역으로 새어 들어가게 한다.
2. **직접** 도입장치 : 열에 불안정한 화합물, 고체 시료, 비휘발성 액체인 경우, 진공 봉쇄상태로 되어 있는 시료 직접 도입 탐침에 의해 이온화 지역으로 주입된다.
3. 크로마토그래피 또는 **모세관 전기이동** 도입장치 : GC/MS, LC/MS 또는 모세관 전기이동관을 질량분석기와 연결시키는 장치, 용리 기체로 용리한 후 용리 기체와 분리된 시료 기체를 도입한다.

62 포화 칼로멜전극의 구성이 아닌 것은?

① 다공성 마개(염다리)

② 포화 KCl 용액

③ 수은

④ Ag선

포화 칼로멜전극(SCE)

1. 염화수은(Ⅰ)(Hg_2Cl_2, 칼로멜)으로 포화되어 있고, **포화 염화포타슘(KCl) 용액에 수은**을 넣어 만든다.
2. 전극반응 : $Hg_2Cl_2(s)+2e^-\rightleftarrows 2Hg(l)+2Cl^-(aq)$
3. 선 표시법 : $Hg(l)\,|\,Hg_2Cl_2(sat'd),\ KCl(sat'd)\,\|$

63 질량분석기의 이온화 방법에 대한 설명 중 틀린 것은?

① 전자충격 이온화 방법은 토막내기가 잘 일어나므로 분자량의 결정이 어렵다.

② 전자충격 이온화 방법에서 분자 양이온의 생성반응이 매우 효율적이다.

③ 화학 이온화 방법에 의해 얻어진 스펙트럼은 전자충격 이온화 방법에 비해 매우 단순한 편이다.

④ 전자충격 이온화 방법의 단점은 반드시 시료를 기화시켜야 하므로 분자량이 1,000보다 큰 물질의 분석에는 불리하다.

전자충격 이온화 방법에서 고에너지의 빠른 전자빔으로 분자를 때리므로 토막내기 과정이 매우 잘 일어나므로 **분자 양이온의 생성반응은 거의 일어나지 않는다.**

64 시차주사열량법(DSC)이 갖는 시차열분석법(DTA)과의 근본적인 차이는 무엇인가?

① 온도 차이를 기록

② 에너지 차이를 기록

③ 밀도 차이를 기록

④ 시간 차이를 기록

정답 | 60.③ 61.② 62.④ 63.② 64.②

✔ 시차주사열량법(DSC)은 시료물질과 기준물질을 조절된 온도 프로그램으로 가열하면서 이 두 물질에 흘러 들어간 열량의 차이를 시료 온도의 함수로 측정하는 열분석방법이다. 시차주사열량법과 시차열분석법의 근본적인 차이는 **시차주사열량법은 에너지 차이를 측정하는 것**이고, 시차열분석법은 온도 차이를 기록하는 것이다. 두 방법에서 사용하는 온도 프로그램은 비슷하다.

65 다음 중 화학전지에 대한 설명으로 틀린 것은 어느 것인가?

① 염다리의 양쪽 끝은 다공성 마개로 막혀 있다.
② 염다리는 포화 KCl 용액과 젤라틴 등으로 되어 있다.
③ 전자이동은 두 전극에서 각각 일어날 수 있어야 한다.
④ 두 전지의 양쪽 용액이 잘 섞여야 한다.

✔ 전기화학전지는 전극이라고 부르는 두 개의 금속전도체를 가지고 있고, 이들 전극이 적당한 전해질에 담겨 있다. 두 전극은 외부에서 금속 도선에 연결되어야 하며, 두 전해질 용액은 한 쪽에서 다른 쪽으로 이온이 움직일 수 있게 접촉되어 있어야 하고, 전자이동은 두 전극에서 각각 일어날 수 있어야 한다. 염다리는 KCl이나 다른 전해질로 포화된 용액이 채워진 관으로, 양쪽 끝부분은 다공성 마개로 막혀 있어 이들을 통해 이온은 이동하지만 한 전해질 용액에서 다른 전해질 용액으로 용액이 빨려 올라가지 못하도록 한다. 즉 **전지의 양쪽 용액이 섞이지 않도록 하고 전기적 접촉을 하게 한다.**

66 전기분해할 때 석출되는 물질의 양에 비례하지 않는 것은?

① 전기화학당량
② Faraday 상수
③ 전기량
④ 일정한 전류를 흘려줄 때의 시간

✔ • **패러데이 법칙**
전기분해에 의해서 전극에서 석출되는 물질의 양은 물질이 같은 경우 용액을 통하는 전기량에 비례하며, 용액을 통하는 전기량이 같을 경우에는 물질의 전기화학당량(전자 1mol의 전기량에 의해 석출되는 물질량)에 비례한다.
즉, **전류가 많이 흐를수록, 시간이 지날수록, 전기화학당량이 클수록 석출되는 물질의 양은 많아진다.**

• **1패럿(F)**
1mol의 전자가 가지고 있는 쿨롬 단위의 전하량
1F=96,485C/mol

67 이온교환 크로마토그래피에서 용리액 억제 칼럼을 이용하여 방해물질을 제거하는 검출기는 무엇인가?

① 굴절률검출기
② 전도도검출기
③ 형광검출기
④ 자외선검출기

✔ 용리액 억제 칼럼은 시료 이온의 전도도에는 영향을 주지 않고 용리용매의 전해질을 이온화하지 않는 분자 화학종으로 바꿔 주는 이온교환수지로 충전되어 있는 억제 칼럼이다. 이온교환 분석 칼럼의 바로 뒤에 설치하여 사용함으로써 용매 전해질의 전도도를 막아 시료 이온만의 **전도도를 검출**할 수 있게 해 준다.

68 시차주사열량법(DSC)에 대한 설명 중 틀린 것은 무엇인가?

① 측정속도가 빠르고, 쉽게 사용할 수 있다.
② DSC는 정량분석을 하는 데 이용된다.
③ 전력보상 DSC에서는 시료의 온도를 일정한 속도로 변화시키면서 시료와 기준으로 흘러 들어오는 열흐름의 차이를 측정한다.
④ 결정성 물질의 용융열과 결정화 정도를 결정하는 데 응용된다.

✔ **시차주사열량법의 종류**

1. 전력보상(power compensated) 시차주사열량법 : 시료와 기준물질 사이의 온도를 동일하게 유지시키는 데 **필요한 전력을 측정**한다.
2. 열흐름(heat flux) 시차주사열량법 : 시료와 기준물질로 흘러들어 오는 열흐름의 차이를 측정한다.
3. 변조 시차주사열량법 : Fourier 변환법을 이용하여 열흐름 신호를 측정한다.

정답 | 65.④ 66.② 67.② 68.③

69 **25℃에서 요오드화 납으로 포화되어 있고, 요오드화 이온의 활동도가 정확히 1.00인 용액 중의 납전극의 전위는 얼마인가? (단, PbI_2의 $K_{sp}=7.1\times10^{-9}$, $Pb^{2+}+2e^- \rightleftarrows Pb(s)$, $E°=-0.350V$)**

① −0.0143V ② 0.0143V
③ 0.0151V ④ −0.591V

✔ $PbI_2(s) \rightleftarrows Pb^{2+}(aq)+2I^-(aq)$

활동도(A) x 1.00

$K_{sp}=A_{Pb^{2+}}\cdot A_{I^-}{}^2=x\times(1.00)^2=7.1\times10^{-9}$

$x=7.1\times10^{-9}M$

Nernst 식 : $E=E°-\dfrac{0.05916V}{n}\log Q$

$Pb^{2+}+2e^- \rightleftarrows Pb,\ E°=-0.350V$

$\therefore E=-0.350-\dfrac{0.05916}{2}\log\dfrac{1}{7.1\times10^{-9}}$

$=-0.591V$

70 **이온 선택성 막전극의 종류 중 비결정질 막전극이 아닌 것은?**

① 단일결정
② 유리
③ 액체
④ 강체질 고분자에 고정된 측정용 액체

✔ **이온 선택성 막전극의 종류**
1. **결정질 막전극 : 단일결정**, 다결정질 또는 혼합결정
2. 비결정질 막전극 : 유리, 액체, 강체질 고분자에 고정된 측정용 액체

71 **기체 크로마토그래피에서 사용되는 검출기 중 할로젠 물질에 대해 검출한계가 가장 좋은 검출기는?**

① 불꽃이온화검출기(FID)
② 열전도도검출기(TCD)
③ 전자포획검출기(ECD)
④ 불꽃광도검출기(FPD)

✔ ① 불꽃이온화검출기(FID) : 시료를 불꽃에 태워 이온화시켜 생성된 전류를 측정하며, 생성된 이온의 수는 불꽃에서 분해된(환원된) 탄소원자의 수에 비례하고, 연소하지 않는 기체(H_2O, CO_2, SO_2, NO_x 등)에 대해서는 감응하지 않는다.
② 열전도도검출기(TCD) : 분석물 입자의 존재로 인하여 생기는 운반 기체와 시료의 열전도도 차이에 감응하여 변하는 전위를 측정한다.
③ **전자포획검출기(ECD)** : ^{63}Ni과 같은 β−선 방사체를 사용하며, 전자를 포착하는 성질이 있는 유기분자들이 있으면 검출기에 도달하는 전류는 급격히 감소한다. 검출기의 감응은 선택적이며, **할로젠**, 과산화물, 퀴논, 니트로기와 같은 전기음성도가 큰 작용기를 포함하는 **분자에 특히 감도가 좋다.**
④ 불꽃광도검출기(FPD) : 용출 기체가 불꽃을 통과할 때 들뜬 원자들이 방출하는 빛을 특정하는 검출기로 인, 황, 납, 주석 또는 다른 선택된 원소들을 검출한다.

72 **질량분석법에 대한 설명으로 틀린 것은?**

① 분자이온 봉우리가 미지시료의 분자량을 알려주기 때문에 구조결정에 중요하다.
② 가상의 분자 ABCD에서 BCD^+는 딸−이온(daughter−ion)이다.
③ 질량스펙트럼에서 가장 큰 봉우리의 크기를 임의로 100으로 정한 것이 기준봉우리이다.
④ 질량스펙트럼에서 분자이온보다 질량수가 큰 봉우리는 생기지 않는다.

✔ 이온과 분자 간 충돌로 인해 분자이온보다 질량수가 큰 봉우리를 생성할 수 있고, **동위원소의 존재로 인해 질량수가 1~2 큰 봉우리를 생성할 수 있다.**
$ABCD^{\cdot+}+ABCD \rightarrow (ABCD)_2{}^{\cdot+} \rightarrow BCD^{\cdot+}+ABCDA^+$

73 **20.0cm 칼럼으로 물질 A와 B를 분리한 결과 A의 머무름시간은 15.0분, B의 머무름시간은 17.0분이었고, A와 B의 봉우리 밑너비는 각각 0.75분, 1.25분이었다면 이 칼럼의 분리능은 얼마인가?**

① 1.0 ② 2.0
③ 3.5 ④ 4.5

✔ **분리능(R_s)**
두 가지 분석물질을 분리할 수 있는 칼럼의 능력을 정량적으로 나타내는 척도

$$R_s=\frac{(t_R)_B-(t_R)_A}{\frac{W_A+W_B}{2}}=\frac{2\{(t_R)_B-(t_R)_A\}}{W_A+W_B}$$

정답 | 69.④ 70.① 71.③ 72.④ 73.②

여기서, W_A, W_B : 봉우리 A, B의 너비
$(t_R)_A$, $(t_R)_B$: 봉우리 A, B의 머무름시간

$$\therefore R_s = \frac{2(17.0-15.0)}{0.75+1.25} = 2.0$$

74 유리전극으로 pH를 측정할 때 영향을 주는 오차요인으로 가장 거리가 먼 것은?

① 산 오차 ② 알칼리 오차
③ 탈수 ④ 높은 이온세기

유리전극으로 pH를 측정할 때의 오차

1. 산 오차
2. 알칼리 오차
3. 탈수
4. **낮은 이온세기의 용액**
5. 접촉전위의 변화
6. 표준 완충용액의 불확정성
7. 온도 변화에 따른 오차
8. 전극의 세척 불량

75 HPLC 펌프장치의 필요조건이 아닌 것은?

① 펄스 충격 없는 출력
② 3,000psi까지의 압력 발생
③ 0.1~10mL/min 범위의 흐름속도
④ 흐름속도 재현성의 상대오차를 0.5% 이하로 유지

HPLC 펌프장치의 필요조건

1. 펄스 충격 없는 출력
2. 6,000psi(약 400atm)까지의 압력 발생
3. 0.1~10mL/min 범위의 흐름속도
4. 흐름속도 재현성의 상대오차를 0.5% 이하로 유지
5. 여러 용매에 의해 잘 부식되지 않음

76 분리분석법에 속하지 않는 분석법은?

① 흐름주입 분석법
② 모세관 전기이동법
③ 초임계 유체 크로마토그래피
④ 고성능 액체 크로마토그래피

분리분석법

크로마토그래피, 전기이동, 침전법, 증류법, 추출법 등이 있다.

77 기체 크로마토그래피(GC)에서 온도 프로그래밍(temperature programming)의 효과로서 가장 거리가 먼 것은?

① 감도를 좋게 한다.
② 분해능을 좋게 한다.
③ 분석시간을 단축시킨다.
④ 장비 구입비용을 절약할 수 있다.

온도 프로그래밍은 분리가 진행되는 동안 칼럼의 온도를 계속적으로 또는 단계적으로 증가시키는 것으로, 끓는점이 넓은 영역에 걸쳐 있는 분석물질에 대하여 시료의 분리효율을 높이고 분리시간을 단축시키기 위해 사용한다. 그리고 HPLC에서의 기울기 용리와 같으며, 온도 프로그래밍의 기술이 탑재된 장비를 구입해야 하므로 **장비 구입비용은 더 들게 된다.**

78 액체 크로마토그래피 칼럼의 단수(number of plates) N만을 변화시켜 분리능(R_s)을 2배로 증가시키기 위해서는 어떻게 하여야 하는가?

① 단수 N이 2배로 증가해야 한다.
② 단수 N이 3배로 증가해야 한다.
③ 단수 N이 4배로 증가해야 한다.
④ 단수 N이 $\sqrt{2}$배로 증가해야 한다.

분리능(R_s)과 단수(N) 관계

분리능 $R_s \propto \sqrt{N}$

$\therefore 2R_s \propto \sqrt{N}$을 위해서는 N을 **4배 증가**해야 한다.

79 사중극자 질량분석관에서 좁은 띠 필터로 되는 경우는?

① 고질량 필터로 작용하는 경우
② 저질량 필터로 작용하는 경우
③ 고질량과 저질량 필터가 동시에 작용하는 경우
④ 고질량 필터를 먼저 작용시키고, 그 다음 저질량 필터를 작용하는 경우

좁은 띠 필터

한 쌍의 막대에는 **고질량 필터**를, 다른 한 쌍의 막대에는 **저질량 필터**를 걸어주어 **동시**에 적용시키면 제한된 범위의 m/z값을 갖는 이온들만 통과된다.

정답 | 74.④ 75.② 76.① 77.④ 78.③ 79.③

80 **액체 크로마토그래피에서 보호(guard)칼럼에 대한 설명으로 틀린 것은?**

① 분석하는 주칼럼을 오래 사용할 수 있게 해 준다.

② 시료 중에 존재하는 입자나 용매에 들어 있는 오염물질을 제거해 준다.

③ 정지상에 비가역적으로 붙은 물질들을 제거해 준다.

④ 잘 걸러주기 위하여 입자의 크기는 되도록 분석칼럼보다 작은 것을 사용한다.

보호칼럼

1. 분석칼럼의 수명 연장을 위해 사용한다.
2. 보통 짧은 보호칼럼을 분석관 앞에 설치하여 용매에서 들어오는 입자성 물질과 오염물질뿐만 아니라 정지상에 비가역적으로 결합되는 시료 성분을 제거한다.
3. 분석칼럼의 분리효율을 높이고 분리시간을 단축시키기 위해 사용한다.
4. 보호칼럼 충전물의 조성은 분석칼럼의 조성과 거의 같아야 하고, **입자의 크기는 비슷하거나 더 크게 하여 압력강하를 최소화한다.**
5. 이동상을 정지상으로 포화시키는 역할도 한다. ➜ 정지상의 손실을 최소화 할 수 있다.
6. 오염되었을 때는 다시 충전물을 채우거나 새 것으로 교체한다.

정답 I 80.④

제1과목 | 일반화학

01 질량백분율(mass percentage)을 올바르게 나타낸 것은?

① $\frac{\text{용질의 질량}}{\text{용액의 질량}} \times 10^2$

② $\frac{\text{용질의 질량}}{\text{용매의 질량}} \times 10^2$

③ $\frac{\text{용질의 질량}}{\text{용액의 몰수}} \times 10^2$

④ $\frac{\text{용질의 질량}}{\text{용매의 몰수}} \times 10^2$

✔ 질량백분율 %(w/w)

$= \frac{\text{용질의 질량(g)}}{\text{용액의 질량(g)}} \times 100$

$= \frac{\text{용질의 질량 (g)}}{\text{(용매+용질)의 질량 (g)}} \times 100$

02 아레니우스의 정의에 따른 산과 염기에 대한 설명 중 옳지 않은 것은?

① 산이란 물에 녹였을 때 하이드로늄이온(H_3O^+)의 농도를 순수한 물에서보다 증가시키는 물질이다.

② 염기란 물에 녹였을 때 수산화이온(OH^-)의 농도를 순수한 물에서보다 증가시키는 물질이다.

③ 19세기에 도입된 이 정의는 잘 알려진 산/염기와 화학적으로 유사한 화합물에는 적용되지 않는다.

④ 순수한 물에는 적지만 같은 양의 수소이온(H^+)과 수산화이온(OH^-)이 존재한다.

✔ **아레니우스의 산 · 염기 정의**

19세기에 도입된 정의로 산은 수용액에서 수소이온(H^+)을 내놓을 수 있는 물질이며, 염기는 수용액에서 수산화이온(OH^-)을 내놓을 수 있는 물질로 정의한다. 아레니우스의 산 · 염기 정의는 잘 알려진 산과 염기뿐만 아니라 화학적으로 유사한 화합물에도 적용된다.

03 주기율표에 근거하여 제시된 다음의 설명 중 틀린 것은?

① NH_3가 PH_3보다 물에 더 잘 녹는 이유는 PH_3와 달리 NH_3가 수소결합을 할 수 있기 때문이다.

② 수용액 조건에서 HF, HCl, HBr, HI 중 가장 강산은 HI이다.

③ C는 O보다 전기음성도가 더 크므로 O−H 결합보다 C−H 결합이 더 큰 극성을 띠게 된다.

④ Na와 Cl은 공유결합을 통해 분자를 형성하지 않는다.

✔ 전기음성도는 두 원자의 공유결합으로 생성된 분자에서 원자가 공유전자쌍을 끌어당기는 힘의 세기를 상대적인 수치로 나타낸 것으로, 플루오린(F)의 전기음성도를 4.0으로 정하고 이 값을 기준으로 다른 원소들의 전기음성도를 상대적으로 정한 값이다. 플루오린(F) 4.0, 산소(O) 3.5, 질소(N) 3.0, 탄소(C) 2.5, 수소(H) 2.1이다.

∴ **O(3.5)는** C(2.5)보다 전기음성도가 더 크므로 C−H 결합보다 **O−H 결합이 더 큰 극성을 띠게 된다.**

04 다음 유기물의 명명법 중 틀린 것은?

① CH_3COOH : 아세트산

② HOOCCOOH : 옥살산

③ CCl_2F_2 : 클로로플루오로메탄

④ $CH_2=CHCl$: 염화비닐

✔ • CCl_2F_2 : 다이클로로다이플루오로메탄
CH_4의 수소에 2개의 염소와 2개의 플루오린이 치환된 화합물이다.
• CH_2ClF : 클로로플루오로메탄

05 밑줄 친 물질의 용해도가 증가하는 것은?

① 기체 용질이 녹아 있는 용기의 부피를 증가시킨다.

② 황산나트륨(Na_2SO_4)이 녹아 있는 수용액의 온도를 60℃ 정도로 약간 올려준다.

③ 황산바륨($BaSO_4$)이 들어 있는 수용액에 NaCl을 소량 첨가한다.

④ 염화칼륨(KCl) 포화용액을 냉장고에 넣는다.

정답 | 01.① 02.③ 03.③ 04.③ 05.③

✔ ① 부피를 증가시키면 압력이 감소되어 기체의 용해도는 감소된다. 기체의 용해도는 온도가 낮을수록, 압력이 높을수록 증가한다.
② 60℃에서의 황산나트륨 용해도는 온도에 거의 무관하다.
③ 이온세기가 증가하면 난용성 염의 **용해도가 증가한다.** 난용성 염에서 해리된 양이온과 음이온의 주위에 반대 전하를 가진 비활성 염의 이온들이 둘러싸여 이온 사이의 인력을 감소시키므로 서로 합쳐지려고 하는 경향이 줄어들기 때문에 용해도가 증가하게 된다.
④ 염화칼륨의 용해도는 온도가 증가함에 따라 서서히 증가하므로 포화용액을 냉장고에 넣으면 온도가 감소되어 용해도는 감소한다.

06 다음 중 알코올에 대한 설명으로 틀린 것은 어느 것인가?

① 일반적으로 탄소의 개수가 적은 경우 극성이다.
② 작용기는 −OR(R은 알킬기)이다.
③ 수소결합을 할 수 있다.
④ 분자량이 비슷한 다른 유기분자보다 일반적으로 끓는점이 높다.

✔ **알코올**
1. 모든 알코올은 **히드록시기(−OH)**를 가지고 있다.
2. 알코올 분자의 −OH기의 산소와 다른 알코올 분자의 수소 사이에 수소결합을 형성하여 분자량이 비슷한 다른 유기분자에 비해 일반적으로 끓는점이 높다.
3. 알코올 분자는 탄소의 개수가 작은 경우 극성을, 탄소의 개수가 많은 경우 비극성을 띤다.

07 525℃에서 다음 반응에 대한 평형상수 K값은 3.35×10^{-3}이다. 이때 평형에서 이산화탄소 농도를 구하면 얼마인가?

$$CaCO_3(s) \rightarrow CaO(s) + CO_2(g)$$

① 0.84×10^{-3}mol/L
② 1.68×10^{-3}mol/L
③ 3.35×10^{-3}mol/L
④ 6.77×10^{-3}mol/L

✔ 평형상수식의 농도(또는 압력)는 각 물질의 몰농도(또는 압력)를 열역학적 표준상태인 1M(또는 1atm)로 나눈 농도비(또는 압력비)로, 단위들이 상쇄되므로 평형상수는 단위가 없다. 화학종이 순수한 액체, 순수한 고체, 또는 용매가 과량으로 존재한다면 평형상수식에 나타나지 않는다.
$K_{sp} = [CO_2] = 3.35 \times 10^{-3}$
∴ $[CO_2] = \mathbf{3.35 \times 10^{-3}M}$

08 주기율표에서의 일반적인 경향으로 옳은 것은 어느 것인가?

① 원자 반지름은 같은 족에서는 위로 올라갈수록 증가한다.
② 원자 반지름은 같은 주기에서는 오른쪽으로 갈수록 감소한다.
③ 금속성은 같은 주기에서는 오른쪽으로 갈수록 증가한다.
④ 18족(0족)에서는 금속성 물질만 존재한다.

✔ 18족(0족)은 He, Ne, Ar, Kr, Xe, Rn 등의 비활성 기체가 존재한다.

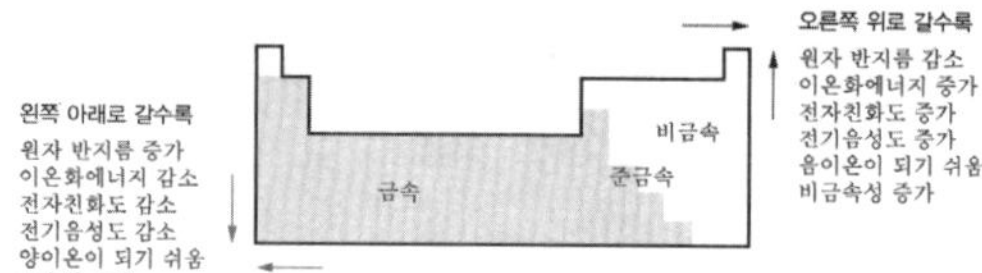

09 산−염기에 대한 Brønsted−Lowry의 모델을 설명한 것 중 가장 거리가 먼 것은?

① 산은 양성자(H^+ 이온) 주개이다.
② 염기는 양성자(H^+ 이온) 받개이다.
③ 염기에서 양성자가 제거된 화학종을 짝염기라고 한다.
④ 산 · 염기 반응에서 양성자는 산에서 염기로 이동된다.

✔ **브뢴스테드−로리의 산 · 염기 정의**
산은 양성자(H^+)를 주는 물질, 염기는 양성자를 받는 물질로 정의하고, 양성자의 이동에 의하여 산과 염기로 되는 한 쌍의 물질을 짝산−짝염기쌍이라고 한다. 산에서 양성자가 제거된 화학종을 짝염기라고 하며, **염기에서 양성자가 첨가된 화학종을 짝산**이라고 한다.

정답 | 06.② 07.③ 08.② 09.③

10 같은 질량의 산소분자와 메탄올에 들어 있는 산소원자 수의 비는?

① 산소 : 메탄올 = 5 : 1
② 산소 : 메탄올 = 2 : 1
③ 산소 : 메탄올 = 1 : 2
④ 산소 : 메탄올 = 1 : 1

✔ 산소분자(O_2) 몰질량 32g/mol, 메탄올(CH_3OH) 몰질량 32g/mol로, 몰질량이 32g/mol로 같으므로 분자식으로부터 분자를 구성하는 원자의 수를 알 수 있다.
산소분자 1mol에는 2mol의 산소원자가, 메탄올 1mol에는 1mol의 산소원자가 들어 있으므로 산소 : 메탄올=2 : 1이다.

11 $Ca(HCO_3)_2$에서 탄소의 산화수는 얼마인가?

① +2 ② +3
③ +4 ④ +5

✔ **산화수를 정하는 규칙**
화합물에서 모든 원자의 산화수의 총합은 0이며, 1족 금속원자는 +1, 2족 금속원자는 +2, 13족 금속원자는 +3의 산화수를 갖고, H의 산화수는 +1, O의 산화수는 −2이다.

- **방법 1**
Ca=+2, H=+1, O= −2와 C=x로 두고, 화합물 $Ca(HCO_3)_2$에서 산화수를 정하면
$(+2)+2\{(+1)+(x)+(-2\times3)\}=0$
$\therefore x = C = +4$
- **방법 2**
Ca=+2, H=+1, O=−2와 C=x로 두고, HCO_3^-에서 산화수를 정하면
$(+1)+(x)+(-2\times3)=-1$
$\therefore x = C = +4$

12 티오시아네이트(Thiocyanate) 이온(SCN^-)의 가장 적합한 Lewis 구조는?

① $[:\ddot{S}=C=\ddot{N}:]^-$ ② $[:\ddot{S}=C-\ddot{N}:]^-$
③ $[:\ddot{S}=C\equiv N:]^-$ ④ $[:\ddot{S}=\ddot{C}-\ddot{N}:]^-$

✔ **루이스 구조 그리기**
1. C를 중심원자로 S, N를 주변원자로 두어 골격은 SCN이다.
2. 전체 원자가전자수를 구하면 C 4, S 6, N 5, 음이온 1로 16개의 원자가전자로 루이스 구조를 그릴 수 있다.
3. S−C−N로 단일결합을 이용하여 각 원자를 연결하고 16−4=12개의 전자를 이용하여 주변원자인 S과 N가 팔전자가 되도록 전자를 할당한다. 그 후 남은 전자는 0이고, 중심원자 C는 팔전자 규칙을 만족하지 못하므로 단일결합을 하나 추가한다.
4. S=C−N 또는 S−C=N에서도 중심원자 C는 팔전자 규칙을 만족하지 못하므로 다시 단일결합을 하나 더 추가한다.
5. S=C=N에서 16개의 전자 중 결합에 이용한 전자 8개를 빼고 남은 전자 8개를 주변원자인 S과 N가 팔전자가 되도록 전자를 할당하면, 중심원자를 포함한 모든 원자가 팔전자 규칙을 만족하게 되므로 타당한 루이스 구조가 된다.

$\therefore [\ \ddot{\underset{..}{S}}=C=\ddot{\underset{..}{N}}\ ]^-$

13 배의 철 표면이 녹스는 것을 방지하기 위하여 종종 마그네슘 판을 붙인다. 다음 중 이 작업을 하는 이유는?

① 마그네슘이 철보다 더 좋은 산화제이므로 마그네슘이 더 산화되기 쉽다.
② 마그네슘이 철보다 더 좋은 산화제이므로 마그네슘이 더 환원되기 쉽다.
③ 마그네슘이 철보다 더 좋은 환원제이므로 마그네슘이 더 산화되기 쉽다.
④ 마그네슘이 철보다 더 좋은 환원제이므로 마그네슘이 더 환원되기 쉽다.

✔ **음극화 보호(희생금속법)**
철보다 반응성이 더 큰 아연(Zn)이나 마그네슘(Mg)을 철에 연결하면 반응성이 큰 금속이 먼저 전자를 잃고 산화되므로 철의 부식을 방지할 수 있다. 아연이나 **마그네슘은 철보다 더 산화하기 쉬우며 더 좋은 환원제이다.**

14 아세톤의 다른 명칭으로서 옳은 것은?

① dimethylketone
② 1−propanone
③ propanal
④ methylethylketone

✔ ① **dimethylketone**(관용명)
acetone(관용명)
propanone(IUPAC명)

$CH_3-C(=O)-CH_3$

정답 | 10.② 11.③ 12.① 13.③ 14.①

② 1−propanone은 잘못된 명칭이다.
③ propanal(IUPAC명)
프로피온알데하이드(관용명)

$$CH_3-CH_2-\overset{\overset{\displaystyle O}{\|}}{C}-H$$

④ methylethylketone(관용명)
butanone(IUPAC명)

$$CH_3-\overset{\overset{\displaystyle O}{\|}}{C}-CH_2CH_3$$

15 **산소가 20mol%, 질소가 30mol%, 수소가 50mol%로 구성된 기체 혼합물의 평균 분자량은 얼마인가?**

① 8.3g/mol ② 15.8g/mol
③ 28.5g/mol ④ 37.6g/mol

기체 혼합물 1mol의 평균 분자량
산소(O_2) : 16+16=32g/mol
질소(N_2) : 14+14=28g/mol
수소(H_2) : 1+1=2g/mol

$$\left(32\,\text{g/mol}\times\frac{20}{100}\right)+\left(28\text{g/mol}\times\frac{30}{100}\right)+\left(2\text{g/mol}\times\frac{50}{100}\right)=\mathbf{15.8\,g/mol}$$

16 **헬륨의 원자량은 4.0이다. 헬륨원자 1g 속에 들어 있는 원자의 개수는 몇 개인가?**

① 1.5×10^{23}개
② 6.02×10^{23}개
③ 2.4×10^{24}개
④ 4.8×10^{24}개

물질의 종류에 관계없이 물질 1몰(mol)에는 물질을 구성하는 입자 6.022×10^{23}개가 들어 있다.

$$1\text{g He}\times\frac{1\text{mol He}}{4.0\text{g He}}\times\frac{6.022\times10^{23}\text{ 개 원자}}{1\text{mol He}}$$
$$=\mathbf{1.51\times10^{23}}\text{ 개 원자}$$

17 **아보가드로의 수에 대한 설명 중 옳지 않은 것은?**

① 아보가드로의 수는 일반적으로 6.02×10^{23}이다.
② 아보가드로의 수는 정확히 12g에 존재하는 ^{12}C 원자의 숫자로 정의한다.
③ ^{12}C 원자 한 개의 질량은 1.99×10^{-24}g이다.
④ 아보가드로수는 실험실에서의 거시적 질량과 개별원자와 분자들의 미시적 질량 사이의 관련성을 확립하기 위한 것이다.

1몰(mol)
정확히 12.0g 속의 $^{12}_{6}C$ 원자의 수, 6.022×10^{23}개의 입자를 뜻하며, 이 수를 아보가드로수라고 한다.

$$\frac{12.0\text{g C}}{1\text{mol C}}\times\frac{1\text{ mol C}}{6.022\times10^{23}\text{ 개 원자}}=1.99\times10^{-23}\text{ g/개}$$

18 **다음 두 반응의 평형상수 K값은 온도가 증가하면 어떻게 되는가?**

(a) $N_2O_4(g) \rightarrow 2NO_2(g)$, $\Delta H^\circ=58kJ$
(b) $2SO_2(g) + O_2(g) \rightarrow 2SO_3(g)$, $\Delta H^\circ=-198kJ$

① (a), (b) 모두 증가
② (a), (b) 모두 감소
③ (a) 증가, (b) 감소
④ (a) 감소, (b) 증가

온도 변화에 따른 평형이동
어떤 반응이 평형상태에 있을 때 온도를 변화시키면 그 온도 변화를 줄이는 방향으로 알짜반응이 진행되어 평형이 이동한다. 평형상태에서 평형상수는 온도에 의해서만 변하는 값이다.
1. 온도가 높아지면 ➜ 흡열반응 쪽으로 평형이동
2. 온도가 낮아지면 ➜ 발열반응 쪽으로 평형이동
3. 흡열반응 : 온도가 높을수록 평형상수가 커진다.
4. 발열반응 : 온도가 높을수록 평형상수가 작아진다.
∴ (a)는 $\Delta H^\circ>0$인 흡열반응이므로 온도가 증가하면 **평형상수는 증가**한다.
(b)는 $\Delta H^\circ<0$인 발열반응이므로 온도가 증가하면 **평형상수는 감소**한다.

19 **0.10M NaCl 용액 20mL에 0.20M $AgNO_3$ 용액 20mL를 첨가하였다. 이때 생성되는 염 AgCl의 용해도(g/L)는? (단, AgCl의 $K_{sp}=1.0\times10^{-10}$, 분자량은 143이다.)**

① 1.21×10^{-7}g/L
② 2.86×10^{-7}g/L
③ 1.00×10^{-5}g/L
④ 1.43×10^{-3}g/L

정답 | 15.② 16.① 17.③ 18.③ 19.②

✔ **공통이온의 효과**
침전물을 구성하는 이온들과 같은 이온을 가진 가용성 화합물이 그 고체로 포화된 용액에 첨가될 때 이온성 침전물의 용해도를 감소시키는 것이다.

	NaCl(aq) +	$AgNO_3$(aq) ⇄	AgCl(s) +	$NaNO_3$(aq)
초기(mmol)	0.10×20	0.20×20		
변화(mmol)	−0.10×20	−0.10×20	+0.10×20	+0.10×20
최종(mmol)	0	2	2	2

$$남은\ [AgNO_3] = \frac{2\,mmol}{20+20\,mL} = 0.05\,M$$

	AgCl(s) ⇄	Ag^+(aq) +	Cl^-(aq)
초기(M)	0.05	0.05	
변화(M)		$+x$	$+x$
최종(M)		$0.05+x$	$+x$

$$K_{sp} = [Ag^+][Cl^-] = x(0.05+x) \approx x(0.05) = 1.0\times10^{-10}$$

$x = 2.0\times10^{-9}M$
용해된 Cl^-의 몰수는 용해된 AgCl의 몰수와 같으므로, $[Cl^-]$=용해된 [AgCl]
검토 : 0.05의 5% 미만의 덧셈 또는 뺄셈의 경우 $0.05+x\approx0.05$로 근사법이 가능하므로 근사법을 적용하여 구한 x가 2.0×10^{-9}이므로 즉, 0.05의 5%인 2.5×10^{-3} 미만이므로 $0.05+x\approx0.05$ 근사법을 적용해도 된다.

$$\therefore\ 용해된\ [AgCl] = \frac{2.0\times10^{-9}\,mol}{1\,L}\times\frac{143\,g\,AgCl}{1\,mol} = 2.86\times10^{-7}g/L$$

20 C_6H_{14}의 분자식을 가지는 화합물은 몇 가지 구조이성질체가 가능한가?

① 3　② 4
③ 5　④ 6

✔ **알케인(alkane)의 구조이성질체의 수**

alkane	C_4H_{10}	C_5H_{12}	C_6H_{14}	C_7H_{16}
이성질체수	2	3	**5**	9

```
C-C-C-C-C-C

C-C-C-C-C      C-C-C-C-C
      |            |
      C            C

   C               C
   |               |
C-C-C-C        C-C-C-C
  |                |
  C                C
```


제2과목 | 분석화학

21 13.58g의 tris(hydroxymethyl) aminomethane(분자량=121.14)과 5.03g의 tris hydrochloride(분자량=157.60)를 혼합한 수용액 1.00L에 1.00M 염산 10.0mL를 첨가하였을 때의 pH는 약 얼마인가? (단, tris 짝산의 pK_a=8.072이다.)

① 7.43　② 7.85
③ 8.46　④ 9.27

✔ tris(hydroxymethyl) aminomethane : B
tris hydrochloride : BH^+로 두면

$$B(mol) = 13.58g\ B\times\frac{1mol\ B}{121.14g\ B} = 1.12\times10^{-1}mol$$

$$BH^+(mol) = 5.03g\ BH^+\times\frac{1mol\ BH^+}{157.60g\ BH^+} = 3.19\times10^{-2}mol$$

$HCl(mol) = 1.00M\times10.0\times10^{-3}L = 1.0\times10^{-2}mol$
완충용액에 HCl 강산이 첨가되면 알짜반응은 다음과 같다.

	H^+(aq) +	B(aq) ⇄	BH^+(aq)
초기(mol)	1.0×10^{-2}	1.12×10^{-1}	3.19×10^{-2}
변화(mol)	-1.0×10^{-2}	-1.0×10^{-2}	$+1.0\times10^{-2}$
평형(mol)	0	1.02×10^{-1}	4.19×10^{-2}

$$헨더슨–하셀바흐\ 식 : pH = pK_a + \log\frac{[B]}{[BH^+]}$$

$$\therefore\ pH = 8.072 + \log\frac{1.02\times10^{-1}}{4.19\times10^{-2}} = 8.458$$

22 산-염기 적정에서 사용하는 지시약이 용액 속에서 다음과 같이 해리한다고 한다. 만일 이 용액에 산을 첨가하여 용액의 액성을 산성이 되게 했다면 용액의 색깔은 어느 쪽으로 변화하는가?

HR(무색) ⇄ H^+ + R^-(적색)

① 적색
② 무색
③ 적색과 무색이 번갈아 나타난다.
④ 알 수 없다.

✔ 산(H^+)을 첨가하면 생성물의 농도가 증가하므로 르 샤틀리에 원리에 의해 산의 농도가 감소하는 방향으로 평형이 이동, 즉 왼쪽으로 이동하므로 HR의 농도가 증가하여 **무색**으로 변하게 된다.

23 EDTA 적정에 사용되는 xylenol orange와 같은 금속이온 지시약의 일반적인 특징이 아닌 것은 어느 것인가?

① pH에 따라 색이 다소 변한다.
② 산화-환원제로서 전위(potential)에 따라 색이 다르다.
③ 지시약은 EDTA보다 약하게 금속과 결합해야만 한다.
④ 금속이온과 결합하면 색깔이 변해야 한다.

✔ 산화-환원제로서 **전위에 따라 색이 달라지는 것**은 산화된 상태에서 환원된 상태로 될 때 색이 변하는 화합물인 **산화-환원 지시약**에 대한 설명이다.

24 pK_a가 5인 약산(HA) 1M 용액의 pH에 가장 가까운 것은?

① 2.3
② 2.5
③ 3.0
④ 3.3

✔

	$HA(aq) \rightleftarrows H^+(aq) + A^-(aq)$		
초기(M)	1		
변화(M)	$-x$	$+x$	$+x$
평형(M)	$1-x$	x	x

$K_a = \frac{[H^+][A^-]}{[HA]} = \frac{x^2}{1-x} = 1.0\times10^{-5}$

$\frac{x^2}{1-x} \simeq \frac{x^2}{1} = 1.0\times10^{-5}$

$x \fallingdotseq 3.16\times10^{-3}M$

$\therefore$ pH $= -\log(3.16\times10^{-3}) = \mathbf{2.50}$

25 0.1M KNO_3와 0.05M Na_2SO_4로 된 혼합용액의 이온세기는 얼마인가?

① 0.2 ② 0.25
③ 0.3 ④ 0.35

✔ 이온세기는 용액 중에 있는 이온의 전체 농도를 나타내는 척도이다.

이온세기$(\mu) = \frac{1}{2}(C_1Z_1^2 + C_2Z_2^2 + \cdots)$

여기서, C_1, C_2, … : 이온의 몰농도
Z_1, Z_2, … : 이온의 전하

	$KNO_3 \rightarrow$	K^+	$+ NO_3^-$,	$Na_2SO_4 \rightarrow$	$2Na^+$	$+ SO_4^{2-}$
농도(M)		0.1	0.1		0.1	0.05

$\therefore$ 이온세기 $= \frac{1}{2}[(0.1\times1^2) + \{(0.1\times(-1)^2)\} + (0.1\times1^2) + \{0.05\times(-2)^2\}]$
$= \mathbf{0.25M}$

26 산 해리상수(acid dissociation constant)에 관한 설명으로 틀린 것은?

① $HA \rightleftarrows H^+ + A^-$의 평형상수에 해당한다.
② $HA + H_2O \rightleftarrows H_3O^+ + A^-$의 평형상수에 해당한다.
③ $\frac{[H^+][A^-]}{[HA]}$로 표현될 수 있다.
④ 산의 농도를 묽히면 산 해리상수는 작아진다.

✔ 수용액 상태에서 산 HA가 물에 녹아 이온화 평형 $HA(aq) + H_2O(l) \rightleftarrows H_3O^+(aq) + A^-(aq)$을 이룬다.

산 해리상수 $K_a = \frac{[H_3O^+][A^-]}{[HA]}$이다.

K_a는 다른 평형상수와 마찬가지로 온도에 의존한다. 산 해리상수 K_a는 온도가 일정하면 **산의 농도에 관계없이 항상 일정**하며, K_a가 크면 강한 산이고 K_a가 작으면 약한 산이다.

27 다음 염(salt)들 중에서 물에 녹았을 때, 염기성 수용액을 만드는 염을 모두 나타낸 것은 어느 것인가?

NaBr, CH_3COONa, NH_4Cl, K_3PO_4, NaCl, $NaNO_3$

① CH_3COONa, K_3PO_4
② CH_3COONa
③ NaBr, CH_3COONa, NH_4Cl
④ NH_4Cl, K_3PO_4, NaCl, $NaNO_3$

정답 | 23.② 24.② 25.② 26.④ 27.①

✔ 염의 산-염기 성질

1. CH_3COONa, K_3PO_4 : 약산의 짝염기를 포함하고 있는 염으로 물에 녹아 **염기성 용액**이 된다.
2. NH_4Cl : 약염기의 짝산을 포함하고 있는 염으로 물에 녹아 산성 용액이 된다.
3. NaBr, NaCl, $NaNO_3$: 중성 용액을 생성하는 염이다.

Check

- **중성 용액을 생성하는 염**
  강염기(NaOH)와 강산(HCl)으로부터 생성된 NaCl과 같은 염은 물에 용해되어 중성 용액이 된다. 왜냐하면 그 양이온이나 음이온은 물과 반응하여 H_3O^+나 OH^- 이온을 생성하지 않기 때문이다.
- **산성 용액을 생성하는 염**
  약염기(NH_3)와 강산(HCl)으로부터 생성된 NH_4Cl과 같은 염은 산성 용액을 생성한다. 이런 경우, 음이온은 산도 염기도 아니지만 양이온은 약산이다.
  $NH_4^+(aq)+H_2O(l) \rightleftarrows H_3O^+(aq)+NH_3(aq)$
  염의 양이온 또는 음이온이 물과 반응하여 H_3O^+나 OH^- 이온을 생성하는 것을 염의 가수분해 반응이라고 한다.
- **염기성 용액을 생성하는 염**
  강염기(NaOH)와 약산(HCN)으로부터 생성된 NaCN과 같은 염은 염기성 용액을 생성한다. 이런 경우, 양이온은 산도 염기도 아니지만 음이온은 약산이다.
  $CN^-(aq)+H_2O(l) \rightleftarrows HCN(aq)+OH^-(aq)$

28 미지시료 내의 특정물질의 양을 분석하는 방법으로 적정이 사용된다. 적정의 요건으로 틀린 것은 무엇인가?

① 부반응이 없어야 한다.
② 반응이 진행되어 당량점 부근에서 완결되어야 한다.
③ 반응은 화학양론적이어야 한다.
④ 적정에서의 반응은 느려도 크게 상관없다.

✔ 적정에서의 **반응은 빠르게 진행되어** 종말점에서 분석물질의 물리적 성질이 변하는 시간이 최소화되도록 한다. 물리적 성질이 변하는 **시간이 길어지면** 종말점을 찾는 데 **오차가 발생**할 수 있다.

29 분석물질이 EDTA를 가하기 전에 침전물을 형성하거나 적정 조건에서 EDTA와 느리게 반응하거나, 지시약을 가로막는 분석물을 적정할 때 적합한 EDTA 적정법은?

① 직접적정　　② 치환적정
③ 간접적정　　④ 역적정

✔ **역적정**
일정한 과량의 EDTA를 분석물질에 가한 다음, 과량의 EDTA를 제2의 금속이온 표준용액으로 적정한다. 분석물질이 EDTA를 가하기 전에 침전물을 형성하거나, 적정 조건에서 EDTA와 너무 천천히 반응하거나, 혹은 지시약을 막는 경우에 사용한다.

30 용해도곱 상수와 공통이온 효과에 대한 설명으로 틀린 것은?

① 용해도곱 상수는 용해반응의 평형상수이다.
② 용해도곱이 클수록 잘 녹는다.
③ 고체염이 용액 내에서 녹아 성분이온으로 나누어지는 반응에 대한 평형상수이다.
④ 성분이온들 중의 같은 이온 하나가 이미 용액 중에 들어 있으면 공통이온 효과로 인해 그 염은 잘 녹는다.

✔ **공통이온 효과**
침전물을 구성하는 이온들과 **같은 이온을 가진** 가용성 화합물이 그 고체로 포화된 용액에 첨가될 때 이온성 침전물의 **용해도를 감소**시키는 것으로, 르 샤틀리에의 원리가 염의 용해반응에 적용된 것이다.

31 이온선택전극에 대한 설명으로 옳은 것은?

① 이온선택전극은 착물을 형성하거나 형성하지 않은 모든 상태의 이온을 측정하기 때문에 pH값에 관계없이 일정한 측정결과를 보인다.
② 금속이온에 대한 정량적인 분석방법 중 이온선택전극 측정결과와 유도결합플라스마 결합결과는 항상 일치한다.
③ 이온선택전극의 선택계수가 높을수록 다른 이온에 의한 방해가 크다.
④ 액체 이온선택전극은 일반적으로 친수성 막으로 구성되어 있으며 친수성 막 안에 소수성 이온 운반체가 포함되어 있다.

✔ 선택계수($K_{A,X}$)는 분석물 이온(A)의 감응도에 대한 같은 전하를 가진 다른 이온(X)의 상대적 감응도를 나타낸 것으로 **선택계수가 높을수록 다른 이온에 의한 방해가 크다.**

$$선택계수(K_{A,X})=\frac{X에\ 대한\ 감응}{A에\ 대한\ 감응}$$

정답 I 28.④ 29.④ 30.④ 31.③

32 **산화 · 환원 적정에서 사용되는 $KMnO_4$에 대한 설명으로 틀린 것은?**

① 진한 자주색을 띤 산화제이다.
② 매우 안정하여 일차표준물질로 사용된다.
③ 강한 산성 용액에서 무색의 Mn^{2+}로 환원된다.
④ 산성 용액에서 자체 지시약으로 작용한다.

과망가니즈산포타슘($KMnO_4$)
1. 진한 자주색을 띤 강산화제이다.
2. 강산성 용액(pH 1)에서 무색의 Mn^{2+}로 환원된다.
$MnO_4^- + 8H^+ + 5e^- \rightleftarrows Mn^{2+} + 4H_2O$
+7 +2
3. 순수하지 못해서 **일차표준물질이 아니다**. 옥살산소듐으로 표준화하여 사용한다.
4. 종말점은 MnO_4^-의 적자색이 묽혀진 연한 분홍색이 지속적으로 나타나는 것으로 정하며, 자체 지시약으로 작용한다.

33 **많은 종류의 이온성 침전물을 사용하여 무게분석을 할 때, 순수한 물 대신에 전해질 용액으로 침전물을 세척하는 주된 이유는?**

① 표면전하를 중화시켜 침전입자들의 표면에 반발력 때문에 생기는 풀림현상을 방지한다.
② 침전 형성 시 내포된 불순물들을 효과적으로 제거한다.
③ 불순물 화학종이 침전되는 것을 방지하는 가림제의 역할을 한다.
④ 전해질 환경에서 입자의 삭임과정이 촉진된다.

침전물을 물을 사용하여 세척하면 전하를 띤 고체입자들이 서로 반발하여 생성물이 분해되는 풀림현상이 나타난다. 풀림현상에 의해 침전물들은 필터를 그대로 통과하여 생성물의 양을 감소시키므로 표면전하를 중화시킬 수 있는 전해질 용액으로 침전물을 세척하여 **풀림현상을 방지**해야 한다.

34 **1atm의 값과 가장 거리가 먼 것은?**

① 101.325kPa ② 1,013mbar
③ 760mmHg ④ 14.7N/m^2

$1Pa = 1N/m^2 = 1kg \cdot m/s^2 \cdot m^2 = 1kg/s^2 \cdot m$
$1bar = 10^5Pa$
$1atm = 760mmHg = 101,325Pa$
$\therefore 1atm = 1013.25mbar = 101.325kPa$
$= 760mmHg =$ **101,325N/m^2**

35 **성분이온 중 한 가지 이상이 용액 중에 들어 있는 경우 그 염의 용해도가 감소하는 현상을 공통이온 효과라고 한다. 다음 중 공통이온 효과와 가장 관련이 있는 원리 또는 법칙은?**

① 베르(Beer)의 법칙
② 패러데이(Faraday) 법칙
③ 파울리(Pauli)의 배타원리
④ 르 샤틀리에(Le Chatelier) 원리

공통이온 효과
침전물을 구성하는 이온들과 같은 이온을 가진 가용성 화합물이 그 고체로 포화된 용액에 첨가될 때 이온성 침전물의 용해도를 감소시키는 것으로, **르 샤틀리에 원리**가 염의 용해반응에 적용된 것이다.

36 **다음 염 중 용액의 pH를 낮추었을 때 용해도가 증가하지 않는 것은?**

① AgBr ② $CaCO_3$
③ BaC_2O_4 ④ $Mg(OH)_2$

- 염기성 음이온(약산의 짝염기)을 함유하는 이온화합물은 산성이 증가하면(pH 감소하면) 용해도가 증가한다. 예를 들면, $CaCO_3$은 산성이 증가하면 $CO_3^{2-} + H^+ \rightleftarrows HCO_3^-$를 생성하는데 르 샤틀리에 원리에 따라 용액으로부터 CO_3^{2-}는 제거되기 때문에 평형은 $CaCO_3 \rightleftarrows Ca^{2+} + CO_3^{2-}$ 오른쪽으로 이동한다.
∴ $CaCO_3$의 용해도는 용액의 pH가 감소함에 따라 증가한다.
- 강산의 음이온(Cl^-, Br^-, I^-, NO_3^-, ClO_4^-)들을 포함하는 염류는 그 음이온들이 수소이온과 결합하지 않기 때문에 용해도는 pH에 영향을 받지 않는다.

37 **전기화학반응에 대한 설명 중 틀린 것은?**

① 환원반응이 일어나는 전극을 캐소드전극(cathode electrode)이라 하며, 갈바니전지에서는 (−)극이 된다.
② 염다리(salt bridge)에서는 전류가 이온의 이동에 의해서 흐르게 된다.
③ 반쪽전지의 전위를 나타내는 값으로 표준환원전위를 사용하며, 표준 수소전극의 전위는 0.000V이다.
④ 전극반응의 전압은 Nernst 식으로 표시되며, 갈바니전지에서는 표준 환원전위가 큰 반쪽반응의 전극이 (+)극이 된다.

정답 | 32.② 33.① 34.④ 35.④ 36.① 37.①

✔ • **산화전극(anode)**
전극의 (−)극으로 산화반응이 일어나는 전극, 산화반응이 더 잘 일어나는 표준 환원전위가 작은 반쪽반응의 전극이다.
• **환원전극(cathode)**
전극의 (+)극으로 환원반응이 일어나는 전극, 환원반응이 더 잘 일어나는 표준 환원전위가 큰 반쪽반응의 전극이다.

38 완충용액에 대한 설명 중 옳은 것으로만 모두 나열된 것은?

㉠ 약한 산과 그 짝염기를 혼합하여 만들 수 있다.
㉡ 완충용액은 이온 세기와 온도에 의존한다.
㉢ $pH = pK_a$에서 완충용량이 최대가 된다.

① ㉢ ② ㉠, ㉡
③ ㉠, ㉢ ④ ㉠, ㉡, ㉢

✔ **완충용액**
1. 약산/짝염기의 완충용액, 약산 HA와 그 짝염기 A^-를 포함하는 용액은 평형의 위치에 따라 산성, 중성 또는 염기성이 된다.
2. 완충용액의 pH는 헨더슨−하셀바흐 식으로 구한다.
$$pH = pK_a + \log\frac{[A^-]}{[HA]}$$
3. 완충용액의 pH는 용액의 부피에 무관하며 희석하여도 pH 변화가 거의 없는데 용액의 부피가 변할 때 각 성분의 농도도 비례하여 변하기 때문이다.
4. 완충용액의 pH는 이온 세기와 온도에 의존한다.
5. 완충용액의 $pH = pK_a$(즉, $[HA]=[A^-]$)일 때, 완충용량이 최대, 즉 pH 변화를 막는 데 가장 효과적이다.

39 다음 중 국제 단위계(SI)의 기본단위가 아닌 것은 어느 것인가?

① 줄(J) ② 킬로그램(kg)
③ 초(s) ④ 몰(mol)

✔ SI 기본단위

물리량	단위명	약자
질량	**킬로그램**	**kg**
길이	미터	m
시간	**초**	**s**
온도	켈빈	K
물질의 양	**몰**	**mol**
전류	암페어(ampere)	A
광도	칸델라(candela)	cd

40 이온 세기와 활동도, 활동도계수에 대한 설명으로 옳은 것은?

① 활동도계수의 단위는 mol/L이다.
② 이온의 전하가 커질수록 활동도 보정은 필요없게 된다.
③ 일반적으로 이온 세기가 증가할수록 활동도계수는 감소한다.
④ 활동도계수는 이온이 갖는 전하 크기에 무관하다.

✔ ① 활동도계수는 단위가 없다.
② 이온의 전하가 커질수록 활동도계수는 감소하므로 활동도 보정은 필요하다.
활동도 $A_c = \gamma_c[C]$
여기서, γ_c : 화학종 C의 활동도계수
[C] : 화학종 C의 몰농도
③ 일반적으로 **이온 세기가 증가할수록**, 이온의 전하가 증가할수록, 이온 반지름이 감소할수록 **활동도계수는 감소한다**.
④ 이온이 갖는 전하 크기가 클수록 이온 세기가 증가하므로 활동도계수는 감소한다.

제3과목 | 기기분석 I

41 FTIR(Fourier Transform Infrared ; FT 적외선) 분광기기를 사용하여 측정한 흡광도 스펙트럼의 신호 대 잡음비(signal−to−noise)가 4이었다. 신호 대 잡음비를 20으로 증가시키려면 스펙트럼을 몇 번 측정하여 평균해야 하는가?

① 400 ② 80
③ 25 ④ 20

✔ **신호 대 잡음비(S/N)**
대부분의 측정에서 잡음 N의 평균 세기는 신호 S의 크기에는 무관하고 일정하다. 신호 대 잡음비는 측정횟수(n)의 제곱근에 비례한다.
$$\frac{S}{N} \propto \sqrt{n}$$
$$4 : \sqrt{1} = 20 : \sqrt{n}$$
$\therefore$ **$n = 25$번**

정답 | 38.④ 39.① 40.③ 41.③

42 **인광이 발생하는 조건으로 가장 옳은 것은?**

① 들뜬 단일항 상태에서 바닥상태로 되돌아올 때
② 바닥 단일항 상태에서 들뜬 바닥상태로 되돌아올 때
③ 바닥 삼중항 상태에서 들뜬 단일항 상태로 되돌아올 때
④ 들뜬 삼중항 상태에서 바닥 단일항 상태로 되돌아올 때

✔ 인광은 **들뜬 삼중항 상태에서 바닥 단일항 상태로 전이**할 때 방출되며, 인광이 일어날 가능성이 낮고 들뜬 삼중항 상태의 수명은 꽤 길다. 빛이 형광에 비해 어둡고 잔광시간의 형광의 잔광시간보다 일반적으로 길다.

43 **X선을 발생시키는 방법이 아닌 것은?**

① 글로우방전등에서 이온화된 아르곤이온의 충돌에 의해서
② 일차 X선에 물질을 노출시켜서
③ 방사성 동위원소의 붕괴과정에 의해서
④ 고에너지 전자살로 금속 과녁을 충돌시켜서

✔ 글로우방전등에서 이온화된 아르곤이온의 충돌에 의해서 고체 시료의 원자가 방출되고 높은 에너지의 전자와 충돌하여 들뜨게 되어 **자외선-가시광선을 발생**시킨다. 글로우방전등은 원자방출분광법의 광원이다.

44 **원자분광법에서 고체 시료를 원자화하기 위해 도입하는 방법은?**

① 기체분무기 ② 글로우방전
③ 초음파분무기 ④ 수소화물 생성법

✔ • **고체 시료의 도입방법**
직접 시료 도입, 전열증기화, 레이저 증발, 아크와 스파크 증발, 글로우방전법 등이 있다.
• **용액 시료의 도입방법**
기체분무기, 초음파분무기, 전열증기화, 수소화물 생성법 등이 있다.

45 **NMR 분광법에서 할로겐화 메틸(CH_3X)의 경우에 양성자의 화학적 이동값(δ)이 가장 큰 것은?**

① CH_3Br ② CH_3Cl
③ CH_3F ④ CH_3I

✔ **화학적 이동에 영향을 주는 요인**
1. 외부 자기장의 세기 : 외부 자기장 세기가 클수록 화학적 이동(ppm)은 커지며, δ값은 상대적인 이동을 나타내는 값이어서 Hz값의 크기와 상관없이 일정한 값을 갖는다.
2. 핵 주위의 전자밀도(가리움 효과) : 핵 주위의 전자밀도가 크면 외부 자기장의 세기를 많이 상쇄시켜 가리움이 크고, 핵 주위의 전자밀도가 작으면 외부 자기장의 세기를 적게 상쇄시키므로 가리움이 적다. 가리움이 적을수록 낮은 자기장에서 봉우리가 나타난다.
∴ 전기음성도가 큰 F로 치환된 CH_3F의 핵 주위의 전자밀도가 가장 작고, 가리움 효과가 작아져서 낮은 자기장에서 봉우리가 나타난다. 즉, **화학적 이동값은 가장 커진다.**

46 **다음 그래프와 같은 적외선 흡수스펙트럼을 나타낼 수 있는 화합물을 추정하였을 때 가장 적합한 것은?**

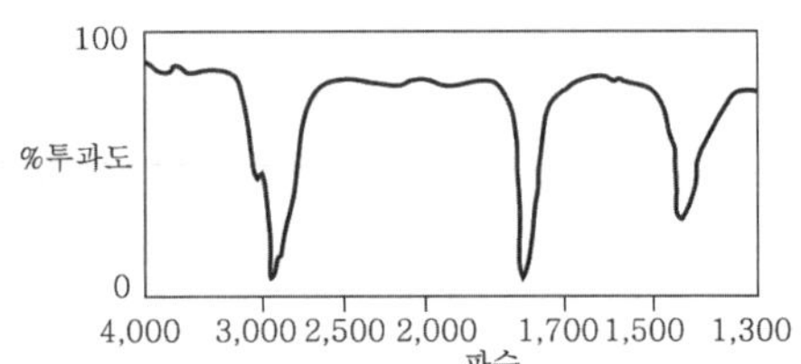

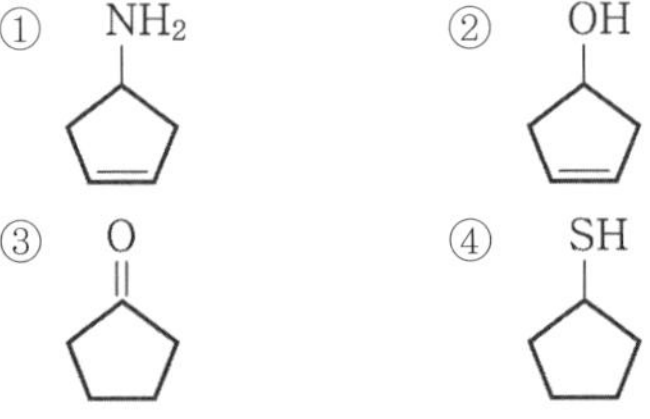

✔ 3,000cm^{-1} 부근 : C−H(신축진동), 1,700~1,800cm^{-1} : C=O, 1,400cm^{-1} 부근 : C−H(굽힘진동)이 나타나므로 추정되는 화합물은 (사이클로펜탄온) 이다.

47 **파장 500nm의 가시 복사선의 광자에너지는 약 몇 kJ/mol인가? (단, $h=6.63\times10^{-34}$J · s)**

① 226kJ/mol
② 239kJ/mol
③ 269kJ/mol
④ 300kJ/mol

정답 | 42.④ 43.① 44.② 45.③ 46.③ 47.②

✔ 광자에너지 $E = h\nu = h\frac{c}{\lambda} = h\bar{\nu}c$

여기서, h : 플랑크상수
ν : 진동수(s^{-1})
λ : 파장(m)
c : 진공에서 빛의 속도(3.0×10^8m/s)
$\bar{\nu}$: 파수(m^{-1}) $= \frac{1}{\lambda}$

$$E = 6.63\times10^{-34}\,\text{J}\cdot\text{s}\times\frac{3.0\times10^8\,\text{m/s}}{500\times10^{-9}\,\text{m}}\times\frac{6.022\times10^{23}\text{개 광자}}{1\,\text{mol}}$$
$$= 2.396\times10^5\,\text{J/mol}$$
$$\therefore\ E = \mathbf{239.6kJ/mol}$$

48 불꽃 및 전열법과 비교한 ICP 원자화 방법의 특징에 대한 설명으로 틀린 것은?

① 하나의 들뜸조건에서 대부분 원소들의 좋은 방출스펙트럼을 얻을 수 있다.
② 원소 상호간의 화학적 방해가 적다.
③ 저렴한 장비를 사용하고 유지비가 적게 든다.
④ 텅스텐, 우라늄, 지르코늄 같은 원소들의 낮은 농도를 측정할 수 있다.

✔ **유도결합플라스마 원자화 방법의 특징**

1. 광원이 필요 없고 하나의 들뜸조건에서 동시에 여러 원소들의 스펙트럼을 얻을 수 있으며 다원소 분석이 가능하다.
2. 이온화가 적게 일어나서 감도가 높다. 아르곤의 이온화로 인한 전자밀도가 높아서 시료의 이온화에 의한 방해가 거의 없다.
3. 플라스마 광원의 온도가 매우 높기 때문에 원자화 효율이 좋고 원소 상호간의 화학적 방해가 거의 없다.
4. 방출스펙트럼이 복잡하고, Ar을 계속 흘려주어야 하는데 Ar의 유속이 비교적 커서 **유지비가 많이 든다.**
5. 높은 온도에서도 잘 분해되지 않는 산화물, 즉 내화성 화합물을 형성하는 텅스텐(W), 우라늄(U), 지르코늄(Zr) 등의 원자화가 용이하다.
6. 플라스마 단면의 온도 분포가 균일하여 자체 흡수나 자체 반전이 없으므로 넓은 선형 측정범위를 갖는다.
7. 화학적으로 비활성인 환경에서 원자화가 일어나므로 분석물의 산화물이 형성되지 않아 원자의 수명이 증가한다.

49 원자흡수분광법에서의 방해 중 스펙트럼 방해는 화학종의 흡수띠 또는 방출선이 분석선에 가까이 있거나 겹쳐서 발생한다. 스펙트럼 방해에 대한 설명으로 틀린 것은?

① 넓은 흡수띠를 갖는 연소생성물 또는 빛을 산란시키는 입자생성물이 존재할 때 발생한다.
② 시료 매트릭스에 의해 흡수 또는 산란될 때 발생한다.
③ 낮은 휘발성 화합물 생성, 해리반응, 이온화와 같은 평형상태에서 발생한다.
④ 스펙트럼 방해를 보정하는 방법에는 두 선 보정법, 연속광원보정법, Zeeman 효과에 의한 바탕보정 등이 있다.

✔ **원자흡수분광법의 방해**

1. 스펙트럼 방해(매트릭스 방해)
   ① 방해 화학종의 흡수선 또는 방출선이 분석선에 너무 가까이 있거나 겹쳐서 단색화 장치에 의하여 분리가 불가능한 경우에 생긴다.
   ② 연속광원보정법, 두 선 보정법, Zeeman 효과에 의한 바탕보정, 광원 자체 반전에 의한 바탕보정으로 보정한다.
2. 화학적 방해
   ① 원자화 과정에서 분석물질이 여러 가지 화학적 변화를 받은 결과 흡수 특성이 변화하기 때문에 생긴다.
   ② 원인 : 낮은 휘발성 화합물 생성, 해리 평형, 이온화 평형

50 투광도가 0.010인 용액의 흡광도는 얼마인가?

① 0.398
② 0.699
③ 1.00
④ 2.00

✔ **흡광도(A)와 투광도(T)의 관계**

$$A = -\log T$$
$$= -\log\frac{P}{P_0}$$
$$\therefore\ A = -\log(0.010)$$
$$= 2.00$$

정답 | 48.③ 49.③ 50.④

51 ㉮ 직경이 5.0cm이고, 초점거리가 15.0cm인 렌즈 A의 스피드(*f*-number)와 ㉯ 직경이 30.0cm이고, 초점거리가 15.0cm인 렌즈 B의 스피드를 계산하고, ㉰ 이 둘의 집광력을 비교한 것은?

① ㉮ $F_A=0.3$, ㉯ $F_B=2$, ㉰ A가 B보다 6.7배 집광력이 좋다.
② ㉮ $F_A=0.3$, ㉯ $F_B=2$, ㉰ B가 A보다 6.7배 집광력이 좋다.
③ ㉮ $F_A=3.0$, ㉯ $F_B=0.5$, ㉰ A가 B보다 36배 집광력이 좋다.
④ ㉮ $F_A=3.0$, ㉯ $F_B=0.5$, ㉰ B가 A보다 36배 집광력이 좋다.

- 스피드(*f*-number)는 렌즈의 직경에 대한 초점거리의 비를 나타내며, 광학계의 밝기를 나타내는 척도이다.

∴ ㉮ $F_A = \frac{15.0}{5.0} = 3.0$

㉯ $F_B = \frac{15.0}{30.0} = 0.50$

- 집광력은 렌즈의 빛을 모으는 성능을 나타내는 수치로, 렌즈 직경의 제곱에 비례한다.
  ∴ ㉰ B의 직경이 A보다 6배 더 크므로 **B의 집광력은 A보다 36배 좋다.**

52 자외선-가시선 흡수분광법에서 사용하는 파장범위는?

① 0.1~100Å
② 10~180nm
③ 190~800nm
④ 0.78~300μm

전자기 복사선의 파장범위

전자기파	파장범위	유발전이	응용분광법
라디오파	0.6~10m	핵스핀 상태전이	NMR 분광법
마이크로파	1mm~1m	전자스핀 상태전이	
적외선	780nm~1mm	분자의 진동/회전 상태전이	IR 흡수분광법
가시광선	**400~780nm**	최외각전자, 결합전자의 상태전이	UV-VIS 흡수분광법 원자분광법
자외선	**10~400nm**		
X-선	0.1~100Å	내각전자의 상태전이	X-선 분광법

53 전형적인 분광기기의 구성장치가 아닌 것은?

① 안정적인 복사에너지 광원
② 시료 및 표준용액의 자동이송장치
③ 제한된 스펙트럼 영역을 제공하는 장치
④ 복사에너지를 신호로 변환시키는 복사선 검출기

전형적인 분광기기의 부분 장치

1. **안정한 복사에너지 광원**
2. 시료를 담는 투명한 용기
3. **측정을 위해 제한된 스펙트럼 영역을 제공하는 장치(파장선택기)**
4. **복사선을 유용한 신호(전기신호)로 변환시키는 복사선 검출기**
5. 신호처리장치와 판독장치

54 자외선-가시선 흡수분광법에서 일반적으로 사용되는 광원의 종류가 아닌 것은?

① 중수소 및 수소등
② 텅스텐 필라멘트
③ 크세논 아크등
④ 전극 없는 방전등

연속 광원

1. 흡수와 형광분광법에서 사용된다.
2. **자외선 영역**(10~400nm) : **중수소(D_2), 아르곤, 크세논(제논)**, 수은등을 포함한 고압 기체 충전 아크등
3. **가시광선 영역**(400~780nm) : **텅스텐 필라멘트**
4. 적외선 영역(780nm~1mm) : 1,500~2,000K으로 가열된 비활성 고체로 니크롬선(Ni-Cr), 글로바(SiC), Nernst 백열등

Check

선 광원

1. 몇 개의 불연속선을 방출하는 광원이다.
2. 원자흡수분광법, 원자 및 분자 형광법, Raman 분광법에 사용된다.
3. 수은 증기등, 소듐 증기등은 자외선과 가시선 영역에서 비교적 소수의 좁은 선 스펙트럼을 방출한다.
4. 속빈 음극등, 전극 없는 방전등은 원자 흡수와 형광법에 널리 사용되는 선 광원이다.

정답 I 51.④ 52.③ 53.② 54.④

55 **다음 어떤 경우에 원자가 가시광선 및 자외선 빛을 방출하는가?**

① 전자가 낮은 에너지준위에서 높은 에너지준위로 뛸 때
② 원자가 기체에서 액체로 응축될 때
③ 전자가 높은 에너지준위에서 낮은 에너지준위로 뛸 때
④ 전자가 바닥상태에서 원자 궤도함수 안을 돌아다닐 때

✔ 전자가 **높은 에너지준위에서 낮은 에너지준위**로 뛸 때(전이할 때) 에너지가 **방출**된다.

56 **정량분석 시 반드시 필요한 표준물 검정법 중 매트릭스 효과가 있을 가능성이 있는 복잡한 시료를 분석할 때 특히 유용한 방법은?**

① 검정곡선법
② 표준물 첨가법
③ 작업곡선법
④ 내부 표준물법

✔ **표준물 첨가법**
시료와 동일한 매트릭스에 일정량의 표준물질을 한 번 이상 일정히 농도를 증가시키며 첨가하고, 이 아는 농도를 통해 곡선을 작성하는 방법이다. 매질 효과의 영향이 큰 분석방법에서 분석대상 시료와 동일한 매질을 제조할 수 없을 때 매트릭스 효과를 쉽게 보정할 수 있는 방법이다.

57 **에틸알코올의 NMR 스펙트럼에서 메틸기의 다중선 수는?**

① 1개
② 2개
③ 3개
④ 4개

✔ **^{1}H NMR 스펙트럼에서 스핀-스핀 갈라짐**
NMR 스펙트럼에서 n개의 동등한 양성자를 이웃한 양성자들은 n+1개의 봉우리로 나타난다(n+1 규칙).
∴ 에틸알코올(CH_3CH_2OH)에서 메틸기($-CH_3$)의 다중선은 이웃 원자 CH_2에 있는 자기적으로 동등한 양성자 2개에 의해 2+1=**3개**의 봉우리로 나타난다.

58 **I_2를 에탄올(CH_3CH_2OH)에 용해시켜 밀도가 0.8g/cm^{3}인 용액을 제조하였다. 이 용액을 폭이 1.5cm인 셀에 넣고 Mo의 K_α 광원의 복사선을 투과시키니 그 투과도가 25.0%였다. I, C, H, O의 각각의 질량흡수계수(cm^2/g)가 차례로 39.0, 0.70, 0.00, 0.50이라 할 때 이 용액의 I_2 함량을 구한 결과 가장 근사치인 것은? (단, 용매에 의한 흡수도는 매우 낮으므로 무시한다.)**

① 0.65% ② 1.05%
③ 1.3% ④ 3.6%

✔ X-선 흡수에서 $A = -\log T = \mu_M \cdot \rho \cdot x$
여기서, μ_M : 질량흡수계수
ρ : 시료의 밀도
x : 시료 두께
질량흡수계수(μ_M)는 시료에 포함된 각 원소들의 질량흡수계수와 무게분율(W)로 구할 수 있다.
$\mu_M = \mu_M \cdot W_A + \mu_M \cdot W_B + \mu_M \cdot W_C + \cdots$
문제에서는 용매에 의한 흡수를 무시한다고 제시되었으므로 I에 의한 질량흡수계수(μ_I)만 고려하면 된다.
$\mu_M = \mu_I \cdot W_I$
∴ $-\log T = \mu_M \times W_I \times \rho \times x$에 대입하면
$-\log(0.25) = 39.0 \times W_I \times 0.8 \times 1.5$
$W_I = 0.01286$
∴ $0.01286 \times 100 =$ **1.286%**

59 **다음 중 NMR 용매로 가장 적합한 것은?**

① H_2O
② CCl_4
③ HCl
④ HNO_3

✔ ^{1}H NMR 분광법을 위한 가장 좋은 용매는 양성자를 포함하지 않아야 한다. 이런 이유로 **사염화탄소(CCl_4)**가 매우 이상적이다. 그러나 많은 화합물이 사염화탄소에 대하여 상당히 낮은 용해도를 갖고 있으므로 NMR 실험에서의 용매로서의 유용성이 제한되므로 많은 종류의 중수소-치환 용매가 대신 사용된다. 중수소화된 클로로포름($CHCl_3$) 및 중수소화된 벤젠(C_6H_6)이 흔히 사용되는 용매들이다.

정답 I 55.③ 56.② 57.③ 58.③ 59.②

60 **원자방출분광법의 유도쌍플라스마 광원에 대한 설명으로 틀린 것은?**

① 광원은 헬륨 기체가 주로 이용된다.
② 전형적인 광원은 3개의 동심원통형 석영관으로 되어 있는 토치구조이다.
③ 시료 도입방법은 일반적으로 집중유리분무기를 사용한다.
④ 플라스마 속으로 고체와 액체 시료를 도입하는 방법으로 전열증기화가 있다.

✔ 유도쌍플라스마의 광원은 **아르곤(Ar) 기체**가 주로 이용된다.

제4과목 | 기기분석 II

61 **전기분해전지에서 구리가 석출되게 하였다. 1.0A의 일정한 전류를 161분 동안 흐르게 하였다면 생성물의 양은 약 몇 g인가? (단, 구리의 원자량은 64g/mol이다.)**

$$Cu^{2+} + 2e^- \rightleftarrows Cu(s)$$

① 1.6g ② 3.2g
③ 6.4g ④ 12.8g

✔ 전하량(C)=전류(A)×시간(s)
1F=96,485C/mol이다.
∴ 생성물 Cu의 양(g)

$$= 1.0\,A \times (161\times 60)s \times \frac{1mol\ e^-}{96,485C} \times \frac{1\,mol\,Cu}{2mol\ e^-} \times \frac{64\,g\,Cu}{1\,mol\,Cu}$$

$$= \mathbf{3.2\,g\,Cu}$$

62 **고성능 액체크로마토그래피에서 사용되는 칼럼에 대한 설명으로 틀린 것은?**

① 용리액 세기가 증가할수록 용질은 칼럼으로부터 더욱 빨리 용리된다.
② 액체 크로마토그래피에서는 열린관 칼럼이 적당하다.
③ 정지상 입자의 크기가 작을수록 충전칼럼의 효율은 증가한다.
④ 칼럼의 온도를 높이면 머무름시간이 감소되고 분리도를 향상시킬 수 있다.

✔ 열린관 칼럼은 확산이 빠른 **기체 크로마토그래피**에서 적당하며, 액체에서의 확산은 기체에 비해 매우 느리기 때문에 용질분자들이 멀리까지 확산하지 않아도 정지상을 만날 수 있도록 충전칼럼을 사용한다.

63 **액체 크로마토그래피에서 기울기 용리(gradient elution)란 어떤 방법인가?**

① 칼럼을 기울여 분리하는 방법
② 단일 용매(이동상)를 사용하는 방법
③ 2개 이상의 용매(이동상)를 다양한 혼합비로 섞어 사용하는 방법
④ 단일 용매(이동상)의 흐름량과 흐름속도를 점차 증가시키는 방법

✔ 기울기 용리(gradient elution)는 **극성이 다른 2~3가지 용매를 사용**하여 용리가 시작된 후에 용매들을 섞는 비율로 이미 프로그램된 비율에 따라 단계적으로 또는 연속적으로 변화시키며, 분리효율을 높이고 분리시간을 단축시키기 위해 사용한다. 또한 기체 크로마토그래피에서 온도프로그래밍을 이용하여 얻은 효과와 유사한 효과가 있으며, 일정한 조성의 단일 용매를 사용하는 분리법을 등용매 용리라고 한다.

64 **연산증폭기(operational amplifier) 회로를 사용하여 작업전극에 흐르는 전류(current)신호를 전압(voltage)신호로 변환시켜 측정하고자 한다. 가장 적절한 회로는?**

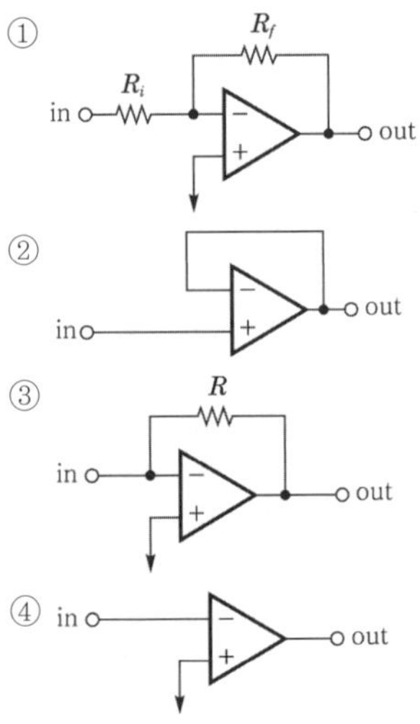

정답 | 60.① 61.② 62.② 63.③ 64.③

✔ 연산증폭기(operational amplifier) 회로는 작업전극에 흐르는 전류신호를 전압신호로 변환시키는 회로로, 전압전류법에서 전류를 측정하는 데 사용된다.

65 얇은 층 크로마토그래피(TLC)에서 지연인자(R_f)에 대한 설명으로 틀린 것은?

① 단위가 없다.
② 0~1 사이의 값을 갖는다.
③ $\frac{\text{용질의 이동거리}}{\text{용매의 이동거리}}$로 나타낸다.
④ R_f값은 용매와 온도에 따라 같은 값을 가진다.

✔ ① 지연인자(R_f, 지연지수)는 용매의 이동거리와 용질(각 성분)의 이동거리의 비로, 단위가 없다.
② 0~1 사이의 값을 갖는다. 1에 근접한 값을 가지면 시료가 이동상을 따라 많이 이동해야 하므로 정지상보다 이동상에 분배가 크다.
③ $R_f = \frac{d_R}{d_M}$
시료의 출발선으로부터 측정한 직선거리
여기서, d_M : 용매의 이동거리
d_R : 용질의 이동거리
④ **용매와 온도가 달라지면** 시료가 이동상과 고정상 사이에서 분배되는 정도가 달라지므로 **지연인자(R_f)값은 달라진다.**

66 2-hexanone의 질량분석 토막 패턴으로 검출되지 않는 화학종은?

① $CH_3-C \equiv O^+$
② $CH_3-CH=CH^{2+}$
③ $(CH_2)(CH_3)C=OH^+$
④ $CH_3-CH_2-CH_2-CH_2^+$

✔ $CH_3-CH=CH^{2+}$는 2-hexanone($CH_3CH_2CH_2CH_2\overset{O}{\overset{\|}{C}}CH_3$)의 질량분석 토막 패턴으로 검출되지 않는다.

Check
2-hexanone의 질량분석 토막 패턴으로 검출되는 화학종
1. $CH_3-C \equiv O^+$
2. $(CH_2)(CH_3)C=OH^+$
3. $CH_3-CH_2-CH_2-CH_2^+$

67 중합체 시료를 기준물질과 함께 가열하면서 두 물질의 온도 차이를 나타낸 다음의 시차 열분석도에 대한 설명이 옳은 것으로만 나열된 것은?

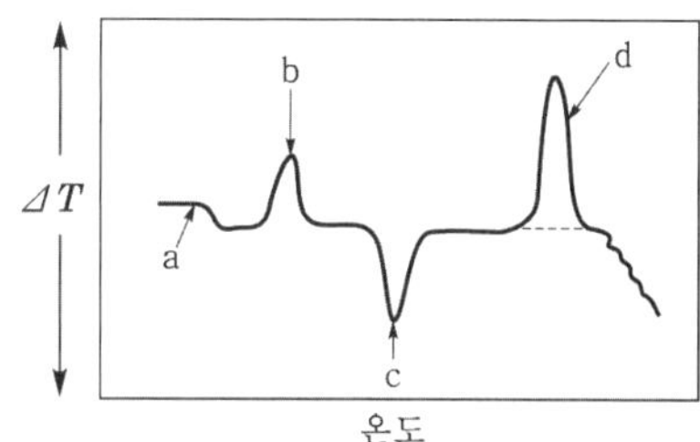

㉠ a에서 유리질 무정형 중합체가 고무처럼 말랑말랑해지는 특성인 유리전이 현상이 일어난다.
㉡ b, d에서는 흡열반응이, 그리고 c에서는 발열반응이 일어난다.
㉢ b는 분석물이 결정화되는 반응을 나타내고, c에서는 분석물이 녹는 반응을 나타낸다.

① ㉠, ㉡ ② ㉡, ㉢
③ ㉠, ㉢ ④ ㉠, ㉡, ㉢

✔ ㉠ a에서 유리질 무정형 중합체가 고무처럼 말랑말랑해지는 특성인 유리전이 현상이 일어난다.
㉡ b, **d에서는 발열반응**이, 그리고 **c에서는 흡열반응**이 일어난다.
㉢ b는 분석물이 결정화되는 반응을 나타내고, c에서는 분석물이 녹는 반응을 나타낸다.

Check
시차열분석법(DTA)
유리전이 ➔ 결정 형성 ➔ 용융 ➔ 산화 ➔ 분해
• **유리전이**
1. 유리질에서 고무질로의 전이에서는 열을 방출하거나 흡수하지 않으므로 엔탈피의 변화가 없다($\Delta H=0$).
2. 고무질의 열용량은 유리질의 열용량과 달라 기준선이 낮아질 뿐 어떤 봉우리도 나타나지 않는다.
• **결정 형성** : 첫 번째 봉우리
1. 특정 온도까지 가열되면 많은 무정형 중합체는 열을 방출하면서 미세결정으로 결정화되기 시작한다.
2. 열이 방출되는 발열과정의 결과로 생긴 것으로 이로 인해 온도가 올라간다.

정답 | 65.④ 66.② 67.③

- **용융** : 두 번째 봉우리
  1. 형성된 미세결정이 녹아서 생기는 것이다.
  2. 열을 흡수하는 흡열과정의 결과로 생긴 것으로 이로 인해 온도가 내려간다.
- **산화** : 세 번째 봉우리
  1. 공기나 산소가 존재하여 가열할 때만 나타난다.
  2. 열이 방출되는 발열반응의 결과로 생긴 것으로 이로 인해 온도가 올라간다.
- **분해**
  유리전이 과정과 분해과정은 봉우리가 나타나지 않는다.

68 조절전위 전기분해에서 각각의 기능과 역할에 대한 설명으로 틀린 것은?

① 전류는 대부분 작업전극과 보조전극 사이에서 흐른다.
② 기준전극에는 무시할 수 있을 만큼 작은 전류가 흐른다.
③ 기준전극의 전위는 저항전위, 농도차 분극, 과전위의 영향을 받지 않게 되어 일정한 전위가 유지된다.
④ 일정전위기(potentiostat)는 작업, 보조, 기준전극의 전위를 일정하게 하기 위해서 사용한다.

✔ 일정전위기는 **작업전극의 전위를 기준전극에 대해 일정하게 유지시키기 위해** 사용하는 장치로 전기분해의 선택성을 높인다.

69 시료의 분해반응 및 산화반응과 같은 물리적 변화 측정에 알맞은 열분석법은?

① DSC ② DTA
③ TMA ④ TGA

✔ **열무게 측정법**(TGA, thermogravimetry)
온도를 증가시키면서 온도나 시간의 함수로써 질량 감소를 측정한다. 시료의 분해반응 및 산화반응은 질량이 감소하거나 증가하는 변화(물리적 변화)이므로 열무게 측정법이 적합하다.

70 크로마토그래피의 분류에 대한 설명으로 틀린 것은?

① 고정상 종류에 따라 액체 크로마토그래피와 기체 크로마토그래피로 분류한다.
② 초임계 유체 크로마토그래피는 분리관법으로 할 수 있다.
③ 이온교환 크로마토그래피의 정지상은 이온교환수지이다.
④ 액체 크로마토그래피는 분리관법 또는 평면법으로 할 수 있다.

✔ **칼럼 크로마토그래피법의 분류**

이동상의 종류에 따른 분류	정지상의 종류에 따른 분류	정지상	상호작용
기체 크로마토그래피(GC)	기체-액체 크로마토그래피(GLC)	액체	분배
	기체-고체 크로마토그래피(GSC)	고체	흡착
액체 크로마토그래피(LC)	액체-액체 크로마토그래피(LLC)	액체	분배
	액체-고체 크로마토그래피(LSC)	고체	흡착
	이온교환 크로마토그래피	이온교환수지	이온교환
	크기 배제 크로마토그래피	중합체로 된 다공성 젤	거름/분배
	친화 크로마토그래피	작용기 선택적인 액체	결합/분배
초임계-유체 크로마토그래피(SFC)		액체	분배

71 원자질량분석법에서 원자 이온원(ion source)으로 주로 사용되는 것은?

① Nd-YAG 레이저
② 광 방출 다이오드
③ 고온 아르곤 플라스마
④ 전자충격(electron impact)

✔ ① Nd-YAG 레이저 : 분자질량분석법의 매트릭스 지원 레이저 탈착 이온화(MALDI)에서 사용된다.
② 광 방출 다이오드 : LED(Light Emitting Diode), 전류가 들어오면 빛을 내는 반도체 소자이다.
③ **고온 아르곤 플라스마** : 원자질량분석법에서 원자 이온원(ion source)으로 고온 아르곤 플라스마를 주로 사용한다. 이외에 원자질량분석법의 이온원으로는 라디오 주파수 전기 스파크, 전기 가열 플라스마, 글로우방전 플라스마, 집중된 레이저 빛살, 가속이온에 의한 충격 등이 있다.
④ 전자충격(electron impact) : 분자질량분석법에서 사용되는 센 이온원이다.

정답 | 68.④ 69.④ 70.① 71.③

72 **다음 질량분석법을 응용한 2차 이온 질량분석법(SIMS)에 대한 설명으로 틀린 것은?**

① 고체 표면의 원자와 분자 조성을 결정하는 데 유용하다.
② 동적 SIMS는 표면 아래 깊이에 따른 조성 정보를 얻기 위하여 사용된다.
③ 통상적으로 사용되는 SIMS를 위한 변환기는 전자증배기, 패러데이컵 또는 영상검출기이다.
④ 양이온 측정은 가능하나 음이온 측정이 불가능한 분석법이다.

✔ **2차 이온 질량분석법**
(SIMS, secondary ion mass spectrometry)
고체 표면의 원자와 분자 조성을 분석하기 위한 표면 분석방법의 하나로, 기체상태의 Ar, N_2 등을 전자 충격 이온원으로 양이온으로 만들고 이 이온에 높은 dc 전위를 걸어 가속시켜 이들 1차 이온빔으로 고체 표면을 때려 표면 원자를 튕겨 나오게 하는데 이때 작은 분율의 2차 **양이온 또는 음이온**을 얻어 이것들을 질량분석기로 보낸다. 표면 단층의 원소분석을 위한 정적 SIMS, 표면 아래 깊이에 따른 조성 정보를 얻기 위한 동적 SIMS, 표면의 공간적인 영상을 얻기 위한 영상 SIMS가 있다.

73 **수소는 물을 전기분해하여 생성시킬 수 있다. 물의 표준 생성 자유에너지는 $\Delta G_f^\circ = -237.13$ kJ/mol이다. 표준조건에서 물을 전기분해 할 때 필요한 최소 전압은 얼마인가?**

① 0.62V
② 1.23V
③ 2.46V
④ 3.69V

✔ **물의 표준 생성 자유에너지(ΔG_f°)**

$H_2 + \frac{1}{2}O_2 \rightarrow H_2O$

$\Delta G_f^\circ = -237.13\text{kJ/mol}$

물의 전기분해 : $H_2O \rightarrow H_2 + \frac{1}{2}O_2$

$\Delta G^\circ = -\Delta G_f^\circ = 237.13\text{kJ/mol}$

자유에너지의 변화(ΔG°)와 전위차(E°)의 관계식

$\Delta G^\circ = -nFE^\circ$

여기서, n : 이동한 전자의 몰수
1F = 96,485C/mol

$2H^+ + 2e^- \rightarrow H_2$

이동한 전자의 몰수(n)는 2mol이다.

$\Delta G^\circ = -nFE^\circ$

$237.13\text{kJ} = -2\text{mol} \times 96,485\text{C/mol} \times E^\circ$

$\therefore E^\circ = -\frac{237.13 \times 10^3}{2 \times 96,485} = -1.23\text{V}$

여기서, ⊖부호는 외부로부터 전압을 걸어줘야 함을 의미한다.

74 **이온 억제칼럼을 사용하는 이온 크로마토그래피에서 음이온을 분리할 때 사용하는 이동상은 어떤 화학종을 포함하고 있는가?**

① NaCl
② $NaHCO_3$
③ $NaNO_3$
④ Na_2SO_4

✔ 음이온을 분리하는 경우, 억제칼럼 충전물은 양이온 수지의 산성형이므로 이동상으로 **$NaHCO_3$** 또는 Na_2CO_3를 사용하는데 억제칼럼에서의 반응생성물인 H_2CO_3가 해리도가 낮아 전도도에 거의 영향을 주지 않기 때문이다.

75 **순환 전압전류법(cyclic voltammetry)에 의해 얻어진 순환 전압전류곡선의 해석에 대한 설명으로 틀린 것은?**

① 산화전극과 환원전극의 형태가 대칭성에 가까울수록 전기화학적으로 가역적이다.
② 산화봉우리 전류와 환원봉우리 전류의 비가 1에 가까우면 전기화학반응은 가역적일 가능성이 높다.
③ 산화 및 환원 전류가 Nernst 식을 만족하면 가역적이며 전기화학반응은 매우 빠르게 일어난다.
④ 산화봉우리 전압과 환원봉우리 전압의 차는 가능한 커야 전기화학반응이 가역적일 가능성이 높다.

✔ **가역반응**에서 환원봉우리 전위와 산화봉우리 전위의 차이는 $\frac{0.05916}{n}$V이다.

정답 | 72.④ 73.② 74.② 75.④

76 **HPLC에 이용되는 검출기 중 가장 널리 사용되는 검출기의 종류는?**

① 형광검출기
② 굴절률검출기
③ 자외선-가시선 흡수검출기
④ 증발 광산란 검출기

✔ HPLC에 이용되는 검출기 중 가장 널리 사용되는 검출기는 **자외선-가시선 흡수검출기**이다.

77 **기준전극을 사용할 때 주의사항에 대한 설명으로 틀린 것은?**

① 전극용액의 오염을 방지하기 위하여 기준전극 내부 용액의 수위를 시료의 수위보다 낮게 유지시켜야 한다.
② 수은, 칼륨, 은과 같은 이온을 정량할 때는 염다리를 사용하면 오차를 줄일 수 있다.
③ 기준전극의 염다리는 질산칼륨이나 황산나트륨같이 전극전위에 방해하지 않는 물질을 포함하면 좋다.
④ 기준전극은 셀에서 IR 저항을 감소시키기 위하여 가능한 한 작업전극에 가까이 위치시킨다.

✔ **기준전극 사용 시 주의사항**

1. 기준전극 내부 용액의 수위는 시료용액의 수위보다 항상 **높게 유지**되어야 한다.
   → 전극 용액의 오염을 방지하고 분석물과의 반응을 방지하기 위함
2. 기준전극은 전위차법 측정에서 항상 왼쪽 전극으로 취급한다.
3. 기준전극은 전지에서 IR 저항을 감소시키기 위하여 가능한 한 작업전극에 가까이 위치시킨다.

78 **고성능 액체 크로마토그래피(HPLC)에서 분석물질의 분리와 머무름시간을 조절하는 가장 큰 변수는?**

① 시료 주입량
② 이동상의 조성
③ 이동상의 유량
④ 칼럼의 온도

✔ 고성능 액체 크로마토그래피(HPLC)에서 분석물질의 분리와 머무름시간을 조절하는 가장 큰 변수는 **이동상의 조성**이다. 머무름인자(κ)와 선택인자(α)에 따라 이동상의 조성은 크게 달라진다.

79 **다음 그림은 FT 질량분석기를 이용하여 얻은 Cl_3C-CH_3Cl(1,1,1,2-사염화에탄)의 스펙트럼이다. 각 스펙트럼의 X-축을 주파수와 질량으로 나타내었다. 여기서 131질량 피크는 $^{35}Cl_3CCH_2$ 이온 때문에, 133질량 피크는 $^{37}Cl^{35}Cl_2CCH_2$ 이온 때문에 나타난다. 이 스펙트럼에 대한 설명 중 틀린 것은? (단, 동위원소 존재비는 $^{35}Cl : ^{37}Cl = 100 : 33$, $^{12}C : ^{13}C = 100 : 1.1$, $^{1}H : ^{2}H = 100 : 0.02$이다.)**

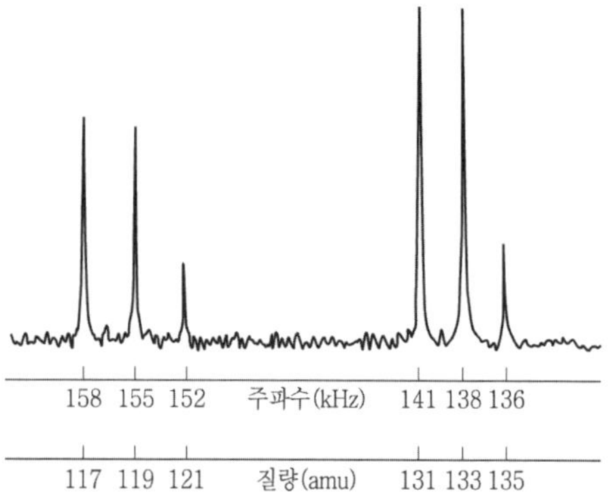

① 135amu 피크는 $^{37}Cl^{35}Cl_2{}^{13}C^{13}C^{1}H_2$ 이온 때문에 나타난다.
② 117amu 피크는 $^{35}Cl_3C$ 이온 때문에 나타난다.
③ 119amu 피크는 $^{37}Cl^{35}Cl_2C$ 이온 때문에 나타난다.
④ 121amu 피크는 $^{37}Cl_2{}^{35}ClC$ 이온 때문에 나타난다.

✔ 135amu 피크는 **$^{35}Cl^{37}Cl_2CCH_2$ 이온** 때문에 나타난다. $^{37}Cl^{35}Cl_2{}^{13}C^{13}C^{1}H_2$ 이온도 135amu이지만 ^{13}C의 존재비가 1%로 작으므로 피크의 높이가 높지 않게 나타난다.

정답 | 76.③ 77.① 78.② 79.①

80 **기체 크로마토그래피(GC)에서 통상적으로 사용되지 않는 검출기는?**

① 열전도도검출기(TCD)
② 불꽃이온화검출기(FID)
③ 전자포착검출기(ECD)
④ 자외선검출기(UV detector)

기체 크로마토그래피 검출기

1. 열전도도검출기(TCD)
2. 불꽃이온화검출기(FID)
3. 전자포착검출기(ECD)
4. 황화학발광검출기(SCD)
5. 원자방출검출기(AED)
6. 열이온검출기(TID)
7. 불꽃광도검출기(FPD)
8. 광이온화검출기
9. 질량분석검출기

Check

액체 크로마토그래피 검출기

1. 흡수검출기 : 자외선 흡수검출기, 적외선 흡수검출기
2. 형광검출기
3. 굴절률검출기
4. 증발산란광검출기
5. 전기화학검출기
6. 질량분석검출기
7. 전도도검출기
8. 광학활성검출기
9. 원소선택성검출기
10. 광이온화검출기

정답 | 80.④

제1과목 | 일반화학

01 염화칼륨(KCl) 수용액에 질산은($AgNO_3$) 수용액을 과량으로 가하여 백색 침전이 29.0g 생성되었다. 다음 중 백색 침전의 화학식과 양을 바르게 표기한 것은? (단, 각 원소의 원자량은 Ag : 108, N : 14, O : 16, K : 39, Cl : 35.5이다.)

① KCl, 0.202몰 ② KCl, 2.02몰
③ AgCl, 0.202몰 ④ AgCl, 2.02몰

✔ $KCl(aq) + AgNO_3(aq) \rightarrow AgCl(s) + KNO_3(aq)$
AgCl의 몰질량 : 108+35.5=143.5g/mol

$$\therefore 29.0\text{g AgCl} \times \frac{1\text{mol AgCl}}{143.5\text{g AgCl}} = \mathbf{0.202mol\ AgCl}$$

02 한 수저는 금으로 도금하고, 다른 수저는 구리로 도금하고자 한다. 만약 발전기에서 나오는 일정한 전류를 두 수저를 도금하는 데 사용하였다면, 어느 수저에 먼저 1g이 도금되며 그 이유는 무엇인가? (단, 금의 원자량은 197, 구리의 원자량은 63.5이며, 반쪽 환원반응식은 다음과 같다.)

- $Au^{3+}(aq) + 3e^- \rightarrow Au(s),\ E^\circ=1.50$
- $Cu^{2+}(aq) + 2e^- \rightarrow Cu(s),\ E^\circ=0.34$

① 금 수저 – 금의 원자량이 더 크기 때문이다.
② 금 수저 – 금이 더 많은 전자로 환원되기 때문이다.
③ 구리 수저 – 구리가 기전력이 더 낮기 때문이다.
④ 구리 수저 – 구리가 더 적은 전자로 환원되기 때문이다.

✔ 일정한 전류(1A로 가정)하에서 금과 구리의 도금에 걸리는 각각의 시간은 전하량(Q)=전류의 세기(I)×시간(t)과 1F=96,485C/mol을 이용하여 구할 수 있다.

$$\text{Au: 1g Au} \times \frac{1\text{mol Au}}{197\text{g Au}} \times \frac{3\text{mol } e^-}{1\text{mol Au}} \times \frac{96,485\text{C}}{1\text{mol } e^-} \times \frac{1}{1\text{A}} = 1.47 \times 10^3\text{s}$$

$$\text{Cu: 1g Au} \times \frac{1\text{mol Cu}}{63.5\text{g Cu}} \times \frac{2\text{mol } e^-}{1\text{mol Cu}} \times \frac{96,485\text{C}}{1\text{mol } e^-} \times \frac{1}{1\text{A}} = 3.04 \times 10^3\text{s}$$

∴ 같은 1g이지만 **원자량이 더 큰 경우** 환원되는 전자의 mol수가 줄어들어 도금에 걸리는 시간도 줄어들게 되어 **Au 수저가 먼저 도금된다.**

03 암모니아를 물에 녹여 0.10M의 용액 1.00L를 만들었다. 이 용액의 OH^-의 농도는 1.0×10^{-3}M이라고 가정할 때, 암모니아의 이온화 평형상수 K는 얼마인가?

① 1.0×10^{-3} ② 1.0×10^{-4}
③ 1.0×10^{-5} ④ 1.0×10^{-6}

✔

	$NH_3(aq)+H_2O(l)$	$\rightleftarrows NH_4^+(aq)$	$+OH^-(aq)$
초기(M)	0.1		
변화(M)	$-x$	$+x$	$+x$
평형(M)	$0.1-x$	$+x$	$+x$

$[OH^-]=x=1.0\times10^{-3}$M

$$\therefore K=\frac{[NH_4^+][OH^-]}{[NH_3]}=\frac{x^2}{0.1-x}=\frac{(1.0\times10^{-3})^2}{0.1-1.0\times10^{-3}}$$

$$=\frac{(1.0\times10^{-3})^2}{9.9\times10^{-2}}=1.01\times10^{-5}$$

04 다음 중 단위가 틀리게 연결된 것은?

① 전하량 – coulomb(C)
② 전류 – ampere(A)
③ 전위 – volt(V)
④ 에너지 – Watt(W)

✔ **에너지의 단위는 J 또는 cal**이고, 일률의 단위는 W 또는 J/s이다.

05 다음 알케인의 IUPAC의 이름은 무엇인가?

```
                       CH3
                        |
CH3CH2CH2CH2CH2CCH2CHCH3
                        |     |
                       CH2  CH3
                        |
                       CH3
```

① ethyl–2,4–dimethyloctane
② 2–ethyl–2,4–dimethylnonane
③ 4–ethyl–2,4–dimethyloctane
④ 4–ethyl–2,4–dimethylnonane

정답 | 01.③ 02.① 03.③ 04.④ 05.④

알케인의 명명법

1. 화합물의 주골격 이름은 제일 긴 사슬이 탄소원자 9개이므로 노네인(nonane)이다.
2. 수소원자가 한 개 적은 알케인을 알킬(alkyl)기라고 하며, 가장 긴 사슬에서 가지가 생긴 곁사슬을 알킬기로 명명한다.
   → $-CH_3$: 메틸(methyl), $-CH_2-CH_3$: 에틸(ethyl)
3. 1개 이상의 수소가 다른 기로 치환되었을 때 그 화합물의 이름에 치환된 위치를 나타내어야 한다. 그 과정은 모든 치환된 위치의 번호가 낮은 값을 가지는 방향으로 제일 긴 사슬의 각 탄소원자에 번호를 붙인다.
   → 4-ethyl, 4-methyl, 2-methyl
4. 같은 기가 2개 이상 있을 때 다이(di-), 트라이(tri-), 테트라(tetra-)와 같은 접두어를 이용한다.
   → 4-ethyl-2,4-dimethyl
5. 2개 이상의 다른 알킬 가지가 있을 때는 각 가지의 이름을 위치를 나타내는 번호와 함께 골격 이름의 앞에 붙인다.
   → 4-ethyl-2,4-dimethylnonane

∴ 4-ethyl-2,4-dimethylnonane

06 전기화학전지에 관한 패러데이의 연구에 대한 설명 중 옳지 않은 것은?

① 어떤 전지에서나 전극에서 생성되거나 소모된 물질의 양은 전지를 통해 흐른 전하의 양에 반비례한다.
② 일정한 전하량의 전지를 통하여 흐르게 되면 여러 물질들이 이에 상응하는 당량만큼 전극에서 생성되거나 소모된다.
③ 패러데이의 법칙은 전기화학 과정에 대한 화학량론을 요약한 것이다.
④ 패러데이 상수 $F=96485.37C/mol$이다.

- **패러데이 법칙**
  어떤 전지에서나 전극에서 생성되거나 소모되는 물질의 양은 흘려 준 **전하량에 비례**하고, 일정한 전하량에 의해 생성되거나 소모되는 물질의 질량은 각 물질의 $\frac{\text{원자량}}{\text{이온의 전하수}}$에 비례한다.
- 패러데이 상수(F)
  = 전자 1몰의 전하량
  = 전자 1개의 전하량 × 아보가드로수
  $= \frac{1.6022\times10^{-19}C}{1\text{개 전자}} \times \frac{6.022\times10^{23}\text{개 전자}}{1mol\ \text{전자}}$
  ≒ 96,485C/mol

07 세로토닌은 신경전달물질이다. 세로토닌의 몰질량은 176g/mol이다. 5.31g의 세로토닌을 분석하여 탄소 3.62g, 수소 0.362g, 질소 0.844g, 산소 0.482g을 함유한다는 사실을 알았다. 세로토닌의 분자식으로 예상되는 것은?

① $C_{10}H_{12}N_2O$　② $C_{10}H_{26}NO$
③ $C_{11}H_{14}NO$　④ $C_9H_{10}N_3O$

분자식 구하기

1. 탄소 C : $3.62gC\times\frac{1molC}{12gC}=0.302molC$
2. 수소 H : $0.362gH\times\frac{1molH}{1gH}=0.362molH$
3. 질소 N : $0.844gN\times\frac{1molN}{14gN}=0.0603molN$
4. 산소 O : $0.482gO\times\frac{1molO}{16gO}=0.0301molO$

C : H : N : O = 0.302 : 0.362 : 0.0603 : 0.0301
= 10 : 12 : 2 : 1

실험식 : $C_{10}H_{12}N_2O$, 실험식 단위수$(n)=\frac{\text{몰질량}}{\text{실험식량}}$

$=\frac{176}{(12\times10)+(1\times12)+(14\times2)+16}=\frac{176}{176}=1$

실험식 = 분자식
∴ 분자식 : $C_{10}H_{12}N_2O$

08 화합물 한 쌍을 같은 몰수로 혼합하는 다음 4가지 경우 중 염기성 용액이 되는 경우는 모두 몇 가지인가?

> ㉠ $NaOH(K_b=\text{아주 큰})+HBr(K_a=\text{아주 큰})$
> ㉡ $NaOH(K_b=\text{아주 큰})+HNO_3(K_a=\text{아주 큰})$
> ㉢ $NH_3(K_b=1.8\times10^{-5})+HBr(K_a=\text{아주 큰})$
> ㉣ $NaOH(K_b=\text{아주 큰})+CH_3COOH(K_a=1.8\times10^{-5})$

① 4　② 3
③ 2　④ 1

㉠ NaOH + HBr
: 강염기 + 강산 → 중성 용액
㉡ $NaOH+HNO_3$
: 강염기 + 강산 → 중성 용액
㉢ $NH_3(K_b=1.8\times10^{-5})+HBr$
: 약염기 + 강산 → 산성 용액
㉣ $NaOH+CH_3COOH(K_a=1.8\times10^{-5})$
: 강염기 + 약산 → **염기성 용액**

정답 | 06.① 07.① 08.④

Check

염의 산-염기 성질

- **중성 용액을 생성하는 염**
  강염기(NaOH)와 강산(HCl)으로부터 생성된 NaCl과 같은 염은 물에 용해되어 중성 용액이 된다. 왜냐하면 그 양이온이나 음이온은 물과 반응하여 H_3O^+나 OH^- 이온을 생성하지 않기 때문이다.
- **산성 용액을 생성하는 염**
  약염기(NH_3)와 강산(HCl)으로부터 생성된 NH_4Cl과 같은 염은 산성 용액을 생성한다. 이런 경우, 음이온은 산도 염기도 아니지만 양이온은 약산이다.
  $NH_4^+(aq) + H_2O(l) \rightleftarrows H_3O^+(aq) + NH_3(aq)$
- **염기성 용액을 생성하는 염**
  강염기(NaOH)와 약산(HCN)으로부터 생성된 NaCN과 같은 염은 염기성 용액을 생성한다. 이런 경우, 양이온은 산도 염기도 아니지만 음이온은 약염기이다.
  $CN^-(aq) + H_2O(l) \rightleftarrows HCN(aq) + OH^-(aq)$

09 다음 중 극성 분자가 아닌 것은?

① CCl_4　　② H_2O
③ CH_3OH　　④ HCl

✔ CCl_4는 C(전기음성도 2.5), Cl(전기음성도 3.2)의 전기음성도 차이로 탄소와 염소 사이의 결합은 극성 공유결합을 하고 있으나, 전체 분자의 구조는 정사면체 대칭구조로 분자의 쌍극자모멘트는 서로 상쇄되어 $\mu = 0$이다. 따라서 CCl_4는 극성을 띠지 않는 **비극성 분자**이다.

10 수용액의 산성도를 나타내는 pH에 대한 설명 중 옳지 않은 것은?

① pH값은 $pH = -\log_{10}[H_3O^+]$로부터 구할 수 있다.
② pH가 7보다 작은 경우를 산성 용액이라 한다.
③ 중성 용액의 pH는 14이다.
④ pH meter를 이용하여 측정할 수 있다.

✔
- 산성 용액은 $[H^+]$가 1.0×10^{-7}M보다 크므로 $pH = -\log[H^+]$가 7.00보다 작고, 염기성 용액은 $[H^+]$가 1.0×10^{-7}M보다 작으므로 pH가 7.00보다 크다. **중성 용액**은 $[H^+] = [OH^-] = 1.0 \times 10^{-7}$M이므로 **pH는 7.00**이다.
- $pH = -\log[H^+]$이므로 pH가 작을수록 산성이 강해지고 pH가 커질수록 염기성이 강해진다.
- 25℃ 수용액에서 pH와 pOH의 합은 항상 14.00이므로 pH가 커지면 pOH는 작아진다.

1. 산성 : $pH < 7.00$, $pOH > 7.00$
2. 중성 : $pH = 7.00$, $pOH = 7.00$
3. 염기성 : $pH > 7.00$, $pOH < 7.00$

11 메타-다이나이트로벤젠의 구조를 올바르게 나타낸 것은?

① NO_2 　　② 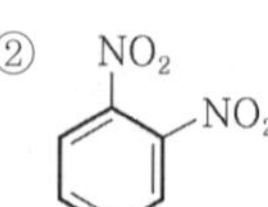
③ NO_2, NO_2 　　④ 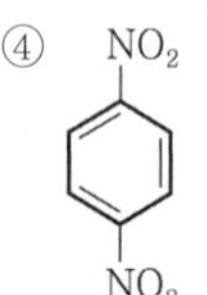

✔ 다이나이트로벤젠의 오르토(o-), 메타(m-), 파라(p-) 형태의 3가지 이성질체

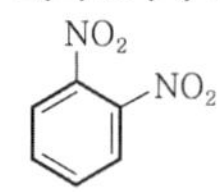
〈ortho-다이나이트로벤젠〉

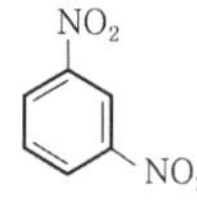
〈meta-다이나이트로벤젠〉

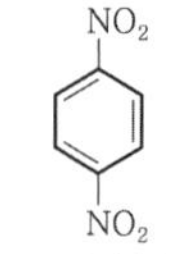
〈para-다이나이트로벤젠〉

12 11.99g의 염산이 녹아 있는 5.48M 염산 용액의 부피는 몇 mL인가? (단, 염산의 분자량은 36.45이다.)

① 12.5　　② 17.8
③ 30.4　　④ 60.0

✔ $11.99\text{g HCl} \times \frac{1\text{mol HCl}}{36.45\text{g HCl}} \times \frac{1\text{L 용액}}{5.48\text{mol HCl}} \times \frac{1{,}000\text{mL 용액}}{1\text{L 용액}} = \mathbf{60.0mL}$

13 다음 작용기에 대한 설명 중 옳지 않은 것은?

① 알코올은 -OH작용기를 가지고 있다.
② 페놀류는 -OH기가 방향족 고리에 직접 붙어 있는 화합물이다.
③ 에터는 -O-로 나타내는 작용기를 가지고 있다.
④ 1차 알코올은 -OH기가 결합되어 있는 탄소원자에 다른 탄소원자가 2개 이상 결합되어 있는 것이다.

정답 | 09.① 10.③ 11.③ 12.④ 13.④

✔ 알킬기(R)의 수에 따른 알코올의 분류

1. **1차 알코올** : −OH기가 결합되어 있는 탄소에 다른 **탄소 1개**가 결합된 알코올
2. 2차 알코올 : −OH기가 결합되어 있는 탄소에 다른 탄소 2개가 결합된 알코올
3. 3차 알코올 : −OH기가 결합되어 있는 탄소에 다른 탄소 3개가 결합된 알코올

14 핵이 분해하여 방사능을 방출하는 방사성 붕괴에 대한 설명으로 틀린 것은?

① 방사성 붕괴는 일반적으로 전형적인 1차 반응 속도식을 따른다.
② 베타입자는 방사능의 일종으로 헬륨의 핵(nucleus)이다.
③ 감마선은 방사능 가운데 유일하게 입자가 아닌 전자기파이다.
④ 반감기(half-life)란 방사성 붕괴를 하는 핵종의 수가 처음 값의 반이 되는 데 필요한 시간이다.

✔ • **알파(α) 방사선**
α입자는 두 개의 양성자와 두 개의 중성자로 구성된 **헬륨 핵($^4_2He^{2+}$)과 동일**하다.

• **베타(β) 방사선**
질량 대 전하비가 **전자($^{\ 0}_{-1}e$ 또는 β^-)와 동일한 입자**의 흐름으로 구성되어 있고, β방출은 핵에 있는 중성자가 자발적으로 양성자와 전자로 붕괴되면서 방출될 때 발생한다.

• **감마(γ) 방사선**
전기장 또는 자기장에 아무런 영향을 받지 않고, 질량이 없으며, 매우 높은 에너지의 간단한 전자기 방사선이다.

15 전자가 보어모델(Bohr Model)의 $n=5$ 궤도에서 $n=3$ 궤도로 전이할 때, 수소원자에서 방출되는 빛의 파장은 얼마인가? (단, 뤼드베리 상수 $R_\infty = 1.9678\times10^{-2}\text{nm}^{-1}$)

① 434.5nm ② 486.1nm
③ 714.6nm ④ 954.6nm

✔ **발머-뤼드베리 식**

$$\frac{1}{\lambda} = R_\infty\left[\frac{1}{m^2} - \frac{1}{n^2}\right]$$

여기서, R_∞ : 뤼드베리 상수
m : 낮은 에너지 궤도의 주양자수 값
n : 높은 에너지 궤도의 주양자수 값

$$\frac{1}{\lambda} = 1.9678\times10^{-2}\times\left(\frac{1}{3^2}-\frac{1}{5^2}\right)$$
$$= 1.399\times10^{-3}\text{nm}^{-1}$$
$$\therefore \lambda = \frac{1}{1.399\times10^{-3}} = \mathbf{714.8\text{nm}}$$

16 16.0M인 H_2SO_4 용액 8.00mL를 용액의 최종 부피가 0.125L가 될 때까지 묽혔다면, 묽힌 후 용액의 몰농도는 약 얼마가 되겠는가?

① 102M ② 10.2M
③ 1.02M ④ 0.102M

✔ **묽힘 공식**

$M_{진한}\times V_{진한} = M_{묽은}\times V_{묽은}$

$16.0(\text{M})\times8\times10^{-3}\text{L} = x(\text{M})\times0.125\text{L}$

$\therefore x = \mathbf{1.024M}$

17 기체분자 운동론(kineticmolecular theory)의 기본 가정으로 틀린 것은?

① 기체입자의 부피는 무시할 수 있다.
② 기체입자는 계속해서 움직이고 용기의 벽에 입자가 충돌하여 압력이 발생한다.
③ 기체입자들 사이에는 인력이 작용하므로 압력 계산 시 고려해야 한다.
④ 기체입자 집합의 평균 운동에너지는 기체의 절대온도에 비례한다.

✔ **기체분자 운동론**

① 기체분자 자체의 부피는 기체가 차지하는 전체 부피에 비해 매우 작으므로 무시한다.
➜ 기체분자들은 서로 멀리 떨어져 있기 때문에 기체가 차지하는 부피의 대부분은 빈 공간이다.

② 기체는 끊임없이 무질서하게 움직이는 많은 수의 분자로 이루어져 있다.
➜ 기체분자들은 빠른 속력으로 끊임없이 무질서한 직선운동을 한다. 또한 기체분자 사이의 충돌이나 벽과의 충돌은 완전탄성 충돌이므로 충돌 후 에너지 손실이 없다.
➜ 기체분자들은 충돌할 때 에너지 손실이 없기 때문에 충돌 후에도 속력이 느려지지 않는다.

③ **기체분자 사이에는 인력과 반발력이 작용하지 않는다.**
➜ 분자 사이에 인력이 크게 작용하면 액체나 고체 상태가 된다.

④ 기체분자의 평균 운동에너지는 절대온도에만 비례한다.
➜ 기체의 평균 운동에너지 $E_k = \frac{3}{2}RT = \frac{1}{2}mV^2$ 이다.

정답 | 14.② 15.③ 16.③ 17.③

18 2M NaOH 30mL에는 몇 mg의 NaOH가 존재하는가? (단, Na의 원자량은 23이다.)

① 1,200
② 1,800
③ 2,400
④ 3,600

✔ 몰수(mmol) = 몰농도(M) × 부피(mL)

$(2 \times 30)\,\text{mmol NaOH} \times \dfrac{40\text{mg NaOH}}{1\text{mmol NaOH}}$

$= 2,400\text{mg NaOH}$

19 다음 각 쌍의 2개 물질 중에서 물에 더욱 잘 녹을 것이라고 예상되는 물질을 1개씩 올바르게 선택한 것은?

- CH_3CH_2OH와 $CH_3CH_2CH_3$
- $CHCl_3$와 CCl_4

① CH_3CH_2OH, $CHCl_3$
② CH_3CH_2OH, CCl_4
③ $CH_3CH_2CH_3$, $CHCl_3$
④ $CH_3CH_2CH_3$, CCl_4

✔ 물(H_2O)은 극성분자이므로 더 극성일수록 물에 더 잘 녹는다.
- CH_3CH_2OH : 극성, $CH_3CH_2CH_3$: 비극성
- $CHCl_3$: 극성, CCl_4 : 비극성

∴ CH_3CH_2OH, $CHCl_3$

20 다음 유기화합물의 명칭 중 틀린 것은?

① $CH_2=CH_2$의 중합체는 폴리스티렌이다.
② $CH_2=CH-CN$의 중합체는 폴리아크릴로니트릴이다.
③ $CH_2=CHOCOCH_3$의 중합체는 폴리아세트산비닐이다.
④ $CH_2=CHCl$의 중합체는 폴리염화비닐이다.

✔ $CH_2=CH_2$의 중합체는 **폴리에틸렌**, (벤젠고리에 CH_2CH가 결합된 구조)의 중합체는 폴리스티렌이다.

제2과목 | 분석화학

21 패러데이 상수는 전류량과 반응한 화합물의 양과의 관계를 알아내는데 사용되는 값으로 96,485가 자주 사용되고 있다. 이러한 패러데이 상수의 단위(unit)로 알맞은 것은?

① C/mol ② A/mol
③ C/g ④ A/g

✔ **패러데이 상수(F)**

1F은 전자 1mol의 전하량으로 96,485C이며, 단위는 C/mol이다.

22 다음 반응식은 어떠한 평행상태인가?

$$Ni^{2+} + 4CN^- \rightleftarrows Ni(CN)_4^{2-}$$

① 약한 산의 해리 ② 약한 염기의 해리
③ 착이온의 생성 ④ 산화-환원 평형

✔ 중심 금속이온에 리간드가 배위결합하여 생성된 이온인 **착이온을 포함하는 화합물을 착물 또는 착화합물**이라고 한다.

23 다음 ( ) 안에 가장 적합한 용어는?

금속이온은 수산화이온 OH^-와 침전물을 형성하기 쉬우므로 염기성 수용액에서 EDTA에 의한 금속이온 적정 시 일반적으로 ( ) 완충용액이 보조착화제로 쓰인다.

① 질산이온(NO_3^-) ② 암모니아(NH_3)
③ 황산이온(SO_4^{2-}) ④ 메틸아민(CH_3NH_2)

✔
- pH 10에서 $\alpha_{Y^{4-}}$은 0.30의 값을 나타내므로 $\alpha_{Y^{4-}}$을 높이려면 염기성 용액에서 적정한다. pH가 높은 염기성 용액에서 금속이온은 수산화이온과 침전물을 형성하기 쉬우므로 EDTA로 적정하려면 보조착화제를 사용해야 한다.
- 보조착화제의 역할은 금속과 강하게 결합하여 수산화물 침전이 생기는 것을 막는다. 그러나 EDTA가 가해질 때는 결합한 금속을 내어줄 정도의 약한 결합이 되어야 한다.
(결합 세기 : 금속-수산화물 < 금속-보조착화제 < 금속-EDTA)

정답 | 18.③ 19.① 20.① 21.① 22.③ 23.②

• 보조착화제의 종류는 **암모니아**, 타타르산, 시트르산, 트라이에탄올아민 등의 금속과 강하게 결합하는 리간드이다.

24 **다음 중 EDTA에 대한 설명으로 틀린 것은?**

① EDTA는 금속이온의 전하와는 무관하게 금속이온과 일정 비율로 결합한다.
② EDTA 적정법은 물의 경도를 측정할 때 사용할 수 있다.
③ EDTA는 Li^+, Na^+, K^+와 같이 1가 양이온들 하고만 착물을 형성한다.
④ EDTA 적정 시 금속－지시약 착화합물을 금속－EDTA 착화합물보다 덜 안정하다.

✔ EDTA는 Li^+, Na^+, K^+와 **같은 1가 이온을 제외한 모든 금속이온과 강한 1 : 1 착물을 형성**한다. 화학량론은 이온의 전하와 관계없이 1 : 1이다.

25 **아스코브산을 아이오딘 용액으로 산화－환원 적정할 때 주로 사용할 수 있는 지시약은?**

① 녹말　② 페놀프탈레인
③ 아연이온　④ 리트머스

✔ **녹말－아이오딘 착물**
상당히 많은 분석방법들이 아이오딘이 관련된 적정을 기초로 두고 있다. **녹말**은 아이오딘과 진한 푸른색 착물을 형성하기 때문에 이들 적정에서 선택할 수 있는 지시약이다.

26 **다음의 증류수 또는 수용액에 고체 $Hg_2(IO_3)_2$ ($K_{sp}=1.3\times10^{-18}$)를 용해시킬 때, 용해된 Hg_2^{2+}의 농도가 가장 큰 것은?**

① 증류수　② 0.10M KIO_3
③ 0.20M KNO_3　④ 0.30M $NaIO_3$

✔ • KIO_3, $NaIO_3$
공통이온 효과, 침전물을 구성하는 이온들과 같은 이온을 가진 가용성 화합물이 그 고체로 포화된 용액에 첨가될 때 이온성 침전물의 용해도를 감소시킨다.
• KNO_3
이온 세기가 증가하면 난용성 염의 **용해도가 증가**한다.
➜ 난용성 염에서 해리된 양이온과 음이온의 주위에 반대 전하를 가진 비활성 염의 이온들이 둘러싸여 이온 사이의 인력을 감소시키므로 서로 합쳐지려고 하는 경향이 줄어들기 때문에 용해도가 증가하게 된다.

27 **0.850g의 미지시료에는 KBr(몰질량 119g/mol)과 KNO_3(몰질량 101g/mol)만이 함유되어 있다. 이 시료를 물에 용해한 후 브롬화물을 완전히 적정하는 데 0.0500M $AgNO_3$ 80.0mL가 필요하였다. 이때 고체 시료에 있는 KBr의 무게 백분율은?**

① 44.0%　② 47.55%
③ 54.1%　④ 56.0%

✔ $KBr(aq)+KNO_3(aq)+AgNO_3(aq)$
$\rightleftarrows AgBr(s)+2KNO_3(aq)$
가한 $AgNO_3$만큼 AgBr이 생성된다.

$$(0.0500\times80.0\times10^{-3})\text{mol AgNO}_3\times\frac{1\text{mol KBr}}{1\text{mol AgNO}_3}\times\frac{119\text{g KBr}}{1\text{mol KBr}}=0.476\text{g KBr}$$

$$\therefore \text{무게 백분율}(\%)=\frac{0.476\text{g KBr}}{0.850\text{g 시료}}\times100=\mathbf{56.0\%}$$

28 **CaF_2의 용해와 관련된 반응식에서 과량의 고체 CaF_2가 남아 있는 포화된 수용액에서 $Ca^{2+}(aq)$의 몰농도에 대한 설명으로 옳은 것은? (단, 용해도의 단위는 mol/L이다.)**

> • $CaF_2(s) \rightleftarrows Ca^{2+}(aq)+2F^-(aq)$
> $K_{sp}=3.9\times10^{-11}$
> • $HF(aq) \rightleftarrows H^+(aq)+F^-(aq)$
> $K_a=6.8\times10^{-4}$

① KF를 첨가하면 몰농도가 감소한다.
② HCl을 첨가하면 몰농도가 감소한다.
③ KCl을 첨가하면 몰농도가 감소한다.
④ H_2O를 첨가하면 몰농도가 증가한다.

✔ • KF
공통이온 효과, 용해도를 감소시킨다.
➜ Ca^{2+}의 **몰농도는 감소**한다.
• HCl, KCl
이온 세기가 증가하면 난용성 염의 용해도가 증가한다.
➜ Ca^{2+}의 몰농도는 증가한다.

정답 | 24.③　25.①　26.③　27.④　28.①

29 **할로젠 음이온을 0.050M Ag^+ 수용액으로 적정하였다. AgCl, AgBr, AgI의 용해도곱은 각각 1.8×10^{-10}, 5.0×10^{-13}, 8.3×10^{-17}이다. 당량점이 가장 뚜렷하게 나타나는 경우는?**

① 0.05M Cl^- ② 0.10M Cl^-
③ 0.10M Br^- ④ 0.10M I^-

✔ 할로젠 음이온(X^-)과 Ag^+의 반응
$Ag^+ + X^- \rightarrow AgX$
반응의 평형상수(K)는 용해도곱의 역수로 $Ag^+ + I^- \rightarrow AgI$에서 $K=1.2\times10^{16}$으로 가장 큰 값을 나타낸다. 적정에서 평형상수가 클수록 당량점은 뚜렷하게 나타난다.

30 **활동도는 용액 중에서 그 화학종이 실제로 작용하는 반응능력을 말한다. 이에 비해 활동도계수는 이온들의 이상적 행동으로부터 벗어나는 정도를 나타낸다. 활동도계수에 대한 설명으로 가장 옳은 것은?**

① 활동도계수는 무한히 묽은 용액에서 무한히 작아진다.
② 활동도계수는 공존하는 화학종의 종류보다는 용액의 이온 세기에 따라 결정된다.
③ 이온의 전하가 커지면 활동도계수가 1로부터 벗어나는 정도가 작아진다.
④ 전하를 갖지 않는 중성분자의 활동도계수는 이온 세기와는 무관하게 0이다.

✔ ① 활동도계수는 무한히 묽은 용액에서 1에 매우 가까워진다.
③ 이온의 전하가 커지면 활동도계수가 감소하고 1로부터 벗어나는 정도가 커진다.
④ 전하를 갖지 않는 중성분자의 활동도계수는 이온 세기와는 무관하게 대략 1이다.

31 **황산알루미늄 용액에 여분의 염화바륨을 가하여 0.6978g의 황산바륨 침전을 얻었다. 시료 용액에 녹아 있는 황산알루미늄의 무게는? (단, 황산알루미늄의 화학식량은 342.23, 황산바륨의 화학식량은 233.4이다.)**

$$Al_2(SO_4)_3 + 3BaCl_2 \rightleftarrows 3BaSO_4 + 2AlCl_3$$

① 0.1217g ② 0.3411g
③ 0.3651g ④ 0.4868g

✔ 가한 $BaCl_2$만큼 $BaSO_4$이 생성된다.

$$0.6978\text{g } BaSO_4 \times \frac{1\text{mol } BaSO_4}{233.4\text{g } BaSO_4} \times \frac{1\text{mol } Al_2(SO_4)_3}{3\text{mol } BaSO_4} \times \frac{342.23\text{g } Al_2(SO_4)_3}{1\text{mol } Al_2(SO_4)_3} = \mathbf{0.3411g}\ Al_2(SO_4)_3$$

32 **어떤 유기산 10.0g을 녹여 100mL 용액을 만들면, 이 용액에서 유기산의 해리도는 2.50%이다. 유기산은 일양성자산이며, 유기산의 K_a가 5.00×10^{-4}이었다면, 유기산의 화학식량은?**

① 6.40g/mol ② 12.8g/mol
③ 64.0g/mol ④ 128g/mol

✔ 유기산은 일양성자산 HA로 표기하고, HA의 초기 농도를 x로 두면

	HA(aq) ⇄	H^+(aq) +	A^-(aq)
초기(M)	x		
변화(M)	$-0.025\times x$	$+0.025\times x$	$+0.025\times x$
최종(M)	$0.975\times x$	$0.025\times x$	$0.025\times x$

$$K_a = \frac{[H^+][A^-]}{[HA]} = \frac{(0.025x)^2}{0.975x} = 5.00\times10^{-4}$$

$\therefore x = 0.78\text{M}$

HA의 화학식량을 y(g/mol)로 두면

$$0.78\text{M} = \frac{10.0\text{g HA} \times \frac{1\text{mol HA}}{y(\text{g})\text{ HA}}}{0.100\text{L}}$$

$\therefore \mathbf{y = 128.21g/mol}$

33 **다음의 지시약에 대한 설명에서 옳은 것만으로 나열된 것은?**

㉠ 산·염기 지시약의 pH 변색 범위는 대략 $pK_a \pm 1$이다.
㉡ 산화·환원 지시약의 변색 범위(볼트)는 대략 $E^\circ \pm 1$이다.
㉢ 산·염기 지시약은 자신이 강산이거나 또는 강한 염기이다.

① ㉠ ② ㉠, ㉡
③ ㉡, ㉢ ④ ㉠, ㉡, ㉢

✔ ㉡ 산화·환원 지시약의 변색 전위 범위

$$E = E^\circ \pm \frac{0.05916}{n}$$

정답 | 29.④ 30.② 31.② 32.④ 33.①

당량점에서의 전위와 지시약의 표준 환원전위($E°$)가 비슷한 것을 사용해야 한다.

㉢ **산 · 염기 지시약은 약한 유기산이거나 약한 유기염기**이며, 그들의 짝염기나 짝산으로부터 해리되지 않은 상태에 따라서 색이 서로 다르다.

34 pH 10.00인 100mL 완충용액을 만들려면 $NaHCO_3$(FW 84.01) 4.00g과 몇 g의 Na_2CO_3(FW 105.99)를 섞어야 하는가?

- $H_2CO_3 \rightleftarrows HCO_3^- + H^+$, $pK_{a1} = 6.352$
- $HCO_3^- \rightleftarrows CO_3^{2-} + H^+$, $pK_{a2} = 10.329$

① 1.32g ② 2.09g
③ 2.36g ④ 2.96g

✔ $NaHCO_3$과 Na_2CO_3를 사용하여 완충용액을 만들면 HCO_3^-이 산으로, CO_3^{2-}이 염기로 작용하므로 pK_{a2}로부터 pH를 구할 수 있다.
헨더슨-하셀바흐 식

$$pH = pK_{a2} + \log\frac{[CO_3^{2-}]}{[HCO_3^-]}$$

$$\log\frac{[CO_3^{2-}]}{[HCO_3^-]} = pH - pK_{a2} = 10.00 - 10.329$$
$$= -0.329$$

$$\frac{[CO_3^{2-}]}{[HCO_3^-]} = 10^{-0.329} = 4.688\times10^{-1}$$

Na_2CO_3 양을 x(g)으로 두면

$$\frac{[CO_3^{2-}]}{[HCO_3^-]} = \frac{x(g)\ Na_2CO_3 \times \frac{1mol\ Na_2CO_3}{105.99g\ Na_2CO_3}}{4.00(g)\ NaHCO_3 \times \frac{1mol\ NaHCO_3}{84.01g\ NaHCO_3}}$$
$$= 4.688\times10^{-1}$$

$\therefore x = 2.366g\ Na_2CO_3$

35 진한 황산의 무게 백분율 농도는 96%이다. 진한 황산의 몰농도는? (단, 진한 황산의 밀도는 1.84kg/L, 황산의 분자량은 98.08 g/mol이다.)

① 9.00M ② 12.0M
③ 15.0M ④ 18.0M

✔ **%농도를 몰농도로 바꾸기**

$$\frac{96g\ H_2SO_4}{100g\ 용액} \times \frac{1.84\times10^3 g\ 용액}{1L\ 용액} \times \frac{1mol\ H_2SO_4}{98.08g\ H_2SO_4}$$
$= 18.01M$

36 1몰랄(m)농도 용액에 대한 설명으로 옳은 것은?

① 용액 1,000g에 그 용질 1몰이 들어 있는 용액
② 용매 1,000g에 그 용질 1몰이 들어 있는 용액
③ 용액 100g에 그 용질 1g이 들어 있는 용액
④ 용매 1,000g에 그 용질 1당량이 들어 있는 용액

✔
- **1몰랄농도(m)**
용매 1kg 속에 용질 1몰(mol)이 들어 있는 용액, 단위는 mol/kg 또는 m으로 나타낸다.
- **1몰농도(M)**
용액 1L 속에 용질 1몰(mol)이 들어 있는 용액, 단위는 mol/L 또는 M으로 나타낸다.

37 양성자가 하나인 어떤 산(acid)이 있다. 수용액에서 이 산의 짝산, 짝염기의 평형상수 K_a와 K_b가 존재할 때, 그 관계식으로 옳은 것은? (단, $pK_w = 14.00$이라고 가정한다.)

① $K_a \times K_b = K_w$ ② $K_a / K_b = K_w$
③ $K_b / K_a = K_w$ ④ $K_a \times K_b \times K_w = 1$

✔ $HA(aq) + H_2O(l) \rightleftarrows H_3O^+(aq) + A^-(aq)$

$$K_a = \frac{[H_3O^+][A^-]}{[HA]}$$

$A^-(aq) + H_2O(l) \rightleftarrows HA(aq) + OH^-(aq)$

$$K_b = \frac{[HA][OH^-]}{[A^-]}$$

전체 반응 : $2H_2O(l) \rightleftarrows H_3O^+(aq) + OH^-(aq)$

$K_w = [H_3O^+][OH^-]$

전체 반응의 평형상수는 더해진 두 반응의 평형상수들의 곱과 같다.

$$K_a \times K_b = \frac{[H_3O^+][A^-]}{[HA]} \times \frac{[HA][OH^-]}{[A^-]}$$
$$= [H_3O^+][OH^-]$$
$$= K_w = 1.00\times10^{-14}$$

$\therefore K_a \times K_b = K_w$

38 $Cu(s) + 2Ag^+ \rightleftarrows Cu^{2+} + 2Ag(s)$ 반응의 평형상수 값은 약 얼마인가? (단, 이들 반응을 구성하는 반쪽반응과 표준 전극전위는 다음과 같다.)

- $Ag^+ + e^- \rightarrow Ag(s)$, $E° = 0.799V$
- $Cu^{2+} + 2e^- \rightarrow Cu(s)$, $E° = 0.337V$

① 2.5×10^{10} ② 2.5×10^{12}
③ 4.1×10^{15} ④ 4.1×10^{18}

정답 | 34.③ 35.④ 36.② 37.① 38.③

✔ 평형에서는 반응이 더 이상 진행되지 않으므로 $E=0$이다.

$0=E^\circ-\frac{0.05916(V)}{n}\log K$이므로

$E^\circ=\frac{0.05916(V)}{n}\log K,\ K=10^{\frac{nE^\circ}{0.05916}},$

$E^\circ=0.799-0.337=0.462V,\ n=2$

$\therefore\ K=10^{\frac{2\times0.462}{0.05916}}=$ **4.156×10^{15}**

39 **네른스트 식은 어떤 양들 사이의 관계식인가?**

① 농도, 전위차

② 농도, 삼투압

③ 온도, 평형상수

④ 엔탈피, 엔트로피, 자유에너지

✔ Nernst 식

$$E=E^\circ-\frac{RT}{nF}\ln\frac{A_B^b}{A_A^a}=E^\circ-\frac{0.05916V}{n}\log Q$$

여기서, E° : 표준 환원전위

R : 기체상수(8.314J/K · mol)

T : 온도(K)

n : 전자의 몰수

$1F$=96,485C/mol

A_i : 화학종 i의 활동도

$\frac{A_B^b}{A_A^a}$=반응지수 Q

40 **$PbI_2(s)\rightleftarrows Pb^{2+}(aq)+2I^-(aq)$과 같은 용해반응을 나타내고 K_{sp}는 7.9×10^{-9}일 때 다음 평형반응의 평형상수 값은?**

$Pb^{2+}(aq)+2I^-(aq)\rightleftarrows PbI_2(s)$

① 7.9×10^{-9}

② $\frac{1}{7.9\times10^{-9}}$

③ $(7.9\times10^{-9})\times1.0\times10^{-4}$

④ $\frac{1.0\times10^{-14}}{7.9\times10^{-9}}$

✔ $PbI_2(s)\rightleftarrows Pb^{2+}(aq)+2I^-(aq)$ 용해반응의 $K_{sp}=[Pb^{2+}][I^-]^2=7.9\times10^{-9}$이다.

$\therefore\ K=\frac{1}{[Pb^{2+}][I^-]^2}=\frac{1}{K_{sp}}=\frac{1}{7.9\times10^{-9}}$

제3과목 | 기기분석 I

41 **X선 회절법에 대한 설명으로 틀린 것은?**

① 1912년 vonLaue에 의해 발견되었다.

② 결정성 화합물을 편리하고 실용적으로 정성 확인이 가능하다.

③ X선 분말(powder)회절법은 고체에 존재하는 화합물에 대한 정성적인 정보만 제공한다.

④ X선 분말회절법은 각 결정물질마다 X선 회절무늬가 독특하다는 사실에 기초한다.

✔ X선 분말(powder)회절법은 고체 시료에 들어 있는 화합물에 대한 **정성 및 정량적인 정보를 제공**해 준다.

42 **기기분석 방법의 정밀도를 나타내는 성능계수 용어가 아닌 것은?**

① 평균 ② 평균치의 표준편차

③ 변동계수(CV) ④ 상대표준편차(RSD)

✔ 정밀도(precision)

측정의 재현성을 나타내는 것으로 정확히 똑같은 방법으로 측정한 결과의 근접한 정도이다. 일반적으로 한 측정의 정밀도는 반복 시료들을 단순히 반복하여 측정함으로써 쉽게 결정된다. 정밀도의 척도로는 표준편차, 분산(가변도), **상대표준편차**, **변동계수**, **평균의 표준편차** 등이 있다.

43 **다음 중 전자전이가 일어나지 않는 것은?**

① $\sigma-\sigma^*$ ② $\pi-\pi^*$

③ $n-\pi^*$ ④ $\sigma-\pi^*$

✔ $\sigma-\pi^*$ 전자전이는 일어나지 않는다.

분자 내 전자전이의 에너지 크기 순서는 다음과 같다.

$n\rightarrow\pi^*<\pi\rightarrow\pi^*<n\rightarrow\sigma^*<\sigma\rightarrow\sigma^*$

44 **1.41T의 자기장을 걸어주었을 때 수소 핵은 약 몇 MHz의 주파수를 흡수하는가? (단, 질량수가 1인 수소의 자기회전비는 2.68×10^8/T · s이다.)**

① 30MHz ② 60MHz

③ 100MHz ④ 600MHz

정답 | 39.① 40.② 41.③ 42.① 43.④ 44.②

✔ $\Delta E = h\nu = \gamma\left(\frac{h}{2\pi}\right)B_0$, $\nu = \frac{\gamma B_0}{2\pi}$

여기서, γ : 자기회전비율

B_0 : 외부 자기장 세기

$\therefore \nu = \frac{2.68\times10^8\times1.41}{2\pi} = 6.01\times10^7 s^{-1}$

$1s^{-1} = 1Hz$이고 $10^6Hz = 1MHz$이므로

$\nu = 6.01\times10^7 s^{-1}\times\frac{1Hz}{1s^{-1}}\times\frac{1MHz}{10^6Hz}$

$= 6.01\times10MHz$

$= 60.1MHz$

45 아세트산(CH_3COOH)의 기준 진동방식의 수는?

① 16개　② 17개
③ 18개　④ 19개

✔ N개의 원자를 포함하는 분자는 $3N$의 자유도를 갖는다. 분자운동은 공간에서 전체 분자의 운동(무게중심의 병진운동), 무게중심으로 전체 분자의 회전운동, 원자 각 개의 다른 원자에 상대적인 운동(개별적 진동)을 고려한다.

1. 비선형 분자의 진동수 : $3N-6$
2. 선형 분자의 진동수 : $3N-5$

∴ 아세트산(CH_3COOH) 비선형 분자이므로 진동수는 $(3\times8)-6=18$개이다.

46 단색화 장치의 성능을 결정하는 요소로서 가장 거리가 먼 것은?

① 복사선의 순도　② 근접 파장 분해능력
③ 복사선의 산란효율　④ 스펙트럼의 띠너비

✔ 단색화 장치의 성능은 분산되어 나오는 **복사선의 순도, 근접 파장을 분해하는 능력**, 집광력, 그리고 **스펙트럼의 띠너비**에 따라 결정된다.

47 적외선(IR) 흡수분광법에서 분자의 진동은 신축과 굽힘의 기본 범주로 구분된다. 다음 중 굽힘진동의 종류가 아닌 것은?

① 가위질(scissoring)
② 꼬임(twisting)
③ 시프팅(shifting)
④ 앞뒤흔듦(wagging)

✔ • **신축진동**
두 원자 사이의 결합축을 따라 원자 간의 거리가 연속적으로 변화함을 말하며, 대칭(symmetric) 신축진동과 비대칭(asymmetric) 신축진동이 있다.

• **굽힘진동**
두 결합 사이의 각도 변화를 말하며, 가위질진동(scissoring), 좌우흔듦진동(rocking), 앞뒤흔듦진동(wagging), 꼬임진동(twisting)이 있다.

48 Fourier 변환 적외선 흡수분광기의 장점이 아닌 것은?

① 신호 잡음비 개선　② 일정한 스펙트럼
③ 빠른 분석속도　④ 바탕보정 불필요

✔ **Fourier 변환 분광법의 장점**

1. 한 자리 값 이상의 **좋은 신호 대 잡음비(S/N)**를 갖는다.
   ➜ 기기들이 복사선의 세기를 감소시키는 광학부분 장치와 슬릿을 거의 가지고 있지 않기 때문에 검출기에 도달하는 복사선의 세기는 분산기기에서 오는 것보다 더 크게 되므로 신호 대 잡음비가 더 커진다.
2. **일정한 스펙트럼**을 얻을 수 있다.
   ➜ 정밀한 파장 선택으로 재현성이 높기 때문이다.
3. **빠른 시간 내에 측정**된다.
   ➜ 광원에서 나오는 모든 성분 파장들이 검출기에 동시에 도달하기 때문에 전체 스펙트럼을 짧은 시간 내에 얻을 수 있다.
4. 높은 분해능과 정확하고 재현성 있는 주파수 측정이 가능하다.
   ➜ 높은 분해능으로 인해 매우 많은 좁은 선들의 겹침으로 개개의 스펙트럼의 특성을 결정하기 어려운 복잡한 스펙트럼을 분석할 수 있다.

49 ^{13}C NMR의 장점이 아닌 것은?

① 분자의 골격에 대한 정보를 제공한다.
② 봉우리의 겹침이 적다.
③ 탄소 간 동종 핵의 스핀-스핀 짝지음이 관측되지 않는다.
④ 스핀-격자 이완시간이 길다.

✔ **^{13}C NMR의 장점**

1. 주위에 대한 것보다는 **분자의 골격에 대한 정보를 제공**한다.
2. **봉우리의 겹침이 ^1H NMR보다 적다.**
   ➜ 대부분의 유기화합물에서 ^{13}C의 화학적 이동이 200ppm 정도

정답 | 45.③　46.③　47.③　48.④　49.④

→ 분자량이 200~400 범위인 화합물에서 각 탄소의 공명 봉우리 관찰 가능

3. **탄소 간 동종 핵의 스핀-스핀 짝지음이 일어나지 않는다.**
   → 자연에 존재하는 시료 중에서 동일 분자 내에서 두 개의 ^{13}C 원자가 이웃하며 존재할 가능성은 대단히 적기 때문에
4. ^{13}C과 ^{12}C 간의 이종핵 스핀 짝지음도 ^{12}C의 스핀 양자수가 0이므로 일어나지 않는다.
5. ^{13}C 원자와 양성자 간의 상호작용은 짝풀림하는 좋은 방법이 된다.
   → 짝풀림으로 특별한 종류의 탄소의 스펙트럼은 일반적으로 단일선으로 구성되어 있다.

50 다음 화합물 중 가장 높은 파장의 형광을 나타내는 것은?

① C_6H_5Br ② C_6H_5F
③ C_6H_6 ④ C_6H_5Cl

✔ 벤젠고리에 치환된 할로젠 원소의 원자번호가 커질수록($_9F < _{17}Cl < _{35}Br$) 형광의 파장은 증가한다.

51 적외선 분광법에서 한 분자의 구조와 조성에서의 작은 차이는 스펙트럼에서 흡수봉우리의 분포에 영향을 준다. 분자의 성분과 구조에서 특정 기능기에 따라 고유 흡수파장을 나타내는 영역을 무엇이라 하는가?

① 그룹 영역(group region)
② 원적외선 영역(far IR region)
③ 지문 영역(fingerprint region)
④ 근적외선 영역(near IR region)

✔ **지문 영역**(fingerprint reigion)
1,500~400cm^{-1}, 분자구조와 구성원소의 차이로 흡수봉우리 분포에 큰 변화가 생기는 영역으로 만일 두 개의 시료의 지문 영역 스펙트럼이 일치하면 확실히 같은 화합물이라고 할 수 있다.

52 인광에 대한 설명으로 틀린 것은?

① 계간전이를 통해서 발생
② 무거운 분자일수록 유리
③ 10^{-4}~10초 정도의 평균수명
④ 산소와의 충돌이 감소하면 계간전이가 증가

✔ • **인광**
들뜬 삼중항 상태에서 바닥 단일항 상태로 전이할 때 방출되며, 계간전이를 통해 발생된다. 또한 인광은 일어날 가능성이 낮고 들뜬 삼중항 상태의 수명은 꽤 길며, 빛이 형광에 비해 어둡고 잔광시간은 형광의 잔광시간보다 일반적으로 길다(10^{-4} ~ 수 초).

• **계간전이**
들뜬 전자의 스핀의 반대방향으로 되어 분자의 다중도가 변하는 과정으로 **산소분자와 같은 상자기성 화학종이 용액에 들어 있으면 계간전이가 잘 일어나고**, 아이오딘, 브로민과 같은 무거운 원자를 포함하고 있는 분자에서 일반적으로 잘 나타난다.

53 원자흡수분광법과 원자형광분광법에서 기기의 부분장치 배열에서의 가장 큰 차이는 무엇인가?

① 원자흡수분광법은 광원 다음에 시료잡이가 나오고, 원자형광분광법은 그 반대이다.
② 원자흡수분광법은 파장선택기가 광원보다 먼저 나오고, 원자형광분광법은 그 반대이다.
③ 원자흡수분광법에서는 광원과 시료잡이가 일직선상에 있지만, 원자형광분광법에서는 광원과 시료잡이가 직각을 이룬다.
④ 원자흡수분광법은 레이저 광원을 사용할 수 없으나, 원자형광분광법에서는 사용 가능하다.

✔ 기기 배치
1. 흡수법 : 연속 광원을 쓰는 일반적인 흡수분광법에서는 시료가 흡수하는 특정 파장의 흡광도를 측정해서 정량하는 것이므로 파장선택기가 광원 뒤에 놓이나, 시료와 같은 금속에서 나오는 선광원을 쓰는 원자흡수분광법에서는 광원보다 원자화 과정에서 발생되는 방해복사선을 제거하는 것이 중요하므로 파장선택기가 시료 뒤에 놓인다.
   ① 분자흡수법 : 광원 – 파장선택기 – 시료 용기 – 검출기 – 신호처리 및 판독장치
   ② 원자흡수법 : 광원 – 시료 용기 – 파장선택기 – 검출기 – 신호처리 및 판독장치
2. 형광 · 인광 및 산란법 : 시료가 방출하는 빛의 파장을 검출해야 하므로 광원에서 나오는 빛의 영향을 최소화하기 위해 광원방향에 대하여 **보통 90°의 각도에서 측정**한다. 발광을 측정하는 장치에서는 두 개의 단색화 장치를 사용하여 광원의 들뜸 빛살과 시료가 방출하는 방출 빛살에 대해 모두 파장을 분리한다.

정답 | 50.① 51.③ 52.④ 53.③

시료 용기－파장선택기－검출기－신호처리 및 판독장치
|
(파장선택기)
|
광원

54 **원자흡수분광법에서 휘발성이 적은 화합물 생성 등으로 인하여 화학적 방해가 발생한다. 이러한 방해를 방지하는 방법에 해당되지 않는 것은?**

① 높은 온도의 불꽃 이용
② 보호제(protective agent)의 사용
③ 해방제(releasing agent)의 사용
④ 이온화 활성제의 사용

낮은 휘발성 화합물 생성의 화학적 방해

1. 분석물이 음이온과 반응하여 휘발성이 낮은 화합물을 만들어 분석성분의 원자화 효율을 감소시키는 음이온에 의한 방해이다.
2. 휘발성이 낮은 화합물의 생성에 의한 방해를 줄이는 방법
   ① 가능한 한 **높은 온도의 불꽃**을 사용한다.
   ② **해방제 사용** : 방해물질과 우선적으로 반응하여 방해물질이 분석물질과 작용하는 것을 막을 수 있는 시약인 해방제를 사용한다.
   예 Ca 정량 시 PO_4^{3-}의 방해를 막기 위해 Sr 또는 La을 과량 사용한다. 또한 Mg 정량 시 Al의 방해를 막기 위해 Sr 또는 La을 해방제로 사용한다.
   ③ **보호제 사용** : 분석물과 반응하여 안정하고 휘발성 있는 화합물을 형성하여 방해물질로부터 분석물을 보호해 주는 시약인 보호제를 사용한다.
   예 EDTA, 8-hydroquinoline, APDC

55 **밀집된 상태에 있는 다원자 분자의 흡수스펙트럼에 포함되어 있는 에너지의 구성요소가 아닌 것은?**

① 몇 개의 결합전자의 에너지 상태로부터 생기는 분자의 전자에너지
② 들뜬 상태의 원자핵 분열과 관련된 양자에너지
③ 원자 사이의 진동수와 관련된 전체 에너지
④ 한 분자 내의 여러 가지 회전운동과 관련된 에너지

한 분자의 흡수 때와 관련된 에너지(E)는 세 가지 성분으로 이루어져 있다.

$E = E_{elec} + E_{vib} + E_{rot}$

여기서, E_{elec} : 몇 개의 **결합전자의 에너지 상태로부터 생기는 분자의 전자에너지**

E_{vib} : 분자 화학종에 존재하는 **원자 사이의 진동의 수와 관련된 에너지**

E_{rot} : 한 분자 내의 여러 가지 **회전운동과 관련된 에너지**

56 **전자기 복사선 스펙트럼 영역을 나타낸 표에서 X에 해당하는 복사선은?**

가시광선	적외선	X	라디오파

① 감마선　② 자외선
③ 마이크로파　④ X－선

전자기 복사선 에너지의 분류

γ선－X선－자외선－가시광선－근적외선－중적외선－원적외선－**마이크로파**－라디오파

57 **자외선－가시광선(UV－VIS) 흡수분광법에서 사용되는 광원이 아닌 것은?**

① X선관　② 중수소등
③ 광－방출 다이오드　④ 텅스텐 필라멘트등

연속 광원

1. 흡수와 형광분광법에서 사용된다.
2. 자외선 영역(10~400nm) : **중수소(D_2)**, 아르곤, 제논, 수은등을 포함한 고압 기체 충전아크등
3. 가시광선 영역(400~780nm) : **텅스텐 필라멘트, 광방출 다이오드**
4. 적외선 영역(780nm~1mm) : 1,500~2,000K으로 가열된 비활성 고체 니크롬선(Ni－Cr), 글로바(SiC), Nernst 백열등

58 **유도쌍플라스마 광원(ICP)의 특징이 아닌 것은?**

① 원자가 빛살 진로에 머무르는 시간이 짧다.
② ICPMS의 광원이 될 수 있으므로 충분한 이온화가 생긴다.
③ 광원의 온도가 높기 때문에 원소 상호간에 방해가 적다.
④ 넓은 농도범위에 걸쳐 검정곡선이 성립한다.

정답 | 54.④　55.②　56.③　57.①　58.①

✔ 유도쌍플라스마 광원은 원자가 **빛살 진로에 머무르는 시간**이 불꽃원자화에서 사용하는 비교적 높은 온도인 아세틸렌과 산화질소를 사용한 경우보다 약 2배 정도 **더 길다.** 따라서 원자화는 더욱 완전하게 되고 화학반응에서 오는 방해가 거의 없다.

59 **적외선(IR) 흡수분광법에서의 진동 짝지음에 대한 설명으로 틀린 것은?**

① 두 신축진동에서 두 원자가 각각 단독으로 존재할 때 신축진동 사이에 센 짝지음이 일어난다.
② 짝지음 진동들이 각각 대략 같은 에너지를 가질 때 상호작용이 크게 일어난다.
③ 두 개 이상의 결합에 의해 떨어져 진동할 때 상호작용은 거의 일어나지 않는다.
④ 짝지음은 같은 대칭성 화학종에서 진동할 때 일어난다.

✔ 어떤 진동에너지 또는 흡수봉우리의 파장은 분자 내 다른 진동자에 의하여 영향 또는 짝지음을 받으며, 한 진동에너지가 분자 내 다른 진동에 의하여 영향을 받아 흡수봉우리의 파장이 변하는 현상을 진동 짝지음이라고 한다. 두 가지 진동에 **공통 원자가 있을 때만** 이 신축진동 사이에 센 짝지음이 일어난다.

60 **한 번 측정한 스펙트럼의 신호 대 잡음비가 6/1이다. 신호 대 잡음비를 30/1로 증가시키기 위해서는 몇 번을 측정한 스펙트럼을 평균화하여야 하는가?**

① 5
② 10
③ 20
④ 25

✔ **신호-대-잡음비(S/N)**
대부분의 측정에서 잡음 N의 평균 세기는 신호 S의 크기에는 무관하고 일정하다. 신호-대-잡음비(S/N)는 측정횟수(n)의 제곱근에 비례한다$\left(\frac{S}{N} \propto \sqrt{n}\right)$.

$6 : \sqrt{1} = 30 : \sqrt{n}$
$\therefore n = 25$번

제4과목 | 기기분석 II

61 **초임계 유체 크로마토그래피에 대한 설명으로 틀린 것은?**

① 초임계 유체에서는 비휘발성 분자가 잘 용해되는 장점이 있다.
② 비교적 높은 온도를 사용하므로 분석물들의 회수가 어렵다.
③ 이산화탄소가 초임계 유체로 널리 사용된다.
④ 초임계 유체 크로마토그래피는 기체와 액체 크로마토그래피의 혼성방법이다.

✔ 초임계 유체 크로마토그래피는 **비교적 낮은 온도에서** 대기와 단순히 평형이 유지되게만 하여도 이들이 녹아 있는 **분석물들을 쉽게 회수할 수 있어** 열적으로 불안정한 분석물에서는 매우 중요한 분리방법이다.

62 **다음 중 분리분석법이 아닌 것은?**

① 크로마토그래피 ② 추출법
③ 증류법 ④ 폴라로그래피

✔ **분리분석법**
여러 혼합물로부터 분석물을 분리하는 방법으로 침전법, **증류법, 추출법, 크로마토그래피법**이 있다. 다성분인 복잡한 시료의 경우 크로마토그래피법을 주로 이용한다.

63 **적하 수은전극(droppingmercury electrode)을 사용하는 폴라로그래피(polarography)에 대한 설명으로 옳지 않은 것은?**

① 확산전류(diffusion current)는 농도에 비례한다.
② 수은이 항상 새로운 표면을 만들어내어 재현성이 크다.
③ 수은의 특성상 환원반응보다 산화반응의 연구에 유용하다.
④ 반파전위(half-wave potential)로부터 정성적 정보를 얻을 수 있다.

✔ 수은은 쉽게 산화되며, 산화전극으로 사용하는 데 제한이 따른다. +0.4V보다 큰 전위에서는 수은(Ⅰ)이 형성되어 다른 산화성 물질의 곡선과 겹치게 된다. 따라서 수은의 특성상 **산화반응보다 환원반응의 연구에 더 유용하다.**

정답 | 59.① 60.④ 61.② 62.④ 63.③

64 질량분석기로서 알 수 없는 것은?

① 시료물질의 원소의 조성
② 구성원자의 동위원소의 비
③ 생화학분자의 분자량
④ 분자의 흡광계수

질량분석법의 이용
1. **시료물질의 원소 조성**에 대한 정보
2. 유기물, 무기물, **생화학분자의 구조**에 대한 정보
3. 시료에 존재하는 원소의 **동위원소 비**에 대한 정보
4. 복잡한 혼합물의 정성 및 정량 분석에 대한 정보
5. 고체 표면의 구조와 조성에 대한 정보

65 막 지시전극에 사용되는 이온선택성 막의 공통적인 특성에 대한 설명으로 틀린 것은?

① 이온선택성 막은 분석물질 용액에서 용해도가 거의 0이어야 한다.
② 막은 작아도 약간의 전기전도도를 가져야 한다.
③ 막 속에 함유된 몇 가지 화학종들은 분석물 이온과 선택적으로 결합할 수 있어야 한다.
④ 할로겐화은과 같은 낮은 용해도를 갖는 이온성 무기화합물은 막으로 사용될 수 없다.

이온선택성 막의 조건
1. **분석물질 용액에 대한 용해도가 거의 0**이어야 한다.
2. **약간의 전기전도도**를 가져야 한다.
3. 막 속에 함유된 몇 가지 화학종들은 분석물 이온과 **선택적으로 결합**할 수 있어야 한다.
4. 이온교환, 결정화, 착물 형성 등의 방법으로 분석물과 결합할 수 있어야 한다.
5. 전극의 감응은 온도에 따라 변한다.

66 갈바니전지에 대한 설명으로 틀린 것은?

① 전기를 발생하기 위해 자발적인 화학반응을 이용한다.
② 산화전극(anode)은 산화가 일어나는 전극이다.
③ 전자는 산화전극에서 생성되어 도선을 따라 환원전극으로 흐른다.
④ 산화전극을 오른쪽에, 환원전극을 왼쪽에 표시한다.

- **갈바니전지**
  볼타전지라고도 하며, 전기를 발생시키기 위해 자발적인 화학반응을 이용한다. 즉, 한 반응물은 산화되어야 하고, 다른 반응물은 환원되어야 한다. 산화제와 환원제를 물리적으로 격리시켜 전자가 한 반응물에서 다른 물질로 외부 회로를 통해서만 흐르도록 해야 한다.
- **산화전극(anode)**
  전극의 (−)극으로 산화반응이 일어나는 전극, 산화반응이 더 잘 일어나는, 표준 환원전위가 작은 반쪽반응의 전극이다. 보통 **왼쪽에** 표시한다.
- **환원전극(cathode)**
  전극의 (+)극으로 환원반응이 일어나는 전극, 환원반응이 더 잘 일어나는, 표준 환원전위가 큰 반쪽반응의 전극이다. **보통 오른쪽에** 표시한다.

67 폴리에틸렌의 등온 결정화 현상을 분석할 때 가장 알맞은 열분석법은?

① DTA ② DSC
③ TG ④ DMA

- **시차주사열량법(DSC)**
  시료물질과 기준물질을 조절된 온도 프로그램으로 가열하면서 이 두 물질에 흘러 들어간 열량의 차이를 시료 온도의 함수로 측정하는 열분석방법이다.
- **시차주사열량법의 응용**
  1. **결정의 생성과 용융, 결정화 정도 결정**
  2. 결정화 온도 측정
  3. 상전이 과정 측정
  4. 고분자물 경화 여부 측정
  5. 유리전이 온도와 녹는점 결정

68 얇은 층 크로마토그래피에 대한 설명으로 틀린 것은?

① 얇은 층 크로마토그래피는 제품의 순도를 판별하는 중요한 분석법으로 사용되고 있다.
② 전개판에 시료를 건조시킨 후 전개액에 시료가 잠기도록 해야 한다.
③ 전개상자를 이용해 시료를 분리시킬 때 뚜껑을 닫아 전개용매 증기로 상자가 포화되도록 해야 한다.
④ 지연인자(R_f)는 정지상의 두께, 온도, 시료의 크기에 의해 영향을 받는다.

정답 | 64.④ 65.④ 66.④ 67.② 68.②

✔ **전개판 전개**

1. 시료가 이동상에 의해 정지상을 통해 이동하는 과정으로서 액체 크로마토그래피의 용리현상과 유사하다.
2. 전개판의 가장 일반적인 전개방법은 먼저 전개판의 한쪽 끝에 시료 한 방울을 떨어뜨려 그것의 위치를 연필로 표시하고, 시료 용매를 증발시킨 후에 전개판은 전개 용매의 증기로 포화된 밀폐상자 속에 넣는다.
3. 전개판의 한쪽 끝은 전개 용매에 담겨져 있다. 이때 **시료와 전개액이 직접 접촉되지 않아야 한다.**
4. 전개 용매는 미세한 입자 사이의 모세관 작용에 의해 전개판 위로 올라간다.
5. 전개액이 전개판의 절반 또는 2/3를 지나간 후에 전개판을 전개상자에서 꺼내어 건조시킨다.

69 **기체 크로마토그래피에서 기체-액체 크로마토그래피(GLC)의 물질 분리의 가장 중요한 평형의 종류는 무엇인가?**

① 흡착
② 이온교환
③ 기체와 액체 사이의 분배
④ 서로 섞이지 않는 액체 사이의 분배

✔ **칼럼 크로마토그래피의 분류**

이동상의 종류에 따른 분류	정지상의 종류에 따른 분류	정지상	상호작용
기체 크로마토그래피 (GC)	**기체-액체 크로마토그래피(GLC)**	액체	**분배**
	기체-고체 크로마토그래피(GSC)	고체	흡착
액체 크로마토그래피 (LC)	액체-액체 크로마토그래피(LLC)	액체	분배
	액체-고체 크로마토그래피(LSC)	고체	흡착
	이온교환 크로마토그래피	이온교환수지	이온교환
	크기 배제 크로마토그래피	중합체로 된 다공성 젤	거름/분배
	친화 크로마토그래피	작용기 선택적인 액체	결합/분배
초임계-유체 크로마토그래피(SFC)		액체	분배

70 **액체 크로마토그래피에서 사용되는 굴절률검출기에 대한 설명으로 틀린 것은?**

① 다른 형태의 검출기보다 비교적 감도가 좋다.
② 거의 모든 용질에 감응한다.
③ 흐름의 속도에 영향을 받지 않는다.
④ 온도에 민감하여 일정한 온도가 필수적이다.

✔ **굴절률검출기**

이동상과 시료 용액과의 굴절률 차이를 이용한 것으로, 셀에 기준 용액과 굴절률이 다른 시료 용액이 들어오면 유리판에서 빛살이 굴절되는 각도가 달라져 검출기의 다른 위치로 빛살이 도달하게 되어 신호를 얻는다.

1. 거의 모든 용질에 감응한다.
2. 흐름속도에 영향을 받지 않는다.
3. 온도에 매우 민감하므로 0.01℃ 이내로 온도를 유지해야 한다.
   ➜ 굴절률이 온도에 따라 달라진다.
4. **감도가 낮아** 미량분석에는 사용되지 않는다.
5. 기울기 용리를 사용할 수 없다.
   ➜ 기준인 이동상의 조성이 계속 변하면 시료와 기준 용액을 맞추기가 불가능해진다.

71 **전기화학분석법에서 포화 칼로멜 기준전극에 대하여 전극전위가 0.115V로 측정이 되었다. 이 전극전위를 포화 Ag/AgCl 기준전극에 대하여 측정하면 얼마로 나타나겠는가? (단, 표준 수소 전극에 대한 상대전위는 포화 칼로멜 기준전극 =0.244V, 포화 Ag/AgCl 기준전극=0.199V 이다.)**

① 0.16V ② 0.18V
③ 0.20V ④ 0.22V

✔ $E_{cell} = E_{지시} - E_{기준}$

$E_{cell} = 0.115V = E_{지시} - 0.244V$, $E_{지시} = 0.359V$

$\therefore\ E_{cell} = 0.359V - 0.199V = \mathbf{0.16V}$

72 **질량분석법에서 분자의 전체 스펙트럼(full spectrum)을 알 수 있는 검출방법은?**

① MRM 모드 ② SCAN 모드
③ SIM 모드 ④ SRM 모드

✔ 질량분석법의 **SCAN 모드**는 분자의 전체 스펙트럼(full spectrum)을 알 수 있는 검출방법이다.

73 **전기분해 효율이 100%인 전기분해 전지가 있다. 산화전극에서는 산소 기체가, 환원전극에서는 구리가 석출되도록 0.5A의 일정 전류를 10분 동안 흘렸다. 석출된 구리의 무게는 약 얼마인가? (단, 구리의 몰질량은 63.5g/mol이다.)**

① 0.05g ② 0.10g
③ 0.20g ④ 0.40g

정답 | 69.③ 70.① 71.① 72.② 73.②

✔ 전하량(C) = 전류(A) × 시간(s), 1F = 96,485C/mol
∴ 석출된 Cu의 양(s)

$$= 0.5\text{A} \times (10 \times 60)\text{s} \times \frac{1\text{mol } e^-}{96,485\text{C}} \times \frac{1\text{mol Cu}}{2\text{mol } e^-} \times \frac{63.5\text{g Cu}}{1\text{mol Cu}}$$

$= 0.099\text{g Cu} = \mathbf{0.10g\ Cu}$

74 ICP를 이용한 질량분석장치에서 space charge에 대한 설명으로 가장 거리가 먼 것은?

① 이것이 생기면 이온의 투과율이 감소한다.
② 이것을 감소시키기 위하여 시료를 희석시켜 측정한다.
③ 스펙트럼의 모양은 달라지나 질량의 편차는 거의 생기지 않는다.
④ 매트릭스에 의한 영향으로 일반적으로 신호가 줄어든다.

✔ ICP-MS에서 매트릭스 효과는 약 500~1,000μg/mL보다 더 진한 농도에서 크게 나타난다. 보통 이러한 효과는 어떤 실험에서는 신호 증대가 관찰되지만 분석물 신호의 감소의 원인이 된다. 매트릭스 효과는 높은 농도의 공존 원소에서 나타나는 것이 일반적이며 더 묽은 용액을 사용하거나 시료 첨가순서를 바꾸거나 또는 방해 화학종을 분리해 냄으로써 최소화시킬 수 있다. 또한 적당한 내부 표준물의 사용, 분석물과 같은 질량과 이온화에너지를 갖는 내부 표준원소를 가해서 제거될 수 있다. **스펙트럼의 모양은 변하지 않지만** 신호의 세기가 달라지므로 **질량의 편차가 생기게 된다.**

75 전기화학반응에서 일어나는 편극의 종류에 해당하지 않는 것은?

① 농도 편극
② 결정화 편극
③ 전하이동 편극
④ 전압강하 편극

✔ **전기화학반응에서 일어나는 편극의 종류**
1. **농도 편극**
2. 반응 편극
3. 흡착, 탈착, **결정화 편극**
4. **전하이동 편극**

76 크로마토그래피 분석법에서 띠넓힘에 영향을 주는 인자에 대한 설명으로 가장 옳은 것은?

① 다중통로에 의한 띠넓힘은 분자가 충전칼럼을 지나가는 통로가 다양하기 때문에 나타난다.
② 세로확산에 의한 띠넓힘은 이동상과 정지상 사이의 평형이 매우 느릴 때 일어난다.
③ 상 사이의 질량이동에 의한 띠넓힘은 이동상의 속도가 증가하면 감소하는 경향이 있다.
④ 세로확산에 의한 띠넓힘은 이동상의 속도가 증가하면 증가하는 경향이 있다.

✔ **van Deemter 식**

$$H = A + \frac{B}{u} + C_S u + C_M u$$

여기서, H : 단높이(cm)
u : 이동상의 선형속도(cm/s)
A : 소용돌이 확산계수
B : 세로확산계수
C_S : 정지상과 관련된 질량이동계수
C_M : 이동상과 관련된 질량이동계수

1. 다중 흐름통로 항(A)
① 소용돌이 확산 : 분석물의 입자가 충전칼럼을 통해 지나가는 통로의 길이가 여러 가지로 다양함에 따라 같은 화학종의 분자라도 칼럼에 머무는 시간이 달라진다. 분석물의 입자들이 어떤 시간 범위에 걸쳐 칼럼 끝에 도착하게 되어 띠넓힘이 발생하는 다중 흐름통로의 효과를 소용돌이 확산이라고 한다.
② 이동상(용매)의 속도와는 무관하며, 칼럼 충전물질의 입자의 직경에 비례하므로 고체 충전제 입자 크기를 작게 하면 다중 흐름통로가 균일해지므로 다중 통로 넓힘은 감소시킬 수 있다.

2. 세로확산 항(B/u)
① 칼럼 크로마토그래피법에서 세로확산은 띠의 농도가 진한 중심에서 분자가 양쪽의 묽은 영역으로 이동하려는 경향 때문에 생긴다.
② 이동상의 흐르는 방향과 반대방향으로 일어난다.
③ 세로확산에 대한 기여는 이동상의 속도에는 반비례한다. 이동상의 속도가 커지면 확산시간이 부족해져서 세로확산이 감소한다. 기체 이동상의 경우는 온도를 낮추면 세로확산을 줄일 수 있다.

3. 질량이동 항($C_S u$, $C_M u$)
① 질량이동계수는 정지상의 막 두께의 제곱, 모세관 칼럼 지름의 제곱, 충전입자 지름의 제곱에 비례한다.
② 단높이가 작을수록 칼럼 효율이 증가하므로 질량이동계수를 작게 해야 한다.

정답 | 74.③ 75.④ 76.①

77 **고분자량의 글루코오스 계열 화합물을 분리하는 데 가장 적합한 크로마토그래피 방법은?**

① 이온교환 크로마토그래피
② 크기 배제 크로마토그래피
③ 기체 크로마토그래피
④ 분배 크로마토그래피

크기 배제 크로마토그래피(size exclusion chromatography)

1. 젤 투과 크로마토그래피, 젤 거르기 크로마토그래피라고도 한다.
2. 충전물은 균일한 미세 구멍의 그물구조를 가지고 있는 작은 실리카 또는 중합체 입자로 되어 있다.
3. 구멍보다 상당히 작은 지름을 가진 분자는 구멍 미로를 통해 침투 또는 투과할 수 있음으로 오랜 시간 동안 붙잡혀 있게 된다.
4. 여러 크로마토그래피 방법들과는 달리, 분석물과 정지상 사이에 화학적, 물리적 상호작용이 일어나지 않는다.
5. 분자량 10,000 이상의 생체 고분자(글루코오스 계열의 화합물)를 분리하고자 할 때 가장 적합하다.

78 **전기화학전지에 사용되는 염다리(salt bridge)에 대한 설명으로 틀린 것은?**

① 염다리의 목적은 전지 전체를 통해 전기적으로 양성상태를 유지하는 데 있다.
② 염다리는 양쪽 끝에 반투과성의 막이 있는 이온성 매질이다.
③ 염다리는 고농도의 KNO_3를 포함하는 젤로 채워진 U자관으로 이루어져 있다.
④ 염다리의 농도가 반쪽전지의 농도보다 크기 때문에 염다리 밖으로의 이온의 이동이 염다리 안으로의 이온의 이동보다 크다.

염다리(salt bridge)

고농도의 KNO_3 또는 전지반응과 무관한 다른 전해질을 포함하는 젤(gel)로 채워진 U자 형태의 관이다. 염다리의 양쪽 끝에는 다공성의 유리판이 있어 염다리의 안과 밖의 서로 다른 두 용액이 섞이는 것을 최소화하고 이온들은 확산될 수 있게 함으로써 **전지의 전기적 중성을 유지해주는** 역할을 한다. 염다리 속 염의 농도가 반쪽전지에 들어 있는 염의 농도보다 매우 크기 때문에 염다리를 빠져 나오는 이온의 이동이 염다리로 들어가는 이온의 이동보다 훨씬 더 많다.

79 **기체 크로마토그래피에서 할로젠과 같이 전기음성도가 큰 작용기를 포함하는 분자에 감도가 좋은 검출기는?**

① 불꽃이온화검출기(FID)
② 전자포착검출기(ECD)
③ 열전도도검출기(TCD)
④ 원자방출검출기(AED)

전자포착검출기(ECD)

^{63}Ni과 같은 β-선 방사체를 사용하며, 방사체에서 나온 전자는 운반기체(N_2)를 이온화시켜 많은 수의 전자를 생성한다. 유기 화학종이 없으면 이 이온화 과정으로 인해 검출기에 일정한 전류가 흐르며, 전자를 포착하는 성질이 있는 유기분자들이 있으면 검출기에 도달하는 전류는 급격히 감소한다. 또한 검출기의 감응은 선택적이며, 할로젠, 과산화물, 퀴논, 니트로기와 같은 전기음성도가 큰 작용기를 포함하는 분자에 특히 감도가 좋다.

80 **시차주사열량법(DSC)에서 발열(exothermic) 봉우리를 나타내는 물리적 변화는?**

① 결정화　　② 승화
③ 증발　　④ 용해

- **시차주사열량법(DSC)**
  시료물질과 기준물질을 조절된 온도 프로그램으로 가열하면서 이 두 물질에 흘러 들어간 열량의 차이를 시료 온도의 함수로 측정하는 열분석방법이다.
- **시차주사열량법의 응용**
  1. **결정의 생성과 용융, 결정화 정도 결정**
  2. 결정화 온도 측정
  3. 상전이 과정 측정
  4. 고분자물 경화 여부 측정
  5. 유리전이 온도와 녹는점 결정

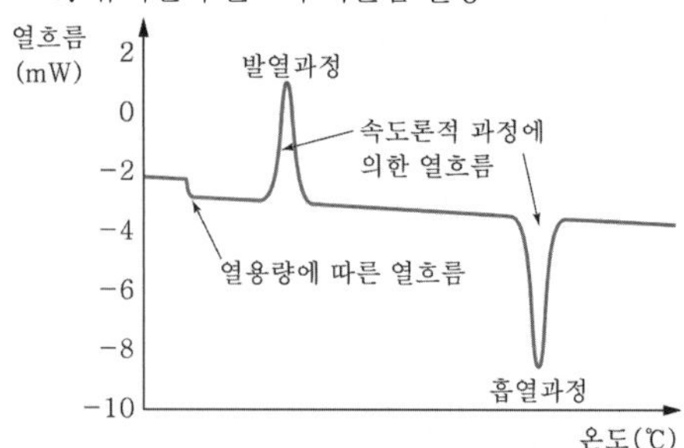

열흐름의 증가는 발열과정을 의미하고 감소는 흡열과정을 의미하며, 흡착과 결정화는 보통발열과정이고 용융, 기화, 승화, 흡수, 탈착 등은 흡열과정이다.

정답 | 77.② 78.① 79.② 80.①

제1과목 | 일반화학

01 주어진 온도에서 $N_2O_4(g) \rightleftarrows 2NO_2(g)$의 계가 평형상태에 있다. 이때 계의 압력을 증가시킬 때 반응의 변화로 옳은 것은?

① 정반응과 역반응의 속도가 함께 달라져서 변함없다.
② 평형이 깨어지므로 반응이 멈춘다.
③ 정반응으로 진행된다.
④ 역반응으로 진행된다.

✔ **압력변화에 따른 평형이동**
어떤 반응이 평형상태에 있을 때 일정한 온도에서 압력을 변화시키면 그 압력변화를 줄이는 방향으로 알짜반응이 진행되어 평형이 이동한다.
1. 압력이 높아지면(입자수 증가)
→ 기체의 몰수가 감소하는 방향으로 평형이동
2. 압력이 낮아지면(입자수 감소)
→ 기체의 몰수가 증가하는 방향으로 평형이동
∴ 압력을 증가시키면(입자수의 증가) 기체의 몰수가 감소하는 **역반응**으로 알짜반응이 진행되어 평형이 이동한다.

02 2.5g의 살리실산과 3.1g의 아세트산무수물(=무수아세트산)을 반응시켰더니 3.0g의 아스피린을 얻을 수 있었다. 아스피린의 이론적 수득량은 약 몇 g인가? (단, 살리실산의 분자량 : 138.12g/mol, 아세트산무수물의 분자량 : 102.09g/mol, 아스피린의 분자량 : 180.16 g/mol이고, 살리실산과 아세트산무수물은 1 : 1로 반응하고 반응에서 역반응은 일어나지 않았다고 가정한다.)

① 2.6　　② 2.8
③ 3.0　　④ 3.2

✔ 각각의 반응물을 기준으로 아스피린이 생성되는 양을 구한다.
• **살리실산**

$$2.5\text{g 살리실산} \times \frac{1\text{mol 살리실산}}{138.12\text{g 살리실산}} \times \frac{1\text{mol 아스피린}}{1\text{mol 살리실산}}$$
$$= 1.81 \times 10^{-2}\text{mol 아스피린}$$

• **아세트산무수물**

$$3.1\text{g 아세트산무수물} \times \frac{1\text{mol 아세트산무수물}}{102.09\text{g 아세트산무수물}} \times \frac{1\text{mol 아스피린}}{1\text{mol 아세트산무수물}}$$
$$= 3.04 \times 10^{-2}\text{mol 아스피린}$$

한계반응물은 살리실산이므로 이론상 생성되는 아스피린의 양은

$$\therefore 1.81 \times 10^{-2}\text{mol 아스피린} \times \frac{180.16\text{g 아스피린}}{1\text{mol 아스피린}}$$
$$= \mathbf{3.26g\ 아스피린}$$

03 수소 연료전지에서 전기를 생산할 때의 반응식이 다음과 같을 때 10g의 H_2와 160g의 O_2가 반응하여 생성된 물은 몇 g인가?

$$2H_2(g) + O_2(g) \rightarrow 2H_2O(g)$$

① 90　　② 100
③ 110　　④ 120

✔ 각각의 반응물을 기준으로 물(H_2O)이 생성되는 양을 구한다.
• **수소(H_2)**

$$10\text{g } H_2 \times \frac{1\text{mol } H_2}{2\text{g } H_2} \times \frac{2\text{mol } H_2O}{2\text{mol } H_2} = 5\text{mol } H_2O$$

• **산소(O_2)**

$$160\text{g } O_2 \times \frac{1\text{mol } O_2}{32\text{g } O_2} \times \frac{2\text{mol } H_2O}{1\text{mol } O_2} = 10\text{mol } H_2O$$

한계반응물은 수소(H_2)이므로 이론상 생성되는 물(H_2O)의 양은

$$\therefore 5\text{mol } H_2O \times \frac{18\text{g } H_2O}{1\text{mol } H_2O} = \mathbf{90g\ H_2O}$$

04 다음 단위체 중 첨가 중합체를 만드는 것은?

① C_2H_6　　② C_2H_4
③ $HOCH_2CH_2OH$　　④ $HOCH_2CH_3$

✔ • **첨가 중합반응**
이중결합이나 삼중결합을 포함하여 빠져 나가는 분자가 없이 단위체가 연속적으로 결합하여 중합체를 형성하는 반응이다. 종류로는 폴리에틸렌(PE), 폴리프로필렌(PP), 폴리염화비닐(PVC), 폴리스타이렌(PS) 등이 있다.
• **폴리에틸렌 생성**
단위체인 에틸렌의 이중결합 중 하나가 끊어지면

정답 | 01.④　02.④　03.①　04.②

서 다른 단위체와 결합한다.

$H_2C=CH_2+H_2C=CH_2 \rightarrow -(H_2C-CH_2)-_n$

① C_2H_6 : 에테인

② **C_2H_4 : 에틸렌**

③ $HOCH_2CH_2OH$: 에틸렌글리콜

④ $HOCH_2CH_3$: 에탄올

05 납 원자 2.55×10^{23}개의 질량은 약 몇 g인가? (단, 납의 원자량은 207.2이다.)

① 48.8 ② 87.8

③ 488.2 ④ 878.8

✔ 2.55×10^{23}개 $Pb\times\dfrac{1mol\ Pb}{6.022\times10^{23}개\ Pb}\times\dfrac{207.2g\ Pb}{1mol\ Pb}$

$=87.74g\ Pb$

06 다원자 이온에 대한 명명 중 옳지 않은 것은?

① CH_3COO^- : 아세트산이온

② NO_3^- : 질산이온

③ SO_3^{2-} : 황산이온

④ HCO_3^- : 탄산수소이온

✔ **SO_3^{2-} : 아황산이온**, SO_4^{2-} : 황산이온

07 다음 중 카보닐(carbonyl)기를 가지고 있지 않은 것은?

① 알데하이드 ② 아미드

③ 에스터 ④ 페놀

✔ **카보닐기(RCOR′)**

① 알데하이드 : RCHO

② 아미드 : CONH

③ 에스터 : RCOOR′

④ 페놀 : (OH가 결합된 벤젠고리)

08 부탄이 공기 중에서 완전연소하는 화학반응식은 다음과 같다. ( ) 안에 들어갈 계수들 중 a의 값은 얼마인가?

$$2C_4H_{10}+(a)O_2 \rightarrow (b)CO_2+(c)H_2O$$

① 10 ② 11

③ 12 ④ 13

✔ **반응식 균형 맞추기**

1. 단계 1 : 불균형 반응식을 쓴다.
   $C_4H_{10}+O_2\rightarrow CO_2+H_2O$
2. 단계 2 : 탄소수 맞추기
   C_4H_{10}의 C수 만큼 CO_2가 생성된다.
   $C_4H_{10}+O_2\rightarrow 4CO_2+H_2O$
3. 단계 3 : 수소수 맞추기
   C_4H_{10}의 H수 만큼 H_2O가 생성된다.
   $C_4H_{10}+O_2\rightarrow 4CO_2+5H_2O$
4. 단계 4 : 산소수 맞추기, 2개 → 13개
   $C_4H_{10}+\dfrac{13}{2}O_2\rightarrow 4CO_2+5H_2O$
5. 단계 5 : 전체 반응식에 2를 곱해서 계수를 정수로 만든다.

$\therefore 2C_4H_{10}+\mathbf{13}O_2\rightarrow 8CO_2+10H_2O$

09 일반적인 화학적 성질에 대한 설명 중 틀린 것은?

① 열역학적 개념 중 엔트로피는 특정 물질을 이루고 있는 입자의 무질서한 운동을 나타내는 특성이다.

② Albert Einstein이 발견한 현상으로, 빛을 금속 표면에 쪼였을 때 전자가 방출되는 현상을 광전효과라 한다.

③ 기체상태의 원자에 전자 하나를 더하는 데 필요한 에너지를 이온화에너지라 한다.

④ 같은 주기에서 원자의 반지름은 원자번호가 증가할수록 감소한다.

✔ • **이온화에너지**
기체상태의 중성 원자로부터 전자 1개를 떼어내어 기체상태의 양이온으로 만드는 데 필요한 에너지

• **전자 친화도**
기체상태의 중성 원자가 전자 1개를 얻어 기체상태의 음이온이 될 때 방출하는 에너지

10 $H_2C_2O_4$에서 C의 산화수는?

① +1 ② +2

③ +3 ④ +4

✔ **산화수 정하는 규칙**

화합물에서 모든 원자의 산화수의 총합은 0이다. 화합물에서 1족 금속원자는 +1, 2족 금속원자는 +2, 13족 금속원자는 +3의 산화수를 갖으며, 화합물에서 H의 산화수는 +1, O의 산화수는 −2이다.

C의 산화수를 x로 두면

$(+1\times2)+(x\times2)+(-2\times4)=0$

$\therefore x=+3$

정답 | 05.② 06.③ 07.④ 08.④ 09.③ 10.③

11 용액의 농도에 대한 설명이 잘못된 것은?

① 노르말농도는 용액 1L에 포함된 용질의 그램 당량수로 정의한다.
② 몰분율은 그 성분의 몰수를 모든 성분의 전체 몰수로 나눈 것으로 정의한다.
③ 몰농도는 용액 1L에 포함된 용질의 양을 몰수로 정의한다.
④ 몰랄농도는 용액 1kg에 포함된 용질의 양을 몰수로 정의한다.

✔ **몰랄농도**(m)
용매 1kg 속에 녹아 있는 용질의 몰수를 나타낸 농도, 단위는 mol/kg 또는 m으로 나타낸다.

12 산성비의 발생과 가장 관계가 없는 것은?

① $Ca^{2+}(aq) + CO_3^{2-}(aq) \rightarrow CaCO_3(s)$
② $S(s) + O_2(g) \rightarrow SO_2(g)$
③ $N_2(g) + O_2(g) \rightarrow 2NO(g)$
④ $SO_3(g) + H_2O(l) \rightarrow H_2SO_4(aq)$

✔ 질소산화물(NO_x)과 이산화황(SO_2)은 물과 반응하여 pH 5.6 이하의 산성비를 발생한다.

13 다음 산의 명명법으로 옳은 것은?

[HClO]

① 염소산 ② 아염소산
③ 과염소산 ④ 하이포아염소산

✔ **산소산 명명법**
산소의 수에 따라 기준보다 산소가 하나 많으면 과－, 산소가 하나 적으면 아－, 산소가 두 개 적으면 하이포아－로 명명한다.
① 염소산 : $HClO_3$(기준)
② 아염소산 : $HClO_2$(산소 하나 적음)
③ 과염소산 : $HClO_4$(산소 하나 많음)
④ **하이포아염소산 : HClO**(산소 두 개 적음)

14 어떤 과일주스의 pH가 4.7이다. 용액의 OH^- 이온농도는 몇 mol/L인가?

① $10^{4.7}$ ② $10^{-4.7}$
③ $10^{9.3}$ ④ $10^{-9.3}$

✔ 25℃에서 $K_w = [H^+][OH^-] = 1.00 \times 10^{-14}$이므로 양변에 －log를 취하면
$-\log[H^+][OH^-] = -\log[H^+] + -\log[OH^-]$
$= -\log(1.00 \times 10^{-14})$
$pH + pOH = 14.00$
$pOH = 14.00 - 4.7 = 9.3 = -\log[OH^-]$
$\therefore [OH^-] = 10^{-9.3} = 5.01 \times 10^{-10}M$

15 특정 온도에서 기체 혼합물의 평형농도는 H_2 0.13M, I_2 0.70M, HI 2.1M이다. 같은 온도에서 500.00mL 빈 용기에 0.20mol의 HI를 주입하여 평형에 도달하였다면 평형 혼합물 속의 HI의 농도는 몇 M인가?

① 0.045 ② 0.090
③ 0.31 ④ 0.52

✔

	$H_2(g)$	+	$I_2(g)$	$\rightleftarrows$	$2HI(g)$
평형(M)	0.13		0.70		2.1

평형에서의 농도를 이용하여 주어진 반응의 평형상수를 구하면
$$K = \frac{[HI]^2}{[H_2][I_2]} = \frac{(2.1)^2}{(0.13)\times(0.70)} = 48.46$$

	$H_2(g)$	+	$I_2(g)$	$\rightleftarrows$	$2HI(g)$
초기(M)	0		0		$\frac{0.20mol}{0.500L} = 0.4M$
변화(M)	$+x$		$+x$		$-2x$
최종(M)	x		x		$0.4-2x$

$$K = \frac{[HI]^2}{[H_2][I_2]} = \frac{(0.4-2x)^2}{x^2} = 48.46$$
$x = [H_2] = [I_2] = 4.46 \times 10^{-2}M$
$\therefore [HI] = 0.4 - 2x = 0.4 - (2 \times 4.46 \times 10^{-2}) = $ **0.31M**

16 돌턴(Dalton)의 원자설에서 설명한 내용이 아닌 것은?

① 물질은 더 이상 나눌 수 없는 원자로 이루어져 있다.
② 원자가전자의 수는 화학결합에서 중요한 역할을 한다.
③ 같은 원소의 원자들은 질량이 동일하다.
④ 서로 다른 원소의 원자들이 간단한 정수비로 결합하여 화합물을 만든다.

정답 | 11.④ 12.① 13.④ 14.④ 15.③ 16.②

✔ 원자가전자의 수는 화학결합에 중요한 역할을 하며, 같은 족의 원소들은 같은 수의 원자가전자를 가지고 있어 화학적 · 물리적 성질이 비슷한 주기적 경향을 나타낸다. 그러나 돌턴의 원자설에서 설명하는 내용은 아니다.

Check

돌턴의 원자설

1. 모든 물질은 더 이상 쪼갤 수 없는 원자(atom)로 구성되어 있다.
2. 같은 원소의 원자는 크기와 질량이 같고, 다른 원소의 원자는 크기와 질량이 서로 다르다.
3. 두 개 이상의 서로 다른 원자들이 정수비로 결합하여 화합물을 만든다.
4. 두 원소의 원자들은 다른 비율로 결합하여 두 가지 이상의 화합물을 형성할 수 있다.
5. 화학반응은 원자들 간의 결합이 끊어지고 생성되면서 원자가 재배열될 뿐, 새로운 원자가 생성되거나 소멸되지 않는다.

17 **다음 화학종 가운데 증류수에서 용해도가 가장 큰 화학종은 무엇인가? (단, 각 화학종의 용해도곱 상수는 괄호 안의 값으로 가정한다.)**

① $AgCl(1.0\times10^{-10})$
② $AgI(1.0\times10^{-16})$
③ $Ni(OH)_2(6.0\times10^{-16})$
④ $Fe(OH)_3(2.0\times10^{-39})$

✔ ① $AgCl \rightleftarrows Ag^+ + Cl^-$

$x \quad x$

$K_{sp} = [Ag^+][Cl^-] = x^2 = 1.0\times10^{-10}$

$x = 1.0\times10^{-5}M$

② $AgI \rightleftarrows Ag^+ + I^-$

$x \quad x$

$K_{sp} = [Ag^+][I^-] = x^2 = 1.0\times10^{-16}$

$x = 1.0\times10^{-8}M$

③ $Ni(OH)_2 \rightleftarrows Ni^{2+} + 2OH^-$

$x \quad 2x$

$K_{sp} = [Ni^{2+}][OH^-]^2 = x\times(2x)^2 = 6.0\times10^{-16}$

$x = 5.31\times10^{-6}M$

④ $Fe(OH)_3 \rightleftarrows Fe^{3+} + 3OH^-$

$x \quad 3x$

$K_{sp} = [Fe^{3+}][OH^-]^3 = x\times(3x)^3 = 2.0\times10^{-39}$

$x = 9.28\times10^{-11}M$

∴ AgCl의 용해도가 가장 크다.

18 **0.1M H_2SO_4 수용액 10mL에 0.05M NaOH 수용액 10mL를 혼합하였다. 혼합용액의 pH는? (단, 황산은 100% 이온화되며, 혼합용액의 부피는 20mL이다.)**

① 0.875
② 1.125
③ 1.25
④ 1.375

✔ 혼합용액의 pH를 산염기 적정에서의 pH 구하는 과정으로 생각하여 구할 수 있다. 0.1M, 10mL H_2SO_4를 0.05M NaOH로 적정하는 경우 당량점 부피를 구하면 다음과 같다.

1mmol H_2SO_4 : 2mmol NaOH

$=0.1\times10 : 0.05\times x$, $x=40$mL이므로

당량점 이전 즉, NaOH 10mL가 혼합된 용액의 pH는 당량점 이전 가해준 NaOH의 부피가 10mL인 경우와 같다.

	$H_2SO_4(aq)$ +	$2NaOH(aq)$ ⇄	$2H_2O(l)$ +	$Na_2SO_4(aq)$
초기(mmol)	1	0.5		
변화(mmol)	−0.25	−0.5	+0.5	+0.25
최종(mmol)	0.75	0	0.5	0.25

강산 H_2SO_4로 $[H^+]$를 구하면 혼합용액의 pH를 구할 수 있다.

$$[H^+] = \frac{0.75\,\text{mmol}\,H_2SO_4}{10+10\,\text{mL}} \times \frac{2\,\text{mmol}\,H^+}{1\,\text{mmol}\,H_2SO_4}$$

$$= 7.5\times10^{-2}M$$

$$\therefore pH = -\log(7.5\times10^{-2}) = \mathbf{1.125}$$

19 **주기율표에 대한 설명 중 옳지 않은 것은?**

① 주기율표란 원자번호가 증가하는 순서로 원소들을 배열하여 화학적 유사성을 한눈에 볼 수 있도록 만든 표이다.
② 주기율표를 이용하면 화학정보를 체계적으로 분류, 해석, 예측할 수 있다.
③ 원소를 족(group)과 주기(period)에 따라 배열하고 있다.
④ 전이금속원소는 10개로 나뉘어져 있으며, 원자번호 57~71번을 악티늄족이라 부른다.

✔ 전이금속원소는 10개의 족으로 나뉘어져 있으며, 원자번호 **57~71번을 란타넘족**, 원자번호 89~103번을 악티늄족이라 부른다.

정답 | 17.① 18.② 19.④

20 1.20g의 황(S)을 15.00g의 나프탈렌에 녹였더니 그 용액의 녹는점이 77.88℃이었다. 이 황의 분자량(g/mol)은? (단, 나프탈렌의 녹는점은 80.00℃이고, 나프탈렌의 녹는점 강하상수(K_f)는 6.80℃/m이다.)

① 82 ② 118
③ 258 ④ 560

✔ **어는점 내림(ΔT_f)**
용액의 어는점(T_f')이 순수한 용매의 어는점(T_f)보다 낮아지는 현상이다.
→ 비휘발성 용질이 녹아 있는 용액에서는 용질의 입자가 용매 입자의 인력을 방해하므로 순수한 용매만 있을 때보다 얼기 어렵기 때문
$\Delta T_f = T_f - T_f'$
여기서, T_f : 순수한 용매의 어는점
T_f' : 용액의 어는점
$\Delta T_f = K_f \times m$
여기서, K_f : 몰랄내림상수
m : 용액의 몰랄농도
$\Delta T_f = 80.00 - 77.88 = 2.12℃$
황(S)의 분자량을 x(g/mol)로 두면
$\Delta T_f = 2.12℃$

$$= 6.80℃/\text{m} \times \frac{1.20\,\text{g S} \times \frac{1\,\text{mol S}}{x(\text{g})\ \text{S}}}{15.00 \times 10^{-3}\,\text{kg 나프탈렌}}$$

$\therefore x = 256.6\,\text{g/mol}$

제2과목 | 분석화학

21 EDTA 적정에서 역적정에 대한 설명으로 틀린 것은?

① 역적정에서는 일정한 소량의 EDTA를 분석용액에 가한다.
② EDTA를 제2의 금속이온 표준용액으로 적정한다.
③ 역적정법은 분석물질이 EDTA를 가하기 전에 침전물을 형성하거나, 적정 조건에서 EDTA와 너무 천천히 반응하거나, 혹은 지시약을 막는 경우에 사용한다.
④ 역적정에서 사용되는 제2의 금속이온은 분석물질의 금속이온은 EDTA 착물로부터 치환시켜서는 안 된다.

✔ 역적정(back titration)은 **일정한 과량의 EDTA를 분석물질에 가한** 다음, 과량의 EDTA를 제2의 금속이온 표준용액으로 적정한다.

22 0.05M Na_2SO_4 용액의 이온 세기는?

① 0.05M ② 0.10M
③ 0.15M ④ 0.20M

✔ 이온 세기는 용액 중에 있는 이온의 전체 농도를 나타내는 척도이다.
이온 세기(μ) $= \frac{1}{2}(C_1Z_1^2 + C_2Z_2^2 + \cdots)$
여기서, C_1, C_2, … : 이온의 몰농도
Z_1, Z_2, … : 이온의 전하

반응식	Na_2SO_4	→	$2Na^+$	+	SO_4^{2-}
농도(M)			0.1		0.05

$\therefore$ 이온 세기 $= \frac{1}{2}[(0.1 \times 1^2) + (0.05 \times (-2)^2)]$
$= 0.15\text{M}$

23 침전과정에서 결정성장에 대한 설명으로 틀린 것은?

① 침전물의 입자 크기를 증가시키기 위하여 침전물이 생성되는 동안에 상대 과포화도를 최소화하여야 한다.
② 핵심생성(nucleation)이 지배적이라면 침전물은 매우 작은 입자로 구성된다.
③ 입자성장(particlegrowth)이 지배적이면 침전물은 큰 입자들로 구성한다.
④ 핵심생성(nucleation)속도는 상대 과포화도가 감소함에 따라 직선적으로 증가한다.

✔ **침전과정에서의 결정성장**
1. 핵심생성속도는 상대 과포화도가 증가함에 따라 **지수함수적으로 증가**한다.
2. 입자성장속도는 상대 과포화도가 증가함에 따라 단지 완만하게 증가한다.
3. 상대 과포화도$= \frac{Q-S}{S}$
여기서, Q : 어떤 순간에서의 용질의 농도
S : 평형 용해도
상대 과포화도가 클 때 침전물은 콜로이드화 되는 경향이 있고, 상대 과포화도가 작을 때는 결정성 고체가 되기 쉽다.
4. 입자 크기를 증가시키기 위하여 침전물이 생성되는 동안에 상대 과포화도를 최소화하여야 한다.

정답 | 20.③ 21.① 22.③ 23.④

24 **그림과 같이 다이싸이올알케인의 전도도는 사슬의 길이가 길어질수록 기하급수적으로 감소하는데 그 이유는 무엇인가?**

HS〰〰SH

$HS(CH_2)_8SH$, 전도도=16.1nS

HS〰〰〰SH

$HS(CH_2)_{10}SH$, 전도도=1.37nS

HS〰〰〰〰SH

$HS(CH_2)_{12}SH$, 전도도=0.35nS

① 저항이 증가하기 때문에
② 저항이 감소하기 때문에
③ 전압이 증가하기 때문에
④ 전압이 감소하기 때문에

✔ 사슬의 길이가 길어질수록 **저항이 증가**하여 다이싸이올알케인의 전도도는 감소한다.

25 **Pb^{2+}는 I^-와 반응하여 PbI_2 침전을 만들기도 하지만 PbI^+, $PbI_2(aq)$, PbI_3^-, PbI_4^-의 착물을 형성하기도 한다. Pb^{2+}와 I^-의 착물 형성 상수는 각각 $\beta_1=1.0\times10^2$, $\beta_2=1.4\times10^3$, $\beta_3=8.3\times10^3$, $\beta_4=3.0\times10^4$이고 $K_{sp}(PbI_2)=7.9\times10^{-9}$일 때, 0.1M의 Pb^{2+} 수용액에 I^-를 1.0×10^{-4}M에서 5M 정도 될 때까지 천천히 첨가할 경우에 대한 설명으로 옳지 않은 것은?**

① 침전물의 양은 증가하다가 감소한다.
② 수용액 중 Pb^{2+}의 농도는 계속 감소한다.
③ 수용액 중 PbI_3^-의 농도는 계속 증가한다.
④ 수용액 중에 녹아 있는 전체 Pb^{2+} 농도는 일정하다.

✔ 음이온 X^-가 금속이온 M^+를 침전시킬 때, 가끔 X^-의 진한 농도에서 MX가 다시 녹는 것이 관찰된다. 용해도가 증가하는 것은 한 개 또는 그 이상의 단순한 이온이 서로 결합된 MX_2^-와 같은 착이온이 형성되기 때문이다.
Pb^{2+}와 I^-가 반응하여 오직 고체 PbI_2만 만든다면, 과량의 I^-가 존재할 경우 Pb^{2+}의 용해도는 매우 낮을 것이다.
$PbI_2(s) \rightleftarrows Pb^{2+}(aq) + 2I^-(aq)$, $K_{sp}=7.9\times10^{-9}$
그러나 I^-의 농도가 커지면 고체 PbI_2가 녹는 것이 관찰되고 이것은 Pb^{2+}와 I^- 간에 연속적으로 착이온이 생성되기 때문이다.
$Pb^{2+}(aq) + I^-(aq) \rightleftarrows PbI^+(aq)$, $K_1=1.0\times10^2$
$Pb^{2+}(aq) + 2I^-(aq) \rightleftarrows PbI_2(aq)$, $\beta_2=1.4\times10^3$
$Pb^{2+}(aq) + 3I^-(aq) \rightleftarrows PbI_3^-(aq)$, $\beta_3=8.3\times10^3$
$Pb^{2+}(aq) + 4I^-(aq) \rightleftarrows PbI_4^{2-}(aq)$, $\beta_4=3.0\times10^4$
낮은 I^- 농도에서 납의 용해도는 $PbI_2(s)$에 지배되지만, 높은 I^- 농도에서는 착이온이 형성되어 녹은 납의 전체 용해도는 Pb^{2+}만의 용해도보다는 상당히 커진다.
녹은 납의 전체 농도 $[Pb]_{전체}=[Pb^{2+}]+[PbI^+]+[PbI_2(aq)]+[PbI_3^-]+[PbI_4^{2-}]$
∴ **낮은** $[I^-]$에서의 $[Pb]_{전체}$를 비교해 보면 $[I^-]$가 증가하면 공통이온 효과에 의해 **$[Pb]_{전체}$이 감소**한다. 그러나 충분히 **높은** $[I^-]$에서는 착물 형성이 우세해지기 때문에 **$[Pb]_{전체}$은 증가**한다.

26 **$S_4O_6^{2-}$ 이온에서 황(S)의 산화수는 얼마인가?**

① 2 ② 2.5
③ 3 ④ 3.5

✔ **산화수 정하는 규칙**
화합물에서 모든 원자의 산화수의 총합은 0이며, 1족 금속원자는 +1, 2족 금속원자는 +2, 13족 금속원자는 +3의 산화수를 갖고, H의 산화수는 +1, O의 산화수는 −2이다.
S의 산화수를 x로 두면
$(x\times4)+(-2\times6)=-2$
$\therefore x=+2.5$

27 **Mg^{2+} 이온과 EDTA와의 착물 MgY^{2-}를 포함하는 수용액에 대한 다음 설명 중 틀린 것은? (단, Y^{4-}는 수소이온을 모두 잃어버린 EDTA의 한 형태이다.)**

① Mg^{2+}와 EDTA의 반응은 킬레이트 효과로 설명할 수 있다.
② 용액의 pH를 높일수록 해리된 Mg^{2+} 이온의 농도는 감소한다.
③ 해리된 Mg^{2+} 이온의 농도와 Y^{4-}의 농도는 서로 같다.
④ EDTA는 산−염기 화합물이다.

✔ 해리된 Mg^{2+} 이온의 농도와 **전체 EDTA의 농도는 서로 같다.**

정답 | 24.① 25.④ 26.② 27.③

28 다음 식 $HOCl \rightleftarrows H^+ + OCl^-$은 $K_1 = 3.0 \times 10^{-8}$, $HOCl + OBr^- \rightleftarrows HOBr + OCl^-$은 $K_2 = 15$로부터 반응 $HOBr \rightleftarrows H^+ + OBr^-$에 대한 K 값은?

① 2.0×10^{-9}
② 4.0×10^{-9}
③ 2.0×10^{-8}
④ 4.0×10^{-8}

✔ $HOCl \rightleftarrows H^+ + OCl^-$, $K_1 = 3.0 \times 10^{-8}$

$HOBr + OCl^- \rightleftarrows HOCl + OBr^-$, $\frac{1}{K_2} = \frac{1}{15} = 6.667 \times 10^{-2}$

$HOBr \rightleftarrows H^+ + OBr^-$, $K = K_1 \times \frac{1}{K_2}$

$\therefore K = (3.0 \times 10^{-8}) \times (6.667 \times 10^{-2}) = 2.00 \times 10^{-9}$

29 난용성 염 포화용액 성분의 M^{y+}와 A^{x-}를 포함하는 용액에서 두 이온의 농도곱을 용해도곱(solubility product : K_{sp})이라고 한다. 이때 $[M^{y+}]^x$와 $[A^{x-}]^y$의 곱이 K_{sp}보다 클 때 용액에서 나타나는 현상은?

① 농도곱이 K_{sp}와 같아질 때까지 침전한다.
② 농도곱이 K_{sp}와 같아질 때까지 용해된다.
③ K_{sp}와 무관하게 항상 용해되어 침전하지 않는다.
④ 반응 종료 후 용액의 상태는 포화이므로 침전하지 않는다.

✔ $M_xA_y(s) \rightleftarrows xM^{y+}(aq) + yA^{x-}(aq)$

$K_{sp} = [M^{y+}]^x [A^{x-}]^y$

$[M^{y+}]^x$와 $[A^{x-}]^y$의 곱(반응지수, Q)이 K_{sp}보다 클 때 오른쪽에서 왼쪽으로 진행되므로 $M_xA_y(s)$ 침전된다.

Check

반응지수(Q)

평형상수식에 반응 당시의 반응물과 생성물의 농도를 대입한 값

1. $Q < K$: 알짜반응은 왼쪽에서 오른쪽으로 진행된다(반응물이 생성물로).
2. $Q > K$: 알짜반응은 오른쪽에서 왼쪽으로 진행된다(생성물이 반응물로).
3. $Q = K$: 알짜반응은 일어나지 않는다(평형상태).

30 다음의 전기화학전지를 선 표시법으로 옳게 표시한 것은?

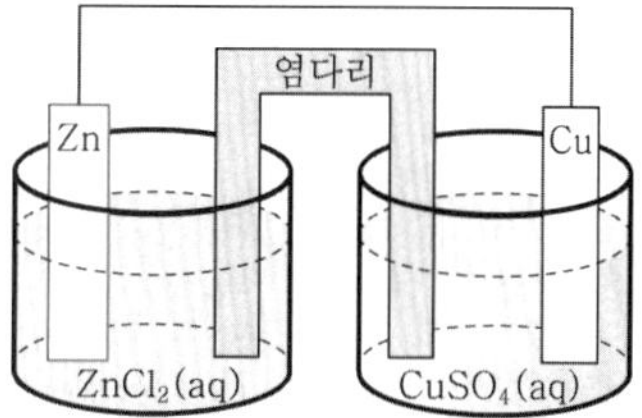

① $ZnCl_2(aq)$ | $Zn(s)$ ‖ $CuSO_4(aq)$ | $Cu(s)$
② $Zn(s)$ | $ZnCl_2(aq)$ ‖ $Cu(s)$ | $CuSO_4(aq)$
③ $CuSO_4(aq)$ | $Cu(s)$ ‖ $Zn(s)$ | $ZnCl_2(aq)$
④ $Zn(s)$ | $ZnCl_2(aq)$ ‖ $CuSO_4(aq)$ | $Cu(s)$

✔ **선 표시법**

각각의 상 경계를 수직선(|)으로, 염다리는 ‖로 표시하고, 전극은 왼쪽 끝과 오른쪽 끝에 나타낸다.

(−)극, 산화전극|산화전극의 전해질 용액‖환원전극의 전해질 용액|환원전극, (+)극

∴ $Zn(s)$ | $ZnCl_2(aq)$ ‖ $CuSO_4(aq)$ | $Cu(s)$

31 HgS는 산성과 알칼리성 H_2S 용액 모두에서 침전되고, ZnS는 알칼리성 H_2S 용액에서만 침전된다. 이로부터 알 수 있는 HgS와 ZnS의 용해도곱 상수의 크기는?

① HgS가 더 작다.
② ZnS가 더 작다.
③ 같다.
④ 알 수 없다.

✔ HgS는 산성과 알칼리성 용액에서 모두 침전을 형성하므로 HgS가 ZnS보다 침전이 더 잘 된다. 또한 용해도곱 상수는 침전반응의 역반응에 대한 평형상수이므로 작을수록 침전이 잘 형성된다.

32 $pK_a = 7.00$인 산 HA가 있을 때 pH 6.00에서 $\frac{[A^-]}{[HA]}$의 값은?

① 1　　② 0.1
③ 0.01　　④ 0.001

정답 | 28.① 29.① 30.④ 31.① 32.②

✔ 완충용액의 pH는 헨더슨－하셀바흐 식으로 구한다.

$$pH = pK_a + \log\frac{[A^-]}{[HA]}$$

$$6.00 = 7.00 + \log\frac{[A^-]}{[HA]},\ \log\frac{[A^-]}{[HA]} = -1$$

$$\therefore \frac{[A^-]}{[HA]} = 10^{-1} = \mathbf{0.1}$$

33 **완충용액에 적용되는 Henderson－Hasselbalch equation(헨더슨－하셀바흐 식)은?**

① $pH = -pK_a + \log\frac{[A^-]}{[HA]}$

② $pH = pK_a + \log\frac{[A^-]}{[HA]}$

③ $pH = pK_a - \log\frac{[A^-]}{[HA]}$

④ $pH = -pK_a - \log\frac{[A^-]}{[HA]}$

✔ **헨더슨－하셀바흐 식**

$$pH = pK_a + \log\frac{[A^-]}{[HA]}$$

34 **이온선택성 전극(ion selective electrode)에 대한 설명으로 틀린 것은?**

① 복합전극(compound electrode)에서는 은－염화은 전극을 기준전극으로 사용할 수 있다.

② 복합전극은 용액 중에 함유된 CO_2, NH_3 등의 기체의 농도를 측정하는 데 사용될 수 있다.

③ 고체상(solid state) 이온선택성 전극에서 전극 내부의 충전용액은 분석하고자 하는 이온이 함유되어 있다.

④ 고체상 이온선택성 전극의 이온 감지 부분(membrane crystal)은 분석하고자 하는 이온만을 함유한 순수한 고체 결정을 사용해야 한다.

✔ 고체상 이온선택성 전극의 이온 감지 부분은 분석하고자 하는 이온을 함유하는 이온성 화합물이나 이온성 화합물의 균일한 혼합물로 만들어진다. 예를 들면, 플루오르화란탄(LaF_3)은 플루오르화이온(F^-)을 측정하는 데 쓰이는 이온선택성 전극의 제조에 사용된다.

35 **농도가 19.5%로 표시되어 있는 술의 에탄올 농도는? (단, 농도는 부피비로 나타내었다고 가정하고, 물의 밀도는 1.00g/mL이고, 에탄올의 밀도는 0.789g/mL이며, 에탄올의 분자량은 46.0g/mol이라고 가정한다.)**

① 3.34M ② 4.10M

③ 4.24M ④ 7.08M

✔ $\frac{19.5\text{mL 에탄올}}{100\text{mL 술}} \times \frac{0.789\text{g 에탄올}}{1\text{mL 에탄올}} \times \frac{1\text{mol 에탄올}}{46.0\text{g 에탄올}} \times \frac{1{,}000\text{mL}}{1\text{L}} = \mathbf{3.34M}$

36 **염(salt) 용액에서 활동도(activity)의 설명으로 옳은 것은?**

① 이온의 활동도는 활동도계수의 제곱에 반비례한다.

② 이온의 활동도는 활동도계수에 비례한다.

③ 이온의 활동도는 활동도계수에 반비례한다.

④ 이온의 활동도는 활동도계수의 제곱에 비례한다.

✔ 이온평형의 경우에는 전해질이 화학평형에 미치는 영향에 따라 평형상수값이 달라지므로 평형상수식을 농도 대신 활동도로 나타내야 한다.

활동도 $A_c = \gamma_c[C]$

여기서, γ_c : 화학종 C의 활동도계수

[C] : 화학종 C의 몰농도

활동도는 활동도계수와 농도에 비례하며, 성분 C의 활동도와 활동도계수는 전해질의 성질에 무관하고 이온 세기에 의존한다.

37 **2003년 발생하여 우리나라에 막대한 피해를 입힌 태풍 매미의 중심 기압은 910hPa이었다. 이를 토르(torr) 단위로 환산하면? (단, 1atm =101,325Pa, 1torr=133.322Pa)**

① 643 ② 683

③ 743 ④ 763

✔ 1hPa=100Pa

$910 \times 10^2\text{Pa} \times \frac{1\text{torr}}{133.322\text{Pa}} = \mathbf{682.6torr}$

정답 | 33.② 34.④ 35.① 36.② 37.②

38 **이산화염소의 산화반응에 대한 화학반응식에서 ( ) 안에 적합한 화학반응계수를 차례대로 올바르게 나타낸 것은?**

( )ClO_2+( )OH^- → ClO_3^-+( )H_2O+( )e^-

① 1, 1, 1, 1 ② 1, 2, 1, 1
③ 2, 2, 2, 1 ④ 1, 2, 1, 2

불균형 반응식
$ClO_2 + OH^- \rightarrow ClO_3^- + H_2O + e^-$
계수를 이용해 수소의 수를 맞춘다.
$ClO_2 + 2OH^- \rightarrow ClO_3^- + H_2O + e^-$
반응식 양쪽에 있는 원자의 개수와 종류가 같은지, 전하는 균형이 맞는지 확인한다.
$\therefore ClO_2 + 2OH^- \rightarrow ClO_3^- + H_2O + e^-$

39 **20℃에서 빈 플라스크의 질량은 10.2634g이고, 증류수로 플라스크를 완전히 채운 후의 질량은 20.2144g이었다. 20℃에서 물 1g의 부피가 1.0029mL일 때, 이 플라스크의 부피를 나타내는 식은?**

① (20.2144−10.2634)×1.0029
② (20.2144−10.2634)÷1.0029
③ 1.0029+(20.2144−10.2634)
④ 1.0029÷(20.2144−10.2634)

플라스크의 부피는 플라스크를 완전히 가득 채운 물의 부피와 같다.

$$(20.2144-10.2634)\text{g 물}\times\frac{1.0029\text{mL}}{1\text{g 물}}=9.9799\text{mL}$$

40 **0.050M Fe^{2+} 100.0mL를 0.100M Ce^{4+}로 산화·환원이 적정하다고 가정하자. $V_{Ce^{4+}}$ 50.0mL일 때 당량점에 도달한다면 36.0mL를 가했을 때의 전지전압은? (단, $E°_{+(Fe^{3+}/Fe^{2+})}$=0.767V, $E°_{-calomel}$=0.241V, 적정 반응 : $Fe^{2+} + Ce^{4+} \rightleftarrows Fe^{3+} + Ce^{3+}$)**

① 0.526V ② 0.550V
③ 0.626V ④ 0.650V

적정 반응 : $Ce^{4+} + Fe^{2+} \rightleftarrows Ce^{3+} + Fe^{3+}$
지시전극에서의 두 가지 평형
• $Fe^{3+} + e^- \rightleftarrows Fe^{2+}$, $E°$=0.767V
• $Ce^{4+} + e^- \rightleftarrows Ce^{3+}$, $E°$=1.70V
당량점이 50.0mL이므로 가한 부피 36.0mL는 당량점 이전이다.
일정량의 Ce^{4+}를 첨가하면 적정 반응에 따라 Ce^{4+}은 소비하고, 같은 몰수의 Ce^{3+}와 Fe^{3+}이 생성된다. 당량점 이전에는 용액 중에 반응하지 않은 여분의 Fe^{2+}가 남아 있으므로, Fe^{2+}와 Fe^{3+}의 농도를 쉽게 구할 수 있다.

	Fe^{2+}	+ Ce^{4+}	⇄ Fe^{3+}	+ Ce^{3+}
초기 (mmol)	0.050 ×100.0	0.100 ×36.0		
변화 (mmol)	−0.100 ×36.0	−0.100 ×36.0	+0.100 ×36.0	+0.100 ×36.0
최종 (mmol)	1.4	0	3.6	3.6

$E_{전지} = E_+ - E_-$

$E_{전지} = \left[0.767 - 0.05916\log\frac{[Fe^{2+}]}{[Fe^{3+}]}\right] - 0.241$에서

$\frac{[Fe^{2+}]}{[Fe^{3+}]}$의 부피는 136mL이므로 몰농도비를 몰수비로 나타낼 수 있다.

$$\therefore E_{전지} = \left[0.767 - 0.05916\log\frac{1.4}{3.6}\right] - 0.241 = 0.550\text{V}$$

제3과목 | 기기분석 I

41 **복사선의 파장보다 대단히 작은 분자나 분자의 집합체에 의하여 탄성 산란되는 현상을 무엇이라 하는가?**

① Stoke 산란 ② Raman 산란
③ Rayleigh 산란 ④ Anti-Stoke 산란

산란(scattering)
빛이 본래의 진행방향을 벗어나서 모든 방향으로 전파되는 현상으로, 산란 복사선의 세기는 입자 크기에 따라 증가한다.

1. **Rayleigh 산란** : 복사선의 파장보다 대단히 작은 분자나 분자의 집합체에 의한 산란이다.
2. 큰 분자에 의한 산란 : 콜로이드 입자의 크기가 되면 산란 복사선은 눈으로도 볼 수 있을 정도로 매우 세며(틴들 효과), 산란 복사선을 측정하여 콜로이드 입자의 모양과 크기를 측정할 수도 있다.
3. Raman 산란 : 산란 복사선의 일부가 양자화된 진동수만큼 변화를 하는데 이러한 변화는 분자의 편극과정에서 일어나는 분자 내의 진동에너지 준위의 전이 때문에 나타나는 현상이다.

정답 | 38.② 39.① 40.② 41.③

42 단색 X-선 빛살의 광자가 K-껍질 및 L-껍질의 내부전자를 방출시켜 방출된 전자의 운동에너지를 측정하여 시료원자의 산화상태와 결합상태에 대한 정보를 동시에 얻을 수 있는 전자분광법은?

① Auger 전자분광법(AES)
② X-선 광전자분광법(XPS)
③ 전자에너지 손실 분광법(EELS)
④ 레이저마이크로탐침 질량분석법(LMMS)

X-선 광전자분광법(XPS)
단색 X-선 빛살의 광자가 K-껍질 및 L-껍질의 내부전자를 방출시켜 방출된 전자의 운동에너지를 측정하여 시료원자의 산화상태와 결합상태에 대한 정보를 동시에 얻을 수 있는 전자분광법이다.

43 $CH_3CH_2CH_2OCH_3$ 분자는 핵자기공명(NMR) 스펙트럼에서 몇 가지의 다른 화학적 환경을 가지는 수소가 존재하는가?

① 1　　② 2
③ 3　　④ 4

$C\underline{H}_3C\underline{H}_2C\underline{H}_2OC\underline{H}_3$
∴ 서로 다른 화학적 환경을 가지는 수소는 4개이다.

44 일반적으로 신호 대 잡음비가 얼마 이하일 때 신호를 사람의 눈으로 관찰이 불가능해지는가?

① 1　　② 3
③ 5　　④ 10

신호 대 잡음 비율을 이용하는 방법
이 방법은 바탕선(baseline)에 잡음이 있는 경우의 시험방법에 적용 가능하며, 이미 알고 있는 저농도 분석 대상 물질을 함유하는 검체의 신호와 공시험 검체의 신호를 비교하여 설정함으로써 신호 대 잡음비를 구할 수 있다. 일반적으로 3 ~ 2 : 1의 신호 대 잡음비의 경우가 검출한계값으로 정한다.

45 복사선을 흡수하면 에너지준위 사이에서 전자전이가 일어나게 되는데, 다음 전이 중 파장이 짧은 복사선을 흡수하는 전자전이는?

① $\sigma \rightarrow \sigma^*$　　② $\pi \rightarrow \pi^*$
③ $n \rightarrow \sigma^*$　　④ $n \rightarrow \pi^*$

분자 내 전자전이의 에너지 크기 순서
$n \rightarrow \pi^* < \pi \rightarrow \pi^* < n \rightarrow \sigma^* < \sigma \rightarrow \sigma^*$
에너지↓ 파장↑　　에너지↑ 파장↓

46 UV/VIS을 이용하여 미지의 샘플을 10mm 용기(cell)를 이용하여 흡광도를 측정했을 때, 흡광도가 0.1이면 같은 샘플을 50mm 용기(cell)로 측정했다면 흡광도 값은?

① 0.2　　② 0.5
③ 1.0　　④ 1.5

흡광도
$A = \varepsilon bc$
여기서, ε : 몰흡광계수($cm^{-1} \cdot M^{-1}$)
b : 셀의 길이(cm)
c : 시료의 농도(M=mol/L)
셀의 길이가 5배 증가하면 **흡광도도 5배 증가한다.**
∴ 0.1×5=0.5

47 NMR 기기를 이루는 중요한 4가지 구성에 해당하지 않는 것은?

① 균일하고 센 자기장을 갖는 자석
② 대단히 작은 범위의 자기장을 연속적으로 변화할 수 있는 장치
③ 라디오파(RF) 발신기
④ 전파 송신기

NMR 기기 구성
1. 균일하고 센 자기장을 갖는 자석
2. 대단히 작은 범위의 자기장을 연속적으로 변화할 수 있는 장치
3. 라디오파(RF) 발신기
4. 검출기 및 증폭기

48 분자의 들뜬상태(excited state)에 대한 설명으로 틀린 것은?

① 적외선이 분자의 진동을 유발한 상태
② X-선이 분자를 이온화시킨 상태
③ 분자가 마이크로파의 복사선을 흡수한 상태
④ 분자가 광자를 방출하여 주변의 에너지준위가 높아진 상태

정답 | 42.② 43.④ 44.② 45.① 46.② 47.④ 48.④

- 분자가 광자를 방출하면 보다 낮은 에너지준위로 이완하게 된다. 원자나 분자의 가장 낮은 에너지준위를 바닥상태(ground state)라 하며, 높은 에너지준위를 들뜬상태라고 한다.
- **복사선의 방출**
  전자기 복사선은 들뜬 입자가 보다 낮은 에너지준위로 이완할 때 과량의 에너지를 광자로서 내어놓으면서 방출된다.
- **복사선의 흡수**
  입자들을 바닥상태로부터 하나 또는 **그 이상의 높은 에너지 상태, 즉 들뜬상태로 들뜨게** 한다.

49 다음 중 나트륨(Na) 기체의 전형적인 원자흡수스펙트럼을 올바르게 나타낸 것은 어느 것인가?

① 선(line)스펙트럼
② 띠(bond)스펙트럼
③ 선과 띠의 혼합 스펙트럼
④ 연속(continuous)스펙트럼

다색 자외선이나 가시복사선을 수은이나 나트륨(=소듐) 증기와 같은 단원자 입자로 이루어진 매질에 통과시키면 단지 몇 개의 진동수의 선만 뚜렷하게 흡수된다. 흡수원자들이 가질 수 있는 에너지준위가 몇 개 되지 않아 비교적 단순한 **선스펙트럼**을 나타낸다.

50 유도결합플라스마(ICP) 원자방출분광법이 원자흡수분광법과 비교하여 가지는 장점에 대한 설명으로 틀린 것은?

① 동시에 여러 가지 원소들을 분석할 수 있다.
② 낮은 온도에서 분석을 수행하므로 원소 간의 방해가 적다.
③ 일반적으로 더 낮은 농도까지 측정할 수 있다.
④ 잘 분해되지 않는 산화물들의 분석이 가능하다.

유도결합플라스마 원자방출분광법의 장점
플라스마 **광원의 온도가 매우 높기 때문**에 원자화 효율이 좋고 원소 상호간의 **화학적 방해가 거의 없다.** 또한 아르곤의 이온화로 인해 전자밀도가 높아서 시료의 이온화에 의한 방해가 거의 없다.

51 이산화탄소 분자는 모두 몇 개의 기준 진동방식을 가지는가?

① 3 ② 4
③ 5 ④ 6

N개의 원자를 포함하는 분자는 $3N$의 자유도를 갖는다. 분자운동은 공간에서 전체 분자의 운동(무게중심의 병진운동), 무게중심으로 전체 분자의 회전운동, 원자 각 개의 다른 원자에 상대적인 운동(개별적 진동)을 고려한다.
1. 비선형 분자의 진동수 : $3N-6$
2. 선형 분자의 진동수 : $3N-5$
∴ 이산화탄소(CO_2)는 선형 분자이므로 진동수는 $(3\times3)-5=$**4개**이다.

52 원자화 온도가 가장 높은 원자분광법의 원자화 장치는?

① 전열증발화(ETV)
② 마이크로-유도 아르곤 플라스마(MIP)
③ 불꽃(Flame)
④ 유도쌍 아르곤 플라스마(ICP)

원자화 장치의 원자화 온도
① 전열증발화 : 1,200 ~ 3,000℃
② 마이크로-유도 아르곤 플라스마 : 2,000 ~ 3,000℃
③ 불꽃 : 1,700 ~ 3,150℃
④ **유도쌍 아르곤 플라스마** : 4,000 ~ 6,000℃

53 유도결합플라스마(ICP)를 이용하여 금속을 분석할 경우 이온화 효과에 의한 방해가 발생되지 않는 주된 이유는?

① 시료성분의 이온화 영향
② 아르곤의 이온화 영향
③ 시료성분의 산화물 생성 억제효과
④ 분석원자의 수명 단축효과

유도결합플라스마 광원의 온도가 매우 높기 때문에 원자화 효율이 좋고 원소 상호간의 화학적 방해가 거의 없다. 또한 **아르곤(Ar)의 이온화로 인해** 전자밀도가 높아서 시료의 이온화에 의한 방해가 거의 없다.

정답 | 49.① 50.② 51.② 52.④ 53.②

54 **푸리에(Fourier) 변환을 이용하는 분광법에 대한 설명으로 틀린 것은?**

① 기기들이 복사선의 세기를 감소시키는 광학 부분장치와 슬릿을 거의 가지고 있지 않기 때문에 검출기에 도달하는 복사선의 세기는 분산기기에서 오는 것보다 더 크게 되므로 신호 대 잡음비가 더 커진다.
② 높은 분해능과 파장 재현성으로 인해 매우 많은 좁은 선들의 겹침으로 해서 개개의 스펙트럼의 특성을 결정하기 어려운 복잡한 스펙트럼을 분석할 수 있게 한다.
③ 광원에서 나오는 모든 성분 파장들이 검출기에 동시에 도달하기 때문에 전체 스펙트럼을 짧은 시간 내에 얻을 수 있다.
④ 푸리에 변환에 사용되는 간섭계는 미광(stray light)의 영향을 받으므로 시간에 따른 미광의 영향을 최소화하기 위하여 빠른 감응검출기를 사용한다.

✔ 푸리에 변환에 사용되는 간섭계는 복사선의 주파수를 다른 주파수로 변조 또는 체계적으로 변화시키기 때문에 **미광의 문제는 없다.** 미광이란 단색화 장치로부터 예상되는 띠너비 범위 밖에 있는 파장의 빛으로 원하지 않는 차수나 각도로 회절하거나 광학부품의 표면에서 일어나는 산란과 반사로 인해 생기는 떠돌이 빛을 말한다.

55 **다음 중 X-선 분광법에 대한 설명으로 틀린 것은?**

① 방사된 광원은 X-선 분광법의 광원으로 사용될 수 있다.
② X-선 광원은 연속스펙트럼과 선스펙트럼을 발생시킨다.
③ X-선의 선스펙트럼은 내부 껍질 원자 궤도함수와 관련된 전자전이로부터 얻어진다.
④ X-선의 선스펙트럼은 최외각원자 궤도함수와 관련된 전자전이로부터 얻어진다.

✔ UV-VIS 흡수분광법에서 **흡수스펙트럼은 최외각원자 궤도함수와 관련된 전자전이**로부터 얻어진다.

56 **Monochromator의 slit width를 증가시켰을 때 발생하는 현상으로 가장 옳은 것은?**

① resolution이 감소한다.
② peak width가 좁아진다.
③ 빛의 세기가 감소한다.
④ grating 효율도가 증가한다.

✔ **슬릿(slit)**
인접 파장을 분리하는 역할을 하는 장치로, 단색화 장치의 성능과 특성과 품질을 결정하는 데 중요한 역할을 한다. **슬릿이 좁아지면** 유효 띠너비가 줄어들고, **분해능은 증가하여** 더 미세한 스펙트럼을 얻을 수 있지만 복사선의 세기가 현저하게 감소한다.

57 **X-선 분석에서 Bragg 식은 다음 중 어떤 현상에 대해 나타낸 식인가?**

① 회절 ② 편광
③ 투과 ④ 복사

✔ **Bragg 식**
$n\lambda = 2d\sin\theta$
여기서, n : 회절 차수
λ : X-선 파장
d : 결정의 층간 거리
θ : 입사각
X-선의 **회절**에서 두 X-선의 경로차가 $2d\sin\theta$이고 이것이 파장의 정수배일 때 보강간섭을 일으키게 된다.

58 **원자분광법에서 액체 시료를 도입하는 장치에 대한 설명으로 틀린 것은?**

① 기압식분무기 : 용액 시료를 준비하여 분무기로 원자화 장치 안으로 불어 넣는다.
② 초음파분무기 : 20kHz~수MHz로 진동하는 소자를 이용한다. 이 소자의 표면에 액체 시료를 주입하면 균일한 에어로졸을 형성시킨 후 이를 원자화 장치 안으로 이동시킨다.
③ 전열증기화장치 : 전기방전이 시료 표면에서 상호작용하여 증기화된 입자 시료 집합체를 만든 다음 비활성 기체의 흐름에 의해 원자화 장치로 운반된다.
④ 수소화물 생성법 : 휘발성 수소화물을 생성시켜 이용하는 방법으로 $NaBH_4$ 수용액을 이용한다. 휘발성이 높아진 시료는 바로 도입이 가능하다.

정답 | 54.④ 55.④ 56.① 57.① 58.③

- **전열증기화**
  전기로의 밀폐된 용기에 설치된 증발기에 시료를 놓고 전류를 통해 주어 가열한 후 증기화된 시료를 아르곤 기체를 흘려주어 원자화 장치로 운반한다.
- **아크와 스파크 증발**
  전기방전에 의해 고체 시료 표면에서 시료를 증기화시키고 비활성 기체를 흘려주어 원자화 장치로 운반시키는 방법으로, 시료가 전기적인 전도성이 있거나 전도체와 혼합되어 있어야 한다.

59 다음 내용 중 ( ) 안에 알맞은 것은?

분광학이란 (　　)와(과) 물질과의 상호작용을 다루는 과학에 대한 일반적인 용어이다.

① 원자　　② 분자
③ 복사선　　④ 전자

분광법
원자나 분자분광학에 기초를 두고 있으며, 분석방법 중 매우 큰 부분을 차지한다. 물질이 방출 또는 흡수하는 **복사선**을 분광계나 분광기 등을 사용하여 스펙트럼으로 나누어 측정하여 그 결과로부터 물질의 물리적인 성질을 정성 및 정량 분석하는 방법이다.

60 N개의 원자로 이루어진 분자가 적외선(IR)흡수분광법에서 나타내는 진동방식(vibrational mode)은 선형분자의 경우 $3N-5$인데, 비선형분자의 경우 $3N-6$이다. 이렇게 차이가 나는 주된 이유는?

① 선형분자의 경우 자신의 축을 중심으로 회전하는 운동에서 위치 변화가 없기 때문에
② 선형분자의 경우 양끝에서 당기는 운동에 관해서 쌍극자의 변화가 없기 때문에
③ 선형분자의 경우 원자들이 동일한 방향으로 병진운동하기 때문에
④ 선형분자의 경우 에너지준위 사이의 차이가 작기 때문에

N개의 원자를 포함하는 분자는 $3N$의 자유도를 갖는다. 분자운동은 공간에서 전체 분자의 운동(무게중심의 병진운동), 무게중심으로 전체 분자의 회전운동, 원자 각 개의 다른 원자에 상대적인 운동(개별적 진동)을 고려한다.

1. 비선형분자의 진동수 : $3N-6$
   병진운동에 3개의 자유도를 사용하고, 전체 분자의 회전을 기술하는 데에 또 다른 3개의 자유도가 필요하다. 전체 자유도 $3N$에서 6개의 자유도를 빼면, 즉 $3N-6$의 자유도가 원자 간 운동에 따라서 분자 내에서 일어나는 가능한 진동의 수를 나타낸다.
2. 선형분자의 진동수 : $3N-5$
   모든 원자가 단일 직선상에 나열되기 때문에 **결합축에 관한 회전은 가능하지 않고, 회전운동을 기술하기 위하여 2개의 자유도**가 사용된다.

제4과목 | 기기분석 II

61 전위차법에서 이온선택성 막의 성질로 인해 어떤 양이온이나 음이온에 대한 막전극들의 감도와 선택성을 나타낸다. 이 성질에 해당하지 않는 것은?

① 최소 용해도
② 전기전도도
③ 산화 · 환원 반응
④ 분석물에 대한 선택적 반응성

이온선택성 막의 조건
1. 분석물질 용액에 대한 **용해도가 거의** 0이어야 한다.
2. 약간의 **전기전도도**를 가져야 한다.
3. 막 속에 함유된 몇 가지 화학종들은 분석물 이온과 **선택적으로 결합**할 수 있어야 한다.
4. 이온교환, 결정화, 착물 형성 등의 방법으로 분석물과 결합할 수 있어야 한다.
5. 전극의 감응은 온도에 따라 변한다.

62 다음 중 불꽃이온화검출기(FID)에 대한 설명으로 틀린 것은?

① 버너를 가지고 있다.
② 사용 가스는 질소와 공기이다.
③ 불꽃을 통해 전기를 운반할 수 있는 전자와 이온을 만든다.
④ 유기화합물은 이온성 중간체가 된다.

정답 | 59.③ 60.① 61.③ 62.②

✔ 불꽃이온화검출기(FID)

기체 크로마토그래피에서 가장 널리 사용되는 검출기로, 버너를 가지고 있으며 관에서 나온 용출물은 **수소와 공기**와 함께 혼합되고 전기로 점화되어 연소된다. 또한 시료를 불꽃에 태워 이온화시켜 생성된 전류를 측정한다. 시료를 파괴하는 단점이 있다.

63 **상온에서 다음 전극계의 전극전위는 약 얼마인가? (단, 각 이온의 농도는 $Cr^{3+}=2.00\times10^{-4}$M, $Cr^{2+}=1.00\times10^{-3}$M, $Pb^{2+}=6.50\times10^{-2}$M이다.)**

- $Pt \mid Cr^{3+},\ Cr^{2+} \parallel Pb^{2+} \mid Pb$
- $Cr^{3+}+e^- \rightleftarrows Cr^{2+}$, $E^\circ=-0.408V$
- $Pb^{2+}+2e^- \rightleftarrows Pb(s)$, $E^\circ=-0.126V$

① −0.255V ② −0.288V
③ 0.255V ④ 0.288V

✔ 전기화학전지의 전위

$E_{cell}=E_{오른쪽}-E_{왼쪽}=E_+-E_-=E_{환원}-E_{산화}$

Nernst 식 : $E=E^\circ-\dfrac{0.05916}{n}\log Q$

여기서, E° : 표준 환원전위
n : 전자의 몰수
Q : 반응지수

$E_+=(-0.126)-\dfrac{0.05916}{2}\log\dfrac{1}{6.50\times10^{-2}}$
$=-0.1611V$

$E_-=(-0.408)-0.05916\log\dfrac{1.00\times10^{-3}}{2.00\times10^{-4}}$
$=-0.4494V$

$\therefore E_{cell}=E_+-E_-=-0.1611-(-0.4494)$
$=0.2883V$

64 **크로마토그래피에서 봉우리 넓힘에 기여하는 요인에 대한 설명으로 틀린 것은?**

① 충전입자의 크기는 다중 통로 넓힘에 영향을 준다.
② 이동상에서의 확산계수가 증가할수록 봉우리 넓힘이 증가한다.
③ 세로확산은 이동상의 속도에 비례한다.
④ 충전입자의 크기는 질량이동계수에 영향을 미친다.

✔ van Deemter 식

$H=A+\dfrac{B}{u}+C_Su+C_Mu$

여기서, H : 단높이(cm)
u : 이동상의 선형속도(cm/s)
A : 소용돌이 확산계수
B : 세로확산계수
C_S : 정지상과 관련된 질량이동계수
C_M : 이동상과 관련된 질량이동계수

1. 다중 흐름 통로 항(A)
   ① 소용돌이 확산 : 분석물의 입자가 충전칼럼을 통해 지나가는 통로의 길이가 여러 가지로 다양함에 따라 같은 화학종의 분자라도 칼럼에 머무는 시간이 달라진다. 분석물의 입자들이 어떤 시간 범위에 걸쳐 칼럼 끝에 도착하게 되어 띠넓힘이 발생하는 다중 흐름 통로의 효과를 소용돌이 확산이라고 한다.
   ② 이동상(용매)의 속도와는 무관하며, 칼럼 충전 물질의 입자의 직경에 비례하므로 고체 충전제 입자 크기를 작게 하면 다중 흐름 통로가 균일해지므로 다중 통로 넓힘은 감소시킬 수 있다.
2. 세로확산 항(B/u)
   ① 칼럼 크로마토그래피법에서 세로확산은 띠의 농도가 진한 중심에서 분자가 양쪽의 묽은 영역으로 이동하려는 경향 때문에 생긴다.
   ② 이동상의 흐르는 방향과 반대방향으로 일어난다.
   ③ **세로확산에 대한 기여는 이동상의 속도에는 반비례하며,** 이동상의 속도가 커지면 확산시간이 부족해져서 세로확산이 감소한다. 기체 이동상의 경우는 온도를 낮추면 세로확산을 줄일 수 있다.
3. 질량이동 항(C_Su, C_Mu)
   ① 질량이동계수는 정지상의 막 두께의 제곱, 모세관 칼럼 지름의 제곱, 충전입자 지름의 제곱에 비례한다.
   ② 단높이가 작을수록 칼럼효율이 증가하므로 질량이동계수를 작게 해야 한다.

65 **기체 크로마토그래피 분리법에 사용되는 운반기체로 부적당한 것은?**

① He ② N_2
③ Ar ④ Cl_2

✔ 비활성 기체인 **질소(N_2)**, **헬륨(He)**, 수소(H_2), 아르곤(Ar)이 운반기체, 즉 이동상은 분석물질의 입자와 상호작용하지 않고, 단지 칼럼을 통하여 입자들을 이동시키는 기능만 한다.

정답 I 63.④ 64.③ 65.④

66 액체 크로마토그래피에서 [보기]에서 설명하는 검출기는?

- 이동상이 인지할 정도의 흡수가 없음
- 이동상의 이온전하는 낮아야 함
- 온도를 정밀하게 조절할 필요가 있음

① 전기전도도검출기 ② 형광검출기
③ 굴절률검출기 ④ UV 검출기

✔ **전기전도도검출기**는 이동상이 인지할 정도의 흡수가 없고, 이동상의 이온전하가 낮으며, 온도를 정밀하게 조절할 필요가 있다.

67 미셀 전기운동 모세관 크로마토그래피에 대한 설명으로 틀린 것은?

① HLPC보다 관효율이 높다.
② 키랄화합물을 분리하는 데 유용하다.
③ 겔 전기이동으로 분리할 수 없는 작은 분자를 분리하는 데 유용하다.
④ 고압 펌프를 사용하여 전하를 띠지 않는 화학종을 분리할 수 있다.

✔ 모세관 전기 크로마토그래피는 전하가 없는 화학종들을 분리할 수 있고, **높은 압력의 펌프를 이용하지 않아**도 시료 용액을 매우 효율적으로 분리할 수 있다는 장점을 가지고 있다.

68 0.010M Cd^{2+} 용액에 담겨진 카드뮴 전극의 반쪽전지의 전위를 계산하면? (단, 온도는 25℃이고, Cd^{2+}/Cd의 표준 환원전위는 −0.403V이다.)

① −0.402V ② −0.462V
③ −0.503V ④ −0.563V

✔ Nernst 식

$$E = E^\circ - \frac{0.05916}{n}\log Q$$

여기서, E° : 표준 환원전위
n : 전자의 몰수
Q : 반응지수

$$\therefore\ E = (-0.403) - \frac{0.05916}{2}\log\frac{1}{0.010} = \mathbf{-0.462V}$$

69 분자질량분광법의 이온화 방법 중 사용하기 편리하고 이온전류를 발생시키므로 매우 예민한 방법이지만 열적으로 불안정하고 분자량이 큰 바이오 물질들의 이온화원에는 부적당한 방법은?

① Electron Impact(EI)
② Electro Spray Ionization(ESI)
③ Fast Atom Bombardment(FAB)
④ Matrix−Assisted Laser Desorption Ionization(MALDI)

✔ 이온화 장치

1. 기체−상 이온화 장치 : 시료를 먼저 기체상태로 만든 후 화합물을 이온화시키는 방법으로, 끓는점이 500℃ 이하의 열에 안정한 시료에 적용할 수 있으며, 일반적으로 **분자량이 1,000보다 큰 물질의 분석에는 불리하다**. 종류로는 **전자충격이온화(EI)**, 화학이온화(CI), 장이온화(FI) 등이 있다.
2. 탈착식 이온화 장치 : 비휘발성이거나 열적으로 불안정한 시료를 다루기 위해 여러 가지 탈착 이온화 방법이 개발되어 예민한 생화학적 물질과 분자량이 10^5Da 이상의 큰 화학종의 질량스펙트럼 분석이 가능하다. 종류로는 장탈착이온화(FD), 전기분무이온화(ESI), 매트릭스 지원 레이저 탈착 이온화(MALDI), 빠른 원자충격 이온화(FAB) 등이 있다.

70 다음 중 자기장부채꼴 질량분석기의 구성이 아닌 것은?

① 슬릿
② 펌프
③ 거울
④ 필라멘트

✔ 자기장부채꼴 질량분석기는 가열된 필라멘트에서 전자가 발생되고, 전자충격에 의해 생긴 이온이 가속되어 슬릿을 통해 금속 분석관으로 들어가게 되는데, 금속 분석관은 일정한 압력을 유지하고 있고, 자석의 자기장 세기 변화나 가속전위의 변화로 질량이 다른 입자들이 출구 슬릿 위의 초점을 맞출 수 있게 한다. 출구 슬릿을 통과한 이온은 수집전극에 도달하여 이온전류를 내고 이는 증폭되어 기록되며, 자기장부채꼴 질량분석기의 기기 구성 중 **거울은 포함되지 않는다**.

정답 | 66.① 67.④ 68.② 69.① 70.③

71 **작용기를 가지는 화합물은 하나 이상의 전압 전류파를 생성시킬 수 있다. 이런 활성 작용기에 해당하지 않는 것은?**

① 카보닐기
② 대부분의 유기할로젠기
③ 암모니아 화합물
④ 탄소-탄소 이중결합

✔ **카보닐기**, 어떤 카복시산, 대부분의 과산화물과 에폭시화합물, 나이트로기, 산화아민, **대부분의 유기할로젠기**, **탄소-탄소 이중결합**, 하이드로퀴논과 메르캅단 등의 작용기를 가지는 화합물은 하나 이상의 전압전류파를 생성시킬 수 있다.

72 **GC의 열린관 칼럼 중 유연성이 우수하고, 화학적으로 비활성이며, 분리효율이 아주 우수한 칼럼은 무엇인가?**

① 벽도포 열린 관 칼럼(WCOT)
② 용융실리카 벽도포 열린 관 칼럼(FSWT)
③ 지지체도포 열린 관 칼럼(SCOT)
④ megabore 칼럼

✔ GC의 열린 관 칼럼 중 **용융실리카 벽도포 열린 관 칼럼**은 유연성이 우수하고 화학적으로 비활성이며, 분리효율이 아주 우수한 칼럼이다.

73 **HPLC에서 분배 크로마토그래피의 응용에 대한 설명으로 옳은 것은?**

① 역상 충전(reversed-phase packings) 칼럼을 사용하고 극성이 큰 이동상으로 용리하면 극성이 작은 용질이 먼저 용리되어 나온다.
② 정상 결합상 충전물(normal-phase bonded packings)에서 실옥산(siloxane) 구조에 있는 R은 비극성 작용기가 일반적이다.
③ 이온쌍 크로마토그래피에서는 정지상에 큰 유기상대이온을 포함하는 유기염을 결합시켜 분리용질과의 이온쌍 형성에 기초하여 분리한다.
④ 거울상을 가지는 키랄화합물(chiral compounds)의 분리를 위해 키랄 크로마토그래피가 응용되는데 키랄 이동상 첨가제나 키랄 정지상을 사용하여 분리한다.

✔ • **역상 크로마토그래피**
정지상이 비극성인 것으로 종종 탄화수소를 사용하며, 이동상은 물, 에탄올, 아세토나이트릴과 같이 비교적 극성인 용매를 사용한다. 극성이 가장 큰 성분이 처음에 용리되고, 이동상의 극성을 증가시키면 용리시간도 길어진다.

• **결합상 충전물**
결합된 피막이 비극성 성질을 가지고 있으면 역상으로, 피막이 극성 작용기를 가지면 정상으로 분류된다. 액체 크로마토그래피의 많은 경우 역상 충전물을 사용한 관을 이용하는데 이 피막에는 실록산의 R기는 대부분 C_8 사슬(n-octyl)이나 C_{18} 사슬(n-octyldecyl)이다.

• **이온쌍 크로마토그래피**
역상 분배 크로마토그래피의 한 형태이며, 이온성 화학종을 분리하고 정량하는 데 사용된다. 이동상은 메탄올 또는 아세토나이트릴과 같은 유기용매 그리고 분석물과 반대로 하전된 반대이온을 가지고 있는 이온화합물을 포함하고 있는 수용성 완충용액으로 이루어져 있다. 반대이온은 분석물 이온과 결합하여 이온쌍을 만드는데 이것이 역상 충전물에 머무르게 되는 중성 화학종이다.

• **키랄 정지상 크로마토그래피**
광학 활성 이성질체(거울상체)를 분리하기 위하여 기체와 액체 크로마토그래피에서 키랄 정지상을 사용한다.

74 **전기화학전지에 대한 설명으로 틀린 것은?**

① 산화전극과 환원전극이 외부에서 금속 전동체로 연결된다.
② 두 개의 전해질 용액은 이온을 한쪽에서 다른 쪽으로 이동할 수 있게 간접적으로 접촉된다.
③ 두 개의 전극 각각에서 전자이동 반응이 일어난다.
④ 용액 사이의 간접적 접촉을 통한 산화반응에 의해 주어지는 전자가 환원반응이 일어나는 용액으로 이동한다.

✔ **갈바니전지**
볼타전지라고도 하며, 전기를 발생시키기 위해 자발적인 화학반응을 이용한다. 즉, 한 반응물은 산화되어야 하고, 다른 반응물은 환원되어야 한다. 두 반응물은 격리되어 있지 않으면 환원제에서 산화제로 직접 전자가 흐르게 되므로 두 반응물은 격리되어 있어야 하며. 산화제와 환원제를 물리적으로 **격리시켜 전자가 한 반응물에서 다른 물질로 외부 회로를 통해서만 흐르도록 해야 한다.**

정답 | 71.③ 72.② 73.④ 74.④

75 **열무게법(TG)에서 전기로를 질소와 아르곤으로 환경기류를 만드는 주된 이유는?**

① 시료의 환원 억제
② 시료의 산화 억제
③ 시료의 확산 억제
④ 시료의 산란 억제

✔ **기체주입장치**
질소 또는 아르곤을 전기로에 넣어 주어 **시료가 산화되는 것을 방지한다.**

76 **중합체를 분석하는 시차주사열량법(DSC)에 대한 설명으로 틀린 것은?**

① 시료와 기준물질 간의 온도 차이를 측정한다.
② 결정화 온도(T_c)는 발열봉우리로 나타낸다.
③ 유리전이 온도(T_g) 전후에는 열흐름(heat flow)의 변화가 생긴다.
④ 결정화 온도(T_c)는 유리전이 온도(T_g)와 녹는점 온도(T_m) 사이에 위치한다.

✔ **시차주사열량법(DSC)**
시료물질과 기준물질을 조절된 온도 프로그램으로 가열하면서 이 두 물질에 흘러 들어간 열량의 차이를 시료 온도의 함수로 측정하는 열 분석방법이다. 시차주사열량법과 시차열분석법의 근본적인 차이는 **시차주사열량법의 경우는 에너지 차이를 측정**하는 것이고, 시차열분석법은 온도 차이를 기록하는 것이다.

77 **질량분석법에서는 질량 대 전하의 비에 의하여 원자 또는 분자 이온을 분리하는 데 고진공 속에서 가속된 이온들을 직류 전압과 RF 전압을 일정 속도로 함께 증가시켜 주면서 통로를 통과하도록 하여 분리하며 특히 주사시간이 짧은 장점이 있는 질량분석기는?**

① 이중초점 분석기 (double focusing spectrometer)
② 사중극자 질량분석기 (quadrupolemass spectrometer)
③ 비행시간 분석기 (time-of-flight spectrometer)
④ 이온-포착 분석기 (ion-trap spectrometer)

✔ **사중극자 질량분석기**
기기의 중심부에 질량필터의 전극 역할을 하는 4개의 원통형 금속막대가 있고, 막대에 걸리는 dc 전압과 고주파 ac 전압은 질량 대 전하 비를 일정하게 유지하기 위해 계속적으로 증가시켜 특정 m/z값을 갖는 이온들만 검출기로 보내어 분리한다. 주사시간이 짧고, 부피가 작으며, 값이 싸고 튼튼하여 널리 사용되는 질량분석기로, 원자질량분석계에서 사용되는 가장 일반적인 질량분석기이다.

78 **질량분석법은 여러 가지 성분의 시료를 기체 상태로 이온화한 다음 자기장 혹은 전기장을 통해 각 이온을 질량/전하의 비에 따라 분리하여 질량스펙트럼을 얻는 방법이다. 질량분석기의 기기장치 중 진공으로 유지되어야 하는 부분이 아닌 것은?**

① 도입계
② 이온원
③ 검출기
④ 신호처리기

✔ **질량분석계 구성**

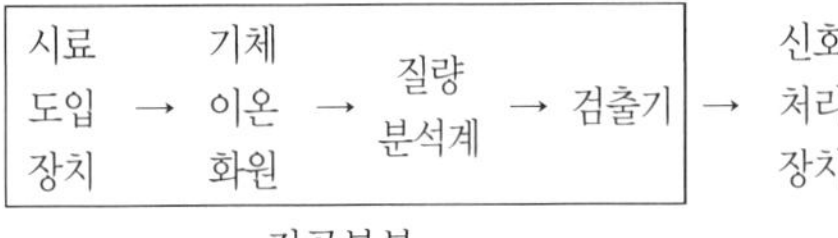

79 **액체 크로마토그래피에서 극성이 서로 다른 혼합물을 가장 효과적으로 분리하는 방법으로서 기체 크로마토그래피에서 온도 프로그래밍을 이용하여 얻은 효과와 유사한 효과가 있는 것은?**

① 기울기 용리법 ② 등용매 용리법
③ 온도 기울기법 ④ 압력 기울기법

✔ **온도 프로그래밍**
분리가 진행되는 동안 칼럼 온도를 계속적으로 또는 단계적으로 증가시키는 것으로, 끓는점이 넓은 영역에 걸쳐 있는 분석물질에 대하여 시료의 분리효율을 높이고 분리시간을 단축시키기 위해 사용한다. HPLC에서의 **기울기 용리와 같으며,** 일반적으로 최적의 분리는 가능한 한 낮은 온도에서 이루어지도록 한다. 그러나 온도가 낮아지면 용리시간이 길어져서 분석을 완결하는 데도 시간이 오래 걸린다.

정답 | 75.② 76.① 77.② 78.④ 79.①

80 액체막(liquidmembrane) 칼슘 이온선택성 전극을 이용하여 용액의 Ca^{2+} 농도를 결정하고자 한다. 미지시료 25.0mL에 칼슘 이온선택성 전극을 담가 전위를 측정하였더니 전위가 497.0mV이었다. 미지시료에 0.0500M 농도의 $CaCl_2$ 용액 2.00mL를 첨가하여 전위를 측정하였더니 전위가 512.0mV이었다. 이온선택성 전극이 Nernst 식을 따른다면 미지용액에서의 칼슘이온의 농도는?

① 0.00162M　② 0.00428M
③ 0.0187M　④ 1.124M

Nernst 식

$$E = E° - \frac{0.05916}{n}\log Q$$

$Ca^{2+} + 2e^- \rightleftarrows Ca,\ E°$

$$E = E° - \frac{0.05916}{2}\log\frac{1}{[Ca^{2+}]}$$ 에서 $[Ca^{2+}] = x$

$$0.497V = E° - \frac{0.05916}{2}\log\frac{1}{x} \ \cdots\cdots \ ①식$$

$CaCl_2$ 첨가 후

$$[Ca^{2+}] = \frac{(x \times 25.0) + (0.0500 \times 2.00)}{25.0 + 2.00mL} = \frac{25x + 0.1}{27.0}$$

$$0.512V = E° - \frac{0.05916}{2}\log\frac{1}{\frac{25x+0.1}{27.0}} \ \cdots\cdots \ ②식$$

①식 − ②식은

$$(0.497 - 0.512)V$$

$$= -\frac{0.05916}{2}\left(\log\frac{1}{x} - \log\frac{1}{\frac{25x+0.1}{27.0}}\right) - 0.015V$$

$$= -\frac{0.05916}{2}\log\left(\frac{\frac{1}{x}}{\frac{27.0}{25x+0.1}}\right)$$

$$= -\frac{0.05916}{2}\log\left(\frac{25x+0.1}{27x}\right)$$

$$\log\left(\frac{25x+0.1}{27x}\right) = 0.507$$

$$\frac{25x+0.1}{27x} = 10^{0.507} = 3.214$$

$$25x + 0.1 = 3.214 \times 27x$$

$$\therefore\ x = 1.619 \times 10^{-3}M = \mathbf{0.00162M}$$

정답 | 80.①

PART 3

과년도 출제문제 2

(2020~2022년 기출문제)

이 파트는 "2020~2022년 출제기준"을 적용하여 시행된 기출문제입니다.

▲(삼각형) 표시된 문제들은 2023년 변경된 출제기준(5과목→4과목으로 통합)에 의해 시험범위에서 제외되는 부분이 있어 출제 가능성이 낮은 문제들입니다. 모든 기출문제들을 가급적 다 풀어보는 것이 가장 좋지만, 시간이 부족할 경우에는 풀어보지 않아도 합격에는 크게 지장이 없습니다.

* 모든 계산문제는 계산결과와 가장 가까운 보기를 정답으로 선택하면 됩니다.
* 2022년 4회 시험부터는 CBT로 시행되고 있으므로 복원된 문제임을 알려드립니다.

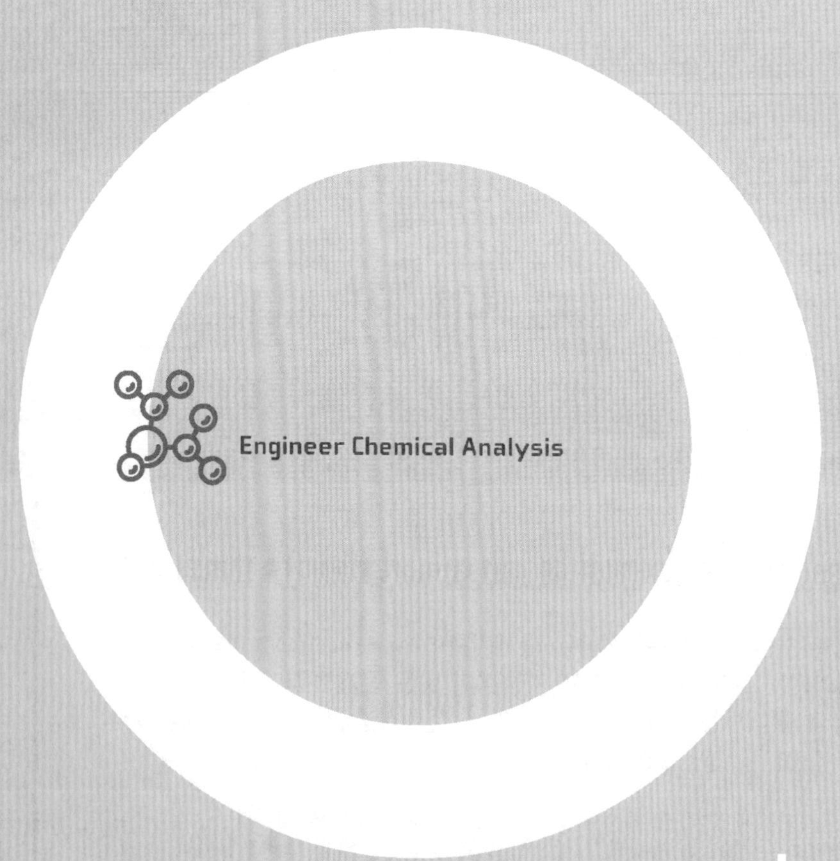
Engineer Chemical Analysis

제1과목 | 화학분석과정 관리

01 돌턴(Dalton)의 원자론에 의하여 설명될 수 없는 것은?

① 화학평형의 법칙 ② 질량보존의 법칙
③ 배수비례의 법칙 ④ 일정성분비의 법칙

- 돌턴의 원자론으로 **질량보존의 법칙, 일정성분비의 법칙, 배수비례의 법칙**을 설명할 수 있으며, 화학평형의 법칙은 설명할 수 없다.
- **화학평형의 법칙**
  가역반응에서 온도가 일정할 때 반응물과 생성물은 항상 일정한 농도비를 가진다는 법칙으로, 질량작용법칙이라고도 한다.

Check

돌턴의 원자론
- 모든 물질은 더 이상 쪼갤 수 없는 원자(atom)로 구성되어 있다.
- 같은 원소의 원자는 크기와 질량이 같고, 다른 원소의 원자는 크기와 질량이 서로 다르다.
- 2개 이상의 서로 다른 원자들이 정수비로 결합하여 화합물을 만든다.
- 두 원소의 원자들은 다른 비율로 결합하여 두 가지 이상의 화합물을 형성할 수 있다.
- 화학반응은 원자들 간의 결합이 끊어지고 생성되면서 원자가 재배열될 뿐, 새로운 원자가 생성되거나 소멸되지 않는다.

02 AA를 이용하여 시료 중의 납을 분석하여 얻은 결과가 아래와 같을 때, 결과값을 분석한 것으로 틀린 것은? (단, 95% 신뢰구간의 t값은 3.182이다.)

측정횟수	측정값(ppm)
1	3.27
2	3.24
3	3.28
4	3.25

① 표준편차 : 0.018
② 상대표준편차 : 0.56
③ 분산 : 3.3×10^{-4}
④ 95% 신뢰구간 : 3.26 ± 0.029

① 표준편차 : $s=0.0183$, 평균 : $\bar{x}=3.26$
② 상대표준편차 : $\mathrm{RSD}=\frac{s}{\bar{x}}=\frac{0.0183}{3.26}=0.0056$
③ 분산 $s^2=3.35\times10^{-4}$
④ 95% 신뢰구간

$$\bar{x}\pm\frac{ts}{\sqrt{n}}=3.26\pm\frac{3.182\times0.0183}{\sqrt{4}}=3.26\pm0.029$$

03 화합물 한 쌍을 같은 몰수로 혼합하는 다음 4가지 경우 중 염기성 용액이 되는 경우는 모두 몇 가지인가?

㉠ $NaOH(K_b$ 아주 큼$)+HBr(K_a$ 아주 큼$)$
㉡ $NaOH(K_b$ 아주 큼$)+HNO_3(K_a$ 아주 큼$)$
㉢ $NH_3(K_b=1.8\times10^{-5})+HBr(K_a$ 아주 큼$)$
㉣ $NaOH(K_b$ 아주 큼$)+CH_3COOH$ $(K_a=1.8\times10^{-5})$

① 1 ② 2
③ 3 ④ 4

㉠ $NaOH+HBr$: 강염기 + 강산 → 중성 용액
㉡ $NaOH+HNO_3$: 강염기 + 강산 → 중성 용액
㉢ $NH_3(K_b=1.8\times10^{-5})+HBr$
: 약염기 + 강산 → 산성 용액
㉣ $NaOH+CH_3COOH(K_a=1.8\times10^{-5})$
: 강염기+ 약산 → 염기성 용액

Check

염의 산-염기 성질
- **중성 용액을 생성하는 염**
  강염기(NaOH)와 강산(HCl)으로부터 생성된 NaCl과 같은 염은 물에 용해되어 중성 용액이 된다. 왜냐하면 그 양이온이나 음이온은 물과 반응하여 H_3O^+나 OH^- 이온을 생성하지 않기 때문이다.
- **산성 용액을 생성하는 염**
  약염기(NH_3)와 강산(HCl)으로부터 생성된 NH_4Cl과 같은 염은 산성 용액을 생성한다. 이런 경우, 음이온은 산도 염기도 아니지만 양이온은 약산이다.
  $NH_4^+(aq)+H_2O(l)\rightleftarrows H_3O^+(aq)+NH_3(aq)$
- **염기성 용액을 생성하는 염**
  강염기(NaOH)와 약산(HCN)으로부터 생성된 NaCN과 같은 염은 염기성 용액을 생성한다. 이런 경우, 양이온은 산도 염기도 아니지만 음이온은 약염기다.
  $CN^-(aq)+H_2O(l)\rightleftarrows HCN(aq)+OH^-(aq)$

정답 | 01.① 02.② 03.①

04 기하이성질체가 가능한 화합물은?

① $(CH_3)_2C=CCl_2$ ② $(CH_3)_3CCCl_3$
③ $CH_3ClC=CCH_3Cl$ ④ $(CH_3)_2ClCCCH_3Cl_2$

기하이성질체
형태, 원자수, 화학결합은 같지만 공간상의 배향이 다르다. 시스(cis)는 2개의 기(group)가 서로 이웃에 있고, 트랜스(trans)는 2개의 기가 서로 반대쪽에 있다.

Cl / Cl, C = C, H_3C / CH_3 <시스(cis)형>

H_3C / Cl, C = C, Cl / CH_3 <트랜스(trans)형>

05 헤테로 원자에 선택적이며 일반적으로 FID보다 감도가 좋고 동적 범위가 작은 NPD 검출기에 사용되는 원소는?

① S ② Cs
③ Ru ④ Re

질소－인 검출기(NPD, Nitrogen Phosphorus Detector)
기체 크로마토그래피에 사용되는 검출기로, 불꽃이온화검출기와 유사한 구성에 알칼리금속염[루비듐(Rb), **세슘(Cs)**]의 튜브가 부착되어 있다. 가열된 알칼리금속염이 촉매작용을 하여 질소(N) 및 인(P)을 포함한 유기화합물의 이온화를 증진시켜 유기질소 및 유기인 화합물을 선택적으로 검출할 수 있으며, 질소 또는 인화합물에 대한 뛰어난 감도와 선택성을 지니고 있어 제약, 생화학, 식품/향, 환경, 독성학 분야에 널리 사용되고 있다.

06 질소분자 1.07×10^{23}개는 약 몇 몰인가?

① 11.4 ② 0.178
③ 6.85×10^{24} ④ 1.67×10^{21}

$$1.07\times10^{23}\text{개 } N_2\times\frac{1\text{mol } N_2}{6.022\times10^{23}\text{개 } N_2}$$
$$=0.178\text{mol } N_2$$

07 표면분석장치 중 1차살과 2차살 모두 전자를 이용하는 것은?

① Auger 전자분광법
② X－선 광전자분광법
③ 이차이온 질량분석법
④ 전자미세탐침 미량분석법

Auger 전자분광법(AES)
전자 beam을 시료 표면에 입사시키면 시료 표면으로부터 시료 원자 고유의 에너지를 가지는 전자가 방출되는데, 이 전자를 검출하여 시료 표면 원소의 정성 및 정량 분석하는 방법이다. 들뜬상태의 원자에서 바닥상태의 원자상태로 전이하는 과정에서 방출되는 전자들을 '오제(Auger) 전자'라 부르며, 시료의 깊이 분포(방향)에 따른 구성원소들의 화학적인 조성비뿐만 아니라 화학결합상태 및 전자구조까지 분석할 수 있어서 표면 및 계면 분석에 널리 이용된다.

08 Kjeldahl법에 의한 질소의 정량에서, 비료 1.325g의 시료로부터 암모니아를 증류해서 0.2030N H_2SO_4 50mL에 흡수시키고, 과량의 산을 0.1908N NaOH로 역적정하였더니 25.32mL가 소비되었다. 시료 속의 질소의 함량(%)은?

① 2.6 ② 3.6
③ 4.6 ④ 5.6

노르말 농도(N)＝몰농도(M)×가수

0.2030N 황산의 몰농도$=\frac{0.2030}{2}=0.1015$M

H_2SO_4과 NaOH는 1:2반응이고, H_2SO_4과 NH_3도 1:2반응이다.
따라서 1mol H_2SO_4=2mol 염기이다.
과량의 산
＝시료 중의 염기의 양＋역적정에 사용된 염기의 양
$(0.1015\times50\times10^{-3})\times2$mol
$=$(시료 중의 염기)$+(0.1908\times25.32\times10^{-3})$mol
시료 중의 염기의 양에서 질소의 양을 구할 수 있다.
$\{(0.2030\times50\times10^{-3})-(0.1908\times25.32\times10^{-3})\}$

$$\text{mol } NH_3\times\frac{1\text{mol N}}{1\text{mol } NH_3}\times\frac{14\text{g N}}{1\text{mol N}}=7.446\times10^{-2}\text{g N}$$

시료 1.325g 속의 N는 7.446×10^{-2}g N 포함되어 있으므로

$$\therefore\ \frac{7.446\times10^{-2}\text{g N}}{1.325\text{g 시료}}\times100=5.62\%$$

09 정량분석 과정에 해당하지 않는 것은?

① 부피분석 ② 관능기분석
③ 무게분석 ④ 기기분석

정량분석
시료 중의 각 성분의 존재량을 결정하는 조작이며, 정량분석 과정은 부피분석, 무게분석, 기기분석으로 나눌 수 있다.
1. **부피분석**(＝용량분석) : 부피를 측정하여 정량하고자 하는 물질의 양을 측정한다.
2. **무게분석** : 무게를 측정하여 정량하고자 하는 물질의 양을 측정한다.
3. **기기분석** : 고차원의 과학적인 원리를 이용한 기기를 사용하여 분석결과를 얻어내기 때문에 속도가 빠르고 미량성분의 정량도 가능하지만 때때로 그 정확도에 문제가 발생할 수 있다는 단점이 있다.

정답 | 04.③ 05.② 06.② 07.① 08.④ 09.②

10 물에 대한 용해도가 가장 높은 두 물질로 짝지어진 것은?

CH_3CH_2OH, $CH_3CH_2CH_3$, $CHCl_3$, CCl_4

① CH_3CH_2OH, $CHCl_3$
② CH_3CH_2OH, CCl_4
③ $CH_3CH_2CH_3$, $CHCl_3$
④ $CH_3CH_2CH_3$, CCl_4

✔ 용해는 용매분자와 용질분자 사이의 인력이 용매분자 사이의 인력보다 더 크거나 비슷할 때 잘 일어난다.
- 끼리끼리 녹는다(like dissolves like) : 용질분자와 용매분자의 분자구조가 비슷할 때 잘 일어난다. 극성 분자는 극성 분자끼리, 비극성 분자는 비극성 분자끼리 서로 잘 용해된다.
- 용질분자와 용매분자 사이의 인력 ≥ 용매분자 사이의 인력 : 용해가 잘 일어난다.
- 물(H_2O), CH_3CH_2OH(에탄올), $CHCl_3$(클로로포름) : 극성 분자
  $CH_3CH_2CH_3$(프로페인), CCl_4(사염화탄소) : 비극성 분자

∴ **CH_3CH_2OH와 $CHCl_3$**는 물에 대한 용해도가 높은 물질이다.

11 브롬화이염화벤젠(Bromodichlorobenzene)이 가질 수 있는 구조이성질체의 수는?

① 3개　　② 4개
③ 5개　　④ 6개

✔ 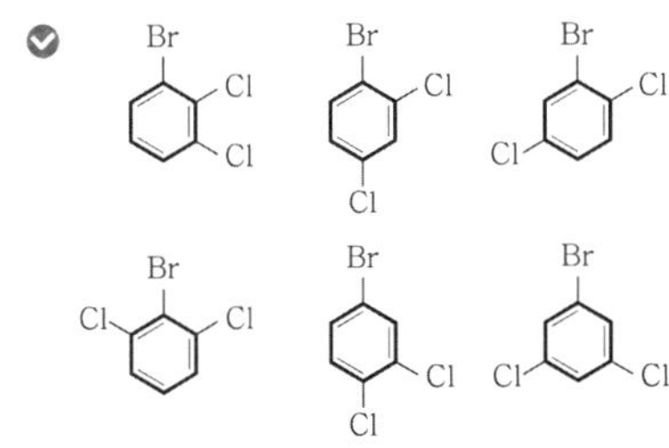

12 탄화수소 유도체를 잘못 나타낸 것은?

① R-OH : 알코올
② R-CO-R : 케톤
③ R-CHO : 에터
④ R-$CONH_2$: 아마이드

✔ R-CHO : **알데하이드**, ROR′ : 에터

13 표준상태에서 S_8 15g이 다음 반응식과 같이 완전연소될 때 생성된 이산화황의 부피는 약 몇 L인가? (단, 기체는 이상기체이며, S_8의 분자량은 256.48g/mol이다.)

$S_8(s) + 8O_2(g) \rightarrow 8SO_2(g)$

① 0.47　　② 1.31
③ 4.7　　④ 10.5

✔ **아보가드로 법칙**
같은 온도와 압력에서 같은 부피의 기체 속에는 기체의 종류에 관계없이 같은 수의 분자가 들어있다. 표준상태(0℃, 1atm)에서 모든 기체 1몰의 부피는 22.4L이다.

$$15\text{g } S_8 \times \frac{1\text{mol } S_8}{256.48\text{g } S_8} \times \frac{8\text{mol } SO_2}{1\text{mol } S_8} \times \frac{22.4\text{L } SO_2}{1\text{mol } SO_2}$$
$= 10.5\text{L } SO_2$

14 분석계획 수립 시 필요한 지식이 아닌 것은?

① 표준 분석법에 대한 지식
② 시험기구의 종류에 대한 지식
③ 분석시험 절차에 대한 지식
④ 동료 연구자에 대한 지식

✔ **분석계획 수립하기**
1. **분석시험 방법**에 따라 **실험기구**를 준비한다.
2. 시약 및 초자기구 등 소모품 사용법을 확인한다.
3. 실험에 요구되는 **분석기기의 상태**를 확인한다.

15 다음 설명 중 틀린 것은?

① 훈트의 규칙에 따라 $_7N$에 존재하는 홀전자의 수는 3개다.
② 스핀양자수는 자전하는 전자의 자전에너지를 결정하는 것으로, −1/2, 0, +1/2의 값으로 존재한다.
③ n=3인 전자껍질에 들어갈 수 있는 총 전자수는 18개이다.
④ $_{12}Mg$의 원자가전자의 수는 2개다.

✔ **스핀양자수**(m_s)는 자전하는 전자의 자전에너지를 결정하는 것으로, **−1/2, +1/2의 값**으로 존재한다. 스핀양자수 +1/2은 보통 위로 향한 화살표(↑)로 표시하고, 스핀양자수 −1/2은 아래로 향한 화살표(↓)로 표시한다.

정답 | 10.① 11.④ 12.③ 13.④ 14.④ 15.②

16 다음 설명에 가장 관련 깊은 것은?

> 원자 궤도함수의 크기 및 에너지와 관련 있고, n값이 커질수록 궤도함수가 커진다.

① 주양자수
② 부양자수(각운동량 양자수)
③ 자기양자수
④ 스핀양자수

✔ ① **주양자수(n)** : 양의 정수(n=1, 2, 3,⋯)이며, **오비탈의 크기와 에너지준위를 결정한다.**
② 부양자수(각운동량 양자수, l) : 오비탈의 3차원적인 모양을 결정한다. 주양자수가 n인 오비탈에 대해 각운동량 양자수 l은 0에서 $n-1$까지의 정수값을 가질 수 있다. 따라서, 각 껍질에는 모양이 서로 다른 n개의 오비탈들이 존재한다.
③ 자기양자수(m_l) : 기준 좌표축에 대한 오비탈의 공간적 배향을 결정한다. 각운동량 양자수 l인 오비탈에 대하여 자기양자수(m_l)는 $-l \sim +l$ 사이의 정수값을 가질 수 있다. 따라서, 각 부껍질 내의 오비탈들은 모양은 같지만, $(2l+1)$개의 다른 공간적 배향으로 존재한다.
④ 스핀양자수(m_s) : 전자들은 축을 중심으로 자전하는 전하를 띤 아주 작은 구와 같이 행동한다. 이 스핀은 아주 미약한 자기장과 +1/2 또는 −1/2 값을 가지는 스핀양자수(m_s)를 초래한다. 스핀양자수 +1/2은 보통 위로 향한 화살표(↑)로 표시하고, 스핀양자수 −1/2은 아래로 향한 화살표(↓)로 표시한다.

17 원자 반지름이 작은 것부터 큰 순서로 나열된 것은? (단, 원자의 번호는 $_{15}$P, $_{16}$S, $_{33}$As, $_{34}$Se이다.)

① P < S < As < Se
② S < P < Se < As
③ As < Se < P < S
④ Se < As < S < P

✔ **원자 반지름의 주기적 경향**
1. 같은 주기에서는 원자번호가 클수록 원자 반지름이 감소한다.
   ➜ 전자껍질수는 같고, 양성자수가 증가하여 유효 핵전하가 증가하므로 원자핵과 전자 사이의 인력이 증가하기 때문
2. 같은 족에서는 원자번호가 클수록 원자 반지름이 증가한다.
   ➜ 전자껍질수가 증가하여 원자핵과 원자가전자 사이의 거리가 멀어지기 때문

∴ P(인), S(황)은 3주기 원소, As(비소), Se(셀레늄)은 4주기 원소이므로 4주기 원소의 원자 반지름이 더 크고(P, S < As, Se), P, As는 15족 원소, S, Se은 16족 원소이므로 같은 주기에서는 15족 원소의 원자 반지름이 더 크다.
S < P < Se < As

18 이황화탄소(CS_2) 100.0g에 33.0g의 황을 녹여 만든 용액의 끓는점이 49.2℃일 때, 황의 분자량은 몇 g/mol인가? (단, 이황화탄소의 끓는점은 46.2℃이고, 끓는점 오름상수(K_b)는 2.35℃/m이다.)

① 161.5　　② 193.5
③ 226.5　　④ 258.5

✔ 끓는점 오름(ΔT_b) = $K_b \times m$

몰랄농도(m) $= \dfrac{\text{용질의 mol}}{\text{용매 kg}}$

용액의 끓는점=순수 용매의 끓는점 + ΔT_b

ΔT_b = 49.2℃ − 46.2℃ = 3.0℃

황의 분자량을 x(g/mol)로 두면

$$\Delta T_b = 3.0℃ = 2.35 \times \frac{33.0\,\text{g S} \times \dfrac{1\,\text{mol S}}{x\,(\text{g})\ \text{S}}}{0.1\,\text{kg}}$$

∴ x = 258.5 g/mol

19 UV 분광광도법의 인증표준물질로서 이상적인 조건이 아닌 것은?

① 투과율이 파장에 따라 적합하게 변화할 것
② 투과율이 온도에 관계없이 일정할 것
③ 반사율이 적고, 간섭현상이 없을 것
④ 형광을 내지 말 것

✔ UV 분광광도법의 인증표준물질은 **투과율이 파장에 관계없이 일정**하며, 시간에 따른 변화가 없어야 한다.

20 핵세인(hexane)이 가질 수 있는 구조이성질체의 수는?

① 3개　　② 4개
③ 5개　　④ 6개

정답 | 16.① 17.② 18.④ 19.① 20.③

✔ 핵세인(hexane)

C_6H_{14}, 단일결합만 갖는 포화탄화수소이며, 5개의 구조이성질체를 갖는다.

1. C – C – C – C – C – C
2. C – C – C – C(–C) – C
3. C – C – C(–C) – C – C
4. C – C – C(–C)(–C) – C
5. C – C(–C) – C(–C) – C

제2과목 | 화학물질특성 분석

21 **약산(HA)과 이의 나트륨염(NaA)으로 이루어진 완충용액에 대한 설명으로 틀린 것은?**

① 완충용액의 $pH = pK_a + \log\frac{[A^-]}{[HA]}$ 이다.

② 완충용액을 희석하여도 pH 변화가 거의 없다.

③ 완충용액의 완충용량은 약산(HA)과 나트륨염(NaA)의 농도에 무관하다.

④ 완충용액의 완충용량은 $\left|\log\frac{[A^-]}{[HA]}\right|$ 작을수록 크다.

✔ 완충용량은 강산 또는 강염기가 첨가될 때 pH 변화를 얼마나 잘 막는지에 대한 척도이다. 완충용량이 클수록 pH 변화에 대한 용액의 저항은 커지며, 완충용량은 완충용액의 **두 구성성분의 전체 농도뿐만 아니라 농도비에 따라 달라진다.** 적절한 완충용량을 갖는 완충용액이 되기 위해서는 선택되는 산의 pK_a값이 요구되는 pH의 ±1단위 범위에 있어야 한다.

22 **pH=0.3인 완충용액에서 0.02M Fe^{3+} 용액 10.0mL를 0.010M 아스코브산 용액으로 적정할 때 당량점에서의 전지전압은 약 몇 V인가? (단, DAA : 디하이드로아스코브산, AA : 아스코브산의 약자이며, 전위는 백금전극과 포화 칼로멜전극으로 측정하였고, 포화 칼로멜전극의 E=0.241V이다.)**

- $DAA + 2H^+ + 2e^- \rightleftarrows AA + H_2O,\ E^\circ = 0.390V$
- $Fe^{3+} + e^- \rightleftarrows Fe^{2+},\ E^\circ = 0.732V$

① 0.251V　② 0.295V
③ 0.342V　④ 0.492V

✔ 당량점에서 모든 Fe^{3+} 이온과 반응하는 데 필요한 정확한 양의 AA이 가해졌다. 모든 AA은 DAA 형태로, 모든 Fe^{3+}은 Fe^{2+} 형태로 존재하며, 평형에서 AA와 Fe^{3+}는 극미량만이 존재하게 된다.

$2[DAA] = [Fe^{2+}],\ 2[AA] = [Fe^{3+}]$

당량점에서의 전지전압을 나타내기 위하여 두 반응 모두 이용하면 편하며, 두 반응에 대한 Nernst 식은 다음과 같다.

$$E_+ = 0.390 - \frac{0.05916}{2}\log\frac{[AA]}{[DAA][H^+]^2} \quad \cdots\cdots ㉠$$

$$E_+ = 0.732 - 0.05916\log\frac{[Fe^{2+}]}{[Fe^{3+}]} \quad \cdots\cdots ㉡$$

㉠식을 2배하고 ㉡식을 합하면 (㉠×2) + ㉡

$$3E_+ = (0.780 + 0.732) - 0.05916\log\left(\frac{[AA][Fe^{2+}]}{[DAA][H^+]^2[Fe^{3+}]}\right)$$

당량점에서 $2[DAA]=[Fe^{2+}]$, $2[AA]=[Fe^{3+}]$이므로,

$$3E_+ = (0.780 + 0.732) - 0.05916\log\left(\frac{1}{[H^+]^2}\right)$$

pH 0.3에서 $[H^+] = 10^{-0.3} = 0.5012M$, $3E_+ = 1.477V$, $E_+ = 0.492V$

전지전압 : $E = E_+ - E_-$
$= 0.492 - 0.241 =$ **0.251V**

23 **다음 중 반응이 일어나기가 가장 어려운 것은 어느 것인가?**

① $F_2 + I^-$　② $I_2 + Cl^-$
③ $Cl_2 + Br^-$　④ $Br_2 + I^-$

✔ 할로젠의 반응성

할로젠 원소는 반응성이 클수록 전자를 얻어 환원되기 쉽다. 원자번호가 클수록 할로젠 분자의 반응성이 감소하는 경향이 나타난다.

→ $F_2 > Cl_2 > Br_2 > I_2$

1. 반응성이 $A_2 > B_2$일 때 : $A_2 + 2B^- \rightarrow 2A^- + B_2$
반응성이 큰 할로젠 분자(A_2)는 전자를 얻어 환원되고, 반응성이 작은 할로젠화 이온(B^-)은 전자를 잃고 산화된다.
2. 반응성이 $A_2 < B_2$일 때 : $A_2 + 2B^-$
반응이 일어나지 않는다.

∴ $I_2 + Cl^- \rightarrow$ 반응×

24 $N_2O_4(g) \rightleftarrows 2NO_2(g)$**의 계가 평형상태에 있다. 이 계의 압력을 증가시켰을 때의 설명으로 옳은 것은?**

① 정반응과 역반응의 속도가 함께 빨라져서 변함없다.
② 평형이 깨어지므로 반응이 멈춘다.
③ 정반응으로 진행된다.
④ 역반응으로 진행된다.

✔ 압력이 높아지면(입자수 증가) 기체의 몰수가 감소하는 방향으로 평형이동한다. 따라서 왼쪽으로 평형이동(**역반응 진행**)

25 다음 표준 환원전위를 고려할 때 가장 강한 산화제는?

- $Cu^{2+} + 2e^- \rightleftarrows Cu(s)$, $E^\circ = 0.337V$
- $Cd^{2+} + 2e^- \rightleftarrows Cd(s)$, $E^\circ = -0.402V$

① Cu^{2+}　　② Cu(s)
③ Cd^{2+}　　④ Cd(s)

✔ **표준 환원전위(E°)**
산화전극을 표준 수소전극으로 한 화학전지의 전위로, 반쪽반응을 환원반응의 경우로만 나타낸 상대 환원전위이다. 표준 환원전위가 클수록 환원이 잘 되므로 강한 산화제, 산화력이 크다.
∴ 표준 환원전위가 가장 큰 Cu^{2+}이 가장 강한 산화제이다.

26 원자흡수분광법과 원자형광분광법에서 기기의 부분장치 배열에서의 가장 큰 차이는?

① 원자흡수분광법은 광원 다음에 시료가 나오고, 원자형광분광법은 그 반대이다.
② 원자흡수분광법은 파장선택기가 광원보다 먼저 나오고, 원자형광분광법은 그 반대이다.
③ 원자흡광분광법과는 다르게 원자형광분광법에서는 입사 광원과 직각방향에서 형광선을 검출한다.
④ 원자흡수분광법은 레이저 광원을 사용할 수 없으나, 원자형광분광법에서는 사용 가능하다.

✔ 기기배치
1. 흡수법 : 연속광원을 쓰는 일반적인 흡수분광법에서는 시료가 흡수하는 특정 파장의 흡광도를 측정해서 정량하는 것이므로 파장선택기가 광원 뒤에 놓이나, 시료와 같은 금속에서 나오는 선광원을 쓰는 원자흡수분광법에서는 광원보다 원자화 과정에서 발생되는 방해복사선을 제거하는 것이 중요하므로 파장선택기가 시료 뒤에 놓인다.
   - 분자흡수법 : 광원－파장선택기－시료용기－검출기－신호처리 및 판독장치
   - 원자흡수법 : 광원－시료용기－파장선택기－검출기－신호처리 및 판독장치
2. 형광 · 인광 및 산란법 : 시료가 방출하는 빛의 파장을 검출해야 하므로 광원에서 나오는 빛의 영향을 최소화하기 위해 광원 방향에 대하여 보통 90°의 각도에서 측정한다. 발광을 측정하는 장치에서는 두 개의 단색화 장치를 사용하여 광원의 들뜸빛살과 시료가 방출하는 방출빛살에 대해 모두 파장을 분리한다.
3. 시료용기－파장선택기－검출기－신호처리 및 판독장치
   |
   (파장선택기)
   |
   광원

27 분광광도법에서 시약 바탕(reagent blank) 측정의 주사용 목적은?

① 시약 또는 오염물질로 인한 흡수의 보정
② 시약의 순도 확인
③ 분광광도계의 교정(calibration)
④ 검출기의 감도시험

✔ **시약 바탕 측정**
시료를 사용하지 않고 추출, 농축, 정제 및 분석 과정에 따라 모든 시약과 용매를 처리하여 측정한 것이다. 실험절차, 시약 및 특정 장비 등으로부터 발생하는 **오염물질을 확인**할 수 있고 이로 인한 **흡수의 보정이 가능하다.**

28 0.1M H_2SO_4 **수용액** 10mL**에** 0.05M NaOH **수용액** 10mL**를 혼합하였을 때 혼합용액의** pH**는? (단, 황산은** 100% **이온화된다.)**

① 0.875　　② 1.125
③ 1.25　　④ 1.375

정답 | 24.④ 25.① 26.③ 27.① 28.②

✔ $H_2SO_4(aq) + 2NaOH(aq) \rightarrow 2H_2O(l) + Na_2SO_4(aq)$
당량점 부피(V_e)는 $0.1\times10\times2=0.05\times V_e$(mL)
$\therefore\ V_e = 40$mL이다.
가해 준 부피 10mL는 당량점 이전이므로 H_2SO_4가 과량으로 존재한다.

$$[H^+] = \frac{(0.1\times10\times2)\text{mmol} - (0.05\times10)\text{mmol}}{10+10\text{mL}}$$
$$= 7.50\times10^{-2}\text{M}$$

$\text{pH} = -\log(7.50\times10^{-2}) = 1.125$

29 패러데이 상수의 단위(unit)로 옳은 것은?

① C/mol ② A/mol
③ C/sec · mol ④ A/sec · mol

✔ **패러데이 상수(F)**
1F은 전자 1mol의 전하량(C)으로 96,485C/mol이다.

30 두 이온의 표준 환원전위(E°)가 다음과 같을 때 보기 중 가장 강한 산화제는?

- $Ag^+(aq) + e^- \rightleftarrows Ag(s),\ E^\circ = 0.799V$
- $Cd^{2+}(aq) + 2e^- \rightleftarrows Cd(s),\ E^\circ = -0.402V$

① $Ag^+(aq)$ ② $Ag(s)$
③ $Cd^+(aq)$ ④ $Cd(s)$

✔ **표준 환원전위(E°)**
산화전극을 표준 수소전극으로 한 화학전지의 전위로 반쪽반응을 환원반응의 경우로만 나타낸 상대 환원전위이다. 표준 환원전위가 클수록 환원이 잘 되므로 강한 산화제, 산화력이 크다.
∴ 표준 환원전위가 가장 큰 Ag^+이 가장 강한 산화제이다.

31 EDTA(ethylenediaminetetraacetic acid, H_4Y)를 이용한 금속(M^{n+}) 적정 시 조건 형성상수(conditional formation constant) K_f'에 대한 설명으로 틀린 것은? (단, K_f는 형성상수이고, (EDTA)는 용액 중의 EDTA 전체 농도이다.)

① EDTA(H_4Y) 화학종 중(Y^{4-})의 농도분율을 $\alpha_{Y^{4-}}$로 나타내면, $\alpha_{Y^{4-}}=[Y^{4-}]/[EDTA]$이고 $K_f' = \alpha_{Y^{4-}}K_f$이다.
② K_f'는 특정한 pH에서 형성되는 MY^{n-4}의 양에 관련되는 지표이다.
③ K_f'는 pH가 높을수록 큰 값을 갖는다.
④ K_f를 이용하면 해리된 EDTA의 각각의 이온농도를 계산할 수 있다.

✔ $Mn^+ + Y^{4-} \rightleftarrows MY^{n-4}$ 형성상수

$$K_f = \frac{[MY^{n-4}]}{[M^{n+}][Y^{4-}]}$$

K_f는 금속이온과 화학종 Y^{4-}의 반응에 한정된다.
$Mn^+ + EDTA \rightleftarrows MY^{n-4}$ 조건 형성상수 :

$$K_f' = \alpha_{Y^{4-}}K_f = \frac{[MY^{n-4}]}{[M^{n+}][EDTA]}$$

[EDTA]는 금속이온과 결합하지 않은 전체 EDTA의 농도이며, K_f'는 **EDTA 착물 형성에서 유리 EDTA가 모두 한 형태로 존재**하는 것처럼 취급할 수 있다. Y^{4-}형으로 존재하는 EDTA 분율($\alpha_{Y^{4-}}$)의 정의로부터 $[Y^{4-}]=\alpha_{Y^{4-}}[EDTA]$로 나타낼 수 있으며, 유리 EDTA의 소량만이 Y^{4-} 이온 형태로 존재한다. pH가 주어지면 $\alpha_{Y^{4-}}$를 알 수 있고 K_f'를 구할 수 있는데 이 값은 특정한 pH에서 MY^{n-4}의 형성을 의미한다.
대부분의 EDTA는 pH 10 이하에서 Y^{4-}로 존재하지 않으며, 낮은 pH에서는 주로 HY_3^-와 $H_2Y_2^-$로 존재하고, pH가 높을수록 K_f'는 큰 값을 갖는다.

32 0.10M KNO_3와 0.10M Na_2SO_4 혼합용액의 이온 세기(M)는?

① 0.40 ② 0.35
③ 0.30 ④ 0.25

✔ **이온 세기**
용액 중에 있는 이온의 전체 농도를 나타내는 척도

이온 세기$(\mu) = \frac{1}{2}(C_1Z_1^2 + C_2Z_2^2 + \cdots)$

여기서, $C_1, C_2, \cdots$: 이온의 몰농도
$Z_1, Z_2, \cdots$: 이온의 전하

$KNO_3(aq) \rightarrow K^+(aq) + NO_3^-(aq)$
0.10M 0.10M

$Na_2SO_4(aq) \rightarrow 2Na^+(aq) + SO_4^{2-}(aq)$
0.20M 0.10M

이온 세기$(\mu) = \frac{1}{2}[(0.10\times1^2)+(0.10\times(-1)^2)+(0.20\times1^2)+(0.10\times(-2)^2)]$
$= 0.40$M

정답 | 29.① 30.① 31.④ 32.①

33 수용액의 예상 어는점을 낮은 것부터 높은 순서로 올바르게 나열한 것은?

㉠ 0.050m $CaCl_2$	㉡ 0.150m NaCl
㉢ 0.100m HCl	㉣ 0.100m $C_{12}H_{22}O_{11}$

① ㉠<㉣<㉢<㉡　② ㉣<㉠<㉢<㉡
③ ㉡<㉢<㉠<㉣　④ ㉡<㉢<㉣<㉠

어는점 내림(ΔT_f)
용액의 어는점(T_f')이 순수한 용매의 어는점(T_f)보다 낮아지는 현상
$\Delta T_f = K_f \times m$
여기서, K_f : 몰랄 어는점 내림상수
m : 용액의 몰랄농도
전해질 용질이 녹아 있는 묽은 용액의 경우 이온성 물질이 용질이면 화학식 단위보다 전체 용질입자 농도에 근거하여 몰랄농도를 계산해야 한다. 예를 들어, 1.00m 염화소듐 용액은 완전해리를 가정했을 때 2.00mol의 용해된 입자를 가지게 되므로 2.00m이 된다.
물의 어는점은 0℃, K_f = 1.86이므로 완전해리를 가정하고 어는점을 구하면,
㉠ $\Delta T_f = 1.86 \times 3 \times 0.05 = 0.279$℃
∴ 어는점 $= 0 - 0.279 = -0.279$℃
㉡ $\Delta T_f = 1.86 \times 2 \times 0.150 = 0.558$℃
∴ 어는점 $= 0 - 0.558 = -0.558$℃
㉢ $\Delta T_f = 1.86 \times 2 \times 0.100 = 0.372$℃
∴ 어는점 $= 0 - 0.372 = -0.372$℃
㉣ $C_{12}H_{22}O_{11}$은 비전해질이므로 어는점 내림은 몰랄농도에 비례한다.
$\Delta T_f = (1.86 \times 0.100) = 0.186$℃
∴ 어는점 $= 0 - 0.186 = -0.186$℃
∴ ㉡ < ㉢ < ㉠ < ㉣

34 0.08364M 피리딘 25.00mL를 0.1067M HCl로 적정하는 실험에서 HCl 4.63mL를 했을 때 용액의 pH는? (단, 피리딘의 $K_b = 1.59 \times 10^{-9}$이고, $K_w = 1.00 \times 10^{-14}$이다.)

① 8.29　② 5.71
③ 5.20　④ 4.75

약염기와 강산의 적정
당량점의 부피를 구하면
$0.08364\text{M} \times 25.00\text{mL} = 0.1067\text{M} \times V_e(\text{mL})$
∴ $V_e = 19.60$mL
가해준 HCl 4.63mL는 당량점 이전의 부피이므로 과량은 약염기인 피리딘(B)이고, 알짜반응식은 $B + H^+ \rightarrow BH^+$, 가해준 HCl만큼 BH^+가 생성되어 완충용액이 구성된다.
완충용액의 pH는 헨더슨-하셀바흐 식으로 구한다.
$$pH = pK_a + \log\frac{[A^-]}{[HA]}$$
전체 부피가 같으므로 몰농도비를 몰비로 구해도 된다.
피리딘의 $K_b = 1.59 \times 10^{-9}$
$$K_a = \frac{K_w}{K_b} = \frac{1.00 \times 10^{-14}}{1.59 \times 10^{-9}} = 6.29 \times 10^{-6}$$
$$pK_a = -\log(6.29 \times 10^{-6}) = 5.20$$
$$\therefore pH = 5.20 + \log\left(\frac{(0.08364 \times 25.00) - (0.1067 \times 4.63)}{0.1067 \times 4.63}\right) = 5.71$$

35 표준상태에서 산화 · 환원 반응이 자발적으로 일어날 때의 조건으로 옳은 것은?

① $\Delta G°$: +, $K > 1$, $E°$: −
② $\Delta G°$: −, $K > 1$, $E°$: +
③ $\Delta G°$: −, $K < 1$, $E°$: +
④ $\Delta G°$: +, $K < 1$, $E°$: −

- **자유에너지 변화(ΔG)와 반응의 자발성**
  화학반응에서 $\Delta G < 0$이면, 그 반응은 자발적이다.
- **전지전위($E°_{전지}$)와 반응의 자발성**
  화학전지에서 $E°_{전지} > 0$일 때, 자발적인 산화-환원 반응이 일어난다.
- **$\Delta G°$와 평형상수(K) 사이의 관계**
  반응물과 생성물이 표준상태에 있지 않은 일반적인 반응에 대한 $\Delta G° < 0$, $K > 1$이면 평형에서 정반응이 유리하다.

∴ 표준상태에서 반응이 자발적으로 일어날 조건은 $\Delta G° < 0$, $K > 1$, $E° > 0$이다.

36 다음 중 원자분광법에서 화학적 간섭의 원인을 모두 선택한 것은?

㉠ 저휘발성 화합물 생성
㉡ 해리평형 효과
㉢ 원자의 이온화
㉣ 도플러 효과

① ㉠, ㉡, ㉣　② ㉠, ㉡, ㉢
③ ㉠, ㉢, ㉣　④ ㉡, ㉢, ㉣

정답 | 33.③ 34.② 35.② 36.②

✔ **원자흡수분광법의 화학적 방해**
원자화 과정에서 분석물질이 여러 가지 화학적 변화를 받은 결과 흡수 특성이 변화하기 때문에 생긴다. 원인은 **낮은 휘발성 화합물 생성, 해리 평형, 이온화 평형**으로 일어난다.

37 NaCl 수용액에 AgCl(s)을 녹여 포화된 수용액에 대한 설명 중 틀린 것은?

① Cl^- 이온을 공통이온이라 한다.
② NaCl을 더 가하면 AgCl(s)이 생성된다.
③ NaBr을 가하면 AgCl(s)이 증가한다.
④ 용액에 암모니아(NH_3)를 가하면 AgCl(s)의 용해도가 증가한다.

✔ • **공통이온의 효과**
침전물을 구성하는 이온들과 같은 이온을 가진 가용성 화합물이 그 고체로 포화된 용액에 첨가될 때 이온성 침전물의 용해도를 감소시키는 것으로, 르 샤틀리에의 원리가 염의 용해반응에 적용된 것이다.

• **이온 세기**
용액 중에 있는 이온의 전체 농도를 나타내는 척도로, 이온 세기가 증가하면 난용성 염의 용해도가 증가한다.
➜ 난용성 염에서 해리된 양이온과 음이온의 주위에 반대전하를 가진 비활성 염의 이온들이 둘러싸여 이온 사이의 인력을 감소시키므로 서로 합쳐지려고 하는 경향이 줄어들기 때문에 용해도가 증가하게 된다.

∴ 공통이온인 Ag^+, Cl^- 이온의 첨가는 공통이온의 효과로 침전물의 용해도가 감소되어 AgCl(s)이 증가하고, **그 외의 이온을 첨가하면** 이온 세기에 의해 침전물의 용해도가 증가되어 **AgCl(s)이 감소한다.**

38 갈바니(혹은 볼타)전지에 대한 설명 중 틀린 것은?

① (+)극에서 환원이 일어난다.
② (−)극에서 산화가 일어난다.
③ 일회용 건전지는 갈바니전지의 원리를 이용한 것이다.
④ 산화−환원 반응을 통한 전기에너지를 화학에너지로 바꾼다.

✔ 갈바니전지는 볼타전지라고도 하며 **자발적인 화학반응을 이용하여 전기를 발생하는데,** 전기를 발생하기 위해서는 한 반응물은 산화되어야 하고 다른 반응물은 환원되어야 한다. 또한 두 산화제와 환원제를 물리적으로 격리시켜 전자가 한 반응물에서 다른 물질로 외부 회로를 통해서만 흐르도록 해야 한다.

39 25℃ 0.01M NaCl 용액의 pOH는? (단, 25℃에서 이온 세기가 0.01M인 용액의 활동도계수는 $\gamma_{H^+}=0.83$, $\gamma_{OH^-}=0.76$이고, $K_w=1.00\times10^{-14}$이다.)

① 7.02　　② 7.00
③ 6.98　　④ 6.96

✔ **활동도**
$A_c=\gamma_c[C]$
$K_w=A_{H^+}\times A_{OH^-}=\gamma_{H^+}[H^+]\times\gamma_{OH^-}[OH^-]$
$K_w=1.00\times10^{-14}$, $\gamma_{H^+}=0.83$, $\gamma_{OH^-}=0.76$을 대입하면
$1.00\times10^{-14}=0.83x\times0.76x$, $x=1.259\times10^{-7}$
$\therefore\ pOH=-\log(\gamma_{OH^-}[OH^-])$
$=-\log(0.76\times1.259\times10^{-7})=\mathbf{7.02}$

40 0.0100(±0.0001)mol의 NaOH를 녹여 1.000(±0.001)L로 만든 수용액의 pH 오차범위는? (단, $K_w=1\times10^{-14}$는 완전수이다.)

① ±0.013　　② ±0.024
③ ±0.0043　　④ ±0.0048

✔ • 곱셈과 나눗셈의 불확정도(오차범위)
$y=a\times b$인 경우, $\frac{S_y}{y}=\sqrt{\left(\frac{S_a}{a}\right)^2+\left(\frac{S_b}{b}\right)^2}$
S_a, S_b는 a, b의 표준편차이다.
• log의 불확정도(오차범위)
$y=\log_{10}a$인 경우, $S_y=\frac{1}{\ln10}\times\frac{S_a}{a}$
$[OH^-]=\frac{0.0100(\pm0.0001)}{1.000(\pm0.001)}=0.0100(\pm S_y)$
$\frac{S_y}{0.0100}=\sqrt{\left(\frac{0.0001}{00100}\right)^2+\left(\frac{0.001}{1.000}\right)^2}$
$S_y=1.00\times10^{-4}$
$[H^+]=\frac{1\times10^{-14}}{0.0100(\pm1.00\times10^{-4})}=1.00\times10^{-12}(\pm S_y)$
$\frac{S_y}{1.00\times10^{-12}}=\sqrt{\left(\frac{1.00\times10^{-4}}{0.0100}\right)^2}$
$S_y=1.00\times10^{-14}$
$pH=-\log_{10}(1.00\times10^{-12})=12.00$이고
불확정도(오차범위)
$=\pm\frac{1}{\ln10}\times\frac{1.00\times10^{-14}}{1.00\times10^{-12}}=\pm0.0043$

정답 | 37.③ 38.④ 39.① 40.③

제3과목 | 화학물질구조 분석

41 유리전극은 다음 중 어떤 이온에 대한 선택성 전극인가?

① 염소 음이온 ② 칼슘 양이온
③ 구리 양이온 ④ 수소 양이온

- 막전극은 선택성이 크기 때문에 이온 선택성 전극이라고 부른다. 막에 한 종류의 이온이 선택적으로 결합할 때 분석물 용액과 기준 용액 사이의 막을 가로질러 발생하는 일종의 액 간 접촉전위를 측정하는 전극이다.
- **유리전극**은 가장 보편적인 **수소이온 선택성 전극이다.**

42 질량분석법에서 분자 이온봉우리를 확인하기 가장 쉬운 이온화 방법은?

① 전자충격이온화법
② 장이온화법
③ 장탈착이온화법
④ 레이저탈착이온화법

장탈착이온화(FD)
양극인 탄소 마이크로 방출침을 시료 도입 탐침 끝에 붙이고 여기에 시료 용액으로 표면을 입혀 높은 전위를 걸어주어 이온화시키는 방법이다. 예를 들어, 글루탐산의 장탈착 스펙트럼의 경우, 장이온화 스펙트럼보다 더 간단하고 질량 148에 양성자가 붙은 분자 이온봉우리와 질량 149에 동위원소 봉우리만 나타난다.

43 조절 환원전극 전기분해장치에서 일정하게 유지하는 전위는?

① 전지전위 ② 산화전극전위
③ 환원전극전위 ④ 염다리접촉전위

일정전위 전기량법
작업전극의 전위를 시료 중에 존재하는 다른 성분은 반응하지 않는 일정전위로 유지시키며 분석물만을 정량적으로 반응하여 전기분해하는 방법으로 조절 전위 전기분해라고도 한다. 기준전극에 대해서 작업 전극의 전위를 일정하게 유지시켜 주는 전기적인 장치로 전기분해의 선택성을 높인다. 조절 환원전극은 작업전극에서 환원반응이 일어나므로 **환원전극전위를 일정하게 유지시켜** 전기분해의 선택성을 높인다.

44 자기장부채꼴 분석계에서 자기장의 세기가 0.1T($0.1W/m^2$), 곡면 반지름이 0.1m, 가속 전위가 100V라면 이온 수집관에 도달하는 +1가로 하전된 물질의 원자량(g/mol)은?

① 40.16 ② 44.16
③ 48.16 ④ 52.16

자기장 섹터 분석기(=자기장부채꼴 질량분석기)
부채꼴 모양의 영구자석 또는 전자석을 이용하여 이온살을 굴절시켜 무거운 이온은 적게 휘고, 가벼운 이온은 크게 휘는 성질을 이용하여 분리한다.

$$\frac{m}{z} = \frac{B^2r^2e}{2V}$$

여기서, m : 질량(kg), z : 전하
B : 자기장(T, W/m^2), r : 곡면 반지름(m)
e : 이온의 전하(1.6×10^{-19}C)
V : 가속전압

$$\frac{m}{z} = \frac{B^2r^2e}{2V} = \frac{(0.1)^2\times(0.1)^2\times(1.6\times10^{-19})}{2\times(100)}\text{kg/개} = 8.0\times10^{-26}$$

1mol에 대한 원자량을 구하면

$$\therefore \frac{8.0\times10^{-26}\text{kg}}{1\text{개}}\times\frac{6.022\times10^{23}\text{개}}{1\text{mol}}\times\frac{1{,}000\text{g}}{1\text{kg}} = 48.176\text{g/mol}$$

45 다음 중 용액의 비전기전도도(specific electic conductivity)에 대한 설명으로 틀린 것은?

① 용액의 비전기전도도는 이동도에 비례한다.
② 용액의 비전기전도도는 농도에 비례한다.
③ 용액 중의 이온의 비전기전도도는 하전수에 반비례한다.
④ 수용액의 비전기전도도는 0.10M KCl 용액을 써서 용기상수(cell constant)를 구해 두면 측정 전도도값으로부터 계산할 수 있다.

용액 중의 이온의 비전기전도도는 이동도, 농도, **하전수에 비례**한다.

46 열중량분석기(TGA)에서 시료가 산화되는 것을 막기 위해 넣어 주는 기체는?

① 산소 ② 질소
③ 이산화탄소 ④ 수소

열무게 측정분석에서는 **질소 또는 아르곤**을 전기로에 넣어 주어 시료가 산화되는 것을 방지한다.

정답 | 41.④ 42.③ 43.③ 44.③ 45.③ 46.②

47 **고성능 액체 크로마토그래피의 검출기로 사용하지 않는 것은?**

① 자외선-가시선 광도계
② 전도도검출기
③ 전자포획검출기
④ 전기화학적 검출기

HPLC 검출기	GC 검출기
흡수검출기(UV/VIS, IR) 형광검출기 굴절률검출기 **전기화학검출기** 증발산란광검출기 질량분석검출기 **전도도검출기** 광학활성검출기 원소선택성검출기 광이온화검출기	불꽃이온화검출기 열전도도검출기 황화학발광검출기 **전자포착검출기** 원자방출검출기 열이온검출기 질량분석검출기 광이온화검출기 불꽃광도검출기

48 **적외선 흡수스펙트럼에서 흡수봉우리의 파수는 화학결합에 대한 힘상수의 세기와 유효질량에 의존한다. 다음 중 흡수 파수가 가장 큰 신축진동은?**

① ≡C−H ② =C−H
③ −C−H ④ −C≡C−

분자 진동의 파수

$\bar{\nu} = \dfrac{1}{2\pi c}\sqrt{\dfrac{\kappa}{\mu}}$

여기서, $\bar{\nu}$: 흡수봉우리의 파수(cm^{-1})

μ : 환산질량(kg) $= \dfrac{m_1 m_2}{m_1 + m_2}$

κ : 화학결합의 강도를 나타내는 힘상수(N/m)

c : 빛의 속도(cm/s)

파수는 힘상수가 클수록, 환산질량이 작을수록 커진다.

C : $\dfrac{12g}{1mol} \times \dfrac{1mol}{6.022 \times 10^{23}\text{개}} = 1.993 \times 10^{-23}$g/개

H : $\dfrac{1g}{1mol} \times \dfrac{1mol}{6.022 \times 10^{23}\text{개}} = 1.661 \times 10^{-24}$g/개

C−C의 환산질량

$= \dfrac{(1.993 \times 10^{-23}g) \times (1.993 \times 10^{-23}g)}{1.993 \times 10^{-23}g) + (1.993 \times 10^{-23}g)}$

$= 9.965 \times 10^{-24}g$

C−H의 환산질량

$= \dfrac{(1.993 \times 10^{-23}g) \times (1.661 \times 10^{-24}g)}{(1.993 \times 10^{-23}g) + (1.661 \times 10^{-24}g)}$

$= 1.533 \times 10^{-24}g$

∴ C−C의 환산질량 > C−H의 환산질량
힘상수 ≡C−H > =C−H > −C−H
∴ 파수 ≡C−H > =C−H > −C−H > −C≡C−

49 **FT−NMR에서 스캔수(n)가 10일 때 어떤 피크의 신호 대 잡음비(S/N ratio)를 계산하였더니 40이었다. 스캔수(n)가 40일 때, 같은 피크의 S/N ratio는?**

① 160 ② 80
③ 40 ④ 10

신호 대 잡음비(S/N)

대부분의 측정에서 잡음 N의 평균 세기는 신호 S의 크기에는 무관하고 일정하다.

신호 대 잡음비(S/N)는 측정횟수(n)의 제곱근에 비례한다.

$\sqrt{n} \propto \dfrac{S}{N}$

$40 \propto \sqrt{10}$ 이므로 $40 : \sqrt{10} = x : \sqrt{40}$

∴ $x = 80$

50 **60MHz NMR에서 스핀−스핀 갈라짐이 12Hz인 짝지음 상수(coupling constant)는 300MHz NMR에서는 ppm 단위로 얼마인가?**

① 0.04 ② 0.12
③ 0.2 ④ 12

스핀−스핀 갈라짐은 인접한 핵의 스핀상태의 조합에 의해 나타나는 것이므로 스핀−스핀 짝지음 상수는 자기장의 세기와는 무관하다. 60MHz NMR에서와 같이 300MHz NMR에서도 짝지음 상수는 12Hz이다.

스핀−스핀 짝지음 상수

$= \dfrac{\text{Hz 수}}{\text{MHz로 나타낸 분광기의 진동수}} = \text{ppm 단위}$

∴ $\dfrac{12\,Hz}{300\,MHz} = 0.04ppm$

51 **열중량분석기(TGA)의 구성이 아닌 것은?**

① 단색화장치 ② 온도감응장치
③ 저울 ④ 전기로

열중량분석기(열무게측정분석기)에서는 조절된 수위조건하에서 시료의 온도를 증가시키면서 시료의 무게를 시간 또는 온도의 함수로 연속적으로 기록한다. 기기장치는 **분석저울, 전기로, 온도감응장치**, 기체주입장치, 기기장치의 조정과 데이터 처리를 위한 장치로 구성된다.

정답 | 47.③ 48.① 49.② 50.① 51.①

52 **표준 수소전극(SHE)에 대한 설명으로 틀린 것은?**

① 표준 수소전극의 전위는 0이다.
② 표준 수소전극의 전위는 용액의 수소이온 활동도에 의존한다.
③ 표준 수소전극은 산화전극 또는 환원전극으로 작용한다.
④ 표준 수소전극의 전위는 수소 기체의 압력과는 무관하다.

표준 수소전극(SHE)
촉매성 Pt 표면에 H^+의 활동도가 1인 산성 용액과 접촉하고 있는 형태로, H_2 기포를 전극에 가하여 용액이 $H_2(aq)$로 포화되도록 한다. **수소 기체의 압력이 1bar이면 $H_2(g)$의 활동도도 1**이 된다. 25℃에서 표준 수소전극의 전위(E°)를 임의로 0.00V로 정하였다.
SHE 반쪽반응 :

$$H^+(aq, A=1) + e^- \rightleftarrows \frac{1}{2}H_2(g, A=1)$$

53 **다음 [보기]에서 기체 크로마토그래피(GC)의 이동상으로 쓰이는 것을 고르면?**

> 수소(H_2), 헬륨(He), 질소(N_2),
> 산소(O_2), 아르곤(Ar)

① 헬륨(He), 질소(N_2), 산소(O_2), 수소(H_2), 아르곤(Ar)
② 헬륨(He), 질소(N_2), 수소(H_2), 아르곤(Ar)
③ 질소(N_2), 산소(O_2), 수소(H_2)
④ 헬륨(He), 질소(N_2), 산소(O_2)

기체 크로마토그래피(GC)
시료를 증발시켜 크로마토그래피 칼럼에 주입하고 이동상인 비활성 기체의 흐름을 이용하여 용리시킨다. 비활성 기체인 **질소(N_2), 헬륨(He), 수소(H_2), 아르곤(Ar)**은 운반기체, 즉 이동상은 분석물질의 입자와 상호작용하지 않고 단지 칼럼을 통하여 입자들을 이동시키는 기능만 한다.

54 **초임계 유체 크로마토그래피에 대한 설명으로 틀린 것은?**

① 초임계 유체에서는 비휘발성 분자가 잘 용해되는 장점이 있다.
② 비교적 높은 온도를 사용하므로 분석물들의 회수가 어렵다.
③ 이산화탄소가 초임계 유체로 널리 사용된다.
④ 액체 크로마토그래피보다 환경친화적인 분석방법이다.

초임계 유체
크로마토그래피는 비교적 **낮은 온도**에서 대기와 단순히 평형이 유지되게만 하여도 이들이 녹아 있는 **분석물들을 쉽게 회수할 수 있어** 열적으로 불안정한 분석물에서는 매우 중요한 분리방법이다.

55 **시차열분석(DTA)으로 벤조산 시료 측정 시 대기압에서 측정할 때와 200psi에서 측정할 때 봉우리가 일치하지 않은 이유를 가장 잘 설명한 것은?**

① 모세관법으로 측정하지 않았기 때문이다.
② 높은 압력에서 시료가 파괴되었기 때문이다.
③ 높은 압력에서 밀도의 차이가 생겼기 때문이다.
④ 높은 압력에서 끓는점이 영향을 받았기 때문이다.

시차열분석 특성
유기화합물의 녹는점, 끓는점 및 분해점 등을 측정하는 간단하고 정확한 방법으로, 일반적으로 모세관법이나 가열관법으로 얻은 값보다 더 정밀하고 재현성이 있다. 시차열분석은 압력에 영향을 받는데 높은 압력에서는 끓는점이 높아지므로 시차열분석도의 결과도 달라진다. 대기압(1atm)에서와 200psi (13.6atm)에서 벤조산의 시차열분석도를 비교하면 두 개의 봉우리가 나타나는데, 첫 번째 봉우리는 벤조산의 녹는점을 나타내고, 두 번째 봉우리는 벤조산의 끓는점을 나타낸다. 끓는점을 나타내는 두 번째 봉우리가 일치하지 않는 것은 더 높은 압력인 200psi에서 측정한 벤조산의 **두 번째 봉우리가 더 높은 온도에서 나타나기 때문이다.**

56 **액체 크로마토그래피 중 일정한 구멍 크기를 갖는 입자를 정지상으로 이용하는 방법은?**

① 분배 크로마토그래피
② 흡착 크로마토그래피
③ 이온 크로마토그래피
④ 크기 배제 크로마토그래피

정답 | 52.④ 53.② 54.② 55.④ 56.④

✔ **크기 배제 크로마토그래피**

친수성 충전물을 이용한 크로마토그래피를 젤투과 크로마토그래피라 하며, 소수성 충전물을 이용한 크로마토그래피를 젤거르기 크로마토그래피라고 한다. 충전물은 균일한 미세 구멍의 그물구조를 가지고 있는 작은 실리카 또는 중합체 입자로 되어 있으며, 분자가 구멍에 들어가 있는 동안 효과적으로 붙잡히며 이동상의 흐름에서 제거되고 구멍에 머무르는 평균 시간은 분석물 분자의 유효 크기에 따라 달라진다. 또한 충전물의 평균 구멍 크기보다 큰 분자는 배제되므로 머무름이 사실상 없어지며, 구멍보다 상당히 작은 지름을 가진 분자는 구멍 미로를 통해 침투 또는 투과할 수 있으므로 오랜 시간 동안 붙잡혀 있게 된다. 분자량 10,000 이상의 생체 고분자(글루코오스 계열의 화합물)를 분리하고자 할 때 가장 적합하다.

57 탄산철($FeCO_3$)의 용해도곱을 구하면?

- $FeCO_3(s) + 2e^- \rightleftarrows Fe(s) + CO_3^{2-}$, $E° = -0.756V$
- $Fe^{2+}(aq) + 2e^- \rightleftarrows Fe(s)$, $E° = -0.440V$

① 2×10^{-10} ② 2×10^{-11}
③ 2×10^{-12} ④ 2×10^{-13}

✔ **Nernst 식**

$E = E° - \dfrac{0.05916}{n}\log Q$

평형에서는 반응이 더 이상 진행되지 않으며 $E = 0$이고, $Q = K$이다.

$0 = E° - \dfrac{0.05916}{n}\log K$이므로,

$E° = \dfrac{0.05916}{n}\log K$

$K = 10^{\frac{nE°}{0.05916}}$

용해반응 : $FeCO_3(s) \rightleftarrows Fe^{2+} + CO_3^{2-}$

$FeCO_3(s) + 2e^- \rightleftarrows Fe(s) + CO_3^{2-}$, $E° = -0.756V$ … ㉠

$Fe^{2+}(aq) + 2e^- \rightleftarrows Fe(s)$, $E° = -0.440V$ …… ㉡

㉠반응은 환원전극의 반응, ㉡반응은 산화전극의 반응으로 두고 $E°_{전지}$를 구하면

$E°_{전지} = -0.756 - (-0.440) = -0.316V$

$\therefore K = 10^{\frac{2\times(-0.316)}{0.05916}} = \mathbf{2.0754\times10^{-11}}$

58 질량분석계를 이용하여 $C_2H_4^+(m = 28.0313)$과 $CH_2N^+(m = 27.9949)$ 이온을 분리하려면 분리능이 얼마나 되어야 하는가?

① 770 ② 1,170
③ 1,970 ④ 2,270

✔ **분리능**

질량분석기가 두 질량 사이의 차를 식별하여 분리할 수 있는 능력

$R = \dfrac{m}{\Delta m}$

여기서, Δm : 겨우 분리된 가까운 두 봉우리 사이의 질량 차이

m : 첫 번째 봉우리의 명목상 질량 또는 두 봉우리의 평균 질량

$\therefore$ 분리능 $R = \dfrac{\frac{1}{2}(27.9949 + 28.0313)}{(28.0313 - 27.9949)} = 769.59$

59 적외선 흡수분광도법에서 사용되는 시료용기로 적당한 것은?

① 염화나트륨 ② 실리카
③ 유리 ④ 석영

✔ 방출분광법을 제외한 모든 분광법에서는 측정을 위한 시료용기가 필요하다. 단색화 장치와 마찬가지로 시료를 담는 용기(cell) 또는 큐벳(cuvette)은 이용하는 스펙트럼 영역의 복사선에 투명한 재질로 되어 이용하는 복사선을 흡수하지 않아야 한다.

1. 석영, 용융 실리카 : 자외선, 가시광선 영역에 이용
2. 규산염 유리 : 가시광선 영역에 이용
3. 결정성 NaCl, KBr 결정 : 적외선 영역에서 시료용기의 창으로 이용

60 고체 표면의 원소 성분을 정량하는 데 주로 사용되는 원자 질량분석법은?

① 양이온 검출법과 음이온 검출법
② 이차이온 질량분석법과 글로우방전 질량분석법
③ 레이저 마이크로 탐침 질량분석법과 글로우방전 질량분석법
④ 이차이온 질량분석법과 레이저 마이크로 탐침 질량분석법

✔ **이차이온 질량분석법**

고체 표면의 원소와 분자 조성 결정에 유용하며 양이온 · 음이온 모두 측정 가능한 원자 질량분석법이다. **레이저 마이크로 탐침 질량분석법** 또한 고체 표면의 원소 성분을 정량하는 데 주로 사용되는 원자 질량분석법이다.

정답 I 57.② 58.① 59.① 60.④

제4과목 | 시험법 밸리데이션

61 **전처리 과정에서 발생 가능한 오차를 줄이기 위한 시험법 중 시료를 사용하지 않고 기타 모든 조건을 시료 분석법과 같은 방법으로 실험하는 방법은?**

① 맹시험
② 공시험
③ 조절시험
④ 회수시험

✔ **공시험**(blank test)
시료를 사용하지 않고 다른 모든 조건을 시료 분석법과 같은 방법으로 실험하는 것을 의미한다. 공시험을 진행함으로써 지시약 오차, 시약 중의 불순물로 인한 오차, 기타 분석 중 일어나는 여러 계통 오차 등 시료를 제외한 물질에서 발생하는 오차들을 제거하는 데 사용된다.

Check
- **맹시험(blind test)**
실용분석에서는 분석값이 일정한 수준까지 재현성 있게 검토될 때까지 분석을 되풀이한다. 이 과정에서 얻어지는 처음 분석값은 조작에 익숙하지 못하여 흔히 오차가 크게 나타나므로 맹시험이라고 하며, 결과에 포함시키지 않고 버리는 경우가 많다. 때로는 그 결과에 따라 시험량, 시액 농도 등을 보다 합리적으로 개선할 수 있다. 따라서 일종의 예비시험이라고 할 수 있다.
- **조절시험(control test)**
시료와 유사한 성분을 함유한 대조 시료를 만들어 시료 분석법과 같은 방법으로 여러 번 분석한 결과를 분석값과 대조하는 방법이다. 대조 시료를 분석한 다음 기지 함량값과 실제로 얻은 분석값의 차만큼 시료 분석값을 보정하여 주며, 보정값이 함량에 비례할 때에는 비례 계산하여 시료 분석값을 보정한다.
- **회수시험(recovery test)**
시료와 같은 공존물질을 함유하는 기지농도의 대조 시료를 분석함으로써 공존물질의 방해작용 등으로 인한 분석값의 회수율을 검토하는 것으로, 시료 속의 분석물질의 검출신호가 시료 매트릭스의 방해작용으로 인해 얼마만큼 감소하는가를 검토하는 방법이다.

62 ▲ **식품의약품안전처의 밸리데이션 표준 수행절차 중 시험장비 밸리데이션 이력에 포함될 항목이 아닌 것은?**

① 자산번호
② 장비명(영문)
③ 장비코드 변경내역
④ 밸리데이션 승인 담당자

✔ 밸리데이션 승인 담당자는 시험장비 밸리데이션 이력에 포함되는 항목이 아니다.

Check
그 외 시험장비 밸리데이션 이력에 포함되는 항목
1. 필요시 각 장비의 주요 부품명
2. 제조자의 이름, 형식(모델 번호, 규격이나 용량)
3. 해당되는 경우, 현재 위치
4. 장비와 시방과의 일치 유무 점검
5. 교정일자, 결과 및 성적서와 인증 사본, 조정사항, 승인기준, 차기교정 예정일자
6. 현재까지 수행된 유지보수관리 내역과 향후 유지보수관리 계획
7. 장비의 손상, 오작동, 변경 또는 수리 내역
8. 기타 특이사항

63 **인증표준물질(CRM)을 이용하여 투과율을 8회 반복 측정한 결과와 T-table을 활용하여 이 실험의 측정 신뢰도가 95%일 때 우연불확도로 옳은 것은?**

- 18.32%, 18.33%, 18.33%, 18.35%
- 18.33%, 18.32%, 18.31%, 18.34%

T-table

Degree of freedom	Amount of area in one tail		
	0.1	0.05	0.025
6	1.440	1.943	2.447
7	1.415	1.895	2.365
8	1.397	1.860	2.306
9	1.383	1.833	2.262
10	1.372	1.812	2.228

① $U=0.00016\times\dfrac{\sqrt{7}}{2.306}$

② $U=0.00016\times\dfrac{1.895}{7}$

③ $U=0.012\times\dfrac{2.365}{\sqrt{8}}$

④ $U=0.012\times\dfrac{\sqrt{7}}{2.365}$

정답 | 61.② 62.④ 63.③

우연불확정도

계산기 통계처리 : 표준편차 $s=0.012$, 자료수 $n=8$,

신뢰도 95%에서 한쪽꼬리의 면적$=\dfrac{1-0.95}{2}=0.025$

자유도$=8-1=7$에서 $t=2.365$

$$\therefore\ U=s\times\frac{t}{\sqrt{n}}=0.012\times\frac{2.365}{\sqrt{8}}$$

64 검정곡선 작성방법에 대한 내용 중 옳은 것을 모두 고른 것은?

㉠ 표준물 첨가법은 매트릭스를 보정해 줄 수 있으므로 항상 정확한 값을 얻을 수 있다.
㉡ 표준검량법은 표준물과 매트릭스가 맞지 않을 경우 시료의 매트릭스를 제거하거나 표준물에 매트릭스를 매칭시켜 작성한다.
㉢ 표준검량법은 표준물 첨가법에 비하여 시료 개수가 많은 경우 측정시간이 더 오래 걸린다.
㉣ 내부 표준물법은 시료 측정 사이에 발생되는 시료양이나 기기감응 세기의 변화를 보정할 때 유용하다.

① ㉠, ㉡, ㉢ ② ㉠, ㉣
③ ㉡, ㉣ ④ ㉡, ㉢, ㉣

- **표준물 첨가법**
  시료와 동일한 매트릭스에 일정량의 표준물질을 한 번 이상 일정하게 농도를 증가시키며 첨가하고, 이 아는 농도를 통해 곡선을 작성하는 방법이다. 매질효과의 영향이 큰 분석방법에서 분석대상 시료와 동일한 매질을 제조할 수 없을 때 매트릭스 효과를 쉽게 보정할 수 있으며, 미지시료에 표준물질을 첨가하여 검정곡선을 작성하므로 시료 개수가 많은 경우 측정시간이 오래 걸린다.
- **검정곡선법(표준검량법, 외부 표준물법)**
  표준물에 대한 농도-기기감응곡선을 작성하고 이와 따로 준비되는 시료에 대해 측정하여 그 기기감응값을 앞서 작성한 검정곡선을 이용해 농도를 측정하는 방법이다. **표준물과 매트릭스가 맞지 않을 경우 시료의 매트릭스를 제거하거나 표준물에 매트릭스를 매칭시켜 작성한다.**
- **내부 표준물법**
  시료에 이미 알고 있는 농도의 내부 표준물을 첨가하여 시험분석을 수행하는 방법이다. 시험분석 절차, 기기 또는 시스템의 변동에 의해 발생하는 오차를 보정하기 위해 사용하는 것으로서 **시료의 양이나 기기감응의 세기 보정에 유용한 방법이다.**

65 ▲ 표준 수행절차(SOP)의 운전성능 적격성 평가의 구성요소가 아닌 것은?

① 목적 ② 적용범위
③ 의무이행조건 ④ 시험·교정

표준 수행절차의 운전성능 적격성 평가의 구성요소

1. 목적(objective)
2. 적용범위(scope)
3. 책임, 의무이행조건(responsibility)
4. 기계 개요(description of equipment)
5. 지원설비 목록(list of supporting utilities)
6. 적격성 절차(qualification procedure)
7. 결과(results)
8. 일탈 및 조사 보고(deviation report)
9. 결론(conclusions) 및 조치사항
10. 첨부(appendix)

66 방법 검증(method validation)에 포함되는 정밀도가 아닌 것은?

① 최종 정밀도 ② 중간 정밀도
③ 기기 정밀도 ④ 실험실 간 정밀도

정밀성(precision)

결과의 재현성으로서 일반적으로 표준편차로 나타낸다. 균질한 검체에서 반복적으로 채취한 검체를 정해진 절차에 따라 특정하였을 때 각각의 측정값들 사이의 근접성(분산 정도)을 말한다.

1. **기기 정밀도**(instrument precision) 또는 주입 정밀도(injection precision)
2. 분석 내 정밀도(intra-assay precision)
3. 실험실 내 정밀성(intermediate precision) 또는 **중간 정밀도** : 견고성(ruggedness)
4. 병행 정밀성(반복성, repeatability)
5. **실험실 간 정밀도**(interlaboratory precision)

67 화학분석 결과의 정확한 판정을 위해 필요한 유효숫자와 오차에 대한 설명 중 옳은 것은?

① 어떤 값에 대한 유효숫자의 수는 과학적인 표시법으로 값을 기록하는 데 필요한 최대한의 자릿수이다.
② 곱셈과 나눗셈에서 유효숫자의 수는 일반적으로 자릿수가 가장 큰 숫자에 의해서 제한된다.
③ 우연(불가측)오차는 주로 정밀도(재현성)에 영향을 주며, 약간의 우연오차는 항상 존재한다.
④ 계통(가측)오차는 주로 정확도에 영향을 미치며, 제거할 수 없는 오차이다.

정답 | 64.③ 65.④ 66.① 67.③

✔ ① 어떤 값에 대한 유효숫자의 수는 과학적인 표시법으로 값을 기록하는 데 필요한 최소한의 자릿수이다.
② 곱셈과 나눗셈에서 유효숫자의 수는 일반적으로 자릿수가 가장 적은 숫자에 의해서 재현된다.
③ 우연오차 : 오차의 원인이 불분명하고 측정값이 불규칙적이어서 그 양을 정확히 측정할 수 없는 **우연오차는 측정값의 정밀도와 관련되며**, 보정은 불가능하다.
④ 계통오차 : 오차의 원인이 각 측정결과에 동일한 크기로 영향을 미쳐 모든 측정값과 참값 사이에 동일한 크기의 편차가 생기는 경우가 있는데, 이러한 편차를 계통오차라고 한다. 계통오차는 측정값의 정확도와 연관있고, 측정자의 노력에 의해 그 크기를 알 수 있으며, 보정이 가능한 오차이다.

68 HPLC의 장비 및 소모품에 대한 설명으로 틀린 것은?

① 시료 주입용 주사기 : 시험횟수와 바늘의 마모 상태를 고려하여 교체주기를 결정해야 한다.
② HPLC 검출기 램프 : 예상하지 못한 상황에 대비하여 여분의 램프를 준비해 놓아야 한다.
③ HPLC 펌프 : 펌프 출력에 펄스가 없을 경우 교체한다.
④ HPLC 보호칼럼 : 주기적 교체를 통해 분석 칼럼의 수명을 늘릴 수 있다.

✔ HPLC 펌프는 이동상을 이동상 저장용기에서 끌어들여 시료 주입기로 연속적으로 밀어 주는 역할을 한다. 일정한 유속과 압력을 유지해야 하고, 다양한 용매를 사용할 수 있어야 하며, 펌프가 제대로 작동되지 않으면 시료 주입이 제대로 되지 않으므로 시료 주입에 이상 발견이 확인되면 펌프 작동상태 확인을 해야 한다.

69 다음 중 시험장비 밸리데이션 범위에 포함되지 않는 것은?

▲

① 설계 적격성 평가
② 설치 적격성 평가
③ 가격 적격성 평가
④ 운전 적격성 평가

✔ **분석장비의 적격성 평가**
1. **설계 적격성**(DQ, design qualification) **평가**
2. **설치 적격성**(IQ, installation qualification) **평가**
3. 운전 적격성(OQ, operational qualification) **평가**
4. **성능 적격성**(PQ, performance qualification) **평가**

70 밸리데이션 항목 중 Linearity 시험 결과의 해석으로 틀린 것은?

No.	농도(mg/mL)	Retention time(min)	Peak area
1	1.5	4.325	151.2
2	1.1	4.318	109.1
3	1.0	4.323	100.9
4	0.9	4.321	90.2
5	0.5	4.324	50.5

① Retention time의 RSD% : 0.06%
② y절편 : 81.5
③ 기울기 : 100.46
④ 결정계수 : 0.9995

✔ **통계처리 계산기 사용 결과**
① Retention time의 RSD%
$$=CV=\frac{s}{\bar{x}}\times 100\%=\frac{0.002775}{4.3222}\times 100=0.064\%$$
② y**절편**$=-0.0815$
③ 기울기$=100.46$
④ 상관계수$(R)=0.99976$, 결정계수$(R^2)=0.9995$

71 재현성에 관한 내용이 아닌 것은?

① 연구실 내 재현성에서 검토가 필요한 대표적인 변동요인은 시험일, 시험자, 장치 등이다.
② 연구실 간 재현성은 실험실 간의 공동실험 시 분석법을 표준화 할 필요가 있을 때 평가한다.
③ 연구실 간 재현성이 표현된다면 연구실 내 재현성은 검증할 필요가 없다.
④ 재현성을 검증할 때는 분석법의 전 조작을 6회 반복 측정하여 상대 표준편차값이 3% 이내가 되어야 한다.

✔ 시험결과의 재현성은 일반적으로 6개 이상의 동일 농도의 검액을 제조하여 검액 분석결과의 상대 표준편차값이 **1% 이내**가 되어야 한다.

정답 | 68.③ 69.③ 70.② 71.④

72 ▲ **의약품 제조 및 품질관리에 관한 규정상 시험방법 밸리데이션을 생략할 수 있는 품목으로 틀린 것은?**

① 대한민국약전에 실려 있는 품목
② 식품의약품안전처장이 기준 및 시험방법을 고시한 품목
③ 밸리데이션을 실시한 품목과 주성분의 함량은 동일하나 제형만 다른 품목
④ 원개발사의 시험방법 밸리데이션 자료, 시험방법 이전을 받았음을 증빙하는 자료 및 제조원의 실험실과의 비교시험 자료가 있는 품목

✔ **시험방법 밸리데이션을 생략할 수 있는 품목**
1. 대한민국약전에 실려 있는 품목
2. 식품의약품안전처장이 기준 및 시험방법을 고시한 품목
3. **밸리데이션을 실시한 품목과 제형 및 시험방법은 동일하나 주성분의 함량만 다른 품목**
4. 원개발사의 시험방법 밸리데이션 자료, 시험방법 이전을 받았음을 증빙하는 자료 및 제조원의 실험실과의 비교시험 자료가 있는 품목
5. 그 외, 식품의약품안전처장이 인정하는 공정서 및 의약품집에 실려 있는 품목

73 **확인시험(identification)의 밸리데이션에서 일반적으로 필요한 평가 파라미터는?**

① 정확성 ② 특이성
③ 직선성 ④ 검출한계

✔ **특이성(specificity)**
측정대상물질, 불순물, 분해물, 배합성분 등이 혼재된 상태에서 분석대상물질을 선택적이고 정확하게 측정할 수 있는 정도를 말한다.

74 **이화학 분석에 관련된 설명 중 틀린 것은?**

① 시험에 필요한 유리기구를 세척, 건조해야 하며, 이때 이전에 사용한 시약 또는 분석대상물질이 남아 있지 않도록 분석이 완료된 후 철저히 세척해야 한다.
② 분석결과의 통계처리는 일반적으로 평균, 표준편차 및 상대 표준편차가 많이 이용된다.
③ 정확성은 측정값이 참값에 근접한 정도를 말한다.
④ 정밀성은 데이터의 입출력과 흐름을 추적하고 조작을 방지하는 시스템을 말한다.

✔ 정밀성은 균질한 검체에서 반복적으로 채취한 검체를 정해진 절차에 따라 측정하였을 때 각각의 측정값들 사이의 근접성(분산 정도)을 말한다.

75 **평균값이 4.74이고, 표준편차가 0.11일 때 분산계수(CV)는?**

① 0.023%
② 2.3%
③ 4.3%
④ 43.09%

✔ 분산계수(CV) $= \text{RSD} \times 100\% = \frac{s}{x} \times 100\%$

$\therefore\ CV = \frac{0.11}{4.74} \times 100 = \mathbf{2.3\%}$

76 **검량선에서 y절편의 표준편차가 0.1, 기울기가 0.1일 때의 정량한계는?**

① 10
② 1
③ 0.1
④ 3.3

✔ **정량한계**
기준에 적합한 정밀성과 정확성이 확보된 정량값으로 나타낼 수 있는 검체 중 대상물질의 최소 농도를 의미하며, 합리적 정확도로 측정 가능한 최소 농도이다.

정량한계 $= 10 \times \frac{\sigma}{S}$

여기서, σ : 반응의 표준편차
S : 검량선의 기울기

$\therefore$ 정량한계 $= 10 \times \frac{0.1}{0.1} = 10$

77 **편극성의 변화를 기초로 시료를 파괴하지 않고 측정하는 분석장비는?**

① 라만분광기
② 형광분광기
③ FT−IR 현미경
④ 근적외선 분광기

✔ **라만분광기**는 편극성의 변화를 기초로 시료를 파괴하지 않고 측정하는 분석장비이다.

정답 | 72.③ 73.② 74.④ 75.② 76.① 77.①

78 **정량분석을 위해 분석물질과 다른 화학적으로 안정한 화합물을 미지시료에 첨가하는 것은?**

① 절대검량선법
② 표준 첨가법
③ 내부 표준법
④ 분광간선법

✔ **내부 표준법**
기준 화학종(내부 표준물, 분석물질과는 다른)을 알고 있는 양으로 모든 시료, 표준물, 바탕용액에 추가한다. 응답신호는 분석물의 신호 자체가 아니라 분석물의 신호와 기준 화학종의 신호의 비가 응답신호가 되고, 기기의 감응이 자주 변하거나 시료의 전처리과정 또는 분석과정 중에서 발생할 수 있는 조절 불가능한 시료 손실이 있는 경우에 특히 유용하며, 원자방출법에 주로 사용된다.

Check
표준물 첨가법
시료의 조성 환경을 동일하게 만들기 어렵거나 불가능할 때 사용할 수 있으며, 일반적으로 미지시료의 일정량에 표준물(알고 있는 양의 분석물질)을 각각 일정량씩 더하여 첨가한 용액을 만들어 증가된 신호세기로부터 원래 분석물질의 양을 알아내는 방법이다. 원자흡수법에 주로 사용되고, 시료의 조성이 잘 알려져 있지 않거나 복잡하여 매트릭스 효과가 있을 가능성이 큰 시료 분석에 유용하다.

79 **단일-용액 표준물 첨가법(standard addition to a single solution)에 관한 설명 중 틀린 것은? (단, x축 : $[S]_i^e \frac{V_s}{V_0}$, y축 : $I°_S + x\frac{V}{V_0}$ 인 그래프를 기준으로 한다.)**

① 표준물을 첨가할 때마다 분석물 신호를 측정한다.
② 매트릭스를 변화시키지 않도록 가능한 한 적은 부피의 표준물을 첨가한다.
③ 묽힘을 고려하여 검출기 감응을 보정한 후 y축에 도시한다.
④ 보정된 감응 대 묽혀진 표준물 부피 그래프의 y절편이 미지 분석물의 농도이다.

✔ 보정된 감응 대 묽혀진 표준물 부피 그래프의 x**절편은 미지 분석물의 농도**이고, y절편은 미지 분석물의 신호이다.

80 **유효숫자 표기방법에 의한 계산 결과값이 유효숫자 2자리인 것은?**

① $(7.6-0.34) \div 1.95$
② $(1.05\times10^4)\times(9.92\times10^6)$
③ $850,000-(9.0\times10^5)$
④ $83.25\times10^2+1.35\times10^2$

✔ **수학 계산에 필요한 유효숫자 규칙**
1. 곱셈이나 나눗셈 : 유효숫자 개수가 가장 적은 측정값과 유효숫자가 같도록 해야 한다.
2. 덧셈이나 뺄셈 : 계산에 이용되는 가장 낮은 정밀도의 측정값과 같은 소수자리를 갖는다.
① $(7.6-0.34)\div1.95=7.3\div1.95=$**3.7(2)**
② $(1.05\times10^4)\times(9.92\times10^6)=1.04\times10^{11}$(3)
③ $850,000-(9.0\times10^5)=-5\times10^4$(1)
④ $83.25\times10^2+1.35\times10^2=8.460\times10^3$(4)

제5과목 | 환경·안전 관리

81 **화학물질 및 물리적 인자의 노출기준에 대한 설명 중 틀린 것은?**

① 단시간노출기준(STEL)은 15분간의 시간가중평균노출값으로서 근로자가 STEL 이하로 유해인자에 노출되기 위해서는 1회 노출 지속시간이 15분 미만이어야 하고, 1일 4회 이하로 발생해야 하며, 각 노출의 간격은 60분 이하이어야 한다.
② 최고노출기준(C)은 근로자가 1일 작업시간 동안 잠시라도 노출되어서는 아니되는 기준을 말하며, 노출기준 앞에 C를 붙여 표시한다.
③ 시간가중평균노출기준(TWA)은 1일 8시간 작업을 기준으로 하여 유해인자의 측정치에 발생시간을 곱하여 8시간으로 나눈 값을 말한다.
④ 특정유해인자의 노출기준이 규정되지 않았을 경우 ACGIH의 TLVs를 준용한다.

✔ **단시간노출기준(STEL)**
15분간의 시간가중평균노출값으로서 노출농도가 시간가중평균노출기준을 초과하고 단시간노출기준 이하인 경우에는 1회 노출지속시간이 15분 미만이어야 하고, 이러한 상태가 1일 4회 이하로 발생하여야 하며, 각 **노출의 간격은 60분 이상**이어야 한다.

정답 | 78.③ 79.④ 80.① 81.①

82 **수소와 산소 기체를 반응시켜 수증기를 형성하는 다양한 경로를 통해 측정되는 반응열에 대한 설명으로 틀린 것은? (단, 각 경로의 반응열 측정은 동일한 온도에서 측정하였다고 가정한다.)**

① 촉매 없이 반응을 천천히 진행시켜 54.6kcal/mol의 반응열을 측정하였다.
② 스파크를 가하여 폭발적인 반응을 진행시켜 54.6kcal/mol의 반응열을 측정하였다.
③ 아연가루를 촉매로 가하여 반응을 빠르게 진행시켰으며, 54.6kcal/mol의 반응열을 측정하였다.
④ 반응기에 백금선을 추가하여 반응을 대용량으로 진행시켰으며, 109.2kcal/mol의 반응열을 측정하였다.

✔ 반응기에 백금선을 추가하여 반응하면 백금선은 촉매로 작용한다. 촉매는 활성화에너지를 낮추어 반응을 빠르게 진행시키며, 반응열에는 영향을 주지 않으므로 **54.6kcal/mol의 반응열이 측정**된다.

83 **분진폭발을 일으키는 금속분말이 아닌 것은?**

① 마그네슘　　② 백금
③ 티타늄　　④ 알루미늄

✔ **금속분말**
초미세한 금속분말의 분진들은 폐질환, 호흡기질환 등을 일으킬 수 있으므로 방진마스크 등 올바른 호흡기 보호구를 착용해야 하며, 실험실 오염을 방지하기 위해 가능한 한 부스나 후드 아래에서 분말을 취급한다. 대부분의 미세한 금속분말은 물과 산의 접촉으로 수소가스를 발생하고 발열하며 특히, 습기와 접촉할 때 자연발화의 위험이 있어 폭발할 수 있으므로 특별히 주의한다. 또한 철분, 금속분(**Al 분말**, Zn 분말, **Ti 분말**, Co 분말), **마그네슘**, 유화가루 등은 밀폐된 공간 내에서 부유할 때 분진폭발의 위험이 있다.

84 **어떤 방사능 폐기물에서 방사능 정도가 12차 반감기가 지난 후에 비교적 무해하게 될 것이라고 가정한다. 이 기간 후 남아 있는 방사성 물질의 비는?**

① 0.0144%　　② 0.0244%
③ 0.0344%　　④ 0.0444%

✔ 반감기($t_{\frac{1}{2}}$)
반응물의 농도가 처음 값의 $\frac{1}{2}$로 떨어지는 데 필요한 시간
$A \xrightarrow{\text{1차 반감기}} \frac{1}{2}A$ (A : 초기 농도)
남은 농도(양) $= \left(\frac{1}{2}\right)^{\text{반감기 차수}}$ 으로 구할 수 있다.
∴ 남은 농도(양) $= \left(\frac{1}{2}\right)^{12} \times 100 = $ **0.0244%**

85 ▲ **위험물안전관리법 시행령상 제1류 위험물과 가장 유사한 화학적 특성을 갖는 위험물은?**

① 제2류 위험물
② 제4류 위험물
③ 제5류 위험물
④ 제6류 위험물

✔ **위험물의 유별 및 성질**
1. **제1류 위험물 : 산화성 고체**
2. 제2류 위험물 : 가연성 고체
3. 제3류 위험물 : 자연발화성 및 금수성 물질
4. 제4류 위험물 : 인화성 액체
5. 제5류 위험물 : 자기반응성 물질
6. **제6류 위험물 : 산화성 액체**

86 ▲ **황린을 제외한 제3류 위험물 취급 시 유의사항으로 틀린 것은?**

① 강산화제, 강산류 등과 접촉에 주의한다.
② 대기 중에서 공기와 접촉하여 자연발화하는 때도 있다.
③ 대량의 물을 주수하여 초기 냉각소화한다.
④ 보호액 속에 저장할 때는 위험물이 보호액 표면에 노출되지 않도록 주의한다.

✔ **제3류 위험물 : 자연발화성 및 금수성 물질**
1. 일반적인 성질
   ① 대부분 무기화합물이며, 고체 또는 액체이다.
   ② 칼륨, 나트륨, 알킬알루미늄, 알킬리튬은 물보다 가볍고, 나머지는 물보다 무겁다.
   ③ 칼륨, 나트륨, 알킬알루미늄, 황린은 연소하고, 나머지는 연소하지 않는다.
2. 위험성
   ① **황린을 제외한 금수성 물질은 물과 반응하여 가연성 가스를 발생한다.**

정답 | 82.④ 83.② 84.② 85.④ 86.②

② 황린과 같은 자연발화성 물질은 물 또는 공기와 접촉하면 폭발적으로 연소하여 가연성 가스를 발생하며, 일부 물질은 물과의 접촉에 의해 발화한다.
③ 가열, 강산화성 물질 또는 강산류와 접촉에 의해 위험성이 증가한다.

87 화학물질의 분류 · 표시 및 물질안전보건자료에 관한 기준에 따른 경고 표지의 색상 및 위치에 대한 설명으로 옳은 것은?

① 경고 표지 전체의 바탕은 흰색으로, 글씨와 테두리는 검정색으로 하여야 한다.
② 예방조치 문구를 생략해도 된다.
③ 비닐포대 등 바탕색을 흰색으로 하기 어려운 경우에는 그 포장 또는 용기의 표면을 바탕색으로 사용할 수 없다.
④ 그림문자는 유해성 · 위험성을 나타내는 그림과 테두리로 구성하며, 유해성 · 위험성을 나타내는 그림은 백색으로 한다.

경고 표지의 색상

1. **경고 표지 전체의 바탕은 흰색으로, 글씨와 테두리는 검정색으로 하여야 한다.**
2. 비닐포대 등 바탕색을 흰색으로 하기 힘든 경우 그 포장 용기의 색을 바탕색으로 할 수 있다. 다만, 바탕색이 검정색에 가까운 경우 글씨와 테두리는 바탕색과 대비되는 색상으로 표시하여야 한다.
3. 그림문자(GHS 경고 표지)는 유해성 및 위험성을 나타내는 그림과 테두리로 구성되며, 유해성 및 위험성을 나타내는 그림은 검정색으로 하고 그림문자의 테두리는 빨간색으로 하는 것을 원칙으로 하되, 바탕색과 테두리의 구분이 어려운 경우 바탕색의 대비 색상으로 할 수 있으며 그림문자의 바탕은 흰색으로 한다.
4. 다만, 1L 미만의 소량 용기 또는 포장으로서 경고 표시를 용기 또는 포장에 직접 인쇄하고자 하는 경우에는 그 용기 또는 포장 표면의 색상이 두 가지 이하로 채색되어 있는 경우에 한하여 용기 또는 포장에 주로 사용된 색상(검정색 계통은 제외)을 그림문자의 바탕색으로 사용할 수 있다.

88 ▲ 대기환경보전법 시행규칙상 장거리 이동 대기오염물질이 아닌 것은?

① 미세먼지 ② 납 및 그 화합물
③ 알코올류 ④ 폼알데하이드

대기환경보전법 시행규칙상 장거리 이동 대기오염물질
미세먼지(PM_{10}), 초미세먼지($PM_{2.5}$), **납 및 그 화합물, 폼알데하이드**, 벤젠, 염화수소, 플루오린화물, 사이안화물, 사염화탄소, 클로로폼, 다이클로로메테인, 스티렌, 염화비닐 등이 있다.

89 다음 중 인화성 유기용매의 성질이 아닌 것은 어느 것인가?

① 인화성 유기용매의 액체 비중은 대부분 물보다 가볍고 소수성이다.
② 인화성 유기용매의 증기 비중은 공기보다 작기 때문에 공기보다 높은 위치에서 확산된다.
③ 일반적으로 정전기의 방전불꽃에 인화되기 쉽다.
④ 화기 등에 의한 인화, 폭발 위험성이 있다.

제4류 위험물 : 인화성 액체

1. 일반적인 성질
   ① 대단히 인화하기 쉽다.
   ② 물에 녹지 않고(소수성) 물보다 가벼운 것이 많다.
   ③ **증기 비중은 공기보다 무겁기 때문에 낮은 곳에 체류하여 연소, 폭발의 위험이 있다**(예외, 시안화수소(HCN)는 증기 비중이 0.932로 공기보다 가볍다).
   ④ 연소범위의 하한이 낮기 때문에 공기 중 소량 누설되어도 연소한다.
2. 위험성
   ① 인화 위험이 높으므로 화기의 접근을 피해야 한다.
   ② 증기는 공기와 약간만 혼합되어도 연소한다.
   ③ 발화점과 연소범위의 하한이 낮다.
   ④ 전기 부도체이므로 정전기 발생에 주의한다.

90 ▲ 화학실험실에서 구비해야 하는 분말소화기에는 소화분말이 포함되어 있다. 다음 중 소화분말의 화학반응으로 틀린 것은?

① $2NaHCO_3 \rightarrow Na_2CO_3 + CO_2 + H_2O$
② $2KHCO_3 \rightarrow K_2CO_3 + CO_2 + H_2O$
③ $NH_4H_2PO_4 \rightarrow HPO_3 + NH_3 + H_2O_2$
④ $2KHCO_3 + (NH_2)_2CO \rightarrow K_2CO_3 + 2NH_3 + 2CO_2$

정답 | 87.① 88.③ 89.② 90.③

✔ 분말소화약제의 분류

분말소화약제 종류	주성분	적응 화재	착색
제1종 분말	탄산수소나트륨($NaHCO_3$) $2NaHCO_3 \rightarrow Na_2CO_3 + CO_2 + H_2O$	B, C급	백색
제2종 분말	탄산수소칼륨($KHCO_3$) $2KHCO_3 \rightarrow K_2CO_3 + CO_2 + H_2O$	B, C급	보라색
제3종 분말	인산암모늄(=제일인산암모늄, $NH_4H_2PO_4$) $NH_4H_2PO_4 \rightarrow HPO_3 + NH_3 + H_2O$	A, B, C급	담홍색
제4종 분말	탄산수소칼륨($KHCO_3$) + 요소($(NH_2)_2CO$) $2KHCO_3 + (NH_2)_2CO \rightarrow K_2CO_3 + 2NH_3 + 2CO_2$	B, C급	회색

Check

화재의 분류	명칭	소화 방법
A급 화재	일반화재 : 연소 후 재를 남기는 화재	냉각 소화
B급 화재	유류화재 : 연소 후 재를 남기지 않는 화재	질식 소화
C급 화재	전기화재 : 전기에 의한 발열체가 발화원이 되는 화재	질식 소화
D급 화재	금속화재 : 금속 및 금속의 분, 박, 리본 등에 의해서 발생되는 화재	피복 소화

91 ▲ 다음 중 CO_2소화기의 사용 시 주의사항으로 옳은 것은?

① 모든 화재에 소화효과를 기대할 수 있음
② 모든 소화기 중 가장 소화효율이 좋음
③ 잘못 사용할 경우 동상 위험이 있음
④ 반영구적으로 사용할 수 있음

✔ 이산화탄소(CO_2)소화기
용기에 이산화탄소가 액화되어 충전되어 있으며, 공기보다 1.52배 무거워 심부화재에 적합하다.
1. 장점 : 자체적으로 이산화탄소를 포함하고 있으므로 별도의 추진 가스가 필요 없다.
2. 단점 : 피부에 접촉 시 **동상에 걸릴 수 있고**, 작동 시 소음이 심하다.
3. 소화효과 : 산소의 농도를 낮추는 질식효과, 피복효과(증기 비중이 공기보다 1.52배로 무거움), 이산화탄소 가스 방출 시 기화열에 의한 냉각효과가 있다.

92 물질안전보건자료(GHS/MSDS)의 표시사항에서 폭발성 물질(등급 1.2)의 구분 기준으로 옳은 것은?

① 대폭발의 위험성이 있는 물질, 혼합물과 제품
② 대폭발의 위험성은 없으나 발사(분출) 위험성(projection hazard) 또는 약한 발사 위험성(projection hazard)이 있는 물질, 혼합물과 제품
③ 대폭발의 위험성은 없으나 화재 위험성이 있고 약한 폭풍 위험성(blast hazard) 또는 약한 발사 위험성(projection hazard)이 있는 물질, 혼합물과 제품
④ 심각한 위험성은 없으나 발화 또는 기폭에 의해 약간의 위험성이 있는 물질, 혼합물과 제품

✔ 폭발성 물질
자체의 화학반응에 의하여 주위 환경에 손상을 줄 수 있는 온도, 압력과 속도를 가진 가스를 발생시키는 고체 · 액체 상태의 물질이나 그 혼합물을 말한다.
1. 폭발성 물질(등급 1.1) : 대폭발의 위험성이 있는 물질, 혼합물과 제품
2. **폭발성 물질(등급 1.2) : 대폭발의 위험성은 없으나 분출 위험성(projection hazard)이 있는 물질, 혼합물과 제품**
3. 폭발성 물질(등급 1.3) : 대폭발의 위험성은 없으나 화재 위험성이 있고 약한 폭풍 위험성(blast hazard) 또는 약한 분출 위험성(projection hazard)이 있는 물질, 혼합물과 제품
4. 폭발성 물질(등급 1.4) : 심각한 위험성은 없으나 발화 또는 기폭에 의해 약간의 위험성이 있는 물질, 혼합물과 제품

93 반응성이 매우 큰 물질로서 항상 불활성 기체 속에서 취급해야 하는 물질은?

① 트리에틸알루미늄 ② 하이드록실아민
③ 과염소산 ④ 플루오린화수소

✔ 트리에틸알루미늄[$(C_2H_5)_3Al$]
1. 제3류 위험물로 자연발화성 및 금수성 물질이며, 품명은 알킬알루미늄이다.
2. 무색 투명한 액체이다.
3. 물 또는 알코올과 반응 시 가연성 기체인 에테인(C_2H_6)이 발생한다.
4. 저장 시에는 용기 상부에 질소(N_2) 또는 아르곤(Ar) 등의 불연성 가스를 봉입한다.

정답 | 91.③ 92.② 93.①

94 **산화 · 환원 반응과 관련된 설명으로 틀린 것은?**

① 산화제는 산화 · 환원 반응에서 자신은 환원되면서 상대물질을 산화시키는 물질이다.
② 환원제는 산화 · 환원 반응에서 산화수가 증가한다.
③ 이산화황은 환원제이지만 더 환원력이 강한 황화수소 등과 반응할 때에는 산화제로 사용된다.
④ 같은 주기에서 알칼리토금속보다 알칼리금속이 더 환원되기 쉽다.

✔ • **산화제**
산화 · 환원 반응에서 다른 물질을 산화시키고 자신은 환원되는 물질을 산화제라고 한다. 전자를 얻는 성질이 강할수록 강한 산화력을 가지므로 전기음성도가 큰 대부분의 비금속원소는 산화제가 될 수 있다.
• **환원제**
산화 · 환원 반응에서 다른 물질을 환원시키고 자신은 산화되는 물질을 환원제라고 한다. 전자를 내놓는 성질이 강할수록 강한 환원력을 가지므로 이온화에너지가 작은 대부분의 금속원소는 환원제가 될 수 있다. 같은 주기에서 **알칼리금속**이 알칼리토금속보다 전자를 내놓는 성질이 더 강해 **산화되기 쉬우므로** 더 강한 환원력을 가진 환원제이다.

95 **화학물질의 분류 · 표시 및 물질안전보건자료에 관한 기준에서 물질안전보건자료 작성 시 혼합물의 유해성 · 위험성을 결정하는 방법으로 틀린 것은? (단, ATE는 급성독성 추정값, C는 농도를 의미한다.)**

① 혼합물 전체로서 시험된 자료가 있는 경우에는 그 시험결과에 따라 단일물질의 분류기준을 적용한다.
② 혼합물 전체로서 시험된 자료는 없지만, 유사 혼합물의 분류자료 등을 통하여 혼합물 전체로서 판단할 수 있는 근거자료가 있는 경우에는 희석값을 대표값으로 하여 적용 · 분류한다.
③ 혼합물 전체로서 유해성을 평가할 자료는 없지만 구성성분의 유해성 평가자료가 있는 경우의 급성독성 추정값 공식은 개별 성분의 농도/급성독성 추정값의 조화 평균이다.
④ 혼합물 전체로서 유해성을 평가할 자료는 없지만 구성성분의 90% 미만 성분의 유해성 평가자료가 있거나 추정 가능할 경우의 급성독성 추정값 공식은 $\dfrac{100-C_{\text{unknown}}}{\text{ATE}_{\text{mix}}}=\sum_{n}\dfrac{C_i}{\text{ATE}_i}$ 이다.

✔ 혼합물 전체로서 시험된 자료는 없지만 유사 혼합물의 분류자료 등을 통하여 혼합물 전체로서 판단할 수 있는 근거자료가 있는 경우에는 희석, 배치, 농축, 내삽, 유사 혼합물 또는 에어로졸 등의 가교원리를 적용하여 분류한다.

96 **폐기물관리법 시행령상 지정폐기물에 해당되지 않는 것은?**
▲

① 고체 상태의 폐합성수지
② 농약의 제조 · 판매업소에서 발생되는 폐농약
③ 대기오염방지시설에서 포집된 분진
④ 폐유기용제

✔ **지정폐기물의 종류**
1. 품질관리시험실에서 나오는 액상의 유기용제
2. 품질관리시험실 및 생산에서 나오는 고체상의 유기용제
3. 품질관리시험실 및 생산에서 나오는 액상의 폐산, 폐알칼리 용액 및 이를 포함한 부식성 폐기물
4. 생산 및 시설 관리에서 나오는 액상의 폐유
5. 품질관리시험실 및 생산에서 나오는 액상 및 고체상 폐기물
6. 품질관리시험실 및 생산에서 나오는 폐합성 고분자화합물(**폐합성수지, 폐합성 고무-고체 상태 제외**)
7. 폐수처리 오니 및 공정 오니(환경부령으로 정하는 물질을 함유한 것으로 환경부 장관이 고시한 시설)
8. 환경부령으로 정하는 물질을 함유한 유해물질 함유 폐기물(광재, 분진, 폐주물사, 소각재, 폐촉매 등)
9. 「유해화학물질 관리법」에 따른 폐유독물
10. 농약의 제조 · 판매업소에서 발생되는 폐농약
11. 의료 폐기물 등

97 **다음의 가스로 인한 상해로 가장 알맞은 것은?**

> 염소, 염화수소, 일산화탄소
> 아황산가스, 암모니아, 포스겐

① 부식 ② 폭발
③ 저온 화상 ④ 가스 중독

정답 I 94.④ 95.② 96.① 97.④

✔ 가스로 인한 상해

1. **가스 중독** : 독성가스의 누출로 발생한다.
   염소(Cl_2), 염화수소(HCl), 일산화탄소(CO), 아황산가스(SO_2), 암모니아(NH_3), 포스겐($COCl_2$) 등이 영향을 미친다.
2. 폭발 : 폭발성 가스의 누출 또는 발화로 발생한다.
   아세틸렌(C_2H_2), 수소(H_2), 암모니아, LNG, LPG 등이 영향을 미친다.
3. 질식 : 질식성 가스의 누출로 인해 발생한다.
   산소가 부족하여 호흡곤란 문제가 생기며, 일산화탄소, 염소 등이 영향을 미친다.

98 물과 접촉하면 위험한 물질로 짝지어진 것은?

▲

① K, CaC_2, $KlCO_4$
② K_2O, $K_2Cr_2O_7$, CH_3CHO
③ K_2O_2, K, CaC_2
④ Na, $KMnO_4$, $NaClO_4$

✔ 금수성 물질

1. 알칼리금속의 무기과산화물(K_2O_2, Na_2O_2)
2. 철분(Fe), 마그네슘(Mg), 금속분(Al, Zn)
3. 황린(P)을 제외한 제3류 위험물 : 칼륨(K), 나트륨(Na), 알킬알루미늄, 알킬리튬, 알칼리금속 및 알칼리토금속, 유기금속화합물, 금속의 수소화물(KH, NaH, LiH), 금속의 인화물(Ca_3P_2, AlP), 칼슘 또는 알루미늄의 탄화물(CaC_2, Al_4C_3)

99 인화성 액체와 함께 보관이 불가능한 물질은?

① 염기류 ② 산화제류
③ 환원제류 ④ 모든 수용액

✔ 인화성 액체(제4류 위험물)는 **산화제류**와 접촉 시 혼촉발화한다.

100 다음 설명에 해당하는 시료 채취방법은?

> 전문적인 지식을 바탕으로 주관적인 선택에 따른 채취방법으로 선행연구나 정보가 있을 때 또는 현장 방문에 의한 시각적 정보, 현장 채수요원의 개인적인 지식과 경험을 바탕으로 채취지점을 선정하는 방법

① 유의적 샘플링 ② 임의적 샘플링
③ 계통 표본 샘플링 ④ 층별 임의 샘플링

✔ 유의적 샘플링

전문적인 지식을 바탕으로 한 주관적인 선택에 따른 채취방법으로 선행연구나 정보가 있을 때 또는 현장 방문에 의한 시각적 정보, 현장 채수요원의 개인적인 지식과 경험을 바탕으로 채취지점을 선정하는 방법이다. 연구기간이 짧고 예산이 충분하지 않을 때, 과거 측정지점에 대한 조사자료가 있을 때, 특정 지점의 오염발생 여부를 확인하고자 할 때 선택한다.

정답 | 98.③ 99.② 100.①

2020 제3회 화학분석기사

2020년 8월 22일 시행

제1과목 | 화학분석과정 관리

01 **분석작업 표준 지침서에 따라 표준 시료를 제조하는 다음의 설명 중 적합하지 않은 것은? (단, 표준 저장용액은 100mg/L의 농도를 조제하는 것을 기준으로 한다.)**

① 카드뮴(Cd)의 표준 저장용액은 4mL의 진한 HNO_3에 카드뮴(Cd) 0.100g을 녹인 후, 진한 HNO_3 5mL를 첨가하고 증류수를 가하여 1,000mL로 만든다.

② 철(Fe)의 표준 저장용액은 10mL의 50% HCl과 5mL의 진한 HNO_3의 혼합물에 철 와이어 0.150g을 녹인 후, 5mL 진한 HNO_3을 첨가하고 증류수를 가하여 1,000mL로 만든다.

③ 납(Pb)의 표준 저장용액은 소량의 HNO_3에 $Pb(NO_3)_2$ 0.1598g을 녹인 후, 증류수를 가하여 1,000mL로 만든다.

④ 나트륨(Na)의 표준 저장용액은 증류수에 NaCl 0.2542g을 녹인 후, 10mL 진한 HNO_3을 첨가하고 증류수를 가하여 1,000mL로 만든다.

✔ **표준작업 지침에 따른 100mg/L 표준 저장용액을 제조하는 방법**

① 카드뮴(Cd) : 4mL의 진한 HNO_3에 카드뮴(Cd) 0.100g을 녹인 후, 진한 HNO_3 5mL를 첨가하고 증류수를 가하여 1,000mL로 만든다.

② 철(Fe) : 10mL의 50% HCl과 3mL의 진한 HNO_3의 혼합물에 **철 와이어 0.100g을 녹인 후**, 진한 HNO_3 5mL를 첨가하고 증류수를 가하여 1,000mL로 만든다.

③ 납(Pb) : 소량의 HNO_3에 $Pb(NO_3)_2$ 0.1598g을 녹인 후, 증류수를 가하여 1,000mL로 만든다.

④ 나트륨(Na) : 증류수에 NaCl 0.2542g을 녹인 후, 진한 HNO_3 10mL를 첨가하고 증류수를 가하여 1,000mL로 만든다.

02 **다음 표준규격에 관한 설명 중 옳은 것만 고른 것은?**

㉠ 국내 분석과 관련된 규격에는 국가 표준과 단체 표준이 있으며, 이 중에서 국가 표준은 KS이다.
㉡ ASTM은 미국에서 통용되고 있는 분석 관련 규격이다.
㉢ ISO와 IEC는 국제표준화기구로서 국제 표준을 제작한다.
㉣ 전기전자제품을 수출할 때 유용한 유해물질 분석규격인 RoHS는 ISO에서 제작한 국제 표준이다.

① ㉠, ㉡　　② ㉠, ㉡, ㉢
③ ㉠, ㉢, ㉣　　④ ㉠, ㉡, ㉢, ㉣

✔ 유해물질 제한지침(RoHS, restriction of hazardous substances directive)은 유럽연합(EU)에서 제정한 해로운 물질을 사용한 전자제품이나 전자기기를 제한하는 지침이다.

03 **금속이온과 불꽃반응색이 잘못 짝지어진 것은?**

① 나트륨 – 노란색　　② 리튬 – 빨간색
③ 칼륨 – 황록색　　④ 구리 – 청록색

✔ **불꽃반응**
금속원소가 포함된 화합물을 겉불꽃 속에 넣으면 금속원소에 따라 고유한 불꽃색이 나타난다.

금속원소	리튬	나트륨	칼륨	칼슘	구리	스트론튬
불꽃색	빨간색	노란색	**보라색**	주황색	청록색	빨간색

04 **분석장비에 관한 설명 중 옳은 것은?**

① 전류계는 분석물을 산화 또는 환원하는 데 필요한 전하를 공급하는 장치이며, 교류전원을 많이 사용한다.

② pH미터는 가스전극을 사용하므로 취급에 각별히 주의하여야 한다.

③ 질량분석기는 분석물을 이온화하여 질량 대 전하비를 측정하는 장치이다.

④ GC는 GLC와 GSC로 나뉘는데 두 기기의 차이는 분석물의 상(phase)이다.

정답 | 01.② 02.② 03.③ 04.③

✔ **질량분석기는 분석물을 이온화하여 질량 대 전하비를 측정하는 장치이다.**
① 전원공급장치는 분석물을 산화 또는 환원하는 데 필요한 전하를 공급하는 장치이다.
② pH미터는 이온선택성 전극을 사용한다.
④ GC는 GLC와 GSC로 나뉘는데 두 기기의 차이는 고정상(phase)의 차이이다.

05 기기분석법에서 분석방법에 대한 설명으로 가장 옳은 것은?

① 표준물 첨가법은 미지의 시료에 분석하고자 하는 표준물질을 일정량 첨가해서 미지물질의 농도를 구한다.
② 내부 표준법은 시료에 원하는 물질을 첨가하여 표준 검량선을 이용하여 정량한다.
③ 정성분석 시 검량선 작성은 필수적이다.
④ 정량분석은 반드시 기기분석으로만 할 수 있다.

✔ ② 내부 표준법은 시료에 내부 표준물질을 첨가하여 표준 검량선을 이용하여 정량한다.
③ 정량분석 시 검량선 작성은 필수적이다.
④ 정량분석은 기기분석뿐만 아니라 부피분석법, 무게분석법으로도 할 수 있다.

06 0.10M KNO_3 용액에 관한 설명으로 옳은 것은?

① 이 용액 0.10L에는 6.02×10^{22}개의 K^+ 이온들이 존재한다.
② 이 용액 0.10L에는 6.02×10^{23}개의 K^+ 이온들이 존재한다.
③ 이 용액 0.10L에는 0.010몰의 K^+ 이온들이 존재한다.
④ 이 용액 0.10L에는 1.0몰의 K^+ 이온들이 존재한다.

✔ • **1몰(mol)**
정확히 12.0g 속의 ${}^{12}_{6}C$ 원자의 수, 6.022×10^{23}개의 입자를 뜻하며, 이 수를 아보가드로수라고 한다. 물질의 종류에 관계없이 물질 1몰(mol)에는 물질을 구성하는 입자 6.022×10^{23}개가 들어 있다.

• **몰농도(M)**
용액 1L 속에 녹아 있는 용질의 몰수를 나타낸 농도, 단위는 mol/L 또는 M으로 나타낸다.

$$\text{몰농도(M)} = \frac{\text{용질의 몰수 } n(\text{mol})}{\text{용액의 부피 } V(\text{L})}$$

$M \times V = n$

∴ 이 용액 0.10L에는 $0.10\text{M} \times 0.1\text{L} = \mathbf{0.010mol}$ **의 K^+이 존재한다.**

또한 $0.010\text{mol} \times \frac{6.022 \times 10^{23}\text{개}}{1\text{mol}} = 6.022 \times 10^{21}$개의 K^+이 존재한다.

07 불포화 탄화수소에 속하지 않는 것은?

① alkane ② alkene
③ alkyne ④ arene

✔ **탄화수소 분류**

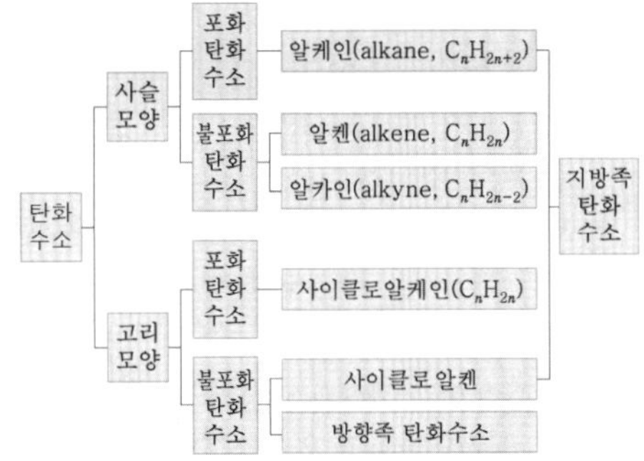

08 C_2H_5OH 8.72g을 얼렸을 때 ΔH는 약 몇 kJ인가? (단, C_2H_5OH의 융해열은 4.81kJ/mol이다.)

① +0.9 ② −0.9
③ +41.9 ④ −41.9

✔ 액체가 고체로의 상태 변화는 발열과정으로 $\Delta H < 0$의 값을 나타낸다.

$$8.72\text{g } C_2H_5OH \times \frac{1\text{mol } C_2H_5OH}{46\text{g } C_2H_5OH} \times \frac{4.81\text{kJ}}{1\text{mol } C_2H_5OH}$$

= 0.91kJ 의 열을 발생한다.
∴ $\Delta H = -0.91\text{kJ}$

09 벤젠을 실험식으로 올바르게 나타낸 것은?

① C_6H_6 ② C_6H_5
③ C_3H_3 ④ CH

✔ **실험식**
1. 화합물을 이루는 원자나 이온의 종류와 수를 가장 간단한 정수비로 나타낸 식이다. 성분원소의 질량비를 원자량으로 나누어 원자수의 비를 구하여 실험식을 나타낸다.
2. 벤젠 분자식 : C_6H_6, 실험식 : CH

정답 | 05.① 06.③ 07.① 08.② 09.④

10 **1.87g의 아연금속으로부터 얻을 수 있는 산화아연의 질량(g)은? (단, Zn : 65g/mol, 산화아연의 생성반응식 $2Zn(s) + O_2(g) \rightarrow 2ZnO(s)$이다.)**

① 1.17 ② 1.50
③ 2.33 ④ 4.66

✔ $1.87g\ Zn \times \frac{1mol\ Zn}{65g\ Zn} \times \frac{2mol\ ZnO}{2mol\ Zn} \times \frac{81g\ ZnO}{1mol\ ZnO}$
$= \mathbf{2.33g\ ZnO}$이 생성된다.

11 **기체에 대한 설명 중 틀린 것은?**

① 동일한 온도 조건에서는 이상기체의 압력과 부피의 곱이 일정하게 유지되면 이를 Boyle의 법칙이라고 한다.
② 기체분자 운동론에 의해 기체의 절대온도는 기체입자의 평균 운동에너지의 척도로 나타낼 수 있다.
③ van der Waals는 보정된 압력과 보정된 부피를 이용하여 이상기체방정식을 수정, 이상기체법칙을 정확히 따르지 않는 실제 기체에 대한 방정식을 유도하였다.
④ 기체의 분출(effusion)속도는 입자 질량의 제곱근에 정비례하며, 이를 Graham의 확산법칙이라고 한다.

✔ 기체의 분출(effusion)속도는 입자 **질량의 제곱근에 반비례**하며, 이를 Graham의 확산법칙이라고 한다.

Check
Graham 확산법칙
일정한 온도와 압력에서 기체의 분출 또는 확산 속도는 기체의 분자량의 제곱근에 반비례한다.

12 **0.120mol의 $HC_2H_3O_2$와 0.140mol의 $NaC_2H_3O_2$가 들어 있는 1.00L 용액의 pH는? (단, $HC_2H_3O_2$의 $K_a = 1.8 \times 10^{-5}$이다.)**

① 3.81 ② 4.81
③ 5.81 ④ 6.81

✔ 완충용액의 pH는 헨더슨-하셀바흐 식 $pH = pK_a + \log\left(\frac{[A^-]}{[HA]}\right)$으로 구할 수 있다.

$\therefore\ pH = -\log(1.8 \times 10^{-5}) + \log\left(\frac{0.140}{0.120}\right) = \mathbf{4.81}$

13 **사이클로알칸류 탄화수소에 대한 설명 중 틀린 것은 무엇인가?**

① 사이클로알칸은 탄소고리 모양을 갖고 있으며, 일반식은 C_nH_{2n+2}로 나타낸다.
② 사이클로프로판과 사이클로부탄은 결합각이 109.5°에서 크게 벗어나 있어 결합각 스트레인(angle strain)을 갖는다.
③ 사이클로헥산의 conformation은 크게 보트(boat)형과 의자(chair)형으로 구별되며 에너지 상태는 의자형이 낮다.
④ methylcyclohexane의 메틸기와 하나 건너 탄소와 결합된 수소원자 사이에 존재하는 입체 반발력을 1,3-이축방향 상호작용이라 부른다.

✔ 사이클로알칸은 탄소원자 사이의 결합이 모두 단일결합으로 이루어진 탄소고리 모양을 갖고 있으며, **일반식은 C_nH_{2n}이다.**

14 **고분자의 생성 메커니즘(축합, 첨가)이 나머지 셋과 다른 하나는?**

① 나일론(nylon)
② PVC(polyvinyl chloride)
③ 폴리에스터(polyester)
④ 단백질(protein)

✔ ① 나일론(nylon) : 축합 중합반응
② PVC(polyvinyl chloride) : 첨가 중합반응
③ 폴리에스터(polyester) : 축합 중합반응
④ 단백질(protein) : 축합 중합반응

Check
중합반응
단위체들이 서로 결합하여 고분자 화합물을 형성하는 반응으로 첨가 중합반응과 축합 중합반응이 있다.
1. 첨가 중합반응 : 단위체는 이중결합 또는 삼중결합을 포함하고 있어 빠져나가는 분자가 없이 단위체가 연속적으로 결합하여 중합체를 형성하는 반응이다. 종류로는 폴리에틸렌(PE), 폴리프로필렌(PP), 폴리염화비닐(PVC), 폴리스타이렌(PS) 등이 있다.
2. 축합 중합반응 : 단위체가 중합반응할 때 물분자와 같이 작은 분자가 빠져나가면서 중합체를 형성하는 반응이다. 종류로는 나일론, 폴리에스터, 페놀수지, 단백질 등이 있다.

정답 | 10.③ 11.④ 12.② 13.① 14.②

15 원자와 분자의 결합에 대한 다음 설명 중 옳은 것은 어느 것인가?

① 어떤 원자가 양이온으로 변하는 과정은 그 원자가 전자에 대해 나타내는 전자친화도(electron affinity)와 관련이 있다.
② 어떤 원자가 음이온으로 변하는 과정은 그 원자가 전자에 대해 나타내는 전기음성도(eletronegativity)와 관련이 있다.
③ 어떤 이온결합이 극성결합인지의 여부는 그 결합에 참여한 원자들의 전기음성도(eletronegativity)와 관련이 있다.
④ 어떤 공유결합이 극성결합인지의 여부는 그 결합에 참여한 원자들의 전기음성도(eletronegativity)와 관련이 있다.

① 어떤 원자가 양이온으로 변하는 과정은 그 원자가 전자에 대해 나타내는 이온화에너지와 관련이 있다.
② 어떤 원자가 음이온으로 변하는 과정은 그 원자가 전자에 대해 나타내는 전자친화도와 관련이 있다.
③ 어떤 이온결합과 극성결합인지의 여부는 관련이 없다.

Check

- **이온화에너지**
  기체상태의 중성 원자로부터 전자 1개를 떼어 내어 기체상태의 양이온으로 만드는 데 필요한 에너지이다. 원자핵과 전자 사이의 인력이 클수록 이온화에너지가 크다.
- **전자친화도**
  기체상태의 중성 원자가 전자 1개를 얻어 기체상태의 음이온이 될 때 방출하는 에너지이다. 원자핵과 전자 사이의 인력이 클수록 전자친화도가 크며, 원자핵과 전자 사이의 인력이 작용하므로 음이온이 될 때 에너지가 방출된다.
- **전기음성도**
  두 원자의 공유결합으로 생성된 분자에서 원자가 공유전자쌍을 끌어당기는 힘의 세기를 상대적인 수치로 나타낸 것이다. 플루오린(F)의 전기음성도를 4.0으로 정하고 이 값을 기준으로 다른 원소들의 전기음성도를 상대적으로 정하였다.

16 텔루륨($_{52}Te$)과 요오드($_{53}I$)의 이온화에너지와 전자친화도의 크기 비교를 올바르게 나타낸 것은?

① 이온화에너지 : Te<I, 전자친화도 : Te<I
② 이온화에너지 : Te>I, 전자친화도 : Te>I
③ 이온화에너지 : Te<I, 전자친화도 : Te>I
④ 이온화에너지 : Te>I, 전자친화도 : Te<I

이온화에너지, 전자친화도의 주기성

1. 같은 주기에서는 원자번호가 클수록 유효 핵전하가 증가하여 원자핵과 전자 사이의 인력이 증가하기 때문에 이온화에너지와 전자친화도는 대체로 증가한다.
2. 같은 족에서는 원자번호가 클수록 전자껍질수가 증가하여 원자핵과 전자 사이의 인력이 감소하기 때문에 이온화에너지와 전자친화도는 감소한다.

∴ 같은 주기에 있는 원소의 이온화에너지와 전자친화도 $_{52}Te < _{53}I$이다.

17 원소 및 원소의 주기적 특성에 대한 설명으로 옳은 것은?

① Mg의 1차 이온화에너지는 3주기 원소들 중에 가장 작다.
② Cl가 염화이온(Cl^-)이 될 때 같은 주기 원소 중 가장 많은 에너지를 흡수한다.
③ Na이 소듐이온(Na^+)이 되면 반지름이 증가한다.
④ K의 원자 반지름은 Ca의 원자 반지름보다 크다.

① Na의 1차 이온화에너지는 3주기 원소들 중에 가장 작다. 같은 주기에서는 원자번호가 클수록 유효 핵전하가 증가하여 원자핵과 전자 사이의 인력이 증가하기 때문에 이온화에너지가 대체로 증가한다.
② Cl가 염화이온(Cl^-)이 될 때 같은 주기 원소 중 가장 많은 에너지를 방출한다. 같은 주기에서는 원자번호가 클수록 유효 핵전하가 증가하여 원자핵과 전자 사이의 인력이 증가하기 때문에 전자친화도는 대체로 증가하므로 더 많은 에너지를 방출한다.
③ Na이 소듐이온(Na^+)이 되면 반지름이 감소한다. 중성 원자가 전자를 잃어 양이온이 되면 전자껍질수가 감소하기 때문에 반지름이 감소하며, 금속원소는 전자를 잃어 양이온이 되기 쉬우므로 원자 반지름보다 이온 반지름이 작다.
④ K의 원자 반지름은 Ca의 원자 반지름보다 크다. 같은 주기에서는 전자껍질수는 같고, 원자번호가 클수록 양성자수가 증가하여 유효 핵전하가 증가되어 원자핵과 전자 사이의 인력이 증가하기 때문에 원자번호가 클수록 원자 반지름이 감소한다.

정답 | 15.④ 16.① 17.④

18 **1.0mol의 산소와 과량의 프로페인(C_3H_8) 기체의 완전연소로 생성되는 이산화탄소의 몰수는?**

① 0.3 ② 0.4
③ 0.5 ④ 0.6

✔ $C_3H_8(g) + 5O_2(g) \rightarrow 3CO_2(g) + 4H_2O(g)$

$\therefore 1.0\text{mol } O_2 \times \frac{3\text{mol } CO_2}{5\text{mol } O_2} = \mathbf{0.6mol\ CO_2}$

19 **분광분석법이 아닌 것은?**

① DTA
② Raman
③ UV/VIS
④ Chemiluminescence

✔ • **열분석**
조절된 온도 프로그램으로 가열하면서 물질과 또는 그 물질의 반응생성물의 물리적 성질을 온도함수로 측정하는 일련의 방법이다. 열무게 측정(TG), **시차열분석(DTA)**, 시차주사열량법(DSC)이 있다.

• **분광분석**
물질이 방출 또는 흡수하는 빛을 분광계나 분광기 등을 사용하여 스펙트럼으로 나누어 측정하여 그 결과로부터 물질의 물리적 성질의 정성 및 정량 분석하는 방법이다. 분광분석법의 종류는 다음과 같다.

분류	측정하는 빛의 종류에 따라 구분
원자 분광법	원자흡수(AAS) 및 형광분광법
	유도결합플라스마 원자방출분광법(ICP−AES)
	X−선 분광법
분자 분광법	자외선−가시선 흡수분광법(UV−Vis)
	형광 및 인광 광도법
	적외선 흡수분광법(IR)
	핵자기공명 분광법(NMR)

20 **일반적인 화학적 성질에 대한 설명 중 틀린 것은?**

① 열역학적 개념 중에 엔트로피는 특정 물질을 이루고 있는 입자의 무질서한 운동을 나타내는 특성이다.
② 빛을 금속 표면에 쪼였을 때 전자가 방출되는 현상을 광전효과라 하며, Albert Einstein이 발견하였다.
③ 기체상태의 원자에 전자 하나를 더하는 데 필요한 에너지를 이온화에너지라 한다.
④ 같은 주기에서 원자의 반지름은 원자번호가 증가할수록 감소한다.

✔ • 이온화에너지는 기체상태의 중성 원자로부터 전자 1개를 떼어내어 기체상태의 양이온으로 만드는 데 필요한 에너지이다.
• **전자친화도는 기체상태의 중성 원자가 전자 1개를 얻어 기체상태의 음이온이 될 때 방출하는 에너지이다.**

제2과목 | 화학물질특성 분석

21 **분자흡수분광법의 가시광선 영역에서 주로 사용되는 복사선의 광원은?**

① 중수소등 ② 니크롬선등
③ 속빈 음극등 ④ 텅스텐 필라멘트등

✔ **연속 광원**
흡수와 형광 분광법에서 사용된다.
1. 자외선 영역 : 중수소(D_2), 아르곤, 제논, 수은등을 포함한 고압기체 충전 아크등
2. **가시광선 영역 : 텅스텐 필라멘트**
3. 적외선 영역 : 1,500~2,000K으로 가열된 비활성 고체 니크롬선(Ni−Cr), 글로바(SiC), Nernst 백열등

22 **원자분광법에서 사용되는 시료 도입방법 중 고체 형태의 시료에 적용시킬 수 없는 방법은?**

① 기체분무화
② 전열증기화
③ 레이저 증발
④ 아크 증발

✔ **시료 도입방법**
전체 시료를 대표하는 일정 분율의 시료를 원자화 장치로 도입시키는 것으로 용액 시료 도입과 고체 시료 도입으로 나뉜다.
1. **용액 시료 도입 : 기체분무기**, 초음파분무기, 전열증기화, 수소화물 생성법
2. **고체 시료 도입** : 직접 시료 도입, **전열증기화, 아크와 스파크 증발**, 글로우방전법

정답 | 18.④ 19.① 20.③ 21.④ 22.①

23 **아세트산(CH_3COOH)의 해리 평형반응이 다음과 같을 때 산 해리상수(K_a)를 올바르게 표현한 것은?**

$CH_3COOH(aq) \rightleftarrows CH_3COO^-(aq) + H^+(aq)$

① $\frac{[CH_3COO^-]}{[CH_3COOH]}$ ② $\frac{[CH_3COOH]}{[CH_3COO^-]}$

③ $\frac{[CH_3COOH]}{[CH_3COO^-][H^+]}$ ④ $\frac{[CH_3COO^-][H^+]}{[CH_3COOH]}$

화학평형에 관한 반응식 $aA + bB \rightleftarrows cC + dD$에서 평형상수식은 다음과 같다.

$K = \frac{[C]^c[D]^d}{[A]^a[B]^b}$

화학종이 순수한 액체, 순수한 고체, 또는 용매가 과량으로 존재한다면 평형상수식에 나타나지 않는다. 산 해리상수(K_a) 또한 평형상수(K)로서 평형상수식으로 나타내며, 온도에 따라 그 값이 변하는 상수이다.

$\therefore K_a = \frac{[CH_3COO^-][H^+]}{[CH_3COOH]}$

24 **$4HCl(g)+O_2(g)+heat \rightleftarrows 2Cl_2(g)+2H_2O(g)$ 반응이 평형상태에 있을 때, 정반응이 우세하게 일어나게 하는 변화로 옳은 것은?**

① Cl_2의 농도 증가
② HCl의 농도 감소
③ 반응온도 감소
④ 압력의 증가

르 샤틀리에 원리
동적 평형상태에 있는 반응 혼합물에 자극(스트레스)을 가하면, 그 자극의 영향을 감소시키는 방향으로 평형이 이동하여 새로운 평형에 도달한다.

① Cl_2의 농도 증가 : 생성물의 농도 증가, 그 물질의 농도가 감소하는 방향으로 평형이동
→ 역반응이 우세
② HCl의 농도 감소 : 반응물의 농도 감소, 그 물질의 농도가 증가하는 방향으로 평형이동
→ 역반응이 우세
③ 반응온도 감소 : 온도가 낮아지면, 발열반응 쪽으로 평형이동
→ 역반응이 우세
④ **압력의 증가** : 압력이 높아지면(입자수 증가), 기체의 몰수가 감소하는 방향으로 평형이동
→ **정반응이 우세**

25 **원자분광법에 사용되는 분무기 중 분무효율이 가장 좋은 것은?**

① 중심관(concentric)분무기
② 바빙톤(Barbington)분무기
③ 초음파(ultrasonic)분무기
④ 가로-흐름(cross-flow)분무기

초음파분무기
20kHz ~ 수MHz로 진동하는 압전기 결정의 표면으로 시료를 도입하여 에어로졸을 만든 후 원자화 장치로 보낸다. 분무 중 효율이 가장 좋다.

26 **25℃에서 아연(Zn)의 표준 전극전위는 다음과 같을 때 0.0600M $Zn(NO_3)_2$ 용액에 담겨 있는 아연전극의 전위(V)는?**

$Zn^{2+} + 2e^- \rightleftarrows Zn(s),\ E^\circ = -0.763V$

① −0.763 ② −0.799
③ −0.835 ④ −0.846

Nernst 식

$E = E^\circ - \frac{0.05916V}{n}\log Q$으로 전위를 구할 수 있다.

여기서, E° : 표준 환원전위
n : 전자의 몰수

$\therefore E = -0.763 - \frac{0.05916}{2}\log\frac{1}{0.0600} = \mathbf{-0.799V}$

27 **Mg^{2+} 이온과 EDTA와의 착물 MgY^{2-}를 포함하는 수용액에 대한 다음 설명 중 틀린 것은? (단, Y^{4-}는 수소이온을 모두 잃어버린 EDTA의 한 형태이다.)**

① Mg^{2+}와 EDTA의 반응은 킬레이트 효과로 설명할 수 있다.
② 용액의 pH를 높일수록 해리된 Mg^{2+} 이온의 농도는 감소한다.
③ 해리된 Mg^{2+} 이온의 농도와 Y^{4-}의 농도는 서로 같다.
④ EDTA는 산−염기 화합물이다.

해리된 Mg^{2+} 이온의 농도는 **EDTA 전체의 농도와** 같다.

정답 | 23.④ 24.④ 25.③ 26.② 27.③

28 난용성 고체염인 $BaSO_4$로 포화된 수용액에 대한 설명으로 틀린 것은?

① $BaSO_4$ 포화 수용액에 황산 용액을 넣으면 $BaSO_4$가 석출된다.
② $BaSO_4$ 포화 수용액에 소금을 첨가하면 $BaSO_4$가 석출된다.
③ $BaSO_4$의 K_{sp}는 온도의 함수이다.
④ $BaSO_4$ 포화 수용액에 $BaCl_2$ 용액을 넣으면 $BaSO_4$가 석출된다.

✔ 난용성 고체염인 $BaSO_4$를 물에 용해하면 다음과 같은 평형을 이룬다.
$BaSO_4(s) \rightleftarrows Ba^{2+}(aq) + SO_4^{2-}(aq)$
$K_{sp} = [Ba^{2+}][SO_4^{2-}]$
공통이온인 Ba^{2+}, SO_4^{2-} 이온의 첨가는 공통이온의 효과로 침전물의 용해도가 감소되어 $BaSO_4(s)$이 증가하고(석출된다), **그 외의 이온을 첨가하면** 이온 세기에 의해 침전물의 용해도가 증가되어 $BaSO_4(s)$이 감소한다(**석출되지 않는다**).

29 다음 중 표준상태에서 가장 강한 산화제는 어느 것인가?

① Cl_2
② HNO_2
③ H_2SO_3
④ MnO_2

✔ 산화 · 환원 반응에서 다른 물질을 산화시키고 자신은 환원되는 물질을 산화제라고 한다.
1. 전자를 얻는 성질이 강할수록 강한 산화력을 가지므로 전기음성도가 큰 대부분의 비금속원소는 산화제가 될 수 있다.
   → F_2, Cl_2, O_2, O_3
2. 산화수가 높은 원소를 포함한 물질은 산화제가 될 수 있다.
   → $KMnO_4$, $K_2Cr_2O_7$, HNO_3, $HClO_4$
3. 같은 원자가 여러 가지 산화수를 가지는 경우 산화수가 가장 큰 원자를 포함한 화합물이 가장 강한 산화제이다.
   → $KMnO_4$, MnO_2, Mn_2O_3, $MnCl_2$ 중에서 $KMnO_4$가 가장 강한 산화제이다.

∴ Cl_2, HNO_2, H_2SO_3, MnO_2 중 가장 강한 산화제는 **전자를 얻는 성질이 강한** Cl_2이다.

30 완충용액과 완충용량에 대한 설명으로 틀린 것은?

① 완충용액은 약산과 짝염기가 공존하기 때문에 pH 변화가 적다.
② 완충용액은 약산과 짝염기의 비율이 1 : 1일 경우 최대이다.
③ 완충용량이 작을수록 용액은 pH 변화가 더 잘 견딘다.
④ 완충용액의 pH는 용액의 이온 세기에 의존한다.

✔ 완충용량은 강산 또는 강염기가 첨가될 때 pH 변화를 얼마나 잘 막는지에 대한 척도이다. **완충용량이 클수록 pH 변화에 대한 용액의 저항은 커진다.** 완충용액 1.00L를 pH 1.00단위만큼 변화시킬 수 있는 강산이나 강염기의 몰수로 정의된다.

31 활동도계수(activity coefficient)에 대한 설명으로 옳은 것은?

① 이온의 전하가 같을 때 이온 크기가 증가하면 활동도계수는 증가한다.
② 이온의 크기가 같을 때 이온의 세기가 증가하면 활동도계수는 증가한다.
③ 이온의 크기가 같을 때 이온의 전하가 증가하면 활동도계수는 증가한다.
④ 이온의 농도가 묽은 용액일수록 활동도계수는 1보다 커진다.

✔ **활동도계수**
화학종이 포함된 평형에서 그 화학종이 평형에 미치는 영향의 척도이다. 전해질의 종류나 성질에는 무관하며, 전하를 띠지 않는 중성분자의 활동도계수는 이온 세기에 관계없이 대략 1이다. 또한 농도와 온도에 민감하게 반응하며, 용액이 매우 묽을 경우 주어진 화학종의 활동도계수는 1에 매우 가까워진다. 이온 세기가 작을수록, 이온의 전하가 작을수록, **이온 크기(수화 반경)가 클수록 활동도계수는 증가한다.**

32 염이 녹은 수용액의 액성을 나타낸 것 중 틀린 것은?

① $NaNO_3$: 중성 ② Na_2CO_3 : 염기성
③ NH_4Cl : 산성 ④ NaCN : 산성

정답 | 28.② 29.① 30.③ 31.① 32.④

✔ ① $NaOH + HNO_3$의 염, 더 이상 가수분해되지 않아 중성 용액
② $NaOH + H_2CO_3$의 염, 생성된 강한 염기(CO_3^{2-})는 가수분해되어 염기성 용액
③ $NH_3 + HCl$의 염, 생성된 강한 산(NH_4^+)은 가수분해되어 산성 용액
④ $NaOH + HCN$의 염, 생성된 강한 염기(CN^-)는 가수분해되어 **염기성 용액**

Check
1. 강산 + 강염기의 염이 녹은 수용액은 더 이상 가수분해되지 않아 중성 용액이 된다.
2. 약산(HA) + 강염기의 염이 녹은 수용액은 생성된 강한 염기(A^-)가 가수분해되어 염기성 용액이 된다.
3. 강산 + 약염기(B)의 염이 녹은 수용액은 생성된 강한 산(BH^+)이 가수분해되어 산성 용액이 된다.

33 25℃, 0.100M KCl **수용액의 활동도계수를 고려한 pH는? (단, 25℃에서 H^+와 OH^-의 활동도계수는 각각 0.830, 0.760이며, 물의 이온화 상수는 1.00×10^{-14}이다.)**

① 6.82 ② 6.90
③ 6.98 ④ 7.00

✔ **활동도**
$A_c = \gamma_c[C]$
$K_w = A_{H^+} \times A_{OH^-} = \gamma_{H^+}[H^+] \times \gamma_{OH^-}[OH^-]$
$K_w = 1.00 \times 10^{-14}$, $\gamma_{H^+} = 0.83$, $\gamma_{OH^-} = 0.76$
$[H^+] = [OH^-] = x$로 대입하면
$1.00 \times 10^{-14} = 0.83x \times 0.76x$이고, $x = 1.259 \times 10^{-7}$이 된다.
$\therefore pH = -\log(\gamma_{H^+}[H^+])$
$= -\log(0.830 \times 1.259 \times 10^{-7}) = \mathbf{6.98}$

34 $CuN_3(s) \rightleftarrows Cu^+(aq) + N_3^-(aq)$**의 평형상수가** K_1**이고,** $HN_3(aq) \rightleftarrows H^+(aq) + N_3^-(aq)$**의 평형상수가** K_2**일 때,** $Cu^+(aq) + HN_3(aq) \rightleftarrows H^+(aq) + CuN_3(s)$**의 평형상수를 올바르게 나타낸 것은?**

① $\dfrac{K_2}{K_1}$ ② $\dfrac{K_1}{K_2}$
③ $K_1 \times K_2$ ④ $\dfrac{1}{K_1 + K_2}$

✔ 정반응의 평형상수가 K이면 역반응의 평형상수는 $\dfrac{1}{K}$이고, 두 반응을 합한 식의 평형상수 K는 각각의 평형상수를 곱한 값이 된다.

$Cu^+(aq) + N_3^-(aq) \rightleftarrows CuN_3(s)$ ··············· $\dfrac{1}{K_1}$
$HN_3(aq) \rightleftarrows H^+(aq) + N_3^-(aq)$ ················· K_2
$Cu^+(aq) + HN_3(aq) \rightleftarrows H^+(aq) + CuN_3(s)$ ··· $K = \dfrac{1}{K_1} \times K_2$

35 MnO_4^-**에서 Mn의 산화수는 얼마인가?**

① +2 ② +3
③ +5 ④ +7

✔ 산화 · 환원 반응식에서 물질들의 산화수는 다원자 이온의 경우 각 원자의 산화수의 총합이 다원자 이온의 전하와 같고, 화합물에서 O의 산화수는 −2이다.
Mn의 산화수를 x로 두면, $x + 4(-2) = -1$
$\therefore x = +7$

36 **표준 전극전위($E°$)의 특징을 설명한 것으로 틀린 것은?**

① 전체 전지에 대한 표준 전극전위는 환원전극의 표준 전극전위에서 산화전극의 표준 전극전위를 뺀 값이다.
② 반쪽반응에 대한 표준 전극전위는 온도에 따라 변하지 않는다.
③ 균형 잡힌 반쪽반응물과 생성물의 몰수에 무관하다.
④ 전기화학전지의 전위라는 점에서 상대적인 양이다.

✔ 표준 전극전위(표준 기전력, $E°_{전지}$)는 25℃, 1atm, 1M의 표준상태에서 두 반쪽전지의 전위차, **온도가 달라지면 표준 전극전위도 달라진다.**

37 **루미네선스(luminescence) 방법의 특징이 아닌 것은?**

① 검출한계가 낮다.
② 정량분석을 할 수 있다.
③ 흡수법에 비해 선형 농도 측정범위가 좁다.
④ 시료 매트릭스로부터 방해효과를 받기 쉽다.

정답 | 33.③ 34.① 35.④ 36.② 37.③

분자발광(luminescence)법의 특징

1. 감도가 좋다.
2. 검출한계가 낮다.
   → 몇 ppb 정도로 낮은 범위이다.
3. **흡수법에 비해 선형 농도 측정범위가 넓다.**
4. 시료 매트릭스보다 방해효과를 받기 쉽다.
5. 정량분석이 가능하지만, 흡수법보다 널리 쓰이지 않는다.
   → 많은 화학종들이 UV-VIS 영역에서 광발광보다는 흡수하기 때문에

38 다음 중 갈바니전지와 관련된 설명으로 틀린 것은 어느 것인가?

① 갈바니전지의 반응은 자발적이다.
② 전자는 전위가 낮은 전극으로 이동한다.
③ 전지전위는 양수이다.
④ 산화반응이 일어나는 전극을 anode, 환원반응이 일어나는 전극을 cathode라 한다.

전극의 전위를 표준 환원전위로 나타내면 전자는 전위가 낮은 산화전극에서 **전위가 높은 환원전극으로 이동한다.**

39 어떤 염산 용액의 밀도가 1.19g/cm³이고 농도는 37.2wt%일 때, 이 용액의 몰농도를 구하는 식으로 옳은 것은? (단, HCl의 분자량은 36.5 g/mol이다.)

① $1.19\times0.372\times\frac{1}{36.5}\times10^3$

② $1.19\times0.372\times\frac{1}{36.5}$

③ $1.19\times0.72\times36.5\times\frac{1}{10^3}$

④ $1.19\times0.372\times36.5$

몰농도(M)

용액 1L 속에 녹아 있는 용질의 몰수를 나타낸 농도

$$몰농도(M)=\frac{용질의\ 몰수(mol)}{용액의\ 부피(L)}$$

단위는 mol/L 또는 M으로 나타낸다.

$1cm^3=1mL$이므로 염산용액의 밀도는 1.19g/mL이다.

$$\therefore \frac{1.19g\ 용액}{1mL\ 용액}\times\frac{37.2g\ HCl}{100g\ 용액}\times\frac{1mol\ HCl}{36.5g\ HCl}\times\frac{10^3mL\ 용액}{1L\ 용액}=12.1M$$

40 다음 중 가장 센 산화력을 가진 산화제는? (단, $E°$는 표준 환원전위이다.)

① 세륨 이온(Ce^{4+}), $E°=1.44V$
② 크롬산 이온(CrO_4^{2-}), $E°=-0.12V$
③ 과망간산 이온(MnO_4^-), $E°=1.51V$
④ 중크롬산 이온($Cr_2O_7^{2-}$), $E°=1.36V$

표준 환원전위($E°$)는 산화전극을 표준 수소전극으로 한 화학전지의 전위로 반쪽반응을 환원반응의 경우로만 나타낸 상대 환원전위이다. 표준 환원전위가 클수록 환원이 잘 되는 것이므로 강한 산화제, 산화력이 크다.

∴ 표준 환원전위가 가장 큰 **과망간산 이온(MnO_4^-)**이 가장 센 산화력을 가진 산화제이다.

제3과목 | 화학물질구조 분석

41 보호칼럼(guard column)의 사용 및 특성에 대해 설명한 것으로 틀린 것은?

① 분석칼럼 뒤에 설치한다.
② 분석칼럼의 수명을 연장시킨다.
③ 정지상에 비가역적으로 결합되는 시료성분을 제거한다.
④ 보호칼럼 충전물의 조성은 분석칼럼의 것과 거의 같아야 한다.

액체 크로마토그래피 보호칼럼

1. 보통 짧은 보호칼럼을 **분석칼럼 앞에 설치하여** 용매에서 들어오는 입자성 물질과 오염물질뿐만 아니라 정지상에 비가역적으로 결합되는 시료성분을 제거한다.
2. 분석칼럼의 수명 연장과 분리효율을 높이고 분리시간을 단축시키기 위해 사용한다.
3. 보호칼럼 충전물의 조성은 분석칼럼의 조성과 거의 같아야 하고, 입자의 크기는 더 크게 하여 압력강하를 최소화한다.

정답 | 38.② 39.① 40.③ 41.①

42 **얇은 크로마토그래피(TLC)에 관한 설명으로 옳은 것은?**

① TLC는 유기화합물 합성에서 반응의 완결을 확인하는 데 유용하게 이용되기도 한다.
② TLL에서는 머무름인자를 얻는 것이 칼럼을 이용한 실험으로부터 얻는 것보다 어렵고 오래 걸린다.
③ TLC에서는 용매의 이동거리와 각 성분의 이동거리의 차를 지연인자로 삼는다.
④ TLC는 2차원(2-dimensional) 분리가 불가능하다.

① 얇은 층 크로마토그래피는 생산품의 순도를 판별하거나 여러 생화학 및 유기화합물 합성에서 **반응의 완결을 확인하거나** 제약산업에서 생산품의 순도를 판별하는 중요한 역할을 한다.
② 대부분의 평면 크로마토그래피는 얇은 층 방법을 바탕으로 두고 있는데, 이 방법이 종이 크로마토그래피보다 더 빠르고 더 좋은 분해능을 갖고 감도도 더 좋기 때문이다.
③ 지연인자(R_f) : 용매의 이동거리와 용질(각 성분)의 이동거리의 비이다.

$$R_f = \frac{d_R}{d_M}$$

시료의 출발선으로부터 측정한 직선거리로
여기서, d_M : 용매의 이동거리
d_R : 용질의 이동거리
④ 2차원 평면 크로마토그래피 : 시료는 전개판의 한쪽 구석에 점적하고, 전개는 용매 A를 이용하여 위쪽 방향으로 진행한 다음 용매 A를 증발시켜 제거하며, 전개판을 90° 회전시킨 다음 용매 B를 이용하여 위쪽으로 전개한다.

43 **이온 선택성 막전극에서 막 또는 막의 매트릭스 속에 함유된 몇 가지 화학종들은 분석물 이온과 선택적으로 결합할 수 있어야 한다. 이때 일반적인 결합의 유형이 아닌 것은?**

① 이온교환 ② 침전화
③ 결정화 ④ 착물 형성

이온 선택성 막의 조건
1. 분석물질 용액에 대한 용해도가 거의 0이어야 한다.
2. 약간의 전기전도도를 가져야 한다.
3. 막 속에 함유된 몇 가지 화학종들은 분석물 이온과 선택적으로 결합할 수 있어야 한다.
4. **이온교환, 결정화, 착물 형성** 등의 방법으로 분석물과 결합할 수 있어야 한다.
5. 전극의 감응은 온도에 따라 변한다.

44 **FT-IR 검출기로 주로 사용되는 검출기는?**

① 골레이(Golay) 검출기
② 볼로미터(Bolometer)
③ 열전기쌍(thermocouple) 검출기
④ 초전기(pyroelectric) 검출기

파이로전기 검출기(pyroelectric detector)
특별한 열적 및 전기적 성질을 갖고 있는 절연체(유전물질)인 파이로전기 물질의 단결정 웨이퍼로 구성되어 있다. 파이로전기 검출기는 간섭계로부터 나오는 시간함수 신호의 변화를 추적할 수 있도록 충분히 빠른 감응시간을 가지고 있어 대부분의 **Fourier 변환 적외선 분광기(FT-IR)에서 검출기로 사용**된다.

45 **질량분석법에서는 질량 대 전하의 비에 의하여 원자 또는 분자 이온을 분리하는 데 고진공 속에서 가속된 이온들을 직류 전압과 RF 전압을 일정 속도로 함께 증가시켜 주면서 통로를 통과하도록 하여 분리하며, 특히 주사시간이 짧은 장점이 있는 질량분석기는?**

① 이중초점 분석기
(double focusing spectrometer)
② 사중극자 질량분석기
(quadrupolemass spectrometer)
③ 비행시간 분석기
(time-of-flight spectrometer)
④ 이온-포착 분석기
(ion-trap spectrometer)

사중극자 질량분석기
기기의 중심부에 질량 필터의 전극 역할을 하는 4개의 원통형 금속막대가 있고, 막대에 걸리는 DC 전압과 고주파 AC 전압은 질량 대 전하비를 일정하게 유지하기 위해 계속적으로 증가시켜 특정 m/z값을 갖는 이온들만 검출기로 보내어 분리한다. 주사시간이 짧고 부피가 작으며 값이 싸고 튼튼하여 널리 사용되는 질량분석기이다.
→ 원자질량분석계에서 사용되는 가장 일반적인 질량분석계이다.

정답 | 42.① 43.② 44.④ 45.②

46 **중합체를 시차열분석법(DTA)을 통해 분석할 때 발열반응에서 측정할 수 있는 것은?**

① 결정화 과정 ② 녹는 과정
③ 분해과정 ④ 유리전이 과정

시차열분석법(DTA)
열분석도
유리전이 ➔ 결정 형성 ➔ 용융 ➔ 산화 ➔ 분해

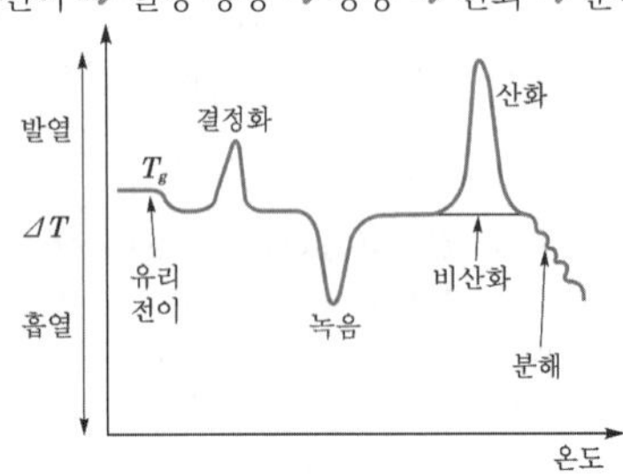

| 시차열분석도 |

1. 유리전이
   ① 유리질에서 고무질로의 전이에서는 열을 방출하거나 흡수하지 않으므로 엔탈피의 변화가 없다. ($\Delta H=0$)
   ② 고무질의 열용량은 유리질의 열용량과 달라 기준선이 낮아질 뿐, 어떤 봉우리도 나타나지 않는다.
2. **결정 형성** : 첫 번째 봉우리
   ① 특정 온도까지 가열되면 많은 무정형 중합체는 열을 방출하면서 미세결정으로 결정화되기 시작한다.
   ② 열이 방출되는 **발열과정**의 결과로 생긴 것으로 이로 인해 온도가 올라간다.
3. 용융 : 두 번째 봉우리
   ① 형성된 미세결정이 녹아서 생기는 것이다.
   ② 열을 흡수하는 흡열과정의 결과로 생긴 것으로 이로 인해 온도가 내려간다.
4. **산화** : 세 번째 봉우리
   ① 공기나 산소가 존재하여 가열할 때만 나타난다.
   ② 열이 방출되는 **발열반응**의 결과로 생긴 것으로 이로 인해 온도가 올라간다.
5. 분해 : 중합체가 흡열 · 분해하여 여러 가지 물질을 생성할 때 나타나는 결과이다.

47 **다음 저분해능 질량스펙트럼의 해석에 유용한 정보를 기술한 내용 중 타당한 것을 고른 것은?**

> ㉠ 탄화수소에서 분자이온의 m/z값은 항상 홀수이다.
> ㉡ C, H, O로 구성된 분자이온의 m/z값은 항상 홀수이다.
> ㉢ C, H, N로 구성된 분자이온의 N이 짝수 개이면 m/z값은 항상 홀수이다.

① ㉠ ② ㉡
③ ㉡, ㉢ ④ 옳은 것 없음

분자 질량스펙트럼
분석물질(M)의 증기가 전자 흐름에 부딪히면 분석물질은 전자를 잃게 되어 M^+의 분자이온을 형성하게 된다. 에너지를 가진 전자와 분석하고자 하는 분자들 사이의 충돌은 들뜬상태에서 분자들이 홀로 있기에 충분한 에너지를 나누어준다. 그러면 보다 낮은 질량의 이온을 만드는 분자이온의 조각들이 만들어지게끔 이완과정이 일어나, 보다 작은 양이온을 띤 조각들이 작은 양으로 생기게 된다. 전자 충격에 의해 생성된 양이온들은 질량분석기의 슬릿을 통해서 끌리는데 이 양이온들은 질량 대 전하의 비(m/z)에 따라서 구분되고 질량스펙트럼의 형태로 나타난다. 스펙트럼에는 가장 큰 봉우리인 기준 봉우리의 m/z 값 뿐만 아니라 여러 작은 양이온의 조각들에 대한 m/z값도 나타난다.

48 **표면분석에 있어서 자주 접하게 되는 문제는 시료 표면의 오염문제이다. 이러한 시료를 깨끗이 하는 방법을 설명한 것으로 틀린 것은?**

① 높은 온도에서 시료를 구움
② 전자총에서 생긴 활성 기체를 시료에 쪼여 줌
③ 여러 용매 속에 시료를 넣어 초음파를 사용하여 씻음
④ 연마제를 사용하여 시료 표면을 기계적으로 깎거나 닦아 줌

시료를 깨끗하게 하는 방법
1. 높은 온도에서 시료를 굽는 방법
2. **전자전이로부터 만든 비활성 기체 이온 빔을 시료에 쪼여 주는 방법**
3. 연마제를 사용하여 시료 표면을 기계적으로 깎거나 닦아내는 방법
4. 여러 용매 속에 시료를 넣어 초음파를 사용하여 씻어내는 방법
5. 산화물을 제거하기 위해 환원성 기체 분위기에서 시료를 씻어내는 방법 등

49 **유리전극으로 pH를 측정할 때 영향을 주는 오차의 요인이 아닌 것은?**

① 높은 이온세기 용액의 오차
② 알칼리 오차
③ 산 오차
④ 표준 완충용액의 pH 오차

정답 | 46.① 47.④ 48.② 49.①

✔ ① **낮은 이온세기의 용액** : 이온세기가 너무 낮으면 용액의 전기전도도가 작아 pH 측정이 어려워진다.
② 알칼리 오차 : 유리전극은 H^+에 선택적으로 감응하는데 pH 11~12보다 큰 용액에서는 H^+의 농도가 낮고 알칼리금속 이온의 농도가 커서 전극이 알칼리금속 이온에 감응하기 때문에 측정된 pH는 실제 pH보다 낮아진다.
③ 산 오차 : pH가 0.5보다 낮은 강산 용액에서는 유리 표면이 H^+로 포화되어 H^+이 더 이상 결합할 수 없기 때문에 측정된 pH는 실제 pH보다 높아진다.
④ 표준 완충용액의 불확정성

50 **모세관 전기이동 분리도 방식에 해당하지 않는 것은?**

① 모세관 띠 전기이동
② 모세관 젤 전기이동
③ 모세관 등전 집중
④ 모세관 변속 이동

✔ **모세관 전기이동의 종류**
1. **모세관 띠 전기이동**(capillary zone electrophoresis)
2. **모세관 젤 전기이동**(capillary gel electrophoresis)
3. **모세관 등전 집중**(capillary isoelectric focusing)
4. **모세관 등속 이동**(capillary isotachophoresis)

51 **전위차법에서는 전위측정기(V-meter)와 측정용 전극의 내부저항 크기가 측정 오차를 결정하는 중요한 인자가 된다. 수용액에 용해된 CO_2 농도 측정용 막전극(membrane electrode)이 있다. 조건을 갖춘 검액 시료에 이 전극을 넣고 전위를 측정하니 1.00V로 측정되었다. 용액이 나타내는 실제 전위(V)는? (단, 용액의 저항은 5.00Ω, 전극 내부저항은 5.00×10^7Ω, 측정장치의 저항은 2.00×10^8Ω이다.)**

① 0.02 ② 0.20
③ 0.80 ④ 1.00

✔ $E_s = IR_s + IR_M$
여기서, E_s : 전극전위(V)
R_s : 전극의 내부저항(Ω)
R_M : 측정장치의 저항(Ω)

$$I = \frac{1.00\text{V}}{(5.00\times10^7 + 2.00\times10^8)\,\Omega} = 4.00\times10^{-9}\text{A}$$

용액이 나타내는 실제 전위는 IR_M이므로, 용액의 실제 전위$=(4.00\times10^{-9})\times(2.00\times10^8)=$ **0.80V**

52 **액체 크로마토그래피가 아닌 것은?**

① 초임계 유체 크로마토그래피(supercritical fluid chromatography)
② 결합 역상 크로마토그래피(bonded reversed-phase chromatography)
③ 분자 배제 크로마토그래피(molecular exclusion chromatography)
④ 이온 크로마토그래피(ion chromatography)

✔ **칼럼 크로마토그래피의 분류**

이동상의 종류에 따른 분류	정지상의 종류에 따른 분류	정지상	상호작용
기체 크로마토그래피 (GC)	기체-액체 크로마토그래피 (GLC)	액체	분배
	기체-고체 크로마토그래피 (GSC)	고체	흡착
액체 크로마토그래피 (LC)	액체-액체 크로마토그래피 (LLC)	액체	분배
	액체-고체 크로마토그래피 (LSC)	고체	흡착
	이온교환 크로마토그래피	이온 교환수지	이온 교환
	크기 배제 크로마토그래피	중합체로 된 다공성 젤	거름/분배
	친화 크로마토그래피	작용기 선택적인 액체	결합/분배
초임계-유체 크로마토그래피(SFC)		액체	분배

53 **^{1}H Nuclear Magnetic Resonance(NMR) 스펙트럼에서 $CH_3CH_2CH_2OCH_3$ 분자는 몇 가지의 다른 화학적 환경을 가지는 수소가 존재하는가?**

① 1 ② 2
③ 3 ④ 4

✔ $C\underline{H_3}C\underline{H_2}C\underline{H_2}OC\underline{H_3}$
서로 다른 화학적 환경을 가지는 수소는 **4개**이다.

54 **질량분석법에서 시료의 이온화 과정은 매우 중요하다. 전기장으로 가속시킨 전자 또는 음으로 하전된 이온을 시료 분자에 충격하면 시료 분자의 양이온을 얻을 수 있다. 2가로 하전된 이온(질량 3.32×10^{-23}kg)을 10^4V의 전기장으로 가속시켜 시료 분자에 충격하려 할 때, 다음 설명 중 틀린 것은? (단, 전자의 전하는 1.6×10^{-19}C이다.)**

① 이 이온의 운동에너지는 3.2×10^{-15}J이다.
② 이 이온의 속도는 1.39×10^4m/s이다.
③ 질량이 6.64×10^{-23}kg인 이온을 이용하면 운동에너지는 2배가 된다.
④ 같은 양의 운동에너지를 갖는다면 가장 큰 질량을 가진 이온이 가장 느린 속도를 갖는다.

✔ ① 이 이온의 운동에너지는 다음과 같다.
$KE = zeV = 2\times1.6\times10^{-19}\times10^4 = 3.2\times10^{-15}$J
② 이 이온의 속도는 다음과 같다.
$$KE = \frac{1}{2}mv^2 = 3.2\times10^{-15}$$
$$= \frac{1}{2}\times(3.32\times10^{-23})\times v^2$$
$v = 1.39\times10^4$m/s
③ 이온이 발생장치에서 얻는 운동에너지는 질량에 무관하고 전하와 가속전위에만 의존하기 때문에 질량이 6.64×10^{-23}kg인 이온을 이용하면 **운동에너지는 변함 없고 이온의 속도가** $\frac{1}{\sqrt{2}}$ 배가 된다.
④ 이온 질량과 속도와의 관계는 $v=\sqrt{\frac{2KE}{m}}$ 이므로 같은 양의 운동에너지를 갖는다면 가장 큰 질량을 가진 이온이 가장 느린 속도를 갖는다.

55 **화합물 OH−CH_2−CH_2Cl의 적외선 스펙트럼에서 관찰되지 않는 봉우리의 영역은?**

① $800cm^{-1}$ ② $1,700cm^{-1}$
③ $2,900\sim3,000cm^{-1}$ ④ $3,200cm^{-1}$

✔ **IR의 특성적인 흡수 위치**
① $800cm^{-1}$: $1,500cm^{-1}$ 이하 영역인 지문영역에 속한다. 이 영역에서는 C−C, C−O, C−N, C−X 등의 단일결합의 진동에 의한 많은 흡수가 일어난다.
② $1,700cm^{-1}$: 카보닐기(C=O) 흡수는 $1,680\sim1,750cm^{-1}$에서 일어난다.
③ $2,900\sim3,000cm^{-1}$: $3,000cm^{-1}$ 부근에서는 C−H 결합 신축운동에 대한 흡수가 일어난다.
④ $3,200cm^{-1}$: O−H 결합은 $3,300\sim3,600cm^{-1}$ 범위에서 흡수가 일어난다.

56 **열분석은 물질의 특이한 물리적 성질을 온도의 함수로 측정하는 기술이다. 열분석 종류와 측정방법을 연결한 것 중 잘못된 것은?**

① 시차주사열량법(DSC) − 열과 전이 및 반응온도
② 시차열분석(DTA) − 전이와 반응온도
③ 열중량분석(TGA) − 크기와 점도의 변화
④ 방출기체분석(EGA) − 열적으로 유도된 기체 생성물의 양

✔ 열중량분석(=열무게 측정, TGA)은 시료의 온도를 증가시키면서 시료의 **무게**를 **시간** 또는 **온도**의 함수로 측정하는 방법이다.

57 **전기화학분석법에서 포화 칼로멜 기준전극에 대하여 전극전위가 0.115V로 측정되었다. 이 전극전위를 포화 Ag/AgCl 기준전극에 대하여 측정하면 얼마로 나타나겠는가? (단, 표준 수소전극에 대한 상대전위는 포화 칼로멜 기준전극=0.244V, 포화 Ag/AgCl 기준전극=0.199V이다.)**

① 0.16V ② 0.18V
③ 0.20V ④ 0.22V

✔ 전극전위는 $E_{cell} = E_{지시} - E_{기준}$으로 나타낸다.
포화 칼로멜 기준전극을 사용한 전극전위로부터 지시전극(작업전극)의 전위를 구한 다음, 포화 Ag/AgCl 기준전극으로 바꾼 전극전위를 계산할 수 있다.
$E_{cell} = 0.115V = E_{지시} - 0.244V$
$\therefore E_{지시} = 0.359V$이고, 기준전극을 포화 Ag/AgCl로 바꾼 전극전위는 다음과 같다.
$E_{cell} = 0.359V - 0.199V = 0.16V$

58 **시차주사열량법(Differential Scanning Calorimetry ; DSC)에서 중합체를 측정할 때의 열량 변화와 가장 관련이 없는 것은?**

① 결정화 ② 산화
③ 승화 ④ 용융

정답 | 54.③ 55.② 56.③ 57.① 58.③

✔ • 결정화열, 산화열 : 열이 방출되는 발열과정의 결과로 생긴 것으로 이로 인해 온도가 올라간다.
• 용융열 : 열을 흡수하는 흡열과정의 결과로 생긴 것으로 이로 인해 온도가 내려간다.

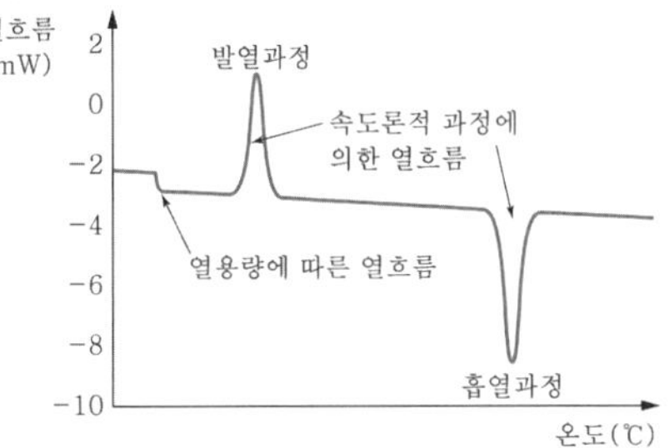

59 **신소재 AOAS의 열분해 곡선(TG)과 시차주사 열계량법 곡선(DSC)을 같이 나타낸 것이다. 이 곡선을 분석할 때, 다음 중 옳은 설명은?**

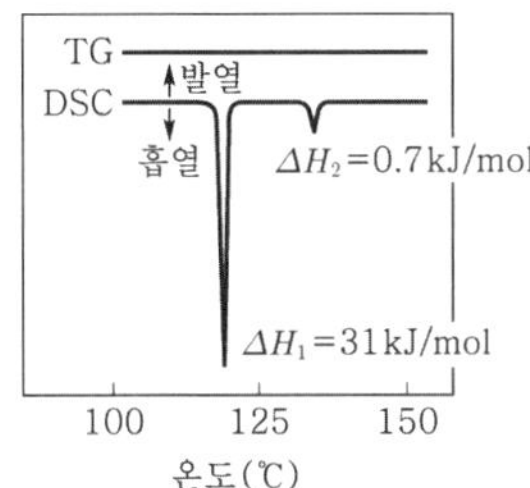

① AOAS는 비정질 고체로 일차 결정화 전이점이 118℃이고, 용융점이 135℃이다.
② AOAS는 액정(liquid crystal)물질로 액정화 온도가 118℃이고, 액화온도가 135℃이다.
③ AOAS는 고분자로 유리전이점이 118℃이고, 기화점이 135℃이다.
④ 옳은 설명이 없다.

✔ • 첫 번째 봉우리, 용융점 118℃, 용융열 : 형성된 미세 결정이 녹아서 생기는 것이다. 열을 흡수하는 흡열과정의 결과로 생긴 것으로 이로 인해 온도가 내려간다.
• 두 번째 봉우리, 분해온도 135℃, 분해열 : 중합체가 흡열·분해하여 여러 가지 물질을 생성할 때 나타나는 결과이다.

60 **질량분석기의 분해능에 관한 설명 중 틀린 것은?**

① 사중극자 질량분석기는 unitmass 분해능을 가지고 있다.
② SectorMass는 고분해능으로 0.001amu 근처까지 실질적으로 분해하여 측정할 수 있다.
③ TOF는 이동시간에 따른 분해를 하므로, 시간분해능이 좋아져서 실질적으로 100,000 이상의 분해능으로 측정할 수 있다.
④ FT 질량분석기는 고분해능으로 일반적으로 1,000,000 정도까지의 분해능을 얻을 수 있다.

✔ **비행-시간 분석기(TOF)**
전자의 짧은 펄스, 이차이온 또는 레이저 광자의 주기적 충격으로 양이온이 생성되는데 이들 펄스는 보통 10~50kHz의 주파수와 0.25μs의 수명을 갖는다. 이렇게 생성된 이온들은 뒤에 따라 나타나는 이온화 펄스와 같은 주파수를 갖는 전기장 펄스에 의해 가속화된다. 모든 이온들이 이온원으로부터 표류지역으로 높은 전압으로 가속되므로 운동에너지가 같게 되어 가벼운 이온은 빨리, 무거운 이온은 느리게 검출기에 도달되어 분리되는 원리이다. 보통 비행-시간은 1 또는 30μs이다. 이온화에너지와 출발 위치의 변동이 피크를 넓게 하므로 1,000보다 작은 분리능을 가진다. 분리능, 재현성 또는 질량 확인의 용이성 등의 관점에서 볼 때 비행시간 질량분리형 기기는 자기장이나 사중극자 기기보다 좋지 않다. 그러나 기기가 간단하고 튼튼하며 이온화 발생기를 장치하기 쉽고, 사실상 무제한의 질량범위를 가지며, 데이터 획득 속도가 빠르다.

제4과목 | 시험법 밸리데이션

61 **X선 형광분석법(XRF ; X-Ray Fluorescence)은 고체나 액체 시료에 X선을 조사했을 때 발생하는 형광을 이용해 정성분석을 하는 분석기기이다. XRF 분석 시 필요한 소모품으로 가장 거리가 먼 것은?**

① Liquid cup and Thin film
② He gas
③ XRF window
④ Probe

✔ Probe는 XRF 분석 소모품이 아니다.
① Liquid cup and Thin film : 분말, 액체 분석 시 사용
② He gas : 액체 분석 시 기화 방지를 위해 사용
③ XRF window : X-선관의 복사창은 X-선을 근본적으로 통과시키는 베릴륨(Be)으로 만든다. 베릴륨창은 일반적으로 0.3~0.5mm 두께로 얇으며, 아주 쉽게 깨진다.

정답 | 59.④ 60.③ 61.④

62 견뢰성(ruggedness)이란? (단, USP(united states pharmacopoeia)를 기준으로 한다.)

① 동일한 실험실, 시험자, 장치, 기구, 시약 및 동일 조건하에서 균일한 검체로부터 얻은 복수의 시료를 단기간에 걸쳐 반복시험하여 얻은 결과값들 사이의 근접성
② 측정값이 이미 알고 있는 참값 또는 허용 참조값으로 인정되는 값에 근접하는 정도
③ 정상적인 시험조건의 변화하에서 동일한 시료를 시험하여 얻어지는 시험결과의 재현성의 정도
④ 시험방법 중 일부 조건이 작지만 의도된 변화에 의해 영향을 받지 않고 유지될 수 있는 능력의 척도

✔ ① 반복성(repeatability)
② 정확성(accuracy)
④ 완전성(robustness)

Check
견뢰성(ruggedness)
정상적인 시험조건의 변화에서 동일한 시료를 분석하여 얻어지는 시험결과의 재현성의 정도이다. 시험방법의 환경/변수에 영향을 받는 정도를 나타낸다.

63 ▲ 의약품의 시험방법 밸리데이션을 생략할 수 없는 경우는?

① 대한민국약전에 실려 있는 품목
② 식품의약품안전처장이 인정하는 공정서 및 의약품집에 실려 있는 품목
③ 식품의약품안전처장이 기준 및 시험방법을 고시한 품목
④ 원개발사 기준 및 시험방법이 있는 품목

✔ 의약품의 시험법 밸리데이션을 생략할 수 있는 경우
1. **대한민국약전에 실려 있는 품목**
2. **식품의약품안전처장이 인정하는 공정서 및 의약품집에 실려 있는 품목**
3. **식품의약품안전처장이 기준 및 시험방법을 고시한 품목**
4. 원개발사의 시험방법 밸리데이션 자료, 시험방법 이전을 받았음을 증빙하는 자료 및 제조원의 실험실과의 비교시험 자료가 있는 품목
5. 밸리데이션을 실시한 품목과 제형 및 시험방법은 동일하나 주성분의 함량만 다른 품목의 경우

64 시료를 반복 측정하여 다음의 결과를 얻었다. 이 결과에 대한 90% 신뢰구간을 올바르게 계산한 것은? (단, One side Student의 t값은 90% 신뢰구간 : 1.533, 95% 신뢰구간 : 2.132이다.)

12.6, 11.9, 13.0, 12.7, 12.5

① 12.5±0.04　　② 12.5±0.4
③ 12.5±0.02　　④ 12.5±0.2

✔ 자료의 통계적 처리
평균 $\bar{x}=12.5$, 표준편차 $s=0.404$, 자료수 $n=5$, $t=2.132$

$$\text{신뢰구간} = \bar{x} \pm \frac{ts}{\sqrt{n}} = 12.5 \pm \frac{2.132 \times 0.404}{\sqrt{5}}$$
$$= \mathbf{12.5 \pm 0.4}$$

65 ICH Guideline Q2(R1)에 의거한 정확성 검증을 위해 측정해야 하는 최소 반복횟수는?

① 1　　② 3
③ 6　　④ 9

✔ 정확성(accuracy)
1. 측정값이 일반적인 참값 또는 표준값에 근접한 정도로, 정확성은 밸리데이션이 규정하는 모든 범위에 대해 만족되어야 한다.
2. 정확도는 우연오차, 계통오차, 편향성(bias)으로 이루어진다.
3. ICH Guideline에 따르면 정확성 검증을 위한 최소 반복측정횟수는 규정된 범위를 포함한 최소 3가지 농도에 대한 시험방법의 전 조작을 **9회 이상** 실시하여야 한다.

66 대한민국약전상 유도결합플라스마 발광분광분석계의 분광기에 대한 성능평가를 위해 특정 원소의 분석 선 스펙트럼의 반치폭이 일정값(nm) 이하로 규정하고 있다. 분광기 성능평가에 사용되는 원소와 파장으로 틀린 것은?

① 비소(As) − 193.696nm
② 망가니즈(Mn) − 257.610nm
③ 구리(Cu) − 324.754nm
④ 바륨(Ba) − 601.581nm

정답 | 62.③ 63.④ 64.② 65.④ 66.④

✔ 유도결합플라스마 발광분광분석계의 분광기에 대한 성능평가에 사용되는 **바륨(Ba)의 파장은** 455.403nm이다.

67 반복 데이터의 정밀도를 나타내는 것으로 관련이 적은 것은?

① 표준편차
② 절대오차
③ 변동계수
④ 분산

✔ 정밀도(precision)

1. 측정의 재현성을 나타내는 것으로 정확히 똑같은 방법으로 측정한 결과의 근접한 정도이다. 일반적으로 한 측정의 정밀도는 반복시료들을 단순히 반복하여 측정함으로써 쉽게 결정된다.
2. 정밀도의 척도
   ① 표본 **표준편차**(s)

$$s=\sqrt{\frac{\sum_{i=1}^{N}(x_i-\bar{x})^2}{N-1}}$$

여기서, x_i : 각 측정값
$\bar{x}$: 평균

   ② 표본 **분산**(가변도, s^2)=표준편차의 제곱으로 나타낸다.
   ③ 평균의 표준오차(s_m)

$$s_m=\frac{s}{\sqrt{N}}$$

   ④ 상대 표준편차(RSD)

$$\text{RSD}=s_r=\frac{s}{\bar{x}}$$

   ⑤ **변동계수(CV)**

$$CV=\text{RSD}\times100\%=\frac{s}{\bar{x}}\times100\%$$

   ⑥ 퍼짐(spread) 또는 구간(w, range) : 그 무리에서 가장 큰 값과 가장 작은 값 사이의 차이

68 A라는 회사의 세척검체 시험법 밸리데이션 절차를 수립하고자 할 때, 보기 중 밸리데이션 항목에 대한 설명으로 옳지 않은 것은?

① 분석대상물의 선택성(selectivity)을 확인하는 방법으로 특이성을 검증할 수 있다.
② 범위는 직선성, 정확성 및 정밀성 시험결과로 산정할 수 있다.
③ 검출한계는 Signal to Noise가 2 : 1 이상인지 확인한다.
④ 직선성은 선형 회귀분석을 실시하여 상관계수 R의 값으로 확인할 수 있다.

✔ ① 특이성(specificity) : 시료에 있는 다른 모든 것으로부터 분석물질을 구별해내는 분석방법의 능력이다. 측정대상물질, 불순물, 분해물, 배합성분 등이 혼재된 상태에서 분석대상물질을 선택적이고 정확하게 측정할 수 있는 정도를 말한다.
② 범위(range) : 직선성, 정확도, 정밀도가 모두 수용될 수 있는 농도 구간이다. 적절한 정밀성, 정확성 및 직선성을 충분히 제시할 수 있는 검체 중 분석대상물질의 양(또는 농도)의 하한 및 상한 값 사이의 영역을 말한다.
③ 검출한계(DL, detection limit) : 바탕과 "크게 다르다"라고 구분되는 분석물질의 최소량으로 검체 중에 함유된 대상물질의 검출이 가능한 최소 농도를 말하며, 반드시 정량할 필요는 없다. 표준편차는 바탕이나 시료의 잡음 척도이며, **신호가 잡음의 세 배일 때 쉽게 검출**이 가능하지만 실제로 정확하게 측정하기에는 너무 작다.
④ 직선성(linearity) : 검량선이 얼마나 한 직선을 잘 따르는지에 대한 척도이다. 검체 중 분석대상물질의 양(또는 농도)에 비례하여 일정 범위 내에 직선적인 측정값을 얻어낼 수 있는 능력을 말한다. 흔히 직선성의 척도를 상관계수(R) 또는 상관계수의 제곱(R^2)으로 나타낸다.

69 정도관리에 대한 설명 중 틀린 것은?

① 상대차이백분율(RPD)은 측정값의 변이 정도를 나타내며, 두 측정값의 차이를 한 측정값으로 나누어 백분율로 표시한다.
② 방법검출한계(Method Detection Limit)는 99% 신뢰수준으로 분석할 수 있는 최소 농도를 말하는데, 시험자나 분석기기 변경처럼 큰 변화가 있을 때마다 확인해야 한다.
③ 중앙값은 최소값과 최대값의 중앙에 해당하는 크기를 가진 측정값 또는 계산값을 말한다.
④ 회수율은 순수매질 또는 시료매질에 첨가한 성분의 회수 정도를 %로 표시한다.

✔ 상대차이백분율(RPD)은 측정값의 변이 정도를 나타내며, 두 측정값의 차이를 **두 측정값의 평균**으로 나누어 백분율로 표시한다.

정답 | 67.② 68.③ 69.①

70 **어떤 산의 pH가 5.53±0.02라 할 때 이 산의 수소이온의 농도(M)와 불확정도는?**

① $(2.7 \pm 0.3) \times 10^{-6}$
② $(2.8 \pm 0.2) \times 10^{-6}$
③ $(3.0 \pm 0.1) \times 10^{-6}$
④ $(2.8 \pm 0.2) \times 10^{-7}$

✔ **불확정도의 전파**

antilog 함수 $y = 10^x$의 불확정도는 $y = \text{anti}\log_{10} a$에서

$\frac{s_y}{y} = (\ln 10) \times s_a = 2.3026 \times s_a$

pH= $-\log[H^+]$에서 $[H^+] = 10^{-pH}$의 함수가 된다.

$[H^+] = 10^{-5.53} = 3.0 \times 10^{-6}$(유효숫자 2개)

불확정도는 $\frac{s_y}{y} = 2.3026 \times 0.02 = 0.0461$

$s_y = 0.0461 \times 3.0 \times 10^{-6}$

$= 1.38 \times 10^{-7}$

따라서, $[H^+] = 3.0(\pm 0.138) \times 10^{-6}$

$\therefore$ **$[H^+] = 3.0(\pm 0.1) \times 10^{-6}$M**

71 **다음의 설명에 해당하는 시험법은?**

> 대부분의 실용분석에서는 분석값이 어느 범위 내에서 서로 비슷하게 될 때까지 실험을 되풀이한다. 이때 얻어지는 처음의 분석값은 조작에 익숙하지 못하여 흔히 오차가 크게 나타나므로 그 결과를 버리는 경우가 많다. 때로는 그 결과에 따라 시험량과 시액 농도 등을 보다 합리적으로 개선할 수 있으므로 일종의 예비시험에 해당한다.

① blank test ② control test
③ recovery test ④ blind test

✔ **오차를 줄이기 위한 시험법 중 맹시험(blind test)**에 대한 설명이다.

① 공시험(blank test) : 시료를 사용하지 않고 다른 모든 조건을 시료분석법과 같은 방법으로 실험하는 것을 의미한다. 공시험을 진행함으로써 지시약 오차, 시약 중의 불순물로 인한 오차, 기타 분석 중 일어나는 여러 계통오차 등 시료를 제외한 물질에서 발생하는 오차들을 제거하는 데 사용된다.
② 조절시험(control test) : 시료와 유사한 성분을 함유한 대조 시료를 만들어 시료분석법과 같은 방법으로 여러 번 분석한 결과를 분석값과 대조하는 방법이다. 대조 시료를 분석한 다음, 기지 함량값과 실제로 얻은 분석값의 차만큼 시료 분석값을 보정하여 준다. 보정값이 함량에 비례할 때에는 비례 계산하여 시료 분석값을 보정한다.
③ 회수시험(recovery test) : 시료와 같은 공존물질을 함유하는 기지 농도의 대조 시료를 분석함으로써 공존물질의 방해작용 등으로 인한 분석값의 회수율을 검토하는 방법이다. 시료 속의 분석물질의 검출신호가 시료 매트릭스의 방해작용으로 인해 얼마만큼 감소하는가를 검토하는 방법이다.

72 **밸리데이션의 시험방법을 개발하는 단계에서 고려되어야 하는 평가항목이며, 분석조건을 의도적으로 변동시켰을 때의 시험방법의 신뢰성을 나타내는 척도로서 사용되는 평가항목은?**

① 정량한계
② 정밀성
③ 완건성
④ 정확성

✔ **완건성(robustness)**

분석방법이 실험 파라미터의 작은 변화에 영향을 받지 않는 능력을 말하는 것으로서 즉, 시험법의 조건 중 일부가 변경되었을 때 측정값이 영향을 받지 않는지에 대한 지표를 말한다. 일반적으로 시험법이 사용되는 동안 그 시험법이 얼마나 정확한 결과를 산출할 수 있는지에 대한 평가지표이다.

73 **특정 화합물의 분석 시 재현성을 확인하기 위해 6회 반복하여 측정한 값이 다음과 같을 때, 상대 표준편차(%)는?**

> [측정값]
> 97.5, 98.5, 99.5, 100.5, 101.5, 102.5

① 1.71 ② 1.83
③ 1.87 ④ 1.90

✔ 상대 표준편차(%) = 변동계수(CV)

$\text{RSD} \times 100\% = \frac{s}{\bar{x}} \times 100\%$

평균 $\bar{x} = 100$, 표준편차 $s = 1.87$

$\therefore$ 상대 표준편차(%) $= \frac{1.87}{100} \times 100 = $ **1.87%**

정답 | 70.③ 71.④ 72.③ 73.③

74 "log(1.324)"를 유효숫자를 고려하여 올바르게 표기한 것은?

① 3.12
② 3.121
③ 3.1219
④ 3.12189

✔ 로그(log)는 정수부분인 지표와 소수부분인 가수로 구성된다. $\log A$ = 지표+가수로 나타내고, $A = a \times 10^b$으로 쓸 수 있다. $\log A$의 지표는 $a \times 10^b$의 지수 b와 일치하고, 가수에 있는 자릿수는 a에 있는 유효숫자의 개수와 같아야 한다.
$1{,}324 = 1.324 \times 10^3$이므로 $\log 1{,}324 = 3.1219$의 지표 3은 1.324×10^3의 지수와 같아야 하고, 가수에 있는 자릿수 0.1219는 1.324×10^3에 있는 유효숫자의 개수와 같아야 한다.
∴ log(1,324) = **3.1219**이다.

75 정확성(accuracy)에 대한 설명으로 옳은 것은?

① 측정값이 일반적인 참값(true value) 또는 표준값에 근접한 정도
② 여러 번 채취하여 얻은 시료를 정해진 조건에 따라 측정하였을 때 각각의 측정값들 사이의 근접성
③ 시험방법의 신뢰도를 평가하는 지표
④ 분석대상물질을 선택적으로 평가할 수 있는 능력

✔ 정확성(accuracy)
분석결과가 이미 알고 있는 참값이나 표준값에 근접한 정도를 나타낸다.

76 두 실험자가 토양에서 추출한 염화이온을 함유한 수용액을 질산은 용액으로 각각 세 번씩 적정하여 아래의 결과를 얻었다. 참값이 36.90mg$_{Cl^-}$/g$_{시료}$일 때 다음의 보기 중 옳은 것은?

(단위 : mg$_{Cl^-}$/g$_{시료}$)

측정	실험자 1	실험자 2
1	35.98	35.99
2	30.11	36.40
3	32.88	36.29

① 실험자 1이 더 정확한 분석을 실시하였다.
② 실험자 1의 표준편차값이 더 작다.
③ 실험자 2가 더 정확히 실험하였으나 정밀하진 못하다.
④ 실험자 2가 더 정확하고 정밀한 분석을 실시하였다.

✔ 1. 정확성(accuracy) : 분석결과가 이미 알고 있는 참값이나 표준값에 근접한 정도를 나타낸다. 참값−평균으로 나타낼 수 있다.
2. 정밀성(precision) : 결과의 재현성으로서 표준편차, 변동계수, 분산 등으로 나타낸다.
- 실험자 1
  평균($\bar{x}_1$)=32.99, 표준편차(s_1)=2.94
  참값−평균=36.90−32.99=3.92
- 실험자 2
  평균($\bar{x}_2$)=36.23, 표준편차(s_2)=0.21
  참값−평균=36.90−36.23=0.67

참값과 평균과의 차이가 작을수록 더 정확하고, 표준편차(s)가 작을수록 더 정밀하다.
∴ **실험자 2가 더 정확하고 더 정밀한 분석을 시행하였다.**

77 표준물 첨가법 실험결과가 아래와 같고, 검출한계의 계산상수(k)를 3으로 할 때 검출한계값(μg/mL)은? (단, 시료의 바탕세기 값은 12(±2)이다.)

(단위 : μg/mL)

표준 첨가물 농도	0	5	10	20
측정 세기	201	998	2,010	3,990
오차	±5	±26	±48	±101
회귀방정식	$Y=191.5X+111.8(R^2=0.998)$			

① 0.05 ② 0.08
③ 0.13 ④ 1.05

✔ 검출한계 $= k \times \dfrac{\sigma}{S}$
여기서, $k=3$
σ : 표준편차
S : 회귀방정식의 기울기
σ : 8.539, S = 191.5를 대입하면
검출한계 $= 3 \times \dfrac{8.539}{191.5} = \mathbf{0.134}$

정답 | 74.③ 75.① 76.④ 77.③

78 **분석장비의 일반적인 검 · 교정 작성방법에서 교정용 표준물질과 바탕시료를 사용해 그린 교정곡선의 허용범위로 옳은 것은 다음 중 어느 것인가?**

① 곡선 검증은 수시교정표준물질을 사용하여 교정하며, 검증된 값의 5% 이내에 있어야 한다.
② 교정검증표준물질을 사용해 교정하며, 이는 교정용 표준물질과 같은 것을 사용해야 한다.
③ 분석법이 시료 전처리가 포함되어 있다면 바탕시료와 실험실관리표준물질을 시료와 같은 방법으로 전처리하여 측정한다.
④ 10개의 시료를 분석 후에 수시교정표준물질을 가지고 다시 곡선을 점검하며, 검증값의 5% 이내에 있어야 한다.

분석장비의 일반적인 검 · 교정 절차서 작성방법

1. 시험방법에 따라 최적 범위 안에서 교정용 표준물질과 바탕시료를 사용해 교정곡선을 그린다.
2. 계산된 상관계수에 의해 곡선의 허용 또는 허용불가를 결정한다.
3. 곡선을 검증하기 위해 수시교정표준물질(CCS)을 사용해 교정하며, 검증된 값의 5% 내에 있어야 한다.
4. 검증확인표준물질(CVS)을 사용해 교정하며, 이는 교정용 표준물질과 다른 것을 사용한다. 초기 교정이 허용되기 위해서는 참값의 10% 내에 있어야 한다.
5. **분석법이 시료 전처리가 포함되어 있다면 바탕시료와 실험실관리표준물질(LCS)을 분석 중에 사용하며,** 그 결과는 참값의 15% 내에 있어야 한다.
6. 10개의 시료를 분석하고 분석 후에 수시교정표준물질(CCS)을 가지고 다시 곡선을 점검하며, 검증값의 5% 내에 있어야 한다.
7. 수시교정표준물질(CCS) 또는 검증확인표준물질(CVS)이 허용범위에 들지 못했을 경우에는 작동을 멈추고 다시 새로운 초기 교정을 실시한다.

79 **미지시료에 농도 등을 알고 있는 물질을 첨가시킨 다음 증가된 신호로부터 원래 미지시료 중에 분석물질이 얼마나 함유되어 있는가를 측정하는 방법으로 시료의 매트릭스를 동일하게 만들기 어렵거나 불가능할 때 사용하는 분석법은 어느 것인가?**

① 표준물 첨가법
② 내부 표준법
③ 외부 표준법
④ 내부 첨가법

표준물 첨가법

1. 미지시료에 아는 양의 분석물질을 첨가시킨 다음, 증가된 신호로부터 원래 미지시료 중에 얼마나 많은 양의 분석물질이 함유되어 있는가를 측정한다.
2. 이 방법은 분석물질의 농도에 대한 감응이 직선성을 가져야 한다.
3. 표준물질을 부피가 아닌 질량을 기준으로 첨가하는 경우 높은 정밀도를 얻을 수 있다.
4. 원자흡수법에 주로 사용되고, 시료의 조성이 잘 알려져 있지 않거나 복잡하여 분석신호에 영향을 줄 때, 매트릭스 효과가 있을 가능성이 큰 시료 분석에 유용하다.

80 **자외선 · 가시광선 분광광도계의 장비 사용 설명서에 있는 장비 사용 순서를 바르게 나열한 것은?**

㉠ 용매를 넣은 사각셀을 셀홀더에 넣고 영점 조절을 한다.
㉡ 측정하고자 하는 시료의 최대흡수파장을 선택한다.
㉢ 시료용액을 셀에 넣고 흡광도를 측정한다.
㉣ 표준용액의 흡광도를 측정한다.
㉤ 농도와 흡광도의 관계 그래프를 그려 검량선을 작성한다.

① ㉡ → ㉠ → ㉢ → ㉤ → ㉣
② ㉡ → ㉠ → ㉣ → ㉤ → ㉢
③ ㉠ → ㉡ → ㉣ → ㉤ → ㉢
④ ㉣ → ㉡ → ㉠ → ㉤ → ㉢

자외선 · 가시광선 분광광도계의 사용 순서

측정하고자 하는 시료의 최대흡수파장을 선택한다. → 용매를 넣은 사각셀을 셀홀더에 넣고 영점 조절을 한다. → 표준용액의 흡광도를 측정한다. → 농도와 흡광도의 관계 그래프를 그려 검량선을 작성한다. → 시료용액을 셀에 넣고 흡광도를 측정한다.
∴ ㉡ → ㉠ → ㉣ → ㉤ → ㉢

정답 | 78.③ 79.① 80.②

제5과목 | 환경·안전 관리

81 ▲ **다음 중 고체의 연소에 관한 설명으로 올바르지 않은 것은?**

① 표면연소는 물질의 표면의 열분해로 생긴 가연성 가스가 산소와 반응하여 연소하는 것을 말한다.
② 분해연소는 물질의 열분해로 생긴 가연성 가스가 산소와 반응하여 연소하는 것을 말한다.
③ 증발연소는 물질이 용융－증발하여 생긴 기체가 산소와 반응하여 연소하는 것을 말한다.
④ 자기연소는 물질의 열분해로 산소를 발생시키면서 연소하는 것을 말한다.

✔ 고체의 연소

1. 표면연소 : 목탄, 코크스, 숯, 금속분 등이 **열분해에 의하여 가연성 가스는 발생하지 않고 그 물질 자체가 연소하는 현상**
2. 분해연소 : 석탄, 종이, 목재, 플라스틱 등의 연소 시 열분해에 의해 발생된 가스와 공기가 혼합하여 연소하는 현상
3. 증발연소 : 황, 나프탈렌, 왁스, 파라핀 등과 같이 고체를 가열하면 열분해는 일어나지 않고 고체가 액체로 되어 일정 온도가 되면 액체가 기체로 변화하여 기체가 연소하는 현상
4. 자기연소(내부연소) : 제5류 위험물인 나이트로셀룰로스(질화면) 등 가연물질과 산소를 동시에 가지고 있는 가연물이 연소하는 현상

82 ▲ **위험물안전관리법령상 특정옥외탱크저장소로 분류되기 위한 액체위험물 저장 또는 취급 최대수량 기준은?**

① 50,000L 이상
② 100,000L 이상
③ 500,000L 이상
④ 1,000,000L 이상

✔ **위험물안전관리법령상 옥외탱크저장소 분류기준**
특정옥외저장탱크는 옥외탱크저장소 중 그 저장 또는 취급하는 액체위험물의 최대수량이 **100만L** 이상의 옥외저장탱크이다.

83 **다음 비누화 반응과 관련된 설명 중 틀린 것은 어느 것인가?**

① 트라이글리세라이드의 에스터 결합을 수산화나트륨으로 처리하여 끊을 수 있다.
② 비누화 반응의 생성물은 글리세롤과 세 개의 지방산 나트륨의 염이다.
③ 비누화 반응의 생성물인 비누는 극성인 머리와 무극성의 긴 꼬리로 구성되어 있다.
④ 비누화 반응으로 얻은 비누분자의 머리부분에 기름이 들러붙어 제거될 수 있다.

✔ 비누화 반응으로 얻은 비누분자의 머리부분은 친수성기, 꼬리부분은 친유성기(소수성)이다. 따라서 비누분자의 **꼬리부분에 기름이 들러붙어 제거**될 수 있다.

84 ▲ **폐기물관리법령에 따라 사업장폐기물의 종류와 발생량 등을 특별자치시장, 특별자치도지사, 시장 · 군수 · 구청장에게 신고하여야 하는 '사업장폐기물배출자'의 기준으로 틀린 것은 어느 것인가?**

① 대기환경보전법에 따른 배출시설을 설치 · 운영하는 자로서 폐기물을 1일 평균 100킬로그램 이상 배출하는 자
② 폐기물을 1일 평균 300킬로그램 이상 배출하는 자
③ 사업장폐기물 공동처리 운영기구의 대표자
④ 건설공사 및 일련의 공사 또는 작업 등으로 인하여 폐기물을 10톤 이상 배출하는 자

✔ 환경부령으로 정하는 사업장폐기물배출자는 지정폐기물 외의 사업장폐기물을 배출하는 자로 다음의 어느 하나에 해당하는 자를 말한다.

1. 대기환경보전법 · 물환경보전법 또는 소음 · 진동관리법에 따른 시설을 설치 · 운영하는 자로 폐기물을 1일 평균 100kg 이상 배출하는 자
2. 폐기물을 1일 평균 300kg 이상 배출하는 자
3. 사업장폐기물 공동처리 운영기구의 대표자
4. 건설공사 및 일련의 공사 또는 작업 등으로 인하여 폐기물을 5톤 이상 배출하는 자(공사의 경우에는 발주자로부터 최초로 공사의 전부를 도급받은 자를 포함한다)

정답 | 81.① 82.④ 83.④ 84.④

85 폐기물관리법령상 지정폐기물에 해당하지 않는 것은?

① 의료폐기물
② 폐수처리 오니
③ 생활폐기물
④ 폐유기용제

✔ 폐기물의 종류에는 **생활폐기물**과 사업장폐기물이 있으며, 사업장폐기물에는 사업장 일반폐기물, 건설폐기물, 지정폐기물이 포함된다.
지정폐기물은 사업장폐기물 중 폐유, 폐산 등 주변 환경을 오염시킬 수 있거나 **의료폐기물** 등 인체에 위해를 줄 수 있는 해로운 물질로서 대통령령으로 정하는 폐기물을 말한다.

1. 특정시설에서 발생되는 폐기물 : 폐합성 고분자화합물(폐합성수지, 폐합성고무), 오니류(폐수처리 오니, 공정 오니), 폐농약
2. 부식성 폐기물 : 폐산, 폐알칼리액
3. 유해물질 함유 폐기물 : 광재, 분진, 폐주물사 및 샌드블라스트 폐사, 폐내화물 및 재벌구이 전에 유약을 바른 도자기 조각, 소각재, 안정화 또는 고형화 · 고화 처리물, 폐촉매, 폐흡착제 및 폐흡수제
4. 폐유기용제
5. 폐페인트 및 폐래커
6. 폐유
7. 폐석면
8. 폴리클로리네이티드비페닐 함유 폐기물
9. 폐유독물질
10. 의료폐기물
11. 수은폐기물
12. 그 밖에 주변 환경을 오염시킬 수 있는 유해한 물질로서 환경부 장관이 정하여 고시하는 물질

86 UN에서 정하는 화학물질의 분류 및 표시에 관한 세계조화시스템(GHS)의 대분류가 아닌 것은?

① 물리적 위험성(physical hazards)
② 화학적 위험성(chemical hazards)
③ 건강 유해성(health hazards)
④ 환경 유해성(enviromental hazards)

✔ 화학물질은 **물리적 위험성, 건강 위험성, 환경 유해성**에 의해 분류할 수 있다. '유해성'이란 화학물질의 독성 등 사람의 건강이나 환경에 좋지 않은 영향을 미치는 화학물질 고유의 성질을 말한다. '위해성'이란 유해성이 있는 화학물질이 노출되는 경우 사람의 건강이나 환경에 피해를 줄 수 있는 정도를 말한다.

87 산화성 가스를 나타내는 그림문자는?

①

②

③

④

✔ 그림문자

인화성 물질

급성독성 물질

폭발성 물질

수생환경 유해성 물질

호흡기 과민성

산화성 물질

고압가스

금속부식성

경고

88 ▲ 화재예방, 소방시설 설치 · 유지 및 안전관리에 관한 법령에 따른 소방안전관리대상물 중 특급 소방안전관리대상물의 기준에 해당하지 않는 것은?

① 지하층을 제외한 층수가 50층 이상인 아파트
② 지하층을 포함한 층수가 30층 이상인 특정소방대상물(아파트를 제외한다)
③ 지상으로부터 높이가 200m 이상인 아파트
④ 지상으로부터 높이가 100m 이상인 특정소방대상물(아파트를 제외한다)

✔ 화재예방, 소방시설 설치 · 유지 및 안전관리에 관한 법률 시행령 제22조(소방안전관리자를 두어야 하는 특정소방대상물)

1. 50층 이상(지하층은 제외)이거나 지상으로부터 높이가 200m 이상인 아파트
2. 30층 이상(지하층은 포함)이거나 **지상으로부터 높이가 120m 이상인 특정소방대상물**(아파트는 제외)
3. 2에 해당하지 아니하는 특정소방대상물로서 연면적이 200,000m^2 이상인 특정소방대상물(아파트는 제외)

정답 | 85.③ 86.② 87.④ 88.④

89 수질오염공정시험기준에 의한 수질 항목별 시료를 채취 및 보존하기 위한 시료용기가 유리 재질이 아닌 것은?

① 냄새
② 플루오린
③ 페놀류
④ 유기인

✔ 플루오린(F)은 유리를 부식시키므로 유리용기는 사용할 수 없으며, 플루오린의 채취 및 보존 시료용기는 폴리에틸렌(PE) 재질이 적합하다.

90 화학물질관리법령상 사고대비물질의 보관 · 저장수량(kg) 기준이 틀린 것은?

① Formaldehyde : 200,000
② Hydrogen Cyanide : 15,000
③ Methylhydrazine : 10,000
④ Phosgene : 750

✔ 사고대비물질 관리기준〈2021. 4. 1.〉 이전 기준으로 문제를 풀이하면 Hydrogen Cyanide(사이안화수소, HCN)의 보관 · 저장수량은 **1,500kg**이다.

Check

화학물질관리법 시행규칙 〈신설 2021. 4. 1.〉

사고대비물질	하위 규정수량	상위 규정수량
포르말린 또는 폼알데하이드	2톤	400톤
사이안화수소	0.6톤	3톤
메틸하이드라진	1톤	20톤
포스겐	0.3톤	1.5톤

91 산 · 알칼리류를 다룰 때의 취급요령을 바르게 나타낸 것은?

① 과염소산은 유기화합물 및 무기화합물과 반응하여 폭발할 수 있으므로 주의를 한다.
② 산과 알칼리류는 부식성이 있으므로 유리용기에 저장한다.
③ 산과 알칼리류를 희석할 때 소량의 물을 가하여 희석한다.
④ 산이 눈이나 피부에 묻었을 때 즉시 염기로 중화시킨 후 흐르는 물에 씻어낸다.

✔ **산 및 알칼리류**

1. 화상에 주의한다.
2. 강산과 강염기는 공기 중 수분과 반응하여 치명적 증기를 생성하므로 사용하지 않을 때는 뚜껑을 닫아 놓는다.
3. 희석용액을 제조할 경우에는 물에 소량의 산 또는 알칼리를 조금씩 첨가하여 희석한다. 반대의 방법은 금지하며, 격렬한 발열반응으로 폭발할 수 있으므로 절대 산에 물을 첨가하지 않는다.
4. 강한 부식성이 있으므로 금속성 용기에 저장을 금하며, 적합한 보호구(내산성)를 반드시 착용한다.
5. 산이나 염기가 눈이나 피부에 묻었을 때 즉시 흐르는 물에 15분 이상 씻어내고 도움을 요청한다(세안장치 및 전신 샤워장치).
6. 플루오린화수소(HF)는 가스 및 용액이 극한 독성을 나타내며, 화상과 같은 즉각적인 증상 없이 피부에 흡수되므로 취급에 주의한다.
7. **과염소산($HClO_4$)은 강산의 특성을 띠며 유기화합물 및 무기화합물과 반응하여 폭발**할 수 있으며, 특히 가열, 화기 접촉, 마찰에 의해 스스로 폭발하므로 주의해야 한다.

92 화학물질의 분류 및 표시 등에 관한 규정 및 화학물질의 분류 · 표시 및 물질안전보건자료에 관한 기준상 유해화학물질의 표시 기준에 맞지 않는 것은?

① 5개 이상의 그림문자에 해당하는 물질의 경우 4개만 표시하여도 무방하다.
② "위험", "경고" 모두에 해당되는 경우 "위험"만 표시한다.
③ 대상화학물질 이름으로 IUPAC 표준 명칭을 사용할 수 있다.
④ 급성독성의 그림문자는 "해골과 X자형 뼈"와 "감탄부호" 두 가지를 모두 사용해야 한다.

✔ 두 가지 이상의 유해성 · 위험성이 있는 경우 해당되는 모든 그림문자를 표시해야 한다. 다만, 다음에 해당되는 경우에는 이에 따른다.

1. "해골과 X자형 뼈" 그림문자와 "감탄부호(!)" 그림문자가 모두 해당되는 경우에는 "해골과 X자형 뼈"의 그림문자만을 표시한다.
2. 부식성 그림문자와 피부자극성 또는 눈자극성 그림문자에 모두 해당되는 경우에는 부식성 그림문자만을 표시한다.
3. 호흡기과민성 그림문자와 피부과민성, 피부자극성 또는 눈자극성 그림문자가 모두 해당되는 경우에는 호흡기과민성 그림문자만을 표시한다.

정답 I 89.② 90.② 91.① 92.④

Check

유해화학물질 표시방법

1. 명칭 : 대상화학물질의 명칭(MSDS상의 제품명, IUPAC 표준 명칭)
2. 그림문자 : 5개 이상일 경우 4개만 표시
3. 신호어 : '위험' 또는 '경고' 표시 모두 해당하는 경우에는 '위험'만 표시
4. 유해 · 위험 문구 : 해당 문구 모두 기재, 중복되는 문구 생략, 유사한 문구 조합 가능
5. 예방조치 문구 : 예방 · 대응 · 저장 · 폐기 각 1개 이상을 포함하여 6개만 표시 가능(해당 문구 중 일부만 표기할 때에는 "기타 자세한 사항은 물질안전보건자료(MSDS)를 참고하시오."라는 문구 추가)
6. 공급자 정보 : 제조자 또는 공급자의 회사명, 전화번호, 주소 등

93 다음은 폭발성 반응을 일으키는 유해물질을 취급할 때에 관한 설명이다. 틀린 것은 어느 것인가?

① 과염소산은 가열, 화기접촉, 마찰에 의해 스스로 폭발할 수 있다.

② 과염소산, 질산과 같은 강한 환원제는 매우 적은 양으로도 강렬한 폭발을 일으킬 수 있다.

③ 유기질소화합물은 가열, 충격, 마찰 등으로 폭발할 수 있다.

④ 미세한 마그네슘 분말은 물과 산의 접촉으로 수소가스를 발행하고 발열반응을 일으킨다.

✔ **폭발성 물질**

1. **산화제**
   ① **과염소산($HClO_4$), 과산화수소(H_2O_2), 질산**(HNO_3), 할로젠 화합물 등
   ② 강산화제는 매우 적은 양으로 강렬한 폭발을 일으킬 수 있으므로 방호복, 고무장갑, 보안경 및 보안면 같은 보호구를 착용하고 취급하여야 한다.
   ③ 많은 산화제를 사용하고자 할 경우에는 폭발 방지용 방호벽 등이 포함된 특별계획을 수립해야 한다.
2. 유기질소화합물
   ① 가열, 충격, 마찰 등으로 폭발할 수 있다.
   ② 연소속도가 매우 빨라 폭발성이 있다.
   → 화약의 원료로 많이 쓰임
3. 금속 분말
   ① 초미세한 금속 분말의 분진들은 폐질환, 호흡기질환 등을 일으킬 수 있으므로 방진마스크 등 올바른 호흡기 보호구를 착용해야 한다.
   ② 대부분의 미세한 금속 분말은 물과 산의 접촉으로 수소가스를 발생하고 발열한다. 특히, 습기와 접촉할 때 자연발화의 위험이 있어 폭발할 수 있으므로 특별히 주의한다.
   ③ 금속분, 유화가루, 철분은 밀폐된 공간 내에서 부유할 때 분진폭발의 위험이 있다.

94 화학물질의 분리 보관 요령 중 잘못된 것은?

① 인화성 액체 : 인화성 용액 전용 안전 캐비닛에 따로 보관

② 유기산 : 산 전용 안전 캐비닛에 따로 보관

③ 금수성 물질 : 건조하고 서늘한 장소에 보관

④ 산화제 : 목재 시약장에 따로 보관

✔ 산화제는 가열, 충격, 마찰 등 분해를 일으키는 조건을 제공하지 않아야 하며, 분해를 촉진하는 약품류와 접촉을 피하고, 환기가 잘 되는 차가운 곳에 저장하여야 한다.

Check

화학물질의 분리 보관

1. 가연성 물질용 캐비닛은 가연성 물질 및 인화성 액체 저장용으로 사용한다.
2. 산이나 부식물질용 캐비닛은 내부식성 재질로 된 것을 사용한다.
3. 실험실 외부의 가연성 및 부식성 액체를 저장할 때는 저장 캐비닛을 별도로 설치하여 사용한다.

95 유해가스별 방독면 정화통 외부 측면의 표시색으로 잘못 연결된 것은?

① 암모니아용 – 녹색

② 아황산용 – 노랑색

③ 황화수소용 – 백색

④ 유기화합물용 – 갈색

✔ **유해가스별 방독면 정화통 외부 측면의 표시색**

① 암모니아용 – 녹색
② 아황산용 – 노랑색
③ 황화수소용, 할로젠용, 사이안화수소용 – 회색
④ 유기화합물용 – 갈색

정답 | 93.② 94.④ 95.③

Check

올바른 정화통이 부착된 방독면을 착용해야 분진, 산, 증기, 일산화탄소, 유기용매 등으로부터 보호받을 수 있다.

시험가스별	정화통의 색	대상 유해물질
유기화합물용	갈색	유기용제, 유기화합물 등의 가스 또는 증기
할로젠용 황화수소용 사이안화수소용	회색	할로젠 가스나 증기 황화수소 가스 사이안화수소 가스나 시안산 증기
일산화탄소용	적색	일산화탄소 가스
암모니아용	녹색	암모니아 가스
아황산가스용	노란색	아황산 가스나 증기
아황산 · 황용 (복합용)	백색 및 노란색	아황산 가스 및 황의 증기 또는 분진

96 **산업안전보건법령상 연구실에서 사용하는 안전보건표지의 형태 및 색채에 관한 설명 중 옳은 것은?**

① 금지표지 : 바탕－흰색, 기본 모형－빨간색, 부호 및 그림－검은색

② 경고표지 : 바탕－노란색, 기본 모형－빨간색, 부호 및 그림－검은색

③ 지시표지 : 바탕－흰색, 부호 및 그림－녹색 또는 바탕－녹색, 부호 및 그림－흰색

④ 안내표지 : 바탕－파란색, 기본 모형－흰색, 부호 및 그림－흰색

안전보건표지

① **금지표지**
- **바탕 : 흰색**
- **기본 모형 : 빨간색**
- **관련 부호 및 그림 : 검은색**

② 경고표지
- 바탕 : 노란색
- 기본 모형 : 검은색
- 관련 부호 및 그림 : 검은색

③ 지시표지
- 바탕 : 파란색
- 관련 그림 : 흰색

④ 안내표지
- 바탕 : 흰색
- 기본 모형 : 녹색
- 관련 부호 : 녹색 또는 바탕 : 녹색
- 관련 부호 : 흰색, 그림 : 흰색

97 **화학물질관리법령상 유해화학물질 취급시설 자체점검대상의 점검항목으로 틀린 것은?**

① 유해화학물질의 이송배관 · 접합부 및 밸브 등 관련 설비의 부식 등으로 인한 유출 · 누출 여부

② 유해화학물질의 보관용기가 파손 또는 부식되거나 균열이 발생했는지 여부

③ 액체 · 기체 상태의 유해화학물질을 완전히 개방된 장소에 보관하고 있는지 여부

④ 물 반응성 물질이나 인화성 고체의 물 접촉으로 인한 화재 · 폭발 가능성이 있는지 여부

화학물질관리법령상 유해화학물질 취급시설 자체점검대상의 점검항목

① 유해화학물질의 이송배관 · 접합부 및 밸브 등 관련 설비의 부식 등으로 인한 유출 · 누출 여부

② 유해화학물질의 보관용기가 파손 또는 부식되거나 균열이 발생했는지 여부

③ **액체 · 기체 상태의 유해화학물질을 완전히 밀폐한 상태로 보관하고 있는지 여부**

④ 물 반응성 물질이나 인화성 고체의 물 접촉으로 인한 화재 · 폭발 가능성이 있는지 여부

그 외, 고체상태 유해화학물질의 용기를 밀폐한 상태로 보관하고 있는지 여부, 탱크로리, 트레일러 등 유해화학물질 운반장비의 부식 · 손상 · 노후화 여부 등

98 **A물질을 제조하는 공장의 근로자가 10시간 근무할 때 OSHA의 보정방법을 이용한 TWA－TLV(ppm)는? (단, A물질의 TWA－TLV는 15ppm이다.)**

① 12　　② 15

③ 19　　④ 25

시간가중평균농도(TWA－TLV)

1. 1일 8시간 작업하는 동안 노출이 허용되는 유해물질의 평균농도이다.
2. 1일 8시간 동안 반복 노출되어도 건강장해를 일으키지 않는 유해물질의 평균농도이다.
3. OSHA 보정한 TWA－TLV

$$= 8\text{시간 기준 시간가중평균농도} \times \frac{8\text{시간}}{1\text{일 노출시간}}$$

$$\therefore \text{OSHA 보정한 TWA－TLV} = 15\text{ppm} \times \frac{8\text{hr}}{10\text{hr}} = 12\text{ppm}$$

정답 | 96.① 97.③ 98.①

99 다음 설명에 해당하는 화학물질은? (단, 화학물질관리법령을 기준으로 한다.)

> 화학물질 중에서 급성독성 · 폭발성 등이 강하여 화학사고의 발생 가능성이 높거나 화학사고가 발생한 경우에 그 피해 규모가 클 것으로 우려되는 화학물질로서 화학사고 대비가 필요하다고 인정하여 제39조에 따라 환경부 장관이 지정 · 고시한 화학물질

① 유독물질　　② 허가물질
③ 제한물질　　④ 사고대비물질

사고대비물질
화학물질 중에서 급성독성 · 폭발성 등이 강하여 화학사고의 발생 가능성이 높거나 화학사고가 발생한 경우에 그 피해 규모가 클 것으로 우려되는 화학물질로서 화학사고 대비가 필요하다고 인정하여 제39조에 따라 환경부 장관이 지정 · 고시한 화학물질을 말한다.

Check
① 유독물질 : 유해성이 있는 화학물질로서 대통령령으로 정하는 기준에 따라 환경부 장관이 정하여 고시한 것을 말한다.
② 허가물질 : 위해성이 있다고 우려되는 화학물질로서 환경부 장관의 허가를 받아 제조, 수입, 사용하도록 환경부 장관이 관계 중앙행정기관의 장과의 협의와 「화학물질의 등록 및 평가 등에 관한 법률」 제7조에 따른 화학물질평가위원회의 심의를 거쳐 고시한 것을 말한다.
③ 제한물질 : 특정 용도로 사용되는 경우 위해성이 크다고 인정되는 화학물질로서 그 용도로의 제조, 수입, 판매, 보관 · 저장, 운반 또는 사용을 금지하기 위하여 환경부 장관이 관계 중앙행정기관의 장과의 협의와 「화학물질의 등록 및 평가 등에 관한 법률」 제7조에 따른 화학물질평가위원회의 심의를 거쳐 고시한 것을 말한다.

100 화학반응에 대한 설명 중 틀린 것은?

① 정촉매는 반응속도를 빠르게 하여 활성화에너지를 감소시키며, 부촉매는 반응속도를 느리게 하고 활성화에너지를 증가시킨다.
② 어떤 화학반응의 평형상수는 화학평형에서 정반응과 역반응의 속도가 같을 때로 정의할 수 있다.
③ 르 샤틀리에의 원리란 가역반응이 평형에 있을 때 외부에서 온도, 농도, 압력의 조건을 변화시키면 그 조건을 감소시키는 방향으로 새로운 평형이 이동한다는 법칙이다.
④ 온도를 올리면 화학평형의 이동방향은 발열반응 쪽으로 향한다.

르 샤틀리에 원리에 따르면, **온도를 올리면** 화학평형의 이동방향은 온도를 낮출 수 있는 **흡열반응 쪽**으로 향한다.

정답 | 99.④　100.④

제1과목 | 화학분석과정 관리

01 보기의 물질을 물과 사염화탄소로 용해시키려 할 때 물에 더욱 잘 녹을 것이라고 예상되는 물질을 모두 고른 것은?

㉠ CO_2	㉡ CH_3COOH
㉢ NH_4NO_3	㉣ $CH_3CH_2CH_2CH_2CH_3$

① ㉠, ㉡ ② ㉡, ㉢
③ ㉠, ㉡, ㉢ ④ ㉡, ㉢, ㉣

✔ 용해는 용매분자와 용질분자 사이의 인력이 용매분자 사이의 인력보다 더 크거나 비슷할 때 잘 일어나거나, 용질분자와 용매분자의 분자구조가 비슷할 때 잘 일어난다. 또한 극성 분자는 극성 분자끼리, 비극성 분자는 비극성 분자끼리 서로 잘 용해되고 극성 분자, 전해질, 이온결합 화합물은 극성 용매에 더 잘 용해되며, 비극성 분자는 비극성 용매에 더 잘 용해된다.
㉠ CO_2 : 비극성 분자
㉡ CH_3COOH : 약산, 약전해질
㉢ NH_4NO_3 : 이온결합 화합물, 강전해질
㉣ $CH_3CH_2CH_2CH_2CH_3$: 비극성 분자
∴ 물은 극성 용매이고, 사염화탄소(CCl_4)는 비극성 용매이므로 **CH_3COOH, NH_4NO_3는 물에 더 잘 용해된다.**

02 혼성 궤도함수(hybrid orbital)에 대한 설명으로 틀린 것은?

① 탄소원자의 한 개의 s 궤도함수와 세 개의 p 궤도함수가 혼성하여 네 개의 새로운 궤도함수를 형성하는 것을 sp^3 혼성 궤도함수라 한다.
② sp^3 혼성 궤도함수를 이루는 메테인은 C−H 결합각이 109.5°인 정사면체 구조이다.
③ 벤젠(C_6H_6)을 분자궤도함수로 나타내면 각 탄소는 sp^2 혼성 궤도함수를 이루며 평면구조를 나타낸다.
④ 사이클로헥세인(C_6H_{12})을 분자궤도함수로 나타내면 각 탄소는 sp 혼성 궤도함수를 이룬다.

✔ 사이클로헥세인(C_6H_{12})을 분자궤도함수로 나타내면 각 탄소는 **sp^3 혼성 궤도함수**를 이룬다.

Check

- **sp^3 혼성 오비탈**
1개의 s 오비탈과 3개의 p 오비탈이 합쳐 혼성화되어 4개의 sp^3 혼성 오비탈을 형성한다. sp^3 혼성 오비탈은 서로 109.5°로 정사면체의 꼭짓점을 향한다. 예로는 메테인(CH_4), 사이클로헥세인(C_6H_{12}) 등이 있다.
- **sp^2 혼성 오비탈**
1개의 s 오비탈과 2개의 p 오비탈이 합쳐 혼성화되어 3개의 sp^2 혼성 오비탈을 형성한다. sp^2 혼성 오비탈은 한 평면상에 놓이며, 서로 120°로 정삼각형의 꼭짓점을 향한다. 예로는 에틸렌($H_2C=CH_2$), 벤젠(C_6H_6) 등이 있다.
- **sp 혼성 오비탈**
1개의 s 오비탈과 1개의 p 오비탈이 합쳐 혼성화되어 서로 180°를 향하는 2개의 sp 혼성 오비탈을 형성한다. 예로는 아세틸렌($HC\equiv CH$), 이산화탄소(CO_2) 등이 있다.

03 광학스펙트럼의 설명으로 틀린 것은?

① 연속스펙트럼은 고체를 백열상태로 가열했을 때 발생한다.
② 분자흡수는 전자전이, 진동 및 회전에 의해 일어나므로 띠스펙트럼이나 연속스펙트럼을 나타낸다.
③ 스펙트럼에는 선스펙트럼, 띠스펙트럼 및 연속스펙트럼이 있는데 자외선−가시선 영역의 원자분광법에서는 주로 띠스펙트럼을 이용하여 분석한다.
④ 들뜬 입자에서 발생되는 복사선은 보통 방출스펙트럼에 의해서 특정되며, 이는 방출된 복사선의 상대 세기를 파장이나 진동수의 함수로서 나타낸다.

✔ 자외선−가시선 영역의 원자분광법에서는 선스펙트럼, 띠스펙트럼 및 연속스펙트럼 중 주로 **선스펙트럼을 이용하여 분석**한다. 자외선 또는 가시광선 영역의 선스펙트럼은 진공상태에서 잘 분리된 각각의 원자 입자에 빛을 쪼일 때 나타난다. 기체상태에서 각각의 입자들은 서로 독립적으로 존재하며, 스펙트럼은 10^{-4} Å 정도의 폭이 예리하고 명확히 구분되는 일련의 선의 형태로 나타난다.

정답 | 01.② 02.④ 03.③

04 다음 중 기기잡음이 아닌 것은?

① 열적 잡음(Johnson noise)
② 산탄 잡음(shot noise)
③ 습도 잡음(humidity noise)
④ 깜빡이 잡음(flicker noise)

기기잡음
광원, 변환기, 신호처리장치 및 판독장치와 관련이 있는 잡음을 말한다. 종류로는 **열적 잡음**(Johnson noise), **산탄 잡음**(shot noise), **깜빡이 잡음**(flicker noise) 및 환경 잡음이 있다.

05 다음 중 광학분광법에서 이용하지 않는 현상은?

① 형광 ② 흡수
③ 발광 ④ 흡착

광학분광법은 **흡수**, **형광**, 인광, 산란, 방출, **화학발광** 현상에 바탕을 둔 것이다.

06 유기화합물의 명칭이 잘못 연결된 것은?

① : 사이클로뷰테인

② CH_3 : 톨루엔

③ NH_2 : 아닐린

④ : 페난트렌

: 안트라센, 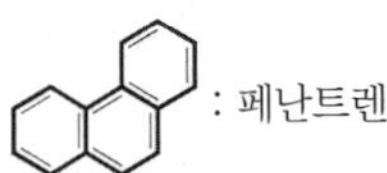 : 페난트렌

07 다음 보기의 물질을 전해질의 세기가 강한 것부터 약해지는 순서로 나열한 것은?

$NaCl$, NH_3, H_2O, CH_3COCH_3

① $NaCl > CH_3COCH_3 > NH_3 > H_2O$
② $NaCl > NH_3 > H_2O > CH_3COCH_3$
③ $CH_3COCH_3 > NH_3 > NaCl > H_2O$
④ $CH_3COCH_3 > NaCl > NH_3 > H_2O$

전해질
물에 녹아 이온화하여 전기가 통하는 물질로 강산, 강염기는 강전해질이고 약산, 약염기는 약전해질이다. 약전해질의 전해질 세기는 이온화 상수를 비교하면 확인할 수 있으며, 이온화 상수가 클수록 좀더 강한 전해질이다.
∴ $NaCl$(이온결합화합물, 강전해질) > NH_3(약염기 $K_b = 1.8 \times 10^{-5}$) > H_2O($K_w = 1.0 \times 10^{-14}$) > CH_3COCH_3(아세톤은 물보다 극성이 아주 약한 극성 분자)

Check
비전해질
이온화하지 않아 전기가 통하지 않는 물질로 설탕($C_{12}H_{22}O_{11}$), 포도당($C_6H_{12}O_6$), 에탄올(C_2H_5OH) 등이 있다.

08 다음 단위체 중 첨가 중합체를 만드는 것은?

① C_2H_6 ② C_2H_4
③ $HOCH_2CH_2OH$ ④ $HOCH_2CH_3$

첨가 중합반응
단위체가 이중결합이나 삼중결합을 포함하고 있어 빠져나가는 분자가 없이 단위체가 연속적으로 결합하여 중합체를 형성하는 반응이다. 종류로는 폴리에틸렌(PE), 폴리프로필렌(PP), 폴리염화비닐(PVC), 폴리스타이렌(PS) 등이 있다. 단위체인 **에틸렌(C_2H_4)**의 이중결합 중 하나가 끊어지면서 다른 단위체와 결합하여 폴리에틸렌을 생성한다.

$$H_2C=CH_2 + H_2C=CH_2 \rightarrow -(H_2C-CH_2)_n-$$

09 에탄올 50mL를 물 100mL와 혼합한 에탄올 수용액의 질량백분율은? (단, 에탄올의 비중은 0.79이다.)

① 28.3 ② 33.3
③ 50.0 ④ 40.5

$$\text{질량백분율(\%)} = \frac{\text{용질의 질량(g)}}{\text{용액의 질량(g)}} \times 100 = \frac{\text{용질의 질량(g)}}{\text{(용매 + 용질)의 질량(g)}} \times 100$$

물의 비중은 1이므로 100mL 물은

$$100\text{mL 물} \times \frac{1\text{g 물}}{1\text{mL 물}} = 100\text{g 물이고,}$$

에탄올의 비중은 0.79이므로 50mL 에탄올은

$$50\text{mL 에탄올} \times \frac{79\text{g 에탄올}}{100\text{mL 에탄올}} = 39.5\text{g 에탄올이다.}$$

$$\therefore \text{질량백분율(\%)} = \frac{39.5\text{g}}{(100+39.5)\text{g}} \times 100 = \mathbf{28.3\%}$$

정답 | 04.③ 05.④ 06.④ 07.② 08.② 09.①

10 **IR spectroscopy로 분석 시 1,640cm^{-1} 근처에서 약한 흡수를 보이는 물질의 화학식이 C_4H_8일 때 이 물질이 갖는 이성질체수는?**

① 2개
② 3개
③ 4개
④ 5개

- **구조이성질체**
  분자식은 같지만 구조식이 달라서 성질이 다른 이성질체
- **기하이성질체**
  이중결합의 양쪽에 결합된 원자 또는 원자단의 공간적 배치가 다른 이성질체로, 이중결합을 중심으로 작용기가 같은 쪽에 있으면 시스형(cis-), 다른 쪽에 있으면 트랜스형(trans-)이라 한다.

∴ 1,640cm^{-1}에서 약한 IR 흡수를 보이므로 이중결합이 하나 존재함을 예측할 수 있다.
C_4H_8는 이중결합의 위치에 따른 구조이성질체 (C－C－C＝C, C－C＝C－C, C－C(＝C)－C) 3개, 그 중 C－C＝C－C는 2개의 기하이성질체(H(CH$_3$)C＝C(H)(CH$_3$), (CH$_3$)(H)C＝C(H)(CH$_3$))를 나타내므로 이성질체는 모두 **4개**이다.

11 **X-선 기기를 파장-분산형 기기와 에너지-분산형 기기로 분류할 때 구분 기준은 다음 중 어느 것인가?**

① 스펙트럼 분해방법
② 스펙트럼 패턴
③ 스펙트럼 영역
④ 스펙트럼 구조

X-선 관이나 방사성 광원으로부터 얻는 X-선을 시료에 쪼여 일차 빛살을 흡수하여 들뜬 시료가 방출하는 자신의 특성 형광 X-선을 검출한다. 가벼운 원소 이외의 모든 원소를 신속하게 정성 · 정량 분석할 수 있는 방법으로, **스펙트럼 분리방법**에 따라 파장 분산형(wavelength dispersive), 에너지 분산형(energy dispersive) 및 비분산형(nondispersive)의 세 가지로 분류한다.

12 **비활성 기체로 채워진 관 안의 두 전극 사이에 발생한 기체 이온과 전자를 이용하는 분광법은?**

① 원자형광분광법
② 글로우방전분광법
③ 플라스마 방출 분광법
④ 레이저 유도 파괴 분광법

글로우방전법
전도성 고체 시료의 도입방법으로 250~1,000V의 DC 전위로 유지되어 있는 글로우방전관에 Ar 기체를 이온화시켜 시료가 있는 전극 표면으로 가속시켜 원자를 튕겨내어 도입시킨다.

13 **어떤 화합물의 질량백분율 성분비를 분석했더니 탄소 58.5%, 수소 4.1%, 질소 11.4%, 산소 26.0%였다. 이 화합물의 실험식은? (단, 원자량은 C 12, H 1, N 14, O 16이다.)**

① $C_2H_5NO_2$
② $C_3H_7NO_2$
③ $C_5H_5NO_2$
④ $C_6H_5NO_2$

실험식은 화합물을 이루는 원자나 이온의 종류와 수를 가장 간단한 정수비로 나타낸 식으로 어떤 물질의 화학식을 실험적으로 구할 때 가장 먼저 구할 수 있는 식이다. 성분 원소의 질량비를 원자량으로 나누어 원자수의 비를 구하여 실험식을 나타낸다.

단계 1) % → g으로 바꾸기 : 전체 양을 100g으로 가정한다.
58.5% C → 58.5g C, 4.1% H → 4.1g H, 11.4% N → 11.4g N, 26.0% O → 26.0g O

단계 2) g → mol로 바꾸기 : 몰질량을 이용한다.

$$58.5\text{g C} \times \frac{1\text{mol C}}{12\text{g C}} = 4.875\text{ mol C}$$

$$4.1\text{g H} \times \frac{1\text{mol H}}{1\text{g H}} = 4.1\text{mol H}$$

$$11.4\text{g N} \times \frac{1\text{mol N}}{14\text{g N}} = 0.814\text{mol N}$$

$$26.0\text{g O} \times \frac{1\text{mol O}}{16\text{g O}} = 1.625\text{mol O}$$

단계 3) mol비 구하기 : 가장 간단한 정수비로 나타낸다.
C : H : N : O＝4.875 : 4.1 : 0.814 : 1.625
＝6 : 5 : 1 : 2

∴ 실험식은 $C_6H_5NO_2$이다.

정답 | 10.③ 11.① 12.② 13.④

14 **1차 표준물질이 되기 위한 조건이 아닌 것은?**

① 정제하기 쉬워야 한다.
② 흡수, 풍화, 공기 산화 등의 성질이 없어야 한다.
③ 반응이 정량적으로 진행되어야 한다.
④ 당량 중량이 적어서 측정오차를 줄일 수 있어야 한다.

일차 표준물질(primary standard)
적정 및 기타 분석법에서 기준물질로 사용되는 매우 순수한 화합물이다. 일차 표준물질의 중요한 필수조건은 다음과 같다.
1. 높은 순도, 순도를 확인하는 정립된 방법이 있어야 한다.
2. 대기 중에서 안정해야 한다.
3. 습도 변화에 의해 고체의 조성이 변하지 않도록 수화된 물이 없어야 한다.
4. 합리적인 가격이어야 한다.
5. 적정한 매질에서 적절한 용해도를 가져야 한다.
6. **표준물질 무게달기와 연관된 상대오차를 최소화하기 위하여 비교적 큰 몰질량을 가져야 한다.**

15 **주기율표에 대한 일반적인 설명 중 가장 거리가 먼 것은?**

① 1A족 원소를 알칼리금속이라고 한다.
② 2A족 원소를 전이금속이라고 한다.
③ 세로열에 있는 원소들이 유사한 성질을 가진다.
④ 주기율표는 원자번호가 증가하는 순서로 원소를 배치하는 것이다.

족(group)
주기율표의 세로줄로 1~18족으로 구성된다. 1A(1)족 원소를 알칼리금속, **2A(2)족 원소를 알칼리토금속**, 7A(17)족 원소를 할로젠, 8A(18)족 원소를 비활성 기체, 3~12족 원소를 전이금속이라고 한다.

16 **이온 반지름의 크기를 잘못 비교한 것은?**

① $Mg^{2+} > Ca^{2+}$　　② $F^- < O^{2-}$
③ $Al^{3+} < Mg^{2+}$　　④ $O^{2-} < S^{2-}$

같은 족인 $_{12}Mg$, $_{20}Ca$ 원자번호가 클수록 이온 반지름이 증가한다.
$\therefore Mg^{2+} < Ca^{2+}$

Check
1. 같은 주기에서는 원자번호가 클수록 양이온과 음이온의 반지름이 감소한다.
→ 유효 핵전하가 증가하여 원자핵과 전자 사이의 정전기적 인력이 증가하기 때문
2. 같은 족에서는 원자번호가 클수록 양이온과 음이온의 반지름이 증가한다.
→ 전자껍질수가 증가하기 때문

17 **H_2 4g과 N_2 10g, O_2 40g으로 구성된 혼합가스가 있다. 이 가스가 25℃, 10L의 용기에 들어 있을 때 용기가 받는 압력(atm)은?**

① 7.39　　② 8.82
③ 89.41　　④ 213.72

돌턴의 부분압력 법칙
혼합기체의 전체 압력은 각 성분 기체의 부분압력의 합과 같다.

$P_{전체} = P_A + P_B + P_C + \cdots$

$P_{전체} = \frac{n_{전체}RT}{V}$, $P_A = \frac{n_A RT}{V}$, $P_B = \frac{n_B RT}{V}$

를 대입하면

$$P_{전체} = \frac{n_{전체}RT}{V} = \frac{n_A RT}{V} + \frac{n_B RT}{V} = \frac{(n_A + n_B)RT}{V}$$

$$n_{H_2} : 4g\ H_2 \times \frac{1mol\ H_2}{2g\ H_2} = 2mol\ H_2$$

$$n_{N_2} : 10g\ N_2 \times \frac{1mol\ N_2}{28g\ N_2} = 0.357mol\ N_2$$

$$n_{O_2} : 40g\ O_2 \times \frac{1mol\ O_2}{32g\ O_2} = 1.25mol\ O_2$$

$$n_{전체} = n_{H_2} + n_{N_2} + n_{O_2}$$

$$\therefore P_{전체} = \frac{n_{전체}RT}{V} = \frac{(2+0.357+1.25)\times 0.0821 \times (273+25)}{10} = 8.82atm$$

18 **몰랄농도가 3.24m인 K_2SO_4 수용액 내 K_2SO_4의 몰분율은? (단, 원자량은 K 39.10, O 16.00, H 1.008, S 32.06이다.)**

① 0.551　　② 0.36
③ 0.0552　　④ 0.036

정답 | 14.④ 15.② 16.① 17.② 18.③

✔ 몰분율 $X_A = \frac{n_A}{n_A + n_B}$

몰랄농도 $= \frac{\text{용질의 mol}}{\text{용매}(H_2O)\text{의 kg}}$

용질 K_2SO_4(mol) : 3.24mol

용매 H_2O(mol) : $1{,}000\text{g } H_2O \times \frac{1\text{mol } H_2O}{18.016\text{g } H_2O}$

$= 55.51\text{mol } H_2O$

$\therefore K_2SO_4$의 몰분율 $= X_{K_2SO_4} = \frac{n_{K_2SO_4}}{n_{K_2SO_4} + n_{H_2O}}$

$= \frac{3.24}{3.24 + 55.51} = \mathbf{0.0551}$

19 전자가 보어 모델(Bohr model)의 $n=5$ 궤도에서 $n=3$ 궤도로 전이할 때 수소원자의 방출되는 빛의 파장(nm)은? (단, 뤼드베리상수는 $1.9678 \times 10^{-2}\text{nm}^{-1}$이다.)

① 434.5 ② 486.1
③ 714.3 ④ 954.6

✔ 발머-뤼드베리 식 $\frac{1}{\lambda} = R_\infty \left[\frac{1}{m^2} - \frac{1}{n^2}\right]$에서

뤼드베리상수 R_∞는 $1.9678 \times 10^{-2}\text{nm}^{-1}$이고, m은 낮은 에너지 궤도의 주양자수 값이고, n은 높은 에너지 궤도의 주양자수 값에 해당된다.

$\frac{1}{\lambda} = 1.9678 \times 10^{-2} \times \left[\frac{1}{3^2} - \frac{1}{5^2}\right]$

$= 1.3993 \times 10^{-3}\text{nm}^{-1}$

$\therefore \lambda = \frac{1}{1.3993 \times 10^{-3}} = \mathbf{714.64nm}$

20 다음 화합물 중 octet rule을 만족하지 않는 것은?

① H_2O의 O ② CO_2의 C
③ PCl_5의 P ④ NO_3^-의 N

✔ **옥텟 규칙(octet rule)**

원자들이 전자를 잃거나 얻어서 비활성 기체와 같이 가장 바깥 전자껍질에 전자 8개(단, He은 2개)를 채워 안정해지려는 경향

Check

오염화인(PCl_5)

인(P)은 3주기 원소이므로 d 오비탈이 존재하므로 8개 이상의 전자를 수용할 수 있으며, **PCl_5에서 10개의 전자를 가진다.**

➜ 확장된 옥텟

제2과목 | 화학물질특성 분석

21 NH_4^+의 $K_a = 5.69 \times 10^{-10}$일 때 NH_3의 염기 해리상수(K_b)는? (단, $K_w = 1.00 \times 10^{-14}$이다.)

① 5.69×10^{-7} ② 1.76×10^{-7}
③ 5.69×10^{-5} ④ 1.76×10^{-5}

✔ 짝산과 짝염기 관계에 있는 NH_4^+과 NH_3의 수용액에서 산 · 염기 이온화 반응식은 다음과 같다.

$NH_4^+(aq) + H_2O(l) \rightleftarrows H_3O^+(aq) + NH_3(aq)$

$K_a = \frac{[H_3O^+][NH_3]}{[NH_4^+]}$

$NH_3(aq) + H_2O(l) \rightleftarrows NH_4^+(aq) + OH^-(aq)$

$K_b = \frac{[NH_4^+][OH^-]}{[NH_3]}$

전체 반응 : $2H_2O(l) \rightleftarrows H_3O^+(aq) + OH^-(aq)$

$K_w = [H_3O^+][OH^-]$

전체 반응의 평형상수는 더해진 두 반응의 평형상수들의 곱과 같다.

$K_a \times K_b = \frac{[H_3O^+][NH_3]}{[NH_4^+]} \times \frac{[NH_4^+][OH^-]}{[NH_3]}$

$= [H_3O^+][OH^-] = K_w = 1.00 \times 10^{-14}$

$K_a \times K_b = K_w$로 항상 일정하므로 짝산의 K_a가 커지면 짝염기의 K_b는 작아진다.

짝산의 세기가 커질수록 짝염기의 세기는 작아진다.

$K_a \times K_b = (5.69 \times 10^{-10}) \times K_b = 1.00 \times 10^{-14}$

$\therefore K_b = \frac{1.00 \times 10^{-14}}{5.69 \times 10^{-10}} = \mathbf{1.76 \times 10^{-5}}$

22 전지의 두 전극에서 반응이 자발적으로 진행되려는 경향을 갖고 있어 외부 도체를 통하여 산화전극에서 환원전극으로 전자가 흐르는 전지로, 즉 자발적인 화학반응으로부터 전기를 발생시키는 전지는?

① 전해전지 ② 표준전지
③ 자발전지 ④ 갈바니전지

✔ **갈바니전지**

볼타전지라고도 하며, 전기를 발생시키기 위해 자발적인 화학반응을 이용한다. 전기를 발생하기 위해서는 한 반응물은 산화되어야 하고 다른 반응물을 환원되어야 하며, 산화제와 환원제를 물리적으로 격리시켜 전자가 한 반응물에서 다른 물질로 외부 회로를 통해서만 흐르도록 해야 한다.

정답 | 19.③ 20.③ 21.④ 22.④

23 **전기화학전지에 관한 패러데이의 연구에 대한 설명 중 옳지 않은 것은?**

① 전극에서 생성되거나 소모된 물질의 양은 전지를 통해 흐른 전하의 양에 반비례한다.
② 일정한 전하량이 전지를 통하여 흐르게 되면 여러 물질들이 이에 상응하는 당량만큼 전극에서 생성되거나 소모된다.
③ 패러데이 법칙은 전기화학 과정에서의 화학량론을 요약한 것이다.
④ 패러데이상수(F)는 96485.32C/mol이다.

패러데이 법칙

전기분해에서 생성되거나 소모되는 물질의 양은 흘려준 **전하량에 비례한다.** 전기분해에서 일정한 전하량에 의해 생성되거나 소모되는 물질의 질량은 각 물질의 $\frac{\text{원자량}}{\text{이온의 전하수}}$에 비례한다.

24 **시료 중 칼슘을 정량하기 위해 시료 3.00g을 전처리하여 EDTA로 칼슘을 적정하였더니 15.20mL의 EDTA가 소요되었다. 아연금속 0.50g을 산에 녹인 후 1.00L로 묽혀서 만든 용액 10.00mL로 EDTA를 표정하였고, 이때 EDTA는 12.50mL가 소요되었다. 시료 중 칼슘의 농도(ppm)는? (단, 아연과 칼슘의 원자량은 각각 65.37g/mol, 40.08g/mol이다.)**

① 12.426　　② 124.26
③ 1242.6　　④ 12,426

EDTA는 대부분의 금속과 1 : 1 착물 형성한다.

Zn의 몰농도 : $0.50\text{g Zn} \times \frac{1\text{mol Zn}}{65.37\text{g Zn}} \times \frac{1}{1\text{L}}$

$= 7.649 \times 10^{-3}\text{M}$

EDTA 몰농도(x) : $(7.649 \times 10^{-3}\text{M}) \times (10.0 \times 10^{-3}\text{L})$

$= (x\text{M}) \times (12.50 \times 10^{-3}\text{L})$

∴ $x = [\text{EDTA}] = 6.119 \times 10^{-3}$ M이므로

시료 중의 Ca의 농도(ppm)는 $\frac{\text{용질의 질량}}{\text{용액의 질량}} \times 10^6$

$= \frac{\text{Ca의 질량}}{\text{시료의 질량}} \times 10^6$으로 구할 수 있다.

∴ 시료 중의 Ca의 농도(ppm)

$$= \frac{6.119 \times 10^{-3} \times 15.20 \times 10^{-3})\text{mol EDTA} \times \frac{1\text{mol Ca}}{1\text{mol EDTA}} \times \frac{40.08\text{g Ca}}{1\text{mol Ca}}}{3.00\text{g 시료}} \times 10^6$$

= 1242.6ppm

25 **van Deemter 식과 각 항의 의미가 아래와 같을 때, 다음 설명 중 틀린 것은?**

$$H = A + \frac{B}{u} + Cu = A + \frac{B}{u} + (C_S + C_M)u$$

여기서, u : 이동상의 속도
$_S$: 고정상
$_M$: 이동상

① A는 다중이동통로에 대한 영향을 말한다.
② B/u는 세로확산에 대한 영향을 말한다.
③ Cu는 물질이동에 의한 영향을 말한다.
④ H는 분리단의 수를 나타내는 항이다.

van Deemter 식

$$H = A + \frac{B}{u} + C_S u + C_M u$$

여기서, H : 단높이(cm)
u : 이동상의 선형속도(cm/s)
A : 소용돌이 확산계수
B : 세로확산계수
C_S : 정지상과 관련된 질량이동계수
C_M : 이동상과 관련된 질량이동계수

van Deemter 식은 단높이와 관 변수와의 관계를 나타내는 식으로, A는 다중흐름통로 항, B/u는 세로확산 항, $C_S u$, $C_M u$는 질량이동 항이다.

26 **산화수에 관한 설명 중 틀린 것은?**

① 원소상태의 원자는 산화수가 0이다.
② 일원자 이온의 원자는 전하와 동일한 산화수를 갖는다.
③ 과산화물에서 산소원자는 −1의 산화수를 갖는다.
④ C, N, O, Cl과 같은 비금속과 결합할 때 수소는 −1의 산화수를 갖는다.

산화 · 환원 반응식에서 물질들의 산화수를 정하는 규칙

1. 홑원소 물질의 산화수는 0이다.
2. 단원자 이온의 경우 산화수는 이온의 전하와 같다.
3. 다원자 이온의 경우 각 원자의 산화수의 총합이 다원자 이온의 전하와 같다.
4. 화합물에서 모든 원자의 산화수의 총합은 0이다.
5. 화합물에서 1족 금속원자는 +1, 2족 금속원자는 +2, 13족 금속원자는 +3의 산화수를 갖는다.
6. **화합물에서 H의 산화수는 +1이다.**
7. 화합물에서 O의 산화수는 −2이다.
8. 화합물에서 할로젠의 산화수는 −1이다.

정답 | 23.① 24.③ 25.④ 26.④

Check

주의해야 할 산화수

1. 수소의 산화수 : NaH, MgH_2 등은 우선순위가 높은 규칙 5와 모든 화합물에서 산화수의 총합은 항상 0이라는 규칙 4에 의해, 예외적으로 수소의 산화수가 −1이 된다.
2. 산소의 산화수 : KO, H_2O_2에서는 우선순위가 높은 규칙 5, 규칙 6과 화합물에서 산화수의 총합은 항상 0이라는 규칙 4에 의해 예외적으로 산소의 산화수가 −1이 된다.
3. 할로젠의 산화수 : HClO, $HClO_2$, $HClO_3$, $HClO_4$ 등은 우선순위가 높은 규칙 6, 규칙 7과 화합물에서 산화수의 총합은 항상 0이라는 규칙 4에 의해 염소의 산화수가 각각 +1, +3, +5, +7이 된다.

27 불꽃원자분광법에서 화학적 방해의 주요 요인이 아닌 것은?

① 해리 평형
② 이온화 평형
③ 시료 원자의 구조
④ 용액 중에 존재하는 다른 양이온

✔ **원자흡수분광법의 화학적 방해**

원자화 과정에서 분석물질이 여러 가지 화학적 변화를 받은 결과 흡수 특성이 변화하기 때문에 생긴다. **원인으로는 낮은 휘발성 화합물 생성, 해리 평형, 이온화 평형**이 있다.

28 C−Cl 신축진동을 관측하기 위한 적외선 분광분석기의 창(window) 물질로 적합하지 않은 것은?

① KBr ② CaF_2
③ NaCl ④ mineral oil+KBr

✔ C−Cl 신축진동이 700~800cm^{-1}에서 일어나므로 창(window) 물질은 700~800cm^{-1}에서 복사선을 흡수하지 않아야 한다.

- KBr 적용범위 : 400,000~385cm^{-1}
- CaF_2 적용범위 : 50,000~1,100cm^{-1}
- NaCl 적용범위 : 4,000~625cm^{-1}

∴ CaF_2는 700~800cm^{-1}에서 복사선을 흡수하므로 C−Cl 신축진동을 관측하기 위한 창(window) 물질로 적합하지 않다.

29 ppm과 ppb의 관계가 올바르게 표현된 것은?

① 1ppm = 1,000ppb
② 1ppm = 10ppb
③ 1ppm = 1ppb
④ 1ppm = 0.001ppb

✔
- ppm 농도(백만분율) = $\frac{\text{용질의 질량}}{\text{용액의 질량}} \times 10^6$ppm
- ppb 농도(십억분율) = $\frac{\text{용질의 질량}}{\text{용액의 질량}} \times 10^9$ppb
- ppt 농도(일조분율) = $\frac{\text{용질의 질량}}{\text{용액의 질량}} \times 10^{12}$ppt

Check

미량성분의 함유율을 나타내는 분율의 단위는 분율 값이 작아, 즉 용액이 아주 묽으므로 밀도를 1g/mL로 가정해도 무방하므로 다음과 같이 나타낼 수 있다.

$1ppm = \frac{1mg}{1L}$, $1ppb = \frac{1\mu g}{1L}$, $1ppt = \frac{1ng}{1L}$

∴ **1ppm = 1,000ppb**, 1ppb = 1,000ppt

30 0.100M CH_3COOH 용액 50.0mL를 0.0500M NaOH로 적정할 때 가장 적합한 지시약은?

① 메틸오렌지
② 페놀프탈레인
③ 브로모크레졸 그린
④ 메틸레드

✔ **적정에 따른 산·염기 지시약의 선택**

지시약	변색범위	적정 형태
• 메틸오렌지 • 브로모크레졸 그린 • 메틸레드	산성에서 변색	약염기를 강산으로 적정하는 경우, 약염기의 짝산이 약산으로 작용 당량점에서 pH < 7.00
• 브로모티몰 블루 • 페놀레드	중성에서 변색	강산을 강염기로 또는 강염기를 강산으로 적정하는 경우, 짝산, 짝염기가 산·염기로 작용하지 못함 당량점에서 pH=7.00
• 크레졸 퍼플 • **페놀프탈레인** • 알리자린 옐로 • GG	염기성에서 변색	**약산을 강염기로 적정하는 경우**, 약산의 짝염기가 약염기로 작용 당량점에서 pH > 7.00

정답 | 27.③ 28.② 29.① 30.②

31 **용질의 농도가 0.1M로 모두 동일한 다음 수용액 중 이온 세기(ionic strength)가 가장 큰 것은?**

① $NaCl(aq)$ ② $Na_2SO_4(aq)$
③ $Al(NO_3)_3(aq)$ ④ $MgSO_4(aq)$

이온 세기(μ)$=\frac{1}{2}(C_1Z_1^2+C_2Z_2^2+\cdots)$

여기서, C_1, C_2, … : 이온의 몰농도

Z_1, Z_2, … : 이온의 전하

① $NaCl(aq) \rightarrow Na^+(aq) + Cl^-(aq)$

$\mu=\frac{1}{2}[(0.1\times1^2)+(0.1\times(-1)^2)]=0.10M$

② $Na_2SO_4(aq) \rightarrow 2Na^+(aq) + SO_4^{2-}(aq)$

$\mu=\frac{1}{2}[(0.2\times1^2)+(0.1\times(-2)^2)]=0.30M$

③ $Al(NO_3)_3(aq) \rightarrow Al^{3+}(aq) + 3NO_3^-(aq)$

$\mu=\frac{1}{2}[(0.1\times3^2)+(0.3\times(-1)^2)]=\mathbf{0.60M}$

④ $MgSO_4(aq) \rightarrow Mg^{2+}(aq) + SO_4^{2-}(aq)$

$\mu=\frac{1}{2}[(0.1\times2^2)+(0.1\times(-2)^2)]=0.40M$

32 **0.1M 약염기 B 100mL 수용액에 0.1M HCl 50mL 수용액을 가했을 때의 pH는? (단, $K_b=2.6\times10^{-6}$이고, $K_w=1.00\times10^{-14}$이다.)**

① 5.59 ② 7.00
③ 8.41 ④ 9.18

당량점의 부피(V_e)를 구하면

$0.1M\times100mL=0.1M\times V_e mL$

$\therefore V_e=100mL$

가해준 HCl 50mL는 당량점 이전의 부피이므로 과량은 약염기인 B이고, 알짜반응식은 $B+H^+\rightarrow BH^+$, 가해준 HCl만큼 BH^+가 생성되어 완충용액이 구성된다. 주어진 조건은 $\frac{1}{2}V_e=50mL$이므로 생성되는 BH^+와 남은 B의 몰수가 같으며, 완충용액의 pH는 헨더슨-하셀바흐 식으로 구하다.

$pH=pK_a+\log\frac{[A^-]}{[HA]}$에서 생성되는 BH^+와 남은 B의 몰수가 $\log1=0$이 되어 $pH=pK_a$로 구할 수 있다.

약염기 B의 $K_b=2.6\times10^{-6}$이므로

$$K_a=\frac{K_w}{K_b}=\frac{1.00\times10^{-14}}{2.6\times10^{-6}}=3.85\times10^{-9}$$

$\therefore pH=pK_a=-\log(3.85\times10^{-9})=\mathbf{8.41}$

33 **다음 중 환원제로 사용되는 물질은?**

① 과염소산 ② 과망가니즈산칼륨
③ 폼알데하이드 ④ 과산화수소

- **폼알데하이드(HCHO)**는 산소를 얻어 산화되어 폼산(HCOOH)을 생성하므로 자신이 산화되고 다른 물질을 환원시킬 수 있는 환원제이다.
- 과염소산($HClO_4$), 과망가니즈산칼륨($KMnO_4$), 과산화수소(H_2O_2)는 자신이 환원되고 다른 물질을 산화시키는 산화제이다.

34 **어떤 염의 물에 대한 용해도가 70℃에서 60g, 30℃에서 20g일 때, 다음 설명 중 옳은 것은?**

① 70℃에서 포화용액 100g에 녹아 있는 염의 양은 60g이다.
② 30℃에서 포화용액 100g에 녹아 있는 염의 양은 20g이다.
③ 70℃에서 포화용액 30℃로 식힐 때 불포화 용액이 형성된다.
④ 70℃에서 포화용액 100g을 30℃로 식힐 때 석출되는 염의 양은 25g이다.

용해도는 특정 온도에서 물 100g에 녹을 수 있는 용질의 최대 질량(g)이다. 70℃에서 용해도가 60g이라면 용액의 양(g)은 100g + 60g = 160g이다.

① 70℃에서 녹아 있는 용질의 양(g)은 용액 : 용질의 양으로 비교하여 구한다.
160g : 60g = 100g : x(g), x=37.5g
70℃에서 포화용액 100g은 물 62.5g과 염 37.5g이 녹아 있는 용액이다.

② 30℃에서 최대한 녹을 수 있는 용질의 양(g)은 용액 : 용질의 양으로 비교하여 구한다.
120g : 20g=100g : x(g), x=16.7g
30℃에서 포화용액 100g은 물 83.3g과 염 16.7g이 녹아 있는 용액이다.

③ 70℃에서 포화용액 30℃로 식힐 때 과포화 용액이 형성되어 용질이 석출된다.

④ 석출량=높은 온도에서 녹아 있는 용질의 양−냉각한 온도에서 최대로 녹을 수 있는 용질의 양. 70℃에서 포화용액 100g은 물 62.5g과 염 37.5g이 녹아 있는 용액이므로 30℃에서 물 62.5g에 최대한 녹을 수 있는 용질의 양(g)을 구하면 100g : 20g=62.5g : x(g), x=12.5g
물 62.5g에는 최대 염 12.5g이 녹을 수 있다.
∴ 석출량=37.5g−12.5g=25.0g

정답 | 31.③ 32.③ 33.③ 34.④

35 원자흡수분광법에서 연속광원 바탕보정법에 사용되는 자외선 영역의 연속 광원은?

① 중수소등　　② 텅스텐등
③ 니크롬선등　　④ 속빈 음극등

연속광원 보정법
중수소(D_2)램프의 연속광원과 속빈 음극등이 번갈아 시료를 통과하게 하여 중수소램프에서 나오는 연속광원의 세기의 감소를 매트릭스에 의한 흡수로 보아 연속광원의 흡광도를 시료 빛살의 흡광도에서 빼주어 보정하는 방법

36 다음의 두 평형에서 전하 균형식(charge balance equation)을 올바르게 표현한 것은?

- $HA^-(aq) \rightleftarrows H^+(aq) + A^{2-}(aq)$
- $HA^-(aq) + H_2O(l) \rightleftarrows H_2A(aq) + OH^-(aq)$

① $[H^+] = [HA^-] + [A^{2-}] + [OH^-]$
② $[H^+] = [HA^-] + 2[A^{2-}] + [OH^-]$
③ $[H^+] = [HA^-] + 4[A^{2-}] + [OH^-]$
④ $[H^+] = 2[HA^-] + [A^{2-}] + [OH^-]$

전하 균형
용액의 전기적 중성에 대한 산술적 표현으로, 용액 중에서 양전하의 합과 음전하의 합은 같다. 중성 화학종은 전하 균형에 나타나지 않는다.
$n_1[C_1] + n_2[C_2] + n_3[C_3] + \cdots$
$= m_1[A_1] + m_2[A_2] + m_3[A_3] + \cdots$
여기서, [C] : 양이온의 농도
n : 양이온의 전하
[A] : 음이온의 농도
m : 음이온의 전하
∴ 주어진 조건의 전하 균형식은 다음과 같다.
$[H^+] = [HA^-] + 2[A^{2-}] + [OH^-]$

37 $Cu(s) + 2Fe^{3+} \rightleftarrows 2Fe^{2+} + Cu^{2+}$ 반응의 25℃에서 평형상수는? (단, $E°$는 25℃에서의 표준환원전위이다.)

- $2Fe^{3+}(aq) + 2e^- \rightleftarrows 2Fe^{2+}(aq)$
  $E° = 0.771V$
- $Cu^{2+}(aq) + 2e^- \rightleftarrows Cu(s)$
  $E° = 0.339V$

① 1×10^{14}　　② 2×10^{14}
③ 3×10^{14}　　④ 4×10^{14}

Nernst 식
$E = E° - \frac{0.05916}{n}\log Q$
평형에서는 반응이 더 이상 진행되지 않으며, $Q = K$, $E = 0$이다.
$0 = E° - \frac{0.05916V}{n}\log K$이므로
$E° = \frac{0.05916V}{n}\log K$
$K = 10^{\frac{nE°}{0.05916}}$
∴ $K = 10^{\frac{2\times(0.771-0.339)}{0.05916}} = 4.02\times10^{14}$

38 다음과 같은 화학반응식의 평형이동에 관한 설명 중 틀린 것은?

$2CO(g) + O_2(g) \rightleftarrows 2CO_2(g)$ + 열

① 반응계를 냉각할 경우 평형은 오른쪽으로 이동한다.
② 반응계에 Ar(g)를 가하면 평형은 왼쪽으로 이동한다.
③ CO(g)를 첨가할 경우 평형은 오른쪽으로 이동한다.
④ $O_2(g)$를 제거할 경우 평형은 왼쪽으로 이동한다.

① 반응계를 냉각할 경우 : 온도가 낮아지면 발열반응 쪽으로 평형이동
∴ 평형은 오른쪽으로 이동
② 반응계에 Ar(g)를 가하면 : **부피가 일정한 경우, 반응에 영향을 주지 않는 기체(비활성 기체)를 넣으면 평형은 이동하지 않는다.**
③ CO(g)를 첨가할 경우 : 반응물의 농도가 증가하면 그 물질의 농도가 감소하는 방향으로 평형이동
∴ 평형은 오른쪽으로 이동
④ $O_2(g)$를 제거할 경우 : 반응물의 농도가 감소하면 그 물질의 농도가 증가하는 방향으로 평형이동
∴ 평형은 왼쪽으로 이동

Check
르 샤틀리에 원리
동적 평형상태에 있는 반응 혼합물에 자극(스트레스)을 가하면, 그 자극의 영향을 감소시키는 방향으로 평형이 이동하여 새로운 평형에 도달한다.

정답 | 35.① 36.② 37.④ 38.②

39 0.100M BH_2^{2+} **용액 20.0mL를 0.20M NaOH 용액으로 적정하는 실험에 대한 설명으로 옳은 것은? (단, BH_2^{2+}의 산해리 상수 K_{a1}과 K_{a2}는 각각 1.00×10^{-4}, 1.00×10^{-8}이고, 물의 이온화곱 상수 $K_w=1.00\times10^{-14}$이다.)**

① NaOH(aq) 5.0mL를 가했을 때 용액에는 BH_2^{2+}와 BH^+가 1 : 1의 몰비로 존재한다.
② NaOH(aq) 10.0mL를 가했을 때 용액의 pH는 5.0이다.
③ NaOH(aq) 15.0mL를 가했을 때 용액에서 B와 BH^+가 4 : 6의 몰수비로 존재한다.
④ NaOH(aq) 20.0mL를 가했을 때 용액의 pH를 결정하는 주화학종은 BH^+이다.

이양성자성 산(BH_2^{2+})을 강염기로의 적정

적정 반응식은 $BH_2^{2+} + OH^- \rightleftarrows BH^+ + H_2O$, $BH^+ + OH^- \rightleftarrows B + H_2O$이며, 제1당량점의 부피 V_{e1}는 BH_2^{2+}mmol=OH^-mmol로 구할 수 있다.

$0.100M\times20.0mL = 0.20M\times V_{e1}(mL)$

$\therefore\ V_{e1} = 10.0mL$

제2당량점의 부피 V_{e2}는 $2V_{e1} = 20mL$이다.

① NaOH 5.0mL를 가했을 때 : 제1당량점 이전에서는 가해준 OH^-만큼 BH^+이 생성되고 과량의 BH_2^{2+}는 남게 되어 BH_2^{2+}와 BH^+의 완충용액이 된다. 완충용액의 pH는 헨더슨-하셀바흐 식을 이용한다.

$$pH = pK_{a1}+\log\left(\frac{[BH^+]}{[BH_2^{2+}]}\right)$$

$V_x = \frac{1}{2}V_{e1}$mL에서는 $[BH^+] : [BH_2^{2+}]=1:1$

즉, $\frac{[BH^+]}{[BH_2^{2+}]}=1$, $pH = pK_{a1} = 4.00$이다.

② NaOH 10.0mL를 가했을 때 : 제1당량점에서는 B가 이양성자성 산 BH_2^{2+}의 중간형인 BH^+로 전환된다. 이때 BH^+는 산인 동시에 염기이다.

$$[H^+] = \sqrt{\frac{K_1K_2F+K_1K_w}{K_1+F}}$$

$$[BH^+] = F = \frac{(0.20\times10.0)mmol}{(20.0+10.0)mL} = 6.67\times10^{-2}M$$

$$[H^+] = \sqrt{\frac{(1.00\times10^{-4})(1.00\times10^{-8})(6.67\times10^{-2}) + (1.00\times10^{-4})(1.00\times10^{-14})}{1.00\times10^{-4}+6.67\times10^{-2}}}$$

$= 9.993\times10^{-7}M$

$pH = -\log[H^+] = -\log(9.993\times10^{-7}) = 6.00$

③ NaOH 15.0mL 가했을 때 : 제1당량점까지 10.0mL를 사용하고 5.0mL는 두 번째 반응에 사용된다. 제2당량점 이전에서는 가해준 OH^-만큼 B가 생성되고 BH^+는 남게 되어 BH^+와 B의 완충용액이 된다. 완충용액의 pH는 헨더슨-하셀바흐 식을 이용한다.

$$pH = pK_{a2}+\log\left(\frac{[B]}{[BH^+]}\right)$$

$V_x = \frac{1}{2}V_{e2}$mL에서는 $[B] : [BH^+]=1:1$

즉, $\frac{[B]}{[BH^+]}=1$, $pH = pK_{a2} = 8.00$이다.

④ NaOH 20.0mL를 가했을 때 : 제2당량점에서는 모두 B의 형태로 B와 물(H_2O)과의 반응을 고려한다.

$B + H_2O \rightleftarrows BH^+ + OH^-$

$$K_{b1} = \frac{K_w}{K_{a2}} = \frac{1.00\times10^{-14}}{1.00\times10^{-8}} = 1.0\times10^{-6}$$

$$[B] = \frac{0.2\times10.0mmol}{20.0+20.0mL} = 0.05M$$

	B	+	H_2O	$\rightleftarrows$	BH^+	+	OH^-
초기(M)	0.05				0		0
반응(M)	$-x$				$+x$		$+x$
평형(M)	$0.05-x$				x		x

$$K_{b1} = \frac{x^2}{0.05-x} \simeq \frac{x^2}{0.05} = 1.0\times10^{-6}$$

$x = [OH^-] = 2.236\times10^{-4}M$

$$[H^+] = \frac{K_w}{[OH^-]} = \frac{1.00\times10^{-14}}{2.236\times10^{-4}} = 4.472\times10^{-11}$$

$pH = -\log(4.472\times10^{-11}) = 10.35$

40 **이양성자성 산(BH_2^{2+})의 산 해리상수가 각각 $pK_{a1}=4$, $pK_{a2}=9$일 때 $[BH^+]=[BH_2^{2+}]$를 만족하는 pH는?**

① 4 ② 5
③ 6.5 ④ 9

이양성자성 산(BH_2^{2+})의 해리반응식은 $BH_2^{2+} \rightleftarrows BH^+ + H^+$이며, 이 용액은 BH_2^{2+}와 BH^+의 완충용액이므로 완충용액의 pH는 헨더슨-하셀바흐 식을 이용한다.

$$pH = pK_{a1}+\log\left(\frac{[BH^+]}{[BH_2^{2+}]}\right)$$

$[BH^+]=[BH_2^{2+}]$인 경우, $\frac{[BH^+]}{[BH_2^{2+}]}=1$이 되어

$pH = pK_{a1} = 4.00$이다.

정답 | 39.① 40.①

제3과목 | 화학물질구조 분석

41 **열무게분석법(Thermo Gravimetric Analysis ; TGA)에서 전기로를 질소와 아르곤의 분위기로 만드는 주된 이유는?**

① 시료의 환원 억제 ② 시료의 산화 억제
③ 시료의 확산 억제 ④ 시료의 산란 억제

✔ 열무게 측정분석에서 기체주입장치는 질소 또는 아르곤을 전기로에 넣어 주어 **시료가 산화되는 것을 방지**한다.

42 **Nuclear Magnetic Resonance(NMR)의 화학적 이동에 영향을 미치는 인자가 아닌 것은?**

① 혼성 효과(Hybridization effect)
② 도플러 효과(Doppler effect)
③ 수소결합 효과(Hydrogen bond effect)
④ 전기음성도 효과(Electronegativity effect)

✔ **핵 주위의 전자밀도(가리움 효과)**
핵 주위의 전자밀도가 크면 외부 자기장의 세기를 많이 상쇄시켜 가리움이 크고, 핵 주위의 전자밀도가 작으면 외부 자기장의 세기를 적게 상쇄시키므로 가리움이 적다. 가리움이 적을수록 낮은 자기장에서 봉우리가 나타나며, 이와 같은 화학적 이동에 영향을 주는 인자는 **혼성 효과, 수소결합 효과, 전기음성도 효과** 등이 있다.

43 **폭이 매우 좁은 KBr셀만을 적외선 분광기에 걸고 적외선 스펙트럼을 얻었다. 시료가 없기 때문에 적외선 흡수 밴드는 보이지 않고, 그림과 같이 파도 모양의 간섭파를 스펙트럼에 얻었다. 이 셀의 폭(mm)으로 가장 알맞은 것은?**

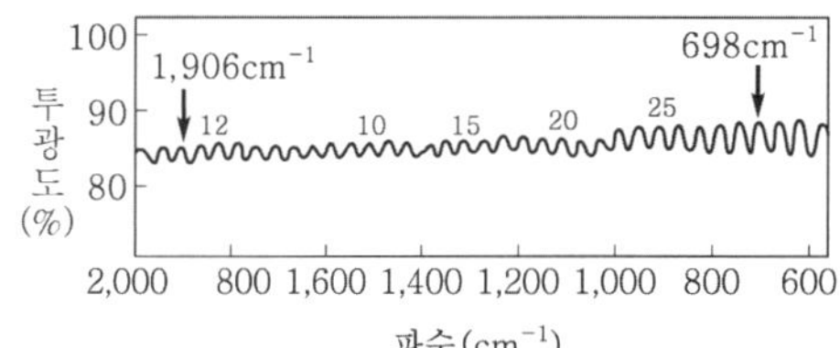

① 0.1242 ② 12.42
③ 24.82 ④ 248.4

✔ **용기의 광로길이(셀의 폭)**

$$b = \frac{\Delta N}{2(\overline{\nu_1} - \overline{\nu_2})}$$

여기서, ΔN : 간섭무늬수
ν_1, ν_2 : 파수

$$\therefore b = \frac{30}{2(1,906 - 698)} = 0.01242\text{cm},$$

$$0.01242\text{cm} \times \frac{10\text{mm}}{1\text{cm}} = \mathbf{0.1242mm}$$

44 **기체-고체 크로마토그래피(GSC)에 대한 설명으로 틀린 것은?**

① 고체 표면에 기체 물질이 흡착되는 현상을 이용한다.
② 분포상수는 보통 GLC의 경우보다 적다.
③ 기체-액체 칼럼에 머물지 않는 화학종을 분리하는 데 유용하다.
④ 충전칼럼과 열린 관 칼럼 두 가지 모두 사용된다.

✔ ① 이동상은 기체, 정지상은 고체를 사용하며, 고체 정지상에 분석물질이 물리적 흡착으로 머무르게 되는 것을 이용한다.
②,③ **분포상수(분배계수)가 보통 GLC의 경우보다 대단히 크기 때문**에 공기, 황화수소, 이황화탄소, 질소산화물, 일산화탄소, 이산화탄소 및 희유기체와 같이 기체-액체 관에 머물지 않는 화학종들을 분리하는 데 유용하다.
④ GSC는 충전관과 열린 모세관 둘 모두 사용하며, 열린 모세관은 흡착제의 얇은 막이 모세관의 내부벽에 입혀져 있는데 이런 관을 다공성층 모세관(POLOT관, porous layer tubular column)이라고 한다.

45 **질량분석기에서 분석을 위해서는 분석물이 이온화되어야 한다. 이온화 방법은 분석물의 화학결합이 끊어지는 Hard Ionization 방법과 화학결합이 그대로 있는 Soft Ionization 방법이 있다. 다음 중 가장 Hard Ionization에 가까운 것은?**

① 전자충돌이온화(Electron Impact Ionization)
② 전기분무이온화(ESI, Electrospray Ionization)
③ 매트릭스 보조 레이저 탈착 이온화(MALDI, Matrix Assisted Laser Desorption Ionization)
④ 화학이온화(CI, Chemical Ionization)

정답 | 41.② 42.② 43.① 44.② 45.①

✔ 이온화 장치는 하드(hard) 또는 소프트(soft) 이온화 장치로 분류하기도 한다.

1. 하드 이온화 장치 : 생성된 이온은 큰 에너지를 넘겨 받아 높은 에너지 상태로 들뜨게 된다. 이 경우 많은 토막이 생기면서 이완되는데, 이 과정에서 분자 이온의 질량 대 전하의 비보다 작은 조각이 된다. **전자충격 이온화 장치**가 해당된다.
2. 소프트 이온화 장치 : 적은 조각을 만든다. 그러므로 토막이 적게 일어나고 스펙트럼이 간단하다. 화학이온화 장치, 탈착식 이온화 장치가 해당된다.

46 전기화학분석에 관한 설명에서 올바른 것은?

① 전기화학전지의 전위는 환원반응이 일어나는 환원전극의 전극전위에서 산화반응이 일어나는 산화전극의 전극전위를 빼주어 계산한다.
② IUPAC 규약에 의해서 전극전위를 산화반응에 대한 것은 산화전극전위라고 하고, 환원반응에 대한 것은 환원전극전위로 나타내어 사용하기로 한다.
③ 각 산화-환원 반응에 대한 전극전위는 0℃에서 표준 수소전극전위를 0V로 놓고 이에 대한 상대적인 산화-환원력의 척도로 나타낸 것이다.
④ 형식전위(formal potential)는 활성도 효과와 부반응으로부터 오는 오차를 보상하기 위하여 반응용액에 존재하는 성분들의 농도가 1F(포말농도)에서의 표준전위를 말한다.

✔ ② IUPAC 규약에 의해서 전극전위는 전극반응이 **환원반응으로 적혀 있는 경우에만** 사용한다. 산화전극전위라는 말은 반대로 쓴 전극반응에 대하여 아무런 이의가 없으나 산화전위를 전극전위라고 부르지 않아야 한다.
③ 각 산화-환원 반응에 대한 전극전위는 25℃에서 표준 수소전극의 전위(E°)를 0.0V로 놓고 이에 대한 상대적인 산화-환원력의 척도로 나타낸 것이다.
④ 형식전위(formal potential)는 활성도 효과와 부반응으로부터 오는 오차를 보상하기 위하여 반응용액에 존재하는 성분들의 **활동도가** 1에서의 표준전위를 말한다. 생화학자들은 pH 7에서의 형식전위를 $E^{\circ\prime}$로 나타내며, pH 0에서 적용되는 표준전위(E°)보다 $E^{\circ\prime}$를 더 선호한다.

47 적외선 흡수분광기의 검출기로 사용할 수 있는 열검출기(thermal detector)가 아닌 것은?

① 열전기쌍(thermocouple)
② 서미스터(thermistor)
③ 볼로미터(bolometer)
④ 다이오드 어레이(diode array)

✔ 적외선 검출기
열전기쌍, 서미스터, 볼로미터, 파이로전기 검출기, 광전도검출기 등이 있다.

48 카드뮴 전극이 0.010M Cd^{2+} 용액에 담긴 반쪽전지의 전위(V)는? (단, 온도는 25℃이고, Cd^{2+}/Cd의 표준 환원전위는 -0.403V이다.)

① -0.40
② -0.46
③ -0.50
④ -0.56

✔ Nernst 식

$$E = E^\circ - \frac{0.05916\text{V}}{n}\log Q$$

$Cd^{2+} + 2e^- \rightarrow Cd$, $E^\circ = -0.403\text{V}$

$$\therefore\ E = -0.403 - \frac{0.05916}{2}\log\frac{1}{0.010} = -0.462\text{V}$$

49 폴라로그래피에서 펄스법의 감도가 직류법보다 좋은 이유는?

① 펄스법에서는 패러데이 전류와 충전전류의 차이가 클 때 전류를 측정하기 때문
② 펄스법은 빠른 속도로 측정하기 때문
③ 직류법에서는 빠르게, 펄스법에서는 느리게 전압을 주사하기 때문
④ 펄스법에서는 비패러데이 전류가 최대이기 때문

✔ 펄스법 폴라로그래피에서는 **패러데이 전류와 방해하는 충전전류의 차이가 클 때 전류를 측정**한다. 펄스법 폴라로그래피는 패러데이 전류를 상승시키고, 비패러데이 충전전류를 감소시키기 때문에 직류법보다 높은 감도를 나타낸다.

정답 | 46.① 47.④ 48.② 49.①

50 **다음 시차주사열량법(Diggerential Scanning Calorimetry ; DSC)에 대한 설명 중 틀린 것은?**

① 온도 변화에 따른 무게 변화를 측정
② 시료물질과 기준물질의 열량 차이를 시료온도 함수로 측정
③ 열흐름 DSC는 열흐름의 차이를 온도를 직선적으로 증가하면서 측정
④ 전력보상 DSC는 시료물질과 기준물질을 두 개의 다른 가열기로 가열

시차주사열량법은 시료물질과 기준물질을 조절된 온도 프로그램으로 가열하면서 이 두 물질에 흘러들어간 **열량의 차이를 시료 온도의 함수로 측정**하는 열분석방법이다. 시차주사열량법과 시차열분석법의 근본적인 차이는 시차주사열량법의 경우는 에너지 차이를 측정하는 것이고, 시차열분석법은 온도 차이를 기록하는 것이다. 두 방법에서 사용하는 온도 프로그램은 비슷하며, 열분석법 중에서 시차주사열량법이 가장 널리 사용되고 있다.

51 **자기장 분석 질량분석기(Magenetic sector analyzer) 중 이중초점 분석기에 대한 설명으로 틀린 것은?**

① 이온다발의 방향과 에너지의 벗어나는 정도를 모두 최소화하기 위해 고안된 장치이다.
② 두 개의 sector 중 하나는 정전기적 sector이고, 다른 하나는 자기적 sector이다.
③ 정전기적 sector는 전기장을 걸어주어 질량 대 전하비를 분리하고, 자기적 sector는 자기장을 걸어주어 운동에너지 분포를 좁은 범위로 제한한다.
④ 이론적으로 질량을 변화시켜 스캐닝하는 방법은 자기장, 가속전압 및 sector의 곡률반경을 변경하는 것이다.

정전기적 sector에 걸린 전위는 자기장 섹터에 도달하는 **이온들의 운동에너지를 정교하게 좁은 범위로 제한**하는 역할을 하고, **자기적 sector에서 m/z를 갖는** 하나의 이온만 주어진 가속전압과 자기장 세기에 해당하는 교차점에서 이중초점이 맞추어진다.

52 **다음 중 열무게분석법(Thermo Gravimetric Analysis ; TGA)으로 얻을 수 있는 정보가 아닌 것은?**

① 분해반응 ② 산화반응
③ 기화 및 승화 ④ 고분자 분자량

열무게분석법에서는 조절된 수위조건하에서 시료의 온도를 증가시키면서 시료의 무게를 시간 또는 온도의 함수로 연속적으로 기록하며, 시간의 함수로 무게 또는 무게백분율을 도시한 것을 열분해 곡선 또는 열분석도라고 하는데 **분해반응과 산화반응, 기화, 승화**, 탈착 등과 같은 물리적 변화를 이용한다. 또한 열무게 측정법은 여러 종류의 중합체 합성물의 분해 메커니즘에 대한 정보를 제공한다.

53 **원자 및 분자 질량(atomic & molecularmass)에 대한 설명으로 틀린 것은?**

① 원소들의 원자질량은 탄소-12의 질량을 12amu 또는 Dalton으로 놓고 그것에 대한 상대질량을 의미한다.
② 원자량은 자연에 존재하는 동위원소의 존재비와 질량으로 해서 평균한 질량을 말한다.
③ 화학식량은 자연에 가장 많이 존재하는 대표적인 동위원소의 질량을 화학식에 나타난 모든 원소의 합으로 나타낸 것이다.
④ 동위원소는 원자번호는 같으나 질량이 다른 원소를 의미하며, 화학적 성질은 같다.

화학식량은 자연에 존재하는 동위원소의 존재비와 질량으로 해서 **평균한 질량(평균 원자량)**을 화학식에 나타난 모든 원소의 합으로 나타낸 것이다.

54 **시차주사열량법(Differential Scanning Calorimetry ; DSC)은 전이엔탈피와 온도 혹은 반응열을 측정할 수 있으므로 아주 유용하다. 다음 중 DSC의 응용분야와 가장 거리가 먼 것은?**

① 상전이 과정 측정
② 결정화 온도 측정
③ 고분자물 경화 여부 측정
④ 휘발성 유기성분 분석

정답 | 50.① 51.③ 52.④ 53.③ 54.④

✔ 시차주사열량법(DSC) 응용
1. **상전이 과정 측정**
2. **결정화 온도 측정**
3. **고분자물 경화 여부 측정**
4. 결정의 생성과 용융, 결정화 정도 결정
5. 유리전이 온도와 녹는점 결정

55 **Nuclear Magnetic Resonance(NMR)에서 이용하는 파장은?**

① 적외선(infrared)
② 자외선(ultraviolet)
③ 라디오파(radio wave)
④ 마이크로웨이브(microwave)

✔ 핵자기공명분광법은 핵스핀 상태전이를 일으키는 **라디오파 영역**의 복사선의 흡수를 이용하여 유기 및 무기 화합물의 구조를 밝히는 분광법이고, 질량분석법은 분자의 분자식에 관한 정보를 제공하며, 적외선분광법에 의해서는 분자의 작용기들에 관한 정보를 얻을 수 있다. 핵자기공명분광법은 유기분자의 탄소-수소 골격에 관한 "지도"를 제공함으로써 질량분석법, 적외선분광법 및 핵자기공명분광법을 함께 사용하면 매우 복잡한 분자의 구조 해석이 가능해진다.

56 **Gas Chromatograp(GC) 검출기 중 할로젠 원소에 대한 선택성이 큰 검출기는?**

① 전자포착검출기
(ECD, Electron Capture Detector)
② 열전도검출기
(TCD, Thermal Conductivity Detector)
③ 불꽃이온화검출기
(FID, Flame Ionization Detector)
④ 열이온검출기
(TID, Thermionic Detector)

✔ **전자포착검출기(ECD)**
^{63}Ni과 같은 β-선 방사체를 사용하여 방사체에서 나온 전자는 운반기체(N_2)를 이온화시켜 많은 수의 전자를 생성하며, 전자를 포착하는 성질이 있는 유기분자들이 있으면 검출기에 도달하는 전류는 급격히 감소한다. 검출기의 감응은 선택적이며 할로젠, 과산화물, 퀴논, 니트로기와 같은 전기음성도가 큰 작용기를 포함하는 분자에 특히 감도가 좋다.

57 **얇은 층 크로마토그래피(TLC)의 일반적인 용도가 아닌 것은?**

① 혼합물 중에 포함된 성분의 수를 결정
② 화학반응 중에 생성되는 중간체 확인
③ 혼합물의 화학결합 존재 여부 확인
④ 화합물의 순도 확인

✔ 얇은 층 크로마토그래피(TLC)는 **혼합물 중에 포함된 성분의 수, 제약산업에서 생산품의 순도**를 판별하거나 여러 생화학 및 유기화합물 합성에서 **반응의 중간체 확인** 또는 반응의 완결을 확인하는 중요한 역할을 한다.

58 **아주 큰 분자량을 갖는 극성 생화학 고분자의 분자량에 대한 정보를 알 수 있는 가장 유용한 이온화법은?**

① 장이온화(FI, Field Ionization)
② 화학이온화(CI, Chemical Ionization)
③ 전자충돌이온화(Electron Impact Ionization)
④ 매트릭스 보조 레이저 탈착 이온화(MALDI, Matrix Assisted Laser Desorption Ionization)

✔ **매트릭스 지원 레이저 탈착 이온화(MALDI)**
시료의 수용액과 알코올 혼합용액을 과량의 방사선이 흡수된 매트릭스 물질과 섞은 다음 금속 탐침의 표면에서 기체화한다. 이 탐침이 질량분석기에 시료를 주입하는 데 사용되며, 이 혼합물은 펄스 레이저 빔에 쪼여진다. 이 결과 분석물질은 이온형태로 승화되고 질량분석을 하는 비행-시간 분석기로 연결되는데 수천에서 수십만 Da에 이르는 분자량을 갖는 극성 생화학 고분자를 관찰하는 데 많이 사용된다.

59 **니켈(Ni^{2+})과 카드뮴(Cd^{2+})이 각각 0.1M인 혼합용액에서 니켈만 전기화학적으로 석출하고자 한다. 카드뮴 이온은 석출되지 않고 니켈 이온이 0.01%만 남도록 하는 전압(V)은?**

- $Ni^{2+} + 2e^- \rightleftarrows Ni(s)$, $E^\circ = -0.250V$
- $Cd^{2+} + 2e^- \rightleftarrows Cd(s)$, $E^\circ = -0.403V$

① −0.2 ② −0.3
③ −0.4 ④ −0.5

정답 | 55.③ 56.① 57.③ 58.④ 59.③

✔ Nernst 식

$$E = E° - \frac{0.05916V}{n}\log Q$$

$Ni^{2+} + 2e^- \rightarrow Ni$, $E° = -0.250V$

0.01% 남아 있는 $[Ni^{2+}] = 0.1 \times \frac{0.01}{100} = 1.0 \times 10^{-5}M$

이다.

$$\therefore E = -0.250 - \frac{0.05916}{2}\log\frac{1}{(1.0\times10^{-5})}$$
$$= -0.398V$$

60 TLC에서 R_f값을 구하는 식은?

① 분석물의 이동거리÷용매의 최대이동거리
② 분석물의 이동거리÷표준물질의 최대이동거리
③ 용매의 최대이동거리÷분석물의 이동거리
④ 표준물질의 최대이동거리÷분석물의 이동거리

✔ **지연지수(R_f)**

용매의 이동거리(d_M)와 용질(각 성분)의 이동거리(d_R)의 비 $R_f = \frac{d_R}{d_M}$

시료의 출발선으로부터 측정한 직선거리로 용매와 용질의 이동거리를 확인한다.

제4과목 | 시험법 밸리데이션

61 분석기기의 성능점검주기를 선정할 때 고려할 사항을 보기에서 모두 고른 것은?

> ㉠ 장비 유형
> ㉡ 제조사의 권고사항
> ㉢ 사용범위 및 가혹한 정도
> ㉣ 노화 및 드리프트 되는 정도
> ㉤ 환경조건(온도, 습도, 진동 등)
> ㉥ 다른 기준 표준으로 상호점검 횟수

① ㉠, ㉡
② ㉠, ㉢, ㉣
③ ㉠, ㉡, ㉢, ㉤
④ ㉠, ㉡, ㉢, ㉣, ㉤, ㉥

✔ 분석기기의 성능점검주기를 선정할 때 고려할 사항

1. **장비 유형**
2. **제조사의 권고사항**
3. **사용범위 및 가혹한 정도**
4. **노화 및 드리프트 되는 정도**
5. **환경조건(온도, 습도, 진동 등)**
6. **다른 기준 표준으로 상호점검 횟수**
7. 이전 성능점검 기록으로부터 얻어지는 추이데이터
8. 유지, 수리의 이력 기록
9. 정확도와 허용오차 한계

62 시험법이 정밀성, 정확성, 직선성이 적절한 수준임을 밝혀진 상태에서 검체 내 시험 대상물의 양 또는 농도의 상한 및 하한 농도 사이의 구간을 범위(range)라고 정의한다. 다음 중 최소로 규정하는 범위로 틀린 것은?

① 원료 의약품의 정량시험 : 시험농도의 80~120%
② 완제 의약품의 정량시험 : 시험농도의 90~110%
③ 함량 균일성 시험 : 시험농도의 70~130%
④ 용출시험 : 용출시험 기준 범위의 ±20%

✔ 최소로 규정하는 범위는 다음과 같다.

1. 원료 의약품 : 시험농도의 80~120%
2. **완제 의약품 : 시험농도의 80~120%**
3. 함량 균일성 시험 : 시험농도의 70~130%
4. 용출시험 : 용출시험 기준 범위의 ±20%

그 외 불순물 정량시험 : 해당 불순물의 보고수준부터 120%

63 생체 시료 효과에 대한 설명 중 틀린 것은?

① 생체 시료 효과란 생체 시료 내의 물질이 직접 또는 간접적으로 분석물질 또는 내부표준물질의 반응에 미치는 영향을 말한다.
② 생체 시료 효과를 분석하기 위해서는 6개의 서로 다른 생체 시료를 가지고 분석하나, 구하기 힘든 생체 시료의 경우 6개보다 적은 수를 사용할 수 있다.
③ 생체 시료 효과 상수를 계산하기 위한 실험데이터를 활용하기 위해서는 품질관리시료의 농도값의 변동계수가 20% 이내여야 한다.
④ 생체 시료 효과 상수는 생체 시료의 유무에 따른 분석결과의 비율로서 계산한다.

정답 | 60.① 61.④ 62.② 63.③

- **생체 시료 효과**
  생체 시료에서 분석물질을 제외한 물질들을 매트릭스라 하며, 이들이 직접 또는 간접적으로 분석물질 및 내부 표준물의 감응에 미치는 영향을 말한다.
- **생체 시료 효과 상수**
  생체 시료의 유무에 따른 분석결과 차이의 비율로 계산된다. 최소 6개의 서로 다른 기원의 생체 시료를 가지고 최저농도(정량한계의 3배)와 최고농도범위의 품질관리 시료를 측정하고 이때 **변동계수는 15% 이내여야 한다.** 구하기 힘든 시료인 경우에는 6개보다 더 적은 수의 생체 시료를 사용할 수 있다.

64 일반적으로 전처리 과정에서 대상 성분의 함량이 낮은 경우 더욱 고려해야 하는 검체의 특성은?

① 안정성　　② 균질성
③ 흡습성　　④ 용해도

전처리 과정에서 검체의 **균질성**은 대상 성분의 함량이 낮은 경우 더욱 고려해야 한다.

65 수용액의 pH 측정에 관한 설명으로 틀린 것은?

① 전극이 필요하다.
② 광원이 필요하다.
③ 표준 완충용액이 필요하다.
④ 수용액의 수소이온농도를 측정한다.

수용액의 pH는 유리전극을 사용하여 수용액의 수소이온농도를 측정하며, 측정하기 전 정확한 pH값을 알고 있는 표준 완충용액을 사용하여 pH 전극을 보정한다. **pH 측정에서 광원은 필요하지 않다.**

66 분석결과의 정밀성과 가장 밀접한 것은?

① 검출한계
② 특이성
③ 변동계수
④ 직선성

- **정밀도(precision)**
  측정의 재현성을 나타내는 것으로 정확히 똑같은 방법으로 측정한 결과의 근접한 정도이다. 일반적으로 한 측정의 정밀도는 반복 시료들을 단순히 반복하여 측정함으로써 쉽게 결정된다.
- **정밀도의 척도**
  표준편차, 분산(가변도), 상대 표준편차, **변동계수**, 평균의 표준오차 등

67 시료분석 시의 정도관리 요소 중 바탕값(blank)의 종류와 내용이 올바르게 연결된 것은?

① 현장바탕시료(field blank sample)는 시료채취과정에서 시료와 동일한 채취과정의 조작을 수행하는 시료를 말한다.
② 운송바탕시료(trip blank sample)는 시험수행과정에서 사용하는 시약과 정제수의 오염과 실험절차의 오염 등 이상 유무를 확인하기 위한 목적에 사용한다.
③ 정제수바탕시료(reagent blank sample)는 시료채취과정의 오염과 채취용기의 오염 등 현장 이상 유무를 확인하기 위함이다.
④ 시험바탕시료(method blanks)는 시약 조제, 시료 희석, 세척 등에 사용하는 시료를 말한다.

① 현장(field)바탕시료 : 현장에서 만들어지는 깨끗한 시료로 분석의 모든 과정(채취, 운송, 분석)에서 생기는 문제점을 찾는 데 사용된다. **분석할 시료와 함께 모든 과정을 똑같이 수행하지만, 시료를 실제로 담지는 않는다.**
② 운송(trip)바탕시료 : 용기(container)바탕시료라고도 한다. 일반적으로 시료 채취 후 시료를 보관용기에 담아 운송하는 중에 용기로부터 오염되는 것을 확인하기 위한 바탕시료이다. 시료를 채취하여 보관 및 운송하는 시료용기의 오염도 확인을 위해 만들어지는 바탕시료, 측정성분이 포함되지 않은 용기를 시료채취바탕과 같이 채집하여 분석시료와 똑같은 절차를 통해 분석한다.
③ 정제수(reagent)바탕시료 : 시약바탕시료라고도 한다. 시료를 사용하지 않고 추출, 농축, 정제 및 분석과정에 따라 모든 시약과 용매를 처리하여 측정한 것이다. 실험절차, 시약 및 측정장비 등으로부터 발생하는 오염물질을 확인할 수 있다.
④ 방법(method)바탕시료 : 측정하고자 하는 물질이 전혀 포함되어 있지 않은 것이 증명된 시료로 시험, 검사 매질에 시료의 시험방법과 동일하게 같은 용량, 같은 비율의 시약을 사용하고 시료의 시험, 검사와 동일한 전처리와 시험절차로 준비하는 바탕시료를 말한다.

68 다음 중 불꽃원자화기의 소모품인 네뷸라이저(nebulizer)의 역할로 옳은 것은?

① 역화 방지
② 연소 기체 혼합
③ 에어로졸 생성
④ 연소로 인해 생성된 수분 제거

정답 | 64.② 65.② 66.③ 67.① 68.③

✔ 네뷸라이저(nebulizer)는 분석용액이 불꽃에서 효과적으로 분해될 수 있도록 **에어로졸 상태로 만들어 주는 역할**을 한다.

69 다음 중 표준편차에 대해 올바르게 설명한 것은 어느 것인가?

① 표준편차가 작을수록 정밀도가 더 크다.
② 표준편차가 클수록 정밀도가 더 크다.
③ 표준편차와 정밀도는 상호관계가 없다.
④ 표준편차는 정확도와 가장 큰 상호관계를 갖는다.

✔ 표준편차는 측정값이 평균으로부터 얼마나 분산되어 있는지를 나타내며, 정밀도와 큰 상호관계를 가지며 표준편차가 클수록 측정값들이 널리 퍼져 있음을 의미하므로 정밀도는 작아진다.

70 ▲ 분석업무지시서에서 확인 가능한 검체처리과정으로 틀린 것은?

① 검체 검증 분석의 시기 : 검체의 안정성이 확보된 기간 내에서 최초 분석과 같은 날, 서로 다른 배치에서 실시
② 검체 검증 분석의 검체수 : 전체 검체수가 1,000개 이하인 경우, 검체 검증 분석은 검체수의 10%에 해당하는 수만큼 검체를 선정
③ 검체 검증 분석의 검체수 : 전체 검체수가 1,000개 초과인 경우, 1,000개의 10%에 해당하는 수와 1,000개를 제외한 나머지의 5%에 해당하는 수만큼 검체를 선정
④ 검체 검증 분석의 판정기준 편차(%)

$$: \frac{\text{검체 검증 분석값} - \text{최초 분석값}}{\text{검체 검증 분석값과 최종 분석값의 평균}} \times 100$$

✔ **검체 검증 분석의 시기**
검체의 안정성이 확보된 기간 내에서 **최초 분석과 서로 다른 날**, 서로 다른 배치에서 실시한다.

71 유효숫자를 고려하여 다음을 계산할 때, 얻어지는 값은?

2.15 + 1.244

① 3　　　② 3.4
③ 3.39　　④ 3.394

✔ **계산에 필요한 유효숫자 규칙**
1. 곱셈이나 나눗셈 : 유효숫자 개수가 가장 적은 측정값과 유효숫자가 같도록 해야 한다.
2. 덧셈이나 뺄셈 : 계산에 이용되는 가장 낮은 정밀도의 측정값과 같은 소수자리를 갖는다.

2.15(정밀도 : 소수 둘째자리) + 1.244(정밀도 : 소수 셋째자리) = 3.394에서 답은 낮은 정밀도인 소수 둘째자리로 맞추어야 한다. 따라서 계산결과 얻어지는 값은 3.39가 된다.

72 화학분석의 일반적 단계를 설명한 내용 중 틀린 것은?

① 시료 채취는 분석할 대표물질을 선택하는 과정이다.
② 시료 준비는 대표시료를 녹여 화학분석에 적합한 시료로 바꾸는 과정이다.
③ 분석은 분취량에 들어 있는 분석물질의 농도를 측정하는 과정이다.
④ 보고와 해석은 대략적으로 작성하고, 결론 도출에서 명료하고 완전하며 책임질 수 있는 자료를 작성한다.

✔ **화학분석의 일반적 단계**
1. 질문의 명확한 표시 : 분석 목적을 명확히 한다.
2. 분석과정(방법) 선택 : 문헌조사를 통해 적절한 분석방법을 찾거나, 각 단계를 고려하여 새로운 분석과정을 독창적으로 개발한다.
3. 시료 채취 : 전체 모집단에서 대표성을 가지는 벌크 시료를 얻는다.
4. 시료의 가공 : 시료를 분석방법에 적합한 형태로 가공한다. 분석을 방해하는 화학종을 격리하여 제거하거나, 분석에 방해가 되지 않도록 가린다.
5. 분석 : 시료로부터 분석물질의 농도를 측정한다. 반복 측정을 통해 분석결과의 불확정성을 평가한다.
6. **결과의 보고와 해석** : 분석결과의 한계점을 첨부하여 **명료하게 작성, 완전한 결과 보고**를 한다. 대상 독자를 맞추어 보고서를 작성할 수 있다. 즉 전문가만이 보도록 작성하거나, 일반 대중을 위한 보고서를 작성할 수 있다.
7. **결과의 도출** : 보고서를 명료하게 작성할수록 보고서의 독자가 잘못 해석할 가능성이 높아지므로 **결과는 상세하게 작성해야 한다.**

정답 | 69.① 70.① 71.③ 72.④

73 투과율 눈금 교정 시 인증표준물질을 이용하여 6회 반복 측정한 실험결과값으로부터 우연불확정도와 전체 불확정도를 구하여 측정값으로 올바르게 표시한 것은? (단, 평균값 ≒ 18.32%, 표준편차=0.011%, 인증표준물질의 불확도=0.1%, t값=2.65이다.)

① 18.32%±0.1% ② 18.32%±0.2%
③ 18.32%±0.3% ④ 18.32%±0.4%

✔ 신뢰구간

Student의 t는 신뢰구간을 나타낼 때와 서로 다른 실험으로부터 얻은 결과를 비교하는 데 가장 빈번하게 쓰이는 통계학적 도구이다.

신뢰구간 $= \bar{x} \pm \frac{ts}{\sqrt{n}}$

여기서, t : Student의 t, 자유도 : $n-1$

$\bar{x}$: 시료의 평균, s : 표준편차

신뢰구간에서 $\frac{t \cdot s}{\sqrt{n}} = \frac{2.65 \times 0.0011\%}{\sqrt{6}} = 0.0119\%$는 우연 불확정도이고, 전체 불확정도는 $\sqrt{(0.1)^2 + (0.0119)^2} = 0.10\%$이다.

∴ 측정값은 18.32% ± 0.1%이다.

74 Linearity 시험결과 도표의 해석으로 틀린 것은? (단, 기준 농도는 L3로 한다.)

Level	Concentration (mg/mL)	Peak area
L1	0.00068	23.36274
		23.20600
L2	0.00136	48.66348
		48.78643
L3	0.00346	128.23044
		128.27222
L4	0.00555	204.01082
		202.32767
L5	0.00833	305.3483
		306.50851
허용범위	상관계수(R) ≥ 0.990	

① Linearity 결과 합격이다.
② 농도범위는 분석농도의 20~240%이다.
③ 농도와 Area에 대한 Linear regression을 실시하여 Y=36598.7X−1.0의 형태로 직선식을 구할 수 있다.
④ 위 시험결과를 최소자승법에 의한 회귀선의 계산을 통해 평가했을 때 R값은 0.999이다.

✔

Level	농도 (mg/mL)	피크면적	평균 피크면적
L1	0.00068	23.36274	$\frac{23.36274+23.20600}{2}=23.28437$
		23.20600	
L2	0.00136	48.66348	$\frac{48.66348+48.78643}{2}=48.724955$
		48.78643	
L3	0.00346	128.23044	$\frac{128.23044+128.27222}{2}=128.25133$
		128.27222	
L4	0.00555	204.01082	$\frac{204.01082+202.32767}{2}=203.16924$
		202.32767	
L5	0.00833	305.3483	$\frac{305.3483+306.50851}{2}=305.928405$
		306.50851	
허용범위	상관계수(R) ≥ 0.990		

농도와 평균 피크면적을 이용하여 직선의 식을 구하면 다음과 같다.

$Y=36,900X-1.2$, $R=0.9999$

허용범위는 구한 상관계수가 0.9999 ≥ 0.990이므로 합격이고, 농도범위는 기준농도 L3=0.00346으로부터 $\frac{0.00068}{0.00346}\times 100 = 19.65\%$~$\frac{0.00833}{0.00346}\times 100 = 240.75\%$이다.

75 분석물질의 직선성을 시험한 결과 도표를 완성할 때 값이 틀린 것은? (단, 농도범위는 분석농도의 80~120%이다.)

Level	Concentration (mg/mL)	Peak area
L1	A	160.3
L2	0.09	179.9
L3	0.10	200.2
L4	0.11	220.5
L5	0.12	240.6
slope	B	
Correlation coefficient(R)	C	
Y-intercept	D	
Acceptance criteria	Correlation coefficient(R) ≥ 0.990	

① A : 0.08 ② B : 2,012
③ C : 0.9999 ④ D : 0.9

정답 | 73.① 74.③ 75.④

✔ 농도와 피크면적을 이용하여 직선의 식을 구하면 다음과 같다.
$Y=2{,}012X-0.9$, $R=0.99998$
허용범위는 구한 상관계수가 $0.99998 \geq 0.990$이므로 합격이고, 농도범위 120%로부터 기준농도가 L3=0.1임을 확인하고, $\frac{A}{0.10}\times 100=80\%$, A = 0.08 이다.
∴ A : 0.08, B : 2,012, C : 0.99998, D : −0.9

76 약전에 수재(收載)되어 있는 분석법의 정밀성 평가항목이 아닌 것은?

① 반복성
② 직선성
③ 실내 재현성
④ 실간 재현성

✔ **정밀성(precision)**
결과의 재현성으로서 표준편차, 분산, 상대 표준편차 등으로 나타내며, 균질한 검체에서 반복적으로 채취한 검체를 정해진 절차에 따라 특정하였을 때 각각의 측정값들 사이의 근접성(분산 정도)을 말한다.
1. 기기(instrument) 정밀도, 주입(injection) 정밀도에 따라서 정밀도가 변동된다.
2. 분석 내(intra-assay) 정밀도
   ① **실험실 내(intermidiate) 정밀성**, 중간 정밀도, 견고성(ruggedness)
   ② **반복성(repeatability), 병행 정밀성**
   ③ **실험실 간(interlaboratory) 정밀성**

77 최저정량한계에서 추출한 시료의 신호 대 잡음비를 계산한 값을 무엇이라 하는가?

① 정확성　　② 회수율
③ 감도　　④ 정밀성

✔ **감도(sensitivity)**
분석물질의 농도 변화에 대해 믿을 수 있고 측정 가능하게 감응하는 능력으로, 최저정량한계에서 추출한 시료의 신호 대 잡음비, 또는 교정곡선의 기울기로 나타낸다.

78 평균값과 표준편차를 얻기 위한 시험으로 계통오차를 제거하지 못하는 시험법은?

① 공시험　　② 조절시험
③ 맹시험　　④ 평행시험

✔ **평행시험(parallel test)**
같은 시료를 같은 방법으로 여러 번 되풀이하는 시험이다. 이것은 우연오차가 있는 매회 측정값으로부터 그 평균값과 표준편차 등을 얻기 위해 실시한다. 계통오차 자체는 매 분석 반복마다 존재하므로 계통오차를 제거하는 방법은 아니다.

79 ▲ 대한민국약전에 의거한 근적외부 스펙트럼 측정법 분광분석기의 적격성 평가에 대한 설명 중 틀린 것은?

① 수행 적격성 평가란 분석장비가 지속적으로 작동되는지 확인하는 것을 의미한다.
② 수행 적격성 평가는 최소 6개월에 한번씩 실시한다.
③ 설치 적격성 평가 시 하드웨어 일련번호, 소프트웨어의 버전 등을 기록하는 작업이 포함된다.
④ 설치 적격성 평가는 장치의 설치환경에 의한 기기의 정확성과 재현성을 검증하는 것을 의미한다.

✔
- **수행 적격성(PQ, performance qualification)**
  장치가 지속적으로 작동되는지 확인한다. 조작 적격성의 항목 중 일부를 적용하여 사용 전 또는 정기적, 적어도 6개월에 한번씩 장치를 점검할 필요가 있다.
- **설치 적격성(IQ, installation qualification)**
  장치가 고안 및 명시된 사항에 따라 설치되는지 확인한다. 평가 시 하드웨어 일련번호, 소프트웨어의 버전 등을 기록하는 작업이 포함된다. 기기가 설치된 환경이나 시설 등이 적합한지, 장치의 조립상태와 전력상태 등을 조사한다.
- **설계 적격성(DQ, design qualification)**
  장치가 적절히 설계되어 의도한 용도에 따라 작동되는가에 대한 증거를 제시한다. 장치에 여러 가지 영향인자를 시험하여 기기의 사양이 맞는지 확인한다.
- **조작 적격성(OQ, operation qualification)**
  분광분석기를 선택할 때 사용했던 방법, 즉 파장의 정확성 및 재현성, 광도계의 직선성 및 잡음 등을 확인하여 다시 한 번 기기를 검증한다.

80 ICH에서 공지한 대표적인 밸리데이션 항목에 포함되지 않는 것은?

① 재현성　　② 특이성
③ 직선성　　④ 정량한계

정답 | 76.② 77.③ 78.④ 79.④ 80.①

✔ 밸리데이션 항목

1. **특이성**(specificity)
2. 감도(sensitivity)
3. **직선성**(linearity)
4. 정확성(accuracy)
5. 정밀성(precision)
6. 범위(range)
7. 검출한계(DL, detection limit)
8. **정량한계**(LOQ, limit of quantitation)
9. 완건성(robustness, 안정성)
10. 견뢰성(ruggedness)

제5과목 | 환경·안전 관리

81 분말소화기의 종류와 소화약제의 연결로 틀린 것은?

▲

① 제1종 – 탄산수소나트륨

② 제2종 – 탄산수소칼륨

③ 제3종 – 제1인산암모늄

④ 제4종 – 요소와 탄산수소나트륨

✔ 분말소화기의 종류와 소화약제

분말 소화약제의 종류	주성분	적응 화재	착색
제1종 분말	탄산수소나트륨($NaHCO_3$) $2NaHCO_3 \rightarrow Na_2CO_3 + CO_2 + H_2O$	B, C급	백색
제2종 분말	탄산수소칼륨($KHCO_3$) $2KHCO_3 \rightarrow K_2CO_3 + CO_2 + H_2O$	B, C급	보라색
제3종 분말	인산암모늄(= 제일인산암모늄, $NH_4H_2PO_4$) $NH_4H_2PO_4 \rightarrow HPO_3 + NH_3 + H_2O$	A, B, C급	담홍색
제4종 분말	**탄산수소칼륨($KHCO_3$) + 요소($(NH_2)_2CO$)** $2KHCO_3 + (NH_2)_2CO$ $\rightarrow K_2CO_3 + 2NH_3 + 2CO_2$	B, C급	회색

82 다음의 유해화학물질 건강 유해성 표시 그림문자가 나타내지 않는 사항은?

① 호흡기 과민성

② 발암성

③ 생식독성

④ 급성독성

✔ **호흡기 과민성**, **발암성**, 변이원성, **생식독성**, 표적장기독성, 흡인 유해성

83 다음 GHS 그림문자 표기물질에 해당하는 것은 어느 것인가?

① 산화성 물질

② 급성독성 물질

③ 물반응성 물질

④ 호흡기 과민성 물질

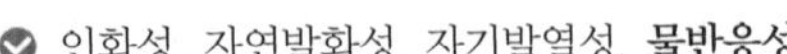

✔ 인화성, 자연발화성, 자기발열성, **물반응성**

84 실험실에서 화재가 발생한 경우 적절한 조치가 아닌 것으로만 고른 것은?

> ㉠ 대피한 후 119에 신고한다.
> ㉡ 화학물질의 MSDS 확인 전 초동대응을 위하여 근방의 물과 소화기로 즉각 대응한다.
> ㉢ 화재감지기의 경보음은 종종 오작동하므로 업무에 집중한다.
> ㉣ 근방의 수건이나 천 등을 적셔서 입을 가리고 낮은 자세를 유지하며 비상통로로 탈출한다.

① ㉠, ㉡　　② ㉡, ㉢

③ ㉢, ㉣　　④ ㉠, ㉣

✔ 화재 종류에 따라 소화방법이 다르므로, **화학물질의 MSDS 확인 후** 적절한 소화방법으로 대응한다.

85 다음 중 위험물에 대한 소화방법으로 옳지 않은 것은?

▲

① 염소산나트륨과 같은 제1류 위험물의 경우 물을 주수하는 냉각소화가 효과적이다.

② 제2류 위험물인 금속분, 철분, 마그네슘, 적린, 유황은 물에 의한 냉각소화가 적당하다.

③ 제3류 위험물 중 황린은 물을 주수하는 소화가 가능하다.

④ 제4류 위험물은 일반적으로 질식소화가 적합하다.

✔ 소화방법

1. 제1류 위험물 : 물에 의한 냉각소화
   제1류 위험물 중 알칼리금속의 과산화물 – 마른모래, 팽창질석, 팽창진주암, 탄산수소염류 분말소화약제

정답 | 81.④　82.④　83.③　84.②　85.②

2. 제2류 위험물 : 냉각소화
   제2류 위험물 중 **금속분, 철분, 마그네슘 – 마른 모래, 팽창질석, 팽창진주암, 탄산수소염류 분말 소화약제**
3. 제3류 위험물 : 마른 모래, 팽창질석, 팽창진주암, 탄산수소염류 분말소화약제
   제3류 위험물 중 알킬알루미늄, 알킬리튬 – 팽창질석, 팽창진주암
   황린 – 주수소화
4. 제4류 위험물 : 포, 이산화탄소, 할로젠화합물, 분말소화약제로 질식소화
   제4류 위험물 중 수용성 위험물(피리딘, 사이안화수소, 알코올류, 의산, 초산, 아크릴산, 글리세린 등) – 알코올형 포소화약제

86 가연성 물질이 연소되기 위한 조건으로 가장 거리가 먼 것은?

① 산소와 반응해야 한다.
② 연소반응이 지속되기 위해서 산화반응이 발열반응이어야 한다.
③ 열전도율이 커야 한다.
④ 연소반응이 지속되기 위해 반응열이 충분히 방출되어야 한다.

✔ **가연물의 조건**
1. **열전도율이 작아야 한다.**
2. 발열량이 커야 한다.
3. 산소와 친화력이 높아야 한다.
4. 활성화에너지가 작아야 한다.

87 ㉠과 ㉡의 설명을 모두 만족하는 화학반응은?

> ㉠ 2개의 화합물이 2개의 새로운 화합물을 생성한다.
> ㉡ 어떤 반응물질의 양이온이 다른 반응물질의 음이온과 결합한다.

① 화합반응　② 산화환원반응
③ 이중치환반응　④ 분해반응

✔ **이중치환반응**
$AB + CD \rightarrow AD + CB$
2개의 화합물이 2개의 새로운 화합물을 생성하고, 어떤 반응물질의 양이온이 다른 반응물질의 음이온과 결합한다. 침전 생성반응, 기체 생성반응, 중화반응 등이 있다.

88 화학물질관리법령에 따라 검사결과 취급시설의 구조물이 균열 · 부식 등으로 안정상의 위해가 우려된다고 인정되는 경우 검사결과를 받은 날로부터 며칠 이내에 특별안전진단을 받아야 하는가?

① 10일　② 15일
③ 20일　④ 30일

✔ 화학물질관리법령에 따라 유해화학물질 취급시설의 구조물이나 설비가 균열 · 부식 등으로 안정상의 위해가 우려된다고 인정되는 경우 검사결과를 받은 날로부터 **20일 이내**에 특별안전진단을 실시해야 한다.

89 분자량이 70.9인 상온에서 황록색을 띠는 기체의 NFPA 건강 위험성 코드 등급은?

① 1등급　② 2등급
③ 3등급　④ 4등급

✔ 분자량이 70.9인 상온에서 황록색을 띠는 기체는 염소(Cl_2)이다. 염소의 NFPA 건강 위험성 코드 등급은 **4등급**으로 기체나 연기를 한두 모금 흡입하면 사망할 수 있음이다.

90 ▲ 폐기물관리법령에 따라 "사업장폐기물 배출자"가 폐기물처리를 스스로 처리하지 않고 폐기물처리업자 등에게 위탁할 때 그 위탁을 받은 자로부터 수탁처리능력확인서를 제출받아야 하는 경우는?

① 지정폐기물인 오니를 월평균 500kg 미만 배출하는 경우
② 지정폐기물이 아닌 오니를 월평균 500kg 배출하는 경우
③ 지정폐기물인 폐유기용제와 폐유를 합계 월평균 100kg 배출하는 경우
④ 지정폐기물인 폐유독물질을 배출하는 경우

✔ **지정폐기물 처리계획의 확인**
(폐기물관리법 시행규칙 제18조의 2)
환경부령으로 정하는 지정폐기물을 배출하는 사업자란 다음의 어느 하나에 해당하는 사업자(생활폐기물로 만든 중간 가공 폐기물 외 중간 가공 폐기물을 배출하는 사업자는 제외한다)를 말한다.
1. 오니를 월평균 500kg 이상 배출하는 사업자
2. 지정폐기물인 폐농약, 광재, 분진, 폐주물사, 폐사, 폐내화물, 도자기 조각, 소각재, 안정화 또는 고형화처리물, 폐촉매, 폐흡착제, 폐흡수제, 폐유기용제 또는 폐유를 각각 월평균 50kg 또는 합계 월평균 130kg 이상 배출하는 사업자

정답 | 86.③　87.③　88.③　89.④　90.④

3. 폐합성 고분자화합물, 폐산, 폐알칼리, 폐페인트 또는 폐래커를 각각 월평균 100kg 또는 합계 월평균 200kg 이상 배출하는 사업자
4. 폐석면을 월평균 20kg 이상 배출하는 사업자. 이 경우 축사 등 환경부 장관이 정하여 고시하는 시설물을 운영하는 사업자가 5톤 미만의 슬레이트 지붕 철거 · 제거 작업을 전부 도급한 경우는 수급인(하수급인은 제외한다)이 사업자를 갈음하여 지정폐기물 처리계획의 확인을 받을 수 있다.
5. 폴리클로리네이티드비페닐 함유 폐기물을 배출하는 사업자
6. **폐유독물질을 배출하는 사업자**
7. 의료폐기물을 배출하는 사업자
8. 수은폐기물을 배출하는 사업자
9. 천연 방사성 제품 폐기물을 배출하는 사업자
10. 영 별표 1 제11호에 따라 고시된 지정폐기물을 환경부 장관이 정하여 고시하는 양 이상으로 배출하는 사업자

91 물질안전보건자료의 작성 원칙이 아닌 것은?

① 한글로 작성하는 것을 원칙으로 하며, 외국기관명 등 고유명사는 영어로 표기한다.
② 여러 형태의 자료를 활용하여 작성 시 제공되는 자료의 출처를 모두 기재할 필요가 없다.
③ 외국어로 작성된 MSDS를 번역하고자 하는 경우에는 자료의 신뢰성이 확보될 수 있도록 최초의 작성 기관명 및 시기를 함께 기재한다.
④ 함유량의 ±5% 범위 내에서 함유량의 범위로 함유량을 대신하여 표시할 수 있다.

✔ 물질안전보건자료의 작성 원칙

항목	작성 원칙
언어	• 한글로 작성하는 것이 원칙임 • 화학물질명, 외국기관명 등의 고유명사는 영어로 표기할 수 있음 • 실험실에서 시험 · 연구 목적으로 사용하는 시약으로 MSDS가 외국어로 작성된 경우에는 한국어로 번역하지 않을 수 있음
제공되는 자료의 출처	• 외국어로 번역된 MSDS를 번역하고자 하는 경우에는 자료의 신뢰성이 확보될 수 있도록 최초의 작성 기관명 및 시기를 함께 기재함 • **여러 형태의 자료를 활용하여 작성 시 제공되는 자료의 출처를 기재함** • 단위는 계량에 관한 법률이 정하는 바에 따름
구성 성분의 함유량 기재	• 함유량이 ±5% 범위 내에서 함유량의 범위로 함유량을 대신하여 표시할 수 있음 • 함유량이 5% 미만인 경우에는 그 하한값을 1.0%로 함 • 발암성 물질, 생식세포 변이원성 물질은 0.1%, 호흡기 과민성 물질(가스)은 0.2%, 생식독성 물질은 0.3%로 함

92 실험실에서 활용되는 다양한 화학물질에 대한 설명으로 틀린 것은?

① 실험실 청소에 활용되는 표백제는 하이포염소산나트륨(NaClO) 성분으로 구성되어 있으며, 암모니아와 섞으면 독가스가 형성되어 취급에 주의를 요한다.
② 불산(HF)은 이온화 반응에서 약간만 이온화되는 약산으로 인체 위험도가 낮은 화학물질이다.
③ 염산은 이온화 반응에서 거의 100% 이온화되므로 강산이다.
④ 아세트산은 이온화 과정에서 1% 정도만 이온화되므로 약산이다.

✔ 불산(HF)은 가스 및 용액이 **극한 독성을 나타내며**, 화상과 같은 즉각적인 증상없이 **피부에 흡수되므로** 취급에 주의해야 한다.

93 환경유해인자에 노출되는 기준에 대한 설명 중 틀린 것은?

① 소음기준은 1일 동안 노출시간이 길어지거나 노출횟수가 많아질수록 소음강도수준(dB(A))은 커진다.
② 시간가중평균노출기준(TWA)은 1일 8시간 작업을 기준으로 한다.
③ 단시간노출기준(STEL)의 단시간이란 1회에 15분간 유해인자에 노출되는 것을 기준으로 한다.
④ 최고노출기준(C)은 1일 작업시간 동안 잠시라도 노출되어서는 아니 되는 기준을 말한다.

정답 | 91.② 92.② 93.①

✔ 소음기준은 1일 동안 노출시간이 길어질수록, 노출횟수가 많아질수록 **소음강도수준(dB(A))은 낮아진다.**

- 소음기준

〈노출시간별 강렬한 소음 정도〉

1일 노출시간	소음강도(dB)
8시간 이상	90dB 이상
4시간 이상	95dB 이상
2시간 이상	100dB 이상
1시간 이상	105dB 이상
30분 이상	110dB 이상
15분 이상	115dB 이상

〈노출횟수별 충격소음강도〉

1일 노출횟수	충격소음강도(dB)
100회 이상	140dB 초과
1,000회 이상	130dB 초과
10,000회 이상	120dB 초과

94 위험물안전관리법령에 따른 위험물취급소의 종류에 해당하지 않는 것은?

▲

① 이동취급소
② 판매취급소
③ 일반취급소
④ 이송취급소

✔ • **위험물취급소**
위험물을 제조 외의 목적으로 취급하기 위한 장소
• **위험물취급소의 구분**
이송취급소, 주유취급소, **일반취급소**, **판매취급소**

95 다음 중 실험실 폐액처리 시 주의사항으로 틀린 것은?

① 원액 폐기 시 용기 변형이 우려되므로 별도로 희석처리 후 폐기한다.
② 화기 및 열원에 안전한 지정보관장소를 정하고, 다른 장소로의 이동을 금지한다.
③ 직사광선을 피하고 통풍이 잘 되는 곳에 보관하고, 복도 및 계단 등에 방치를 금한다.
④ 폐액통을 밀봉할 때에는 폐액을 혼합하여 용기를 가득 채운 후 압축 밀봉한다.

✔ **폐액 보관 용기의 안전관리**

1. 폐액처리 시 반드시 보호구를 착용한다.
2. 폐액 보관 용기를 운반할 때는 손수레와 같은 안전한 운반구 등을 이용하여 운반하되, 반드시 2인 이상이 개인 보호장구를 착용하고 운반한다.
3. 원액 폐기 시 용기 변형이 우려되므로 별도로 희석처리 후 폐기한다.
4. 폐액은 성분별로 구분하여 폐액 보관 용기에 맞게 분류한다.
5. 분류한 폐액 외에 다른 폐액의 혼합 금지 및 기타 이물질의 투입을 금지한다.
6. 폐액 유출이나 악취 차단을 위해 이중마개로 밀폐하고, 밀폐 여부를 수시로 확인한다.
7. 화기 및 열원에 안전한 지정보관장소를 정하고, 다른 장소로의 이동을 금지한다.
8. 직사광선을 피하고 통풍이 잘 되는 곳에 보관하고, 복도 및 계단 등에 방치를 금한다.
9. 폐액 보관 용기 주변은 항상 청결히 하고, 수시로 정리정돈한다.
10. 폐액 수집량은 **용기의 2/3를 넘지 않게 하고,** 보관일은 「폐기물관리법」 시행규칙의 규정에 따라 폐유 및 폐유기용제 등은 수집 시작일로부터 최대 45일을 초과하지 않는다.
11. 폐액 최종처리 시 담당자는 폐액처리대장을 작성하여 보관한다.

96 화학물질을 취급할 때 주의해야 할 사항으로 적절한 것은?

① 모든 용기에는 약품의 명칭을 기재하는 것이 원칙이나 증류수처럼 무해한 약품은 기재하지 않는다.
② 사용할 물질의 성상, 특히 화재 · 폭발 · 중독의 위험성을 잘 조사한 후가 아니라면 위험한 물질을 취급해서는 안 된다.
③ 모든 약품의 맛 또는 냄새 맡는 행동은 절대로 금하고, 입으로 피펫을 빨아서 정확도를 높인다.
④ 약품의 용기에 그 명칭을 표기하는 것은 사용자가 약품의 사용을 빨리 하게 하려는 목적이 전부다.

정답 I 94.① 95.④ 96.②

✔ **화학물질의 취급**

1. 증류수와 같은 무해한 것을 포함하여, 모든 화학물질은 약품 이름, 소유자, 구입날짜, 위험성, 응급절차를 나타내는 label을 부착하여야 한다.
2. 사용한 물질의 성상, 특히 화재 및 폭발 중독의 위험성을 잘 조사 연구한 후가 아니면 위험한 물질을 취급해서는 안 된다.
3. 유해물질을 사용할 때는 가능한 한 소량을 사용하고, 또한 미지의 물질에 대해서는 예비실험을 할 필요가 있다.
4. 화재 및 폭발의 위험이 있는 실험의 경우, 폭발 방지용 방호벽 중 특별한 방호설비를 갖추고 실험에 임하여야 한다.
5. 유해물질의 폐기물처리는 수질오염, 대기오염을 일으키지 않도록 주의하여야 한다.
6. 약품 명칭이 없는 용기의 약품은 사용하지 않는다. 약품의 명칭을 표기하는 것은 화재, 폭발 또는 용기가 넘어졌을 때 어떠한 성분인지를 알 수 있도록 하기 위해서이다.
7. 약품의 맛 또는 냄새 맡는 행위를 절대로 금하고, 입으로 피펫을 빨지 않는다.
8. 약품이 엎질러졌을 경우에는 즉시 청결하게 조치한다.

97 ▲ 대기오염방지시설 중 오염물질이 통과하는 관로(덕트)에 1.225kg/m³의 밀도를 갖는 공기가 20m/s의 속도로 통과할 때 동압(mmH_2O)은?

① 15
② 20
③ 25
④ 30

✔ **동압(P_v)**

정지상태 유체를 어느 속도까지 가속하는 데 필요한 압력

$P_v = 0.5\rho \times v^2$

여기서, ρ : 유체의 밀도
v : 유체의 속도

$P_v = 0.5 \times 1.225\text{kg/m}^3 \times (20\text{m/s})^2$
$= 245\text{kg/m}\cdot\text{s}^2$

1atm = 101,325Pa
= 101,325kg/m · s²
= 10332.275mmH₂O이므로

$\therefore\ 245\text{kg/m}\cdot\text{s}^2 \times \dfrac{10332.275\text{mmH}_2\text{O}}{101{,}325\,\text{kg/m}\cdot\text{s}^2} = 24.98\text{mmH}_2\text{O}$

98 실험실 환경에 대한 설명으로 틀린 것은?

① 환기장치 가동 시 실험자가 소음으로 지장을 받지 않도록 가능한 한 60dB 이하가 되도록 해야 한다.
② 분석용 가스 저장능력은 가스의 종류와 무관하게 저장분의 1.0배 이하로 하여야 한다.
③ 분석실 내 배수관의 재질은 가능한 한 산성이나 알칼리성 물질에 잘 부식되지 않는 재질을 선택하여야 한다.
④ 기기분석실에 안정적인 전원을 공급할 수 있도록 무정전전원장치(UPS) 또는 전압조정장치(AVR)를 설치해야 한다.

✔ 분석용 가스 저장능력은 가스의 종류와 무관하게 분석용 가스 저장분의 약 **1.5배 이상**이어야 한다.

99 실험복 및 개인 보호구 착의 순서로 옳은 것은?

① 긴 소매 실험복 → 마스크 → 보안면 → 실험장갑
② 긴 소매 실험복 → 보안면 → 실험장갑 → 마스크
③ 마스크 → 긴 소매 실험복 → 보안면 → 실험장갑
④ 실험장갑 → 긴 소매 실험복 → 마스크 → 보안면

✔ **실험복 및 개인 보호구 착의 순서**
긴 소매 실험복 → 마스크, 호흡보호구 → 보안면, 고글 → 실험장갑

100 다음 중 아세틸렌의 수소첨가반응에 해당하는 것은?

① $C_2H_2(g) + H_2(g) \rightarrow C_2H_4(g)$
② $C_2H_4(g) + H_2(g) \rightarrow C_2H_6(g)$
③ $2C_2H_2(g) + 5O_2(g) \rightarrow 4CO_2(g) + 2H_2O(l)$
④ $CaC_2(s) + 2H_2O(l) \rightarrow C_2H_2(g) + Ca(OH)_2(aq)$

✔ **아세틸렌의 수소첨가반응**
$C_2H_2(g) + H_2(g) \rightarrow C_2H_4(g)$

정답 | 97.③ 98.② 99.① 100.①

2021 제1회 화학분석기사

2021년 3월 7일 시행

제1과목 | 화학분석과정 관리

01 분광광도계에 반드시 포함해야 하는 부분장치에 해당하지 않는 것은?

① Integrator ② Detector
③ Read out ④ Monochromator

✔ **전형적인 분광기기의 부분장치**

1. 안정한 복사에너지 광원
2. 시료를 담는 투명한 용기
3. 측정을 위해 제한된 스펙트럼 영역을 제공하는 장치(**파장선택기**)
4. 복사선을 유용한 신호(전기신호)로 변환시키는 복사선검출기(detector)
5. 변환된 신호를 계기 눈금, 음극선관, 디지털 계기 또는 기록기 종이 위에 나타나도록 하는 신호처리장치와 판독장치(read out)

02 0.195M H_2SO_4 용액 15.5L를 만들기 위해 필요한 18.0M H_2SO_4 용액의 부피(mL)는?

① 0.336 ② 92.3
③ 168 ④ 226

✔ 묽힘 공식 : $M_{진한} \times V_{진한} = M_{묽은} \times V_{묽은}$

$18.0M \times x(L) = 0.195M \times 15.5L$

$x = 0.1679L$

∴ 필요한 18.0M H_2SO_4 용액의 부피는

$0.1679L \times \frac{1,000mL}{1L} = $ **167.9mL**이다.

03 다음 화합물의 이름은?

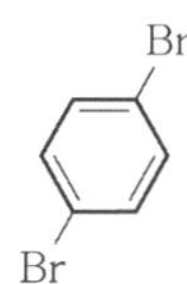

① o-dibromohexane
② p-dibromobenzene
③ m-dibromobenzene
④ p-dibromohexane

✔ dibromobenzene의 오르토(o-), 메타(m-), 파라(p-) 형태의 3가지 이성질체

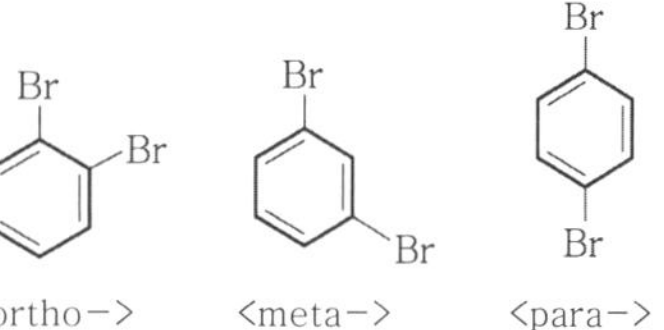

04 다음 중 카보닐(carbonyl)기를 가지고 있지 않은 것은?

① 알데하이드 ② 아미드
③ 에스터 ④ 아민

✔ **카보닐기**

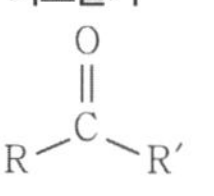

① 알데하이드 : R–C(=O)–H ② 아미드 : R–C(=O)–N(R′)–R″

③ 에스터 : R–C(=O)–OR′ ④ 아민 : R–N(–H)–H

05 16g의 메탄과 16g의 산소가 연소하여 생성된 가스 중 초기 공급가스 과잉분의 비율(mol%)은? (단, 공급된 가스는 완전연소하며, 생성된 수분은 응축되지 않았다고 가정한다.)

① 13 ② 25
③ 50 ④ 75

✔ • CH_4 몰수 : $16g\,CH_4 \times \frac{1mol\,CH_4}{16g\,CH_4} = 1mol\,CH_4$

• O_2 몰수 : $16g\,O_2 \times \frac{1mol\,O_2}{32g\,O_2} = 0.5mol\,O_2$

	$CH_4(g)$	+ $2O_2(g)$	⇄	$CO_2(g)$	+ $2H_2O(g)$
초기(mol)	1	0.5			
변화(mol)	−0.25	−0.5		+0.25	+0.5
최종(mol)	0.75	0		0.25	0.5

생성된 가스 중 초기 공급가스 과잉분의 비율(mol%)은 연소 후 최종 생성된 가스 0.75+0.25+0.5=1.5mol에 대한 초기공급 과잉가스 CH_4 0.75mol의 비로 구할 수 있다.

∴ $\frac{0.75mol}{1.5mol} \times 100 = $ **50mol%**

정답 | 01.① 02.③ 03.② 04.④ 05.③

06 다음 유기화합물의 명칭으로 옳은 것은?

$$\begin{array}{l} H_3C \\ \quad \backslash \\ \quad CH_2 \\ \quad | \\ H_3C-CH \\ \qquad \backslash \\ \qquad HC-CH_2-CH_2-CH_3 \\ \qquad / \\ \quad HO \end{array}$$

① 3-메틸-4-헵탄올
② 5-메틸-4-헵탄올
③ 3-메틸-4-알코올헵탄
④ 2-메틸-1-프로필부탄올

알케인의 명명법

1. 화합물의 주골격 이름은 제일 긴 사슬이 탄소원자 7개이고 4번 탄소에 알코올기를 가지고 있으므로
   → 4-헵탄올
2. 수소원자가 한 개 적은 알케인을 알킬(alkyl)기라고 한다. 가장 긴 사슬에서 가지가 생긴 곁사슬을 알킬기로 명명한다.
   → $-CH_3$: 메틸(methyl)
3. 1개 이상의 수소가 다른 기로 치환되었을 때 그 화합물의 이름에 치환된 위치를 나타내어야 한다. 그 과정은 모든 치환된 위치의 번호가 낮은 값을 가지는 방향으로 제일 긴 사슬의 각 탄소원자에 번호를 붙인다.
   → 3-메틸-4-헵탄올

∴ 문제의 유기화합물은 **3-메틸-4-헵탄올**이다.

07 일반적인 분석과정을 가장 잘 나타낸 것은?

① 문제 정의 → 방법 선택 → 대표시료 취하기 → 분석시료 준비 → 측정 수행 → 화학적 분리가 필요한 모든 것을 수행 → 결과의 계산 및 보고
② 문제 정의 → 방법 선택 → 대표시료 취하기 → 분석시료 준비 → 화학적 분리가 필요한 모든 것을 수행 → 측정 수행 → 결과의 계산 및 보고
③ 문제 정의 → 대표시료 취하기 → 방법 선택 → 분석시료 준비 → 화학적 분리가 필요한 모든 것을 수행 → 측정 수행 → 결과의 계산 및 보고
④ 문제 정의 → 대표시료 취하기 → 방법 선택 → 분석시료 준비 → 측정 수행 → 화학적 분리가 필요한 모든 것을 수행 → 결과의 계산 및 보고

화학분석의 일반적 단계

1. 질문의 명확한 표시 : 분석 목적을 명확히 한다.
2. 분석과정(방법) 선택 : 문헌조사를 통해 적절한 분석방법을 찾거나, 각 단계를 고려하여 새로운 분석과정을 독창적으로 개발한다.
3. 시료 채취 : 전체 모집단에서 대표성을 가지는 벌크 시료를 얻는다.
4. 시료의 가공 : 시료를 분석방법에 적합한 형태로 가공한다. 분석을 방해하는 화학종을 격리하여 제거하거나, 분석에 방해가 되지 않도록 가린다.
5. 분석 : 시료로부터 분석물질의 농도를 측정한다. 반복 측정을 통해 분석결과의 불확정성을 평가한다.
6. 결과의 보고와 해석 : 분석결과의 한계점을 첨부하여 명료하게 작성, 완전한 결과 보고를 한다. 대상 독자를 맞추어 보고서를 작성할 수 있다. 즉 전문가만이 보도록 작성하거나, 일반 대중을 위한 보고서를 작성할 수 있다.
7. 결과의 도출 : 보고서를 명료하게 작성할수록 보고서의 독자가 잘못 해석할 가능성이 높아지므로 결과는 상세하게 작성해야 한다.

08 분석용 초자기구에 대한 설명 중 옳은 것을 모두 고른 것은?

㉠ 100mL, TC 20℃라고 쓰여 있는 부피플라스크의 눈금에 용액을 맞추면 용기에 포함된 용액의 부피가 20℃에서 100mL이다.
㉡ 10mL, TD 20℃의 Transfer pipet에 들어 있는 부피는 10mL이다.
㉢ 피펫으로 용액을 비커에 옮길 때, 용액이 피펫 끝에 조금이라도 남아 있으면 오차가 생기므로 가급적 모두 비커에 옮기도록 하여야 한다.
㉣ 부피플라스크 및 피펫의 검정은 무게를 달아서 한다.

① ㉠, ㉢　　② ㉠, ㉣
③ ㉠, ㉡, ㉣　　④ ㉠, ㉡, ㉢, ㉣

㉡ 10mL, TD 20℃의 Transfer pipet으로 옮긴 용액의 부피가 20℃에서 10mL이다.
㉢ 피펫으로 용액을 비커에 옮길 때, 피펫에 있는 액체의 마지막 방울은 피펫으로부터 흘러내리지 않으나 불어내지도 않는다.

정답 | 06.① 07.② 08.②

09 **광학기기를 바탕으로 한 분석법의 종류가 아닌 것은?**

① GC　② IR
③ NMR　④ XRD

분광법의 종류

분광분석법 입자에 따라 구분	측정하는 빛의 종류에 따라 구분
원자분광법	원자흡수 및 형광분광법
	유도결합플라스마 원자방출분광법
	X-선 분광법
분자분광법	자외선-가시선 흡수분광법
	형광 및 인광 광도법
	적외선 흡수분광법
	핵자기공명 분광법

10 **크로마토그래피의 이동상에 따른 구분에 속하지 않는 것은?**

① 기체 크로마토그래피
② 액체 크로마토그래피
③ 이온 크로마토그래피
④ 초임계 유체 크로마토그래피

이동상의 종류에 따른 분류	정지상의 종류에 따른 분류	정지상	상호 작용
기체 크로마토그래피 (GC)	기체-액체 크로마토그래피 (GLC)	액체	분배
	기체-고체 크로마토그래피 (GSC)	고체	흡착
액체 크로마토그래피 (LC)	액체-액체 크로마토그래피 (LLC)	액체	분배
	액체-고체 크로마토그래피 (LSC)	고체	흡착
	이온 교환 크로마토그래피	이온교환 수지	이온 교환
	크기 배제 크로마토그래피	중합체로 된 다공성 젤	거름/분배
	친화 크로마토그래피	작용기 선택적인 액체	결합/분배
초임계-유체 크로마토그래피(SFC)		액체	분배

11 **알켄의 친전자성 첨가반응의 한 예이다. 다음과 같은 결과를 설명할 수 있는 이론은?**

3-Methyl-1butene
+ HCl
―――――――――――
2-Chloro-3-methylbutene(50%)
2-Chloro-2-methylbutene(50%)

① 카이랄 중심 이동(chiral center shift)
② 수소 음이온 이동(hydride shift)
③ 라디칼 반응(radical reaction)
④ 공명(conjugation)

수소 음이온 이동
3-methyl-1-butene의 양성자 첨가반응에 의해 형성된 2차 탄소 양이온 중간체는 수소 음이온 이동(hydride shift)에 의해 보다 더 안정한 삼차 탄소 양이온으로 자리옮김을 할 수 있다. 즉, 한 개의 수소 원자와 전자쌍(수소음이온, :H^-)이 이웃한 양이온을 띠는 탄소로 이동한다.

3-Methyl-1-butene

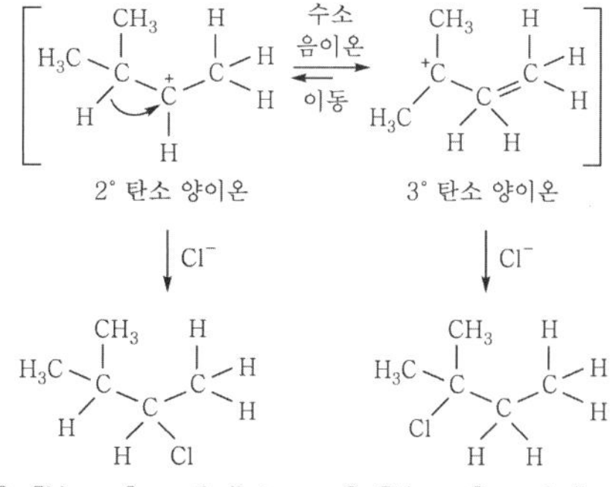

12 **$^{37}_{17}Cl$의 양성자, 중성자, 전자의 개수를 올바르게 나열한 것은?**

① 양성자 : 37, 중성자 : 0, 전자 : 37
② 양성자 : 17, 중성자 : 0, 전자 : 17
③ 양성자 : 17, 중성자 : 20, 전자 : 37
④ 양성자 : 17, 중성자 : 20, 전자 : 17

정답 | 09.① 10.③ 11.② 12.④

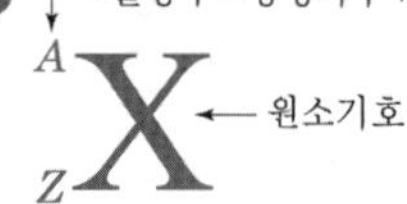

✔ 질량수=양성자수+중성자수 → $^{A}_{Z}X$ ← 원소기호, 원자번호=양성자수=중성원자의 전자수

∴ 양성자수=17, 중성자수=37−17=20, 전자수=17

13 계통오차를 검출할 수 있는 방법이 아닌 것은?

① 바탕시험을 한다.
② 조성을 알고 있는 시료를 분석한다.
③ 동일한 조건으로 반복 실험을 한다.
④ 여러 가지 다른 방법으로 동일한 시료를 분석한다.

✔ **계통오차를 검출하는 방법**
1. 분석할 성분이 들어있지 않은 바탕시료를 분석한다.
2. 인증표준물질과 같은 조성을 정확히 알고 있는 표준물을 분석한다.
3. **같은 시료를 다른 실험실에서 다른 실험자가 분석해 본다.**
4. 같은 양을 측정하기 위해 다른 여러 분석법을 통해 해당 시료를 분석한다.

14 주족원소의 화학적 성질에 대한 설명 중 틀린 것은?

① ⅠA족인 알칼리금속(alkalimetal)은 비교적 부드러운 금속으로 Li, Na, K, Rb, Cs 등이 포함된다.
② ⅡA족인 알칼리토금속(alkaline earthmetal)에는 Be, Mg, Sr, Ba, Ra 등이 포함된다.
③ ⅥA족인 칼코젠(Chalcogen)에는 O, S, Se, Te 등이 포함되며, 알칼리토금속(alkaline earthmetal)과 2 : 1 화합물을 만든다.
④ Ⅶ족인 할로젠(Halogen)에는 F, Cl, Br, I가 포함되며, 물리적 상태는 서로 상당히 다르다.

✔ ③ ⅥA족인 칼코젠에는 O, S, Se, Te 등이 포함되며, 알칼리토금속과 1 : 1 **화합물을 만든다.**
→ $Mg^{2+} + O^{2-} \rightarrow MgO$

④ Ⅶ족인 할로젠에는 F, Cl, Br, I가 포함되며, 물리적 상태는 서로 상당히 다르다.
→ $F_2(g)$, $Cl_2(g)$, $Br_2(l)$, $I_2(s)$

15 표준 온도와 압력(STP) 상태에서 이산화탄소 11.0g이 차지하는 부피(L)는?

① 5.6　　② 11.2
③ 16.8　　④ 22.4

✔ **아보가드로 법칙**
표준 온도와 압력(0℃, 1atm)에서 기체 1mol의 부피는 기체 종류에 관계없이 22.4L이다.

$$\therefore 11.0\text{g } CO_2 \times \frac{1\text{mol } CO_2}{44\text{g } CO_2} \times \frac{22.4\text{L}}{1\text{mol}} = 5.6\text{L}$$

16 시료를 파괴하지 않으며 극미량(<1ppm)의 물질을 분석할 수 있는 분석법은?

① 열분석　　② 전위차법
③ X−선 형광법　　④ 원자형광분광법

✔ ② **전위차법의 특징** : 이온선택성 전극의 경우 짧은 감응시간, 직선적 감응의 넓은 범위(10^{-3}~10^{-8} M), 색깔이나 혼탁도에 영향을 받지 않음, 비파괴성, 비오염성

③ X−선 형광법의 특징 : 실험과정이 빠르고 편리함, 수 분 내에 다원소 분석이 가능, 비파괴 분석법, 정확도와 정밀도가 좋음, 단점으로 감도가 좋지 않음

17 Rutherford의 알파입자 산란실험을 통하여 발견한 것은?

① 전자　　② 전하
③ 양성자　　④ 원자핵

✔ 알파(α)입자는 전자 2개를 가진 헬륨원자(He)가 전자 2개를 잃어 형성된 헬륨 원자핵(He^{2+})이다. 러더퍼드는 α입자 산란실험을 통해 원자 중심에 부피가 매우 작으면서 원자 질량의 대부분을 차지하는 (+)전하를 띤 부분이 존재하는 것을 발견하고, 이를 **원자핵**이라고 하였다.

18 X선 회절법으로 알 수 있는 정보가 아닌 것은?

① 결정성 고체 내의 원자 배열과 간격
② 결정성 · 비결정성 고체 화합물의 정성분석
③ 결정성 분말 속의 화합물의 정성 · 정량분석
④ 단백질 및 비타민과 같은 천연물의 구조 확인

정답 | 13.③ 14.③ 15.① 16.② 17.④ 18.②

X–선 회절법의 특징

1. 결정성 고체 내의 원자 배열과 원자 간 거리에 대한 정보를 제공한다.
2. **결정질 화합물을 편리하게 정성분석** 할 수 있다.
3. 결정성 고체 시료에 들어 있는 화합물에 대한 정성 및 정량적인 정보를 제공해 준다.
4. 스테로이드, 비타민, 항생물질과 같은 복잡한 천연물질의 구조를 밝힌다.

19 **3.0M $AgNO_3$ 200mL를 0.9M $CuCl_2$ 350mL에 가했을 때 생성되는 염(salt)의 양(g)은? (단, Ag, Cu, Cl의 원자량은 각각 107, 64, 36g/mol으로 가정한다.)**

① 8.58
② 56.4
③ 85.8
④ 564

알짜반응식

$Ag^+(aq) + Cl^-(aq) \rightleftarrows AgCl(s)$

- Ag^+ 몰수 : $AgNO_3 \rightleftarrows Ag^+ + NO_3^-$
  3.0M×0.2L =0.6mol
- Cl^- 몰수 : $CuCl_2 \rightleftarrows Cu^{2+} + 2Cl^-$
  (0.9M×0.35L)×2 = 0.63mol

	$Ag^+(aq)$	+ $Cl^-(aq)$	$\rightleftarrows$ $AgCl(s)$
초기(mol)	0.6	0.63	
변화(mol)	−0.6	−0.6	+0.6
최종(mol)	0	0.03	0.6

∴ 생성된 AgCl의 양(g)은 다음과 같다.

$$0.6\text{mol AgCl} \times \frac{143\text{g AgCl}}{1\text{mol AgCl}} = 85.8\text{g}$$

20 **전자들이 바닥상태에 있다고 가정할 때, 질소 원자에 대한 전자 배치로 옳은 것은?**

① $1s^2 2s^2 3p^3$
② $1s^2 2s^1 2p^1$
③ $1s^2 2s^2 2p^6$
④ $1s^2 2s^2 2p^3$

$_7N$의 바닥상태에서의 전자 배치

$1s^2 2s^2 2p^3$

제2과목 | 화학물질특성 분석

21 **자외선 또는 가시선 영역의 스펙트럼으로서 진공상태에서 잘 분리된 각각의 원자입자에 빛을 쪼일 때 주로 나타나는 스펙트럼은 어느 것인가?**

① 띠스펙트럼
② 선스펙트럼
③ 연속스펙트럼
④ 흑체복사스펙트럼

선스펙트럼

자외선 또는 가시광선 영역의 선스펙트럼은 진공상태에서 잘 분리된 각각의 원자입자에 빛을 쪼일 때 나타난다. 기체상태에서 각각의 입자들은 서로 독립적으로 존재하며, 스펙트럼은 10^{-4}Å 정도의 폭의 예리하고 명확히 구분되는 일련의 선의 형태로 나타난다.

Check

- **띠스펙트럼**
  완전히 분리되지 않은 밀집된 몇몇 선으로 구성되어 있다. 기체상태의 라디칼이나 작은 분자들이 존재할 때 종종 나타난다.
- **연속스펙트럼, 흑체복사스펙트럼**
  고체가 백열로 가열될 때 발생한다. 이러한 종류의 복사선을 흑체복사라고 하고, 표면을 구성하는 물질보다는 방출되는 표면의 온도에 따라 다르게 나타내며, 흑체복사는 열에너지에 의해 단단한 고체 내에서 들뜬 수많은 원자나 분자의 운동에 의해 생성된다. 가열된 고체는 적외선, 가시선 또는 장파장의 자외선 영역의 중요한 광원으로 사용된다.

22 **다음 중 $3H_2(g) + N_2(g) \rightleftarrows 2NH_3(g)$ 반응에서 압력을 증가시킬 때 평형의 이동으로 옳은 것은 어느 것인가?**

① 평형이 왼쪽으로 이동
② 평형이 오른쪽으로 이동
③ 평형이 이동하지 않음
④ 평형이 양쪽으로 이동

정답 | 19.③ 20.④ 21.② 22.②

✔ 압력 변화에 따른 평형이동

어떤 반응이 평형상태에 있을 때 일정한 온도에서 압력을 변화시키면 그 압력 변화를 줄이는 방향으로 알짜반응이 진행되어 평형이 이동한다.

1. 압력이 높아지면(입자수 증가)
   ➜ 기체의 몰수가 감소하는 방향으로 평형이동
2. 압력이 낮아지면(입자수 감소)
   ➜ 기체의 몰수가 증가하는 방향으로 평형이동

∴ 압력을 증가시키면(입자수의 증가) 기체의 몰수가 4 → 2로 감소하는 **오른쪽으로 알짜반응이 진행되어 평형이 이동한다.**

23 활동도계수의 변화를 설명한 것으로 틀린 것은?

① 활동도계수는 이온 세기에 의존한다.
② 이온 세기가 증가하면 활동도계수는 감소한다.
③ 이온 크기가 감소하면 활동도계수는 감소한다.
④ 이온 전하가 증가할수록 활동도가 1에 근접한다.

✔ 활동도는 용액 중에 녹아 있는 화학종의 실제 농도를 나타낸다. 이온 세기가 클수록, 이온 전하가 클수록, 이온의 크기가 작을수록 활동도계수는 감소한다. 따라서 이온 전하가 증가할수록 활동도계수가 감소한다.

활동도 $A_c = \gamma_c[C]$

여기서, γ_c : 화학종 C의 활동도계수

[C] : 화학종 C의 몰농도

활동도 $A_c = \gamma_c[C]$는 화학종의 농도보다 줄어든다. 활동도가 1에 근접하는 것은 아니다.

24 산성 용액에 해리되어 물을 생성하는 화합물만을 나열한 것은?

① CO_2, Cl_2O_7, BaO
② SO_3, N_2O_5, Cl_2O_7
③ Na_2O, Cl_2O_7, BaO
④ Al_2O_3, Na_2O, BaO

✔ **금속산화물**은 물과 반응하면 염기성을 띠고, **산과 반응하면 물과 염(salt)이 생성**된다. 비금속산화물은 물과 반응하면 산성을 띠고, 염기와 반응하면 물과 염(salt)이 생성된다.

① CO_2(비금속산화물), Cl_2O_7(비금속산화물), BaO(금속산화물)
② SO_3(비금속산화물), N_2O_5(비금속산화물), Cl_2O_7(비금속산화물)
③ Na_2O(금속산화물), Cl_2O_7(비금속산화물), BaO(금속산화물)
④ **Al_2O_3(금속산화물), Na_2O(금속산화물), BaO(금속산화물)**

25 0.04M Na_3PO_4 용액의 pH는? (단, 인산의 K_a는 4.5×10^{-13}이다.)

$$PO_4^{3-} + H_2O \rightleftarrows HPO_4^{2-} + OH^-$$

① 8.43
② 10.32
③ 12.32
④ 13.32

✔ PO_4^{3-} 염기 가수분해 상수

$$K_b = \frac{K_w}{K_a} = \frac{1.00\times10^{-14}}{4.5\times10^{-13}} = 2.22\times10^{-2}$$

	PO_4^{3-} + H_2O ⇄	HPO_4^{2-} +	OH^-
초기(M)	0.04		
변화(M)	$-x$	$+x$	$+x$
최종(M)	$0.04-x$	x	x

$$K_b = \frac{[HPO_4^{2-}][OH^-]}{[PO_4^{3-}]} = \frac{x^2}{0.04-x} = 2.22\times10^{-2}$$

$$x^2 + (2.22\times10^{-2})x - (8.88\times10^{-4}) = 0$$

$$x = [OH^-] = 0.021\,M$$

$$[H^+] = \frac{K_w}{[OH^-]} = \frac{1.00\times10^{-14}}{0.021} = 4.76\times10^{-13}M$$

$$\therefore pH = -\log(4.76\times10^{-13}) = \mathbf{12.32}$$

26 0.18M NaCl 용액에 담겨 있는 은전극의 전위(V)는? (단, 기준전극은 표준수소전극(SHE)이고, $Ag^+ + e^- \rightleftarrows Ag(s)$, $E°=0.799V$, AgCl의 용해도곱 상수(K_{sp})는 1.8×10^{-8}이다.)

① 0.085 ② 0.385
③ 0.843 ④ 1.21312

✔ Nernst 식

$$E = E° - \frac{0.05916V}{n}\log Q$$

$$E_{전지} = E_{환원} - E_{산화} = E_+ - E_-$$

	AgCl(s) ⇄	$Ag^+(aq)$ +	$Cl^-(aq)$
초기(M)			0.18
변화(M)	$-x$	$+x$	$+x$
최종(M)		x	$0.18+x$

정답 | 23.④ 24.④ 25.③ 26.②

$K_{sp} = [Ag^+][Cl^-] = x \times (0.18 + x) = 1.8 \times 10^{-8}$

$[Ag^+] = x = 1.0 \times 10^{-7}$M이고, SHE의 $E° = 0.00$V 이다.

$$\therefore E_{전지} = \left(0.799 - 0.05916 \log \frac{1}{1.0 \times 10^{-7}}\right) - 0 = 0.385\text{V}$$

27 CuI(s)와 Cu^+의 반쪽반응식과 표준환원전위가 다음과 같을 때, 25℃에서 CuI(s)의 용해도곱 상수(K_{sp})에 대한 표준환원전위 관계식으로 옳은 것은?

- $CuI(s) + e^- \rightleftarrows Cu(s) + I^-$, $E_1°$
- $Cu^+ + e^- \rightleftarrows Cu(s)$, $E_2°$

① $\log K_{sp} = \dfrac{E_2° - E_1°}{0.05916}$

② $\log K_{sp} = \dfrac{E_1° - E_2°}{0.05916}$

③ $\log K_{sp} = 0.05916 \times (E_2° - E_1°)$

④ $\log K_{sp} = 0.05916 \times (E_1° - E_2°)$

✔ 평형에서 $E_{전지} = 0.0$V, $Q = K$이므로

$$\begin{array}{llll} & CuI(s) + e^- & \rightleftarrows Cu(s) + I^- & E_1° \\ + & Cu(s) & \rightleftarrows Cu^+ + e^- & -E_2° \\ \hline & CuI(s) & \rightleftarrows Cu^+ + I^- & \end{array}$$

$E = (E_1° - E_2°) - 0.05916 \log K_{sp} = 0$

$$\therefore \log K_{sp} = \frac{(E_1° - E_2°)}{0.05916}$$

28 흑연로 원자흡수분광기에 관한 설명 중 틀린 것은?

① 열분해 흑연으로 코팅한 흑연관의 전기저항으로 온도를 올린다.

② 탄소로 이루어진 것 때문에 불활성 기체를 사용하나, 회화단계에서는 일시적으로 산소를 사용할 수도 있다.

③ 원자화 단계에서는 온도와 가스의 흐름을 고정시키고 측정한다.

④ 흑연로 튜브는 여러 가지 모양이 있는데, transverse 형태보다 longitudinal 형태가 더 고른 온도 분포를 갖는다.

✔ 흑연로를 세로(longitudinal)형태에서 가열하게 되면 연속적인 온도 변화 모습을 얻을 수 있고, 가로(transverse)형태에서 가열하면 관의 길이에 따라서 온도 변화 모습은 일정하다.

29 전이에 필요한 에너지가 가장 큰 것은?

① 분자 회전

② 결합전자

③ 내부 전자

④ 자기장 내에서 핵스핀

✔

전자기파	파장범위	유발 전이	응용 분광법
라디오파	0.6~10m	핵스핀 상태전이	NMR 분광법
마이크로파	1mm~1m	전자스핀 상태전이	–
적외선	780nm ~1mm	분자의 진동/회전 상태전이	IR 흡수 분광법
가시광선	400 ~780nm	최외각전자, 결합전자의 상태전이	UV-VIS 흡수 분광법 원자분광법
자외선	10~400nm		
X-선	0.1~100Å	내각(내부) 전자의 상태전이	X-선 분광법

30 원자흡수분광법(AAS)에서 주로 사용되는 연료가스는 천연가스, 수소, 아세틸렌이다. 또한 산화제로서 공기, 산소, 산화이질소가 사용된다. 가장 높은 불꽃온도를 내는 연료가스와 산화제의 조합은?

① 수소 – 산소

② 천연가스 – 공기

③ 아세틸렌 – 산화이질소

④ 아세틸렌 – 산소

✔ 불꽃원자화 불꽃에 사용되는 연료와 산화제는 아세틸렌과 산소를 사용할 때 온도가 가장 높다.

연료 – 산화제	불꽃온도(℃)
천연가스 – 공기	1,700~1,900
천연가스 – 산소	2,700~2,800
수소 – 공기	2,000~2,100
수소 – 산소	2,550~2,700
아세틸렌 – 공기	2,100~2,400
아세틸렌 – 산화이질소	2,600~2,800
아세틸렌 – 산소	3,050~3,150

정답 | 27.② 28.④ 29.③ 30.④

31 **Br_2의 표준 전극전위는 다음과 같이 상에 따라 다르다. 이와 관련한 설명으로 옳지 않은 것은?**

- $Br_2(aq) + 2e^- \rightleftarrows 2Br^-$, $E° = +1.087V$
- $Br_2(l) + 2e^- \rightleftarrows 2Br^-$, $E° = +1.065V$

① $Br_2(aq)$에 대한 표준 전극전위는 가상적인 값이다.
② $Br_2(l)$에 대한 표준 전극전위는 포화된 용액에만 적용된다.
③ $Br_2(l)$에 대한 표준 전극전위는 불포화된 용액에만 적용된다.
④ 과량의 $Br_2(l)$로 포화되어 있는 0.01M KBr 용액의 전극전위 계산 시 1.065V를 사용해야 한다.

✔ $Br_2(l)$에 대한 표준 전극전위는 **포화용액**에서 즉, 활동도가 1인 표준상태에서 측정한 전위이다.

32 **다음의 이온반응이 염기성 용액에서 일어날 때, 이온반응식이 올바르게 완결된 것은?**

$I^-(aq) + MnO_4^-(aq) \rightleftarrows I_2(aq) + MnO_2(s)$

① $6I^- + 4H_2O + 2MnO_4^-$
$\rightarrow 3I_2(aq) + 2MnO_2 + 8OH^-$
② $6I^- + 2MnO_4^- \rightarrow 3I_2 + 2MnO_2 + 2O_2$
③ $4I^- + 2H_2O + 2MnO_4^-$
$\rightarrow 2I_2 + 2MnO_2 + 8H^+$
④ $2I^- + 2H_2O + 2MnO_4^-$
$\rightarrow 3I_2 + 2MnO_2 + 2OH^- + H_2$

✔ $I^-(aq) + MnO_4^-(aq) \rightarrow I_2(aq) + MnO_2(s)$ 반응의 계수를 완성하면(염기성 조건에서) 다음과 같다.

1. 반응에 관여하는 원자의 산화수를 구한 수, 변화한 산화수를 조사한다.
   $I^-(aq) + MnO_4^-(aq) \rightarrow I_2(aq) + MnO_2(s)$
   -1 $\quad +7\ -2$ $\quad 0$ $\quad +4\ -2$
2. 산화 반쪽반응과 환원 반쪽반응으로 나눈다.
   ① 산화반응 : $I^- \rightarrow I_2$
   ② 환원반응 : $MnO_4^- \rightarrow MnO_2$
3. 각 반쪽반응의 원자수가 같도록 계수를 맞춘다. 산소의 개수를 맞추기 위해 생성물질에 $2H_2O$을 첨가하고, 수소의 개수를 맞추기 위해 반응물질에 $4H^+$을 첨가한다.
   ① 산화반응 : $2I^- \rightarrow I_2$
   ② 환원반응 : $MnO_4^- + 4H^+ \rightarrow MnO_2 + 2H_2O$
4. 각 반쪽반응의 전하량이 같아지도록 필요한 전자수를 더한다.
   ① 산화반응 : $2I^- \rightarrow I_2 + 2e^-$
   ② 환원반응 : $MnO_4^- + 4H^+ + 3e^-$
   $\rightarrow MnO_2 + 2H_2O$
5. 산화반응에서 잃은 전자수와 환원반응에서 얻은 전자수가 같아지도록 개수를 맞춘다.
   산화반응×3, 환원반응×2
   ① 산화반응 : $6I^- \rightarrow 3I_2 + 6e^-$
   ② 환원반응 : $2MnO_4^- + 8H^+ + 6e^-$
   $\rightarrow 2MnO_2 + 4H_2O$
6. 두 반쪽반응을 더한다.
   전체 반응 : $6I^- + 2MnO_4^- + 8H^+$
   $\rightarrow 3I_2 + 2MnO_2 + 4H_2O$
7. 염기성 수용액에서는 H^+의 개수와 같은 개수 OH^-의 반응물질과 생성물질에 첨가하여 $H^+ + OH^- \rightarrow H_2O$이 생성되게 하여 원자수를 맞춘다.
   $6I^- + 2MnO_4^- + 8H^+ + 8OH^-$
   $\rightarrow 3I_2 + 2MnO_2 + 4H_2O + 8OH^-$
8. $H^+ + OH^-$를 H_2O로 바꾸고 양변에서 제거한다.
   $6I^- + 2MnO_4^- + 4H_2O$
   $\rightarrow 3I_2 + 2MnO_2 + 8OH^-$

∴ 전체 반응 : **$6I^- + 4H_2O + 2MnO_4^-$**
$\rightarrow 3I_2 + 2MnO_2 + 8OH^-$

33 **산성비의 발생과 가장 관계가 없는 반응은?**

① $Ca^{2+}(aq) + CO_3^{2-}(aq) \rightarrow CaCO_3(s)$
② $S(s) + O_2(g) \rightarrow SO_2(g)$
③ $N_2(g) + O_2(g) \rightarrow 2NO(g)$
④ $SO_3(g) + H_2O(l) \rightarrow H_2SO_4(aq)$

✔ 질소산화물(NO_x)과 황산화물(SO_x)은 물과 반응하여 pH 5.6 이하의 산성비를 발생한다.

34 **0.10M I^- 용액 50mL를 0.20M Ag^+ 용액으로 적정하고자 한다. Ag^+ 용액 25mL를 첨가하였을 때, I^-의 농도(mol/L)를 나타내는 식은? (단, K_s는 용해도곱 상수를 의미한다.)**

- $AgI(s) \rightleftarrows Ag^+(aq) + I^-(aq)$
- $K_{sp} = 8.3 \times 10^{-17}$

① $\sqrt{8.3 \times 10^{-17}}$
② $\dfrac{0.10 \times 0.05}{50.00 + 25.00}$
③ $\dfrac{\sqrt{8.3 \times 10^{-17}}}{50.00 + 25.00}$
④ $\sqrt{\dfrac{0.10 \times 8.3 \times 10^{-17}}{50.00 + 25.00}}$

정답 | 31.③ 32.① 33.① 34.①

✔ $Ag^+(aq) + I^-(aq) \rightleftarrows AgI(s)$의 당량점에서의 부피 ($V_e$)를 구하면

Ag^+와 I^-의 mmol비는 1:1이므로

$0.20M \times V_e(mL) = 0.10M \times 50mL$

당량점에서의 부피 V_e는 25mL이다.

문제에서 첨가한 Ag^+의 부피 25mL는 당량점에서의 부피이므로 가한 Ag^+은 모두 AgI(s)가 된다.

$AgI(s) \rightleftarrows Ag^+(aq) + I^-(aq)$에서

$K_{sp} = [Ag^+][I^-] = x^2 = 8.3\times10^{-17}$

$\therefore [I^-] = x = \sqrt{8.3\times10^{-17}} = 9.11\times10^{-9}M$

35 **어떤 산-염기 적정 곡선이 다음과 같을 때, 적정 물질을 가장 적절하게 설명한 것은 어느 것인가?**

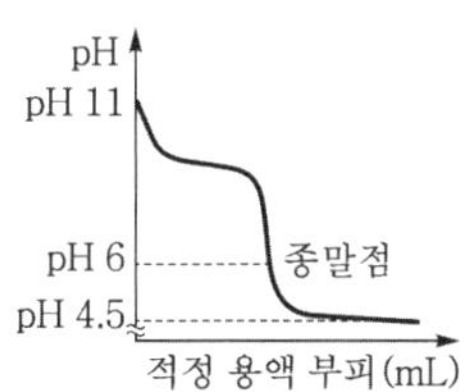

① 약산을 강염기로 적정
② 약염기를 강산으로 적정
③ 약염기를 약산으로 적정
④ 약산을 약염기로 적정

✔ **약염기를 강산으로 적정**

1. 산(H^+)이 가해지기 전, 용액은 물(H_2O) 중에 약염기 B만을 포함하고 있는 염기성 용액이다.
2. 산(H^+)이 가해지기 시작하면서 당량점 사이에서 용액은 B와 BH^+의 완충용액이다. 완충용액의 pH는 헨더슨-하셀바흐 식 $pH = pK_a + \log\left(\frac{[B]}{[BH^+]}\right)$을 이용한다.
3. 당량점에서 모든 B가 약산 BH^+로 전환되며, 이때의 pH는 BH^+의 산 해리반응으로부터 계산된다. $BH^+ \overset{K_a}{\rightleftarrows} B + H^+$, $K_a = \frac{K_w}{K_b}$ 용액은 당량점에서 BH^+를 포함하므로 액성은 산성이며, 당량점에서의 pH는 7.00 이하가 된다.
4. 당량점 이후에서는 과량의 강산 H^+가 pH를 결정하게 된다. 이 경우 약산 BH^+의 존재에 의해 나타나는 효과는 매우 작기 때문에 무시한다.

36 **EDTA를 이용한 착물 형성 적정법에 대한 설명 중 틀린 것은?**

① 여러 자리 리간드(multidentate ligand)인 EDTA는 적정 분석에서 많이 사용되는 시약이다.
② 금속과 리간드의 반응에 대한 평형상수를 형성상수(formation constant)라 한다.
③ EDTA는 H_6Y^{2+}로 표시되는 사양성자계이다.
④ EDTA는 대부분의 금속이온과 전하와는 무관하게 1 : 1 비율로 착물을 형성한다.

✔ EDTA는 H_6Y^{2+}로 표시되는 **육양성자계**이다.

37 **NaF와 $NaClO_4$이 0.05M 녹아 있는 두 수용액에서 불화칼슘(CaF_2)을 포화용액으로 만들었다. 각 용액에 녹은 칼슘이온(Ca^{2+})의 몰농도의 비율$\left(\frac{[Ca^{2+}]_{NaClO_4}}{[Ca^{2+}]_{NaF}}\right)$은? (단, 용액의 이온 세기가 0.05M일 때, Ca^{2+}와 F^-의 활동도계수는 각 0.485, 0.81이고, CaF_2의 용해도곱 상수는 3.9×10^{-11}이다.)**

① 28
② 123
③ 1,568
④ 6,383

✔ • NaF 수용액에서 CaF_2의 해리

	$CaF_2(s)$ ⇄	$Ca^{2+}(aq)$ +	$2F^-(aq)$
초기(M)			0.05
변화(M)		$+x$	$+2x$
최종(M)		x	$0.05+2x$

$K_{sp} = [Ca^{2+}][F^-]^2 = 0.485x \times \{0.81(0.05+2x)\}^2 = 3.9\times10^{-11}$

$x = [Ca^{2+}]_{NaF} = 4.902\times10^{-8}M$

• $NaClO_4$ 수용액에서 CaF_2의 해리

	$CaF_2(s)$ ⇄	$Ca^{2+}(aq)$ +	$2F^-(aq)$
초기(M)			
변화(M)		$+y$	$+2y$
최종(M)		y	$+2y$

$K_{sp}=[Ca^{2+}][F^-]^2=0.485y\times\{0.81(2y)\}^2$
$=3.9\times10^{-11}$
$y=[Ca^{2+}]_{NaClO_4}=3.129\times10^{-4}M$

$\therefore$ 칼슘이온의 몰농도의 비율 $=\dfrac{[Ca^{2+}]_{NaClO_4}}{[Ca^{2+}]_{NaF}}$
$=\dfrac{3.129\times10^{-4}}{4.902\times10^{-8}}$
$=6,383$

38 다음 중 용해도에 대한 설명으로 틀린 것은 어느 것인가?

① 일정 압력하에서 물속에서 기체의 용해도는 온도가 증가함에 따라 증가한다.
② 액체 속 기체의 용해도는 기체의 부분압력에 비례한다.
③ 탄산음료를 차갑게 해서 마시는 것은 기체의 용해도를 증가시키기 위함이다.
④ 잠수부들이 잠수할 경우 받는 압력의 증가로 인해 혈액 속의 공기의 양은 증가한다.

✔ 일정 압력하에서 물속에서 **기체의 용해도는 온도가 증가함에 따라 감소한다.**

39 다음 완충용액에 대한 설명 중 틀린 것은 어느 것인가?

① 완충용액의 pH는 이온 세기와 온도에 의존하지 않는다.
② 완충용량이 클수록 pH 변화에 대한 용액의 저항은 커진다.
③ 완충용액은 약염기와 그 짝산으로 만들 수 있다.
④ 완충용량은 산과 그 짝염기의 비가 같을 때 가장 크다.

✔ 완충용액의 pH는 헨더슨-하셀바흐 식으로 구한다.

$pH=pK_a+\log\dfrac{[A^-]}{[HA]}$

평형상수 K_a는 온도에 영향을 받고, $[A^-]$, $[HA]$ 농도는 이온 세기에 영향을 받는다.
$\therefore$ **완충용액의 pH는 온도와 이온 세기에 영향을 받는다.**

40 납축전지의 전체 반응식이 다음과 같을 때, 완결된 반응식의 $PbSO_4(s)$ 계수(γ)는?

$$Pb(s)+PbO_2(s)+\alpha H^+ +\beta SO_4^{2-}\rightarrow \gamma PbSO_4(s)+2H_2O$$

① 1　　② 2
③ 3　　④ 4

✔ $Pb(s)+PbO_2(s)+H^+(aq)+SO_4^{2-}(aq)$
$\rightarrow PbSO_4(s)+H_2O(l)$ 반응의 계수를 완성하면 (산성 조건에서)

1. 반응에 관여하는 원자의 산화수를 구한 수, 변화한 산화수를 조사한다.
$Pb(s)+PbO_2(s)+H^+(aq)+SO_4^{2-}(aq)$
0　+4 −2　+1　+6 −2
$\rightarrow PbSO_4(s)+H_2O(l)$
+2 +6 −2　+1 −2

2. 산화 반쪽반응과 환원 반쪽반응으로 나눈다.
① 산화반응 : $Pb\rightarrow PbSO_4$
② 환원반응 : $PbO_2\rightarrow PbSO_4$

3. 각 반쪽반응의 원자수가 같도록 계수를 맞춘다.
① 산화반응 : $Pb+SO_4^{2-}\rightarrow PbSO_4$
② 환원반응 : $PbO_2+SO_4^{2-}+4H^+\rightarrow PbSO_4+2H_2O$

4. 각 반쪽반응의 전하량이 같아지도록 필요한 전자수를 더한다.
① 산화반응 : $Pb+SO_4^{2-}\rightarrow PbSO_4+2e^-$
② 환원반응 : $PbO_2+SO_4^{2-}+4H^+ +2e^-\rightarrow PbSO_4+2H_2O$

5. 두 반쪽반응을 더한다.
$Pb+PbO_2+4H^+ +2SO_4^{2-}\rightarrow 2PbSO_4+2H_2O$

$\therefore$ 전체 반응은 $Pb+PbO_2+4H^+ +2SO_4^{2-}\rightarrow 2PbSO_4+2H_2O$이다.

제3과목 | 화학물질구조 분석

41 열무게 분석(Thermo Gravimetric Analysis ; TGA)기기의 일반적인 구성이 아닌 것은?

① 열저울　　② 전기로
③ 열전기쌍　　④ 기체주입장치

✔ **열무게 분석기기 장치**
감도가 매우 좋은 **분석저울, 전기로, 기체주입장치,** 기기장치의 조정과 데이터 처리를 위한 장치

정답 | 38.① 39.① 40.② 41.③

42 **크기 배제(size exclusion) 크로마토그래피에 대한 설명으로 틀린 것은?**

① 분리시간이 비교적 짧고, 시료 손실이 없다.
② 이성질체와 같이 비슷한 크기의 시료 분리에 적합하다.
③ 거대 중합체나 천연물의 분자량 또는 분자량 분포를 측정할 수 있다.
④ 분석물과 정지상(stationary phase) 사이에 화학적, 물리적 상호작용이 일어나지 않는다.

✔ 이성질체, 동족체와 같이 비슷한 크기의 시료 분리에 주로 사용되는 크로마토그래피 방법은 **이온교환 크로마토그래피**이다. 이온교환 크로마토그래피는 정지상으로 $-SO_3^-H^+$, $-N(CH_3)_3^+OH^-$ 등이 공유결합되어 있는 이온교환수지를 사용하여 용질이온들이 정전기적 인력에 의해 정지상에 끌려 이온교환이 일어나는 것을 이용한다.

43 **시차열분석법(Differential Thermal Analysis ; DTA)에 대한 설명으로 틀린 것은?**

① DTA는 시료와 기준물을 가열하면서 이 두 물질의 온도 차이를 온도함수로 측정하는 방법이다.
② 시차열분석도(DTA thermogram)에서 봉우리 면적은 물리 · 화학적 엔탈피 변화에만 관계된다.
③ DTA로 중합체를 분석할 때, 유리전이 온도의 기준선 변화는 상평형에 따른 열용량의 변화에 기인된 것이다.
④ 중합체의 결정 형성은 발열과정으로서 시차열분석도(DTA thermogram)에서 최대봉우리로 나타난다.

✔ 시차열분석도에서 봉우리의 면적은 **시료의 질량(m), 화학 또는 물리적 과정의 엔탈피 변화(ΔH), 어떤 기하학적인 인자 및 열전도 인자 등**에 의해서 영향을 받는다.

44 **질량분석기 중 나노초의 레이저 펄스를 이용해 고분자량의 바이오 시료 측정에 가장 유용한 것은?**

① 사중극자(quadrupole) 질량분석기
② Sector 질량분석기
③ TOF(Time Of Flight) 질량분석기
④ Orbitrap 질량분석기

✔ **비행-시간 질량분석기**(TOF)
전자의 짧은 펄스, 이차이온 또는 레이저 광자의 주기적 충격으로 양이온이 생성되는데, 이들 펄스는 보통 10~50kHz의 주파수와 0.25μs의 수명을 갖는다. 이렇게 생성된 이온들은 뒤에 따라 나타나는 이온화 펄스와 같은 주파수를 갖는 전기장 펄스에 의해 가속화된다. 모든 이온들이 이온원으로부터 표류지역으로 높은 전압으로 가속되므로 운동에너지가 같게 되어 가벼운 이온은 빨리, 무거운 이온은 느리게 검출기에 도달되어 분리된다.

45 **HCl을 NaOH로 적정 시 conductance의 변화를 바르게 나타낸 것은?**

①
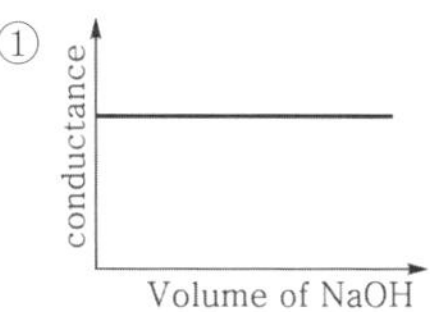

②
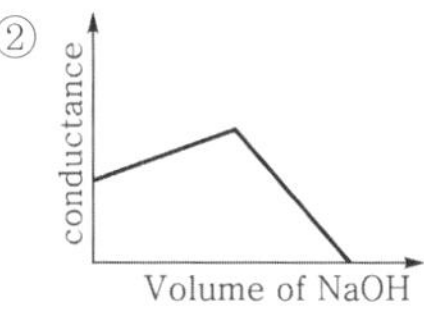

③
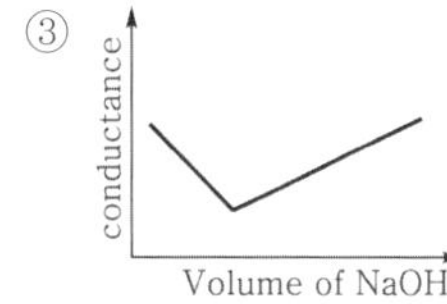

④
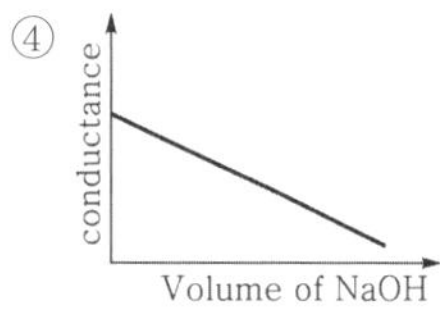

✔ 반응의 알짜반응식은 $H^+(aq) + OH^-(aq) \rightarrow H_2O(l)$이다.
- 당량점 이전에서는 가해준 OH^- 양만큼 H^+과 OH^-가 반응하여 H_2O이 생성되어 반응 후 남은 H^+의 감소로 전도도는 점차 감소한다.
- 당량점에서 H^+과 OH^-가 모두 반응하여 H_2O가 되어 전도도는 최소가 된다.
- 당량점 이후 가해준 OH^- 양이 과량이므로 H^+ 양만큼 H^+과 OH^-가 반응하여 H_2O가 생성되어 반응 후 남은 OH^-의 증가로 전도도는 점차 증가한다.

46 **기체 또는 액체 크로마토그래피에 응용되는 직접적인 물리적 현상으로 가장 거리가 먼 것은?**

① 흡착 ② 극성
③ 분배 ④ 승화

정답 | 42.② 43.② 44.③ 45.③ 46.④

✔ **크로마토그래피에서의 상호작용**
분배, 흡착, 이온교환, 거름, 결합, 극성 등

Check

이동상의 종류에 따른 분류	정지상의 종류에 따른 분류	정지상	상호 작용
기체 크로마토그래피(GC)	기체-액체 크로마토그래피(GLC)	액체	분배
	기체-고체 크로마토그래피(GSC)	고체	흡착
액체 크로마토그래피(LC)	액체-액체 크로마토그래피(LLC)	액체	분배
	액체-고체 크로마토그래피(LSC)	고체	흡착
	이온 교환 크로마토그래피	이온교환 수지	이온 교환
	크기 배제 크로마토그래피	중합체로 된 다공성 젤	거름/분배
	친화 크로마토그래피	작용기 선택적인 액체	결합/분배
초임계-유체 크로마토그래피(SFC)		액체	분배

47 **액체 크로마토그래피에서 사용되는 전치 칼럼(precolumn)에 대한 설명으로 틀린 것은?**

① 청소부 칼럼(scavenger column)은 분석 칼럼의 정지상의 손실을 최소화하기 위해 사용한다.
② 보호 칼럼(guard column)의 충전물 조성은 분석 칼럼의 조성과 동일한 정지상으로 충전된 것이 좋다.
③ 청소부 칼럼(scavenger column)은 이동상에 분석 칼럼의 충전물이 사전에 포화되지 않도록 조절하는 역할을 한다.
④ 보호 칼럼(guard column)은 보호 칼럼의 정지상에 강하게 잔류되는 화합물 및 입자성 물질과 불순물로부터의 오염을 방지하는 역할을 한다.

✔ 청소부 칼럼(scavenger column)은 이동상에 분석 칼럼의 충전물이 사전에 **정지상으로 포화시키는 역할**을 하여 분석칼럼에서 이 정지상의 손실을 최소로 줄일 수 있다.

48 $CH_3CH_2CH_2Cl$을 ¹H Nuclear Magnetic Resonance ; NMR로 **분석하였다. 가운데 탄소인 메틸렌에 있는 수소의 다중선의 수는?**

① 3 ② 5
③ 6 ④ 12

✔ **$CH_3CH_2CH_2Cl$에서 수소의 다중선**

$$CH_3 - \underset{H}{\overset{H}{\underset{|}{\overset{|}{C}}}} - CH_2Cl$$

n개의 동등한 이웃한 양성자는 $n+1$개의 봉우리로 나타난다. 가운데 탄소를 중심으로 왼쪽 3+1, 오른쪽 2+1이므로 다중선은 $(3+1)\times(2+1)=12$개이다.

49 **열무게분석법(Thermo Gravimetric Analysis ; TGA)을 이용하여 시료 $CaC_2O_4 \cdot H_2O$를 분석할 때, 서모그램상 두 번째로 높은 온도(420~660℃)에서 나타나는 수평영역에 해당하는 화합물은? (단, 분석조건은 비활성 기체 속에서 5℃/min 상승시키면서 980℃까지 온도를 올렸다 가정한다.)**

① $CaC_2O_4 \cdot H_2O$ ② $CaCO_3$
③ CaO ④ CaC_2O_4

✔ 열분해분석도는 열무게 측정의 중요한 응용으로 어떤 화학종을 무게법 분석으로 특정하기 위한 순수한 화학종으로 만드는 데 필요한 열적 조건을 나타낸다. 순수한 $CaC_2O_4 \cdot H_2O$의 열분해분석도에서 명확하게 나타나는 수평영역은 칼슘화합물이 안정하게 존재하는 온도영역임을 알려준다.

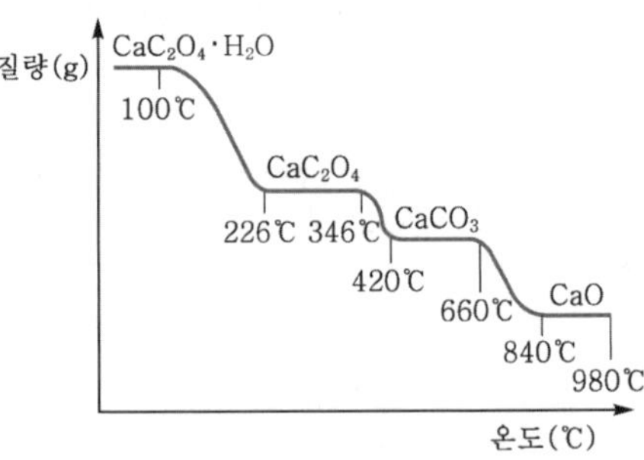

| $CaC_2O_4 \cdot H_2O$의 열분석도 |

1. 226~346℃에 해당하는 화합물 : CaC_2O_4
2. **420~600℃에 해당하는 화합물 : $CaCO_3$**
3. 840~980℃에 해당하는 화합물 : CaO

정답 | 47.③ 48.④ 49.②

50 **시료물질과 기준물질을 조절된 온도 프로그램으로 가열하면서 이 두 물질에 흘러 들어간 에너지 차이를 시료 온도의 함수로 측정하는 열량 분석법은?**

① 시차주사열량법
(Differential Scanning Calorimetry ; DSC)
② 열무게분석법
(Thermo Gravimetric Analysis ; TGA)
③ 시차열분석법
(Differential Thermal Analysis ; DTA)
④ 직접 주사엔탈피법
(Direct-Injection Enthalpimetry ; DIE)

✔ **시차주사열량법(DSC)**
시료물질과 기준물질을 조절된 온도 프로그램으로 가열하면서 이 두 물질에 흘러 들어간 열량(에너지)의 차이를 시료 온도의 함수로 측정하는 열 분석법이다.

51 **유리전극을 사용하여 용액의 pH를 측정할 때 오차에 영향을 미치지 않는 것은?**

① 접촉전위 오차 ② 나트륨(Na^+) 오차
③ 평형시간 오차 ④ 습도 오차

✔ **유리전극으로 pH 측정할 때의 오차**
알칼리 오차(나트륨 오차), 산 오차, 탈수, 낮은 이온 세기의 용액, **접촉전위의 변화**, 표준 완충용액의 불확정성, 온도 변화에 따른 오차, 전극의 세척 불량, **평형 도달시간의 오차** 등

52 **분자 질량분석법에서 분자량이 83인 $C_6H_{11}{}^+$의 분자량 M^+에 대한 $M+1^+$ 봉우리 높이 비는? (단, 가장 많은 동위원소에 대한 상대 존재 백분율은 ^2H : 0.015, ^{13}C : 1.08이다.)**

① $\frac{(M+1)^+}{M^+}=6.65\%$

② $\frac{(M+1)^+}{M^+}=5.55\%$

③ $\frac{(M+1)^+}{M^+}=4.09\%$

④ $\frac{(M+1)^+}{M^+}=3.36\%$

✔ $(M+1)^+$ 봉우리는 $^{12}C_5{}^{13}C^1H_{11}{}^+$, $^{12}C_6{}^1H_{10}{}^2H^+$로부터 얻어진다. M^+의 세기를 1이라 할 때, $^{12}C_5{}^{13}C^1H_{11}{}^+$와 $^{12}C_6{}^1H_{10}{}^2H^+$의 봉우리의 세기를 계산하면 다음과 같다.

$^{12}C_5{}^{13}C^1H_{11}{}^+$의 세기 $=\frac{1.08}{100}\times 6=0.0648$

$^{12}C_6{}^1H_{10}{}^2H^+$의 세기 $=\frac{0.015}{100}\times 11=0.00165$

$(M+1)^+$의 세기$=0.0648+0.00165=0.06645$

$\therefore \frac{(M+1)^+}{(M)^+}=\frac{0.06645}{1}\times 100=\mathbf{6.645\%}$

53 **비극성 유기시료를 HPLC를 이용하여 분리·분석 시 정지상에 비극성 물질을, 이동상에 극성 물질을 사용하는 크로마토그래피의 명칭은 어느 것인가?**

① 정상 크로마토그래피
② 역상 크로마토그래피
③ 결합상 크로마토그래피
④ 기울기 용리 크로마토그래피

✔ **역상 크로마토그래피**
정지상이 비극성인 것으로 종종 탄화수소를 사용하며 이동상은 물, 에탄올, 아세토나이트릴과 같이 비교적 극성인 용매를 사용한다. 역상 크로마토그래피에서는 극성이 가장 큰 성분이 처음에 용리되고 이동상의 극성을 증가시키면 용리시간도 길어진다.

54 **25℃, 1기압에서 Ca^{2+} 이온의 농도가 10배 변할 때 Ca^{2+} 이온 선택성 전극의 전위는?**

① 2배 증가한다.
② 10배 증가한다.
③ 약 30mV 변화한다.
④ 약 60mV 변화한다.

✔ **Nernst 식**
$E=E^\circ-\frac{0.05916V}{n}\log Q$에서 반응지수 Q값이 10배 변화할 때마다, 전위는 $\frac{59.16}{n}$mV씩 변화한다.
$Ca^{2+}+2e^- \rightarrow Ca$에서 $n=2$이므로
전위는 $\frac{59.16}{2}=\mathbf{29.58mV}$ 변화한다.

정답 | 50.① 51.④ 52.① 53.② 54.③

55 **$Ag_2SO_3 + 2e^- \rightleftarrows 2Ag + SO_3^{2-}$ 반쪽반응의 표준 환원전위에 가장 가까운 값(V)은? (단, Ag_2SO_3의 용해도곱 상수는 1.5×10^{-14}이고, 은이온이 은 금속으로 환원되는 표준 환원전위는 +0.799V이다.)**

① −0.019
② +0.39
③ +0.80
④ +1.21

✔ Nernst 식

$$E = E° - \frac{0.05916}{n}\log Q$$

평형상수와 표준 환원전위의 관계

$$E° = \frac{0.05916}{n}\log K$$

$Ag_2SO_3 + 2e^- \rightleftarrows 2Ag + SO_3^{2-}$ $\quad E_+° = x\text{V}$
$Ag^+ + e^- \rightleftarrows Ag$ $\quad E_-° = +0.799\text{V}$

$Ag_2SO_3 \rightleftarrows 2Ag^+ + SO_3^{2-}$ $\quad E° = x - 0.799$

$$E° = x - 0.799 = \frac{0.05916}{2}\log(1.5 \times 10^{-14})$$

∴ 주어진 반응의 표준 환원전위 $x = 0.390\text{V}$

56 **다음 중 시료의 분자량 측정에 가장 적합하지 않은 이온화 방법은?**

① 빠른 원자충격법
(Fast Atom Bombardment ; FAB)
② 전자충격이온화법
(Electron Impactionization ; EI)
③ 장탈착법
(Field Desorption ; FD)
④ 장이온화법
(Field Ionization ; FI)

✔ 전자충격이온화법(EI)
시료의 온도를 충분히 높여 분자 증기를 만들고 기화된 분자들이 높은 에너지의 전자빔에 의해 부딪혀서 이온화된다. 고에너지의 빠른 전자빔으로 분자를 때리므로 토막내기 과정이 매우 잘 일어난다. 또한 센 이온원으로 분자이온이 거의 존재하지 않으므로 **분자량의 결정이 어렵고** 토막내기가 잘 일어나므로 스펙트럼이 가장 복잡하다.

57 **IR spectroscopy의 적외선 변환기로 사용되지 않는 것은?**

① 광전도 변환기 ② 파이로전기 변환기
③ 열변환기 ④ 광촉매 변환기

✔ 적외선 검출기
열전기쌍, 서미스터, 볼로미터, 파이로전기 검출기, 광전도 검출기 등이 있다.

58 **100MHz로 작동되는 ^{1}H Nuclear Magnetic Resonance ; NMR에서 TMS로부터 130Hz 떨어져서 공명하는 신호의 화학적 이동값(ppm)은?**

① 0.77 ② 1.3
③ 7.7 ④ 13.0

✔ 1. 화학적 이동의 파라미터 δ는 기준물질의 공명선에 대한 상대적인 이동을 나타내는 값으로 ppm 단위로 표시한다.
2. $\delta = \dfrac{\text{관찰된 화학적 이동(TMS로부터 Hz 수)}}{\text{MHz로 나타낸 분광기의 진동수}}$로 구할 수 있다.
3. δ로 나타낸 NMR 흡수의 화학적 이동은 사용한 분광기의 진동수에 관계없이 일정하다.

∴ $\delta = \dfrac{130}{100} = 1.3\text{ppm}$

59 **질량스펙트럼의 세기는 이온화된 입자의 상대적 분포를 의미한다. 분포도가 가장 복잡하게 얻어지는 이온화 방법은?**

① 전자충격이온화법(Electron Ionization ; EI)
② 장이온화법(Field Ionization ; FI)
③ 장탈착법(Field Desorption ; FD)
④ 화학이온화법(Chemical Ionization ; CI)

✔ 전자충격이온화법(EI)
시료의 온도를 충분히 높여 분자 증기를 만들고 기화된 분자들이 높은 에너지의 전자빔에 의해 부딪혀서 이온화된다. 고에너지의 빠른 전자빔으로 분자를 때리므로 토막내기 과정이 매우 잘 일어나며, 토막내기 과정으로 생긴 분자 이온보다 작은 질량의 이온을 딸이온(daughter ion)이라 한다. 또한 센 이온원으로 분자 이온이 거의 존재하지 않으므로 분자량의 결정이 어렵고, 토막내기가 잘 일어나므로 **스펙트럼이 가장 복잡하다.**

정답 I 55.② 56.② 57.④ 58.② 59.①

60 **핵자기공명 분광법에 대한 설명 중 올바르지 않은 것은?**

① 화학적 이동은 핵 주위를 돌고 있는 전자들에 의해서 생성되는 작은 자기장에 의해 일어난다.
② 스핀-스핀 갈라짐의 근원은 한 핵의 자기모멘트가 바로 인접한 핵의 자기모멘트와 상호작용하기 때문이다.
③ 사용하는 내부 표준물은 연구대상 핵과 용매 시스템과 상관없이 일정하며, 주로 사용하는 화합물은 사메틸실란(tetramethylsilane ; TMS)이다.
④ NMR 스펙트럼의 가로축 눈금은 실험하는 동안 측정할 수 있는 내부 표준물의 공명봉우리에 대해 공명 흡수봉우리들의 상대적 위치로 나타내는 것이 편리하다.

✔ TMS(tetramethylsilane,$(CH_3)_4Si$)
흡수 위치를 확인하기 위해서 NMR 도표는 보정되고 기준점으로 사용된다. 스펙트럼을 찍을 때에 기준 흡수봉우리가 나타나도록 시료에 소량의 TMS를 첨가하는데, **TMS는 유기화합물에서 일반적으로 나타나는 다른 흡수보다도 높은 장에서 단일 흡수봉우리를 나타내기 때문에 ^{1}H과 ^{13}C 측정 모두에 기준으로 사용된다.**

제4과목 | 시험법 밸리데이션

61 **액체 크로마토그래피에서 정찰용(scouting) 기울기 용리를 시행하여 얻은 결과의 해석으로 틀린 것은? (단, Δt는 크로마토그램의 첫 번째 봉우리와 마지막 봉우리의 머무름시간의 차이이며, t_G는 기울기 시간이다.)**

① $\frac{\Delta t}{t_G} < 0.25$이면, 등용매 용리를 사용한다.
② $\frac{\Delta t}{t_G} > 0.40$이면, 기울기 용리를 사용한다.
③ $0.25 < \frac{\Delta t}{t_G} < 0.40$이면, 등용매 용리와 기울기 용리 둘 다 사용할 수 있으며, 장비의 가용성(availability)과 시료의 복잡성에 따라 둘 중 하나를 선택한다.
④ $0.25 < \frac{\Delta t}{t_G} < 0.40$이면, 정찰용 기울기 용리에서 t_G의 0.4배 시점에 해당하는 조성의 이동상을 사용하여 등용매 용리로 분리한다.

✔ 정찰용 기울기 용리
1. $\frac{\Delta t}{t_G} < 0.25$이면, 등용매 용리(isocratic elution)를 사용한다. 등용매 용리는 단일 용매 또는 일정한 조성을 갖는 용매 혼합물을 사용하는 분리법이다.
2. $\frac{\Delta t}{t_G} > 0.40$이면, 기울기 용리(gradient elution)를 사용한다. 기울기 용리는 극성이 아주 다른 두 개 또는 그 이상의 용매를 사용하고, 분리하는 동안 이동상의 조성이 달라진다. 두 용매의 섞는 비율은 프로그램된 비율에 따라, 때로는 연속적으로, 또 어떤 경우에는 단계적으로 변화시키게 되어 있다.

62 **불꽃이온화검출기의 Base를 교체할 때 기기의 커버를 제거한 후 검출기 몸체를 제거하기 이전까지의 조작에서 제일 나중에 이루어지는 조작은 어느 것인가?**

① Insulator 제거
② Thermal strap 제거
③ Collector assembly 분리
④ 검출기 점화장치의 제거

✔ 불꽃이온화검출기의 Base 교체
기기의 커버를 제거한 후에서 검출기 몸체를 제거하기 이전까지의 조작
1. 불꽃이온화검출기 Board를 고정하고 있는 나사를 풀고 보드가 장착된 방향의 뒤로 밀어낸다.
2. 불꽃이온화검출기 Ignitor castle과 연결된 점화장치를 분리한다.
3. Collector mount의 나사 4개를 풀로 Collector assembly를 위로 들어올려 분리한다.
4. Inlet tool의 뒷부분을 이용하여 Base spanner nut를 시계 반대방향으로 돌려 제거하고, Thermal strap을 조이고 있는 나사 4개를 제거한 후 위로 들어올린다.
5. Insulation plate의 나사 2개를 제거하고 Plate를 빼고 Insulator를 **제거**한다.

정답 | 60.③ 61.④ 62.①

63 실험실 내 정밀성 평가의 대표적인 변동요인이 아닌 것은?

① 시약 ② 시험일
③ 시험자 ④ 시험장비

✔ 실험실 내 정밀성(intermediate precision)
같은 실험실에서 서로 다른 사람이 다른 날 다른 기기를 사용하여 분석할 때 관찰되는 변화이다. 동일한 공간의 실험실 내에서 다른 **시험자**, 다른 **실험일**, 다른 **장비** 또는 기구 등을 사용하여 분석한 측정값들 사이의 근접성을 의미한다.

64 빈 바이알의 질량이 76.99±0.03g이고 약 10g의 탄산칼슘을 넣고 잰 바이알의 질량이 87.36±0.03g이었을 때, 바이알에 담긴 탄산칼슘의 질량(g)은?

① 10.37±0.04
② 10.37±0.042
③ 10.370±0.04
④ 10.370±0.042

✔ 덧셈과 뺄셈의 불확정도
$y=a-b$일 경우, 불확정도는 $S_y=\sqrt{S_a^{\,2}+S_b^{\,2}}$ 이며, S_a, S_b, S_y는 각 항들의 불확정도이다.
$87.36(\pm0.03) - 76.99(\pm0.03) = 10.37(\pm S_y)$
$S_y = \sqrt{(0.03)^2+(0.03)^2} = 0.0424264$
유효숫자를 확인하면 10.37에서 소수 둘째자리까지이므로 불확정도도 소수 둘째자리까지 나타낸다.
$\therefore$ 87.36(±0.03)−76.99(±0.03)=**10.37(±0.04)**

65 실험결과의 의심스러운 측정값을 버릴 것인지, 보유할 것인지를 판단하는 데 간단하게 널리 사용되고 있는 통계학적 시험법은?

① t-시험법
② Q-시험법
③ F-시험법
④ ANOVA-시험법

✔ **Q-시험법**은 실험결과의 의심스러운 측정값을 버릴 것인지, 보유할 것인지를 판단하는 데 간단하게 널리 사용되고 있는 통계학적 시험법이다.

66 분석방법의 유효성 평가에서 정확도를 높이기 위한 방법을 모두 고른 것은?

> ㉠ 분석시료와 비슷하거나 같은 matrix의 인증기준물질을 사용한다.
> ㉡ 두 개 이상의 분석방법으로 결과를 비교한다.
> ㉢ 준비된 시료에 대하여 측정횟수를 늘려 분석한다.
> ㉣ 아는 농도가 첨가된 blank 시료를 분석한다.
> ㉤ 같은 matrix의 blank 시료를 구할 수 없을 때는 표준물 첨가법을 사용한다.

① ㉠, ㉡, ㉢, ㉣, ㉤
② ㉠, ㉡, ㉢, ㉣
③ ㉠, ㉡, ㉣, ㉤
④ ㉠, ㉡, ㉤

✔ 준비된 시료에 대하여 측정횟수를 늘려 분석하는 것은 정밀성을 높이기 위한 방법이다. 정밀성은 제시된 분석조건에서 같은 검체를 연속으로 분석하여 얻은 결과 간의 유사함을 의미한다.

67 ▲ 분석장비의 시험장의 밸리데이션 결과 문서에 포함되지 않는 밸리데이션 항목은?

① DQ(Design Qualification)
② CQ(Calibration Qualification)
③ OQ(Operational Qualification)
④ PQ(Performance Qualification)

✔ 분석장비의 적격성 평가
1. 설계 적격성(DQ, design qualification) 평가
2. 설치 적격성(IQ, installation qualification) 평가
3. 운전 적격성(OQ, operational qualification) 평가
4. 성능 적격성(PQ, performance qualification) 평가

68 다음 중 정량한계를 산출하는 데 적당한 신호 대 잡음비는?

① 2 : 1 ② 3 : 1
③ 5 : 1 ④ 10 : 1

✔ 바탕선에 잡음이 나타나는 시험방법에서 정량한계의 신호 대 잡음비의 일반적인 비는 10:1이고, 검출한계의 신호 대 잡음비의 일반적인 비는 3:1 혹은 2:1이 사용된다.

정답 | 63.① 64.① 65.② 66.③ 67.② 68.④

69 **전처리 과정의 정밀성 중 반복성은 시험농도의 100%에 상당하는 농도에서 검체의 열적인 분해가 없는 한, 단시간 간격에 걸쳐 분석법의 전 조작을 반복 측정하여 상대표준편차값이 1.0% 이내로 할 때 최소 반복 측정횟수는?**

① 1
② 2
③ 3
④ 6

반복성의 평가방법

1. 규정 범위의 농도를 포함하는 시료에 대해 전체 조작을 9회 이상 반복 측정한다.
2. 100%의 시험농도(최대농도값)의 시료의 전체 조작을 **6회 반복 측정**한다.

70 **밸리데이션 항목에 대한 설명 중 틀린 것은?**

① 정확성 : 측정값이 일반적인 참값 또는 표준값에 근접한 정도
② 정밀성 : 균일한 검체로부터 여러 번 채취하여 얻은 시료를 정해진 조건에 따라 측정하였을 때 각각의 측정값들 사이의 분산 정도
③ 완건성 : 시험방법 중 일부 매개변수가 의도적으로 변경되었을 때 측정값이 영향을 받지 않는지에 대한 척도
④ 검출한계 : 검체 중에 존재하는 분석대상물질의 함유량으로 정확한 값으로 정량되는 검출 가능 최소량

검출한계(DL, detection limit) 검출 하한

바탕과 "크게 다르다"라고 구분되는 분석물질의 최소량, 검체 중에 함유된 대상물질의 검출이 가능한 최소농도를 말하며, 반드시 정량할 필요는 없다. 표준편차는 바탕이나 시료의 잡음의 척도이며, 신호가 잡음의 세 배일 때 쉽게 검출은 가능하지만, 실제로 정확하게 측정하기에는 너무 작다.

71 ▲ **의약품 제조에서 시험법 재밸리데이션이 필요한 경우가 아닌 것은?**

① 시험방법이 변경된 경우
② 주성분의 함량이 변경된 경우
③ 원료의약품의 합성방법이 변경된 경우
④ 원개발사의 밸리데이션 자료를 확보한 경우

시험법 밸리데이션을 생략할 수 있는 품목

1. 대한민국약전에 실려 있는 품목
2. 식품의약품안전처장이 기준 및 시험방법을 고시한 품목
3. 밸리데이션을 실시한 품목과 제형 및 시험방법은 동일하나 주성분의 함량만 다른 품목
4. **원개발사의 시험방법 밸리데이션 자료**, 시험방법 이전을 받았음을 증빙하는 자료 및 제조원의 실험실과의 비교시험 자료가 있는 품목
5. 그 외, 식품의약품안전처장이 인정하는 공정서 및 의약품집에 실려 있는 품목

72 **분석시험의 정밀성을 평가하기 위해 다음과 같은 HPLC 측정값으로 회수율을 계산했을 때 회수율에 대한 상대표준편차(%RSD)는?**

검체 채취량 (mg)	측정값 (peak area)	회수율(%)
20.0	9,284	99.6
20.0	9,293	99.7
20.0	9,255	99.3
20.0	9,284	99.6
20.0	9,269	99.5
20.0	9,251	99.3

① 0.166 ② 0.167
③ 0.168 ④ 0.169

상대표준편차(RSD)% $= \frac{s}{\bar{x}} \times 100$

주어진 자료의 표준편차

$s = 0.167332$, $\bar{x} = 99.5$이므로

∴ 상대표준편차(RSD)% $= \frac{0.167332}{99.5} \times 100$
$= \mathbf{0.1682}$

73 **다음 측정값의 변동계수(%)는?**

1, 3, 5, 7, 9

① 183% ② 133%
③ 63% ④ 13%

변동계수(%)=상대표준편차(RSD)×100 $= \frac{s}{\bar{x}} \times 100$

주어진 자료의 표준편차 $s = 3.162278$, 평균 $\bar{x} = 5$이므로 변동계수는 다음과 같다.

∴ 변동계수 $= \frac{3.162278}{5} \times 100 = \mathbf{63.246\%}$

정답 | 69.④ 70.④ 71.④ 72.③ 73.③

74 세 곳의 분석기관에서 측정된 농도가 다음과 같을 때, 가장 정밀도가 높은 기관은?

- A기관 : (40.0, 29.2, 18.6, 29.3)mg/L
- B기관 : (19.9, 24.1, 22.1, 19.8)mg/L
- C기관 : (37.0, 33.4, 36.1, 40.2)mg/L

① 모두 같다.　② A기관
③ B기관　④ C기관

✔ A, B, C 기관의 정밀도를 상대표준편차(%)로 비교하면 상대표준편차(%)가 작을수록 더 정밀도가 높다.

상대표준편차(RSD)% = $\frac{s}{\bar{x}} \times 100$

기관	A기관	B기관	C기관
표준편차(s)	8.736656	2.046745	2.804015
평균($\bar{x}$)	29.275	21.475	36.675
RSD%	29.843	9.531	7.646

∴ 정밀도가 가장 높은 기관은 **C기관**이다.

75 불확정도 전파와 유효숫자를 고려하였을 때, 4.6(±0.05)×2.11(±0.03)의 계산결과는?

① 9.7(±0.2)　② 9.71(±0.2)
③ 9.7(±0.06)　④ 9.706(±0.06)

✔ **곱셈과 나눗셈의 불확정도**

$y = a \times b$인 경우,

불확정도는 $\frac{S_y}{y} = \sqrt{\left(\frac{S_a}{a}\right)^2 + \left(\frac{S_b}{b}\right)^2}$ 를 이용하여 구할 수 있다.

$4.6(\pm 0.05) \times 2.11(\pm 0.03) = 9.7(\pm S_y)$

$\frac{S_y}{9.7} = \sqrt{\left(\frac{0.05}{4.6}\right)^2 + \left(\frac{0.03}{2.11}\right)^2}$

$= 1.7897 \times 10^{-2}$

$S_y = 0.1736$

유효숫자를 확인하면 9.7에서 소수 첫째자리까지이므로 불확정도도 소수 첫째자리까지 나타낸다.

∴ $4.6(\pm 0.05) \times 2.11(\pm 0.03) = $ **9.7(±0.2)**

76 분석장비의 소모품으로 탐침(probe)이 필요한 장비는?

① NMR　② AA
③ EM　④ XPS

✔ 모두 정답

77 밸리데이션에서 사용하는 각 용어에 대한 설명으로 틀린 것은?

① 시험방법 밸리데이션 : 의약품 등 화학제품의 품질관리를 위한 시험방법의 타당성을 미리 확인하는 과정
② 확인시험 : 검체 중 분석대상물질을 확인하는 시험으로 물리·화학적 특성을 표준품의 특성과 비교하는 방법을 일반적으로 사용
③ 역가시험 : 검체 중에 존재하는 분석대상물질의 역가를 정확하게 측정하는 것으로 주로 정성분석을 사용
④ 순도시험 : 검체 중 불순물의 존재 정도를 정확하게 측정하는 시험으로 한도시험이 있음

✔ **정량 또는 역가시험**

검체 중에 존재하는 분석대상물질의 역가를 정확하게 측정하는 시험이다. 원료 또는 제제 중의 **주요 성분이나 특정 성분의 함량을 측정하며,** 용출시험 중의 정량분석 과정도 포함한다.

78 정밀저울로 시료의 무게를 측정한 결과가 0.00570g일 때, 측정값의 유효숫자 자릿수는?

① 2자리　② 3자리
③ 4자리　④ 5자리

✔ **유효숫자를 세는 규칙**

1. 0이 아닌 정수는 언제나 유효숫자이다.
2. 0은 유효숫자일수도 아닐 수도 있다.
   ① 앞부분에 있는 0은 유효숫자가 아니다.
   ② 중간에 있는 0은 유효숫자로 인정한다.
   ③ 끝부분에 있는 0은 숫자에 소수점이 있는 경우에만 유효숫자로 인정한다.

∴ 유효숫자는 5, 7, 0이고, 유효숫자 자릿수는 **3자리**이다.

79 프탈산수소칼륨(KHP) 시료 2.1283g을 페놀프탈레인 지시약을 사용하여 0.1084N 염기 표준용액으로 적정하였더니 종말점에서 42.58mL가 소비되었을 때, 초기 시료 중 KHP의 농도(wt%)는? (단, KHP의 분자량은 204.2g/mol이다.)

① 34.46　② 44.29
③ 54.25　④ 64.18

정답 | 74.④ 75.① 76.전항 정답 77.③ 78.② 79.②

✔ 시료 중의 용질의 함량(wt%) $= \frac{\text{용질(g)}}{\text{시료(g)}} \times 100$

노르말농도(N)=몰농도(M)×가수,
NaOH의 가수는 1이므로
0.1084N NaOH=0.1084M NaOH이다.
시료 중의 KHP의 함량(wt%)은 다음과 같다.

$$\frac{(0.1084 \times 42.58 \times 10^{-3})\text{mol KHP} \times \frac{1\text{mol KHP}}{1\text{mol NaOH}} \times \frac{204.2\text{g KHP}}{1\text{mol KHP}}}{2.1283\text{g 시료}} \times 100$$

$= 44.29\%$

80 분석과정에서 생기는 오차 중 반응의 미완결, 부반응, 공침 등 화학반응계가 원인이 되어 나타나는 오차는?

① 방법오차
② 조작오차
③ 화학오차
④ 기기 및 시약 오차

✔ **방법오차**
반응의 미완결, 침전물의 용해도, 공침, 무게 측정 시 검체의 휘발성 또는 흡습성에 의한 부반응, 부정확 또는 유발반응 등과 같이 분석방법의 기초 원리인 화학반응과 시약의 비이상적 거동으로 방해하는 오차이다. 검출이 어려우며, 계통오차에 속한다.

제5과목 | 환경·안전 관리

81 지정폐기물에 대한 설명으로 잘못된 것은?

▲

① 처리방법으로는 주로 소각과 매립에 의해 처리한다.
② 폐기물의 종류에 따라 분리수거한 후 주로 위탁처리한다.
③ 지정폐기물 중 가장 많이 발생하는 것은 폐유기용제와 폐유이다.
④ 환경오염이나 인체에 위해를 줄 수 있는 해로운 물질로 대통령령으로 정하는 폐기물이다.

✔ **폐기물은 소각, 매립 등의 처분을 하기보다는 우선적으로 재활용함**으로써 자원 생산성의 향상에 이바지하도록 하여야 한다.

82 중화 적정에 대한 설명으로 틀린 것은?

① 메틸오렌지는 강산과 강염기의 중화반응에 활용되는 지시약이다.
② 중화에 필요한 표준용액의 양으로부터 시료 중의 산 또는 염기의 농도를 알 수 있다.
③ 시료용액 중에 포함된 산이나 염기를 염기나 산의 표준용액으로 적정하는 것이다.
④ 산과 염기의 중화는 당량 대 당량으로 일어나므로, 완전중화는 산과 염기의 그램 당량수가 같아야 일어난다.

✔ ① **메틸오렌지는 약염기를 강산으로 적정하는 경우,** 약염기의 짝산이 약산으로 작용하는 적정에 활용되는 지시약이다.

④ 노르말농도(N) $= \frac{\text{용질의 당량수}}{\text{용액 부피(V)}}$,

$N_{\text{산}} \cdot V_{\text{산}} = N_{\text{염기}} \cdot V_{\text{염기}}$

염기 NaOH 40g(1당량)은 산 HCl 36.5g(1당량)과 당량 대 당량으로 반응이 일어나고 염기 NaOH 40g(1당량)은 산 H_2SO_4 49g(1당량)과 당량 대 당량으로 반응이 일어난다. 완전중화는 산의 당량수와 염기의 당량수가 같아야 한다.

83 다음 중 황산이 사용되어 합성되는 화학물질이 아닌 것은?

① Acetamide　② Diethyl ether
③ Ethyl acetate　④ Potassium Sulfate

✔ **Acetamide**
아세트산의 아마이드, 화학식은 CH_3CONH이다. 무색의 고체로 순수한 것은 냄새가 없고 물과 알코올에 잘 녹으며, 가수분해하면 아세트산과 암모니아로 분해되고 아세트산 암모늄을 가열하여 만든다.

84 고압가스 용기 색상 중 수소가스를 나타내는 것은?

▲

① 녹색　② 백색
③ 황색　④ 주황색

✔ **고압가스 용기 색상**
1. 암모니아 – 백색
2. 산소 – 녹색
3. **수소 – 주황색**
4. 탄산가스 – 청색
5. 염소 – 갈색
6. 아세틸렌 – 노랑색

정답 | 80.① 81.① 82.①,④ 83.① 84.④

85 화합물의 안전관리에 대한 설명 중 틀린 것은?

① 과염소산, 과산화수소, 질산, 할로겐화합물 등은 산화제로서 적은 양으로 강렬한 폭발을 일으킬 수 있으므로 방호복, 고무장갑, 보안경 및 보안면 같은 보호구를 착용하고 취급하여야 한다.
② 나노입자 및 초미세 금속분말을 취급 시에는 폐질환, 호흡기질환 등을 일으킬 수 있으므로 방진마스크 등의 보호구를 착용해야 한다.
③ 대부분의 미세한 금속분말은 물과 산의 접촉으로 수소가스를 발생하고 발열한다. 특히, 습기와 접촉할 때 자연발화의 위험이 있어 폭발할 수 있으므로 특별히 주의한다.
④ 질산에스터류, 나이트로화합물, 아조화합물, 하이드라진 유도체, 하이드록실아민 등은 연소속도가 느리나, 가열, 충격, 마찰 등으로 폭발할 수 있으므로 주의해야 한다.

✔ 질산에스터류, 나이트로화합물, 아조화합물, 하이드라진 유도체, 하이드록실아민 등은 제5류 위험물(자기반응성 물질)이다. 외부의 산소 공급 없이도 자기연소하므로 **연소속도가 빠르고** 폭발적이며, 가열, 충격, 마찰에 민감하여 폭발위험이 있으므로 주의해야 한다.

86 화학물질 분석 중 물질에 대한 확인이 전제되지 않은 화재상황 시 다음 보기 중 적절한 대응을 모두 나타낸 것은?

> ㉠ 비치된 MSDS에 적절한 소화 대응 물품을 확인하여 대응한다.
> ㉡ 최단시간 안에 물을 담아서 그대로 뿌린다.
> ㉢ 긴급상황이므로 방독마스크 등의 보호구는 무시한다.

① ㉠, ㉡, ㉢ ② ㉡, ㉢
③ ㉠, ㉢ ④ ㉠

✔ 화재 종류에 따라 소화방법이 다르므로, 화학물질의 MSDS 확인 후 적절한 소화방법으로 대응한다.

87 ▲ 유해 폐기물처리를 위한 무해화 기술이 아닌 것은?

① 고정화－유리화(immobilization by vitrification)
② 고정화－열경화성 캡슐화(immobilization by thermosetting encapsulation)
③ 열분해 가스화(gasification by thermal decomposition)
④ 플라스마 소각(plasma incineration)

✔ 유해 폐기물처리를 위한 무해화 기술의 종류
1. **고정화 － 유리화**
2. 고정화 － 열가소성 캡슐화
3. 고정화 － 응결
4. **열분해 가스화**
5. **플라스마 소각**
6. 생물학적 처리

88 어떤 반응계에서 화학반응이 진행되는 과정을 육안으로 확인할 수 있는 경우에 해당되지 않는 것은?

① 모든 화학반응에는 열과 빛이 발생하는 발열현상이 수반된다.
② 탄산수소나트륨과 시트르산이 반응하는 용액에서 기포 발생을 확인한다.
③ 황산구리 용액에 암모니아수를 넣으면 연한 청색이 진한 청색으로 변한다.
④ 두 가지 수용액이 혼합되어 고체 입자가 형성되는 반응에 의해 불용성 물질의 침전이 발생한다.

✔ 연소반응은 열과 빛이 발생하는 발열현상이 수반되는 반응이지만 **모든 화학반응이 연소반응인 것은 아니다.** 기포 발생, 색 변화, 불용성 침전물 형성반응은 육안으로 확인할 수 있는 반응이다.

89 ▲ 소방시설법령상 1급 소방안전관리대상물의 소방안전관리자의 선임 자격이 아닌 것은?

① 소방설비기사 또는 소방설비산업기사의 자격이 있는 사람
② 산업안전기사 또는 산업안전산업기사의 자격을 취득한 후 2년 이상 2급 소방안전관리대상물 또는 3급 소방안전관리대상물의 소방안전관리자로 근무한 실무경력이 있는 사람
③ 소방공무원으로 5년 이상 근무한 경력이 있는 사람
④ 위험물기능장 · 위험물산업기사 또는 위험물기능사 자격으로 위험물안전관리자로 선임된 사람

정답 | 85.④ 86.④ 87.② 88.① 89.③

✔ **1급 소방안전관리대상물의 소방안전관리자의 선임 자격**

1. 소방설비기사 또는 소방설비산업기사의 자격이 있는 사람
2. 산업안전기사 또는 산업안전산업기사의 자격을 취득한 후 2년 이상 2급 소방안전관리대상물 또는 3급 소방안전관리대상물의 소방안전관리자로 근무한 실무경력이 있는 사람
3. **소방공무원으로 7년 이상 근무한 경력이 있는 사람**
4. 위험물기능장·위험물산업기사 또는 위험물기능사 자격을 가진 사람으로 「위험물안전관리법」 제15조 제1항에 따라 위험물안전관리자로 선임된 사람
5. 「고압가스안전관리법」 제15조 제1항, 「액화석유가스의 안전관리 및 사업법」 제34조 제1항 또는 「도시가스사업법」 제29조 제1항에 따라 안전관리자로 선임된 사람
6. 「전기안전관리법」 제22조 제1항 및 제2항에 따라 전기안전관리자로 선임된 사람 등이 있다.

90 다음 폐기물 중 지정폐기물을 모두 선택하여 나열한 것은?

▲

> ㉠ 액상의 유기용제
> ㉡ 액상의 폐산, 폐알칼리 용액 및 이를 포함한 부식성 폐기물
> ㉢ 액체상의 폐합성수지 및 고무
> ㉣ 고체상의 폐지, 고철, 병 및 목재
> ㉤ 병리계 시험검사 등에 사용된 폐시험관 덮개유리, 폐배지, 폐장갑
> ㉥ 주삿바늘, 파손된 유리시험기구
> ㉦ 고체상의 생활폐기물

① ㉠, ㉡, ㉢, ㉣, ㉤, ㉥, ㉦
② ㉠, ㉡, ㉢, ㉣, ㉤, ㉥
③ ㉠, ㉡, ㉢, ㉤, ㉥
④ ㉠, ㉡, ㉤, ㉥

✔ **지정폐기물의 종류**

1. 품질관리시험실에서 나오는 **액상의 유기용제**
2. 품질관리시험실 및 생산에서 나오는 고체상의 유기용제
3. 품질관리시험실 및 생산에서 나오는 **액상의 폐산, 폐알칼리 용액 및 이를 포함한 부식성 폐기물**
4. 생산 및 시설 관리에서 나오는 액상의 폐유
5. 품질관리시험실 및 생산에서 나오는 액상 및 고체상 폐기물
6. 품질관리시험실 및 생산에서 나오는 **폐합성 고분자화합물**(폐합성수지, 폐합성 고무 – 고체상태 제외)
7. 폐수처리 오니 및 공정오니(환경부령으로 정하는 물질을 함유한 것으로 환경부 장관이 고시한 시설)
8. 환경부령으로 정하는 물질을 함유한 유해물질 함유 폐기물(광재, 분진, 폐주물사, 소각재, 폐촉매 등)
9. 「유해화학물질관리법」에 따른 폐유독물
10. 농약의 제조·판매업소에서 발생되는 폐농약
11. 의료폐기물
    ① 조직물류 폐기물 : 혈청, 혈장, 혈액 제제 등
    ② 병리계 폐기물 : 시험검사 등에 사용된 배양액, 배양용기, 보관 균주, **폐시험관**, 슬라이드, **덮개유리, 폐배지, 폐장갑**
    ③ 손상성 폐기물 : **주삿바늘, 파손된 유리재질의 시험기구**
    ④ 생물·화학 폐기물 : 폐백신, 폐항암제, 폐화학 치료제 등

91 분석업무 중 폭발성 반응을 일으킬 수 있는 물질이 아닌 것은?

① 재
② 금속분말
③ 유기질소화합물
④ 산 및 알칼리류

✔ ② 금속분말 : 알루미늄, 철, 마그네슘, 아연 등의 금속분말은 분진폭발을 일으킬 수 있는 물질이다.
③ 유기질소화합물 : 자기반응성 물질로서 외부의 산소 공급 없이도 가열, 충격에 의해 폭발을 일으킬 수 있는 물질이다.
④ 산 및 알칼리류 : 가연물 및 분해를 촉진하는 물질과 접촉하면 분해 폭발한다.

92 지정수량 20배 이하의 위험물을 저장 또는 취급하는 옥내저장소의 안전거리를 제외하기 위해 갖추어야 할 조건이 아닌 것은?

▲

① 저장창고의 벽·기둥·바닥·보 및 지붕이 내화구조여야 한다.
② 저장창고의 출입구에 수시로 열 수 있는 자동폐쇄방식의 갑종방화문이 설치되어 있어야 한다.
③ 저장창고에 창을 설치하지 않아야 한다.
④ 저장창고는 지면에서 처마까지의 높이가 6m 이상인 복층건물로 하고, 그 바닥을 지반면보다 낮게 하여야 한다.

정답 | 90.③ 91.① 92.④

옥내저장소의 안전거리를 제외할 수 있는 조건

1. 지정수량의 20배 미만의 제4석유류 또는 동·식물유를 저장하는 경우
2. 제6류 위험물을 저장하는 옥내저장소
3. 지정수량의 20배 이하로서 다음의 기준을 동시에 만족하는 경우
   ① 저장창고의 벽·기둥·바닥·보 및 지붕을 내화구조로 할 것
   ② 저장창고의 출입구에 자동폐쇄방식의 갑종방화문을 설치할 것
   ③ 저장창고에 창을 설치하지 아니할 것

93 물질안전보건자료(MSDS)의 구성항목이 아닌 것은?

① 화학제품과 회사에 관한 정보
② 화학제품의 제조방법
③ 취급 및 저장방법
④ 유해·위험성

물질안전보건자료(MSDS) 구성항목

1. **화학제품과 회사에 관한 정보**
2. **유해성 및 위험성**
3. 구성성분의 명칭 및 함유량
4. 응급조치 요령
5. 폭발 및 화재 시 대처방법
6. 누출사고 시 대처방법
7. **취급 및 저장 방법**
8. 노출방지 및 개인 보호구
9. 물리·화학적 특성
10. 안정성 및 반응성
11. 독성에 관한 정보
12. 환경에 미치는 영향
13. 폐기 시 주의사항
14. 운송에 필요한 정보
15. 법적 규제 현황
16. 그 밖의 참고사항 : 자료의 출처, 최초 작성자, 개정 횟수 및 최종 개정일자 등

94 위험물안전관리법령상 제2류 위험물인 가연성 고체로 분류되지 않는 것은?

① 유황
② 철분
③ 나트륨
④ 마그네슘

제2류 위험물(가연성 고체)의 종류

황화인, 적린, 유황, 철분, 금속분(Al 분말, Zn 분말, Ti 분말, Co 분말), 마그네슘, 인화성 고체 등
③ **나트륨은 제3류 위험물**이다.

95 다음 NFPA 라벨에 해당하는 물질에 대한 설명으로 틀린 것은?

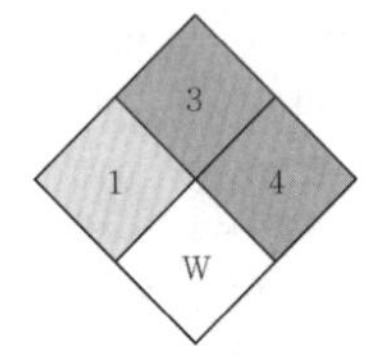

① 폭발성이 대단히 크다.
② 물에 대한 반응성이 있다.
③ 일반적인 대기환경에서 쉽게 연소될 수 있다.
④ 노출 시 경미한 부상을 유발할 수 있으나 특별한 주의가 필요하진 않다.

1. 건강위험성(청색) 유해등급 1 : **노출 시 경미한 부상을 유발할 수 있음**
2. 인화성(적색) 유해등급 3 : 일반적인 대기환경에서 연소할 수 있는 액체·고체류(발화점 23~38℃인 물질)
3. 반응성(황색) 유해등급 4 : 일반적인 대기환경에서 폭발할 수 있는 물질
4. W : 물과 반응할 수 있고, 반응 시 심각한 위험을 수반할 수 있음

96 등유에 관한 설명 중 틀린 것은?

▲

① 물보다 가볍다.
② 증기는 공기보다 가볍다.
③ 물에 용해되지 않는다.
④ 가솔린보다 인화점이 높다.

등유

제4류 위험물, 인화성 액체 중 제2석유류 비수용성 액체
① 비중이 0.78~0.8로 물보다 가볍다.
② **증기비중은 4~5로 공기보다 무겁다.**
③ 물에 용해되지 않고, 석유계 용제에는 잘 녹는다.
④ 인화점은 40~70℃로 가솔린의 인화점(−43~−20℃)보다 높다.

정답 | 93.② 94.③ 95.④ 96.②

97 연구실안전법령상 안전점검의 종류와 실시시기에 대한 설명으로 옳은 것은?

① 일상점검 : 연구개발활동에 사용되는 기계 · 기구 · 전기 · 약품 · 병원체 등의 보관상태 및 보호장비의 관리실태 등을 육안으로 실시하는 점검
② 정기점검 : 6개월에 1회 이상 실시
③ 특별안전점검 : 연구개발활동에 사용되는 기계 · 기구 · 전기 · 약품 · 병원체 등의 보관상태 및 보호장비의 관리실태 등을 안전점검기기를 이용하여 실시하는 세부적인 점검
④ 특별안전점검 : 저위험연구실 및 우수연구실인증에 종사하는 연구활동종사자가 필요하다고 인정하는 경우에 실시

① 일상점검 : 연구개발활동, 실험실에서 사용되는 기계 · 기구 · 전기 · 약품 · 병원체 등의 보관상태 및 보호장비의 관리실태 등을 육안으로 실시하는 점검, 실험을 시작하기 전에 매일 1회 실시한다.
② 정기점검 : 연구개발활동, 실험실에서 사용되는 기계 · 기구 · 전기 · 약품 · 병원체 등의 보관상태 및 보호장비의 관리실태 등을 안전점검기기를 이용하여 실시하는 세부적인 점검, 매년 1회 이상 실시한다.
③,④ 특별안전점검 : 폭발사고 · 화재사고 등 실험실 종사자의 안전에 치명적인 위험을 야기할 가능성이 있을 것으로 예상되는 경우에 실시하는 점검, 실험실 관리 책임자가 필요하다고 인정하는 경우에 실시한다.

Check
정밀안전진단
실험실에서 발생할 수 있는 재해를 예방하기 위하여 잠재적 위험성의 발견과 그 개선대책을 수립할 목적으로 일정 기준 또는 자격을 갖춘 자가 실시하는 조사 · 평가, 2년마다 1회 이상 실시한다.

98 위험물안전관리법령에서 화학물질관리법령상 화학물질 보관 · 저장 관리대장의 작성내용이 아닌 것은?

① 함량　② 위탁인
③ 독성농도　④ 제품(상품)명

화학물질 보관 · 저장 관리대장 작성내용
1. **제품(상품)명**
2. 주요 용도
3. 유독물 · 취급제한 · 금지물질 · 사고대비물질명 **함량**
4. **위탁인**–상호(성명), 사업자등록번호, 주소
5. 입고량, 출고량
6. 연월일

99 물질들의 폭발에 대한 설명 중 틀린 것은?

① HF 가스 및 용액은 극한 독성을 나타내고 폭발할 수 있다.
② 과염소산은 고농도일 때 모든 유기화물과 반응하여 폭발할 수 있으나 무기화물과는 비교적 안정하게 반응한다.
③ 밀폐공간 내의 유화가루 및 금속분은 분진폭발의 위험이 있다.
④ 유기질소화합물은 가열, 충격, 마찰 등으로 폭발할 수 있다.

과염소산은 강산의 특성을 띠며, **유기화물과 무기화물 모두와 폭발성 물질을 생성하고** 가열, 화기와 접촉, 충격, 마찰에 의해 폭발할 수 있으므로 주의해야 한다.

100 ▲ 할로젠화합물의 소화약제에서 할론 2402의 화학식은?

① CF_2Br_2　② CF_2ClBr
③ CF_3Br　④ $C_2F_4Br_2$

할론(halon) 소화약제 명명법
탄소(C)를 맨 앞에 두고 할로젠원소를 주기율표 순서의 원자수만큼 해당하는 숫자를 부여한다.
(F → Cl → Br → I)
맨 끝의 숫자가 0일 경우에는 생략한다.

Halon No.	C	F	Cl	Br	분자식
Halon 1301	1	3	0	1	CF_3Br
Halon 1211	1	2	1	1	CF_2ClBr
Halon 2402	2	4	0	2	$C_2F_4Br_2$

정답 | 97.① 98.③ 99.② 100.④

2021 제2회 화학분석기사

2021년 5월 15일 시행

제1과목 | 화학분석과정 관리

01 **어떤 화합물이 29.1wt% Na, 40.5wt% S, 30.4wt% O를 함유하고 있을 때 이 화합물의 실험식은? (단, 원자량은 Na : 23.0amu, S : 32.06amu, O : 16.00amu)**

① Na_2SO_2
② $Na_2S_2O_3$
③ NaS_2O_3
④ $Na_2S_2O_4$

✔ 실험식은 화합물을 이루는 원자나 이온의 종류와 수를 가장 간단한 정수비로 나타낸 식으로 어떤 물질의 화학식을 실험적으로 구할 때 가장 먼저 구할 수 있는 식이다. 성분 원소의 질량비를 원자량으로 나누어 원자수의 비를 구하여 실험식을 나타낸다.

단계 1) % → g 바꾸기 : 전체 양을 100g으로 가정한다.
29.1% Na → 29.1g Na
40.5% S → 40.5g S
30.4% O → 30.4g O

단계 2) g → mol 바꾸기 : 몰질량을 이용한다.

$$\text{Na} : 29.1\text{g Na} \times \frac{1\text{mol Na}}{23.0\text{g Na}} = 1.265\text{mol Na}$$

$$\text{S} : 40.5\text{g S} \times \frac{1\text{mol S}}{32.06\text{g S}} = 1.263\text{mol S}$$

$$\text{O} : 30.4\text{g O} \times \frac{1\text{mol O}}{16.00\text{g O}} = 1.90\text{mol O}$$

단계 3) mol비 구하기 : 가장 간단한 정수비로 나타낸다.
Na : S : O = 1.265 : 1.263 : 1.90
≒ 1 : 1 : 1.5 = 2 : 2 : 3

∴ 실험식은 $Na_2S_2O_3$이다.

02 **돌턴(Dalton)의 원자론에 기여하지 않는 법칙은?**

① 배수비례의 법칙
② 헨리의 법칙
③ 일정성분비의 법칙
④ 기체결합부피의 법칙

✔ 돌턴의 원자론은 화학반응에서 질량보존법칙, **일정성분비의 법칙, 배수비례의 법칙** 등을 설명할 수 있다.

03 **분석실험을 수행하기 앞서 각 실험 목적에 맞는 공인시험방법을 찾고 표준 절차에 맞춰 수행하여야 한다. 다음 중 공인시험방법이 고지되어 있는 발행물과 발행처가 잘못 연결된 것은?**

① USP – FDA
② 대한민국약전 – 식품의약품안전처
③ ISO – 국제표준화기구
④ 공정시험법 – 국립환경과학원

✔ **미국약전(USP, united states pharmacopeia)**
미국약전회의에서 발행하는 약물의 기준을 나타내는 공인된 규격서로 강도(함량), 정성, 불순물의 양등을 규정하기 위한 시험법 등이 기재되어 있다.

04 **다음 화합물의 올바른 IUPAC 이름은?**

```
        CH3
         |
        CH2
         |
        CH2                     CH3
         |                       |
CH3-CH2-CH-CH2-CH2-CH-CH2-C-CH3
                    |        |
                   CH3      CH3
```

① 2,2,4–트라이메틸–7–프로필노네인(2,2,4–trimethyl–7–ptopylnoname)
② 7–에틸–2,2,4–트라이메틸데케인(7–ethyl–2,2,4–trimethyldecane)
③ 3–프로필–6,8,8–트라이메틸노네인(3–propl–6,8,8–trimethylnonane)
④ 4–에틸–7,9,9–트라이메틸데케인(4–ethyl–7,9,9–trimethyldecane)

✔ **알케인의 명명법**

1. 화합물의 주골격 이름은 제일 긴 사슬이 탄소원자 10개이므로 데케인(decane)이다.
2. 수소원자가 한 개 적은 알케인을 알킬(alkyl)기라고 한다. 가장 긴 사슬에서 가지가 생긴 곁사슬을 알킬기로 명명한다.
   ➜ $-CH_3$: 메틸(methyl)
   $-CH_2-CH_3$: 에틸(ethyl)
3. 1개 이상의 수소가 다른 기로 치환되었을 때 그 화합물의 이름에 치환된 위치를 나타내어야 한다. 그 과정은 모든 치환된 위치의 번호가 낮은 값을 가지는 방향으로 제일 긴 사슬의 각 탄소원자에 번호를 붙인다.
   ➜ 7–ethyl, 4–methyl, 2–methyl

정답 | 01.② 02.②,④ 03.① 04.②

4. 같은 기가 2개 이상 있을 때 다이(di-), 트라이(tri-), 테트라(tetra-)와 같은 접두어를 이용한다.
   → 2,2,4-trimethyl
5. 2개 이상의 다른 알킬 가지가 있을 때는 각 가지의 이름을 위치를 나타내는 번호와 함께 골격 이름의 앞에 붙인다.
   → 7-ethyl-2,2,4-trimethyldecane

∴ 주어진 화합물은 **7-ethyl-2,2,4-trimethyldecane**이다.

05 아크 광원의 특성을 설명한 것 중 틀린 것은?

① 아크의 전류는 전자의 흐름과 열이온화로 인해 생성된 이온에 의해 운반된다.
② 아크 틈새에서 양이온들의 이동에 대한 저항 때문에 높은 온도가 발생한다.
③ 아크 온도는 플라스마의 조성, 즉 시료와 전극으로부터 원자 입자가 생성되는 속도에 따라 달라진다.
④ 직류 아크 광원에서 얻은 스펙트럼은 원자들의 센 선이 많고, 이온들의 수가 많은 스펙트럼을 생성한다.

✔ 전형적인 아크 광원에서 얻은 스펙트럼은 원자들의 센 선이 많이 있고, **이온들의 선은 이보다 적다**. 일반적으로 아크 플라스마 온도는 4,000~5,000K이다.

06 입체이성질체의 분류에 속하는 것은?

① 배위권이성질체 ② 기하이성질체
③ 결합이성질체 ④ 구조이성질체

✔ **입체이성질체**

분자 내의 원자 또는 원자단의 공간에서의 배치가 다름에 따라 생기는 이성질체로, **기하이성질체**와 광학이성질체가 있다.

1. **기하이성질체** : 이중결합의 양쪽에 결합된 원자 또는 원자단의 공간적 배치가 다른 이성질체로, 이중결합을 중심으로 작용기가 같은 쪽에 있으면 시스형(cis-), 다른 쪽에 있으면 트랜스형(trans-)이라 한다.
2. 광학이성질체 : 하나의 탄소원자에 네 개의 서로 다른 원자나 작용기가 붙어 있어서 아무리 회전해도 결코 겹쳐지지 않는 두 개의 거울상으로 존재하는 이성질체로, 이때 이 탄소원자를 카이랄(chiral) 중심 또는 부제 탄소, 비대칭 탄소라고 한다.

07 살충제인 DDT($C_{14}H_9Cl_5$)의 합성반응이 다음과 같다. 225g의 클로로벤젠(C_6H_5Cl)과 157.5g의 클로랄(C_2HOCl_3)을 반응시켜 DDT를 합성할 때에 대한 다음 설명 중 틀린 것은? (단, 클로로벤젠 : 112.5g/mol, 클로랄 : 147.5g/mol, DDT : 354.5g/mol이다.)

$$2C_6H_5Cl + C_2HOCl_3 \rightarrow C_{14}H_9Cl_5 + H_2O$$

① 이 반응의 한계시약(limiting reagent)은 클로로벤젠이다.
② 반응기에 남은 물질의 총 질량은 372.5g이다.
③ 반응이 완전히 진행될 경우, 반응기에 남은 시약은 클로랄 10g과 DDT 354.5g이다.
④ DDT의 실제 수득량이 177.25g일 경우 수득률은 50%이다.

✔ **한계시약(한계반응물) 구하기**

① 각각의 반응물을 기준으로 DDT가 생성되는 양을 구한다. 가장 적은 양의 DDT를 생성하는 반응물이 한계시약이다.

클로로벤젠(C_6H_5Cl)을 기준으로 생성되는 DDT 양(mol)

$$225\text{g 클로로벤젠} \times \frac{1\text{mol 클로로벤젠}}{112.5\text{g 클로로벤젠}} \times \frac{1\text{mol DDT}}{2\text{mol 클로로벤젠}} = 1\text{mol DDT}$$

클로랄(C_2HOCl_3)을 기준으로 생성되는 DDT 양(mol)

$$157.5\text{g 클로랄} \times \frac{1\text{mol 클로랄}}{147.5\text{g 클로랄}} \times \frac{1\text{mol DDT}}{1\text{mol 클로랄}} = 1.068\text{mol DDT}$$

∴ 더 적은 양의 DDT를 생성하는 반응물, 즉 한계시약은 클로로벤젠이다.

반응 후 남은 클로랄의 양은

$$157.5\text{g} - \left(1.0\text{mol DDT} \times \frac{1\text{mol 클로랄}}{1\text{mol DDT}} \times \frac{147.5\text{g 클로랄}}{1\text{mol 클로랄}}\right) = 10.0\text{g 클로랄}$$

이론상 생성되는 DDT 양

$$1.0\text{mol DDT} \times \frac{354.5\text{g DDT}}{1\text{mol DDT}} = 354.5\text{g DDT}$$

②, ③ 반응이 완전히 진행될 경우, 반응기에 남은 시약은 클로랄 10.0g과 DDT 354.5g이고, 반응기에 **남은 물질의 총 질량은 10.0+354.5=364.5g**이다.

④ $\text{수득률}(\%) = \frac{\text{실제 수득량(g)}}{\text{이론적 수득량(g)}} \times 100$으로 구할 수 있다.

DDT의 실제 수득량이 177.25g일 경우

$$\text{수득률}(\%) = \frac{177.25\text{g}}{354.5\text{g}} \times 100 = 50\%$$

∴ 수득률은 50%이다.

정답 | 05.④ 06.② 07.②

08 Co의 바닥상태 전자배치로 옳은 것은? (단, 코발트(Co)의 원자번호는 27이다.)

① $1s^2 2s^2 2p^6 3s^2 3p^6 3d^9$
② $1s^2 1p^6 2s^2 2p^6 3s^2 3p^6 3d^3$
③ $1s^2 2s^2 3s^2 2p^6 3p^6 3d^9$
④ $1s^2 2s^2 2p^6 3s^2 3p^6 4s^2 3d^7$

쌓음원리
전자는 에너지준위가 낮은 오비탈부터 차례대로 채워진다.
$1s \rightarrow 2s \rightarrow 2p \rightarrow 3s \rightarrow 3p \rightarrow 4s \rightarrow 3d \rightarrow 4p$
∴ $_{27}Co$의 바닥상태 전자배치는 $1s^2 2s^2 2p^6 3s^2 3p^6 4s^2 3d^7$이다.

09 레이저 발생과정에서 간섭성인 것은?

① 펌핑
② 흡수
③ 자극방출
④ 자발방출

레이저 발생 메커니즘
펌핑－자발방출－유도방출－흡수

1. 펌핑 : 레이저 활성 화학종이 전기방전, 전류 통과 또는 센 복사선을 쪼여줌 등과 같은 방법으로 전자의 에너지준위를 들뜬상태로 전이시키는 과정
2. 자발방출 : 들뜬 화학종이 복사선을 방출하면서 에너지를 잃는 과정
3. **유도방출(자극방출)** : 들뜬 화학종이 자발방출하는 광자와 똑같은 에너지를 갖는 광자에 의해 충격을 받아 낮은 에너지 상태로 이완하면서 충격을 준 광자와 방향과 위상이 똑같은 광자를 방출하여 **간섭성 복사선을 방출하는 과정**으로 레이저 발생의 바탕이 되는 과정
4. 흡수 : 유도방출의 경쟁과정으로 낮은 에너지 상태의 화학종이 자발방출하는 광자에 의해 들뜨게 되는 과정

10 다음 분자 중 cis와 trans 이성질체로 존재할 수 없는 것은?

① $(CH_3)_2C=CH_2$
② $(CH_3)HC=C(CH_3)H$
③ $FHC=CFCl$
④ $CH_3CH_2CH=CHCH_3$

① $(CH_3)_2C=CH_2$: 이중결합의 양쪽에 결합된 원자 또는 원자단이 왼쪽은 왼쪽 원자나 원자단끼리 같고, 오른쪽은 오른쪽끼리 같아서 기하이성질체가 존재하지 않는다.
②, ③, ④ $(CH_3)HC=C(CH_3)H$, $FHC=CFCl$, $CH_3CH_2CH=CHCH_3$: 이중결합의 양쪽에 결합된 원자 또는 원자단의 공간적 배치가 다른 이성질체로 이중결합을 중심으로 작용기가 같은 쪽에 있으면 시스형(cis－), 다른 쪽에 있으면 트랜스형(trans－)의 기하이성질체가 존재한다.

X　　X　　X　　Y
C＝C　　　C＝C
Y　　Y,　　Y　　X

<cis>　　<trans>

11 N_2O_4와 NO_2의 평형식과 실험 데이터가 다음과 같다. 데이터를 바탕으로 추론한 평형상수와 가장 가까운 값은?

$N_2O_4(g) \rightleftarrows 2NO_2(g)$, 농도 : M

실험	초기$[N_2O_4]$	초기$[NO_2]$	평형$[N_2O_4]$	평형$[NO_2]$
1	0.0	0.0200	0.0016	0.0184
2	0.0	0.0300	0.0034	0.0266

① 0.125　② 0.210
③ 0.323　④ 0.422

$K=\frac{[NO_2]^2}{[N_2O_4]}$

- 실험 1 : 평형에서의 농도를 평형상수식에 대입하면 $K=\frac{[0.0184]^2}{[0.0016]}=0.2116$
- 실험 2 : 평형에서의 농도를 평형상수식에 대입하면 $K=\frac{[0.0266]^2}{[0.0034]}=0.2081$

12 원자에 공통적으로 있는 입자이며, 단위 음전하를 갖고 가장 가벼운 양성자 질량의 약 1/2,000 정도로 매우 작은 질량을 갖는 것은?

① 중성자　② 미립자
③ 전자　④ 원자

전자
원자에 공통적으로 있는 입자이며, 전하는 음의 기본전하량인 $-e(=-1.6\times10^{-19}C)$이고, 질량은 $9.11\times10^{-31}kg$으로 양성자 질량의 약 1/2,000 정도로 매우 작은 질량을 갖는다.

정답 | 08.④　09.③　10.①　11.②　12.③

13 **유기재료의 화학특성을 분석하기 위한 분석기기로 거리가 먼 것은?**

① HPLC(High Performance Liquid Chromatograph)
② LC/MS(Liquid Chromatograph/Mass Spectrometer)
③ GC/MS(Gas Chromatograph/Mass Spectrometer)
④ GF-AAS(Graphite Furance-Atomic Absorption Spectrophotometer)

✔ GF-AAS
Flame을 사용하지 않고, Furnace에서 시료를 태워 발색 파장을 보고 원소를 확인하는 방식이며, 주로 한 번 분석에 한 가지 특정 원소만을 분석한다.

Check
유기재료 분석기기의 종류
- HPLC : 저분자 물질의 분리에 이용, 정상 및 역상 칼럼 가능
- LC/MS : 저분자 물질의 분리에 이용
- GC/MS : 용매, 단량체, 휘발성 물질의 분리에 응용, 화합물의 Library 정성분석

14 **27℃ 실험실에서 빈 게이뤼삭 비중병의 질량이 10.885g이고, 5mL 피펫으로 비중병에 물을 가득 채웠을 때 질량이 61.135g이었다면, 비중병에 담겨 있는 물의 부피(mL)는? (단, 27℃에서 공기의 부력을 보정한 물 1g의 부피는 1.0046mL이다.)**

① 49.791
② 50.020
③ 50.481
④ 50.250

✔ 비중병에 담겨 있는 물의 질량
61.135−10.885=50.250g

$$\therefore\ 50.250\text{g } H_2O \times \frac{1.0046\text{mL } H_2O}{1\text{g } H_2O}$$

$$= 50.4812\text{mL } H_2O$$

15 **우라늄(U) 동위원소의 핵분열 반응이 다음과 같을 때, M에 해당되는 입자는?**

$$^{1}_{0}n + ^{235}_{92}U \rightarrow ^{139}_{56}Ba + ^{94}_{36}Kr + 3M$$

① $^{1}_{0}n$
② $^{1}_{1}P$
③ $^{0}_{1}\beta$
④ $^{0}_{-1}\beta$

✔ M의 양성자수를 x로 두면, 양성자수 92=56+36+3x에서 $x=0$이므로 M의 양성자수는 0이다.
M의 질량수를 y로 두면, 질량수 1+235=139+94+3y에서 $y=1$이므로 M의 질량수는 1이다.
∴ M은 양성자수 0, 질량수 1인 중성자 $^{1}_{0}n$이다.
우라늄 동위원소의 핵분열 반응식
$^{1}_{0}n + ^{235}_{92}U \rightarrow ^{139}_{56}Ba + ^{94}_{36}Kr + 3^{1}_{0}n$

Check
핵반응식
원소 기호가 전체 중성 원자를 나타내기보다는 원자 중 하나의 핵을 나타낸다. 따라서 아래첨자는 단지 핵전하(양성자)의 수를 나타내며, 방출되는 전자는 $^{0}_{-1}e$로 나타낸다. 여기서 윗첨자인 0은 전자의 질량을 양성자 또는 중성자와 비교할 때 근본적으로 0임을 나타내고, 아래첨자는 전하가 −1임을 나타낸다. 중성자와 양성자의 총수(총칭하여 핵자라 불림) 또는 핵입자들이 반응식 양쪽 변에서 같기 때문에 반응식은 균형이 맞는다. 양변에서 핵의 전하와 다른 원소 단위의 입자(양성자와 전자) 수도 같으며, 핵반응식은 반응물의 질량수의 합과 생성물의 질량수의 합이 같을 때 균형이 맞는다.

16 **다음과 같은 추출장치의 명칭은?**

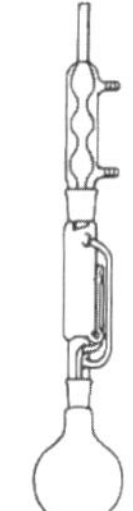

① 속슬레 추출장치
② 진탕 추출장치
③ 필터여과 추출장치
④ 초임계 유체 추출장치

✔ 속슬레 추출기(Soxhlet's extractor)
실험실에서 용제 추출을 하는 경우에 사용하는 유리 기구로 환류 냉각기, 추출관 및 용제 플라스크의 3부분으로 되어 있으며, 시료 중의 비휘발성 성분을 휘발성 용제를 사용하여 추출한다.

17 **다이브로모벤젠의 구조이성질체의 숫자로 옳은 것은?**

① 5 ② 4
③ 3 ④ 2

✔ dibromobenzen은 오르토(o-), 메타(m-), 파라(p-) 형태의 **3가지** 이성질체가 있다.

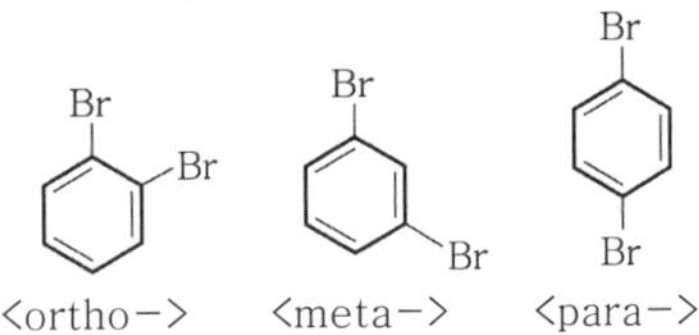

18 **광학기기의 구성이 각 분광법과 바르게 짝지어진 것은?**

① 흡수분광법 : 시료 → 파장선택기 → 검출기 → 기록계 → 광원
② 형광분광법 : 광원 → 시료 → 파장선택기 → 검출기 → 기록계
③ 인광분광법 : 광원 → 시료 → 파장선택기 → 검출기 → 기록계
④ 화학발광분광법 : 광원과 시료 → 파장선택기 → 검출기 → 기록계

✔ ②, ③ 형광 · 인광 및 산란법
시료용기−파장선택기−검출기−신호처리 및 판독장치
|
(파장선택기)
|
광원
④ 방출분광법 및 화학발광분광법
광원, 시료용기 − 파장선택기 − 검출기 − 신호처리 및 판독장치

Check
광학기기의 구성
1. 일반적인 흡수법 : 광원−파장선택기−시료용기−검출기−신호처리 및 판독장치
2. 예외적인 원자흡수법 : 광원−시료용기−파장선택기−검출기−신호처리 및 판독장치

19 **카복시산과 알코올을 축합반응하여 생성하는 화합물 종류는?**

① 알데하이드(aldehyde)
② 케톤(ketone)
③ 에스터(ester)
④ 아마이드(amide)

✔ RCOOH + R′OH → **RCOOR′** + H_2O
카복시산과 알코올의 반응처럼 알코올 또는 페놀과 산에서 탈수하여 **에스터(ester)**를 생성하는 반응을 에스터화라고 한다.

20 **탄소와 수소로만 이루어진 탄화수소 중 탄소의 질량백분율이 85.6%인 화합물의 실험식은? (단, 원자량은 C : 12.01amu, H : 1.008amu)**

① CH ② CH_2
③ C_7H_7 ④ C_7H_{14}

✔ 실험식은 화합물을 이루는 원자나 이온의 종류와 수를 가장 간단한 정수비로 나타낸 식으로, 어떤 물질의 화학식을 실험적으로 구할 때 가장 먼저 구할 수 있는 식이다. 성분 원소의 질량비를 원자량으로 나누어 원자 수의 비를 구하여 실험식을 나타낸다.
단계 1) % → g로 바꾸기 : 전체 양을 100g으로 가정한다.
85.6% C → 85.6g C, 14.4% H → 14.4g H
단계 2) g → mol로 바꾸기 : 몰질량을 이용한다.

$$C : 85.6g\ C \times \frac{1mol\ C}{12.01g\ C} = 7.13mol\ C$$

$$H : 14.4g\ H \times \frac{1mol\ H}{1.008g\ H} = 14.3mol\ H$$

단계 3) mol비 구하기 : 가장 간단한 정수비로 나타낸다.
C : H = 7.13 : 14.3 ≒ 1 : 2
∴ 실험식은 CH_2이다.

제2과목 | 화학물질특성 분석

21 **EDTA와 양이온이 결합하여 생성되는 화합물의 명칭은?**

① 고분자 ② 이온교환수지
③ 킬레이트 착물 ④ 이온결합화합물

정답 | 17.③ 18.④ 19.③ 20.② 21.③

✔ **킬레이트 착물**
중심 금속이온에 킬레이트 리간드가 배위결합하여 생성된 이온인 착이온을 포함하는 물질, 분석적으로 유용한 킬레이트 리간드는 EDTA, DCTA, DTPA, EGTA 등이 있고, 화학량론은 이온의 전하와 관계없이 대부분의 금속과 1 : 1이다.

22 **다음 중 흡광도가 0.0375인 용액의 %투광도는 무엇인가?**

① 3.75
② 26.67
③ 53.33
④ 91.73

✔ 흡광도(A)= $-\log T$임을 이용하면
$0.0375 = -\log T$이므로
$T = 10^{-0.0375} = 9.173 \times 10^{-1}$이다.
$\%T = T \times 100$이므로
$\therefore \%T = 9.173 \times 10^{-1} \times 100 =$ **91.73%**이다.

23 **25℃의 수용액에서 반응이 자발적으로 일어나는지의 예측 결과로 옳은 것은? (단, 용해된 화학종들의 초기농도는 모두 1.0M이라고 가정한다.)**

㉠ $Ca(s) + Cd^{2+}(aq) \rightarrow Ca^{2+}(aq) + Cd(s)$
㉡ $Cu^{+}(aq) + Fe^{3+}(aq) \rightarrow Cu^{2+}(aq) + Fe^{2+}(aq)$
- $Ca^{2+}(aq) + 2e^- \rightleftarrows Ca(s)$, $E^\circ = -2.87V$
- $Cd^{2+}(aq) + 2e^- \rightleftarrows Cd(s)$, $E^\circ = -0.40V$
- $Cu^{2+}(aq) + e^- \rightleftarrows Cu^{+}(aq)$, $E^\circ = +0.15V$
- $Fe^{3+}(aq) + e^- \rightleftarrows Fe^{2+}(aq)$, $E^\circ = +0.77V$

① ㉠ 자발적, ㉡ 자발적
② ㉠ 자발적, ㉡ 비자발적
③ ㉠ 비자발적, ㉡ 자발적
④ ㉠ 비자발적, ㉡ 비자발적

✔ **전지에 대한 Nernst 식**
$E_{전지} = E_{+} - E_{-} = E_{환원} - E_{산화}$
이 식에서 E_+는 전위차계의 플러스 단자에 연결된 전극의 전위이고, E_-는 마이너스 단자에 연결된 전극의 전위이다. 알짜전지전압, $E_{전지}(= E_+ - E_-) > 0$이면 알짜전지반응은 정방향으로 자발적이고, $E_{전지} < 0$이면 알짜전지반응은 역반응이 자발적이다.

㉠ $Ca(s) + Cd^{2+}(aq) \rightarrow Ca^{2+}(aq) + Cd(s)$
$E_{환원}$: $Cd^{2+}(aq) + 2e^- \rightleftarrows Cd(s)$, $E^\circ = -0.40V$
$E_{산화}$: $Ca^{2+}(aq) + 2e^- \rightleftarrows Ca(s)$, $E^\circ = -2.87V$
$\therefore E_{전지} = (-0.40) - (-2.87) = 2.47V > 0$이므로 자발적 반응
㉡ $Cu^{+}(aq) + Fe^{3+}(aq) \rightarrow Cu^{2+}(aq) + Fe^{2+}(aq)$
$E_{환원}$: $Fe^{3+}(aq) + e^- \rightleftarrows Fe^{2+}(aq)$, $E^\circ = +0.77V$
$E_{산화}$: $Cu^{2+}(aq) + e^- \rightleftarrows Cu^{+}(aq)$, $E^\circ = +0.15V$
$\therefore E_{전지} = (+0.77) - (0.15) = 0.62V > 0$이므로 자발적 반응

24 **$Cu(s) + 2Fe^{3+} \rightarrow 2Fe^{2+} + Cu^{2+}$ 반응의 평형상수는?**

- $Fe^{3+}(aq) + e^- \rightleftarrows Fe^{2+}(aq)$, $E^\circ = 0.771V$
- $Cu^{2+}(aq) + 2e^- \rightleftarrows Cu(s)$, $E^\circ = 0.339V$

① 2.0×10^{8}　② 4.0×10^{14}
③ 4.0×10^{16}　④ 2.0×10^{40}

✔ 평형에서는 반응이 더 이상 진행되지 않으며, $E=0$, $Q=K$이다.
$0 = E^\circ - \frac{0.05916V}{n}\log K$이므로
$E^\circ = \frac{0.05916V}{n}\log K$
$E_{환원}$: $2Fe^{3+}(aq) + 2e^- \rightleftarrows 2Fe^{2+}(aq)$
$E^\circ = 0.771V$
$E_{산화}$: $Cu^{2+}(aq) + 2e^- \rightleftarrows Cu(s)$
$E^\circ = 0.339V$
$E^\circ = 0.771 - 0.339 = 0.432V$, $n=2$
$\therefore K = 10^{\frac{n \cdot E^\circ}{0.05916}} = 10^{\frac{2 \times 0.432}{0.05916}} = \mathbf{4.022 \times 10^{14}}$

25 **전극전위와 관련한 설명으로 옳지 않은 것은?**

① 전극전위는 해당 전극을 오른쪽, 표준수소전극을 왼쪽 전극으로 구성한다.
② 오랫동안 공통의 기준전극으로 사용된 것은 기체전극이다.
③ 반쪽전지전위를 절대적인 값으로 측정할 수 있다.
④ 표준전극전위는 반응물과 생성물의 활동도가 모두 1일 때의 전극전위이다.

✔ 반쪽전지전위는 산화전극을 표준수소전극으로 한 화학전지의 전위로, 반쪽반응을 환원반응의 경우로만 나타낸 **상대환원전위**이다.

정답 | 22.④　23.①　24.②　25.③

26 **0.050M K_2CrO_4 용액의 Ag_2CrO_4 용해도(g/L)? (단, Ag_2CrO_4의 $K_{sp} = 1.1 \times 10^{-12}$, 분자량은 331.73g/mol이다.)**

① 6.2×10^{-2} ② 7.8×10^{-4}
③ 2.5×10^{-4} ④ 2.3×10^{-6}

✔ $Ag_2CrO_4(s) \rightleftarrows 2Ag^+(aq) + CrO_4^{2-}(aq)$

		$2Ag^+$	CrO_4^{2-}
초기(M)			0.05
변화(M)		$+2x$	$+x$
최종(M)		$2x$	$0.05+x$

$K_{sp} = [Ag^+]^2[CrO_4^{2-}] = (2x)^2 \times (0.05+x)$
$= 1.1 \times 10^{-12}$

$x = 2.345 \times 10^{-6}M$

$\therefore$ Ag_2CrO_4 용해도(g/L)

$= \dfrac{2.345 \times 10^{-6}\,mol}{1L} \times \dfrac{331.73g}{1mol}$

$= 7.779 \times 10^{-4}g/L$

27 **산화납(PbO)의 환원반응으로 인한 납(Pb)의 산화수 변화를 올바르게 나타낸 것은?**

$PbO + CO \rightarrow Pb + CO_2$

① $+2 \rightarrow -1$ ② $+1 \rightarrow 0$
③ $+2 \rightarrow 0$ ④ $-2 \rightarrow 0$

✔ $PbO + CO \rightarrow Pb + CO_2$
+2 −2 +2−2 0 +4 −2
Pb의 산화수는 **+2 → 0으로 감소**, 산화수 감소
→ 환원반응

28 **착물 형성에 관한 다음 설명의 빈 칸에 들어갈 내용을 바르게 짝지은 것은?**

PbI^-, PbI_3^-와 같은 착이온에서 아이오딘화 이온은 Pb^{2+}의 (㉠)라고 한다. 이 착물에서 Pb^{2+}는 Lewis (㉡)로/으로 작용하고, 아이오딘화 이온은 Lewis (㉢)로/으로 작용한다. Pb^{2+}와 아이오딘화 이온 사이에 존재하는 결합을 (㉣) 결합이라 부른다.

① ㉠ 리간드, ㉡ 산, ㉢ 염기, ㉣ 배위
② ㉠ 리간드, ㉡ 염기, ㉢ 산, ㉣ 공유
③ ㉠ 매트릭스, ㉡ 산, ㉢ 염기, ㉣ 배위
④ ㉠ 매트릭스, ㉡ 염기, ㉢ 산, ㉣ 공유

✔ **리간드(ligand)**는 양이온 또는 중성 금속원자에게 한 쌍의 전자를 제공하여 공유결합을 형성하는 이온이나 분자이며, 전자쌍 주개로 결합에 필요한 비공유 전자쌍을 적어도 한 개는 가지고 있다. 제공된 전자는 양이온 또는 중성 금속원자와 리간드에 의해 공유되며 이러한 결합을 **배위결합**이라고 한다. 또한 **금속이온**은 전자쌍을 주는 리간드로부터 전자쌍을 받을 수 있으므로 Lewis **산**이고, **리간드**는 전자를 주는 것으로 Lewis **염기**이다.

29 **금이 왕수에서 녹을 때 미량의 금이 산화제인 질산에 의해 이온이 되어 녹으면 염소이온과 반응해서 제거되면서 계속 녹는다. 이때 금속이온과 염소이온 사이의 반응은?**

① 산화−환원 반응 ② 침전반응
③ 산−염기 반응 ④ 착물 형성 반응

✔ 금(Au)이 왕수(질산과 염산이 1 : 3의 부피비로 혼합되어 있는 용액)에 녹을 때, Au와 질산에 의해 Au^{3+}로 산화되며, Au^{3+}은 Cl^-과 배위결합으로 $[AuCl_4]^-$의 안정한 **착물**을 **형성**한다.

30 **유기물의 질소 함량 결정을 위한 Kjeldahl 방법에 관한 설명 중 옳은 것을 모두 고른 것은?**

㉠ 황산으로 전처리 후, 주로 산·염기 역적정 방법으로 질소 함량을 결정하여 정량하는 방법이다.
㉡ (3−) 원자가상태의 질소에 적용 가능하며, 유기 nitro, azo 화합물은 환원시킨 후 적용한다.
㉢ 끓는점을 높이거나 촉매를 더하면 시료분해시간을 단축시켜 준다.
㉣ 붕산을 사용하면 직접적정이 가능하며, 종말점이 깨끗하여 0.1mL 이하의 소량 blood 분석도 가능하다.

① ㉠ ② ㉡
③ ㉠, ㉡, ㉢ ④ ㉠, ㉡, ㉢, ㉣

✔ 1. 유기물질 속에 질소를 정량하는 가장 일반적인 방법인 Kjeldahl 질소 분석법은 중화 적정에 기반을 두고 있다.

정답 | 26.② 27.③ 28.① 29.④ 30.③

2. Kjeldahl법에는 시료를 뜨거운 진한 황산 용액에서 분해시켜 결합된 질소를 암모늄 이온(NH_4^+)으로 전환시킨 다음 이 용액을 냉각시켜 묽히고 염기성으로 만든다. 그런 후 염기성 용액에서 증류하여 발생되는 암모니아를 과량의 산성 용액으로 모으고, 중화 적정(역적정법)하여 정량한다.
3. Kjeldahl법에서 중요한 단계는 시료에 존재하는 탄소와 수소를 이산화탄소와 물로 산화시키는 황산에 의한 분해(삭임)반응이다. 그러나 질소 생성물은 원래 시료에 결합되어 있던 상태에 따라 달라진다. 아민과 아마이드 질소는 정량적으로 암모늄 이온으로 전환되는 반면 나이트로기, 아조기, 아족시기는 쉽게 원소 상태의 질소나 여러 가지 산화질소를 생성하고, 이들은 뜨거운 산 매질에서 모두 사라진다. 이를 보호하기 위해 먼저 시료를 환원제로 처리하여 아마이드나 아민 생성물로 만든다.
4. 분해단계는 종종 Kjeldahl법 정량에서 가장 시간이 많이 걸리는 반응이다. 삭임시간을 짧게 하기 위하여 가장 널리 이용되는 방법은 황산 포타슘(K_2SO_4)과 같은 중성염을 첨가하여 진한 황산(98wt%) 용액의 끓는점(338℃)을 증가시켜 분해온도를 높여주는 방법이며, 또 다른 방법은 삭임 후 혼합용액에 과산화수소를 첨가하여 대부분의 유기물질을 분해하는 것이다.

31 **0.10M NaCl 용액에 PbI_2가 용해되어 생성된 Pb^{2+} 농도(mg/L)는? (단, Pb^{2+}의 질량은 207.0g/mol, PbI_2의 용해도곱 상수는 7.9×10^{-9}, 이온 세기가 0.1M일 때 Pb^{2+}과 I^-의 활동도계수는 각각 0.36과 0.75이다.)**

① 0.221 ② 0.442
③ 221 ④ 442

✔

	$PbI_2(s) \rightleftarrows$	$Pb^{2+}(aq)$	+ $2I^-(aq)$
초기(M)			
변화(M)		$+x$	$+2x$
최종(M)		x	$2x$

$K_{sp} = [Pb^{2+}][I^-]^2 = (0.36\times x)(0.75\times 2x)^2$

$= 7.9\times10^{-9}$

$x = 2.137\times10^{-3}M$

∴ 생성된 Pb^{2+} 농도(mg/L)

$= \frac{2.137\times10^{-3}\text{ mol}}{1\text{L}}\times\frac{207.0\text{g}}{1\text{mol}}\times\frac{1{,}000\text{mg}}{1\text{g}}$

$= 442.4\text{mg/L}$

32 **XRF의 특징에 대한 설명 중 틀린 것은?**

① 비파괴 분석법이다.
② 다중원소의 분석이 가능하다.
③ Auger 방출로 인한 증강효과로 감도가 높다.
④ 스펙트럼이 비교적 간단하여 스펙트럼선 방해가 적다.

✔ 검출과 측정에서 Auger 방출이라고 하는 경쟁과정이 형광 세기를 감소시키므로 원자번호가 23(V, 바나듐) 이하로 적어지면서 **감도는 점점 더 나빠진다.**

33 **pH 7.0인 암모니아 용액에서 주화학종은?**

① NH_2^- ② NH_3
③ NH_4^+ ④ NH_3와 NH_4^+

✔ $pH = pK_a + \log\frac{[A^-]}{[HA]}$, 암모니아 $K_b = 1.8\times10^{-5}$

$K_a = \frac{1.00\times10^{-4}}{1.8\times10^{-5}} = 5.56\times10^{-10}$

$pK_a = -\log(5.56\times10^{-10}) = 9.25$

$7.0 = 9.25 + \log\frac{[NH_3]}{[NH_4^+]}$

$\frac{[NH_3]}{[NH_4^+]} = 10^{-2.25} = 5.62\times10^{-3} = \frac{5.62}{1{,}000}$

$\frac{[NH_3]}{[NH_4^+]} = \frac{5.62}{1{,}000}$는 NH_4^+ 1,000개당 NH_3 5.62개 들어 있음을 의미한다.

∴ 주화학종은 NH_4^+이다.

34 **이온에 대한 설명 중 틀린 것은?**

① 전기적으로 중성인 원자가 전자를 얻거나 잃어버리면 이온이 만들어진다.
② 원자가 전자를 잃어버리면 양이온을 형성한다.
③ 원자가 전자를 받아들이면 음이온을 형성한다.
④ 이온이 만들어질 때 핵의 양성자수가 변해야 한다.

✔ **이온의 형성**

원자들이 전자를 잃거나 얻어 이온이 형성될 때는 비활성 기체와 같은 전자배치를 이룬다. 금속원소는 전자를 잃어 양이온을 형성하고, 비금속원소는 전자를 얻어 음이온을 형성한다. 이온이 형성될 때 **핵의 양성자수는 변하지 않는다.**

정답 | 31.④ 32.③ 33.③ 34.④

35 **완충용량(buffer capacity)에 대한 설명으로 옳은 것은?**

① 완충용액 1.00L를 pH 1단위만큼 변화시킬 수 있는 센 산이나 센 염기의 몰수
② 완충용액의 구성성분이 약한 산 1.00L의 pH를 1단위만큼 변화시킬 수 있는 짝염기의 몰수
③ 완충용액 1.00L를 pH 1단위만큼 변화시킬 수 있는 약한 산 또는 그의 짝염기의 몰수
④ 완충용액 중 짝염기에 대한 산의 농도비가 1이 되는 데 필요한 약한 산의 몰수

완충용량

1. 완충용량은 강산 또는 강염기가 첨가될 때 pH 변화를 얼마나 잘 막는지에 대한 척도이다. **완충용액 1.00L를 pH 1.00 단위만큼 변화시킬 수 있는 강산이나 강염기의 몰수로 정의된다.**
2. 완충용량이 클수록 pH 변화에 대한 용액의 저항은 커진다.
3. 완충용량은 완충용액의 두 구성성분의 전체 농도뿐만 아니라 농도비에 따라 달라진다. 완충용액은 pH$=pK_a$(즉, [HA]=[A^-])일 때 pH 변화를 막는 데 가장 효과적이며, 짝염기에 대한 산의 농도비가 1보다 크거나 작을 때 급격히 감소된다.
4. 적절한 완충용량을 갖는 완충용액이 되기 위해서는 선택되는 산의 pK_a값이 요구되는 pH의 ±1 단위 범위에 있어야 한다.

36 **pH=3.00이고 P_{AsH_3} =1.00mbar일 때 다음의 반쪽전지전위(V)는?**

$$As(s) + 3H^+ + 3e^- \rightleftarrows AsH_3(g),\ E^\circ = -0.238V$$

① −0.592 ② −0.415
③ −0.356 ④ −0.120

Nernst 식

$$E = E^\circ - \frac{0.05916}{n}\log Q$$

반응지수 Q는 평형상수와 같은 형태를 갖고 있으나 활동도값이 평형값이 될 필요는 없으며, 순수한 고체, 순수한 액체, 용매는 그들의 활동도가 1이나 1에 가깝기 때문에 Q에서 제외된다. 용질인 경우 몰농도로, 기체인 경우 atm단위의 부분압력이다.

1atm = 1.01325bar이므로 P_{AsH_3}은 1.00×10^{-3}bar $\times\frac{1atm}{1.01325bar} = 9.869\times10^{-4}$atm이다.

$$\therefore E = E^\circ - \frac{0.05916}{n}\log\frac{P_{AsH_3}}{[H^+]^3}$$
$$= -0.238 - \frac{0.05916}{3}\log\frac{(9.869\times10^{-4})}{(1.0\times10^{-3})^3}$$
$$= \mathbf{-0.356V}$$

37 **원자흡수분광기의 불꽃원자화기에 공급하는 공기−아세틸렌 가스를 아산화질소−아세틸렌 가스로 대체하는 주된 목적은?**

① 불꽃의 온도를 올리기 위해서
② 불꽃의 온도를 내리기 위해서
③ 가스 연료의 비용을 줄이기 위해서
④ 시료의 분무효율을 올리기 위해서

불꽃의 온도를 높이면 화학종을 쉽게 들뜨게 할 수 있다. 공기−아세틸렌을 산화제와 연료로 사용하면 불꽃의 온도는 2,100~2,400℃이며, 산화제와 연료를 아산화질소−아세틸렌으로 대체하면 **불꽃의 온도를 2,600~2,800℃로 높일 수 있다.**

38 **슈크로오스($C_{12}H_{22}O_{11}$) 684g을 물에 녹여 전체 부피를 4.0L로 만들었을 때 몰농도는?**

① 0.25 ② 0.50
③ 0.75 ④ 1.00

$$몰농도(M) = \frac{용질의\ mol수(mol)}{용액의\ 부피(L)}$$

슈크로오스($C_{12}H_{22}O_{11}$) 몰질량은 다음과 같다.
(12×12)+(1×22)+(16×11)=342g/mol

$$\therefore 684g\ C_{12}H_{22}O_{11} \times \frac{1mol\ C_{12}H_{22}O_{11}}{342g\ C_{12}H_{22}O_{11}} \times \frac{1}{4.0L}$$
$$= 0.50mol/L = \mathbf{0.50M}$$

39 **산, 염기에 대한 설명으로 틀린 것은?**

① Brönsted−Lowry 산은 양성자 주개(donor)이다.
② 염기는 물에서 수산화이온을 생성한다.
③ 강산은 물에서 완전히 또는 거의 완전히 이온화되는 산이다.
④ Lewis 산은 비공유전자쌍을 줄 수 있는 물질이다.

정답 | 35.① 36.③ 37.① 38.② 39.④

- **아레니우스(Arrhenius)의 정의**
  1. 산 : 수용액에서 수소이온(H^+)을 내놓을 수 있는 물질이다.
  2. 염기 : 수용액에서 수산화이온(OH^-)을 내놓을 수 있는 물질이다.
- **브뢴스테드-로리(Brönsted-Lowry)의 정의**
  1. 산 : 양성자(H^+)를 내놓는 물질(분자 또는 이온), 양성자 주개
  2. 염기 : 양성자(H^+)를 받아들이는 물질(분자 또는 이온), 양성자 받개
- **루이스(Lewis)의 정의**
  1. **산 : 다른 물질의 전자쌍을 받아들이는 물질, 전자쌍 받개**
  2. 염기 : 다른 물질에 전자쌍을 내놓는 물질, 전자쌍 주개

40 **$CaCO_3(s) \rightleftarrows CaO(s) + CO_2(g)$ 반응에서 평형에 영향을 주는 인자만을 고른 것은?**

① CaO의 농도, 반응온도
② CO_2의 농도, 반응온도
③ CO_2의 압력, CaO의 농도
④ $CaCO_3$의 농도, CaO의 농도

평형이동에 영향을 주는 요인은 농도 변화, 압력 변화, 온도 변화이다. 그러나 평형상수식 $K=[CO_2]$, 평형상수식에 나타나지 않는 고체 $CaCO_3$, CaO의 농도는 평형이동에 영향을 주지 않는다.
∴ 주어진 반응에서 평형에 영향을 주는 인자는 **CO_2의 농도, 반응온도**, CO_2의 압력이다.

제3과목 | 화학물질구조 분석

41 **질량분석법의 특징이 아닌 것은?**

① 여러 원소에 대한 정보를 얻을 수 있다.
② 원자의 동위원소비에 대한 정보를 제공한다.
③ 같은 분자식을 지닌 이성질체를 구별할 수 있다.
④ 같은 분자량을 지닌 화합물은 분석할 수 없다.

질량분석법으로 같은 분자량을 지닌 화합물은 분석할 수 있다.

Check

질량분석법의 특징
시료물질의 원소 조성에 대한 정보, 유기물, 무기물, 생화학 분자의 구조에 대한 정보, 복잡한 혼합물의 정성 및 정량 분석에 대한 정보, 고체 표면의 구조와 조성에 대한 정보, 시료에 존재하는 원소의 동위원소비에 대한 정보를 알 수 있다.

42 **전해전지의 양극에서 산소, 음극에서 구리를 석출시키는 데에 0.600A의 일정한 전류가 흘렀다. 다른 산화·환원반응이 일어나지 않는다고 가정하고 15분간 전해하였을 때 전하량(C)은?**

① 536 ② 540
③ 546 ④ 600

전하량(Q)
전류의 세기(I)에 전류를 공급한 시간(t)을 곱하여 구하며, 단위는 C이다. $Q=I\times t$
1C은 1A의 전류가 1초 동안 흘렀을 때의 전하량이다.
∴ 전하량$=0.600A\times(15\times60)s=$ **540C**이다.

43 **열분석법 중 시료물질과 기준물질을 조절된 온도 프로그램으로 가열하면서 이 두 물질에 흘러들어간 열량의 차이를 시료 온도의 함수로 측정하여 근본적으로 에너지의 차이를 측정하는 분석법은?**

① 열무게분석법
② 시차열분석법
③ 시차주사열계량법
④ 열기계분석법

시차주사열계량법(=시차주사열량법)
시료물질과 기준물질을 조절된 온도 프로그램으로 가열하면서 이 두 물질에 흘러들어간 열량의 차이를 시료 온도의 함수로 측정하는 열분석법이다.

44 **전위차법에서 S^{2-} 이온의 농도를 측정하기 위하여 주로 사용하는 지시전극은?**

① 액체 막전극
② 결정성 막전극
③ 1차 금속 지시전극
④ 3차 금속 지시전극

정답 | 40.② 41.④ 42.② 43.③ 44.②

✔ 막전극은 선택성이 크기 때문에 이온 선택성 전극이라고 부르며, 결정질 막전극과 비결정질 막전극이 있다.

1. **결정질 막전극** : 단일결정(F^- 측정용 LaF_3), 다결정질 또는 혼합결정(S^{2-}와 Ag^+ 측정용 Ag_2S)
2. 비결정질 막전극 : 유리(Na^+와 H^+ 측정용 규산염유리), 액체(Ca^{2+} 측정용 액체 이온-교환체와 K^+ 측정용 중성 운반체), 강체질 고분자에 고정된 측정용 액체(Ca^{2+}와 NO_3^- 측정용 polyvinyl chloride 매트릭스)

45 동일한 조건하에서 액체 크로마토그래피로 측정한 화합물 A, B, C의 머무름시간 측정결과가 다음과 같을 때, 보기 중 틀린 것은? (단, C는 칼럼 충전물과의 상호작용이 전혀 없다고 가정한다.)

• A : 2.35min • B : 5.86min • C : 0.50min

① A의 조정된 머무름시간은 1.85min이다.
② B의 조정된 머무름시간은 5.36min이다.
③ B의 A에 대한 머무름비는 2.49이다.
④ 머무름비는 상대 머무름값이라고도 한다.

✔ C는 칼럼 충전물과의 상호작용이 없다고 하였으므로 머무르지 않는 화학종이 검출기에 도달하는 시간, 즉 불감시간(t_M)을 알려준다.

① A의 조정된 머무름시간은 머무름시간(t_R)−불감시간(t_M)=2.35−0.50=1.85min이다.
② B의 조정된 머무름시간은 머무름시간(t_R)−불감시간(t_M)=5.86−0.50=5.36min이다.
③ B의 A에 대한 머무름비
$$=\frac{K_B}{K_A}=\frac{k_B'}{k_A'}=\frac{(t_R)_B-t_M}{(t_R)_A-t_M}=\frac{5.86-0.50}{2.35-0.50}$$
$=\mathbf{2.90}$이다.
④ 머무름비(머무름인자)는 용질의 이동속도를 나타내며 $k_A'=\frac{t_R-t_M}{t_M}$으로 나타내며, 상대 머무름값이라고도 한다.

46 적외선 흡수분광계를 구성하는 장치가 아닌 것은?

① 이온원 ② 적외선 광원
③ 검출기 ④ 단색화 장치

✔ • **일반적인 적외선 흡수분광계를 구성하는 장치**
광원, 검출기, 단색화 장치
• **Fourier 변환 적외선 기기**
광원, 광검출기, Michelson 간섭계

47 전자포획검출기(ECD)에 대한 설명 중 틀린 것은?

① 살충제와 폴리클로로바이페닐 분석이 용이하다.
② 칼럼에서 용출된 시료가 방사성 방출기를 통과한다.
③ 방출기에서 발생한 전자는 시료를 이온화하고 전자 다발을 만든다.
④ 아민, 알코올, 탄화수소 화합물에는 감도가 낮다.

✔ **전자포획검출기(=전자포착검출기, ECD)**

1. 살충제와 polychlorinated biphenyl과 같은 화합물에 함유된 할로겐 원소에 감응 선택성이 크기 때문에 환경 시료에 널리 사용된다.
2. X-선을 측정하는 비례계수기와 매우 유사한 방법으로 작동한다.
3. ^{63}Ni과 같은 β-선 방사체를 사용하며, 방사체에서 나온 전자는 **운반기체(주로 N_2)를 이온화시켜** 많은 수의 전자를 생성한다.
4. 유기 화학종이 없으면 이 이온화 과정으로 인해 검출기에 일정한 전류가 흐른다. 그러나 전자를 포착하는 성질이 있는 유기분자들이 있으면 검출기에 도달하는 전류는 급격히 감소한다.
5. 검출기의 감응은 선택적이며, 할로겐, 과산화물, 퀴논, 니트로기와 같은 전기음성도가 큰 작용기를 포함하는 분자에 특히 감도가 좋다. 그러나 아민, 알코올, 탄화수소와 같은 작용기에는 감응하지 않는다.
6. 장점 : 불꽃이온화검출기에 비해 감도가 매우 좋고, 시료를 크게 변화시키지 않는다.
7. 단점 : 선형으로 감응하는 범위가 작다(~10^2g).

48 ^1H Nuclear Magnetic Resonance(NMR)에서 유기화합물 분석에 사용할 수 있는 가장 적당한 용매는?

① $CDCl_3$ ② $CHCl_3$
③ C_6H_6 ④ H_3O^+

✔ ^1H NMR 분광법을 위한 가장 좋은 용매는 양성자를 포함하지 않는다. 이런 이유로 사염화탄소(CCl_4)가 매우 이상적이다. 그러나 많은 화합물이 사염화탄소에 대하여 상당히 낮은 용해도를 갖고 있으므로 NMR 실험에서의 용매로서의 유용성이 제한되므로 많은 종류의 중수소-치환 용매가 대신 사용된다. **중수소화된 클로로포름($CDCl_3$)** 및 중수소화된 벤젠(C_6D_6)이 흔히 사용되는 용매들이다.

정답 | 45.③ 46.① 47.③ 48.①

49 **다음의 질량분석계 중 일반적으로 분해능이 가장 낮은 것은?**

① 자기장 질량분석계
② 사중극자 질량분석계
③ 이중초점 질량분석계
④ 비행시간 질량분석계

비행시간 질량분석계
분리능, 재현성 또는 질량 확인의 용이성 등의 관점에서 볼 때 비행시간 질량분리형 기기는 자기장이나 사중극자 기기보다 **만족하지 못한다**. 그러나 기기가 간단하고 튼튼하며 이온화 발생기를 장치하기 쉽고, 사실상 무제한의 질량 범위를 가지며, 데이터의 획득 속도가 빠르다.

50 $FeCl_3 \cdot 6H_2O$ 25.0mg을 0℃부터 340℃**까지 가열하였을 때 얻은 열분해곡선**(Thermogram)**을 예측하고자 한다.** 100℃**와** 320℃**에서 시료의 질량으로 가장 타당한 것은? (단,** $FeCl_3$**의 열적 특성은 다음 표와 같다.)**

화합물	화학식량	용융점
$FeCl_3 \cdot 6H_2O$	270	37℃
$FeCl_3 \cdot 5/2H_2O$	207	56℃
$FeCl_3$	162	306℃

① 100℃ – 9.8mg, 320℃ – 0.0mg
② 100℃ – 12.6mg, 320℃ – 0.0mg
③ 100℃ – 15.0mg, 320℃ – 15.0mg
④ 100℃ – 20.2mg, 320℃ – 20.2mg

1. 100℃에서는 $FeCl_3 \cdot 6H_2O$가 분해되어 → $FeCl_3 \cdot 5/2H_2O$ → $FeCl_3$의 형태로 존재한다. $6H_2O$에 해당되는 질량 : 25.0mg $FeCl_3 \cdot 6H_2O$ $\times \frac{18 \times 6\text{mg } H_2O}{270\text{mg } FeCl_3 \cdot 6H_2O} = 10\text{mg}$이 수증기로 증발되어 감소된다.
따라서 25mg−10mg=15mg이 100℃에서 시료의 질량이 된다.
2. $FeCl_3$의 용융점은 306℃이고, 320℃에서는 $FeCl_3$가 액체 상태로 존재한다. 시료의 질량은 변하지 않고 상태변화만 일어나므로 320℃에서 시료의 질량은 15mg이다.

51 **기체 크로마토그래피/질량분석법(GC/MS)의 이동상으로 가장 적절한 것은?**

① He ② N_2
③ Ar ④ Kr

GC/MS에서 분석물로부터의 대부분의 운반기체를 제거해야 하기 때문에 운반기체는 **가벼운 헬륨(He)**을 사용한다. 헬륨(He)은 진공 속에서 굴절되어 펌프에 의해 폐기된다.

52 **시차열분석(Differential Thermal Analysis;DTA)에서 흡열 쪽으로 뾰족한 피크를 보이는 것은?**

① 산화점 ② 녹는점
③ 결정화점 ④ 유리전이온도

시차열분석도

유리전이 ➜ 결정 형성 ➜ 용융 ➜ 산화 ➜ 분해

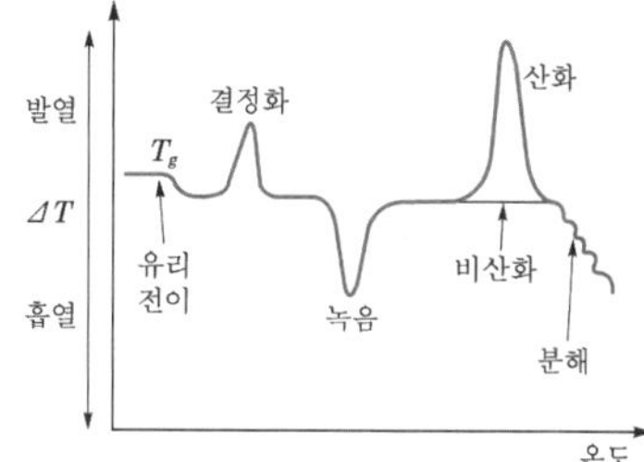

| 시차열분석도 |

1. 유리전이(glass transition) : 유리질에서 고무질로의 전이에서는 열을 방출하거나 흡수하지 않으므로 엔탈피의 변화가 없다($\Delta H = 0$). 고무질의 열용량은 유리질의 열용량과 달라 기준선이 낮아질 뿐 어떤 봉우리도 나타나지 않는다.
2. 결정 형성, 첫 번째 봉우리 : 특정 온도까지 가열되면 많은 무정형 중합체는 열을 방출하면서 미세결정으로 결정화되기 시작한다. 열이 방출되는 발열과정의 결과로 생긴 것으로 이로 인해 온도가 올라간다.
3. **용융**, 두 번째 봉우리 : 형성된 미세결정이 **녹아서** 생기는 것이다. **열을 흡수하는 흡열과정의 결과로 생긴 것으로 이로 인해 온도가 내려간다.**
4. 산화, 세 번째 봉우리 : 공기나 산소가 존재하여 가열할 때만 나타난다. 열이 방출되는 발열반응의 결과로 생긴 것으로 이로 인해 온도가 올라간다.
5. 분해 : ΔT값이 마지막 음의 변화를 하는 것은 중합체가 흡열분해하여 여러 가지 물질을 생성할 때 나타나는 결과이다. 유리전이 과정과 분해과정은 봉우리가 나타나지 않는다.

정답 | 49.④ 50.③ 51.① 52.②

53 **순환전압전류법(Cyclic Voltammetry ; CV)은 특정 성분의 전기화학적인 특성을 조사하는 데 기본적으로 사용된다. 순환전압전류법에 대한 설명으로 옳은 것은?**

① 지지전해질의 농도는 측정시료의 농도와 비슷하게 맞추어 조절한다.
② 한 번의 실험에는 한 종류의 성분만을 측정한다.
③ 전위를 한쪽 방향으로만 주사한다.
④ 특정 성분의 정량 및 정성이 가능하다.

✔ ① 측정시료보다 바탕전해질(지지전해질)의 농도를 크게 한다.
➜ 지지전해질은 분석물이 전기 이동에 의하여 전극으로 이동되는 것을 최소화하기 위해 측정시료의 농도보다 높게 과량으로 첨가해야 한다.
② 특정 유기화합물과 금속-유기화합물계의 산화 · 환원 반응속도 및 반응 메커니즘 연구에 대한 중요한 수단으로 이용된다. 산화 · 환원 반응의 중간체의 존재도 확인할 수 있다.
➜ 여러 종류의 성분 측정이 가능하다.
③ 전위는 시료의 구성성분에 따라서 초기 주사방향이 음의 방향이 될 수도 있고 양의 방향이 될 수도 있다. 더 큰 음의 방향의 주사를 정방향 주사라 하고, 그 반대방향의 주사를 역방향 주사라고 한다.
④ 순환전압전류법의 피크는 분석물의 농도에 직접 비례하고 표준물질로부터 얻은 전압전류곡선으로부터 각 피크에 해당하는 화합물을 확인할 수 있으므로 특정 성분의 정량 및 정성 분석이 가능하다.

54 **크로마토그래피에서 띠넓힘에 기여하는 요인에 대한 설명으로 틀린 것은?**

① 세로확산은 이동상의 속도에 비례한다.
② 충전입자의 크기는 다중경로 넓힘에 영향을 준다.
③ 이동상에서의 확산계수가 증가할수록 띠넓힘이 증가한다.
④ 충전입자의 크기는 질량이동계수에 영향을 미친다.

✔ 칼럼 크로마토그래피에서 세로확산은 띠의 농도가 진한 중심에서 분자가 양쪽의 묽은 영역으로 이동하려는 경향 때문에 생기며, 이동상의 흐르는 방향과 반대방향으로 일어난다. **세로확산에 대한 기여는 이동상의 속도에는 반비례하고,** 이동상의 속도가 커지면 확산시간이 부족해져서 세로확산이 감소하며, 기체 이동상의 경우는 온도를 낮추면 세로확산을 줄일 수 있다.

55 **질량분석법에서 순수한 시료가 시료도입장치를 통해 이온화실로 도입되어 이온화된다. 분자를 기체상태 이온으로 만들 때 사용하는 장치가 아닌 것은?**

① Electron Impact : EI
② Field Desorption Ionization : FDI
③ Chemical Ionization : CI
④ Chemical Attraction force Ionization : CAI

✔ **기체-상(gas-phase) 이온화 장치**
시료를 기체로 만든 상태에서 이온화시키는 방법으로 끓는점이 500℃ 이하의 열에 안정한 시료에 적용할 수 있으며, 분자량이 1,000보다 큰 물질의 분석에는 불리하다. 종류로는 **전자충격이온화**(EI, electron impact ionization), **화학이온화**(CI, chemical ionization), **장탈착이온화**(FDI, field desorption ionization)가 있다.

56 **열무게분석기기(Thermo Gravimetric Analysis ; TGA)의 검출기로서 작용하는 장치는?**

① Syringe
② Gas injector
③ Weight scale
④ Electric furnace

✔ 열무게분석기기의 검출기로는 감도가 매우 좋은 분석저울, 즉 0.001~100g까지의 질량을 갖는 시료에 대한 정량적인 정보를 제공해 줄 수 있는 저울을 사용할 수 있다. 일반적으로 1~20mg까지의 범위를 가진 저울을 사용한다.

57 **pH를 측정하는 데는 주로 유리전극이 사용된다. 유리전극 오차 원인으로 가장 거리가 먼 것은?**

① 산에 의한 오차
② 탈수에 의한 오차
③ 압력에 의한 오차
④ 알칼리에 의한 오차

✔ **유리전극으로 pH를 측정할 때의 오차**
알칼리 오차(나트륨 오차), 산 오차, 탈수, 낮은 이온세기의 용액, 접촉전위의 변화, 표준 완충용액의 불확정성, 온도 변화에 따른 오차, 전극의 세척 불량, 평형 도달시간의 오차 등이 있다.

정답 | 53.④ 54.① 55.④ 56.③ 57.③

58 **다음 중 분산형 IR 분광광도계의 특징으로 틀린 것은?**

① 일반적으로 겹빛살(double beam)형을 사용한다.
② 높은 주파수의 토막내기(chopper)를 가진다.
③ 복사선을 분산시키기 위하여 반사회절발(grating)을 사용한다.
④ 광원의 낮은 세기 때문에 큰 신호 증폭이 필요하다.

✔ 분산형 적외선 분광광도계는 **낮은 주파수 토막내기를 가지며,** 검출기를 둘러싸고 있는 여러 가지 물건에서 나오는 적외선 방출과 같은 외부 복사선 신호와 광원에서 오는 신호를 검출기가 식별할 수 있게 한다. 대부분의 분산형 기기에 사용되는 검출기의 느린 감응시간은 낮은 토막내기 속도를 요구한다.

59 **200nm 파장에서 1.00cm 셀을 사용하여 페놀 수용액을 측정할 때, 측정된 투광도가 10~70% 사이에 관측될 페놀의 농도(C) 범위로 옳은 것은? (단, 페놀 수용액의 200nm에서의 몰흡광계수는 $5.17\times10^3 L\cdot cm^{-1}$, mol^{-1}이다.)**

① $1.6\times10^{-5} < C < 1.5\times10^{-5}$
② $2.5\times10^{-4} < C < 1.5\times10^{-5}$
③ $1.7\times10^{-4} < C < 1.3\times10^{-4}$
④ $3.0\times10^{-5} < C < 1.9\times10^{-4}$

✔ 흡광도 $A = -\log T = \varepsilon bc$

%투광도	$-\log T = \varepsilon bc$	농도(C)
10%	$-\log(0.1)$ $= 5.17\times10^3\times1\times x_1$	x_1 $= 1.934\times10^{-4}$M
70%	$-\log(0.7)$ $= 5.17\times10^3\times1\times x_2$	x_2 $= 2.996\times10^{-5}$M

∴ 페놀 용액의 농도 범위는
$2.996\times10^{-5}M < C < 1.934\times10^{-4}M$이다.

60 **유도결합플라스마 분광법에서 광원(들뜸 원)의 설명 중 맞는 것은?**

① 유도코일에는 주로 2.45GHz의 마이크로파를 사용한다.
② 탄소의 양극과 텅스텐의 음극을 주로 사용한다.
③ 주로 불활성 기체인 헬륨(He)을 사용한다.
④ 이온화는 Tesla 방전 코일에 의한 스파크로부터 시작된다.

✔ **유도쌍 플라스마(ICP) 광원**
석영으로 된 3개의 동심원통으로 되어 있고 이 속으로 아르곤은 5~20L/min 유속으로 통하고 있다. 관의 윗부분은 물로 냉각시키는 유도코일로 둘러 싸여 있고, 이 코일은 라디오파 발생기에 의하여 가동된다. 흐르고 있는 **아르곤의 이온화는 Tesla 코일의 스파크로서 시작되며,** 이렇게 얻은 이온들과 전자들은 유도코일에 의해 유도 발생한 변동하는 자기장과 작용하고, Ar^+와 전자가 자기장에 붙들려 큰 저항열을 발생하는 플라스마를 만든다.

제4과목 | 시험법 밸리데이션

61 **Quality Assurance(QA)를 위한 specification에 포함되어야 할 사항을 모두 고른 것은?**

> ㉠ 정확도와 정밀도
> ㉡ 회수율
> ㉢ 선택성 및 감도
> ㉣ 시료 채취 시 요구사항
> ㉤ QC 시료 정보
> ㉥ 허용 가능한 바탕값
> ㉦ 잘못된 결과 빈도수

① ㉠, ㉡, ㉢, ㉣, ㉤, ㉥, ㉦
② ㉠, ㉢, ㉣, ㉥, ㉦
③ ㉠, ㉡, ㉣, ㉥
④ ㉠, ㉡, ㉢, ㉣

✔ **명세서(specification)**
1. 시료 채취 조건
2. 정확도와 정밀도
3. 틀린 결과의 비율
4. 선택성
5. 감도
6. 허용 바탕값
7. 소량 첨가 회수율
8. 교정검정
9. 품질관리 시료

정답 | 58.② 59.④ 60.④ 61.①

62 검량곡선을 작성할 때에 대한 설명으로 옳은 내용을 모두 고른 것은?

㉠ 검출한계 및 정량한계를 얻을 수 있다.
㉡ 검정 감도는 농도에 따라 변하지 않으나, 분석 감도는 농도에 따라 다를 수 있다.
㉢ 검정농도 직선 범위보다 벗어나면 extra-polate하여 정량한다.
㉣ 검량곡선에서 감도와 선택성을 얻을 수 있다.

① ㉠, ㉡　　② ㉠, ㉣
③ ㉠, ㉡, ㉢　　④ ㉠, ㉢, ㉣

✔ 검정곡선(=검량곡선)을 작성하고 얻어진 검정곡선의 감응계수 또는 결정계수의 상대표준편차가 일정 수준 이내여야 하며, 이를 벗어나는 경우 직선 범위에 들어오도록 희석하여 재작성해야 한다.
또한 검정곡선은 직선성이 유지되는 농도 범위 내에서 제조농도 3~5개를 사용하며, 이미 알고 있는 분석물질의 농도와 기기의 반응과의 관계를 나타낸다. 검정곡선으로는 선택성을 확인할 수는 없다.

63 다음에서 설명하는 화학 용어로 옳은 것은?

정량분석에서 부피분석을 위해 실시하는 화학분석으로, 일정한 부피의 시료용액 내에 존재하는 알고자 하는 물질의 전량을 이것과 반응하는 데 필요한 이미 알고 있는 농도의 시약의 부피를 측정하여 그 양으로부터 알고자 하는 물질의 양을 구하는 방법

① 적정　　② 증류
③ 추출　　④ 크로마토그래피

✔ **적정**(titration)에 대한 설명이다.

64 방법검출한계에 대한 설명으로 잘못된 것은?

① 일반적으로 중대한 변화가 발생하지 않아도 6개월 또는 1년마다 정기적으로 방법검출한계를 재산정한다.
② 예측된 방법검출한계의 3~5배의 농도를 포함하도록 7개의 매질첨가시료를 준비·분석하여 표준편차를 구한 후, 표준편차의 10배의 값으로 산정한다.
③ 방법검출한계는 시험방법, 장비에 따라 달라지므로 실험실에서 새로운 기기를 도입하거나 새로운 분석방법을 채택하는 경우 반드시 그 값을 다시 산정한다.
④ 어떤 측정항목이 포함된 시료를 시험방법에 의해 분석한 결과가 99% 신뢰수준에서 0보다 분명히 큰 최소농도로 정의할 수 있다.

✔ 방법검출한계는 예측된 방법검출한계의 3~5배의 농도를 포함하도록 7개의 매질첨가시료를 준비·분석하여 **표준편차를 구한 후, 표준편차의 99% 신뢰도에서의 t-분포값을 곱하여 산정한다.**

65 바탕시료와 관련이 없는 것은?

① 오염 여부의 확인
② 반드시 정제수를 사용
③ 분석의 이상 유무 확인
④ 측정항목이 포함되지 않은 시료

✔ **바탕시료**(blank sample)
분석과정의 바탕값을 보정하고 분석과정 중에 발생할 수 있는 **오염을 확인**하기 위해 사용하는 시료로, **측정하고자 하는 목표물질만 제외한** 바탕만을 포함하는 시료이다. 용도에 따라 현장바탕시료와 실험실 바탕시료로 구분한다.

66 검량선(calibration curve) 작성을 사용한 데이터의 개수를 2배로 늘리면 검량선의 기울기와 y절편의 표준 불확도 변화비는?

① 2^2　　② $2^{\frac{1}{2}}$
③ 2^{-1}　　④ $2^{-\frac{1}{2}}$

✔ 반복되는 측정값에 따른 표준 불확도 $U=\dfrac{S}{\sqrt{n}}$
여기서, S : 표준편차
n : 데이터수
데이터의 개수를 2배로 늘인 표준불확도를 $U'=\dfrac{S}{\sqrt{2n}}$ 로 나타내면
표준불확도의 변화비 $=\dfrac{U'}{U}=\dfrac{1}{\sqrt{2}}=2^{-\frac{1}{2}}$ 이 된다.

정답 | 62.① 63.① 64.② 65.② 66.④

67 시스템 적합성 평가를 진행한 결과와 허용범위가 아래와 같을 때, 다음 설명 중 틀린 것은?

- Sampled Amount(mg) : 34.6
- Dilution Factor : 1.00
- Concentration(mg/mL) : 0.34600

〈허용범위〉
- Retention time RSD% : ≤ 2.0%
- Peak area RSD% : ≤ 2.0%
- Max. Tailing factor : ≤ 1.5
- Min. S/N : ≥ 10.0

No.	Retention time	Peak area	Tailing factor	S/N
1	7.608	23.36274	1.48264	15.2
2	7.610	23.20600	1.29834	18.2
3	7.612	23.27183	1.36374	14.8
4	7.612	23.16657	1.43264	17.0
5	7.615	23.37727	1.51498	16.6
6	7.619	23.27365	1.34894	13.9

① Retention time은 합격이다.
② Tailing factor는 합격이다.
③ Peak area는 합격이다.
④ S/N는 합격이다.

✔ 상대표준편차(RSD)% $= \frac{s}{\bar{x}} \times 100$

No.	Retention time	Peak area
표준편차(s)	0.0039	0.08327
평균($\bar{x}$)	7.6127	23.276
RSD%	0.051	0.36
결과	합격	합격

Tailing factor의 최대값 1.51498 > 1.5이므로 불합격이고, S/N의 최소값 13.9 > 10이므로 합격이다.

68 20% Pt 입자와 80% C 입자의 혼합물에서 임의의 10^3개 입자를 취했을 때, 예상되는 Pt 입자수와 표준편차는?

① 입자수 : 200, 표준편차 : 9.9
② 입자수 : 200, 표준편차 : 12.6
③ 입자수 : 800, 표준편차 : 11.2
④ 입자수 : 800, 표준편차 : 19.8

✔ 이항분포 $B(n, p)$에서 평균, 기댓값 $E(x) = np$,
표준편차 $s = \sqrt{np(1-p)}$

n=1,000개 Pt를 취할 확률은 $\frac{1}{5}$

∴ 예상되는 Pt 입자수 : $1{,}000 \times \frac{1}{5} = \mathbf{200}$

표준편차 $s = \sqrt{1{,}000 \times \frac{1}{5} \times \frac{4}{5}} = \mathbf{12.6}$

69 정밀도와 정확도를 표현하는 방법이 바르게 짝지어진 것은?

① 정밀도 : 중앙값, 정확도 : 회수율
② 정밀도 : 중앙값, 정확도 : 변동계수
③ 정밀도 : 상대표준편차, 정확도 : 변동계수
④ 정밀도 : 상대표준편차, 정확도 : 회수율

✔
- **정확도**
  평균값, 중앙값, 회수율 등으로 표현한다.
- **정밀도**
  표준편차, 상대표준편차, 변동계수 등으로 표현한다.

70 다음 중 분석장비의 소모품이 아닌 것은?

① 원자흡광광도계(AAS)에서 음극램프(cathode lamp)
② HPLC-UV/VIS의 검출기에서 중수소램프(deuterium lamp)
③ 기체 크로마토그래프(GC)에서 시료주입기(auto sampler)
④ 분광광도계에서 시료 용액을 담는 셀(cell)

✔ 기체 크로마토그래프(GC)에서 **시료주입기(auto sampler)**는 분석장비의 소모품에 포함되지 않는다.

71 카페인 시료의 농도를 분광광도법으로 분석하여 다음의 표와 같은 데이터를 얻었을 때, 이 분광광도계의 최소검출가능 농도(mM)는?

시료의 흡광도 평균	0.1180
시료의 흡광도 편차	0.005927
바탕시료의 평균 흡광도	0.0182
검량선의 기울기	$0.59 mM^{-1}$

① 0.0332 ② 0.0409
③ 0.0697 ④ 0.1180

정답 | 67.② 68.② 69.④ 70.③ 71.①

반응의 표준편차와 검량선의 기울기에 근거하여 검출한계를 구하는 방법

검출한계 $= 3.3 \times \dfrac{s}{m}$

여기서, s : 반응의 표준편차

m : 검정곡선의 기울기

$\therefore$ 검출한계 $= 3.3 \times \dfrac{0.005927}{0.59} = \mathbf{0.03315}$

72 내부 표준에 관한 다음 설명 중 옳은 내용을 모두 고른 것은?

㉠ 감응인자는 아는 양의 분석물과 내부 표준을 함유한 혼합을 사용하여 얻은 분석물과 내부 표준의 검출기 감응을 사용하여 계산한다.
㉡ 기기 감응과 분석되는 시료의 양이 시간에 따라 변하는 경우에 유용하다.
㉢ 검출기 감응은 농도에 반비례한다.
㉣ 분석물과 내부 표준의 검출기 감응비는 농도 범위에 걸쳐 일정하다고 가정한다.

① ㉢ ② ㉠, ㉡
③ ㉠, ㉡, ㉣ ④ 옳은 설명이 없다.

내부 표준법(internal standard)

1. 내부 표준은 분석물질과 다른 화합물로서, 미지시료에 첨가하는 알고 있는 양의 화합물을 말한다.
2. 분석물질의 신호와 내부 표준의 신호를 비교하여 분석물질이 얼마나 들어 있는지 알아낸다.
3. 내부 표준은 분석할 시료의 양 또는 기기의 감응이 조절하기 어려운 이유로 매 측정마다 조금씩 변할 때 유용하다. 분석물질과 표준물질에 대한 상대적 감응은 어떠한 농도범위에서 대체로 일정하다.
4. 분석하기 전, 시료의 제조단계 중에 시료의 손실이 일어날 수 있을 때에도 유용하다. 어떤 조작을 하기 전에 알고 있는 양의 표준물질을 미지시료에 첨가하면 어떤 처리 중에도 같은 분율만큼 손실될 것이므로, 표준물질 대 분석물질의 비는 일정하게 유지된다.
5. 내부 표준을 이용하기 위하여 표준물질과 분석물질의 혼합물을 준비하고 그 두 화학종에 대한 검출기의 상대적 감응으로 측정한다.

감응인자(F) 관계식

$$\frac{\text{분석물질 신호의 면적}}{\text{분석물질의 농도}} = F \times \frac{\text{표준물질 신호의 면적}}{\text{표준물질의 농도}}$$

73 분석장비의 노이즈 발생에 대한 다음 설명 중 옳은 내용을 모두 고른 것은?

㉠ 온도가 증가하면 노이즈 전압은 증가한다.
㉡ 주파수 띠넓이가 증가하면 노이즈 전압은 증가한다.
㉢ 주파수가 높을수록 환경 노이즈 스펙트럼에서 노이즈 세기는 증가한다.
㉣ 락인(lock-in) 증폭기는 노이즈를 줄이기 위한 하드웨어 장비이다.

① ㉠, ㉡, ㉢ ② ㉠, ㉡, ㉣
③ ㉠, ㉢, ㉣ ④ ㉡, ㉢, ㉣

주파수가 **낮을수록** 환경 노이즈 스펙트럼에서 노이즈 세기는 증가한다.

74 HPLC의 밸리데이션을 위해 실험한 결과가 다음과 같을 때, 올바르게 해석한 것은?

Peak area	농도(mg/mL)
10	0.99
40	4.01
80	7.98
120	11.96
160	16.01
200	20.11

① HPLC의 직선성이 확보되지 않았으므로 재교정이 필요하다.
② 상관계수가 0.97인 직선식을 도출할 수 있다.
③ 측정한 데이터를 바탕으로 200peak area의 농도를 내삽하여 활용할 수 있다.
④ peak area가 100일 때의 농도는 10.01 mg/mL이다.

$y = 9.9562x + 0.3492$

상관계수(R) = 0.99998으로(직선성 기준 : $R \geq 0.9950$ 또는 $R \geq 0.9900$) 직선성이 확보된다.

(농도, peak area)

→ (C, 100)를 식에 대입하면 $C = 10.01$mg/mL이다.

정답 I 72.③ 73.② 74.④

Check

교정곡선 작성

1. 적당한 농도 범위를 갖는 분석물질의 알려진 시료를 준비하여, 이 표준물질에 대한 분석과정의 감응을 측정한다.
2. 보정흡광도를 구하기 위하여 측정된 각각의 흡광도로부터 바탕시료의 평균흡광도를 빼준다(보정흡광도 = 관찰한 흡광도 − 바탕흡광도).
   바탕시료는 분석물질이 들어 있지 않을 때 분석과정의 감응을 측정한다.
3. 농도 대 보정흡광도의 그래프를 그린다. 자료의 점의 직선구간을 지나는 최적 직선을 구한다.
4. 미지용액을 분석할 때도 바탕시험을 동시에 하여 보정흡광도를 얻는다.
5. 미지용액의 보정흡광도를 검량선의 직선의 식에 대입하여 농도를 계산한다. 이때 미지용액의 농도가 검량선의 구간에서 벗어나면 미지용액을 구간 내에 포함되도록 적절하게 희석하여 흡광도를 다시 측정하여야 한다.

75 유효숫자를 고려하여 다음을 계산할 때, 얻어지는 값은?

$$1.22 \times (1.11 + \log 325) + 1.5525$$

① 6.0　② 5.97
③ 5.971　④ 5.9712

계산에 필요한 유효숫자 규칙

1. 곱셈, 나눗셈 : 유효숫자 개수가 가장 적은 측정값과 유효숫자가 같도록 해야 한다.
2. 덧셈, 뺄셈 : 계산에 이용되는 가장 낮은 정밀도의 측정값과 같은 소숫자리를 갖는다.
3. 로그(log) : 로그(log)는 정수부분인 지표와 소수부분인 가수로 구성된다.
   예를 들어, $\log 417 = 2.620$에서 2는 지표, 0.620은 가수이며, 417은 4.17×10^2으로 쓸 수 있다. log 417의 가수에 있는 자릿수는 417에 있는 유효숫자의 수와 같아야 하며, 지표 2는 4.17×10^2의 지수와 일치한다.

∴ $1.22 \times (1.11 + \log 325) + 1.5525$
1단계 : $\log 325 = 2.512$
2단계 : $1.11 + 2.512 = 3.62$
3단계 : $1.22 \times 3.62 = 4.42$
4단계 : $4.42 + 1.5525 = 5.97$

76 일반적으로 정밀도를 나타내는 2가지의 척도로 사용되는 것으로 올바르게 짝지은 것은?

① 정확성 – 직선성　② 직선성 – 재현성
③ 재현성 – 반복성　④ 반복성 – 정확성

정밀도(precision)

측정의 **재현성**을 나타내는 것으로 정확히 똑같은 방법으로 측정한 결과의 근접한 정도이다. 일반적으로 한 측정의 정밀도는 반복 시료들을 **단순히 반복하여** 측정함으로써 쉽게 결정된다.

77 분석장비의 검 · 교정 절차서를 작성하는 방법으로 적합하지 않은 것은?

① 시험방법에 따라 최적범위 안에서 교정용 표준물질과 바탕시료를 사용해서 교정곡선을 그린다.
② 계산된 표준편차로 교정곡선에 대한 허용 여부를 결정한다.
③ 검정곡선을 검증하기 위해서 교정검증표준물질(CVS)을 사용하여 교정한다.
④ 연속교정표준물질(CCS)과 교정검증표준물질(CVS)이 허용범위에 들지 못했을 경우 초기 교정을 다시 실시한다.

분석장비의 일반적인 검 · 교정 절차서 작성방법

1. 시험방법에 따라 최적범위 안에서 교정용 표준물질과 바탕시료를 사용해 교정곡선을 그린다.
2. **계산된 상관계수에 의해 곡선의 허용 또는 허용불가를 결정한다.**
3. 곡선을 검증하기 위해 수시교정표준물질(CCS)을 사용해 교정한다. 검증된 값의 5% 내에 있어야 한다.
4. 검증확인표준물질(CVS)을 사용해 교정하며, 이는 교정용 표준물질과 다른 것을 사용한다. 초기 교정이 허용되기 위해서는 참값의 10% 내에 있어야 한다.
5. 분석법이 시료 전처리가 포함되어 있다면, 바탕시료와 실험실 관리 표준물질(LCS)을 분석 중에 사용한다. 그 결과는 참값의 15% 내에 있어야 한다.
6. 10개의 시료를 분석하고 분석 후에 수시교정표준물질(CCS)을 가지고 다시 곡선을 점검한다. 검증값의 5% 내에 있어야 한다.
7. 수시교정표준물질(CCS) 또는 검증확인표준물질(CVS)의 허용범위에 들지 못했을 경우에는 작동을 멈추고 다시 새로운 초기 교정을 실시한다.

정답 | 75.② 76.③ 77.②

78 **분석방법이 의도한 목적에 허용되는지 증명하는 검증방법에서 사용하는 용어에 대한 설명으로 옳지 않은 것은?**

① 특이성이란 분석물질을 다른 것과 구별하는 능력이다.
② 직선성은 보통 규정 곡선의 상관계수의 제곱으로 측정된다.
③ 정밀도의 종류에는 병행정밀도, 실험실 내 정밀도, 실험실 간 정밀도가 있다.
④ 범위는 직선성, 정확도, 정밀도가 받아들일 수 있는 오차 구간이다.

✔ **범위(range)**
직선성, 정확도, 정밀도가 모두 수용될 수 있는 **농도 구간**이다. 적절한 정밀성, 정확성 및 직선성을 충분히 제시할 수 있는 검체 중 분석대상물질의 양(또는 농도)의 하한 및 상한 값 사이의 영역을 말한다.

79 **다음 중 시험법 밸리데이션에 대한 설명으로 옳지 않은 것은?**

① 시험법 밸리데이션의 목적은 시험법이 사용 목적에 맞게 정확하고 신뢰성 및 타당성이 있는지를 증명하는 문서화 과정이다.
② 시험 목적에 맞게 적합한 밸리데이션 절차를 선택할 수 있으며, 과학적 근거와 타당성이 있는 결과 해석이 필요하다.
③ 밸리데이션의 대상이 되는 모든 시험법은 모두 동일한 밸리데이션 항목으로 평가되어져야 한다.
④ 밸리데이션 대상 시험방법으로는 확인시험, 불순물의 정량 및 한도시험, 특정 성분의 정량시험이 있다.

✔ **시험법 밸리데이션(validation of analytical procedure)**
1. 시험법의 타당성을 미리 확인하여 문서화하는 과정을 말하며, 시험법 밸리데이션을 수행하는 목적은 시험법이 원하는 목적에 적합한지를 증명하는 것이다.
2. **시험법의 목적에 따라 밸리데이션의 평가항목이 결정되기 때문에** 시험법의 목적을 명확히 하는 것은 매우 중요하다.
3. 시험법 밸리데이션의 대상 유형 : 확인시험, 불순물 시험, 원료 또는 완제품 중 주요 성분 또는 완제품 중 기타 특정 성분의 정량시험

80 **식품의약품안전처 지침 시험장비 밸리데이션 표준수행절차(SOP)의 "시험 · 교정(TC)" 서식에 포함되지 않는 항목은?**

① 밸리데이션 수행자
② 성적서 발급일/확인일
③ 장비 제조사/제조국
④ 수행기관 · 업체 주소

✔ **시험 · 교정(TC) 항목**
① 장비명(영문, 국문)
② 장비코드
③ 모델 · 제조사 · 제조국
④ 문서번호
⑤ 자산번호
⑥ 장비운용부서
⑦ 수행기관, 업체주소
⑧ 밸리데이션 버전 정보
⑨ 취득일
⑩ 성적서 발급일 · 확인일

제5과목 | 환경·안전 관리

81 ▲ **폐기물관리법령상 지정폐기물이 아닌 것은?**

① 폐유 ② 폐백신
③ 폐농약 ④ 폐합성수지

✔ **지정폐기물**
사업장폐기물 중 폐유, 폐산 등 주변 환경을 오염시킬 수 있거나 의료폐기물 등 인체에 위해를 줄 수 있는 해로운 물질로서 대통령령으로 정하는 폐기물을 말한다.
다음 성분의 폐기물은 지정폐기물로 분류한다.
1. 품질관리시험실에서 나오는 액상의 유기용제
2. 품질관리시험실 및 생산에서 나오는 고체상의 유기용제
3. 품질관리시험실 및 생산에서 나오는 액상의 폐산, 폐알칼리 용액 및 이를 포함한 부식성 폐기물
4. 생산 및 시설관리에서 나오는 액상의 **폐유**
5. 품질관리시험실 및 생산에서 나오는 액상 및 고체상 폐기물
6. 품질관리시험실 및 생산에서 나오는 **폐합성 고분자화합물(폐합성수지**, 폐합성 고무 – 고체상태 제외)

정답 | 78.④ 79.③ 80.① 81.전항 정답

7. 폐수처리 오니 및 공정 오니(환경부령으로 정하는 물질을 함유한 것으로 환경부 장관이 고시한 시설)
8. 환경부령으로 정하는 물질을 함유한 유해물질 함유 폐기물(광재, 분진, 폐주물사, 소각재, 폐촉매 등)
9. 「유해화학물질 관리법」에 따른 폐유독물
10. 농약의 제조 · 판매업소에서 발생되는 **폐농약**
11. 의료폐기물 등
   ① 조직물류 폐기물 : 혈청, 혈장, 혈액 제제 등
   ② 병리계 폐기물 : 시험검사 등에 사용된 배양액, 배양 용기, 보관 균주, 폐시험관, 슬라이드, 덮개유리, 폐배지, 폐장갑
   ③ 손상성 폐기물 : 주삿바늘, 파손된 유리 재질의 시험기구
   ④ 생물 · 화학 폐기물 : **폐백신**, 폐항암제, 폐화학치료제 등

82 연소의 3요소를 참고하여 소화의 종류별 소화 원리에 대한 설명으로 ( ) 안에 알맞은 용어가 순서대로 올바르게 나열된 것은?

- 냉각소화는 인화점 및 발화점 이하로 낮추어 소화하는 방법으로 ( )을/를 제거한다.
- 질식소화는 산소의 희석 및 산소 공급의 차단을 통하여 ( )을/를 제거한다.
- 제거소화는 물질을 다른 위치로 이동시키거나 제거하여 ( )을/를 제거한다.

[연소의 3요소]
㉠ 산소 ㉡ 점화에너지 ㉢ 가연물

① ㉠, ㉠, ㉡ ② ㉡, ㉠, ㉢
③ ㉡, ㉡, ㉢ ④ ㉠, ㉠, ㉢

물리적 소화방법

1. 냉각소화 : 타고 있는 연소물로부터 열을 빼앗아 발화점 이하의 온도로 낮추어(**점화에너지 제거**) 소화하는 방법으로 주수소화가 해당된다. 물은 증발 시 증발열(기화열)이 커서 증발 시 연소면의 열을 흡수하여 온도를 낮추어 준다.
2. 질식소화 : 공기 중의 **산소의 농도 또는 산소 공급원의 공급을 막아** 연소를 중단시키는 소화방법이다. 공기 중의 산소를 21%에서 15% 이하로 낮추면 연소의 지속이 어려워 질식소화를 할 수 있게 된다.
3. 제거소화 : 화재 현장에서 **가연물을 제거**하여 연소를 중단시키는 소화방법이다.

83 석유화학공장에서 측정한 공기 중 톨루엔의 농도가 다음과 같을 때, 톨루엔에 대한 이 공장 근로자의 시간가중평균노출량(TWA : ppm)은?

(단위 : ppm)
- 1차 측정(3시간) : 95.2
- 2차 측정(3시간) : 102.1
- 3차 측정(2시간) : 87.7

① 91.4 ② 93.1
③ 95.9 ④ 97.2

시간가중평균노출량(TWA)

1일 8시간 작업을 기준으로 하여 유해인자와 측정치에 발생시간을 곱하여 8시간으로 나눈 값을 말한다.

$$\text{TWA 환산값} = \frac{C_1T_1 + C_2T_2 + \cdots}{8}$$

여기서, C : 유해인자의 측정값
T : 유해인자의 발생시간

$$\text{TWA 환산값} = \frac{(95.2\times3)+(102.1\times3)+(87.7\times2)}{8} = 95.9$$

84 위험성 평가 절차가 다음의 도표와 같을 때, 4M 위험성 평가를 적용시키는 단계는?

▲

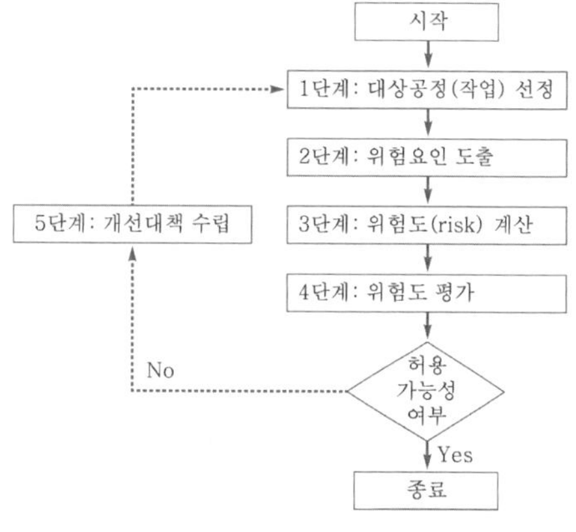

① 1단계 ② 2단계
③ 3단계 ④ 4단계

4M 위험성 평가

공정(작업) 내 잠재하고 있는 유해위험요인을 Man(인적), Machine(기계적), Media(물리환경적), Management(관리적) 등 4가지 분야로 리스크를 파악하여 위험제거 대책을 제시하는 방법이다. **위험요인 도출단계**에 4M 위험성 평가를 적용한다.

정답 | 82.② 83.③ 84.②

85 **산업안전보건법령상 관리대상 유해물질 중 상온(15℃)에서 기체상인 물질은?**

① formic acid ② Nitroglycerin
③ Methyl amine ④ N,N-Diethylaniline

✔ Methyl amine(CH_3NH_2)
끓는점은 −6.6 ~ −6℃로 상온(15℃)에서 기체상인 물질이다.

86 **응급처치 시 주의사항 중 가장 적절하지 않은 것은? (단, 과학기술인력개발원의 연구실 안전표준 교재를 기준으로 한다.)**

① 무의식 환자에게 음식(물 포함)을 주어서는 안 된다.
② 응급처치 후 반드시 의료인에게 인계해 전문적 진료를 받도록 한다.
③ 아무리 긴급한 상황이라도 처치하는 자신의 안전과 현장상황의 안전을 확보해야 한다.
④ 의료인의 지시를 받기 전에 의약품을 사용할 시 환자의 동의를 구하고 사용한다.

✔ **응급조치**

1. 현장 파악
   ① **현장의 안전상태와 위험요소를 파악한다.**
   ② **구조자 자신의 안전 여부를 확인한다.**
   ③ 사고상황과 부상자의 수를 파악한다.
   ④ 도움을 줄 수 있는 주변 인력을 파악한다.
   ⑤ 환자의 상태를 확인한다.
2. 구조 요청
   ① 현장조사와 동시에 응급구조 체계에 신고한다.
   ② 의식이 없는 경우 즉시 119에 구조 요청을 한다.
   ③ 자동제세동기를 요청한다.
3. 환자상태 파악과 기본 처치
   ① 재해자가 다수일 경우 우선순위에 따라 구조를 한다.
   ② 1차 조사 : 순환 – 기도 유지 – 호흡
   ③ 2차 조사 : 1차 조사에서 생명 유지와 직결되는 문제가 아닐 경우 전반적인 상태를 평가한다(골절, 외상, 변형 여부 등).
4. 환자의 안정
   ① 의식이 없으면 즉시 구조 요청 및 심폐소생술을 시행한다.
   ② 주변이 위험한 환경이면 즉시 안전한 위치로 환자를 이동 조치한다.
   ③ 의식이 있으면 따뜻한 음료를 소량씩 공급하여 체온 회복에 도움을 준다. **무의식 환자에게는 음식(물 포함)을 주어서는 안 된다.**
   ④ 응급처치 후 반드시 의료인에게 인계해 전문적인 진료를 받도록 한다.

87 **산업안전보건법령상 물질안전보건자료(MSDS) 대상물질을 양도 · 제공하는 자가 이행해야 할 경고표지의 부착에 관한 내용 중 틀린 것은?**

① 용기 및 포장에 경고표지를 부착할 수 없을 경우 경고표시를 인쇄한 고리표로 대체할 수 있다.
② UN의 위험물 운송에 관한 권고(RTDG)에 따라 드럼 등의 용기에 경고표시를 할 경우 그림문자를 누락하여서는 안 된다.
③ 제공받은 위험물에 경고표지가 부착되어 있지 않을 경우 물질의 양도 · 제공자에게 경고표지의 부착을 요청할 수 있다.
④ 실험실에서 시험 · 연구 목적으로 사용하는 시약은 외국어로 작성된 경고표지만 부착하여도 무방하다.

✔ **경고표지의 부착 및 작성**

1. 물질안전보건자료 대상물질을 양도 · 제공하는 자는 해당 물질안전보건자료 대상물질의 용기 및 포장에 한글로 작성한 경고표지(같은 경고표지 내에 한글과 외국어가 함께 기재된 경우를 포함한다)를 부착하거나 인쇄하는 등 유해 · 위험 정보가 명확히 나타나도록 하여야 한다. 다만, 실험실에서 시험 · 연구 목적으로 사용하는 시약으로서 외국어로 작성된 경고표지가 부착되어 있거나 수출하기 위하여 저장 또는 운반 중에 있는 완제품은 한글로 작성한 경고표지를 부착하지 아니할 수 있다.
2. 국제연합(UN)의 「위험물 운송에 관한 권고(RTDG)」에서 정하는 유해성 · 위험성 물질을 포장에 표시하는 경우에는 「위험물 운송에 관한 권고(RTDG)」에 따라 표시할 수 있다.
3. 포장하지 않은 드럼 등의 용기에 국제연합(UN)의 「위험물 운송에 관한 권고(RTDG)」에 따라 표시를 한 경우에는 **경고표지에 그림문자를 표시하지 아니할 수 있다.**
4. 용기 및 포장에 경고표지를 부착하거나 경고표지의 내용을 인쇄하는 방법으로 표시하는 것이 곤란한 경우에는 경고표지를 인쇄한 꼬리표를 달 수 있다.
5. 물질안전보건자료 대상물질을 사용 · 운반 또는 저장하고자 하는 사업주는 경고표지의 유무를 확인하여야 하며, 경고표지가 없는 경우에는 경고표지를 부착하여야 한다.
6. 사업주는 물질안전보건자료 대상물질의 양도 · 제공자에게 경고표지의 부착을 요청할 수 있다.

정답 I 85.③ 86.④ 87.②

88 **연구실 대상 소방안전관리에 관한 특별조사(소방특별조사) 시 소방특별조사를 연기할 수 있는 사유가 아닌 것은?**

① 안전관리우수연구실 인증기간과 일정이 겹칠 경우
② 태풍, 홍수 등 재난이 발생하여 소방대상물을 관리하기가 매우 어려운 경우
③ 관계인이 질병, 장기출장 등으로 소방특별조사에 참여할 수 없는 경우
④ 권한 있는 기관에 자체점검기록부 등 소방특별조사에 필요한 장부 · 서류 등이 압수되거나 영치되어 있는 경우

✔ **연구실 대상 소방안전관리에 관한 소방특별조사를 연기할 수 있는 사유**

1. 태풍, 홍수 등 재난이 발생하여 소방대상물을 관리하기가 매우 어려운 경우
2. 관계인이 질병, 장기출장 등으로 소방특별조사에 참여할 수 없는 경우
3. 권한 있는 기관에 자체점검기록부 등 소방특별조사에 필요한 장부 · 서류 등이 압수되거나 영치되어 있는 경우
4. 천재지변이나 그 밖의 대통령령으로 정한 사유로 소방특별조사를 받기 곤란한 경우 소방특별조사 연기 신청을 할 수 있다.

89 **알코올은 화학 실험실에서 빈번하게 사용되는 물질이지만, 메탄올과 같이 인체에 매우 유해한 종류도 있으므로 주의가 필요하다. 다음 중 알코올의 화학반응과 관련하여 잘못 설명한 것은?**

① 치환반응을 통해 알코올의 작용기인 하이드록시기가 브롬으로 치환될 수 있다.
② 황산 분위기에서 탈수반응에 의해 에탄올을 반응시켜 에틸렌을 생성할 수 있다.
③ 황산 분위기에서 프로판올과 아세트산을 반응시켜 아세트산 프로필을 생성할 수 있다.
④ 환원반응을 통해 에탄올을 아세트산으로 만들 수 있다.

✔ 에탄올(C_2H_5OH)은 **산화반응**을 통해 아세트알데하이드(CH_3CHO)가 되고 아세트알데하이드가 다시 산화되어 아세트산(CH_3COOH)이 된다.

90 ▲ **산업안전보건법령상 유해화학물질의 물리적 위험성에 따른 구분과 정의에 관한 설명으로 틀린 것은?**

① 인화성 가스란 20℃의 온도 및 표준압력 101.3kPa에서 공기와 혼합하여 인화범위에 있는 가스를 말한다.
② 인화성 고체란 쉽게 연소되는 고체나 마찰에 의해 화재를 일으키거나 화재를 돕는 고체를 말한다.
③ 고압가스란 200kPa 이상의 게이지 압력상태로 용기에 충전되어 있는 가스 또는 액화되거나 냉동 액화된 가스를 말한다.
④ 자연발화성 액체란 적은 양으로도 공기와 접촉하여 3분 안에 발화할 수 있는 액체를 말한다.

✔ **물리적 위험성에 의한 분류**

① 인화성 가스 : 20℃, 1atm(=101.3kPa)에서 공기와 혼합하여 인화범위에 있는 가스를 말한다.
② 인화성 고체 : 쉽게 연소되는 고체, 마찰에 의하여 화재를 일으키거나 화재를 돕는 고체를 말한다.
③ 고압가스 : 200kPa 이상의 게이지 압력상태로 용기에 충전되어 있는 가스 또는 액화되거나 냉동 액화된 가스를 말한다.
④ 자연발화성 액체 : 적은 양으로도 공기와 접촉하여 **5분 안에** 발화할 수 있는 액체를 말한다.

91 **연구실안전법령상 안전점검 또는 정밀안전진단 대행기관의 기술인력이 받아야 하는 교육과 교육 시기 · 주기 및 시간이 올바르게 짝지어진 것은?**

① 신규교육 : 기술인력 등록 후 3개월 이내, 12시간
② 신규교육 : 기술인력 등록 후 6개월 이내, 18시간
③ 보수교육 : 신규교육 이수 후 매 1년이 되는 날 기준 전후 3개월, 12시간
④ 보수교육 : 신규교육 이수 후 매 1년이 되는 날 기준 전후 6개월, 18시간

✔
- **신규교육**
  기술인력 등록 후 6개월 이내, 18시간
- **보수교육**
  신규교육 이수 후 매 2년이 되는 날 기준 전후 6개월, 12시간

92 ▲ **시료의 오염을 최소화하기 위한 시료 채취 프로그램에 포함되어야 할 내용으로 가장 거리가 먼 것은?**

① 시료 구분 ② 시료 수집자
③ 시료 채취방법 ④ 시료 보존방법

시료 채취 프로그램에는 다음의 내용이 포함되어야 한다.
1. 현장 확인(시료 채취 지점과 위치 확인, 시료 채취 위치는 분석하고자 하는 매질을 대표할 수 있는 시료를 포함한 곳이어야 한다)
2. **시료 구분**(지하수, 음용수, 지표수, 폐수, 퇴적물, 토양 등)
3. 시료의 수량
4. 채취시간
5. 시료 채취목적과 시험항목
6. 시료 채취횟수(매달, 분기별 등)
7. 시료 채취유형(단일시료, 혼합시료)
8. **시료 채취방법**(수동, 자동)
9. 분석대상물질(시험방법 번호와 참고문헌 언급)
10. 현장 측정결과
11. 현장 QC 요건
12. **시료 채취자**

93 ▲ **위험물안전관리법령상 제2류 위험물인 철분에 대한 설명 중 ㉠과 ㉡에 들어갈 숫자는?**

"철분"이라 함은 철의 분말로서 (㉠)마이크로미터의 표준체를 통과하는 것으로서 (㉡)중량퍼센트 미만인 것은 제외한다.

① ㉠ 53, ㉡ 50 ② ㉠ 150, ㉡ 50
③ ㉠ 53, ㉡ 40 ④ ㉠ 150, ㉡ 40

철분
철의 분말로서 53μm의 표준체를 통과하는 것으로서 **50중량%** 미만인 것은 제외한다.

94 ▲ **위험물안전관리법령상 위험물의 성질과 각 성질에 해당하는 위험물질의 연결이 틀린 것은?**

① 가연성 고체－황린, 적린
② 산화성 고체－염소산나트륨, 질산칼륨
③ 인화성 액체－이황화탄소, 메틸알코올
④ 자연발화성 및 금수성 물질－나트륨, 칼륨

- 가연성 고체(제2류 위험물)－적린
- **자연발화성 및 금수성 물질(제3류 위험물)－황린**

95 **산업안전보건법령상 물질안전보건자료 작성 시 포함되어야 할 항목이 아닌 것은?**

① 재활용 방안
② 응급조치 요령
③ 운송에 필요한 정보
④ 구성성분의 명칭 및 함유량

물질안전보건자료(MSDS) 구성항목
1. 화학제품과 회사에 관한 정보
2. 유해성 및 위험성
3. **구성성분의 명칭 및 함유량**
4. **응급조치 요령**
5. 폭발 및 화재 시 대처방법
6. 누출사고 시 대처방법
7. 취급 및 저장 방법
8. 노출 방지 및 개인 보호구
9. 물리 · 화학적 특성
10. 안정성 및 반응성
11. 독성에 관한 정보
12. 환경에 미치는 영향
13. 폐기 시 주의사항
14. **운송에 필요한 정보**
15. 법적 규제 현황
16. 그 밖의 참고사항

96 **우라늄－233이 알파 입자와 감마선을 내놓으면 붕괴되는 핵화학반응에서 생성되는 물질은 어느 것인가?**

① 토륨(원자번호 90, 질량수 229)
② 라듐(원자번호 88, 질량수 228)
③ 납(원자번호 82, 질량수 205)
④ 악티늄(원자번호 89, 질량수 228)

핵반응식
원소기호가 전체 중성원자를 나타내기보다는 원자 중 하나의 핵을 나타낸다. 따라서 아래첨자는 단지 핵전하(양성자)의 수를 나타낸다. 중성자와 양성자의 총수(총칭하여 핵자라 불림) 또는 핵입자들이 반응식 양쪽 변에서 같기 때문에 반응식은 균형이 맞으며, 양변에서 핵의 전하와 다른 원소 단위의 입자(양성자와 전자)수도 같다. 또한 핵반응식은 반응물의 질량수의 합과 생성물의 질량수의 합이 같을 때 균형이 맞는다.

$\therefore\ {}^{233}_{92}\mathrm{U} \rightarrow {}^{229}_{90}\mathrm{Th} + {}^{4}_{2}\mathrm{He}^{2+}$

정답 | 92.④ 93.① 94.① 95.① 96.①

Check

- **알파(α) 방사선**
  α입자는 두 개의 양성자와 두 개의 중성자로 구성된 헬륨 핵($^4_2He^{2+}$)과 동일하다.
- **베타(β) 방사선**
  질량 대 전하비가 전자($_{-1}^{0}e$ 또는 β^-)와 동일한 입자의 흐름으로 구성된다. β방출은 핵에 있는 중성자가 자발적으로 양성자와 전자로 붕괴되면서 방출될 때 발생한다.
- **감마(γ) 방사선**
  전기장 또는 자기장에 아무런 영향을 받지 않고, 질량이 없으며, 매우 높은 에너지의 간단한 전자기 방사선이다. γ 방사선은 항상 에너지를 방출하기 위한 메커니즘으로 α와 β 방출을 수반한다. 그러나 생성되는 핵의 질량수나 원자번호는 변하지 않기 때문에 γ 방사선은 종종 핵반응식에 나타나지 않는다.

97 화학반응에 의해서 발생하는 열이 아닌 것은?

① 반응열
② 연소열
③ 용융열
④ 압축열

✔ **압축열**
공기 또는 공기 · 연료의 혼합가스를 압축했을 때 증가하는 열

Check

반응열의 종류

- **연소열(연소 엔탈피)**
  어떤 물질 1몰이 완전연소할 때 방출되는 열량
- **생성열(생성 엔탈피)**
  어떤 물질 1몰이 성분원소의 가장 안정한 홑원소 물질로부터 생성될 때 흡수되거나 방출되는 열량
- **분해열**
  어떤 물질 1몰이 성분원소의 가장 안정한 홑원소 물질로 분해될 때 흡수되거나 방출되는 열량
- **중화열**
  산과 염기가 중화반응하여 1몰의 물(H_2O)이 생성될 때 방출되는 열량
- **용해열**
  어떤 물질 1몰이 충분한 양의 용매에 용해될 때 방출되거나 흡수되는 열량

98 산업안전보건법령상 물질안전보건자료의 작성에 관한 내용의 일부 중 밑줄 친 것에 해당하지 않는 것은? (단, 법령상 향수 등에 해당하는 물질에 관한 조건은 제외한다.)

> 혼합물인 제품들이 다음의 요건을 모두 충족하는 경우에는 해당 제품들을 대표하여 하나의 물질안전보건자료를 작성할 수 있다.

① 각 구성성분의 함량 변화가 10%P 이하일 것
② 혼합물로 된 제품의 구성성분이 같을 것
③ 주성분이 90% 이상일 것
④ 유사한 유해성을 가질 것

✔ 혼합물인 제품들이 다음의 요건을 모두 충족하는 경우에는 해당 제품들을 대표하여 하나의 물질안전보건자료를 작성할 수 있다.

1. **혼합물인 제품들의 구성성분이 같을 것.** 다만, 향수 성분의 물질을 포함하는 제품으로서 다음 요건 모두 충족하는 경우에는 그러하지 아니하다.
   ① 제품의 구성성분 중 향수 등의 함유량(2가지 이상의 향수 등 성분을 포함하는 경우에는 총 함유량을 말한다)이 5% 이하일 것
   ② 제품의 구성성분 중 향수 등 성분의 물질만 변경될 것
2. **각 구성성분의 함유량 변화가 10%P 이하일 것**
3. **유사한 유해성을 가질 것**

99 ▲ 폐기물관리법령상 폐기물처리시설의 개선기간 등에 관한 다음의 내용 중 ( ) 안에 들어갈 기간은?

시 · 도지사나 지방환경관서의 장이 폐기물처리시설의 개선 또는 사용중지를 명할 때에는 개선 등에 필요한 조치의 내용, 시설의 종류 등을 고려하여 개선명령의 경우에는 (㉠)의 범위에서, 사용중지명령의 경우에는 (㉡)의 범위에서 각각 그 기간을 정해야 한다.

① ㉠ 6개월, ㉡ 1년
② ㉠ 1년, ㉡ 6개월
③ ㉠ 3개월, ㉡ 6개월
④ ㉠ 6개월, ㉡ 3개월

정답 | 97.④ 98.③ 99.②

✔ 시 · 도지사나 지방환경관서의 장이 폐기물처리시설의 개선 또는 사용중지를 명할 때에는 개선 등에 필요한 조치의 내용, 시설의 종류 등을 고려하여 **개선명령**의 경우에는 **1년**의 범위에서, **사용중지명령**의 경우에는 **6개월**의 범위에서 각각 그 기간을 정해야 한다.

100 ▲ **화학물질관리법령상 유해화학물질관리자의 직무범위에 해당하지 않는 것은?**

① 유해화학물질 취급기준 준수에 필요한 조치
② 취급자의 개인 보호장구 착용에 필요한 조치
③ 사고대비물질의 관리기준 준수에 필요한 조치
④ 취급자의 건강진단 등 건강관리에 필요한 조치

✔ 유해화학물질관리자의 직무범위
1. **유해화학물질 취급기준 준수에 필요한 조치**
2. **취급자의 개인 보호장구 착용에 필요한 조치**
3. 유해화학물질의 진열/보관에 필요한 조치
4. 유해화학물질의 표시에 필요한 조치
5. 유해화학물질 취급시설의 설치 및 관리기준 준수에 필요한 조치
6. 유해화학물질 취급시설 등의 자체 점검에 필요한 조치
7. 수급인의 관리/감독에 필요한 조치
8. **사고대비물질의 관리기준 준수에 필요한 조치**
9. 유해관리계획서의 작성/제출에 필요한 조치
10. 화학사고 발생신고 등에 필요한 조치
11. 그 밖에 유해화학물질 취급시설의 안전 확보와 위해 방지 등에 필요한 조치

정답 I 100.④

2021 제4회 화학분석기사

2021년 9월 12일 시행

제1과목 | 화학분석과정 관리

01 할로젠 원소의 특성을 설명한 것 중 틀린 것은?

① −1가 이온을 형성한다.
② 주로 이원자 분자로 존재한다.
③ 주기가 커질수록 반응성이 증가한다.
④ 수소와 반응하여 할로젠화수소를 생성한다.

- **할로젠 원소(7A족)의 반응성**
  F > Cl > Br > I
  주기가 커질수록 반응성은 감소한다.
- **이원자 분자**
  H_2, N_2, O_2, F_2, Cl_2, Br_2, I_2

02 유효숫자 계산이 정확한 것만 고른 것은?

> ㉠ $\log(3.2) = 0.51$
> ㉡ $10^{4.37} = 2.3 \times 10^4$
> ㉢ $3.260 \times 10^{-5} \times 1.78 = 5.80 \times 10^{-5}$
> ㉣ $34.60 \div 2.463 = 14.05$

① ㉠, ㉡　　② ㉢, ㉣
③ ㉠, ㉢, ㉣　　④ ㉠, ㉡, ㉢, ㉣

㉠ $\log(3.2) = 0.51$(유효숫자 2개)
㉡ $10^{4.37} = 2.3 \times 10^4$(유효숫자 2개)
㉢ $3.260 \times 10^{-5} \times 1.78 = 5.80 \times 10^{-5}$(유효숫자 3개)
㉣ $34.60 \div 2.463 = 14.05$(유효숫자 4개)

Check

계산에 필요한 유효숫자 규칙

1. 곱셈, 나눗셈 : 유효숫자 개수가 가장 적은 측정값과 유효숫자가 같도록 해야 한다.
2. 덧셈, 뺄셈 : 계산에 이용되는 가장 낮은 정밀도의 측정값과 같은 소수자리를 갖는다.
3. log와 antilog : 어떤 수의 log값은 소수점 아래의 자리의 수가 원래 수의 유효숫자와 같도록 한다. 어떤 수의 antilog 값은 원래 수의 소수점 오른쪽에 있는 자리의 수와 같은 유효숫자를 갖도록 한다.

03 C_7H_{16}의 구조이성질체 개수는?

① 7개　　② 8개
③ 9개　　④ 10개

```
1. C − C − C − C − C − C − C

2. C − C − C − C − C − C
                   |
                   C

3.                 C
                   |
   C − C − C − C − C − C

4.         C
           |
   C − C − C − C − C
       |
       C

5.                 C
                   |
   C − C − C − C − C
                   |
                   C

6.                 C
                   |
   C − C − C − C − C
       |
       C

7.         C
           |
   C − C − C − C − C
           |
           C

8.         C − C
           |
   C − C − C − C − C

9.     C
       |
   C − C − C − C
       |   |
       C   C
```

04 분석방법에 대한 검증은 인증표준물질(CRM)과 표준물질(RM) 또는 표준용액을 사용하여 검증한다. 다음 중 분석방법에 대한 검증항목이 아닌 것은?

① 정량한계　　② 안전성
③ 직선성　　④ 정밀도

분석방법 검증

1. 분석방법 검증은 인증표준물질 또는 표준용액을 사용하여 검증한다.
2. 분석방법에 대한 검증항목은 정확도, **정밀도**, 특이성, **검출한계**, 정량한계, **직선성**, 범위로 구분하여 실시한다.

05 단색화 장치의 성능을 결정하는 요소로서 가장 거리가 먼 것은?

① 복사선의 순도　　② 근접 파장 분해능력
③ 복사선의 산란효율　　④ 스펙트럼의 띠너비

단색화 장치의 성능 특성은 분산되어 나오는 **복사선의 순도**, **근접 파장을 분해하는 능력**, 집광력, 그리고 **스펙트럼의 띠너비**에 따라 결정된다.

정답 | 01.③ 02.④ 03.③ 04.② 05.③

06 **자외선-가시광선 분광기의 구성요소가 아닌 것은?**

① 광원　② 검출기
③ 지시전극　④ 시료용기

✔ **전형적인 분광기기의 부분장치**
1. 안정한 복사에너지 광원
2. 시료를 담는 투명한 용기
3. 측정을 위해 제한된 스펙트럼 영역을 제공하는 장치(파장선택기)
4. 복사선을 유용한 신호(전기신호)로 변환시키는 복사선 검출기(detector)
5. 변환된 신호를 계기 눈금, 음극선관, 디지털 계기 또는 기록기 종이 위에 나타나도록 하는 신호처리장치와 판독장치(read out)

07 **폴리스타이렌(polystyrene)에 대한 설명으로 틀린 것은? (단, 폴리스타이렌 단량체의 분자량은 104g/mol이다.)**

① 스타이렌이 1,000개 연결되어 생성된 폴리스타이렌은 1.04×10^5g/mol의 분자량을 가진다.
② 폴리스타이렌의 단량체는 페닐기를 포함한다.
③ 대표적인 열경화성 수지 가운데 하나이다.
④ 폴리스타이렌 생성반응은 개시(intiation), 생장(propagation), 종결(termination)의 세 단계로 이루어진다.

✔ **폴리스타이렌(PS)**
단량체(스타이렌)가 첨가 중합으로 생성된 고분자화합물로서 스타이렌의 구조식은 (CH₂CH가 결합된 벤젠고리)이다. 사슬모양의 구조로 되어 있고, 열을 가하면 쉽게 변형되는 **열가소성 수지**이며, 열가소성 수지의 또 다른 예로는 폴리에틸렌, 폴리스타이렌, 폴리염화비닐 등이 있다. 열경화성 수지는 그물모양의 구조로 되어 있고, 열을 가해도 쉽게 변형되지 않으며, 열에 강해야 하는 주방기구 손잡이 등에 이용된다. 또한 주로 축합 중합반응으로 생성되며, 예로는 페놀수지 등이 있다.

08 **$H_2(g) + I_2(g) \rightarrow 2HI(g)$ 반응의 평형상수(K_c)는 430℃에서 54.3이다. 이 온도에서 1L 용기 안에 들어 있는 각 화학종의 몰수를 측정하니 H_2는 0.2mol, I_2는 0.15mol이라면, HI의 농도(M)는?**

① 1.28　② 1.63
③ 1.81　④ 3.00

✔ $K_c = \dfrac{[HI]^2}{[H_2][I_2]} = 54.3$

[HI] $= x$로 두면

$K_c = \dfrac{(x)^2}{(0.2)\times(0.15)} = 54.3$

$x = 1.2763$

$\therefore$ [HI] = **1.28M**

09 **다음 유기화합물을 올바르게 명명한 것은?**

$Cl-C_6H_3(Cl)-O-CH_2-COOH$

① 2,4-클로로페닐아세트산
② 1,3-다이클로로벤젠아세트산
③ 2,4-다이클로로페녹시아세트산
④ 1-옥시아세트산2,4-클로로벤젠

✔ 2,4-다이클로로페녹시아세트산

$Cl-C_6H_3(Cl)-O - + - CH_2-COOH$

2,4-다이클로로페녹시화 이온 + 아세트산

10 **일정한 온도와 압력에서 진행되는 다음의 연소반응에 관련된 내용 중 틀린 것은?**

$$C(s) + O_2(g) \rightarrow CO_2(g)$$

① 0.5mol의 탄소가 0.5mol의 산소와 반응하여 0.5mol의 이산화탄소를 만든다.
② 1g의 탄소가 1g의 산소와 반응하여 1g의 이산화탄소를 만든다.
③ 이 반응에서 소비된 산소가 1mol이었다면, 생성된 이산화탄소의 몰수는 1mol이다.
④ 이 반응에서 1L의 산소가 소비되었다면, 생성된 이산화탄소의 부피는 1L이다.

✔ 12g의 탄소가 32g의 산소와 반응하여 44g의 이산화탄소를 만든다.
균형 화학반응식의 계수비
=물질의 몰수비(또는 입자수비)
=기체의 부피비≠질량비

정답 | 06.③　07.③　08.①　09.③　10.②

11 **광도법 적정에서 $\varepsilon_a = \varepsilon_t = 0$이고, $\varepsilon_p > 0$인 경우의 적정 곡선을 가장 잘 나타낸 것은? (단, 각각의 기호의 의미는 다음의 표와 같으며, 흡광도는 증가된 부피에 대하여 보정되어 표시한다.)**

몰흡광계수	기호
시료(analyte)	ε_a
적정액(titrant)	ε_t
생성물(product)	ε_p

①
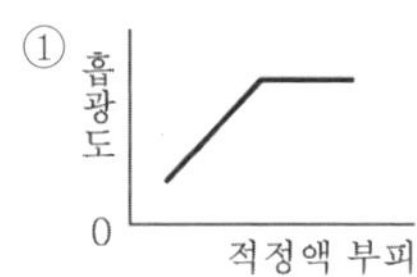

②
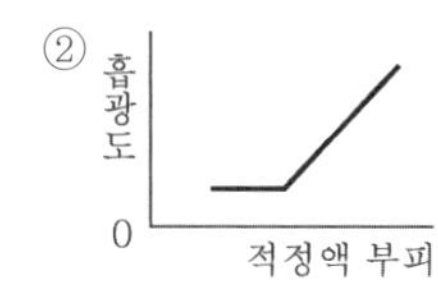

③
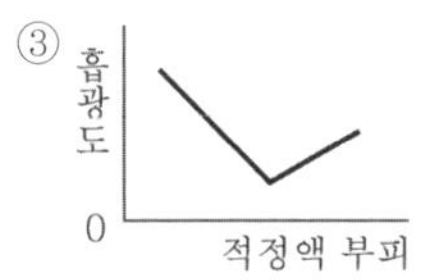

④
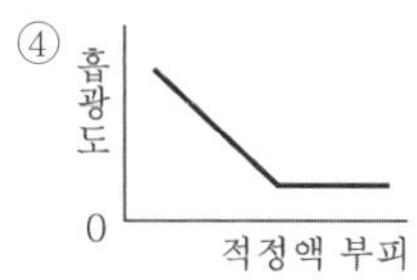

✔ 시료, 생성물, 적정 시약의 몰흡광계수가 각각 ε_a, ε_p, ε_t,로 주어진다.

①	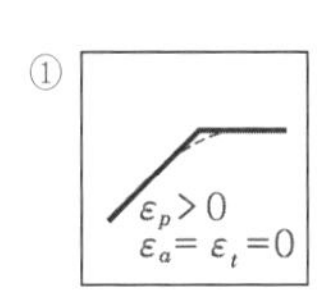	• 시료 흡광 × • 적정 시약 흡광 × • 생성물 흡광 ○ 생성물이 증가함에 따라 흡광도 증가, 당량점 이후 더 이상 생성물이 생성되지 않으므로 흡광도가 더 이상 증가하지 않고 일정
②	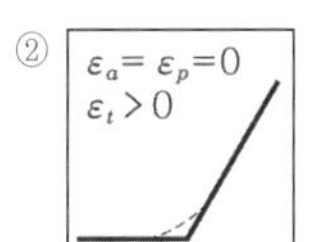	• 시료 흡광 × • 적정 시약 흡광 ○ • 생성물 흡광 × 과량의 적정 시약이 존재하게 되면, 즉 당량점 이후 흡광도 증가
③	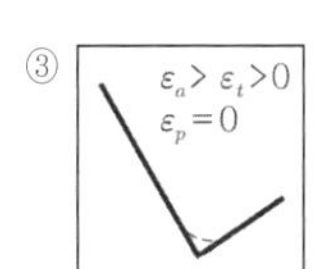	• 시료 흡광 ○ • 적정 시약 흡광 ○ • 생성물 흡광 × 당량점 이전 생성물이 증가함에 따라 흡광도 감소, 흡광도는 당량점에서 최소, 당량점 이후 적정 시약의 증가로 흡광도 증가
④	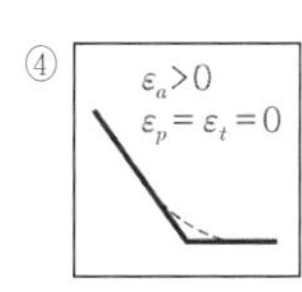	• 시료 흡광 ○ • 적정 시약 흡광 × • 생성물 흡광 × 생성물이 증가함에 따라 흡광도 감소, 흡광도는 당량점에서 최소, 당량점 이후 흡광하는 성분이 없으므로 흡광도 변화 없음

12 **원자와 관련된 용어에 대한 설명 중 틀린 것은?**

① 이온화에너지는 양이온 생성 시 원자가 흡수하는 에너지이다.
② 전기음성도는 결합 시 원자가전자를 끌어당기는 정도를 나타내는 값이다.
③ 원자가전자란 원자의 최외각에 배치하여 화학결합에 관여하는 전자이다.
④ 전자친화도는 음이온 생성 시 원자가 흡수하는 에너지이다.

✔ **전자친화도**
기체상태의 중성 원자가 전자 1개를 얻어 기체상태의 **음이온이 될 때 방출하는 에너지**
➜ 원자핵과 전자 사이의 인력이 클수록 전자친화도가 크다.
$X(g) + e^- \rightarrow X^-(g) + E$
(여기서, E : 전자친화도)
1. 전자친화도가 크다.
 ➜ 전자를 얻기 쉽다. ➜ 음이온이 되기 쉽다.
2. 전자친화도가 작다.
 ➜ 전자를 얻기 어렵다. ➜ 음이온이 되기 어렵다.

13 **다음 중 질량이 가장 큰 것은?**

① 산소원자 0.01몰
② 탄소원자 0.01몰
③ 273K, 1atm에서 이상기체인 He 0.224L
④ 이산화탄소 분자 0.01몰 내에 들어 있는 총 산소원자

✔ ① 산소원자 0.01mol
: $0.01\text{mol O} \times \dfrac{16\text{g O}}{1\text{mol O}} = 0.16\text{g O}$
② 탄소원자 0.01mol
: $0.01\text{mol C} \times \dfrac{12\text{g C}}{1\text{mol C}} = 0.12\text{g C}$
③ 273K, 1atm에서 이상기체인 He 0.224L
: $0.224\text{L He} \times \dfrac{1\text{mol He}}{22.4\text{L He}} \times \dfrac{4\text{g He}}{1\text{mol He}} = 0.04\text{g He}$
④ 이산화탄소 분자 0.01몰 내에 들어 있는 총 산소원자
: $0.01\text{mol CO}_2 \times \dfrac{2\text{mol O}}{1\text{mol CO}_2} \times \dfrac{16\text{g O}}{1\text{mol O}} = \mathbf{0.32g\ O}$

14 **다음 중 원자의 크기가 가장 작은 것은?**

① K ② Li
③ Na ④ Cs

정답 | 11.① 12.④ 13.④ 14.②

✔ 원자 크기(반지름)의 주기성

1. 같은 주기에서는 원자번호가 클수록 원자 크기(반지름)는 감소한다.
   → 전자껍질수는 같고, 양성자수가 증가하여 유효 핵전하가 증가하므로 원자핵과 전자 사이의 인력이 증가하기 때문
2. 같은 족에서는 원자번호가 클수록 원자 크기(반지름)가 증가한다.
   → 전자껍질수가 증가하여 원자핵과 원자가전자 사이의 거리가 멀어지기 때문

∴ 문제는 같은 족 원자의 크기(반지름)를 비교하므로 알칼리금속(1A족) 원자 크기(반지름)는 다음과 같다.
Li < Na < K < Rb < Cs

15 11.99g의 염산이 녹아있는 5.48M 염산 용액의 부피(mL)는? (단, Cl의 원자량은 35.45g/mol이다.)

① 12.5　② 17.8
③ 30.4　④ 60.0

✔ $5.48\text{M 염산 용액} = \dfrac{5.48\text{mol HCl}}{1\text{L 염산 용액}}$

$11.99\text{g HCl} \times \dfrac{1\text{mol HCl}}{36.45\text{g HCl}} \times \dfrac{1\text{L 염산 용액}}{5.48\text{mol HCl}} \times \dfrac{1{,}000\text{mL}}{1\text{L}}$
$= 60.026\text{mL 염산 용액}$

∴ 염산 용액의 부피는 60.0mL이다.

16 11.3g의 암모니아 속에 들어 있는 수소원자의 몰수(mol)는?

① 0.5　② 1.0
③ 1.5　④ 2.0

✔ $11.3\text{g } NH_3 \times \dfrac{1\text{mol } NH_3}{17\text{g } NH_3} \times \dfrac{3\text{mol N}}{1\text{mol } NH_3} = 1.994\text{mol N}$

∴ 수소원자 2.0mol이 들어 있다.

17 적외선 분광법의 시료용기 재료로 가장 부적합한 것은?

① AgBr　② CaF_2
③ KBr　④ SiO_2

✔ 시료를 담는 용기(cell) 또는 큐벳(cuvette)은 이용하는 스펙트럼 영역의 복사선에 투명한 재질로 되어 이용하는 복사선을 흡수하지 않아야 한다.
자주 사용되는 IR 시료 용기의 창(window)물질로는 다음과 같다.

- NaCl 적용범위 4,000~625cm^{-1}
- KBr 적용범위 40,000~385cm^{-1}
- KCl 적용범위 40,000~500cm^{-1}
- CaF_2 적용범위 50,000~1,100cm^{-1}
- AgBr 적용범위 20,000~285cm^{-1}

18 두 개의 탄화수소기가 산소원자에 결합된 형태를 가진 분자이며, 두 개의 알코올 분자로부터 한 분자의 물이 탈수되어 생성되는 분자의 종류는?

① 알데하이드(aldehyde)
② 카복시산(carboxylic acid)
③ 에터(ether)
④ 아민(amine)

✔ 에터(ether)
ROH + R′OH → ROR′ + H_2O

19 주기율표상에서 나트륨(Na)부터 염소(Cl)에 이르는 3주기 원소들의 경향성을 올바르게 설명한 것은?

① Na으로부터 Cl로 갈수록 전자친화력은 약해진다.
② Na으로부터 Cl로 갈수록 1차 이온화에너지는 커진다.
③ Na으로부터 Cl로 갈수록 원자 반경은 커진다.
④ Na으로부터 Cl로 갈수록 금속성이 증가한다.

✔ ① Na으로부터 Cl로 갈수록 전자친화력은 증가한다.
② Na으로부터 Cl로 갈수록 1차 이온화에너지는 커진다.
③ Na으로부터 Cl로 갈수록 원자 반경은 작아진다.
④ Na으로부터 Cl로 갈수록 금속성이 감소한다.

20 국가표준기본법령상 제품 등이 국가표준, 국제표준 등을 충족하는지를 평가하는 교정, 인증, 시험, 검사 등을 의미하는 용어는?

① 표준인증심사 유형　② 소급성 평가
③ 적합성 평가　④ 기술 규정

정답 | 15.④ 16.④ 17.④ 18.③ 19.② 20.③

적합성 평가
제품(서비스 포함), 프로세스, 시스템, 사람 또는 기관과 관련된 규정된 요구사항이 충족됨을 증명하는 것으로, 중요한 적합성 평가로는 시험, 의학, 교정, 검사, 제품인증, 시스템 인증, 자격인증, 의료기기인증, 온실가스검증 등을 들 수 있다.

제2과목 | 화학물질특성 분석

21 **N의 산화수가 +4인 화합물은?**

① HNO_3
② NO_2
③ N_2O
④ NH_4Cl

산화수 규칙
H : +1, O : −2, Cl : −1, N의 산화수 $=x$
화합물에서 모든 원자의 산화수의 총합은 0이다.
① HNO_3 : $(+1)+x+(-2\times3)=0$ ∴ $x=+5$
② **NO_2** : $x+(-2\times2)=0$ ∴ $x=$**+4**
③ N_2O : $(x\times2)+(-2)=0$ ∴ $x=+1$
④ NH_4Cl : $x+(+1\times4)+(-1)=0$ ∴ $x=-3$

22 **Pb^{2+}와 EDTA의 형성상수(formation constant)가 1.0×10^{18}이고 pH 10에서 EDTA 중 Y_4^-의 분율이 0.3일 때, pH 10에서 조건(conditional) 형성상수는? (단, 육양성자 형태의 EDTA를 $H_6Y_2^+$로 표현할 때, Y_4^-는 EDTA에서 수소가 완전히 해리된 상태이다.)**

① 3.0×10^{17}
② 3.3×10^{13}
③ 3.0×10^{-19}
④ 3.3×10^{-18}

$K_f' = \alpha_{Y^{4-}}\times K_f$임을 이용한다.
여기서, K_f' : 조건형성상수
$\alpha_{Y^{4-}}$: EDTA 몰분율
K_f : 형성상수

$$K_f' = \alpha_{Y^{4-}}\times K_f = (0.3)\times(1.0\times10^{18}) = \mathbf{3.0\times10^{17}}$$

23 **다음 중 $Hg_2(IO_3)_2(s)$를 용해시킬 때, 용해된 Hg_2^{2+}의 농도가 가장 큰 것은? (단, $Hg_2(IO_3)_2(s)$의 용해도곱 상수는 1.3×10^{-18}이다.)**

① 증류수
② 0.10M KIO_3
③ 0.20M KNO_3
④ 0.30M $NaIO_3$

① 증류수 : $Hg_2(IO_3)_2(s) \rightleftarrows Hg_2^{2+}(aq)+2IO_3^-(aq)$

$$K_{sp} = [Hg_2^{2+}]\times[IO_3^-]^2 = x\times(2x)^2 = 1.03\times10^{-18}$$

∴ $x = 6.36\times10^{-7}$M
용해도는 6.36×10^{-7}M이다.
② 0.10M KIO_3 : 공통이온 효과로 난용성 염의 용해도 감소
③ 0.20M KNO_3 : 이온 세기 증가로 난용성 염의 용해도 증가
④ 0.30M $NaIO_3$: 공통이온 효과로 난용성 염의 용해도 감소

Check
- **공통이온의 효과**
공통이온이 있으면 난용성 염의 용해도는 감소한다. 침전물을 구성하는 이온들과 같은 이온을 가진 가용성 화합물이 그 고체로 포화된 용액에 첨가될 때 이온성 침전물의 용해도를 감소시키는 것이다.
- **이온 세기**
이온 세기가 증가하면 난용성 염의 용해도가 증가한다. 난용성 염에서 해리된 양이온과 음이온의 주위에 반대 전하를 가진 비활성 염의 이온들이 둘러싸여 이온 사이의 인력을 감소시키므로 서로 합쳐지려고 하는 경향이 줄어들기 때문에 용해도가 증가하게 된다.

24 **산과 염기에 대한 설명 중 틀린 것은?**

① 산은 물에서 수소이온(H^+)의 농도를 증가시키는 물질이다.
② 산과 염기가 반응하여 물과 염을 생성하는 반응을 중화반응이라고 한다.
③ 염기성 용액에서는 H^+의 농도보다 OH^-의 농도가 더 크다.
④ 산성 용액은 붉은 리트머스 시험지를 푸르게 변색시킨다.

- 산성 용액은 푸른색 리트머스 시험지를 붉은색으로 변색시킨다.
- 염기성 용액은 붉은색 리트머스 시험지를 푸른색으로 변색시킨다.

정답 | 21.② 22.① 23.③ 24.④

25 **활동도계수의 특성에 대한 설명으로 가장 거리가 먼 것은?**

① 농도가 높지 않은 용액에서 주어진 화학종의 활동도계수는 전해질의 종류에 따라서만 달라진다.
② 용액이 무한히 묽어짐에 따라 주어진 화학종의 활동도계수는 1로 수렴한다.
③ 주어진 이온 세기에서 같은 전하를 가진 이온들의 활동도계수는 거의 같다.
④ 전하를 띠지 않은 분자의 활동도계수는 이온 세기에 관계없이 대략 1이다.

활동도계수

1. 화학종이 포함된 평형에서 그 화학종이 평형에 미치는 영향의 척도이다.
2. 전해질의 종류나 성질에는 무관하다.
3. 전하를 띠지 않는 중성 분자의 활동도계수는 이온 세기에 관계없이 대략 1이다.
4. 농도와 온도에 민감하게 반응한다.
5. 용액이 매우 묽을 경우 주어진 화학종의 활동도계수는 1에 매우 가까워진다.
6. 이온 세기가 작을수록, 이온의 전하가 작을수록, 이온 크기(수화 반경)가 클수록 활동도계수는 증가한다.

26 **0.1000M HCl 용액 25.00mL에 0.1000M NaOH 용액 25.10mL를 가했을 때의 pH는? (단, K_w는 1.0×10^{-14}이다.)**

① 11.60 ② 10.30
③ 3.70 ④ 2.40

알짜반응식

$H^+(aq)+OH^-(aq) \rightleftarrows H_2O(l)$

당량점 부피(V_e) : $0.1000\times25.00 = 0.1000\times V_e$

$\therefore\ V_e = 25mL$

가한 NaOH 25.1mL는 당량점 이후이므로 당량점 이후에서 과량의 화학종은 OH^-이다.

$$[OH^-]=\frac{(0.1000\times25.10)-(0.1000\times25.00)mmol}{25.10+25.00mL}$$

$$=1.996\times10^{-4}M$$

$$[H^+]=\frac{K_w}{[OH^-]}=\frac{1.0\times10^{-14}}{1.996\times10^{-4}}=5.01\times10^{-11}M$$

$\therefore\ pH=-\log(5.01\times10^{-11})=10.30$

27 **0℃에서 액체 물의 밀도는 0.9998g/mL이고 이온화 상수는 1.14×10^{-15}이다. 0℃에서 액체 물의 해리백분율(mol%)은?**

① 3.4×10^{-8} ② 3.4×10^{-6}
③ 6.1×10^{-8} ④ 7.5×10^{-6}

$H_2O(l) \rightleftarrows H^+(aq)+OH^-(aq)$

$[H^+][OH^-]=x^2=1.14\times10^{-15}$

$[H^+]=x=3.376\times10^{-8}M$

$$[H_2O]=\frac{0.9998g\ H_2O}{1mL}\times\frac{1mol\ H_2O}{18g\ H_2O}\times\frac{1{,}000mL}{1L}$$

$$=55.54M$$

$$\text{물의 해리백분율(mol\%)}=\frac{[H^+]}{[H_2O]}\times100$$

$$=\frac{3.376\times10^{-8}}{55.54}\times100$$

$$=6.0785\times10^{-8}$$

$\therefore$ **6.1×10^{-8}mol%**

28 **UV/VIS 흡수분광법에 관한 설명 중 틀린 것은?**

① 유기화합물의 UV-VIS 흡수는 n 또는 π 궤도에 있는 전자가 π^* 궤도로 전이하는 것에 기초로 두고 있다.
② $n\rightarrow\pi^*$ 전이에 해당하는 몰흡광계수는 비교적 작은 값을 갖는다.
③ $\pi\rightarrow\pi^*$ 전이에 해당하는 몰흡광계수는 대부분 큰 값을 갖는다.
④ 용매의 극성이 증가하면 $n\rightarrow\pi^*$ 전이에 해당하는 흡수봉우리는 장파장 쪽으로 이동한다.

용매효과

용매의 극성이 증가함에 따라 용매와 유기분자와의 상호작용으로 흡수봉우리의 파장이 단파장 또는 장파장 쪽으로 이동하는 효과

1. 청색 이동(blue shift) : **$n\rightarrow\pi^*$ 전이의 경우, 짧은 파장 쪽으로 이동**
   → 극성 용매와 분석물질의 상호작용으로 비공유 전자쌍을 안정화시키므로 n 오비탈의 에너지준위를 낮추어 더 큰 에너지를 흡수하기 때문
2. 적색 이동(red shift) : $\pi\rightarrow\pi^*$ 전이의 경우, 긴 파장 쪽으로 이동
   → 극성 용매와 분석물질의 상호작용으로 π^* 오비탈의 에너지준위를 낮추어 더 적은 에너지를 흡수하기 때문

정답 | 25.① 26.② 27.③ 28.④

29 X선 분광법에서 파장을 분리하는 단색화 장치에 이용되는 분산요소는?

① 프리즘 ② 결정
③ 큐벳 ④ 광전관

✔ X선 단색화 장치는 광학기기에서 슬릿과 같은 역할을 하는 한 쌍의 빛살 평행화 장치와 한 개의 분산요소로 이루어져 있다. 분산요소는 측각기(goniometer) 또는 회전 가능한 테이블에 설치된 **단결정**인데, 이는 결정면과 평행화된 입사 빛살 사이의 각 θ을 변경시키고 정밀하게 측정할 수 있게 하는 것이다.
$n\lambda = 2d\sin\theta$로부터 측각기의 어떤 주어진 각에서는 단지 몇 개의 파장만이 회절됨을 알 수 있다.
$\left(\lambda,\ \frac{\lambda}{2},\ \frac{\lambda}{3},\ \cdots,\ \frac{\lambda}{n}\right)$

30 이온 세기와 이와 관련된 현상에 대한 설명 중 틀린 것은?

① 이온 세기는 용액 중에 있는 이온의 전체 농도를 나타내는 척도이다.
② 염을 첨가하면 이온 분위기가 형성되어 더 많은 고체가 녹는다.
③ 염을 증가시키면 이온 간 인력이 순수한 물에서보다 감소한다.
④ 이온 세기가 클수록 이온 분위기의 전하는 작아진다.

✔ **이온 세기**
1. 이온 세기는 용액 중에 있는 이온의 전체 농도를 나타내는 척도이다.
2. 이온 세기$(\mu) = \frac{1}{2}(C_1Z_1^2 + C_2Z_2^2 + \cdots)$
   여기서, C_1, C_2, $\cdots$: 이온의 몰농도
   Z_1, Z_2, $\cdots$: 이온의 전하
3. 1가 이온으로 구성된 강전해질 용액의 이온 세기는 그 염의 전체 몰농도와 동일하다.
4. 용액이 다중 전하를 가진 이온들로 구성되어 있다면 이온 세기는 그것의 몰농도보다 더 커진다.
5. 이온 세기가 증가하면 난용성 염의 용해도가 증가한다.
   → **이온 세기가 클수록 이온 분위기의 전하가 커진다.** 이온 분위기는 용액 내 이온들 사이의 인력을 감소시키는 역할을 하며, 난용성 염에서 해리된 양이온과 음이온의 주위에 반대 전하를 가진 비활성 염의 이온들이 둘러싸여 이온 사이의 인력을 감소시키므로 서로 합쳐지려고 하는 경향이 줄어들기 때문에 용해도가 증가하게 된다.

31 약산 용액을 강염기 용액으로 적정할 때 적절한 지시약과 적정이 끝난 후 용액의 색이 올바르게 연결된 것은?

① 메틸레드 – 빨강
② 페놀레드 – 노랑
③ 메틸오렌지 – 노랑
④ 페놀프탈레인 – 빨강

✔ 약산 용액을 강염기 용액으로 적정하면 당량점에서의 pH > 7을 나타낸다. 페놀프탈레인은 염기성에서 변색, 무색에서 붉은색으로 변한다.

지시약	변색 범위	산성 색	염기성 색	적정 형태
메틸오렌지	3.1~4.4	붉은색	노란색	• 산성에서 변색 • 약염기를 강산으로 적정하는 경우 약염기의 짝산이 약산으로 작용 • 당량점에서 pH < 7.00
브로모크레졸 그린	3.8~5.4	노란색	푸른색	
메틸레드	4.8~6.0	붉은색	노란색	
브로모티몰 블루	6.0~7.6	노란색	푸른색	• 중성에서 변색 • 강산을 강염기로 또는 강염기를 강산으로 적정하는 경우 짝산, 짝염기가 산·염기로 작용하지 못함 • 당량점에서 pH=7.00
페놀레드	6.4~8.0	노란색	붉은색	
크레졸퍼플	7.6~9.2	노란색	자주색	• 염기성에서 변색 • **약산을 강염기로 적정하는 경우** • 약산의 짝염기가 약염기로 작용 • 당량점에서 pH > 7.00
페놀프탈레인	8.0~9.6	무색	**붉은색**	
알리자린옐로	10.1~12.0	노란색	오렌지색–붉은색	

32 다음의 전기화학전지에 대한 설명으로 틀린 것은?

• Cu(s) | $CuCl_2$(aq, 0.0400M) ‖ AgCl(aq, 0.0400M) | Ag(s)

① 한 줄 수직선(|)은 전위가 발생하는 상 경계나 전위가 발생할 수 있는 접촉면이다.
② 이중 수직선(‖)은 염다리의 양 끝에 있는 두 개의 상 경계이다.
③ 0.0400M은 은이온(Ag^+)의 농도이다.
④ 구리(Cu)는 환원전극이다.

정답 | 29.② 30.④ 31.④ 32.④

✔ Cu는 산화전극이다.
1. 산화전극 반응 : $Cu(s) \rightleftarrows Cu^{2+}(aq) + 2e^-$
2. 환원전극 반응 : $Ag^+(aq) + e^- \rightleftarrows Ag(s)$

Check
작동 가능한 전지
1. 산화전극(anode) : 전극의 (−)극으로 산화반응이 일어나는 전극
2. 환원전극(cathode) : 전극의 (+)극으로 환원반응이 일어나는 전극
3. 선 표시법 : 각각의 상 경계를 수직선(|)으로 염다리는 ‖으로 표시하고, 전극은 왼쪽 끝과 오른쪽 끝에 나타낸다.
(−)극, 산화전극 | 산화전극의 전해질 용액 ‖ 환원전극의 전해질 용액 | 환원전극, (+)극

33 **0.050M 염화트라이메틸암모늄($(CH_3)_3NH^+Cl$) 용액의 pH는? (단, 염화트라이메틸암모늄의 K_a는 1.59×10^{-10}이고, K_w는 1.0×10^{-14}이다.)**

① 4.55 ② 5.55
③ 6.55 ④ 7.55

✔ $(CH_3)_3NH^+Cl \rightleftarrows (CH_3)_3NCl + H^+$
$0.05-x \quad x \quad x$

$$K_a = \frac{[H^+][A^-]}{[HA]} = \frac{x^2}{0.05-x} = 1.59\times10^{-10}$$

$x = 2.82\times10^{-6}M$
$pH = -\log(2.82\times10^{-6}) = 5.5498$
∴ pH=5.55

34 **산−염기 적정에서 사용하는 지시약의 반응과 지시약의 형태에 따른 색상이 다음과 같다. 중성인 용액에 지시약과 산을 첨가하였을 때 혼합용액의 색깔은?**

HR(무색) $\rightleftarrows H^+ + R^-$(적색)

① 적색
② 무색
③ 알 수 없다.
④ 적색과 무색이 번갈아 나타난다.

✔ 지시약(R^-)과 산(H^+)이 반응하여 HR(무색)이 생성되는 역반응이 진행되므로 혼합용액의 색은 **무색**이 된다.

35 **원자분광법에서 이온의 형성을 억제하기 위한 방법으로 적절한 것은?**

① 불꽃온도를 내리고 압력을 올린다.
② 불꽃온도를 올리고 압력도 올린다.
③ 불꽃온도를 내리고 압력도 내린다.
④ 불꽃온도를 올리고 압력을 내린다.

✔ **이온화 평형**
이온의 형성, 이온화가 많이 일어나 원자의 농도를 감소시켜서 나타나는 화학적 방해이다.
1. 분석물질보다 이온화가 더 잘 되는 이온화 억제제를 사용함으로써 시료의 이온화를 억제할 수 있다.
2. 이온화로 인해 원자의 농도 감소의 경우에는 높은 불꽃온도에서 방출이나 흡수가 감소되므로 **들뜸 온도를 낮추어야 한다**(알칼리금속 분석의 경우).
3. 주어진 평형에서 **압력을 높이면** 분석물의 이온화를 억제할 수 있다(르 샤틀리에 원리).

36 **Ag 및 Cd와 관련된 반쪽반응식과 표준 환원전위가 다음과 같을 때, 25℃에서 다음 전지의 전위(V)는?**

• 반쪽반응식, 표준 환원전위
$Ag^+ + e^- \rightleftarrows Ag(s)$, $E° = 0.799V$
$Cd^{2+} + 2e^- \rightleftarrows Cd(s)$, $E° = -0.402V$
• 전지반응식
$Cd(s)|Cd(NO_3)_2(0.1M) \| AgNO_3(0.5M)|Ag(s)$

① −0.461 ② 0.320
③ 0.781 ④ 1.213

✔ Nernst 식

$$E = E° - \frac{0.05916V}{n}\log Q$$

$E_{환원}$: $Ag^+(aq) + e^- \rightleftarrows Ag(s)$, $E°=0.799V$

$$E_{환원} = 0.799 - 0.05916\log\left(\frac{1}{[Ag^+]}\right) = 0.799 - \left(0.05916\times\log\frac{1}{0.5}\right) = 0.78119V$$

$E_{산화}$: $Cd^{2+}(aq) + 2e^- \rightleftarrows Cd(s)$, $E°=-0.402V$

$$E_{산화} = -0.402 - \frac{0.05916}{2}\log\left(\frac{1}{[Cd^{2+}]}\right) = -0.402 - \left(\frac{0.05916}{2}\times\log\frac{1}{0.1}\right) = -0.43158V$$

$E_{전지} = E_{환원} - E_{산화} = 0.78119 - (-0.43158) = 1.21277V$

정답 | 33.② 34.② 35.① 36.④

37 **철근이 녹슬 때 질량 변화는?**

① 녹슬기 전과 질량 변화가 없다.
② 녹슬기 전에 비해 질량이 증가한다.
③ 녹슬기 전에 비해 질량이 감소한다.
④ 녹이 슬면서 일정시간 질량이 감소하다가 일정하게 된다.

✔ **철의 녹스는 반응**
철과 산소와의 반응이므로 반응한 산소의 질량만큼 녹슨 철의 질량은 증가한다.

38 **온도가 증가할 때 다음 두 반응의 평형상수 변화는?**

> ㉠ $N_2O_4(g) \rightleftarrows 2NO_2(g) + 58kJ$
> ㉡ $2SO_2(g) + O_2(g) \rightleftarrows 2SO_3(g) - 198kJ$

① ㉠, ㉡ 모두 증가 ② ㉠, ㉡ 모두 감소
③ ㉠ 증가, ㉡ 감소 ④ ㉠ 감소, ㉡ 증가

✔ **온도 변화에 따른 평형이동**
어떤 반응이 평형상태에 있을 때 온도를 변화시키면 그 온도 변화를 줄이는 방향으로 알짜반응이 진행되어 평형이 이동한다.
1. 온도가 높아지면
→ 흡열반응 쪽으로 평형이동
2. 온도가 낮아지면
→ 발열반응 쪽으로 평형이동

㉠은 정반응이 발열반응($\Delta H<0$)이므로 온도가 높아지면 **역반응이 진행되어** $[N_2O_4]$가 증가하여 **평형상수** $K=\frac{[NO_2]^2}{[N_2O_4]}$**는 감소**한다.

㉡은 정반응이 흡열반응($\Delta H>0$)이므로 온도가 높아지면 **정반응이 진행되어** $[SO_3]$가 증가하여 평형상수 $K=\frac{[SO_3]^2}{[SO_2]^2[O_2]}$**는 증가**한다.

39 **황산구리(Ⅱ) 수용액으로부터 구리를 석출하기 위해 2A의 전류를 흘려주려고 한다. 1.36g의 구리를 석출하기 위해 필요한 시간(s)은? (단, 1F는 96,500C/mol이며, 구리의 원자량은 63.5g/mol이다.)**

① 736 ② 1,033
③ 2,066 ④ 2,567

✔ $Cu^{2+}(aq) + 2e^- \rightleftarrows Cu(s)$
- 전류(I) : 회로에서 초당 흐르는 전하량(Q)
  1A=1C/s
- 전하량(Q) : 전류의 세기(I)에 전류를 공급한 시간(t)을 곱해서 구하며, 단위는 C이다.
  $Q=I\times t$

2A의 전류를 흘려주어 1.36g의 구리를 석출하기 위해 필요한 시간을 x초로 두면

$$1.36\text{g Cu}\times\frac{1\text{mol Cu}}{63.5\text{g Cu}}\times\frac{2\text{mol } e^-}{1\text{mol Cu}}\times\frac{96,500\text{C}}{1\text{mol } e^-}$$
$=2(\text{A})\times x(\text{s})$
$x=2066.77\text{s}$
∴ 1.36g의 구리를 석출하기 위해 필요한 시간 x은 2,067초이다.

40 **높은 몰흡광계수를 갖는 시료를 분석할 때, 다음 중 Beer's law가 가장 잘 적용될 수 있는 경우는?**

① 분석물의 농도 범위가 10^{-4}～ 10^{-3}M일 때
② 분석물의 농도 범위가 10^{-3}～ 10^{-2}M일 때
③ 분석물의 농도 범위가 10^{-2}～ 10^{-1}M일 때
④ 분석물의 농도 범위가 10^{-1}～ 100M일 때

✔ Beer's law는 분석물의 농도 범위가 10^{-4}～10^{-3}M의 묽은 용액에서 잘 맞는다.

제3과목 | 화학물질구조 분석

41 **온도 변화에 따른 시료의 무게 감량을 측정하는 분석법은?**

① FT-IR
② TGA
③ GPC
④ GC/MS

✔ 열무게측정법(TGA)에서는 조절된 수위조건하에서 시료의 온도를 증가시키면서 시료의 무게를 시간 또는 온도의 함수로 연속적으로 기록한다. 시간의 함수로 무게 또는 무게백분율을 도시한 것을 열분해곡선(thermal decomposition curve) 또는 열분석도(thermogram)라고 한다.

정답 | 37.② 38.④ 39.③ 40.① 41.②

42 **전압-전류법의 전압-전류 곡선으로부터 얻을 수 있는 정보가 아닌 것은?**

① 용액의 밀도
② 정량 및 정성 분석
③ 전극반응의 가역성
④ 금속 착물의 안정도 상수 및 배위수

전압전류법의 전압
전류곡선은 가해진 전위에 따른 전류의 변화를 나타낸 것으로 분석물의 산화·환원 과정에 따라 나타나는 산화봉우리와 환원봉우리의 전류의 크기와 반파전위로부터 정량 및 정성 분석, 전극반응의 가역성, 산화·환원 반응의 중간체 존재 확인 및 표면 흡착 과정 등을 알 수 있다.
① 밀도는 단위면적당 전류의 세기로 전압-전류 곡선으로부터 알 수 있는 정보가 아니다.

43 **원자 질량분석법(atomic mass spectrometry)의 이온화 방법으로 틀린 것은?**

① 스파크(spark)
② 글로우방전(glow discharge)
③ 장이온화 방출침(field inoization emitter)
④ 유도결합플라스마(inductively coupled plasma)

- **원자 질량분석법 이온화 방법**
  스파크, 글로우방전, 유도결합플라스마, 이차이온 등
- **분자 질량분석법 이온화 방법**
  전자충격이온화, 화학이온화, 장이온화, 장탈착이온화, 전기분무이온화, 매트릭스 지원 레이저 탈착 이온화, 빠른 원자충격 이온화 등

44 **Gas Chromatography(GC)에서 사용되는 검출기와 선택적인 화합물의 연결이 잘못된 것은?**

① FID – 무기계통 기체 화합물
② NPD – 질소(N), 인(P) 포함 화합물
③ ECD – 전자포획인자 포함 화합물
④ TCD – 운반 기체와 열전도도 차이가 있는 화합물

FID(불꽃이온화검출기)
물에 대한 감도를 나타내지 않기 때문에 자연수 시료 중에 들어 있는 물 및 질소와 황의 산화물로 오염된 유기물을 포함한 대부분의 유기 시료를 분석하는 데 유용하다.

45 **핵자기공명(Nuclear Magnetic Resonance, NMR) 분광법에서 사용 가능한 내부 표준물로 가장 적절한 것은?**

① CH_3CN ② $(CH_3)_4Si$
③ C_9H_7NO ④ $[-C_2HC_6H_5^-]_n$

TMS(tetramethylsilane, $(CH_3)_4Si$)
흡수위치를 확인하기 위해서 NMR 도표는 보정되고 기준점으로 사용된다. 스펙트럼을 찍을 때에 기준 흡수봉우리가 나타나도록 시료에 소량의 TMS를 첨가하는데, TMS는 유기화합물에서 일반적으로 나타나는 다른 흡수보다도 높은 장에서 단일 흡수봉우리를 나타내기 때문에 ^1H과 ^{13}C 측정 모두에 기준으로 사용된다.

46 **열무게분석법(TGA)의 주된 응용(연구)으로 거리가 먼 것은?**

① 수화물의 결정수 결정 연구
② 중합체의 분해 메커니즘 연구
③ 중합체 분해반응의 속도론적 연구
④ 기화, 승화, 탈착과 같은 물리적 변화 연구

TGA 응용
1. 분해반응과 산화반응, 기화, 승화, 탈착 등과 같은 물리적 변화에 이용한다.
2. 다성분 시료의 조성 분석 및 분해과정에 대한 정보를 제공한다.
3. 여러 종류의 중합체 물질의 분해 메커니즘에 대한 정보를 제공하며, 수화물의 결정수를 확인할 수 있다.

47 **전해질(0.1M KNO_3)만 있는 용액에서 적하 수은전극(D.M.E.)에 −0.8V를 적용하고 측정한 잔류전류(residual current)는 0.2μA이다. 같은 전해질 용액 100mL에 포함된 Cd^{2+} 환원에 대한 한계전류(liniting current)는 8.0μA이다. 만약 1.00×10^{-2}M Cd^{2+} 표준용액 5mL를 이 용액에 가한 후 −0.8V에서 측정한 한계전류가 11.0μA라면, 이 용액에 포함된 Cd^{2+}의 농도(mM)는? (단, 측정 간 온도 변화는 없다고 가정한다.)**

① 0.355 ② 0.494
③ 0.852 ④ 1.10

정답 | 42.① 43.③ 44.① 45.② 46.③ 47.④

✔ **표준물 첨가법**

미지시료에 아는 양의 분석물질을 첨가시킨 다음, 증가된 신호로부터 원래 미지시료 중에 얼마나 많은 양의 분석물질이 함유되어 있는가를 알아낸다.

$$\frac{[X]_i}{[S]_f+[X]_f}=\frac{I_X}{I_{X+S}}$$

여기서, X : 분석물질
S : 표준물질
i : 초기
f : 최종
I : 신호 세기

용액에 포함된 Cd^{2+}의 농도(M)를 x라고 하면,
표준물질의 최종농도

$$[S]_f=[S]_i\times\frac{V_i}{V_f}$$
$$=(1.00\times10^{-2}\text{M})\times\frac{5\text{mL}}{105\text{mL}}$$

분석물질의 최종농도

$$[X]_f=[X]_i\times\frac{V_i}{V_f}$$
$$=x(\text{M})\times\frac{100\text{mL}}{105\text{mL}}$$

신호 세기는 측정한 한계전류에서 잔류전류를 뺀 값이다.

$$\frac{x}{\left(1.00\times10^{-2}\times\frac{5}{105}\right)+\left(x\times\frac{100}{105}\right)}=\frac{8.0-0.2}{11.0-0.2}$$

∴ 용액에 포함된 Cd^{2+}의 농도
$x=1.10\times10^{-3}\text{M}=$ **1.10mM**이다.

48 다음 중 핵자기공명(Nuclear Magnetic Resonance, NMR) 분광법에 대한 설명으로 틀린 것은?

① 시료를 센 자기장에 놓아야 한다.
② 화학종의 구조를 밝히는 데 주로 사용된다.
③ 흡수과정에서 원자의 핵이 관여하지 않는다.
④ 4~900MHz 정도의 라디오 주파수 영역의 전자기 복사선의 흡수를 측정한다.

✔ 핵자기공명 분광법은 핵 스핀상태 전이를 일으키는 라디오파 영역의 복사선의 흡수를 이용하여 유기 및 무기 화합물의 구조를 밝히는 분광법이며, 유기분자의 탄소-수소 골격에 관한 "지도"를 제공함으로써 질량분석법, 적외선 분광법 및 핵자기공명 분광법을 함께 사용하면 매우 복잡한 분자의 구조 해석이 가능해진다.

49 전기량법에 관한 설명 중 옳은 것은?

① 전기량의 단위로 F(Farad)이 사용되는데 1F은 96,485C/mol e^-로 1C은 1V×1A이다.
② 전기량법 적정은 전해전지를 구성한 분석용액에 뷰렛으로부터 표준용액을 가하면서 전류의 변화를 읽어서 종말점을 구한다.
③ 조절-전위 전기량법을 위한 전지는 기준전극(reference electrode), 상대전극(counter electrode) 및 작업전극(working electrode)으로 구성되는데, 기준전극과 상대전극 사이의 전위를 조정한다.
④ 구리의 전기분해 전지에서 전위를 일정하게 놓고 전기분해를 하면 시간에 따라 전류가 감소하는데, 이는 구리이온의 농도가 감소하고 환원전극 농도 편극의 증가가 일어나기 때문이다.

✔ ① 전기량의 단위로 F(Farad)이 사용되는데 1F은 96,485C/mol e^-로 1C은 1A×1s이다.
② 전기량법 적정은 전해전지를 구성한 분석용액에 뷰렛으로부터 표준용액을 가하면서 종말점에 도달하기까지 필요한 전기량을 측정하며, 전기량법 적정에서도 화학당량점을 검출하는 방법이 필요하고 부피법 분석에서 이용될 수 있는 대부분의 종말점 검출법이 이용 가능하다.
③ 조절-전위 전기량법을 위한 전지는 기준전극(reference electrode), 상대전극(counter electrode) 및 작업전극(working electrode)으로 구성되는데, 기준전극과 작업전극 사이의 전위를 일정하게 유지시켜 준다.

50 적외선 흡수스펙트럼을 나타낼 때 가로축으로 주로 파수(cm^{-1})를 쓰고 있다. 파장(μm)과의 관계는?

① 파수×파장=100
② 파수×파장=1,000
③ 파수$=\frac{10,000}{\text{파장}}$
④ 파수$=\frac{1,000,000}{\text{파장}}$

✔ 파수(cm^{-1}) $=\frac{1}{\text{파장}(\mu m)}\times10^4$

51 FT－IR에서 $789cm^{-1}$와 $791cm^{-1}$의 흡수밴드를 구별하기 위해 거울이 움직여야 하는 거리(cm)는?

① 0.25 ② 1.0
③ 5.0 ④ 10.0

✔ $\Delta\bar{\nu} = \frac{1}{\delta}$, δ(지연) = 2×거울이동거리

$(791-789)cm^{-1} = \frac{1}{\delta}$, $\delta = \frac{1}{2}cm$

∴ 거울이동거리 $= \frac{1}{4}cm = 0.25cm$

52 분자 질량분석법의 이온화 방법 중 사용하기 편리하고 이온전류를 발생시키므로 매우 예민한 방법이지만, 열적으로 불안정하고 분자량이 큰 바이오 물질들의 이온화원에는 부적당한 방법은?

① Electron Ionization(EI)
② Electro Spray Ionization(ESI)
③ Fast Atom Bombardment(FAB)
④ Matrix－Assisted Laser Desorption Ionization(MALDI)

✔ **전자충격이온화(EI)**
시료의 온도를 충분히 높여 분자 증기를 만들고 기화된 분자들이 높은 에너지의 전자빔에 의해 부딪혀서 이온화된다. 고에너지의 빠른 전자빔으로 분자를 때리므로 토막내기 과정이 매우 잘 일어나며, 토막내기가 잘 일어나므로 스펙트럼이 가장 복잡하다. 또한 기화하기 전에 분석물의 열분해가 일어날 수 있어 열적으로 불안정한 물질에는 적절하지 않고, 끓는점이 500℃ 이하의 열에 안정한 시료에 적용할 수 있으며, 일반적으로 분자량이 1,000보다 큰 물질의 분석에는 불리하다.

53 HPLC에서 역상(reversed－phase) 크로마토그래피 시스템을 가장 잘 설명한 것은?

① 정지상이 극성이고, 이동상이 비극성인 시스템
② 이동상이 극성이고, 정지상이 비극성인 시스템
③ 분석물질이 극성이고, 정지상이 비극성인 시스템
④ 정지상이 극성이고, 분석물질이 비극성인 시스템

✔ **역상 크로마토그래피**
정지상이 비극성인 것으로 종종 탄화수소를 사용하며, 이동상은 물, 에탄올, 아세토나이트릴과 같이 비교적 극성인 용매를 사용한다. 역상 크로마토그래피에서는 극성이 가장 큰 성분이 처음에 용리된다.

54 Gas Chromatography(GC)의 이상적인 검출기의 특징으로 틀린 것은?

① 안정성과 재현성이 좋아야 한다.
② 신뢰도가 높고, 사용하기 편리해야 한다.
③ 검출기의 감도는 10^{-8}~10^{-15}g 분석물/s일 때 이상적이다.
④ 흐름속도와 무관하게 긴 응답시간을 가져야 한다.

✔ **이상적인 검출기**
1. 적당한 감도, 10^{-8}~10^{-15}g 분석물/s 범위 내에 들어야 한다.
2. 안정성과 재현성이 좋아야 한다.
3. 분석물질 질량범위 내에서 직선적인 감응을 나타내야 한다.
4. 실온부터 적어도 400℃까지의 온도범위는 가지고 있어야 한다.
5. **흐름속도와 관계없이 짧은 시간에 감응해야 한다.**
6. 신뢰도가 높고, 사용하기 편해야 한다.
7. 모든 분석물에 대한 감응도가 비슷하거나 또는 하나 이상의 분석물 종류에 대하여 선택적인 감응을 보여야 하며, 예측이 쉬워야 한다.
8. 시료를 파괴해서는 안 된다.

55 시료와 기준물질의 온도를 프로그램하여 변화시킬 때, 두 물질 간의 온도차(ΔT)를 측정하여 분석하는 열분석법은?

① Thermal Gravimetric Analysis(TGA)
② Differential Thermal Analysis(DTA)
③ Differential Scanning Calorimetry(DSC)
④ Isothermal DSC

✔ **시차열분석법(DTA)**
시료물질과 기준물질을 조절된 온도 프로그램으로 가열하면서 이 두 물질의 온도 차이를 온도함수로 측정하는 방법이다.

정답 | 51.① 52.① 53.② 54.④ 55.②

56 **질량분석법으로 얻을 수 있는 정보가 아닌 것은?**

① 분자량에 관한 정보
② 동위원소의 존재비에 관한 정보
③ 복잡한 분자의 구조에 관한 정보
④ 액체나 고체 시료의 반응성에 관한 정보

질량분석법으로 얻을 수 있는 정보

1. 분자량 결정 : 질량스펙트럼으로부터 $(M^{+1})^+$, $(M^{-1})^+$, M^+(분자이온) 봉우리 확인으로 분자량을 구할 수 있다.
2. 정확한 분자량으로부터 분자식 결정 : 소수점 이하 3~4자리의 정확한 분자량을 구하는 것만으로도 분자식의 결정이 가능하다.
3. 동위원소비에서 얻는 분자식 : 얻은 동위원소의 비로부터 시료의 원소 조성에 관한 정보와 분자식을 구하는 것이 가능하다.
4. 조각무늬로부터 얻는 구조적 정보
5. 스펙트럼 비교에 의한 화합물 확인 : 미지시료의 질량스펙트럼을 예측되는 화합물의 질량스펙트럼과 비교하여 화합물을 확인한다.
6. 고고학적 유물의 시대 감정에 이용

57 **칼럼의 길이가 30cm인 크로마토그래피를 사용하여 혼합물 시료로부터 성분 A를 분리하였다. 분리된 성분 A의 머무름시간은 12분이었으며, 분리된 봉우리 밑변의 너비가 2.4분이었다면 이 칼럼의 단높이(cm)는?**

① 7.5×10^{-2}
② 14×10^{-2}
③ 2.5
④ 12.5

$H=\dfrac{L}{N}$, $N=16\left(\dfrac{t_R}{W}\right)^2$ 임을 이용한다.

여기서, L : 칼럼의 길이(cm)
N : 이론단의 개수(이론단수)
W : 봉우리 밑변의 너비
t_R : 머무름시간

이론단수 $N=16\left(\dfrac{t_R}{W}\right)^2=16\times\left(\dfrac{12}{2.4}\right)^2=400$이므로

∴ 칼럼의 단높이 $H=\dfrac{L}{N}=\dfrac{30}{400}=7.5\times10^{-2}$cm 이다.

58 **시차주사열량법(Differential Scanning Calorimetry ; DSC)에 대한 설명으로 틀린 것은?**

① 시료물질과 기준물질을 조절된 온도 프로그램에서 가열하면서 두 물질의 온도 차이를 온도의 함수로서 측정한다.
② 전력보상 DSC와 열흐름 DSC에서 제공하는 정보는 같으나 기기장치는 근본적으로 다르다.
③ 폴리에틸렌의 DSC 자료에서 발열 피크의 면적은 결정화 정도를 측정하는 데 이용된다.
④ DSC 단독 사용 시 물질종의 확인은 어려우나 물질의 순도는 확인할 수 있다.

시차주사열량법(DSC)

시료물질과 기준물질을 조절된 온도 프로그램으로 가열하면서 이 두 물질에 흘러 들어간 열량의 차이를 시료 온도의 함수로 측정하는 열 분석방법이다. 시차주사열량법과 시차열분석법의 근본적인 차이는, 시차주사열량법의 경우는 에너지 차이를 측정하는 것이고, 시차열분석법은 온도 차이를 기록하는 것이다. 두 방법에서 사용하는 온도 프로그램은 비슷하며, 열분석법 중에서 시차주사열량법이 가장 널리 사용되고 있다.

59 **ICP-MS의 작동순서와 설명으로 틀린 것은?**

① ICP를 켜기 전 냉각수 및 진공상태를 확인한다.
② 플라스마를 켠 다음, 플라스마 작동조건을 최적화시킨다.
③ 시료 도입 전에 바탕용액으로 잠깐 동안 시료도입장치의 조건을 맞춘다.
④ 실험이 끝나면 플라스마를 끄고, 약산으로 시료도입장치를 세척한다.

시료 도입 부분인 Nebulizer와 Spray chamber 세척 및 관리법은 다음과 같다.

1. 증류수와 왕수를 1 : 1 희석한 용액에 2~3시간 담가 놓는다.
2. 증류수로 세척 후 후드에서 완전건조시킨다.
3. 건조된 Galss wear는 밀폐용기에 보관해 오염을 방지한다.
4. Nebulizer는 초음파 세척을 금한다.

정답 | 56.④ 57.① 58.① 59.④

60 **유리 지시전극을 사용하여 용액의 pH를 측정할 때에 대한 설명으로 가장 적절하지 않은 것은?**

① 선택계수($K_{H, B}$)는 1이어야 한다.
② 1개의 기준전극이 포함되어 있다.
③ 높은 pH에서는 알칼리 오차가 생길 수 있다.
④ 내부 용액의 수소이온농도를 정확히 알고 있어야 한다.

✔ 선택계수는 화학종 A(분석물)와 비교해서 화학종 B(방해화학종)에 대한 이 분석방법의 상대적 감응도를 나타내는 것으로, 전극의 선택계수는 0에서부터 1보다 큰 값까지 있다. 한 전극의 선택계수가 0이라는 것은 방해없음을 의미하고, 선택계수가 1이라는 것은 분석물 이온과 방해이온이 똑같이 감응한다는 것을 의미한다.
이온 A를 측정하는 전극이 이온 B에도 감응할 때

선택계수($K_{A, B}$) $= \dfrac{\text{B에 대한 감응}}{\text{A에 대한 감응}}$

만약 전극이 A이온보다 B이온에 대해 20배 더 잘 감응한다면 $K_{A, B}$의 값은 20이 되고, C이온에 대한 전극의 감응이 A이온에 대한 감응에 비해 단지 0.001배라면 $K_{A, C}$는 0.001이며, 선택계수가 작을수록 방해는 더 작아진다.

제4과목 | 시험법 밸리데이션

61 **원료의약품의 정량시험을 밸리데이션하는 과정에서 얻은 결과 중 틀린 것은? (단, 허용기준은 $R \geq 0.990$이다.)**

농도(mg/mL)	Peak area
6	537.6
8	712.1
10	886.5
12	1071.8
14	1241.7

① 기울기 : 88.395
② y절편 : −5.99
③ Linearity 시험 : 만족
④ 농도 level : 60~140%

✔ ① 기울기 : 88.395
② y절편 : 5.99
③ 상관계수(R) : 0.99993
허용기준은 상관계수(R) ≥0.990이므로 Linearity 시험 : 만족
④ 농도 level : 중간값에서 분포되어 있는 정도로
$\frac{6}{10} \times 100 = 60\% \sim \frac{14}{10} \times 100 = 140\%$이다.

62 **검량선 작성에 관한 내용 중 틀린 것을 모두 고른 것은?**

> ㉠ 검정곡선은 정확성을 높이기 위하여 표준물질을 사용한다.
> ㉡ 검정곡선의 직선성은 측정의 정밀도를 나타낸다.
> ㉢ 검정곡선의 직선범위보다 높은 세기를 나타내는 시료는 외삽법으로 농도를 정한다.
> ㉣ 검정곡선의 직선범위보다 작은 세기를 나타내는 시료는 농축하여 다시 측정한다.

① ㉠, ㉡　　② ㉡, ㉢
③ ㉢, ㉣　　④ ㉠, ㉣

✔ ㉡ 검정곡선의 직선성의 척도는 상관계수(R) 또는 상관계수의 제곱(R^2, 결정계수)으로 나타내며, 측정의 정밀도는 표준편차로 나타낸다.
㉢ 검정곡선의 직선범위보다 높은 세기를 나타내는 시료는 희석하여 다시 측정해서 구간 내 포함되도록 한다.

63 **시험법 밸리데이션 계획서의 구성이 다음과 같을 때, 계획서에 대한 설명 중 틀린 것은?**

> ㉠ 목적　　㉡ 적용범위
> ㉢ 책임사항　　㉣ 물질정보
> ㉤ 상세시험법　　㉥ 허용범위
> ㉦ 참고사항

① 시험에 사용되는 장비, 물질, 시험조건 등을 상세히 기술한다.
② 시험법 밸리데이션의 항목은 시험의 목적에 맞게 선택할 수 있다.
③ 허용범위는 시험결과에 따라 달라질 수 있다.
④ 시험용액의 제조 등과 같이 시험법과 관련된 내역을 상세히 기술한다.

정답 | 60.① 61.② 62.② 63.③

✔ 허용범위는 적절한 불확도 수준을 갖는 시험결과를 얻을 수 있는 농도범위를 말하며, 시험결과에 따라 달라지는 것이 아니다.

64 다음 중 정밀성에 대한 설명이 아닌 것은 어느 것인가?

① 동일 실험실 내에서 동일한 시험자가 동일한 장치와 기구, 동일 제조번호와 시약, 기타 동일 조작 조건하에서 균일한 검체로부터 얻은 복수의 검체를 짧은 기간 차로 반복 분석 실험하여 얻은 측정값들 사이의 근접성을 검토해야 한다.

② 동일한 실험실 내에서 다른 실험일, 다른 시험자, 다른 기구 또는 장비 등을 이용하여 분석 실험하여 얻은 측정값들 사이의 근접성을 검토해야 한다.

③ 일반적으로 표준화된 시험방법을 사용하여 서로 다른 실험실에서 하나의 동일한 검체로부터 얻은 측정값들 사이의 근접성을 검토해야 한다.

④ 분석대상물질의 양에 비례하여 일정 범위 내에 직선적인 측정값을 얻어낼 수 있는 능력을 검토해야 한다.

✔ ① 반복성(병행 정밀성)에 대한 설명이다.
② 실험실 내 정밀성에 대한 설명이다.
③ 실험실 간 정밀성에 대한 설명이다.

Check

- **직선성**
  검량선이 얼마나 한 직선을 잘 따르는지에 대한 척도로서, 검체 중 분석대상물질의 양(또는 농도)에 비례하여 일정 범위 내에 직선적인 측정값을 얻어낼 수 있는 능력을 말한다. 흔히 직선성의 척도를 상관계수(R)나 상관계수의 제곱(R^2)으로 나타낸다.
- **정밀성**
  결과의 재현성으로서 일반적으로 표준편차를 나타낸다. 균질한 검체에서 반복적으로 채취한 검체를 정해진 절차에 따라 측정하였을 때 각각의 측정값들 사이의 근접성(분산 정도)을 말하며, 기기정밀도, 분석 내 정밀도, 실험실 내 정밀성, 반복성, 실험실 간 정밀성 등이 있다.

65 광화학반응 용기 및 전기영동법의 모세관 칼럼의 재질로 가장 많이 사용되는 물질은?

① 붕소규산염 유리 ② 석영 유리
③ 자기 유리 ④ 소다석회 유리

✔ 석영 유리는 고순도의 SiO_2를 용융시켜 만든 단일 산화물의 유리이다. 자외부의 빛을 투과시키는 등의 장점을 가지고 있어 광반응 용기 또는 UV, 형광광도법에서 시료용기로 많이 사용되며, GC 또는 전기영동법의 모세관 칼럼을 만드는 데도 사용된다.

66 Volumetric Karl Fischer를 사용하여 실험한 결과가 다음과 같을 때, 실험결과의 해석 및 일반적인 장비관리 절차를 기준으로 적절하지 않은 의견을 제시한 사람은?

1) 기기명 : Volumetric Karl Fischer
2) 시료명 : Toluene
3) 규격 : Not more than 500ppm
4) 시험결과

시료량	결과
T1 0.5g	458ppm
T2 0.5g	465ppm
T3 0.5g	1,080ppm
평균	668
표준편차	357

※ 결과값이 변동성 허용범위는 %RSD가 30% 이내여야 한다.

① 이대리 : %RSD가 이상있으니 전극의 상태를 먼저 점검해 볼 필요가 있어 보입니다.

② 류과장 : 그럼 교체주기와 사용이력 등을 먼저 확인해 보도록 합시다.

③ 김부장 : 장비에 문제가 발생하였다고 보여지면 외부 업체에 의뢰하여 Calibration을 실시하는 것도 좋겠어요.

④ 권사원 : 외부에 의뢰할 예정이니 장비유지보수기록서는 별도로 기입하지 않겠습니다.

✔ 외부에 의뢰할 예정이더라도 장비유지보수기록서는 기입해야 한다.

$$\%RSD = \frac{s}{\bar{x}} \times 100 = \frac{357}{668} \times 100 = 53\%$$

67 다음 측정값의 평균(㉠), 표준편차(㉡), 분산(㉢), 변동계수(㉣), 범위(㉤)는?

(단위 : ppm)
0.752, 0.756, 0.752, 0.751, 0.760

① ㉠ 0.754, ㉡ 0.004, ㉢ 1.4×10^{-5}, ㉣ 0.5%, ㉤ 0.009
② ㉠ 0.754, ㉡ 0.003, ㉢ 1.4×10^{-5}, ㉣ 0.1%, ㉤ 0.09
③ ㉠ 0.754, ㉡ 0.004, ㉢ 1.4×10^{-6}, ㉣ 0.5%, ㉤ 0.09
④ ㉠ 0.754, ㉡ 0.003, ㉢ 1.4×10^{-6}, ㉣ 0.1%, ㉤ 0.009

✔ ㉠ 평균 : $\bar{x}=\dfrac{\sum_{i=1}^{n}x_i}{n}=0.7542=0.754$

㉡ 표준편차 : $s=\sqrt{\dfrac{\sum_{i=1}^{n}(x_i-\bar{x})^2}{n-1}}$
$=0.003768=0.004$

㉢ 분산(가변도) : $s^2=1.41978\times10^{-5}=1.4\times10^{-5}$

㉣ 변동계수 : $CV=\text{RSD}\times100\%=\dfrac{s}{\bar{x}}\times100\%$
$=0.4996\%=0.5\%$

㉤ 범위 : 가장 큰 값과 가장 작은 값의 차이
$0.760-0.751=0.009$

68 시험분석기관의 부서를 사업 총괄부서와 시험장비 운용부서로 나눌 때, 사업 총괄부서의 시험장비 밸리데이션 관련 임무와 거리가 먼 것은?

① 사업 자문관 등을 지정한다.
② 시험장비의 변경내용을 통보한다.
③ 소관기관 시험장비에 대한 밸리데이션 사업 시행에 필요한 예산을 확보한다.
④ 표준 수행절차 및 표준 서식 등을 정하고 필요 · 요구에 맞게 수정 · 보완한다.

✔ 시험장비의 변경내용 통보는 시험장비 운용부서의 임무이다.

69 평균값이 ±4% 이내일 때, 95%의 신뢰도를 얻기 위한 2.8g 시료의 분석횟수는? (단, 분석 불정확도는 시료 채취 불정확도보다 매우 작아 무시할 만하며, 주어진 조건에서 시료 채취상수는 41g이다.)

t − table	one − tail	
자유도	0.05	0.025
1	6.314	12.710
2	2.920	4.303
3	2.353	3.182
4	2.132	2.776
5	2.015	2.571
6	1.943	2.447
7	1.895	2.365
8	1.860	2.306
9	1.833	2.262
10	1.812	2.228
∞	1.645	1.960

① 2 ② 4
③ 6 ④ 8

✔ 시료 채취상수$(K_s)=m(\sigma_r\times100)^2$
여기서, m : 시료의 질량
$\sigma_r\times100$: 상대표준편차(%)
$41=2.8(\sigma_r\times100)^2$, $\sigma_r=0.03827$이고, 평균값이 ±0.04 이내이므로
$0.04=\dfrac{t\times\sigma}{\sqrt{N}}$
$N=5$이면 자유도$=4$이고 $t=2.776$,
$\dfrac{t\times\sigma}{\sqrt{N}}=\dfrac{2.776\times0.03827}{\sqrt{5}}=0.0475$
$N=6$이면 자유도$=5$이고 $t=2.571$,
$\dfrac{t\times\sigma}{\sqrt{N}}=\dfrac{2.571\times0.03827}{\sqrt{6}}=0.0402$
$N=7$이면 자유도$=6$이고 $t=2.447$,
$\dfrac{t\times\sigma}{\sqrt{N}}=\dfrac{2.447\times0.03827}{\sqrt{7}}=0.0354$
따라서, $N=6$일때 ±0.04% 이내의 값과 가장 가까운 결과값을 갖게 된다.
∴ 분석횟수는 6회이다.

70 다음은 검출한계를 특정하는 여러 방법 중 한 가지이다. ( )에 들어갈 내용을 바르게 연결된 것은?

검출한계 내에 있는 분석대상물질을 포함한 검체를 사용하여 특이적인 검량선을 작성한다. 회귀직선에서 ( )의 표준편차 또는 회귀직선에서 ( )의 표준편차를 σ로서 이용할 수 있다.

① 잔차 − y절편 ② 기울기 − y절편
③ 상관계수 − 잔차 ④ 기울기 − 상관계수

정답 | 67.① 68.② 69.③ 70.①

✔ 검량선은 정량한계에 근접한 분석대상물질을 함유하는 검체를 가지고 작성되어야 한다. 회귀직선에서 잔차의 표준편차 또는 검량선에서 y절편의 표준편차를 표준편차 σ로서 사용하여 계산할 수 있다.

검출한계 $= 3.3 \times \frac{s}{m}$

여기서, s : 반응의 표준편차
m : 검정곡선의 기울기

71 **다음 시험법 밸리데이션에 관한 설명 중 일반적인 수행방법으로 가장 거리가 먼 것은 어느 것인가?**

① 시험법 밸리데이션의 목적은 시험방법이 목적에 적합함을 증명하는 것이다.
② 밸리데이션을 수행할 때는 순도가 명시된 특성 분석이 완료된 표준물질을 사용해야 한다.
③ 밸리데이션 시에 확보한 모든 관련 자료와 항목에 적용한 산출공식을 제출하고 적절하게 설명해야 한다.
④ 밸리데이션된 시험방법의 변경사항에 대한 기록은 생략 가능하다.

✔ 밸리데이션의 과정에서 얻어진 모든 관련 데이터 및 밸리데이션 파라미터를 산출하기 위해 사용된 계산 공식이 제출되어야 하고 적절히 설명되어야 한다.

72 **다음 분석의 전처리 과정에서 발생 가능한 오차에 대한 설명 중 적합하지 않은 것은 어느 것인가?**

① 측정에서 오차는 측정조건에 따라 그 크기가 달라지지만 아무리 노력하더라도 오차를 완전히 없앨 수 없다.
② 우연오차는 동일한 시험을 연속적으로 실시하여 보정이 가능하다.
③ 우연오차에서는 평균값보다 큰 측정값이 얻어질 확률과 작은 값이 얻어질 확률이 같다.
④ 계통오차의 발생 예는 교정되지 않은 뷰렛을 사용하여 부피를 측정하였을 때를 들 수 있다.

✔ 우연오차는 없앨 수는 없으나 더 나은 실험으로 줄일 수는 있으며, 분석 측정 시에 조절하지 않는 혹은 조절할 수 없는 변수에 의해 발생하는 오차이다. 완전히 제거가 불가능하나 실험을 정밀히 조절하여 유의수준 이하로 감소시킬 수 있다. 또한 측정자와는 별개로 필연히 발생하는 오차이며, 재현 불가능한 것으로 원인을 알 수 없기 때문에 보정이 불가능하다.

73 **분석을 시작하기 전 매트릭스가 혼재되어 있을 때 보조적인 시험방법을 추가로 고려해야 하는지의 여부를 결정짓는 특성은?**

① 정확성　　② 견뢰성
③ 완건성　　④ 특이성

✔ 특이성(specificity)
순도시험, 확인시험 및 정량(함량)시험의 밸리데이션에는 특이성을 평가하여야 하고, 특이성을 확보하기 위한 시험법은 적용되는 목적에 따라 다르게 진행되어야 한다. 어떤 시험법이 특정 분석대상물질에 대해 특이적이고 확실하게 구별할 수 있는 시험법임을 입증하는 것이 항상 가능한 것은 아니다. 이런 경우에는 분석대상물질을 확실하게 구별(분리)하기 위해 2개 또는 그 이상의 시험법을 조합하는 것도 바람직하다. 즉, 한 가지 분석법으로 특이성을 입증하지 못할 경우 다른 분석법을 추가로 사용하여 특이성을 보완하여 입증할 수 있다.

74 **분석장비를 이용한 실험 준비 과정에 대한 설명 중 옳은 것을 모두 고른 것은?**

㉠ 장비의 사용 전에는 실험실의 온도와 습도를 확인한다.
㉡ 장비는 사용하기 전에는 전력 저감을 위하여 워밍업 시간 없이 바로 튜닝을 하는 것이 좋다.
㉢ 시험 전에는 장비의 튜닝을 한 번 이상 실시하는 것이 좋다.
㉣ 튜닝 보고서는 장비의 최적화 과정의 결과이므로 잘 보관해 둔다.

① ㉠, ㉡, ㉢　　② ㉠, ㉢, ㉣
③ ㉡, ㉢, ㉣　　④ ㉠, ㉡, ㉢, ㉣

✔ 장비는 사용하기 전에 광원의 안정화 등의 이유로 워밍업 시간을 두는 것이 바람직하다.

정답 | 71.④ 72.② 73.④ 74.②

75 **시험법 밸리데이션 과정에 일반적으로 요구되는 방법 검증항목을 모두 고른 것은?**

> ㉠ 검정곡선의 직선성
> ㉡ 특이성
> ㉢ 정확도 및 정밀도
> ㉣ 정량한계 및 검출한계
> ㉤ 안정성

① ㉠, ㉡, ㉢, ㉣, ㉤ ② ㉠, ㉢, ㉣, ㉤
③ ㉠, ㉡, ㉢, ㉣ ④ ㉠, ㉡, ㉢

밸리데이션 평가항목

1. 특이성(specificity) 및 선택성(selectivity)
2. 감도(sensitivity)
3. 직선성(linearity)
4. 정확성(accuracy)
5. 정밀성(precision)
6. 범위(range)
7. 검출한계(detection limit)
8. 정량한계(quantitation limit)
9. 완건성(robustness, 안정성)
10. 견뢰성(ruggedness)

76 **시험법 밸리데이션 항목 중 직선성 평가에 대한 설명으로 옳지 않은 것은?**

① 적어도 5개 농도의 검체를 사용하는 것이 권장된다.
② 최소자승법에 의한 회귀직선의 계산과 같은 통계학적 방법을 이용해 측정결과를 평가한다.
③ 농도 또는 함량에 대한 함수로 그래프를 작성하여 시각적으로 직선성을 평가한다.
④ 만약 시험결과가 허용범위에 만족하지 못하는 경우 해당 시험법은 밸리데이션 될 수 없다.

시험방법에서 정하는 범위에 대해서는 직선성을 확보하여야 한다. 직선성을 입증하기 위해서는 적어도 5개의 검체를 사용하는 것이 권장되며, 결정계수의 값이 1에 가까울수록 직선성을 가진다고 판정한다. 관계가 직선적이지 않다면 비직선형의 원인을 밝히거나 시험방법에서 직선성을 나타내는 범위로 측정을 제한한다.

77 **시험, 교정 또는 샘플링 성적서에 관한 KS의 일부분이 다음과 같을 때, 밑줄 친 것에 해당하지 않는 것은?**

> 오해와 오용의 가능성을 최소화하기 위해 시험 및 교정 기관이 다음을 따르지 못할 타당한 이유가 없는 한, 각 성적서에 적어도 <u>다음 정보</u>를 포함해야 한다.

① 성적서 의뢰일자
② 사용한 방법의 식별
③ 시험기관의 명칭 및 주소
④ 시험기관 활동의 수행일자

성적서에 포함해야 할 정보로는 제목, 시험 · 교정 기관의 명칭 및 주소, 시험 · 교정 활동이 실시된 위치, 고유한 식별 표시, 의뢰인 이름 · 연락처, 사용한 방법의 식별, 시험 · 교정 활동의 수행일자, 성적서 발행일자 등이 있다.

78 **GC-MS를 이용한 VOCs 실험에서 밸리데이션 실험요소에 따른 평가기준 설정으로 적절하지 않은 것은? (단, 공정시험법을 기준으로 한다.)**

① 정량한계 근처의 농도가 되도록 분석물질을 첨가한 시료 7개를 준비하여 각 시료를 공정시험법 분석절차와 동일하게 추출하여 표준편차를 구한 후 표준편차의 3.14를 곱한 값을 방법검출한계로, 10을 곱한 값을 정량한계로 나타낸다.
② 검정곡선의 작성 및 검증은 정량범위 내의 3개 이상의 농도에 대해 검정곡선을 작성하고, 얻어진 검정곡선의 결정계수(R^2)가 0.98 이상이어야 한다.
③ 검정곡선의 작성 및 검증은 정량범위 내의 3개 이상의 농도에 대해 검정곡선을 작성하고, 얻어진 검정곡선의 상대표준편차가 25% 이내이어야 한다.
④ 정확도 기준은 정제수에 정량한계 농도의 2~10배가 되도록 표준물질을 첨가한 시료를 3개 이상 준비하여 공정시험법 분석절차와 동일하게 측정한 측정 평균값의 상대백분율이 50~150% 이내이어야 한다.

정확도 기준은 정제수에 정량한계 농도의 2~10배가 되도록 표준물질을 첨가한 시료를 4개 이상 준비하여 공정시험법 분석절차와 동일하게 측정한 측정 평균값의 상대백분율이 75~125% 이내이어야 한다.

정답 | 75.① 76.④ 77.① 78.④

79 **Na^+을 포함하는 미지시료를 AES를 이용해 측정한 결과 4.00mV이고, 미지시료 95.0mL에 2.00M NaCl 표준용액 5.00mL를 첨가한 후 측정하였더니, 8.00mV였을 때, 미지시료 중에 함유된 Na^+의 농도(M)는?**

① 0.95 ② 0.095
③ 0.0095 ④ 0.00095

✔ 표준물 첨가법
미지시료에 아는 양의 분석물질을 첨가시킨 다음, 증가된 신호로부터 원래 미지시료 중에 얼마나 많은 양의 분석물질이 함유되어 있는가를 측정한다. 표준물질은 분석물질과 같은 화학종의 물질이다.

$$\frac{[X]_i}{[S]_f+[X]_f}=\frac{I_X}{I_{S+X}}$$

여기서, $[X]_i$: 초기 용액 중의 분석물질의 농도
$[S]_f$: 최종 용액 중의 표준물질의 농도
$[X]_f$: 최종 용액 중의 분석물질의 농도
I_X : 초기 용액의 신호
I_{S+X} : 최종 용액의 신호

미지시료 중에 함유된 Na^+의 농도를 x(M)이라고 하면

$$\frac{x}{\left(2\times\frac{5}{100}\right)+\left(x\times\frac{95}{100}\right)}=\frac{4.00}{8.00}$$

$\therefore\ x=0.09524\text{M}$

80 **분석시료의 균질성을 확보하기 위한 방법으로 가장 거리가 먼 것은?**

① 정제(알약)의 경우 무게와 크기가 표준품 규격에 일치하는 1정을 선별하여 분석시료를 제조한다.
② 액제(물약)의 경우 시료채취 전 충분히 교반 후 상·중·하 층으로 나누어 채취 후 혼합하여 분석시료를 제조한다.
③ 휘발성 물질의 경우 채취 중 외부와의 접촉을 최소화하며 분석시료 보관용기를 가득 채운다.
④ 지하수의 경우 물을 충분히 퍼낸 다음 새로 나온 물을 채취한다.

✔ 정제(알약)의 경우 무게와 크기가 표준품 규격에 일치하는 10개를 선별하여 분석시료를 제조한다.

제5과목 | 환경 · 안전 관리

81 **아연과 황산을 반응시키는 다음의 반응으로 생성되는 수소를 수상포집한다. 반응 종료 후 포집병 내부의 부피는 125mL, 전체 압력은 838torr, 온도는 60℃일 때, 수소의 몰분율과 반응에 소모된 아연의 양(g)은? (단, 포집병 내부에는 수증기와 수소만 있다고 가정하며, 60℃의 수증기압은 150torr이고, 아연의 원자량은 65.37g/mol이다.)**

$$Zn(s)+H_2SO_4(aq)\rightarrow ZnSO_4(aq)+H_2(g)$$

① 0.821, 0.270g ② 0.241, 0.821g
③ 0.821, 0.121g ④ 0.241, 0.721g

✔ $P_{\text{전체}}=P_{H_2}+P_{H_2O}$
$P_{H_2}=838\text{torr}-150\text{torr}=688\text{torr}$
같은 부피, 같은 온도에서 $P\propto n$ $(PV=nRT)$

몰분율 : $X_{H_2}=\frac{n_{H_2}}{n_{H_2}+n_{H_2O}}=\frac{P_{H_2}}{P_{H_2}+P_{H_2O}}$
$=\frac{688}{688+150}=0.821$

반응에 소모된 아연의 양(g)
$=\left(688\text{torr}\times\frac{1\text{atm}}{760\text{torr}}\right)\times0.125\text{L}$
$=n\times0.0821\times(273+60)\text{K}$
$n=4.139\times10^{-3}\text{mol}$
$(4.139\times10^{-3})\text{mol}\times\frac{65.37\text{g}}{1\text{mol}}=0.2706\text{g}$

82 **과학기술정보통신부의 연구실 설치·운영 가이드라인상 산화제와 같이 보관해서는 안 되는 화학물질은?**

① 알칼리 ② 무기산
③ 유기산 ④ 산화성 산

✔ 산화제는 부식성으로 자극성이 있으며 유기물질에 대한 산화제의 작용으로 화재가 유발될 수 있다.
1. 산화제와 함께 보관하면 절대 안 되는 물질 : 인화성 물질, 유기산, 유기독성 물질, 공기/물 반응성 물질
2. 산화제와 서로 반응하지 않아 함께 보관 가능한 물질 : 무기산, 염기성 물질, 산화제, 무기독성 물질

정답 | 79.② 80.① 81.① 82.③

83 ▲ **폐기물관리법령상 폐기물 분석 전문기관이 아닌 것은? (단, 그 밖에 환경부 장관이 폐기물 시험 · 분석능력이 있다고 인정하는 기관은 제외한다.)**

① 한국환경공단
② 보건환경연구원
③ 산업안전보건공단
④ 수도권매립지관리공사

✔ **폐기물 분석 전문기관**
1. 한국환경공단
2. 수도권매립지관리공사
3. 보건환경연구원
4. 그 밖의 환경부 장관이 폐기물의 시험 · 분석능력이 있다고 인정하는 기관

84 **실험실에서의 시약 사용 시 주의사항, 폐기물 처리 및 보관수칙 중 틀린 것은?**

① 시약은 필요한 만큼만 시약병에서 덜어내어 사용하고, 남은 시약은 재사용하지 않고 폐기한다.
② 폐시약을 수집할 때는 성분별로 구분하여 보관용기에 보관하며, 남은 폐시약은 물로 씻고 하수구에 폐기한다.
③ 폐시약 보관용기는 통풍이 잘 되는 곳을 별도로 지정하여 보관한다.
④ 폐시약 보관용기는 저장량을 주기적으로 확인하고 폐수처리장에 처리한다.

✔ 폐시약을 수집할 때는 성분별로 폐산, 폐알칼리, 폐할로겐 유기용제, 폐유 등으로 구분하여 보관용기에 보관하며, **남은 폐시약은 절대로 하수구나 배수구에 버려서는 안 된다.**

85 **완전연소할 때 자극성이 강하고 유독한 기체를 발생하는 물질은?**

① 벤젠 ② 에틸알코올
③ 메틸알코올 ④ 이황화탄소

✔ **이황화탄소(CS_2)**
연소 시 자극성이 강하고 유독한 이산화황(아황산가스, SO_2)을 발생시킨다.
완전연소 반응식 : $CS_2 + 3O_2 \rightarrow CO_2 + 2SO_2$

86 **화학물질 취급 종사자가 200ppm의 아세톤에 3시간, 100ppm의 n-헥세인에 2시간 동안 노출되었을 때, 이 근로자의 8시간 기준 시간가중 평균노출기준(TWA ; ppm)은?**

① 100 ② 200
③ 300 ④ 400

✔ **시간가중평균노출기준(TWA)**
1일 8시간 작업을 기준으로 하여 유해인자의 측정치에 발생시간을 곱하여 8시간으로 나눈 값을 말한다.

$$\text{TWA 환산값} = \frac{C_1T_1 + C_2T_2 + \cdots + C_nT_n}{8}$$

여기서, C : 유해인자의 측정값
T : 유해인자의 발생시간

$$\therefore \text{TWA 환산값} = \frac{(200\times3)+(100\times2)}{8} = 100$$

87 ▲ **화재발생 후 화재의 진행단계에 따른 실험실 종사자의 적절한 대응으로 이루어진 것은?**

㉠ 화재의 성장단계의 약 3~5분의 Golden Time에 소화기로 긴급대응한다.
㉡ 최성기에는 Flashover, Backdraft 등 기현상을 관찰할 수 있으므로 화재현장에 다가간다.
㉢ 최성기에 소방대응이 지연될 경우 방재복을 입고 직접 대응한다.
㉣ 감쇠기 이후에도 잔여열이나 건축물의 붕괴 등의 추가 피해가 우려되므로 접근하지 않는다.

① ㉠, ㉡ ② ㉡, ㉢
③ ㉢, ㉣ ④ ㉠, ㉣

✔ • Flash – over
화재로 인하여 실내의 온도가 급격히 상승하여 가연물이 일시에 폭발적으로 착화현상을 일으켜 화재가 순간적으로 실내 전체에 확산되는 현상, 실내온도 약 400 ~ 500℃ 정도로 매우 위험하므로 화재현장에 다가가지 않는다.

• Backdraft
밀폐된 공간에서 화재가 발생하여 산소농도 저하로 불꽃을 내지 못하고 가연성 물질의 열분해로 인하여 발생한 가연성 가스가 축적되게 된다. 이때 진화를 위해 출입문 등이 개방되어 개구부가 생겨 신선한 공기의 유입으로 폭발적인 연소가 다시 시작되는 현상으로 매우 위험하므로 직접 대응하지 않으며, 화재현장에 다가가지 않는다.

정답 | 83.③ 84.② 85.④ 86.① 87.④

Check

화재의 진행단계

1. 성장기(초기~성장기) : 내부 공간 화재에서의 성장기는 제1성장기(초기단계)와 제2성장기(성장기 단계)로 나눌 수 있다. 초기단계에서는 가연물이 열분해하여 가연성 가스를 발생하는 시기이며, 실내온도가 아직 크게 상승되지 않은 발화단계로서 화원이나 착화물의 종류들에 따라 달라지기 때문에 조건에 따라 일정하지 않은 단계이고, 제2성장기(성장기 단계)는 실내에 있는 내장재에 착화하여 Flash-over에 이르는 단계이다.
2. 최성기 : Flash-over 현상 이후 실내에 있는 가연물 또는 내장재가 격렬하게 연소되는 단계로서 화염이 개구부를 통하여 출화하고 실내온도가 화재 중 최고온도에 이르는 시기이다.
3. 감쇠기 : 쇠퇴기, 종기, 말기라고도 하며 실내에 있는 내장재가 대부분 소실되어 화재가 약해지는 시기로 완전히 타지 않은 연소물들이 실내에 남아 있을 경우 실내온도는 200 ~ 300℃ 정도를 나타내기도 한다.

88 ▲ **위험물안전관리법령상 질산에스터류, 니트로화합물, 유기과산화물이 속하는 위험물 성질은?**

① 자기반응성 물질 ② 인화성 액체
③ 자연발화성 물질 ④ 산화성 액체

제5류 위험물, 자기반응성 물질

품명 : 유기과산화물, 질산에스터류, 나이트로화합물, 나이트로소화합물, 아조화합물, 다이아조화합물, 하이드라진유도체, 하이드록실아민, 하이드록실아민염류 등

89 **산업안전보건법령상 자기반응성 물질 및 혼합물의 구분 형식 A~G 중 형식 A에 해당되는 것은?**

① 포장된 상태에서 폭굉하거나 급속히 폭연하는 자기반응성 물질 또는 혼합물
② 50kg 포장물의 자기가속분해온도가 75℃보다 높은 물질 또는 혼합물
③ 분해열이 300J/g 미만인 물질 또는 혼합물
④ 폭발성 물질 또는 화약류 물질 또는 혼합물

자기반응성 물질

열적으로 불안정하여 산소의 공급이 없이도 강렬하게 발열분해하기 쉬운 액체 · 고체 물질 또는 그 혼합물을 말한다.

구분	구분 기준
형식 A	포장된 상태에서 폭굉하거나 급속히 폭연하는 자기반응성 물질 또는 혼합물
형식 B	폭발성을 가지며, 포장된 상태에서 폭굉도 급속한 폭연도 하지 않지만 그 포장물 내에서 열폭발을 일으키는 경향을 가지는 자기반응성 물질 또는 혼합물
형식 C	폭발성을 가지며, 포장된 상태에서 폭굉도 폭연도 열폭발도 일으키지 않는 자기반응성 물질 또는 혼합물
형식 D	실험실 시험에서 다음 어느 하나의 성질과 상태를 나타내는 자기반응성 물질 또는 혼합물 • 폭굉이 부분적이고 빨리 폭연하지 않으며, 밀폐상태에서 가열하면 격렬한 반응을 일으키지 않음 • 전혀 폭굉하지 않고 완만하게 폭연하며, 밀폐상태에서 가열하면 격렬한 반응을 일으키지 않음 • 전혀 폭굉 또는 폭연하지 않고, 밀폐상태에서 가열하면 중간 정도의 반응을 일으킴
형식 E	실험실 시험에서 전혀 폭굉도 폭연도 하지 않고, 밀폐상태에서 가열하면 반응이 약하거나 없다고 판단되는 자기반응성 물질 또는 혼합물
형식 F	실험실 시험에서 공동상태하에서 폭굉하지 않거나 전혀 폭연하지 않고, 밀폐상태에서 가열하면 반응이 약하거나 없는 또는 폭발력이 약하거나 없다고 판단되는 자기반응성 물질 또는 혼합물
형식 G	실험실 시험에서 공동상태하에서 폭굉하지 않거나 전혀 폭연하지 않고, 밀폐상태에서 가열하면 반응이 없거나 폭발력이 없다고 판단되는 자기반응성 물질 또는 혼합물. 다만, 열역학적으로 안정하고(50kg의 포장물에서 자기가속분해온도가 60℃와 75℃ 사이), 액체 혼합물의 경우에는 끓는점이 150℃ 이상의 희석제로 둔화시키는 것을 조건으로 한다. 혼합물이 열역학적으로 안정하지 않거나 끓는점이 150℃ 미만의 희석제로 둔화되고 있는 경우에는 형식 F로 해야 한다.

90 **GHS에 의한 화학물질의 분류에 있어 성상에 대한 설명으로 옳지 않은 것은?**

① 가스는 50℃에서 증기압이 300kPa을 초과하는 단일물질 또는 혼합물
② 고체는 액체 또는 가스의 정의에 부합되지 않는 단일물질 또는 혼합물
③ 증기는 액체 또는 고체 상태로부터 방출되는 가스형태의 단일물질 또는 혼합물
④ 액체는 101.3kPa에서 녹는점이나 초기 녹는점이 25℃ 이하인 단일물질 또는 혼합물

정답 I 88.① 89.① 90.④

✔ 액체는 50℃에서 증기압이 300kPa 이하이고, 20℃ 표준압력(101.3kPa)에서 가스가 아니면서 표준압력에서 녹는점 또는 초기 녹는점이 20℃ 이하인 물질을 말한다.

91 **다음 중 산업안전보건법령상 물질안전보건자료의 경고표시 기재항목의 작성방법으로 틀린 것은?**

① 그림문자 : 5개 이상일 경우 4개만 표시 가능
② 신호어 : "위험" 또는 "경고" 표시 모두 해당하는 경우에는 "경고"만 표시 가능
③ 예방조치 문구 : 7개 이상인 경우에는 예방 · 대응 · 저장 · 폐기 각 1개 이상을 포함하여 6개만 표시 가능
④ 유해 · 위험 문구 : 해당 문구는 모두 기재하되, 중복되는 문구는 생략, 유사한 문구는 조합 가능

✔ **신호어**
'위험' 또는 '경고' 표시 모두 해당하는 경우에는 **'위험'만 표시 가능**

92 **C_2H_4를 합성하기 위한 반응은 다음과 같으며, C_2H_4의 수득률이 42.5%라면 C_2H_4 281g을 생산하기 위해 필요한 C_6H_{14}의 질량(g)은?**

$$C_6H_{14} \xrightarrow{800℃} C_2H_4 + \text{다른 생성물}$$

① 2.03×10^3　② 3.03×10^3
③ 4.03×10^3　④ 5.03×10^3

✔ $\text{수득백분율}(\%) = \dfrac{\text{생성물의 실제 수득량}}{\text{생성물의 이론적 수득량}}\times100$

$42.5\% = \dfrac{281\text{g}}{\text{생성물의 이론적 수득량}}\times100$

생성물의 이론적 수득량은 661.2g이다.

∴ 필요한 C_6H_{14}의 질량(g)

$= 661.2\text{g } C_2H_4 \times \dfrac{1\text{mol } C_2H_4}{28\text{g } C_2H_4} \times \dfrac{1\text{mol } C_6H_{14}}{1\text{mol } C_2H_4} \times \dfrac{86\text{g } C_6H_{14}}{1\text{mol } C_6H_{14}}$

$= 2.031\times10^3\text{g } C_6H_{14}$

93 **브뢴스테드에 의한 산/염기의 정의에 따라 다음 반응을 바르게 설명하지 못한 것은?**

$$CH_3COOH + H_2O \rightarrow H_3O^+ + CH_3COO^-$$

① 정반응에서 아세트산은 양성자를 잃으므로 산에 속한다.
② 정반응에서 물은 양성자를 받아들임으로 염기에 속한다.
③ 역반응에서 하이드로늄 이온은 양성자를 잃으므로 산에 속한다.
④ 역반응에서 아세트산 이온은 양성자를 받아들임으로 산에 속한다.

✔ 역반응에서 아세트산 이온(CH_3COO^-)은 양성자를 받아들임으로 **염기에 속한다.**

1. 브뢴스테드 산 : 양성자(H^+)를 내놓는 물질, 양성자 주개
   ∴ CH_3COOH, H_3O^+
2. 브뢴스테드 염기 : 양성자(H^+)를 받아들이는 물질, 양성자 받개
   ∴ H_2O, CH_3COO^-

94 **화학 실험실 실험기구 및 장치의 안전 사용에 대한 설명으로 가장 거리가 먼 것은 어느 것인가?**

① 모든 플라스크류는 감압 조작에 사용할 수 있다.
② 비커류에 용매를 넣을 때 크리프 현상을 주의하여야 한다.
③ 실험장치는 온도 변화에 따라 기계적 강도가 변할 수 있다.
④ 실험장치는 사용하는 약품에 따라 기계적 강도가 변할 수 있다.

✔ 플라스크류는 압력 및 열에 의한 변형에 약하므로 직화에 의한 가열 및 감압 조작에 사용해서는 안 된다.

Check
크리프 현상
액이 벽면을 따라 상승하여 밖으로 나오는 현상이다.

정답 | 91.② 92.① 93.④ 94.①

95 ▲ **다음 중 비점이 다른 성분의 혼합물인 원유나 중질유 등의 유류저장탱크에 화재가 발생하여 장시간 진행되어 형성된 열류층이 탱크 저부로 내려오며 탱크 밖으로 비산 · 분출되는 현상은 어느 것인가?**

① BLEVE
② Boil-over
③ Flash-over
④ Backdraft

✔ Boil-over
비점이 다른 성분의 혼합물인 원유나 중질류 등의 유류저장탱크에 화재가 발생하여 장시간 진행되어 형성된 열류층이 탱크 저부로 내려오며 탱크 밖으로 비산 · 분출되는 현상이다.
① BLEVE(boiling liquid expanding vapor explosion) : 액화가스 저장탱크의 누설로 부유 또는 확산된 액화가스가 착화원과 접촉하여 액화가스가 공기 중으로 확산 · 폭발하는 현상
③ Flash-over : 화재로 발생한 가연성 분해가스가 천장 부근에 모이고 갑자기 불꽃이 폭발적으로 확산하여 창문이나 방문으로부터 연기나 불꽃이 뿜어나오는 상태
④ Backdraft : 밀폐된 공간에서의 화재 시 산소가 부족한 상태로 있다가 다량의 산소가 갑자기 공급되었을 때 발생하는 불길 역류 현상

96 **위험물안전관리법령상 화학분석실에서 발생하는 위험화학물질의 운반에 관한 설명으로 틀린 것은?**

① 위험물은 온도 변화 등에 의하여 누설되지 않도록 하여 밀봉 · 수납한다.
② 하나의 외장용기에는 다른 종류의 위험물을 같이 수납하지 않는다.
③ 액체 위험물은 운반용기 내용적의 98% 이하로 수납하되 55℃의 온도에서도 누설되지 않도록 충분한 공간용적을 유지해야 한다.
④ 고체 위험물은 운반용기 내용적의 98% 이하로 수납해야 한다.

✔ 고체 위험물은 운반용기 내용적의 **95% 이하**의 수납률로 수납해야 한다.

97 ▲ **위험물안전관리법령상 ( )에 해당하는 용어는?**
다량의 위험물을 저장 · 취급하는 제조소 등으로서 대통령령이 정하는 제조소 등이 있는 동일한 사업소에서 대통령령이 정하는 수량 이상의 위험물을 저장 또는 취급하는 경우 당해 사업소의 관계인인 대통령이 정하는 바에 따라 당해 사업소에 ( )를 설치하여야 한다.

① 의용소방대
② 자위소방대
③ 자체소방대
④ 사설소방대

✔ **자체소방대의 설치기준**
제4류 위험물을 지정수량의 3천배 이상 취급하는 제조소 및 일반 취급소에 설치한다.

98 **완충용액에 대한 설명으로 틀린 것은?**

① 완충용액이란 외부에서 어느 정도의 산이나 염기를 가했을 때 영향을 크게 받지 않고 수소이온 농도를 일정하게 유지하는 용액이다.
② 약염기에 그 염을 혼합시킨 완충용액은 강염기를 소량 첨가하면 pH의 변화가 크다.
③ 약산에 그 염을 혼합시킨 완충용액은 강산을 소량 첨가해도 pH의 변화가 그다지 없다.
④ 완충용액은 피검액의 안정제나 pH 측정의 비교 표준액으로 사용된다.

✔ 약염기에 그 염을 혼합시킨 완충용액은 강염기를 소량 첨가해도 **pH의 변화가 크지 않다.**

99 ▲ **위험물안전관리법령상 인화성 고체로 분류하는 1기압에서의 인화점 기준은?**

① 20℃ 미만
② 30℃ 미만
③ 40℃ 미만
④ 60℃ 미만

✔ 제2류 위험물, 가연성 고체 중 인화성 고체는 고형알코올, 그 밖에 1기압에서 **인화점이 40℃ 미만인** 고체를 말한다.

정답 | 95.② 96.④ 97.③ 98.② 99.③

100 ▲ **소방시설법령상 특급 소방안전관리대상물의 소방안전관리자로 선임할 수 있는 자격기준으로 옳지 않은 것은?**

① 소방기술사 또는 소방시설관리사의 자격이 있는 사람
② 소방설비기사의 자격을 취득한 후 5년 이상 1급 소방안전관리대상물의 소방안전관리자로 근무한 실무경력이 있는 사람
③ 소방설비산업기사의 자격을 취득한 후 6년 이상 1급 소방안전관리대상물의 소방안전관리자로 근무한 실무경력이 있는 사람
④ 소방공무원으로 20년 이상 근무한 경력이 있는 사람

특급 소방안전관리대상물의 소방안전관리자로 선임할 수 있는 자격기준

1. 소방기술사 또는 소방시설관리사의 자격이 있는 사람
2. 소방설비기사의 자격을 취득한 후 5년 이상 1급 소방안전관리대상물의 소방안전관리자로 근무한 실무경력이 있는 사람
3. 소방설비산업기사의 자격을 취득한 후 **7년 이상** 1급 소방안전관리대상물의 소방안전관리자로 근무한 실무경력이 있는 사람
4. 소방공무원으로 20년 이상 근무한 경력이 있는 사람
5. 소방청장이 실시하는 특급 소방안전관리대상물의 소방안전관리에 관한 시험에 합격한 사람. 이 경우 해당 시험은 다음 어느 하나에 해당하는 사람만 응시할 수 있다.
   ① 1급 소방안전관리대상물의 소방안전관리자로 5년(소방설비기사의 경우 2년, 소방설비산업기사의 경우 3년) 이상 근무한 실무경력이 있는 사람
   ② 1급 소방안전관리대상물의 소방안전관리자로 선임될 수 있는 자격이 있는 사람으로서 특급 또는 1급 소방안전관리대상물의 소방안전관리보조자로 7년 이상 근무한 실무경력이 있는 사람
   ③ 소방공무원으로 10년 이상 근무한 경력이 있는 사람
   ④ 「고등교육법」 제2조 제1호부터 제6호까지의 어느 하나에 해당하는 학교(이하 "대학"이라 한다)에서 소방안전관리학과(소방청장이 정하여 고시하는 학과를 말한다. 이하 같다)를 전공하고 졸업한 사람(법령에 따라 이와 같은 수준의 학력이 있다고 인정되는 사람을 포함한다)으로서 해당 학과를 졸업한 후 2년 이상 1급 소방안전관리대상물의 소방안전관리자로 근무한 실무경력이 있는 사람
   ⑤ 다음 1)부터 3)까지의 어느 하나에 해당하는 사람으로서 해당 요건을 갖춘 후 3년 이상 1급 소방안전관리대상물의 소방안전관리자로 근무한 실무경력이 있는 사람
      1) 대학에서 소방안전 관련 교과목(소방청장이 정하여 고시하는 교과목을 말한다. 이하 같다)을 12학점 이상 이수하고 졸업한 사람
      2) 법령에 따라 1)에 해당하는 사람과 같은 수준의 학력이 있다고 인정되는 사람으로서 해당 학력 취득 과정에서 소방안전 관련 교과목을 12학점 이상 이수한 사람
      3) 대학에서 소방안전 관련 학과(소방청장이 정하여 고시하는 학과를 말한다. 이하 같다)를 전공하고 졸업한 사람(법령에 따라 이와 같은 수준의 학력이 있다고 인정되는 사람을 포함한다)
   ⑥ 소방행정학(소방학 및 소방방재학을 포함한다) 또는 소방안전공학(소방방재공학 및 안전공학을 포함한다) 분야에서 석사학위 이상을 취득한 후 2년 이상 1급 소방안전관리대상물의 소방안전관리자로 근무한 실무경력이 있는 사람
   ⑦ 특급 소방안전관리대상물의 소방안전관리보조자로 10년 이상 근무한 실무경력이 있는 사람
   ⑧ 법 제41조 제1항 제3호 및 이 영 제38조에 따라 특급 소방안전관리대상물의 소방안전관리에 대한 강습교육을 수료한 사람

정답 I 100.③

제1과목 | 화학분석과정 관리

01 다음 표의 ㉠, ㉡, ㉢에 들어갈 숫자를 순서대로 나열한 것은?

기호	양성자수	중성자수	전자수	전하
$^{238}_{92}U$	㉠			0
$^{40}_{20}Ca^{2+}$		㉡		2+
$^{51}_{23}V^{3+}$			㉢	3+

① ㉠ 92, ㉡ 20, ㉢ 20
② ㉠ 92, ㉡ 40, ㉢ 23
③ ㉠ 238, ㉡ 20, ㉢ 20
④ ㉠ 238, ㉡ 40, ㉢ 23

원자번호＝양성자수＝전자수(중성일 때)
질량수＝양성자수＋중성자수
- $^{238}_{92}U$ **양성자수 : 92**, 중성자수 : 238－92＝146, 전자수 : 92
- $^{40}_{20}Ca^{2+}$ 양성자수 : 20, **중성자수 : 40－20＝20**, 전자수 : 20－2＝18
- $^{51}_{23}V^{3+}$ 양성자수 : 23, 중성자수 : 51－23＝28, **전자수 : 23－3＝20**

02 시료채취 장비와 시료용기의 준비과정이 잘못된 것은?

① 스테인리스 혹은 금속으로 된 장비는 산으로 헹군다.
② 장비 세척 후 저장이나 이송을 위해서는 알루미늄 포일로 싼다.
③ 금속류 분석을 위한 시료채취 용기로는 뚜껑이 있는 플라스틱병을 사용한다.
④ VOCs, THMs의 분석을 위한 시료채취 용기 세척 시 플라스틱통에 든 세제를 사용하면 안 된다.

세척용 용매로는 일반적으로 아이소프로판올을 사용하고, 정제수로 헹군 후 장비를 건조하여 보관한다. 금속으로 된 장비를 산으로 헹구면 산과 반응하여 부식될 우려도 있다.

03 다음은 어떤 학생의 NaOH 용액 제조과정 실험 리포트 내용이다. 잘못된 내용을 모두 고른 것은 어느 것인가?

> 목표 : 0.1M NaOH 100mL 제조
> ㉠ 100mL 부피플라스크에 0.4g의 NaOH를 넣은 후 표선까지 증류수로 채운다.
> ㉡ 이 반응은 흡열반응이므로 주의하도록 한다.
> ㉢ NaOH의 조해성을 주의하여 제조한다.
> ㉣ 시약을 조제할 때, 약수저에 시약이 남을 경우 버리지 않고 시약병에 다시 넣어둔다.

① ㉠ ② ㉠, ㉡
③ ㉡, ㉣ ④ ㉠, ㉡, ㉣

0.1M NaOH 100mL 제조과정

$$\frac{0.1\text{mol NaOH}}{1\text{L}} \times 0.1\text{L} \times \frac{40.0\text{g NaOH}}{1\text{mol NaOH}} = 0.4\text{g NaOH}$$

100mL 부피플라스크에 약 80mL의 증류수와 0.4g의 NaOH를 가한 후 흔들면서 시약을 녹인다.
증류수로 100mL 표선까지 채운 다음 완전히 섞이도록 플라스크를 몇 번씩 거꾸로 뒤집으며 섞는다.
이 반응은 발열반응이므로 주의하도록 한다.

04 C_4H_8의 모든 이성질체 개수는?

① 4 ② 5
③ 6 ④ 7

1. $H_3C-CH_2-CH=CH_2$
2. H_2C-CH_2 / H_2C-CH_2 (사각 고리)
3. $H_3C-C(CH_3)=CH_2$
4. $HC-CH_3$ / CH_2-CH_2 (삼각 고리)
5. (H)(CH₃)C＝C(H)(CH₃) (cis)
6. (H)(CH₃)C＝C(CH₃)(H) (trans)

05 다음 중 수소의 질량백분율(%)이 가장 큰 것은 어느 것인가?

① HCl ② H_2O
③ H_2SO_4 ④ H_2S

✔ 화합물 중 수소의 질량백분율(%)

$= \frac{\text{수소의 총질 량}}{\text{화합물의 총질 량}} \times 100$

① HCl : $\frac{1}{1+35.5} \times 100 = 2.74\%$

② H_2O : $\frac{1 \times 2}{(1 \times 2)+16} \times 100 = 11.11\%$

③ H_2SO_4 : $\frac{1 \times 2}{(1 \times 2)+32+(16 \times 4)} \times 100 = 2.04\%$

④ H_2S : $\frac{1 \times 2}{(1 \times 2)+32} \times 100 = 5.88\%$

06 **전자기 복사선 중 핵에 관계된 양자전이 형태를 이용하는 분광법은?**

① X-선 회절　② 감마선 방출
③ 자외선 방출　④ 적외선 흡수

✔ **전자기복사선을 기반으로 한 분광법**

분광법의 종류	보통 파장범위	양자전이 형태
감마선 방출	0.005~1.4Å	핵
X선 흡수, 방출, 형광, 회절	0.1~100Å	내부전자
자외선 흡수	10~180nm	결합전자
자외선-가시광선 흡수, 방출, 형광	180~780nm	결합전자
적외선 흡수, Raman 산란	0.78~300μm	분자의 회전 · 진동
마이크로파 흡수	0.78~375mm	분자의 회전
전자스핀 공명	3cm	자기장 내의 전자스핀
핵자기 공명	0.6~10m	자기장 내의 핵스핀

07 **1.6m의 초점거리와 지름이 2.0cm인 평행한 거울로 되어 있고, 분산장치는 1,300홈/mm의 회절발을 사용하고 있는 단색화 장치의 2차 역선형 분산(D^{-1} ; nm/mm)은?**

① 0.12　② 0.24
③ 0.36　④ 0.48

✔ 역선형 분산능(D^{-1}) $= \frac{\text{홈 사이의 거리}(d)}{\text{회절차수}(n) \times \text{초점거리}(f)}$

$$D^{-1} = \frac{\frac{1\,\text{mm}}{1{,}300\,\text{홈}} \times \frac{10^6\,\text{nm}}{1\,\text{mm}}}{2 \times 1.6\,\text{m} \times \frac{10^3\,\text{mm}}{1\,\text{m}}} = \mathbf{0.24\,nm/mm}$$

08 **유기화합물의 작용기 구조를 나타낸 것 중 틀린 것은?**

① 알코올 : R-OH
② 아민 : $R-NH_2$
③ 알데하이드 : R-CHO
④ 카복실산 : R-CO-R′

✔ 카복실산은 R-COOH이고, R-CO-R′는 케톤이다.

09 **시료의 종류 및 분석내용에 따라 시험방법을 선택하려고 한다. 시험방법 선택을 위해 파악할 사항에 해당하지 않는 것은?**

① 시험결과 통지를 확인한다.
② 이용 가능한 도구/기기를 파악한다.
③ 필요한 시료를 준비하고 농도와 범위를 확인한다.
④ 이용할 수 있는 표준방법이 있는지 확인한다.

✔ 시험방법을 선택할 때 파악할 사항은 요구하는 정확도, 이용할 수 있는 시료의 양, 이용 가능한 도구/기기를 파악하고 필요한 시료를 준비하고 농도와 범위와 시료의 성분 중 어떤 것이 방해를 일으키는지 확인하며, 이용할 수 있는 표준방법이 있는지 확인하는 것 등이 있다.

10 **아세틸화칼슘(CaC_2) 100g에 충분한 양의 물을 가하여 녹였더니 수산화칼슘과 아세틸렌 28.3g이 생성되었다. 이 반응의 아세틸렌 수득률(%)은? (단, Ca의 원자량은 40amu이다.)**

① 28.3%
② 44.1%
③ 64.1%
④ 69.7%

✔ 아세틸화칼슘과 물과의 반응식

$CaC_2 + 2H_2O \rightarrow Ca(OH)_2 + C_2H_2$

수득률(%) $= \frac{\text{생성물의 실제 수득량(g)}}{\text{생성물의 이론적 수득량(g)}} \times 100$

아세틸렌(C_2H_2)의 이론적 생성량

$100\text{g } CaC_2 \times \frac{1\text{mol } CaC_2}{64\text{g } CaC_2} \times \frac{1\text{mol } C_2H_2}{1\text{mol } CaC_2} \times \frac{26\text{g } C_2H_2}{1\text{mol } C_2H_2}$

$= 40.6\text{g}$

$\therefore$ 수득률(%) $= \frac{28.3}{40.6} \times 100 = \mathbf{69.7\%}$

정답 | 06.② 07.② 08.④ 09.① 10.④

11 **시판되는 염산 수용액의 정보가 다음과 같을 때, 염산 수용액의 농도(M)는? (단, HCl의 분자량은 36.5g/mol이다.)**

- 밀도 : $1.19g/cm^3$
- 용질의 질량퍼센트 : 38%

① 12.39 ② 0.01239
③ 32.60 ④ 0.03260

✔ 퍼센트 농도(%)를 몰농도(M)로 변환하면 다음과 같다.

$$\frac{38g\ HCl}{100g\ HCl\ 용액} \times \frac{1.19g\ HCl\ 용액}{1cm^3} \times \frac{1cm^3}{1mL} \times \frac{1,000mL}{1L} \times \frac{1mol\ HCl}{36.5g\ HCl} = 12.39M$$

12 **채취한 시료의 표준시료 제조에 대한 설명으로 틀린 것은?**

① 고체 시료의 경우 입자 크기를 줄이기 위하여 시료 덩어리를 분쇄하고, 균일성을 확보하기 위하여 분쇄된 입자를 혼합한다.
② 고체 시료의 경우 분석작업 직전에 시료를 건조하여 수분의 함량이 일정한 상태로 만드는 것이 바람직하다.
③ 액체 시료의 경우 용기를 개봉하여 용매를 최대한 증발시키는 것이 바람직하다.
④ 분석물이 액체에 녹아 있는 기체인 경우 시료용기는 대부분의 경우 분석의 모든 과정에서 대기에 의한 오염을 방지하기 위하여 제2의 밀폐용기 내에 보관되어야 한다.

✔ 액체 시료의 경우는 용매 증발을 방지해야 하며, 주로 희석하여 원하는 농도의 표준시료를 제조한다.

13 **화학식과 그 명칭이 잘못 연결된 것은?**

① C_3H_8 – 프로판 ② C_4H_{10} – 펜탄
③ C_6H_{14} – 헥산 ④ C_8H_{18} – 옥탄

✔ C_4H_{10}은 부탄(butane), 펜탄(pentane)은 C_5H_{12}이다.

14 **Li, Ba, C, F의 원자 반지름이 72pm, 77pm, 152pm, 222pm 중 각각 어느 한 가지씩의 값에 대응한다고 할 때, 그 값이 올바르게 연결된 것은?**

① Ba – 72pm ② Li – 152pm
③ F – 77pm ④ C – 222pm

✔ **원자 반지름의 주기적 경향**
같은 주기에서는 원자번호가 증가할수록 원자 반지름은 작아지며, 같은 족에서는 원자번호가 증가할수록 원자 반지름이 커진다. 2주기 원소인 Li, C, F의 원자 반지름은 Li > C > F이고, Ba은 6주기 원소이므로 2주기 원소보다 원자 반지름은 크다. 따라서 원자 반지름 크기는 Ba(222pm) > Li(152pm) > C(77pm) > F(72pm)이다.

15 **다음 중 물에 용해가 가장 잘 되지 않을 것으로 예측되는 알코올은?**

① 메탄올 ② 에탄올
③ 부탄올 ④ 프로판올

✔ 메탄올(CH_3OH), 에탄올(C_2H_5OH), 프로판올(C_3H_7OH), 부탄올(C_4H_9OH), 알코올 분자는 탄소의 개수가 적을수록 극성을, 탄소의 개수가 많을수록 비극성을 나타내므로 **탄소의 개수가 많을수록 물에 잘 용해되지 않는다.**

16 **다음 원자 중 금속성이 가장 큰 것은?**

① Mg ② Pb
③ Sn ④ Ba

✔

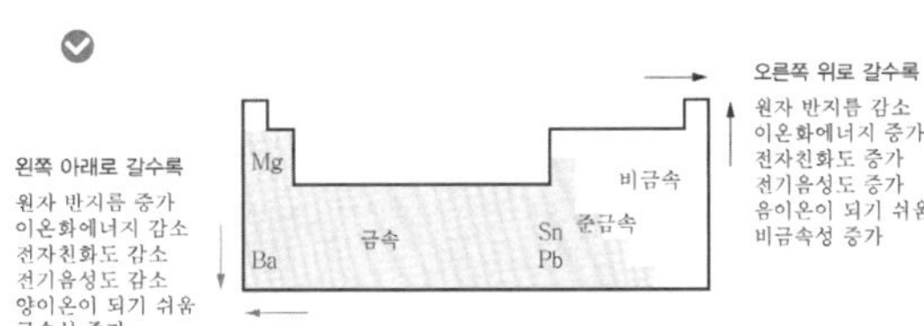

17 **물은 비슷한 분자량을 갖는 메탄분자에 비해 끓는점이 훨씬 높다. 다음 중 이러한 물의 특성과 가장 관련이 깊은 것은?**

① 수소결합 ② 배위결합
③ 공유결합 ④ 이온결합

✔ **수소결합**
N–H, O–H, F–H와 같은 극성 결합에서 수소원자와 전기음성적인 O, N, F 원자 사이에 작용하는 특별한 형태의 상호작용이다. 암모니아(NH_3), 물(H_2O), 플루오린화수소(HF) 등의 분자는 수소결합을 하며, 분자량이 비슷한 메탄(CH_4)에 비해 물(H_2O)의 끓는점이 높은 것은 강한 분자 간의 힘이 수소결합이 존재하기 때문이다.

정답 | 11.① 12.③ 13.② 14.② 15.③ 16.④ 17.①

18 원자가전자에 대한 설명 중 옳은 것은?

① 원자가전자는 최외각에 있는 전자이다.
② 원자가전자는 원자들 사이에서 물리결합을 형성한다.
③ 원자가전자는 그 원소의 물리적 성질을 지배한다.
④ 원자가전자는 핵으로부터 가장 멀리 떨어져 있어서 에너지가 가장 낮다.

원자가전자는 최외각에 있는 전자로 원자들 사이에 화학적 결합에 관여하며, 핵으로부터 가장 멀리 떨어져 있어서 에너지가 가장 크다.

19 부탄(C_4H_{10}) 1몰을 완전연소시킬 때 발생하는 이산화탄소와 물의 질량비에 가장 가까운 것은?

① 2.77 : 1　② 1 : 2.77
③ 1.96 : 1　④ 1 : 1.96

부탄(C_4H_{10})의 연소반응식
$2C_4H_{10}+13O_2 \rightarrow 8CO_2+10H_2O$
부탄(C_4H_{10}) 1mol이 연소하면 4mol의 CO_2와 5mol의 H_2O가 생성되며, 발생하는 CO_2와 H_2O의 질량비는 $4\times44 : 5\times18=176 : 90=1.96 : 1$이다.

20 푸리에 변환기기를 사용하면 신호 대 잡음비의 향상이 매우 큰 분광영역은?

① 자외선　② 가시광선
③ 라디오파　④ 근적외선

푸리에 변환기기를 사용하면 신호 대 잡음비의 향상이 큰 분광영역은 라디오파이고, 분광법으로는 적외선 분광법과 핵자기 공명 분광법이 있다.

제2과목 | 화학물질특성 분석

21 0.1M 질산 수용액의 pH는?

① 0.1　② 1
③ 2　④ 3

$pH=-\log[H^+]=-\log(0.1)=1.00$

22 원자흡수분광법에서 분석결과에 영향을 주는 인자와 관계 없는 것은?

① 고주파 출력값
② 분광기의 슬릿폭
③ 불꽃을 투과하는 광속의 위치
④ 가연성 가스와 조연성 가스 종류 및 이들 가스의 유량과 압력

원자흡수분광법 분석결과에 영향을 주는 인자
분광기의 슬릿폭, 불꽃을 투과하는 광속의 위치, 가연성 가스와 조연성 가스 종류 및 이들 가스의 유량과 압력, 광원부 및 파장선택부의 광학계의 조절 불량, 측광부의 불완전 또는 조절 불량, 검량선 작성의 오류, 결과값 계산 오류, 표준시료 선택의 부적당 및 잘못된 조제, 분석시료의 잘못된 처리방법 등이 있다.
고주파 출력값은 원자흡수분광법에서 분석결과에 영향을 주는 인자가 아니다.

23 용해도에 대한 설명으로 틀린 것은?

① 용해도란 특정 온도에서 주어진 양의 용매에 녹을 수 있는 용질의 최대 양이다.
② 일반적으로 고체 물질의 용해도는 온도 증가에 따라 상승한다.
③ 일반적으로 물에 대한 기체의 용해도는 온도 증가에 따라 감소한다.
④ 외부 압력은 고체의 용해도에 큰 영향을 미친다.

외부 압력은 기체의 용해도에 큰 영향을 미치며, 기체의 용해도는 압력이 작을수록 감소하고 압력이 높을수록 증가한다.

Check
헨리의 법칙
일정한 온도에서 일정량의 용매에 용해되는 기체의 질량은 그 기체의 부분압력에 비례한다.

24 약산을 강염기로 적정하는 실험에 대한 설명으로 틀린 것은?

① 약산의 농도가 클수록 당량점 근처에서 pH 변화폭이 크다.
② 당량점에서 pH는 7보다 크다.
③ 약산의 해리상수가 클수록 당량점 근처에서 pH 변화폭이 크다.
④ 약산의 해리상수가 작을수록 적정 반응의 완결도가 높다.

정답 | 18.① 19.③ 20.③ 21.② 22.① 23.④ 24.④

✔ 당량점 근처에서 더 약산일수록(약산의 해리상수가 작을수록) 산과 염기의 반응이 덜 완결되므로 pH 변화는 작다.

25 **요오드산바륨($Ba(IO_3)_2$)이 녹아 있는 25℃의 수용액에서 바륨이온(Ba^{2+})의 농도가 7.32×10^{-4} M일 때, 요오드산바륨의 용해도곱 상수는?**

① 3.92×10^{-10} ② 7.84×10^{-10}
③ 1.57×10^{-9} ④ 5.36×10^{-7}

✔ $Ba(IO_3)_2(s) \rightleftarrows Ba^{2+}(aq)+2IO_3^-(aq)$
용해도곱 상수 $k_{sp}=[Ba^{2+}][IO_3^-]^2$
$[Ba^{2+}]=x$, $[IO_3^-]=2x$, $k_{sp}=x\times(2x)^2=4x^3$에서
$x=7.32\times10^{-4}$M이므로
용해도곱 상수 $k_{sp}=\mathbf{1.57\times10^{-9}}$이다.

26 **어떤 온도에서 다음 반응의 평형상수(K_c)는 50이다. 같은 온도에서 x몰의 $H_2(g)$와 2.5몰의 $I_2(g)$를 반응시켜 평형에 이르렀을 때 4몰의 HI(g)가 되었고, 0.5몰의 $I_2(g)$가 남아 있었다면 x의 값은? (단, 반응이 일어나는 동안 온도와 부피는 일정하게 유지되었다.)**

$H_2(g)+I_2(g) \rightleftarrows 2HI(g)$

① 1.64 ② 2.64
③ 3.64 ④ 4.64

✔ H_2의 초기 mol$=x$, 부피를 V(L)로 두면

mol	$H_2(g)$ +	$I_2(g)$	⇄ $2HI(g)$
초기	x	2.5	0
반응	−2.0	−2.0	+4.0
평형	$x-2.0$	0.5	4.0

$$K_c=\frac{[HI]^2}{[H_2][I_2]}=\frac{\left(\frac{4}{V}\right)^2}{\left(\frac{x-20.0}{V}\right)\times\left(\frac{0.5}{V}\right)}=50$$

∴ $x=2.64$mol

27 **pH 10.00인 100mL와 완충용액을 만들려면 $NaHCO_3$(FW 84.01) 4.00g과 몇 g의 Na_2CO_3(FW 105.99)를 섞어야 하는가? (단, FW는 Formula Weight을 의미한다.)**

• $H_2CO_3 \rightleftarrows HCO_3^-+H^+$ ……… $pK_{a1}=6.352$
• $HCO_3^- \rightleftarrows CO_3^{2-}+H^+$ ……… $pK_{a2}=10.329$

① 1.32 ② 2.09
③ 2.36 ④ 2.96

✔ 완충용액의 pH는 헨더슨－하셀바흐 식으로 구한다.
$pH=pK_a+\log\left(\frac{[A^-]}{[HA]}\right)$
Na_2CO_3의 양을 x(g)으로 두고, 용액의 부피는 100mL로 같으므로 몰농도 대신 mol수를 대입하면
10.00 = 10.329
$$+\log\left(\frac{x(g)\ Na_2CO_3\times\frac{1mol\ Na_2CO_3}{105.99g\ Na_2CO_3}}{4.0g\ NaHCO_3\times\frac{1mol\ NaHCO_3}{84.01g\ NaHCO_3}}\right)$$
∴ Na_2CO_3의 양 $x=\mathbf{2.37g}$

28 **다음 중 X선 분광법에 대한 설명으로 틀린 것은?**

① 방사선 광원은 X선 분광법의 광원으로 사용될 수 있다.
② X선 광원은 연속스펙트럼과 선스펙트럼을 발생시킨다.
③ X선의 선스펙트럼은 내부 껍질 원자궤도함수와 관련된 전자전이로부터 얻어진다.
④ X선의 선스펙트럼은 최외각 원자 궤도함수와 전자전이로부터 얻어진다.

✔ X선의 선스펙트럼은 고에너지 전자의 감속 또는 원자의 내부 궤도함수에 있는 전자들의 전이로부터 얻어진다.

29 **액성과 관련된 다음 식들 중 틀린 것은 어느 것인가?**

① $K_w=[H_3O^+][OH^-]$
② $pH+pOH=pK_w$
③ $pH=-\log[H_3O^+]$
④ $K_a=K_w\times K_b$

✔ $K_w=K_a\times K_b$이고, 25℃에서 $K_w=1.00\times10^{-14}$이다.

정답 | 25.③ 26.② 27.③ 28.④ 29.④

30 **원자흡수분광법의 광원으로 가장 적합한 것은?**

① 수은등(mercury lamp)
② 전극등(electron lamp)
③ 방전등(discharge lamp)
④ 속빈 음극등(hollow cathode lamp)

✔ **원자흡수분광법의 광원**
광원의 방출 복사선이 한 원소만의 빛살이며 그 원소의 원자만을 들뜨게 하므로 각 원소를 분석할 때마다 각각의 선광원이 필요하다. 선광원으로는 속빈 음극등과 전극 없는 방전등이 있으며, 이 중 **속빈 음극등이 원자흡수분광법에서 가장 흔히 사용되는 광원이다.**

31 **이온선택전극에 대한 설명으로 옳은 것은?**

① 이온선택전극은 착물을 형성하거나 형성하지 않은 모든 상태의 이온을 측정하기 때문에 pH값에 관계 없이 일정한 측정결과를 보인다.
② 금속이온에 대한 정량적인 분석방법 중 이온선택전극 측정결과와 유도결합플라스마 결합 결과는 항상 일치한다.
③ 이온선택전극의 선택계수가 높을수록 다른 이온에 의한 방해가 크다.
④ 액체 이온선택전극은 일반적으로 친수성 막으로 구성되어 있으며, 친수성 막 안에 소수성 이온 운반체가 포함되어 있다.

✔ 이온선택전극의 선택계수는 같은 전하의 두 이온에 대한 전극의 상대적 감응으로 정의된다. 이온 A를 측정하는 전극이 이온 B에도 감응하는 경우 선택계수 $K_{A,B} = \dfrac{B\text{에 대한 감응}}{A\text{에 대한 감응}}$이다.
∴ **선택계수가 높을수록 다른 이온(B)에 의한 방해는 커진다.**

32 **La^{3+} 이온을 포함하는 미지시료 25.00mL를 옥살산나트륨으로 처리하여 $La_2(C_2O_4)_3$의 침전을 얻었다. 침전 전부를 산에 녹여 0.004321M 농도의 과망간산칼륨 용액 12.34mL로 적정하였다. 미지시료에 포함된 La^{3+}의 농도(mM)는?**

① 0.3555 ② 1.255
③ 3.555 ④ 12.55

✔ $2La^{3+} + 3C_2O_4^{2-} \rightarrow La_2(C_2O_4)_3$
$2MnO_4^- + 5C_2O_4^{2-} + 16H^+ \rightarrow 2Mn^{2+} + 8H_2O + 10CO_2$
$C_2O_4^{2-}$의 mol
$= (0.004321 \times 12.34 \times 10^{-3})\text{mol } MnO_4^- \times \dfrac{5\text{mol } C_2O_4^{2-}}{2\text{mol } MnO_4^-}$
$= 1.333 \times 10^{-4}\text{mol}$
La^{3+}의 몰농도(M)
$= 1.333 \times 10^{-4}\text{mol } C_2O_4^{2-} \times \dfrac{2\text{mol } La^{3+}}{3\text{mol } C_2O_4^{2-}} \times \dfrac{1}{25.00 \times 10^{-3}\text{L}}$
$= 3.555 \times 10^{-3}\text{M} = \mathbf{3.555mM}$

33 **1.0M 황산용액에 녹아 있는 0.05M Fe^{2+} 50.0mL를 0.1M Ce^{4+}로 적정할 때 당량점까지 소비되는 Ce^{4+}의 양(mL)과 당량점에서의 전위(V)는?**

> 1.0M 황산용액에서의 환원전위
> • $Ce^{4+} + e^- \rightleftarrows Ce^{3+}$, $E° = 1.44V$
> • $Fe^{3+} + e^- \rightleftarrows Fe^{2+}$, $E° = 0.68V$

① 25.0, 2.12 ② 25.0, 1.06
③ 50.0, 2.12 ④ 50.0, 1.06

✔ $Fe^{2+} + Ce^{4+} \rightleftarrows Fe^{3+} + Ce^{3+}$
당량점의 부피를 x(mL)로 두면
Fe^{2+}mmol=Ce^{4+}mmol이고
$0.05 \times 50.0 = 0.1 \times x$
∴ 당량점의 부피 x =**25.0mL**이다.
Nernst 식
$$E = E° - \frac{0.05916V}{n}\log Q$$
$$E_{Ce^{4+}/Ce^{3+}} = 1.44 - 0.05916\log\frac{[Ce^{3+}]}{[Ce^{4+}]}$$
$$E_{Fe^{2+}/Fe^{3+}} = 0.68 - 0.05916\log\frac{[Fe^{2+}]}{[Fe^{3+}]}$$
당량점에서는 $[Fe^{3+}]=[Ce^{3+}]$, $[Fe^{2+}]=[Ce^{4+}]$이고, $\log 1 = 0$이다.
두 식을 합하면
$$2E = (1.44 + 0.68) - 0.05916\log\frac{[Ce^{3+}][Fe^{2+}]}{[Ce^{4+}][Fe^{3+}]} = 2.12$$
∴ 당량점에서의 전위 E=**1.06V**이다.

정답 | 30.④ 31.③ 32.③ 33.②

34 $KMnO_4$은 산화-환원 적정에서 흔히 쓰이는 강산화제이다. $KMnO_4$을 사용하는 산화-환원 적정에 관한 다음 설명 중 옳은 것을 모두 고른 것은?

> ㉠ 강산성 용액에서 MnO_4^- 이온의 반쪽반응
> $MnO_4^- + 8H^+ + 5e^- \rightleftarrows Mn^{2+} + 4H_2O$
> ㉡ 중성 또는 염기성 용액에서 MnO_4^- 이온의 반쪽반응
> $MnO_4^- + 4H^+ + 3e^- \rightleftarrows MnO_2(s) + 2H_2O$
> ㉢ 아주 강한 염기성 용액에서 과망가니즈산 이온의 반쪽반응
> $MnO_4^- + e^- \rightleftarrows MnO_4^{2-}$

① ㉢ ② ㉠, ㉡
③ ㉠, ㉢ ④ ㉠, ㉡, ㉢

✔ 모두 옳은 설명이다.
㉠ Mn^{7+}에서 Mn^{2+}로 산화수가 감소된다.
㉡ Mn^{7+}에서 Mn^{4+}로 산화수가 감소된다.
㉢ Mn^{7+}에서 Mn^{6+}으로 산화수가 감소된다.

35 암모니아 합성반응에서 정반응 진행을 증가시켜 암모니아 수율을 높이기 위한 조작이 아닌 것은?

> $N_2(g) + 3H_2(g) \rightleftarrows 2NH_3(g)$

① 반응계에 He(g)를 첨가한다.
② 반응계의 부피를 감소시킨다.
③ 반응계에 질소가스를 추가한다.
④ 반응계에서 생성된 암모니아 가스를 제거한다.

✔ 화학평형을 유지하던 조건이 변하면 동적 평형이 깨지면서 반응이 진행되어 새로운 평형에 도달한다.
He, Ne, Ar 등의 비활성 기체를 첨가하는 경우, 반응에 영향을 주지 않기 때문에 평형은 이동하지 않는다.
반응물(N_2, H_2)의 농도를 증가시키면 반응물의 농도가 감소하는 방향으로 평형이동, 즉 정반응이 진행되므로 암모니아 수율이 증가된다.
생성물(NH_3)의 농도를 줄이면 생성물의 농도가 증가하는 방향으로 평형이동, 즉 정반응이 진행되므로 암모니아 수율이 증가된다.
부피를 감소시켜 압력을 증가하면 기체의 몰수가 감소하는 방향으로 평형이동, 즉 정반응이 진행되므로 암모니아 수율이 증가된다.

36 옥살산은 뜨거운 산성 용액에서 과망가니즈산 이온과 다음과 같이 반응한다. 이 반응에서 지시약 역할을 하는 것은?

> $5H_2C_2O_4 + 2MnO_4^- + 6H^+$
> $\rightarrow 10CO_2 + 2Mn^{2+} + 8H_2O$

① $H_2C_2O_4$ ② MnO_4^-
③ CO_2 ④ H_2O

✔ **MnO_4^-의** Mn^{7+}은 진한 자주색을 띠며, 강산성 용액에서 무색의 Mn^{2+}으로 환원된다. 종말점은 MnO_4^-의 적자색이 묽혀진 연한 분홍색이 지속적으로 나타나는 것으로 정한다.

37 중크로뮴산 적정에 대한 설명으로 틀린 것은?

① 중크로뮴산 이온이 분석에 응용될 때 초록색의 크로뮴(Ⅲ) 이온으로 환원된다.
② 중크로뮴산 적정은 일반적으로 염기성 용액에서 이루어진다.
③ 중크로뮴산칼륨 용액은 안정하다.
④ 시약급 중크로뮴산칼륨은 순수하여 표준용액을 만들 수 있다.

✔ **산성 용액에서** 오렌지색의 중크로뮴산 이온($Cr_2O_7^{2-}$)은 초록색의 크로뮴 이온(Cr^{3+})으로 환원되는 강한 산화제이다. 염기성 용액에서 중크로뮴산 이온($Cr_2O_7^{2-}$)은 산화력이 없는 노란색의 크로뮴산 이온(CrO_4^{2-})으로 변한다.

38 15℃에서 물의 이온화 상수가 0.45×10^{-14}일 때, 15℃ 물의 H_3O^+ 농도(M)는?

① 1.0×10^{-7}
② 1.5×10^{-7}
③ 6.7×10^{-8}
④ 4.2×10^{-15}

✔ 물의 이온화 상수 $K_w = [H_3O^+][OH^-]$
$[H_3O^+] = [OH^-] = x$(M)로 두면
$0.45 \times 10^{-14} = x^2$
$\therefore [H_3O^+] = x = \mathbf{6.71 \times 10^{-8}}$M

정답 | 34.④ 35.① 36.② 37.② 38.③

39 원자흡수분광법에 대한 설명으로 틀린 것은?

① 원자흡수분광법은 금속 또는 준금속원소를 정량할 수 있다.
② 전열원자흡수분광법은 소량의 시료에 대해 매우 높은 감도를 나타낸다.
③ 전열원자흡수분광법은 불꽃원자흡수분광법보다 5~10배 정도 더 큰 오차를 갖는다.
④ 전열원자흡수분광법은 전기로를 사용하므로 불꽃원자흡수분광법에 비해 원소당 측정시간이 빠르다.

✔ 전열원자흡수분광법의 가열하고 냉각하는 순환과정 때문에 분석과정이 느리다.

40 다음의 반응에서 산화되는 물질은?

$$Cl_2(g) + 2Br^-(aq) \rightarrow 2Cl^-(aq) + Br_2(l)$$

① Br^- ② Cl_2
③ Br_2 ④ Cl_2, Br_2

✔

	Cl_2	+ $2Br^-$	→ $2Cl^-$	+ Br_2
산화수	0	−1	−1	0

∴ 산화되는 물질은 산화수가 −1 → 0으로 증가되는 Br^-이다.

제3과목 | 화학물질구조 분석

41 Cd | Cd^{2+} ‖ Cu^{2+} | Cu 전지에서 Cd^{2+}의 농도는 0.0100M, Cu^{2+}의 농도는 0.0100M이고 Cu 전극전위는 0.278V, Cd 전극의 전극전위는 −0.462V이다. 이 전지의 저항이 3.00Ω이라 할 때, 0.100A를 생성하기 위한 전위(V)는?

① 0.440 ② 0.550
③ 0.660 ④ 0.770

✔ Nernst 식

$$E = E° - \frac{0.05916V}{n}\log Q$$

$Cu^{2+} + 2e^- \rightleftarrows Cu$, $E° = 0.278V$

$Cd^{2+} + 2e^- \rightleftarrows Cd$, $E° = -0.462V$

$$E_{cell} = E_{환원} - E_{산화}$$
$$= \left(0.278 - \frac{0.05916}{2}\log\frac{1}{[Cu^{2+}]}\right) - \left(-0.462 - \frac{0.05916}{2}\log\frac{1}{[Cd^{2+}]}\right)$$
$$= (0.278 + 0.462) - \frac{0.05916}{2}\log\frac{[Cd^{2+}]}{[Cu^{2+}]}$$
$$= (0.278 + 0.462) - \frac{0.05916}{2}\log\frac{0.0100}{0.0100}$$
$$= 0.740V$$

전기화학전지에서 전류가 흐르면 측정한 전지전위는 열역학적 계산결과와 차이가 발생한다. omh 저항, 전하-이동 과전압, 확산 과전압과 같은 편극효과를 포함하는 현상에 의해 갈바니전지의 전위는 감소된다.

$$E_{cell} = E_{환원} - E_{산화} - IR$$
$$= 0.740 - (3.00 \times 0.100)$$
$$= 0.440V$$

42 비활성 기체 분위기에서 $CaC_2O_4 \cdot H_2O$를 실온부터 980℃까지 분당 60℃의 속도로 가열한 열분해곡선(thermogram)이 다음과 같을 때, 다음 설명 중 옳은 것은?

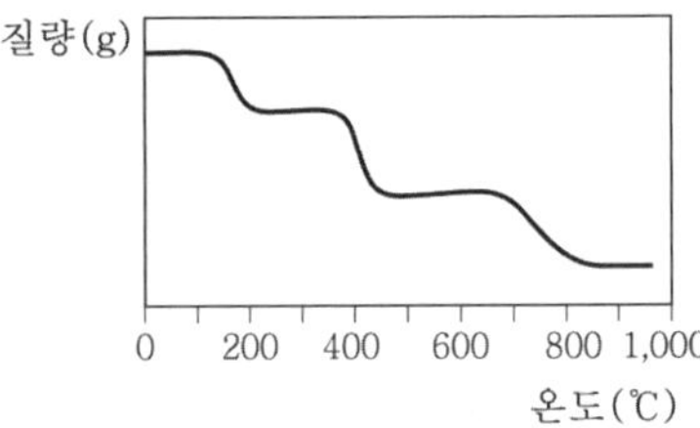

① $CaCO_3$의 직선범위는 220℃부터 350℃이고, CaO는 420℃부터 660℃이기 때문에 CaO가 열적 안정성이 높다.
② 840℃의 반응은 흡열반응으로 분자 내부에 결합되어 있던 H_2O를 방출시키는 반응이다.
③ 360℃에서의 반응은 $CaC_2O_4 \rightarrow CaCO_3 +$ CO로 나타낼 수 있다.
④ 약 13분 정도를 가열하면 무수옥살산칼슘을 얻을 수 있다.

✔ 명확하게 나타나는 수평영역은 칼슘화합물이 안정하게 존재하는 온도영역임을 알려준다.
1. 100~220℃ : $CaC_2O_4 \cdot H_2O \rightarrow CaC_2O_4 + H_2O$
2. 220~350℃ : CaC_2O_4
3. 350~420℃ : $CaC_2O_4 \rightarrow CaCO_3 + CO$
4. 420~660℃ : $CaCO_3$
5. 660~840℃ : $CaCO_3 \rightarrow CaO + CO_2$
6. 840~980℃ : CaO

정답 | 39.④ 40.① 41.① 42.③

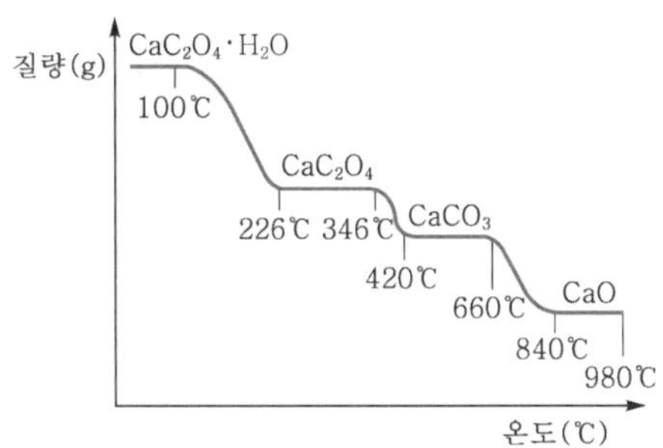

| $CaC_2O_4 \cdot H_2O$의 열분석도 |

43 일반적인 질량분석기의 이온화 장치와 다르게 상압에서 작동하는 이온화원은?

① 화학이온화(CI)
② 탈착이온화(DI)
③ 전기분무이온화(ESI)
④ 이차이온질량분석(SIMS)

✔ 전기분무이온화(ESI : electro-spray ionization)
1. 적은 에너지를 사용하므로 열적으로 불안정한 생체물질의 정확한 분자량을 분석할 수 있다.
2. 실온과 대기압에서 작동하므로 HPLC의 칼럼이나 모세관 전기영동법의 모세관으로부터 나오는 시료용액을 다른 처리과정 없이 이온화할 수 있다.

44 분리분석법 중 고체 표면에 기체 물질이 흡착되는 현상에 근거를 두고 있으며, 통상 기체-액체 칼럼에는 머물지 않는 화학종을 분리하는데 유용한 방법은?

① TLC ② LSC
③ GLC ④ GSC

✔ **기체-고체 크로마토그래피(GSC)**는 고체 정지상에 분석물이 물리적으로 흡착됨으로써 머물게 되는 현상을 이용하며, 기체-액체 칼럼에 머무르지 않는 화학종을 분리하는 데 유용하다.

45 적외선 분광법(IR spectroscopy)에서 카보닐(C=O)기의 신축진동에 영향을 주는 인자가 아닌 것은?

① 고리 크기 효과 ② 콘쥬게이션 효과
③ 수소결합 효과 ④ 자기 이방성 효과

✔ 자기 이방성 효과(=자기 비등방성 효과)
NMR에서 화합물에 외부 자기장을 걸어주었을 때 화합물 내에서 유도되는 자기장의 세기가 화합물의 배향에 따라 달라지는 성질을 말하는 것으로, 이중결합이나 삼중결합을 가지고 있는 π전자의 회전에 의해 발생되는 2차 자기장의 영향으로 나타난다.

46 원자나 분자의 흡수스펙트럼을 써서 정량분석하고자 스펙트럼을 얻어서 그림으로 나타낼 때 일반적으로 가로축에는 파장을 나타내지만, 세로축으로서 거의 쓰이지 않는 것은?

① 투과한 빛살의 세기 ② 투광도의 $-\log$값
③ 흡광도 ④ 투광도

✔ 원자나 분자의 흡수스펙트럼의 세로축으로는 **흡광도**($A=-\log T$), **투광도**(T), **%투광도**($\%T$) 등으로 나타낸다.

47 역상 크로마토그래피에서 메탄올을 이동상으로 하여 3가지 물질을 분리하고자 한다. 각 물질의 극성이 다음의 표와 같을 때, 머무름지수가 가장 클 것으로 예측되는 물질은?

물질	A	B	C
극성	큼	중간	작음

① A
② B
③ C
④ 극성과 무관하여 예측할 수 없다.

✔ 역상 크로마토그래피에서는 이동상이 극성으로, 극성이 가장 큰 성분이 먼저 용리된다. 이동상의 극성을 증가시키면 용리시간도 길어지고 물을 이동상으로 사용할 수 있다는 장점이 있다. 극성이 큰 A물질이 가장 먼저 용리되므로 머무름지수가 가장 작고 극성이 작은 C물질의 머무름지수가 가장 클 것으로 예측할 수 있다.

48 적외선 분광기를 사용하여 유기화합물을 분석하여 1,600~1,700cm^{-1} 근처에서 강한 피크와 3,000cm^{-1} 근처에서 넓고 강한 피크를 나타내는 스펙트럼을 얻었을 때, 분석시료로서 가능성이 가장 높은 화합물은?

① CH_3OH ② $C_6H_5CH_3$
③ CH_3COOH ④ CH_3COCH_3

정답 | 43.③ 44.④ 45.④ 46.① 47.③ 48.③

✔ 카보닐기(C=O)의 흡수는 1,680~1,750cm^{-1} 범위에서 일어나며, 3,000cm^{-1} 근처의 넓은 피크는 수소결합을 하고 있는 O−H 작용기의 특징이다. 따라서 분석시료로서 가능성이 가장 높은 화합물은 아세트산(CH_3COOH)이다.

49 **칼로멜전극에 대한 설명으로 틀린 것은?**

① 포화 칼로멜전극의 전위는 온도에 따라 변한다.
② 반쪽전지의 전위는 염화포타슘의 농도에 따라 변한다.
③ 염화수은으로 포화되어 있고 염화포타슘 용액에 수은을 넣어 만든다.
④ 염화포타슘과 칼로멜의 용해도가 평형에 도달하는 데 짧은 시간이 걸린다.

✔ 포화 칼로멜전극(SCE)의 전위는 온도에 의해서만 변한다. 단, 온도가 변할 때 새로운 평형에 느리게 도달하는 단점이 있다.

50 **고체 시료 분석 시 시료를 전처리 없이 직접 원자화 장치에 도입하는 방법이 아닌 것은?**

① 전열 증기화법 ② 수소화물 생성법
③ 레이저 증발법 ④ 글로우방전법

✔ 고체 시료의 도입방법으로는 직접 시료 도입법, 전열 증기화법, 레이저 증발법, 아크와 스파크 증발법, 글로우방전법 등이 있다.

51 **무정형 벤조산(benzoic acid) 가루 시료의 시차 열분석 곡선(differential thermogram)이 다음과 같을 때, 설명 중 옳은 것은? (단, A는 대기압, B는 200psi 조건에서 측정한 결과이다.)**

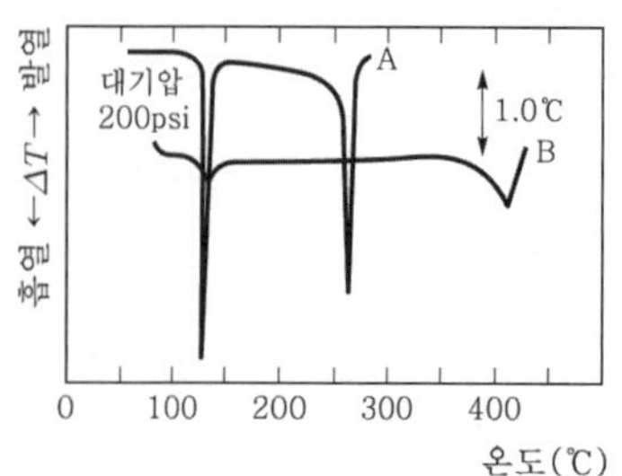

① 대기압에서 벤조산의 용융점은 140℃이다.
② 대기압에서 벤조산은 255℃에서 분해된다.
③ 벤조산은 압력이 높을수록 분해되는 온도가 높아진다.
④ 압력과 관계없이 시료가 분석 cell에 흡착했음을 알 수 있다.

✔ 시차열분석은 압력에 영향을 받으며, 높은 압력에서는 끓는점이 높아지므로 시차열분석도의 결과도 달라진다. 첫 번째 봉우리는 벤조산의 녹는점이고, 두 번째 봉우리는 벤조산의 끓는점이다. 대기압(1atm =14.7psi)에서 벤조산의 녹는점(용융점)은 140℃이고, 끓는점은 255℃이다.

52 **전압−전류법의 이용 분야와 가장 거리가 먼 것은 어느 것인가?**

① 금속의 표면 모양 연구
② 산화−환원 과정의 기초적 연구
③ 수용액 중 무기이온 및 유기물질 정량
④ 화학변성 전극 표면에서의 전자이동 메커니즘 연구

✔ 전압전류법은 여러 매질에서의 산화환원 과정의 기본적인 연구, 무기 및 유기 화학종을 정량, 표면 흡착과정, 그리고 화학적으로 개량한 전극 표면에서의 전자이동 메커니즘 연구 등에 널리 이용된다.

53 **van Deemter 식에서 정지상과 이동상 사이에 용질의 평형시간과 관련된 항을 모두 고른 것은? (단, van Deemter 식은 $H=A+B/u+Cu$ 이며, H는 단높이, u는 흐름속도, A, B, C는 칼럼, 정지상, 이동상 및 온도에 의해 결정되는 상수이다.)**

① A
② Cu
③ B/u, Cu
④ A, B/u

✔ van Deemter 식에서 A는 다중흐름 통로항, B/u는 세로확산항, Cu는 질량이동항이다. 이 중 정지상과 이동상 사이의 용질 평형시간과 관련된 항은 질량이동항(Cu)이다.

정답 | 49.④ 50.② 51.① 52.① 53.②

54 **적외선 광원으로부터 4.54μm 파장의 광선만을 얻기 위한 간섭필터(interference filter)를 제조하려 한다. 이 필터의 굴절률(n)이 1.34라 할 때, 유전층(dielectric layer)의 두께(μm)는?**

① 1.69　② 3.39
③ 6.08　④ 12.16

✔ **간섭필터를 투과한 복사선의 파장**

$\lambda = \frac{2dn}{N}$

여기서, d : 유전체의 두께
n : 유전체 매질의 굴절률
N : 간섭차수($N=1$)

$4.54\mu m = 2 \times d(\mu m) \times 1.34$

$\therefore d = 1.69\mu m$

55 **다음 시차주사열량법(Differential Scanning Calorimetry ; DSC)에 대한 설명 중 틀린 것은?**

① 기기의 보정은 용융열을 이용하여 실시한다.
② 탈수(dehydration)반응은 흡열피크를 갖는다.
③ 온도를 변화시킬 때 시료와 기준물질 간의 흘러 들어간 열량의 차이를 측정한다.
④ 발열피크는 기준선에서 아래로 볼록한 형태로 나타난다.

✔ 시차주사열량법은 시료물질과 기준물질을 조절된 온도 프로그램으로 가열하면서 이 두 물질에 흘러 들어간 열량의 차이를 시료 온도의 함수로 측정하는 열분석방법이다. 열흐름의 증가는 발열과정을, 열흐름의 감소는 흡열과정을 나타낸다.

56 **질량분석계의 검출기로 주로 사용되지 않는 것은?**

① 전자증배관 검출기　② 패러데이컵 검출기
③ 열전도도 검출기　④ 배열검출기

✔ 질량분석계의 검출기로는 전자증배관 검출기, Faraday 컵 검출기, 배열변환기, 사진건판 검출기, 섬광검출기 등이 있다.

57 **시차주사열량법(Differential Scanning Calorimetry ; DSC)을 3가지로 구분할 때, 나머지 2개의 장치와 구조적으로 다르고 시료와 기준물질의 온도가 서로 동일하게 유지되며 새로운 온도 설정에 대한 빠른 평형이 필요한 동역학 연구에 적합한 장비는?**

① 전력보상 DSC
② 열흐름 DSC
③ 변조 DSC
④ 압력 DSC

✔ **시차주사열량법**

- 전력보상 DSC : 시료물질과 기준물질 사이의 온도를 동일하게 유지시키는 데 필요한 전력을 측정한다.
- 열흐름 DSC : 시료의 온도를 일정한 속도로 변화시키면서 시료물질과 기준물질로 흘러들어오는 열흐름의 차이를 측정한다.
- 변조 DSC : Fourier 변환법을 이용하며, 가열장치와 시료를 놓는 위치가 열흐름 DSC와 비슷하다.

58 **활동도가 0.5M인 $ZnCl_2(aq)$, 활동도가 0.01M인 $Cd(NO_3)_2(aq)$가 있는 전지에 대한 다음 설명 중 옳은 것은?**

- $Cd^{2+} + 2e^- \rightleftarrows Cd(s)$, $E° = -0.402V$
- $Zn^{2+} + 2e^- \rightleftarrows Zn(s)$, $E° = -0.706V$

① 전체 전지전위는 −0.25V이다.
② 산화전극의 전위는 0.71V이다.
③ 환원전극의 전위는 −0.46V이다.
④ 자발적으로 반응이 일어나지 않는다.

✔ **Nernst 식**

$E = E° - \frac{0.05916V}{n}\log Q$

Cd의 표준 환원전위가 더 크므로 환원전극으로 작용하고, Zn은 산화전극으로 작용한다.

$E_{환원} = -0.402 - \frac{0.05916}{2}\log\frac{1}{0.01} = -0.461V$

$E_{산화} = -0.706 - \frac{0.05916}{2}\log\frac{1}{0.5} = 0.715V$

$E_{cell} = E_{환원} - E_{산화} = -0.461 - (0.715) = 0.254V$

$E_{cell} > 0$이므로 자발적인 반응이 일어난다.

59 **0.2cm 셀에 들어 있는 1.03×10^{-4}M Perylene 용액의 440nm에서의 퍼센트 투광도는? (단, Perylene의 몰흡광계수는 440nm에서 $34,000M^{-1}cm^{-1}$이다.)**

① 15%　② 20%
③ 25%　④ 30%

정답 | 54.① 55.④ 56.③ 57.① 58.③ 59.②

✔ 흡광도 $A = \varepsilon bc$
여기서, ε : 몰흡광계수
b : 빛의 통과길이(cm)
c : 몰농도(M)
$A = 34,000 \times 0.2 \times 1.03 \times 10^{-4} = 7.004 \times 10^{-1}$
흡광도 $A = -\log T$이므로
투광도 $T = 10^{-A} = 10^{-7.004 \times 10^{-1}}$
$= 1.993 \times 10^{-1}$
$\%T = T \times 100 = 1.993 \times 10^{-1} \times 100 = \mathbf{19.9\%}$

60 Polarogram으로부터 얻을 수 있는 정보에 대한 설명으로 틀린 것은?

① 확산전류는 분석물질의 농도와 비례한다.
② 반파전위는 금속의 리간드의 영향을 받지 않는다.
③ 확산전류는 한계전류와 잔류전류의 차이를 말한다.
④ 반파전위는 금속이온과 착화제의 종류에 따라 다르다.

✔ 반파전위는 한계전류의 절반에 도달했을 때의 전위로서 분석하는 화학종의 특성에 따라 달라지므로 정성적 정보를 얻을 수 있다. 반파전위는 금속이온과 리간드(착화제)의 종류에 따라 다르다.

제4과목 | 시험법 밸리데이션

61 측정값 – 유효숫자 개수를 짝지은 것 중 틀린 것은?

① 12.9840g – 유효숫자 6개
② 1830.3m – 유효숫자 5개
③ 0.0012g – 유효숫자 4개
④ 1.005L – 유효숫자 4개

✔ 측정값 0.0012g의 유효숫자는 1, 2로 **2개이다.**

Check
유효숫자 세는 규칙
1. 0이 아닌 정수는 언제나 유효숫자이다.
2. 0은 유효숫자일수도, 아닐 수도 있다.
① 앞부분에 있는 0은 유효숫자가 아니다.
② 중간에 있는 0은 유효숫자로 인정한다.
③ 끝부분에 있는 0은 숫자에 소숫점이 있는 경우에만 유효숫자로 인정한다.

62 밸리데이션 결과 보고서에 포함될 사항이 아닌 것은?

① 요약 정보
② 시험장비 목록
③ 분석법 작업절차에 관한 기술
④ 밸리데이션 항목 및 판단기준

✔ **밸리데이션 결과 보고서에 포함되어야 할 사항**
1. **요약 정보**
2. **분석법 작업절차에 관한 기술**
3. 분석법 밸리데이션 실험에 사용한 표준품 및 표준물질에 관한 자료(제조원, 제조번호, 사용기한, 시험 성적서, 안정성, 보관조건 등)
4. **밸리데이션 항목**(정확성, 정밀성, 회수율, 선택성, 정량한계, 검량선 및 안정성) **및 판정기준**
5. 밸리데이션 항목을 평가하기 위해 수행된 실험에 관한 기술과 그 결과 크로마토그램 등 시험 기초자료
6. 표준작업 지침서, 시험 계획서 등
7. 참고문헌

63 밸리데이션 통계적 처리를 위해 평균, 표준편차, 상대표준편차, 퍼센트 상대표준편차, 변동계수 등의 계산이 요구된다. 이때 통계처리를 위한 반복 측정횟수로 옳지 않은 것은?

① 3가지 종류의 농도에 대해서 각각 2회 측정
② 시험방법 전체 조작을 10회 반복 측정
③ 시험농도의 100%에 해당하는 농도로 각각 6회 반복 측정
④ 시험농도의 100%에 해당하는 농도로 각각 10회 반복 측정

✔ 규정된 범위를 포함한 농도에 대해서는 시험방법의 전체 조작을 최소 **9회 이상 반복**하여 측정한다. 즉, 3가지 농도에 대해서는 **각 농도당 3회씩 반복** 측정한다. 시험농도의 100%에 해당하는 농도로 시험방법의 전체 조작을 최소 6회 이상 반복하여 측정한다.

64 다음 중 분석시험법의 밸리데이션 항목이 아닌 것은?

① 특이성 ② 안전성
③ 완건성 ④ 직선성

정답 | 60.② 61.③ 62.② 63.① 64.②

✔ 분석시험법의 밸리데이션 항목
1. **특이성**(specificity) 및 선택성
2. 정확성(accuracy)
3. 정밀성(precision)
4. 감도(sensitivity)
5. 검출한계(DL, detection limit)
6. 정량한계(QL, quantitation limit)
7. **직선성**(linearity)
8. 범위(range)
9. **완건성**(robustness, 안정성)
10. 견뢰성(ruggedness)

65 정확도에 대한 설명 중 틀린 것은?

① 참값에 가까운 정도이다.
② 측정값과 인정된 값과의 일치되는 정도이다.
③ 반복시료를 반복적으로 측정하면 쉽게 얻어진다.
④ 절대오차 또는 상대오차로 표현된다.

✔ 정확도는 분석결과가 이미 알고 있는 참값이나 표준값에 근접한 정도를 나타내며 절대오차 또는 상대오차로 표현된다.
③은 정밀도에 대한 설명이다.

66 주기적인 교정의 일반적인 목적이 아닌 것은?

① 기준값과 측정기를 사용해서 얻어진 값 사이의 편차의 추정값을 향상시킨다.
② 측정기를 사용해서 달성할 수 있는 불확도를 재확인하는 것이다.
③ 경과기간 중에 얻어지는 결과에 대해 의심되는 측정기의 변화가 있는가를 확인하는 것이다.
④ 측정의 불확도를 증가시켜 측정의 질이나 서비스에서의 위험을 낮추기 위한 것이다.

✔ 주기적인 교정으로 측정의 불확도를 재확인하여 측정의 질을 향상시킬 수 있다.

Check
주기적인 교정의 일반적인 목적
1. 기준값과 측정기를 사용해서 얻어진 값 사이의 편차의 추정값을 향상시키고, 측정기가 실제로 사용될 때 이러한 편차에서의 불확도를 향상시킨다.
2. 측정기를 사용해서 달성할 수 있는 불확도를 재확인하는 것이다.
3. 경과기간 중에 얻어지는 결과에 대해 의심되는 측정기의 변화가 있는가를 확인하는 것이다.

67 분석물질의 확인시험, 순도시험 및 정량시험 밸리데이션에서 중요하게 평가되어야 하는 항목은?

① 범위 ② 특이성
③ 정확성 ④ 직선성

✔ 순도시험, 확인시험 및 정량(함량)시험의 밸리데이션에는 **특이성을 평가**하여야 하고, 특이성을 확보하기 위한 시험법은 적용되는 목적에 따라 다르게 진행되어야 한다. 한 가지 분석법으로 특이성을 입증하지 못할 경우 다른 분석법을 추가로 사용하여 특이성을 보완하여 입증할 수 있다.

68 분석장비를 이용한 측정방법에 대한 설명 중 옳은 것을 모두 고른 것은?

㉠ 반복측정을 수행하면 신호 대 잡음비가 측정횟수에 직선적으로 비례하여 증가한다.
㉡ 같은 신호세기도 바탕세기가 높으면 신호 대 잡음비가 감소한다.
㉢ 내부 표준물을 사용하면 측정의 정밀성을 높일 수 있다.
㉣ 장비의 최적화를 위하여 검정 및 튜닝은 필수적이다.

① ㉠, ㉡, ㉣ ② ㉠, ㉢, ㉣
③ ㉡, ㉢, ㉣ ④ ㉠, ㉡, ㉢

✔ 반복측정을 수행하면 신호 대 잡음비(S/N)가 측정횟수(n)의 제곱근에 비례하여 증가한다.

$$\frac{S}{N} \propto \sqrt{n}$$

69 Blank에 관한 설명 중 옳은 것을 모두 고른 것은?

㉠ 바탕(blank)은 시료 내에 존재하는 다른 간섭물질 때문에 발생될 수 있다.
㉡ 바탕(blank)은 시료처리 과정에 사용되는 용액 내에 존재하는 미량의 분석물 때문에 생길 수 있으므로 일정 규격 이상의 순도를 갖는 것을 사용한다.
㉢ 현장바탕(field blank)은 시료채취 과정만 포함한다.
㉣ 방법바탕(method blank)은 시약바탕(reagent blank)보다 넓은 범위를 포함하며, 시료처리 과정에서 발생되는 모든 것을 포함한다.

① ㉠, ㉡, ㉢, ㉣ ② ㉠, ㉡, ㉢
③ ㉠, ㉡, ㉣ ④ ㉡, ㉢, ㉣

정답 | 65.③ 66.④ 67.② 68.③ 69.③

✔ 현장(field)바탕시료는 현장에서 만들어지는 깨끗한 시료로 분석의 모든 과정(채취, 운송, 분석)에서 생기는 문제점을 찾는데 사용된다. 시료의 형태를 기록하지 않고 현장바탕시료와 일반 시료를 동일한 방법으로 같이 다루며, 시료채취 현장에서 준비되는 시료로서 시료를 채취하지 않고 수행한다. 또한 분석할 시료와 함께 모든 과정을 똑같이 수행하지만 시료를 실제로 담지는 않는다.

70 측정값의 이상점(outlier)을 버려야 할지 취해야 할지를 결정하기 위해 Grubbs 시험을 진행할 때, 이상점과 G의 계산값은? (단, 95% 신뢰수준에서 G의 임계값은 2.285이다.)

10.2,	10.8,	11.6,	9.9,	9.4,	7.8
10.0,	9.2,	11.3,	9.5,	10.6,	11.6

① 7.8, $G_{계산}=2.33$ ② 7.8, $G_{계산}=2.12$
③ 11.6, $G_{계산}=1.30$ ④ 11.6, $G_{계산}=1.23$

✔ 이상점=7.8, 평균($\bar{x}$)=10.158, 표준편차(s)=1.114

$G_{계산}=\dfrac{|7.8-10.158|}{1.114}=2.117$, $G_{표}=2.285$

따라서, $G_{계산}<G_{표}$ 의심스러운 점(7.8)은 포함시켜야 한다.

Check

Grubbs 시험

이상점을 포함하여 평균을 얻어야 하는지 아니면 이상점을 버려야 하는지에 대한 결정을 한다.

1. 이상점(outlier) : 다른 점으로부터 멀리 떨어져 있는 자료
2. Grubbs 시험방법
   ① 전체 자료에 대해 평균($\bar{x}$)과 표준편차(s)를 구한다.
   ② $G_{계산}=\dfrac{|의심스러운\ 값-\bar{x}|}{s}$
   ③ $G_{계산}>G_{표}$, 그 의심스러운 점은 버려야 한다.
   ④ $G_{계산}<G_{표}$, 그 의심스러운 점은 포함시켜야 한다.

71 검 · 교정 대상 기구가 아닌 것은?

① 피펫 ② 뷰렛
③ 부피플라스크 ④ 삼각플라스크

✔ 부피를 측정하는 기구인 피펫, 뷰렛, 부피 플라스크 등은 측정의 신뢰성을 높이기 위해 검 · 교정이 실시되어야 한다. 삼각플라스크는 부피 측정용 기구가 아니므로 검 · 교정 대상 기구가 아니다.

72 단백질이 포함된 탄수화물 함량을 5회 측정한 결과가 다음과 같을 때, 탄수화물 함량에 대한 90% 신뢰구간은? (단, 자유도 4일 때 t값은 2.132이다.)

[측정결과] 12.6 11.9 13.0 12.7 12.5
단위 : wt%(g탄수화물/100g 단백질)

① 12.54±0.28wt% ② 12.54±0.38wt%
③ 12.54±0.48wt% ④ 12.54±0.58wt%

✔ 90% 신뢰구간 $=\bar{x}\pm\dfrac{t\times s}{\sqrt{n}}$

평균($\bar{x}$) $=\dfrac{\sum_{i=1}^{n}x_i}{n}=12.54$

표준편차(s) $=\sqrt{\dfrac{\sum_{i=1}^{n}(x_i-\bar{x})^2}{n-1}}=0.4037$

∴ 90% 신뢰구간 $=12.54\pm\dfrac{2.132\times0.4037}{\sqrt{5}}$

$=12.54\pm0.38$wt%

73 시료 전처리의 오차를 줄이기 위한 시험방법에 대한 설명으로 틀린 것은?

① 공시험(blank test)은 시료를 사용하지 않고 기타 모든 조건을 시료 분석법과 같은 방법으로 실험하는 것이며 계통오차를 효과적으로 줄일 수 있다.
② 회수시험(recovery test)은 시료와 같은 공존물질을 함유하는 기지농도의 대조시료를 분석함으로써 공존물질의 방해작용 등으로 인한 분석값의 회수율을 검토하는 방법이다.
③ 맹시험(blind test)은 분석값이 어느 범위 내에서 서로 비슷하게 될 때까지 실험을 되풀이하는 것이 보통이며 일종의 예비시험에 해당한다.
④ 평행시험(parallel test)은 같은 시료를 각기 다른 방법으로 여러 번 되풀이하는 시험으로써 계통오차를 제거하는 방법이다.

✔ 평행시험(parallel test)은 **같은 시료를 같은 방법으로** 여러 번 되풀이하는 시험으로, 이것은 우연오차가 있는 매회 측정값으로부터 그 평균값과 표준편차 등을 얻기 위해 실시한다. 계통오차 자체는 매 분석 반복마다 존재하므로 계통오차를 제거하는 방법은 아니다.

정답 | 70.② 71.④ 72.② 73.④

74 **정량한계와 이를 구하기 위한 방법에 대한 설명으로 옳지 않은 것은?**

① 정량한계는 기지량의 분석대상물질을 함유한 검체를 분석하고 그 분석대상물질을 확실하게 검출할 수 있는 최저의 농도를 확인함으로써 결정된다.

② 정량한계는 기지농도의 분석대상물질을 함유하는 검체를 분석하고, 정확성과 정밀성이 확보된 분석대상물질을 정량할 수 있는 최저농도를 설정하는 것이다.

③ 기지의 저농도 분석대상물질을 함유하는 검체와 공시험 검체의 신호를 비교하여 설정함으로써 신호 대 잡음비를 구할 수 있으며, 정량한계를 산출하는데 있어 신호 대 잡음비는 일반적으로 10 : 1이 적당하다.

④ 정량한계는 $10 \times \sigma / S$로 구할 수 있으며, σ는 반응의 표준편차를, S는 검량선의 기울기를 말한다.

✔ 검출한계는 바탕과 "크게 다르다"라고 구분되는 분석물질의 최소량으로 분석대상물질을 확실하게 검출할 수 있는 최저의 농도를 말한다.
①은 검출한계에 대한 설명이다.

75 **정량분석법 중 간접측정 실험에 대한 설명으로 옳지 않은 것은?**

① 무게법 : 분석물과 혹은 분석물과 관련 있는 화합물의 질량을 측정한다.

② 부피법 : 분석물과 정량적으로 반응하는 반응물 용액의 부피를 측정한다.

③ 전기분석법 : 전위, 전류, 저항, 전하량, 질량 대 전하의 비(m/z)를 측정한다.

④ 분광법 : 분석물과 빛 사이의 상호작용 또는 분석물이 방출하는 빛의 세기를 측정한다.

✔ 전기분석법은 분석물의 전기적 성질을 이용하는 정량분석법으로 전위, 전류, 저항, 전하량 등을 측정한다. 질량 대 전하비의 측정은 질량분석법에서 이용된다.

76 **밸리데이션 된 시험방법이 가져야 할 정보가 다음과 같을 때, ( ) 안에 들어갈 용어는?**

㉠ 원리	㉡ 검체
㉢ 분석 장치 및 조건	㉣ 시약 및 시액
㉤ (A)	㉥ 시스템 적합성 시험
㉦ 표준액 조제	㉧ (B)
㉨ 시험과정	㉩ 계산
㉪ 결과보고	

① A : 표준품, B : 검액 조제

② A : 사용기간 예시, B : 실행 예시

③ A : 측정방법, B : 첨가액 조제

④ A : 가이드라인, B : 표준액 희석

✔ **밸리데이션 대상 시험법 구성**

1. 원리	2. 검체
3. 분석 장치 및 조건	4. 시약 및 시액
5. **표준품**	6. 시스템 적합성 시험
7. 표준액 조제	8. **검액 조제**
9. 시험과정	10. 계산
11. 결과보고	

77 ▲ **시험검사기관에서 사용하는 용어의 정의로 옳지 않은 것은?**

① 장비 : 시험검사를 수행하는 데 이용되는 소프트웨어를 제외한 하드웨어

② 측정불확도 : 측정량에 귀속된 값의 분포를 나타내는 측정결과와 관련된 값으로써 측정결과를 합리적으로 추정한 값의 분산특성

③ 인증표준물질 : 국가 또는 공인된 기관이 발행한 문서가 있으며 유효한 절차에 의하여 추정된 불확도와 소급성 정보 등 하나 이상의 특성값을 가지는 표준물질

④ 표준균주 : 특정 미생물 항목의 시험, 검사를 수행할 때 검출된 미생물에 대한 생화학적 특성의 비교대상이 되는 균주 또는 생화학적 시험, 검사에 필요한 균주

✔ 장비는 시험검사를 수행하는 데 이용되는 분석장비, 소프트웨어, 측정표준 또는 보조기구 등과 그 집합을 말한다.

정답 | 74.① 75.③ 76.① 77.①

78 ▲ **특정 업무를 표준화된 방법에 따라 일관되게 실시할 목적으로 해당 절차 및 수행방법 등을 상세하게 기술한 문서는?**

① 표준작업지침서(SOP)
② 관리체계도(chain-of custody)
③ 프로토콜(protocol)
④ 표준규격(standard document)

✔ ① 표준작업지침서(SOP, standard operating procedure)는 특정 업무를 표준화된 방법에 따라 일관되게 실시할 목적으로 해당 절차 및 수행방법 등을 상세하게 기술한 문서를 말한다.
② 관리체계도(chain-of Custody)는 시료의 채취, 운송, 보관, 시험 및 검사, 폐기 등의 정보와 내역에 대한 기록 등을 통해 시료의 시험 · 검사 진행절차와 책임소재를 분명히 하는 자료이다.
③ 프로토콜(protocol)은 정보 기록방법을 포함하여 서류 작성방법과 기록대상의 방향을 제시하는 문서이다.
④ 표준규격(standard document)은 국제규격에 맞게 표준화된 자료이다.

79 **제작자의 규격, 교정 성적서 혹은 다른 출처로부터 인용되고 인용된 불확도가 표준편차의 특정 배수라는 것이 언급되어 있다면 표준불확도 $U(x)$는 인용된 값을 그 배수로 나눈 값으로 한다. 명목값 1kg 스테인리스강 표준분동의 성적서에 질량과 불확도가 다음과 같이 명시되어 있을 때, 표준분동의 표준불확도(μg)는?**

- 표준분동의 질량 : 1000.000325g
- 질량값의 불확도 : U=260μg(2σ 수준)

① 0.8 ② 1.37
③ 130 ④ 260

✔ 인용된 불확도를 사용하여 표준불확도(U)를 구할 수 있다.

표준불확도(U)= $\dfrac{\text{인용된 불확도}}{\text{표준편차의 배수}}$

인용된 불확도=260μg(2σ 수준)이므로

표준불확도(U)= $\dfrac{260}{2}$ = 130μg이다.

80 **A회사의 시험결과 정리법과 B물질의 수분측정 결과값이 다음과 같을 때, 시험결과 정리법에 맞게 정리된 값은? (단, B물질의 수분 규격(기준)은 0.3% 이하이고 측정은 3회 실시하며 평균값으로 reporting한다.)**

[실험결과 정리법]
㉠ 기준의 소수점 이하 자릿수가 n인 경우 $n+1$자리까지 구하고 반올림하여 자릿수를 정리한다.
㉡ 실험치가 소수점 이하 $n+2$ 이상 자릿수까지 될 경우 $n+2$자리는 버리고 $n+1$자리에서 반올림한다.

[수분 측정결과]
- $T_1 = 0.24567\%$
- $T_2 = 0.25161\%$
- $T_3 = 0.24779\%$

① 0.2 ② 0.20
③ 0.24 ④ 0.25

✔ B물질의 수분 기준이 0.3% 이하이므로 실험결과 정리법 ㉠에 의해 $n=1$이 된다.
실험결과 정리법 ㉡에 의해 실험치가 소수점 이하 3 이상 자릿수까지 될 경우 3자리는 버리고 2자리에서 반올림을 하면 수분 측정결과

$T_1 = 0.24567\% \Rightarrow 0.2\%$

$T_2 = 0.25161\% \Rightarrow 0.3\%$

$T_3 = 0.24779\% \Rightarrow 0.2\%$

따라서 평균값은 $\dfrac{0.2+0.3+0.2}{3}$ = 0.2%가 된다.

제5과목 | 환경 · 안전 관리

81 **산화수에 관련된 설명 중 틀린 것은?**

① 과산화물에서 산소의 산화수는 −2이다.
② 화합물에서 수소의 산화수는 보통 +1이지만, 금속 수소화합물에서 수소의 산화수는 −1이다.
③ 이온결합성 화합물에서 각 원자의 산화수는 이온의 하전수와 같다.
④ 중성 분자에서 각 산화수에 원자수를 곱한 값의 합은 0이다.

✔ 화합물에서 산소의 산화수는 보통 −2이지만, 과산화물에서 산소의 산화수는 −1이다.

정답 | 78.① 79.③ 80.① 81.①

82 **Ether 화합물은 일반적으로 안정적인 화합물이나 일부는 공기 중 산소와 천천히 반응하여 O-O 결합이 포함된 폭발성이 있는 과산화물을 형성하여 저장에 주의가 필요하다. 이러한 Ether 화합물을 1차 알코올을 이용하여 제조하는 반응은?**

① S_N1 ② S_N2
③ E1 ④ E2

✔ S_N2 반응은 치환(Substitution), 친핵성(Nucleoplilic), 이분자성(Bimolecular)의 약자로 이분자성 친핵성 치환반응을 의미한다. 1차 알코올은 고온, 황산촉매 하에서 반응시키면 S_N2 반응에 의해 알코올이 중합되어 에터(ether)가 생성된다.

83 **다음 중 폴리에틸렌의 첨가중합을 위해 필요한 단량체는?**

① $H_2C=CH_2$
② $H_2C=CH-CH_3$
③ $H_2N(CH_2)_6NH_2$
④ $C_6H_4(COOH)_2$

✔ 폴리에틸렌(PE)은 에틸렌(C_2H_4)이 첨가 중합반응으로 형성된 고분자 화합물이다.

84 **다음 중 자연발화의 방지조건으로 가장 적절한 것은?**

① 저장실의 온도가 높고, 통풍이 안 되며, 습도가 낮은 곳
② 저장실의 온도가 낮고, 통풍이 잘 되며, 습도가 높은 곳
③ 습도가 높고, 통풍이 안 되며, 저장실의 온도가 낮은 곳
④ 습도가 낮고, 통풍이 잘 되며, 저장실의 온도가 낮은 곳

✔ • **자연발화 방지법**
1. 습도를 낮춰야 한다.
2. 저장온도를 낮춰야 한다.
3. 퇴적 및 수납 시 열이 쌓이지 않도록 해야 한다.
4. 통풍이 잘 되도록 해야 한다.

• **자연발화가 되기 쉬운 조건**
1. 표면적이 넓어야 한다.
2. 발열량이 커야 한다.
3. 열전도율이 적어야 한다.
4. 주위 온도가 높아야 한다.

85 ▲ **폐기물관리법령상의 용어 정의로 틀린 것은?**

① 폐기물 : 쓰레기, 연소재, 오니, 폐유, 폐산, 폐알칼리 및 동물의 사체 등으로 사람의 생활이나 사업활동에 필요하지 아니하게 된 물질을 말한다.
② 의료폐기물 : 보건 · 의료기관, 동물병원, 시험 · 검사기관 등에서 배출되는 폐기물 중 인체에 감염 등 위해를 줄 우려가 있는 폐기물과 인체조직 등 적출물, 실험동물의 사체 등 보건 · 환경보호상 특별한 관리가 필요하다고 인정되는 폐기물을 말한다.
③ 처분 : 폐기물의 매립 · 하역배출 등의 중간처분과 소각 · 중화 · 파쇄 · 고형화 등의 최종처분을 말한다.
④ 지정폐기물 : 사업자폐기물 중 폐유 · 폐산 등 주변 환경을 오염시킬 수 있거나 의료폐기물 등 인체에 위해를 줄 수 있는 해로운 물질을 말한다.

✔ **처분**
폐기물의 소각 · 중화 · 파쇄 · 고형화 등의 중간처분과 폐기물을 매립하거나 하역으로 배출하는 등의 최종처분을 말한다.

86 **화학물질의 분류 · 표시 및 물질안전보건자료에 관한 기준상 화학물질의 정의는?**

① 원소와 원소 간의 화학반응에 의하여 생성된 물질을 말한다.
② 두 가지 이상의 화학물질로 구성된 물질 또는 용액을 말한다.
③ 순물질과 혼합물을 말한다.
④ 동소체를 말한다.

✔ 화학물질이란 원소 · 화합물 및 인위적인 반응을 일으켜 얻어진 물질과 자연상태에서 존재하는 물질을 화학적으로 변형시키거나 추출 또는 정제한 것을 말한다.

정답 | 82.② 83.① 84.④ 85.③ 86.①

87 ▲ **위험물안전관리법령상 저장소의 구분에 해당되지 않는 것은?**

① 일반저장소 ② 암반탱크저장소
③ 옥내탱크저장소 ④ 지하탱크저장소

✔ • **위험물저장소의 구분**
옥내저장소, 옥외탱크저장소, 옥내탱크저장소, 지하탱크저장소, 간이탱크저장소, 이동탱크저장소, 옥외저장소, 암반탱크저장소
• **위험물취급소의 구분**
이송취급소, 주유취급소, 일반취급소, 판매취급소

88 농약의 유독성 · 유해성 분류와 분류기준이 잘못 연결된 것은?

① 급성독성 물질 – 입이나 피부를 통해 1회 또는 12시간 내에 수회로 나누어 투여하거나 6시간 동안 흡입 · 노출되었을 때 유해한 영향을 일으키는 물질
② 눈 자극성 물질 – 눈 앞쪽 표면에 접촉시켰을 때 21일 이내에 완전히 회복 가능한 어떤 변화를 눈에 일으키는 물질
③ 발암성 물질 – 암을 일으키거나 암의 발생을 증가시키는 물질
④ 생식독성 물질 – 생식기능, 생식능력 또는 태아 발육에 유해한 영향을 일으키는 물질

✔ **급성독성 물질**
입이나 피부를 통해 1회 또는 24시간 내에 수회로 나누어 투여하거나 4시간 동안 흡입 · 노출되었을 때 유해한 영향을 일으키는 물질

89 ▲ **폐기물관리법령상 위해 의료폐기물에 해당하지 않는 것은?**

① 조직물류 폐기물 ② 병리계 폐기물
③ 손상성 폐기물 ④ 격리 의료 폐기물

✔ 의료 폐기물
- 격리 의료 폐기물
- 위해 의료 폐기물
  - 조직물류 폐기물
  - 병리계 폐기물
  - 손상성 폐기물
  - 생물 · 화학 폐기물
  - 혈액오염 폐기물
- 일반 의료 폐기물

90 가연성 가스인 C_4H_{10}의 LEL과 UEL이 각각 1.8%, 8.4%일 때, C_4H_{10}의 위험도(H)는? (단, LEL은 Lower Explosive Limit, UEL은 Upper Explosive Limit를 의미한다.)

① 0.79 ② 1.21
③ 3.67 ④ 5.67

✔ $$\text{위험도}(H) = \frac{\text{연소상한(UEL)} - \text{연소하한(LEL)}}{\text{연소하한(LEL)}}$$

$$C_4H_{10}\text{의 위험도}(H) = \frac{8.4-1.8}{1.8} = 3.67\text{이다.}$$

91 ▲ **소화기에 "A2", "B3" 등으로 표기된 문자 중 숫자가 의미하는 것은?**

① 소화기의 제조번호
② 소화기의 능력단위
③ 소화기의 소요단위
④ 소화기의 사용순위

✔ 소화기에 "A2", "B3" 등으로 표기된 문자 중 **숫자는 소화기의 능력단위를 의미하며**, 알파벳 A, B는 소화기의 적응화재를 나타낸다.

92 ▲ **위험물안전관리법에 대한 내용으로 옳지 않은 것은?**

① 유해성이 있는 화학물질로서 환경부 장관이 정하여 고시한 유독물질을 다루는 법이다.
② 위험물은 인화성 또는 발화성 등의 성질을 가지는 것으로 대통령령으로 정한 물질이다.
③ 위험물의 저장 · 취급 및 운반과 이에 따른 안전관리에 관한 사항을 규정함으로써 위험물로 인한 위해를 방지하여 공공의 안전을 확보함을 목적으로 제정한 법이다.
④ 위험물에 대한 효율적인 안전관리를 위하여 유사한 성상끼리 묶어 제1류 ~ 제6류로 구별하고 각 종류별로 대표적인 품명과 그에 따른 지정수량을 정한다.

✔ **위험물안전관리법**
위험물의 저장 · 취급 및 운반과 이에 따른 안전관리에 관한 사항을 규정함으로써 위험물로 인한 위해를 방지하여 공공의 안전을 확보함을 목적으로 한다.
①은 화학물질관리법에 대한 설명이다.

정답 | 87.① 88.① 89.④ 90.③ 91.② 92.①

93 ▲ **위험물안전관리법령상 자연발화성 물질 및 금수성 물질에 해당되지 않는 것은?**

① 유기금속화합물
② 알킬알루미늄
③ 산화성 고체
④ 알칼리금속

제3류 위험물-자연발화성 물질 및 금수성 물질
품명 : 칼륨, 나트륨, **알킬알루미늄**, 황린, **알칼리금속** 및 알칼리토금속, **유기금속화합물**, 금속수소화물, 금속인화물, 칼슘 또는 알루미늄의 탄화물, 그 밖의 행정안전부령이 정하는 것

94 ▲ **소화기의 장단점으로 옳은 것은?**

> ㉠ 분말소화기 : 거의 모든 화재에 소화효과를 기대할 수 있으나, 분말약제에 의한 오염이 발생할 수 있음
> ㉡ CO_2소화기 : 소화효율이 가장 좋고, 약제 잔여물이 없음
> ㉢ 청정소화기 : 거의 모든 화재에 소화효과를 기대할 수 있으나, 가격이 비쌈
> ㉣ 금속소화기 : 금수성 물질의 특성을 갖는 금속화재에 대응할 수 있도록 기체로 충진되어 있어 무게가 가벼움

① ㉠, ㉡　　② ㉡, ㉢
③ ㉠, ㉢　　④ ㉢, ㉣

- **CO_2소화기**
  소화 시 기체로 발산되어 진화물의 손상이 없고 잔여물이 남지 않는 장점이 있다. 질식으로 인한 인명피해가 발생할 수 있으며, 주로 유류사고나 전기화재 발생 시 사용한다. 또한 분말소화기, 할론소화기에 비해 **용량대비 소화능력이 떨어진다.**
- **금속소화기**
  금수성 물질의 특성을 갖는 금속화재에 대응할 수 있도록 질식효과를 나타내는 **분말소화약제**로, 사용 편의성과 소화 적응성이 높아 초기화재 진화에 효율적이다.

95 **미세먼지의 발생원인 이산화황(SO_2) 175.8g이 SO_3로 전환될 때 발생하는 열(kJ)은?**

> - $2SO_2(g) + O_2(g) \rightarrow 2SO_3(g)$
> - $\Delta H = -198.2 kJ/reaction$

① −272.22　　② 272.22
③ −135.96　　④ 135.96

$\Delta H < 0$이므로 2mol의 SO_2가 생성될 때 198.2kJ의 열을 발생한다.

$$\therefore 175.8g\ SO_2 \times \frac{1mol\ SO_2}{64g\ SO_2} \times \frac{198.2kJ}{2mol\ SO_2} = 272.22kJ$$

의 열을 발생한다.

96 ▲ **위험물안전관리법령에 따른 위험물의 분류 중 산화성 액체에 해당하지 않는 것은?**

① 질산
② 에탄올
③ 과염소산
④ 과산화수소

제6류 위험물-산화성 액체
품명 : 질산, 과염소산, 과산화수소, 그 밖의 행정안전부령이 정하는 것

97 **실험실 내의 모든 위험물질은 안전보건표지를 설치·부착하여야 하며, 표지의 색채는 산업안전보건법령상 규정되어 있다. 다음 중 안전보건표지의 분류와 관련 색채의 연결이 옳은 것을 모두 고른 것은?**

구분	종류	색채	
		바탕색	기본 모형색
A	사용금지	흰색	빨간색
B	급성독성물질 경고	노란색	검은색
C	세안장치	녹색	흰색
D	안전복 착용	흰색	녹색

① A, B, D　　② A, C, D
③ A, C　　④ A, B

A. **사용금지**(금지표시)
바탕색-흰색, 기본 모형색-빨간색
B. **급성독성물질 경고**(경고표지)
바탕색-무색, 기본 모형색-빨간색
C. **세안장치**(안내표지)
바탕색-녹색, 기본 모형색-흰색
D. **안전복 착용**(지시표시)
바탕색-파란색, 기본 모형색-흰색

정답 | 93.③ 94.③ 95.② 96.② 97.③

98 ▲ 대기환경보전법령상 대기오염방지시설이 아닌 것은? (단, 기타 시설은 제외한다.)

① 중력집진시설
② 흡수에 의한 시설
③ 미생물을 이용한 처리시설
④ 가스교환을 이용한 처리시설

대기오염방지시설

1. 중력집진시설
2. 관성력집진시설
3. 원심력집진시설
4. 세정집진시설
5. 여과집진시설
6. 전기집진시설
7. 음파집진시설
8. 흡수에 의하 시설
9. 흡착에 의한 시설
10. 직접연소에 의한 시설
11. 촉매반응을 이용하는 시설
12. 응축에 의한 시설
13. 산화 · 환원에 의한 시설
14. 미생물을 이용한 처리시설
15. 연소조절에 의한 시설

99 ▲ B급 화재에 해당하는 것은?

① 일반화재 ② 전기화재
③ 유류화재 ④ 금속화재

화재의 분류

1. A급 화재 : 일반화재
2. **B급 화재 : 유류화재**
3. C급 화재 : 전기화재
4. D급 화재 : 금속화재

100 산업안전보건법령상 물질안전보건자료 작성 시 포함되어 있는 주요 작성항목이 아닌 것은?

① 응급조치 요령
② 법적 규제 현황
③ 폐기 시 주의사항
④ 생산책임자 성명

물질안전보건자료(MSDS)의 세부 기재사항

1. 화학제품과 회사에 관한 정보
2. 유해성 및 위험성
3. 구성성분의 명칭 및 함유량
4. **응급조치 요령**
5. 폭발 및 화재 시 대처방법
6. 누출사고 시 대처방법
7. 취급 및 저장 방법
8. 노출방지 및 개인 보호구
9. 물리 · 화학적 특성
10. 안정성 및 반응성
11. 독성에 관한 정보
12. 환경에 미치는 영향
13. **폐기 시 주의사항**
14. 운송에 필요한 정보
15. **법적 규제 현황**
16. 그 밖의 참고사항

정답 | 98.④ 99.③ 100.④

2022 제2회 화학분석기사

2022년 4월 24일 시행

제1과목 | 화학분석과정 관리

01 기체상태의 수소화합물을 형성하는 원소 X의 수소화합물을 분석한 결과가 다음과 같을 때, X의 수소화합물 1mol에 포함된 수소원자의 질량(g)은?

- 밀도 : 2g/L …… 표준상태
- 화합물 중 X의 백분율 : 82wt%

① 80.64 ② 8.064
③ 0.8064 ④ 0.08064

✔ 표준상태(0℃, 1atm)에서 기체 1mol의 부피는 22.4L이고, 화합물 100g 중 X의 양이 82g이면 나머지 18g은 수소의 양이다.

$$22.4\text{L 수소화합물}\times\frac{2\text{g 수소화합물}}{1\text{L 수소화합물}}\times\frac{18\text{g H}}{100\text{g 수소화합물}}=\mathbf{8.064g\ H}$$

02 분광분석기기에서 단색화 장치에 대한 설명으로 가장 거리가 먼 것은?

① 필터, 회절발 및 프리즘 등을 사용한다.
② 연속적으로 단색광의 빛을 변화하면서 주사하는 장치이다.
③ 빛의 종류에 따라 단색화 장치의 기계적 구조는 큰 차이를 갖는다.
④ 슬릿은 단색화 장치의 성능특성과 품질을 결정하는 데 중요한 역할을 한다.

✔ 자외선, 가시선 및 적외선 영역에서 사용되는 단색화 장치는 슬릿, 렌즈, 거울, 창 및 프리즘 또는 회절발을 사용한다는 면에서 볼 때 **기계적 구조는 모두 비슷하다.** 그러나 부분장치를 만드는 재료는 사용하려는 영역에 따라 각각 다르다.

03 고성능 액체 크로마토그래피의 교정 시 확인사항이 아닌 것은?

① 바탕선 확인
② 시료채취장치의 확인
③ 표준물질의 스펙트럼 확인
④ 오븐과 운반가스 성능의 확인

✔ 고성능 액체 크로마토그래피의 교정 시 확인해야 할 사항으로는 바탕선 확인, 시료채취장치의 확인, 표준물질의 스펙트럼 확인, 검·교정 계획에 따른 유지관리내역의 기록 및 보관 등이 있다.
④는 기체 크로마토그래피 교정 시 확인해야 할 사항이다.

04 다음 중 전자식 분석용 저울에서 가장 필요 없는 장치는?

① 코일 ② 영점검출기
③ 전류증폭장치 ④ 저울대 고정장치

✔ 전자식 분석용 저울에서 저울대 고정장치는 필요하지 않다.

05 분자량이 비슷한 다음의 물질 중 끓는점이 가장 높은 물질의 분자 간 작용하는 힘의 종류를 모두 나열한 것은?

C_2H_6, H_2S, CH_3OH

① 분산력, 수소결합
② 공유결합, 수소결합
③ 공유결합, 쌍극자-쌍극자 인력
④ 쌍극자-쌍극자 인력, 수소결합

✔
- 에탄(C_2H_6)의 분자량 30, 끓는점 -89℃
- 황화수소(H_2S)의 분자량 33, 끓는점 -59.6℃
- 메탄올(CH_3OH)의 분자량 32, 끓는점 64.7℃

위의 세 물질 중에서 끓는점이 가장 높은 물질은 메탄올(CH_3OH)로, 메탄올이 끓는점이 높은 이유는 강한 분자 간의 힘인 **수소결합**이 존재하기 때문이다. 수소결합은 N-H, O-H, F-H와 같은 극성 결합에서 수소원자와 전기음성적인 O, N, F 원자 사이에 작용하는 특별한 형태의 상호작용이다. 따라서 메탄올의 분자 간 작용하는 힘은 **수소결합과 쌍극자-쌍극자 인력**이다.

06 다음의 방향족화합물을 올바르게 명명한 것은?

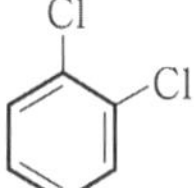

① ortho-dichlorobenzene
② meta-dichlorobenzene
③ para-dichlorobenzene
④ delta-dichlorobenzene

정답 | 01.② 02.③ 03.④ 04.④ 05.④ 06.①

✔ 벤젠의 수소에 2개의 염소가 치환된 dichlorobenzene이며 치환된 염소의 위치에 따라 ortho-, meta-, para-dichlorobenzene의 이성질체가 있다.

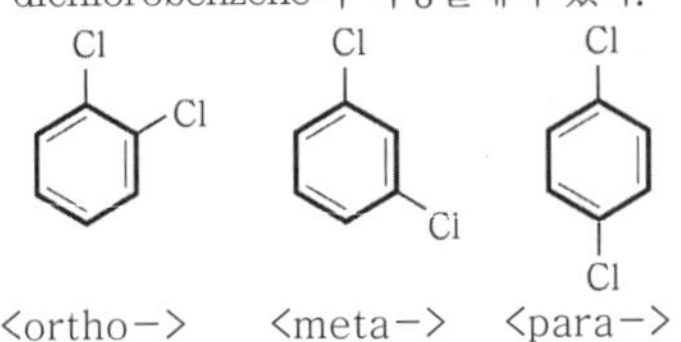

07 다음 중 전자친화도가 가장 큰 원소는?

① B　　② O
③ Be　　④ Li

✔ **2주기 원소의 전자친화도의 주기적 경향**
Li < Be < B < C < N < O < F

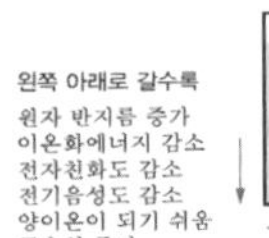

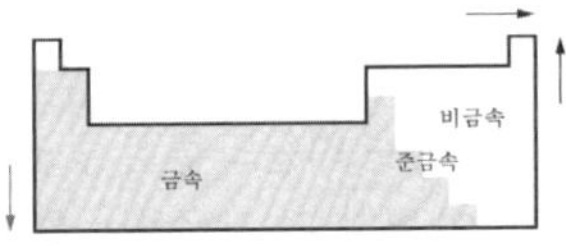

08 STP에서 2.9g 뷰테인의 완전연소반응으로 생성되는 이산화탄소의 부피(L)는?

① 0.72　　② 0.96
③ 4.48　　④ 8.96

✔ **뷰테인(C_4H_{10})의 연소반응식**
$2C_4H_{10} + 13O_2 \rightarrow 8CO_2 + 10H_2O$
표준상태(STP)에서 기체 1mol의 부피는 22.4L이다.

$$2.9g\ C_4H_{10} \times \frac{1mol\ C_4H_{10}}{58g\ C_4H_{10}} \times \frac{8mol\ CO_2}{2mol\ C_4H_{10}} \times \frac{22.4L}{1mol\ CO_2} = 4.48L\ CO_2$$

09 분광분석법에 사용하는 레이저에 대한 설명 중 틀린 것은?

① 레이저는 빛의 증폭현상으로 인해 파장범위가 좁고 센 복사선을 낸다.
② 색소 레이저를 이용하면 수십 nm 범위 정도에 걸쳐 연속적으로 파장을 변화시킬 수 있다.
③ Nd : YAG 레이저는 기체 레이저로서 다양한 실험에 널리 사용되고 있다.
④ 네 단계 준위 레이저는 세 단계 준위 레이저보다 적은 에너지를 이용하여 분포반전을 일으킬 수 있다.

✔ Nd : YAG 레이저는 가장 널리 사용되고 있는 **고체 상태 레이저** 중의 하나로서 매우 센 세기의 1,064nm 복사선을 방출하는데 보통 주파수를 두 배로 증가시켜 532nm에서 센 레이저 복사선을 얻는다.

10 실험실에서 아마이드(amide)를 만들기 위해 흔히 사용하는 것으로만 고른 것은?

> ㉠ 일차아민과 할로젠화 아실
> ㉡ 삼차아민과 유기산
> ㉢ 이차아민과 할로젠화 아실
> ㉣ 일차아민과 알데하이드
> ㉤ 삼차아민과 할로젠화 아실

① ㉠, ㉢　　② ㉡, ㉢
③ ㉠, ㉢, ㉤　　④ ㉠, ㉡, ㉢, ㉤

✔ 산 염화물은 암모니아 및 아민류와 빠르게 반응하여 아마이드를 생성하며, 산 염화물과 아민과의 반응은 아마이드를 만드는 가장 일반적으로 사용되는 실험실적인 방법이다. 단일치환 및 이치환 아민 모두 사용될 수 있지만, 삼치환 아민(R_3N)은 사용될 수 없다.

- 아마이드 :

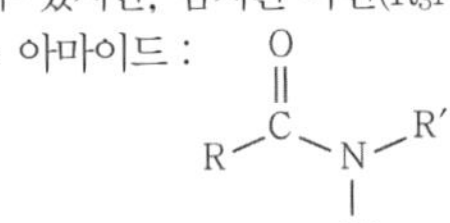

- 할로젠화 아실 : $R-C(=O)-X$

㉠ $R'-NH_2 + R-C(=O)-X \rightarrow R-C(=O)-N(H)-R' + HX$

㉢ $R'R''-NH + R-C(=O)-X \rightarrow R-C(=O)-N(R'')-R' + HX$

11 바탕시료 분석을 통해 분석자가 확인할 수 있는 것은?

① 영점　　② 오차
③ 처리시간　　④ 매트릭스 바탕

✔ 분석과정의 바탕값을 보정하고 분석과정 중 발생할 수 있는 오염을 확인하기 위해서 바탕시료 분석을 한다.

정답 I 07.② 08.③ 09.③ 10.① 11.①

12 **광자검출기가 아닌 것은?**

① 열전기전지 ② 광전자증배관
③ 실리콘 다이오드 ④ 전하이동검출기

✔ 복사선에너지를 전기신호로 변환시키는 변환기는 광자에 감응하는 광자변환기와 열에 감응하는 열검출기가 있다.
1. 광자검출기(=광자변환기) 종류로는 광전압전지, 진공광전관, 광전증배관, 규소다이오드검출기, 광전도검출기, 광다이오드 배열, 전하이동장치 등이 있다.
2. 열검출기 종류로는 열전기쌍, 볼로미터, 서미스터, 파이로전기 검출기 등이 있다.

13 **15wt% KOH 수용액 250g을 희석하여 0.1M 수용액을 만들고자 할 때, 희석 후 용액의 부피(L)는? (단, KOH의 분자량은 56g/mol이다.)**

① 0.97 ② 3.35
③ 6.70 ④ 10.05

✔ 희석 전후 용질 KOH의 양(mol)은 같다.

$$0.1\text{M}\times V(\text{L})=\frac{15\text{g KOH}}{100\text{g KOH 수용액}}\times 250\text{g KOH 수용액}\times\frac{1\text{mol KOH}}{56\text{g KOH}}$$

$\therefore\ V=6.696\text{L}$

14 **79.59g Fe와 30.40g O를 포함하고 있는 화합물 시료의 실험식은? (단, Fe의 원자량은 55.85 g/mol이다.)**

① FeO_2 ② Fe_3O_5
③ Fe_3O_4 ④ Fe_2O_4

✔ **실험식 구하기**
1. g → mol 바꾸기
2. 간단한 정수의 mol비 구하기

$$\text{Fe}: 79.59\text{g Fe}\times\frac{1\text{mol Fe}}{55.85\text{g Fe}}=1.425\text{mol}$$

$$\text{O}: 30.40\text{g O}\times\frac{1\text{mol O}}{16\text{g O}}=1.9\text{mol}$$

Fe : O의 몰(mol)비=1.425 : 1.9 → 정수비를 얻기 위해 1.425로 나눈다. → 1 : 1.333 → 정수비를 얻기 위해 3을 곱하면 → Fe : O의 몰(mol)비=3 : 4
∴ 실험식은 Fe_3O_4이다.

15 **적정 실험에서 0.5468g의 KHP를 완전히 중화하기 위해서 23.48mL의 NaOH 용액이 소모되었다면, 사용된 NaOH 용액의 농도(M)는? (단, KHP는 $KHC_8H_4O_4$이며, K의 원자량은 39g/mol이다.)**

① 0.3042 ② 0.2141
③ 0.1142 ④ 0.0722

✔ 프탈산수소포타슘(KHP)과 NaOH는 1 : 1 반응을 하므로 KHP의 mol=NaOH의 mol을 이용한다.

$$\text{몰농도(M)}=\frac{\text{용질의 mol수}}{\text{용액의 부피(L)}}$$

$$=\frac{0.5468\text{g KHP}\times\frac{1\text{mol KHP}}{204\text{g KHP}}\times\frac{1\text{mol NaOH}}{1\text{mol KHP}}}{23.48\times10^{-3}\text{L}}$$

$=0.1142\text{M}$

16 **전자배치를 고려할 때, 짝짓지 않은 3개의 홀전자를 가지는 원자나 이온은?**

① N ② O
③ Al ④ S^{2-}

✔ **전자 배치**
① ${}_7\text{N}: 1s^2 2s^2 2p_x^1 2p_y^1 2p_z^1$
② ${}_8\text{O}: 1s^2 2s^2\ 2p_x^2 2p_y^1 2p_z^1$
③ ${}_{13}\text{Al}: 1s^2 2s^2 2p^6 3s^2 3p_x^1$
④ ${}_{16}\text{S}^{2-}: 1s^2 2s^2 2p^6 3s^2 3p_x^2 3p_y^2 3p_z^2$
∴ ${}_7$N가 짝짓지 않은 **3개의 홀전자**를 갖는다.

17 **원소의 성질을 설명한 것으로 틀린 것은?**

① 0족 원소들은 불활성, 불연성이며 상온에서 기체이다.
② 1A족 원소들은 금속이며 염기성을 띤다.
③ 5A족에 속하는 질소(N)는 매우 다양한 산화수를 가진다.
④ 7A족은 할로겐족으로서 반응성이 크며 +1의 산화수를 가진다.

✔ 7A족의 할로겐 원소(F, Cl, Br, I)는 반응성이 크며, 주로 −1의 산화수를 가진다.

18 **탄화수소화합물에 대한 설명으로 틀린 것은?**

① 탄소−탄소 결합이 단일결합으로 모두 포화된 것을 alkane이라 한다.
② 탄소−탄소 결합에 이중결합이 있는 탄화수소화합물은 alkene이라 한다.
③ 탄소−탄소 결합에 삼중결합이 있는 탄화수소화합물은 alkyne이라 한다.
④ 가장 간단한 alkyne 화합물은 프로필렌이다.

✔ 가장 간단한 alkyne 화합물은 아세틸렌(C_2H_2)이다.

정답 | 12.① 13.③ 14.③ 15.③ 16.① 17.④ 18.④

19 **원자 내에서 전자는 불연속적인 에너지준위에 따라 배치된다. 이러한 에너지준위 중에서 전자가 분포할 확률을 나타낸 공간을 의미하는 용어는?**

① 전위(potential)
② 궤도함수(orbital)
③ 원자핵(atomic nucleus)
④ Lewis 구조(structure)

✔ 전자가 존재하는 확률을 나타내는 함수로 전자를 발견할 확률이 높은 공간을 궤도함수(orbital)이라고 한다.

20 **크로마토그래피에 대한 설명 중 틀린 것은?**

① 역상(reversed phase) 크로마토그래피는 이동상이 극성이고 정지상이 비극성이다.
② 정상(normal phase) 크로마토그래피에서 이동상의 극성을 증가시키면 용리시간이 길어진다.
③ 젤 투과 크로마토그래피(GPC)는 고분자 물질의 분자량을 상대적으로 측정하는 데 사용한다.
④ 고성능 액체 크로마토그래피(HPLC)는 비휘발성 또는 열적으로 불안정한 물질의 분석에 유용하다.

✔ 정상(normal phase) 크로마토그래피는 이동상이 비극성이고 정지상이 극성이다. 정상 크로마토그래피에서 이동상의 극성을 증가시키면 이동상과 분석물질의 친화력은 커지고 정지상과 분석물질의 상호작용이 다소 약해지므로 **용리시간이 짧아진다.**

제2과목 | 화학물질특성 분석

21 **EDTA 적정방법 중 음이온을 과량의 금속이온으로 침전시키고, 침전물을 거르고 세척한 후 거른 용액 중에 들어 있는 과량의 금속이온을 EDTA로 적정하여 음이온의 농도를 구하는 방법은?**

① 역적정　② 간접 적정
③ 직접 적정　④ 치환적정

✔ 특정한 금속이온과 침전물을 형성하는 음이온은 EDTA로 간접 적정함으로써 분석할 수 있다. 음이온을 과량의 표준 금속이온으로 침전시킨 다음 침전물을 거르고 세척한 후, 거른액 중에 들어 있는 과량의 금속이온을 EDTA로 적정한다.

22 **원자분광법에서 시료 형태에 따른 시료 도입방법으로 적절치 않은 것은?**

① 고체 : 직접 주입
② 용액 : 기체 분무화
③ 고체 : 초음파 분무화
④ 전도성 고체 : 글로우방전 튕김

✔ **시료 도입방법**
1. 용액 시료의 도입방법 : 기체 분무기, 초음파 분무기, 전열증기화, 수소화물 생성법 등
2. 고체 시료의 도입방법 : 직접 시료 도입, 전열증기화, 레이저 증발, 아크와 스파크 증발, 글로우방전법 등

23 **0.10M 암모니아 용액의 pH는? (단, NH_3의 pK_b는 5이고, K_w는 1.0×10^{-14}이다.)**

① 9　② 10
③ 11　④ 12

✔ $NH_3 + H_2O \rightleftarrows NH_4^+ + OH^-$
평형에서 $[OH^-]=[NH_4^+]=x(M)$,
$[NH_3]=0.1-x(M)$이다.

$K_b=\dfrac{[NH_4^+]\times[OH^-]}{[NH_3]}$에서

$10^{-5}=\dfrac{x^2}{0.1-x}\simeq\dfrac{x^2}{0.1}$

$[OH^-]=x=1.0\times10^{-3}M$

$[H^+]=\dfrac{K_w}{[OH^-]}=\dfrac{1.0\times10^{-14}}{1.0\times10^{-3}}$

$[H^+]=1.0\times10^{-11}M$이다.

$\therefore\ pH=-\log[H^+]=-\log(1.0\times10^{-11})=\mathbf{11}$

24 **인산(H_3PO_4)의 단계별 해리평형과 산 해리상수(K_a)가 다음과 같을 때, 인산이온(PO_4^{3-})의 염기 가수분해 상수(K_{b1})는? (단, K_w는 1.0×10^{-14}이다.)**

- $H_3PO_4(aq) \rightleftarrows H^+(aq) + H_2PO_4^-(aq)$
  $K_{a1}=7.11\times10^{-3}$
- $H_2PO_4^-(aq) \rightleftarrows H^+(aq) + HPO_4^{2-}(aq)$
  $K_{a2}=6.34\times10^{-8}$
- $HPO_4^{2-}(aq) \rightleftarrows H^+(aq) + PO_4^{3-}(aq)$
  $K_{a3}=4.22\times10^{-13}$

① 1.00×10^{-14}　② 1.41×10^{-12}
③ 1.58×10^{-7}　④ 2.37×10^{-2}

정답 | 19.② 20.② 21.② 22.③ 23.③ 24.④

✔ 삼양성자 산의 $K_w = K_{a3} \times K_{b1}$를 이용하면
$1.0 \times 10^{-14} = 4.22 \times 10^{-13} \times K_{b1}$
$\therefore K_{b1} = 2.37 \times 10^{-2}$

25 **어느 일양성자산(HA) 용액의 pH가 2.51일 때, 산의 이온화 백분율(%)은? (단, HA의 K_a는 1.8×10^{-4}이다.)**

① 3.5　② 4.5
③ 5.5　④ 6.5

✔ $pH = -\log[H^+]$, $2.51 = -\log[H^+]$
$[H^+] = 10^{-2.51} = 3.09 \times 10^{-3}M$
HA의 초기농도를 x(M)로 두면,

	HA	⇄	H^+	+	A^-
평형(M)	$x - 3.09 \times 10^{-3}$		3.09×10^{-3}		3.09×10^{-3}

$K_a = \frac{[H^+][A^-]}{[HA]}$

$1.8 \times 10^{-4} = \frac{(3.09 \times 10^{-3})^2}{x - 3.09 \times 10^{-3}}$

$x = 5.61 \times 10^{-2}$M이다.

이온화 백분율(%) $= \frac{[H^+]_{평형}}{[HA]_{초기}} \times 100$

$= \frac{3.09 \times 10^{-3}}{5.61 \times 10^{-2}} \times 100$

$= 5.51\%$

26 **두 이온의 표준 환원전위(E°)가 다음과 같을 때 보기 중 가장 강한 산화제는?**

- $Na^+(aq) + e^- \rightleftarrows Na(s)$, $E^\circ = -2.71V$
- $Ag^+(aq) + e^- \rightleftarrows Ag(s)$, $E^\circ = 0.80V$

① $Na^+(aq)$　② $Ag^+(aq)$
③ Na(s)　④ Ag(s)

✔ 표준 환원전위(E°)가 클수록 강한 산화제이다.

27 **원자방출분광법에 이용되는 플라스마의 종류가 아닌 것은?**

① 흑연전기로(GFA)
② 직류 플라스마(DCP)
③ 유도결합플라스마(ICP)
④ 마이크로파 유도 플라스마(MIP)

✔ 원자방출분광법에는 높은 온도의 플라스마인 유도쌍 플라스마, 직류 플라스마, 마이크로 유도 플라스마가 이용된다.

28 **0.10M $NaNO_3$를 포함하는 AgCl 포화용액에 대한 설명 중 옳은 것은? (단, AgCl의 $K_{sp} = 1.8 \times 10^{-10}$이다.)**

① 이온 세기는 0.20M이다.
② Ag^+와 Cl^-의 농도는 동일하다.
③ Ag^+의 농도는 $\sqrt{1.8 \times 10^{-10}}$M이다.
④ 이 용액에서 Ag^+의 활동도계수는 증류수에서보다 크다.

✔ 이온 세기는 용액 중에 있는 이온의 전체 농도를 나타내는 척도로 **이온 세기가 증가하면 활동도계수는 감소한다.**
AgCl은 난용성염으로 용해도가 작아 전체 혼합용액의 이온세기에 크게 영향을 주지 않는다. 전체 혼합용액의 이온세기는 0.10M $NaNO_3$으로 구할 수 있다.

이온 세기(μ)$= \frac{1}{2}(C_1Z_1^2 + C_2Z_2^2 + \cdots)$

여기서, C_1, C_2, … : 이온의 몰농도
Z_1, Z_2, … : 이온의 전하

이온세기$= \frac{1}{2} \times \{(0.10 \times 1^2) + (0.10 \times (-1)^2\}$
$= 0.1M$

이온세기가 0.10M일 때 Ag^+와 Cl^-의 활동도계수
$\gamma_{Ag^+} = 0.75$, $\gamma_{Cl^-} = 0.775$이다.
$AgCl(s) \rightleftarrows Ag^+ + Cl^-$에서
$[Ag^+] = [Cl^-] = x$로 두면
$K_{sp} = \gamma_{Ag^+}[Ag^+] \times \gamma_{Cl^-}[Cl^-]$
$1.8 \times 10^{-10} = (0.75 \times x) \times (0.775 \times x)$
$\therefore [Ag^+] = [Cl^-] = x = 1.76 \times 10^{-5}M$

29 **이온 세기가 0.1M인 용액에서 중성 분자의 활동도계수(activity coefficient)는?**

① 0　② 0.1
③ 0.5　④ 1

✔ 중성 분자의 경우 전하를 띠지 않으므로 이온 분위기로 둘러싸이지 않는다. 이온 세기가 0.1M 이하일 때는 그들의 활동도계수를 1로 근사한다. 즉, 중성 분자의 활동도는 그 농도와 같다고 가정한다.

정답 | 25.③　26.②　27.①　28.②　29.④

30 $CH_3COOH(aq)+H_2O(l) \rightleftarrows H_3O^+(aq)+CH_3COO^-(aq)$의 산 해리상수($K_a$)를 옳게 나타낸 것은?

① $K_a = \frac{[H_3O^+][CH_3COOH]}{[CH_3COO^-]}$

② $K_a = \frac{[H_3O^+][CH_3COO^-]}{[CH_3COOH]}$

③ $K_a = \frac{[H_2O][CH_3COOH]}{[CH_3COO^-]}$

④ $K_a = \frac{[H_2O][CH_3COO^-]}{[CH_3COOH]}$

✔ **산 해리상수(K_a)**

$CH_3COOH(aq)+H_2O(l) \rightleftarrows H_3O^+(aq)+CH_3COO^-(aq)$

$K_a = \frac{[H_3O^+][CH_3COO^-]}{[CH_3COOH]}$

31 원자분광법의 선 넓힘 원인이 아닌 것은?

① 불확정성 효과
② 제만(Zeeman) 효과
③ 도플러(Doppler) 효과
④ 원자들과의 충돌에 의한 압력 효과

✔ **선 넓힘의 원인**

1. 불확정성 효과
2. 도플러 효과
3. 압력 효과

Check
전기장과 자기장 효과
센 자기장이나 전기장하에서 에너지준위가 분리되는 형상에 의해 생기는 선 넓힘이다. 원자분광법에서는 선 넓힘의 원인이 아닌 스펙트럼 방해를 보정하는 바탕보정 시 이용하므로 바탕보정 방법으로 분류한다.

32 용액의 농도에 대한 설명 중 틀린 것은?

① 몰농도는 용액 1L에 포함된 용질의 몰수로 정의한다.
② 몰랄농도는 용액 1L에 포함된 용매의 몰수로 정의한다.
③ 노르말농도는 용액 1L에 포함된 용질의 당량수로 정의한다.
④ 몰분율은 그 성분의 몰수를 모든 성분의 전체 몰수로 나눈 것으로 정의한다.

✔ 몰랄농도는 **용매 1kg에 포함된 용매의 몰수**로 정의한다.

33 pH=6인 완충용액을 만드는 방법으로 옳은 것을 모두 고른 것은?

㉠ $pK_a=6$인 약산 HA를 물에 녹인다.
㉡ $pK_a=6$인 약산 HA와 그 짝염기(NaA)를 1 : 1 몰비로 섞는다.
㉢ $pK_b=7.5$인 약염기 NaA 용액에 강산을 가한다.
㉣ $pK_a=5.5$인 약산 HA 용액에 강염기를 가한다.

① ㉠ ② ㉠, ㉡
③ ㉡, ㉢ ④ ㉡, ㉢, ㉣

✔ 완충용액의 $pH = pK_a + \log\frac{[A^-]}{[HA]}$로 구할 수 있다. pK_a가 6인 약산을 물에 녹이면 일부가 해리되어 $\log\frac{[A^-]}{[HA]}<0$으로 pH는 6보다 작아진다.

34 물질의 성질과 관련된 다음의 정보를 얻기 위하여 수행하는 시험은?

- 에멀션뿐만 아니라 aerosol, dispersion, suspension을 포함하는 미립자계의 정보
- hiding power, tinting strength 등 최종 물질의 물리 · 화학 · 기계적 성질 결정에 중요한 정보

① 분산도 및 인장강도
② 입자 크기 및 분산도
③ 입자 크기 및 표면 분석
④ 표면 분석 및 전기적 특성

✔ 입자 크기 분석 및 입도분포 분석으로 에멀션뿐만 아니라 aerosol, dispersion, suspension을 포함하는 미립자계의 정보와 hiding power, tinting strength 등 최종 물질의 물리 · 화학 · 기계적 성질 결정에 중요한 정보, 그리고 유화중합에 있어서 중합속도론을 다루는 데 필수적인 정보 등을 얻을 수 있다.

정답 | 30.② 31.② 32.② 33.④ 34.②

35 **단색화 장치를 사용하여 유효 띠너비가 0.05nm인 두 피크를 분리할 때 최대슬릿너비(μm)는? (단, 차수는 1차이고, 단색화 장치의 초점거리는 0.75m이며, groove수는 2,400grooves/mm이다.)**

① 70
② 80
③ 90
④ 100

✔ 유효 띠너비 $\Delta\lambda_{eff} = wD^{-1}$
여기서, w : 슬릿너비
D^{-1} : 역선 분산능

역선 분산능 $D^{-1} = \frac{d}{nf}$

여기서, d : 홈 사이의 거리(nm)
n : 회절차수
f : 초점거리(mm)

D^{-1}의 단위는 nm/mm이다.

$$D^{-1} = \frac{\frac{1\,\text{mm}}{2,400\text{홈}} \times \frac{10^6\text{nm}}{1\,\text{mm}}}{1 \times 0.75\,\text{m} \times \frac{10^3\text{mm}}{1\text{m}}}$$
$$= 5.56 \times 10^{-1}\text{nm/mm}$$

$\Delta\lambda_{eff} = 0.05\text{nm} = w \times 5.56 \times 10^{-1}\text{nm/mm}$

$w = 8.99 \times 10^{-2}\text{mm}$

∴ 최대슬릿 너비는 $8.99 \times 10^{-2}\text{mm} \times \frac{10^3\mu\text{m}}{1\text{mm}}$
$= 89.9\mu\text{m}$이다.

36 **전지에 대한 설명 중 틀린 것은?**

① 볼타전지의 전지반응은 비자발적이다.
② 전지에서 산화가 일어나는 전극에서는 전자를 방출한다.
③ 볼타전지에서 산화가 일어나는 전극은 아연 전극이다.
④ 전해전지에서 산화 · 환원 반응을 일어나게 하기 위하여 전기에너지가 필요하다.

✔ 볼타전지는 아연판과 구리판을 묽은 황산에 담그고 도선으로 연결하여 전자가 아연판에서 구리판으로 이동하여 전류가 흐르게 연결한 화학전지로, 전기를 발생시키기 위해 **자발적인 화학반응**을 이용한다.

37 **pH가 10.0인 Zn^{2+}용액을 EDTA로 적정하였을 때 당량점에서 Zn^{2+}의 농도가 1.0×10^{-14}M이었다. 이 용액의 pH가 11.0일 때 당량점에서의 Zn^{2+}의 농도(M)는? (단, 암모니아 완충용액에서의 Zn^{2+}의 분율은 1.8×10^{-5}로 일정하며, Zn^{2+}–EDTA 형성상수는 3.16×10^{16}이고, pH 10.0 및 11.0에서 EDTA 중 Y^{4-}의 분율은 각각 0.36과 0.85이다.)**

① 2.36×10^{-14}　　② 3.60×10^{-15}
③ 4.23×10^{-15}　　④ 6.51×10^{-15}

✔ **암모니아 완충용액에서의 조건형성상수**

$C_{Zn^{2+}} + \text{EDTA} \rightleftarrows \text{ZnY}^{2-}$

$$K_f'' = \alpha_{Zn^{2+}} \times \alpha_{Y^{4-}} \times K_f = \frac{[\text{ZnY}^{2-}]}{C_{Zn^{2+}} \times [\text{EDTA}]}$$

pH 10에서

$K_f'' = (1.8 \times 10^{-5}) \times 0.36 \times (3.16 \times 10^{16})$
$= 2.0477 \times 10^{11}$

당량점에서 가해 준 EDTA 양 만큼 모두 ZnY^{2-}가 생성되고 ZnY^{2-}에서 $C_{Zn^{2+}}$와 EDTA가 약간 해리된다.

$[Zn^{2+}] = 1.0 \times 10^{-14}\text{M} = \alpha_{Zn^{2+}} \times C_{Zn^{2+}}$

$C_{Zn^{2+}} = 5.56 \times 10^{-10}\text{M}$

$$K_f'' = 2.0477 \times 10^{11} = \frac{[\text{ZnY}^{2-}] - 5.56 \times 10^{-10}}{(5.56 \times 10^{-10})^2}$$
$$\simeq \frac{[\text{ZnY}^{2-}]}{(5.56 \times 10^{-10})^2}$$

$[\text{ZnY}^{2-}] = 6.330 \times 10^{-8}\text{M}$

pH 11에서

$K_f'' = (1.8 \times 10^{-5}) \times 0.85 \times (3.16 \times 10^{16})$
$= 4.8348 \times 10^{11}$

$$K_f'' = 4.8348 \times 10^{11} = \frac{(6.330 \times 10^{-8}) - x}{x^2} \simeq \frac{6.330 \times 10^{-8}}{x^2}$$

$x = C_{Zn^{2+}} = 3.618 \times 10^{-10}\text{M}$

$[Zn^{2+}] = \alpha_{Zn^{2+}} \times C_{Zn^{2+}}$
$= (1.8 \times 10^{-5}) \times (3.618 \times 10^{-10})$
$= 6.512 \times 10^{-15}\text{M}$

38 **정밀도는 대푯값 주위에 측정값들이 흩어져 있는 정도를 말한다. 다음 중 정밀도를 나타내는 지표는?**

① 정확도　　② 상관계수
③ 분포계수　　④ 표준편차

✔ 정밀도를 나타내는 지표로는 표준편차, 분산, 상대표준편차, 변동계수 등이 있다.

정답 | 35.③ 36.① 37.④ 38.④

39 **0.10M $HOCH_2CO_2H$를 0.050M KOH로 적정할 때 당량점에서의 pH는? (단, $HOCH_2CO_2H$의 K_a는 1.48×10^{-4}이고, K_w는 1.0×10^{-14}이다.)**

① 3.83
② 5.82
③ 8.18
④ 10.2

✔ $HOCH_2CO_2H$를 HA로 나타내면
적정 반응식 : $HA + OH^- \rightarrow H_2O + A^-$
0.10M의 $HOCH_2CO_2H$ 부피를 a(L)로 두면,
$0.1\times a = 0.05\times V_e$, $V_e = 2a$
0.050M KOH의 당량점 부피는 $2a$(L)이다. 당량점에서는 가해준 만큼 A^-가 생성되고 A^-는 H_2O와 가수분해된다.

생성된 A^-의 농도 $F = \dfrac{0.10\times a}{a+2a} = 3.33\times10^{-2}$M

$$\begin{array}{cccc} A^- & + H_2O \rightleftarrows & HA & + OH^- \\ 3.33\times10^{-2}-x & & x & x \end{array}$$

$$K_b = \frac{K_w}{K_a} = \frac{1.0\times10^{-14}}{1.48\times10^{-4}} = 6.76\times10^{-11}$$

$$6.76\times10^{-11} = \frac{x^2}{3.33\times10^{-2}-x} \simeq \frac{x^2}{3.33\times10^{-2}}$$

$$x = [OH^-] = 1.5\times10^{-6}\text{M}$$

$$[H^+] = \frac{K_w}{[OH^-]} = \frac{1.0\times10^{-14}}{1.5\times10^{-6}} = 6.67\times10^{-9}\text{M}$$

$$\therefore \text{pH} = -\log[H^+] = -\log(6.67\times10^{-9}) = \mathbf{8.18}$$

40 **전기화학의 기본 개념과 관련한 설명 중 틀린 것은?**

① 1J의 에너지는 1A의 전류가 전위차가 1V인 점들 사이를 이동할 때 얻거나 잃는 양이다.
② 산화 · 환원 반응은 전자가 한 화학종에서 다른 화학종으로 이동하는 것을 의미한다.
③ 전지전압은 전기화학반응에 대한 자유에너지 변화(ΔG)에 비례한다.
④ 전류는 전기화학반응의 반응속도에 비례한다.

✔ 1J의 에너지는 1C의 전하가 전위차가 1V인 점들 사이를 이동할 때 얻거나 잃는 양 또는 1V의 전압으로 1A의 전류가 1초 동안 흘렀을 때의 에너지 양이다.

제3과목 | 화학물질구조 분석

41 **메탄 분자의 일반적인 시료 분자(M)가 CH_5^+ 또는 $C_2H_5^+$와 충돌로 인하여 질량스펙트럼상에서 볼 수 없는 이온의 종류는?**

① $(M+H)^+$
② $(MH-H)^+$
③ $(MH+29)^+$
④ $(MH+12)^+$

✔ 메테인(CH_4)이나 암모니아(NH_3) 등과 같은 시약 기체를 전자로 때려 생긴 시약 기체의 양이온과 시료의 기체 분자들이 서로 충돌하여 이온화된다. 시료 분자 MH와 CH_5^+ 또는 $C_2H_5^+$ 사이의 충돌에 의해 양성자 전이로 $(MH+1)^+$, 수소화이온 전이로**$(MH-1)^+$**, $C_2H_5^+$ 이온결합으로 **$(MH+29)^+$** 봉우리를 관찰할 수 있다.

42 **분자 질량분석기기의 탈착 이온화(desorption ionization)에 적용되는 시료에 대한 설명으로 틀린 것은?**

① 비휘발성 시료에 적용이 가능하다.
② 열에 예민한 생화학적 물질에 적용할 수 있다.
③ 액체 시료를 증발시키지 않고 직접 이온화시킨다.
④ 분자량이 1,000,000Da 이하 화학종의 질량스펙트럼을 얻기 위해 사용된다.

✔ 비휘발성이거나 열적으로 불안정한 시료를 다루기 위해 여러 가지 탈착 이온화 방법이 개발되어 예민한 생화학적 물질과 분자량이 10^5Da 이상의 큰 화학종의 질량스펙트럼 분석이 가능하다. 탈착방법은 시료의 기화 과정과 이온화 과정 없이 여러 가지 형태의 에너지를 고체나 액체 시료에 가해서 직접 기체 상태의 이온을 형성하여, 스펙트럼은 매우 간단해져서 분자이온이나 혹은 양성자가 첨가된 분자이온만 형성할 때도 있다.

43 **분리분석에서 칼럼 효율에 미치는 변수로 가장 거리가 먼 것은?**

① 머무름인자
② 정지상 부피
③ 이동상의 선형속도
④ 정지상 액체막 두께

✔ 칼럼 효율에 영향을 미치는 변수로는 **이동상의 선형속도**, 이동상에서의 확산계수, 정지상에서의 확산계수, **머무름인자**, 충전제 입자지름, **정지상 표면에 입힌 액체막 두께** 등이 있다.

정답 | 39.③ 40.① 41.④ 42.④ 43.②

44 **액체 크로마토그래피(LC)에서 주로 이용되는 기울기 용리(gradient elution)에 대한 설명으로 틀린 것은?**

① 용매의 혼합비를 분석 시 연속적으로 변화시킬 수 있다.
② 분리시간을 크게 단축시킬 수 있다.
③ 극성이 다른 용매는 사용할 수 없다.
④ 기체 크로마토그래피의 온도 프로그래밍과 유사하다.

액체 크로마토그래피에서 이용되는 기울기 용리는 **극성이 다른 2~3가지 용매를 사용**하여 용리가 시작된 후에 용매에 섞는 비율을 단계적 혹은 연속적으로 변화시키며, 기체 크로마토그래피에서 온도 프로그래밍을 이용하여 얻은 효과와 유사하다.

45 **폴리에틸렌의 등온 결정화 현상을 분석할 때 가장 알맞은 열분석법은?**

① DTA ② DSC
③ TG ④ DMA

시차주사열량법(DSC)은 결정형 물질의 용융열, 결정화열, 결정화 정도를 결정하거나 유리전이온도, 녹는점, 중합산화연소 등을 비롯한 반응열, 결정화 속도 등을 연구하는 데 유용하다.

46 **백금(Pt)전극을 써서 수소이온을 발생시키는 전기량 적정법으로 염기 수용액을 정량할 때 전해용액으로서 가장 적당한 것은?**

① 0.08M $TiCl_3$ 수용액
② 0.01M $FeSO_4$ 수용액
③ 0.10M Na_2SO_4 수용액
④ 0.10M $Ce_2(SO_4)_3$ 수용액

센 염기와 약한 염기는 백금(Pt) 산화전극에서 생성되는 수소이온을 이용하여 전기량법 적정으로 정량할 수 있다.

$$H_2O \rightleftarrows \frac{1}{2}O_2 + 2H^+ + 2e^-$$

산화전극에서는 물의 산화반응과 경쟁하지 않는 화학종, 즉 산화하지 않는 화학종을 포함하는 전해용액을 사용한다.

① $TiCl_3$ 수용액 : $Ti^{3+} \rightleftarrows Ti^{4+} + e^-$
② $FeSO_4$ 수용액 : $Fe^{2+} \rightleftarrows Fe^{3+} + e^-$
③ Na_2SO_4 수용액 : Na^+은 더 이상 산화되지 않는다.
④ $Ce_2(SO_4)_3$ 수용액 : $Ce^{3+} \rightleftarrows Ce^{4+} + e^-$

47 **열무게 분석장치에서 필요하지 않은 것은?**

① 분석저울
② 전기로
③ 기체주입장치
④ 회절발

열무게분석 측정법의 기기장치로는 분석저울, 전기로, 기체주입장치, 기기장치의 조정과 데이터 처리를 위한 장치 등이 있다.

48 **분석시료와 시료 분석을 위해 사용할 수 있는 크로마토그래피의 연결로 가장 적절한 것은?**

① 잉크나 엽록소 – 얇은 층 크로마토그래피(TLC)
② 무기전해질 염 – 종이 크로마토그래피(PC)
③ 유기약산의 염 – 겔 투과 크로마토그래피(GPC)
④ 단백질이나 녹말 – 이온교환 크로마토그래피(IEC)

얇은 층 크로마토그래피(TLC)는 종이 크로마토그래피보다 더 빠르고 더 좋은 분해능을 갖고 감도도 더 좋으며, 잉크와 엽록소의 성분 분리, 생산품의 순도를 판별하거나 여러 생화학 및 유기화합물 합성에서 반응의 완결을 확인하거나 제약산업에서 생산품의 순도를 판별하는 중요한 역할을 한다.

49 **크로마토그래피의 띠(피크, 봉우리) 넓힘 현상에 대한 설명으로 가장 적절한 것은?**

① 이동상이 칼럼에 머무는 시간에 역비례한다.
② 용질이 칼럼에 머무는 시간에 정비례한다.
③ 이동상이 흐르는 속도에 비례한다.
④ 이동상의 속도와 무관하다.

봉우리 띠 넓힘 현상은 용질이 칼럼에 머무는 시간에 비례하고 이동상이 흐르는 속도에 반비례한다.

Check

봉우리 띠 넓힘 현상을 줄이는 방법

1. 고체 충전제의 입자 크기를 작게 한다.
2. 기체 이동상의 경우 온도를 낮춘다.
3. 지름이 작은 충전칼럼을 사용한다.
4. 액체 정지상의 경우, 흡착된 액체 막의 두께를 최소화한다.

정답 | 44.③ 45.② 46.③ 47.④ 48.① 49.②

50 시차주사열량법(DSC)의 측정결과가 시차열분석법(DTA)의 결과와 차이가 나타나는 근본적인 원인은?

① 온도 차이 ② 에너지 차이
③ 밀도 차이 ④ 시간 차이

✔ 시차주사열량법과 시차열분석법의 근본적인 차이는, 시차주사열량법의 경우는 **에너지 차이를 측정**하는 것이고 시차열분석법은 온도 차이를 기록하는 것이다.

51 적외선분광기의 회절발이 72선/mm의 홈(groove)을 가지고 있을 때, 입사각이 30°이고 반사각이 0°라면 회절스펙트럼의 파장(nm)은? (단, 회절차수는 1로 한다.)

① 6,944 ② 7,944
③ 8,944 ④ 9,944

✔ **보강간섭을 일으킬 조건**

$n\lambda = d(\sin i + \sin\gamma)$

여기서, n : 회절차수
λ : 파장(nm)
d : 홈 사이의 거리(nm)
i : 입사각
γ : 반사각

$1\times\lambda = \frac{1\,\text{mm}}{72\,\text{홈}}\times\frac{10^6\,\text{nm}}{1\,\text{mm}}\times(\sin 30+\sin 0)$

$\therefore\ \lambda = 6{,}944\,\text{nm}$

52 액체 크로마토그래피 중 가장 널리 이용되는 방법으로서, 고체 지지체 표면에 액체 정지상 얇은 막을 형성하여 용질이 정지상 액체와 이동상 사이에서 나뉘어져 평형을 이루는 것을 이용한 크로마토그래피는?

① 흡착 크로마토그래피
② 분배 크로마토그래피
③ 이온교환 크로마토그래피
④ 분자배제 크로마토그래피

✔ 분배 크로마토그래피는 액체 크로마토그래피 중 가장 널리 이용되는 방법으로 용질이 정지상 액체와 이동상 사이에서 분배되어 평형을 이루어 분리된다. 액체 정지상이 고체 지지체 표면에 얇은 막을 형성하는 방법에 따라 액체-액체 크로마토그래피와 결합상 크로마토그래피로 분류된다.

53 $CoCl_2\cdot xH_2O$ 0.40g을 포함하는 용액을 완전히 전기분해시켰을 때 백금 환원전극 표면에 코발트 금속이 0.10g 석출된다면, 시약에서 코발트 1몰과 결합하고 있는 물의 몰수(x ; mol)는? (단, Co와 Cl의 원자량은 각각 58.9amu, 35.5amu이다.)

① 1
② 2
③ 4
④ 6

✔ $CoCl_2\cdot xH_2O$의 몰질량
$= 58.9+(35.5\times 2)+(18\times x) = 129.9+18x$

$0.10\text{g Co}\times\frac{1\text{mol Co}}{58.9\text{g Co}}\times\frac{1\text{mol }CoCl_2\cdot xH_2O}{1\text{mol Co}}$
$\times\frac{(129.9+18x)\text{g }CoCl_2\cdot xH_2O}{1\text{mol }CoCl_2\cdot xH_2O}$
$=0.4\text{g }CoCl_2\cdot xH_2O$

$\therefore\ x = 5.9\text{mol}$

54 적하 수은전극에서 다음의 산화 · 환원 반응이 가역적으로 일어나며 pH 2.5인 완충용액에서 반파전위($E_{1/2}$)가 −0.35V라면, pH 7.0인 용액에서의 반파전위($E_{1/2}$; V)는?

$$O_x + 4H^+ + 4e^- \rightleftarrows \text{Red}$$

① −0.284 ② −0.416
③ −0.615 ④ −0.763

✔ $E_{1/2} = E° - \frac{0.05916}{4}\times\log\frac{1}{[H^+]^4}$

pH 2.5에서 $[H^+] = 10^{-2.5} = 3.16\times 10^{-3}$M

$E_{1/2} = -0.35\text{V} = E° - \frac{0.05916}{4}\times\log\frac{1}{[3.16\times10^{-3}]^4}$

$E° = -0.2021\text{V}$

pH 7.0에서 $[H^+] = 1.0\times10^{-7}$M

$E_{1/2} = -0.2021 - \frac{0.05916}{4}\times\log\frac{1}{[1.0\times10^{-7}]^4}$

$\therefore\ E_{1/2} = -0.616\text{V}$

정답 | 50.② 51.① 52.② 53.④ 54.③

55 **전자충격 이온발생장치에서 1가로 하전된 이온을 10^3V로 가속하여 얻은 운동에너지(J)는? (단, 전자의 전하는 1.6×10^{-19}C이다.)**

① 1.6×10^{-16} ② 0.63×10^{-16}
③ 1.6×10^{-22} ④ 0.63×10^{-22}

✔ 이온에 가해진 운동에너지$(KE)=z\cdot e\cdot V$
여기서, z : 하전된 이온
e : 이온의 전하(1.6×10^{-19}C)
V : 가속전압
∴ 운동에너지 $=1\times(1.6\times10^{-19})\times(10^3)$
$=1.6\times10^{-16}$J

56 **형광의 상대적 크기가 가장 큰 벤젠 유도체는?**

① Fluorobenzene ② Chlorobenzene
③ Bromobenzene ④ Iodobenzene

✔ 형광과 분자구조에서 할로젠의 치환의 영향은 대단히 크다. 할로젠의 몰질량이 증가할수록(F < Cl < Br < I) 무거운 원자 효과가 일부 작용하여 삼중항 상태로 계간전이의 가능성을 증가시키기 때문에 형광의 크기는 감소한다.

57 **$CaC_2O_4\cdot H_2O$의 시료를 질소 분위기에서 열무게분석법(TG)으로 측정할 때 1,000℃까지 열분해 과정을 거치면서 생성된 화합물의 변화를 순서대로 나열한 것은?**

① $CaC_2O_4\cdot H_2O\rightarrow CaCO_3\rightarrow CaC_2O_4\rightarrow CaO$
② $CaC_2O_4\cdot H_2O\rightarrow CaC_2O_4\rightarrow CaCO_3\rightarrow CaO$
③ $CaC_2O_4\cdot H_2O\rightarrow CaO\rightarrow CaC_2O_4\rightarrow CaCO_3$
④ $CaC_2O_4\cdot H_2O\rightarrow CaC_2O_4\rightarrow CaO\rightarrow CaCO_3$

✔ $CaC_2O_4\cdot H_2O\rightarrow CaC_2O_4\rightarrow CaCO_3\rightarrow CaO$
- 100~220℃ : $CaC_2O_4\cdot H_2O\rightarrow CaC_2O_4+H_2O$
- 350~420℃ : $CaC_2O_4\rightarrow CaCO_3+CO$
- 660~840℃ : $CaCO_3\rightarrow CaO+CO_2$

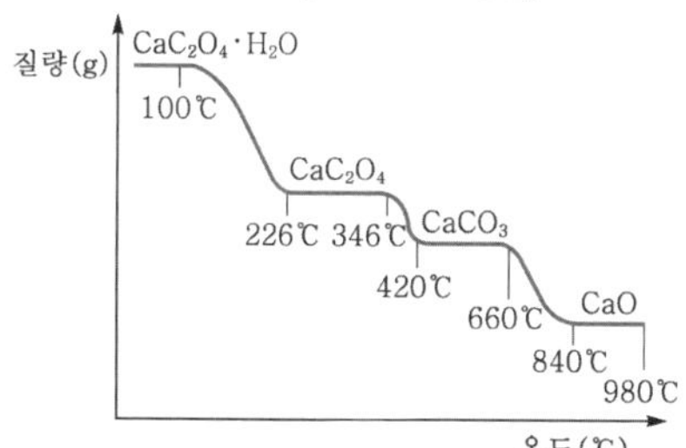

| $CaC_2O_4\cdot H_2O$의 열분석도 |

58 **핵자기공명 분광법(Nuclear Magnetic Resonance ; NMR) 스펙트럼의 특징으로 틀린 것은?**

① 짝지음상수(J)의 단위는 Hz 단위로 나타낸다.
② 화학적 이동 파라미터 δ값은 단위가 없으나, ppm 단위로 상대적인 이동을 나타낸다.
③ 60MHz와 100MHz NMR 기기에서 각각의 δ와 J 값은 다르다.
④ Tetramethylsilane을 내부 표준물질로 사용한다.

✔ 외부 자기장의 세기가 클수록 화학적 이동(Hz)은 커지나 δ(ppm)값은 일정하다. δ값은 상대적인 이동을 나타내는 값이어서 Hz값의 크기와 상관없이 같은 값을 갖으며, 짝지음상수(J)는 갈라진 봉우리 사이의 간격을 Hz 단위로 나타낸 값으로 자기장 세기와는 무관하다.

59 **핵자기공명 분광법(Nuclear Magnetic Resonance ; NMR)에서 화학적 이동을 보이는 이유에 대한 설명으로 틀린 것은?**

① 외부에서 걸어주는 자기장을 다르게 느끼기 때문에
② 핵 주위의 전자밀도와 이의 공간적 분포의 차이 때문에
③ 핵 주위를 돌고 있는 전자들에 의해 생성되는 작은 자기장 때문에
④ 한 핵의 자기모멘트가 바로 인접한 핵의 자기모멘트와 작용하기 때문에

✔ 화학적 이동은 핵 주위를 선회하는 전자들에 의해서 생성되는 작은 자기장에 의해 일어난다. 이로 인해 핵은 외부 자기장과 다른 자기장에 노출되며, 내부에서 발생된 자기장의 크기는 가해 준 외부 자기장과 핵 주위의 전자밀도와 공간적인 분포에 의해 결정되는 가리움상수에 영향을 받는다.

60 **전압전류법의 검출한계가 낮아지는 순서로 정렬된 것은?**

① 벗김법 > 사각파 전압전류법 > 전류 채취 폴라로그래피
② 벗김법 > 전류 채취 폴라로그래피 > 사각파 전압전류법
③ 사각파 전압전류법 > 전류 채취 폴라로그래피 > 벗김법
④ 전류 채취 폴라로그래피 > 사각파 전압전류법 > 벗김법

정답 | 55.① 56.① 57.② 58.③ 59.④ 60.④

✔ 전압전류법의 검출한계
1. 전류 채취 폴라로그래피 : 약 10^{-5}M
2. 사각파 전압전류법 : 약 10^{-7}~10^{-8}M
3. 벗김법 : 약 10^{-9}M

제4과목 | 시험법 밸리데이션

61 **기체 크로마토그래피(GC) 분석 시 주입된 시료의 일부분만 분석하고 남은 시료를 우회시켜 배출하는 장치의 소모품은?**

① 기체 샘-방지 주사기(Gas-tight syringe)
② 분할 벤트 포집장치(Split vent trap)
③ 보호칼럼(Guard column)
④ 분리막 디스크(Septum disc)

✔ 분할 벤트 포집장치(Split vent trap)는 기체 크로마토그래피(GC) 분석 시 주입된 시료의 일부분만 분석하고 배출되는 시료를 포집하여 장치의 오염을 방지한다.

62 **기체 크로마토그래피(GC)를 사용하여 12회 반복 측정한 결과가 다음과 같을 때, 측정값의 해석으로 틀린 것은?**

[측정결과]
57, 54, 54, 58, 54, 53,
52, 49, 54, 48, 57, 56

① 평균 : 53.83 ② 표준편차 : 3.070
③ 분산 : 9.425 ④ 자유도 : 12

✔ 자유도 $= n-1$
여기서, n : 반복 측정수
∴ **자유도** $= 12-1=11$
평균($\bar{x}$) $= 53.83$
표준편차(s) $= 3.070$
분산(s^2) $= 9.425$

63 **정확성에 관한 내용 중 틀린 것은?**

① 기존에 사용하는 분석법에 의한 분석값과 예상한 참값이 유사하다는 것을 표현하는 척도이다.
② 분석법이 규정하는 범위 전역에 걸쳐 입증되어야 한다.
③ 정확성은 규정하는 범위에서 최소 3회 측정으로 평가할 수 있다.
④ 정확성은 기지량의 분석대상물을 첨가한 검체의 양을 정량하는 경우에는 회수율로 나타낸다.

✔ 정확성은 규정하는 범위에 있는 최소한 3가지 농도에 대해서 분석방법의 모든 조작을 **적어도 9회 반복분석**(3가지 농도에 대해서 각 농도당 최소 3회 반복측정)한 결과로부터 평가할 수 있다.

64 **실험자가 시험실에서 감지하지 못하는 내부 변화를 찾아내고 분석하여 생산되는 측정분석값을 신뢰할 수 있게 하는 최선의 방법은?**

① 내부 정도평가
② 외부 정도평가
③ 시험방법에 대한 정확한 이해
④ 측정분석기기 및 장비에 대한 교정

✔ **외부 정도평가**
실험자가 시험실에서 감지하지 못하는 내부 변화를 찾아내고, 분석하여 생산되는 측정분석값을 신뢰할 수 있게 하는 방법으로 공동시험 · 검사 참여, 동일 시료의 교환 측정, 외부제공 표준물질의 분석 등으로 측정의 정확도를 확인할 수 있다.

65 **밸리데이션 대상이 되는 시험 종류에 대한 설명으로 옳지 않은 것은?**

① 확인시험은 검체 중 분석대상물질을 확인하기 위한 것이다.
② 불순물시험은 검체 중에 존재하는 불순물의 한도시험 또는 정량시험이 될 수 있다.
③ 한도시험과 정량시험에 요구되는 밸리데이션 항목은 같다.
④ 정량시험은 특정 검체 중의 분석대상물질을 측정하기 위한 것이다.

✔

시험 종류	시험 방법별로 설정되어야 할 밸리데이션
확인시험	정확성
정량시험	정확성, 반복성, 특이성, 정량한계, 직선성, 범위
한도시험	특이성, 검출한계

정답 | 61.② 62.④ 63.③ 64.② 65.③

66 반복 측정하였을 때, 유사한 값이 재현성 있게 측정되는 정도를 나타내는 척도는?

① 정확성 ② 정밀성
③ 특이성 ④ 균질성

✔ 정밀성(precision)은 균질한 검체에서 반복적으로 채취한 검체를 정해진 절차에 따라 측정하였을 때 각각의 측정값들 사이의 근접성(분산 정도)을 말한다. 결과의 재현성으로서 일반적으로 표준편차로 나타낸다.

67 밸리데이션 수행순서 중 적합하지 못한 것은?

① 분석에 사용할 표준품의 규격 및 희석액의 제조 시 사용한 시약의 양 및 pH 결과 등을 상세히 기록한다.
② 정확성과 정밀성 평가를 위해 사용한 표준품의 양을 기록하고, 그 결과를 출력하여 부착한다.
③ 통계 프로그램을 이용하여 검량선의 작성 및 기울기와 y절편을 산출하여 정량한계 및 검출한계를 계산한다.
④ 계산된 검출한계와 정량한계는 따로 검증을 실시하지 않아도 된다.

✔ **밸리데이션 수행순서**

1. 분석방법과 조건, 사용할 시약 및 용액의 내용을 기재한다.
2. 분석에 사용할 표준품의 규격 및 희석액의 제조 시 사용한 시약의 양 및 pH 결과 등을 상세히 기록한다.
3. 시험에 사용할 공시험액 및 표준액의 제조 시 사용한 시약의 양을 기록하고, 표준 원액의 제조방법을 확인할 수 있도록 작성한다.
4. 표준용액 제조 시 사용한 표준품의 양 및 농도를 확인하여 기록하고, 그 결과를 출력하여 부착한다.
5. 정확성과 정밀성 평가를 위해 사용한 표준품의 양을 기록하고, 그 결과를 출력하여 부착한다.
6. 시험 분석결과에 통계 프로그램을 이용하여 검량선의 작성 및 기울기와 y절편을 산출하여 정량한계 및 검출한계를 계산한다.
7. 계산된 검출한계와 정량한계는 실험을 통한 검증을 실시한다.

68 A회사의 시약에 관한 유효일 설정기준은 다음과 같다. A회사에 2019년 1월 31일에 입고된 B시약의 공급자 정보에 유효일이 없고 2020년 6월 20일에 개봉하였다면 B시약의 유효일은?

> 유효일은 공급자 정보를 참조하여 정한다. 단, 공급자 정보로 유효일을 확인할 수 없는 경우 개봉 전 입고일로부터 3년과 개봉일로부터 6개월 중 빠른 일자를 유효일로 설정한다.

① 2020년 1월 31일 ② 2020년 12월 20일
③ 2021년 12월 20일 ④ 2022년 1월 31일

✔ B시약은 유효일을 확인할 수 없으므로, 시약의 유효일 설정기준에 따라 개봉 전 입고일로부터 3년인 2022년 1월 31일과 개봉일로부터 6개월인 2020년 12월 20일 중 더 빠른 일자인 2020년 12월 20일이 B시약의 유효일이 된다.

69 다음 중 장비 운영 및 이력관리 절차로 가장 적절하지 않은 것은?

① 장비담당자를 지정하여 장비 및 기구 운영 현황에 대한 기록 · 관리를 수행해야 한다.
② 장비등록대장 관리항목으로는 담당자, 분석장비명, 수량, 용도 등이 있다.
③ 장비이력카드로 장비명, Serial No., 사용용도 및 교체부품 리스트와 수량, 보수내역에 대해 기록 · 관리한다.
④ 정기적인(3개월, 6개월) 소모품 교체에 관해서는 기록의 생략이 가능하다.

✔ 분석장비 운영에 필요한 모든 소모성 물품을 기록하고 교체주기가 명시되어 있는 경우에는 교체주기를 기록해야 한다.

70 전처리 과정에서 발생하는 계통오차가 아닌 것은?

① 기기 및 시약의 오차 ② 집단오차
③ 개인오차 ④ 방법오차

✔ 전처리 과정에서 발생하는 계통오차로는 **시약 및 기기의 오차**, 조작오차, **개인(시험자)오차**, **방법오차**, 고정오차, 비례오차, 검정허용오차, 분석오차, 환경오차 등이 있다.

71 식수 속 한 오염물질의 실제(참) 농도는 허용치보다 높은데, 오염물질의 농도 측정결과가 허용치보다 낮다면 이 측정결과에 대한 해석으로 옳은 것은?

① 양성(positive) 결과이다.
② 가음성(false negative) 결과이다.
③ 음성(negative) 결과이다.
④ 가양성(false positive) 결과이다.

✔ 실제 농도는 허용치보다 높은데 측정결과 농도가 허용치보다 낮은 경우 이 측정결과를 가음성 결과라고 하며, 실제농도는 허용치보다 낮은데 측정결과 농도가 허용치보다 높은 경우 이 측정결과를 가양성 결과라고 한다.

72 시료를 잘못 취하거나 침전물이 과도하거나 또는 불충분한 세척, 적절하지 못한 온도에서 침전물의 생성 및 가열 등과 같은 원인 때문에 발생하는 오차에 해당하는 것으로 가장 적합한 것은?

① 방법오차
② 계통오차
③ 개인오차
④ 조작오차

✔ **조작오차**
시료의 채취 시 실수, 과도한 침전물 또는 충분하지 않은 세척, 온도의 변화에 따른 침전물의 생성 및 가온 등과 같이 대부분 실험조작의 실수에서 유래하는 오차이다. 실수를 줄여 보정이 가능한 계통오차에 속한다.

73 다음 중 분석물질만 제외한 그 밖의 모든 성분이 들어 있으며, 모든 분석절차를 거치는 시료는 어느 것인가?

① 방법바탕(method blank)
② 시약바탕(reagent blank)
③ 현장바탕(field blank)
④ 소량 첨가바탕(spike blank)

✔ **방법바탕(method blank)**
측정하고자 하는 물질이 전혀 포함되어 있지 않은 것이 증명된 시료로, 시험, 검사 매질에 시료의 시험방법과 동일하게 같은 용량, 같은 비율의 시약을 사용하고 시료의 시험, 검사와 동일한 전처리와 시험절차로 준비하는 바탕시료를 말한다.

74 다음 수치에 대한 변동계수($CV\%$)는?

621, 628, 635, 625

① 0.74　② 0.84
③ 0.94　④ 1.94

✔ 변동계수(CV)$=\frac{s}{\bar{x}}\times 100\%$

평균($\bar{x}$)$=627.25$, 표준편차(s)$=5.909$

변동계수(CV) $=\frac{5.909}{627.25}\times 100\% = \mathbf{0.94\%}$

75 바탕선에 잡음이 나타나는 시험방법에서 정량한계의 신호 대 잡음비의 일반적인 비율은?

① 2 : 1　② 3 : 1
③ 10 : 1　④ 20 : 1

✔ 바탕선에 잡음이 나타나는 시험방법에서 **정량한계**의 신호 대 잡음비의 일반적인 비는 **10 : 1이고**, 검출한계의 신호 대 잡음비의 일반적인 비는 3 : 1 혹은 2 : 1이 사용된다.

76 ICP－MS를 이용하여 음료수에 포함된 납의 농도를 납의 동위원소(^{208}Pb)를 통해 분석할 수 있다. 음료수 시료 분석과정과 결과가 다음과 같을 때, 시료의 ^{208}Pb의 농도(ppb)는?

㉠ 10.0ppb ^{208}Pb 표준용액에 20.0ppb ^{209}Bi 내부 표준물을 첨가하여 각각의 신호 세기를 측정한 결과 ^{208}Pb는 12,000, ^{209}Bi는 60,000이었다.
㉡ 분석시료에 20.0ppb ^{209}Bi 내부 표준물을 첨가하여 각각의 신호 세기를 측정한 결과 ^{208}Pb는 6,028, ^{209}Bi는 60,010이었다.

① 0.1004　② 0.5053
③ 2.008　④ 5.022

✔ **내부 표준법(internal standard)**
분석물질의 신호와 내부 표준의 신호를 비교하여 분석물질이 얼마나 들어 있는지 알아낸다.
감응인자(F) :

$$\frac{\text{분석물질 신호의 면적}}{\text{분석물질의 농도}} = F\times\frac{\text{표준물질 신호의 면적}}{\text{표준물질의 농도}}$$

$\frac{12,000}{10.0} = F\times\frac{60,000}{20.0}$, 감응인자 $F=0.4$이다.

시료의 ^{208}Pb의 농도(ppb)를 x로 두면

$$\frac{6,028}{x} = 0.4\times\frac{60,010}{20}$$

∴ 시료의 ^{208}Pb의 농도 $x=5.022$ppb

정답 | 72.④ 73.① 74.③ 75.③ 76.④

77 **정량한계 결정 시 설정한 정량한계가 타당함을 입증하는 방법은?**

① 검출한계 부근의 농도로 조제된 적당한 수의 검체를 별도로 분석한다.
② 정량한계 부근의 농도로 조제된 적당한 수의 검체를 별도로 분석한다.
③ 검출한계 부근의 농도로 조제된 검체의 크로마토그램을 확인한다.
④ 정량한계 부근의 농도로 조제된 검체의 크로마토그램을 확인한다.

✔ 계산된 정량한계는 정량한계 농도 또는 부근의 농도로 조제한 적절한 개수의 검체에 대한 분석을 진행하여 제출값의 타당성을 입증해야 한다.

78 **아스피린 알약의 순도를 결정하기 위하여 일련의 바탕용액 흡광도를 측정한 값으로부터 표준편차 0.0048과 아스피린 표준용액의 흡광도로부터 얻은 검정곡선의 기울기가 0.12 흡광도 단위/ppm이었을 때, 검출한계(ppm)는?**

① 0.132　② 0.0412
③ 0.151　④ 0.500

✔ $검출한계 = 3.3 \times \frac{s}{m}$

여기서, s : 반응의 표준편차
m : 검량선의 기울기

$\therefore 검출한계 = 3.3 \times \frac{0.0048}{0.12} = 0.132\text{ppm}$

79 **다음 중 오차를 줄일 수 있는 방법이 아닌 것은?**

① 측정자의 훈련
② 측정 기기와 기구의 보정
③ 다른 분석법과 비교 분석
④ 동일한 조건으로 분석

✔ **오차를 줄이기 위한 방법**

- 분석 방법 및 기구 사용에 대한 숙련도 향상
- 시약의 순도 조절 및 측정기기와 기구의 보정
- 2명 이상 동시에 분석하거나 다른 분석법과 비교하여 분석
- 표준물질을 사용하여 계통오차를 보정
- 바탕 분석을 통해 시약과 기기에 의한 오차를 보정
- 표준물첨가법, 내부 표준물법 등을 이용

80 **조절된 환경조건에서 시료의 온도를 증가시키면서 시료의 무게를 시간 또는 온도의 함수로 기록하는 분석법은?**

① 시차주사열량법　② 시차열분석법
③ 열무게분석법　④ 전기전도도법

✔ 열무게분석법은 조절된 환경조건에서 시료의 온도를 증가시키면서 시료의 무게를 시간 또는 온도의 함수로 기록하는 분석방법이다.

제5과목 | 환경 · 안전 관리

81 **분진폭발이 대형화되는 경우가 아닌 것은?**

① 분진 자체가 폭발성 물질일 때
② 밀폐공간 내 산소의 농도가 적을 때
③ 밀폐공간 내 고온, 고압의 상태가 유지될 때
④ 밀폐공간 내 인화성 가스 및 증기가 존재할 때

✔ 폭발은 연소의 한 형태이다. 연소는 발열과 발광을 수반하는 산화반응이고, 폭발은 그 반응이 급격히 진행되며 빛을 발하는 것 외에 폭발음과 충격 압력을 내며 순간적으로 반응이 완료된다. 밀폐공간 내 산소의 농도가 적을 때는 분진폭발이 대형화되지 않는다.

82 **연구실 일상점검표상 화공안전에 관한 점검내용으로 가장 거리가 먼 것은?**

① MSDS 비치, 화학물질 성상별 분류 및 시약장 보관상태
② 실험 폐액 및 폐기물 관리상태
③ 실험실 구역 관계자외 출입금지 구분 및 손소독기 등 세척시설 설치 여부
④ 발암물질, 독성물질 등 유해화학물질의 격리보관 및 시건장치 사용 여부

✔ **연구실 일상점검표**(화공안전 점검내용)

- 유해인자 취급 및 관리대장, MSDS의 비치
- 화학물질의 성상별 분류 및 시약장 등 안전한 장소에 보관 여부
- 소량을 덜어서 사용하는 통, 화학물질의 보관함 · 보관용기에 경고표시 부착 여부
- 실험폐액 및 폐기물 관리상태(폐액 분류 표시, 적정용기 사용, 폐액용기 덮개 체결상태 등)
- 발암물질, 독성물질 등 유해화학물질의 격리보관 및 시건장치 사용 여부

정답 | 77.② 78.① 79.④ 80.③ 81.② 82.③

83 실험실에서 유해 화학물질에 대한 안전조치로 틀린 것은?

① 산은 물에 가하면서 희석한다.
② 과염소산은 유기화합물을 보호액으로 하여 저장한다.
③ 독성물질을 취급할 때는 체내에 들어가는 것을 막는 조치를 취한다.
④ 강산과 강염기는 공기 중 수분과 반응하여 치명적 증기를 생성하므로 사용하지 않을 때는 뚜껑을 닫아 놓는다.

✔ 과염소산은 산화성 액체로서 가연물, 유기물들과의 혼합으로 발화하므로 유기물질, 가연성 위험물과의 접촉을 피하고, 직사광선을 차단한다.

84 실험실 화재발생 시 대처요령으로 적합하지 않은 것은?

① 신속히 주위에 있는 사람들에게 알리고 출입문과 창을 열어 유독가스를 유출시킨다.
② 근접한 화재경보기를 눌러 사이렌을 작동시킨 후 소방서 등에 신고한다.
③ 대피 시 젖은 손수건 등으로 입과 코를 가리고 숨을 짧게 쉬며, 낮은 자세로 벽을 더듬어 이동한다.
④ 화재의 초기 진압이 어렵다고 판단될 경우, 가스 및 중간 밸브를 잠그고 즉시 대피한다.

✔ 대피 시에는 출입문이나 방화문을 닫아 피해 확산을 방지한다.

85 유독물질, 제한물질, 금지물질, 사고대비물질에 대한 법규는?

① 위험물안전관리법
② 화학물질관리법
③ 산업안전보건법
④ 생활화학제품 및 살생물제의 안전관리에 관한 법률

✔ 화학물질관리법에 따라 유독물질, 허가물질, 제한물질, 금지물질, 사고대비물질, 유해화학물질을 취급·관리한다.

86 ▲ 위험물의 운반용기 외부에 수납하는 위험물의 종류에 따라 표시해야 하는 주의사항이 올바르게 짝지어진 것은? (단, 위험물안전관리법령상 표시해야 하는 주의사항이 다수일 경우, 주의사항을 모두 표기해야 한다.)

① 철분 – 물기엄금
② 질산 – 화기엄금
③ 염소산칼륨 – 물기엄금
④ 아세톤 – 화기엄금

✔ **위험물의 운반에 관한 기준** : 위험물에 따른 주의사항
① 철분 : 제2류 위험물 – 화기주의, 물기엄금
② 질산 : 제6류 위험물 – 가연물 접촉주의
③ 염소산칼륨 : 제1류 위험물 – 화기·충격주의, 가연물 접촉주의
④ 아세톤 : 제4류 위험물 – 화기엄금

87 ▲ 폐기물에 관한 설명 중 틀린 것은?

① 지정폐기물의 불법처리를 막기 위해 전표제도를 실시하고 있다.
② 수소이온 농도지수가 2.0 이하 또는 12.5 이상인 액체상태의 폐기물은 부식성 폐기물이다.
③ 폐기물처리시설이란 폐기물의 중간처분시설, 최종처분시설 및 재활용시설로서 대통령령으로 정하는 시설을 말한다.
④ 천연 방사성 제품 폐기물은 방사능 농도가 그램당 100베크렐 미만인 폐기물을 말한다.

✔ 천연 방사성 제품 폐기물은 방사능 농도가 그램당 10베크렐(Bq) 미만인 폐기물을 말한다.

88 ▲ 폐기물관리법령상 폐기물처리 담당자로서 환경부령으로 정하는 교육기관이 실시하는 교육을 받아야 하는 사람이 아닌 것은? (단, 그 밖에 대통령령으로 정하는 사람은 제외한다.)

① 폐기물처리업에 종사하는 기술요원
② 폐기물처리시설의 기술관리인
③ 지정폐기물처리시설의 위험물안전관리자
④ 폐기물분석전문기관의 기술요원

✔ **폐기물처리 담당자 등에 대한 교육**
다음 폐기물처리와 관련된 인력은 환경부령으로 정하는 교육기관에서 실시하는 교육을 받아야 한다.
1. 폐기물처리 담당자
 • 폐기물처리업종에 종사하는 기술요원
 • 폐기물처리시설의 기술관리인
2. 폐기물분석전문기관의 기술요원
3. 지정된 재활용 환경평가기관의 기술인력

정답 | 83.② 84.① 85.② 86.④ 87.④ 88.③

89 **폐기물관리법령상 실험실 폐액 보관에 대한 설명 중 틀린 것은?**
▲

① 폐유기용제, 폐촉매는 보관이 시작된 날부터 60일을 초과하여 보관하지 않는다.
② 폐유기용제는 휘발되지 아니하도록 밀폐된 용기에 보관한다.
③ 지정폐기물과 지정폐기물이 아닌 것을 구분하여 보관한다.
④ 부득이한 사유로 장기보관할 필요성이 있다고 인정이 될 경우 및 지정폐기물의 총량이 3톤 미만일 경우 1년까지 보관할 수 있다.

✔ 폐액수집량은 용기의 2/3를 넘지 않고, 보관일은 「폐기물관리법」 시행규칙의 규정에 따라 폐유기용제, 폐촉매는 보관이 시작된 날부터 **최대 45일을 초과하지 않는다.**

90 **어떤 화학물질 처리시설에서 A물질의 초기 농도가 354ppm일 때, 이 물질의 처리기준 이하가 되기 위한 시간(s)은? (단, A물질의 반응은 1차 반응, 반감기는 20초이고, 처리기준은 1ppm이다.)**

① 151 ② 169
③ 227 ④ 309

✔ 1차 반응 : 적분속도법칙 $\ln\frac{[A]_t}{[A]_0} = -kt$

여기서, k는 속도상수, 단위는 s^{-1}이다.

반감기$(t_{1/2}) = \frac{\ln 2}{k}$

반감기$(t_{1/2}) = 20 = \frac{\ln 2}{k}$

$k = 0.03466 s^{-1}$

$\ln\frac{1}{354} = -0.03466 \times t$

$\therefore\ t = 169.3s$

91 **유해화학물질의 유출 · 누출 사고 시 즉시 신고해야 하는 화학물질명 – 유출 · 누출량을 짝지은 것 중 옳지 않은 것은?**

① 염산 – 50kg ② 황산 – 100kg
③ 염소가스 – 5L ④ 페놀 – 500kg

✔ **화학사고의 상황별 신고기준이 되는 유출 · 누출량**
1. 유해화학물질 – 5kg 또는 5L
2. 염산, 불산 – 50kg 또는 50L
3. 질산, 황산, 클로로설폰산 – 500kg 또는 500L
4. 노말 – 부틸아민, 수산화나트륨, 수산화칼륨, 피리딘, 수산화암모늄 – 500kg 또는 500L
5. 염소가스, 플루오린가스, 포스겐, 산화에틸렌 – 5kg 또는 5L
6. 황화수소, 암모니아 – 5kg 또는 50L

92 **상압에서 인화점이 가장 높은 물질은?**
▲

① 아세트알데하이드 ② 이황화탄소
③ 산화에틸렌 ④ 아세트산

✔ **인화점**
① 아세트알데하이드 : –38℃
② 이황화탄소 : –30℃
③ 산화에틸렌 : –20℃
④ 아세트산 : 40℃

93 **위험물안전관리법령에 따른 위험물의 유별과 성질이 맞게 짝지어진 것은?**
▲

① 제1류 – 산화성 액체
② 제2류 – 인화성 액체
③ 제3류 – 자연발화성 물질 및 금수성 물질
④ 제4류 – 자기반응성 물질

✔ **위험물안전관리법령에 따른 위험물의 유별과 성질**
1. 제1류 위험물 – 산화성 고체
2. 제2류 위험물 – 가연성 고체
3. **제3류 위험물 – 자연발화성 물질 및 금수성 물질**
4. 제4류 위험물 – 인화성 액체
5. 제5류 위험물 – 자기반응성 물질
6. 제6류 위험물 – 산화성 액체

94 **할로젠은 독가스로 사용될 정도로 유독한 물질이다. 다음 중 할로젠과 알케인의 반응은? (단, 각 반응의 조건은 고려하지 않는다.)**

① $CH_4(g) + 2O_2(g) \rightarrow CO_2(g) + 2H_2O(l)$
② $C_2H_4(g) + Cl_2(g) \rightarrow CH_2(g)Cl - CH_2Cl(g)$
③ $CH_4(g) + Cl_2(g) \rightarrow CH_3Cl(g) + HCl(g)$
④ $CH_3CH_2NH_2 + HCl \rightarrow CH_3CH_2NH_3^+Cl^-$

정답 I 89.① 90.② 91.② 92.④ 93.③ 94.③

✔ 보기에서 할로젠과 알케인의 반응은 할로젠인 염소(Cl_2)와 알케인인 메테인(CH_4) 반응이다.
$CH_4(g)+Cl_2(g) \rightarrow CH_3Cl(g)+HCl(g)$

95 26.3mM Ni^{2+} 100mL가 H^+형의 양이온 교환 칼럼에 부착되었을 때 방출되는 H^+의 당량(meq)은?

① 2.26 ② 2.26×10^{-3}
③ 5.26 ④ 5.26×10^{-3}

✔ Ni^{2+}과 H^+은 당량 대 당량으로 반응하며
$nMV = n'M'V'$
여기서, n : 당량수(eq/mol)
M : 몰농도
V : 부피(L)
2eq/mol×26.3mM×0.1L=H^+의 당량(meq)
∴ H^+의 당량=5.26meq

96 화학약품의 보관법에 관한 일반사항에 해당하지 않는 것은?

① 화학약품은 바닥에 보관한다.
② 특성에 따라 적절히 분류하여 지정된 장소에 분리 보관한다.
③ 유리로 된 용기는 파손 시를 대비하여 낮고 안전한 위치에 보관한다.
④ 환기가 잘 되고 직사광선을 피할 수 있는 냉암소에 보관하도록 한다.

✔ 화학약품은 밟을 수도 있고, 걸려 넘어질 수도 있으므로 바닥에 보관하는 것은 금지한다.

97 NFPA hazard class의 ㉠~㉣에 해당하는 유해성 정보를 짝지은 것 중 틀린 것은?

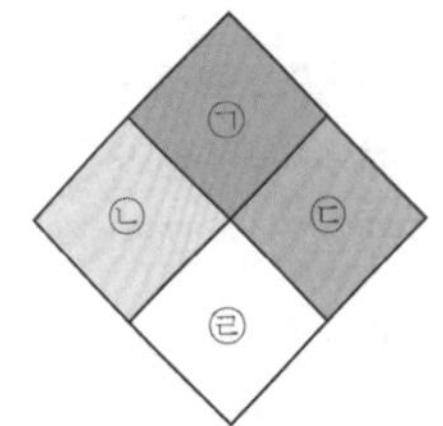

① ㉠ 화재 위험성 ② ㉡ 건강 위험성
③ ㉢ 질식 위험성 ④ ㉣ 특수 위험성

✔ ㉢ 반응 위험성

98 실험실별 특성에 맞는 안전보건관리 수칙이 있다. 다음 중 일반적인 실험실 수칙이 아닌 것은?

① 사고 시 연락 및 대피를 위해 출입구 벽면 등 눈에 잘 띄는 곳에 비상연락망 및 대피경로를 부착한다.
② 소화기는 눈에 잘 띄는 위치에 비치하고, 소화기 사용법을 숙지한다.
③ 취급하고 있는 유해물질에 대한 물질안전보건자료(MSDS)를 게시하고 이를 숙지한다.
④ 금지표지, 경고표지, 지시표지 및 안내표지 등 필요한 안전보건표지는 실험실 내부가 아닌 외부에 부착한다.

✔ 금지표지, 경고표지, 지시표지 및 안내표지 등 필요한 안전보건표지는 **사고의 위험이 있는 장소, 장비 및 물질 등에 부착하여 근로자**는 물론 작업현장에 들어오는 외부 출입자 등 모든 사람에게 위험요인, 비상시의 행동요령 등을 안내하여 사고를 미연에 방지한다.

99 분말소화약제인 탄산수소나트륨 10kg이 1기압, 270℃에서 방사되었을 때 발생하는 이산화탄소의 양(m^3)은? (단, Na의 원자량은 23g/mol이다.)

① 2.65 ② 26.5
③ 5.30 ④ 53.0

정답 | 95.③ 96.① 97.③ 98.④ 99.①

✔ **분말소화약제 탄산수소나트륨($NaHCO_3$) 분해반응**
$2NaHCO_3 \rightarrow Na_2CO_3 + H_2O + CO_2$에 발생하는 이산화탄소의 부피를 V(L)로 두고 이상기체방정식 $PV = nRT$에 대입한다.

$$1 \times V = \left(10 \times 10^3 \text{g NaHCO}_3 \times \frac{1\text{mol NaHCO}_3}{84\text{g NaHCO}_3} \times \frac{1\text{mol CO}_2}{2\text{mol NaHCO}_3}\right) \times 0.0821 \times (273 + 270)$$

$V = 2653.6\text{L}$

∴ 발생하는 이산화탄소의 부피(cm^3)는 다음과 같다.

$$2653.6\text{L} \times \frac{1\text{m}^3}{1{,}000\text{L}} = \mathbf{2.65m^3}$$

100 ▲ **위험물안전관리법령상 위험물주유취급소에 설치하는 고정주유설비 또는 고정급유설비의 주유관의 길이는 몇 m 이내로 하여야 하는가? (단, 선단의 개폐밸브를 포함하되 현수식은 제외한다.)**

① 3　　② 5
③ 8　　④ 10

✔ 위험물주유취급소에 설치하는 고정주유설비 또는 고정급유설비의 주유관의 길이는 **5m 이내**로 한다.

정답 | 100.②

제1과목 | 화학분석과정 관리

01 **돌턴(Dalton)의 원자론에 의하여 설명될 수 없는 법칙은?**

① 질량보존의 법칙 ② 일정성분비의 법칙
③ 화학평형의 법칙 ④ 배수비례의 법칙

✔ 돌턴의 원자론으로 **질량보존의 법칙, 일정성분비의 법칙, 배수비례의 법칙**은 설명할 수 있으나, 화학평형의 법칙은 설명할 수 없다.
화학평형의 법칙 : 가역반응에서 온도가 일정할 때 반응물과 생성물은 항상 일정한 농도비를 가진다. 질량작용 법칙이라고도 한다.

Check

돌턴의 원자론

1. 모든 물질은 더 이상 쪼갤 수 없는 원자(atom)로 구성되어 있다.
2. 같은 원소의 원자는 크기와 질량이 같고, 다른 원소의 원자는 크기와 질량이 서로 다르다.
3. 2개 이상의 서로 다른 원자들이 정수비로 결합하여 화합물을 만든다.
4. 두 원소의 원자들은 다른 비율로 결합하여 두 가지 이상의 화합물을 형성할 수 있다.
5. 화학반응은 원자들 간의 결합이 끊어지고 생성되면서 원자가 재배열될 뿐, 새로운 원자가 생성되거나 소멸되지 않는다.

02 **C_6H_{14}이 가질 수 있는 구조이성질체의 수는?**

① 3개 ② 4개
③ 5개 ④ 6개

✔ **핵세인(hexane)**
C_6H_{14}, 단일결합만 갖는 포화 탄화수소로, **5개**의 구조이성질체를 갖는다.

1. C − C − C − C − C − C

2.
```
            C
            |
C − C − C − C − C
```

3.
```
        C
        |
C − C − C − C − C
```

4.
```
        C
        |
C − C − C − C
        |
        C
```

5.
```
        C
        |
C − C − C − C
    |
    C
```

03 **원자 및 분자의 결합에 대한 다음 설명으로 옳은 것은?**

① 어떤 원자가 양이온으로 변하는 과정은 그 원자가 전자에 대해 나타내는 전자친화도(electron affinity)와 관련이 있다.
② 어떤 원자가 음이온으로 변하는 과정은 그 원자가 전자에 대해 나타내는 전기음성도(eletronegativity)와 관련이 있다.
③ 어떤 이온결합이 극성결합인지의 여부는 그 결합에 참여한 원자들의 전기음성도(eletronegativity)와 관련이 있다.
④ 어떤 공유결합이 극성결합인지의 여부는 그 결합에 참여한 원자들의 전기음성도(eletronegativity)와 관련이 있다.

✔ ① 어떤 원자가 양이온으로 변하는 과정은 그 원자가 전자에 대해 나타내는 이온화에너지와 관련이 있다.
② 어떤 원자가 음이온으로 변하는 과정은 그 원자가 전자에 대해 나타내는 전자친화도와 관련이 있다.
③ 어떤 이온결합과 극성결합인지의 여부는 관련이 없다.

Check

- **이온화에너지**
  기체상태의 중성 원자로부터 전자 1개를 떼어 내어 기체상태의 양이온으로 만드는 데 필요한 에너지이다. 원자핵과 전자 사이의 인력이 클수록 이온화에너지가 크다.
- **전자친화도**
  기체상태의 중성 원자가 전자 1개를 얻어 기체상태의 음이온이 될 때 방출하는 에너지이다. 원자핵과 전자 사이의 인력이 클수록 전자친화도가 크다. 원자핵과 전자 사이의 인력이 작용하므로 음이온이 될 때 에너지가 방출된다.
- **전기음성도**
  두 원자의 공유결합으로 생성된 분자에서 원자가 공유전자쌍을 끌어당기는 힘의 세기를 상대적인 수치로 나타낸 것이다. 플루오린(F)의 전기음성도를 4.0으로 정하고, 이 값을 기준으로 다른 원소들의 전기음성도를 상대적으로 정하였다.

정답 | 01.③ 02.③ 03.④

04 1.0mol의 산소와 과량의 뷰테인(C_4H_{10}) 기체의 완전연소로 생성되는 이산화탄소의 몰수는?

① 0.3 ② 0.4
③ 0.5 ④ 0.6

✔ $2C_4H_{10}(g) + 13O_2(g) \rightarrow 8CO_2(g) + 10H_2O(g)$

$\therefore 1.0\text{mol}\,O_2 \times \frac{8\text{mol}\,CO_2}{13\text{mol}\,O_2} = \mathbf{0.62mol\,CO_2}$

05 에탄올 100mL를 물 100mL와 혼합한 에탄올 수용액의 질량백분율은? (단, 에탄올의 비중은 0.79이다.)

① 28.3
② 33.3
③ 44.1
④ 50.0

✔ 질량백분율(%) $= \frac{\text{용질의 질량(g)}}{\text{용액의 질량(g)}} \times 100$

$= \frac{\text{용질의 질량(g)}}{\text{(용매 + 용질)의 질량(g)}} \times 100$

물의 비중 1, 100mL 물은 $\left(100\text{mL 물} \times \frac{1\text{g 물}}{1\text{mL 물}}\right)$ 100g 물이고, 에탄올의 비중 0.79, 100mL 에탄올은 $\left(100\text{mL 에탄올} \times \frac{79\text{g 에탄올}}{100\text{mL 에탄올}}\right)$ 79g 에탄올이다.

$\therefore$ 질량백분율(%) $= \frac{79\text{ g}}{(100 + 79)\text{g}} \times 100 = \mathbf{44.1\%}$

06 주기율표에 대한 일반적인 설명 중 가장 거리가 먼 것은?

① 1A족 원소를 알칼리금속이라고 한다.
② 2A족 원소를 전이금속이라고 한다.
③ 세로열에 있는 원소들이 유사한 성질을 가진다.
④ 주기율표는 원자번호가 증가하는 순서로 원소를 배치하는 것이다.

✔ 족(group)

주기율표의 세로줄로 1~18족으로 구성된다. 1A(1)족 원소를 알칼리금속, **2A(2)족 원소를 알칼리토금속**, 7A(17)족 원소를 할로젠, 8A(18)족 원소를 비활성 기체, 3~12족 원소를 전이금속이라고 한다.

07 다음의 방향족화합물을 올바르게 명명한 것은?

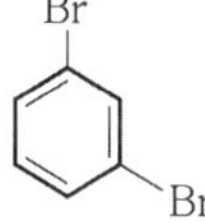

① o−dibromohexane
② p−dibromobenzene
③ m−dibromobenzene
④ p−dibromohexane

✔ dibromobenzene의 오르토(o−), 메타(m−), 파라(p−) 형태의 3가지 이성질체

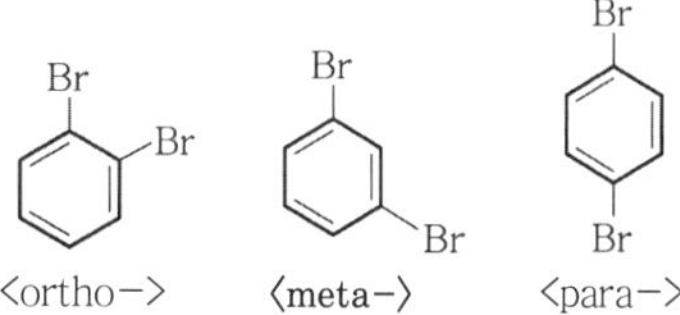

08 ${}^{37}_{17}Cl^-$의 양성자, 중성자, 전자의 개수를 올바르게 나열한 것은?

① 양성자 : 37, 중성자 : 0, 전자 : 37
② 양성자 : 17, 중성자 : 20, 전자 : 17
③ 양성자 : 17, 중성자 : 20, 전자 : 37
④ 양성자 : 17, 중성자 : 20, 전자 : 18

✔ 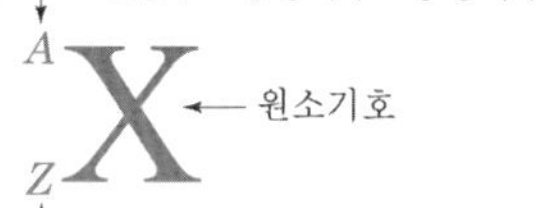

$\therefore$ 양성자수=17
중성자수=37−17=20
전자수=17+1=18

09 Fe의 바닥상태 전자배치로 옳은 것은? (단, 철(Fe)의 원자번호는 26이다.)

① $1s^2 2s^2 2p^6 3s^2 3p^6 3d^8$
② $1s^2 1p^6 2s^2 2p^6 3s^2 3p^6 3d^2$
③ $1s^2 2s^2 3s^2 2p^6 3p^6 3d^8$
④ $1s^2 2s^2 2p^6 3s^2 3p^6 4s^2 3d^6$

✔ 쌓음원리

전자는 에너지준위가 낮은 오비탈부터 차례대로 채워진다.

$1s \rightarrow 2s \rightarrow 2p \rightarrow 3s \rightarrow 3p \rightarrow 4s \rightarrow 3d \rightarrow 4p$

$\therefore$ ${}_{26}Fe$의 바닥상태 전자배치는 $1s^2 2s^2 2p^6 3s^2 3p^6 4s^2 3d^6$이다.

정답 | 04.④ 05.③ 06.② 07.③ 08.④ 09.④

10 **에탄올(C_2H_5OH)의 융해열이 4.81kJ/mol이라고 할 때, 에탄올 9.20g을 얼렸을 때의 ΔH는 약 몇 kJ인가?**

① +0.96
② −0.96
③ +44.3
④ −44.3

✔ C_2H_5OH의 분자량은 12(C)×2+1(H)×6+16(O)=46이다.
융해열이 4.81kJ/mol이므로 에탄올 1mol을 녹이는 데 4.18kJ이 필요(+)하고, 에탄올 1mol을 얼리는데 4.18kJ이 방출(−)한다. 에탄올 9.20g이므로 출입하는 열은 다음과 같다.

$$9.20\text{g 에탄올} \times \frac{1\text{mol 에탄올}}{46\text{g 에탄올}} \times \frac{4.81\text{kJ}}{1\text{mol 에탄올}}$$
$= 0.96\text{kJ}$

얼리는 것은 발열반응이므로 $\Delta H<0$이다.
∴ $\Delta H = -0.96\text{kJ}$

11 **다음 화합물의 명명법으로 옳은 것은?**

$$\begin{array}{ccc} CH_3 & & H \\ & C=C & \\ H & & CH_2-CH_3 \end{array}$$

① 1−펜텐
② 트랜스−2−펜텐
③ 시스−2−펜텐
④ 시스−1−펜텐

✔ 이중결합이 있으므로 알켄(alkene), C가 다섯 개이므로 펜텐(pentene), 이중결합의 위치는 2번, 알킬기가 이중결합에 대해 서로 엇갈려 있으므로 트랜스(trans)이다.

$$\begin{array}{ccc} \overset{1}{C}H_3 & & H \\ & \overset{2}{C}=\overset{3}{C} & \\ H & & \overset{4}{C}H_2-\overset{5}{C}H_3 \end{array}$$

∴ **트랜스−2−펜텐**

12 **22.7g의 암모니아 속에 들어 있는 수소 원자의 몰수(mol)는?**

① 1.0 ② 2.0
③ 3.0 ④ 4.0

✔ $$22.7\text{g } NH_3 \times \frac{1\text{mol } NH_3}{17\text{g } NH_3} \times \frac{3\text{mol H}}{1\text{mol } NH_3} = 4.01\text{mol H}$$
∴ 수소 원자 4.0mol이 들어 있다.

13 **포도당의 분자식은 $C_6H_{12}O_6$이다. 각 원소의 질량백분율(%)이 올바르게 짝지어진 것은?**

① C − 40% ② H − 12%
③ O − 46% ④ O − 64%

✔ $C_6H_{12}O_6$의 분자량은 다음과 같다.
12(C)×6+1(H)×12+16(O)×6=180

$C : \frac{12\times6}{180}\times100 = 40\%$

$H : \frac{1\times12}{180}\times100 = 6.7\%$

$O : \frac{16\times6}{180}\times100 = 53.3\%$

14 **유기화합물의 작용기 구조를 나타낸 것 중 틀린 것은?**

① 알코올 : R−OH
② 아민 : $R-NH_2$
③ 알데하이드 : R−CHO
④ 카복실산 : R−CO−R′

✔ 카복실산은 R−COOH이고, R−CO−R′는 케톤이다.

15 **정량분석 과정에 해당하지 않는 것은?**

① 부피분석
② 관능기분석
③ 무게분석
④ 기기분석

✔ 정량분석은 시료 중 각 성분의 존재량을 결정하는 조작이며, 그 과정은 부피분석, 무게분석, 기기분석으로 나눌 수 있다.
1. **부피분석**(=용량분석) : 부피를 측정하여 정량하고자 하는 물질의 양을 측정한다.
2. **무게분석** : 무게를 측정하여 정량하고자 하는 물질의 양을 측정한다.
3. **기기분석** : 고차원의 과학적인 원리를 이용한 기기를 사용하여 분석 결과를 얻어내기 때문에 속도가 빠르고 미량성분의 정량도 가능하지만 때때로 그 정확도에 문제가 발생할 수 있다는 단점이 있다.

정답 | 10.② 11.② 12.④ 13.① 14.④ 15.②

16 **탄화수소 화합물에 대한 설명으로 틀린 것은?**

① 탄소−탄소 결합이 단일결합으로 모두 포화된 것을 alkane이라 한다.
② 탄소−탄소 결합에 이중결합이 있는 탄화수소 화합물은 alkene이라 한다.
③ 탄소−탄소 결합에 삼중결합이 있는 탄화수소 화합물은 alkyne이라 한다.
④ 가장 간단한 alkyne 화합물은 프로필렌이다.

✔ 가장 간단한 alkyne 화합물은 **아세틸렌(C_2H_2)**이다.

17 **분자량이 비슷한 다음의 물질 중 끓는점이 가장 높은 물질의 분자 간 작용하는 힘의 종류를 모두 나열한 것은?**

C_2H_6, H_2S, CH_3OH

① 분산력, 수소결합
② 공유결합, 수소결합
③ 공유결합, 쌍극자−쌍극자 인력
④ 쌍극자−쌍극자 인력, 수소결합

✔ • 에탄(C_2H_6)의 분자량 30, 끓는점 -89℃
• 황화수소(H_2S)의 분자량 33, 끓는점 -59.6℃
• 메탄올(CH_3OH)의 분자량 32, 끓는점 64.7℃
위의 세 물질 중에서 끓는점이 가장 높은 물질은 메탄올(CH_3OH)이다.
메탄올(CH_3OH)이 끓는점이 높은 이유는 강한 분자 간의 힘인 수소결합이 존재하기 때문인데, 수소결합은 N−H, O−H, F−H와 같은 극성결합에서 수소 원자와 전기음성적인 O, N, F 원자 사이에 작용하는 특별한 형태의 상호작용이다. 따라서 메탄올(CH_3OH)의 분자 간 작용하는 힘은 **수소결합과 쌍극자−쌍극자 인력**이다.

18 **일반적인 분석과정을 가장 잘 나타낸 것은?**

① 문제 정의 → 방법 선택 → 대표시료 취하기 → 분석시료 준비 → 측정 수행 → 화학적 분리가 필요한 모든 것을 수행 → 결과의 계산 및 보고
② 문제 정의 → 방법 선택 → 대표시료 취하기 → 분석시료 준비 → 화학적 분리가 필요한 모든 것을 수행 → 측정 수행 → 결과의 계산
③ 문제 정의 → 대표시료 취하기 → 방법 선택 → 분석시료 준비 → 화학적 분리가 필요한 모든 것을 수행 → 측정 수행 → 결과의 계산
④ 문제 정의 → 대표시료 취하기 → 방법 선택 → 분석시료 준비 → 측정 수행 → 화학적 분리가 필요한 모든 것을 수행 → 결과의 계산 및 보고

✔ **화학분석의 일반적 단계**

1. 질문의 명확한 표시 : 분석 목적을 명확히 한다.
2. 분석과정(방법) 선택 : 문헌조사를 통해 적절한 분석방법을 찾거나, 각 단계를 고려하여 새로운 분석과정을 독창적으로 개발한다.
3. 시료 채취 : 전체 모집단에서 대표성을 가지는 벌크 시료를 얻는다.
4. 시료의 가공 : 시료를 분석방법에 적합한 형태로 가공한다. 분석을 방해하는 화학종을 격리하여 제거하거나, 분석에 방해가 되지 않도록 가린다.
5. 분석 : 시료로부터 분석물질의 농도를 측정한다. 반복 측정을 통해 분석결과의 불확정성을 평가한다.
6. 결과의 보고와 해석 : 분석결과의 한계점을 첨부하여 명료하게 작성, 완전한 결과 보고를 한다. 대상 독자를 맞추어 보고서를 작성할 수 있다. 즉 전문가만이 보도록 작성하거나, 일반 대중을 위한 보고서를 작성할 수 있다.
7. 결과의 도출 : 보고서를 명료하게 작성할수록 보고서의 독자가 잘못 해석할 가능성이 높아지므로 결과는 상세하게 작성해야 한다.

19 **기기분석법에서 분석방법에 대한 설명으로 가장 옳은 것은?**

① 표준물 첨가법은 미지의 시료에 분석하고자 하는 표준물질을 일정량 첨가해서 미지물질의 농도를 구한다.
② 내부표준법은 시료에 원하는 물질을 첨가하여 표준 검량선을 이용하여 정량한다.
③ 정성분석 시 검량선 작성은 필수적이다.
④ 정량분석은 반드시 기기분석으로만 할 수 있다.

✔ ② 내부표준법은 시료에 내부표준물질을 첨가하여 표준 검량선을 이용하여 정량한다.
③ 정량분석 시 검량선 작성은 필수적이다.
④ 정량분석은 기기분석뿐만 아니라 부피분석법, 무게분석법으로도 할 수 있다.

Check

표준물 첨가법
미지의 시료에 분석하고자 하는 표준물질을 일정량 첨가해서 미지물질의 농도를 구한다.

정답 | 16.④ 17.④ 18.② 19.①

20 0.195M H_2SO_4 용액 15.5L를 만들기 위해 필요한 18.0M H_2SO_4 용액의 부피(mL)는?

① 0.336　　② 92.3
③ 168　　④ 226

묽힘 공식 : $M_{진한} \times V_{진한} = M_{묽은} \times V_{묽은}$
$18.0M \times x(L) = 0.195M \times 15.5L$
$x = 0.1679L$
∴ 필요한 18.0M H_2SO_4 용액의 부피는
$0.1679L \times \frac{1,000mL}{1L} = \mathbf{167.9mL}$이다.

제2과목 | 화학물질특성 분석

21 광학기기를 바탕으로 한 분석법의 종류가 아닌 것은?

① GC　　② IR
③ NMR　　④ XRD

분광법의 분류

분광분석법 입자에 따라 구분	측정하는 빛의 종류에 따라 구분
원자분광법	원자흡수 및 형광분광법
	유도결합플라스마 원자방출분광법
	X-선 분광법
분자분광법	자외선-가시선 흡수분광법
	형광 및 인광 광도법
	적외선 흡수분광법
	핵자기공명 분광법

22 원자분광법에서 사용되는 시료 도입방법 중 고체시료에 적용시킬 수 없는 방법은?

① 기체 분무화　　② 전열증기화
③ 레이저 증발　　④ 아크 증발

시료 도입방법은 전체 시료를 대표하는 일정 분율의 시료를 원자화 장치로 도입시키는 것으로, 용액시료 도입과 고체시료 도입으로 나뉜다.

1. **용액시료 도입 : 기체 분무기**, 초음파 분무기, 전열증기화, 수소화물 생성법
2. **고체시료 도입** : 직접 시료 도입, **전열증기화**, **아크와 스파크 증발**, 글로우방전법

23 원자흡수분광법에서 연속광원 바탕보정법에 사용되는 자외선 영역의 연속광원은?

① 중수소등　　② 텅스텐등
③ 니크롬선등　　④ 속빈 음극등

연속광원 보정법
중수소(D_2)램프의 연속광원과 속빈 음극등이 번갈아 시료를 통과하게 하여 중수소램프에서 나오는 연속광원의 세기의 감소를 매트릭스에 의한 흡수로 보아 연속광원의 흡광도를 시료 빛살의 흡광도에서 빼주어 보정하는 방법이다.

24 X선 회절법으로 알 수 있는 정보가 아닌 것은?

① 결정성 고체 내의 원자 배열과 간격
② 결정성 · 비결정성 고체화합물의 정성분석
③ 결정성 분말 속의 화합물의 정성 · 정량분석
④ 단백질 및 비타민과 같은 천연물의 구조 확인

X-선 회절법의 특징

1. 결정성 고체 내의 원자 배열과 원자 간 거리에 대한 정보를 제공한다.
2. **결정질 화합물을 편리하게 정성분석**할 수 있다.
3. 결정성 고체 시료에 들어 있는 화합물에 대한 정성 및 정량적인 정보를 제공해 준다.
4. 스테로이드, 비타민, 항생물질과 같은 복잡한 천연물질의 구조를 밝힌다.

25 FT-IR에서 $2cm^{-1}$의 분해능을 얻으려면 거울이 움직여야 하는 거리는 몇 cm가 되어야 하는가?

① 0.25　　② 0.5
③ 1.0　　④ 2.5

FT-IR의 분해능($\Delta\bar{\nu}$)은 이 기기에 의해 분해될 수 있는 두 선의 파수 차이로 나타낸다.
$\Delta\bar{\nu} = \bar{\nu}_1 - \bar{\nu}_2$

분해능과 지연(δ)과의 관계식 : $\Delta\bar{\nu} = \frac{1}{\delta}$

여기서, 지연(δ)은 두 빛살의 진행거리의 차이로 거울이 움직여야 하는 거리의 2배이다.
δ(지연) = 2×거울 이동거리(cm)
$2 = \frac{1}{\delta}$, $\delta = \frac{1}{2}$

∴ 거울 이동거리 = $\frac{1}{4}$cm = **0.25cm**

정답 | 20.③ 21.① 22.① 23.① 24.② 25.①

26 ^1H NMR 스펙트럼에서 $CH_3CH_2CH_2OCH_3$ 분자는 몇 가지의 다른 화학적 환경을 가지는 수소가 존재하는가?

① 1 ② 2
③ 3 ④ 4

✔ $C\underline{H_3}C\underline{H_2}C\underline{H_2}OC\underline{H_3}$는 서로 다른 화학적 환경을 가지는 수소가 **4개**이다.

27 수용액의 예상 끓는점을 높은 것부터 낮은 순서로 올바르게 나열한 것은?

- A : 0.050m $CaCl_2$
- B : 0.150m NaCl
- C : 0.100m HCl
- D : 0.100m $C_{12}H_{22}O_{11}$

① A>D>C>B ② D>A>C>B
③ B>C>A>D ④ B>C>D>A

✔ **끓는점 오름(ΔT_b)**

용액의 끓는점이 순수한 용매의 끓는점보다 높아지는 현상

$\Delta T_b = K_b \times m$

여기서, K_b : 몰랄 끓는점 오름상수
m : 용액의 몰랄농도

전해질 용질이 녹아 있는 묽은 용액의 경우 이온성 물질이 용질이면 화학식 단위보다 전체 용질 입자 농도에 근거하여 몰랄농도를 계산해야 한다. 예를 들어, 1.00m 염화소듐 용액은 완전 해리를 가정했을 때 2.00mol의 용해된 입자를 가지게 되므로 2.00m가 된다.

물의 끓는점은 100℃, K_b =0.512℃ · kg/mol이므로, 완전해리를 가정하여 끓는점을 구하면

- A : $\Delta T_b = 0.512 \times 3 \times 0.050 = 0.0768$℃
  ∴ 끓는점=100+0.0768=100.0768℃
- B : $\Delta T_b = 0.512 \times 2 \times 0.150 = 0.1536$℃
  ∴ 끓는점=100+0.1536=100.1536℃
- C : $\Delta T_b = 0.512 \times 2 \times 0.10 = 0.1024$℃
  ∴ 끓는점=100+0.1024=100.1024℃
- D : $C_{12}H_{22}O_{11}$은 비전해질이므로 끓는점 내림은 몰랄농도에 비례한다.
  $\Delta T_b = 0.512 \times 0.10 = 0.0512$℃
  $\Delta T_f = 1.86 \times 0.100 = 0.186$℃
  ∴ 끓는점=100+0.0512=100.0512℃

∴ B > C > A > D

28 용해도에 대한 설명으로 틀린 것은?

① 용해도란 특정 온도에서 주어진 양의 용매에 녹을 수 있는 용질의 최대 양이다.
② 일반적으로 고체물질의 용해도는 온도 증가에 따라 상승한다.
③ 일반적으로 물에 대한 기체의 용해도는 온도 증가에 따라 감소한다.
④ 외부압력은 고체의 용해도에 큰 영향을 미친다.

✔ 외부압력은 기체의 용해도에 큰 영향을 미친다. 기체의 용해도는 압력이 작을수록 감소하고, 압력이 높을수록 증가한다.

Check
헨리의 법칙
일정한 온도에서 일정량의 용매에 용해되는 기체의 질량은 그 기체의 부분압력에 비례한다.

29 NH_4^+의 $K_a = 5.69 \times 10^{-10}$일 때 NH_3의 염기해리상수(K_b)는? (단, $K_w = 1.00 \times 10^{-14}$이다.)

① 5.69×10^{-7}
② 1.76×10^{-7}
③ 5.69×10^{-5}
④ 1.76×10^{-5}

✔ $K_a \times K_b = K_w$로 항상 일정하므로 짝산의 K_a가 커지면 짝염기의 K_b는 작아진다.
짝산의 세기가 커질수록 짝염기의 세기는 작아진다.
$K_a \times K_b = (5.69 \times 10^{-10}) \times K_b = 1.00 \times 10^{-14} = K_w$

$\therefore K_b = \dfrac{1.00 \times 10^{-14}}{5.69 \times 10^{-10}} = 1.76 \times 10^{-5}$

30 산, 염기에 대한 설명으로 틀린 것은?

① Brönsted-Lowry 산은 양성자 주개(donor)이다.
② 염기는 물에서 수산화이온을 생성한다.
③ 강산은 물에서 완전히 또는 거의 완전히 이온화되는 산이다.
④ Lewis 산은 비공유전자쌍을 줄 수 있는 물질이다.

정답 | 26.④ 27.③ 28.④ 29.④ 30.④

- 아레니우스(Arrhenius)의 정의
  1. 산 : 수용액에서 수소이온(H^+)을 내놓을 수 있는 물질이다.
  2. 염기 : 수용액에서 수산화이온(OH^-)을 내놓을 수 있는 물질이다.
- 브뢴스테드 – 로리(Brönsted – Lowry)의 정의
  1. 산 : 양성자(H^+)를 내놓는 물질(분자 또는 이온), 양성자 주개(donor)
  2. 염 : 양성자(H^+)를 받아들이는 물질(분자 또는 이온), 양성자 받개(acceptor)
- 루이스(Lewis)의 정의
  1. 산 : 다른 물질의 전자쌍을 받아들이는 물질, 전자쌍 받개(acceptor)
  2. 염기 : 다른 물질에 전자쌍을 내놓는 물질, 전자쌍 주개(donor)

31 다음 표준 환원전위를 고려할 때 가장 강한 산화제는?

- $Cd^{2+}(aq)+2e^- \rightleftarrows Cd(s)$, $E°=-0.402V$
- $Cu^{2+}(aq)+2e^- \rightleftarrows Cu(s)$, $E°=0.337V$
- $Ag^{+}(aq)+e^- \rightleftarrows Ag(s)$, $E°=0.799V$

① Cd^{2+}　　② Cu^{2+}
③ $Cd(s)^{+}$　　④ Ag^{+}

표준 환원전위($E°$)
산화전극을 표준 수소전극으로 한 화학전지의 전위로, 반쪽반응을 환원반응의 경우로만 나타낸 상대 환원전위이다. 표준 환원전위가 클수록 환원이 잘 되는 것이므로 강한 산화제, 산화력이 크다.
∴ **표준 환원전위가 가장 큰 Ag^+이 가장 강한 산화제이다.**

32 $N_2O_4(g) \rightleftarrows 2NO_2(g)$의 계가 평형상태에 있다. 이때 계의 압력을 증가시켰을 때의 설명으로 옳은 것은?

① 정반응과 역반응의 속도가 함께 빨라져서 변함없다.
② 평형이 깨어지므로 반응이 멈춘다.
③ 정반응으로 진행된다.
④ 역반응으로 진행된다.

압력이 높아지면(입자수 증가), 기체의 몰수가 감소하는 방향으로 평형이동 되므로 **왼쪽으로 평형이동(역반응 진행)**된다.

33 표준상태에서 산화 · 환원 반응이 자발적으로 일어날 때의 조건으로 옳은 것은?

① $\Delta G°$: +, $K>1$, $E°$: −
② $\Delta G°$: −, $K>1$, $E°$: +
③ $\Delta G°$: −, $K<1$, $E°$: +
④ $\Delta G°$: +, $K<1$, $E°$: −

- **자유에너지 변화($\Delta G°$)와 반응의 자발성**
  화학 반응에서 $\Delta G < 0$이면 그 반응은 자발적이다.
- **전지전위($E°_{전지}$)와 반응의 자발성**
  화학전지에서 $E°_{전지} > 0$일 때, 자발적인 산화–환원 반응이 일어난다.
- **$\Delta G°$와 평형 상수(K) 사이의 관계**
  반응물과 생성물이 표준상태에 있지 않은 일반적인 반응에 대한 $\Delta G°<0$, $K>1$이면 평형에서 정반응이 유리하다.

∴ 표준상태에서 반응이 자발적으로 일어날 조건은 $\Delta G°<0$, $\Delta K>1$, $\Delta E°_{전지}>0$이다.

34 난용성 고체염인 $BaSO_4$로 포화된 수용액에 대한 설명으로 틀린 것은?

① $BaSO_4$ 포화수용액에 황산용액을 넣으면 $BaSO_4$가 석출된다.
② $BaSO_4$ 포화수용액에 소금을 첨가하면 $BaSO_4$가 석출된다.
③ $BaSO_4$의 K_{sp}는 온도의 함수이다.
④ $BaSO_4$ 포화수용액에 $BaCl_2$ 용액을 넣으면 $BaSO_4$가 석출된다.

난용성 고체염인 $BaSO_4$를 물에 용해하면 다음과 같은 평형을 이룬다.
$BaSO_4(s) \rightleftarrows Ba^{2+}(aq) + SO_4^{2-}(aq)$
$K_{sp}=[Ba^{2+}][SO_4^{2-}]$
공통 이온인 Ba^{2+}, SO_4^{2-} 이온의 첨가는 공통 이온의 효과로 침전물의 용해도가 감소되어 $BaSO_4(s)$이 증가하고(석출되고), **그 외의 이온을 첨가하면** 이온 세기에 의해 침전물의 용해도가 증가되어 $BaSO_4(s)$이 감소한다(**석출되지 않는다**).

정답 | 31.④ 32.④ 33.② 34.②

35 0.020M K_2CrO_4 용액의 Ag_2CrO_4 용해도(g/L)는? (단, Ag_2CrO_4의 $K_{sp}=1.1\times10^{-12}$, 분자량은 331.73g/mol이다.)

① 1.23×10^{-3}
② 1.74×10^{-4}
③ 3.48×10^{-4}
④ 3.71×10^{-6}

✔ $Ag_2CrO_4(s) \rightleftarrows 2Ag^+(aq)+CrO_4^{2-}(aq)$

		$2Ag^+$	CrO_4^{2-}
초기(M)			0.020
변화(M)		$+2x$	$+x$
최종(M)		$2x$	$0.020+x$

$K_{sp}=[Ag^+]^2[CrO_4^{2-}]=(2x)^2\times(0.020+x)$
$=1.1\times10^{-12}$
$x=3.708\times10^{-6}M$
∴ Ag_2CrO_4 용해도(g/L)
$=\dfrac{3.708\times10^{-6}\text{ mol}}{1\text{L}}\times\dfrac{331.73\text{g}}{1\text{mol}}$
$=1.23\times10^{-3}$g/L

36 다음 0.120mol의 $HC_2H_3O_2$와 0.140mol의 $NaC_2H_3O_2$가 들어 있는 1.00L 용액의 pH는? (단, $HC_2H_3O_2$의 $K_a=1.8\times10^{-5}$이다.)

① 3.81 ② 4.81
③ 5.81 ④ 6.81

✔ 완충용액의 pH는 헨더슨-하셀바흐 식
$pH=pK_a+\log\left(\dfrac{[A^-]}{[HA]}\right)$ 으로 구할 수 있다.
∴ $pH=-\log(1.8\times10^{-5})+\log\left(\dfrac{0.14}{0.12}\right)=\mathbf{4.81}$

37 다음의 두 평형에서 전하균형식을 올바르게 표현한 것은?

- $HA^-(aq) \rightleftarrows H^+(aq)+A^{2-}(aq)$
- $HA^-(aq)+H_2O(l) \rightleftarrows H_2A(aq)+OH^-(aq)$

① $[H^+]=[HA^-]+[A^{2-}]+[OH^-]$
② $[H^+]=[HA^-]+2[A^{2-}]+[OH^-]$
③ $[H^+]=[HA^-]+4[A^{2-}]+[OH^-]$
④ $[H^+]=2[HA^-]+[A^{2-}]+[OH^-]$

✔ **전하균형**
용액의 전기적 중성에 대한 산술적 표현으로, 용액 중에서 양전하의 합과 음전하의 합은 같으며, 중성 화학종은 전하균형에 나타나지 않는다.
$n_1[C_1]+n_2[C_2]+n_3[C_3]+\cdots$
$=m_1[A_1]+m_2[A_2]+m_3[A_3]+\cdots$
여기서, [C] : 양이온의 농도
n : 양이온의 전하
[A] : 음이온의 농도
m : 음이온의 전하
∴ 주어진 조건의 전하균형식은 $[H^+]=[HA^-]+2[A^{2-}]+[OH^-]$이다.

38 0.04M Na_3PO_4 용액의 pH는? (단, 인산의 K_a는 4.5×10^{-13}이다.)

$PO_4^{3-}+H_2O \rightleftarrows HPO_4^{2-}+OH^-$

① 8.43 ② 10.32
③ 12.32 ④ 13.32

✔ PO_4^{3-} 염기 가수분해 상수
$K_b=\dfrac{K_w}{K_a}=\dfrac{1.00\times10^{-14}}{4.5\times10^{-13}}=2.2\times10^{-2}$

	PO_4^{3-}	+ H_2O	⇄ HPO_4^{2-}	+ OH^-
초기(M)	0.04			
변화(M)	$-x$		$+x$	$+x$
평형(M)	$0.04-x$		x	x

$K_b=\dfrac{[HPO_4^{2-}][OH^-]}{[PO_4^{3-}]}=\dfrac{x^2}{0.04-x}=2.2\times10^{-2}$
$x^2+(2.2\times10^{-2})x-(8.8\times10^{-4})=0$
$x=[OH^-]=0.0206M$
$[H^+]=\dfrac{K_w}{[OH^-]}=\dfrac{1.00\times10^{-14}}{0.0206}=4.85\times10^{-13}M$
∴ $pH=-\log(4.85\times10^{-13})=\mathbf{12.31}$

39 Zn^{2+}와 EDTA의 형성상수가 3.16×10^{16}이고 pH 10에서 EDTA 중 Y^{4-}의 분율이 0.36일 때, pH 10에서 조건형성상수는? (단, 육양성자 형태의 EDTA를 H_6Y^{2+}로 표현할 때, Y^{4-}는 EDTA에서 수소가 완전히 해리된 상태이다.)

① 1.14×10^{16} ② 8.78×10^{16}
③ 1.14×10^{-16} ④ 8.78×10^{-16}

정답 | 35.① 36.② 37.② 38.③ 39.①

✔ $K_f' = \alpha_{Y^{4-}} \times K_f$임을 이용한다.

여기서, K_f' : 조건형성상수

$\alpha_{Y^{4-}}$: EDTA 몰분율

K_f : 형성상수

∴ 조건형성상수

$$K_f' = \alpha_{Y^{4-}} \times K_f = (0.36) \times (3.16 \times 10^{16}) = 1.138 \times 10^{16}$$

40 **탄산철($FeCO_3$)의 용해도 곱을 구하면?**

- $FeCO_3(s) + 2e^- \rightleftarrows Fe(s) + CO_3^{2-}$
  $E° = -0.756V$
- $Fe^{2+}(aq) + 2e^- \rightleftarrows Fe(s)$
  $E° = -0.440V$

① 2×10^{-10}　② 2×10^{-11}
③ 2×10^{-12}　④ 2×10^{-13}

✔ Nernst 식

$$E = E° - \frac{0.05916}{n} \log Q$$

평형에서는 반응이 더 이상 진행되지 않으며 $E = 0$이고, $Q = K$이다.

$$0 = E° - \frac{0.05916}{n} \log K$$이므로

$$E° = \frac{0.05916}{n} \log K$$

$$K = 10^{\frac{n \times E°}{0.05916}}$$

용해반응 : $FeCO_3(s) \rightleftarrows Fe^{2+} + CO_3^{2-}$

- $FeCO_3(s) + 2e^- \rightleftarrows Fe(s) + CO_3^{2-}$
  $E° = -0.756V$ ⋯⋯⋯ ㉠
- $Fe^{2+}(aq) + 2e^- \rightleftarrows Fe(s)$
  $E° = -0.440V$ ⋯⋯⋯ ㉡

㉠반응은 환원전극의 반응, ㉡반응은 산화전극의 반응으로 두고 $E°_{전지}$를 구하면

$$E°_{전지} = -0.756 - (-0.440) = -0.316V$$

$$\therefore K = 10^{\frac{2 \times (-0.316)}{0.05916}} = 2.08 \times 10^{-11}$$

제3과목 | 화학물질구조 분석

41 **황산구리(Ⅱ) 수용액으로부터 구리를 석출하기 위해 2A의 전류를 흘려주려고 한다. 1.91g의 구리를 석출하기 위해 필요한 시간(s)은? (단, 1F은 96,500C/mol이며, 구리의 원자량은 63.5g/mol이다.)**

① 726
② 1,451
③ 2,902
④ 3,208

✔ $Cu^{2+}(aq) + 2e^- \rightleftarrows Cu(s)$

- 전류(I) : 회로에서 초당 흐르는 전하량(Q)
  1A=1C/s
- 전하량(Q) : 전류의 세기(I)에 전류를 공급한 시간(t)을 곱해서 구하며, 단위는 C이다.
  $Q = I \times t$

2A의 전류를 흘려주어 1.91g의 구리를 석출하기 위해 필요한 시간을 x초로 두면

$$1.91\text{g Cu} \times \frac{1\text{mol Cu}}{63.5\text{g Cu}} \times \frac{2\text{mol } e^-}{1\text{mol Cu}} \times \frac{96,500\text{C}}{1\text{mol } e^-} = 2\text{A} \times x\text{초}$$

$x = 2902.6$초

∴ 1.91g의 구리를 석출하기 위해 필요한 시간

$x = 2,902$초

42 **1.6m의 초점거리와 지름이 2.0cm인 평행한 거울로 되어 있고, 분산장치는 1,300홈/mm의 회절발을 사용하고 있는 단색화 장치의 2차 역선형 분산(D^{-1}; nm/mm)은?**

① 0.12
② 0.24
③ 0.36
④ 0.48

✔ 역선형 분산능(D^{-1}) $= \frac{\text{홈 사이의 거리}(d)}{\text{회절차수}(n) \times \text{초점거리}(f)}$

$$D^{-1} = \frac{\frac{1\text{mm}}{1,300\text{홈}} \times \frac{10^6\text{nm}}{1\text{mm}}}{2 \times 1.6\text{m} \times \frac{10^3\text{mm}}{1\text{m}}} = 0.24\text{nm/mm}$$

정답 | 40.② 41.③ 42.②

43 1.50cm의 셀에 들어 있는 3.75mg/100mL A(분자량은 220g/mol) 용액의 480nm에서 39.6%의 투광도를 나타내었다. A의 몰 흡광계수($M^{-1} \cdot cm^{-1}$)는?

① 1.57×10^2　② 1.57×10^3
③ 1.57×10^4　④ 1.57×10^5

✔ 흡광도(A)와 투광도(T)의 관계식

$A = -\log T$

$A = -\log 0.396 = 0.4023$

Beer's law

$A = \varepsilon bc$

여기서, ε : 몰 흡광계수($M^{-1} \cdot cm^{-1}$)
b : 셀의 길이(cm)
c : 시료의 농도(M)

$$\frac{3.75\text{mg A}}{100\text{mL 용액}} = \frac{3.75\text{g A}}{100\text{L 용액}}$$

$$0.4023 = \varepsilon \times 1.50 \times \left(\frac{3.75\text{g A}}{100\text{L 용액}} \times \frac{1\text{mol A}}{220\text{g A}}\right)$$

$\therefore \varepsilon = 1.573 \times 10^3\ M^{-1} \cdot cm^{-1}$

44 고성능 액체 크로마토그래피의 검출기로 사용하지 않는 것은?

① 자외선-가시선 광도계
② 전도도검출기
③ 전자포획검출기
④ 전기화학적 검출기

✔

HPLC 검출기	GC 검출기
흡수검출기(UV/VIS, IR) 형광검출기 굴절률검출기 **전기화학검출기** 증발산란광검출기 질량분석검출기 **전도도검출기** 광학활성 검출기 원소선택성 검출기 광이온화검출기	불꽃이온화검출기 열전도도검출기 황화학발광검출기 **전자포착검출기** 원자방출검출기 열이온검출기 질량분석검출기 광이온화검출기 불꽃광도검출기

45 액체 크로마토그래피가 아닌 것은?

① 초임계 유체 크로마토그래피
② 결합역상 크로마토그래피
③ 크기배제 크로마토그래피
④ 이온교환 크로마토그래피

✔ 칼럼 크로마토그래피의 분류

이동상의 종류에 따른 분류	정지상의 종류에 따른 분류	정지상	상호작용
기체 크로마토그래피(GC)	기체-액체 크로마토그래피(GLC)	액체	분배
	기체-고체 크로마토그래피(GSC)	고체	흡착
액체 크로마토그래피(LC)	액체-액체 크로마토그래피(LLC)	액체	분배
	액체-고체 크로마토그래피(LSC)	고체	흡착
	이온교환 크로마토그래피	이온 교환수지	이온 교환
	크기배제 크로마토그래피	중합체로 된 다공성 젤	거름/분배
	친화 크로마토그래피	작용기 선택적인 액체	결합/분배
초임계-유체 크로마토그래피(SFC)		액체	분배

46 van Deemter 식과 각 항의 의미가 아래와 같을 때, 다음 설명 중 틀린 것은?

> $H = A + \frac{B}{u} + Cu = A + \frac{B}{u} + (C_S + C_M)u$
>
> 여기서, u : 이동상의 속도
> $_S$: 고정상
> $_M$: 이동상

① A는 다중이동통로에 대한 영향을 말한다.
② B/u는 세로확산에 대한 영향을 말한다.
③ Cu는 물질이동에 의한 영향을 말한다.
④ H는 분리단의 수를 나타내는 항이다.

✔ van Deemter 식

$H = A + \frac{B}{u} + C_S u + C_M u$

여기서, H : 단높이(cm)
u : 이동상의 선형속도(cm/s)
A : 소용돌이 확산계수
B : 세로확산계수
C_S : 정지상과 관련된 질량이동계수
C_M : 이동상과 관련된 질량이동계수

van Deemter 식은 단높이와 관 변수와의 관계를 나타내는 식으로, 다중흐름통로항(A), 세로확산항(B/u), 질량이동항($C_S u$, $C_M u$)이다.

정답 | 43.② 44.③ 45.① 46.④

47 크로마토그래피에서 띠 넓힘에 기여하는 요인에 대한 설명으로 틀린 것은?

① 세로확산은 이동상의 속도에 비례한다.
② 충전입자의 크기는 다중경로 넓힘에 영향을 준다.
③ 이동상에서의 확산계수가 증가할수록 띠 넓힘이 증가한다.
④ 충전입자의 크기는 질량이동계수에 영향을 미친다.

칼럼 크로마토그래피법에서 세로확산은 띠의 농도가 진한 중심에서 분자가 양쪽의 묽은 영역으로 이동하려는 경향 때문에 생기며, 이동상의 흐르는 방향과 반대 방향으로 일어난다. **세로확산에 대한 기여는 이동상의 속도에는 반비례**하며, 이동상의 속도가 커지면 확산시간이 부족해져서 세로확산이 감소한다. 기체 이동상의 경우는 온도를 낮추면 세로확산을 줄일 수 있다.

48 칼럼의 길이가 30cm인 크로마토그래피를 사용하여 혼합물 시료로부터 성분 A를 분리하였다. 분리된 성분 A의 머무름시간은 16.4분이었으며, 분리된 봉우리 밑변의 너비가 1.1분이었다면 이 칼럼의 단높이(cm)는?

① 8.4×10^{-2} ② 8.4×10^{-3}
③ 16.8×10^{-2} ④ 16.8×10^{-3}

$H=\dfrac{L}{N}$, $N=16\left(\dfrac{t_R}{W}\right)^2$ 임을 이용한다.

여기서, L : 칼럼의 길이(cm)
N : 이론단의 개수(이론단수)
W : 봉우리 밑변의 너비
t_R : 머무름시간

이론단수 $N=16\left(\dfrac{t_R}{W}\right)^2=16\times\left(\dfrac{16.4}{1.1}\right)^2=3{,}556$

∴ 칼럼의 단높이 $H=\dfrac{L}{N}$
$=\dfrac{30}{3{,}556}=8.44\times10^{-3}\text{cm}$

49 질량스펙트럼의 세기는 이온화된 입자의 상대적 분포를 의미한다. 분포도가 가장 복잡하게 얻어지는 이온화 방법은?

① 전자충격이온화법 ② 장이온화법
③ 장탈착법 ④ 화학이온화법

전자충격이온화법(EI)
시료의 온도를 충분히 높여 분자 증기를 만들고 기화된 분자들이 높은 에너지의 전자빔에 의해 부딪혀서 이온화된다. 고에너지의 빠른 전자빔으로 분자를 때리므로 토막내기 과정이 매우 잘 일어나며, 또한 센 이온원으로 분자이온이 거의 존재하지 않으므로 분자량의 결정이 어렵고, 토막내기가 잘 일어나므로 **스펙트럼이 가장 복잡하다.**

50 분자 질량분석법에서 분자량이 83인 $C_6H_{11}^+$의 분자량 M^+에 대한 $(M+1)^+$ 봉우리 높이 비는? (단, 가장 많은 동위원소에 대한 상대 존재 백분율은 ^2H : 0.015, ^{13}C : 1.08이다.)

① $\dfrac{(M+1)^+}{M^+}=6.65\%$
② $\dfrac{(M+1)^+}{M^+}=5.55\%$
③ $\dfrac{(M+1)^+}{M^+}=4.09\%$
④ $\dfrac{(M+1)^+}{M^+}=3.36\%$

$(M+1)^+$ 봉우리는 $^{12}C_5{}^{13}C^1H_{11}{}^+$, $^{12}C_6{}^1H_{10}{}^2H^+$로부터 얻어진다. M^+의 세기를 1이라 할 때, $^{12}C_5{}^{13}C^1H_{11}{}^+$와 $^{12}C_6{}^1H_{10}{}^2H^+$의 봉우리의 세기를 계산하면

$^{12}C_5{}^{13}C^1H_{11}{}^+$의 세기$=\dfrac{1.08}{100}\times6=0.0648$

$^{12}C_6{}^1H_{10}{}^2H^+$의 세기$=\dfrac{0.015}{100}\times11=0.00165$

$(M+1)^+$의 세기$=0.0648+0.00165=0.06645$

∴ $\dfrac{(M+1)^+}{(M)^+}=\dfrac{0.06645}{1}\times100=\mathbf{6.645\%}$

51 다음 중 질량분석법으로 얻을 수 있는 정보가 아닌 것은?

① 분자량에 관한 정보
② 동위원소의 존재비에 관한 정보
③ 복잡한 분자의 구조에 관한 정보
④ 액체나 고체 시료의 반응성에 관한 정보

질량분석법으로 얻을 수 있는 정보

1. **분자량** 결정 : 질량스펙트럼으로부터 $(M+1)^+$, $(M-1)^+$, M^+(분자이온) 봉우리 확인으로 분자량을 구할 수 있다.

정답 | 47.① 48.② 49.① 50.① 51.④

2. 정확한 분자량으로부터 분자식 결정 : 소수점 이하 3~4자리의 정확한 분자량을 구하는 것만으로도 분자식의 결정이 가능하다.
3. **동위원소비**에서 얻는 분자식 : 얻은 동위원소의 비로부터 시료의 원소 조성에 관한 정보와 분자식을 구하는 것이 가능하다.
4. 조각무늬로부터 얻는 **구조적 정보**
5. 스펙트럼 비교에 의한 화합물 확인 : 미지시료의 질량스펙트럼을 예측되는 화합물의 질량스펙트럼과 비교하여 화합물을 확인한다.
6. 고고학적 유물의 시대 감정에 이용

52 아주 큰 분자량을 갖는 극성 생화학 고분자의 분자량에 대한 정보를 알 수 있는 가장 유용한 이온화법은?

① 장이온화(FI, Field Ionization)
② 화학이온화(CI, Chemical Ionization)
③ 전자충돌이온화(Electron Impact Ionization)
④ 매트릭스 지원 레이저 탈착 이온화(MALDI, Matrix Assisted Laser Desorption Ionization)

✔ **매트릭스 지원 레이저 탈착 이온화(MALDI)**
시료의 수용액과 알코올 혼합용액을 과량의 방사선이 흡수된 매트릭스 물질과 섞은 다음 금속 탐침의 표면에서 기체화한다. 탐침은 질량분석기에 시료를 주입하는 데 사용되며, 혼합물은 펄스 레이저빔에 쪼여지는데 이 결과 분석물질은 이온형태로 승화되고 질량분석을 하는 비행-시간 분석기로 연결된다. 수천에서 수십만 Da에 이르는 분자량을 갖는 극성 생화학 고분자를 관찰하는 데 많이 사용된다.

53 유리전극으로 pH를 측정할 때 영향을 주는 오차의 요인이 아닌 것은?

① 높은 이온세기 용액의 오차
② 알칼리 오차
③ 산 오차
④ 표준 완충용액의 pH 오차

✔ ① **낮은 이온세기의 용액** : 이온세기가 너무 낮으면 용액의 전기전도도가 작아 pH 측정이 어려워진다.
② 알칼리 오차 : 유리전극은 H^+에 선택적으로 감응하는데 pH 11~12보다 큰 용액에서는 H^+의 농도가 낮고 알칼리금속 이온의 농도가 커서 전극이 알칼리금속 이온에 감응하기 때문에 측정된 pH는 실제 pH보다 낮아진다.
③ 산 오차 : pH가 0.5보다 낮은 강산 용액에서는 유리 표면이 H^+로 포화되어 H^+가 더 이상 결합할 수 없기 때문에 측정된 pH는 실제 pH보다 높아진다.
④ 표준 완충용액의 불확정성

54 전기화학분석법에서 포화칼로멜 기준전극에 대하여 전극전위가 −0.461V로 측정되었다. 이 전극전위를 포화 Ag/AgCl 기준전극에 대하여 측정하면 얼마로 나타나겠는가? (단, 표준수소전극에 대한 상대전위는 포화칼로멜 기준전극 = 0.244V, 포화 Ag/AgCl 기준전극 = 0.199V이다.)

① −0.416V
② 0.416V
③ −0.506V
④ 0.506V

✔ 전극전위는 $E_{cell} = E_{지시} - E_{기준}$으로 나타낸다. 포화칼로멜 기준전극을 사용한 전극전위로부터 지시전극(작업전극)의 전위를 구한 다음, 포화 Ag/AgCl 기준전극으로 바꾼 전극전위를 계산할 수 있다.
$E_{cell} = -0.461V = E_{지시} - 0.244V$, $E_{지시} = -0.217V$이고, 기준전극 포화 Ag/AgCl로 바꾼 전극전위 $E_{cell} = -0.217V - 0.199V =$ **−0.416V**가 된다.

55 카드뮴 전극이 0.010M Cd^{2+} 용액에 담가진 반쪽전지의 전위(V)는? (단, 온도는 25℃이고, Cd^{2+}/Cd의 표준 환원전위는 −0.403V이다.)

① −0.40　② −0.46
③ −0.50　④ −0.56

✔ Nernst 식

$$E = E° - \frac{0.05916V}{n}\log Q$$

$Cd^{2+} + 2e^- \rightarrow Cd$, $E° = -0.403V$

$$\therefore E = -0.403 - \frac{0.05916}{2}\log\frac{1}{0.010} = -0.462V$$

56 **전압-전류법의 이용 분야와 가장 거리가 먼 것은?**

① 금속의 표면 모양 연구
② 산화-환원 과정의 기초적 연구
③ 수용액 중 무기이온 및 유기물질 정량
④ 화학변성 전극 표면에서의 전자이동 메커니즘 연구

✔ 전압전류법은 여러 매질에서의 산화·환원 과정의 기본적인 연구, 표면 흡착과정, 그리고 화학적으로 개량한 전극 표면에서의 전자이동 메커니즘 연구 등에 널리 이용된다.

57 **다음 중 열중량분석기(TGA)에서 시료가 산화되는 것을 막기 위해 넣어 주는 기체는 어느 것인가?**

① 산소 ② 질소
③ 이산화탄소 ④ 수소

✔ 열무게 측정분석에서는 **질소** 또는 **아르곤**을 전기로에 넣어 주어 시료가 산화되는 것을 방지한다.

58 **시차열분석(DTA)으로 벤조산 시료 측정 시 대기압에서 측정할 때와 200psi에서 측정할 때 봉우리가 일치하지 않은 이유를 가장 잘 설명한 것은?**

① 모세관법으로 측정하지 않았기 때문이다.
② 높은 압력에서 시료가 파괴되었기 때문이다.
③ 높은 압력에서 밀도의 차이가 생겼기 때문이다.
④ 높은 압력에서 끓는점이 영향을 받았기 때문이다.

✔ **시차열분석 특성**
유기화합물의 녹는점, 끓는점 및 분해점 등을 측정하는 간단하고 정확한 방법으로, 일반적으로 모세관법이나 가열관법으로 얻은 값보다 더 정밀하고 재현성이 있으며, 압력에 영향을 받는다. 높은 압력에서는 끓는점이 높아지므로 시차열분석도의 결과도 달라진다. 대기압(1atm=14.7psi)에서와 200psi에서 벤조산의 시차열분석도를 비교하면 두 개의 봉우리가 나타나는데 첫 번째 봉우리는 벤조산의 녹는점을 나타내고, 두 번째 봉우리는 벤조산의 끓는점을 나타낸다. 끓는점을 나타내는 두 번째 봉우리가 일치하지 않는 것은 더 **높은 압력인 200psi에서 측정한 벤조산의 두 번째 봉우리가 더 높은 온도에서 나타나기 때문이다.**

59 **중합체를 시차열분석(DTA)을 통해 분석할 때 발열반응에서 측정할 수 있는 것은 다음 중 어느 것인가?**

① 결정화 과정
② 녹는 과정
③ 분해 과정
④ 유리전이 과정

✔ **시차열분석(DTA)**
열분석도
유리전이 → 결정 형성 → 용융 → 산화 → 분해

1. 유리전이
   ① 유리질에서 고무질로의 전이에서는 열을 방출하거나 흡수하지 않으므로 엔탈피의 변화가 없다($\Delta H=0$).
   ② 고무질의 열용량은 유리질의 열용량과 달라 기준선이 낮아질 뿐 어떤 봉우리도 나타나지 않는다.
2. **결정 형성**
   ① 특정 온도까지 가열되면 많은 무정형 중합체는 열을 방출하면서 미세결정으로 결정화되기 시작한다.
   ② 열이 방출되는 **발열과정**의 결과로 생긴 것으로 이로 인해 온도가 올라간다.
3. 용융
   ① 형성된 미세결정이 녹아서 생기는 것이다.
   ② 열을 흡수하는 흡열과정의 결과로 생긴 것으로 이로 인해 온도가 내려간다.
4. **산화**
   ① 공기나 산소가 존재하여 가열할 때만 나타난다.
   ② 열이 방출되는 **발열반응**의 결과로 생긴 것으로 이로 인해 온도가 올라간다.
5. 분해 : 중합체가 흡열분해하여 여러 가지 물질을 생성할 때 나타나는 결과이다.

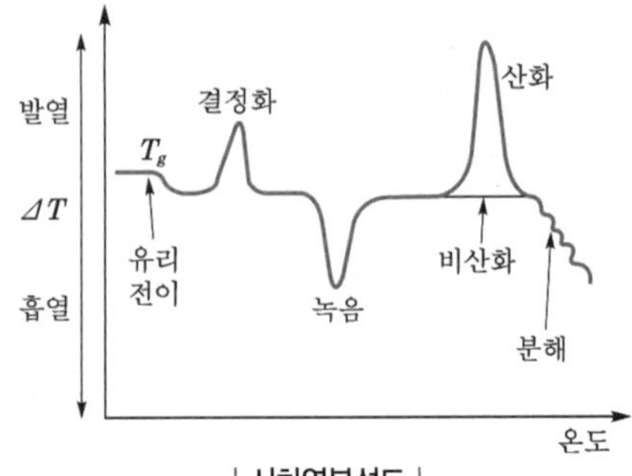

| 시차열분석도 |

정답 | 56.① 57.② 58.④ 59.①

60 **$FeCl_3 \cdot 6H_2O$ 50.0mg을 0℃부터 340℃까지 가열하였을 때 얻은 열분해곡선(Thermogram)을 예측하고자 한다. 100℃와 320℃에서 시료의 질량으로 가장 타당한 것은? (단, $FeCl_3$의 열적 특성은 다음 표와 같다.)**

화합물	화학식량	용융점
$FeCl_3 \cdot 6H_2O$	270	37℃
$FeCl_3 \cdot 5/2H_2O$	207	56℃
$FeCl_3$	162	306℃

① 100℃ – 20.0mg, 320℃ – 0.0mg
② 100℃ – 20.0mg, 320℃ – 20.0mg
③ 100℃ – 30.0mg, 320℃ – 30.0mg
④ 100℃ – 30.0mg, 320℃ – 0.0mg

- 100℃에서는 $FeCl_3 \cdot 6H_2O$가 분해되어 → $FeCl_3 \cdot 5/2H_2O$ → $FeCl_3$의 형태로 존재한다. $6H_2O$에 해당되는 질량 $50.0\text{mg} \times \frac{18 \times 6}{270} = 25\text{mg}$이 수증기로 증발되어 감소된다. 따라서 50mg−20mg=30mg이 100℃에서 시료의 질량이 된다.
- $FeCl_3$의 용융점은 306℃이고 320℃에서는 $FeCl_3$ 액체상태로 존재한다. 시료의 질량은 변하지 않고 상태변화만 일어나므로 320℃에서 시료의 질량은 30mg이다.

제4과목 | 시험법 밸리데이션

61 **전처리 과정에서 발생 가능한 오차를 줄이기 위한 시험법 중 시료를 사용하지 않고 기타 모든 조건을 시료 분석법과 같은 방법으로 실험하는 방법은?**

① 맹시험 ② 공시험
③ 조절시험 ④ 회수시험

공시험(blank test)
시료를 사용하지 않고 다른 모든 조건을 시료 분석법과 같은 방법으로 실험하는 것을 의미한다. 공시험을 진행함으로써 지시약 오차, 시약 중의 불순물로 인한 오차, 기타 분석 중 일어나는 여러 계통오차 등 시료를 제외한 물질에서 발생하는 오차들을 제거하는 데 사용된다.

Check
- **맹시험(blind test)**
실용분석에서는 분석값이 일정한 수준까지 재현성 있게 검토될 때까지 분석을 되풀이한다. 이 과정에서 얻어지는 처음 분석값은 조작에 익숙하지 못하여 흔히 오차가 크게 나타나므로 맹시험이라고 하며, 결과에 포함시키지 않고 버리는 경우가 많다. 때로는 그 결과에 따라 시험량, 시액농도 등을 보다 합리적으로 개선할 수 있다. 따라서 일종의 예비시험이라고 할 수 있다.
- **조절시험(control test)**
시료와 유사한 성분을 함유한 대조시료를 만들어 시료 분석법과 같은 방법으로 여러 번 분석한 결과를 분석값과 대조하는 방법이다. 대조시료를 분석한 다음, 기지 함량값과 실제로 얻은 분석값의 차만큼 시료 분석값을 보정하여 준다. 보정값이 함량에 비례할 때에는 비례 계산하여 시료 분석값을 보정한다.
- **회수시험(recovery test)**
시료와 같은 공존물질을 함유하는 기지농도의 대조시료를 분석함으로써 공존물질의 방해작용 등으로 인한 분석값의 회수율을 검토하는 방법이다. 시료 속의 분석물질의 검출신호가 시료 매트릭스의 방해작용으로 인해 얼마만큼 감소하는가를 검토하는 방법이다.

62 **밸리데이션 항목 중 Linearity 시험 결과의 해석으로 틀린 것은?**

No.	농도 (mg/mL)	Retention time (min)	Peak area
1	1.5	4.325	151.2
2	1.1	4.318	109.1
3	1.0	4.323	100.9
4	0.9	4.321	90.2
5	0.5	4.324	50.5

① Retention time의 RSD% : 0.064%
② y절편 : 81.5
③ 기울기 : 100.46
④ 결정계수 : 0.9995

통계처리 계산기 사용 결과
① Retention time의 RSD%
$$= CV = \frac{s}{\bar{x}} \times 100\% = \frac{0.002775}{4.32222} \times 100 = 0.064\%$$
② y절편 $= -0.0815$
③ 기울기 = 100.46
④ 상관계수(R) = 0.99976, 결정계수(R^2) = 0.9995

63 **평균값이 4.74이고, 표준편차가 0.11일 때 분산계수(CV)는?**

① 0.023%　　② 2.3%
③ 4.3%　　④ 43.09%

분산계수(CV)= RSD ×100% = $\frac{s}{\bar{x}}$×100%

$\therefore\ CV = \frac{0.11}{4.74}\times 100 = 2.3\%$

64 **시료를 반복 측정하여 다음의 결과를 얻었다. 이 결과에 대한 90% 신뢰구간을 올바르게 계산한 것은? (단, One side Student의 t값은 90% 신뢰구간 : 1.533, 95% 신뢰구간 : 2.132 이다.)**

12.6, 11.9, 13.0, 12.7, 12.5

① 12.5 ± 0.04　　② 12.5 ± 0.4
③ 12.5 ± 0.07　　④ 12.5 ± 0.7

자료의 통계적 처리

평균 $\bar{x}=12.5$, 표준편차 $s=0.404$, 자료수 $n=5$, $t=2.132$

신뢰구간 $= \bar{x} \pm \frac{ts}{\sqrt{n}} = 12.5 \pm \frac{2.132\times 0.404}{\sqrt{5}}$

$= 12.5 \pm 0.4$

65 **정확성(accuracy)에 대한 설명으로 옳은 것은?**

① 측정값이 일반적인 참값(true value) 또는 표준값에 근접한 정도
② 여러 번 채취하여 얻은 시료를 정해진 조건에 따라 측정하였을 때 각각의 측정값들 사이의 근접성
③ 시험방법의 신뢰도를 평가하는 지표
④ 분석대상물질을 선택적으로 평가할 수 있는 능력

정확성(accuracy)
분석 결과가 이미 알고 있는 참값이나 표준값에 근접한 정도를 나타낸다.

66 **표준편차에 대해 올바르게 설명한 것은?**

① 표준편차가 작을수록 정밀도가 더 크다.
② 표준편차가 클수록 정밀도가 더 크다.
③ 표준편차와 정밀도는 상호관계가 없다.
④ 표준편차는 정확도와 가장 큰 상 관계를 갖는다.

표준편차는 측정값이 평균으로부터 얼마나 분산되어 있는지를 나타낸다. 정밀도와 큰 상호관계를 가지며 **표준편차가 클수록** 측정값들이 널리 퍼져 있음을 의미하므로 **정밀도는 작아진다.**

67 **평균값과 표준편차를 얻기 위한 시험으로 계통오차를 제거하지 못하는 시험법은?**

① 공시험　　② 조절시험
③ 맹시험　　④ 평행시험

평행시험(parallel test)
같은 시료를 같은 방법으로 여러 번 되풀이하는 시험이다. 이것은 우연오차가 있는 매회 측정값으로부터 그 평균값과 표준편차 등을 얻기 위해 실시하며, 계통오차 자체는 매 분석 반복마다 존재하므로 계통오차를 제거하는 방법은 아니다.

68 **정량한계를 산출하는 데 적당한 신호 대 잡음비는?**

① 2 : 1　　② 3 : 1
③ 5 : 1　　④ 10 : 1

바탕선에 잡음이 나타나는 시험방법에서 정량한계의 신호 대 잡음비의 일반적인 비는 10:1이고, 검출한계의 신호 대 잡음비의 일반적인 비는 3:1 혹은 2:1이 사용된다.

69 **밸리데이션에서 사용하는 각 용어에 대한 설명으로 틀린 것은?**

① 시험방법 밸리데이션 : 의약품 등 화학제품의 품질관리를 위한 시험방법의 타당성을 미리 확인하는 과정
② 확인시험 : 검체 중 분석대상물질을 확인하는 시험으로 물리 · 화학적 특성을 표준품의 특성과 비교하는 방법을 일반적으로 사용
③ 역가시험 : 검체 중에 존재하는 분석대상물질의 역가를 정확하게 측정하는 것으로 주로 정성분석을 사용
④ 순도시험 : 검체 중 불순물의 존재 정도를 정확하게 측정하는 시험으로 한도시험이 있음

정답 | 63.② 64.② 65.① 66.① 67.④ 68.④ 69.③

✔ **정량 또는 역가 시험**
검체 중에 존재하는 분석대상물질의 역가를 정확하게 측정하는 시험이다. 원료 또는 제제 중의 **주요 성분이나 특정 성분의 함량을 측정하며**, 용출시험 중의 정량분석 과정도 포함한다.

70 **일반적으로 정밀도를 나타내는 2가지의 척도로 사용되는 것으로 올바르게 짝지어진 것은?**

① 정확성 – 직선성
② 직선성 – 재현성
③ 재현성 – 반복성
④ 반복성 – 정확성

✔ **정밀도(precision)**
측정의 **재현성**을 나타내는 것으로 정확히 똑같은 방법으로 측정한 결과의 근접한 정도이다. 일반적으로 한 측정의 정밀도는 반복시료들을 **단순히 반복하여 측정**함으로써 쉽게 결정된다.

71 **검량선 작성에 관한 내용 중 옳은 것을 모두 고른 것은?**

> ㉠ 검정곡선은 정확성을 높이기 위하여 표준물질을 사용한다.
> ㉡ 검정곡선의 직선성은 측정의 정밀도를 나타낸다.
> ㉢ 검정곡선의 직선범위보다 높은 세기를 나타내는 시료는 외삽법으로 농도를 정한다.
> ㉣ 검정곡선의 직선범위보다 작은 세기를 나타내는 시료는 농축하여 다시 측정한다.

① ㉠, ㉡　　② ㉡, ㉢
③ ㉢, ㉣　　④ ㉠, ㉣

✔ ㉡ 검정곡선의 직선성의 척도는 상관계수(R) 또는 상관계수의 제곱(R^2, 결정계수)으로 나타내며, 측정의 정밀도는 표준편차로 나타낸다.
㉢ 검정곡선의 직선범위보다 높은 세기를 나타내는 시료는 희석하여 다시 측정해서 구간 내 포함되도록 한다.

72 **분석물질의 확인시험, 순도시험 및 정량시험 밸리데이션에서 중요하게 평가되어야 하는 항목은?**

① 범위　　② 특이성
③ 정확성　　④ 직선성

✔ 순도시험, 확인시험 및 정량(함량)시험의 밸리데이션에는 특이성을 평가하여야 하고, 특이성을 확보하기 위한 시험법은 적용되는 목적에 따라 다르게 진행되어야 한다. 한 가지 분석법으로 특이성을 입증하지 못할 경우 다른 분석법을 추가로 사용하여 특이성을 보완하여 입증할 수 있다.

73 **분석의 전처리 과정에서 발생 가능한 오차에 대한 설명 중 적합하지 않은 것은?**

① 측정에서 오차는 측정조건에 따라 그 크기가 달라지지만 아무리 노력하더라도 오차를 완전히 없앨 수 없다.
② 우연오차는 동일한 시험을 연속적으로 실시하여 보정이 가능하다.
③ 우연오차에서는 평균값보다 큰 측정값이 얻어질 확률과 작은 값이 얻어질 확률이 같다.
④ 계통오차의 발생 예는 교정되지 않은 뷰렛을 사용하여 부피를 측정하였을 때를 들 수 있다.

✔ 우연오차는 없앨 수는 없으나 더 나은 실험으로 줄일 수 있으며, 분석 측정 시에 조절하지 않는 혹은 조절할 수 없는 변수에 의해 발생하는 오차이다. **완전한 제거는 불가능하나, 실험을 정밀히 조절하여 유의수준 이하로 감소시킬 수 있다.** 또한 측정자와는 별개로, 필연히 발생하는 오차이며, 재현 불가능한 것으로 원인을 알 수 없기 때문에 보정이 불가능하다.

74 **다음 중 전처리 과정에서 발생하는 계통오차가 아닌 것은?**

① 기기 및 시약의 오차
② 집단오차
③ 개인오차
④ 방법오차

✔ 전처리 과정에서 발생하는 계통오차로는 **시약 및 기기의 오차**, 조작오차, **개인(시험자)오차**, **방법오차**, 고정오차, 비례오차, 검정허용오차, 분석오차, 환경오차 등이 있다.

정답 | 70.③ 71.④ 72.② 73.② 74.②

75 **분석물질만 제외한 그 밖의 모든 성분이 들어 있으며, 모든 분석절차를 거치는 시료는?**

① 방법바탕(method blank)
② 시약바탕(reagent blank)
③ 현장바탕(field blank)
④ 소량첨가바탕(spike blank)

방법바탕(method blank)
측정하고자 하는 물질이 전혀 포함되어 있지 않은 것이 증명된 시료로, 시험, 검사 매질에 시료의 시험 방법과 동일하게 같은 용량, 같은 비율의 시약을 사용하고 시료의 시험, 검사와 동일한 전처리와 시험 절차로 준비하는 바탕시료를 말한다.

76 **"log(8,309)"를 유효숫자를 고려하여 올바르게 표기한 것은?**

① 3.9 ② 3.92
③ 3.9195 ④ 3.91955

로그(log)는 정수부분인 지표와 소수부분인 가수로 구성된다. $\log A$ =지표+가수로 나타나고, $A = a\times 10^b$으로 쓸 수 있다. $\log A$의 지표는 $a\times 10^b$의 지수 b와 일치하고, 가수에 있는 자릿수는 a에 있는 유효숫자의 개수와 같아야 한다.
8,309=8.309×10^{3}이므로 log 8,309=3.9195의 지표 3은 8.309×10^{3}의 지수와 같아야 하고, 가수에 있는 자릿수 0.9195는 8.309×10^{3}에 있는 유효숫자의 개수와 같아야 한다.
∴ **log(8,309)=3.9195이다.**

77 **빈 바이알의 질량이 83.29±0.03g이고 약 10g의 아스피린을 넣고 잰 바이알의 질량이 93.86±0.03g이었을 때, 바이알에 담긴 아스피린의 질량(g)은?**

① 10.57±0.04 ② 10.57±0.042
③ 10.570±0.04 ④ 10.570±0.042

덧셈과 뺄셈의 불확정도
$y=a-b$일 경우, 불확정도는 $S_y = \sqrt{S_a^2+S_b^2}$ 이고 S_a, S_b, S_c는 각 항들의 불확정도이다.
$93.86(\pm 0.03) - 83.29(\pm 0.03) = 10.57(\pm S_y)$
$S_y = \sqrt{(0.03)^2+(0.03)^2} = 0.0424264$
유효숫자를 확인하면 10.57에서 소수 둘째자리까지이므로 불확정도도 소수 둘째자리까지 나타낸다.
∴ 93.86(±0.03)−83.29(±0.03)=**10.57(±0.04)**

78 ▲ **의약품 제조에서 시험법 재밸리데이션이 필요한 경우가 아닌 것은?**

① 시험방법이 변경된 경우
② 주성분의 함량이 변경된 경우
③ 원료의약품의 합성방법이 변경된 경우
④ 원개발사의 밸리데이션 자료를 확보한 경우

시험방법 밸리데이션을 생략할 수 있는 품목
1. 대한민국약전에 실려 있는 품목
2. 식품의약품안전처장이 기준 및 시험방법을 고시한 품목
3. 밸리데이션을 실시한 품목과 제형 및 시험방법은 동일하나 주성분의 함량만 다른 품목
4. **원개발사의 시험방법 밸리데이션 자료**, 시험방법 이전을 받았음을 증빙하는 자료 및 제조원의 실험실과의 비교시험 자료가 있는 품목
5. 그 외, 식품의약품안전처장이 인정하는 공정서 및 의약품집에 실려 있는 품목

79 ▲ **특정 업무를 표준화된 방법에 따라 일관되게 실시할 목적으로 해당 절차 및 수행방법 등을 상세하게 기술한 문서는?**

① 표준작업지침서(SOP)
② 관리체계도(chain-of custody)
③ 프로토콜(protocol)
④ 표준규격(standard document)

표준작업지침서(SOP, standard operating procedure)
특정 업무를 표준화된 방법에 따라 일관되게 실시할 목적으로 해당 절차 및 수행방법 등을 상세하게 기술한 문서를 말한다.
① 표준작업지침서(SOP, standard operating procedure)는 특정 업무를 표준화된 방법에 따라 일관되게 실시할 목적으로 해당 절차 및 수행방법 등을 상세하게 기술한 문서를 말한다.
② 관리체계도(chain-of Custody)는 시료의 채취, 운송, 보관, 시험 및 검사, 폐기 등의 정보와 내역에 대한 기록 등을 통해 시료의 시험·검사 진행절차와 책임소재를 분명히 하는 자료이다.
③ 프로토콜(protocol)은 정보 기록방법을 포함하여 서류작성방법과 기록대상의 방향을 제시하는 문서이다.
④ 표준규격(standard colcument)은 국제규격에 맞게 표준화된 자료이다.

정답 | 75.① 76.③ 77.① 78.④ 79.①

80 주기적인 교정의 일반적인 목적이 아닌 것은?

① 기준값과 측정기를 사용해서 얻어진 값 사이의 편차의 추정값을 향상시킨다.
② 측정기를 사용해서 달성할 수 있는 불확도를 재확인하는 것이다.
③ 경과기간 중에 얻어지는 결과에 대해 의심되는 측정기의 변화가 있는가를 확인하는 것이다.
④ 측정의 불확도를 증가시켜 측정의 질이나 서비스에서의 위험을 낮추기 위한 것이다.

✔ 주기적인 교정으로 측정의 불확도를 재확인하여 측정의 질이 향상될 수 있다.

Check

주기적인 교정의 일반적인 목적

1. 기준값과 측정기를 사용해서 얻어진 값 사이의 편차의 추정값을 향상시키고, 측정기가 실제로 사용될 때 이러한 편차에서의 불확도를 향상시킨다.
2. 측정기를 사용해서 달성할 수 있는 불확도를 재확인하는 것이다.
3. 경과기간 중에 얻어지는 결과에 대해 의심되는 측정기의 변화가 있는가를 확인하는 것이다.

제5과목 | 환경·안전 관리

81 GHS 그림문자 표기 물질에 해당하는 것은?

① 인화성 물질
② 폭발성 물질
③ 금속 부식성
④ 산화성 물질

✔ 그림문자

인화성 물질 / 급성독성 물질 / 폭발성 물질 / 수생환경 유해성 물질 / 호흡기 과민성

산화성 물질 / 고압가스 / 금속부식성 / 경고

82 다음은 폭발성 반응을 일으키는 유해물질을 취급할 때에 관한 설명이다. 틀린 것은?

① 과염소산은 가열, 화기접촉, 마찰에 의해 스스로 폭발할 수 있다.
② 과염소산, 질산과 같은 강한 환원제는 매우 적은 양으로도 강렬한 폭발을 일으킬 수 있다.
③ 유기질소화합물은 가열, 충격, 마찰 등으로 폭발할 수 있다.
④ 미세한 마그네슘 분말은 물과 산의 접촉으로 수소가스를 발생하고 발열반응을 일으킨다.

✔ **폭발성 물질**

1. **산화제**
   ① **과염소산($HClO_4$), 과산화수소(H_2O_2), 질산(HNO_3)**, 할로젠 화합물 등
   ② 강산화제는 매우 적은 양으로 강렬한 폭발을 일으킬 수 있으므로 방호복, 고무장갑, 보안경 및 보안면 같은 보호구를 착용하고 취급하여야 한다.
   ③ 많은 산화제를 사용하고자 할 경우에는 폭발 방지용 방호벽 등이 포함된 특별계획을 수립해야 한다.
2. 유기질소화합물
   ① 가열, 충격, 마찰 등으로 폭발할 수 있다.
   ② 연소속도가 매우 빨라 폭발성이 있다.
   → 화약의 원료로 많이 쓰임
3. 금속 분말
   ① 초미세한 금속 분말의 분진들은 폐질환, 호흡기질환 등을 일으킬 수 있으므로 방진마스크 등 올바른 호흡기 보호구를 착용해야 한다.
   ② 대부분의 미세한 금속 분말은 물과 산의 접촉으로 수소가스를 발생하고 발열한다. 특히, 습기와 접촉할 때 자연발화의 위험이 있어 폭발할 수 있으므로 특별히 주의한다.
   ③ 금속분, 유화가루, 철분은 밀폐된 공간 내에서 부유할 때 분진폭발의 위험이 있다.

83 ▲ 분말소화기의 종류와 소화약제의 연결이 틀린 것은?

① 제1종 – 탄산수소나트륨
② 제2종 – 탄산수소칼륨
③ 제3종 – 제1인산암모늄
④ 제4종 – 요소와 탄산수소나트륨

정답 | 80.④ 81.④ 82.② 83.④

✔ 분말소화기의 종류와 소화약제

분말 소화 약제의 종류	주성분	적응 화재	착색
제1종 분말	탄산수소나트륨($NaHCO_3$) $2NaHCO_3 \rightarrow Na_2CO_3 + CO_2 + H_2O$	B, C급	백색
제2종 분말	탄산수소칼륨($KHCO_3$) $2KHCO_3 \rightarrow K_2CO_3 + CO_2 + H_2O$	B, C급	보라색
제3종 분말	인산암모늄 (= 제일인산암모늄, $NH_4H_2PO_4$) $NH_4H_2PO_4 \rightarrow HPO_3 + NH_3 + H_2O$	A, B, C급	담홍색
제4종 분말	탄산수소칼륨($KHCO_3$) + 요소($(NH_2)_2CO$) $2KHCO_3 + (NH_2)_2CO$ $\rightarrow K_2CO_3 + 2NH_3 + 2CO_2$	B, C급	회색

84 다음의 유해화학물질의 건강유해성의 표시 그림문자가 나타내지 않는 사항은?

① 호흡기과민성 ② 발암성
③ 생식독성 ④ 급성독성

✔ **호흡기과민성**, **발암성**, 변이원성, **생식독성**, 표적 장기 독성, 흡인 유해성

85 다음 중 실험복 및 개인 보호구 착의순서로 옳은 것은?

① 긴 소매 실험복 → 마스크 → 보안면 → 실험장갑
② 긴 소매 실험복 → 보안면 → 실험장갑 → 마스크
③ 마스크 → 긴 소매 실험복 → 보안면 → 실험장갑
④ 실험장갑 → 긴 소매 실험복 → 마스크 → 보안면

✔ 실험복 및 개인 보호구 착의순서
긴 소매 실험복 → 마스크, 호흡보호구 → 보안면, 고글 → 실험장갑

86 다음 중 물질안전보건자료(MSDS) 구성항목이 아닌 것은?

① 화학제품과 회사에 관한 정보
② 화학제품의 제조방법
③ 취급 및 저장 방법
④ 유해 · 위험성

✔ 물질안전보건자료(MSDS) 구성항목
1. **화학제품과 회사에 관한 정보**
2. **유해성 및 위험성**
3. 구성성분의 명칭 및 함유량
4. 응급조치 요령
5. 폭발 및 화재 시 대처방법
6. 누출사고 시 대처방법
7. **취급 및 저장 방법**
8. 노출방지 및 개인 보호구
9. 물리 · 화학적 특성
10. 안정성 및 반응성
11. 독성에 관한 정보
12. 환경에 미치는 영향
13. 폐기 시 주의사항
14. 운송에 필요한 정보
15. 법적 규제 현황
16. 그 밖의 참고사항

87 화학반응에 의해서 발생하는 열이 아닌 것은?

① 반응열 ② 연소열
③ 용융열 ④ 압축열

✔ 압축열
공기 또는 공기 · 연료의 혼합가스를 압축했을 때 증가하는 열

Check
반응열의 종류
1. 연소열(연소 엔탈피) : 어떤 물질 1몰이 완전 연소할 때 방출되는 열량
2. 생성열(생성 엔탈피) : 어떤 물질 1몰이 성분원소의 가장 안정한 홑원소물질로부터 생성될 때 흡수되거나 방출되는 열량
3. 분해열 : 어떤 물질 1몰이 성분원소의 가장 안정한 홑원소물질로 분해될 때 흡수되거나 방출되는 열량
4. 중화열 : 산과 염기가 중화반응하여 1몰의 물(H_2O)이 생성될 때 방출되는 열량
5. 용해열 : 어떤 물질 1몰이 충분한 양의 용매에 용해될 때 방출되거나 흡수되는 열량

정답 | 84.④ 85.① 86.② 87.④

88 ▲ **비점이 다른 성분의 혼합물인 원유나 중질유 등의 유류저장탱크에 화재가 발생하여 장시간 진행되어 형성된 열류층이 탱크 저부로 내려오며 탱크 밖으로 비산, 분출되는 현상은?**

① BLEVE ② Boil-over
③ Flash-over ④ Backdraft

✔ Boil-over
비점이 다른 성분의 혼합물인 원유나 중질유 등의 유류저장탱크에 화재가 발생하여 장시간 진행되어 형성된 열류층이 탱크 저부로 내려오며 탱크 밖으로 비산, 분출되는 현상

Check

- BLEVE(boiling liquid expanding vapor explosion)
  액화가스 저장탱크의 누설로 부유 또는 확산된 액화가스가 착화원과 접촉하여 액화가스가 공기 중으로 확산, 폭발하는 현상
- Flash-over
  화재로 발생한 가연성 분해가스가 천장 부근에 모이고 갑자기 불꽃이 폭발적으로 확산하여 창문이나 방문으로부터 연기나 불꽃이 뿜어나오는 상태
- Backdraft
  밀폐된 공간에서의 화재 시 산소가 부족한 상태로 있다가 다량의 산소가 갑자기 공급되었을 때 발생하는 불길 역류현상

89 아세틸렌의 연소하한과 연소상한이 각각 2.5%, 81%일 때, 아세틸렌의 위험도(H)는?

① 0.97 ② 31.4
③ 39.5 ④ 41.8

✔ $\text{위험도}(H)=\dfrac{\text{연소상한}-\text{연소하한}}{\text{연소하한}}$

아세틸렌의 위험도(H)$=\dfrac{81-2.5}{2.5}=31.4$이다.

90 화학약품의 보관법에 관한 일반사항에 해당하지 않는 것은?

① 화학약품은 바닥에 보관한다.
② 특성에 따라 적절히 분류하여 지정된 장소에 분리·보관한다.
③ 유리로 된 용기는 파손 시를 대비하여 낮고 안전한 위치에 보관한다.
④ 환기가 잘 되고 직사광선을 피할 수 있는 냉암소에 보관하도록 한다.

✔ 화학약품은 밟을 수도 있고, 걸려 넘어질 수도 있으므로 바닥에 보관하는 것은 금지한다.

91 NFPA 704에 따라 가~라에 해당하는 위험성을 올바르게 나타낸 것은?

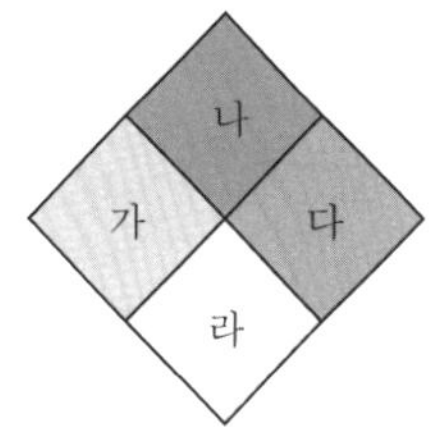

① 가-건강 위험성 ② 나-반응 위험성
③ 다-기타 위험성 ④ 라-화재 위험성

✔ 가 : 건강 위험성(청색)
나 : 화재 위험성(적색)
다 : 반응 위험성(황색)
라 : 기타 위험성(백색)

92 화학물질 및 물리적 인자의 노출기준에 대한 설명 중 틀린 것은?

① 단시간노출기준(STEL)은 15분간의 시간가중평균노출값으로서 근로자가 STEL 이하로 유해인자에 노출되기 위해서는 1회 노출 지속시간이 15분 미만이어야 하고, 1일 4회 이하로 발생해야 하며, 각 노출의 간격은 60분 이하이어야 한다.
② 최고노출기준(C)은 근로자가 1일 작업시간 동안 잠시라도 노출되어서는 아니되는 기준을 말하며, 노출기준 앞에 C를 붙여 표시한다.
③ 시간가중평균노출기준(TWA)은 1일 8시간 작업을 기준으로 하여 유해인자의 측정치에 발생시간을 곱하여 8시간으로 나눈 값을 말한다.
④ 특정 유해인자의 노출기준이 규정되지 않았을 경우 ACGIH의 TLVs를 준용한다.

정답 | 88.② 89.② 90.① 91.① 92.①

✔ 단시간노출기준(STEL)
15분간의 시간가중평균노출값으로서, 노출농도가 시간가중평균노출기준을 초과하고 단시간노출기준 이하인 경우에는 1회 노출지속시간이 15분 미만이어야 하고, 이러한 상태가 1일 4회 이하로 발생하여야 하며, 각 **노출의 간격은 60분 이상**이어야 한다.

93 ▲ **다음 중 위험물안전관리법 시행령상 제1류 위험물과 가장 유사한 화학적 특성을 갖는 위험물은?**

① 제2류 위험물 ② 제4류 위험물
③ 제5류 위험물 ④ 제6류 위험물

✔ 위험물의 유별 및 성질
1. **제1류 위험물 : 산화성 고체**
2. 제2류 위험물 : 가연성 고체
3. 제3류 위험물 : 자연발화성 및 금수성 물질
4. 제4류 위험물 : 인화성 액체
5. 제5류 위험물 : 자기반응성 물질
6. **제6류 위험물 : 산화성 액체**

94 **다음의 가스로 인한 상해로 가장 알맞은 것은?**

염소, 염화수소, 일산화탄소, 아황산가스, 암모니아, 포스겐

① 부식 ② 폭발
③ 저온화상 ④ 가스중독

✔ 가스로 인한 상해
1. **가스중독** : 독성가스의 누출로 발생한다. 염소(Cl_2), 염화수소(HCl), 일산화탄소(CO), 아황산가스(SO_2), 암모니아(NH_3), 포스겐($COCl_2$) 등이 영향을 미친다.
2. 폭발 : 폭발성 가스의 누출 또는 발화로 발생한다. 아세틸렌(C_2H_2), 수소(H_2), 암모니아, LNG, LPG 등이 영향을 미친다.
3. 질식 : 질식성 가스의 누출로 인해 발생한다. 산소가 부족하여 호흡곤란 문제가 발생하며, 일산화탄소, 염소 등이 영향을 미친다.

95 **실험실에서의 시약 사용 시 주의사항, 폐기물 처리 및 보관수칙 중 틀린 것은?**

① 시약은 필요한 만큼만 시약병에서 덜어내어 사용하고, 남은 시약은 재사용하지 않고 폐기한다.
② 폐시약을 수집할 때는 성분별로 구분하여 보관용기에 보관하며, 남은 폐시약은 물로 씻고 하수구에 폐기한다.
③ 폐시약 보관용기는 통풍이 잘 되는 곳을 별도로 지정하여 보관한다.
④ 폐시약 보관용기는 저장량을 주기적으로 확인하고 폐수처리장에 처리한다.

✔ 폐시약을 수집할 때는 성분별로 폐산, 폐알칼리, 폐할로젠 유기용제, 폐유 등으로 구분하여 보관용기에 보관하며, **남은 폐시약은 절대로 하수구나 배수구에 버려서는 안 된다.**

96 ▲ **위험물안전관리법령상 질산에스터류, 나이트로화합물, 유기과산화물이 속하는 위험물의 성질은?**

① 자기반응성 물질 ② 인화성 액체
③ 자연발화성 물질 ④ 산화성 액체

✔ 제5류 위험물, 자기반응성 물질
품명 : 유기과산화물, 질산에스터류, 나이트로화합물, 나이트로소화합물, 아조화합물, 다이아조화합물, 하이드라진유도체, 하이드록실아민, 하이드록실아민염류 등

97 ▲ **위험물안전관리법령상 화학분석실에서 발생하는 위험화학물질의 운반에 관한 설명으로 틀린 것은?**

① 위험물은 온도 변화 등에 의하여 누설되지 않도록 하여 밀봉 수납한다.
② 하나의 외장용기에는 다른 종류의 위험물을 같이 수납하지 않는다.
③ 액체위험물은 운반용기 내용적의 98% 이하로 수납하되 55℃의 온도에서도 누설되지 않도록 충분한 공간용적을 유지해야 한다.
④ 고체위험물은 운반용기 내용적의 98% 이하로 수납해야 한다.

✔ 고체위험물은 운반용기 내용적의 **95% 이하**의 수납률로 수납해야 한다.

정답 | 93.④ 94.④ 95.② 96.① 97.④

98 ▲ **위험물의 운반용기 외부에 수납하는 위험물의 종류에 따라 표시해야 하는 주의사항이 올바르게 짝지어진 것은? (단, 위험물안전관리법령상 표시해야 하는 주의사항이 다수일 경우, 주의사항을 모두 표기해야 한다.)**

① 철분 – 물기엄금
② 질산 – 화기엄금
③ 염소산칼륨 – 물기엄금
④ 아세톤 – 화기엄금

✔ **위험물의 운반에 관한 기준**
위험물에 따른 주의사항은 다음과 같다.
① 철분 : 제2류 위험물 – 화기주의, 물기엄금
② 질산 : 제6류 위험물 – 가연물 접촉주의
③ 염소산칼륨 : 제1류 위험물 – 화기 · 충격주의, 가연물 접촉주의
④ 아세톤 : 제4류 위험물 – 화기엄금

99 **연구실안전법령상 안전점검의 종류와 실시시기에 대한 설명으로 옳은 것은?**

① 일상점검 : 연구개발활동에 사용되는 기계 · 기구 · 전기 · 약품 · 병원체 등의 보관상태 및 보호장비의 관리실태 등을 육안으로 실시하는 점검
② 정기점검 : 6개월에 1회 이상 실시
③ 특별안전점검 : 연구개발활동에 사용되는 기계 · 기구 · 전기 · 약품 · 병원체 등의 보관상태 및 보호장비의 관리실태 등을 안전점검기기를 이용하여 실시하는 세부적인 점검
④ 특별안전점검 : 저위험연구실 및 우수연구실 인증에 종사하는 연구활동종사자가 필요하다고 인정하는 경우에 실시

✔ ① **일상점검 : 연구개발활동, 실험실에서 사용되는 기계 · 기구 · 전기 · 약품 · 병원체 등의 보관상태 및 보호장비의 관리실태 등을 육안으로 실시하는 점검**, 실험을 시작하기 전에 매일 1회 실시한다.
② 정기점검 : 연구개발활동, 실험실에서 사용되는 기계 · 기구 · 전기 · 약품 · 병원체 등의 보관상태 및 보호장비의 관리실태 등을 안전점검기기를 이용하여 실시하는 세부적인 점검, 매년 1회 이상 실시한다.
③, ④ 특별안전점검 : 폭발사고 · 화재사고 등 실험실 종사자의 안전에 치명적인 위험을 야기할 가능성이 있을 것으로 예상되는 경우에 실시하는 점검, 실험실 관리 책임자가 필요하다고 인정하는 경우에 실시한다.

Check
정밀안전진단
실험실에서 발생할 수 있는 재해를 예방하기 위하여 잠재적 위험성의 발견과 그 개선대책을 수립할 목적으로 일정 기준 또는 자격을 갖춘 자가 실시하는 조사 · 평가, 2년마다 1회 이상 실시한다.

100 **연구실안전법령상 연구실안전환경관리자가 받아야 하는 교육과 교육 시기 · 주기 및 시간이 올바르게 짝지어진 것은?**

① 신규교육 : 기술인력 등록 후 3개월 이내, 12시간
② 신규교육 : 기술인력 등록 후 6개월 이내, 18시간
③ 보수교육 : 신규교육 이수 후 매 1년이 되는 날 기준 전후 3개월, 12시간
④ 보수교육 : 신규교육 이수 후 매 1년이 되는 날 기준 전후 6개월, 18시간

✔ 연구실안전환경관리자는 연구실 안전에 관한 전문교육을 받아야 한다.
1. **신규교육 : 기술인력 등록 후 6개월 이내, 18시간**
2. 보수교육 : 신규교육 이수 후 매 2년이 되는 날 기준 전후 6개월, 12시간

정답 I 98.④ 99.① 100.②

인생의 희망은

늘 괴로운 언덕길 너머에서 기다린다.

-폴 베를렌(Paul Verlaine)-

☆

어쩌면 지금이 언덕길의 마지막 고비일지도 모릅니다.

다시 힘을 내서 힘차게 넘어보아요.

희망이란 녀석이 우릴 기다리고 있을 테니까요.^^

PART 4

최근 출제문제

(2023~2024년 기출문제)

이 파트는 "2023~2025년 출제기준"을 적용하여 시행된 기출문제입니다.

현재 적용되고 있는 새출제기준에 따른 기출문제로, 이전부터 반복 출제되고 있는 문제들과 새롭게 출제된 신경향 문제들로 구성되어 있는 바, 전 회차에 걸친 모든 문제들을 꼼꼼히 풀어보고 숙지하시기 바랍니다.

* 모든 계산문제는 계산결과와 가장 가까운 보기를 정답으로 선택하면 됩니다.
* 2022년 4회 시험부터는 CBT로 시행되고 있으므로 복원된 문제임을 알려드립니다.

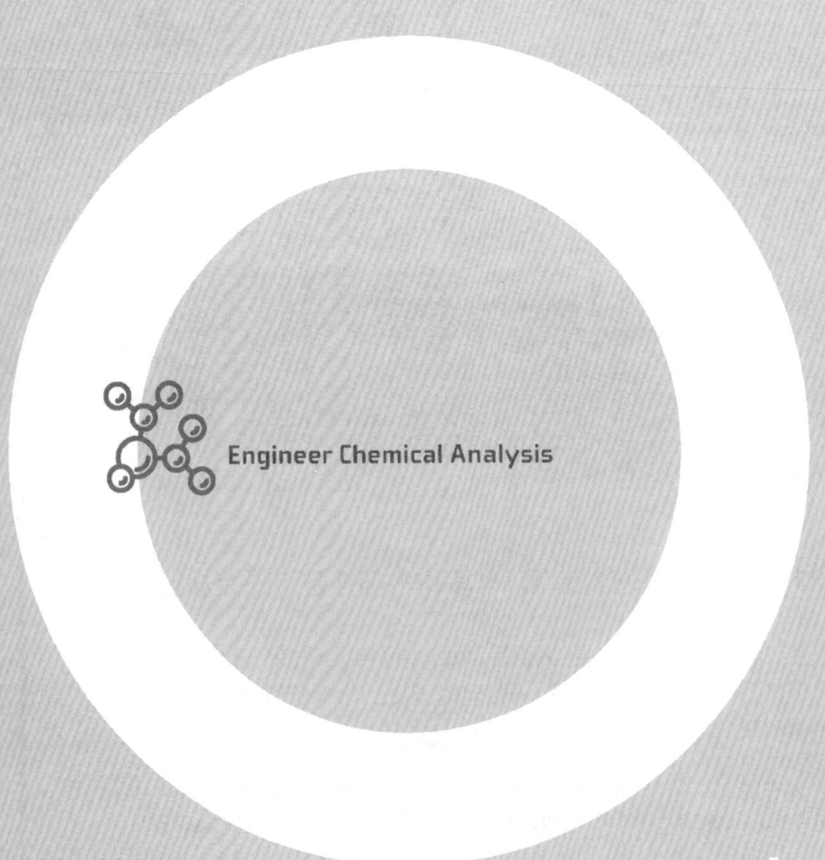
Engineer Chemical Analysis

2023 제1회 CBT 복원문제

화학분석기사

2023년 3월 1일 시행

제1과목 | 화학의 이해와 환경·안전관리

01 황산칼슘($CaSO_4$)의 용해도곱(K_{sp})이 2.4×10^{-5}이다. 이 값을 이용하여 황산칼슘($CaSO_4$)의 용해도를 구하면? (단, 황산칼슘의 분자량은 136.2g이다.)

① 1.141g/L ② 1.114g/L
③ 0.667g/L ④ 0.121g/L

✔ $CaSO_4$를 물에 용해하면 다음과 같은 평형을 이룬다.
$CaSO_4(s) \rightleftarrows Ca^{2+}(aq)+SO_4^{2-}(aq)$
$K_{sp}=[Ca^{2+}][SO_4^{2-}]=2.4\times10^{-5}$
평형에서의 농도를 $[Ca^{2+}]=[SO_4^{2-}]=x$로 두면,
$K_{sp}=x^2=2.4\times10^{-5}$
$x=4.90\times10^{-3}$mol/L
평형에서의 몰농도(M)를 g/L의 용해도로 바꾸면
$$\frac{4.90\times10^{-3}\text{mol }CaSO_4}{1L}\times\frac{136.2g\ CaSO_4}{1mol\ CaSO_4}=\mathbf{0.667g/L}$$

02 ^{222}Rn에 관한 내용 중 틀린 것은? (단, ^{222}Rn의 원자번호는 86이다.)

① 양성자수=86 ② 중성자수=134
③ 전자수=86 ④ 질량수=222

✔ **$^{222}_{86}Rn$ 원자번호와 질량수**

$^{A}_{Z}X$
- A: 질량수=양성자수+중성자수
- X: 원소기호
- Z: 원자번호=양성자수=중성원자의 전자수

① 양성자수 = 86
② 중성자수 = 222−86 = **136**
③ 전자수 = 86
④ 질량수 = 222

03 탄화수소화합물에 대한 설명으로 틀린 것은?

① 탄소−탄소 결합이 단일결합으로 모두 포화된 것을 alkane이라 한다.
② 탄소−탄소 결합에 이중결합이 있는 탄화수소화합물은 alkene이라 한다.
③ 탄소−탄소 결합에 삼중결합이 있는 탄화수소화합물은 alkyne이라 한다.
④ 가장 간단한 alkyne화합물은 프로필렌(C_3H_4)이다.

✔ **알카인**(alkyne)
탄소원자 사이에 삼중결합이 있는 사슬모양의 불포화탄화수소로, 일반식은 C_nH_{2n-2}, (n=1,2,3,…)이다. 또한 가장 간단한 alkyne화합물은 **아세틸렌**(=에타인, C_2H_2)이다.

04 0.120mol의 $HC_2H_3O_2$와 0.140mol의 $NaC_2H_3O_2$가 들어 있는 1.00L 용액의 pH를 계산하면 얼마인가? (단, $K_a=1.8\times10^{-5}$이다.)

① 3.82 ② 4.82
③ 5.82 ④ 6.82

✔ 완충용액의 pH 계산은 헨더슨−하셀바흐 식으로 구한다.
$$pH=pK_a+\log\frac{[A^-]}{[HA]}$$
$$\therefore\ pH=-\log(1.8\times10^{-5})+\log\frac{0.140}{0.120}=\mathbf{4.81}$$

05 암모니아 56.6g에 들어 있는 분자의 개수는? (단, N 원자량 : 14.01g/mol, H 원자량 : 1.008g/mol이다.)

① 3.32×10^{23} 개 분자
② 17.03×10^{24} 개 분자
③ 6.78×10^{23} 개 분자
④ 2.00×10^{24} 개 분자

✔ **1몰(mol)**
정확히 12.0g 속의 $^{12}_{6}C$ 원자의 수, 6.022×10^{23}개의 입자를 뜻하며, 이 수를 아보가드로수라고 한다. 물질의 종류에 관계없이 물질 1몰(mol)에는 물질을 구성하는 입자 6.022×10^{23}개가 들어 있다.
$$56.6g\ NH_3\times\frac{1mol\ NH_3}{17.03g\ NH_3}\times\frac{6.022\times10^{23}\text{개}}{1mol\ NH_3}$$
$=\mathbf{2.00\times10^{24}}$ **개 NH_3**

정답 | 01.③ 02.② 03.④ 04.② 05.④

06 3.84mol의 Na_2CO_3이 완전히 녹아 있는 수용액에서 나트륨이온(Na^+)의 몰(mol)수로 옳은 것은?

① 1.92mol ② 3.84mol
③ 5.76mol ④ 7.68mol

✔ $Na_2CO_3 \rightleftarrows 2Na^+ + CO_3^{2-}$
1mol의 Na_2CO_3가 완전해리되면 2mol의 Na^+이 해리된다.

$$\therefore 3.84\text{mol } Na_2CO_3 \times \frac{2\text{mol } Na^+}{1\text{mol } Na_2CO_3} = \mathbf{7.68mol\ Na^+}$$

07 이온 반지름의 크기를 잘못 비교한 것은?

① $Mg^{2+} > Ca^{2+}$
② $F^- < O^{2-}$
③ $Al^{3+} < Mg^{2+}$
④ $O^{2-} < S^{2-}$

✔ • 같은 주기에서는 원자번호가 클수록 이온의 반지름이 감소한다.
→ 유효 핵전하가 증가하여 원자핵과 전자 사이의 정전기적 인력이 증가하기 때문
• 같은 족에서는 원자번호가 클수록 이온의 반지름이 증가한다.
→ 전자껍질 수가 증가하기 때문

$Mg^{2+} < Ca^{2+}$: 같은 족이므로 원자번호가 더 큰 Ca^{2+}의 반지름이 더 크다.

08 산과 염기에 대한 다음 설명 중 틀린 것은?

① 산은 수용액 중에서 양성자(H^+, 수소이온)를 내놓는 물질을 지칭한다.
② 양성자를 주거나 받는 물질로 산과 염기를 정의하는 것은 브뢴스테드에 의한 산・염기의 개념이다.
③ 산과 염기의 세기는 해리도를 통해 가늠할 수 있다.
④ 아레니우스에 의한 산의 정의는 물에서 해리되어 수산화이온을 내놓는 물질이다.

✔ **아레니우스(Arrhenius)의 산・염기 정의**
1. **산(acid)은 수용액에서 수소이온(H^+)을 내놓을 수 있는 물질이다.**
2. 염기(base)는 수용액에서 수산화이온(OH^-)을 내놓을 수 있는 물질이다.

09 0.40M NaOH와 0.10M H_2SO_4를 1 : 1 부피로 섞었을 때, 이 용액의 pH는 얼마인가?

① 10
② 11
③ 12
④ 13

✔ 부피를 V로 두면

	$H_2SO_4(aq)$	$+2NaOH(aq)$	$\rightleftarrows$	$2H_2O(l)+Na_2SO_4(aq)$
초기(mol)	$0.10 \times V$	$0.40 \times V$		
변화(mol)	$-0.10 \times V$	$-0.20 \times V$		$+0.10 \times V$
최종(mol)	0	$0.20 \times V$		$0.10 \times V$

$[OH^-] = \dfrac{0.20 \times V}{V + V} = 0.10M$

$[H^+][OH^-] = 1.00 \times 10^{-14}$이므로

$[H^+] = \dfrac{1.00 \times 10^{-14}}{[OH^-]} = \dfrac{1.00 \times 10^{-14}}{0.10}$

$= 1.00 \times 10^{-13} M$

$\therefore pH = -\log(1.00 \times 10^{-13}) = \mathbf{13.00}$

10 다음 중 원자의 크기가 가장 작은 것은?

① K ② Li
③ Na ④ Cs

✔ **1A족 원자 반지름**
${}_{3}Li < {}_{11}Na < {}_{19}K < {}_{37}Rb < {}_{55}Cs$
같은 족에서는 원자번호가 클수록 원자 반지름이 증가한다.
→ 전자껍질 수가 증가하여 원자핵과 원자가전자 사이의 거리가 멀어지기 때문

11 alkene에 해당하는 것은?

① C_6H_{14}
② C_6H_{12}
③ C_6H_{10}
④ C_6H_6

✔ **알켄(alkene, olefin)**
탄소원자 사이에 이중결합이 있는 사슬모양의 불포화 탄화수소로 일반식은 C_nH_{2n}(n=2, 3, 4, …)이다.
∴ **C_6H_{12}이 알켄**에 해당된다.

정답 | 06.④ 07.① 08.④ 09.④ 10.② 11.②

12 다음 중 물에 대한 용해도가 가장 낮은 물질은?

① CH_3CHO ② CH_3COCH_3
③ CH_3OH ④ CH_3Cl

극성 물질은 극성 용매에, 비극성 물질은 비극성 용매에 녹기 때문에 극성이면서 수소결합을 할 수 있는 분자가 물에 대한 용해도가 크다. 아세트알데하이드(CH_3CHO), 아세톤(CH_3COCH_3), 메탄올(CH_3OH)은 모두 전기음성도가 큰 산소원자를 가지고 있어 극성이 크고, 특히 메탄올(CH_3OH)은 수소결합도 할 수 있어 물에 대한 용해도가 큰 것에 비해, 염화메탄(CH_3Cl)은 전기음성도가 작은 치를 가지고 있어 극성이 작고 수소결합을 할 수 없으므로 물에 대한 용해도가 가장 낮다.

13 용액 내의 Fe^{2+}의 농도를 알기 위해 적정 실험을 하였는데, 이 과정에 대한 설명 중 옳은 것은?

① 농도가 알려진 NH_4^+ 용액으로 색이 자줏빛으로 변할 때까지 철 용액에 한 방울씩 떨어뜨린다.
② 농도가 알려진 NH_4^+ 용액으로 색이 무색으로 변할 때까지 철 용액에 한 방울씩 떨어뜨린다.
③ 농도를 아는 MnO_4^- 용액으로 색이 자주빛으로 변할 때까지 철 용액에 한 방울씩 떨어뜨린다.
④ 농도를 아는 MnO_4^- 용액으로 색이 무색으로 변할 때까지 철 용액에 한 방울씩 떨어뜨린다.

MnO_4^-을 이용한 산화·환원 적정 실험으로 Fe^{2+}의 농도를 구할 수 있다.
반응식
$MnO_4^- + 5Fe^{2+} + 8H^+ \rightleftarrows Mn^{2+} + 5Fe^{3+} + 4H_2O$
적자색 무색
종말점은 과량의 **MnO_4^-의 적자색(자주빛)이 묽혀진 연한 분홍색이 지속적으로 나타나는 것**으로 정한다.

14 25℃에서 에틸알코올(C_2H_5OH) 30.0g을 물 100.0g에 녹여 만든 용액의 증기압(mmHg)은 얼마인가? (단, 25℃에서 순수한 물의 증기압은 23.8mmHg이고, 순수한 에틸알코올에 대한 증기압은 61.2mmHg이다.)

① 24.5mmHg ② 27.7mmHg
③ 36.8mmHg ④ 52.3mmHg

돌턴의 부분압력 법칙에 따라, 두 휘발성 액체 A와 B의 혼합물에서 전체 증기압력 $P_{전체}$는 각 성분의 증기압력인 P_A와 P_B의 합이다.
각 성분의 증기압력 P_A와 P_B는 라울법칙에 따라 계산한다. 즉, A의 증기압력은 A의 몰분율(X_A)과 순수한 A의 증기압력(P_A°)을 곱한 값과 같고, B의 증기압력은 B의 몰분율(X_B)과 순수한 B의 증기압력(P_B°)을 곱한 값과 같다.

$$P_{전체} = P_A + P_B = (X_A \cdot P_A^\circ) + (X_B \cdot P_B^\circ)$$

$$30.0g\ C_2H_5OH \times \frac{1mol\ C_2H_5OH}{46g\ C_2H_5OH} \fallingdotseq 0.65mol\ C_2H_5OH$$

$$100.0g\ H_2O \times \frac{1mol\ H_2O}{18g\ H_2O} \fallingdotseq 5.56molg\ H_2O$$

$$\therefore \left(\frac{0.65}{0.65+5.56} \times 61.2\right) + \left(\frac{5.56}{0.65+5.56} \times 23.8\right) = 27.7mmHg$$

15 NaBr과 Cl_2가 반응하여 NaCl과 Br_2를 형성하는 반응의 두 반쪽반응은?

① (산화) : $Cl_2 + 2e^- \rightarrow 2Cl^-$
(환원) : $2Br^- \rightarrow Br_2 + 2e^-$
② (산화) : $2Br^- \rightarrow Br_2 + 2e^-$
(환원) : $Cl_2 + 2e^- \rightarrow 2Cl^-$
③ (산화) : $Br^- \rightarrow Br + e^-$
(환원) : $Cl + e^- \rightarrow Cl^-$
④ (산화) : $Br + 2e^- \rightarrow Br^{2-}$
(환원) : $2Cl^- \rightarrow Cl_2 + 2e^-$

어떤 원자나 이온이 전자를 잃으면 산화수가 증가하고 전자를 얻으면 산화수가 감소한다. 산화수가 증가하는 반응을 산화라 하고, 산화수가 감소하는 반응을 환원이라고 한다.

−1 → 0

$2NaBr + Cl_2 \rightarrow 2NaCl + Br_2$
+1 −1 0 +1 −1 0

0 → −1

산화수 증가(−1 → 0), **산화** : $2Br^- \rightarrow Br_2 + 2e^-$
산화수 감소(0 → −1), **환원** : $Cl_2 + 2e^- \rightarrow 2Cl^-$

정답 | 12.④ 13.③ 14.② 15.②

16 40.9% C, 4.6% H, 54.5% O의 질량백분율 조성을 가지는 화합물의 실험식에 가장 가까운 것은 어느 것인가?

① CH_2O ② $C_3H_4O_3$
③ $C_6H_5O_6$ ④ $C_4H_6O_3$

✔ 실험식은 화합물을 이루는 원자나 이온의 종류와 수를 가장 간단한 정수비로 나타낸 식으로, 어떤 물질의 화학식을 실험적으로 구할 때 가장 먼저 구할 수 있는 식이며, 성분 원소의 질량비를 원자량으로 나누어 원자수의 비를 구하여 실험식을 나타낸다.

단계 1) % → g 바꾸기
전체 양을 100g으로 가정한다.
40.9% C → 40.9g C
4.6% H → 4.6g H
54.5% O → 54.5g O

단계 2) g → mol 바꾸기 : 몰질량을 이용한다.

$$\text{탄소 C} : 40.9\,\text{gC} \times \frac{1\,\text{mol C}}{12\,\text{gC}} \fallingdotseq 3.4\,\text{mol C}$$

$$\text{수소 H} : 4.6\,\text{gH} \times \frac{1\,\text{mol H}}{1\,\text{gH}} = 4.6\,\text{mol H}$$

$$\text{산소 O} : 54.5\,\text{gO} \times \frac{1\,\text{mol O}}{16\,\text{gO}} \fallingdotseq 3.4\,\text{mol O}$$

단계 3) mol비 구하기 : 가장 간단한 정수비로 나타낸다.

C : H : O = 3.4 : 4.6 : 3.4
= 1 : 1.35 : 1
= 3 : 4 : 3

∴ 실험식은 $C_3H_4O_3$이다.

17 N의 산화수가 +4인 것은?

① HNO_3
② NO_2
③ N_2O
④ NH_4Cl

✔ **산화수를 정하는 규칙**
화합물에서 모든 원자의 산화수의 총합은 0이며, 1족 금속원자는 +1, 2족 금속원자는 +2, 13족 금속원자는 +3의 산화수를 갖는다. 그리고 화합물에서 H의 산화수는 +1, O의 산화수는 −2이다.
N의 산화수를 x로 두면
① HNO_3 : $(+1)+(x)+(-2\times3)=0$ ∴ $x=+5$
② **NO_2** : $(x)+(-2\times2)=0$ ∴ $x=$**+4**
③ N_2O : $(2\times x)+(-2)=0$ ∴ $x=+1$
④ NH_4Cl : $(x)+(+1\times4)+(-1)=0$ ∴ $x=-3$

18 다음 중 산−염기 반응의 쌍이 아닌 것은 어느 것인가?

① C_2H_5OH + HCOOH
② CH_3COOH + NaOH
③ CO_2 + NaOH
④ H_2CO_3 + $Ca(OH)_2$

✔ ① **C_2H_5OH + HCOOH → $HCOOC_2H_5$ + H_2O**
: 알코올(에틸알코올)과 산의 축합반응
② CH_3COOH + NaOH → CH_3COONa + H_2O
: 산과 염기의 반응
③ CO_2 + 2NaOH → Na_2CO_3 + H_2O
: CO_2는 전자쌍을 받아 CO_3^{2-}가 되므로 루이스 산으로 정의된다. 산과 염기의 반응
④ H_2CO_3 + $Ca(OH)_2$ → $CaCO_3$ + $2H_2O$
: 산과 염기의 반응

19 다음 반응에 대한 평형상수 K_c를 올바르게 나타낸 것은?

$NH_4NO_3(s) \rightleftarrows N_2O(g) + 2H_2O(g)$

① $K_c = \dfrac{[N_2O(g)][H_2O(g)]^2}{[NH_4NO_3(s)]^2}$

② $K_c = \dfrac{[N_2O(g)][H_2O(g)]^2}{[NH_4NO_3(s)]^3}$

③ $K_c = [N_2O(g)][H_2O(g)]^2$

④ $K_c = \dfrac{[N_2O(g)][H_2O(g)]^2}{[NH_4NO_3(s)]}$

✔ 화학평형에 관한 일반 반응식 $aA+bB \rightleftarrows cC+dD$에서 평형상수식은 다음과 같다.

$$K_c = \frac{[C]^c[D]^d}{[A]^a[B]^b}$$

평형상수식의 농도(또는 압력)는 각 물질의 몰농도(또는 압력)를 열역학적 표준상태인 1M(또는 1atm)로 나눈 농도비(또는 압력비)이므로, 단위들이 상쇄되므로 평형상수는 단위가 없다.
화학종이 순수한 액체, 순수한 고체, 또는 용매가 과량으로 존재한다면 평형상수식에 나타나지 않는다.
$NH_4NO_3(s) \rightleftarrows N_2O(g)+2H_2O(g)$의 평형상수는 K_c $=[N_2O][H_2O]^2$이다.

정답 | 16.② 17.② 18.① 19.③

20 **주기율표에 대한 일반적인 설명 중 가장 거리가 먼 것은?**

① 주기율표는 원자번호가 증가하는 순서로 원소를 배치한 것이다.
② 세로열에 있는 원소들이 유사한 성질을 가진다.
③ 1A족 원소를 알칼리금속이라고 한다.
④ 2A족 원소를 전이금속이라고 한다.

족(group)
주기율표의 세로줄로 1~18족으로 구성되며, 같은 족 원소를 동족원소라고 한다. 1(1A)족 원소를 알칼리금속, **2(2A)족 원소를 알칼리토금속**, 17(7A)족 원소를 할로젠, 18(8A)족 원소를 비활성 기체, **3~12족의 원소들은 전이원소(전이금속)**이라고 한다.

제2과목 | 분석계획 수립과 분석화학 기초

21 **이산화염소의 산화반응에 대한 화학반응식에서 ( ) 안에 적합한 화학반응계수를 차례대로 올바르게 나타낸 것은?**

( )ClO_2+( )OH^- → ClO_3^-+( )H_2O+( )e^-

① 1, 1, 1, 1 ② 1, 2, 1, 1
③ 2, 2, 2, 1 ④ 1, 2, 1, 2

불균형 반응식
$ClO_2 + OH^- \rightarrow ClO_3^- + H_2O + e^-$
계수를 이용해 수소의 수를 맞춘다.
$ClO_2 + 2OH^- \rightarrow ClO_3^- + H_2O + e^-$
반응식 양쪽에 있는 원자의 개수와 종류가 같은지, 전하는 균형이 맞는지 확인한다.
∴ $ClO_2 + 2OH^- \rightarrow ClO_3^- + H_2O + e^-$

22 **EDTA 적정에서 역적정에 대한 설명으로 틀린 것은?**

① 역적정에서는 일정한 소량의 EDTA를 분석용액에 가한다.
② EDTA를 제2의 금속이온 표준용액으로 적정한다.
③ 역적정법은 분석물질이 EDTA를 가하기 전에 침전물을 형성하거나, 적정 조건에서 EDTA와 너무 천천히 반응하거나, 혹은 지시약을 막는 경우에 사용한다.
④ 역적정에서 사용되는 제2의 금속이온은 분석물질의 금속이온은 EDTA 착물로부터 치환시켜서는 안 된다.

역적정(back titration)은 **일정한 과량의 EDTA를 분석물질에 가한** 다음, 과량의 EDTA를 제2의 금속이온 표준용액으로 적정한다.

23 $S_4O_6^{2-}$ **이온에서 황(S)의 산화수는 얼마인가?**

① 2
② 2.5
③ 3
④ 3.5

산화수 정하는 규칙
화합물에서 모든 원자의 산화수의 총합은 0이며, 1족 금속원자는 +1, 2족 금속원자는 +2, 13족 금속원자는 +3의 산화수를 갖고, H의 산화수는 +1, 0의 산화수는 −2이다.
S의 산화수를 x로 두면
$(x\times4)+(-2\times6) = -2$
∴ $x = +2.5$

24 **다음 중 반응이 일어나기가 가장 어려운 것은?**

① $F_2 + I^-$
② $I_2 + Cl^-$
③ $Cl_2 + Br^-$
④ $Br_2 + I^-$

할로젠의 반응성
할로젠 원소는 반응성이 클수록 전자를 얻어 환원되기 쉽다. 원자번호가 클수록 할로젠 분자의 반응성이 감소하는 경향이 나타난다.
→ $F_2 > Cl_2 > Br_2 > I_2$
1. 반응성이 $A_2 > B_2$일 때 : $A_2 + 2B^- \rightarrow 2A^- + B_2$
반응성이 큰 할로젠 분자(A_2)는 전자를 얻어 환원되고, 반응성이 작은 할로젠화 이온(B^-)은 전자를 잃고 산화된다.
2. 반응성이 $A_2 < B_2$일 때 : $A_2 + 2B^-$
반응이 일어나지 않는다.
∴ $I_2 + Cl^- \rightarrow$ **반응×**

정답 | 20.④ 21.② 22.① 23.② 24.②

25 pK_a=7.00인 산 HA가 있을 때 pH 6.00에서 $\frac{[A^-]}{[HA]}$의 값은?

① 1　　② 0.1
③ 0.01　　④ 0.001

✔ 완충용액의 pH는 헨더슨－하셀바흐 식으로 구한다.

$pH = pK_a + \log\frac{[A^-]}{[HA]}$

$6.00 = 7.00 + \log\frac{[A^-]}{[HA]}$, $\log\frac{[A^-]}{[HA]} = -1$

$\therefore \frac{[A^-]}{[HA]} = 10^{-1} = \mathbf{0.1}$

26 2003년 발생하여 우리나라에 막대한 피해를 입힌 태풍 매미의 중심 기압은 910hPa이었다. 이를 토르(torr) 단위로 환산하면? (단, 1atm =101,325Pa, 1torr=133.322Pa)

① 643　　② 683
③ 743　　④ 763

✔ 1hPa=100Pa

$910\times10^2\text{Pa}\times\frac{1\text{torr}}{133.322\text{Pa}} = \mathbf{682.6torr}$

27 다음의 증류수 또는 수용액에 고체 $Hg_2(IO_3)_2$ ($K_{sp}=1.3\times10^{-18}$)를 용해시킬 때, 용해된 Hg_2^{2+}의 농도가 가장 큰 것은?

① 증류수　　② 0.10M KIO_3
③ 0.20M KNO_3　　④ 0.30M $NaIO_3$

✔ • KIO_3, $NaIO_3$
공통이온 효과, 침전물을 구성하는 이온들과 같은 이온을 가진 가용성 화합물이 그 고체로 포화된 용액에 첨가될 때 이온성 침전물의 용해도를 감소시킨다.
• KNO_3
이온 세기가 증가하면 난용성 염의 **용해도가 증가**한다.

28 20℃에서 빈 플라스크의 질량은 10.2634g이고, 증류수로 플라스크를 완전히 채운 후의 질량은 20.2144g이었다. 20℃에서 물 1g의 부피가 1.0029mL일 때, 이 플라스크의 부피를 나타내는 식은?

① (20.2144－10.2634)×1.0029
② (20.2144－10.2634)÷1.0029
③ 1.0029＋(20.2144－10.2634)
④ 1.0029÷(20.2144－10.2634)

✔ 플라스크의 부피는 플라스크를 완전히 가득 채운 물의 부피와 같다.

$\mathbf{(20.2144-10.2634)g\ 물\times\frac{1.0029mL}{1g\ 물}} = 9.9799\text{mL}$

29 0.050M Fe^{2+} 100.0mL를 0.100M Ce^{4+}로 산화·환원이 적정하다고 가정하자. $V_{Ce^{4+}}$ 50.0mL일 때 당량점에 도달한다면 36.0mL를 가했을 때의 전지전압은? (단, $E°_{+(Fe^{3+}/Fe^{2+})}$=0.767V, $E°_{-calomel}$=0.241V, 적정 반응 : $Fe^{2+} + Ce^{4+} \rightleftarrows Fe^{3+} + Ce^{3+}$)

① 0.526V　　② 0.550V
③ 0.626V　　④ 0.650V

✔ 적정 반응 : $Ce^{4+} + Fe^{2+} \rightleftarrows Ce^{3+} + Fe^{3+}$
지시전극에서의 두 가지 평형
• $Fe^{3+}+e^- \rightleftarrows Fe^{2+}$, $E°$=0.767V
• $Ce^{4+}+e^- \rightleftarrows Ce^{3+}$, $E°$=1.70V
당량점이 50.0mL이므로 가한 부피 36.0mL는 당량점 이전이다.
일정량의 Ce^{4+}를 첨가하면 적정 반응에 따라 Ce^{4+}은 소비하고, 같은 몰수의 Ce^{3+}와 Fe^{3+}이 생성된다. 당량점 이전에는 용액 중에 반응하지 않은 여분의 Fe^{2+}가 남아 있으므로, Fe^{2+}와 Fe^{3+}의 농도를 쉽게 구할 수 있다.

	Fe^{2+}	+	Ce^{4+}	⇄	Fe^{3+}	+	Ce^{3+}
초기 (mmol)	0.050 ×100.0		0.100 ×36.0				
변화 (mmol)	−0.100 ×36.0		−0.100 ×36.0		+0.100 ×36.0		+0.100 ×36.0
최종 (mmol)	1.4		0		3.6		3.6

$E_{전지}=E_+ - E_-$

$E_{전지} = \left[0.767 - 0.05916\log\frac{[Fe^{2+}]}{[Fe^{3+}]}\right] - 0.241$에서

$\frac{[Fe^{2+}]}{[Fe^{3+}]}$의 부피는 136mL이므로 몰농도비를 몰수비로 나타낼 수 있다.

$\therefore E_{전지} = \left[0.767 - 0.05916\log\frac{1.4}{3.6}\right] - 0.241$

$= \mathbf{0.550V}$

정답 | 25.② 26.② 27.③ 28.① 29.②

30 **다음 식** HOCl $\rightleftarrows$ H^+ + OCl^-**은** $K_1=3.0\times10^{-8}$, HOCl+OBr^- $\rightleftarrows$ HOBr+OCl^-**은** $K_2=15$**로부터 반응** HOBr $\rightleftarrows$ H^++OBr^-**에 대한** K **값은?**

① 2.0×10^{-9}　② 4.0×10^{-9}
③ 2.0×10^{-8}　④ 4.0×10^{-8}

✔ HOCl $\rightleftarrows$ H^+ + OCl^-,　$K_1=3.0\times10^{-8}$

HOBr + OCl^- $\rightleftarrows$ HOCl+OBr^-,　$\frac{1}{K_2}=\frac{1}{15}=6.667\times10^{-2}$

HOBr $\rightleftarrows$ H^+ + OBr^-,　$K=K_1\times\frac{1}{K_2}$

$\therefore K=(3.0\times10^{-8})\times(6.667\times10^{-2})=\mathbf{2.00\times10^{-9}}$

31 **다음 중 갈바니전지와 관련된 설명으로 틀린 것은 어느 것인가?**

① 갈바니전지의 반응은 자발적이다.
② 전자는 전위가 낮은 전극으로 이동한다.
③ 전지전위는 양수이다.
④ 산화반응이 일어나는 전극을 anode, 환원반응이 일어나는 전극을 cathode라 한다.

✔ 전극의 전위를 표준 환원전위로 나타내면 전자는 전위가 낮은 산화전극에서 **전위가 높은 환원전극으로 이동한다.**

32 0.1M H_2SO_4 **수용액** 10mL**에** 0.05M NaOH **수용액** 10mL**를 혼합하였을 때 혼합용액의** pH**는? (단, 황산은** 100% **이온화된다.)**

① 0.875　② 1.125
③ 1.25　④ 1.375

✔ $H_2SO_4(aq)+2NaOH(aq)\rightarrow 2H_2O(l)+Na_2SO_4(aq)$

당량점 부피(V_e)는 $0.1\times10\times2=0.05\times V_e$(mL)

$\therefore V_e=40$mL이다.

가해 준 부피 10mL는 당량점 이전이므로 H_2SO_4가 과량으로 존재한다.

$[H^+]=\frac{(0.1\times10\times2)-(0.05\times10)\text{mmol}}{10+10\text{mL}}$

$=7.50\times10^{-2}$M

pH $=-\log(7.50\times10^{-2})=\mathbf{1.125}$

33 **수용액의 예상 어는점을 낮은 것부터 높은 순서로 올바르게 나열한 것은?**

㉠ 0.050m $CaCl_2$	㉡ 0.150m NaCl
㉢ 0.100m HCl	㉣ 0.100m $C_{12}H_{22}O_{11}$

① ㉠ < ㉣ < ㉢ < ㉡
② ㉣ < ㉠ < ㉢ < ㉡
③ ㉡ < ㉢ < ㉠ < ㉣
④ ㉡ < ㉢ < ㉣ < ㉠

✔ **어는점 내림(ΔT_f)**

용액의 어는점(T_f')이 순수한 용매의 어는점(T_f)보다 낮아지는 현상

$\Delta T_f=K_f\times m\times i$

여기서, K_f : 몰랄 어는점 내림상수
m : 용액의 몰랄농도
i : 반트호프인자

전해질 용질이 녹아 있는 묽은 용액의 경우 이온성 물질이 용질이면 화학식 단위보다 전체 용질입자 농도에 근거하여 몰랄농도를 계산해야 한다. 예를 들어, 1.00m 염화소듐 용액은 완전해리를 가정했을 때 2.00mol의 용해된 입자를 가지게 되므로 2.00m이 된다($i=2$).

물의 어는점은 0℃, $K_f=1.86$이므로 완전해리를 가정하고 어는점을 구하면,

㉠ $\Delta T_f=1.86\times0.05\times3=0.279$℃
∴ 어는점$=0-0.279=-0.279$℃

㉡ $\Delta T_f=1.86\times0.150\times2=0.558$℃
∴ 어는점$=0-0.558=-0.558$℃

㉢ $\Delta T_f=1.86\times0.100\times2=0.372$℃
∴ 어는점$=0-0.372=-0.372$℃

㉣ $C_{12}H_{22}O_{11}$은 비전해질이므로 어는점 내림은 몰랄농도에 비례한다($i=1$).
$\Delta T_f=(1.86\times0.100)=0.186$℃
∴ 어는점$=0-0.186=-0.186$℃

∴ ㉡ < ㉢ < ㉠ < ㉣

34 0.08364M **피리딘** 25.00mL**를** 0.1067M HCl**로 적정하는 실험에서** HCl 4.63mL**를 했을 때 용액의** pH**는? (단, 피리딘의** $K_b=1.59\times10^{-9}$**이고,** $K_w=1.00\times10^{-14}$**이다.)**

① 8.29　② 5.71
③ 5.20　④ 4.75

정답 | 30.① 31.② 32.② 33.③ 34.②

✔ **약염기와 강산의 적정**
당량점의 부피를 구하면
$0.08364\text{M}\times 25.00\text{mL} = 0.1067\text{M}\times V_e(\text{mL})$
$\therefore\ V_e = 19.60\text{mL}$
가해준 HCl 4.63mL는 당량점 이전의 부피이므로 과량은 약염기인 피리딘(B)이고, 알짜반응식은 $B + H^+ \rightarrow BH^+$, 가해준 HCl만큼 BH^+가 생성되어 완충용액이 구성된다.
완충용액의 pH는 헨더슨-하셀바흐 식으로 구한다.

$$pH = pK_a + \log\frac{[A^-]}{[HA]}$$

전체 부피가 같으므로 몰농도비를 몰비로 구해도 된다.
피리딘의 $K_b = 1.59\times 10^{-9}$

$$K_a = \frac{K_w}{K_b} = \frac{1.00\times 10^{-14}}{1.59\times 10^{-9}} = 6.29\times 10^{-6}$$

$$pK_a = -\log(6.29\times 10^{-6}) = 5.20$$

$$\therefore\ pH = 5.20 + \log\left(\frac{(0.08364\times 25.00)-(0.1067\times 4.63)}{0.1067\times 4.63}\right) = \mathbf{5.71}$$

35 표준 전극전위($E°$)의 특징을 설명한 것으로 틀린 것은?

① 전체 전지에 대한 표준 전극전위는 환원전극의 표준 전극전위에서 산화전극의 표준 전극전위를 뺀 값이다.
② 반쪽반응에 대한 표준 전극전위는 온도에 따라 변하지 않는다.
③ 균형 잡힌 반쪽반응물과 생성물의 몰수에 무관하다.
④ 전기화학전지의 전위라는 점에서 상대적인 양이다.

✔ 표준 전극전위(표준 기전력, $E°_{전지}$)는 25℃, 1atm, 1M의 표준상태에서 두 반쪽전지의 전위차, **온도가 달라지면 표준 전극전위도 달라진다.**

36 활동도계수(activity coefficient)에 대한 설명으로 옳은 것은?

① 이온의 전하가 같을 때 이온 크기가 증가하면 활동도계수는 증가한다.
② 이온의 크기가 같을 때 이온의 세기가 증가하면 활동도계수는 증가한다.
③ 이온의 크기가 같을 때 이온의 전하가 증가하면 활동도계수는 증가한다.
④ 이온의 농도가 묽은 용액일수록 활동도계수는 1보다 커진다.

✔ **활동도계수**
화학종이 포함된 평형에서 그 화학종이 평형에 미치는 영향의 척도이다. 전해질의 종류나 성질에는 무관하며, 전하를 띠지 않는 중성분자의 활동도계수는 이온 세기에 관계없이 대략 1이다. 또한 농도와 온도에 민감하게 반응하며, 용액이 매우 묽을 경우 주어진 화학종의 활동도계수는 1에 매우 가까워진다. 이온 세기가 작을수록, 이온의 전하가 작을수록, **이온 크기(수화 반경)가 클수록 활동도계수는 증가한다.**

37 염이 녹은 수용액의 액성을 나타낸 것 중 틀린 것은?

① $NaNO_3$: 중성　② Na_2CO_3 : 염기성
③ NH_4Cl : 산성　④ NaCN : 산성

✔ ① $NaOH + HNO_3$의 염, 더 이상 가수분해되지 않아 중성 용액
② $NaOH + H_2CO_3$의 염, 생성된 강한 염기(CO_3^{2-})는 가수분해되어 염기성 용액
③ $NH_3 + HCl$의 염, 생성된 강한 산(NH_4^+)은 가수분해되어 산성 용액
④ $NaOH + HCN$의 염, 생성된 강한 염기(CN^-)는 가수분해되어 **염기성 용액**

Check
1. 강산 + 강염기의 염이 녹은 수용액은 더 이상 가수분해되지 않아 중성 용액이 된다.
2. 약산(HA) + 강염기의 염이 녹은 수용액은 생성된 강한 염기(A^-)가 가수분해되어 염기성 용액이 된다.
3. 강산 + 약염기(B)의 염이 녹은 수용액은 생성된 강한 산(BH^+)이 가수분해되어 산성 용액이 된다.

38 $N_2O_4(g) \rightleftarrows 2NO_2(g)$의 계가 평형상태에 있다. 이 계의 압력을 증가시켰을 때의 설명으로 옳은 것은?

① 정반응과 역반응의 속도가 함께 빨라져서 변함없다.
② 평형이 깨어지므로 반응이 멈춘다.
③ 정반응으로 진행된다.
④ 역반응으로 진행된다.

정답 | 35.② 36.① 37.④ 38.④

✔ 압력이 높아지면(입자수 증가) 기체의 몰수가 감소하는 방향으로 평형이동한다. 따라서 왼쪽으로 평형이동(**역반응 진행**)

39 **25℃ 0.01M NaCl 용액의 pOH는? (단, 25℃에서 이온 세기가 0.01M인 용액의 활동도계수는 $\gamma_{H^+}=0.83$, $\gamma_{OH^-}=0.76$이고, $K_w=1.00\times10^{-14}$이다.)**

① 7.02　② 7.00
③ 6.98　④ 6.96

✔ **활동도**

$A_c=\gamma_c[C]$

$K_w=A_{H^+}\times A_{OH^-}=\gamma_{H^+}[H^+]\times\gamma_{OH^-}[OH^-]$

$K_w=1.00\times10^{-14}$, $\gamma_{H^+}=0.83$, $\gamma_{OH^-}=0.76$을 대입하면

$1.00\times10^{-14}=0.83x\times0.76x$, $x=1.259\times10^{-7}$

$\therefore\ pOH=-\log(\gamma_{OH^-}[OH^-])$

$=-\log(0.76\times1.259\times10^{-7})=$ **7.02**

40 **어떤 염산 용액의 밀도가 $1.19g/cm^3$이고 농도는 37.2wt%일 때, 이 용액의 몰농도를 구하는 식으로 옳은 것은? (단, HCl의 분자량은 36.5 g/mol이다.)**

① $1.19\times0.372\times\frac{1}{36.5}\times10^3$

② $1.19\times0.372\times\frac{1}{36.5}$

③ $1.19\times0.72\times36.5\times\frac{1}{10^3}$

④ $1.19\times0.372\times36.5$

✔ **몰농도(M)**

용액 1L 속에 녹아 있는 용질의 몰수를 나타낸 농도

$\text{몰농도(M)}=\frac{\text{용질의 몰수(mol)}}{\text{용액의 부피(L)}}$

단위는 mol/L 또는 M으로 나타낸다.

$1cm^3=1mL$이므로 염산용액의 밀도는 1.19g/mL이다.

$\therefore\ \frac{1.19g\ 용액}{1mL\ 용액}\times\frac{37.2g\ HCl}{100g\ 용액}\times\frac{1mol\ HCl}{36.5g\ HCl}\times\frac{10^3mL\ 용액}{1L\ 용액}=12.1M$

제3과목 | 화학물질 특성 분석

41 **일반적으로 열분석법은 온도 프로그램으로 가열하면서 물질 또는 그 반응생성물의 물리적 성질을 온도 함수로 측정하는 분석법이다. 고분자 중합체를 시차열법분석(DTA)을 통해 분석할 때 흡열반응 피크(peak)로 측정할 수 있는 것은?**

① 유리전이 과정　② 녹는 과정
③ 분해 과정　④ 결정화 과정

✔ **시차열분석법(DTA)**

유리전이 → 결정 형성 → 용융 → 산화 → 분해

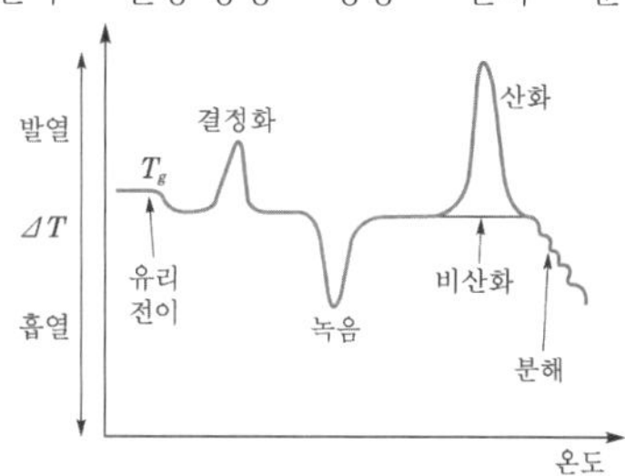

| 시차열분석도 |

1. 유리전이(glass transition)
   ① 유리질에서 고무질로의 전이에서는 열을 방출하거나 흡수하지 않으므로 엔탈피의 변화가 없다($\Delta H=0$).
   ② 고무질의 열용량은 유리질의 열용량과 달라 기준선이 낮아질 뿐, 어떤 봉우리도 나타나지 않는다.
2. 결정 형성 : 첫 번째 봉우리
   ① 특정 온도까지 가열되면 많은 무정형 중합체는 열을 방출하면서 미세결정으로 결정화되기 시작한다.
   ② 열이 방출되는 발열과정의 결과로 생긴 것으로 이로 인해 온도가 올라간다.
3. **용융** : 두 번째 봉우리
   ① 형성된 미세결정이 녹아서 생기는 것이다.
   ② 열을 흡수하는 **흡열과정의 결과**로 생긴 것으로 이로 인해 온도가 내려간다.
4. 산화 : 세 번째 봉우리
   열이 방출되는 발열반응의 결과로 생긴 것으로 이로 인해 온도가 올라간다.
5. 분해
   유리전이 과정과 분해과정은 봉우리가 나타나지 않는다.

정답 | 39.① 40.① 41.②

42 분자 질량분석법에서 분자량이 83인 $C_6H_{11}^+$의 분자량 M^+에 대한 $M+1^+$ 봉우리 높이 비는? (단, 가장 많은 동위원소에 대한 상대 존재 백분율은 ^2H : 0.015, ^{13}C : 1.08이다.)

① $\frac{(M+1)^+}{M^+}=6.65\%$

② $\frac{(M+1)^+}{M^+}=5.55\%$

③ $\frac{(M+1)^+}{M^+}=4.09\%$

④ $\frac{(M+1)^+}{M^+}=3.36\%$

✔ $(M+1)^+$ 봉우리는 $^{12}C_5{}^{13}C^1H_{11}{}^+$, $^{12}C_6{}^1H_{10}{}^2H^+$로부터 얻어진다. M^+의 세기를 1이라 할 때, $^{12}C_5{}^{13}C^1H_{11}{}^+$와 $^{12}C_6{}^1H_{10}{}^2H^+$의 봉우리의 세기를 계산하면 다음과 같다.

$^{12}C_5{}^{13}C^1H_{11}{}^+$의 세기 $=\frac{1.08}{100}\times 6=0.0648$

$^{12}C_6{}^1H_{10}{}^2H^+$의 세기 $=\frac{0.015}{100}\times 11=0.00165$

$(M+1)^+$의 세기=0.0648 + 0.00165=0.06645

$\therefore \frac{(M+1)^+}{(M)^+}=\frac{0.06645}{1}\times 100=\mathbf{6.645\%}$

43 다음 중 질량분석법에 대한 설명으로 틀린 것은 어느 것인가?

① 분자이온 봉우리가 미지시료의 분자량을 알려주기 때문에 구조결정에 중요하다.

② 가상의 분자 ABCD에서 BCD^+는 딸-이온(daughter-ion)이다.

③ 질량스펙트럼에서 가장 큰 봉우리의 크기를 임의로 100으로 정한 것이 기준봉우리이다.

④ 질량스펙트럼에서 분자이온보다 질량수가 큰 봉우리는 생기지 않는다.

✔ 이온과 분자 간 충돌로 인해 분자이온보다 질량수가 큰 봉우리를 생성할 수 있고, **동위원소의 존재로 인해 질량수가 1~2 큰 봉우리를 생성할 수 있다.**
$ABCD^{\cdot+}+ABCD \rightarrow (ABCD)_2^{\cdot+} \rightarrow BCD^{\cdot+}+ABCDA^+$

44 길이 3.0m의 분리칼럼을 사용하여 용질 A와 B를 분석하였다. 용질 A와 B의 머무름시간은 각각 16.80분과 17.36분이고, 봉우리 너비(4τ)는 각각 1.12분과 1.24분이었으며, 머물지 않는 화학종은 1.10분만에 통과하였다. 분해능을 1.50으로 하기 위해서는 칼럼의 길이를 약 몇 m로 해야 하는가?

① 10m ② 20m
③ 30m ④ 40m

✔ 분해능(R_s)
두 가지 분석물질을 분리할 수 있는 칼럼의 능력을 정량적으로 나타내는 척도

$$R_s=\frac{(t_R)_B-(t_R)_A}{\frac{W_A+W_B}{2}}=\frac{2\{(t_R)_B-(t_R)_A\}}{W_A+W_B}$$

여기서, W_A, W_B : 봉우리 A, B의 너비
$(t_R)_A$, $(t_R)_B$: 봉우리 A, B의 머무름시간

$$R_s=\frac{2(17.36-16.80)}{1.12+1.24}=0.475$$

$R_s \propto \sqrt{N}$(N : 이론단수), $N \propto L$(L : 칼럼의 길이)이므로 $R_s \propto \sqrt{L}$이다.

분해능을 1.50으로 하기 위한 칼럼의 길이 x는
$0.475 : \sqrt{3.0}=1.5 : \sqrt{x}$
$\therefore x=\mathbf{29.9m}$

45 HCl을 NaOH로 적정 시 conductance의 변화를 바르게 나타낸 것은?

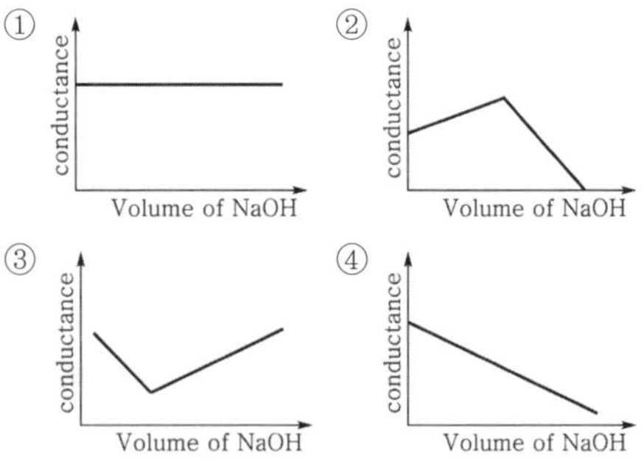

✔ 반응의 알짜반응식은 $H^+(aq)+OH^-(aq) \rightarrow H_2O(l)$이다.
- 당량점 이전에서는 가해준 OH^- 양만큼 H^+과 OH^-가 반응하여 H_2O이 생성되어 반응 후 남은 H^+의 감소로 전도도는 점차 감소한다.
- 당량점에서 H^+과 OH^-가 모두 반응하여 H_2O가 되어 전도도는 최소가 된다.
- 당량점 이후 가해준 OH^- 양이 과량이므로 H^+ 양만큼 H^+과 OH^-가 반응하여 H_2O가 생성되어 반응 후 남은 OH^-의 증가로 전도도는 점차 증가한다.

정답 | 42.① 43.④ 44.③ 45.③

46 **질량분석기의 이온화 방법에 대한 설명 중 틀린 것은?**

① 전자충격 이온화 방법은 토막내기가 잘 일어나므로 분자량의 결정이 어렵다.
② 전자충격 이온화 방법에서 분자 양이온의 생성반응이 매우 효율적이다.
③ 화학 이온화 방법에 의해 얻어진 스펙트럼은 전자충격 이온화 방법에 비해 매우 단순한 편이다.
④ 전자충격 이온화 방법의 단점은 반드시 시료를 기화시켜야 하므로 분자량이 1,000보다 큰 물질의 분석에는 불리하다.

✔ 전자충격 이온화 방법에서 고에너지의 빠른 전자빔으로 분자를 때리므로 토막내기 과정이 매우 잘 일어나므로 **분자 양이온의 생성반응은 거의 일어나지 않는다.**

47 **질량분석계의 질량분석관(analyzer)의 형태가 아닌 것은?**

① 비행시간(TOF)형
② 사중극자(quadrupole)형
③ 매트릭스 지원 탈착(MALDI)형
④ 이중초점(double focusing)형

✔ **질량분석기의 종류**

1. 자기장 섹터 분석기(=자기장 부채꼴 질량분석기, 단일초점 분석기)
2. **이중초점 분석기**
3. **사중극자 질량분석기**
4. **비행-시간 분석기(TOF)**
5. 이온포착(이온포집) 분석기
6. Fourier 변환 질량분석기

48 **전압전류법(voltammetry)에 대한 설명 중 틀린 것은?**

① 반파전위는 정성분석을, 확산전류는 정량분석을 가능하게 한다.
② 폴라로그래피는 적하 수은전극을 이용하는 전압전류법이다.
③ 벗김분석이 아주 민감한 전압전류법인 이유는 분석물질이 농축되기 때문이다.
④ 측정하고자 하는 전류는 패러데이 전류이고, 충전전류(charging current)는 패러데이 전류를 생성시키게 하므로 최대화해야 한다.

✔ 측정하고자 하는 전류는 패러데이 전류이고, **충전전류(charging current)는 비패러데이 전류를 생성시키게 하므로 최소화해야 한다.**

Check

- **패러데이 전류**
  산화전극에서는 산화반응에, 환원전극에서는 환원반응에 의하여 전류가 직접 이동하는 것을 패러데이 과정이라고 하며, 이때 Faraday 법칙을 따르는데 이는 전극에서 일어나는 화학반응물의 양이 전류에 비례한다는 것이다. 이렇게 흐르는 전류를 패러데이 전류라고 한다.
- **비패러데이 전류**
  분석물의 산화 혹은 환원과 관계없이 흐르는 전류로 잔류전류와 충전전류가 이에 속한다.

49 **시차주사열량법(DSC)에 대한 설명 중 틀린 것은 무엇인가?**

① 측정속도가 빠르고, 쉽게 사용할 수 있다.
② DSC는 정량분석을 하는 데 이용된다.
③ 전력보상 DSC에서는 시료의 온도를 일정한 속도로 변화시키면서 시료와 기준으로 흘러들어오는 열흐름의 차이를 측정한다.
④ 결정성 물질의 용융열과 결정화 정도를 결정하는 데 응용된다.

✔ **시차주사열량법의 종류**

1. 전력보상(power compensated) 시차주사열량법 : 시료와 기준물질 사이의 온도를 동일하게 유지시키는 데 **필요한 전력을 측정**한다.
2. 열흐름(heat flux) 시차주사열량법 : 시료와 기준물질로 흘러들어 오는 열흐름의 차이를 측정한다.
3. 변조 시차주사열량법 : Fourier 변환법을 이용하여 열흐름 신호를 측정한다.

50 **포화 칼로멜전극의 구성이 아닌 것은?**

① 다공성 마개(염다리)
② 포화 KCl 용액
③ 수은
④ Ag선

✔ **포화 칼로멜전극(SCE)**

1. 염화수은(Ⅰ)(Hg_2Cl_2, 칼로멜)으로 포화되어 있고, **포화 염화포타슘(KCl) 용액에 수은**을 넣어 만든다.
2. 전극반응 : $Hg_2Cl_2(s) + 2e^- \rightleftarrows 2Hg(l) + 2Cl^-(aq)$
3. 선 표시법 : $Hg(l) | Hg_2Cl_2(sat'd), KCl(sat'd) \|$

정답 | 46.② 47.③ 48.④ 49.③ 50.④

51 머무름시간이 410초인 용질의 봉우리 너비는 바탕선에서 측정해보니 13초이다. 다음의 봉우리는 430초에 용리되었고, 너비는 16초이다. 두 성분의 분리도는?

① 1.18　　② 1.28
③ 1.38　　④ 1.48

✔ 분리능(R_s)

두 가지 분석물질을 분리할 수 있는 관의 능력을 정량적으로 나타내는 척도

$$R_s = \frac{(t_R)_B - (t_R)_A}{\frac{W_A + W_B}{2}} = \frac{2\{(t_R)_B - (t_R)_A\}}{W_A + W_B}$$

여기서, W_A, W_B : 봉우리 A, B의 너비

$(t_R)_A$, $(t_R)_B$: 봉우리 A, B의 머무름시간

$$\therefore R_s = \frac{2(430-410)}{13+16} = 1.38$$

52 다음 중 질량분석계의 시료 도입장치가 아닌 것은 어느 것인가?

① 배치식
② 연속식
③ 직접식
④ 모세관 전기이동

✔ 질량분석계의 시료 도입장치

1. **배치식** 도입장치 : 기체나 끓는점이 500℃까지의 액체인 경우, 압력을 감압하여 끓는점을 낮추어 기화시킨 후 기체 시료를 진공인 이온화 지역으로 새어 들어가게 한다.
2. **직접** 도입장치 : 열에 불안정한 화합물, 고체 시료, 비휘발성 액체인 경우, 진공 봉쇄상태로 되어 있는 시료 직접 도입 탐침에 의해 이온화 지역으로 주입된다.
3. 크로마토그래피 또는 **모세관 전기이동** 도입장치 : GC/MS, LC/MS 또는 모세관 전기이동관을 질량분석기와 연결시키는 장치, 용리 기체로 용리한 후 용리 기체와 분리된 시료 기체를 도입한다.

53 25℃에서 요오드화 납으로 포화되어 있고, 요오드화 이온의 활동도가 정확히 1.00인 용액 중의 납전극의 전위는 얼마인가? (단, PbI_2의 K_{sp}=7.1×10^{-9}, $Pb^{2+} + 2e^- \rightleftarrows Pb(s)$, $E°$=−0.350V)

① −0.0143V　　② 0.0143V
③ 0.0151V　　④ −0.591V

✔ $PbI_2(s) \rightleftarrows Pb^{2+}(aq) + 2I^-(aq)$

활동도(A)　　x　　1.00

$$K_{sp} = A_{Pb^{2+}} \cdot A_{I^-}^{\ 2} = x \times (1.00)^2 = 7.1 \times 10^{-9}$$

$x = 7.1 \times 10^{-9}$M

Nernst 식 : $E = E° - \frac{0.05916\,V}{n}\log Q$

$Pb^{2+} + 2e^- \rightleftarrows Pb$, $E° = -0.350V$

$$\therefore E = -0.350 - \frac{0.05916}{2}\log\frac{1}{7.1\times10^{-9}} = -0.591V$$

54 질량분석계로 분석할 경우 상대세기(abundance)가 거의 비슷한 두 개의 동위원소를 갖는 할로젠 원소는?

① Cl(chlorine)
② Br(bromine)
③ F(fluorine)
④ I(iodine)

✔ 동위원소의 비

원소	가장 많은 동위원소	가장 많은 동위원소에 대한 존재 백분율
수소	^{1}H(100)	^{2}H(0.015)
탄소	^{12}C(100)	^{13}C(1.08)
질소	^{14}N(100)	^{15}N(0.37)
산소	^{16}O(100)	^{17}O(0.04)
염소	^{35}Cl(100)	^{37}Cl(32.5)
브로민	**^{79}Br(100)**	**^{81}Br(98.0)**

55 유리전극으로 pH를 측정할 때 영향을 주는 오차요인으로 가장 거리가 먼 것은?

① 산 오차
② 알칼리 오차
③ 탈수
④ 높은 이온세기

정답 | 51.③ 52.② 53.④ 54.② 55.④

✔ 유리전극으로 pH를 측정할 때의 오차
1. 산 오차
2. 알칼리 오차
3. 탈수
4. **낮은 이온세기의 용액**
5. 접촉전위의 변화
6. 표준 완충용액의 불확정성
7. 온도 변화에 따른 오차
8. 전극의 세척 불량

56 **백금 환원전극을 사용하여 용액 안에 있는 Sn^{4+} 이온을 Sn^{2+}이온으로 5.00mmol/h의 일정한 속도로 환원시키려고 한다. 이 전극에 흘려야 하는 전류는 약 몇 mA인가? (단, 패러데이상수 F =96,500C/mol이고, Sn의 원자량은 118.7이며, 다른 산화－환원 과정은 일어나지 않는다.)**

① 134
② 268
③ 536
④ 965

✔ 1C = 1A × 1s

$Sn^{4+} + 2e^- \rightarrow Sn^{2+}$

$$\text{전류(A)} = \frac{\text{전하량(C)}}{\text{시간(s)}}$$

$$= \frac{5.00\times10^{-3}\text{mol Sn}^{4+}}{1\text{h}} \times \frac{2\text{mol } e^-}{1\text{mol Sn}^{4+}} \times \frac{1\text{h}}{3{,}600\text{s}} \times \frac{96{,}500\text{C}}{1\text{mol } e^-}$$

$= 0.2681\text{ A}$

∴ 268.1mA

57 **얇은 층 크로마토그래피(TLC)에 대한 설명으로 틀린 것은?**

① 얇은 층 크로마토그래피(TLC)의 응용법은 기체 크로마토그래피와 유사하다.
② 시료의 점적법은 정량측정을 할 경우 중요한 요인이다.
③ 최고의 분리효율을 얻기 위해서는 점적의 지름이 작아야 한다.
④ 묽은 시료인 경우는 건조시켜 가면서 3~4회 반복 점적한다.

✔ 얇은 층 크로마토그래피
1. 정지상 : 미세한 입자(실리카겔, 알루미나 등)의 얇은 접착성 층으로 도포된 판유리나 플라스틱 전개판
2. **이동상 : 액체를 사용하고, HPLC의 최적 조건을 얻는 데 사용된다.**
3. 시료 점적법 : 정량측정을 할 경우 매우 중요하다. 일반적으로 0.01~0.1% 시료용액을 전개판의 끝에서 1~2cm되는 위치에 점적하며, 높은 분리효율을 얻기 위해서는 점적의 지름이 작아야 하는데 정성분석에서는 약 5mm, 정량분석에서는 이보다 더 작아야 한다. 또한 묽은 용액의 경우에는 건조시켜 가면서 3~4번 반복해서 점적한다.

58 **$FeCl_3 \cdot 6H_2O$ 25.0mg을 0℃부터 340℃까지 가열하였을 때 얻은 열분해곡선(Thermogram)을 예측하고자 한다. 100℃와 320℃에서 시료의 질량으로 가장 타당한 것은? (단, $FeCl_3$의 열적 특성은 다음 표와 같다.)**

화합물	화학식량	용융점
$FeCl_3 \cdot 6H_2O$	270	37℃
$FeCl_3 \cdot 5/2H_2O$	207	56℃
$FeCl_3$	162	306℃

① 100℃ － 9.8mg, 320℃ － 0.0mg
② 100℃ － 12.6mg, 320℃ － 0.0mg
③ 100℃ － 15.0mg, 320℃ － 15.0mg
④ 100℃ － 20.2mg, 320℃ － 20.2mg

✔ 1. 100℃에서는 $FeCl_3 \cdot 6H_2O$가 분해되어 → $FeCl_3 \cdot 5/2H_2O$ → $FeCl_3$의 형태로 존재한다.
$6H_2O$에 해당되는 질량 : 25.0mg $FeCl_3 \cdot 6H_2O$ $\times \frac{18\times6\text{mg H}_2\text{O}}{270\text{mg FeCl}_3\cdot6\text{H}_2\text{O}}$ = 10mg이 수증기로 증발되어 감소된다.
따라서 25mg−10mg=15mg이 100℃에서 시료의 질량이 된다.
2. $FeCl_3$의 용융점은 306℃이고, 320℃에서는 $FeCl_3$가 액체 상태로 존재한다. 시료의 질량은 변하지 않고 상태변화만 일어나므로 320℃에서 시료의 질량은 15mg이다.

정답 | 56.② 57.① 58.③

59 **전해질(0.1M KNO_3)만 있는 용액에서 적하 수은 전극(D.M.E.)에 −0.8V를 적용하고 측정한 잔류전류(residual current)는 0.2μA이다. 같은 전해질 용액 100mL에 포함된 Cd^{2+} 환원에 대한 한계전류(liniting current)는 8.0μA이다. 만약 1.00×10^{-2}M Cd^{2+} 표준용액 5mL를 이 용액에 가한 후 −0.8V에서 측정한 한계전류가 11.0μA라면, 이 용액에 포함된 Cd^{2+}의 농도(mM)는? (단, 측정 간 온도 변화는 없다고 가정한다.)**

① 0.355 ② 0.494
③ 0.852 ④ 1.10

표준물 첨가법
미지시료에 아는 양의 분석물질을 첨가시킨 다음, 증가된 신호로부터 원래 미지시료 중에 얼마나 많은 양의 분석물질이 함유되어 있는가를 알아낸다.

$$\frac{[X]_i}{[S]_f+[X]_f}=\frac{I_X}{I_{X+S}}$$

여기서, X : 분석물질
S : 표준물질
i : 초기
f : 최종
I : 신호 세기

용액에 포함된 Cd^{2+}의 농도(M)를 x라고 하면,
표준물질의 최종농도

$$[S]_f=[S]_i\times\frac{V_i}{V_f}=(1.00\times10^{-2}\text{M})\times\frac{5\text{mL}}{105\text{mL}}$$

분석물질의 최종농도

$$[X]_f=[X]_i\times\frac{V_i}{V_f}=x(\text{M})\times\frac{100\text{mL}}{105\text{mL}}$$

신호 세기는 측정한 한계전류에서 잔류전류를 뺀 값이다.

$$\frac{x}{\left(1.00\times10^{-2}\times\frac{5}{105}\right)+\left(x\times\frac{100}{105}\right)}=\frac{8.0-0.2}{11.0-0.2}$$

∴ 용액에 포함된 Cd^{2+}의 농도
$x=1.10\times10^{-3}\text{M}=$ **1.10mM**이다.

60 **전기량법에 관한 설명 중 옳은 것은?**

① 전기량의 단위로 F(Farad)이 사용되는데 1F은 96,485C/mol e^-로 1C은 1V×1A이다.
② 전기량법 적정은 전해전지를 구성한 분석용액에 뷰렛으로부터 표준용액을 가하면서 전류의 변화를 읽어서 종말점을 구한다.
③ 조절-전위 전기량법을 위한 전지는 기준전극(reference electrode), 상대전극(counter electrode) 및 작업전극(working electrode)으로 구성되는데, 기준전극과 상대전극 사이의 전위를 조정한다.
④ 구리의 전기분해 전지에서 전위를 일정하게 놓고 전기분해를 하면 시간에 따라 전류가 감소하는데, 이는 구리이온의 농도가 감소하고 환원전극 농도 편극의 증가가 일어나기 때문이다.

① 전기량의 단위로 F(Farad)이 사용되는데 1F은 96,485C/mol e^-로 1C은 1A×1s이다.
② 전기량법 적정은 전해전지를 구성한 분석용액에 뷰렛으로부터 표준용액을 가하면서 종말점에 도달하기까지 필요한 전기량을 측정하며, 전기량법 적정에서도 화학당량점을 검출하는 방법이 필요하고 부피법 분석에서 이용될 수 있는 대부분의 종말점 검출법이 이용 가능하다.
③ 조절-전위 전기량법을 위한 전지는 기준전극(reference electrode), 상대전극(counter electrode) 및 작업전극(working electrode)으로 구성되는데, 기준전극과 작업전극 사이의 전위를 일정하게 유지시켜 준다.

제4과목 | 화학물질 구조 및 표면 분석

61 **분광분석기기에서 단색화 장치에 대한 설명으로 가장 거리가 먼 것은?**

① 연속적으로 단색광의 빛을 변화하면서 주사하는 장치이다.
② 분석하려는 성분에 맞는 광을 만드는 역할을 한다.
③ 필터, 회절발 및 프리즘 등을 사용한다.
④ 슬릿은 단색화 장치의 성능 특성과 품질을 결정하는 데 중요한 역할을 한다.

분석하려는 성분에 맞는 광을 만드는 분광분석기기는 광원이다.
단색화 장치는 빛을 각 성분 파장으로 분산시키고 좁은 띠의 파장을 선택하여 연속적으로 단색광의 빛을 변화하면서 주사할 수 있는 장치로, 입구 슬릿, 평행화 렌즈 또는 거울, 회절발 또는 프리즘, 초점장치, 출구 슬릿으로 구성된다.
슬릿은 인접 파장을 분리하는 역할을 하는 장치로 단색화 장치의 성능과 특성과 품질을 결정하는 데 중요한 역할을 한다.

정답 | 59.④ 60.④ 61.②

62 **원자흡수분광법에서 스펙트럼 방해를 제거하는 방법이 아닌 것은?**

① 연속광원 보정
② 보호제를 이용한 보정
③ Zeeman 효과를 이용한 보정
④ 광원 자체 반전에 의한 보정

✔ **보호제를 이용한 보정은 화학적 방해를 제거하는 방법**이다. 보호제는 분석물과 반응하여 안정하고 휘발성 있는 화합물을 형성하여 방해물질로부터 분석물을 보호해 주는 시약으로, 종류로는 EDTA, 8-hydroquinoline, APDC 등이 있다.

Check
원자흡수분광법의 스펙트럼 방해는 방해 화학종의 흡수선 또는 방출선이 분석선에 너무 가까이 있거나 겹쳐서 단색화 장치에 의하여 분리가 불가능한 경우에 생긴다. 연속광원 보정법, 두 선 보정법, Zeeman 효과에 의한 바탕 보정, 광원 자체 반전에 의한 바탕 보정으로 보정한다.

63 **원자분광법에서 용액 시료의 도입방법이 아닌 것은?**

① 초음파분무기 ② 기체분무기
③ 글로우방전법 ④ 수소화물발생법

✔ **원자분광법의 시료 도입방법**
1. 용액 시료의 도입방법 : 초음파분무기, 기체분무기, 전열증기화, 수소화물생성법 등이 있다.
2. **고체 시료**의 도입방법 : 직접 시료 도입, 전열증기화, 레이저 증발, 아크와 스파크 증발, **글로우방전법** 등이 있다.

64 **다음 ^{1}H-핵자기 공명(NMR) 스펙트럼의 화학적 이동(chemical shift)에 대한 설명 중 옳지 않은 것은?**

① 외부 자기장 세기가 클수록 화학적 이동(δ, ppm)은 커진다.
② 가리움이 적을수록 낮은 자기장에서 봉우리가 나타난다.
③ 300MHz NMR로 얻은 화학적 이동(Hz)은 200MHz NMR로 얻은 화학적 이동(Hz)보다 크다.
④ 화학적 이동은 편재 반자기 전류효과 때문에 나타난다.

✔ 화학적 이동의 파라미터 δ는 기준물질의 공명선에 대한 상대적인 이동을 나타내는 값으로 ppm 단위로 표시한다. 외부 자기장 세기가 클수록 화학적 이동(Hz)은 커지나, **화학적 이동(δ, ppm)**은 외부 자기장의 세기와 상관없이 **일정하다**.

65 **원자분광법에서 원자선 너비는 여러 가지 요인들에 의해서 넓힘이 일어난다. 선 넓힘의 원인이 아닌 것은?**

① 불확정성 효과
② 제만(Zeeman) 효과
③ 도플러(doppler) 효과
④ 원자들과의 충돌에 의한 압력 효과

✔ **선 넓힘의 원인**
1. 불확정성 효과 : 하이젠베르크(Heisenberg)의 불확정성 원리에 의해 생기는 선 넓힘으로, 자연선 너비라고도 한다.
2. 도플러 효과 : 검출기로부터 멀어지거나 가까워지는 원자의 움직임에 의해 생기는 선 넓힘으로, 원자가 검출기로부터 멀어지면 원자에 의해 흡수되거나 방출되는 복사선의 파장이 증가하고 가까워지면 감소한다.
3. 압력 효과 : 원자들 간의 충돌로 바닥상태의 에너지 준위의 작은 변화로 인해 흡수하거나 방출하는 파장이 어떤 범위를 가지게 되어 생기는 선 넓힘이다.

Check
전기장과 자기장 효과(Zeeman 효과)
센 자기장이나 전기장하에서 에너지준위가 분리되는 형상에 의해 생기는 선 넓힘이다. 원자분광법에서는 선 넓힘의 원인이 아닌 스펙트럼 방해를 보정하는 바탕보정 시 이용하므로 **바탕보정 방법으로 분류**한다.

66 **순수한 화합물 A를 녹여 정확히 10mL의 용액을 만들었다. 이 용액 중 1mL를 분취하여 100mL로 묽힌 후 250nm에서 0.50cm의 셀로 측정한 흡광도가 0.432였다면 처음 10mL 중에 있는 시료의 몰농도는? (단, 몰 흡광계수(ε)는 $4.32\times10^{3}M^{-1}cm^{-1}$이다.)**

① 1×10^{-2}M
② 2×10^{-2}M
③ 1×10^{-3}M
④ 2×10^{-4}M

정답 | 62.② 63.③ 64.① 65.② 66.②

✔ Beer's law
$A = \varepsilon bC$
$0.432 = 4.32 \times 10^3 \times 0.50 \times C$
C는 묽은 용액의 몰농도이다.
$C = 2 \times 10^{-4}$M
진한 용액 1mL를 취하여 묽은 용액 100mL를 만들었으므로
묽힘 공식 : $M_{진한} \times V_{진한} = M_{묽은} \times V_{묽은}$
$M_{진한} \times 1\text{mL} = 2 \times 10^{-4} \times 100\text{mL}$
$\therefore M_{진한} = 2 \times 10^{-2}$M

67 **다음 중 원자분광법에서 원자선 너비가 중요한 주된 이유는?**

① 원자들이 검출기로부터 멀어져 발생되는 복사선 파장의 증폭을 방지할 수 있다.
② 다른 원자나 이온과의 충돌로 인한 에너지 준위의 변화를 막을 수 있다.
③ 원자의 전이시간의 차이로 발생되는 선 좁힘 현상을 제거할 수 있다.
④ 스펙트럼선이 겹쳐서 생기게 되는 분석방해를 방지할 수 있다.

✔ **원자선 너비가 좁을수록** 스펙트럼선의 겹침이 적어지므로 **스펙트럼선이 겹쳐서 생기게 되는 분석방해를 방지할 수 있다.**

68 **다음 중 이상적인 변환기의 성질이 아닌 것은 어느 것인가?**

① 높은 감도
② 빠른 감응시간
③ 높은 신호-대-잡음비
④ 반드시 Nernst 식에 따라야 함

✔ 복사선 변환기는 빛을 전기적 신호로 바꾸는 장치로 검출기이다. 이상적인 변환기는 **높은 감도, 높은 신호-대-잡음비**, 넓은 파장영역에 걸쳐 일정한 감응을 나타내고, **빠른 감응시간**, 빛의 조사가 없을 때에는 0의 출력을 내며, 변환기에 의해 얻어진 신호는 복사선의 세기에 정비례하여야 한다.

69 **UV-B를 차단하기 위한 햇볕 차단제의 흡수스펙트럼으로부터 280nm 부근의 흡광도가 0.38이었다면 투과되는 자외선 분율은?**

① 42% ② 58%
③ 65% ④ 73%

✔ 매질에서의 투광도 T는 매질에 의해 투과되는 입사 복사선의 분율로 나타낸다.

$$T = \frac{P}{P_0},\ \%T = \frac{P}{P_0} \times 100$$

흡광도 $A = -\log T = -\log \frac{P}{P_0}$

$0.38 = -\log T,\ T = 10^{-0.38} = 0.417$
$0.417 \times 100 = 41.7\%$
$\therefore$ 투과되는 자외선 분율(%)=%투광도=**41.7%**

70 **다음 중 형광의 상대적 크기가 가장 큰 벤젠 유도체는?**

① Fluorobenzene ② Chlorobenzene
③ Bromobenzene ④ Iodobenzene

✔ 형광과 분자구조에서 할로젠의 치환의 영향은 대단히 크다. 할로젠의 몰질량이 증가할수록(F<Cl<Br<I) 무거운 원자 효과가 일부 작용하여 삼중항 상태로 계간전이의 가능성을 증가시키기 때문에 형광의 크기는 감소한다.

71 **불꽃원자화와 비교한 유도결합플라스마 원자화에 대한 설명으로 옳은 것은?**

① 이온화가 적게 일어나서 감도가 더 높다.
② 자체흡수효과가 많이 일어나서 감도가 더 높다.
③ 자체반전효과가 많이 일어나서 감도가 더 높다.
④ 고체상태의 시료를 그대로 분석할 수 있다.

✔ **유도결합플라스마 원자화의 장점**
1. **이온화가 적게 일어나서 감도가 더 높다.** 아르곤의 이온화로 인한 전자밀도가 높아서 시료의 이온화에 의한 방해가 거의 없다.
2. 플라스마 단면의 온도 분포가 균일하여 자체 흡수나 자체 반전이 없으므로 넓은 선형 측정범위를 갖는다. 플라스마 광원의 온도가 매우 높기 때문에 원자화 효율이 좋고, 원소 상호간의 화학적 방해가 거의 없다.
3. 고체상태의 시료는 그대로 분석하지 않고, 전열 증기화, 레이저, 아크와 스파크 증발, 글로우방전 등으로 증기화하여 플라스마로 도입, 분석한다.

정답 | 67.④ 68.④ 69.① 70.① 71.①

72 **Beer의 법칙에 대한 실질적인 한계를 나타내는 항목이 아닌 것은?**

① 단색의 복사선
② 매질의 굴절률
③ 전해질의 해리
④ 큰 농도에서 분자 간의 상호작용

✔ 베르(Beer)법칙은 단색 복사선에서만 확실하게 적용된다.

Check

- 몰흡광계수(ε)는 특정 파장에서 흡수한 빛의 양을 의미하며, 매질의 굴절률, 전해질을 포함하는 경우 전해질의 해리는 몰흡광계수를 변화시켜 베르법칙(흡광도 $A = \varepsilon bc$)의 편차를 유발한다.
- 다색 복사선에 대한 겉보기 기기 편차 : 다색 복사선의 경우 농도가 커질수록 흡광도가 감소한다.

73 **적외선 흡수스펙트럼을 나타낼 때 가로축으로 주로 파수(cm^{-1})를 쓰고 있다. 파장(μm)과의 관계는?**

① $\text{파수} = \dfrac{10,000}{\text{파장}}$
② $\text{파수} \times \text{파장} = 1,000$
③ $\text{파수} \times \text{파장} = 100$
④ $\text{파수} = \dfrac{1,000,000}{\text{파장}}$

✔ $\text{파수}(cm^{-1}) = \dfrac{1}{\text{파장}(\mu m)} \times 10^4$

74 **착물 형성에 관한 아래 설명의 빈칸에 들어갈 내용을 바르게 짝지은 것은?**

PbI^-, PbI_3^-와 같은 착이온에서 아이오딘화 이온은 Pb^{2+}의 (㉠)라고 한다. 이 착물에서 Pb^{2+}는 Lewis (㉡)로/으로 작용하고, 아이오딘화 이온은 Lewis (㉢)로/으로 작용한다. Pb^{2+}와 아이오딘화 이온 사이에 존재하는 결합을 (㉣) 결합이라 부른다.

① ㉠ 리간드, ㉡ 산, ㉢ 염기, ㉣ 배위
② ㉠ 리간드, ㉡ 염기, ㉢ 산, ㉣ 공유
③ ㉠ 매트릭스, ㉡ 산, ㉢ 염기, ㉣ 배위
④ ㉠ 매트릭스, ㉡ 염기, ㉢ 산, ㉣ 공유

✔ **리간드(ligand)**는 양이온 또는 중성 금속원자에게 한 쌍의 전자를 제공하여 공유결합을 형성하는 이온이나 분자이며, 전자쌍 주개로 결합에 필요한 비공유 전자쌍을 적어도 한 개는 가지고 있다. 제공된 전자는 양이온 또는 중성 금속원자와 리간드에 의해 공유되며 이러한 결합을 **배위결합**이라고 한다. 또한 **금속이온**은 전자쌍을 주는 리간드로부터 전자쌍을 받을 수 있으므로 Lewis **산**이고, **리간드**는 전자를 주는 것으로 Lewis **염기**이다.

75 **230nm 빛을 방출하기 위하여 사용되는 광원으로 가장 적절한 것은?**

① tungsten lamp
② deuterium lamp
③ nernstglower
④ globar

✔
- **자외선 영역(10~400nm)**
  중수소(D_2), 아르곤, 제논, 수은등을 포함한 고압 기체 충전아크등
- **가시광선 영역(400~780nm)**
  텅스텐 필라멘트
- **적외선 영역(780nm~1mm)**
  1,500~2,000K으로 가열된 비활성 고체 니크롬선(Ni−Cr), 글로바(SiC), Nernst 백열등

76 **^1H Nuclear Magnetic Resonance(NMR)에서 유기화합물 분석에 사용할 수 있는 가장 적당한 용매는?**

① $CDCl_3$
② $CHCl_3$
③ C_6H_6
④ H_3O^+

✔ ^1H NMR 분광법을 위한 가장 좋은 용매는 양성자를 포함하지 않는다. 이런 이유로 사염화탄소(CCl_4)가 매우 이상적이다. 그러나 많은 화합물이 사염화탄소에 대하여 상당히 낮은 용해도를 갖고 있으므로 NMR 실험에서의 용매로서의 유용성이 제한되므로 많은 종류의 중수소−치환 용매가 대신 사용된다. **중수소화된 클로로포름($CDCl_3$)** 및 중수소화된 벤젠(C_6D_6)이 흔히 사용되는 용매들이다.

정답 | 72.① 73.① 74.① 75.② 76.①

77 **광도법 적정에서 $\varepsilon_a = \varepsilon_t = 0$이고, $\varepsilon_p > 0$인 경우의 적정 곡선을 가장 잘 나타낸 것은? (단, 각각의 기호의 의미는 다음의 표와 같으며, 흡광도는 증가된 부피에 대하여 보정되어 표시한다.)**

몰흡광계수	기호
시료(analyte)	ε_a
적정액(titrant)	ε_t
생성물(product)	ε_p

① 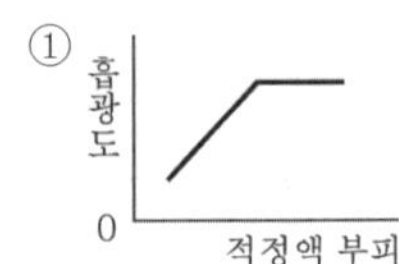

② 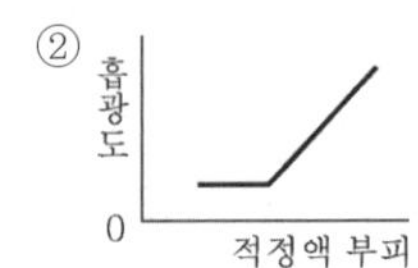

③ 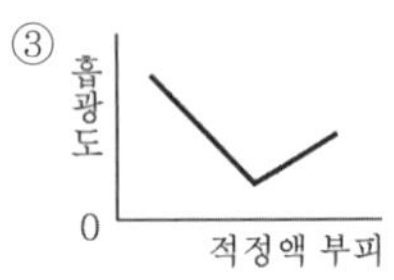

④ 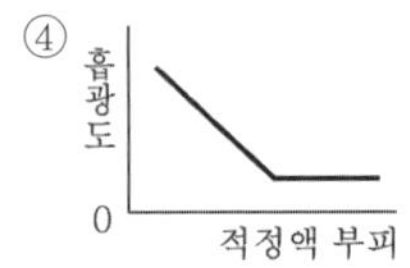

✔ 시료, 생성물, 적정 시약의 몰흡광계수가 각각 ε_a, ε_p, ε_t,로 주어진다.

① 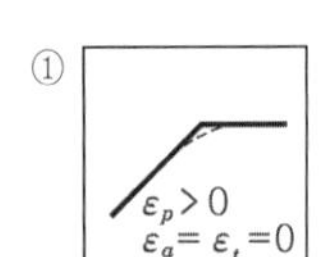	• 시료 흡광 × • 적정 시약 흡광 × • 생성물 흡광 ○ 생성물이 증가함에 따라 흡광도 증가, 당량점 이후 더 이상 생성물이 생성되지 않으므로 흡광도가 더 이상 증가하지 않고 일정
② 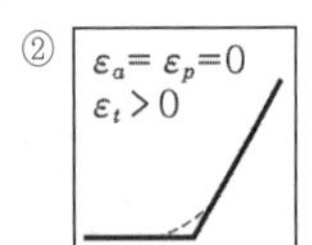	• 시료 흡광 × • 적정 시약 흡광 ○ • 생성물 흡광 × 과량의 적정 시약이 존재하게 되면, 즉 당량점 이후 흡광도 증가
③ 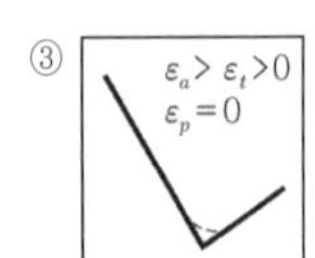	• 시료 흡광 ○ • 적정 시약 흡광 ○ • 생성물 흡광 × 당량점 이전 생성물이 증가함에 따라 흡광도 감소, 흡광도는 당량점에서 최소, 당량점 이후 적정 시약의 증가로 흡광도 증가
④ 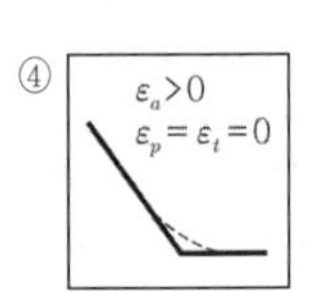	• 시료 흡광 ○ • 적정 시약 흡광 × • 생성물 흡광 × 생성물이 증가함에 따라 흡광도 감소, 흡광도는 당량점에서 최소, 당량점 이후 흡광하는 성분이 없으므로 흡광도 변화 없음

78 **다음 중 불꽃원자화(Flame Atomizer) 방법과 비교한 전열원자화(Electrothermal Atomizer) 방법의 특징에 대한 설명으로 틀린 것은 어느 것인가?**

① 감도가 불꽃원자화에 비하여 뛰어나다.
② 적은 양의 액체 시료로도 측정이 가능하다.
③ 고체 시료의 직접 분석이 가능하다.
④ 측정농도 범위가 10^6 정도로서 아주 넓고 정밀도가 우수하다.

✔ **전열원자화의 특징**

① 감도가 불꽃원자화에 비하여 뛰어나다.
→ 원자화 효율이 우수하다.
② 적은 양의 액체 시료로도 측정이 가능하다.
→ 감도가 높아 작은 부피의 시료도 측정 가능하다.
③ 고체 시료의 직접 분석이 가능하다.
→ 직접 원자화가 가능하다.
④ 분석과정이 느리며, **측정농도 범위가 보통 10^2 정도로 좁고, 불꽃원자화에 비해 정밀도가 떨어진다.**

79 **기체 크로마토그래피/질량분석법(GC/MS)의 이동상으로 가장 적절한 것은?**

① He　　② N_2
③ Ar　　④ Kr

✔ GC/MS에서 분석물로부터의 대부분의 운반기체를 제거해야 하기 때문에 운반기체는 **가벼운 헬륨(He)**을 사용한다. 헬륨(He)은 진공 속에서 굴절되어 펌프에 의해 폐기된다.

80 **530nm 파장을 갖는 빛의 에너지보다 3배 큰 에너지의 빛의 파장은 약 얼마인가?**

① 177nm　　② 226nm
③ 590nm　　④ 1,590nm

✔ $E = h\nu = h\dfrac{c}{\lambda} = h\bar{\nu}c$

에너지(E)는 파장(λ)에 반비례한다.

에너지가 3배가 되면 파장은 $\dfrac{1}{3}$배가 되므로

$\therefore\ \lambda = 530\,\text{nm} \times \dfrac{1}{3} = \mathbf{177nm}$

정답 | 77.① 78.④ 79.① 80.①

제1과목 | 화학의 이해와 환경·안전관리

01 질량백분율이 37%인 염산의 몰농도는 약 얼마인가? (단, 염산의 밀도는 1.188g/mL이다.)

① 0.121M
② 0.161M
③ 12.1M
④ 16.1M

✔ $\frac{37\text{g HCl}}{100\text{g 용액}} \times \frac{1.188\text{g 용액}}{1\text{mL 용액}} \times \frac{1{,}000\text{mL 용액}}{1\text{L 용액}} \times \frac{1\text{mol HCl}}{36.5\text{g HCl}} = \mathbf{12.04M}$

02 헬륨의 원자량은 4.0이다. 헬륨원자 1g 속에 들어 있는 원자의 개수는 몇 개인가?

① 1.5×10^{23}개
② 6.02×10^{23}개
③ 2.4×10^{24}개
④ 4.8×10^{24}개

✔ 물질의 종류에 관계없이 물질 1몰(mol)에는 물질을 구성하는 입자 6.022×10^{23}개가 들어 있다.

$1\text{g He}\times\frac{1\text{mol He}}{4.0\text{g He}}\times\frac{6.022\times10^{23}\text{ 개 원자}}{1\text{mol He}}$

$=\mathbf{1.51\times10^{23}}$ 개 원자

03 다음 원자나 이온 중 짝짓지 않은 3개의 홀전자를 가지는 것은?

① N
② O
③ Al
④ S^{2-}

✔ 전자 배치

① $_7N : 1s^2 2s^2 2p_x{}^1 2p_y{}^1 2p_z{}^1$
② $_8O : 1s^2 2s^2\ 2p_x{}^2 2p_y{}^1 2p_z{}^1$
③ $_{13}Al : 1s^2 2s^2 2p^6 3s^2 3p_x{}^1$
④ $_{16}S^{2-} : 1s^2 2s^2 2p^6 3s^2 3p_x{}^2 3p_y{}^2 3p_z{}^2$

∴ $_7N$가 짝짓지 않은 **3개의 홀전자**를 갖는다.

04 다음 산화 · 환원 반응이 산성 용액에서 일어난다고 가정할 때, ⓐ, ⓑ, ⓒ, ⓓ에 알맞은 숫자를 순서대로 나열한 것은?

$H_3AsO_4(s) + (\text{ ⓐ })H^+(aq) + (\text{ ⓑ })Zn(s)$
$\rightarrow AsH_3(g) + (\text{ ⓒ })H_2O(l) + (\text{ ⓓ })Zn^{2+}(aq)$

① 8, 16, 4, 16 ② 8, 4, 4, 3
③ 6, 3, 3, 3 ④ 8, 4, 4, 4

✔ $H_3AsO_4(s) + H^+(aq) + Zn(s)$
$\rightarrow AsH_3(g) + H_2O(l) + Zn^{2+}(aq)$
반응의 계수를 완성하면(산성 조건에서)

1. 반응에 관여하는 원자의 산화수를 구한 수, 변화한 산화수를 조사한다.
$H_3AsO_4(s) + H^+(aq) + Zn(s)$
+1 +5 −2 　 +1 　 0
$\rightarrow AsH_3(g) + H_2O(l) + Zn^{2+}(aq)$
−3 +1 　 +1 −2 　 +2
2. 산화 반쪽반응과 환원 반쪽반응으로 나눈다.
① 산화반응 : $Zn \rightarrow Zn^{2+}$
② 환원반응 : $H_3AsO_4 \rightarrow AsH_3$
3. 각 반쪽반응의 원자수가 같도록 계수를 맞춘다. 산소의 개수를 맞추기 위해 생성물질에 $4H_2O$를 첨가하고, 수소의 개수를 맞추기 위해 반응물질에 $8H^+$을 첨가한다.
① 산화반응 : $Zn \rightarrow Zn^{2+}$
② 환원반응 : $H_3AsO_4 + 8H^+ \rightarrow AsH_3 + 4H_2O$
4. 각 반쪽반응의 전하량이 같아지도록 필요한 전자 수를 더한다.
① 산화반응 : $Zn \rightarrow Zn^{2+} + 2e^-$
② 환원반응 : $H_3AsO_4 + 8H^+ + 8e^-$
$\rightarrow AsH_3 + 4H_2O$
5. 산화반응에서 잃은 전자수와 환원반응에서 얻은 전자수가 같아지도록 개수를 맞춘다(산화반응×4).
① 산화반응 : $4Zn \rightarrow 4Zn^{2+} + 8e^-$
② 환원반응 : $H_3AsO_4 + 8H^+ + 8e^- \rightarrow AsH_3 + 4H_2O$
6. 두 반쪽반응을 더한다.

∴ 전체 반응
$\mathbf{H_3AsO_4 + 8H^+ + 4Zn \rightarrow AsH_3 + 4H_2O + 4Zn^{2+}}$

05 다음 중 수소의 질량백분율(%)이 가장 큰 것은?

① HCl ② H_2O
③ H_2SO_4 ④ H_2S

정답 | 01.③ 02.① 03.① 04.④ 05.②

✔ **원소의 질량백분율**
백분율 성분비로, 화합물에서 각 성분 원소가 차지하는 질량 비율이다.
원소의 질량백분율(%)
$= \frac{\text{화학식에 포함된 원소의 원자량의 합}}{\text{화합물의 화학식량}} \times 100$

① HCl : $\frac{1}{1+35.5} \times 100 = 2.74\%$

② H_2O : $\frac{2}{2+16} \times 100 = 11.1\%$

③ H_2SO_4 : $\frac{2}{2+32+(16\times4)} \times 100 = 2.04\%$

④ H_2S : $\frac{2}{2+32} \times 100 = 5.88\%$

06 다음 각 쌍의 2개 물질 중에서 물에 더욱 잘 녹을 것이라고 예상되는 물질을 1개씩 올바르게 선택한 것은?

- CH_3CH_2OH와 $CH_3CH_2CH_3$
- $CHCl_3$와 CCl_4

① CH_3CH_2OH, $CHCl_3$
② CH_3CH_2OH, CCl_4
③ $CH_3CH_2CH_3$, $CHCl_3$
④ $CH_3CH_2CH_3$, CCl_4

✔ 물(H_2O)은 극성분자이므로 더 극성일수록 물에 더 잘 녹는다.
- CH_3CH_2OH : 극성, $CH_3CH_2CH_3$: 비극성
- $CHCl_3$: 극성, CCl_4 : 비극성

∴ CH_3CH_2OH, $CHCl_3$

07 다음 중 완충용량이 가장 큰 용액은 어느 것인가?

① 0.01M 아세트산과 0.01M 아세트산나트륨의 혼합용액
② 0.1M 아세트산과 0.004M 아세트산나트륨의 혼합용액
③ 0.005M 아세트산과 0.1M 아세트산나트륨의 혼합용액
④ 1M 아세트산과 0.001M 아세트산나트륨의 혼합용액

✔ **완충용량**
강산 또는 강염기가 첨가될 때 용액이 얼마나 pH 변화를 잘 막는지에 대한 척도로, 완충용액은 pH$=pK_a$ 즉, [HA]$=$[A^-]일 때 pH 변화를 막는 데 가장 효과적이다. 완충용액의 유용한 pH 범위는 대체로 $pK_a \pm 1$이며, 이 범위 바깥에서는 첨가된 강산이나 강염기와 반응할 만큼 약산이나 약염기가 충분히 많지 않고, 완충용액의 농도를 증가시키면 완충용량도 증가한다.

08 다음 산과 염기에 대한 설명 중 틀린 것은?

① 아레니우스 염기는 물에 녹으면 해리되어 수산화 이온을 내놓는 물질이다.
② 아레니우스 산은 물에 녹으면 해리되어 수소이온을 내놓는 물질이다.
③ 염기는 리트머스의 색깔을 파란색에서 빨간색으로 변화시킨다.
④ 산은 마그네슘, 아연 등의 금속과 반응하여 수소기체를 발생시킨다.

✔ 산은 푸른색 리트머스 종이를 붉은색으로 변색시키고, 염기는 붉은색 리트머스 종이를 푸른색으로 변색시킨다.

09 다음 두 반응의 평형상수 K값은 온도가 증가하면 어떻게 되는가?

(a) $N_2O_4(g) \rightarrow 2NO_2(g)$, $\Delta H^\circ = 58\text{kJ}$
(b) $2SO_2(g) + O_2(g) \rightarrow 2SO_3(g)$, $\Delta H^\circ = -198\text{kJ}$

① (a), (b) 모두 증가 ② (a), (b) 모두 감소
③ (a) 증가, (b) 감소 ④ (a) 감소, (b) 증가

✔ **온도 변화에 따른 평형이동**
어떤 반응이 평형상태에 있을 때 온도를 변화시키면 그 온도 변화를 줄이는 방향으로 알짜반응이 진행되어 평형이 이동한다. 평형상태에서 평형상수는 온도에 의해서만 변하는 값이다.
1. 온도가 높아지면 ➜ 흡열반응 쪽으로 평형이동
2. 온도가 낮아지면 ➜ 발열반응 쪽으로 평형이동
3. 흡열반응 : 온도가 높을수록 평형상수가 커진다.
4. 발열반응 : 온도가 높을수록 평형상수가 작아진다.

∴ (a)는 $\Delta H^\circ > 0$인 흡열반응이므로 온도가 증가하면 **평형상수는 증가**한다.
(b)는 $\Delta H^\circ < 0$인 발열반응이므로 온도가 증가하면 **평형상수는 감소**한다.

정답 | 06.① 07.① 08.③ 09.③

10 주어진 온도에서 $N_2O_4(g) \rightleftarrows 2NO_2(g)$의 계가 평형상태에 있다. 이때 계의 압력을 증가시킬 때 반응의 변화로 옳은 것은?

① 정반응과 역반응의 속도가 함께 달라져서 변함없다.
② 평형이 깨어지므로 반응이 멈춘다.
③ 정반응으로 진행된다.
④ 역반응으로 진행된다.

압력변화에 따른 평형이동
어떤 반응이 평형상태에 있을 때 일정한 온도에서 압력을 변화시키면 그 압력변화를 줄이는 방향으로 알짜반응이 진행되어 평형이 이동한다.
1. 압력이 높아지면(입자수 증가)
   → 기체의 몰수가 감소하는 방향으로 평형이동
2. 압력이 낮아지면(입자수 감소)
   → 기체의 몰수가 증가하는 방향으로 평형이동

∴ 압력을 증가시키면(입자수의 증가) 기체의 몰수가 감소하는 **역반응**으로 알짜반응이 진행되어 평형이 이동한다.

11 주기율표에서의 일반적인 경향으로 옳은 것은 어느 것인가?

① 원자 반지름은 같은 족에서는 위로 올라갈수록 증가한다.
② 원자 반지름은 같은 주기에서는 오른쪽으로 갈수록 감소한다.
③ 금속성은 같은 주기에서는 오른쪽으로 갈수록 증가한다.
④ 18족(0족)에서는 금속성 물질만 존재한다.

18족(0족)은 He, Ne, Ar, Kr, Xe, Rn 등의 비활성 기체가 존재한다.

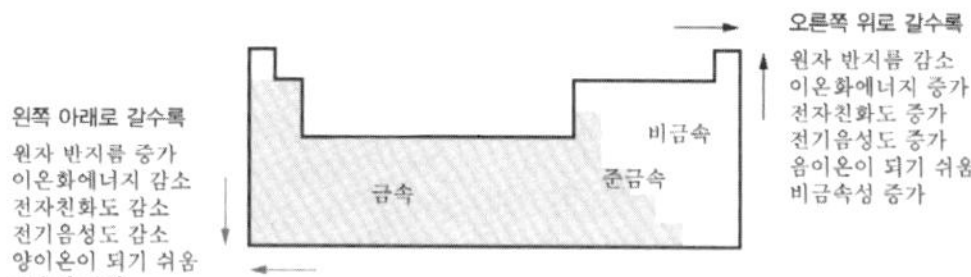

12 $Ca(HCO_3)_2$에서 탄소의 산화수는 얼마인가?

① +2 ② +3
③ +4 ④ +5

산화수를 정하는 규칙
화합물에서 모든 원자의 산화수의 총합은 0이며, 1족 금속원자는 +1, 2족 금속원자는 +2, 13족 금속원자는 +3의 산화수를 갖고, H의 산화수는 +1, O의 산화수는 −2이다.

• **방법 1**
Ca=+2, H=+1, O= −2와 C=x로 두고, 화합물 $Ca(HCO_3)_2$에서 산화수를 정하면
$(+2)+2\{(+1)+(x)+(-2\times3)\}=0$
$\therefore x = C = +4$

• **방법 2**
Ca=+2, H=+1, O=−2와 C=x로 두고, HCO_3^-에서 산화수를 정하면
$(+1)+(x)+(-2\times3)=-1$
$\therefore x = C = +4$

13 산소가 20mol%, 질소가 30mol%, 수소가 50mol%로 구성된 기체 혼합물의 평균 분자량은 얼마인가?

① 8.3g/mol
② 15.8g/mol
③ 28.5g/mol
④ 37.6g/mol

기체 혼합물 1mol의 평균 분자량
산소(O_2) : 16+16=32g/mol
질소(N_2) : 14+14=28g/mol
수소(H_2) : 1+1=2g/mol

$$\left(32\,g/mol\times\frac{20}{100}\right)+\left(28g/mol\times\frac{30}{100}\right)+\left(2g/mol\times\frac{50}{100}\right)=15.8\,g/mol$$

14 다음의 반응에서 산화되는 물질은 무엇인가?

$$Cl_2(g)+2Br^-(aq) \rightarrow 2Cl^-(aq)+Br_2(l)$$

① Br^- ② Cl_2
③ Br_2 ④ Cl_2, Br_2

$\underset{0}{Cl_2(g)} + \underset{-1}{2Br^-(aq)} \rightarrow \underset{-1}{2Cl^-(aq)} + \underset{0}{Br_2(l)}$
산화수 증가(−1 → 0), **산화** : $2Br^- \rightarrow Br_2 + 2e^-$
산화수 감소(0 → −1), 환원 : $Cl_2 + 2e^- \rightarrow 2Cl^-$
∴ 산화되는 물질은 Br^-이다.

정답 | 10.④ 11.② 12.③ 13.② 14.①

15 **밑줄 친 물질의 용해도가 증가하는 것은?**

① 기체 용질이 녹아 있는 용기의 부피를 증가시킨다.
② 황산나트륨(Na_2SO_4)이 녹아 있는 수용액의 온도를 60℃ 정도로 약간 올려준다.
③ 황산바륨($BaSO_4$)이 들어 있는 수용액에 NaCl을 소량 첨가한다.
④ 염화칼륨(KCl) 포화용액을 냉장고에 넣는다.

✔ ① 부피를 증가시키면 압력이 감소되어 기체의 용해도는 감소된다. 기체의 용해도는 온도가 낮을수록, 압력이 높을수록 증가한다.
② 60℃에서의 황산나트륨 용해도는 온도에 거의 무관하다.
③ 이온세기가 증가하면 난용성 염의 **용해도가 증가한다**. 난용성 염에서 해리된 양이온과 음이온의 주위에 반대 전하를 가진 비활성 염의 이온들이 둘러싸여 이온 사이의 인력을 감소시키므로 서로 합쳐지려고 하는 경향이 줄어들기 때문에 용해도가 증가하게 된다.
④ 염화칼륨의 용해도는 온도가 증가함에 따라 서서히 증가하므로 포화용액을 냉장고에 넣으면 온도가 감소되어 용해도는 감소한다.

16 **0.10M NaCl 용액 20mL에 0.20M $AgNO_3$ 용액 20mL를 첨가하였다. 이때 생성되는 염 AgCl의 용해도(g/L)는? (단, AgCl의 $K_{sp}=1.0\times10^{-10}$, 분자량은 143이다.)**

① 1.21×10^{-7}g/L
② 2.86×10^{-7}g/L
③ 1.00×10^{-5}g/L
④ 1.43×10^{-3}g/L

✔ **공통이온의 효과**
침전물을 구성하는 이온들과 같은 이온을 가진 가용성 화합물이 그 고체로 포화된 용액에 첨가될 때 이온성 침전물의 용해도를 감소시키는 것이다.

	NaCl(aq) +	$AgNO_3$(aq) ⇄	AgCl(s) +	$NaNO_3$(aq)
초기(mmol)	0.10×20	0.20×20		
변화(mmol)	−0.10×20	−0.10×20	+0.10×20	+0.10×20
최종(mmol)	0	2	2	2

$$\text{남은 }[AgNO_3]=\frac{2\,\text{mmol}}{20+20\,\text{mL}}=0.05\,\text{M}$$

	AgCl(s) ⇄	Ag^+(aq) +	Cl^-(aq)
초기(M)	0.05	0.05	
변화(M)		$+x$	$+x$
최종(M)		$0.05+x$	$+x$

$$K_{sp}=[Ag^+][Cl^-]=x(0.05+x)\approx x(0.05)=1.0\times10^{-10}$$

$x=2.0\times10^{-9}$M
용해된 Cl^-의 몰수는 용해된 AgCl의 몰수와 같으므로, $[Cl^-]$=용해된 [AgCl]
검토 : 0.05의 5% 미만의 덧셈 또는 뺄셈의 경우 $0.05+x\approx0.05$로 근사법이 가능하므로 근사법을 적용하여 구한 x가 2.0×10^{-9}이므로 즉, 0.05의 5%인 2.5×10^{-3} 미만이므로 $0.05+x\approx0.05$ 근사법을 적용해도 된다.

$$\therefore\ \text{용해된 [AgCl]}=\frac{2.0\times10^{-9}\,\text{mol}}{1\,\text{L}}\times\frac{143\,\text{g AgCl}}{1\,\text{mol}}=2.86\times10^{-7}\text{g/L}$$

17 **암모니아를 물에 녹여 0.10M의 용액 1.00L를 만들었다. 이 용액의 OH^-의 농도는 1.0×10^{-3}M이라고 가정할 때, 암모니아의 이온화 평형상수 K는 얼마인가?**

① 1.0×10^{-3} ② 1.0×10^{-4}
③ 1.0×10^{-5} ④ 1.0×10^{-6}

✔

	$NH_3(aq)+H_2O(l)$ ⇄	$NH_4^+(aq)+$	$OH^-(aq)$
초기(M)	0.1		
변화(M)	$-x$	$+x$	$+x$
평형(M)	$0.1-x$	$+x$	$+x$

$[OH^-]=x=1.0\times10^{-3}$M

$$\therefore\ K=\frac{[NH_4^+][OH^-]}{[NH_3]}=\frac{x^2}{0.1-x}=\frac{(1.0\times10^{-3})^2}{0.1-1.0\times10^{-3}}=\frac{(1.0\times10^{-3})^2}{9.9\times10^{-2}}=1.01\times10^{-5}$$

18 **16.0M인 H_2SO_4 용액 8.00mL를 용액의 최종 부피가 0.125L가 될 때까지 묽혔다면, 묽힌 후 용액의 몰농도는 약 얼마가 되겠는가?**

① 102M ② 10.2M
③ 1.02M ④ 0.102M

정답 | 15.③ 16.② 17.③ 18.③

✔ 묽힘 공식

$M_{진한} \times V_{진한} = M_{묽은} \times V_{묽은}$

$16.0(M) \times 8 \times 10^{-3}L = x(M) \times 0.125L$

$\therefore x = 1.024M$

19 **다음 중 사이클로알케인(cycloalkane)의 화학식에 해당하는 것은?**

① C_2H_6

② C_3H_8

③ C_4H_{10}

④ C_6H_{12}

✔ **사이클로알케인**(cycloalkane)

1. 탄소원자 사이의 결합이 모두 단일결합으로 이루어진 고리모양의 포화탄화수소, 일반식은 C_nH_{2n} (n=3, 4, …)이다.
2. 명명법 : 탄소수가 같은 알케인의 이름 앞에 '사이클로(cyclo)−'를 붙이면 되므로 '사이클로(cyclo)−에인(ane)'이 된다.
3. 구조이성질체 : 사이클로알케인과 알켄은 일반식이 C_nH_{2n}으로 같으므로 탄소수가 같은 경우 서로 구조이성질체 관계이다.

20 **525℃에서 다음 반응에 대한 평형상수 K값은 3.35×10^{-3}이다. 이때 평형에서 이산화탄소 농도를 구하면 얼마인가?**

$$CaCO_3(s) \rightarrow CaO(s) + CO_2(g)$$

① 0.84×10^{-3}mol/L

② 1.68×10^{-3}mol/L

③ 3.35×10^{-3}mol/L

④ 6.77×10^{-3}mol/L

✔ 평형상수식의 농도(또는 압력)는 각 물질의 몰농도(또는 압력)를 열역학적 표준상태인 1M(또는 1atm)로 나눈 농도비(또는 압력비)로, 단위들이 상쇄되므로 평형상수는 단위가 없다. 화학종이 순수한 액체, 순수한 고체, 또는 용매가 과량으로 존재한다면 평형상수식에 나타나지 않는다.

$K_{sp} = [CO_2] = 3.35 \times 10^{-3}$

$\therefore [CO_2] = 3.35 \times 10^{-3}M$

제2과목 | 분석계획 수립과 분석화학 기초

21 **0.10M NaCl 용액 속에 PbI_2가 용해되어 생성된 Pb^{2+}(원자량 207.0g/mol) 농도는 약 얼마인가? (단, PbI_2의 용해도곱 상수는 7.9×10^{-9}이고 이온세기가 0.10M일 때, Pb^{2+}과 I^-의 활동도계수는 각각 0.36과 0.75이다.)**

① 33.4mg/L ② 114.0mg/L

③ 253.0mg/L ④ 443.0mg/L

✔ 이온평형의 경우에는 화학평형에 이온세기가 영향을 미치므로 평형상수 식을 농도 대신 활동도로 나타내야 한다.

활동도 $A_c = \gamma_c[C]$

여기서, γ_c : 화학종 C의 활동도계수

C : 화학종 C의 몰농도

$PbI_2(s) \rightleftarrows \underline{Pb^{2+}}(aq) + \underline{2I^-}(aq)$

$\qquad\qquad x \qquad\qquad 2x$

$K_{sp} = A_{Pb^{2+}}(A_{I^-})^2$

$= (0.36 \times x)(0.75 \times 2x)^2$

$= 7.9 \times 10^{-9}$

$x = [Pb^{2+}] = 2.14 \times 10^{-3}M$

$$\therefore \frac{2.14 \times 10^{-3} \text{ mol } Pb^{2+}}{1L} \times \frac{207.0g\ Pb^{2+}}{1mol\ Pb^{2+}} \times \frac{1,000mg}{1g} = 443.0mg/L$$

22 **다음 각각의 용액에 1M의 HCl을 2mL씩 첨가하였다. 다음 중 어떤 용액이 가장 작은 pH 변화를 보이겠는가?**

① 0.1M NaOH 15mL

② 0.1M CH_3COOH 15mL

③ 0.1M NaOH 30mL와 0.1M CH_3COOH 30mL의 혼합용액

④ 0.1M NaOH 30mL와 0.1M CH_3COOH 60mL의 혼합용액

✔ 완충용액은 산이나 염기의 첨가나 희석에 대해 pH 변화를 막아 주는 용액으로, 일반적으로 완충용액은 아세트산/아세트산소듐이나 염화암모늄/암모니아와 같은 약산 또는 약염기의 짝산/짝염기 쌍으로 만들어진다.

정답 | 19.④ 20.③ 21.④ 22.④

① 0.1M NaOH 15mL : 염기성 용액
② 0.1M CH_3COOH 15mL : 산성 용액
③ 0.1M NaOH 30mL와 0.1M CH_3COOH 30mL의 혼합용액 : 모두 반응하여 CH_3COO^-의 염기성 용액
④ 0.1M NaOH 30mL와 0.1M CH_3COOH 60mL의 혼합용액 : CH_3COOH와 CH_3COO^-의 **완충용액**

Check

산과 염기의 첨가효과

약산 HA가 다음과 같은 평형을 이루고 있을 때

$HA + H_2O \rightleftarrows H_3O^+ + A^-$

1. 강산이 첨가되면 $[H_3O^+]$가 증가해 역반응이 진행되어 A^-가 HA로 바뀐다.
2. 강염기가 첨가되면 $[H_3O^+]$가 감소해 정반응이 진행되어 HA가 A^-로 바뀐다.
3. 강산이나 강염기를 너무 많이 첨가하여 HA나 A^-가 모두 소모되지 않는 한 헨더슨－하셀바흐 식의 $\log\frac{[A^-]}{[HA]}$의 변화가 크지 않아 pH의 변화도 크지 않게 된다.

23 산－염기 적정에서 사용하는 지시약이 용액 속에서 다음과 같이 해리한다고 한다. 만일 이 용액에 산을 첨가하여 용액의 액성을 산성이 되게 했다면 용액의 색깔은 어느 쪽으로 변화하는가?

$HR(무색) \rightleftarrows H^+ + R^-(적색)$

① 적색
② 무색
③ 적색과 무색이 번갈아 나타난다.
④ 알 수 없다.

산(H^+)을 첨가하면 생성물의 농도가 증가하므로 르샤틀리에 원리에 의해 산의 농도가 감소하는 방향으로 평형이 이동, 즉 왼쪽으로 이동하므로 HR의 농도가 증가하여 **무색**으로 변하게 된다.

24 1차 표준물질 KIO_3(분자량=214.0g/mol) 0.208g으로부터 생성된 I_2를 적정하기 위해서 다음과 같은 반응으로 $Na_2S_2O_3$가 28.5mL가 소요되었다. 적정에 사용된 $Na_2S_2O_3$의 농도는 몇 M인가?

- $IO_3^- + 5I^- + 6H^+ \rightarrow 3I_2 + 3H_2O$
- $I_2 + 2S_2O_3^{2-} \rightarrow 2I^- + S_4O_6^{2-}$

① 0.105M　② 0.205M
③ 0.250M　④ 0.305M

$$0.208g\ KIO_3 \times \frac{1mol\ KIO_3}{214.0g\ KIO_3} \times \frac{1mol\ IO_3^-}{1mol\ KIO_3} \times \frac{3mol\ I_2}{1mol\ IO_3^-} \times \frac{2mol\ S_2O_3^{2-}}{1mol\ I_2}$$

$$= 5.83 \times 10^{-3} mol\ S_2O_3^{2-}$$

$$5.83 \times 10^{-3} mol\ S_2O_3^{2-} \times \frac{1mol\ Na_2S_2O_3}{1mol\ S_2O_3^{2-}}$$

$$= 5.83 \times 10^{-3} mol\ Na_2S_2O_3$$

$$\therefore [Na_2S_2O_3] = \frac{5.83 \times 10^{-3} mol}{28.5 \times 10^{-3} L} = \mathbf{0.205M}$$

25 다음 중 $KMnO_4$와 H_2O_2의 산화 · 환원 반응식을 바르게 나타낸 것은?

① $MnO_4^- + 2H_2O_2 + 4H^+ \rightarrow MnO_2 + 4H_2O + O_2$
② $MnO_4^- + 2H_2O_2 \rightarrow 2MnO + 2H_2O + 2O_2$
③ $2MnO_4^- + 5H_2O_2 + 6H^+ \rightarrow 2Mn^{2+} + 8H_2O + 5O_2$
④ $2MnO_4^- + 5H_2O_2 \rightarrow 2Mn^{2+} + 5H_2O + \frac{13}{2}O_2$

이온－전자법

산화 · 환원 반응에서 각 물질이 잃은 전자수와 얻은 전자수가 같다는 것을 이용한다. 이온－전자법은 산화 · 환원 반응식을 산화반응과 환원반응으로 나누어서 계수를 맞추어 주기 때문에 반쪽반응식을 이용한 방법이라고도 한다.

$MnO_4^- + H_2O_2 \rightarrow Mn^{2+} + H_2O + O_2$

이 반응의 계수를 완성하면

1. 반응에 관여하는 원자의 산화수를 구한 수, 변화한 산화수를 조사한다.
   $\underset{+7\ -2}{MnO_4^-} + \underset{+1\ -1}{H_2O_2} \rightarrow \underset{+2}{Mn^{2+}} + \underset{+1\ -2}{H_2O} + \underset{0}{O_2}$
2. 산화 반쪽반응과 환원 반쪽반응으로 나눈다.
   산화반응 : $O^- \rightarrow O^0$
   환원반응 : $Mn^{7+} \rightarrow Mn^{2+}$
3. 각 반쪽반응의 원자수가 같도록 계수를 맞춘다.
   산화반응 : $H_2O_2 \rightarrow O_2 + 2H^+$
   환원반응 : $MnO_4^- + 8H^+ \rightarrow Mn^{2+} + 4H_2O$
   산소의 개수를 맞추기 위해 생성물질에 $4H_2O$를 첨가하고, 수소의 개수를 맞추기 위해 반응물질에 $8H^+$를 첨가하였다.
4. 각 반쪽반응의 전하량이 같아지도록 필요한 전자수를 더한다.
   산화반응 : $H_2O_2 \rightarrow O_2 + 2H^+ + 2e^-$
   환원반응 : $MnO_4^- + 8H^+ + 5e^- \rightarrow Mn^{2+} + 4H_2O$

정답 | 23.② 24.② 25.③

5. 산화반응에서 잃은 전자수와 환원반응에서 얻은 전자수가 같아지도록 개수를 맞춘다.
   산화반응×5, 환원반응×2
   산화반응 : $5H_2O_2 \rightarrow 5O_2 + 10H^+ + 10e^-$
   환원반응 : $2MnO_4^- + 16H^+ + 10e^-$
   $\rightarrow 2Mn^{2+} + 8H_2O$
6. 두 반쪽반응을 더한다.

∴ 전체반응
$2MnO_4^- + 5H_2O_2 + 6H^+ \rightarrow 2Mn^{2+} + 8H_2O + 5O_2$

26 25℃에서 100mL의 물에 몇 g의 Ag_3AsO_4가 용해될 수 있는가? (단, 25℃에서 Ag_3AsO_4의 $K_{sp} = 1.0 \times 10^{-22}$, Ag_3AsO_4의 분자량은 462.53 g/mol이다.)

① 6.42×10^{-4}g
② 6.42×10^{-5}g
③ 4.53×10^{-9}g
④ 4.53×10^{-10}g

✔ Ag_3AsO_4를 물에 용해하면 다음과 같은 평형을 이룬다.

$Ag_3AsO_4(s) \rightleftarrows \underset{3x}{\underline{3Ag^+}}(aq) + \underset{x}{\underline{AsO_4^{3-}}}(aq)$

$K_{sp} = [Ag^+]^3[AsO_4^{3-}] = 1.0 \times 10^{-22}$

$(3x)^3 \times x = 27x^4 = 1.0 \times 10^{-22}$

$x = 1.387 \times 10^{-6}$ mol/L

1L에 1.387×10^{-6}mol 용해되므로 100mL = 0.1L에 용해되는 Ag_3AsO_4의 질량을 구할 수 있다.

$\frac{1.387 \times 10^{-6} \text{mol } Ag_3AsO_4}{1L} \times \frac{462.53g\ Ag_3AsO_4}{1mol\ Ag_3AsO_4}$

$\times 0.1L$

$= \mathbf{6.42 \times 10^{-5}g\ Ag_3AsO_4}$

27 25℃에서 2.60×10^{-5}M HCl 수용액 속의 OH^- 이온의 농도는?

① 3.85×10^{-7}M ② 3.85×10^{-8}M
③ 3.85×10^{-9}M ④ 3.85×10^{-10}M

✔ $HCl(aq) \xrightarrow{100\%} H^+(aq) + Cl^-(aq)$

$[H^+] = 2.60 \times 10^{-5}M$

$K_w = [H^+][OH^-] = 1.00 \times 10^{-14}$

$\therefore [OH^-] = \frac{1.00 \times 10^{-14}}{2.60 \times 10^{-5}} = \mathbf{3.85 \times 10^{-10}}M$

28 Fe^{2+}이온을 Ce^{4+}로 적정하는 반응에 대한 설명으로 틀린 것은?

① 적정 반응은 $Ce^{4+} + Fe^{2+} \rightarrow Ce^{3+} + Fe^{3+}$이다.
② 전위차법을 이용한 적정에서는 반당량점에서의 전위는 당량점의 전위(V_e)의 약 1/2이다.
③ 당량점에서 $[Ce^{3+}] = [Fe^{3+}]$, $[Fe^{2+}] = [Ce^{4+}]$이다.
④ 당량점 부근에서 측정된 전위의 변화는 미세하여 정확한 측정을 위해 산화-환원 지시약을 사용해야 한다.

✔ Ce^{4+}에 의한 Fe^{2+}의 적정 반응은 **당량점 부근에서 전위변화가 급격하게 나타나 산화·환원 지시약을 따로 사용할 필요가 없다.**

Check

Pt 전극과 칼로멜 전극을 이용한 전위차법으로 관찰하면서 Fe^{2+}를 Ce^{4+} 표준용액으로 적정하는 과정이다.

- 적정 반응
  $Ce^{4+} + Fe^{2+} \rightarrow Ce^{3+} + Fe^{3+}$
- Pt 지시전극에서의 두 가지 평형
  1. $Fe^{3+} + e^- \rightleftarrows Fe^{2+}$, $E° = 0.767V$
  2. $Ce^{4+} + e^- \rightleftarrows Ce^{3+}$, $E° = 1.70V$
- 당량점 이전
  1. 일정량의 Ce^{4+}를 첨가하면 적정 반응에 따라 Ce^{4+}은 소비하고, 같은 몰수의 Ce^{3+}와 Fe^{3+}이 생성된다. 용액 중에 반응하지 않은 여분의 Fe^{2+}가 남아 있으므로, Fe^{2+}와 Fe^{3+}의 농도를 쉽게 구할 수 있다.
     $E = E_+ - E_-$
     $= \left[0.767 - 0.05916\log\frac{[Fe^{2+}]}{[Fe^{3+}]}\right] - 0.241$
  2. 적정 시약의 부피가 당량점에 도달하는 데 필요한 양의 반이 될 때$\left(V = \frac{1}{2}V_e\right)$, Fe^{3+}와 Fe^{2+}의 농도가 같아진다.
     log 1 = 0이므로 $E = 0.767 - 0.241 = 0.526V$이다.
- 당량점에서
  1. 모든 Fe^{2+}이온과 반응하는 데 필요한 정확한 양의 Ce^{4+}이온이 가해졌다. 모든 세륨은 Ce^{3+} 형태로, 모든 철은 Fe^{3+} 형태로 존재하며, 평형에서 Ce^{4+}와 Fe^{2+}는 극미량만이 존재하게 된다.
  2. $[Ce^{3+}] = [Fe^{3+}]$, $[Ce^{4+}] = [Fe^{2+}]$
     $E_+ = 0.767 - 0.05916\log\frac{[Fe^{2+}]}{[Fe^{3+}]}$

정답 | 26.② 27.④ 28.④

$$E_+ = 1.70 - 0.05916\log\frac{[Ce^{3+}]}{[Ce^{4+}]}$$

$$2E_+ = (0.767 + 1.70) - 0.05916\log\frac{[Fe^{2+}][Ce^{3+}]}{[Fe^{3+}][Ce^{4+}]}$$

$$2E_+ = (0.767 + 1.70) = 2.467$$

3. $E = E_+ - E_- = \frac{2.467}{2} - 0.241 = 0.9925V$

반당량점에서의 전위(0.526V)는 당량점에서의 전위(0.9925V)의 약 1/2이다.

29 **난용성 고체염인 $BaSO_4$로 포화된 수용액에 대한 설명으로 틀린 것은?**

① $BaSO_4$ 포화수용액에 황산용액을 넣으면 $BaSO_4$가 석출된다.
② $BaSO_4$ 포화수용액에 소금물을 첨가 시에도 $BaSO_4$가 석출된다.
③ $BaSO_4$의 K_{sp}는 온도의 함수이다.
④ $BaSO_4$ 포화수용액에 $BaCl_2$ 용액을 넣으면 $BaSO_4$가 석출된다.

✔ 난용성 고체염인 $BaSO_4$를 물에 용해하면 다음과 같은 평형을 이룬다.
$BaSO_4(s) \rightleftarrows Ba^{2+}(aq) + SO_4^{2-}(aq)$
$K_{sp} = [Ba^{2+}][SO_4^{2-}]$
공통이온인 Ba^{2+}, SO_4^{2-} 이온의 첨가는 공통이온의 효과로 침전물의 용해도가 감소되어 $BaSO_4(s)$이 증가하고(석출됨), **그 외의 이온**을 첨가하면 이온세기에 의해 침전물의 용해도가 증가되어 $BaSO_4(s)$이 감소한다(**석출되지 않음**).

30 **25℃에서 0.028M의 NaCN 수용액의 pH는 얼마인가? (단, HCN의 $K_a = 4.9 \times 10^{-10}$이다.)**

① 10.9　　② 9.3
③ 3.1　　④ 2.8

✔ $NaCN(aq) \rightarrow Na^+(aq) + CN^-(aq)$
NaCN이 100% 해리되어 생성된 CN^-는 약산 HCN의 짝염기이므로 좀더 강한 짝염기이다.
좀더 강한 짝염기는 $CN^-(aq) + H_2O(l) \rightleftarrows HCN(aq) + OH^-(aq)$의 가수분해반응이 진행되어 OH^-이 생성된다.

	$CN^-(aq)$ + $H_2O(l)$ ⇄	$HCN(aq)$ +	$OH^-(aq)$
초기(M)	0.028		
변화(M)	$-x$	$+x$	$+x$
최종(M)	$0.028-x$	x	x

$$K_b = \frac{K_w}{K_a} = \frac{1.00 \times 10^{-14}}{4.9 \times 10^{-10}} = 2.04 \times 10^{-5}$$

$$K_b = \frac{x^2}{(0.028 - x)} = 2.04 \times 10^{-5}$$

$$x = [OH^-] = 7.56 \times 10^{-4}M$$

$$[H^+] = \frac{1.00 \times 10^{-14}}{7.56 \times 10^{-4}} = 1.32 \times 10^{-11}M$$

$$\therefore pH = -\log(1.32 \times 10^{-11}) = \mathbf{10.9}$$

31 **100℃에서 물의 이온곱 상수(K_w) 값은 49×10^{-14}이다. 0.15M NaOH 수용액의 온도가 100℃일 때 수산화 이온(OH^-)의 농도는?**

① $7.0 \times 10^{-7}M$　　② 0.021M
③ 0.075M　　④ 0.15M

✔ $NaOH(aq) \xrightarrow{100\%} Na^+(aq) + OH^-(aq)$
$[OH^-] = 0.15M$
$H_2O(l) \rightleftarrows H^+(aq) + OH^-(aq)$
$K_w = [H^+][OH^-] = x(0.15 + x) = 49 \times 10^{-14}$
$x = 3.27 \times 10^{-12}$
$\therefore [OH^-] = 0.15 + 3.27 \times 10^{-12} \simeq 0.15M$
강염기 NaOH 수용액에서는 물의 자동 이온화를 무시해도 된다.

32 **옥살산($H_2C_2O_4$)은 뜨거운 산성 용액에서 과망가니즈산이온(MnO_4^-)과 다음과 같이 반응한다. 이 반응에서 지시약 역할을 하는 것은?**

$$5H_2C_2O_4 + 2MnO_4^- + 6H^+ \rightleftarrows 10CO_2 + 2Mn^{2+} + 8H_2O$$

① $H_2C_2O_4$　　② MnO_4^-
③ CO_2　　④ H_2O

✔ 과망가니즈산포타슘($KMnO_4$)은 진한 자주색을 띤 강산화제이다. 강산성 용액(pH 1)에서 무색의 Mn^{2+}로 환원된다.
$\underset{+7}{MnO_4^-} + 8H^+ + 5e^- \rightleftarrows \underset{+2}{Mn^{2+}} + 4H_2O$
종말점은 MnO_4^-의 적자색이 묽혀진 연한 분홍색이 지속적으로 나타나는 것으로 정한다.

정답 | 29.② 30.① 31.④ 32.②

33 20.00mL의 0.1000M Hg_2^{2+}를 0.1000M Cl^-로 적정하고자 한다. Cl^-를 40.00mL 첨가하였을 때, 이 용액 속에서 Hg_2^{2+}의 농도는 약 얼마인가? (단, $Hg_2Cl_2(s) \rightleftarrows Hg_2^{2+}(aq)+2Cl^-(aq)$, $K_{sp}=1.2\times10^{-18}$이다.)

① 7.7×10^{-5}M ② 1.2×10^{-6}M
③ 6.7×10^{-7}M ④ 3.3×10^{-10}M

$Hg_2^{2+}(aq) + 2Cl^-(aq) \rightleftarrows Hg_2Cl_2(s)$
당량점 부피(V_e)는 1 : 2 =(0.1000×20.00) : (0.1000×V_e), V_e=40.00mL이다.
주어진 조건, 당량점에서는 모두 $Hg_2Cl_2(s)$이 생성되므로 용해도곱(K_{sp})을 고려하여 평형에서의 Hg_2^{2+} 농도를 구할 수 있다.

$$Hg_2Cl_2(s) \rightleftarrows \underset{x}{\underline{Hg_2^{2+}}}(aq) + \underset{2x}{\underline{2Cl^-}}(aq)$$

$$K_{sp} = [Hg_2^{2+}][Cl^-]^2 = x(2x)^2 = 1.2\times10^{-18}$$

$$\therefore x = [Hg_2^{2+}] = \mathbf{6.69\times10^{-7}M}$$

34 MnO_4^- 이온에서 망가니즈(Mn)의 산화수는 얼마인가?

① −1 ② +4
③ +6 ④ +7

Mn의 산화수를 x로 두면
$x+(-2)\times4=-1$
$\therefore x=+7$

35 pK_a =4.76인 아세트산 수용액의 pH가 4.76일 때 $\frac{[CH_3COO^-]}{[CH_3COOH]}$의 값은 얼마인가?

① 0.18 ② 0.36
③ 0.50 ④ 1.00

헨더슨-하셀바흐 식

$$pH = pK_a + \log\frac{[A^-]}{[HA]}$$

$$4.76 = 4.76 + \log\frac{[CH_3COO^-]}{[CH_3COOH]}$$

$$\log\frac{[CH_3COO^-]}{[CH_3COOH]} = 0$$

$$\therefore \frac{[CH_3COO^-]}{[CH_3COOH]} = 1.00$$

36 다음 중 가장 센 산화력을 가진 산화제는 어느 것인가?

① 세륨이온(Ce^{4+}), $E°$=1.44V
② 크롬산이온(CrO_4^{2-}), $E°$=−0.12V
③ 과망간산이온(MnO_4^-), $E°$=1.507V
④ 중크롬산이온($Cr_2O_7^{2-}$), $E°$=1.36V

표준환원전위($E°$)는 산화전극을 표준수소전극으로 한 화학전지의 전위로, 반쪽반응을 환원반응의 경우로만 나타낸 상대환원전위이다. 표준환원전위가 클수록 환원이 잘 되는 것이므로 강한 산화제, 산화력이 크다.
∴ 표준환원전위가 가장 큰 **과망간산이온(MnO_4^-)이 가장 강한 산화제**이다.

37 갈바니전지(galvanic cell)에 대한 설명으로 틀린 것은?

① 볼타전지는 갈바니전지의 일종이다.
② 전기에너지를 화학에너지로 바꾼다.
③ 한 반응물은 산화되어야 하고, 다른 반응물은 환원되어야 한다.
④ 연료전지는 전기를 발생하기 위해 반응물을 소모하는 갈바니전지이다.

갈바니전지
볼타전지라고도 하며, 전기를 발생시키기 위해 자발적인 화학반응을 이용한다. 즉, 한 반응물은 산화되어야 하고, 다른 반응물은 환원되어야 한다(**화학에너지를 전기에너지로 바꾼다**).

38 순수하지 않은 옥살산 시료 0.7500g을 0.5066M NaOH 용액 21.37mL로 2번째 당량점까지 적정하였다. 시료 중에 포함된 옥살산($H_2C_2O_4\cdot2H_2O$, 분자량=126)의 wt%는 얼마인가?

① 11%
② 63%
③ 84%
④ 91%

$H_2C_2O_4+NaOH \rightleftarrows H_2O+NaHC_2O_4$
$NaHC_2O_4+NaOH \rightleftarrows H_2O+Na_2C_2O_4$
$H_2C_2O_4+2NaOH \rightleftarrows 2H_2O+Na_2C_2O_4$

정답 | 33.③ 34.④ 35.④ 36.③ 37.② 38.④

$$(0.5066\,\text{M} \times 21.37 \times 10^{-3}\,\text{L})\ \text{mol NaOH}$$
$$\times \frac{1\,\text{mol } H_2C_2O_4}{2\,\text{mol NaOH}} \times \frac{1\,\text{mol } H_2C_2O_4 \cdot 2H_2O}{1\,\text{mol } H_2C_2O_4}$$
$$\times \frac{126\,\text{g } H_2C_2O_4 \cdot 2H_2O}{1\,\text{mol } H_2C_2O_4 \cdot 2H_2O}$$
$$= 0.682\text{g } H_2C_2O_4 \cdot 2H_2O$$

∴ 시료 중에 포함된 옥살산의 wt%

$$= \frac{0.682\text{g } H_2C_2O_4 \cdot 2H_2O}{0.7500\text{g 시료}} \times 100 = \mathbf{90.9\%}$$

39 **2.00μmol의 Fe^{2+}이온이 Fe^{3+}이온으로 산화되면서 발생한 전자가 1.5V의 전위차를 가진 장치를 거치면서 수행할 수 있는 최대 일의 양은 약 몇 J인가?**

① 29J
② 2.9J
③ 0.29J
④ 0.029J

✔ 1J의 에너지는 1C의 전하가 전위차가 1V인 점들 사이를 이동할 때 얻거나 잃는 양이고(일$=q\times E$), 전자 1mol의 전하량 1F=96,485C/mol이다.

$Fe^{2+} \rightleftarrows Fe^{3+} + e^-$

$$\therefore \left(2.00\times10^{-6}\,\text{mol } Fe^{3+} \times \frac{1\text{mol } e^-}{1\text{mol } Fe^{3+}} \times \frac{96,485\,\text{C}}{1\text{mol } e^-}\right)$$
$$\times 1.5\text{V} = \mathbf{0.289J}$$

40 **pK_a가 5인 약산(HA) 1M 용액의 pH에 가장 가까운 것은?**

① 2.3 ② 2.5
③ 3.0 ④ 3.3

✔

	HA(aq)	$\rightleftarrows$ H^+(aq)	$+A^-$(aq)
초기(M)	1		
변화(M)	$-x$	$+x$	$+x$
평형(M)	$1-x$	x	x

$$K_a = \frac{[H^+][A^-]}{[HA]} = \frac{x^2}{1-x} = 1.0\times10^{-5}$$
$$\frac{x^2}{1-x} \simeq \frac{x^2}{1} = 1.0\times10^{-5}$$
$$x ≒ 3.16\times10^{-3}\text{M}$$
$$\therefore \text{pH} = -\log(3.16\times10^{-3}) = \mathbf{2.50}$$

제3과목 | 화학물질 특성 분석

41 **적하 수은전극(droppingmercury electrode)을 사용하는 폴라로그래피(polarography)에 대한 설명으로 옳지 않은 것은?**

① 확산전류(diffusion current)는 농도에 비례한다.
② 수은이 항상 새로운 표면을 만들어내어 재현성이 크다.
③ 수은의 특성상 환원반응보다 산화반응의 연구에 유용하다.
④ 반파전위(half-wave potential)로부터 정성적 정보를 얻을 수 있다.

✔ 수은은 쉽게 산화되며, 산화전극으로 사용하는 데 제한이 따른다. +0.4V보다 큰 전위에서는 수은(Ⅰ)이 형성되어 다른 산화성 물질의 곡선과 겹치게 된다. 따라서 수은의 특성상 **산화반응보다는 환원반응의 연구에 더 유용하다.**

42 **액체 크로마토그래피 칼럼의 단수(number of plates) N만을 변화시켜 분리능(R_s)을 2배로 증가시키기 위해서는 어떻게 해야 하는가?**

① 단수 N이 2배로 증가해야 한다.
② 단수 N이 3배로 증가해야 한다.
③ 단수 N이 4배로 증가해야 한다.
④ 단수 N이 $\sqrt{2}$배로 증가해야 한다.

✔ **분리능(R_s)과 단수(N) 관계**

분리능 $R_s \propto \sqrt{N}$

∴ $2R_s \propto \sqrt{N}$을 위해서는 N을 **4배 증가**해야 한다.

43 **전기분해전지에서 구리가 석출되게 하였다. 1.0A의 일정한 전류를 161분 동안 흐르게 하였다면 생성물의 양은 약 몇 g인가? (단, 구리의 원자량은 64g/mol이다.)**

$$Cu^{2+} + 2e^- \rightleftarrows Cu(s)$$

① 1.6g ② 3.2g
③ 6.4g ④ 12.8g

정답 | 39.③ 40.② 41.③ 42.③ 43.②

✔ 전하량(C)=전류(A)×시간(s)
1F=96,485C/mol이다.
∴ 생성물 Cu의 양(g)

$$= 1.0\,\text{A} \times (161 \times 60)\,\text{s} \times \frac{1\text{mol}\, e^-}{96,485\text{C}} \times \frac{1\,\text{mol Cu}}{2\text{mol}\, e^-} \times \frac{64\,\text{g Cu}}{1\,\text{mol Cu}}$$

$= 3.2\,\text{g Cu}$

44 전기화학전지에 사용되는 염다리(salt bridge)에 대한 설명으로 틀린 것은?

① 염다리의 목적은 전지 전체를 통해 전기적으로 양성상태를 유지하는 데 있다.
② 염다리는 양쪽 끝에 반투과성의 막이 있는 이온성 매질이다.
③ 염다리는 고농도의 KNO_3를 포함하는 젤로 채워진 U자관으로 이루어져 있다.
④ 염다리의 농도가 반쪽전지의 농도보다 크기 때문에 염다리 밖으로의 이온의 이동이 염다리 안으로의 이온의 이동보다 크다.

✔ **염다리(salt bridge)**
고농도의 KNO_3 또는 전지반응과 무관한 다른 전해질을 포함하는 젤(gel)로 채워진 U자 형태의 관이다. 염다리의 양쪽 끝에는 다공성의 유리판이 있어 염다리의 안과 밖의 서로 다른 두 용액이 섞이는 것을 최소화하고 이온들은 확산될 수 있게 함으로써 **전지의 전기적 중성을 유지해주는** 역할을 한다. 염다리 속 염의 농도가 반쪽전지에 들어 있는 염의 농도보다 매우 크기 때문에 염다리를 빠져 나오는 이온의 이동이 염다리로 들어가는 이온의 이동보다 훨씬 더 많다.

45 중합체 시료를 기준물질과 함께 가열하면서 두 물질의 온도 차이를 나타낸 다음의 시차 열분석도에 대한 설명이 옳은 것으로만 나열된 것은 어느 것인가?

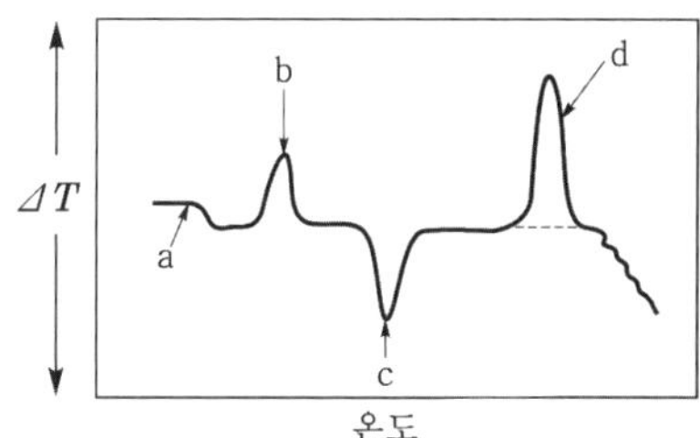

㉠ a에서 유리질 무정형 중합체가 고무처럼 말랑말랑해지는 특성인 유리전이 현상이 일어난다.
㉡ b, d에서는 흡열반응이, 그리고 c에서는 발열반응이 일어난다.
㉢ b는 분석물이 결정화되는 반응을 나타내고, c에서는 분석물이 녹는 반응을 나타낸다.

① ㉠, ㉡　　② ㉡, ㉢
③ ㉠, ㉢　　④ ㉠, ㉡, ㉢

✔ ㉠ a에서 유리질 무정형 중합체가 고무처럼 말랑말랑해지는 특성인 유리전이 현상이 일어난다.
㉡ **b, d에서는 발열반응**이, 그리고 **c에서는 흡열반응**이 일어난다.
㉢ b는 분석물이 결정화되는 반응을 나타내고, c에서는 분석물이 녹는 반응을 나타낸다.

Check

시차열분석법(DTA)
유리전이 → 결정 형성 → 용융 → 산화 → 분해

- **유리전이**
  1. 유리질에서 고무질로의 전이에서는 열을 방출하거나 흡수하지 않으므로 엔탈피의 변화가 없다($\Delta H=0$).
  2. 고무질의 열용량은 유리질의 열용량과 달라 기준선이 낮아질 뿐 어떤 봉우리도 나타나지 않는다.
- **결정 형성** : 첫 번째 봉우리
  1. 특정 온도까지 가열되면 많은 무정형 중합체는 열을 방출하면서 미세결정으로 결정화되기 시작한다.
  2. 열이 방출되는 발열과정의 결과로 생긴 것으로 이로 인해 온도가 올라간다.
- **용융** : 두 번째 봉우리
  1. 형성된 미세결정이 녹아서 생기는 것이다.
  2. 열을 흡수하는 흡열과정의 결과로 생긴 것으로 이로 인해 온도가 내려간다.
- **산화** : 세 번째 봉우리
  1. 공기나 산소가 존재하여 가열할 때만 나타난다.
  2. 열이 방출되는 발열반응의 결과로 생긴 것으로 이로 인해 온도가 올라간다.
- **분해**
  유리전이 과정과 분해과정은 봉우리가 나타나지 않는다.

정답 | 44.① 45.③

46 **전기화학반응에서 일어나는 편극의 종류에 해당하지 않는 것은?**

① 농도 편극
② 결정화 편극
③ 전하이동 편극
④ 전압강하 편극

✔ **전기화학반응에서 일어나는 편극의 종류**
1. **농도 편극**
2. 반응 편극
3. 흡착, 탈착, **결정화 편극**
4. **전하이동 편극**

47 **크로마토그래피의 분류에 대한 설명으로 틀린 것은?**

① 고정상 종류에 따라 액체 크로마토그래피와 기체 크로마토그래피로 분류한다.
② 초임계 유체 크로마토그래피는 분리관법으로 할 수 있다.
③ 이온교환 크로마토그래피의 정지상은 이온교환수지이다.
④ 액체 크로마토그래피는 분리관법 또는 평면법으로 할 수 있다.

✔ **칼럼 크로마토그래피법의 분류**

이동상의 종류에 따른 분류	정지상의 종류에 따른 분류	정지상	상호작용
기체 크로마토그래피(GC)	기체–액체 크로마토그래피(GLC)	액체	분배
	기체–고체 크로마토그래피(GSC)	고체	흡착
액체 크로마토그래피(LC)	액체–액체 크로마토그래피(LLC)	액체	분배
	액체–고체 크로마토그래피(LSC)	고체	흡착
	이온교환 크로마토그래피	이온교환수지	이온교환
	크기 배제 크로마토그래피	중합체로 된 다공성 겔	거름/분배
	친화 크로마토그래피	작용기 선택적인 액체	결합/분배
초임계–유체 크로마토그래피 (SFC)		액체	분배

48 **수소는 물을 전기분해하여 생성시킬 수 있다. 물의 표준 생성 자유에너지는 $\Delta G_f° = -237.13$ kJ/mol이다. 표준조건에서 물을 전기분해 할 때 필요한 최소 전압은 얼마인가?**

① 0.62V ② 1.23V
③ 2.46V ④ 3.69V

✔ **물의 표준 생성 자유에너지($\Delta G_f°$)**

$H_2 + \frac{1}{2}O_2 \rightarrow H_2O$

$\Delta G_f° = -237.13\text{kJ/mol}$

물의 전기분해 : $H_2O \rightarrow H_2 + \frac{1}{2}O_2$

$\Delta G° = -\Delta G_f° = 237.13\text{kJ/mol}$

자유에너지의 변화($\Delta G°$)와 전위차($E°$)의 관계식

$\Delta G° = -nFE°$

여기서, n : 이동한 전자의 몰수

1F =96,485C/mol

$2H^+ + 2e^- \rightarrow H_2$

이동한 전자의 몰수(n)는 2mol이다.

$\Delta G° = -nFE°$

$237.13\text{kJ} = -2\text{mol} \times 96,485\text{C/mol} \times E°$

$\therefore E° = -\frac{237.13 \times 10^3}{2 \times 96,485} = -1.23\text{V}$

여기서, ⊖부호는 외부로부터 전압을 걸어줘야 함을 의미한다.

49 **순환 전압전류법(cyclic voltammetry)에 의해 얻어진 순환 전압전류곡선의 해석에 대한 설명으로 틀린 것은?**

① 산화전극과 환원전극의 형태가 대칭성에 가까울수록 전기화학적으로 가역적이다.
② 산화봉우리 전류와 환원봉우리 전류의 비가 1에 가까우면 전기화학반응은 가역적일 가능성이 높다.
③ 산화 및 환원 전류가 Nernst 식을 만족하면 가역적이며 전기화학반응은 매우 빠르게 일어난다.
④ 산화봉우리 전압과 환원봉우리 전압의 차는 가능한 커야 전기화학반응이 가역적일 가능성이 높다.

✔ **가역반응**에서 환원봉우리 전위와 산화봉우리 전위의 차이는 $\frac{0.05916}{n}$V이다.

정답 | 46.④ 47.① 48.② 49.④

50 HPLC에 이용되는 검출기 중 가장 널리 사용되는 검출기의 종류는?

① 형광검출기
② 굴절률검출기
③ 자외선-가시선 흡수검출기
④ 증발 광산란 검출기

✔ HPLC에 이용되는 검출기 중 가장 널리 사용되는 검출기는 **자외선-가시선 흡수검출기**이다.

51 다음 중 분리분석법이 아닌 것은?

① 크로마토그래피 ② 추출법
③ 증류법 ④ 폴라로그래피

✔ **분리분석법**
여러 혼합물로부터 분석물을 분리하는 방법으로 침전법, **증류법, 추출법, 크로마토그래피법**이 있다. 다성분인 복잡한 시료의 경우 크로마토그래피법을 주로 이용한다.

52 기체 크로마토그래피(GC)에서 온도 프로그래밍(temperature programming)의 효과로서 가장 거리가 먼 것은?

① 감도를 좋게 한다.
② 분해능을 좋게 한다.
③ 분석시간을 단축시킨다.
④ 장비 구입비용을 절약할 수 있다.

✔ 온도 프로그래밍은 분리가 진행되는 동안 칼럼의 온도를 계속적으로 또는 단계적으로 증가시키는 것으로, 끓는점이 넓은 영역에 걸쳐 있는 분석물질에 대하여 시료의 분리효율을 높이고 분리시간을 단축시키기 위해 사용한다. 그리고 HPLC에서의 기울기 용리와 같으며, 온도 프로그래밍의 기술이 탑재된 장비를 구입해야 하므로 **장비 구입비용은 더 들게 된다.**

53 질량분석기로서 알 수 없는 것은?

① 시료물질의 원소의 조성
② 구성원자의 동위원소의 비
③ 생화학분자의 분자량
④ 분자의 흡광계수

✔ 질량분석법의 이용
1. **시료물질의 원소 조성**에 대한 정보
2. 유기물, 무기물, **생화학분자의 구조**에 대한 정보
3. 시료에 존재하는 원소의 **동위원소 비**에 대한 정보
4. 복잡한 혼합물의 정성 및 정량 분석에 대한 정보
5. 고체 표면의 구조와 조성에 대한 정보

54 크로마토그래피 분석법에서 띠넓힘에 영향을 주는 인자에 대한 설명으로 가장 옳은 것은?

① 다중통로에 의한 띠넓힘은 분자가 충전칼럼을 지나가는 통로가 다양하기 때문에 나타난다.
② 세로확산에 의한 띠넓힘은 이동상과 정지상 사이의 평형이 매우 느릴 때 일어난다.
③ 상 사이의 질량이동에 의한 띠넓힘은 이동상의 속도가 증가하면 감소하는 경향이 있다.
④ 세로확산에 의한 띠넓힘은 이동상의 속도가 증가하면 증가하는 경향이 있다.

✔ van Deemter 식

$$H = A + \frac{B}{u} + C_S u + C_M u$$

여기서, H : 단높이(cm)
u : 이동상의 선형속도(cm/s)
A : 소용돌이 확산계수
B : 세로확산계수
C_S : 정지상과 관련된 질량이동계수
C_M : 이동상과 관련된 질량이동계수

1. 다중 흐름통로 항(A)
   ① 소용돌이 확산 : 분석물의 입자가 충전칼럼을 통해 지나가는 통로의 길이가 여러 가지로 다양함에 따라 같은 화학종의 분자라도 칼럼에 머무는 시간이 달라진다. 분석물의 입자들이 어떤 시간 범위에 걸쳐 칼럼 끝에 도착하게 되어 띠넓힘이 발생하는 다중 흐름통로의 효과를 소용돌이 확산이라고 한다.
   ② 이동상(용매)의 속도와는 무관하며, 칼럼 충전물질의 입자의 직경에 비례하므로 고체 충전제 입자 크기를 작게 하면 다중 흐름통로가 균일해지므로 다중 통로 넓힘은 감소시킬 수 있다.
2. 세로확산 항(B/u)
   ① 칼럼 크로마토그래피법에서 세로확산은 띠의 농도가 진한 중심에서 분자가 양쪽의 묽은 영역으로 이동하려는 경향 때문에 생긴다.
   ② 이동상의 흐르는 방향과 반대방향으로 일어난다.

정답 | 50.③ 51.④ 52.④ 53.④ 54.①

③ 세로확산에 대한 기여는 이동상의 속도에는 반비례한다. 이동상의 속도가 커지면 확산시간이 부족해져서 세로확산이 감소한다. 기체 이동상의 경우는 온도를 낮추면 세로확산을 줄일 수 있다.

3. 질량이동 항(C_Su, C_Mu)

① 질량이동계수는 정지상의 막 두께의 제곱, 모세관 칼럼 지름의 제곱, 충전입자 지름의 제곱에 비례한다.

② 단높이가 작을수록 칼럼 효율이 증가하므로 질량이동계수를 작게 해야 한다.

55 시료의 분해반응 및 산화반응과 같은 물리적 변화 측정에 알맞은 열분석법은?

① DSC　② DTA
③ TMA　④ TGA

✔ **열무게 측정법(TGA, thermogravimetry)**
온도를 증가시키면서 온도나 시간의 함수로써 질량 감소를 측정한다. 시료의 분해반응 및 산화반응은 질량이 감소하거나 증가하는 변화(물리적 변화)이므로 열무게 측정법이 적합하다.

56 얇은 층 크로마토그래피(TLC)에서 지연인자(R_f)에 대한 설명으로 틀린 것은?

① 단위가 없다.
② 0~1 사이의 값을 갖는다.
③ $\frac{\text{용질의 이동거리}}{\text{용매의 이동거리}}$ 로 나타낸다.
④ R_f값은 용매와 온도에 따라 같은 값을 가진다.

✔ ① 지연인자(R_f, 지연지수)는 용매의 이동거리와 용질(각 성분)의 이동거리의 비로, 단위가 없다.
② 0~1 사이의 값을 갖는다. 1에 근접한 값을 가지면 시료가 이동상을 따라 많이 이동해야 하므로 정지상보다 이동상에 분배가 크다.
③ $R_f = \frac{d_R}{d_M}$
시료의 출발선으로부터 측정한 직선거리
여기서, d_M : 용매의 이동거리
d_R : 용질의 이동거리
④ **용매와 온도가 달라지면** 시료가 이동상과 고정상 사이에서 분배되는 정도가 달라지므로 **지연인자(R_f)값은 달라진다.**

57 다음 중 열무게분석법(Thermo Gravimetric Analysis ; TGA)으로 얻을 수 있는 정보가 아닌 것은?

① 분해반응　② 산화반응
③ 기화 및 승화　④ 고분자 분자량

✔ 열무게분석법에서는 조절된 수위조건하에서 시료의 온도를 증가시키면서 시료의 무게를 시간 또는 온도의 함수로 연속적으로 기록하며, 시간의 함수로 무게 또는 무게백분율을 도시한 것을 열분해 곡선 또는 열분석도라고 하는데 **분해반응과 산화반응, 기화, 승화**, 탈착 등과 같은 물리적 변화를 이용한다. 또한 열무게 측정법은 여러 종류의 중합체 합성물의 분해 메커니즘에 대한 정보를 제공한다.

58 니켈(Ni^{2+})과 카드뮴(Cd^{2+})이 각각 0.1M인 혼합용액에서 니켈만 전기화학적으로 석출하고자 한다. 카드뮴 이온은 석출되지 않고 니켈 이온이 0.01%만 남도록 하는 전압(V)은?

- $Ni^{2+} + 2e^- \rightleftarrows Ni(s)$, $E^\circ = -0.250V$
- $Cd^{2+} + 2e^- \rightleftarrows Cd(s)$, $E^\circ = -0.403V$

① −0.2　② −0.3
③ −0.4　④ −0.5

✔ **Nernst 식**

$$E = E^\circ - \frac{0.05916V}{n}\log Q$$

$Ni^{2+} + 2e^- \rightarrow Ni$, $E^\circ = -0.250V$
0.01% 남아 있는 $[Ni^{2+}]$
$= 0.1 \times \frac{0.01}{100} = 1.0 \times 10^{-5}$M이다.

$$\therefore\ E = -0.250 - \frac{0.05916}{2}\log\frac{1}{(1.0\times10^{-5})}$$

$= \mathbf{-0.398V}$

59 열무게 분석(Thermo Gravimetric Analysis ; TGA)기기의 일반적인 구성이 아닌 것은?

① 열저울　② 전기로
③ 열전기쌍　④ 기체주입장치

✔ **열무게 분석기기 장치**
감도가 매우 좋은 **분석저울, 전기로, 기체주입장치,** 기기장치의 조정과 데이터 처리를 위한 장치

정답 | 55.④　56.④　57.④　58.③　59.③

60 역상 크로마토그래피에서 메탄올을 이동상으로 하여 3가지 물질을 분리하고자 한다. 각 물질의 극성이 다음의 표와 같을 때, 머무름지수가 가장 클 것으로 예측되는 물질은?

물질	A	B	C
극성	큼	중간	작음

① A
② B
③ C
④ 극성과 무관하여 예측할 수 없다.

✔ 역상 크로마토그래피에서는 이동상이 극성으로, 극성이 가장 큰 성분이 먼저 용리된다. 이동상의 극성을 증가시키면 용리시간도 길어지고 물을 이동상으로 사용할 수 있다는 장점이 있다. 극성이 큰 A물질이 가장 먼저 용리되므로 머무름지수가 가장 작고 극성이 작은 C물질의 머무름지수가 가장 클 것으로 예측할 수 있다.

제4과목 | 화학물질 구조 및 표면 분석

61 원자분광법에서 시료 도입방법에 따른 시료 형태로서 틀린 것은?
① 직접 주입 – 고체
② 기체분무화 – 용액
③ 초음파분무화 – 고체
④ 글로우방전 튕김 – 전도성 고체

✔ 시료 도입방법
1. **용액 시료**의 도입 : 기체분무기, **초음파분무기**, 전열증기화, 수소화물 생성법
2. 고체 시료의 도입 : 직접 시료 도입, 전열증기화, 레이저 증발
3. 전도성 고체 시료의 도입 : 아크와 스파크 증발, 글로우방전법

62 적외선 분광법에서 물분자의 이론적 진동방식 수는?
① 2개 ② 3개
③ 4개 ④ 5개

✔ N개의 원자를 포함하는 분자는 $3N$의 자유도를 갖는다. 분자운동은 공간에서 전체 분자의 운동(무게중심의 병진운동), 무게중심으로 전체 분자의 회전운동, 원자 각 개의 다른 원자에 상대적인 운동(개별적 진동)을 고려한다.
1. 비선형 분자의 진동수 : $3N-6$
2. 선형 분자의 진동수 : $3N-5$
∴ 물(H_2O)분자는 비선형 분자이므로 진동수는 $(3\times3)-6=$**3개**이다.

63 불꽃에서 분석원소가 이온화되는 것을 방지하기 위한 이온화 억제제로 가장 적당한 것은?
① Al ② K
③ La ④ Sr

✔ 분석물질보다 이온화가 더 잘 되어 불꽃에 높은 농도의 전자를 제공하는 이온화 억제제(ionization suppressor)를 사용함으로써 이온화 평형의 이동을 막고 시료의 이온화를 억제할 수 있다. 주로 K, Rb, Cs과 같은 알칼리금속이 사용된다.

64 원자분광법에서 주로 고체 시료의 시료 도입에 이용할 수 있는 장치는?
① 기체분무기(pneumatic nebulizer)
② 초음파분무기(ultrasonic nebulizer)
③ 전열증발기(electrothermal vaporizer)
④ 수소화물 발생기(hydridegeneration device)

✔
- 고체 시료의 도입방법으로는 직접 시료 도입, **전열증기화**, 레이저 증발, 아크와 스파크 증발, 글로우방전법이 있다.
- 용액 시료의 도입방법으로 기체분무기, 초음파분무기, 전열증기화, 수소화물 생성법이 있다.

65 원자흡수분광법에서는 매트릭스에 의한 방해가 있을 수 있다. 매트릭스 방해를 보정하는 방법으로 가장 거리가 먼 것은?
① 완충제를 사용하는 방법
② 보조광원(중수소등이나 자외선등)을 사용하여 보정하는 방법
③ 서로 이웃에 있는 두 가지 스펙트럼의 세기를 측정하여 보정하는 2선 보정법
④ Zeeman 효과와 Smith Hieftje 바탕보정법

정답 | 60.③ 61.③ 62.② 63.② 64.③ 65.①

✔ 스펙트럼 방해(매트릭스 방해)는 방해 화학종의 흡수선 또는 방출선이 분석선에 너무 가까이 있거나 겹쳐서 단색화 장치에 의하여 분리가 불가능한 경우에 생긴다. 연속광원 보정법(보조광원 사용 바탕보정법), 두 선 보정법, Zeeman 효과에 의한 바탕보정, 광원 자체 반전에 의한 바탕보정(Smith Hieftje 바탕보정법)으로 보정한다.

66 **원자흡수분광법(atomic absorption)에서 사용하는 광원으로 가장 적당한 것은?**

① 수은등(mercury lamp)
② 전극등(electron lamp)
③ 방전등(discharge lamp)
④ 속빈 음극등(hollow cathode lamp)

✔ **원자흡수분광법**
원자 흡수봉우리의 띠너비가 좁기 때문에 흡수봉우리보다 더 좁은 띠너비를 갖는 선 광원을 사용해야 한다. **속빈 음극등**, 전극 없는 방전등은 원자흡수와 형광법에 널리 사용되는 선 광원이다.

67 **자외선-가시선 흡수분광계에서 자외선 영역의 연속적인 파장의 빛을 발생시키기 위해서 널리 쓰이는 광원은?**

① 중수소등 ② 텅스텐 필라멘트등
③ 아르곤 레이저 ④ 크세논 아크등

✔
- **자외선 영역**(10~400nm)
  중수소(D_2), 아르곤, 제논, 수은등을 포함한 고압 기체 충전아크등
- **가시광선 영역**(400~780nm)
  텅스텐 필라멘트
- **적외선 영역**(780nm~1mm)
  1,500~2,000K으로 가열된 비활성 고체 니크롬선(Ni-Cr), 글로바(SiC), Nernst 백열등

68 **불꽃원자흡수분광법(flame atomic absorption spectroscopy)에 비해 유도결합플라스마(ICP) 원자방출분광법의 장점이 아닌 것은?**

① 불꽃보다 ICP의 온도가 높아서 시료가 완전하게 원자화된다.
② 불꽃보다 ICP의 온도가 높아서 이온화가 많이 일어난다.
③ 광원이 필요 없고, 다원소(multielement) 분석이 가능하다.
④ 불꽃보다 ICP의 온도가 균일하므로 자체 흡수(self-absorption)가 적다.

✔ ICP는 아르곤의 이온화로 인한 전자밀도가 높아서 시료의 **이온화에 의한 방해가 거의 없다.**

69 **다음 중 일반적으로 사용되는 원자화 방법(atomization)이 아닌 것은?**

① 불꽃원자화(flame atomization)
② 초음파원자화(ultrasonic atomization)
③ 유도쌍 플라스마(ICP, inductively coupled plasma)
④ 전열증발화(electrothermal vaporization)

✔ **원자화 방법의 종류**
1. **불꽃원자화**
2. **전열원자화**
3. 수소화물 생성 원자화
4. 찬 증기 원자화 : 수은(Hg) 정량에만 이용
5. 글로우방전 원자화, **유도결합 아르곤 플라스마**, 직류 아르곤 플라스마, 마이크로 유도 아르곤 플라스마, 전기아크, 스파크 등

70 **X-선 형광법의 장점에 해당하지 않는 것은 어느 것인가?**

① 감도가 우수하다.
② 자외선 스펙트럼이 비교적 단순하다.
③ 시료를 파괴하지 않고 분석이 가능하다.
④ 단시간 내에 여러 원소들을 분석할 수 있다.

✔ **X-선 형광법의 단점**
감도가 좋지 않고, 기기가 비싸며, 가벼운 원소 측정이 어렵다(원자번호 8번보다 큰 것만 분석 가능).

Check
X-선 형광법의 장점
1. 스펙트럼이 단순하여 스펙트럼선 방해가 적다.
2. 비파괴 분석법이어서 시료에 손상을 주지 않는다.
3. 실험과정이 빠르고 편리하다.
   → 수분 내에 다중원소 분석
4. 정확도와 정밀도가 좋다.

정답 | 66.④ 67.① 68.② 69.② 70.①

71 **원자흡수분광법에서 전열원자화 장치가 불꽃 원자화 장치보다 원소 검출능력이 우수한 주된 이유는?**

① 시료를 분해하는 능력이 우수하다.
② 원자화 장치 자체가 매우 정밀하다.
③ 전체 시료가 원자화 장치에 도입된다.
④ 시료를 탈용매화시키는 능력이 우수하다.

전열원자화 장치에서는 **전체 시료**가 양 끝이 열려 있고 중앙에 구멍이 있는 원통형 흑연관의 시료 주입구를 통해 도입된 후 전기로의 온도를 높여 **원자화되고** 원자화되는 동안 노 밖으로 빠져 나가기 어렵기 때문에 불꽃보다 적은 양의 시료와 높은 감도를 제공한다. 반면 불꽃원자화 장치에서 시료는 분무기를 거쳐 혼합실에서 산화제 및 연료와 혼합된 후 불꽃으로 도입되는데 이 과정에서 많은 시료가 바닥으로 떨어져 폐기통으로 빠져 나가게 된다.

72 **1.0cm 두께의 셀(cell)에 몰흡광계수가 5.0×10^3L/mol · cm인 표준시료 2.0×10^{-4}M 용액을 넣고 측정하였다. 이때 투과도는 얼마인가?**

① 0.1
② 0.4
③ 0.6
④ 1.0

흡광도 $A=\varepsilon bc=-\log T$
여기서, ε : 몰흡광계수
b : 셀의 길이
c : 시료의 농도
$A=(5.0\times10^3)\times1.0\times(2.0\times10^{-4})=1.0$
$1.0=-\log T$
$\therefore\ T=10^{-1.0}=$ **0.1**

73 **분광분석법은 다음 중 어떤 현상을 바탕으로 측정이 이루어지는가?**

① 분석용액의 전기적인 성질
② 각종 복사선과 물질과의 상호작용
③ 복잡한 혼합물을 구성하는 유사한 성분으로 분리
④ 물질을 가열할 때 나타나는 물리적인 성질

분광분석법
각종 복사선과 물질과의 상호작용을 이용하여 물질에 관한 정보를 얻는 분석법이다. 물질은 복사선을 흡수하여 들뜬상태가 되고 복사선을 방출하면서 바닥상태로 돌아가는데, 들뜰 때 흡수하거나 산란된 복사선의 양을 측정하거나 바닥상태로 되돌아갈 때 방출하는 복사선의 양을 측정함으로써 정량, 정성분석을 할 수 있다.

74 **60MHz NMR에서 스핀-스핀 갈라짐이 12Hz인 짝지음 상수(coupling constant)는 300MHz NMR에서는 ppm 단위로 얼마인가?**

① 0.04　② 0.12
③ 0.2　④ 12

스핀-스핀 갈라짐은 인접한 핵의 스핀상태의 조합에 의해 나타나는 것이므로 스핀-스핀 짝지음 상수는 자기장의 세기와는 무관하다. 60MHz NMR에서와 같이 300MHz NMR에서도 짝지음 상수는 12Hz이다.
스핀-스핀 짝지음 상수
$=\dfrac{\text{Hz 수}}{\text{MHz로 나타낸 분광기의 진동수}}=$ ppm 단위
$\therefore\ \dfrac{12\text{Hz}}{300\text{MHz}}=$ **0.04ppm**

75 **NMR 분광법에서 할로겐화 메틸(CH_3X)의 경우에 양성자의 화학적 이동값(δ)이 가장 큰 것은?**

① CH_3Br　② CH_3Cl
③ CH_3F　④ CH_3I

화학적 이동에 영향을 주는 요인
1. 외부 자기장의 세기 : 외부 자기장 세기가 클수록 화학적 이동(ppm)은 커지며, δ값은 상대적인 이동을 나타내는 값이어서 Hz값의 크기와 상관없이 일정한 값을 갖는다.
2. 핵 주위의 전자밀도(가리움 효과) : 핵 주위의 전자밀도가 크면 외부 자기장의 세기를 많이 상쇄시켜 가리움이 크고, 핵 주위의 전자밀도가 작으면 외부 자기장의 세기를 적게 상쇄시키므로 가리움이 적다. 가리움이 적을수록 낮은 자기장에서 봉우리가 나타난다.

∴ 전기음성도가 큰 F로 치환된 CH_3F의 핵 주위의 전자밀도가 가장 작고, 가리움 효과가 작아져서 낮은 자기장에서 봉우리가 나타난다. 즉, **화학적 이동값은 가장 커진다.**

정답 | 71.③ 72.① 73.② 74.① 75.③

76 **적외선 흡수스펙트럼에서 흡수봉우리의 파수는 화학결합에 대한 힘상수의 세기와 유효질량에 의존한다. 다음 중 흡수 파수가 가장 큰 신축진동은?**

① ≡C−H ② =C−H
③ −C−H ④ −C≡C−

분자 진동의 파수

$\bar{\nu} = \frac{1}{2\pi c}\sqrt{\frac{\kappa}{\mu}}$

여기서, $\bar{\nu}$: 흡수봉우리의 파수(cm^{-1})

μ : 환산질량(kg) $= \frac{m_1 m_2}{m_1 + m_2}$

κ : 화학결합의 강도를 나타내는 힘상수(N/m)

c : 빛의 속도(cm/s)

파수는 힘상수가 클수록, 환산질량이 작을수록 커진다.

C : $\frac{12g}{1mol} \times \frac{1mol}{6.022\times10^{23}개} = 1.993\times10^{-23}g/개$

H : $\frac{1g}{1mol} \times \frac{1mol}{6.022\times10^{23}개} = 1.661\times10^{-24}g/개$

C−C의 환산질량

$= \frac{(1.993\times10^{-23}g)\times(1.993\times10^{-24}g)}{1.993\times10^{-23}g)+(1.993\times10^{-24}g)}$

$= 9.965\times10^{-24}g$

C−H의 환산질량

$= \frac{(1.993\times10^{-23}g)\times(1.661\times10^{-23}g)}{(1.993\times10^{-23}g)+(1.661\times10^{-23}g)}$

$= 1.533\times10^{-24}g$

∴ C−C의 환산질량 > C−H의 환산질량

힘상수 ≡C−H > =C−H > −C−H

∴ 파수 ≡C−H > =C−H > −C−H > −C≡C−

77 **FT−IR(Fourier Transform Infrared ; FT 적외선) 분광기기를 사용하여 측정한 흡광도 스펙트럼의 신호 대 잡음비(signal−to−noise)가 4이었다. 신호 대 잡음비를 20으로 증가시키려면 스펙트럼을 몇 번 측정하여 평균해야 하는가?**

① 400 ② 80
③ 25 ④ 20

신호 대 잡음비(S/N)

대부분의 측정에서 잡음 N의 평균 세기는 신호 S의 크기에는 무관하고 일정하다. 신호 대 잡음비는 측정횟수(n)의 제곱근에 비례한다.

$\frac{S}{N} \propto \sqrt{n}$, $4 : \sqrt{1} = 20 : \sqrt{n}$

∴ $n = 25$번

78 **분자흡수분광법의 가시광선 영역에서 주로 사용되는 복사선의 광원은?**

① 중수소등 ② 니크롬선등
③ 속빈 음극등 ④ 텅스텐 필라멘트등

연속 광원

흡수와 형광 분광법에서 사용된다.

1. 자외선 영역 : 중수소(D_2), 아르곤, 제논, 수은등을 포함한 고압기체 충전 아크등
2. **가시광선 영역 : 텅스텐 필라멘트**
3. 적외선 영역 : 1,500~2,000K으로 가열된 비활성 고체 니크롬선(Ni−Cr), 글로바(SiC), Nernst 백열등

79 **적외선 분광기를 사용하여 유기화합물을 분석하여 1,600~1,700cm^{-1} 근처에서 강한 피크와 3,000cm^{-1} 근처에서 넓고 강한 피크를 나타내는 스펙트럼을 얻었을 때, 분석시료로서 가능성이 가장 높은 화합물은?**

① CH_3OH ② $C_6H_5CH_3$
③ CH_3COOH ④ CH_3COCH_3

카보닐기(C=O)의 흡수는 1,680~1,750cm^{-1} 범위에서 일어나며, 3,000cm^{-1} 근처의 넓은 피크는 수소결합을 하고 있는 O−H 작용기의 특징이다. 따라서 분석시료로서 가능성이 가장 높은 화합물은 아세트산(CH_3COOH)이다.

80 **적외선분광기의 회절발이 72선/mm의 홈(groove)을 가지고 있을 때, 입사각이 30°이고 반사각이 0°라면 회절스펙트럼의 파장(nm)은? (단, 회절차수는 1로 한다.)**

① 6,944 ② 7,944
③ 8,944 ④ 9,944

보강간섭을 일으킬 조건

$n\lambda = d(\sin i + \sin\gamma)$

여기서, n : 회절차수

λ : 파장(nm)

d : 홈 사이의 거리(nm)

i : 입사각

γ : 반사각

$1\times\lambda = \frac{1mm}{72홈}\times\frac{10^6nm}{1mm}\times(\sin30+\sin0)$

∴ $\lambda = 6,944nm$

정답 | 76.① 77.③ 78.④ 79.③ 80.①

제1과목 | 화학의 이해와 환경·안전관리

01 용액의 농도에 대한 설명이 잘못된 것은?

① 노르말농도는 용액 1L에 포함된 용질의 당량수로 정의한다.
② 몰분율은 그 성분의 몰수를 모든 성분의 전체 몰수로 나눈 것으로 정의한다.
③ 몰농도는 용액 1L에 포함된 용질의 양을 몰수로 정의한다.
④ 몰랄농도는 용액 1kg에 포함된 용질의 양을 몰수로 정의한다.

몰랄농도(m)
용매 1kg 속에 녹아 있는 용질의 몰수를 나타낸 농도, 단위는 mol/kg 또는 m으로 나타낸다.

02 0.10M KNO_3 용액에 관한 설명으로 옳은 것은?

① 이 용액 0.10L에는 6.02×10^{22}개의 K^+ 이온들이 존재한다.
② 이 용액 0.10L에는 6.02×10^{23}개의 K^+ 이온들이 존재한다.
③ 이 용액 0.10L에는 0.010몰의 K^+ 이온들이 존재한다.
④ 이 용액 0.10L에는 1.0몰의 K^+ 이온들이 존재한다.

- **1몰(mol)**
정확히 12.0g 속의 $^{6}_{12}C$ 원자의 수, 6.022×10^{23}개의 입자를 뜻하며, 이 수를 아보가드로수라고 한다. 물질의 종류에 관계없이 물질 1몰(mol)에는 물질을 구성하는 입자 6.022×10^{23}개가 들어 있다.
- **몰농도(M)**
용액 1L 속에 녹아 있는 용질의 몰수를 나타낸 농도, 단위는 mol/L 또는 M으로 나타낸다.

$$\text{몰농도(M)} = \frac{\text{용질의 몰수 } n(\text{mol})}{\text{용액의 부피 } V(\text{L})}$$

$M\times V=n$

∴ 이 용액 0.10L에는 $0.10\text{M}\times0.1\text{L}=$ **0.010mol의 K^+이 존재한다.**

또한 $0.010\text{mol}\times\frac{6.022\times10^{23}\text{ 개}}{1\text{ mol}}=6.022\times10^{21}$ 개의 K^+이 존재한다.

03 0.1M H_2SO_4 수용액 10mL에 0.05M NaOH 수용액 10mL를 혼합하였다. 혼합용액의 pH는? (단, 황산은 100% 이온화되며, 혼합용액의 부피는 20mL이다.)

① 0.875
② 1.125
③ 1.25
④ 1.375

혼합용액의 pH를 산염기 적정에서의 pH 구하는 과정으로 생각하여 구할 수 있다. 0.1M, 10mL H_2SO_4를 0.05M NaOH로 적정하는 경우 당량점 부피를 구하면 다음과 같다.
1mmol H_2SO_4 : 2mmol NaOH
$=0.1\times10 : 0.05\times x$, $x=40$mL이므로
당량점 이전 즉, NaOH 10mL가 혼합된 용액의 pH는 당량점 이전 가해준 NaOH의 부피가 10mL인 경우와 같다.

	$H_2SO_4(aq)$	+ $2NaOH(aq)$	⇄ $2H_2O(l)$	+ $Na_2SO_4(aq)$
초기(mmol)	1	0.5		
변화(mmol)	−0.25	−0.5	+0.5	+0.25
최종(mmol)	0.75	0	0.5	0.25

강산 H_2SO_4로 $[H^+]$를 구하면 혼합용액의 pH를 구할 수 있다.

$$[H^+]=\frac{0.75\text{mmol } H_2SO_4}{10+10\text{mL}}\times\frac{2\text{mmol } H^+}{1\text{mmol } H_2SO_4}$$
$$=7.5\times10^{-2}\text{M}$$

∴ $\text{pH}=-\log(7.5\times10^{-2})=$ **1.125**

04 Kjeldahl법에 의한 질소의 정량에서, 비료 1.325g의 시료로부터 암모니아를 증류해서 0.2030N H_2SO_4 50mL에 흡수시키고, 과량의 산을 0.1908N NaOH로 역적정하였더니 25.32mL가 소비되었다. 시료 속의 질소의 함량(%)은?

① 2.6 ② 3.6
③ 4.6 ④ 5.6

노르말 농도(N)=몰농도(M)×가수

0.2030N 황산의 몰농도$=\frac{0.2030}{2}=0.1015$M

H_2SO_4과 NaOH는 1:2반응이고, H_2SO_4과 NH_3도 1:2반응이다.
따라서 1mol H_2SO_4=2mol 염기이다.

정답 | 01.④ 02.③ 03.② 04.④

과량의 산
=시료 중의 염기의 양 + 역적정에 사용된 염기의 양
=(시료 중의 염기) + $(0.1908 \times 25.32 \times 10^{-3})$mol
시료 중의 염기의 양에서 질소의 양을 구할 수 있다.

$$\left\{\left(0.1015 \times 50 \times 10^{-3} \times \frac{2\text{mol 염기}}{1\text{mol } H_2SO_4}\right) - (0.1908 \times 25.32 \times 10^{-3})\right\}$$

$$\text{mol } NH_3 \times \frac{1\text{mol N}}{1\text{mol } NH_3} \times \frac{14\text{g N}}{1\text{mol N}}$$

시료 1.325g 속의 N는 7.446×10^{-2}g N 포함되어 있으므로

$$\therefore \frac{7.446 \times 10^{-2}\text{g N}}{1.325\text{g 시료}} \times 100 = \mathbf{5.62\%}$$

05 원자 반지름이 작은 것부터 큰 순서로 나열된 것은? (단, 원자의 번호는 $_{15}P$, $_{16}S$, $_{33}As$, $_{34}Se$ 이다.)

① P < S < As < Se
② S < P < Se < As
③ As < Se < P < S
④ Se < As < S < P

원자 반지름의 주기적 경향

1. 같은 주기에서는 원자번호가 클수록 원자 반지름이 감소한다.
   → 전자껍질수는 같고, 양성자수가 증가하여 유효 핵전하가 증가하므로 원자핵과 전자 사이의 인력이 증가하기 때문
2. 같은 족에서는 원자번호가 클수록 원자 반지름이 증가한다.
   → 전자껍질수가 증가하여 원자핵과 원자가전자 사이의 거리가 멀어지기 때문

∴ P(인), S(황)은 3주기 원소, As(비소), Se(셀레늄)은 4주기 원소이므로 4주기 원소의 원자 반지름이 더 크고(P, S < As, Se), P, As는 15족 원소, S, Se은 16족 원소이므로 같은 주기에서는 15족 원소의 원자 반지름이 더 크다.
S < P < Se < As

06 몰랄농도가 3.24m인 K_2SO_4 수용액 내 K_2SO_4의 몰분율은? (단, 원자량은 K 39.10, O 16.00, H 1.008, S 32.06이다.)

① 0.551 ② 0.36
③ 0.0552 ④ 0.036

몰분율 $X_A = \dfrac{n_A}{n_A + n_B}$

몰랄농도 $= \dfrac{\text{용질의 mol}}{\text{용매}(H_2O)\text{의 kg}}$

용질 K_2SO_4(mol) : 3.24mol

용매 H_2O(mol) : $1{,}000\text{g } H_2O \times \dfrac{1\text{mol } H_2O}{18.016\text{g } H_2O} = 55.51\text{mol } H_2O$

$$\therefore K_2SO_4\text{의 몰분율} = X_{K_2SO_4} = \frac{n_{K_2SO_4}}{n_{K_2SO_4} + n_{H_2O}} = \frac{3.24}{3.24 + 55.51} = \mathbf{0.0551}$$

07 특정 온도에서 기체 혼합물의 평형농도는 H_2 0.13M, I_2 0.70M, HI 2.1M이다. 같은 온도에서 500.00mL 빈 용기에 0.20mol의 HI를 주입하여 평형에 도달하였다면 평형 혼합물 속의 HI의 농도는 몇 M인가?

① 0.045
② 0.090
③ 0.31
④ 0.52

	$H_2(g)$	+	$I_2(g)$	⇄	$2HI(g)$
평형(M)	0.13		0.70		2.1

평형에서의 농도를 이용하여 주어진 반응의 평형상수를 구하면

$$K = \frac{[HI]^2}{[H_2][I_2]} = \frac{(2.1)^2}{(0.13) \times (0.70)} = 48.46$$

	$H_2(g)$	+	$I_2(g)$	⇄	$2HI(g)$
초기(M)	0		0		$\frac{0.20\text{mol}}{0.500\text{L}} = 0.4\text{M}$
변화(M)	$+x$		$+x$		$-2x$
최종(M)	x		x		$0.4-2x$

$$K = \frac{[HI]^2}{[H_2][I_2]} = \frac{(0.4-2x)^2}{x^2} = 48.46$$

$x = [H_2] = [I_2] = 4.46 \times 10^{-2}$M
∴ $[HI] = 0.4 - 2x = 0.4 - (2 \times 4.46 \times 10^{-2}) = \mathbf{0.31M}$

정답 | 05.② 06.③ 07.③

08 C_2H_5OH 8.72g을 얼렸을 때 ΔH는 약 몇 kJ인가? (단, C_2H_5OH의 융해열은 4.81kJ/mol이다.)

① +0.9 ② −0.9
③ +41.9 ④ −41.9

✔ 액체가 고체로의 상태 변화는 발열과정으로 $\Delta H<0$의 값을 나타낸다.

$$8.72\text{g } C_2H_5OH \times \frac{1\text{mol } C_2H_5OH}{46\text{g } C_2H_5OH} \times \frac{4.81\text{kJ}}{1\text{mol } C_2H_5OH}$$

= 0.91kJ의 열을 발생한다.

∴ $\Delta H = -0.91\text{kJ}$

09 혼성 궤도함수(hybrid orbital)에 대한 설명으로 틀린 것은?

① 탄소원자의 한 개의 s 궤도함수와 세 개의 p 궤도함수가 혼성하여 네 개의 새로운 궤도함수를 형성하는 것을 sp^3 혼성 궤도함수라 한다.
② sp^3 혼성 궤도함수를 이루는 메테인은 C−H 결합각이 109.5°인 정사면체 구조이다.
③ 벤젠(C_6H_6)을 분자궤도함수로 나타내면 각 탄소는 sp^2 혼성 궤도함수를 이루며 평면구조를 나타낸다.
④ 사이클로헥세인(C_6H_{12})을 분자궤도함수로 나타내면 각 탄소는 sp 혼성 궤도함수를 이룬다.

✔ 사이클로헥세인(C_6H_{12})을 분자궤도함수로 나타내면 각 탄소는 **sp^3 혼성 궤도함수**를 이룬다.

Check

- **sp^3 혼성 오비탈**
  1개의 s 오비탈과 3개의 p 오비탈이 합쳐 혼성화되어 4개의 sp^3 혼성 오비탈을 형성한다. sp^3 혼성 오비탈은 서로 109.5°로 정사면체의 꼭짓점을 향한다. 예로는 메테인(CH_4), 사이클로헥세인(C_6H_{12}) 등이 있다.
- **sp^2 혼성 오비탈**
  1개의 s 오비탈과 2개의 p 오비탈이 합쳐 혼성화되어 3개의 sp^2 혼성 오비탈을 형성한다. sp^2 혼성 오비탈은 한 평면상에 놓이며, 서로 120°로 정삼각형의 꼭짓점을 향한다. 예로는 에틸렌($H_2C=CH_2$), 벤젠(C_6H_6) 등이 있다.
- **sp 혼성 오비탈**
  1개의 s 오비탈과 1개의 p 오비탈이 합쳐 혼성화되어 서로 180°를 향하는 2개의 sp 혼성 오비탈을 형성한다. 예로는 아세틸렌($HC\equiv CH$), 이산화탄소(CO_2) 등이 있다.

10 다음 보기의 물질을 전해질의 세기가 강한 것부터 약해지는 순서로 나열한 것은?

NaCl, NH_3, H_2O, CH_3COCH_3

① NaCl > CH_3COCH_3 > NH_3 > H_2O
② NaCl > NH_3 > H_2O > CH_3COCH_3
③ CH_3COCH_3 > NH_3 > NaCl > H_2O
④ CH_3COCH_3 > NaCl > NH_3 > H_2O

✔ **전해질**
물에 녹아 이온화하여 전기가 통하는 물질로 강산, 강염기는 강전해질이고 약산, 약염기는 약전해질이다. 약전해질의 전해질 세기는 이온화 상수를 비교하면 확인할 수 있으며, 이온화 상수가 클수록 좀더 강한 전해질이다.

∴ NaCl(이온결합화합물, 강전해질) > NH_3(약염기 $K_b=1.8\times10^{-5}$) > H_2O($K_w=1.0\times10^{-14}$) > CH_3COCH_3(아세톤은 물보다 극성이 아주 약한 극성 분자)

Check

비전해질
이온화하지 않아 전기가 통하지 않는 물질로 설탕($C_{12}H_{22}O_{11}$), 포도당($C_6H_{12}O_6$), 에탄올(C_2H_5OH) 등이 있다.

11 H_2 4g과 N_2 10g, O_2 40g으로 구성된 혼합가스가 있다. 이 가스가 25℃, 10L의 용기에 들어 있을 때 용기가 받는 압력(atm)은?

① 7.39 ② 8.82
③ 89.41 ④ 213.72

✔ **돌턴의 부분압력 법칙**
혼합기체의 전체 압력은 각 성분 기체의 부분압력의 합과 같다.

$P_{전체} = P_A + P_B + P_C + \cdots$

$$P_{전체} = \frac{n_{전체}RT}{V},\ P_A = \frac{n_A RT}{V},\ P_B = \frac{n_B RT}{V}$$

를 대입하면

$$P_{전체} = \frac{n_{전체}RT}{V} = \frac{n_A RT}{V} + \frac{n_B RT}{V} = \frac{(n_A+n_B)RT}{V}$$

$$n_{H_2} : 4\text{g } H_2 \times \frac{1\text{mol } H_2}{2\text{g } H_2} = 2\text{mol } H_2$$

정답 | 08.② 09.④ 10.② 11.②

n_{N_2} : $10g\ N_2 \times \frac{1mol\ N_2}{28g\ N_2} = 0.357mol\ N_2$

n_{O_2} : $40g\ O_2 \times \frac{1mol\ O_2}{32g\ O_2} = 1.25mol\ O_2$

$n_{전체} = n_{H_2} + n_{N_2} + n_{O_2}$

$\therefore P_{전체} = \frac{n_{전체}RT}{V}$

$= \frac{(2+0.357+1.25)\times 0.0821\times(273+25)}{10}$

$= 8.82atm$

12 **이황화탄소(CS_2) 100.0g에 33.0g의 황을 녹여 만든 용액의 끓는점이 49.2℃일 때, 황의 분자량은 몇 g/mol인가? (단, 이황화탄소의 끓는점은 46.2℃이고, 끓는점 오름상수(K_b)는 2.35℃/m이다.)**

① 161.5 ② 193.5
③ 226.5 ④ 258.5

✔ 끓는점 오름(ΔT_b) = $K_b \times m$

몰랄농도(m) = $\frac{용질의\ mol}{용매\ kg}$

용액의 끓는점=순수 용매의 끓는점 + ΔT_b

ΔT_b = 49.2℃ − 46.2℃ = 3.0℃

황의 분자량을 x(g/mol)로 두면

$\Delta T_b = 3.0℃ = 2.35 \times \frac{33.0g\ S \times \frac{1mol\ S}{x(g)\ S}}{0.1kg}$

$\therefore$ **x = 258.5g/mol**

13 **$^{37}_{17}Cl$의 양성자, 중성자, 전자의 개수를 올바르게 나열한 것은?**

① 양성자 : 37, 중성자 : 0, 전자 : 37
② 양성자 : 17, 중성자 : 0, 전자 : 17
③ 양성자 : 17, 중성자 : 20, 전자 : 37
④ 양성자 : 17, 중성자 : 20, 전자 : 17

✔ $^{A}_{Z}X$
- A: 질량수=양성자수+중성자수
- X: 원소기호
- Z: 원자번호=양성자수=중성원자의 전자수

∴ **양성자수=17, 중성자수=37−17=20, 전자수=17**

14 **3.0M $AgNO_3$ 200mL를 0.9M $CuCl_2$ 350mL에 가했을 때 생성되는 염(salt)의 양(g)은? (단, Ag, Cu, Cl의 원자량은 각각 107, 64, 36g/mol으로 가정한다.)**

① 8.58 ② 56.4
③ 85.8 ④ 564

✔ **알짜반응식**

$Ag^+(aq) + Cl^-(aq) \rightleftarrows AgCl(s)$

- Ag^+ 몰수 : $AgNO_3 \rightleftarrows Ag^+ + NO_3^-$
  3.0M×0.2L =0.6mol
- Cl^- 몰수 : $CuCl_2 \rightleftarrows Cu^{2+} + 2Cl^-$
  (0.9M×0.35L)×2 = 0.63mol

	$Ag^+(aq)$	+	$Cl^-(aq)$	⇄	$AgCl(s)$
초기(mol)	0.6		0.63		
변화(mol)	−0.6		−0.6		+0.6
최종(mol)	0		0.03		0.6

∴ 생성된 AgCl의 양(g)은 다음과 같다.

$0.6mol\ AgCl \times \frac{143g\ AgCl}{1mol\ AgCl} = $ **85.8g**

15 **어떤 화합물이 29.1wt% Na, 40.5wt% S, 30.4wt% O를 함유하고 있을 때 이 화합물의 실험식은? (단, 원자량은 Na : 23.0amu, S : 32.06amu, O : 16.00amu)**

① Na_2SO_2 ② $Na_2S_2O_3$
③ NaS_2O_3 ④ $Na_2S_2O_4$

✔ 실험식은 화합물을 이루는 원자나 이온의 종류와 수를 가장 간단한 정수비로 나타낸 식으로 어떤 물질의 화학식을 실험적으로 구할 때 가장 먼저 구할 수 있는 식이다. 성분 원소의 질량비를 원자량으로 나누어 원자수의 비를 구하여 실험식을 나타낸다.

단계 1) % → g 바꾸기 : 전체 양을 100g으로 가정한다.

29.1% Na → 29.1g Na
40.5% S → 40.5g S
30.4% O → 30.4g O

단계 2) g → mol 바꾸기 : 몰질량을 이용한다.

Na : $29.1g\ Na \times \frac{1mol\ Na}{23.0g\ Na} = 1.265mol\ Na$

S : $40.5g\ S \times \frac{1mol\ S}{32.06g\ S} = 1.263mol\ S$

O : $30.4g\ O \times \frac{1mol\ O}{16.00g\ O} = 1.90mol\ O$

정답 | 12.④ 13.④ 14.③ 15.②

단계 3) mol비 구하기 : 가장 간단한 정수비로 나타낸다.

Na : S : O = 1.265 : 1.263 : 1.90

≒ 1 : 1 : 1.5 = 2 : 2 : 3

∴ 실험식은 $Na_2S_2O_3$이다.

16 크로마토그래피의 이동상에 따른 구분에 속하지 않는 것은?

① 기체 크로마토그래피
② 액체 크로마토그래피
③ 이온 크로마토그래피
④ 초임계 유체 크로마토그래피

이동상의 종류에 따른 분류	정지상의 종류에 따른 분류	정지상	상호작용
기체 크로마토그래피(GC)	기체-액체 크로마토그래피(GLC)	액체	분배
	기체-고체 크로마토그래피(GSC)	고체	흡착
액체 크로마토그래피(LC)	액체-액체 크로마토그래피(LLC)	액체	분배
	액체-고체 크로마토그래피(LSC)	고체	흡착
	이온 교환 크로마토그래피	이온교환 수지	이온 교환
	크기 배제 크로마토그래피	중합체로 된 다공성 젤	거름/분배
	친화 크로마토그래피	작용기 선택적인 액체	결합/분배
초임계-유체 크로마토그래피(SFC)		액체	분배

17 다음 중 질량이 가장 큰 것은?

① 산소원자 0.01몰
② 탄소원자 0.01몰
③ 273K, 1atm에서 이상기체인 He 0.224L
④ 이산화탄소 분자 0.01몰 내에 들어 있는 총 산소원자

① 산소원자 0.01mol

: $0.01\text{mol O} \times \frac{16\text{g O}}{1\text{mol O}} = 0.16\text{g O}$

② 탄소원자 0.01mol

: $0.01\text{mol C} \times \frac{12\text{g C}}{1\text{mol C}} = 0.12\text{g C}$

③ 273K, 1atm에서 이상기체인 He 0.224L

: $0.224\text{L He} \times \frac{1\text{mol He}}{22.4\text{L He}} \times \frac{4\text{g He}}{1\text{mol He}} = 0.04\text{g He}$

④ 이산화탄소 분자 0.01몰 내에 들어 있는 총 산소원자

: $0.01\text{mol } CO_2 \times \frac{2\text{mol O}}{1\text{mol } CO_2} \times \frac{16\text{g O}}{1\text{mol O}} = \mathbf{0.32g\ O}$

18 아세틸화칼슘(CaC_2) 100g에 충분한 양의 물을 가하여 녹였더니 수산화칼슘과 아세틸렌 28.3g이 생성되었다. 이 반응의 아세틸렌 수득률(%)은? (단, Ca의 원자량은 40amu이다.)

① 28.3%
② 44.1%
③ 64.1%
④ 69.7%

아세틸화칼슘과 물과의 반응식

$CaC_2 + 2H_2O \rightarrow Ca(OH)_2 + C_2H_2$

$$\text{수득률(\%)} = \frac{\text{생성물의 실제 수득량(g)}}{\text{생성물의 이론적 수득량(g)}} \times 100$$

아세틸렌(C_2H_2)의 이론적 수득량

$$100\text{g } CaC_2 \times \frac{1\text{mol } CaC_2}{64\text{g } CaC_2} \times \frac{1\text{mol } C_2H_2}{1\text{mol } CaC_2} \times \frac{26\text{g } C_2H_2}{1\text{mol } C_2H_2} = 40.6\text{g}$$

$$\therefore \text{수득률(\%)} = \frac{28.3}{40.6} \times 100 = \mathbf{69.7\%}$$

19 산화 · 환원 반응에 대한 설명 중 틀린 것은?

① 산화 · 환원 반응은 전자가 한 화학종에서 다른 화학종으로 이동하는 반응이다.
② 산화는 전자를 잃는 반응이다.
③ 환원제는 다른 화학종으로부터 전자를 받는다.
④ 산화 · 환원 반응에 관계된 전자를 전기회로를 통해 흐르게 하면 측정된 전압과 전류로부터 반응에 대한 정보를 얻을 수 있다.

산화는 전자를 잃는(주는) 반응이고, 환원은 전자를 받는 반응이다. 산화 · 환원 반응에서 다른 물질을 산화시키고 자신은 환원되는 물질을 산화제라고 하며, 다른 물질을 환원시키고 자신은 산화되는 물질을 환원제라고 한다.

③ 환원제는 다른 화학종에 전자를 준다.

정답 | 16.③ 17.④ 18.④ 19.③

20 우라늄(U) 동위원소의 핵분열 반응이 다음과 같을 때, M에 해당되는 입자는?

$${}^{1}_{0}n + {}^{235}_{92}U \rightarrow {}^{139}_{56}Ba + {}^{94}_{36}Kr + 3M$$

① ${}^{1}_{0}n$ ② ${}^{1}_{1}P$
③ ${}^{0}_{1}\beta$ ④ ${}^{0}_{-1}\beta$

M의 양성자수를 x로 두면, 양성자수 92=56+36+3x에서 x=0이므로 M의 양성자수는 0이다.
M의 질량수를 y로 두면, 질량수 1+235=139+94+3y에서 y=1이므로 M의 질량수는 1이다.
∴ M은 양성자수 0, 질량수 1인 중성자 ${}^{1}_{0}n$이다.
우라늄 동위원소의 핵분열 반응식
${}^{1}_{0}n + {}^{235}_{92}U \rightarrow {}^{139}_{56}Ba + {}^{94}_{36}Kr + 3{}^{1}_{0}n$

Check
핵반응식
원소 기호가 전체 중성 원자를 나타내기보다는 원자 중 하나의 핵을 나타낸다. 따라서 아래첨자는 단지 핵전하(양성자)의 수를 나타내며, 방출되는 전자는 ${}^{0}_{-1}e$로 나타낸다. 여기서 윗첨자인 0은 전자의 질량을 양성자 또는 중성자와 비교할 때 근본적으로 0임을 나타내고, 아래첨자는 전하가 −1임을 나타낸다. 중성자와 양성자의 총수(총칭하여 핵자라 불림) 또는 핵입자들이 반응식 양쪽 변에서 같기 때문에 반응식은 균형이 맞는다. 양변에서 핵의 전하와 다른 원소 단위의 입자(양성자와 전자) 수도 같으며, 핵반응식은 반응물의 질량수의 합과 생성물의 질량수의 합이 같을 때 균형이 맞는다.

제2과목 | 분석계획 수립과 분석화학 기초

21 진한 황산의 무게 백분율 농도는 96%이다. 진한 황산의 몰농도는 얼마인가? (단, 진한 황산의 밀도는 1.84kg/L, 황산의 분자량은 98.08 g/mol이다.)

① 9.00M ② 12.0M
③ 15.0M ④ 18.0M

%농도를 몰농도로 바꾸기

$$\frac{96g\ H_2SO_4}{100g\ 용액} \times \frac{1.84\times10^3 g\ 용액}{1L\ 용액} \times \frac{1mol\ H_2SO_4}{98.08g\ H_2SO_4}$$
= 18.01M

22 용해도곱(solubility product)은 고체염이 용액 내에서 녹아 성분 이온으로 나뉘는 반응에 대한 평형상수로 K_{sp}로 표시된다. PbI_2는 다음과 같은 용해반응을 나타내고, 이때 K_{sp}는 7.9×10^{-9}이다. 0.030M NaI를 포함한 수용액에 PbI_2를 포화상태로 녹일 때, Pb^{2+}의 농도는 몇 M인가? (단, 다른 화학반응은 없다고 가정한다.)

- $PbI_2(s) \rightleftarrows Pb_2^{+}(aq) + 2I^{-}(aq)$
- $K_{sp} = 7.9\times10^{-9}$

① 7.9×10^{-9} ② 2.6×10^{-7}
③ 8.8×10^{-6} ④ 2.0×10^{-3}

공통이온의 효과
침전물을 구성하는 이온들과 같은 이온을 가진 가용성 화합물이 그 고체로 포화된 용액에 첨가될 때 이온성 침전물의 용해도를 감소시키는 것이다.

	$PbI_2(s) \rightleftarrows$	$Pb^{2+}(aq)$ +	$2I^{-}(aq)$
초기(M)			0.030
변화(M)	$-x$	$+x$	$+2x$
최종(M)		x	$0.030+2x$

$K_{sp} = [Pb^{2+}][I^{-}]^2 = x(0.030+2x)^2 \approx x(0.030)^2$
$= 7.9\times10^{-9}$
∴ $x = 8.78\times10^{-6}$M

Check
0.03의 5% 미만의 덧셈 또는 뺄셈의 경우 $0.03+2x \approx 0.03$으로 근사법이 가능하므로 근사법을 적용하여 구한 x가 8.78×10^{-6}이므로 즉, 0.03의 5%인 1.5×10^{-3} 미만이므로 $0.03+2x \approx 0.03$ 근사법을 적용해도 된다.

23 25℃, 0.10M KCl 용액의 계산된 pH 값에 가장 근접한 값은? (단, 이 용액에서의 H^+와 OH^-의 활동도계수는 각각 0.83과 0.76이다.)

① 6.98 ② 7.28
③ 7.58 ④ 7.88

이온평형의 경우에는 전해질이 화학평형에 미치는 영향에 따라 평형상수 값이 달라지므로 평형상수식을 농도 대신 활동도로 나타내야 한다.
활동도 $A_c = \gamma_c[C]$

정답 | 20.① 21.④ 22.③ 23.①

여기서, γ_c : 화학종 C의 활동도계수

[C] : 화학종 C의 몰농도

$H_2O(l) \rightleftarrows H^+(aq) + OH^-(aq)$

$\qquad\qquad x \qquad\quad x$

$K_w = A_{H^+}A_{OH^-} = (0.83\times x)(0.76\times x)$

$= 1.00\times 10^{-14}$

$x = 1.26\times 10^{-7}M$

$\therefore pH = -\log A_{H^+}$

$= -\log(0.83\times 1.26\times 10^{-7}) = \mathbf{6.98}$

24 0.850g의 미지시료에는 KBr(몰질량 119g/mol)과 KNO_3(몰질량 101g/mol)만이 함유되어 있다. 이 시료를 물에 용해한 후 브롬화물을 완전히 적정하는 데 0.0500M $AgNO_3$ 80.0mL가 필요하였다. 이때 고체 시료에 있는 KBr의 무게 백분율은?

① 44.0% ② 47.55%
③ 54.1% ④ 56.0%

✔ $KBr(aq) + KNO_3(aq) + AgNO_3(aq)$
$\rightleftarrows AgBr(s) + 2KNO_3(aq)$
가한 $AgNO_3$만큼 AgBr이 생성된다.

$$(0.0500\times 80.0\times 10^{-3})\text{mol } AgNO_3 \times \frac{1\text{mol KBr}}{1\text{mol } AgNO_3}$$

$$\times \frac{119\text{g KBr}}{1\text{mol KBr}} = 0.476\text{g KBr}$$

$$\therefore \text{무게 백분율}(\%) = \frac{0.476\text{g KBr}}{0.850\text{g 시료}}\times 100 = \mathbf{56.0\%}$$

25 다음 반응에서 염기-짝산과 산-짝염기 쌍을 각각 올바르게 나타낸 것은?

$NH_3 + H_2O \rightleftarrows NH_4^+ + OH^-$

① NH_3-OH^-, $H_2O-NH_4^+$
② $NH_3-NH_4^+$, H_2O-OH^-
③ H_2O-NH_3, $NH_4^+-OH^-$
④ $H_2O-NH_4^+$, NH_3-OH^-

✔ • **산**
양성자(H^+)를 내놓는 물질(분자 또는 이온)
➔ 양성자 주개(proton donor)

• **염기**
양성자(H^+)를 받아들이는 물질(분자 또는 이온)
➔ 양성자 받개(proton acceptor)

• H^+의 이동에 의하여 산과 염기로 되는 한 쌍의 물질을 짝산-짝염기쌍이라고 한다.

염기-짝산

$NH_3 + H_2O \rightleftarrows NH_4^+ + OH^-$

산-짝염기

26 0.1M KNO_3와 0.05M Na_2SO_4로 된 혼합용액의 이온세기는 얼마인가?

① 0.2 ② 0.25
③ 0.3 ④ 0.35

✔ 이온세기는 용액 중에 있는 이온의 전체 농도를 나타내는 척도이다.

$$\text{이온세기}(\mu) = \frac{1}{2}(C_1Z_1^2 + C_2Z_2^2 + \cdots)$$

여기서, C_1, C_2, … : 이온의 몰농도
Z_1, Z_2, … : 이온의 전하

	$KNO_3 \rightarrow K^+$	$+ NO_3^-$,	$Na_2SO_4 \rightarrow 2Na^+$	$+ SO_4^{2-}$
농도(M)	0.1	0.1	0.1	0.05

$$\therefore \text{이온세기} = \frac{1}{2}[(0.1\times 1^2) + \{(0.1\times(-1)^2)\} + (0.1\times 1^2) + \{0.05\times(-2)^2\}]$$

$= \mathbf{0.25M}$

27 다음 염(salt)들 중에서 물에 녹았을 때, 염기성 수용액을 만드는 염을 모두 나타낸 것은 어느 것인가?

NaBr, CH_3COONa, NH_4Cl, K_3PO_4, NaCl, $NaNO_3$

① CH_3COONa, K_3PO_4
② CH_3COONa
③ NaBr, CH_3COONa, NH_4Cl
④ NH_4Cl, K_3PO_4, NaCl, $NaNO_3$

✔ **염의 산-염기 성질**

1. **CH_3COONa, K_3PO_4** : 약산의 짝염기를 포함하고 있는 염으로 물에 녹아 **염기성 용액**이 된다.
2. NH_4Cl : 약염기의 짝산을 포함하고 있는 염으로 물에 녹아 산성 용액이 된다.
3. NaBr, NaCl, $NaNO_3$: 중성 용액을 생성하는 염이다.

정답 I 24.④ 25.② 26.② 27.①

Check

- **중성 용액을 생성하는 염**
강염기(NaOH)와 강산(HCl)으로부터 생성된 NaCl과 같은 염은 물에 용해되어 중성 용액이 된다. 왜냐하면 그 양이온이나 음이온은 물과 반응하여 H_3O^+나 OH^- 이온을 생성하지 않기 때문이다.
- **산성 용액을 생성하는 염**
약염기(NH_3)와 강산(HCl)으로부터 생성된 NH_4Cl과 같은 염은 산성 용액을 생성한다. 이런 경우, 음이온은 산도 염기도 아니지만 양이온은 약산이다.
$NH_4^+(aq)+H_2O(l) \rightleftarrows H_3O^+(aq)+NH_3(aq)$
염의 양이온 또는 음이온이 물과 반응하여 H_3O^+나 OH^- 이온을 생성하는 것을 염의 가수분해 반응이라고 한다.
- **염기성 용액을 생성하는 염**
강염기(NaOH)와 약산(HCN)으로부터 생성된 NaCN과 같은 염은 염기성 용액을 생성한다. 이런 경우, 양이온은 산도 염기도 아니지만 음이온은 약산이다.
$CN^-(aq)+H_2O(l) \rightleftarrows HCN(aq)+OH^-(aq)$

28 $Cu(s)+2Ag^+ \rightleftarrows Cu^{2+}+2Ag(s)$ **반응의 평형상수 값은 약 얼마인가? (단, 이들 반응을 구성하는 반쪽반응과 표준 전극전위는 다음과 같다.)**

- $Ag^+ + e^- \rightarrow Ag(s)$, $E^\circ=0.799V$
- $Cu^{2+}+2e^- \rightarrow Cu(s)$, $E^\circ=0.337V$

① 2.5×10^{10} ② 2.5×10^{12}
③ 4.1×10^{15} ④ 4.1×10^{18}

✔ 평형에서는 반응이 더 이상 진행되지 않으므로 $E=0$이다.

$0=E^\circ-\dfrac{0.05916(V)}{n}\log K$이므로

$E^\circ=\dfrac{0.05916(V)}{n}\log K$, $K=10^{\frac{nE^\circ}{0.05916}}$,

$E^\circ=0.799-0.337=0.462V$, $n=2$

$\therefore K=10^{\frac{2\times0.462}{0.05916}}=\mathbf{4.156\times10^{15}}$

29 **용해도곱 상수와 공통이온 효과에 대한 설명으로 틀린 것은?**

① 용해도곱 상수는 용해반응의 평형상수이다.
② 용해도곱이 클수록 잘 녹는다.
③ 고체염이 용액 내에서 녹아 성분이온으로 나누어지는 반응에 대한 평형상수이다.
④ 성분이온들 중의 같은 이온 하나가 이미 용액 중에 들어 있으면 공통이온 효과로 인해 그 염은 잘 녹는다.

✔ **공통이온 효과**
침전물을 구성하는 이온들과 **같은 이온을 가진** 가용성 화합물이 그 고체로 포화된 용액에 첨가될 때 이온성 침전물의 **용해도를 감소**시키는 것으로, 르 샤틀리에의 원리가 염의 용해반응에 적용된 것이다.

30 **1atm의 값과 가장 거리가 먼 것은?**

① 101.325kPa
② 1,013mbar
③ 760mmHg
④ $14.7N/m^2$

✔ $1Pa=1N/m^2=1kg\cdot m/s^2\cdot m^2=1kg/s^2\cdot m$
$1bar=10^5Pa$
$1atm=760mmHg=101,325Pa$
$\therefore 1atm=1013.25mbar=101.325kPa$
$=760mmHg=\mathbf{101,325N/m^2}$

31 **완충용액에 대한 설명 중 옳은 것으로만 모두 나열된 것은?**

㉠ 약한 산과 그 짝염기를 혼합하여 만들 수 있다.
㉡ 완충용액은 이온 세기와 온도에 의존한다.
㉢ $pH=pK_a$에서 완충용량이 최대가 된다.

① ㉢ ② ㉠, ㉡
③ ㉠, ㉢ ④ ㉠, ㉡, ㉢

✔ **완충용액**

1. 약산/짝염기의 완충용액, 약산 HA와 그 짝염기 A^-를 포함하는 용액은 평형의 위치에 따라 산성, 중성 또는 염기성이 된다.
2. 완충용액의 pH는 헨더슨-하셀바흐 식으로 구한다.
$pH=pK_a+\log\dfrac{[A^-]}{[HA]}$
3. 완충용액의 pH는 용액의 부피에 무관하며 희석하여도 pH 변화가 거의 없는데 용액의 부피가 변할 때 각 성분의 농도도 비례하여 변하기 때문이다.
4. 완충용액의 pH는 이온 세기와 온도에 의존한다.
5. 완충용액의 $pH=pK_a$(즉, $[HA]=[A^-]$)일 때, 완충용량이 최대, 즉 pH 변화를 막는 데 가장 효과적이다.

정답 | 28.③ 29.④ 30.④ 31.④

32 **다음 중 EDTA에 대한 설명으로 틀린 것은?**

① EDTA는 금속이온의 전하와는 무관하게 금속이온과 일정 비율로 결합한다.
② EDTA 적정법은 물의 경도를 측정할 때 사용할 수 있다.
③ EDTA는 Li^+, Na^+, K^+와 같이 1가 양이온들 하고만 착물을 형성한다.
④ EDTA 적정 시 금속－지시약 착화합물을 금속－EDTA 착화합물보다 덜 안정하다.

✔ EDTA는 **Li^+, Na^+, K^+와 같은 1가 이온을 제외한 모든 금속이온과 강한 1 : 1 착물을 형성**한다. 화학량론은 이온의 전하와 관계없이 1 : 1이다.

33 **0.3M $La(NO_3)_3$ 용액의 이온 세기를 구하면 몇 M인가?**

① 1.8 ② 2.6
③ 3.6 ④ 6.3

✔ **이온 세기**
용액 중에 있는 이온의 전체 농도를 나타내는 척도

$$\text{이온세기}(\mu) = \frac{1}{2}(C_1Z_1^2 + C_2Z_2^2 + \cdots)$$

여기서, C_1, C_2, ⋯ : 이온의 몰농도
Z_1, Z_2, ⋯ : 이온의 전하

$$La(NO_3)_3(aq) \rightarrow La^{3+}(aq) + 3NO_3^-(aq)$$
$$\quad 0.3 \qquad\qquad 0.3\times3=0.9$$

$$\therefore \text{이온세기}(\mu) = \frac{1}{2}[(0.3\times3^2)+(0.9\times(-1)^2)] = 1.8\text{M}$$

34 **CaF_2의 용해와 관련된 반응식에서 과량의 고체 CaF_2가 남아 있는 포화된 수용액에서 $Ca^{2+}(aq)$의 몰농도에 대한 설명으로 옳은 것은? (단, 용해도의 단위는 mol/L이다.)**

• $CaF_2(s) \rightleftarrows Ca^{2+}(aq)+2F^-(aq)$
$K_{sp}=3.9\times10^{-11}$
• $HF(aq) \rightleftarrows H^+(aq)+F^-(aq)$
$K_a=6.8\times10^{-4}$

① KF를 첨가하면 몰농도가 감소한다.
② HCl을 첨가하면 몰농도가 감소한다.
③ KCl을 첨가하면 몰농도가 감소한다.
④ H_2O를 첨가하면 몰농도가 증가한다.

✔ • KF
공통이온 효과, 용해도를 감소시킨다.
➜ Ca^{2+}의 **몰농도는 감소**한다.
• HCl, KCl
이온 세기가 증가하면 난용성 염의 용해도가 증가한다.
➜ Ca^{2+}의 몰농도는 증가한다.

35 **pH 10.00인 100mL 완충용액을 만들려면 $NaHCO_3$(FW 84.01) 4.00g과 몇 g의 Na_2CO_3(FW 105.99)를 섞어야 하는가?**

• $H_2CO_3 \rightleftarrows HCO_3^- + H^+$, $pK_{a1}=6.352$
• $HCO_3^- \rightleftarrows CO_3^{2-} + H^+$, $pK_{a2}=10.329$

① 1.32g ② 2.09g
③ 2.36g ④ 2.96g

✔ $NaHCO_3$과 Na_2CO_3를 사용하여 완충용액을 만들면 HCO_3^-이 산으로, CO_3^{2-}이 염기로 작용하므로 pK_{a2}로부터 pH를 구할 수 있다.
헨더슨－하셀바흐 식

$$pH = pK_{a2} + \log\frac{[CO_3^{2-}]}{[HCO_3^-]}$$

$$\log\frac{[CO_3^{2-}]}{[HCO_3^-]} = pH - pK_{a2} = 10 - 10.329 = -0.329$$

Na_2CO_3 양을 x(g)으로 두면

$$\frac{[CO_3^{2-}]}{[HCO_3^-]} = \frac{x(g)\ Na_2CO_3 \times \frac{1mol\ Na_2CO_3}{105.99g\ Na_2CO_3}}{4.00(g)\ NaHCO_3 \times \frac{1mol\ NaHCO_3}{84.01g\ NaHCO_3}} = 10^{-0.329} = 4.688\times10^{-1}$$

$\therefore x=2.366g\ Na_2CO_3$

36 **HBr(분자량 80.9g/mol)의 질량백분율이 46.0%인 수용액의 밀도는 1.46g/mL이다. 이 용액의 몰농도(mol/L)는 얼마인가?**

① 3.89mol/L ② 5.69mol/L
③ 8.30mol/L ④ 39.2mol/L

✔ $$\frac{46.0g\ HBr}{100g\ \text{용액}} \times \frac{1.46g\ \text{용액}}{1mL\ \text{용액}} \times \frac{1,000mL\ \text{용액}}{1L\ \text{용액}} \times \frac{1mol\ HBr}{80.9g\ HBr} = 8.30mol/L$$

37 1몰랄(m)농도 용액에 대한 설명으로 옳은 것은?

① 용액 1,000g에 그 용질 1몰이 들어 있는 용액
② 용매 1,000g에 그 용질 1몰이 들어 있는 용액
③ 용액 100g에 그 용질 1g이 들어 있는 용액
④ 용매 1,000g에 그 용질 1당량이 들어 있는 용액

- **1몰랄농도**
  용매 1kg 속에 용질 1몰(mol)이 들어 있는 용액, 단위는 mol/kg 또는 m으로 나타낸다.
- **1몰농도**
  용액 1L 속에 용질 1몰(mol)이 들어 있는 용액, 단위는 mol/L 또는 M으로 나타낸다.

38 분석물질이 EDTA를 가하기 전에 침전물을 형성하거나 적정 조건에서 EDTA와 느리게 반응하거나, 지시약을 가로막는 분석물을 적정할 때 적합한 EDTA 적정법은?

① 직접적정　　② 치환적정
③ 간접적정　　④ 역적정

역적정
일정한 과량의 EDTA를 분석물질에 가한 다음, 과량의 EDTA를 제2의 금속이온 표준용액으로 적정한다. 분석물질이 EDTA를 가하기 전에 침전물을 형성하거나, 적정 조건에서 EDTA와 너무 천천히 반응하거나, 혹은 지시약을 막는 경우에 사용한다.

39 산성 용액에 해리되어 물을 생성하는 화합물만을 나열한 것은?

① CO_2, Cl_2O_7, BaO
② SO_3, N_2O_5, Cl_2O_7
③ Na_2O, Cl_2O_7, BaO
④ Al_2O_3, Na_2O, BaO

금속산화물은 물과 반응하면 염기성을 띠고, **산과 반응하면 물과 염(salt)이 생성**된다. 비금속산화물은 물과 반응하면 산성을 띠고, 염기와 반응하면 물과 염(salt)이 생성된다.
① CO_2(비금속산화물), Cl_2O_7(비금속산화물), BaO(금속산화물)
② SO_3(비금속산화물), N_2O_5(비금속산화물), Cl_2O_7(비금속산화물)
③ Na_2O(금속산화물), Cl_2O_7(비금속산화물), BaO(금속산화물)
④ **Al_2O_3(금속산화물), Na_2O(금속산화물), BaO(금속산화물)**

40 다음 중 정확도에 대한 설명으로 틀린 것은 어느 것인가?

① 참값에 가까운 정도이다.
② 측정값과 인정된 값과의 일치되는 정도이다.
③ 반복시료를 반복적으로 측정하면 쉽게 얻어진다.
④ 절대오차 또는 상대오차로 표현된다.

정확도는 분석결과가 이미 알고 있는 참값이나 표준값에 근접한 정도를 나타내며 절대오차 또는 상대오차로 표현된다.
③은 정밀도에 대한 설명이다.

제3과목 | 화학물질 특성 분석

41 질량분석계의 질량분석장치를 이용하는 방법에 해당되지 않는 분석기는?

① 원도 질량분석기
② 사중극자 질량분석기
③ 이중초점 질량분석기
④ 자기장 부채꼴 질량분석기

질량분석기 종류
1. **사중극자 질량분석기**
2. **이중초점 질량분석기**
3. 자기장 섹터 분석기(=**자기장 부채꼴 질량분석기**, 단일초점 분석기)
4. 비행-시간 분석기(TOF)
5. 이온포착(이온포집) 분석기
6. Fourier 변환 질량분석기

42 폴라로그래피에서 펄스법의 감도가 직류법보다 좋은 이유는?

① 펄스법에서는 패러데이 전류와 충전전류의 차이가 클 때 전류를 측정하기 때문
② 펄스법은 빠른 속도로 측정하기 때문
③ 직류법에서는 빠르게, 펄스법에서는 느리게 전압을 주사하기 때문
④ 펄스법에서는 비패러데이 전류가 최대이기 때문

정답 | 37.② 38.④ 39.④ 40.③ 41.① 42.①

✔ 펄스법 폴라로그래피에서는 **패러데이 전류와 방해하는 충전전류의 차이가 클 때 전류를 측정**한다. 펄스법 폴라로그래피는 패러데이 전류를 상승시키고, 비패러데이 충전전류를 감소시키기 때문에 직류법보다 높은 감도를 나타낸다.

43 액체 크로마토그래피에서 분리효율을 높이고 분리시간을 단축시키기 위해 기울기 용리법(gradient elution)을 사용한다. 이 방법에서는 용매의 어떤 성질을 변화시켜 주는가?

① 극성 ② 분자량
③ 끓는점 ④ 녹는점

✔ **기울기 용리(gradient elution)**
극성이 다른 2~3가지 용매를 사용하여 용리가 시작된 후에 용매들을 섞는 비율은 이미 프로그램된 비율에 따라 단계적으로 또는 연속적으로 변화시킨다. 분리효율을 높이고 분리시간을 단축시키기 위해 사용하며, 기체 크로마토그래피에서 온도프로그래밍을 이용하여 얻은 효과와 유사한 효과가 있다. 그리고 일정한 조성의 단일 용매를 사용하는 분리법을 등용매 용리라고 한다.

44 시차열분석(DTA)으로 벤조산 시료 측정 시 대기압에서 측정할 때와 200psi에서 측정할 때 봉우리가 일치하지 않은 이유를 가장 잘 설명한 것은?

① 모세관법으로 측정하지 않았기 때문이다.
② 높은 압력에서 시료가 파괴되었기 때문이다.
③ 높은 압력에서 밀도의 차이가 생겼기 때문이다.
④ 높은 압력에서 끓는점이 영향을 받았기 때문이다.

✔ **시차열분석 특성**
유기화합물의 녹는점, 끓는점 및 분해점 등을 측정하는 간단하고 정확한 방법으로, 일반적으로 모세관법이나 가열관법으로 얻은 값보다 더 정밀하고 재현성이 있다. 시차열분석은 압력에 영향을 받는데 높은 압력에서는 끓는점이 높아지므로 시차열분석도의 결과도 달라진다. 대기압(1atm)에서와 200psi(13.6atm)에서 벤조산의 시차열분석도를 비교하면 두 개의 봉우리가 나타나는데, 첫 번째 봉우리는 벤조산의 녹는점을 나타내고, 두 번째 봉우리는 벤조산의 끓는점을 나타낸다. 끓는점을 나타내는 두 번째 봉우리가 일치하지 않는 것은 더 높은 압력인 200psi에서 측정한 벤조산의 **두 번째 봉우리가 더 높은 온도에서 나타나기 때문이다.**

45 10cm 칼럼에 물질 A와 B를 분리할 때 머무름 시간은 각각 10분과 12분이고, A와 B의 봉우리 너비는 각각 1.0분과 1.1분이다. 이때 칼럼의 분리능을 계산하면?

① 1.5 ② 1.9
③ 2.1 ④ 2.5

✔ **분리능(R_s)**
두 가지 분석물질을 분리할 수 있는 칼럼의 능력을 정량적으로 나타내는 척도

$$R_s = \frac{(t_R)_B - (t_R)_A}{\frac{W_A + W_B}{2}} = \frac{2[(t_R)_B - (t_R)_A]}{W_A + W_B}$$

여기서, W_A, W_B : 봉우리 A, B의 너비
$(t_R)_A$, $(t_R)_B$: 봉우리 A, B의 머무름시간

$$\therefore R_s = \frac{2(12-10)}{1.0+1.1} = 1.90$$

46 질량분석기에서 사용하는 시료 도입장치가 아닌 것은?

① 직접 도입장치
② 배치식 도입장치
③ 펠렛식 도입장치
④ 크로마토그래피 도입장치

✔ **펠렛식 도입장치**는 적외선 흡수분광법에서 고체 시료를 도입하는 장치이다.

Check
질량분석기에서 시료 도입장치는 매우 적은 양의 시료를 질량분석계로 보내어 기체이온으로 만든다. 고체나 액체 시료를 기화시키는 장치가 포함되기도 한다.

- **직접 도입장치**
열에 불안정한 화합물, 고체 시료, 비휘발성 액체인 경우, 진공 봉쇄상태로 되어 있는 시료를 직접 도입 탐침에 의해 이온화 지역으로 주입된다.
- **배치식 도입장치**
기체나 끓는점이 500℃까지의 액체인 경우, 압력을 감압하여 끓는점을 낮추어 기화시킨 후 기체 시료를 진공인 이온화 지역으로 새어 들어가게 한다.
- **크로마토그래피 또는 모세관 전기이동 도입장치**
GC/MS, LC/MS 또는 모세관 전기이동관을 질량분석기와 연결시키는 장치, 용리 기체로 용리한 후 용리 기체와 분리된 시료 기체를 도입한다.

정답 | 43.① 44.④ 45.② 46.③

47 일반적으로 사용되는 기체 크로마토그래피의 검출기 중 보편적으로 사용되는 검출기가 아닌 것은?

① Refractive Index Detector(RID)
② Flame Ionization Detector(FID)
③ Electron Capture Detector(ECD)
④ Thermal Conductivity Detector(TCD)

✔ **굴절률검출기**(RID ; refractive index detector)는 **액체 크로마토그래피 검출기이다.**

Check
기체 크로마토그래피 검출기
1. 불꽃이온화검출기
(FID ; flame ionization detector)
2. 전자포착검출기
(ECD ; electron capture detector)
3. 열전도도검출기
(TCD; thermal conductivity detector)
4. 황화학발광검출기
(SCD ; sulfur chemiluminescene detector)
5. 원자방출검출기
(AED ; atomic emission detector)
6. 열이온검출기
(TID ; thermionic detector)
7. 불꽃광도검출기
(FPD ; flame photometric detector)
8. 광이온화검출기
(photoionization detector)

48 액체 크로마토그래피에 쓰이는 다음 용매 중 극성이 가장 큰 용매는?

① 물 ② 톨루엔
③ 메탄올 ④ 아세토나이트릴

✔ **극성 세기 비교**
물(H_2O) > 아세토나이트릴(CH_3CN) > 메탄올(CH_3OH) > 톨루엔($C_6H_5CH_3$)

49 질량분석기의 이온화 장치(ionization source) 중 시료분자 및 이온의 부서짐 및 토막내기(fragmentation)가 가장 많이 일어나는 것은?

① 장이온화(field ionization)
② 화학이온화(chemical ionization)
③ 전자충격이온화(electron impact ionization)
④ 기질보조 레이저탈착이온화(martix assisted laser desorption ionization)

✔ **전자충격이온화(EI)**
시료의 온도를 충분히 높여 분자증기를 만들고 기화된 분자들이 높은 에너지의 전자빔에 의해 부딪혀서 이온화되며, 고에너지의 빠른 전자빔으로 분자를 때리므로 토막내기 과정이 매우 잘 일어난다. 토막내기 과정으로 생긴 분자이온보다 작은 질량의 이온을 딸이온(daughter ion)이라 하며, 센 이온원으로 분자이온이 거의 존재하지 않으므로 분자량의 결정이 어렵다. 또한 토막내기가 잘 일어나므로 스펙트럼이 가장 복잡하며, 기화하기 전에 분석물의 열분해가 일어날 수 있다.

50 다음 전지의 전위는?

- $Zn \mid Zn^{2+}(1.0M) \| Cu^{2+}(1.0M) \mid Cu$
- $Zn^{2+} + 2e^- \rightarrow Zn,\ E° = -0.763V$
- $Cu^{2+} + 2e^- \rightarrow Cu,\ E° = 0.337V$

① −1.10V ② −0.42V
③ 0.427V ④ 1.10V

✔ $E_{cell} = E_+ - E_- = E_{환원} - E_{산화}$

Nernst 식 : $E = E° - \dfrac{0.05916}{n}\log Q$

여기서, $E°$: 표준환원전위
n : 전자의 몰수
Q : 반응지수

Zn^{2+}, Cu^{2+}의 농도가 1M이므로 표준환원전위의 차이로 전지전위를 구한다.

$\therefore E_{cell} = 0.337 - (-0.763) = 1.100V$

51 질량분석법에서 분자 이온봉우리를 확인하기 가장 쉬운 이온화 방법은?

① 전자충격이온화법
② 장이온화법
③ 장탈착이온화법
④ 레이저탈착이온화법

✔ **장탈착이온화**(FD)
양극인 탄소 마이크로 방출침을 시료 도입 탐침 끝에 붙이고 여기에 시료 용액으로 표면을 입혀 높은 전위를 걸어주어 이온화시키는 방법이다. 예를 들어, 글루탐산의 장탈착 스펙트럼의 경우, 장이온화 스펙트럼보다 더 간단하고 질량 148에 양성자가 붙은 분자 이온봉우리와 질량 149에 동위원소 봉우리만 나타난다.

정답 | 47.① 48.① 49.③ 50.④ 51.③

52 **액체 크로마토그래피에서 주로 이용되는 기울기 용리(gradient elution)에 대한 설명으로 틀린 것은?**

① 용매의 혼합비를 분석 시 연속적으로 변화시킬 수 있다.
② 분리시간을 크게 단축시킬 수 있다.
③ 극성이 다른 용매는 사용할 수 없다.
④ 기체 크로마토그래피의 온도변화 분석과 유사하다.

기울기 용리(gradient elution)
극성이 다른 2~3가지 용매를 사용하여, 용리가 시작된 후에 용매들을 섞는 비율은 이미 프로그램된 비율에 따라 단계적으로 또는 연속적으로 변화시킨다. 분리효율을 높이고 분리시간을 단축시키기 위해 사용하며, 기체 크로마토그래피에서 온도프로그래밍을 이용하여 얻은 효과와 유사한 효과가 있다. 그리고 일정한 조성의 단일 용매를 사용하는 분리법을 등용매 용리라고 한다.

53 **카드뮴 전극이 0.0150M Cd^{2+} 용액에 담겨진 경우 반쪽전지의 전위를 Nernst 식을 이용하여 구하면 약 몇 V인가?**

$$Cd^{2+} + 2e^- \rightleftarrows Cd(s),\ E^\circ = -0.403V$$

① −0.257　　② −0.311
③ −0.457　　④ −0.511

Nernst 식

$$E = E^\circ - \frac{0.05916}{n}\log Q$$

$$E = -0.403 - \frac{0.05916}{2}\log\frac{1}{0.0150} = -0.457V$$

54 **2.00mmol의 전자가 2.00V의 전위차를 가진 전지를 통하여 이동할 때 행한 전기적인 일의 크기는 약 몇 J인가? (단, Faraday 상수는 96,500C/mol이다.)**

① 193J
② 386J
③ 483J
④ 965J

일(J) = 전하량(C) × 전위차(V)
1J의 에너지는 1C의 전하가 전위차가 1V인 점들 사이를 이동할 때 얻거나 잃은 양이다.
∴ 일(J) = 2.00×10^{-3}mol × 96,500C/mol × 2.00V = 386J

55 **얇은 층 크로마토그래피(TLC)에서 지연지수(retardation factor)에 대한 설명 중 틀린 것은?**

① 항상 1 이하의 값을 갖는다.
② 1에 근접한 값을 가지면 이동상보다 정지상에 분배가 크다.
③ 시료가 이동한 거리를 이동상이 이동한 거리로 나눈 값이다.
④ 정지상의 두께가 지연지수 값에 영향을 준다.

지연지수(= 지연인자(R_f))

1. 용매의 이동거리와 용질(각 성분)의 이동거리의 비

$$R_f = \frac{d_R}{d_M}$$

시료의 출발선으로부터 측정한 직선거리로
여기서, d_M : 용매의 이동거리
d_R : 용질의 이동거리

2. **1에 근접한 값을 가지면** 시료가 이동상을 따라 많이 이동해야 하므로 **정지상보다 이동상에 분배가 크다.**
3. 정지상이 두께가 두꺼워지면 정지상의 분배가 커지므로 시료의 이동한 거리가 짧아져서 지연지수에 영향을 준다.

56 **다음 중 기준전극으로 주로 사용되는 전극은 어느 것인가?**

① Cu/Cu^{2+} 전극
② Ag/AgCl 전극
③ Cd/Cd^{2+} 전극
④ Zn/Zn^{2+} 전극

기준전극
어떤 한 전극전위 값이 이미 알려져 있든지, 일정한 값을 유지하든지, 분석물 용액의 조성에 대하여 완전히 감응하지 않는 전극이다.

1. 포화 칼로멜 전극(SCE) : 염화수은(Ⅰ)(Hg_2Cl_2, 칼로멜)으로 포화되어 있고 포화 염화포타슘(KCl) 용액에 수은을 넣어 만든다.
2. **은 – 염화은(Ag/AgCl) 전극** : 염화은(AgCl)으로 포화된 염화포타슘(KCl) 용액 속에 잠긴 은(Ag) 전극으로 이루어져 있다.

정답 | 52.③ 53.③ 54.② 55.② 56.②

57 **열중량분석기(TGA)에서 시료가 산화되는 것을 막기 위해 넣어 주는 기체는?**

① 산소 ② 질소
③ 이산화탄소 ④ 수소

열무게 측정분석에서는 **질소 또는 아르곤**을 전기로에 넣어 주어 시료가 산화되는 것을 방지한다.

58 **기체 크로마토그래피 검출기 중 니켈-63(^{63}Ni)과 같은 β-선 방사체를 사용하며, 할로젠과 같은 전기음성도가 큰 작용기를 지닌 분자에 특히 감도가 좋고 시료를 크게 변화시키지 않는 검출기는?**

① 불꽃이온화검출기
(FID ; Flame Ionization Detector)
② 전자포착검출기
(ECD ; Electron Capture Detector)
③ 원자방출검출기
(AED ; Atomic Emission Detector)
④ 열전도도검출기
(TCD ; Thermal Conductivity Detector)

전자포착검출기
^{63}Ni과 같은 β-선 방사체를 사용하며, 방사체에서 나온 전자는 운반기체(N_2)를 이온화시켜 많은 수의 전자를 생성한다. 또한 유기 화학종이 없으면 이 이온화 과정으로 인해 검출기에 일정한 전류가 흐르며, 전자를 포착하는 성질이 있는 유기분자들이 있으면 검출기에 도달하는 전류는 급격히 감소한다. 그리고 검출기의 감응은 선택적이며, 할로젠, 과산화물, 퀴논, 니트로기와 같은 전기음성도가 큰 작용기를 포함하는 분자에 특히 감도가 좋고, 아민, 알코올, 탄화수소와 같은 작용기에는 감응하지 않는다.

59 **질량분석기에서 분석을 위해서는 분석물이 이온화되어야 한다. 이온화 방법은 분석물의 화학결합이 끊어지는 Hard Ionization 방법과 화학결합이 그대로 있는 Soft Ionization 방법이 있다. 다음 중 가장 Hard Ionization에 가까운 것은?**

① 전자충돌이온화
(Electron Impact Ionization)
② 전기분무이온화
(ESI, Electrospray Ionization)
③ 매트릭스 보조 레이저 탈착 이온화
(MALDI, Matrix Assisted Laser Desorption Ionization)
④ 화학이온화
(CI, Chemical Ionization)

이온화 장치는 하드(hard) 또는 소프트(soft) 이온화 장치로 분류하기도 한다.
1. 하드 이온화 장치 : 생성된 이온은 큰 에너지를 넘겨 받아 높은 에너지 상태로 들뜨게 된다. 이 경우 많은 토막이 생기면서 이완되는데, 이 과정에서 분자 이온의 질량 대 전하의 비보다 작은 조각이 된다. **전자충격 이온화 장치**가 해당된다.
2. 소프트 이온화 장치 : 적은 조각을 만든다. 그러므로 토막이 적게 일어나고 스펙트럼이 간단하다. 화학이온화 장치, 탈착식 이온화 장치가 해당된다.

60 **전위차법에서 지시전극은 분석물의 농도에 따라 전극전위의 값이 변하는 전극이다. 지시전극에는 금속 지시전극과 막 지시전극이 있는데, 다음 중 막 지시전극에 해당하는 것은?**

① 은/염화은전극 ② 산화-환원전극
③ 유리전극 ④ 포화칼로멜전극

- **막 전극**
  선택성이 크기 때문에 이온선택성 전극이라고 부르며, 결정질 막 전극과 비결정질 막 전극이 있다. **유리전극**은 가장 보편적인 이온선택성 전극이다.
- **금속 지시전극**
  전극 표면에서 진행되는 산화·환원반응에 감응하여 전위를 발생시키는 전극으로 가장 보편적인 금속 지시전극은 백금전극이다.

제4과목 | 화학물질 구조 및 표면 분석

61 **X선을 발생시키는 방법이 아닌 것은?**

① 글로우방전등에서 이온화된 아르곤이온의 충돌에 의해서
② 일차 X선에 물질을 노출시켜서
③ 방사성 동위원소의 붕괴과정에 의해서
④ 고에너지 전자살로 금속 과녁을 충돌시켜서

정답 | 57.② 58.② 59.① 60.③ 61.①

✔ 글로우방전등에서 이온화된 아르곤이온의 충돌에 의해서 고체 시료의 원자가 방출되고 높은 에너지의 전자와 충돌하여 들뜨게 되어 **자외선-가시광선을 발생**시킨다. 글로우방전등은 원자방출분광법의 광원이다.

62 **적외선 흡수분광기의 검출기로 사용할 수 있는 열검출기(thermal detector)가 아닌 것은?**

① 열전기쌍(thermocouple)
② 서미스터(thermistor)
③ 볼로미터(bolometer)
④ 다이오드 어레이(diode array)

✔ **적외선 검출기**
열전기쌍, 서미스터, 볼로미터, 파이로전기 검출기, 광전도검출기 등이 있다.

63 **다음 그래프와 같은 적외선 흡수스펙트럼을 나타낼 수 있는 화합물을 추정하였을 때 가장 적합한 것은?**

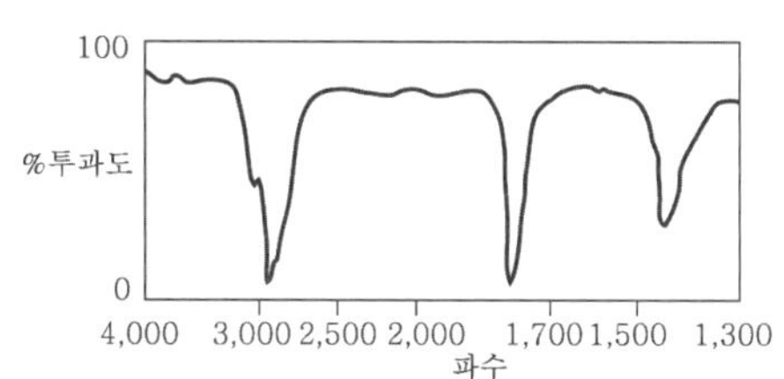

① 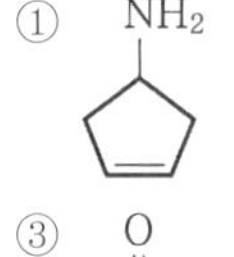

② 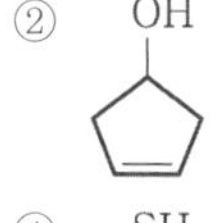

③ 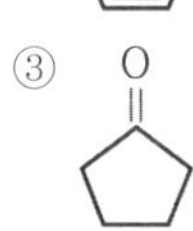

④ 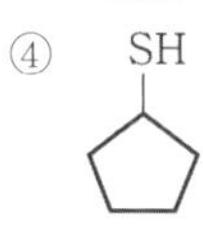

✔ 3,000cm^{-1} 부근 : C−H(신축진동), 1,700~1,800cm^{-1} : C=O, 1,400cm^{-1} 부근 : C−H(굽힘진동)이 나타나므로 추정되는 화합물은 (사이클로펜탄온) 이다.

64 **원자흡수분광법에서의 방해 중 스펙트럼 방해는 화학종의 흡수띠 또는 방출선이 분석선에 가까이 있거나 겹쳐서 발생한다. 스펙트럼 방해에 대한 설명으로 틀린 것은?**

① 넓은 흡수띠를 갖는 연소생성물 또는 빛을 산란시키는 입자생성물이 존재할 때 발생한다.
② 시료 매트릭스에 의해 흡수 또는 산란될 때 발생한다.
③ 낮은 휘발성 화합물 생성, 해리반응, 이온화와 같은 평형상태에서 발생한다.
④ 스펙트럼 방해를 보정하는 방법에는 두 선 보정법, 연속광원보정법, Zeeman 효과에 의한 바탕보정 등이 있다.

✔ **원자흡수분광법의 방해**
1. 스펙트럼 방해(매트릭스 방해)
   ① 방해 화학종의 흡수선 또는 방출선이 분석선에 너무 가까이 있거나 겹쳐서 단색화 장치에 의하여 분리가 불가능한 경우에 생긴다.
   ② 연속광원보정법, 두 선 보정법, Zeeman 효과에 의한 바탕보정, 광원 자체 반전에 의한 바탕보정으로 보정한다.
2. 화학적 방해
   ① 원자화 과정에서 분석물질이 여러 가지 화학적 변화를 받은 결과 흡수 특성이 변화하기 때문에 생긴다.
   ② 원인 : 낮은 휘발성 화합물 생성, 해리 평형, 이온화 평형

65 **자외선-가시선 흡수분광법에서 사용하는 파장범위는?**

① 0.1~100Å
② 10~180nm
③ 190~800nm
④ 0.78~300μm

✔ **전자기 복사선의 파장범위**

전자기파	파장범위	유발전이	응용 분광법
라디오파	0.6~10m	핵스핀 상태전이	NMR 분광법
마이크로파	1mm~1m	전자스핀 상태전이	
적외선	780nm~1mm	분자의 진동/회전 상태전이	IR 흡수분광법
가시광선	400~780nm	최외각전자, 결합전자의 상태전이	UV-VIS 흡수분광법 원자분광법
자외선	10~400nm		
X-선	0.1~100Å	내각전자의 상태전이	X-선 분광법

정답 | 62.④ 63.③ 64.③ 65.③

66 아세트산(CH_3COOH)의 기준 진동방식의 수는?

① 16개 ② 17개
③ 18개 ④ 19개

✔ N개의 원자를 포함하는 분자는 $3N$의 자유도를 갖는다. 분자운동은 공간에서 전체 분자의 운동(무게중심의 병진운동), 무게중심으로 전체 분자의 회전운동, 원자 각 개의 다른 원자에 상대적인 운동(개별적 진동)을 고려한다.
1. 비선형 분자의 진동수 : $3N-6$
2. 선형 분자의 진동수 : $3N-5$
∴ 아세트산(CH_3COOH) 비선형 분자이므로 진동수는 $(3\times8)-6=$ **18개**이다.

67 에틸알코올의 NMR 스펙트럼에서 메틸기의 다중선 수는?

① 1개 ② 2개
③ 3개 ④ 4개

✔ **¹H NMR 스펙트럼에서 스핀-스핀 갈라짐**
NMR 스펙트럼에서 n개의 동등한 양성자를 이웃한 양성자들은 $n+1$개의 봉우리로 나타난다($n+1$ 규칙).
∴ 에틸알코올(CH_3CH_2OH)에서 메틸기($-CH_3$)의 다중선은 이웃 원자 CH_2에 있는 자기적으로 동등한 양성자 2개에 의해 2+1=**3개**의 봉우리로 나타난다.

68 불꽃원자분광법에서 화학적 방해의 주요 요인이 아닌 것은?

① 해리 평형
② 이온화 평형
③ 시료 원자의 구조
④ 용액 중에 존재하는 다른 양이온

✔ **원자흡수분광법의 화학적 방해**
원자화 과정에서 분석물질이 여러 가지 화학적 변화를 받은 결과 흡수 특성이 변화하기 때문에 생긴다. **원인으로는 낮은 휘발성 화합물 생성, 해리 평형, 이온화 평형**이 있다.

69 원자방출분광법의 유도쌍플라스마 광원에 대한 설명으로 틀린 것은?

① 광원은 헬륨 기체가 주로 이용된다.
② 전형적인 광원은 3개의 동심원통형 석영관으로 되어 있는 토치구조이다.
③ 시료 도입방법은 일반적으로 집중유리분무기를 사용한다.
④ 플라스마 속으로 고체와 액체 시료를 도입하는 방법으로 전열증기화가 있다.

✔ 유도쌍플라스마의 광원은 **아르곤(Ar) 기체**가 주로 이용된다.

70 다음 중 전자전이가 일어나지 않는 것은?

① $\sigma-\sigma^*$ ② $\pi-\pi^*$
③ $n-\pi^*$ ④ $\sigma-\pi^*$

✔ $\sigma-\pi^*$ 전자전이는 일어나지 않는다.
분자 내 전자전이의 에너지 크기 순서는 다음과 같다.
$n\to\pi^* < \pi\to\pi^* < n\to\sigma^* < \sigma\to\sigma^*$

71 다음 어떤 경우에 원자가 가시광선 및 자외선 빛을 방출하는가?

① 전자가 낮은 에너지준위에서 높은 에너지준위로 뛸 때
② 원자가 기체에서 액체로 응축될 때
③ 전자가 높은 에너지준위에서 낮은 에너지준위로 뛸 때
④ 전자가 바닥상태에서 원자 궤도함수 안을 돌아다닐 때

✔ 전자가 **높은 에너지준위에서 낮은 에너지준위**로 뛸 때(전이할 때) 에너지가 **방출**된다.

72 단색화 장치의 성능을 결정하는 요소로서 가장 거리가 먼 것은?

① 복사선의 순도
② 근접 파장 분해능력
③ 복사선의 산란효율
④ 스펙트럼의 띠너비

✔ 단색화 장치의 성능은 분산되어 나오는 **복사선의 순도, 근접 파장을 분해하는 능력**, 집광력, 그리고 **스펙트럼의 띠너비**에 따라 결정된다.

정답 | 66.③ 67.③ 68.③ 69.① 70.④ 71.③ 72.③

73 **적외선 분광법에서 한 분자의 구조와 조성에서의 작은 차이는 스펙트럼에서 흡수봉우리의 분포에 영향을 준다. 분자의 성분과 구조에서 특정 기능기에 따라 고유 흡수파장을 나타내는 영역을 무엇이라 하는가?**

① 그룹 영역(group region)
② 원적외선 영역(far IR region)
③ 지문 영역(fingerprint region)
④ 근적외선 영역(near IR region)

✔ **지문 영역**(fingerprint reigion)
1,500~400cm^{-1}, 분자구조와 구성원소의 차이로 흡수봉우리 분포에 큰 변화가 생기는 영역으로 만일 두 개의 시료의 지문 영역 스펙트럼이 일치하면 확실히 같은 화합물이라고 할 수 있다.

74 **원자흡수분광법과 원자형광분광법에서 기기의 부분장치 배열에서의 가장 큰 차이는 무엇인가?**

① 원자흡수분광법은 광원 다음에 시료잡이가 나오고, 원자형광분광법은 그 반대이다.
② 원자흡수분광법은 파장선택기가 광원보다 먼저 나오고, 원자형광분광법은 그 반대이다.
③ 원자흡수분광법에서는 광원과 시료잡이가 일직선상에 있지만, 원자형광분광법에서는 광원과 시료잡이가 직각을 이룬다.
④ 원자흡수분광법은 레이저 광원을 사용할 수 없으나, 원자형광분광법에서는 사용 가능하다.

✔ **기기 배치**
1. 흡수법 : 연속 광원을 쓰는 일반적인 흡수분광법에서는 시료가 흡수하는 특정 파장의 흡광도를 측정해서 정량하는 것이므로 파장선택기가 광원 뒤에 놓이나, 시료와 같은 금속에서 나오는 선광원을 쓰는 원자흡수분광법에서는 광원보다 원자화 과정에서 발생되는 방해복사선을 제거하는 것이 중요하므로 파장선택기가 시료 뒤에 놓인다.
   ① 분자흡수법 : 광원－파장선택기－시료 용기－검출기－신호처리 및 판독장치
   ② 원자흡수법 : 광원－시료 용기－파장선택기－검출기－신호처리 및 판독장치
2. 형광 · 인광 및 산란법 : 시료가 방출하는 빛의 파장을 검출해야 하므로 광원에서 나오는 빛의 영향을 최소화하기 위해 광원방향에 대하여 **보통 90°의 각도에서 측정**한다. 발광을 측정하는 장치에서는 두 개의 단색화 장치를 사용하여 광원의 들뜸 빛살과 시료가 방출하는 방출 빛살에 대해 모두 파장을 분리한다.

시료 용기－파장선택기－검출기－신호처리 및 판독장치
|
(파장선택기)
|
광원

75 **다음 중 NMR 용매로 가장 적합한 것은?**

① H_2O　② CCl_4
③ HCl　④ H_2NO_3

✔ ^{1}H NMR 분광법을 위한 가장 좋은 용매는 양성자를 포함하지 않아야 한다. 이런 이유로 **사염화탄소**(CCl_4)가 매우 이상적이다. 그러나 많은 화합물이 사염화탄소에 대하여 상당히 낮은 용해도를 갖고 있으므로 NMR 실험에서의 용매로서의 유용성이 제한되므로 많은 종류의 중수소－치환 용매가 대신 사용된다. 중수소화된 클로로포름($CHCl_3$) 및 중수소화된 벤젠(C_6H_6)이 흔히 사용되는 용매들이다.

76 **폭이 매우 좁은 KBr셀만을 적외선 분광기에 걸고 적외선 스펙트럼을 얻었다. 시료가 없기 때문에 적외선 흡수 밴드는 보이지 않고, 그림과 같이 파도 모양의 간섭파를 스펙트럼에 얻었다. 이 셀의 폭(mm)으로 가장 알맞은 것은?**

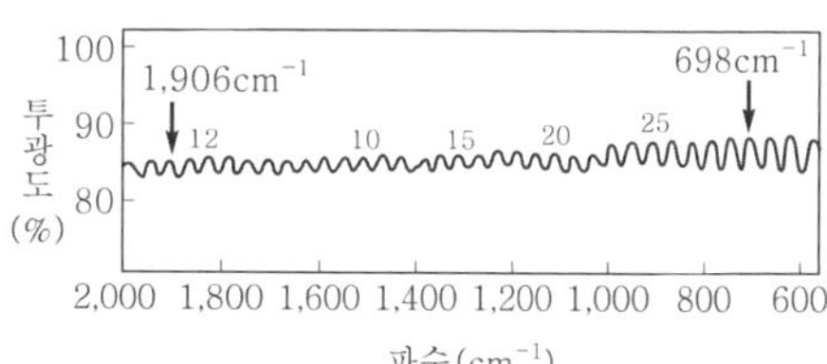

① 0.1242　② 12.42
③ 24.82　④ 248.4

✔ **용기의 광로길이(셀의 폭)**

$$b = \frac{\Delta N}{2(\overline{\nu_1} - \overline{\nu_2})}$$

여기서, ΔN : 간섭무늬수
ν_1, ν_2 : 파수

$$\therefore\ b = \frac{30}{2(1{,}906 - 698)} = 0.01242\text{cm},$$

$$0.01242\text{cm} \times \frac{10\text{mm}}{1\text{cm}} = \mathbf{0.1242mm}$$

정답 | 73.③ 74.③ 75.② 76.①

77 **원자분광법에서 고체 시료를 원자화하기 위해 도입하는 방법은?**

① 기체분무기 ② 글로우방전
③ 초음파분무기 ④ 수소화물 생성법

- **고체 시료의 도입방법**
  직접 시료 도입, 전열증기화, 레이저 증발, 아크와 스파크 증발, 글로우방전법 등이 있다.
- **용액 시료의 도입방법**
  기체분무기, 초음파분무기, 전열증기화, 수소화물 생성법 등이 있다.

78 **광학기기를 바탕으로 한 분석법의 종류가 아닌 것은?**

① GC ② IR
③ NMR ④ XRD

분광법의 종류

분광분석법 입자에 따라 구분	측정하는 빛의 종류에 따라 구분
원자분광법	원자흡수 및 형광분광법
	유도결합플라스마 원자방출분광법
	X-선 분광법
분자분광법	자외선-가시선 흡수분광법
	형광 및 인광 광도법
	적외선 흡수분광법
	핵자기공명 분광법

79 **100MHz로 작동되는 ^{1}H Nuclear Magnetic Resonance ; NMR에서 TMS로부터 130Hz 떨어져서 공명하는 신호의 화학적 이동값(ppm)은?**

① 0.77 ② 1.3
③ 7.7 ④ 13.0

1. 화학적 이동의 파라미터 δ는 기준물질의 공명선에 대한 상대적인 이동을 나타내는 값으로 ppm 단위로 표시한다.
2. $\delta = \dfrac{\text{관찰된 화학적 이동(TMS로부터 Hz 수)}}{\text{MHz로 나타낸 분광기의 진동수}}$로 구할 수 있다.
3. δ로 나타낸 NMR 흡수의 화학적 이동은 사용한 분광기의 진동수에 관계없이 일정하다.

$\therefore \delta = \dfrac{130}{100} = 1.3\text{ppm}$

80 **다음은 트립토판에 대한 세 가지 유형의 광발광 스펙트럼이다. 각 파장에 해당되는 현상을 바르게 나타낸 것은?**

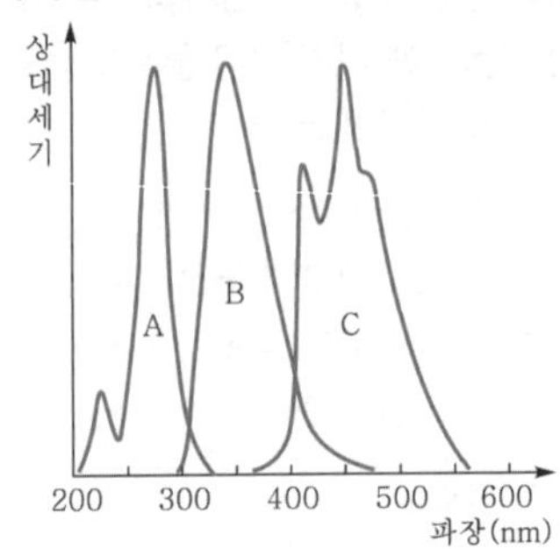

① A : 들뜸, B : 형광, C : 인광
② A : 형광, B : 들뜸, C : 인광
③ A : 인광, B : 형광, C : 들뜸
④ A : 들뜸, B : 인광, C : 형광

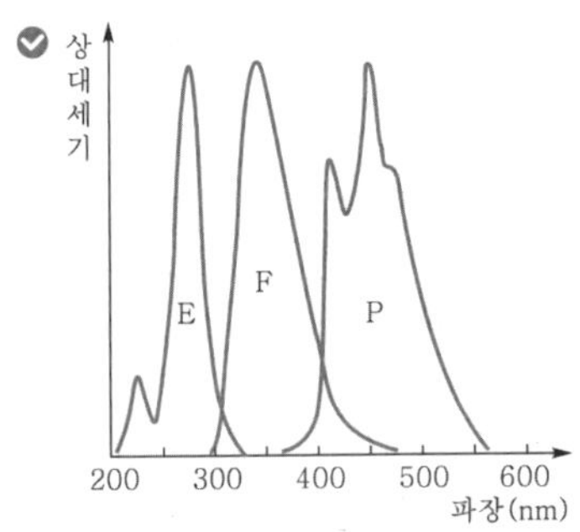

형광 방출을 생성하는 첫 번째 단계는 복사선을 흡수하여 들뜬 상태를 만드는 것이기 때문에 들뜸(E) 스펙트럼은 동일한 조건에서 얻은 흡수 스펙트럼과 본질적으로 동일하다. 광발광은 일반적으로 들뜸(E) 파장보다 긴 파장에서 발생한다. 인광(P) 띠는 일반적으로 형광(F) 띠보다 더 긴 파장에서 발견되는데, 이는 들뜬 삼중항 상태는 대개의 경우 해당하는 단일한 상태보다 에너지가 낮기 때문이다($\lambda_{인광} > \lambda_{형광} > \lambda_{들뜸}$).

A : 들뜸, B : 형광, C : 인광

정답 | 77.② 78.① 79.② 80.①

제1과목 | 화학의 이해와 환경·안전관리

01 정량분석 과정에 해당하지 않는 것은?

① 부피분석 ② 관능기분석
③ 무게분석 ④ 기기분석

✔ **정량분석**
시료 중의 각 성분의 존재량을 결정하는 조작이며, 정량분석 과정은 부피분석, 무게분석, 기기분석으로 나눌 수 있다.
1. **부피분석(=용량분석)** : 부피를 측정하여 정량하고자 하는 물질의 양을 측정한다.
2. **무게분석** : 무게를 측정하여 정량하고자 하는 물질의 양을 측정한다.
3. **기기분석** : 고차원의 과학적인 원리를 이용한 기기를 사용하여 분석결과를 얻어내기 때문에 속도가 빠르고 미량성분의 정량도 가능하지만 때때로 그 정확도에 문제가 발생할 수 있다는 단점이 있다.

02 다음 중 0.10M KNO_3 용액에 관한 설명으로 옳은 것은?

① 이 용액 0.10L에는 6.02×10^{22}개의 K^+ 이온들이 존재한다.
② 이 용액 0.10L에는 6.02×10^{23}개의 K^+ 이온들이 존재한다.
③ 이 용액 0.10L에는 0.010몰의 K^+ 이온들이 존재한다.
④ 이 용액 0.10L에는 1.0몰의 K^+ 이온들이 존재한다.

✔ • **1몰(mol)**
정확히 12.0g 속의 $^{12}_{6}C$ 원자의 수, 6.022×10^{23}개의 입자를 뜻하며, 이 수를 아보가드로수라고 한다. 물질의 종류에 관계없이 물질 1몰(mol)에는 물질을 구성하는 입자 6.022×10^{23}개가 들어 있다.
• **몰농도(M)**
용액 1L 속에 녹아 있는 용질의 몰수를 나타낸 농도, 단위는 mol/L 또는 M으로 나타낸다.

$$\text{몰농도(M)} = \frac{\text{용질의 몰수 } n(\text{mol})}{\text{용액의 부피 } V(\text{L})}$$

$M\times V = n$

∴ 이 용액 0.10L에는 0.10M×0.1L=0.010mol의 K^+이 존재한다.

또한 $0.010\text{mol}\times\frac{6.022\times10^{23}\text{개}}{1\text{mol}} = 6.022\times10^{21}\text{개}$의 K^+이 존재한다.

03 1.87g의 아연금속으로부터 얻을 수 있는 산화아연의 질량(g)은? (단, Zn : 65g/mol, 산화아연의 생성반응식 $2Zn(s) + O_2(g) \rightarrow 2ZnO(s)$이다.)

① 1.17 ② 1.50
③ 2.33 ④ 4.66

✔ $1.87\text{g Zn}\times\frac{1\text{mol Zn}}{65\text{g Zn}}\times\frac{2\text{mol ZnO}}{2\text{mol Zn}}\times\frac{81\text{g ZnO}}{1\text{mol ZnO}}$
= **2.33g** ZnO이 생성된다.

04 화학적 폭발 중 아세틸렌, 니트로셀룰로오스, 유기과산화물 등의 가스 분자의 분해에 의하여 일어나는 폭발은?

① 산화폭발 ② 분해폭발
③ 중합폭발 ④ 촉매폭발

✔ 화학적 폭발은 화학반응에 의하여 짧은 시간에 급격한 압력상승을 수반할 때 압력이 급격하게 방출되고 폭발이 일어나며, 종류로는 산화폭발, 분해폭발, 중합폭발, 촉매폭발 등이 있다.
① 산화폭발 : 연소가 비정상상태로 되는 경우로서 가연성 가스, 증기, 분진, 미스트 등이 공기와 혼합하여 발생한다.
② 분해폭발 : 아세틸렌, 니트로셀룰로오스, 유기과산화물 등의 가스 분자의 분해에 의하여 폭발을 일으킨다.
③ 중합폭발 : 염화비닐, 초산비닐, 사이안화수소 등이 폭발적으로 중합이 발생되면 격렬하게 발열하여 압력이 급상승하며 폭발을 일으킨다.
④ 촉매폭발 : 촉매에 의해 폭발하는 것으로 수소-산소, 수소-염소에 빛을 쪼이면 폭발하는 것이 해당된다.

05 주기율표에 대한 일반적인 설명 중 가장 거리가 먼 것은?

① 1A족 원소를 알칼리금속이라고 한다.
② 2A족 원소를 전이금속이라고 한다.
③ 세로열에 있는 원소들이 유사한 성질을 가진다.
④ 주기율표는 원자번호가 증가하는 순서로 원소를 배치하는 것이다.

정답 | 01.② 02.③ 03.③ 04.② 05.②

족(group)
주기율표의 세로줄로 1~18족으로 구성된다. 1A(1)족 원소를 알칼리금속, **2A(2)족 원소를 알칼리토금속**, 7A(17)족 원소를 할로젠, 8A(18)족 원소를 비활성 기체, 3~12족 원소를 전이금속이라고 한다.

06 A물질을 제조하는 공장의 근로자가 10시간 근무할 때 OSHA의 보정방법을 이용한 TWA-TLV(ppm)는? (단, A물질의 TWA-TLV는 15ppm이다.)

① 12　　② 15
③ 19　　④ 25

시간가중평균농도(TWA-TLV)
1. 1일 8시간 작업하는 동안 노출이 허용되는 유해물질의 평균농도이다.
2. 1일 8시간 동안 반복 노출되어도 건강장해를 일으키지 않는 유해물질의 평균농도이다.
3. OSHA 보정한 TWA-TLV

$$=8\text{시간 기준 시간가중평균농도}\times\frac{8\text{시간}}{1\text{일 노출시간}}$$

∴ OSHA 보정한 TWA-TLV

$$=15\text{ppm}\times\frac{8\text{hr}}{10\text{hr}}=12\text{ppm}$$

07 일반적인 화학적 성질에 대한 설명 중 틀린 것은?

① 열역학적 개념 중 엔트로피는 특정 물질을 이루고 있는 입자의 무질서한 운동을 나타내는 특성이다.
② Albert Einstein이 발견한 현상으로, 빛을 금속 표면에 쪼였을 때 전자가 방출되는 현상을 광전효과라 한다.
③ 기체상태의 원자에 전자 하나를 더하는 데 필요한 에너지를 이온화에너지라 한다.
④ 같은 주기에서 원자의 반지름은 원자번호가 증가할수록 감소한다.

- **이온화에너지**
  기체상태의 중성 원자로부터 전자 1개를 떼어내어 기체상태의 양이온으로 만드는 데 필요한 에너지
- **전자 친화도**
  기체상태의 중성 원자가 전자 1개를 얻어 기체상태의 음이온이 될 때 방출하는 에너지

08 다음 중 $[Ni(CN)(H_2O)_3]Cl$의 명명법으로 옳은 것은?

① 염화 사이아노니켈(Ⅱ)
② 염화 사이아노니켈(Ⅱ) 삼수화물
③ 염화 트라이아쿠아사이아노니켈(Ⅱ)
④ 염화 사이아노트라이아쿠아니켈(Ⅱ)

배위화합물(착화합물) 명명법
1. 만일 화합물이 염이면, 간단한 염의 명명법처럼 음이온 먼저, 그리고나서 양이온을 명명한다(영어식 명명법은 양이온, 음이온의 순으로 명명한다). **예 염화~**
2. 착이온이나 중성 착물을 명명할 때, 리간드 먼저, 그리고나서 금속의 순서로 명명한다. 음이온 리간드는 끝에 -오-(-o)를 붙인다. **예 사이안화 이온(CN-) → 사이아노, 물(H_2O) → 아쿠아**
3. 착물이 특별한 형태의 리간드를 둘 이상 포함하면, 적당한 그리스어 접두사 다이(di), 트라이(tri), 테트라(tetra), 펜타(penta) 등으로 개수를 나타낸다. **예 트라이아쿠아**
4. 리간드 그 자체의 이름에 그리스어 접두사가 포함되면, 리간드 이름을 괄호 안에 넣고 리간드의 수를 표시하는 접두사 대신에 비스(-bis-), 트리스(-tris-) 등을 사용한다.
5. 금속의 이름 바로 다음 괄호 안에 로마 숫자를 사용하여 금속의 산화 상태를 나타낸다. **예 니켈(Ⅱ)**
6. 고체 화합물이 물 분자를 포함하고 있으면, 수화물(hydrate)이라고 부른다.
7. 금속이 음이온 착물이면, 금속의 이름 끝에 산(-ate)을 사용한다.

따라서, $[Ni(CN)(H_2O)_3]Cl$의 명명은 염화 트라이아쿠아사이아노니켈(Ⅱ)이다.

09 핵이 분해하여 방사능을 방출하는 방사성 붕괴에 대한 설명으로 틀린 것은?

① 방사성 붕괴는 일반적으로 전형적인 1차 반응 속도식을 따른다.
② 베타입자는 방사능의 일종으로 헬륨의 핵(nucleus)이다.
③ 감마선은 방사능 가운데 유일하게 입자가 아닌 전자기파이다.
④ 반감기(half-life)란 방사성 붕괴를 하는 핵종의 수가 처음 값의 반이 되는 데 필요한 시간이다.

정답 | 06.① 07.③ 08.③ 09.②

- **알파(α) 방사선**
  α입자는 두 개의 양성자와 두 개의 중성자로 구성된 **헬륨 핵($^4_2He^{2+}$)과 동일**하다.
- **베타(β) 방사선**
  질량 대 전하비가 **전자($^{\ 0}_{-1}e$ 또는 β^-)와 동일한 입자**의 흐름으로 구성되어 있고, β방출은 핵에 있는 중성자가 자발적으로 양성자와 전자로 붕괴되면서 방출될 때 발생한다.
- **감마(γ) 방사선**
  전기장 또는 자기장에 아무런 영향을 받지 않고, 질량이 없으며, 매우 높은 에너지의 간단한 전자기 방사선이다.

10 산-염기에 대한 Brønsted-Lowry의 모델을 설명한 것 중 가장 거리가 먼 것은?

① 산은 양성자(H^+ 이온) 주개이다.
② 염기는 양성자(H^+ 이온) 받개이다.
③ 염기에서 양성자가 제거된 화학종을 짝염기라고 한다.
④ 산 · 염기 반응에서 양성자는 산에서 염기로 이동된다.

브뢴스테드-로리의 산 · 염기 정의
산은 양성자(H^+)를 주는 물질, 염기는 양성자를 받는 물질로 정의하고, 양성자의 이동에 의하여 산과 염기로 되는 한 쌍의 물질을 짝산-짝염기쌍이라고 한다. 산에서 양성자가 제거된 화학종을 짝염기라고 하며, **염기에서 양성자가 첨가된 화학종을 짝산**이라고 한다.

11 전자가 보어 모델(Bohr model)의 $n=5$ 궤도에서 $n=3$ 궤도로 전이할 때 수소원자의 방출되는 빛의 파장(nm)은? (단, 뤼드베리상수는 $1.9678\times10^{-2}nm^{-1}$이다.)

① 434.5 ② 486.1
③ 714.3 ④ 954.6

발머-뤼드베리 식 $\frac{1}{\lambda}=R_\infty\left[\frac{1}{m^2}-\frac{1}{n^2}\right]$에서

뤼드베리상수 R_∞는 $1.9678\times10^{-2}nm^{-1}$이고, m은 낮은 에너지 궤도의 주양자수 값이고, n은 높은 에너지 궤도의 주양자수 값에 해당된다.

$$\frac{1}{\lambda}=1.9678\times10^{-2}\times\left[\frac{1}{3^2}-\frac{1}{5^2}\right]$$
$$=1.3993\times10^{-3}nm^{-1}$$
$$\therefore\ \lambda=\frac{1}{1.3993\times10^{-3}}=\mathbf{714.64nm}$$

12 다음 중 산(acid)에 대한 일반적인 설명으로 옳은 것은?

① 알코올은 산성 용액으로 알코올의 특징을 나타내는 OH와 H가 쉽게 해리된다.
② 페놀은 중성 용액으로 OH의 H는 해리되지 않는다.
③ 물속에서 H^+는 H_3O^+로 존재한다.
④ 디에틸에테르는 산성 용액으로 H가 쉽게 해리된다.

① 알코올의 특징을 나타내는 -OH의 H는 쉽게 해리되지 않는다.
② 페놀의 -OH의 H는 해리될 수 있어서 페놀은 약산으로 작용한다.
→ $-O^-$의 음전하가 벤젠고리에 흡수될 수 있어서 안정해지기 때문
③ $H^+ + H_2O \rightleftarrows H_3O^+$
④ 디에틸에테르($C_2H_5OC_2H_5$)는 해리될 수 있는 H가 없다.

13 0℃, 1atm에서 0.495g의 알루미늄이 모두 반응할 때 발생되는 수소기체의 부피는 약 몇 L인가?

$$2Al(s)+6HCl(aq)\rightarrow 2AlCl_3(aq)+3H_2(g)$$

① 0.033 ② 0.308
③ 0.424 ④ 0.616

- **방법 1**
  0℃, 1atm(STP)에서 기체 1mol의 부피는 기체 종류에 관계없이 22.4L이다.
  $$0.495g\ Al\times\frac{1mol\ Al}{27g\ Al}\times\frac{3mol\ H_2}{2mol\ Al}\times\frac{22.4L}{1mol}$$
  $=\mathbf{0.616L}$
- **방법 2**
  이상기체방정식 : $PV=nRT$
  기체상수(R)=0.0821atm · L/mol · K으로 이상기체법칙을 나타낸 식으로 이상기체에 잘 적용된다.
  $PV=nRT$에서
  $$1atm\times x(L)=\left(0.495g\ Al\times\frac{1mol\ Al}{27g\ Al}\times\frac{3mol\ H_2}{2mol\ Al}\right)\times0.0821atm\cdot L/mol\cdot K\times273K$$
  $\therefore\ x=0.616L$

정답 | 10.③ 11.③ 12.③ 13.④

14 다음 중 $KMnO_4$와 H_2O_2의 산화 · 환원 반응식을 바르게 나타낸 것은?

① $MnO_4^- + 2H_2O_2 + 4H^+ \rightarrow MnO_2 + 4H_2O + O_2$
② $MnO_4^- + 2H_2O_2 \rightarrow 2MnO + 2H_2O + 2O_2$
③ $2MnO_4^- + 5H_2O_2 + 6H^+ \rightarrow 2Mn^{2+} + 8H_2O + 5O_2$
④ $2MnO_4^- + 5H_2O_2 \rightarrow 2Mn^{2+} + 5H_2O + \frac{13}{2}O_2$

이온-전자법

산화 · 환원 반응에서 각 물질이 잃은 전자수와 얻은 전자수가 같다는 것을 이용한다. 이온-전자법은 산화 · 환원 반응식을 산화반응과 환원반응으로 나누어서 계수를 맞추어 주기 때문에 반쪽반응식을 이용한 방법이라고도 한다.

$MnO_4^- + H_2O_2 \rightarrow Mn^{2+} + H_2O + O_2$

이 반응의 계수를 완성하면

1. 반응에 관여하는 원자의 산화수를 구한 수, 변화한 산화수를 조사한다.
   $MnO_4^- + H_2O_2 \rightarrow Mn^{2+} + H_2O + O_2$
   +7 −2 +1 −1 +2 +1 −2 0
2. 산화 반쪽반응과 환원 반쪽반응으로 나눈다.
   산화반응 : $O^- \rightarrow O^0$
   환원반응 : $Mn^{7+} \rightarrow Mn^{2+}$
3. 각 반쪽반응의 원자수가 같도록 계수를 맞춘다.
   산화반응 : $H_2O_2 \rightarrow O_2 + 2H^+$
   환원반응 : $MnO_4^- + 8H^+ \rightarrow Mn^{2+} + 4H_2O$
   산소의 개수를 맞추기 위해 생성물질에 $4H_2O$를 첨가하고, 수소의 개수를 맞추기 위해 반응물질에 $8H^+$를 첨가하였다.
4. 각 반쪽반응의 전하량이 같아지도록 필요한 전자수를 더한다.
   산화반응 : $H_2O_2 \rightarrow O_2 + 2H^+ + 2e^-$
   환원반응 : $MnO_4^- + 8H^+ + 5e^- \rightarrow Mn^{2+} + 4H_2O$
5. 산화반응에서 잃은 전자수와 환원반응에서 얻은 전자수가 같아지도록 개수를 맞춘다.
   산화반응×5, 환원반응×2
   산화반응 : $5H_2O_2 \rightarrow 5O_2 + 10H^+ + 10e^-$
   환원반응 : $2MnO_4^- + 16H^+ + 10e^- \rightarrow 2Mn^{2+} + 8H_2O$
6. 두 반쪽반응을 더한다.

∴ 전체반응
$2MnO_4^- + 5H_2O_2 + 6H^+ \rightarrow 2Mn^{2+} + 8H_2O + 5O_2$

15 강산이나 강염기로만 되어 있는 것은?

① HCl, HNO_3, NH_3
② CH_3COOH, HF, KOH
③ H_2SO_4, HCl, KOH
④ CH_3COOH, NH_3, HF

산과 염기의 종류

1. 강산 : 수용액에서 거의 100% 이온화하는 산으로, HNO_3, $HClO_4$, H_2SO_4, HCl, HBr, HI 등이 있다.
2. 약산 : 수용액에서 이온화도가 5% 이하인 산으로, H_2CO_3, CH_3COOH, HNO_2, HF, H_2S, HCN 등이 있다.
3. 강염기 : 수용액에서 거의 100% 이온화하는 염기로, 1족, 2족 금속의 수산화물이 LiOH, NaOH, KOH, $Sr(OH)_2$, $Ba(OH)_2$ 등이 있다.
4. 약염기 : 수용액에서 이온화도가 5% 이하인 염기로, $Cu(OH)_2$, $Fe(OH)_2$, NH_3, 아민류($-NH_2$) 등이 있다.

16 O^{2-}, F, F^-를 지름이 작은 것부터 큰 순서로 올바르게 나열한 것은?

① $O^{2-} < F < F^-$　② $F < F^- < O^{2-}$
③ $O^{2-} < F^- < F$　④ $F^- < O^{2-} < F$

이온 반지름의 주기성

1. 양이온 반지름 : 중성 원자가 전자를 잃어 양이온이 되면 반지름이 감소한다.
   ➜ 전자껍질 수가 감소하기 때문이다. 금속 원소는 전자를 잃어 양이온이 되기 쉬우므로 원자 반지름보다 이온 반지름이 작다.
   예 $_{11}Na : 1s^2 2s^2 2p^6 3s^1 > {}_{11}Na^+ : 1s^2 2s^2 2p^6$
2. 음이온 반지름 : 중성 원자가 전자를 얻어 음이온이 되면 반지름이 증가한다.
   ➜ 전자 수가 많아져 전자 사이의 반발력이 증가하기 때문이다. 비금속 원소는 전자를 얻어 음이온이 되기 쉬우므로 원자 반지름보다 이온 반지름이 크다.
   예 $_{17}Cl\ 1s^2 2s^2 2p^6 3s^2 3p^5 < {}_{17}Cl^-\ 1s^2 2s^2 2p^6 3s^2 3p^6$
3. 등전자 이온의 반지름 : 원자번호가 클수록 반지름은 감소한다.
   ➜ 전하량이 증가하여 유효 핵전하가 증가하기 때문이다.
   예 $_8O^{2-} > {}_9F^- > {}_{11}Na^+ > {}_{12}Mg^{2+}$

문제에서 제시된 O^{2-}, F, F^-에서 비금속 원소인 F과 음이온 F^-의 크기 비교는 원자 반지름(F)보다 이온 반지름(F^-)이 크므로 $F < F^-$이고, 등전자 이온인 O^{2-}과 F^-의 크기 비교는 원자번호가 큰 $_9F^-$의 크기가 유효핵전하의 증가로 $_8O^{2-}$ 보다 작으므로 $F^- < O^{2-}$이 된다.

∴ $F < F^- < O^{2-}$

정답 | 14.③ 15.③ 16.②

17 **일반적으로 널리 사용되는 산화제인 MnO_4^-는 산성 조건에서 (1)과 같은 환원 반쪽반응을 하며 이때 Fe^{3+}의 환원반쪽 반응은 (2)와 같다. 두 반응이 결합하여 산화 – 환원반응이 일어난다면 정확한 산화 – 환원반응식은?**

$MnO_4^- + 8H^+ + ne^- \rightleftarrows Mn^{2+} + 4H_2O$ ······· (1)
$Fe^{3+} + me^- \rightleftarrows Fe^{2+}$ ································· (2)

① $MnO_4^- + Fe^{2+} + H^+ \rightleftarrows Mn^{2+} + Fe^{3+} + H_2O$
② $MnO_4^- + 3Fe^{2+} + 4H^+ \rightleftarrows Mn^{2+} + 3Fe^{3+} + 2H_2O$
③ $MnO_4^- + 5Fe^{2+} + 8H^+ \rightleftarrows Mn^{2+} + 5Fe^{3+} + 4H_2O$
④ $MnO_4^- + 5Fe^{3+} + 8H^+ \rightleftarrows Mn^{2+} + 5Fe^{3+} + 4H_2O$

✔ $MnO_4^- + Fe^{2+} + H^+ \rightleftarrows Mn^{2+} + Fe^{3+} + H_2O$ 반응의 계수를 완성하면(산성 조건에서)

1. 반응에 관여하는 원자의 산화수를 구한 후, 변화한 산화수를 조사한다.
   $\underset{+7}{\underline{Mn}}O_4^- + 5\underset{+2}{\underline{Fe}}^{2+} + 8H^+ \rightleftarrows \underset{+2}{\underline{Mn}}^{2+} + 5\underset{+3}{\underline{Fe}}^{3+} + 4H_2O$
2. 산화반쪽반응과 환원반쪽반응으로 나눈다.
   산화반응 : $Fe^{2+} \rightarrow Fe^{3+}$
   환원반응 : $MnO_4^- \rightarrow Mn^{2+}$
3. 각 반쪽반응의 원자수가 같도록 계수를 맞춘다.
   산화반응 : $Fe^{2+} \rightarrow Fe^{3+}$
   환원반응 : $MnO_4^- + 8H^+ \rightarrow Mn^{2+} + 4H_2O$
   산소의 개수를 맞추기 위해 생성물질에 $4H_2O$을 첨가하고, 수소의 개수를 맞추기 위해 반응물질에 $8H^+$을 첨가하였다.
4. 각 반쪽반응의 전하량이 같아지도록 필요한 전자수를 더한다.
   산화반응 : $Fe^{2+} \rightarrow Fe^{3+} + e^-$
   환원반응 : $MnO_4^- + 8H^+ + 5e^- \rightarrow Mn^{2+} + 4H_2O$
5. 산화 반응에서 잃은 전자수와 환원 반응에서 얻은 전자수가 같아지도록 개수를 맞춘다.
   산화반응 : $5Fe^{2+} \rightarrow 5Fe^{3+} + 5e^-$
   환원반응 : $MnO_4^- + 8H^+ + 5e^- \rightarrow Mn^{2+} + 4H_2O$
6. 두 반쪽 반응을 더한다.
   $MnO_4^- + 5Fe^{2+} + 8H^+ \rightleftarrows Mn^{2+} + 5Fe^{3+} + 4H_2O$

18 **Haber 공정에 따라 암모니아를 제조하려 한다. 질소 32g과 수소 6g이 반응하여 암모니아 17g을 얻었을 때의 이 반응에 대한 설명으로 옳은 것은?**

① 질소는 1mol이 사용되었다.
② 수소가 한계반응물이다.
③ 수득률은 17%이다.
④ 수득률은 100%이다.

✔ $\underset{32g}{\underline{N_2(g)}} + \underset{6g}{\underline{3H_2(g)}} \rightarrow \underset{17g}{\underline{2NH_3(g)}}$

질소 32g와 수소 6g이 각각 반응하였을 때 생성되는 암모니아의 양(mol)을 구하면

$32g\ N_2 \times \frac{1mol\ N_2}{28g\ N_2} \times \frac{2mol\ NH_3}{1mol\ N_2} = 2.29mol\ NH_3$이고,

$6g\ H_2 \times \frac{1mol\ H_2}{2g\ H_2} \times \frac{2mol\ NH_3}{3mol\ H_2} = 2.0mol\ NH_3$이다.

따라서 한계반응물은 수소이고 이론적으로 생성되는 암모니아의 양(g)은 $2.0mol\ NH_3 \times \frac{17g\ NH_3}{1mol\ NH_3} = 34g\ NH_3$이다. 반응한 질소의 양(mol)은 $6g\ H_2 \times \frac{1mol\ H_2}{2g\ H_2} \times \frac{1mol\ N_2}{3mol\ H_2} = 1.0mol\ N_2$이고 0.14mol의 질소가 반응 후 남아 있다.

$$수득률(\%) = \frac{실제로\ 얻은\ 생성물의\ 양}{이론적으로\ 생성되는\ 생성물의\ 양} \times 100 = \frac{17g}{34g} \times 100 = 50\%$$이다.

19 **$HClO_4$와 HCl에 대한 다음 설명 중 틀린 것은 어느 것인가?**

① $HClO_4$와 HCl 모두 강산이다.
② $HClO_4$이 HCl보다 더 센 산이다.
③ 수용액에서는 평준화 효과로 $HClO_4$와 HCl의 산의 세기를 명확히 구별할 수 있다.
④ 아세트산에서 $HClO_4$와 HCl의 산의 세기가 다르게 나타난다.

✔ **강산의 세기**

$HI > HBr > HClO_4 > HCl > H_2SO_4 > HNO_3$

강산은 물속에서 거의 100% 해리하여 산의 종류에 관계없이 모두 H_3O^+가 되므로 산의 세기가 같은 것처럼 거동하는데 이를 평준화 효과라 한다. 따라서 강산은 물속에서 산의 세기를 명확히 구별할 수 없다. 반면 아세트산을 용매로 하는 경우, $HClO_4$의 평형상수(K)는 1.3×10^{-5}이고, HCl의 평형상수(K)는 2.8×10^{-9}로 $HClO_4$이 아세트산 용매에서는 HCl보다 더 강한 산임을 알 수 있다.

정답 | 17.③ 18.② 19.③

20 기체의 부피에 대한 설명 중 틀린 것은 어느 것인가?

① 일정한 온도에서 기체의 부피는 압력에 반비례한다.
② 일정한 압력과 온도에서 기체의 부피는 몰질량에 반비례한다.
③ 일정한 압력과 온도에서 기체의 부피는 몰질량에 비례한다.
④ 일정한 압력에서 기체의 부피는 절대온도에 비례한다.

이상기체방정식

$$PV = nRT = \frac{w}{M}RT$$

여기서, w : 주어진 질량(g)
M : 물질의 몰질량(g/mol)

① 일정한 온도(T)에서 기체의 부피(V)는 압력(P)에 반비례한다.(보일법칙)
②, ③ 일정한 온도(T)와 압력(P)에서 기체의 부피(V)는 몰(mol)수에 비례한다.(아보가드로 법칙)
기체의 부피(V)는 몰질량(M)에 반비례한다.
④ 일정한 압력(P)에서 기체의 부피(V)는 절대온도(T)에 비례한다.(샤를 법칙)

제2과목 | 분석계획 수립과 분석화학 기초

21 다음 중 패러데이 상수의 단위(unit)로 옳은 것은?

① C/mol
② A/mol
③ C/sec · mol
④ A/sec · mol

패러데이 상수

1F은 전자 1mol의 전하량(C)으로 96,485C/mol이다.

22 다음 중 완충용액과 완충용량에 대한 설명으로 틀린 것은?

① 완충용액은 약산과 짝염기가 공존하기 때문에 pH 변화가 적다.
② 완충용액은 약산과 짝염기의 비율이 1 : 1일 경우 최대이다.
③ 완충용량이 작을수록 용액은 pH 변화가 더 잘 견딘다.
④ 완충용액의 pH는 용액의 이온 세기에 의존한다.

완충용량은 강산 또는 강염기가 첨가될 때 pH 변화를 얼마나 잘 막는지에 대한 척도이다. **완충용량이 클수록 pH 변화에 대한 용액의 저항은 커진다.** 완충용액 1.00L를 pH 1.00단위만큼 변화시킬 수 있는 강산이나 강염기의 몰수로 정의된다.

23 반복 데이터의 정밀도를 나타내는 것으로 관련이 적은 것은?

① 표준편차
② 절대오차
③ 변동계수
④ 분산

정밀도(precision)

1. 측정의 재현성을 나타내는 것으로 정확히 똑같은 방법으로 측정한 결과의 근접한 정도이다. 일반적으로 한 측정의 정밀도는 반복시료들을 단순히 반복하여 측정함으로써 쉽게 결정된다.
2. 정밀도의 척도

① 표본 **표준편차**(s)

$$s = \sqrt{\frac{\sum_{i=1}^{N}(x_i - \bar{x})^2}{N-1}}$$

여기서, x_i : 각 측정값
$\bar{x}$: 평균

② 표본 **분산**(가변도, s^2)=표준편차의 제곱으로 나타낸다.

③ 평균의 표준오차(s_m)

$$s_m = \frac{s}{\sqrt{N}}$$

④ 상대 표준편차(RSD)

$$\text{RSD} = s_r = \frac{s}{\bar{x}}$$

⑤ **변동계수**(CV)

$$CV = \text{RSD} \times 100\% = \frac{s}{\bar{x}} \times 100\%$$

⑥ 퍼짐(spread) 또는 구간(w, range) : 그 무리에서 가장 큰 값과 가장 작은 값 사이의 차이

정답 | 20.③ 21.① 22.③ 23.②

24 **다음 중 산화 – 환원 적정 시 분석물질을 적정하기 전에 산화 상태를 조절하기 위해 사용되는 예비산화제가 아닌 것은?**

① $(NH_4)_2S_2O_8$　　② $NaBiO_3$
③ H_2O_2　　④ SO_2

분석물질을 적정하기 전에 산화 상태를 조절할 필요가 있다. 예비 조절은 정량적이어야 하며, 이어지는 적정에서 방해작용을 하지 않도록 과량의 예비 조절 시약을 제거해야 한다.

1. 예비산화제 : 예비산화 후 쉽게 제거될 수 있는 강력한 산화제를 이용한다.
   ① 과산화이황산 이온(=과황산 이온, $S_2O_8^{2-}$) : 강산화제이며, 촉매로 Ag^+이온이 필요하다. 과량의 시약은 분석물질의 산화가 완결된 후 용액을 끓여 주면 파괴된다.
   ② 산화 은(Ⅰ, Ⅲ) (AgⅠAgⅢO_2)
   ③ 고체 비스무트산 소듐($NaBiO_3$)
   ④ 과산화수소(H_2O_2) : 염기성 용액에서 좋은 산화제
2. 예비환원제
   ① 염화 주석($SnCl_2$)
   ② 염화 크로뮴($CrCl_2$)
   ③ SO_2, H_2S
   ④ Jones 환원기 : 아연 아말감으로 둘러싸인 아연을 포함
   ⑤ Walden 환원기 : 고체 Ag와 1M의 HCl이 채워져 있음

25 **불확정도 전파와 유효숫자를 고려하였을 때, 4.6(±0.05)×2.11(±0.03)의 계산결과는?**

① 9.7(±0.2)　　② 9.71(±0.2)
③ 9.7(±0.06)　　④ 9.706(±0.06)

곱셈과 나눗셈의 불확정도
$y = a \times b$인 경우,
불확정도는 $\frac{S_y}{y} = \sqrt{\left(\frac{S_a}{a}\right)^2 + \left(\frac{S_b}{b}\right)^2}$ 를 이용하여 구할 수 있다.
4.6(±0.05)×2.11(±0.03)=9.7(± S_y)
$$\frac{S_y}{9.7} = \sqrt{\left(\frac{0.05}{4.6}\right)^2 + \left(\frac{0.03}{2.11}\right)^2} = 1.7897 \times 10^{-2}$$
$S_y = 0.1736$
유효숫자를 확인하면 9.7에서 소수 첫째자리까지이므로 불확정도도 소수 첫째자리까지 나타낸다.
∴ 4.6(±0.05)×2.11(±0.03) = **9.7(±0.2)**

26 **다음 ( ) 안에 가장 적합한 용어는?**
금속이온은 수산화이온 OH^-와 침전물을 형성하기 쉬우므로 염기성 수용액에서 EDTA에 의한 금속이온 적정 시 일반적으로 ( ) 완충용액이 보조착화제로 쓰인다.

① 질산이온(NO_3^-)
② 암모니아(NH_3)
③ 황산이온(SO_4^{2-})
④ 메틸아민(CH_3NH_2)

- pH 10에서 $\alpha_{Y^{4-}}$은 0.30의 값을 나타내므로 $\alpha_{Y^{4-}}$을 높이려면 염기성 용액에서 적정한다. pH가 높은 염기성 용액에서 금속이온은 수산화이온과 침전물을 형성하기 쉬우므로 EDTA로 적정하려면 보조착화제를 사용해야 한다.
- 보조착화제의 역할은 금속과 강하게 결합하여 수산화물 침전이 생기는 것을 막는다. 그러나 EDTA가 가해질 때는 결합한 금속을 내어줄 정도의 약한 결합이 되어야 한다.
  (결합 세기 : 금속－수산화물 < 금속－보조착화제 < 금속－EDTA)
- 보조착화제의 종류는 **암모니아**, 타타르산, 시트르산, 트라이에탄올아민 등의 금속과 강하게 결합하는 리간드이다.

27 **CaF_2의 용해와 관련된 반응식에서 과량의 고체 CaF_2가 남아 있는 포화된 수용액에서 $Ca^{2+}(aq)$의 몰농도에 대한 설명으로 옳은 것은? (단, 용해도의 단위는 mol/L이다.)**

- $CaF_2(s) \rightleftarrows Ca^{2+}(aq) + 2F^-(aq)$
  $K_{sp} = 3.9 \times 10^{-11}$
- $HF(aq) \rightleftarrows H^+(aq) + F^-(aq)$
  $K_a = 6.8 \times 10^{-4}$

① KF를 첨가하면 몰농도가 감소한다.
② HCl을 첨가하면 몰농도가 감소한다.
③ KCl을 첨가하면 몰농도가 감소한다.
④ H_2O를 첨가하면 몰농도가 증가한다.

- KF
  공통이온 효과, 용해도를 감소시킨다.
  → Ca^{2+}의 **몰농도는 감소**한다.
- HCl, KCl
  이온 세기가 증가하면 난용성 염의 용해도가 증가한다.
  → Ca^{2+}의 몰농도는 증가한다.

정답 | 24.④　25.①　26.②　27.①

28 **어떤 유기산 10.0g을 녹여 100mL 용액을 만들면, 이 용액에서 유기산의 해리도는 2.50%이다. 유기산은 일양성자산이며, 유기산의 K_a가 5.00 $\times 10^{-4}$이었다면, 유기산의 화학식량은?**

① 6.40g/mol
② 12.8g/mol
③ 64.0g/mol
④ 128g/mol

✔ 유기산은 일양성자산 HA로 표기하고, HA의 초기 농도를 x로 두면

	HA(aq) ⇄	H^+(aq) +	A^-(aq)
초기(M)	x		
변화(M)	$-0.025\times x$	$+0.025\times x$	$+0.025\times x$
최종(M)	$0.975\times x$	$0.025\times x$	$0.025\times x$

$$K_a=\frac{[H^+][A^-]}{[HA]}=\frac{(0.025x)^2}{0.975x}=5.00\times10^{-4}$$

$\therefore\ x=0.78M$

HA의 화학식량을 y(g/mol)로 두면

$$0.78M=\frac{10.0g\ HA\times\frac{1mol\ HA}{y(g)\ HA}}{0.100L}$$

$\therefore\ y=128.21g/mol$

29 **EDTA 적정에 사용되는 xylenol orange와 같은 금속이온 지시약의 일반적인 특징이 아닌 것은 어느 것인가?**

① pH에 따라 색이 다소 변한다.
② 산화－환원제로서 전위(potential)에 따라 색이 다르다.
③ 지시약은 EDTA보다 약하게 금속과 결합해야만 한다.
④ 금속이온과 결합하면 색깔이 변해야 한다.

✔ 산화－환원제로서 **전위에 따라 색이 달라지는 것은** 산화된 상태에서 환원된 상태로 될 때 색이 변하는 화합물인 **산화－환원 지시약**에 대한 설명이다.

30 **농도(concentration)에 대한 설명으로 옳은 것은 무엇인가?**

① 몰랄농도(m)는 온도에 따라 변하지 않는다.
② 몰랄농도는 용액 1kg 중 용질의 몰수이다.
③ 몰농도(M)는 용액 1kg 중 용질의 몰수이다.
④ 몰농도는 온도에 따라 변하지 않는다.

✔ • **몰랄농도(m)**
용액 1kg 중 용질의 몰수로 기준이 질량이므로 **온도에 따라 변하지 않는다.**
• **몰농도(M)**
용액 1L 중 용질의 몰수이다. 액체의 부피는 온도가 높아지면 팽창하고 온도가 내려가면 수축하므로, 몰농도는 온도에 의하여 변하게 된다. 즉 온도가 높아지면 몰농도가 작아지고, 온도가 낮아지면 몰농도가 증가한다.

31 **부피분석법인 적정법을 이용하여 정량분석을 할 경우 다음 중 가장 옳은 설명은 어느 것인가?**

① 적정 실험에서 측정하고자 하는 당량점과 실험적인 종말점은 항상 일치한다.
② 적정 오차는 바탕 적정(blank titration)을 통해 보정할 수 있다.
③ 역적정 실험 시에는 적정 시약(titrant)을 시료에 가하면서 지시약의 색이 바뀌는 부피를 직접 관찰한다.
④ 무게 적정(gravimetric titration) 실험 시에는 적정 시약의 부피를 측정한다.

✔ ① 적정 실험에서 측정하고자 하는 당량점과 실험적인 종말점은 적정 오차가 발생한다.
② 적정 오차는 당량점과 종말점 사이의 부피나 질량의 차이이다. 이런 차이는 물리적 변화와 관찰자의 능력이 충분하지 않은 결과로 인하여 커진다. **적정 오차는 바탕 적정을 통해 보정할 수 있다.**
③ 직접 적정 실험 시에는 적정 시약(titrant)을 시료에 가하면서 지시약의 색이 바뀌는 부피를 직접 관찰한다.
역적정실험 시에는 분석물질에 농도를 알고 있는 첫 번째 표준용액을 과량 가해 분석물질과의 반응이 완결된 다음 두 번째 표준용액을 가하여 첫 번째 표준용액의 남은 양을 적정하는 방법으로 분석물과 표준용액 사이의 반응속도가 느리거나 표준용액이 불안정할 때 사용한다.
④ 무게 적정 실험 시에는 적정 시약의 부피 대신에 시약의 질량을 측정한다.

정답 | 28.④ 29.② 30.① 31.②

Check

- **당량점**
  시료 중에 존재하는 분석물의 양과 화학량론적으로 적정 시약이 첨가되었을 때 도달하는 이론상의 지점이다.
- **종말점**
  적정에서의 당량점은 실험적으로 결정할 수 없다. 대신 당량의 조건과 관련된 몇 가지 물리적인 변화를 관찰함으로써 당량점을 추정할 수 있다. 용액의 물리적 성질이 갑자기 변하는 점으로 보통 지시약이 변색되는 것을 기준으로 나타나는 적정의 끝지점을 종말점이라 한다.

32 표준전극전위($E°$)에 대한 설명 중 틀린 것은?

① 반쪽반응의 표준전극전위는 온도의 영향을 받지 않는다.

② 표준전극전위는 균형 맞춘 반쪽반응의 반응물과 생성물의 몰수와 관계없다.

③ 반쪽반응의 표준전극전위는 전적으로 환원반응의 경우로만 나타난다.

④ 표준전극전위는 산화전극전위를 임의로 0.000V로 정한 표준수소전극인 화학전지의 전위라는 면에서 상대적인 양이다.

✔ 표준전극전위는 반응물과 생성물의 활동도가 모두 1인 조건으로부터 평형 활동도를 향해 진행하는 상대적인 힘의 척도를 표준수소전극에 대해 나타낸 값이므로 반응물과 생성물과의 몰수와는 관계없고 온도에 영향을 받는다.

33 아이오딘화 반응에 대한 설명 중 틀린 것은?

① 아이오딘을 적정액으로 사용한다는 것은 I_2에 과량의 I^-가 첨가된 용액을 사용함을 의미한다.

② 아이오딘화 적정의 지시약으로 녹말지시약을 사용할 수 있다.

③ 간접 아이오딘 적정법에는 환원성 분석물질을 미량의 I^-에 가하여 아이오딘을 생성시킨 다음 이것을 적정한다.

④ 환원성 분석물질이 아이오딘으로 직접 측정되었을 때, 이 방법을 직접 아이오딘 적정법이라 한다.

✔ ③ 간접 아이오딘 적정법은 산화성 분석물질(반응에서 환원되는 물질)을 과량의 I^-에 가하여 아이오딘(I_3^-)을 생성시킨 다음, 티오황산나트륨($Na_2S_2O_3$) 표준용액을 사용하여 적정한다.

34 용해도에 대한 설명으로 틀린 것은?

① 극성물질은 극성용매에 잘 녹는다.

② 일반적으로 고체물질의 용해도는 온도 증가에 따라 상승한다.

③ 일반적으로 물에 대한 기체의 용해도는 온도 증가에 따라 감소한다.

④ 외부압력은 고체의 용해도에 큰 영향을 미친다.

✔ ④ 외부 압력은 고체의 용해도에는 영향을 주지 않고 기체의 용해도에 영향을 준다.
외부 압력이 증가할수록, 온도가 감소할수록 기체의 용해도는 증가한다.

35 어떤 아민의 pK_b가 5.80이라면, 0.2M 아민 용액의 pH는 얼마인가?

① 2.25

② 4.25

③ 10.75

④ 11.75

✔ 아민을 B로 나타내면 아민의 해리(가수분해) 반응식은 다음과 같다.

	B	+ H_2O ⇄	BH^+	+ OH^-
초기농도(M)	0.2			
해리	$-x$		$+x$	$+x$
평형농도(M)	$0.2-x$		x	x

$K_b = \dfrac{[BH^+][OH^-]}{[B]}$이고,

$pK_b = -\log K_b = 5.80$이므로

$K_b = 10^{-5.80} = 1.58\times10^{-6}$이다.

$1.58\times10^{-6} = \dfrac{x^2}{0.2-x} \simeq \dfrac{x^2}{0.2}$, $x = 5.62\times10^{-4}$이고,

$[OH^-] = x$이다.

pOH$=-\log[OH^-]=-\log(5.62\times10^{-4})=3.25$이고,

pH+pOH=14.00이므로

용액의 pH는 14.00−3.25=10.75이다.

정답 | 32.① 33.③ 34.④ 35.③

36 수용액에서 약간 용해하는 이온화합물 $Ag_3PO_4(s)$의 용해도곱 평형상수(K_{sp}) 관계식이 맞는 것은?

① $[PO_4^{3-}]=\dfrac{K_{sp}}{[Ag^+]^3}$

② $[PO_4^{3-}]=\dfrac{K_{sp}\times[Ag_3PO_4]}{[Ag^+]}$

③ $[Ag^+]=\dfrac{K_{sp}}{[PO_4^-]}$

④ $[Ag^+]=\dfrac{K_{sp}\times[Ag_3PO_4]}{[PO_4^-]}$

✔ $Ag_3PO_4(s) \rightleftarrows 3Ag^+(aq) + PO_4^{3-}(aq)$

$K_{sp}=[Ag^+]^3\times[PO_4^{3-}]$, 순수한 액체와 고체인 경우 몰농도가 항상 일정한 상수값이 되므로 평형상수(K_{sp})식에 나타나지 않는다.

따라서, $[PO_4^{3-}]=\dfrac{K_{sp}}{[Ag^+]^3}$, $[Ag^+]=\sqrt[3]{\dfrac{K_{sp}}{[PO_4^{3-}]}}$ 이다.

37 0.05M 용액 50mL를 제조하는데 몇 g의 $AgNO_3$가 필요한가? (단, $AgNO_3$: 169.9g/mol이다.)

① 0.425g
② 4.25g
③ 0.17g
④ 1.7g

✔ 몰농도(M)×부피(L)=용질의 몰수(mol)

$(0.05\times50\times10^{-3})\text{mol AgNO}_3\times\dfrac{169.9\text{g AgNO}_3}{1\text{mol AgNO}_3}$

$=0.425\text{g AgNO}_3$

따라서, 필요한 $AgNO_3$의 양(g)은 0.425g이다.

38 CH_3COO^-/CH_3COOH 완충용액의 pH가 4.98이고, 이 때 $[CH_3COO^-]$=0.1M이다. 이 용액 200mL에 0.1M NaOH 용액 10mL를 가한 후의 완충용액의 pH는 얼마인가? (단, CH_3COOH의 $K_a=1.75\times10^{-5}$이다.)

① 4.98　　② 5.04
③ 5.98　　④ 6.04

✔ 가해 준 NaOH에 의해 변화된 CH_3COOH의 몰수와 CH_3COO^-의 몰수를 구하고, 헨더슨-하셀바흐 식, $pH=pK_a+\log\dfrac{[A^-]}{[HA]}$을 이용하여 완충용액의 pH를 구한다. 헨더슨-하셀바흐 식에서 용액의 부피가 같으므로 $\dfrac{[A^-]}{[HA]}$는 몰농도 대신 몰수를 대입할 수 있다.

초기 CH_3COO^-의 몰수는 0.1M×0.2L=0.02mol이고, 초기 CH_3COOH의 몰수 x는

$4.98=-\log(1.75\times10^{-5})+\log\dfrac{0.02}{x}=4.76+\log\dfrac{0.02}{x}$,

0.012mol이다. NaOH를 가하면 CH_3COOH의 몰수는 감소하고 CH_3COO^-의 몰수는 증가한다.

가한 NaOH의 몰수는 $0.1M\times(10\times10^{-3})L=1.0\times10^{-3}$mol이다.

	CH_3COOH +	OH^- ⇄	CH_3COO^- + H_2O
초기(mol)	0.012	0.001	0.02
변화	− 0.001	− 0.001	+ 0.001
평형(mol)	0.011	0	0.021

따라서, NaOH 용액을 가한 후의 완충용액의 pH = $pK_a+\log\dfrac{[A^-]}{[HA]}=4.76+\log\dfrac{0.021}{0.011}=5.04$이다.

39 전해전지를 이용하여 환원전극에서 Cu를 석출하고자 한다. 2A의 전류가 48.25분 동안 흘렀을 때 석출된 Cu(63.5g/mol)는 몇 g인가? (단, Faraday 상수[F]는 96,500C/mol · e^-이다.)

① 0.952g
② 1.905g
③ 3.810g
④ 5.715g

✔ 전하량(C)=전류(A)×시간(s)

$=2\times\left(48.25\text{min}\times\dfrac{60s}{1\text{min}}\right)=5{,}790$C이고, $Cu^{2+}+2e^-$ → Cu에서와 같이 2mol의 전자(e^-)가 반응하여 1mol의 Cu가 석출되므로 석출되는 Cu의 양(g)은

$5{,}790\text{C}\times\dfrac{1\text{mol }e^-}{96{,}500\text{C}}\times\dfrac{1\text{mol Cu}}{2\text{mol }e^-}\times\dfrac{63.5\text{g Cu}}{1\text{mol Cu}}$

=1.905g Cu이다.

정답 | 36.① 37.① 38.② 39.②

40 **주어진 온도에서 H_2 1.00mol과 I_2 1.00mol이 500mL 용기에서 반응하여 평형에 도달하면 H_2의 농도는 몇 M인가?(단, 주어진 온도에서 반응 $H_2(g)+I_2(g) \rightleftarrows 2HI(g)$의 평형상수는 $K=57.0$이다.)**

① 0.42
② 0.72
③ 1.58
④ 2.72

✔ 초기농도는 $[H_2]=[I_2]=\dfrac{1.00\text{mol}}{0.500\text{L}}=2.00\text{M}$이다. 반응한 H_2의 농도를 x라 하면 $H_2(g) + I_2(g) \rightleftarrows 2HI(g)$

	$H_2(g)$	+ $I_2(g)$	$\rightleftarrows$ $2HI(g)$
초기농도(M)	2.00	2.00	0
반응	$-x$	$-x$	$+2x$
평형농도(M)	$2.00-x$	$2.00-x$	$2x$

$K=\dfrac{[HI]^2}{[H_2][I_2]}$이므로 $57.0=\dfrac{(2x)^2}{(2.00-x)(2.00-x)}$식으로 x를 구하면 $x=1.58$ 또는 $x=2.72$이다. 초기농도가 2.00이므로 x는 2.00을 초과할 수 없으므로 $x=1.58$이다. 따라서 반응한 H_2의 농도는 1.58M이고, 평형에서 H_2의 농도는 $2.00-1.58=0.42$M이다.

제3과목 | 화학물질 특성 분석

41 **25℃, 1기압에서 Ca^{2+} 이온의 농도가 10배 변할 때 Ca^{2+} 이온 선택성 전극의 전위는?**

① 2배 증가한다.
② 10배 증가한다.
③ 약 30mV 변화한다.
④ 약 60mV 변화한다.

✔ Nernst 식

$E=E^\circ-\dfrac{0.05916\text{V}}{n}\log Q$에서 반응지수 Q값이 10배 변화할 때마다, 전위는 $\dfrac{59.16}{n}$mV씩 변화한다.

$Ca^{2+}+2e^- \rightarrow Ca$에서 $n=2$이므로

전위는 $\dfrac{59.16}{2}=29.58$mV 변화한다.

42 **기체 크로마토그래피에서 van Deemter 식, $H=A+\dfrac{B}{u}+Cu$으로부터 단높이(H)를 구하면? (단, 이동상의 선형속도(u) : 40mL/min, 소용돌이확산계수(A) : 1.65mm, 세로확산계수(B) : 25.8mm · mL/mim, 질량이동계수(C) : 0.0236mm · min/mL이다.)**

① 1.03mm　② 2.30mm
③ 3.24mm　④ 4.18mm

✔ 단높이(H)에 관한 van Deemter 식

$H=A+\dfrac{B}{u}+Cu$

여기서, H : 단높이, A : 소용돌이확산계수
B : 세로확산계수, C : 질량이동계수
u : 이동상의 선형속도

주어진 값을 대입하면 단높이(H)는 $1.65+\dfrac{25.8}{40}+(0.0236\times 40)=3.24$mm이다.

43 **질량분석기에서 분석을 위해서는 분석물이 이온화되어야 한다. 이온화 방법은 분석물의 화학결합이 끊어지는 Hard Ionization 방법과 화학결합이 그대로 있는 Soft Ionization 방법이 있다. 다음 중 가장 Hard Ionization에 가까운 것은?**

① 전자충돌이온화
(Electron Impact Ionization)
② 전기분무이온화
(ESI, Electrospray Ionization)
③ 매트릭스 보조 레이저 탈착 이온화
(MALDI, Matrix Assisted Laser Desorption Ionization)
④ 화학이온화
(CI, Chemical Ionization)

✔ 이온화 장치는 하드(hard) 또는 소프트(soft) 이온화 장치로 분류하기도 한다.

1. 하드 이온화 장치 : 생성된 이온은 큰 에너지를 넘겨 받아 높은 에너지 상태로 들뜨게 된다. 이 경우 많은 토막이 생기면서 이완되는데, 이 과정에서 분자 이온의 질량 대 전하의 비보다 작은 조각이 된다. **전자충격 이온화 장치**가 해당된다.
2. 소프트 이온화 장치 : 적은 조각을 만든다. 그러므로 토막이 적게 일어나고 스펙트럼이 간단하다. 화학이온화 장치, 탈착식 이온화 장치가 해당된다.

정답 | 40.① 41.③ 42.③ 43.①

44 **$FeCl_3 \cdot 6H_2O$ 25.0mg을 0℃부터 340℃까지 가열하였을 때 얻은 열분해곡선(Thermogram)을 예측하고자 한다. 100℃와 320℃에서 시료의 질량으로 가장 타당한 것은? (단, $FeCl_3$의 열적 특성은 다음 표와 같다.)**

화합물	화학식량	용융점
$FeCl_3 \cdot 6H_2O$	270	37℃
$FeCl_3 \cdot 5/2H_2O$	207	56℃
$FeCl_3$	162	306℃

① 100℃ − 9.8mg, 320℃ − 0.0mg
② 100℃ − 12.6mg, 320℃ − 0.0mg
③ 100℃ − 15.0mg, 320℃ − 15.0mg
④ 100℃ − 20.2mg, 320℃ − 20.2mg

1. 100℃에서는 $FeCl_3 \cdot 6H_2O$가 분해되어 → $FeCl_3 \cdot 5/2H_2O$ → $FeCl_3$의 형태로 존재한다. $6H_2O$에 해당되는 질량

$$25.0\text{mg } FeCl_3 \cdot 6H_2O \times \frac{18 \times 6\text{mg } H_2O}{270\text{mg } FeCl_3 \cdot 6H_2O}$$

= 10mg이 수증기로 증발되어 감소된다.
따라서 25mg−10mg=15mg이 100℃에서 시료의 질량이 된다.

2. $FeCl_3$의 용융점은 306℃이고, 320℃에서는 $FeCl_3$가 액체 상태로 존재한다. 시료의 질량은 변하지 않고 상태변화만 일어나므로 320℃에서 시료의 질량은 15mg이다.

45 **기체 크로마토그래피 분리법에 사용되는 운반기체로 부적당한 것은?**

① He ② N_2
③ Ar ④ Cl_2

비활성 기체인 **질소(N_2)**, **헬륨(He)**, 수소(H_2), 아르곤(Ar)이 운반기체, 즉 이동상은 분석물질의 입자와 상호작용하지 않고, 단지 관을 통하여 입자들을 이동시키는 기능만 한다.

46 **시차주사열량법(DSC)에 대한 설명 중 틀린 것은 무엇인가?**

① 측정속도가 빠르고, 쉽게 사용할 수 있다.
② DSC는 정량분석을 하는 데 이용된다.
③ 전력보상 DSC에서는 시료의 온도를 일정한 속도로 변화시키면서 시료와 기준으로 흘러들어오는 열흐름의 차이를 측정한다.
④ 결정성 물질의 용융열과 결정화 정도를 결정하는 데 응용된다.

시차주사열량법의 종류

1. 전력보상(power compensated) 시차주사열량법 : 시료와 기준물질 사이의 온도를 동일하게 유지시키는 데 **필요한 전력을 측정**한다.
2. 열흐름(heat flux) 시차주사열량법 : 시료와 기준물질로 흘러들어 오는 열흐름의 차이를 측정한다.
3. 변조 시차주사열량법 : Fourier 변환법을 이용하여 열흐름 신호를 측정한다.

47 **다음 중 HPLC 펌프장치의 필요조건이 아닌 것은?**

① 펄스 충격 없는 출력
② 60psi까지의 압력 발생
③ 0.1~10mL/min 범위의 흐름속도
④ 흐름속도 재현성의 상대오차를 0.5% 이하로 유지

HPLC 펌프장치의 필요조건

1. 펄스 충격 없는 출력
2. 6,000psi(약 400atm)까지의 압력 발생
3. 0.1~10mL/min 범위의 흐름속도
4. 흐름속도 재현성의 상대오차를 0.5% 이하로 유지
5. 여러 용매에 의해 잘 부식되지 않음

48 **얇은 층 크로마토그래피(TLC)에 대한 설명으로 틀린 것은?**

① 얇은 층 크로마토그래피(TLC)의 응용법은 기체 크로마토그래피와 유사하다.
② 시료의 점적법은 정량측정을 할 경우 중요한 요인이다.
③ 최고의 분리효율을 얻기 위해서는 점적의 지름이 작아야 한다.
④ 묽은 시료인 경우는 건조시켜 가면서 3~4회 반복 점적한다.

정답 I 44.③ 45.④ 46.③ 47.② 48.①

얇은 층 크로마토그래피

1. 정지상 : 미세한 입자(실리카겔, 알루미나 등)의 얇은 접착성 층으로 도포된 판유리나 플라스틱 전개판
2. **이동상 : 액체를 사용하고, HPLC의 최적 조건을 얻는 데 사용된다.**
3. 시료 점적법 : 정량측정을 할 경우 매우 중요하다. 일반적으로 0.01~0.1% 시료용액을 전개판의 끝에서 1~2cm되는 위치에 점적하며, 높은 분리 효율을 얻기 위해서는 점적의 지름이 작아야 하는데 정성분석에서는 약 5mm, 정량분석에서는 이보다 더 작아야 한다. 또한 묽은 용액의 경우에는 건조시켜 가면서 3~4번 반복해서 점적한다.

49 분자질량법에 사용되는 이온원의 종류와 이온화 도구가 잘못 짝지어진 것은?

① 전자충격 – 빠른 전자
② 장이온화 – 높은 전위전극
③ 전자분무이온화 – 높은 전기장
④ 빠른 원자충격법 – 빠른 이온살

시료를 이온화 시키는 방법	이온원 종류 – 이온화 도구
기체–상 (gas–phase) 이온화 장치 : 시료를 기체로 만든 상태에서 이온화	전자충격이온화–높은 에너지의 빠른 전자빔(EI, electron impact ionization)
	화학이온화–시약 기체의 양이온 (CI, chemical ionization)
	장이온화–높은 전위 (FI, field ionization)
탈착식 이온화 장치 : 시료를 기체로 만들지 않고 액체 또는 고체 상태에서 이온화	장탈착 이온화–높은 전위 (FD, field desorption)
	전기분무이온화–높은 전기장 (ESI, electrospray ionization)
	매트릭스 지원 레이저 탈착 이온화–레이저빔(MALDI, matrix–assisted laser desorption ionization)
	빠른 원자충격이온화 – 빠른 원자 (FAB, fast atom bombardment)

50 질량분석기로 $C_2H_4^+$(MW=28.0313)과 CO^+(MW=27.9949)의 봉우리를 분리하는 데 필요한 분리능은 약 얼마인가?

① 770
② 1,170
③ 1,570
④ 1,970

분리능(R)

질량분석기가 두 질량 사이의 차를 식별 분리할 수 있는 능력

$$R = \frac{m}{\Delta m}$$

여기서, Δm : 겨우 분리된 가까운 두 봉우리 사이의 질량 차이
m : 첫 번째 봉우리의 명목상 질량 또는 두 봉우리의 평균 질량

$$\therefore R = \frac{\frac{28.0313 + 27.9949}{2}}{28.0313 - 27.9949} = \mathbf{769.6}$$

51 열무게 측정장치의 구성이 아닌 것은?

① 단색화 장치
② 온도감응장치
③ 저울
④ 전기로

열무게 측정법(TGA) 기기장치

1. 감도가 매우 좋은 분석저울
2. 전기로 : 시료를 가열하는 장치
3. 온도감응장치 : 시료의 온도를 측정하고 기록하는 장치
4. 기체주입장치 : 질소 또는 아르곤을 전기로에 넣어 주어 시료가 산화되는 것을 방지한다.
5. 기기장치의 조정과 데이터 처리를 위한 장치

52 시차주사열량법(DSC)으로 얻을 수 없는 정보는?

① 순도
② 결정화 정도
③ 유리전이온도
④ 열팽창과 수축 정도

시차주사열량법(DSC)은 시료물질과 기준물질을 조절된 온도 프로그램으로 가열하면서 이 두 물질에 흘러 들어간 열량차를 시료 온도의 함수로 측정하는 열분석법이다. 시차주사열량법으로 얻을 수 있는 정보는 결정형 물질의 용융열과 결정화 정도 결정, 유리전이온도와 녹는점 결정, 결정화 속도 연구 등이 있다.
열팽창과 수축 정도는 물질의 부피 변화를 측정함으로 알 수 있는 것으로 시차주사열량법으로는 얻을 수 없는 정보이다.

정답 | 49.④ 50.① 51.① 52.④

53 **질량분석법의 특징에 대한 설명으로 틀린 것은?**

① 시료의 원소 조성에 관한 정보
② 시료 분자의 구조에 대한 정보
③ 시료의 열적 안정성에 관한 정보
④ 시료에 존재하는 동위원소의 존재비에 대한 정보

✔ 질량 분석법으로 얻을 수 있는 정보는 시료 물질의 원소 조성에 대한 정보, 유기물 · 무기물 · 생화학 분자의 구조에 대한 정보, 복잡한 혼합물의 정성 및 정량분석에 대한 정보, 고체 표면의 구조와 조성에 대한 정보, 시료에 존재하는 원소의 동위원소비에 대한 정보 등이 있다. 시료의 열적 안정성에 관한 정보는 열분석법으로 얻을 수 있는 정보이다.

54 **다음 중 질량분석법에서 기체상태 이온화법이 아닌 것은?**

① 장이온화법
② 화학적이온화법
③ 전자충격이온화법
④ 빠른원자충격이온화법

✔ **질량분석법의 이온화 장치**
1. 기체상 이온화 장치 : 전자충격이온화, 화학적 이온화, 장 이온화 등이 있다.
2. 탈착식 이온화 장치 : 장탈착이온화, 전기분무이온화, 매트릭스지원레이저탈착이온화, 빠른원자충격이온화 등이 있다.

55 **길이가 30cm인 크로마토그래피의 칼럼에 의하여 혼합물 시료로부터 성분 A를 분리하였다. 분리된 성분 A의 머무름 시간은 5.0분이었으며, 분리된 봉우리의 바탕선의 너비가 0.5분이었다. 이 칼럼의 이론단수(N)는 얼마인가?**

① 800 ② 1,600
③ 3,200 ④ 6,400

✔ 이론단수 $N=16\left(\frac{t_R}{W}\right)^2$

여기서, t_R : 머무름 시간
W : 봉우리의 바탕선 너비

$N=16\left(\frac{5.0}{0.5}\right)^2=1,600$

56 **전위차법에서 사용하는 기준전극에 대한 설명으로 틀린 것은?**

① 반전지 전위값이 알려져 있어야 한다.
② 일정값의 전극전위값을 가지고 있다.
③ 측정하려는 조성물질과 잘 반응해야 한다.
④ 기준전극은 전위차법 측정에서 항상 왼쪽 전극으로 취급한다.

✔ 기준전극은 분석물의 농도나 다른 이온 농도에 영향을 받지 않고 일정한 전극전위값을 가져야 하므로 측정하려는 조성물질과 반응하지 않아야 한다.

57 **역상분리를 하였을 때 다음 물질들의 용리순서를 예측하면?**

n-Hexane, n-Hexanol, Benzene

① Benzene → n-Hexanol → n-Hexane
② n-Hexane → Benzene → n-Hexanol
③ n-Hexane → n-Hexanol → Benzene
④ n-Hexanol → Benzene → n-Hexane

✔ 역상 분리 크로마토그래피는 정지상이 비극성, 이동상이 극성이므로 극성이 큰 물질부터 용리된다. 따라서, $-OH$를 가지고 있는 n-Hexanol이 가장 먼저 용리되고, 극성이 가장 작은 n-Hexane이 가장 늦게 용리된다.

58 **액체 크로마토그래피 칼럼의 단수(number of plates) N만을 변화시켜 분리능(R_s)을 2배로 증가시키기 위해서는 어떻게 하여야 하는가?**

① 단수 N이 2배로 증가해야 한다.
② 단수 N이 3배로 증가해야 한다.
③ 단수 N이 4배로 증가해야 한다.
④ 단수 N이 $\sqrt{2}$배로 증가해야 한다.

✔ **분리능(R_s)과 단수(N) 관계**
분리능 $R_s \propto \sqrt{N}$
$\therefore 2R_s \propto \sqrt{N}$을 위해서는 N을 **4배 증가**해야 한다.

정답 I 53.③ 54.④ 55.② 56.③ 57.④ 58.③

59 **다음 중 전자포획검출기(ECD)에 대한 설명으로 틀린 것은?**

① 아민, 알코올, 탄화수소 화합물에는 감도가 낮다.
② 살충제와 polychlorinated biphenyl 분석에 용이하다.
③ 할로젠 원소에 감응하지 않는다.
④ 칼럼에서 용출되어 나오는 시료 기체는 ^{63}Ni과 같은 β–방사선 방출기를 통과한다.

전자포착검출기(ECD)

1. 살충제와 polychlorinated biphenyl과 같은 화합물에 함유된 할로젠 원소에 감응 선택성이 크기 때문에 환경 시료에 널리 사용된다.
2. X–선을 측정하는 비례계수기와 매우 유사한 방법으로 작동한다.
3. ^{63}Ni과 같은 β–선 방사체를 사용하며, 방사체에서 나온 전자는 운반기체(주로 N_2)를 이온화시켜 많은 수의 전자를 생성한다.
4. 유기 화학종이 없으면 이 이온화 과정으로 인해 검출기에 일정한 전류가 흐른다. 그러나 전자를 포착하는 성질이 있는 유기 분자들이 있으면 검출기에 도달하는 전류는 급격히 감소한다.
5. 검출기의 감응은 전자포획 원자를 포함하는 화합물에 선택적이며, 할로젠, 과산화물, 퀴논, 나이트로기와 같은 전기음성도가 큰 작용기를 포함하는 분자에 특히 감도가 좋고 아민, 알코올, 탄화수소와 같은 작용기에는 감응하지 않는다.

60 **중합체 시료를 기준물질과 함께 가열하면서 두 물질의 온도 차이를 나타낸 다음의 시차 열분석도에 대한 설명이 옳은 것으로만 나열된 것은 어느 것인가?**

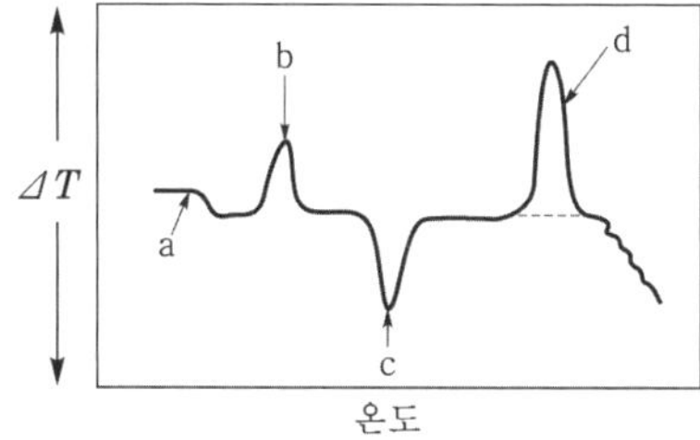

> ㉠ a에서 유리질 무정형 중합체가 고무처럼 말랑말랑해지는 특성인 유리전이 현상이 일어난다.
> ㉡ b, d에서는 흡열반응이, 그리고 c에서는 발열반응이 일어난다.
> ㉢ b는 분석물이 결정화되는 반응을 나타내고, c에서는 분석물이 녹는 반응을 나타낸다.

① ㉠, ㉡ ② ㉡, ㉢
③ ㉠, ㉢ ④ ㉠, ㉡, ㉢

㉠ a에서 유리질 무정형 중합체가 고무처럼 말랑말랑해지는 특성인 유리전이 현상이 일어난다.
㉡ **b, d에서는 발열반응**이, 그리고 **c에서는 흡열반응**이 일어난다.
㉢ b는 분석물이 결정화되는 반응을 나타내고, c에서는 분석물이 녹는 반응을 나타낸다.

Check

시차열분석법(DTA)

유리전이 → 결정 형성 → 용융 → 산화 → 분해

- **유리전이**
  1. 유리질에서 고무질로의 전이에서는 열을 방출하거나 흡수하지 않으므로 엔탈피의 변화가 없다($\Delta H=0$).
  2. 고무질의 열용량은 유리질의 열용량과 달라 기준선이 낮아질 뿐 어떤 봉우리도 나타나지 않는다.
- **결정 형성** : 첫 번째 봉우리
  1. 특정 온도까지 가열되면 많은 무정형 중합체는 열을 방출하면서 미세결정으로 결정화되기 시작한다.
  2. 열이 방출되는 발열과정의 결과로 생긴 것으로 이로 인해 온도가 올라간다.
- **용융** : 두 번째 봉우리
  1. 형성된 미세결정이 녹아서 생기는 것이다.
  2. 열을 흡수하는 흡열과정의 결과로 생긴 것으로 이로 인해 온도가 내려간다.
- **산화** : 세 번째 봉우리
  1. 공기나 산소가 존재하여 가열할 때만 나타난다.
  2. 열이 방출되는 발열반응의 결과로 생긴 것으로 이로 인해 온도가 올라간다.
- **분해**
  유리전이 과정과 분해과정은 봉우리가 나타나지 않는다.

제4과목 | 화학물질 구조 및 표면 분석

61 핵자기 공명 분광법(NMR)으로 $CH_3CH_2OC\underline{H}_3$의 스펙트럼을 얻었을 때, 밑줄 친 양성자는 몇 개의 봉우리로 나타나겠는가?

① 1　② 2
③ 3　④ 4

✔ 봉우리의 다중도는 이웃 원자에 있는 자기적으로 동등한 양성자의 수 n에 의하여 결정되며 $n+1$로 주어진다. $CH^a{}_3CH^b{}_2OCH^c{}_3$에서 H^a는 오른쪽에 있는 양성자 2개에 의해 다중도는 2+1=3으로 H^b는 왼쪽에 있는 양성자 3개에 의해 다중도는 3+1=4이고, H^c는 이웃 양성자가 없으므로 다중도는 0+1=1이다.

62 단색 X-선 빛살의 광자가 K-껍질 및 L-껍질의 내부전자를 방출시켜 방출된 전자의 운동에너지를 측정하여 시료원자의 산화상태와 결합상태에 대한 정보를 동시에 얻을 수 있는 전자분광법은?

① Auger 전자분광법(AES)
② X-선 광전자분광법(XPS)
③ 전자에너지 손실 분광법(EELS)
④ 레이저마이크로탐침 질량분석법(LMMS)

✔ **X-선 광전자분광법(XPS)**
단색 X-선 빛살의 광자가 K-껍질 및 L-껍질의 내부전자를 방출시켜 방출된 전자의 운동에너지를 측정하여 시료원자의 산화상태와 결합상태에 대한 정보를 동시에 얻을 수 있는 전자분광법이다.

63 적외선(IR) 흡수분광법에서 분자의 진동은 신축과 굽힘의 기본 범주로 구분된다. 다음 중 굽힘진동의 종류가 아닌 것은?

① 가위질(scissoring)
② 꼬임(twisting)
③ 시프팅(shifting)
④ 앞뒤흔듦(wagging)

✔ • **신축진동**
두 원자 사이의 결합축을 따라 원자 간의 거리가 연속적으로 변화함을 말하며, 대칭(symmetric) 신축진동과 비대칭(asymmetric) 신축진동이 있다.
• **굽힘진동**
두 결합 사이의 각도 변화를 말하며, 가위질진동(scissoring), 좌우흔듦진동(rocking), 앞뒤흔듦진동(wagging), 꼬임진동(twisting)이 있다.

64 10Å의 파장을 갖는 X-선의 진동수는 몇 Hz인가? (단, 진공에서 빛의 속도는 3.0×10^8m/s이다.)

① 3.0×10^{16}
② 3.0×10^{17}
③ 3.0×10^{-1}
④ 3.0×10^{-2}

✔ 진공에서 빛의 속도 $c=\lambda\nu$
여기서, c : 진공에서 빛의 속도(m/s)
λ : 파장(m)
ν : 진동수(s^{-1})
$\nu = c\times\frac{1}{\lambda}$이고 $1Hz=1s^{-1}$이므로 진동수(ν)는

$$3.0\times10^8\,m/s\times\frac{1}{10\times10^{-10}\,m}=3.0\times10^{17}s^{-1}$$

$=3.0\times10^{17}$ Hz이다.

65 IR spectrophotometer에 일반적으로 가장 많이 사용되는 파수의 단위는?

① nm　② Hz
③ cm^{-1}　④ rad

✔ 파수($\bar{\nu}$)$=\frac{1}{\lambda}$로, 가장 많이 사용되는 단위는 cm^{-1}이다.

66 0.5nm/mm의 역선 분산능을 갖는 회절발 단색화 장치를 사용하여 480.2nm와 480.6nm의 스펙트럼선을 분리하려면 이론상 필요한 슬릿너비는 얼마인가?

① 0.2mm　② 0.4mm
③ 0.6mm　④ 0.8mm

정답 | 61.① 62.② 63.③ 64.② 65.③ 66.②

✔ **슬릿너비와 역선 분산능과의 관계식**

$\Delta\lambda_{eff} = wD^{-1}$

여기서, $\Delta\lambda_{eff}$: 유효띠너비

w : 슬릿너비

D^{-1} : 역선 분산능

두 개의 슬릿의 너비가 똑같을 때 띠너비의 1/2을 유효띠너비라 하고 주어진 파장에서 설정한 단색화 장치에서 나오는 파장범위를 말한다. 두 선이 완전히 분리되려면 유효띠너비가 파장 차이의 1/2이 되어야 한다.

$\Delta\lambda_{eff} = \frac{1}{2}(480.6 - 480.2) = w \times 0.5$

$\therefore\ w = 0.4\text{mm}$

67 광자변환기(photon transducer)의 종류가 아닌 것은?

① 광전압전지
② 광전증배관
③ 규소다이오드검출기
④ 파이로전기검출기

✔ • **광자변환기(photon transducer)**

광자검출기 또는 광전검출기라고도 하며, 복사선을 흡수하여 전자를 방출할 수 있는 활성 표면을 가지고 있어서 복사선에 의해 광전류가 생성된다. 가시광선이나 자외선 및 근적외선을 측정하는 데 주로 사용되며, 한 번에 한 파장의 복사선을 검출하는 광전류기와 여러 파장의 복사선을 동시에 검출하는 다중채널 광자변환기가 있다.

광전류기의 종류로는 광전압전지, 진공광전관, 광전증배관(PMT), 규소다이오드검출기, 광전도검출기 등이 있으며, 다중채널광자변환기의 종류로는 광다이오드 배열, 전하 이동장치 등이 있다.

• **열검출기**

열변환기라고도 하며, 복사선에 의한 온도 변화를 감지한다. 주로 적외선을 검출하는 데 이용되며, 적외선의 광자는 전자를 광방출시킬 수 있을 만큼 에너지가 크지 못하기 때문에 광자변환기로 검출할 수 없다.

종류로는 열전기쌍, 볼로미터, 서미스터(thermistor), 파이로전기 검출기 등이 있다.

68 다음 중 Rayleigh 산란에 대하여 가장 바르게 나타낸 것은?

① 콜로이드 입자에 의한 산란
② 굴절률이 다른 두 매질 사이의 반사현상
③ 산란복사선의 일부가 양자화된 진동수만큼 변화를 받을 때의 산란
④ 복사선의 파장보다 대단히 작은 분자들에 의한 산란

✔ Rayleigh 산란은 복사선의 파장보다 대단히 작은 분자들에 의한 산란으로 원래의 에너지가 그대로 유지되는 산란이다.
예로는 하늘의 푸른 빛을 들 수 있다.

69 이산화탄소 분자는 모두 몇 개의 기준 진동방식을 가지는가?

① 3
② 4
③ 5
④ 6

✔ **기준 진동방식 수**

선형 분자 : $3N-5$, 비선형 분자 : $3N-6$

여기서, N : 원자수

이산화탄소(CO_2)는 선형 분자이고, $N=3$이므로 기준 진동방식 수는 $3\times3-5=4$개이다.

70 불꽃원자화방법과 비교한 전열원자화방법의 특징에 대한 설명으로 틀린 것은?

① 감도가 불꽃원자화에 비하여 뛰어나다.
② 적은 양의 액체시료로도 측정이 가능하다.
③ 고체시료의 직접 분석이 가능하다.
④ 측정농도범위가 10^6 정도로서 아주 넓고 정밀도가 우수하다.

✔ • **전열 원자화의 장점**

1. 원자가 빛 진로에 머무는 시간이 1s 이상으로 원자화 효율이 우수하다.
2. 감도가 높아 작은 부피의 시료도 측정 가능하다.
3. 고체, 액체 시료를 용액으로 만들지 않고 직접 도입하므로 직접 원자화가 가능하다.

• **전열 원자화의 단점**

1. 가열하고, 냉각하고 하는 순환과정 때문에 분석 과정이 느리다.
2. 측정 농도 범위가 보통 10^2 정도로 좁고, 정밀도가 떨어진다.
3. 동일한 표준물질을 찾기 어려워 검정하기 어렵다.

정답 | 67.④ 68.④ 69.② 70.④

71 **다음 신호 중 일반적으로 광원의 세기에 비례하지 않는 것은?**

① 라만 산란광의 세기
② 흡광도
③ 형광의 세기
④ 인광의 세기

✔ **베르-람베르트 법칙(Beer-Lambert law)**
$A = \varepsilon bc$
여기서, A : 흡광도
ε : 몰흡광계수($cm^{-1} \cdot M^{-1}$)
b : 시료를 통과하는 빛의 길이(cm)
c : 시료의 농도(M)
흡광도(A)는 시료를 통과하는 빛의 길이(b)와 시료의 농도(c)에 비례하며 광원의 세기에는 비례하지 않는다.

72 **핵자기공명분광법(NMR)으로 $CH_3\underline{CH_2}OH$의 스펙트럼을 얻었을 때, 밑줄 친 수소의 다중도와 상대적 봉우리 면적비는?**

① 3, 1 : 1 : 1
② 3, 1 : 2 : 1
③ 4, 1 : 2 : 2 : 1
④ 4, 1 : 3 : 3 : 1

✔ 봉우리의 다중도는 이웃 원자에 있는 자기적으로 동등한 양성자의 수(n)에 의하여 결정되며 n+1로 주어진다. $CH_3\underline{CH_2}OH$에서 밑줄 친 수소는 왼쪽에 있는 양성자 3개에 의해 다중도는 3+1=4이고, 상대적 봉우리 면적비는 1 : 3 : 3 : 1이다.

동등하며 인접한 양성자 수(n)	다중도 (n+1)	상대적 봉우리 면적비
0	0+1=1	1
1	1+1=2	1 : 1
2	2+1=3	1 : 2 : 1
3	3+1=4	1 : 3 : 3 : 1
4	4+1=5	1 : 4 : 6 : 4 : 1

73 **용액 중에 산소가 용해되어 있는 경우 형광의 세기가 감소하게 된다. 이와 관련이 있는 비활성 과정은?**

① 진동이완
② 내부전환
③ 외부전환
④ 계간전이

✔ 들뜬분자가 형광을 방출하지 않고 바닥상태로 되돌아가는 과정을 형광의 비활성화 과정이라고 한다.
① 진동이완 : 들뜬분자가 용매분자와의 충돌로 인해 에너지를 용매분자에게 뺏기면서 높은 진동준위에서 보다 낮은 진동준위로의 전이과정이다.
② 내부전환 : 들뜬분자가 분자 내부적으로 잘 알려지지 않은 과정을 통하여 더 낮은 에너지의 전자상태로 전이하는 과정이다.
③ 외부전환 : 들뜬분자가 다른 용매 또는 용질분자와 충돌하여 바닥상태로 전이하는 과정이다.
④ 계간전이 : 들뜬전자의 스핀의 반대방향으로 되어 분자의 다중도가 변하는 과정으로 보통 단일항 상태에서 삼중항 상태로 일어나는 전이하는 과정이다.
- 산소분자와 같은 상자기성 화학종이 용액에 들어있으면 계간전이가 잘 일어난다.
- 아이오딘, 브로민과 같은 무거운 원자를 포함하고 있는 분자에서 일반적으로 잘 나타난다.

74 **광원의 세기를 변화시킬 수 있는 형광분광계에서 시료의 형광세기를 측정하니 눈금이 9.0을 나타내었다. 이 형광분광계에서 광원의 세기를 원래의 2/3로 하고 같은 시료의 농도를 1.5배로 할 때, 형광세기를 나타내는 눈금을 올바르게 예측한 것은? (단, 나머지 조건은 동일하며, 시료 농도는 충분히 묽다고 가정한다.)**

① 6.0
② 9.0
③ 13.5
④ 20.3

✔ 형광의 세기(F)는 입사 복사선의 세기(P_0)와 시료의 농도(C)에 비례하므로 양자효율과 분자의 기하구조 및 다른 인자에 의존하는 비례상수(K)를 써서 다음과 같이 나타낸다.
$F = K \times P_0 \times C$
처음 형광세기 $F = K \times P_0 \times C = 9.0$에서 바뀐 광원의 세기와 시료의 농도로 형광 세기를 구하면 형광세기 $F = K \times \left(\frac{2}{3}P_0\right) \times (1.5C) = K \times P_0 \times C$이므로 나중 형광세기 F는 9.0으로 처음 형광세기와 같다.

75 **Fourier 변환 분광기에서 $0.2cm^{-1}$의 분해능을 얻으려면 거울이 움직여야 하는 거리는 몇 cm가 되어야 하는가?**

① 0.25
② 2.5
③ 5
④ 10

정답 | 71.② 72.④ 73.④ 74.② 75.②

Fourier 변환 분광기의 분해능과 지연(δ)과의 관계식

$\Delta\bar{\nu} = \frac{1}{\delta}$

여기서, 지연(δ) : 두 빛살의 진행거리의 차이로 거울이 움직여야 하는 거리(x)의 2배이다.

$0.2\text{cm}^{-1} = \frac{1}{\delta}$, $\delta = 5\text{cm} = 2x$, $x = 2.5\text{cm}$

거울이 움직여야 하는 거리(x)는 2.5cm이다.

76 공기 중에서 파장 500nm, 진동수 6.0×10^{14}Hz, 속도 3.0×10^{8}m/s, 광자(photon)의 에너지 4.0×10^{-19}인 빛이 굴절률 1.5인 투명한 매질(A)을 통과할 때의 설명으로 옳지 않은 것은?

① 매질(A)에서의 파장(λ_A)은 500m이다.
② 매질(A)의 속도(v_A)는 2.0×10^{8}m/s이다.
③ 진동수(ν)는 6.0×10^{14}Hz이다.
④ 광자의 에너지(E)는 4.0×10^{-19}J이다.

굴절률

$\eta_A = \frac{C}{v_A}$

여기서, η_A : 진공(공기)에 대한 매질 A의 굴절률
v_A : 매질 A에서의 빛의 속도
C : 진공(공기)에서의 빛의 속도

빛의 속도

$C = \lambda\times\nu$

여기서, λ : 파장
ν : 진동수

광자의 에너지

$E = h\nu$

여기서, h : 플랑크 상수
ν : 진동수

① 굴절률 $\eta_A = \frac{C}{v_A} = \frac{\lambda\times\nu}{\lambda_A\times\nu}$에서 진동수가 일정하므로, 굴절률 $\eta_A = \frac{\lambda}{\lambda_A}$(여기서, λ_A : 매질 A에서의 파장)으로 표현된다. 따라서 매질 A에서의 파장(λ_A)은 $1.5 = \frac{500\text{nm}}{\lambda_A}$, $\lambda_A = 333\text{nm}$이다.

② 매질(A)의 속도(v_A)는 $1.5 = \frac{C}{v_A} = \frac{3.0\times10^{8}\text{m/s}}{v_A}$, $v_A = 2.0\times10^{8}$m/s이다.

③ 진동수(ν)는 매질에 관계없이 일정하므로 6.0×10^{14}Hz이다.

④ 광자의 에너지(E)는 진동수에 비례한다. 진동수(ν)가 일정하므로 광자의 에너지(E)도 일정한 값인 4.0×10^{-19}J이다.

77 NMR 분광법에서 할로겐화 메틸(CH_3X)의 경우에 양성자의 화학적 이동값(δ)이 가장 큰 것은?

① CH_3Br　② CH_3Cl
③ CH_3F　④ CH_3I

화학적 이동에 영향을 주는 요인

1. 외부 자기장의 세기 : 외부 자기장 세기가 클수록 화학적 이동(ppm)은 커지며, δ값은 상대적인 이동을 나타내는 값이어서 Hz값의 크기와 상관없이 일정한 값을 갖는다.
2. 핵 주위의 전자밀도(가리움 효과) : 핵 주위의 전자밀도가 크면 외부 자기장의 세기를 많이 상쇄시켜 가리움이 크고, 핵 주위의 전자밀도가 작으면 외부 자기장의 세기를 적게 상쇄시키므로 가리움이 적다. 가리움이 적을수록 낮은 자기장에서 봉우리가 나타난다.

∴ 전기음성도가 큰 F로 치환된 CH_3F의 핵 주위의 전자밀도가 가장 작고, 가리움 효과가 작아져서 낮은 자기장에서 봉우리가 나타난다. 즉, **화학적 이동값은 가장 커진다.**

78 방향족 탄화수소의 자외선 스펙트럼에서 나타나는 전형적인 전자 전이는?

① $\sigma \rightarrow \sigma^*$　② $\pi \rightarrow \pi^*$
③ $n \rightarrow \sigma^*$　④ $n \rightarrow \pi^*$

방향족 탄화수소는 π결합이 공명구조(콘쥬게이션)을 이루고 있는 벤젠고리를 가지고 있으므로 $\pi \rightarrow \pi^*$ 전이를 한다.

79 수소원자의 선 스펙트럼에서 여러 가지의 전자 전이가 일어날 때 방출하는 에너지(ΔE)가 가장 큰 것은?

① L → K　② M → L
③ M → K　④ N → L

전자껍질의 에너지준위는 원자핵에서 멀어질수록 증가한다. K(n=1) < L(n=2) < M(n=3) < N(n=4). 들뜬상태의 전자가 K전자껍질로 전이할 때 자외선 영역의 에너지를 방출하고, 들뜬상태의 전자가 L전자껍질로 전이할 때는 가시광선영역의 에너지를 방출하며, 들뜬상태의 전자가 M전자껍질로 전이할 때는 적외선영역의 에너지를 방출한다.
보기에서 방출하는 에너지(ΔE)가 가장 큰 것은 보다 높은 에너지준위에서 K전자껍질로 전이인 M → K이다.

정답 | 76.① 77.③ 78.② 79.③

80 **떠돌이 빛이 없을 경우 시료용액의 흡광도가 1.50이었다. 만약 1%의 떠돌이 빛이 들어왔다면 시료용액의 새로운 흡광도는 어떻게 되는가?**

① 증가한다.
② 감소한다.
③ 변하지 않는다.
④ 분석물질에 따라 다르다.

떠돌이 빛은 측정을 위해 선택된 파장 밖의 빛으로 회절발, 렌즈나 거울, 필터와 창과 같은 광학기기 부품의 표면에서 일어나는 산란과 반사로 인해 생기며, 미광 복사선이라고도 한다. 떠돌이 빛은 시료를 통과하지 않으면서 검출기에 도달하므로 시료에 흡수되지 않고 투과하는 빛의 세기에 더해지기 때문에 투광도가 증가하는 결과가 되어 흡광도는 감소한다.

정답 I 80.②

2024 제2회 CBT 복원문제

화학분석기사

2024년 5월 9일 시행

제1과목 | 화학의 이해와 환경·안전관리

01 어떤 과일 주스의 pH가 4.7이다. 용액의 OH^- 이온 농도는 몇 mol/L인가?

① $10^{4.7}$ ② $10^{-4.7}$
③ $10^{9.3}$ ④ $10^{-9.3}$

✔ 25℃에서 $K_w=[H^+][OH^-]=1.00\times10^{-14}$이므로 양변에 −log를 취하면 다음과 같다.
$-\log[H^+][OH^-]=-\log[H^+]+-\log[OH^-]$
$=-\log(1.00\times10^{-14})$
$pH+pOH=14.00$
$pOH=14.00-4.7=9.3=-\log[OH^-]$
$\therefore [OH^-]=10^{-9.3}=5.01\times10^{-10}M$

02 6mmol의 Na_2CO_3이 완전히 녹아 있는 수용액 250mL에서 나트륨이온(Na^+)의 몰농도(M)로 옳은 것은?

① $2.40\times10^{-2}M$ ② $4.80\times10^{-2}M$
③ $7.20\times10^{-2}M$ ④ $9.60\times10^{-2}M$

✔ **반응식** : $Na_2CO_3 \rightarrow 2Na^++CO_3^{2-}$
1mol의 Na_2CO_3가 해리되면 2mol의 Na^+이 생성되므로 6mmol의 Na_2CO_3이 완전히 녹은 용액의 나트륨이온(Na^+)의 몰농도(M)는 다음과 같다.

$$\frac{6\times10^{-3}\text{mol } Na_2CO_3\times\frac{2\text{mol Na}}{1\text{mol } Na_2CO_3}}{250\times10^{-3}L}$$

$=4.80\times10^{-2}M$

03 CO_2 소화기의 사용 시 주의사항으로 옳은 것은?

① 모든 화재에 소화효과를 기대할 수 있음
② 모든 소화기 중 가장 소화효율이 좋음
③ 잘못 사용할 경우 동상 위험이 있음
④ 반영구적으로 사용할 수 있음

✔ **이산화탄소(CO_2)소화기**
용기에 이산화탄소가 액화되어 충전되어 있으며, 공기보다 1.52배 무거워 심부화재에 적합하다.
1. 장점 : 자체적으로 이산화탄소를 포함하고 있으므로 별도의 추진가스가 필요 없다.
2. 단점 : 피부에 접촉 시 **동상에 걸릴 수 있고**, 작동 시 소음이 심하다.
3. 소화효과 : 산소의 농도를 낮추는 질식효과, 피복효과(증기비중이 공기보다 1.52배로 무거움), 이산화탄소 가스 방출 시 기화열에 의한 냉각효과가 있다.

04 $H_2C_2O_4$에서 C의 산화수는?

① +1
② +2
③ +3
④ +4

✔ 산화수를 정하는 규칙에 따라 수소의 산화수는 +1, 산소의 산화수는 −2, 중성인 화합물의 산화수의 총합은 0임을 이용하여 탄소의 산화수를 구하면 다음과 같다.
탄소의 산화수를 x로 두면,
$(+1\times2)+(x\times2)+(-2\times4)=0,\ x=+3$
따라서, **탄소의 산화수는 +3**이다.

05 메테인의 연소반응이 다음과 같을 때, CH_4 24g과 반응하는 산소의 질량은?

$$CH_4+2O_2 \rightarrow CO_2+2H_2O$$

① 24g ② 48g
③ 96g ④ 192g

✔ 1mol의 CH_4는 2mol의 O_2와 반응하고, CH_4의 몰질량은 12(C)+1(H)×4=16g/mol, O_2의 몰질량은 16(O)×2=32g/mol임을 이용하여 24g의 CH_4와 반응하는 산소의 질량(g)을 구하면 다음과 같다.

$$24g\ CH_4\times\frac{1mol\ CH_4}{16g\ CH_4}\times\frac{2mol\ O_2}{1mol\ CH_4}\times\frac{32g\ O_2}{1mol\ O_2}$$

$=96g\ O_2$

06 화학식 $C_4H_{10}O$로 존재할 수 있는 알코올의 구조이성질체는 몇 개인가?

① 3개 ② 4개
③ 5개 ④ 6개

정답 | 01.④ 02.② 03.③ 04.③ 05.③ 06.②

✔ $C_4H_{10}O$의 구조이성질체

구조이성질체	IUPAC 명명
$CH_3CH_2CH_2CH_2OH$ (H−C(H)(H)−C(H)(H)−C(H)(H)−C(H)(H)−OH)	butan-1-ol
H−C(H)(H)−C(H)(H)−C(H)(OH)−C(H)(H)−H	butan-2-ol
H−C(H)(H)−C(H)(CH_2OH)(CH_3)	2-methylpropan-1-ol
H−C(H)(H)−C(CH_3)(CH_3)−OH	2-methylpropan-2-ol

07 산화 · 환원 반응에 대한 설명 중 틀린 것은?

① 산화 · 환원 반응은 전자가 한 화학종에서 다른 화학종으로 이동하는 반응이다.
② 환원제는 다른 화학종에 전자를 준다.
③ $I_3 + 3e^- \rightarrow 3I^-$ 반응에서 I_3 1mol당 3mol의 전자가 참여한다.
④ $Cr_2O_7^{2-} + 14H^+ + 6e^- \rightarrow 2Cr^{3+} + 7H_2O$ 반응에서 Cr^{3+} 1mol당 6mol의 전자가 참여한다.

✔ 산화반응은 전자를 잃는 반응으로 산화수가 증가하며, 환원제는 다른 물질을 환원시키는 물질로 자신은 산화반응을 한다.
$Cr_2O_7^{2-} + 14H^+ + 6e^- \rightarrow 2Cr^{3+} + 7H_2O$ 반응에서 $Cr_2O_7^{2-}$ 1mol당 6mol의 전자가 참여하고 Cr^{3+} 2mol당 6mol의 전자가 참여하므로 **Cr^{3+} 1mol당 3mol의 전자가 참여**한다.

08 산, 염기에 대한 설명으로 틀린 것은?

① Lewis 정의에 의하면 산은 전자쌍을 제공하는 물질이다.
② 금속산화물이 물에 녹으면 염기성이 된다.
③ Arrhenius 정의에 의하면 염기는 물에서 수산화이온을 생성한다.
④ 강산은 물에서 완전히 이온화되는 산이다.

✔ Lewis 산과 염기의 정의
1. **산은 전자쌍을 받는 물질**이다.
2. 염기는 전자쌍을 주는 물질이다.

09 CH_3COOH와 CH_3NH_2가 반응했을 때 짝산과 짝염기 쌍으로 옳은 것은?

① $CH_3COOH - CH_3NH_2$
② $CH_3COO^- - CH_3NH_3^+$
③ $CH_3COOH - CH_3NH_3^+$
④ $CH_3NH_3^+ - CH_3NH_2$

✔ **반응식** : $CH_3COOH + CH_3NH_2 \rightleftarrows CH_3COO^- + CH_3NH_3^+$
산과 염기의 중화반응에서 산 CH_3COOH의 짝염기는 CH_3COO^-이고, 염기 CH_3NH_2의 짝산은 $CH_3NH_3^+$이다.
따라서, 짝산-짝염기 쌍으로 $CH_3COOH - CH_3COO^-$와 **$CH_3NH_3^+ - CH_3NH_2$**가 있다.

10 다음 중 최외각전자가 나머지와 다른 하나는?

① S ② As
③ Se ④ Te

✔ 최외각전자는 바닥상태의 전자배치에서 가장 바깥쪽 껍질에 채워지는 전자로 같은 족의 원소는 최외각전자가 같다. $_{16}$S(황), $_{34}$Se(셀레늄), $_{52}$Te(텔루륨)은 모두 6A족의 원소로 최외각전자는 **s^2p^4인 6개**를 가지고 있으나, $_{33}$As(비소)는 5A족 원소로 최외각전자는 **s^2p^3인 5개**를 가지고 있다.

11 다음 중 무기화합물에 해당하는 것은?

① C_6H_{10} ② $NaHCO_3$
③ $C_{12}H_{22}O_{11}$ ④ CH_3ONH_2

✔ 유기화합물은 홑원소물질인 탄소, 산화탄소, 금속의 탄산염, 시안화물, 탄화물 등을 제외한 탄소화합물을 말하며, 유기화합물을 제외한 모든 화합물을 무기화합물이라고 한다.
$NaHCO_3$는 금속의 탄산염으로 무기화합물이다.

12 싸이오사이아네이트 이온(SCN^-)의 가장 적합한 Lewis 구조는?

① $[:\ddot{S}=C=\ddot{N}:]^-$ ② $[:\ddot{S}=C-\ddot{N}:]^-$ (N에 비공유전자쌍 3개)
③ $[:\ddot{S}=C\equiv N:]^-$ ④ $[:\ddot{S}=\ddot{C}-\ddot{N}:]^-$ (N에 비공유전자쌍 3개)

정답 | 07.④ 08.① 09.④ 10.② 11.② 12.①

✔ 루이스 구조 그리기

1. C를 중심원자로, S, N를 주변원자로 두어 골격은 SCN이다.
2. 전체 원자가전자수를 구하면 C 4, S 6, N 5, 음이온 1로, 16개의 원자가전자로 루이스 구조를 그릴 수 있다.
3. S−C−N로 단일결합을 이용하여 각 원자를 연결하고, 16−4=12개의 전자를 이용하여 주변원자인 S과 N가 팔전자가 되도록 전자를 할당한다. 그 후 남은 전자는 0이고, 중심원자 C는 팔전자 규칙을 만족하지 못하므로 단일결합을 하나 추가한다.
4. S=C−N 또는 S−C=N에서도 중심원자 C는 팔전자 규칙을 만족하지 못하므로 다시 단일결합을 하나 더 추가한다.
5. S=C=N에서 16개의 전자 중 결합에 이용한 전자 8개를 빼고 남은 전자 8개를 주변원자인 S과 N가 팔전자가 되도록 전자를 할당하면, 중심원자를 포함한 모든 원자가 팔전자 규칙을 만족하게 되므로 타당한 루이스 구조가 된다.

∴ $[\,\ddot{\underset{..}{S}}=C=\ddot{\underset{..}{N}}\,]^-$

13 이온반지름의 크기를 잘못 비교한 것은?

① $Mg^{2+} > Ca^{2+}$
② $F^- < O^{2-}$
③ $Al^{3+} < Mg^{2+}$
④ $O^{2-} < S^{2-}$

✔ Mg과 Ca 원소의 바닥상태 전자배치와 이온의 바닥상태 전자배치는 다음과 같다.

- ${}_{12}Mg$: $1s^22s^22p^63s^2$
- ${}_{12}Mg^{2+}$: $1s^22s^22p^6$
- ${}_{20}Ca$: $1s^22s^22p^63s^23p^64s^2$
- ${}_{20}Ca^{2+}$: $1s^22s^22p^63s^23p^6$

Mg^{2+}은 껍질수 $n=2$이고 Ca^{2+}은 껍질수 $n=3$이므로 껍질수가 더 많은 **Ca^{2+}이 Mg^{2+}보다 더 큰 이온반지름**을 나타낸다.

14 다음 중 가장 큰 2차 이온화에너지를 가지는 것은?

① Na ② Mg
③ S ④ Cl

✔ 〈보기〉 원소들의 바닥상태 전자배치는 다음과 같다.
① ${}_{11}Na$: $1s^22s^22p^63s^1$
② ${}_{12}Mg$: $1s^22s^22p^63s^2$
③ ${}_{16}S$: $1s^22s^22p^63s^23p^4$
④ ${}_{17}Cl$: $1s^22s^22p^63s^23p^5$

2차 이온화에너지 두 번째 최외각전자를 제거하는 데 필요한 에너지로 ${}_{11}Na$는 전자 하나가 제거된 Na^+ 상태에서 비활성 기체인 ${}_{10}Ne$: $1s^22s^22p^6$과 같은 전자배치를 하므로 매우 안정하여 두 번째 전자를 제거하는 데 많은 에너지가 필요하다.

15 위험물안전관리법령상 제4류 위험물인 에탄올과 동식물유류의 지정수량의 합은?

① 10,400L ② 6,400L
③ 4,400L ④ 2,400L

✔ 제4류 위험물

유별	성질	위험등급	품명		지정수량
제4류	인화성 액체	Ⅰ	1. 특수인화물		50L
		Ⅱ	2. 제1석유류	비수용성 액체	200L
				수용성 액체	400L
			3. 알코올류		400L
		Ⅲ	4. 제2석유류	비수용성 액체	1,000L
				수용성 액체	2,000L
			5. 제3석유류	비수용성 액체	2,000L
				수용성 액체	4,000L
			6. 제4석유류		6,000L
			7. 동식물유류		10,000L

에탄올의 품명은 알코올류이고, 지정수량은 400L이며, 동식물유류의 지정수량은 10,000L이다.
따라서 에탄올과 동식물유류의 지정수량의 합은 400L+10,000L=**10,400L**이다.

16 20wt% NaOH 수용액으로 2.0M NaOH 수용액 100mL를 제조하는 방법으로 옳은 것은? (단, 20wt% NaOH 수용액의 밀도는 1.2g/mL이다.)

① 20wt% NaOH 수용액 40.0mL를 취해 최종 부피가 100mL가 되도록 증류수를 가하여 잘 흔든다.
② 20wt% NaOH 수용액 33.3mL를 취해 최종 부피가 100mL가 되도록 증류수를 가하여 잘 흔든다.
③ 20wt% NaOH 수용액 8.0mL를 취해 최종 부피가 100mL가 되도록 증류수를 가하여 잘 흔든다.
④ 20wt% NaOH 수용액 1.9mL를 취해 최종 부피가 100mL가 되도록 증류수를 가하여 잘 흔든다.

정답 I 13.① 14.① 15.① 16.②

✔ 2.0M NaOH 수용액 100mL를 제조하기 위해 필요한 20wt% NaOH 수용액의 양을 구하면 다음과 같다.

$$\frac{2.0\text{mol NaOH}}{1\text{L NaOH 수용액}} \times 0.1\text{L NaOH 수용액} \times \frac{40.0\text{g NaOH}}{1\text{mol NaOH}} \times \frac{100\text{g NaOH 수용액}}{20.0\text{g NaOH}} \times \frac{1\text{mL NaOH 수용액}}{1.2\text{g NaOH 수용액}} = 33.3\text{mL}$$

100mL 부피플라스크를 이용하여 **20wt% NaOH 수용액 33.3mL를 취해 최종 부피가 100mL가 되도록 표선까지 증류수를 가하여 잘 흔들면** 2.0M NaOH 수용액이 된다.

17 어떤 염의 물에 대한 용해도가 70℃에서 60g, 30℃에서 20g일 때, 다음 설명 중 옳은 것은?

① 70℃에서 포화용액 100g에 녹아 있는 염의 양은 60g이다.
② 30℃에서 포화용액 100g에 녹아 있는 염의 양은 20g이다.
③ 70℃에서 포화용액 30℃로 식힐 때 불포화 용액이 형성된다.
④ 70℃에서 포화용액 100g을 30℃로 식힐 때 석출되는 염의 양은 25g이다.

✔ 용해도는 특정 온도에서 물 100g에 녹을 수 있는 용질의 최대 질량(g)이다. 70℃에서 용해도가 60g이라면 용액의 양(g)은 100g + 60g = 160g이다.

① 70℃에서 녹아 있는 용질의 양(g)은 용액 : 용질의 양으로 비교하여 구한다.
160g : 60g = 100g : x(g), x=37.5g
70℃에서 포화용액 100g은 물 62.5g과 염 37.5g이 녹아 있는 용액이다.

② 30℃에서 최대한 녹을 수 있는 용질의 양(g)은 용액 : 용질의 양으로 비교하여 구한다.
120g : 20g=100g : x(g), x=16.7g
30℃에서 포화용액 100g은 물 83.3g과 염 16.7g이 녹아 있는 용액이다.

③ 70℃에서 포화용액 30℃로 식힐 때 과포화 용액이 형성되어 용질이 석출된다.

④ 석출량=높은 온도에서 녹아 있는 용질의 양−냉각한 온도에서 최대로 녹을 수 있는 용질의 양.
70℃에서 포화용액 100g은 물 62.5g과 염 37.5g이 녹아 있는 용액이므로 30℃에서 물 62.5g에 최대한 녹을 수 있는 용질의 양(g)을 구하면 100g : 20g=62.5g : x(g), x=12.5g이다.
물 62.5g에는 최대 염 12.5g이 녹을 수 있다.
따라서 석출량=37.5g−12.5g=25.0g이다.

18 다음의 전기화학전지를 선 표시법으로 바르게 표시한 것은?

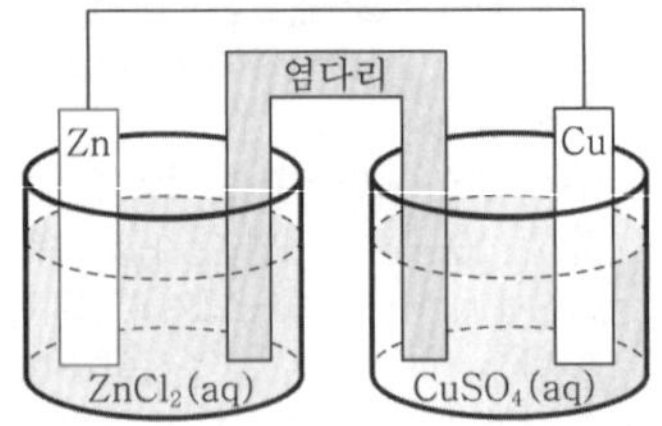

① $ZnCl_2$(aq) | Zn(s) ‖ $CuSO_4$(aq) | Cu(s)
② Zn(s) | $ZnCl_2$(aq) ‖ Cu(s) | $CuSO_4$(aq)
③ $CuSO_4$(aq) | Cu(s) ‖ Zn(s) | $ZnCl_2$(aq)
④ Zn(s) | $ZnCl_2$(aq) ‖ $CuSO_4$(aq) | Cu(s)

✔ **선 표시법**
각각의 상 경계를 수직선(|)으로, 염다리는 ‖로 표시하고, 전극은 왼쪽 끝과 오른쪽 끝에 나타낸다.
(−)극, 산화전극|산화전극의 전해질 용액‖환원전극의 전해질 용액|환원전극, (+)극
∴ **Zn(s) | $ZnCl_2$(aq) ‖ $CuSO_4$(aq) | Cu(s)**

19 다음 화학평형식에 대한 설명으로 틀린 것은?

$$Hg_2Cl_2(s) \rightleftarrows Hg_2^{2+}(aq) + 2Cl^-(aq)$$

① 이 반응을 나타내는 평형상수는 K_{sp}라고 하며, 용해도 상수 또는 용해도곱 상수라고도 한다.
② 이 용액에 Cl^-이온을 첨가하면 용해도는 감소한다.
③ 온도를 증가시키면 K_{sp}는 변한다.
④ 이 용액에 Cl^-이온을 첨가하면 K_{sp}는 감소한다.

✔ **공통이온의 효과**
침전물을 구성하는 이온들과 같은 이온을 가진 가용성 화합물이 그 고체로 포화된 용액에 첨가될 때 이온성 침전물의 용해도를 감소시키는 것이다. 르 샤틀리에 원리가 염의 용해반응에 적용된 것이다.
∴ Cl^-이온을 첨가하면 공통이온의 효과로 용해도는 감소하지만, **K_{sp}는 온도에 의해서만 변하므로 증가하거나 감소하지 않는다.**

정답 | 17.④ 18.④ 19.④

20 **$Cd(H_2O)_6^{2+}$이 네 분자의 메틸아민(CH_3NH_2)과 반응하는 경우와 두 분자의 에틸렌다이아민($H_2NCH_2NH_2$)과 반응하는 경우에 대한 설명으로 옳은 것은?**

① 엔탈피 변화는 두 경우 모두 비슷하다.
② 엔트로피 변화는 두 경우 모두 비슷하다.
③ 자유에너지 변화는 두 경우 모두 비슷하다.
④ 메틸아민과 반응하는 경우가 더 안정한 금속 착물을 형성한다.

✔ 킬레이트 효과는 여러 자리 리간드가 유사한 한 자리 리간드보다 더 안정한 금속착물을 형성하는 능력이다.
$\Delta G = \Delta H - T \cdot \Delta S$
여기서, ΔG : 자유에너지 변화
ΔH : 엔탈피 변화
T : 온도
ΔS : 엔트로피 변화
자발적인 반응은 $\Delta G<0$, $\Delta H>0$, $\Delta S>0$이고, 같은 온도에서 ΔH가 비슷한 두 리간드를 비교하면 $\Delta S_{\text{여러 자리 리간드}} > \Delta S_{\text{한 자리 리간드}}$로, 여러 자리 리간드의 반응이 더 우세하다.
〈문제〉의 에틸렌다이아민은 두 자리 리간드이고, 메틸아민은 한 자리 리간드이다. 따라서 에틸렌다이아민 두 분자와 $Cd(H_2O)_6^{2+}$의 반응은 네 분자의 메틸아민과의 반응보다 우세하여 더 안정한 금속착물을 형성한다.

제2과목 | 분석계획 수립과 분석화학 기초

21 **0.1M 아세트산 용액의 pH에 가장 가까운 값은? (단, $K_a = 1.8 \times 10^{-5}$이다.)**

① 1.00　　② 2.37
③ 2.87　　④ 4.74

✔

	$CH_3COOH(aq)$	$\rightleftarrows$ $H^+(aq)$	$+CH_3COO^-(aq)$
초기(M)	0.1		
변화(M)	$-x$	$+x$	$+x$
평형(M)	$0.1-x$	x	x

$K_a = \frac{[H^+][A^-]}{[HA]} = \frac{x^2}{0.1-x} = 1.8 \times 10^{-5}$

$\frac{x^2}{0.1-x} \simeq \frac{x^2}{0.1} = 1.8 \times 10^{-5}$, $x \fallingdotseq 1.34 \times 10^{-3}$ M

$\therefore$ pH $= -\log(1.34 \times 10^{-3}) = 2.87$

22 **Na_2CO_3를 이용한 HCl 용액의 표준화실험은 Na_2CO_3 표준용액을 삼각플라스크에 넣고 지시약을 첨가하여 HCl 용액으로 적정한다. 이때 당량점 부근에서 삼각플라스크를 끓이고 식힌 후 다시 HCl 용액으로 적정하면서 선명한 색으로 변할 때까지 적정을 하는데, 용액을 끓이는 이유로 옳은 것은?**

① 높은 온도에서 적정반응이 진행되어서
② 생성된 CO_2를 제거하기 위해서
③ Na_2CO_3의 용해도를 높이기 위해서
④ 높은 온도에서 지시약의 색 변화가 확인되어서

✔ **반응식** : $2HCl + Na_2CO_3 \rightarrow 2NaCl + CO_2 + H_2O$
생성된 $CO_2 + H_2O \rightarrow HCO_3^- + H^+$ 반응이 진행되어 pH에 영향을 주게 되므로 용액 내 CO_2는 가열하여 제거해야 한다.

23 **잘 녹지 않는 염인 CaF_2의 포화용액에 대한 질량균형식으로 옳은 것은?**

① $[H^+]+[Ca^{2+}]=[OH^-]+[F^-]$
② $[H^+]+2[Ca^{2+}]=[OH^-]+[F^-]$
③ $[Ca^{2+}]=[HF]+[F^-]$
④ $2[Ca^{2+}]=[HF]+[F^-]$

✔ **용액 내 반응식** : $CaF_2 \rightleftarrows Ca^{2+} + 2F^-$
질량균형은 어떤 원자를 포함하는 모든 화학종을 합한 양이 용액에 가해 준 그 원자의 양과 같다는 것을 의미한다. 얼마만큼의 Ca^{2+}이나 F^-이 녹았는지는 모르지만, Ca^{2+} 한 개당 F^- 두 개가 있어야 한다. 즉 F^-의 농도는 Ca^{2+} 농도의 2배가 되어야 한다.
F^-이 물과 반응하여 HF를 만들므로 질량균형식은 다음과 같다.
$2[Ca^{2+}]=[HF]+[F^-]$

Check

전하균형은 용액 중에서 양전하의 합과 음전하의 합은 같다는 것을 말한다.
전하균형
$n_1[C_1]+n_2[C_2]+\cdots = m_1[A_1]+m[A_2]+\cdots$
여기서, n : 양이온의 전하 크기
$[C]$: 양이온의 농도
m : 음이온의 전하 크기
$[A]$: 음이온의 농도
〈문제〉의 전하균형식은 $[H^+]+2[Ca^{2+}]=[OH^-]+[F^-]$이다.

정답 | 20.① 21.③ 22.② 23.④

24 밸리데이션의 평가항목 중 다음 설명에 해당하는 것은?

> 동일한 시험실, 시험자, 장치, 기구, 시약 및 동일 조건하에서 균일한 검체로부터 얻은 복수의 시료들을 단기간에 걸쳐 반복시험하여 얻은 결과값들 사이의 근접성을 말한다.

① Repeatability ② Accuracy
③ Ruggedness ④ Robustness

✔ Repeatability(반복성)에 대한 설명이다.
② Accuracy(정확성) : 측정값이 이미 알고 있는 참값 또는 허용 참조값으로 인정되는 값에 근접하는 정도를 말한다.
③ Ruggedness(견뢰성) : 정상적인 시험조건의 변화에서 동일한 시료를 분석하여 얻어지는 시험결과의 재현성의 정도를 말한다. 시험 방법의 환경/변수에 영향을 받는 정도를 나타낸다.
④ Robustness(완건성) : 시험방법 중 일부 조건이 작지만 의도된 변화에 의해 영향을 받지 않고 유지될 수 있는 능력의 척도이다.

25 밸리데이션의 시험방법을 개발하는 단계에서 고려되어야 하는 평가항목이며, 분석조건을 의도적으로 변동시켰을 때의 시험방법의 신뢰성을 나타내는 척도로서 사용되는 평가항목은?

① Specificity
② Precision
③ Robustness
④ Accuracy

✔ Robustness(완건성)에 대한 설명이다.
① Specificity(특이성) : 시료에 있는 다른 모든 것으로부터 분석물질을 구별해내는 분석방법의 능력이다. 측정대상물질, 불순물, 분해물, 배합성분 등이 혼재된 상태에서 분석대상물질을 선택적이고 정확하게 측정할 수 있는 정도를 말한다.
② Precision(정밀성) : 측정의 재현성을 나타내는 것으로 정확히 똑같은 방법으로 측정한 결과의 근접한 정도이다. 일반적으로 한 측정의 정밀도는 반복시료들을 단순히 반복하여 측정함으로써 쉽게 결정된다.
④ Accuracy(정확성) : 측정값이 이미 알고 있는 참값 또는 허용 참조값으로 인정되는 값에 근접하는 정도를 말한다.

26 인증표준물질(CRM)을 이용하여 투과율을 8회 반복 측정한 결과와 T-table을 활용하여 이 실험의 측정 신뢰도가 95%일 때, 우연불확정도(U)로 옳은 것은?

> 18.32%, 18.33%, 18.33%, 18.35%, 18.33%, 18.32%, 18.31%, 18.34%

Degree of freedom	Amount of area in one tail		
	0.1	0.05	0.025
6	1.440	1.943	2.447
7	1.415	1.895	2.365
8	1.397	1.860	2.306
9	1.383	1.833	20262
10	1.372	1.812	2.228

① $U=0.00016\times\dfrac{\sqrt{8}}{2.306}$

② $U=0.00016\times\dfrac{1.895}{8}$

③ $U=0.012\times\dfrac{2.365}{\sqrt{8}}$

④ $U=0.012\times\dfrac{\sqrt{8}}{2.365}$

✔ 우연불확정도(U)$=s\times\dfrac{t}{\sqrt{n}}$

계산기 통계처리에 의해 표준편차(s)=0.012이고, 자료 수(n)=8이며, 신뢰도 95%에서 한쪽꼬리의 면적$=\dfrac{1-0.95}{2}=0.025$이다.

자유도$=n-1=8-1=7$에서 $t=2.365$임을 이용하면 우연불확정도(U)는 다음과 같다.

$U=s\times\dfrac{t}{\sqrt{n}}=0.012\times\dfrac{2.365}{\sqrt{8}}$

27 특정 온도에서 기체 혼합물의 평형농도는 H_2 0.13M, I_2 0.70M, HI 2.1M이다. 같은 온도에서 500mL 빈 용기에 0.20mol의 HI를 주입하여 평형에 도달하였다면 평형 혼합물 속의 HI의 농도는 몇 M인가?

① 0.045M ② 0.090M
③ 0.31M ④ 0.52M

정답 | 24.① 25.③ 26.③ 27.③

✔ $H_2(g) + I_2(g) \rightleftarrows 2HI(g)$

	$H_2(g)$	$I_2(g)$	$2HI(g)$
평형(M)	0.13	0.70	2.1

평형에서의 농도를 이용하여 주어진 반응의 평형상수를 구하면 다음과 같다.

$$K=\frac{[HI]^2}{[H_2][I_2]}=\frac{(2.1)^2}{(0.13)\times(0.70)}=48.46$$

	$H_2(g)$	+ $I_2(g)$	⇄ $2HI(g)$
초기(M)	0	0	$\frac{0.20\text{mol}}{0.500\text{L}}=0.4\text{M}$
변화(M)	$+x$	$+x$	$-2x$
최종(M)	x	x	$0.4-2x$

$$K=\frac{[HI]^2}{[H_2][I_2]}=\frac{(0.4-2x)^2}{x^2}=48.46$$

$x=[H_2]=[I_2]=4.46\times10^{-2}\text{M}$

$\therefore$ $[HI]=0.4-2x=0.4-(2\times4.46\times10^{-2})=$ **0.31M**

28 **1.0M 황산용액에 녹아 있는 0.05M Fe^{2+} 50.0mL를 0.1M Ce^{4+}로 적정할 때 당량점까지 소비되는 Ce^{4+}의 양(mL)과 당량점에서의 전위(V)는?**

> 1.0M 황산용액에서의 표준환원전위
> $Ce^{4+}+e^- \rightleftarrows Ce^{3+}$, $E°=1.44V$
> $Fe^{3+}+e^- \rightleftarrows Fe^{2+}$, $E°=0.68V$

① 25.0mL, 2.12V ② 25.0mL, 1.06V
③ 50.0mL, 2.12V ④ 50.0mL, 1.06V

✔ $Fe^{2+}+Ce^{4+} \rightleftarrows Fe^{3+}+Ce^{3+}$
당량점의 부피를 x(mL)로 두면
Fe^{2+}mmol$=Ce^{4+}$mmol이고,
$0.05\times50.0=0.1\times x$
$\therefore$ 당량점의 부피 $x=$**25.0mL**이다.
Nernst 식

$$E=E°-\frac{0.05916V}{n}\log Q$$

$$E_{Ce^{4+}/Ce^{3+}}=1.44-0.05916\log\frac{[Ce^{3+}]}{[Ce^{4+}]}$$

$$E_{Fe^{2+}/Fe^{3+}}=0.68-0.05916\log\frac{[Fe^{2+}]}{[Fe^{3+}]}$$

당량점에서는 $[Fe^{3+}]=[Ce^{3+}]$, $[Fe^{2+}]=[Ce^{4+}]$이고, $\log1=0$이다.
두 식을 합하면

$$2E=(1.44+0.68)-0.05916\log\frac{[Ce^{3+}][Fe^{2+}]}{[Ce^{4+}][Fe^{3+}]}$$

$$=2.12$$

$\therefore$ 당량점에서의 전위 $E=$**1.06V**이다.

29 **$1.000L\cdot atm\cdot mol^{-1}\cdot K^{-1}$을 $J\cdot mol^{-1}\cdot K^{-1}$로 환산하면?**

① 1.013 ② 10.13
③ 101.3 ④ 1,013

✔ 환산인자 $1,000L=1m^3$, $1atm=101,325Pa$과 유도단위 $1Pa=1N\cdot m^{-2}$, $1J=1N\cdot m$임을 이용하면, $L\cdot atm\cdot mol^{-1}\cdot K^{-1}$을 $J\cdot mol^{-1}\cdot K^{-1}$로의 단위 환산은 다음과 같다.

$$\frac{1.000L\cdot atm}{mol\cdot K}\times\frac{1m^3}{1,000L}\times\frac{101,325Pa}{1atm}\times\frac{1N\cdot m^{-2}}{1Pa}\times\frac{1J}{1N\cdot m}=101.3J\cdot mol^{-1}\cdot K^{-1}$$

30 **0.100M HCl로 0.100M 염기(B) 10.0mL를 적정할 때 제2당량점에서의 용액의 pH는? (단, 염기(B)는 이염기성이며, $K_{b1}=1.00\times10^{-4}$, $K_{b2}=1.00\times10^{-9}$이다.)**

① 11.49 ② 7.50
③ 3.24 ④ 1.85

✔ **반응식** : $B+H^+ \rightarrow BH^+$, $BH^++H^+ \rightarrow BH_2^{2+}$
제1당량점에서 적정용액의 부피(V_e)는 10.0mL이고 제2당량점에서는 두 번째 반응이 첫 번째 반응과 같은 mol의 HCl이 사용되므로 적정 용액의 부피는 $2V_e=20.0$mL가 된다. 제2당량점에서 생성된 BH_2^{2+}의 농도(M)는 다음과 같다.

$$[BH_2^{2+}]=\frac{(0.100\times10.0)\text{mmol}}{(10.0+20.0)\text{mL}}=3.33\times10^{-2}\text{M}$$

이 경우 용액의 pH는 BH_2^{2+}의 산 해리 상수(K_{a1})에 의해서 결정된다.
BH_2^{2+}의 해리반응식 $BH_2^{2+} \rightleftarrows BH^++H^+$과 $K_{a1}=\frac{K_w}{K_{b2}}=\frac{1.00\times10^{-14}}{1.00\times10^{-9}}=1.00\times10^{-5}$임을 이용하여 용액의 pH를 구하면 다음과 같다.

	BH_2^{2+}	⇄ BH^+	+ H^+
초기(M)	3.33×10^{-2}	0	
변화(M)	$-x$	$+x$	$+x$
평형(M)	$3.33\times10^{-2}-x$	x	x

$$K_{a1}=\frac{[BH^+][H^+]}{[BH_2^{2+}]}=\frac{x^2}{3.33\times10^{-2}-x}=1.0\times10^{-5}$$

$$\frac{x^2}{3.33\times10^{-2}-x}\simeq\frac{x^2}{3.33\times10^{-2}}=1.0\times10^{-5}$$

$x=[H^+]≒5.77\times10^{-4}\text{M}$

$\therefore$ $pH=-\log(5.77\times10^{-4})=$**3.24**

정답 | 28.② 29.③ 30.③

31 95wt%인 진한 황산의 몰농도(M)는 얼마인가? (단, 진한 황산의 밀도는 1.84g/mL, 황산의 몰질량은 98.1g/mol이다.)

① 5.26M
② 9.68M
③ 17.82M
④ 19.00M

✔ **%농도를 몰농도로 바꾸기**

$$\frac{95\text{g } H_2SO_4}{100\text{g } H_2SO_4 \text{ 용액}} \times \frac{1.84\text{g } H_2SO_4 \text{ 용액}}{1\text{mL } H_2SO_4 \text{ 용액}} \times \frac{1{,}000\text{mL}}{1\text{L}}$$

$$\times \frac{1\text{mol } H_2SO_4}{98.1\text{g } H_2SO_4} = 17.82\text{M}$$

32 킬레이트 적정법에서 사용하는 금속 지시약이 가져야 할 조건이 아닌 것은?

① 금속 지시약은 금속이온과 반응하여 킬레이트화합물을 형성할 수 있어야 한다.
② 금속 지시약이 금속이온과 반응하여 형성하는 킬레이트화합물의 안정도 상수는 킬레이트 표준용액이 금속 지시약과 반응하여 형성하는 킬레이트화합물의 안정도 상수보다 작아야 한다.
③ 적정에 사용하는 금속 지시약의 농도는 가능한 한 진하게 해야 하고, 금속이온의 농도는 작게 해야 한다.
④ 금속 지시약과 금속이온이 만드는 킬레이트화합물은 분명하게 특이한 색깔을 띠어야 한다.

✔ 적정에 사용하는 금속 지시약의 농도는 **가능한 한 묽게 하여** 적정반응에 대한 영향을 최소화해야 한다.

33 HCl 용액을 표준화하기 위해 사용한 Na_2CO_3가 완전히 건조되지 않아서 물이 포함되어 있다면 이것을 사용하여 제조된 HCl 표준용액의 농도는?

① 참값보다 높게 된다.
② 참값보다 낮게 된다.
③ 참값과 같아진다.
④ 참값의 $\frac{1}{2}$이 된다.

✔ Na_2CO_3가 완전히 건조되지 않아서 물이 포함되어 있다면 표기된 mol은 실제 mol보다 많은 양으로 더 높은 농도로 나타나 있다. 적정을 통해 구한 HCl 양도 실제 mol과 반응을 하지만 나타내는 것은 높은 mol로 나타난다.
즉, 10개로 표기된 Na_2CO_3가 실제로 8개의 Na_2CO_3라면 실제 반응한 16개의 HCl이지만 20개가 반응한 것으로 나타나게 된다.
∴ **실제 HCl보다 농도는 높아진다.**

34 다음 중 환원제로 사용되는 물질은?

① 과염소산 ② 과망가니즈산칼륨
③ 폼알데하이드 ④ 과산화수소

✔ • **폼알데하이드(HCHO)**는 산소를 얻어 산화되어 폼산(HCOOH)을 생성하므로 자신이 산화되고 다른 물질을 환원시킬 수 있는 환원제이다.
• 과염소산($HClO_4$), 과망가니즈산칼륨($KMnO_4$), 과산화수소(H_2O_2)는 자신이 환원되고 다른 물질을 산화시키는 산화제이다.

35 산화 · 환원 지시약에 대한 설명으로 틀린 것은?

① 메틸렌블루는 산화형은 붉은색이며, 환원형은 푸른색을 띤다.
② 다이페닐아민설폰산의 산화형은 붉은 보라색이며, 환원형은 무색이다.
③ 페로인(ferroin)의 환원형은 붉은색을 띤다.
④ 페로인(ferroin)의 변색은 표준 수소전극에 대해 대략 1.1~1.2V 범위에서 일어난다.

✔ **산화 · 환원 지시약**

지시약	산화형 색깔	환원형 색깔	E°(V)
메틸렌블루	**푸른색**	**무색**	0.53
다이페닐아민 설폰산	붉은 보라색	무색	0.85
페로인	연한푸른색	붉은색	1.147

지시약의 변색 범위는 $E = \left(E° \pm \frac{0.05916}{n}\right)V$이다.
여기서, n은 지시약의 산화 · 환원반응 : In(산화형) $+ne^- \rightarrow$ In(환원형)에 참여한 전자의 mol이다.
예를 들어, 지시약의 산화 · 환원반응 : In(산화형) $+e^- \rightarrow$ In(환원형)인 페로인의 변색범위는 $E=(1.147 \pm 0.05916)V = 1.088V \sim 1.026V$이다.

정답 | 31.③ 32.③ 33.① 34.③ 35.①

36 **농도(concentration)에 대한 설명으로 옳은 것은?**

① 몰랄농도(m)는 온도에 따라 농도가 달라진다.
② 몰농도(M)는 온도에 따라 농도가 달라진다.
③ 몰랄농도(m)는 용액 1kg 중 용질의 몰수이다.
④ 몰농도(M)는 용액 1kg 중 용질의 몰수이다.

✔ • **몰농도(M)** : 용액 1L 중 용질의 몰수이다. 액체의 부피는 온도가 높아지면 팽창하고 온도가 낮아지면 수축하므로, **몰농도는 온도에 따라서 변하게 된다.** 즉, 온도가 높아지면 몰농도는 작아지고, 온도가 낮아지면 몰농도는 증가한다.
• **몰랄농도(m)** : 용매 1kg 중 용질의 몰수이다. 기준이 질량이므로 온도에 따라 농도는 변하지 않는다.

37 **$CuN_3(s) \rightleftarrows Cu^+(aq) + N_3^-(aq)$의 평형상수가 K_1이고, $HN_3(aq) \rightleftarrows H^+(aq) + N_3^-(aq)$의 평형상수가 K_2일 때, $Cu^+(aq) + HN_3(aq) \rightleftarrows H^+(aq) + CuN_3(s)$의 평형상수를 올바르게 나타낸 것은?**

① $\dfrac{K_2}{K_1}$　② $\dfrac{K_1}{K_2}$
③ $K_1 \times K_2$　④ $\dfrac{1}{K_1+K_2}$

✔ 정반응의 평형상수가 K이면 역반응의 평형상수는 $\dfrac{1}{K}$이고, 두 반응을 합한 식의 평형상수 K는 각각의 평형상수를 곱한 값이 된다.

$Cu^+(aq) + N_3^-(aq) \rightleftarrows CuN_3(s)$ ⋯⋯⋯⋯ $\dfrac{1}{K_1}$

$HN_3(aq) \rightleftarrows H^+(aq) + N_3^-(aq)$ ⋯⋯⋯⋯ K_2

$Cu^+(aq) + HN_3(aq) \rightleftarrows H^+(aq) + CuN_3(s)$ ⋯ $K = \dfrac{1}{K_1} \times K_2$

38 **0.1M Sn^{2+}와 0.01M Sn^{4+}가 포함되어 있는 용액에 담겨있는 백금지시 전극의 전위(E)를 구하는 식으로 옳은 것은? (단, $Sn^{4+} + 2e^- \rightarrow Sn^{2+}$, $E° = 0.139V$)**

① $0.139 - 0.05916$　② $0.139 - \left(\dfrac{0.05916}{2}\right)$
③ $0.139 + 0.05916$　④ $0.139 + \left(\dfrac{0.05916}{2}\right)$

✔ Nernst 식, $E = E° - \dfrac{0.05916}{n}\log Q$를 이용하여 백금지시 전극의 전위($E$)를 구할 수 있다.
백금지시 전극의 전위(E)

$= 0.139 - \dfrac{0.05916}{2}\log\dfrac{[Sn^{2+}]}{[Sn^{4+}]}$

$= 0.139 - \dfrac{0.05916}{2}\log\dfrac{0.1}{0.01}$

$= \mathbf{0.139 - \dfrac{0.05916}{2}}$

$= 0.109V$

39 **50.00mL의 0.1000M I^- 수용액을 0.2000M Ag^+ 수용액으로 적정하고자 한다. Ag^+ 수용액을 15.00mL 첨가하였을 때, 첨가한 후 I^-의 농도(M)를 나타내는 식은?**

① $\dfrac{50.00\times10^{-3}}{(0.1000\times50.00\times10^{-3})-(0.2000\times15.00\times10^{-3})}$

② $\dfrac{(0.1000\times50.00\times10^{-3})-(0.2000\times15.00\times10^{-3})}{50.00\times10^{-3}}$

③ $(0.1000\times50.00\times10^{-3})-(0.2000\times15.00\times10^{-3})\times65.00\times10^{-3}$

④ $\dfrac{(0.1000\times50.00\times10^{-3})-(0.2000\times15.00\times10^{-3})}{65.00\times10^{-3}}$

✔ **반응식** : $I^- + Ag^+ \rightarrow AgI$
당량점에서의 부피(V_e)는 $0.1000M \times 50.00mL = 0.2000M \times V_e(mL)$, $V_e = 25.00mL$이다.
〈문제〉에서 첨가한 Ag^+ 수용액 15.00mL는 당량점 부피 이전이므로 용액 속 과량의 화학종은 I^-이다.
Ag^+ 수용액 15.00mL를 첨가한 후 I^-의 농도(M)

$= \dfrac{I^-\text{의 몰수(mol)}}{\text{용액의 부피(L)}}$

$= \dfrac{(0.1000M\times50.00\times10^{-3}L)-(0.2000M\times15.00\times10^{-3}L)}{50.00\times10^{-3}L+15.00\times10^{-3}L}$

$= 3.08\times10^{-2}M$

40 **무게분석을 위하여 침전된 옥살산칼슘(CaC_2O_4)을 무게를 아는 거름도가니로 침전물을 거르고 건조시킨 다음 붉은 불꽃으로 강열한다면 도가니에 남는 고체 성분은?**

① CaC_2O_4　② $CaCO_2$
③ CaO　④ Ca

정답 | 36.② 37.① 38.② 39.④ 40.③

✔ 분석물을 거의 녹지 않는 침전물로 바꾼 다음 이 침전물을 거르고 불순물이 없도록 씻고 적절한 열처리에 의해 조성이 잘 알려진 생성물로 바꾼 후 무게를 측정한다. Ca^{2+}의 무게분석법의 경우, $C_2O_4^{2-}$와 반응하여 생성된 용해도가 매우 작은 침전물 $CaC_2O_4 \cdot H_2O$는 수분을 많이 함유하고 있어 화학조성이 일정하지 않으므로 열처리(강열)에 의해 조성이 잘 알려진 **CaO**로 바꾸어 무게를 측정하여 정량할 수 있다.
$CaC_2O_4 \cdot H_2O \rightarrow CaCO_3 + CO + H_2O$
$CaCO_3 \rightarrow CaO + CO_2$

제3과목 | 화학물질 특성 분석

41 **불꽃이온화검출기(FID)에 대한 설명으로 틀린 것은?**

① 버너를 가지고 있다.
② 사용 가스는 질소와 공기이다.
③ 불꽃을 통해 전기를 운반할 수 있는 전자와 이온으로 만든다.
④ 유기화합물은 이온성 중간체가 된다.

✔ **불꽃이온화검출기(FID)**
기체 크로마토그래피에서 가장 널리 사용되는 검출기로, 버너를 가지고 있으며 관에서 나온 용출물은 **수소와 공기**와 함께 혼합되고 전기로 점화되어 연소된다. 또한 시료를 불꽃에 태워 이온화시켜 생성된 전류를 측정하며, 시료를 파괴하는 단점이 있다.

42 **질량분석법에서 순수한 시료가 시료도입장치를 통해 이온화실로 도입되어 이온화된다. 분자를 기체상태 이온으로 만들 때 사용하는 장치가 아닌 것은?**

① 장이온화 장치
② 화학적이온화 장치
③ 전자충격이온화 장치
④ 빠른원자충격이온화 장치

✔ **질량분석법의 이온화 장치**
1. 기체상 이온화 장치 : 전자충격이온화, 화학적이온화, 장이온화 등이 있다.
2. 탈착식 이온화 장치 : 장탈착이온화, 전기분무이온화, 매트릭스지원레이저탈착이온화, 빠른원자충격이온화 등이 있다.

43 **전압전류법에서 사용되는 미소전극에 대한 설명으로 가장 거리가 먼 것은?**

① 빠른 전압의 주사로 수명이 짧은 화학종의 연구가 가능하다.
② 전류의 면적이 작기 때문에 전류가 아주 작게 흐른다.
③ IR 강하가 적기 때문에 저항이 큰 용매에 유용하다.
④ 생체 세포나 혈액 등에는 사용할 수 없다.

✔ **미소전극(microelectrode)**
1. 패러데이 과정의 정류 상태가 마이크로초 정도로 매우 빠른 시간 내에 얻어지므로 빠른 전기화학 반응의 중간체를 연구할 수 있다.
2. 충전전류는 전극면적에 비례하므로 전체 전류에 대한 충전전류의 상대 기여도는 미소전극의 크기에 따라 감소한다.
3. 미소전극에서는 충전전류가 작기 때문에 전위는 매우 빠르게 주사된다.
4. 전류가 매우 작기 때문에 IR 강하는 미소전극의 크기가 감소할수록 감소하며, 높은 저항을 갖는 용매에서의 전압-전류법 측정이 가능하다.
5. 미소전극을 사용한 측정은 생물 세포 정도의 아주 작은 부피에서도 가능하므로 생체 세포나 혈액 등에도 사용할 수 있다.

44 **중합체 시료를 기준물질과 함께 가열하면서 두 물질의 온도 차이를 나타낸 다음의 시차 열분석도에 대한 설명이 옳은 것으로만 나열된 것은?**

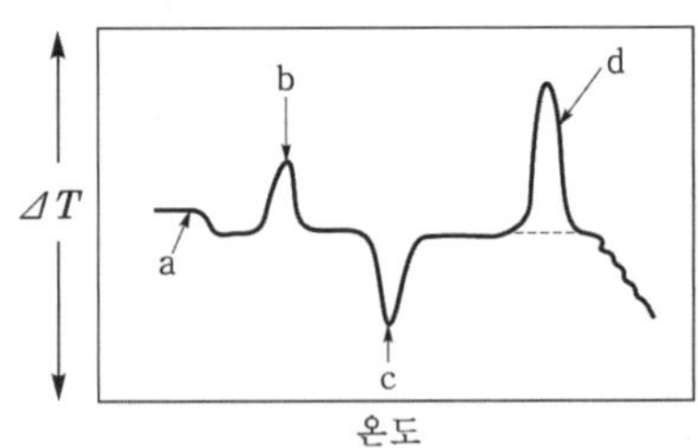

㉠ a에서 유리질 무정형 중합체가 고무처럼 말랑말랑해지는 특성인 유리전이 현상이 일어난다.
㉡ b, d에서는 흡열반응이, 그리고 c에서는 발열반응이 일어난다.
㉢ b는 분석물이 결정화되는 반응을 나타내고, c에서는 분석물이 녹는 반응을 나타낸다.

① ㉠, ㉡　　② ㉡, ㉢
③ ㉠, ㉢　　④ ㉠, ㉡, ㉢

정답 | 41.② 42.④ 43.④ 44.③

✔ ㉠ a에서 유리질 무정형 중합체가 고무처럼 말랑말랑해지는 특성인 유리전이 현상이 일어난다.

㉡ b, d에서는 **발열반응**이, 그리고 c에서는 **흡열반응**이 일어난다.

㉢ b는 분석물이 결정화되는 반응을 나타내고, c에서는 분석물이 녹는 반응을 나타낸다.

Check

시차열분석법(DTA)

유리전이 → 결정 형성 → 용융 → 산화 → 분해

- **유리전이**
  1. 유리질에서 고무질로의 전이에서는 열을 방출하거나 흡수하지 않으므로 엔탈피의 변화가 없다($\Delta H=0$).
  2. 고무질의 열용량은 유리질의 열용량과 달라 기준선이 낮아질 뿐 어떤 봉우리도 나타나지 않는다.
- **결정 형성** : 첫 번째 봉우리
  1. 특정 온도까지 가열되면 많은 무정형 중합체는 열을 방출하면서 미세결정으로 결정화되기 시작한다.
  2. 열이 방출되는 발열과정의 결과로 생긴 것으로 이로 인해 온도가 올라간다.

45 질량분석법에서는 질량 대 전하의 비에 의하여 원자 또는 분자 이온을 분리하는데, 고진공 속에서 가속된 이온들을 직류 전압과 RF 전압을 일정 속도로 함께 증가시켜 주면서 통로를 통과하도록 하여 분리하며 특히 주사시간이 짧은 장점이 있는 질량분석기는?

① 이중초점 분석기 (double focusing spectrometer)
② 사중극자 질량분석기 (quadrupolemass spectrometer)
③ 비행시간 분석기 (time-of-flight spectrometer)
④ 이온-포착 분석기(ion-trap spectrometer)

✔ **사중극자 질량분석기**

기기의 중심부에 질량필터의 전극 역할을 하는 4개의 원통형 금속막대가 있고, 막대에 걸리는 dc 전압과 고주파 ac 전압은 질량 대 전하 비를 일정하게 유지하기 위해 계속적으로 증가시켜 특정 m/z값을 갖는 이온들만 검출기로 보내어 분리한다. 주사시간이 짧고, 부피가 작으며, 값이 싸고 튼튼하여 널리 사용되는 질량분석기로, 원자질량분석계에서 사용되는 가장 일반적인 질량분석기이다.

46 HPLC에서 분배 크로마토그래피의 응용에 대한 설명으로 옳은 것은?

① 역상 충전(reversed-phase packings) 칼럼을 사용하고 극성이 큰 이동상으로 용리하면 극성이 작은 용질이 먼저 용리되어 나온다.
② 정상 결합상 충전물(normal-phase bonded packings)에서 실옥산(siloxane) 구조에 있는 R은 비극성 작용기가 일반적이다.
③ 이온쌍 크로마토그래피에서는 정지상에 큰 유기상대이온을 포함하는 유기염을 결합시켜 분리용질과의 이온쌍 형성에 기초하여 분리한다.
④ 거울상을 가지는 카이랄화합물(chiral compounds)의 분리를 위해 카이랄 크로마토그래피가 응용되는데 카이랄 이동상 첨가제나 카이랄 정지상을 사용하여 분리한다.

✔ • **역상 크로마토그래피**

정지상이 비극성인 것으로 종종 탄화수소를 사용하며, 이동상은 물, 에탄올, 아세토나이트릴과 같이 비교적 극성인 용매를 사용한다. 극성이 가장 큰 성분이 처음에 용리되고, 이동상의 극성을 증가시키면 용리시간도 길어진다.

• **결합상 충전물**

결합된 피막이 비극성 성질을 가지고 있으면 역상으로, 피막이 극성 작용기를 가지면 정상으로 분류된다. 액체 크로마토그래피의 많은 경우 역상 충전물을 사용한 칼럼을 이용하는데 이 피막에는 실록산의 R기는 대부분 C_8 사슬(n-octyl)이나 C_{18} 사슬(n-octyldecyl)이다.

• **이온쌍 크로마토그래피**

역상 분배 크로마토그래피의 한 형태이며, 이온성 화학종을 분리하고 정량하는 데 사용된다. 이동상은 메탄올 또는 아세토나이트릴과 같은 유기용매, 그리고 분석물과 반대로 하전된 반대이온을 가지고 있는 이온화합물을 포함하고 있는 수용성 완충용액으로 이루어져 있다. 반대이온은 분석물 이온과 결합하여 이온쌍을 만드는데, 이것이 역상 충전물에 머무르게 되는 중성 화학종이다.

• **카이랄 정지상 크로마토그래피**

광학 활성 이성질체(거울상체)를 분리하기 위하여 기체와 액체 크로마토그래피에서 카이랄 정지상을 사용한다.

정답 | 45.② 46.④

47 **다음 질량분석법을 응용한 2차 이온 질량분석법(SIMS)에 대한 설명으로 틀린 것은?**

① 고체 표면의 원자와 분자 조성을 결정하는 데 유용하다.
② 동적 SIMS는 표면 아래 깊이에 따른 조성 정보를 얻기 위하여 사용된다.
③ 통상적으로 사용되는 SIMS를 위한 변환기는 전자증배기, 패러데이컵 또는 영상검출기이다.
④ 양이온 측정은 가능하나 음이온 측정이 불가능한 분석법이다.

✔ 2차 이온 질량분석법
(SIMS, secondary ion mass spectrometry)
고체 표면의 원자와 분자 조성을 분석하기 위한 표면 분석방법의 하나로, 기체상태의 Ar, N_2 등을 전자충격이온원으로 양이온으로 만들고 이 이온에 높은 dc 전위를 걸어 가속시켜 이들 1차 이온빔으로 고체 표면을 때려 표면 원자를 튕겨 나오게 하는데 이때 작은 분율의 2차 **양이온 또는 음이온**을 얻어 이것들을 질량분석기로 보낸다. 표면 단층의 원소분석을 위한 정적 SIMS, 표면 아래 깊이에 따른 조성 정보를 얻기 위한 동적 SIMS, 표면의 공간적인 영상을 얻기 위한 영상 SIMS가 있다.

48 **기체-액체 크로마토그래피(GLC)의 분리칼럼에 사용되는 액체 정지상의 성질에 대한 설명으로 틀린 것은?**

① 액체의 끓는점은 칼럼 온도보다 적어도 100℃ 정도 더 높은 것이 이상적이다.
② 열적으로 안정해야 한다.
③ 화학적으로 활성이 커야 한다.
④ 분리되는 용질의 머무름인자, 선택인자 값을 갖는 용매의 특성이 적당한 범위에 들어 있어야 한다.

✔ 기체-액체 크로마토그래피 분리칼럼에 사용되는 액체 정지상은 화학적으로 비활성이고 반응성은 낮아야 한다.

49 **ICP를 이용한 질량분석장치에서 space charge에 대한 설명으로 가장 거리가 먼 것은?**

① 이것이 생기면 이온의 투과율이 감소한다.
② 이것을 감소시키기 위하여 시료를 희석시켜 측정한다.
③ 스펙트럼의 모양은 달라지나 질량의 편차는 거의 생기지 않는다.
④ 매트릭스에 의한 영향으로 일반적으로 신호가 줄어든다.

✔ ICP-MS에서 매트릭스 효과는 약 500~1,000μg/mL보다 더 진한 농도에서 크게 나타난다. 보통 이러한 효과는 어떤 실험에서는 신호 증대가 관찰되지만 분석물 신호 감소의 원인이 된다. 매트릭스 효과는 높은 농도의 공존 원소에서 나타나는 것이 일반적이며 더 묽은 용액을 사용하거나 시료 첨가순서를 바꾸거나 또는 방해 화학종을 분리해 냄으로써 최소화시킬 수 있다. 또한 적당한 내부 표준물의 사용, 분석물과 같은 질량과 이온화에너지를 갖는 내부 표준원소를 가해서 제거될 수 있다. 또한 **스펙트럼의 모양은 변하지 않지만** 신호의 세기가 달라지므로 **질량의 편차가 생기게 된다.**

50 **이온억제칼럼을 사용하는 이온 크로마토그래피에서 음이온을 분리할 때 사용하는 이동상은 어떤 화학종을 포함하고 있는가?**

① NaCl ② $NaHCO_3$
③ $NaNO_3$ ④ Na_2SO_4

✔ 음이온을 분리하는 경우 억제칼럼 충전물은 양이온 수지의 산성형이므로 이동상으로 **$NaHCO_3$** 또는 Na_2CO_3를 사용하는데, 억제칼럼에서의 반응생성물인 H_2CO_3가 해리도가 낮아 전도도에 거의 영향을 주지 않기 때문이다.

51 **다음 이성질체 혼합물 중 카이랄 정지상 칼럼으로만 분리가 가능한 혼합물질은?**

① 구조 이성질체 혼합물
② 거울상 이성질체 혼합물
③ 부분입체 이성질체 혼합물
④ 시스-트랜스 이성질체 혼합물

✔ **거울상 이성질체 혼합물** 중 어느 하나와 착물을 더 잘 만드는 카이랄 분리시약을 카이랄 이동상 첨가제 또는 카이랄 정지상으로 사용하여 거울상 이성질체 혼합물을 분리하는 것을 카이랄 크로마토그래피라고 한다.

정답 | 47.④ 48.③ 49.③ 50.② 51.②

52 **고성능 액체 크로마토그래피(HPLC)에서 분석물질의 분리와 머무름시간을 조절하는 가장 큰 변수는?**

① 시료 주입량 ② 이동상의 조성
③ 이동상의 유량 ④ 칼럼의 온도

✔ 고성능 액체 크로마토그래피(HPLC)에서 분석물질의 분리와 머무름시간을 조절하는 가장 큰 변수는 **이동상의 조성**이다. 머무름인자(κ)와 선택인자(α)에 따라 이동상의 조성은 크게 달라진다.

53 **열분석법인 DTA와 DSC에서 물리 · 화학적 변화로서 흡열 봉우리가 나타나지 않는 경우는?**

① 녹음이나 용융
② 탈착이나 탈수
③ 증발이나 기화
④ 산소의 존재하에서 중합반응

✔ 산소의 존재하에서 중합반응은 발열 봉우리가 나타난다.

54 **폴리에틸렌에 포함된 카본블랙을 정량하고자 한다. 가장 알맞은 열분석법은?**

① TGA ② DSC
③ DTA ④ EPMA

✔ 카본블랙은 흑색의 미세한 탄소분말로, 산소와 반응하여 이산화탄소로 쉽게 날아가므로 온도를 증가시키면서 탈수나 분해를 포함하는 전이를 온도나 시간의 함수로써 질량 감소를 측정하는 TGA(**열무게분석법**)가 적합하다.

55 **고성능 액체 크로마토그래피에서 사용되는 칼럼에 대한 설명으로 틀린 것은?**

① 용리액 세기가 증가할수록 용질은 칼럼으로부터 더욱 빨리 용리된다.
② 액체 크로마토그래피에서는 열린 관 칼럼이 적당하다.
③ 정지상 입자의 크기가 작을수록 충전칼럼의 효율은 증가한다.
④ 칼럼의 온도를 높이면 머무름시간이 감소되고 분리도를 향상시킬 수 있다.

✔ 열린 관 칼럼은 확산이 빠른 기체 크로마토그래피에서 적당하며, 액체에서의 확산은 기체에 비해 매우 느리기 때문에 용질분자들이 멀리까지 확산하지 않아도 정지상을 만날 수 있도록 **충전칼럼**을 사용한다.

56 **전극전위에 대한 설명 중 틀린 것은?**

① 전극전위의 크기는 이온물질의 산화제로서의 상대적인 세기를 나타낸다.
② 전극전위의 값이 양(+)인 것은 표준 수소전극과 짝을 이루었을 때 환원전극으로서 자발적인 반응을 나타낸다.
③ 표준 전극전위는 반응물과 생성물의 활동도가 1에서 평형상태의 활동도를 갖는 상태로 진행시키려는 상대적인 힘이다.
④ 이온화 경향이 큰 금속의 표준 환원전위가 더 크다.

✔ 이온화 경향은 산화되기 쉬운 정도를 나타내므로 **이온화 경향이 클수록 표준 환원전위($E°$)는 작아진다.** 이온화 경향이 큰 칼륨(K)과 이온화 경향이 작은 백금(Pt)의 경우, 칼륨($K^+ + e^- \rightarrow K$)의 표준 환원전위($E°$)는 −2.936V이고 백금($Pt^{2+} + 2e^- \rightarrow Pt$)의 표준 환원전위($E°$)는 1.18V이다.

57 **얇은막 크로마토그래피(TLC)에서 비극성 용매를 전개액으로 사용한 경우, 다음 설명 중 틀린 것은?**

① 정상 TLC는 이동상으로 비극성 용매를 사용한다.
② 정상 TLC는 정지상으로 극성판을 사용한다.
③ 일정 시간이 경과했을 때, TLC 하단에는 비극성 용질이 있고 TLC 상단에는 극성 용질이 있다.
④ 일정 시간이 경과했을 때, TLC 하단에는 극성 용질이 있고 TLC 상단에는 비극성 용질이 있다.

✔
- 정상 TLC는 정지상으로 극성판과 이동상으로 비극성 전개용매로 구성되며, 일정 시간이 경과하면 이동상인 비극성 용매에 의해 비극성 용질이 분리된다.
- 역상 TLC는 정지상으로 비극성판과 이동상으로 극성 전개용매로 구성되며, 일정 시간이 경과하면 이동상인 극성 용매에 의해 극성 용질이 분리된다.

정답 I 52.② 53.④ 54.① 55.② 56.④ 57.④

58 동일한 조건하에서 액체 크로마토그래피로 측정한 화합물 A, B, C의 머무름시간 측정결과가 다음과 같을 때, 보기 중 틀린 것은? (단, C는 칼럼 충전물과의 상호작용이 전혀 없다고 가정한다.)

• A : 2.35min • B : 5.86min • C : 0.50min

① A의 조정된 머무름시간은 1.85min이다.
② B의 조정된 머무름시간은 5.36min이다.
③ B의 A에 대한 머무름비는 2.49이다.
④ 머무름비는 상대 머무름값이라고도 한다.

✔ C는 칼럼 충전물과의 상호작용이 없다고 하였으므로 머무르지 않는 화학종이 검출기에 도달하는 시간, 즉 불감시간(t_M)을 알려준다.

① A의 조정된 머무름시간은 머무름시간(t_R)−불감시간(t_M)=2.35−0.50=1.85min이다.

② B의 조정된 머무름시간은 머무름시간(t_R)−불감시간(t_M)=5.86−0.50=5.36min이다.

③ B의 A에 대한 머무름비는 $\frac{K_B}{K_A}=\frac{k_B'}{k_A'}=\frac{(t_R)_B-t_M}{(t_R)_A-t_M}$ $=\frac{5.86-0.50}{2.35-0.50}=$ **2.90**이다.

④ 머무름비(머무름인자)는 용질의 이동속도를 나타내며 $k_A'=\frac{t_R-t_M}{t_M}$으로 나타내고, 상대 머무름값이라고도 한다.

59 다음 중 전력보상 DSC의 구성장치가 아닌 것은 어느 것인가?

① 두 개의 독립적인 전기로
② 콘스탄탄 열전기 원판
③ 시료 받침대
④ 백금저항온도계

✔ **시차주사열량법(DSC)**

1. 전력보상 DSC : 시료와 기준물질 사이의 온도를 동일하게 유지시키는 데 필요한 전력을 측정한다.
2. 열흐름 DSC : 시료와 기준물질로 들어오는 열흐름의 차이를 측정하며, 시료물질과 기준물질로 열을 전달하는 데 사용되는 열전기판인 콘스탄탄을 사용한다. 콘스탄탄의 주성분은 구리(Cu)와 니켈(Ni)이다.

60 벗김분석(stripping method)이 감도가 좋은 이유는?

① 전극을 커다란 수은방울을 사용하기 때문이다.
② 농축단계에서 사전에 전극에 금속이온을 농축하기 때문이다.
③ 현미경 전극에 높은 전위를 가하기 때문이다.
④ 분광기 전극의 전위를 빠른 속도로 주사하기 때문이다.

✔ **벗김법**

전기분해 과정을 통해 분석물을 미소전극에 석출시킨 후 역방향으로 전압을 걸어 전극으로부터 분석물을 벗겨내면서 전압전류법의 한 방법으로 정량한다. 석출단계는 분석물질을 전기화학적으로 예비농축 시키는 단계이므로 미소전극 표면의 분석물 농도는 본체 용액의 농도보다 훨씬 진하다. 또한 **예비농축의 결과로 벗김법은 감도가 좋고** 모든 전압전류법 중에서 검출한계가 가장 낮으며, 극미량 분석에 유용하고 매달린 수은방울 전극(HMDE)이 주로 사용된다.

제4과목 | 화학물질 구조 및 표면 분석

61 적외선분광법으로 분석이 가능한 물질은?

① O_2　② N_2
③ Cl_2　④ HCl

✔ 적외선을 흡수하기 위하여 분자는 진동이나 회전운동의 결과로 쌍극자 모멘트의 알짜변화를 일으켜야 한다. O_2, N_2, Cl_2와 같은 동핵 화학종의 진동이나 회전에서 쌍극자 모멘트의 알짜변화가 일어나지 않으므로 결과적으로 적외선을 흡수할 수 없다.

62 에틸알코올의 NMR 스펙트럼에서 메틸기의 다중선 수는?

① 1개　② 2개
③ 3개　④ 4개

✔ **^{1}H NMR 스펙트럼에서 스핀-스핀 갈라짐**

NMR 스펙트럼에서 n개의 동등한 양성자를 이웃한 양성자들은 n+1개의 봉우리로 나타난다(n+1 규칙). 따라서, 에틸알코올(CH_3CH_2OH)에서 메틸기($-CH_3$)의 다중선은 이웃 원자 CH_2에 있는 자기적으로 동등한 양성자 2개에 의해 2+1=**3개**의 봉우리로 나타난다.

정답 | 58.③ 59.② 60.② 61.④ 62.③

63 **양성자 NMR 분광법에서 표준물질로 사용되는 TMS에 대한 설명으로 틀린 것은?**

① TMS의 가리움 상수가 대부분의 양성자보다 크다.
② TMS에 존재하는 수소는 한 종류이다.
③ TMS에 존재하는 모든 양성자는 같은 화학적 이동값을 갖는다.
④ TMS는 휘발성이 적다.

✔ TMS(tetramethylsilane, $(CH_3)_4Si$)
흡수위치를 확인하기 위해서 NMR 도표는 보정되며 TMS는 기준점으로 사용된다. 스펙트럼을 찍을 때에 기준 흡수봉우리가 나타나도록 시료에 소량의 TMS를 첨가하는데, TMS는 유기화합물에서 일반적으로 나타나는 다른 흡수보다도 높은 장에서 단일 흡수봉우리를 나타내기 때문에 ^{1}H과 ^{13}C 측정 모두에 기준으로 사용된다. 또한 TMS는 대부분의 유기용매와 잘 혼합되고 휘발성이 커서 분석 후 혼합시료의 회수가 용이하다.

64 **500nm의 가시복사선의 광자에너지는 약 몇 J인가? (단, Plank 상수(h)는 6.63×10^{-34}J · s, 진공에서 빛의 속도는 3.0×10^{8}m/s이다.)**

① 1.00×10^{-19}J　② 1.00×10^{-10}J
③ 4.00×10^{-19}J　④ 4.00×10^{-10}J

✔ 광자에너지, $E=h\nu=h\dfrac{c}{\lambda}$
여기서, h : Plank 상수(6.63×10^{-34}J · s)
c : 진공에서 빛의 속도(m/s)
λ : 파장(m)

$$E=(6.63\times10^{-34}\text{J}\cdot\text{s})\times\frac{3.0\times10^{8}\text{m/s}}{500\times10^{-9}\text{m}}$$
$=3.98\times10^{-19}$J

65 **다음 중 X-선 회절법의 특징이 아닌 것은?**

① 결정성 물질의 원자 배열과 원자간 거리에 대한 정보를 제공한다.
② 결정질 화합물을 편리하게 정성분석 할 수 있다.
③ 스테로이드, 비타민, 항생물질과 같은 복잡한 물질의 구조 연구에는 적합하지 않다.
④ 고체 시료에 들어있는 화합물에 대한 정성 및 정량적인 정보를 제공한다.

✔ X-선 분광법은 특정 파장의 X-선 복사선을 방출, 흡수, 회절에 이용하는 방법이다. 그 중 X-선 회절법은 결정물질 중의 원자배열과 원자간 거리에 대한 정보를 제공하며, **스테로이드, 비타민, 항생물질과 같은 복잡한 물질구조의 연구, 결정질 화합물의 확인에 응용**된다.

66 **어떤 회절발의 분리능은 5,000이다. 이 회절발로 분리할 수 있는 1,000cm^{-1}에 가장 인접한 선의 파수의 차이는 얼마인가?**

① 0.1cm^{-1}
② 0.2cm^{-1}
③ 0.5cm^{-1}
④ 5.0cm^{-1}

✔ 회절발의 분리능(=분해능, R)은 인접 파장의 상을 분리하는 능력의 정도를 의미한다.

$$R=\frac{\lambda}{\Delta\lambda}=\frac{\bar{\nu}}{\Delta\bar{\nu}}$$

여기서, λ : 두 상의 평균 파장
$\Delta\lambda$: 두 상의 파장 차이
$\bar{\nu}$: 두 상의 평균 파수
$\Delta\bar{\nu}$: 두 상의 파수 차이

〈문제〉의 회절발로 분리할 수 있는 가장 인접한 선의 파수의 차이는 다음과 같다.

$$5,000=\frac{1,000}{\Delta\bar{\nu}}$$
$\therefore\ \Delta\bar{\nu}=0.2$cm^{-1}

67 **적외선 분광법(IR spectroscopy)에서 카보닐(C=O)기의 신축진동에 영향을 주는 인자가 아닌 것은?**

① 고리크기 효과
② 콘쥬게이션 효과
③ 수소결합 효과
④ 자기이방성 효과

✔ **자기이방성 효과(=자기비등방성 효과)**
NMR에서 화합물에 외부 자기장을 걸어주었을 때 화합물 내에서 유도되는 자기장의 세기가 화합물의 배향에 따라 달라지는 성질을 말하는 것으로, 이중결합이나 삼중결합을 가지고 있는 π전자의 회전에 의해 발생되는 2차 자기장의 영향으로 나타난다.

정답 | 63.④ 64.③ 65.③ 66.② 67.④

68 **불꽃, 전열, 플라스마 원자화 장치의 특징에 대한 설명으로 틀린 것은?**

① 플라스마의 경우 원자화 온도는 보통 4,000~8,000℃ 정도이다.
② 불꽃원자화는 재현성은 좋으나 시료 효율, 감도는 좋지 않다.
③ 전열원자화 장치가 불꽃원자화 장치보다 많은 양의 시료를 필요로 한다.
④ 전열원자화 장치의 경우 중앙에 구멍이 있는 원통형 흑연관에서 원자화가 일어난다.

✔ **전열원자화 장치**
1. 시료를 양 끝이 열려 있고 중앙에 구멍이 있는 원통형 흑연관의 시료 주입구를 통해 마이크로 피펫으로 주입하고 전기로의 온도를 높여 원자화한다.
2. 원자가 빛 진로에 머무는 시간이 1초 이상으로 원자화 효율이 우수하다.
3. 감도가 높아 **작은 부피의 시료도 측정 가능**하다.
4. 고체, 액체 시료를 용액으로 만들지 않고 직접 원자화가 가능하다.

69 **Nuclear Magnetic Resonance(NMR)의 화학적 이동에 영향을 미치는 인자가 아닌 것은?**

① 혼성 효과(hybridization effect)
② 도플러 효과(doppler effect)
③ 수소결합 효과(hydrogen bond effect)
④ 전기음성도 효과(electronegativity effect)

✔ **핵 주위의 전자밀도(가리움 효과)**
핵 주위의 전자밀도가 크면 외부 자기장의 세기를 많이 상쇄시켜 가리움이 크고, 핵 주위의 전자밀도가 작으면 외부 자기장의 세기를 적게 상쇄시키므로 가리움이 적다. 가리움이 적을수록 낮은 자기장에서 봉우리가 나타나며, 이와 같은 화학적 이동에 영향을 주는 인자에는 **혼성 효과, 수소결합 효과, 전기음성도 효과** 등이 있다.

70 **불꽃에서 분석원소가 이온화되는 것을 방지하기 위한 이온화 억제제로 가장 적당한 것은?**

① Al
② K
③ La
④ Sr

✔ 분석물질보다 이온화가 더 잘 되어 불꽃에 높은 농도의 전자를 제공하는 이온화 억제제(ionization suppressor)를 사용함으로써 이온화 평형의 이동을 막고 시료의 이온화를 억제할 수 있다. 주로 K, Rb, Cs과 같은 알칼리금속이 사용된다.

71 **복사선을 흡수하면 에너지 준위 사이에서 전자전이가 일어나게 되는데, 다음 전이 중 파장이 가장 짧은 복사선을 흡수하는 전자전이는?**

① $\sigma \rightarrow \sigma^*$　② $\pi \rightarrow \pi^*$
③ $n \rightarrow \sigma^*$　④ $n \rightarrow \pi^*$

✔ **분자 내 전자전이의 에너지 크기 순서**
$n \rightarrow \pi^* < \pi \rightarrow \pi^* < n \rightarrow \sigma^* < \sigma \rightarrow \sigma^*$
$E = h\frac{c}{\lambda}$ 이므로 에너지(E)가 클수록 파장(λ)은 짧다.

72 **분광분석기기에서 단색화 장치에 대한 설명으로 가장 거리가 먼 것은?**

① 연속적으로 단색광의 빛을 변화하면서 주사하는 장치이다.
② 분석하려는 성분에 맞는 광을 만드는 역할을 한다.
③ 필터, 회절발 및 프리즘 등을 사용한다.
④ 슬릿은 단색화 장치의 성능 특성과 품질을 결정하는 데 중요한 역할을 한다.

✔
- **분석하려는 성분에 맞는 광을 만드는 분광분석기기는 광원이다.**
- 단색화 장치는 빛을 각 성분 파장으로 분산시키고 좁은 띠의 파장을 선택하여 연속적으로 단색광의 빛을 변화하면서 주사할 수 있는 장치로, 입구 슬릿, 평행화 렌즈 또는 거울, 회절발 또는 프리즘, 초점장치, 출구 슬릿으로 구성된다.
- 슬릿은 인접 파장을 분리하는 역할을 하는 장치로, 단색화 장치의 성능과 특성과 품질을 결정하는 데, 중요한 역할을 한다.

73 **Fourier 변환 적외선흡수분광기의 장점이 아닌 것은?**

① 신호 잡음비 개선　② 일정한 스펙트럼
③ 빠른 분석속도　④ 바탕보정 불필요

정답 | 68.③ 69.② 70.② 71.① 72.② 73.④

✔ Fourier 변환 분광법의 장점

1. 한 자리 값 이상의 **좋은 신호 대 잡음비(S/N)**를 갖는다.
   → 기기들이 복사선의 세기를 감소시키는 광학부분 장치와 슬릿을 거의 가지고 있지 않기 때문에 검출기에 도달하는 복사선의 세기는 분산기기에서 오는 것보다 더 크게 되므로 신호 대 잡음비가 더 커진다.
2. **일정한 스펙트럼**을 얻을 수 있다.
   → 정밀한 파장 선택으로 재현성이 높기 때문이다.
3. **빠른 시간 내에 측정**된다.
   → 광원에서 나오는 모든 성분 파장들이 검출기에 동시에 도달하기 때문에 전체 스펙트럼을 짧은 시간 내에 얻을 수 있다.
4. 높은 분해능과 정확하고 재현성 있는 주파수 측정이 가능하다.
   → 높은 분해능으로 인해 매우 많은 좁은 선들의 겹침으로 개개의 스펙트럼의 특성을 결정하기 어려운 복잡한 스펙트럼을 분석할 수 있다.

74 분자의 들뜬상태(excited state)에 대한 설명으로 틀린 것은?

① 적외선이 분자의 진동을 유발한 상태
② X-선이 분자를 이온화시킨 상태
③ 분자가 마이크로파의 복사선을 흡수한 상태
④ 분자가 광자를 방출하여 주변의 에너지준위가 높아진 상태

✔
- 분자가 광자를 방출하면 보다 낮은 에너지준위로 이완하게 된다. 원자나 분자의 가장 낮은 에너지준위를 바닥상태(ground state)라 하며, 높은 에너지준위를 들뜬상태라고 한다.
- **복사선의 방출**
  전자기 복사선은 들뜬 입자가 보다 낮은 에너지준위로 이완할 때 과량의 에너지를 광자로서 내어놓으면서 방출된다.
- **복사선의 흡수**
  입자들을 바닥상태로부터 하나 또는 **그 이상의 높은 에너지 상태, 즉 들뜬상태로 들뜨게** 한다.

75 유기분자 $CH_3CH_2COOC{\equiv}CH$의 적외선 흡수 스펙트럼을 얻은 후 관찰 결과에 대한 설명으로 틀린 것은?

① 3,300~2,900cm^{-1} 영역의 흡수대
→ C≡CH 구조의 존재를 나타낸다.
② 3,000~2,700cm^{-1} 영역의 흡수대
→ $-CH_3$, $-CH_2-$ 구조의 존재를 암시한다.
③ 2,400~2,100cm^{-1} 영역의 흡수대
→ −C−O− 구조의 존재를 암시한다.
④ 1,800~1,650cm^{-1} 영역의 흡수대
→ C=O 구조의 존재를 암시한다.

✔ ③ **−C−O− 구조는 1,050~1,300cm^{-1}의 흡수대**를 나타낸다.

주요 작용기의 흡수 주파수 범위

작용기	주파수 범위(cm^{-1})
C − O	1,050 ~ 1,300
C − H (alkane) 1,340 ~ 1,470 굽힘진동	1,400 ~ 1,500
C = C (benzene)	1,500 ~ 1,600
C = C 1,610 ~ 1,680 C = O 1,690 ~ 1,760	1,600 ~ 1,800
C ≡ C, C ≡ N	2,100 ~ 2,280
C − H (alkane) 2,850 ~ 3,000 신축진동 C − H (alkene) 3,000 ~ 3,100 신축진동 C − H (alkyne) 3,300 신축진동	2,850 ~ 3,300
O − H (free) 3,500 ~ 3,650	3,200 ~ 3,650

76 6ppm 시료 용액에 의한 원자흡수 신호가 0.06A로 나타날 경우, 원자흡수 감도는?

① 0.01ppm
② 0.06ppm
③ 0.44ppm
④ 0.10ppm

✔ 원자흡수 감도는 1% 흡수(−log(0.99)=0.0044A)를 하는 농도이다.

$$\frac{\text{원자흡수 감도에서의 흡광도}}{\text{원자흡수 감도}} = \frac{\text{시료의 흡광도}}{\text{시료 농도}}$$ 임

을 이용하면 원자흡수 감도는 다음과 같이 구할 수 있다.

$$\frac{0.0044A}{\text{원자흡수 감도(ppm)}} = \frac{0.06A}{6\text{ppm}}$$

따라서, **원자흡수 감도는** 0.44ppm이다.

정답 I 74.④ 75.③ 76.③

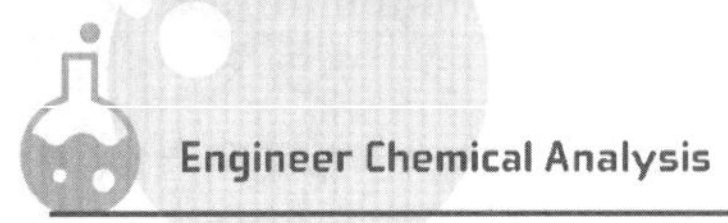

77 **원자방출분광법에 이용되는 플라스마의 종류가 아닌 것은?**

① 흑연전기로(GFA)
② 직류 플라스마(DCP)
③ 유도결합 플라스마(ICP)
④ 마이크로파유도 플라스마(MIP)

✔ 원자방출분광법에는 높은 온도의 플라스마인 유도쌍 플라스마, 직류 플라스마, 마이크로유도 플라스마가 이용된다.

78 **어떤 분자가 S_1 상태로부터 형광빛(fluoresce)을 내놓고, T_1 상태로부터 인광빛(phosphoresce)을 내놓는다. 다음 설명 중 옳은 것은?**

① 형광파장이 인광파장보다 짧다.
② 형광파장보다 인광파장이 흡수파장에 가깝다.
③ 한 분자에서 나오는 빛이므로 잔광시간(decaytime)은 유사하다.
④ 인광의 잔광시간이 형광의 잔광시간보다 일반적으로 짧다.

✔ S_1 상태가 T_1 상태보다 에너지준위가 더 높으므로 **형광파장이 인광파장보다 짧다.**

Check

- **형광**
  1. 들뜬 단일항 상태에서 바닥 단일항 상태로 전이할 때 방출
  2. 빛이 밝고 잔광시간이 짧다(10^{-10}~10^{-5}초).
  3. 공명형광 : 흡수한 파장을 변화시키지 않고 그대로 방출하는 것
  4. 스토크스 이동(Stokes shift) : 흡수한 파장보다 긴 파장의 빛을 방출하는 것
- **인광**
  1. 들뜬 삼중항 상태에서 바닥 단일항 상태로 전이할 때 방출
  2. 인광은 일어날 가능성이 낮고, 들뜬 삼중항 상태의 수명은 꽤 길다.
  3. 빛이 형광에 비해 어둡고, 잔광시간이 형광의 잔광시간보다 일반적으로 길다(10^{-4}~ 수초).

79 **매트릭스 효과가 있을 가능성이 있는 복잡한 시료를 분석하는 데 특히 유용한 분석법은?**

① 내부 표준법 ② 외부 표준법
③ 표준물 첨가법 ④ 표준 검정곡선 분석법

✔ **표준물 첨가법**
시료와 동일한 매트릭스에 일정량의 표준물질을 한 번 이상 일정하게 농도를 증가시키며 첨가하고, 이 아는 농도를 통해 곡선을 작성하는 방법이다. 또한 매질효과의 영향이 큰 분석방법에서 분석대상 시료와 동일한 매질을 제조할 수 없을 때 **매트릭스 효과를 쉽게 보정할 수 있는 방법**이다.

80 **NMR에서 흡수봉우리를 관찰해 보면 벤젠이나 에틸렌은 δ값이 상당히 큰 값이고, 아세틸렌은 작은 쪽에서 나타남을 알 수 있다. 이러한 현상을 설명해 주는 인자는?**

① 용매 효과
② 입체 효과
③ 자기이방성 효과
④ McLafferty 이전반응 효과

✔ **자기이방성 효과(=자기비등방성 효과)**
화합물에 외부 자기장을 걸어주었을 때 화합물 내에서 유도되는 자기장의 세기가 화합물의 배향에 따라 달라지는 성질을 말하는 것으로, 이중결합이나 삼중결합을 가지고 있는 화합물에서 π전자의 회전에 의해 발생되는 2차 자기장의 영향으로 나타난다.
벤젠이나 에틸렌은 전자전류에 의해 생성된 2차 자기장이 양성자에 대해 가해 준 자기장과 같은 방향으로 자기 효과를 발휘하여 가리움 벗김이 일어나 δ값이 커지지만, 아세틸렌은 전자가 결합 축을 중심으로 회전하여 양성자가 가리워지기 때문에 δ값이 작은 쪽에서 나타난다.

정답 | 77.① 78.① 79.③ 80.③

제1과목 | 화학의 이해와 환경·안전관리

01 Rutherford의 알파입자 산란실험을 통하여 발견한 것은?

① 전자　② 전하
③ 양성자　④ 원자핵

✔ 알파(α)입자는 전자 2개를 가진 헬륨 원자(He)가 전자 2개를 잃어 형성된 헬륨 원자핵(He^{2+})이다. 러더퍼드는 α입자 산란실험을 통해 원자 중심에 부피가 매우 작으면서 원자 질량의 대부분을 차지하는 (+)전하를 띤 부분이 존재하는 것을 발견하고, 이를 **원자핵**이라고 하였다.

02 NFPA hazard class의 ㉠~㉣에 해당하는 유해성 정보를 짝지은 것 중 틀린 것은?

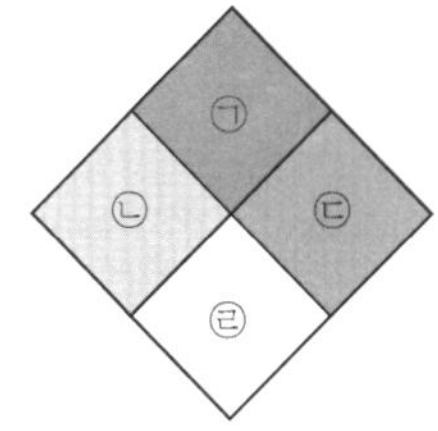

① ㉠ 화재 위험성　② ㉡ 건강 위험성
③ ㉢ 질식 위험성　④ ㉣ 특수 위험성

✔ ㉢ 반응 위험성

03 이온에 대한 설명 중 틀린 것은?

① 전기적으로 중성인 원자가 전자를 얻거나 잃어버리면 이온이 만들어진다.
② 원자가 전자를 잃어버리면 양이온을 형성한다.
③ 원자가 전자를 받아들이면 음이온을 형성한다.
④ 이온이 만들어질 때 핵의 양성자수가 변해야 한다.

✔ **이온의 형성**
원자들이 전자를 잃거나 얻어 이온이 형성될 때는 비활성 기체와 같은 전자배치를 이룬다. 금속원소는 전자를 잃어 양이온을 형성하고, 비금속원소는 전자를 얻어 음이온을 형성한다. 이온이 형성될 때 **핵의 양성자수는 변하지 않는다.**

04 철근이 녹슬 때 질량 변화는?

① 녹슬기 전과 질량 변화가 없다.
② 녹슬기 전에 비해 질량이 증가한다.
③ 녹슬기 전에 비해 질량이 감소한다.
④ 녹이 슬면서 일정시간 질량이 감소하다가 일정하게 된다.

✔ **철의 녹스는 반응**
철과 산소와의 반응이므로 반응한 산소의 질량만큼 녹슨 철의 질량은 증가한다.

05 전기분해전지에서 구리가 석출되게 하였다. 1.0A의 일정한 전류를 161분 동안 흐르게 하였다면 생성물의 양은 약 몇 g인가? (단, 구리의 원자량은 64이다.)

$$Cu^{2+} + 2e^- \rightleftarrows Cu(s)$$

① 1.6g　② 3.2g
③ 6.4g　④ 12.8g

✔ 전하량(C)=전류(A)×시간(s)
1F=96,485C/mol
∴ 생성물 Cu의 양(g)

$$= 1.0\,A \times (161\times60)\,s \times \frac{1\,mol\ e^-}{96{,}485\,C} \times \frac{1\,mol\ Cu}{2\,mol\ e^-} \times \frac{64\,g\ Cu}{1\,mol\ Cu}$$

$= \mathbf{3.2\,g\ Cu}$

06 $S_4O_6^{2-}$ 이온에서 황(S)의 산화수는 얼마인가?

① 2
② 2.5
③ 3
④ 3.5

✔ **산화수 정하는 규칙**
화합물에서 모든 원자의 산화수의 총합은 0이며, 1족 금속원자는 +1, 2족 금속원자는 +2, 13족 금속원자는 +3의 산화수를 갖고, H의 산화수는 +1, O의 산화수는 −2이다.
S의 산화수를 x로 두면
$(x\times4)+(-2\times6) = -2$
∴ $x = +2.5$

정답 | 01.④ 02.③ 03.④ 04.② 05.② 06.②

07 **돌턴(Dalton)의 원자론에 의하여 설명될 수 없는 것은?**

① 화학평형의 법칙
② 질량보존의 법칙
③ 배수비례의 법칙
④ 일정성분비의 법칙

- 돌턴의 원자론으로 **질량보존의 법칙, 일정성분비의 법칙, 배수비례의 법칙**을 설명할 수 있으며, 화학평형의 법칙은 설명할 수 없다.
- **화학평형의 법칙**
가역반응에서 온도가 일정할 때 반응물과 생성물은 항상 일정한 농도비를 가진다는 법칙으로, 질량작용의 법칙이라고도 한다.

Check

돌턴의 원자론

- 모든 물질은 더 이상 쪼갤 수 없는 원자(atom)로 구성되어 있다.
- 같은 원소의 원자는 크기와 질량이 같고, 다른 원소의 원자는 크기와 질량이 서로 다르다.
- 2개 이상의 서로 다른 원자들이 정수비로 결합하여 화합물을 만든다.
- 두 원소의 원자들은 다른 비율로 결합하여 두 가지 이상의 화합물을 형성할 수 있다.
- 화학반응은 원자들 간의 결합이 끊어지고 생성되면서 원자가 재배열될 뿐, 새로운 원자가 생성되거나 소멸되지 않는다.

08 **C_6H_{14}의 분자식을 가지는 화합물은 몇 가지 구조이성질체가 가능한가?**

① 3가지
② 4가지
③ 5가지
④ 6가지

알케인(alkane)의 구조이성질체의 수

alkane	C_4H_{10}	C_5H_{12}	C_6H_{14}	C_7H_{16}
이성질체수	2	3	**5**	9

1. C−C−C−C−C−C

2. C−C−C−C−C (4번째 C에 C 결합)

3. C−C−C−C−C (3번째 C에 C 결합)

4. C−C−C−C (2번째 C 아래에 C, 3번째 C 위에 C 결합)

5. C−C−C−C (3번째 C 위·아래에 C 결합)

09 **유기화합물에 대한 설명으로 틀린 것은?**

① 알코올은 수소결합을 할 수 있다.
② 포화탄화수소는 다중결합이 없는 탄화수소를 말한다.
③ 탄소는 6개의 공유결합을 할 수 있다.
④ 알데하이드는 알코올을 산화시켜 얻을 수 있다.

탄소($_6C$)의 바닥상태 전자배치는 $1s^2 2s^2 2p^2$으로 옥텟규칙을 만족하기 위해 4개의 공유결합을 한다.

10 **파울리의 배타원리를 올바르게 설명한 것은?**

① 전자는 에너지를 흡수하면 들뜬상태가 된다.
② 한 원자 안에 들어 있는 어느 두 전자도 동일한 네 개의 양자수를 가질 수 없다.
③ 부껍질 내에서 전자의 가장 안정된 배치는 평행한 스핀의 수가 최대인 배치이다.
④ 양자수는 주양자수, 각운동량 양자수, 자기 양자수, 스핀 양자수 4가지가 있다.

파울리의 배타원리

1개의 오비탈에는 스핀방향이 반대인 전자가 2개까지만 채워진다. 즉, 같은 오비탈에 있는 전자는 서로 다른 스핀 양자수를 갖게 된다. 따라서 4개의 양자수 중 주양자수, 각운동량 양자수, 자기 양자수가 같더라도 파울리의 배타원리에 의해 다른 스핀 양자수를 갖게 되므로 **한 원자 안에 들어 있는 어느 두 전자도 동일한 네 개의 양자수를 가질 수 없다.**

11 **단풍나무의 수액은 물에 설탕이 3.0wt%로 녹아 있는 용액으로 간주할 수 있다. 설탕은 수용액에서 해리되지 않으며 단풍나무는 연간 12gal의 수액을 생산한다고 할 때, 12gal의 수액에 들어 있는 설탕은 약 몇 g인가? (단, 1gal은 3.785L이고, 수용액의 밀도는 1.010g/mL이다.)**

① 1.16×10^3　② 1.38×10^3
③ 1.64×10^3　④ 1.82×10^3

12gal의 수액에 들어 있는 설탕의 양은 다음과 같이 구할 수 있다.

$$12\text{gal}\times\frac{3.785\text{L 수액}}{1\text{gal 수액}}\times\frac{1{,}000\text{mL 수액}}{1\text{L 수액}}\times\frac{1.010\text{g 수액}}{1\text{mL 수액}}\times\frac{3.0\text{g 설탕}}{100\text{g 수액}}=1.376\times10^3\text{g 설탕}$$

정답 | 07.① 08.③ 09.③ 10.② 11.②

12 **HCl 용액을 표준화하기 위해 사용한 Na_2CO_3가 완전히 건조되지 않아서 물이 포함되어 있다면 이것을 사용하여 제조된 HCl 표준용액의 농도는?**

① 참값보다 높아진다. ② 참값보다 낮아진다.
③ 참값과 같아진다. ④ 참값의 $\frac{1}{2}$이 된다.

✔ Na_2CO_3가 완전히 건조되지 않아서 물이 포함되어 있다면 표기된 mol은 실제 mol보다 많은 양으로 더 높은 농도로 나타나 있다. 적정을 통해 구한 HCl 양도 실제 mol과 반응을 하지만 나타내는 것은 높은 mol로 나타난다.
즉, 10개로 표기된 Na_2CO_3가 실제로 8개의 Na_2CO_3라면 실제 반응한 16개의 HCl이지만 20개가 반응한 것으로 나타나게 된다.
∴ **실제 HCl보다 농도는 높아진다.**

13 **다음은 어떤 학생의 NaOH 용액 제조과정 실험 리포트 내용이다. 잘못된 내용을 모두 고른 것은 어느 것인가?**

> 목표 : 0.1M NaOH 100mL 제조
> ㉠ 100mL 부피플라스크에 0.4g의 NaOH를 넣은 후 표선까지 증류수로 채운다.
> ㉡ 이 반응은 흡열반응이므로 주의하도록 한다.
> ㉢ NaOH의 조해성을 주의하여 제조한다.
> ㉣ 시약을 조제할 때, 약수저에 시약이 남을 경우 버리지 않고 시약병에 다시 넣어둔다.

① ㉠ ② ㉠, ㉡
③ ㉡, ㉣ ④ ㉠, ㉡, ㉣

✔ **0.1M NaOH 100mL 제조과정**

$$\frac{0.1\text{mol NaOH}}{1\text{L}} \times 0.1\text{L} \times \frac{40.0\text{g NaOH}}{1\text{mol NaOH}} = 0.4\text{g NaOH}$$

100mL 부피플라스크에 약 80mL의 증류수와 0.4g의 NaOH를 가한 후 흔들면서 시약을 녹인다.
증류수로 100mL 표선까지 채운 다음 완전히 섞이도록 플라스크를 몇 번씩 거꾸로 뒤집으며 섞는다.
이 반응은 발열반응이므로 주의하도록 한다.

14 **과산화수소 50wt% 수용액의 밀도가 1.18g/mL라면 과산화수소 수용액의 몰농도는 약 몇 M인가?**

① 1.74M ② 2.88M
③ 17.4M ④ 28.8M

✔ %농도를 몰농도로 바꾸기

$$\frac{50\text{g } H_2O_2}{100\text{g } H_2O_2 \text{ 수용액}} \times \frac{1.18\text{g } H_2O_2 \text{ 수용액}}{1\text{mL } H_2O_2 \text{ 수용액}} \times \frac{1{,}000\text{mL}}{1\text{L}} \times \frac{1\text{mol } H_2O_2}{34\text{g } H_2O_2} = 17.35\text{M}$$

15 **화학물질의 분류 및 표시 등에 관한 규정 및 화학물질의 분류 · 표시 및 물질안전보건자료에 관한 기준상 유해화학물질의 표시 기준에 맞지 않는 것은?**

① 5개 이상의 그림문자에 해당하는 물질의 경우 4개만 표시하여도 무방하다.
② "위험", "경고" 모두에 해당되는 경우 "위험"만 표시한다.
③ 대상화학물질 이름으로 IUPAC 표준 명칭을 사용할 수 있다.
④ 급성독성의 그림문자는 "해골과 X자형 뼈"와 "감탄부호" 두 가지를 모두 사용해야 한다.

✔ 두 가지 이상의 유해성 · 위험성이 있는 경우 해당되는 모든 그림문자를 표시해야 한다. 다만, 다음에 해당되는 경우에는 이에 따른다.

1. **"해골과 X자형 뼈" 그림문자와 "감탄부호(!)" 그림문자가 모두 해당되는 경우에는 "해골과 X자형 뼈"의 그림문자만을 표시한다.**
2. 부식성 그림문자와 피부자극성 또는 눈자극성 그림문자에 모두 해당되는 경우에는 부식성 그림문자만을 표시한다.
3. 호흡기과민성 그림문자와 피부과민성, 피부자극성 또는 눈자극성 그림문자가 모두 해당되는 경우에는 호흡기과민성 그림문자만을 표시한다.

Check

유해화학물질 표시방법

1. 명칭 : 대상화학물질의 명칭(MSDS상의 제품명, IUPAC 표준 명칭)
2. 그림문자 : 5개 이상일 경우 4개만 표시
3. 신호어 : "위험" 또는 "경고" 표시 모두 해당하는 경우에는 "위험"만 표시
4. 유해 · 위험 문구 : 해당 문구 모두 기재, 중복되는 문구 생략, 유사한 문구 조합 가능
5. 예방조치 문구 : 예방 · 대응 · 저장 · 폐기 각 1개 이상을 포함하여 6개만 표시 가능(해당 문구 중 일부만 표기할 때에는 "기타 자세한 사항은 물질안전보건자료(MSDS)를 참고하시오."라는 문구 추가)
6. 공급자 정보 : 제조자 또는 공급자의 회사명, 전화번호, 주소 등

정답 | 12.① 13.④ 14.③ 15.④

16 원자 크기에 대한 설명으로 잘못된 것은?

① 같은 족에서 원자번호가 증가할수록 에너지 준위가 증가해서 원자 크기는 커진다.
② 같은 주기에서 원자번호가 증가할수록 양성자수가 증가해서 원자 크기는 작아진다.
③ 같은 주기에서 원자번호가 증가할수록 전자수가 증가해서 원자 크기는 커진다.
④ 같은 족에서 원자번호가 감소할수록 에너지 준위가 감소해서 원자 크기는 작아진다.

✔ 원자 반지름(크기)의 주기적 경향은 같은 족에서는 원자번호가 증가할수록 에너지 준위(전자껍질수)가 증가하여 원자 반지름이 커지고, **같은 주기에서는 원자번호가 증가할수록** 양성자수가 증가하여 핵전하와 유효핵전하의 증가로 핵과 전자 사이의 인력이 증가하여 **원자 반지름은 작아진다.**

17 다음 반응에서 산화된 원소는?

$$Zn + H_2SO_4 \rightarrow ZnSO_4 + H_2$$

① Zn ② H
③ S ④ O

✔ 어떤 원자나 이온이 전자를 잃으면 산화수가 증가하고, 전자를 얻으면 산화수가 감소한다. 산화수가 증가하는 반응을 산화라 하고, 산화수가 감소하는 반응을 환원이라고 한다.

	$Zn + H_2SO_4$	→	$ZnSO_4 + H_2$
산화수	0 +1 +6 −2		+2 +6 −2 0

∴ **Zn : 0 → +2, 산화수 증가(산화)**
H : +1 → 0, 산화수 감소(환원)

18 방향족 탄화수소인 스타이렌의 몰질량은 104.1g/mol이고, 실험식은 CH이다. 스타이렌의 분자식은 무엇인가?

① C_6H_6
② C_8H_8
③ C_9H_9
④ $C_{12}H_{12}$

✔ 실험식 단위수$(n)=\frac{\text{분자량}}{\text{실험식량}}=\frac{104.1}{13}=8$, 스타이렌의 분자식은 실험식(CH)×8이므로 C_8H_8이다.

19 다음 중 기기잡음이 아닌 것은?

① 열적 잡음(Johnson noise)
② 산탄 잡음(shot noise)
③ 습도 잡음(humidity noise)
④ 깜빡이 잡음(flicker noise)

✔ **기기잡음**
광원, 변환기, 신호처리장치 및 판독장치와 관련이 있는 잡음을 말한다. 종류로는 **열적 잡음**(Johnson noise), **산탄 잡음**(shot noise), **깜빡이 잡음**(flicker noise) 및 환경 잡음이 있다.

20 전자기복사선의 에너지와 파장과의 관계식으로 옳은 것은? (단, E : 에너지, h : 플랑크상수, c : 진공에서의 빛의 속도, λ : 파장, ν : 진동수, $\bar{\nu}$: 파수)

① $E=h\lambda$ ② $E=h\frac{c}{\lambda}$
③ $E=h\frac{1}{\nu}$ ④ $E=h\bar{\nu}$

✔ **에너지와 파장과의 관계**

$$E=h\nu=h\frac{c}{\lambda}=h\bar{\nu}c$$

여기서, h : 플랑크상수(6.626×10^{-34}J · s)
ν : 진동수(s^{-1})
λ : 파장(m)
c : 진공에서의 빛의 속도(3.0×10^8m/s)
$\bar{\nu}$: 파수$(m^{-1})=\frac{1}{\lambda}$

제2과목 | 분석계획 수립과 분석화학 기초

21 완충용액에 대한 설명으로 틀린 것은?

① CH_3COOH와 CH_3COONa로 구성한다.
② 약산의 짝이온으로 구성한다.
③ 약염기의 짝이온으로 구성한다.
④ NH_4OH와 NH_4^+로 구성한다.

✔ 완충용액은 약산과 그 짝염기 또는 약염기와 그 짝산으로 구성되므로 약염기인 **NH_3(암모니아)와 그 짝산 NH_4^+(암모늄) 이온으로 구성**한다.

정답 | 16.③ 17.① 18.② 19.③ 20.② 21.④

22 정확성(accuracy)에 대한 설명으로 옳은 것은?

① 측정값이 일반적인 참값(true value) 또는 표준값에 근접한 정도
② 여러 번 채취하여 얻은 시료를 정해진 조건에 따라 측정하였을 때 각각의 측정값들 사이의 근접성
③ 시험방법의 신뢰도를 평가하는 지표
④ 분석대상물질을 선택적으로 평가할 수 있는 능력

✔ **정확성(accuracy)**
분석결과가 이미 알고 있는 참값이나 표준값에 근접한 정도를 나타낸다.

23 $Cu(s) + 2Fe^{3+} \rightleftarrows 2Fe^{2+} + Cu^{2+}$ 반응의 평형상수는?

- $Fe^{3+}(aq) + e^- \rightleftarrows Fe^{2+}(aq)$, $E^\circ=0.771V$
- $Cu^{2+}(aq) + 2e^- \rightleftarrows Cu(s)$, $E^\circ=0.339V$

① 2.0×10^{8} ② 4.0×10^{14}
③ 4.0×10^{16} ④ 2.0×10^{40}

✔ 평형에서는 반응이 더 이상 진행되지 않으며, Nernst 식에서 $E=0$, $Q=K$이고, n은 반응에 참여한 전자의 몰수이다.

$0=E^\circ-\frac{0.05916\,V}{n}\log K$이므로

$E^\circ=\frac{0.05916V}{n}\log K$

$E_{환원}$: $2Fe^{3+}(aq) + 2e^- \rightleftarrows 2Fe^{2+}(aq)$,
$E^\circ = 0.771V$
$E_{산화}$: $Cu^{2+}(aq) + 2e^- \rightleftarrows Cu(s)$,
$E^\circ = 0.339V$
$E^\circ = 0.771-0.339=0.432V$, $n=2$이므로 평형상수 K는 다음과 같다.

$\therefore K=10^{\frac{n\cdot E^\circ}{0.05916}}=10^{\frac{2\times0.432}{0.05916}}=\mathbf{4.022\times10^{14}}$

24 0.050M K_2CrO_4 용액의 Ag_2CrO_4 용해도(g/L)? (단, Ag_2CrO_4의 $K_{sp}=1.1\times10^{-12}$, 분자량은 331.73g/mol이다.)

① 6.2×10^{-2} ② 7.8×10^{-4}
③ 2.5×10^{-4} ④ 2.3×10^{-6}

✔

	$Ag_2CrO_4(s) \rightleftarrows$	$2Ag^+(aq)$	$+CrO_4^{2-}(aq)$
초기(M)			0.050
변화(M)		$+2x$	$+x$
최종(M)		$2x$	$0.050+x$

$K_{sp}=[Ag^+]^2[CrO_4^{2-}]$
$=(2x)^2\times(0.050+x)\simeq(2x)^2\times(0.050)$
$=1.1\times10^{-12}$
$x=2.345\times10^{-6}M$
$\therefore$ Ag_2CrO_4 용해도(g/L)
$=\frac{2.345\times10^{-6}\,mol}{1\,L}\times\frac{331.73\,g}{1\,mol}$
$=\mathbf{7.779\times10^{-4}g/L}$

25 0.100M HCl 용액 25.00mL에 0.100M NaOH 용액 25.10mL를 가했을 때의 pH는? (단, K_w는 1.00×10^{-14}이다.)

① 11.60 ② 10.30
③ 3.70 ④ 2.40

✔ 알짜반응식 $H^+(aq)+OH^-(aq) \rightleftarrows H_2O(l)$
당량점 부피(V_e) : $0.100\times25.00 = 0.100\times V_e$
$\therefore V_e = 25mL$
가한 NaOH 25.1mL는 당량점 이후이므로 당량점 이후에서 과량의 화학종은 OH^-이다.

$[OH^-]=\frac{(0.100\times25.10)-(0.100\times25.00)mmol}{25.10+25.00mL}$
$=1.996\times10^{-4}M$

$[H^+]=\frac{K_w}{[OH^-]}=\frac{1.00\times10^{-14}}{1.996\times10^{-4}}=5.01\times10^{-11}M$

$\therefore pH=-\log(5.01\times10^{-11})=\mathbf{10.30}$

26 다음 중 분석계획 수립 시 필요한 지식이 아닌 것은?

① 표준 분석법에 대한 지식
② 시험기구의 종류에 대한 지식
③ 분석시험 절차에 대한 지식
④ 동료 연구자에 대한 지식

✔ **분석계획 수립하기**
1. **분석시험 방법**에 따라 **실험기구**를 준비한다.
2. 시약 및 초자기구 등 소모품 사용법을 확인한다.
3. 실험에 요구되는 **분석기기의 상태**를 확인한다.

정답 | 22.① 23.② 24.② 25.② 26.④

27 EDTA(ethylenediaminetetraacetic acid, H_4Y)**를 이용한 금속(**M^{n+}**) 적정 시 조건 형성상수** (conditional formation constant) K_f'**에 대한 설명으로 틀린 것은? (단,** K_f**는 형성상수이고, [EDTA]는 용액 중의 EDTA 전체 농도이다.)**

① EDTA(H_4Y) 화학종 중(Y^{4-})의 농도분율을 $\alpha_{Y^{4-}}$로 나타내면, $\alpha_{Y^{4-}}=[Y^{4-}]/[EDTA]$이고 $K_f'=\alpha_{Y^{4-}}K_f$이다.

② K_f'는 특정한 pH에서 형성되는 MY^{n-4}의 양에 관련되는 지표이다.

③ K_f'는 pH가 높을수록 큰 값을 갖는다.

④ K_f를 이용하면 해리된 EDTA의 각각의 이온농도를 계산할 수 있다.

✔ $M^{n+} + Y^{4-} \rightleftarrows MY^{n-4}$ 형성상수

$$K_f = \frac{[MY^{n-4}]}{[M^{n+}][Y^{4-}]}$$

K_f는 금속이온과 화학종 Y^{4-}의 반응에 한정된다.

$M^{n+} + EDTA \rightleftarrows MY^{n-4}$ 조건 형성상수 :

$$K_f' = \alpha_{Y^{4-}} K_f = \frac{[MY^{n-4}]}{[M^{n+}][EDTA]}$$

[EDTA]는 금속이온과 결합하지 않은 전체 EDTA의 농도이며, K_f'는 **EDTA 착물 형성에서 유리 EDTA가 모두 한 형태로 존재**하는 것처럼 취급할 수 있다. Y^{4-}형으로 존재하는 EDTA 분율($\alpha_{Y^{4-}}$)의 정의로부터 $[Y^{4-}]=\alpha_{Y^{4-}}[EDTA]$로 나타낼 수 있으며, 유리 EDTA의 소량만이 Y^{4-} 이온 형태로 존재한다. pH가 주어지면 $\alpha_{Y^{4-}}$를 알 수 있고 K_f'를 구할 수 있는데 이 값은 특정한 pH에서 MY^{n-4}의 형성을 의미한다.

대부분의 EDTA는 pH 10 이하에서 Y^{4-}로 존재하지 않으며, 낮은 pH에서는 주로 HY_3^-와 $H_2Y_2^-$로 존재하고, pH가 높을수록 K_f'는 큰 값을 갖는다.

28 전처리 과정에서 발생 가능한 오차를 줄이기 위한 시험법 중 시료를 사용하지 않고 기타 모든 조건을 시료 분석법과 같은 방법으로 실험하는 방법은?

① 맹시험

② 공시험

③ 조절시험

④ 회수시험

✔ **공시험**(blank test)

시료를 사용하지 않고 다른 모든 조건을 시료 분석법과 같은 방법으로 실험하는 것을 의미한다. 공시험을 진행함으로써 지시약 오차, 시약 중의 불순물로 인한 오차, 기타 분석 중 일어나는 여러 계통 오차 등 시료를 제외한 물질에서 발생하는 오차들을 제거하는 데 사용된다.

Check

- **맹시험**(blind test)
  실용분석에서는 분석값이 일정한 수준까지 재현성 있게 검토될 때까지 분석을 되풀이한다. 이 과정에서 얻어지는 처음 분석값은 조작에 익숙하지 못하여 흔히 오차가 크게 나타나므로 맹시험이라고 하며, 결과에 포함시키지 않고 버리는 경우가 많다. 때로는 그 결과에 따라 시험량, 시액 농도 등을 보다 합리적으로 개선할 수 있다. 따라서 일종의 예비시험이라고 할 수 있다.
- **조절시험**(control test)
  시료와 유사한 성분을 함유한 대조 시료를 만들어 시료 분석법과 같은 방법으로 여러 번 분석한 결과를 분석값과 대조하는 방법이다. 대조 시료를 분석한 다음 기지 함량값과 실제로 얻은 분석값의 차만큼 시료 분석값을 보정하여 주며, 보정값이 함량에 비례할 때에는 비례 계산하여 시료 분석값을 보정한다.
- **회수시험**(recovery test)
  시료와 같은 공존물질을 함유하는 기지농도의 대조 시료를 분석함으로써 공존물질의 방해작용 등으로 인한 분석값의 회수율을 검토하는 것으로, 시료 속의 분석물질의 검출신호가 시료 매트릭스의 방해작용으로 인해 얼마만큼 감소하는가를 검토하는 방법이다.

29 1atm의 값과 가장 거리가 먼 것은?

① 101.325kPa

② 1,013mbar

③ 760mmHg

④ 14.7N/m^2

✔ $1Pa=1N/m^2=1kg \cdot m/s^2 \cdot m^2=1kg/s^2 \cdot m$

$1bar=10^5Pa$

1atm=760mmHg=101,325Pa

∴ 1atm=101.325kPa

=1013.25mbar

=760mmHg

=101,325N/m^2

정답 | 27.④ 28.② 29.④

30 **0.850g의 미지시료에는 KBr(몰질량 119g/mol)과 KNO_3(몰질량 101g/mol)만이 함유되어 있다. 이 시료를 물에 용해한 후 브로민화물을 완전히 적정하는 데 0.0500M $AgNO_3$ 80.0mL가 필요하였다. 이때 고체 시료에 있는 KBr의 무게 백분율은?**

① 44.0%　　② 47.55%
③ 54.1%　　④ 56.0%

✔ $KBr(aq)+KNO_3(aq)+AgNO_3(aq) \rightleftarrows AgBr(s)+2KNO_3(aq)$
가한 $AgNO_3$만큼 AgBr이 생성되며, 브로민화물과 $AgNO_3$는 1 : 1반응이다.

$$(0.0500\times80.0\times10^{-3})\text{mol } AgNO_3\times\frac{1\text{mol KBr}}{1\text{mol } AgNO_3}\times\frac{119\text{g KBr}}{1\text{mol KBr}}=0.476\text{g KBr}$$

$$\therefore \text{무게 백분율}=\frac{0.476\text{g KBr}}{0.850\text{g 시료}}\times100=\mathbf{56.0\%}$$

31 **pH=10.0인 용액을 만들기 위하여 0.5M HCl 용액 100mL에 몇 g의 Na_2CO_3(106.0g/mol)을 첨가해야 하는가? (단, H_2CO_3의 1차 및 2차 해리상수는 각각 4.45×10^{-7}, 4.69×10^{-11}이다.)**

① 5.5g　　② 7.8g
③ 10.5g　　④ 21.0g

✔ HCl 용액에 Na_2CO_3를 사용하여 pH=10.0인 용액을 만들면 HCl와 Na_2CO_3가 반응하여 HCO_3^-와 CO_3^{2-}의 완충용액이 된다. Na_2CO_3 양을 x(g)으로 두면 헨더슨-하셀바흐 식 $pH=pK_a+\log\frac{[A^-]}{[HA]}$로부터 $\frac{[A^-]}{[HA]}$를 구할 수 있다.

$10.0=-\log(4.69\times10^{-11})+\log\frac{[A^-]}{[HA]}$에서 $\frac{[A^-]}{[HA]}$=0.468이다.

반응식 $H^++CO_3^{2-} \rightleftarrows HCO_3^-$으로부터 평형에서의 mol을 구하면 다음과 같다.

	H^+	+	CO_3^{2-}	⇄	HCO_3^-
초기(mol)	0.05		$x(g)\times\frac{1mol}{106g}$		
반응(mol)	−0.05		−0.05		+0.05
평형(mol)	0		$\left(x(g)\times\frac{1mol}{106g}\right)-0.05$		0.05

$$\frac{[CO_3^{2-}]}{[HCO_3^-]}=0.468=\frac{\left(x(g)\times\frac{1mol}{106g}\right)-0.05}{0.05}\text{이다.}$$

따라서 첨가해야 할 Na_2CO_3 양 x(g)=7.78g이다.

32 **다음 화학종 가운데 증류수에서 용해도가 가장 큰 화학종은 무엇인가? (단, 각 화학종의 용해도곱 상수는 괄호 안의 값으로 가정한다.)**

① $AgCl(1.8\times10^{-10})$
② $AgI(8.3\times10^{-17})$
③ $Ni(OH)_2(6.0\times10^{-16})$
④ $Fe(OH)_3(1.6\times10^{-39})$

✔ ① $AgCl \rightleftarrows Ag^+ + Cl^-$
　　　　x　　x
$K_{sp}=[Ag^+][Cl^-]=x^2=1.8\times10^{-10}$
$x=1.34\times10^{-5}M$

② $AgI \rightleftarrows Ag^+ + I^-$
　　　x　　x
$K_{sp}=[Ag^+][I^-]=x^2=8.3\times10^{-17}$
$x=9.11\times10^{-9}M$

③ $Ni(OH)_2 \rightleftarrows Ni^{2+} + 2OH^-$
　　　　x　　$2x$
$K_{sp}=[Ni^{2+}][OH^-]^2=x\times(2x)^2=6.0\times10^{-16}$
$x=5.31\times10^{-6}M$

④ $Fe(OH)_3 \rightleftarrows Fe^{3+} + 3OH^-$
　　　　x　　$3x$
$K_{sp}=[Fe^{3+}][OH^-]^3=x\times(3x)^3=1.6\times10^{-39}$
$x=8.77\times10^{-11}M$

∴ AgCl의 용해도가 가장 크다.

33 **플루오르화칼슘(CaF_2)의 용해도곱은 3.2×10^{-11}이다. 이 염의 포화용액에서 칼슘이온의 몰농도는 몇 M인가?**

① 2.0×10^{-4}　　② 3.4×10^{-4}
③ 6.2×10^{-6}　　④ 3.9×10^{-11}

✔ $CaF_2(s)$를 물에 용해하면 다음과 같은 평형을 이룬다.
$CaF_2(s) \rightleftarrows Ca^{2+}(aq) + 2F^-(aq)$
　　　　　x　　　$2x$
$K_{sp}=[Ca^{2+}][F^-]^2=x\times(2x)^2=3.2\times10^{-11}$
$\therefore x=[Ca^{2+}]=\mathbf{2.0\times10^{-4}}M$

정답 | 30.④ 31.② 32.① 33.①

34 Na_2SO_4 7.1g을 사용하여 최종 부피를 1L로 만든 Na_2SO_4 용액이 있다. 이 용액의 이온세기는? (단, Na_2SO_4의 몰질량은 142g/mol이다.)

① 0.05M　② 0.10M
③ 0.15M　④ 0.20M

✔ 이온세기는 용액 중에 있는 이온의 전체 농도를 나타내는 척도이다.

이온세기$(\mu) = \frac{1}{2}(C_1Z_1^2 + C_2Z_2^2 + \cdots)$

여기서, C_1, C_2, … : 이온의 몰농도
Z_1, Z_2, … : 이온의 전하

$$[Na_2SO_4] = \frac{7.1\text{g } Na_2SO_4 \times \frac{1\text{mol } Na_2SO_4}{142\text{g } Na_2SO_4}}{1\text{L}} = 0.05\text{M}$$

반응식	Na_2SO_4	→	$2Na^+$	+	SO_4^{2-}
농도(M)			0.05×2=0.1		0.05

$\therefore$ 이온세기$= \frac{1}{2}[(0.1\times1^2)+(0.05\times(-2)^2)]$
$= 0.15\text{M}$

35 삼양성자성 산의 해리 평형반응에 대한 산 평형상수(K_a)와 염기 평형상수(K_b)의 관계식 중 틀린 것은?

① $A^{3-}+H_2O \rightleftarrows HA^{2-}+OH^-$, $K_{b3} = \frac{K_w}{K_{a3}}$

② $HA^{2-}+H_2O \rightleftarrows H_2A^-+OH^-$, $K_{b2} = \frac{K_w}{K_{a2}}$

③ $H_3A+H_2O \rightleftarrows H_2A^-+H_3O^+$, $K_{a1} = K_1$

④ $H_2A^-+H_2O \rightleftarrows HA^{2-}+H_3O^+$, $K_{a2} = K_2$

✔ **삼양성자성 산과 염기**

㉠ 산 평형상수
- $H_3A+H_2O \rightleftarrows H_2A^-+H_3O^+$ … $K_{a1} = K_1$
- $H_2A^-+H_2O \rightleftarrows HA^{2-}+H_3O^+$ … $K_{a2} = K_2$
- $HA^{2-}+H_2O \rightleftarrows A^{3-}+H_3O^+$ … $K_{a3} = K_3$

㉡ 염기 평형상수
- $A^{3-}+H_2O \rightleftarrows HA^{2-}+OH^-$ … K_{b1}
- $HA^{2-}+H_2O \rightleftarrows H_2A^-+OH^-$ … K_{b2}
- $H_2A^-+H_2O \rightleftarrows H_3A+OH^-$ … K_{b3}

㉢ K_a와 K_b의 관계
- $K_{a1}\times K_{b3} = K_w$
- $K_{a2}\times K_{b2} = K_w$
- $K_{a3}\times K_{b1} = K_w$

36 0.050M Fe^{2+} 100.0mL를 0.100M Ce^{4+}로 산화·환원이 적정하다고 가정하자. $V_{Ce^{4+}}$ 50.0mL일 때 당량점에 도달한다면 36.0mL를 가했을 때의 전지전압은? (단, $E°_{+(Fe^{3+}/Fe^{2+})}$=0.767V, $E°_{-calomel}$=0.241V, 적정반응 : $Fe^{2+} + Ce^{4+} \rightleftarrows Fe^{3+} + Ce^{3+}$)

① 0.526V　② 0.550V
③ 0.626V　④ 0.650V

✔ 적정반응 : $Ce^{4+} + Fe^{2+} \rightleftarrows Ce^{3+} + Fe^{3+}$
지시전극에서의 두 가지 평형
- $Fe^{3+}+e^- \rightleftarrows Fe^{2+}$, $E°$=0.767V
- $Ce^{4+}+e^- \rightleftarrows Ce^{3+}$, $E°$=1.70V

당량점이 50.0mL이므로 가한 부피 36.0mL는 당량점 이전이다.
일정량의 Ce^{4+}를 첨가하면 적정반응에 따라 Ce^{4+}은 소비하고, 같은 몰수의 Ce^{3+}와 Fe^{3+}이 생성된다. 당량점 이전에는 용액 중에 반응하지 않은 여분의 Fe^{2+}가 남아 있으므로, Fe^{2+}와 Fe^{3+}의 농도를 쉽게 구할 수 있다.

	Fe^{2+} +	Ce^{4+} ⇄	Fe^{3+} +	Ce^{3+}
초기 (mmol)	0.050 ×100.0	0.100 ×36.0		
변화 (mmol)	−0.100 ×36.0	−0.100 ×36.0	+0.100 ×36.0	+0.100 ×36.0
최종 (mmol)	1.4	0	3.6	3.6

$E_{전지} = E_+ - E_-$

$E_{전지} = \left[0.767 - 0.05916\log\frac{[Fe^{2+}]}{[Fe^{3+}]}\right] - 0.241$에서

$\frac{[Fe^{2+}]}{[Fe^{3+}]}$의 부피는 136mL이므로 몰농도비를 몰수비로 나타낼 수 있다.

$\therefore E_{전지} = \left[0.767 - 0.05916\log\frac{1.4}{3.6}\right] - 0.241$
$= 0.550\text{V}$

37 다음 각각의 용액에 1M의 HCl을 2mL씩 첨가하였다. 다음 중 어떤 용액이 가장 작은 pH 변화를 보이겠는가?

① 0.1M NaOH 15mL
② 0.1M CH_3COOH 15mL
③ 0.1M NaOH 30mL와 0.1M CH_3COOH 30mL의 혼합용액
④ 0.1M NaOH 30mL와 0.1M CH_3COOH 60mL의 혼합용액

정답 | 34.③ 35.① 36.② 37.④

✔ 완충용액은 산이나 염기의 첨가나 희석에 대해 pH 변화를 막아 주는 용액으로, 일반적으로 완충용액은 아세트산/아세트산소듐이나 염화암모늄/암모니아와 같은 약산 또는 약염기의 짝산/짝염기 쌍으로 만들어진다.

① 0.1M NaOH 15mL : 염기성 용액
② 0.1M CH_3COOH 15mL : 산성 용액
③ 0.1M NaOH 30mL와 0.1M CH_3COOH 30mL의 혼합용액 : 모두 반응하여 CH_3COO^-의 염기성 용액
④ 0.1M NaOH 30mL와 0.1M CH_3COOH 60mL의 혼합용액 : CH_3COOH와 CH_3COO^-의 **완충용액**

Check

산과 염기의 첨가효과

약산 HA가 다음과 같은 평형을 이루고 있을 때

$HA + H_2O \rightleftarrows H_3O^+ + A^-$

1. 강산이 첨가되면 $[H_3O^+]$가 증가해 역반응이 진행되어 A^-가 HA로 바뀐다.
2. 강염기가 첨가되면 $[H_3O^+]$가 감소해 정반응이 진행되어 HA가 A^-로 바뀐다.
3. 강산이나 강염기를 너무 많이 첨가하여 HA나 A^-가 모두 소모되지 않는 한 헨더슨-하셀바흐 식의 $\log\frac{[A^-]}{[HA]}$의 변화가 크지 않아 pH의 변화도 크지 않게 된다.

38 성분이온 중 한 가지 이상이 용액 중에 들어 있는 경우 그 염의 용해도가 감소하는 현상을 공통이온효과라고 한다. 다음 중 공통이온효과와 가장 관련이 있는 원리(법칙)는?

① 파울리(Pauli)의 배타원리
② 비어(Beer)의 법칙
③ 패러데이(Faraday) 법칙
④ 르 샤틀리에(Le Chatelier) 원리

✔ • **르 샤틀리에 원리**(Le chatelier's principle) : 동적 평형상태에 있는 반응 혼합물에 자극(스트레스)을 가하면 그 자극의 영향을 감소시키는 방향으로 평형이 이동하여 새로운 평형에 도달한다.

• 농도 변화에 따른 평형 이동 : 어떤 반응이 평형상태에 있을 때 반응물이나 생성물의 농도를 변화시키면 그 농도 변화를 줄이는 방향으로 알짜반응이 진행되어 평형이 이동한다.
  ㉠ 반응물이나 생성물의 농도 증가 → 그 물질의 농도가 감소하는 방향으로 평형 이동
  ㉡ 반응물이나 생성물의 농도 감소 → 그 물질의 농도가 증가하는 방향으로 평형 이동

• 공통이온효과는 용해 평형에서 생성물(공통이온)의 농도가 증가되는 자극이 가해진 것과 같아 생성물(공통이온)의 농도가 감소하는 방향으로 평형이 이동되어 용해도는 감소되고 석출량은 증가된다.

39 25℃에서 100mL의 물에 몇 g의 Ag_3AsO_4가 용해될 수 있는가? (단, 25℃에서 Ag_3AsO_4의 $K_{sp} = 1.0\times10^{-22}$, Ag_3AsO_4의 분자량은 462.53 g/mol이다.)

① 6.42×10^{-4}g　② 6.42×10^{-5}g
③ 4.53×10^{-9}g　④ 4.53×10^{-10}g

✔ Ag_3AsO_4를 물에 용해하면 다음과 같은 평형을 이룬다.

$Ag_3AsO_4(s) \rightleftarrows \underset{3x}{\underline{3Ag^+}}(aq) + \underset{x}{\underline{AsO_4^{3-}}}(aq)$

$K_{sp} = [Ag^+]^3[AsO_4^{3-}] = 1.0\times10^{-22}$

$(3x)^3 \times x = 27x^4 = 1.0\times10^{-22}$

$x = 1.387\times10^{-6}$mol/L

1L에 1.387×10^{-6}mol이 용해되므로 100mL = 0.1L에 용해되는 Ag_3AsO_4의 질량을 구할 수 있다.

$\frac{1.387\times10^{-6}\text{mol } Ag_3AsO_4}{1L} \times \frac{462.53g\ Ag_3AsO_4}{1mol\ Ag_3AsO_4}$

$\times 0.1L$

$= \mathbf{6.42\times10^{-5}g}$ Ag_3AsO_4

40 CaC_2O_4을 포함하고 있는 미지시료 0.603g을 불꽃으로 강열하여 0.231g의 CaO을 얻었다. 이 미지시료 내에 포함된 Ca^{2+}의 무게백분율은 얼마인가? (단, Ca의 원자량은 40.08)

① 16.5%　② 27.4%
③ 38.4%　④ 53.6%

✔ 미지시료 중의 Ca^{2+}의 몰수는 CaO의 몰수와 같으므로 Ca^{2+}의 질량은 다음과 같다.

$0.231g\ CaO \times \frac{1mol\ CaO}{56.08g\ CaO} \times \frac{1mol\ Ca^{2+}}{1mol\ CaO}$

$\times \frac{40.08g\ Ca^{2+}}{1mol\ Ca^{2+}}$

$= 0.165g$

따라서 미지시료 내에 포함된 Ca^{2+}의 무게백분율은 다음과 같다.

$\frac{0.165g\ Ca^{2+}}{0.603g\ 시료} \times 100 = \mathbf{27.36\%}$

정답 | 38.④ 39.② 40.②

제3과목 | 화학물질 특성 분석

41 **다음 중 열무게분석법(TGA)으로 얻을 수 있는 정보가 아닌 것은?**

① 분해반응
② 산화반응
③ 기화 및 승화
④ 고분자 분자량

✔ 열무게분석법에서는 조절된 수위조건하에서 시료의 온도를 증가시키면서 시료의 무게를 시간 또는 온도의 함수로 연속적으로 기록하며, 시간의 함수로 무게 또는 무게백분율을 도시한 것을 열분해 곡선 또는 열분석도라고 하는데 **분해반응과 산화반응, 기화, 승화**, 탈착 등과 같은 물리적 변화를 이용한다. 또한 열무게측정법은 여러 종류의 중합체 합성물의 분해 메커니즘에 대한 정보를 제공한다.

42 **시차열분석(DTA)으로 벤조산 시료 측정 시 대기압에서 측정할 때와 200psi에서 측정할 때 봉우리가 일치하지 않은 이유를 가장 잘 설명한 것은 어느 것인가?**

① 모세관법으로 측정하지 않았기 때문이다.
② 높은 압력에서 시료가 파괴되었기 때문이다.
③ 높은 압력에서 밀도의 차이가 생겼기 때문이다.
④ 높은 압력에서 끓는점이 영향을 받았기 때문이다.

✔ **시차열분석 특성**
유기화합물의 녹는점, 끓는점 및 분해점 등을 측정하는 간단하고 정확한 방법으로, 일반적으로 모세관법이나 가열관법으로 얻은 값보다 더 정밀하고 재현성이 있다. 시차열분석은 압력에 영향을 받는데 높은 압력에서는 끓는점이 높아지므로 시차열분석도의 결과도 달라진다. 대기압(1atm)에서와 200psi(13.6atm)에서 벤조산의 시차열분석도를 비교하면 두 개의 봉우리가 나타나는데, 첫 번째 봉우리는 벤조산의 녹는점을 나타내고, 두 번째 봉우리는 벤조산의 끓는점을 나타낸다. 끓는점을 나타내는 두 번째 봉우리가 일치하지 않는 것은 더 높은 압력인 200psi에서 측정한 벤조산의 **두 번째 봉우리가 더 높은 온도에서 나타나기 때문이다.**

43 **질량분석법에서 분자의 전체 스펙트럼(full spectrum)을 알 수 있는 검출방법은?**

① MRM 모드 ② SCAN 모드
③ SIM 모드 ④ SRM 모드

✔ 질량분석법의 **SCAN 모드**는 분자의 전체 스펙트럼(full spectrum)을 알 수 있는 검출방법이다.

44 **전기화학전지에 사용되는 염다리(salt bridge)에 대한 설명으로 틀린 것은?**

① 염다리의 목적은 전지 전체를 통해 전기적으로 양성상태를 유지하는 데 있다.
② 염다리는 양쪽 끝에 반투과성의 막이 있는 이온성 매질이다.
③ 염다리는 고농도의 KNO_3를 포함하는 젤로 채워진 U자관으로 이루어져 있다.
④ 염다리의 농도가 반쪽전지의 농도보다 크기 때문에 염다리 밖으로의 이온의 이동이 염다리 안으로의 이온의 이동보다 크다.

✔ **염다리(salt bridge)**
고농도의 KNO_3 또는 전지반응과 무관한 다른 전해질을 포함하는 젤(gel)로 채워진 U자 형태의 관이다. 염다리의 양쪽 끝에는 다공성의 유리판이 있어 염다리의 안과 밖의 서로 다른 두 용액이 섞이는 것을 최소화하고 이온들은 확산될 수 있게 함으로써 **전지의 전기적 중성을 유지해 주는** 역할을 한다. 염다리 속 염의 농도가 반쪽전지에 들어 있는 염의 농도보다 매우 크기 때문에 염다리를 빠져 나오는 이온의 이동이 염다리로 들어가는 이온의 이동보다 훨씬 더 많다.

45 **액체 크로마토그래피에서 보호(guard)칼럼에 대한 설명으로 틀린 것은?**

① 분석하는 주칼럼을 오래 사용할 수 있게 해 준다.
② 시료 중에 존재하는 입자나 용매에 들어 있는 오염물질을 제거해 준다.
③ 정지상에 비가역적으로 붙은 물질들을 제거해 준다.
④ 잘 걸러주기 위하여 입자의 크기는 되도록 분석칼럼보다 작은 것을 사용한다.

정답 | 41.④ 42.④ 43.② 44.① 45.④

보호칼럼

1. 분석칼럼의 수명 연장을 위해 사용한다.
2. 보통 짧은 보호칼럼을 분석관 앞에 설치하여 용매에서 들어오는 입자성 물질과 오염물질뿐만 아니라 정지상에 비가역적으로 결합되는 시료 성분을 제거한다.
3. 분석칼럼의 분리효율을 높이고 분리시간을 단축시키기 위해 사용한다.
4. 보호칼럼 충전물의 조성은 분석칼럼의 조성과 거의 같아야 하고, **입자의 크기는 비슷하거나 더 크게 하여 압력강하를 최소화한다.**
5. 이동상을 정지상으로 포화시키는 역할도 한다.
   ➜ 정지상의 손실을 최소화 할 수 있다.
6. 오염되었을 때는 다시 충전물을 채우거나 새것으로 교체한다.

46 질량분석법에서 순수한 시료가 시료도입장치를 통해 이온화실로 도입되어 이온화된다. 분자를 기체상태 이온으로 만들 때 사용하는 장치가 아닌 것은?

① 전자충격이온화(EI)
② 매트릭스지원탈착이온화(MALDI)
③ 장이온화(FI)
④ 화학이온화(CI)

기체-상(gas-phase) 이온화 장치

시료를 기체로 만든 상태에서 이온화시키는 방법으로 끓는점이 500℃ 이하의 열에 안정한 시료에 적용할 수 있으며, 분자량이 1,000보다 큰 물질의 분석에는 불리하다. 종류로는 **전자충격이온화**(EI, electron impact ionization), **화학이온화**(CI, chemical ionization), **장탈착이온화**(FDI, field desorption ionization)가 있다.

47 다음 중 질량분석법에서 m/z비에 따라 질량을 분리하는 장치가 아닌 것은? (단, m은 질량, z는 전하이다.)

① 사중극자(Quadrupole) 분석기
② 이중초점(Double Focusing) 분석기
③ 전자증배관(Electron Multiplier) 분석기
④ 자기장 부채꼴(Magnetic Sector) 분석기

질량분석기의 종류

1. 자기장 섹터 분석기(=**자기장 부채꼴 질량분석기**, 단일초점 분석기)
2. **이중초점 분석기**
3. **사중극자 질량분석기**
4. 비행-시간 분석기(TOF)
5. 이온포착(이온포집) 분석기
6. Fourier 변환 질량분석기

48 길이 30.0cm의 분리칼럼을 사용하여 용질 A와 B를 분석하였다. 용질 A와 B의 머무름시간은 각각 13.40분과 16.40분이고, 봉우리 너비는 각각 1.25분과 1.38분이었으며, 머물지 않는 화학종은 1.40분 만에 통과하였다. 선택인자(α)는 얼마인가?

① 0.80 ② 1.25
③ 10.72 ④ 11.88

선택인자(α)는 두 분석물질 간의 상대적인 이동속도를 나타낸다.
두 화학종 A, B에 대한 선택인자

$$\alpha = \frac{K_B}{K_A} = \frac{k_B'}{k_A'} = \frac{(t_R)_B - t_M}{(t_R)_A - t_M}$$

여기서, K_B : 더 세게 붙잡혀 있는 화학종 B의 분배계수
K_A : 더 약하게 붙잡혀 있거나 또는 더 빠르게 용리되는 화학종 A의 분배계수

따라서 선택인자 $\alpha = \frac{16.40\text{분} - 1.40\text{분}}{13.40\text{분} - 1.40\text{분}} = 1.25$

49 가스 크로마토그래피에서 비누거품 유속계를 이용하여 유속을 측정하는 방법을 바르게 설명한 것은?

① 비누거품 유속계를 유속제어기 바로 뒤에 연결하여 유속을 측정한다.
② 비누거품 유속계를 시료주입기 바로 앞에 연결하여 유속을 측정한다.
③ 비누거품 유속계를 칼럼 바로 앞에 연결하여 유속을 측정한다.
④ 비누거품 유속계를 칼럼 바로 뒤에 연결하여 유속을 측정한다.

비누거품 유속계는 **칼럼 바로 뒤에 연결**하여 유속을 측정한다.

정답 | 46.② 47.③ 48.② 49.④

50 용액 속에서 전해반응으로 생성시킨 I_2를 이용하면 그 용액 속에 함께 존재하는 $H_2S(aq)$의 농도를 분석할 수 있다. 50.0mL의 $H_2S(aq)$ 시료에 KI 4g을 가한 후 52.6mA의 전류로 812초 동안 전해하였더니 당량점에 도달하였다. H_2S 시료 용액의 농도(mM)는? (단, 원소의 원자량은 S=32.066, K=39.098, I=126.904, H=1.007이다.)

$$H_2S + I_2 \rightarrow S(s) + 2H^+ + 2I^-$$

① 0.443mM ② 0.885mM
③ 4.43mM ④ 8.85mM

✔ 전하량(C)=전압(A)×시간(s), 1mol의 전자의 전하량은 96,485C이고, 반응식 $I_2 + 2e^- \rightleftarrows 2I^-$으로부터 I_2를 이용하여 H_2S 시료 용액의 농도를 구하면 다음과 같다.

$$\frac{(52.6\times10^{-3}\text{A}\times812\text{s})\times\frac{1\text{mol } e^-}{96{,}485\text{C}}\times\frac{1\text{mol I}_2}{2\text{mol } e^-}\times\frac{1\text{mol H}_2\text{S}}{1\text{mol I}_2}}{50.0\times10^{-3}\text{L}}$$

$= 4.427\times10^{-3}\text{M} = \mathbf{4.43mM}$

51 전력보상 DSC의 구성장치가 아닌 것은?

① 두 개의 독립적인 전기로
② 콘스탄탄 열전기 원판
③ 시료 받침대
④ 백금저항온도계

✔ **시차주사열량법(DSC)**
1. 전력보상 DSC : 시료와 기준물질 사이의 온도를 동일하게 유지시키는 데 필요한 전력을 측정한다.
2. 열흐름 DSC : 시료와 기준물질로 들어오는 열흐름의 차이를 측정하며, 시료물질과 기준물질로 열을 전달하는 데 사용되는 열전기 원판인 콘스탄탄을 사용한다. 콘스탄탄의 주성분은 구리(Cu)와 니켈(Ni)이다.

52 조절전위 전기분해에서 각각의 기능과 역할에 대한 설명으로 틀린 것은?

① 전류는 대부분 작업전극과 보조전극 사이에서 흐른다.
② 기준전극에는 무시할 수 있을 만큼 작은 전류가 흐른다.
③ 기준전극의 전위는 저항전위, 농도차 분극, 과전위의 영향을 받지 않게 되어 일정한 전위가 유지된다.
④ 일정전위기(potentiostat)는 작업, 보조, 기준전극의 전위를 일정하게 하기 위해서 사용한다.

✔ 일정전위기는 **작업전극의 전위를 기준전극에 대해 일정하게 유지시키기 위해** 사용하는 장치로, 전기분해의 선택성을 높인다.

53 얇은 층 크로마토그래피(TLC)에서 지연지수(R_f)에 대한 설명 중 틀린 것은?

① 1에 근접한 값을 가지면 이동상보다 정지상에 분배가 크다.
② 머무름인자(κ)와 지연지수(R_f)와의 관계는 $\kappa = \frac{1-R_f}{R_f}$이다.
③ 시료가 이동한 거리를 이동상이 이동한 거리로 나눈 값이다.
④ 정지상의 두께가 지연지수 값에 영향을 준다.

✔ **지연지수, 지연인자(R_f)**
1. 용매의 이동거리와 용질(각 성분)의 이동거리의 비(시료의 출발선으로부터 측정한 직선거리)이다.

$$R_f = \frac{d_R}{d_M}$$

여기서, d_M : 용매의 이동거리
d_R : 용질의 이동거리

2. **R_f값이 1에 근접한 값을 가지면** 시료가 이동상을 따라 많이 이동해야 하므로 **정지상보다 이동상에 분배가 크다.**
3. R_f값에 영향을 주는 변수 : 정지상의 두께, 이동상과 정지상의 수분 함량, 온도, 전개상자의 이동상 증기의 포화 정도, 시료의 크기 등
4. 머무름인자(κ)와 지연지수(R_f)와의 관계

$$\kappa = \frac{1-R_f}{R_f}$$

54 시차열분석법(DTA) 열곡선의 피크 너비와 관련 없는 것은?

① 엔탈피 변화(ΔH) ② 시료의 질량
③ 시료의 열전도도 ④ 시료의 주입시간

정답 I 50.③ 51.② 52.④ 53.① 54.④

✔ 시차열분석법(DTA) 열곡선의 피크 너비는 **엔탈피 변화, 시료의 질량, 시료의 구조 및 열전도도와 같은 요인들과 관계있고**, 열곡선의 모양은 시료의 입자 크기, 시료가 채워진 상태, 가열 속도, 가열로 내부의 대류 특성 등에 의존한다.

55 전위차법에서 사용하는 기준전극에 대한 설명으로 틀린 것은?

① 반전지 전위값이 알려져 있어야 한다.
② 일정값의 전극전위값을 가지고 있다.
③ 측정하려는 조성물질과 잘 반응해야 한다.
④ 기준전극은 전위차법 측정에서 항상 왼쪽 전극으로 취급한다.

✔ 기준전극은 분석물의 농도나 다른 이온 농도에 영향을 받지 않고 일정한 전극전위값을 가져야 하므로 **측정하려는 조성물질과 반응하지 않아야 한다.**

56 카드뮴 전극이 0.0150M Cd^{2+} 용액에 담겨진 경우 반쪽전지의 전위를 Nernst 식을 이용하여 구하면 약 몇 V인가?

$$Cd^{2+} + 2e^- \rightleftarrows Cd(s),\ E^\circ = -0.403V$$

① −0.257 ② −0.311
③ −0.457 ④ −0.511

✔ Nernst 식

$$E = E^\circ - \frac{0.05916}{n}\log Q$$

$$E = -0.403 - \frac{0.05916}{2}\log\frac{1}{0.0150} = \mathbf{-0.457V}$$

57 이온억제칼럼을 사용하는 이온 크로마토그래피에서 음이온을 분리할 때 사용하는 이동상은 어떤 화학종을 포함하고 있는가?

① NaCl ② $NaHCO_3$
③ $NaNO_3$ ④ Na_2SO_4

✔ 음이온을 분리하는 경우 억제칼럼 충전물은 양이온 수지의 산성형이므로 이동상으로 **$NaHCO_3$** 또는 Na_2CO_3를 사용하는데, 억제칼럼에서의 반응생성물인 H_2CO_3가 해리도가 낮아 전도도에 거의 영향을 주지 않기 때문이다.

58 질량분석기로 $C_2H_4^+$ (MW=28.0313)과 CO^+ (MW=27.9949)의 봉우리를 분리하는 데 필요한 분리능은 약 얼마인가?

① 770 ② 1,170
③ 1,570 ④ 1,970

✔ 분리능(R)
질량분석기가 두 질량 사이의 차를 식별 분리할 수 있는 능력

$$R = \frac{m}{\Delta m}$$

여기서, Δm : 겨우 분리된 가까운 두 봉우리 사이의 질량 차이
m : 첫 번째 봉우리의 명목상 질량 또는 두 봉우리의 평균 질량

$$\therefore R = \frac{\frac{28.0313 + 27.9949}{2}}{28.0313 - 27.9949} = \mathbf{769.6}$$

59 유리전극으로 pH를 측정할 때 영향을 주는 오차의 요인이 아닌 것은?

① 높은 이온세기 용액의 오차
② 알칼리 오차
③ 산 오차
④ 표준 완충용액의 pH 오차

✔ ① **낮은 이온세기의 용액** : 이온세기가 너무 낮으면 용액의 전기전도도가 작아 pH 측정이 어려워진다.
② 알칼리 오차 : 유리전극은 H^+에 선택적으로 감응하는데, pH 11~12보다 큰 용액에서는 H^+의 농도가 낮고 알칼리금속 이온의 농도가 커서 전극이 알칼리금속 이온에 감응하기 때문에 측정된 pH는 실제 pH보다 낮아진다.
③ 산 오차 : pH가 0.5보다 낮은 강산 용액에서는 유리 표면이 H^+로 포화되어 H^+이 더 이상 결합할 수 없기 때문에 측정된 pH는 실제 pH보다 높아진다.
④ 표준 완충용액의 불확정성

60 25℃, 1기압에서 Ca^{2+} 이온의 농도가 10배 변할 때 Ca^{2+} 이온 선택성 전극의 전위는?

① 2배 증가한다.
② 10배 증가한다.
③ 약 30mV 변화한다.
④ 약 60mV 변화한다.

정답 I 55.③ 56.③ 57.② 58.① 59.① 60.③

✔ Nernst 식

$E = E° - \frac{0.05916\text{V}}{n}\log Q$에서 반응지수 Q값이 10배 변화할 때마다, 전위는 $\frac{59.16}{n}$mV씩 변화한다.

$Ca^{2+} + 2e^- \rightarrow Ca$에서 $n=2$이므로

전위는 $\frac{59.16}{2} = 29.58$mV 변화한다.

제4과목 | 화학물질 구조 및 표면 분석

61 **다음은 트립토판에 대한 세 가지 유형의 광발광 스펙트럼이다. 각 파장에 해당되는 현상을 바르게 나타낸 것은?**

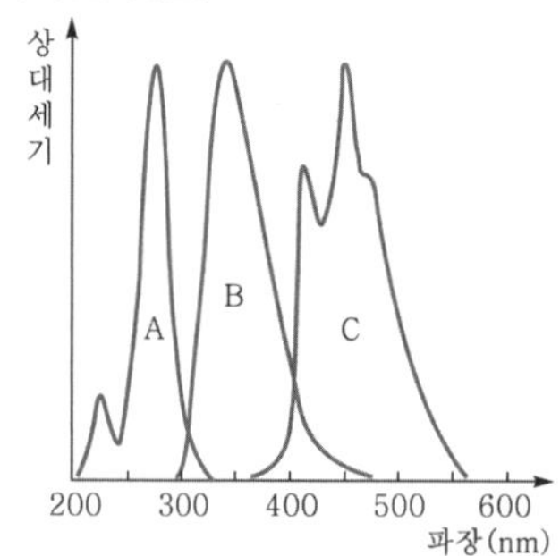

① A : 들뜸, B : 형광, C : 인광
② A : 형광, B : 들뜸, C : 인광
③ A : 인광, B : 형광, C : 들뜸
④ A : 들뜸, B : 인광, C : 형광

✔

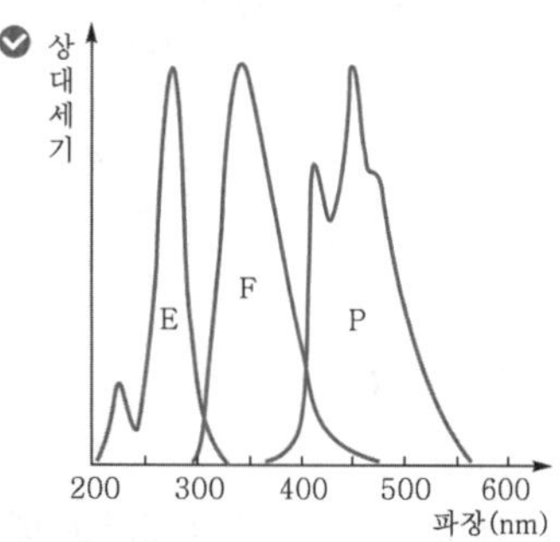

형광 방출을 생성하는 첫 번째 단계는 복사선을 흡수하여 들뜬 상태를 만드는 것이기 때문에 들뜸(E) 스펙트럼은 동일한 조건에서 얻은 흡수 스펙트럼과 본질적으로 동일하다. 광발광은 일반적으로 들뜸(E) 파장보다 긴 파장에서 발생한다. 인광(P) 띠는 일반적으로 형광(F) 띠보다 더 긴 파장에서 발견되는데, 이는 들뜬 삼중항 상태는 대개의 경우 해당하는 단일한 상태보다 에너지가 낮기 때문이다($\lambda_{인광} > \lambda_{형광} > \lambda_{들뜸}$).

A : 들뜸, B : 형광, C : 인광

62 **불꽃원자화 장치와 전열원자화 장치의 특징에 대한 설명으로 틀린 것은?**

① 불꽃원자화 장치는 불꽃을 통해 전기를 운반할 수 있는 전자와 이온을 만든다.
② 불꽃원자화 장치는 재현성은 좋으나 시료효율, 감도는 좋지 않다.
③ 전열원자화 장치가 불꽃원자화 장치보다 많은 양의 시료를 필요로 한다.
④ 전열원자화 장치의 경우 중앙에 구멍이 있는 원통형 흑연관에서 원자화가 일어난다.

✔ • **불꽃원자화 장치**

1. 시료용액을 기체 연료와 혼합된 산화제 기체의 흐름에 의해 분무시켜 불꽃 속으로 도입시켜 원자화한다.
2. 불꽃을 통해 전기를 운반할 수 있는 전자와 이온을 만든다.
3. 재현성이 우수하다.
4. 많은 시료가 폐기통으로 빠져 나가며 각 원자가 빛살 진로에서 머무는 시간이 짧기(10^{-4}s 정도) 때문에 시료 효율과 감도는 좋지 않다.

• **전열원자화 장치**

1. 시료를 양 끝이 열려 있고 중앙에 구멍이 있는 원통형 흑연관의 시료 주입구를 통해 마이크로피펫으로 주입하고 전기로의 온도를 높여 원자화한다.
2. 원자가 빛 진로에 머무는 시간이 1초 이상으로 원자화 효율이 우수하다.
3. 감도가 높아 작은 부피의 시료도 측정 가능하다.
4. 고체, 액체 시료를 용액으로 만들지 않고 직접 원자화가 가능하다.

63 **NMR 분광법에서 할로겐화 메틸(CH_3X)의 경우에 양성자의 화학적 이동값(δ)이 가장 큰 것은 어느 것인가?**

① CH_3Br
② CH_3Cl
③ CH_3F
④ CH_3I

정답 | 61.① 62.③ 63.③

✔ **화학적 이동에 영향을 주는 요인**

1. 외부 자기장의 세기 : 외부 자기장 세기가 클수록 화학적 이동(ppm)은 커지며, δ값은 상대적인 이동을 나타내는 값이어서 Hz값의 크기와 상관없이 일정한 값을 갖는다.
2. 핵 주위의 전자밀도(가리움 효과) : 핵 주위의 전자밀도가 크면 외부 자기장의 세기를 많이 상쇄시켜 가리움이 크고, 핵 주위의 전자밀도가 작으면 외부 자기장의 세기를 적게 상쇄시키므로 가리움이 적다. 가리움이 적을수록 낮은 자기장에서 봉우리가 나타난다.

∴ 전기음성도가 큰 F로 치환된 CH_3F의 핵 주위의 전자밀도가 가장 작고, 가리움 효과가 작아져서 낮은 자기장에서 봉우리가 나타난다. 즉, **화학적 이동값은 가장 커진다.**

64 **^{1}H−NMR에서 외부자기장의 세기가 다음과 같을 때 외부자기장의 세기와 수소핵이 흡수하는 주파수(MHz)가 서로 일치하는 것은? (단, 질량수가 1인 수소의 자기회전비는 2.68×10^8/T·s 이다.)**

① 1.41T, 60MHz
② 1.41T, 120MHz
③ 2.81T, 200MHz
④ 4.69T, 300MHz

✔ $\Delta E = h\nu = \gamma\left(\dfrac{h}{2\pi}\right)B_0,\ \nu = \dfrac{\gamma B_0}{2\pi}$

여기서, h : Plank 상수
γ : 자기회전비율
B_0 : 외부자기장 세기

- 외부자기장의 세기가 1.41T일 때, 수소핵이 흡수하는 주파수(MHz)
$= \dfrac{(2.68\times10^8)\times1.41}{2\pi} = 6.01\times10^7/\text{s}$
$= 6.01\times10^7$Hz, 즉 **60.1MHz**
- 외부자기장의 세기가 2.81T일 때, 수소핵이 흡수하는 주파수(MHz)
$= \dfrac{(2.68\times10^8)\times2.81}{2\pi} = 1.20\times10^8/\text{s}$
$= 1.20\times10^8$Hz, 즉 **120MHz**
- 외부자기장의 세기가 4.69T일 때, 수소핵이 흡수하는 주파수(MHz)
$= \dfrac{(2.68\times10^8)\times4.69}{2\pi} = 2.00\times10^8/\text{s}$
$= 2.00\times10^8$Hz, 즉 **200MHz**

65 **복사선을 흡수하면 에너지준위 사이에서 전자전이가 일어나게 되는데, 다음 전이 중 파장이 짧은 복사선을 흡수하는 전자전이는?**

① $\sigma \rightarrow \sigma^*$　② $\pi \rightarrow \pi^*$
③ $n \rightarrow \sigma^*$　④ $n \rightarrow \pi^*$

✔ **분자 내 전자전이의 에너지 크기 순서**

$n \rightarrow \pi^* < \pi \rightarrow \pi^* < n \rightarrow \sigma^* < \sigma \rightarrow \sigma^*$

에너지↓ 파장↑ ...... 에너지↑ **파장↓**

66 **방출분광계의 바람직한 특성이 아닌 것은?**

① 고분해능
② 빠른 신호 획득과 회복
③ 높은 세기의 미광 복사선
④ 정확하고 정밀한 파장 확인 및 선택

✔ **방출분광계의 바람직한 특성**

1. 고분해능
2. 빠른 신호 획득과 회복
3. 정확하고 정밀한 파장 확인 및 선택
4. **낮은 세기의 미광 복사선**
5. 넓은 측정농도 범위
6. 정밀한 세기 읽기
7. 주위 환경변화에 대한 높은 안정도
8. 쉬운 바탕보정

67 **NMR 스펙트럼의 1차 스펙트럼 해석에 대한 규칙의 설명으로 틀린 것은?**

① 동등한 핵들은 다중흡수봉우리를 내주기 위하여 서로 상호작용하지 않는다.
② 짝지음 상수는 네 개의 결합길이보다 큰 거리에서는 짝지음이 거의 일어나지 않는다.
③ 띠의 다중도는 이웃 원자에 있는 자기적으로 동등한 양성자의 수(n)에 의해 결정되며, n으로 주어진다.
④ 짝지음 상수는 가해 준 자기장에 무관하다.

✔ **^{1}H NMR에서의 스핀−스핀 갈라짐**

n개의 서로 동등하며 이웃한 양성자를 갖는 양성자의 신호는 짝지음 상수 J를 갖는 **$n+1$개의 다중선으로 분리**된다.

➜ 두 탄소 이상 서로 떨어져 있는 양성자는 보통 짝짓지 않지만, 서로 결합에 의해 분리되어 있을 때 작은 짝지음 상수를 나타내는 경우도 있다.

정답 | 64.① 65.① 66.③ 67.③

68 찬 증기 원자흡수분광법에 대한 설명으로 옳은 것은?

① 알킬수은화합물은 전처리 없이 찬 증기 원자흡수분광법으로 직접 정량할 수 있다.
② 찬 증기 원자흡수분광법 분석을 위해 산류에 의한 전처리를 할 때에는 열판 위의 열린 상태에서 전처리하면 안된다.
③ 찬 증기 원자흡수분광법은 수은(Hg) 증기 외에 수소화물도 생성시킬 수 있으므로 수소화물 생성법의 한 종류라고 말할 수 있다.
④ 유기물을 전처리 시 $KMnO_4$나 $(NH_4)_2S_2O_8$ 등을 사용하는 데 유기물 분해 후의 여분의 강산화제는 제거하지 않아도 찬 증기 원자흡수분광법 분석에 영향이 없다.

찬 증기 원자화
1. 오직 수은(Hg) 정량에만 이용하는 방법이다.
2. 수은은 실온에서도 상당한 증기압을 나타내어 높은 온도의 열원을 사용하지 않고도 기체 원자화할 수 있다.
3. 여러 가지 유기수은화합물들이 유독하기 때문에 찬 증기 원자화법이 이용된다.
4. 산류에 의한 전처리를 할 때에는 열판 위의 열린 상태에서 전처리하면 안되며, 유기물 분해 후의 여분의 강산화제는 제거하여야 한다.

69 몰 흡광계수(Molar Absorptivity)의 값이 $300M^{-1} \cdot cm^{-1}$인 0.005M 용액이 1.0cm 시료용기에 측정되는 흡광도(Absorbance)와 투광도(Transmittance)는?

① 흡광도=1.5, 투광도=0.0316%
② 흡광도=1.5, 투광도=3.16%
③ 흡광도=15, 투광도=3.16%
④ 흡광도=15, 투광도=0.0316%

- **Beer's law**
  $A = \varepsilon bc$
  여기서, ε : 몰 흡광계수($M^{-1} \cdot cm^{-1}$)
  b : 셀의 길이(cm)
  c : 시료의 농도(M)
- **흡광도(A)와 투광도(T)의 관계식**
  $A = -\log T$
  $\%T = T \times 100$

∴ **흡광도(A)**$=300M^{-1} \cdot cm^{-1} \times 1.0cm \times 0.005M = 1.5$
∴ 투광도(T)$=10^{-1.5}=0.0316$
%투광도(%T)$=0.0316 \times 100=$**3.16%**

70 핵자기공명 분광법에 대한 설명 중 올바르지 않은 것은?

① 화학적 이동은 핵 주위를 돌고 있는 전자들에 의해서 생성되는 작은 자기장에 의해 일어난다.
② 스핀-스핀 갈라짐의 근원은 한 핵의 자기모멘트가 바로 인접한 핵의 자기모멘트와 상호작용하기 때문이다.
③ 1H NMR 분광법을 위한 가장 좋은 용매는 양성자를 포함하지 않아야 하므로 용매로는 물 대신 알코올을 사용한다.
④ NMR 스펙트럼의 가로축 눈금은 실험하는 동안 측정할 수 있는 내부 표준물의 공명 봉우리에 대해 공명 흡수봉우리들의 상대적 위치로 나타내는 것이 편리하다.

^1H NMR 분광법을 위한 가장 좋은 용매는 양성자를 포함하지 않는다. 이런 이유로 사염화탄소(CCl_4)가 매우 이상적이다. 그러나 많은 화합물이 사염화탄소에 대하여 상당히 낮은 용해도를 갖고 있으므로 NMR 실험에서의 용매로서의 유용성이 제한되므로 많은 종류의 중수소-치환 용매가 대신 사용된다. **중수소화된 클로로포름($CDCl_3$) 및 중수소화된 벤젠(C_6D_6)**이 흔히 사용되는 용매들이다.

71 400nm 빛을 방출하기 위하여 사용되는 광원으로 가장 널리 쓰이는 것은?

① 중수소등 ② 텅스텐 필라멘트등
③ Nernst 백열등 ④ 아르곤 레이저

- **자외선 영역(10~400nm)**
  중수소(D_2), 아르곤, 제논, 수은등을 포함한 고압 기체 충전아크등
- **가시광선 영역(400~780nm)**
  텅스텐 필라멘트
- **적외선 영역(780nm~1mm)**
  1,500~2,000K으로 가열된 비활성 고체 니크롬선(Ni-Cr), 글로바(SiC), Nernst 백열등

정답 | 68.② 69.② 70.③ 71.②

72 플라스마 원자발광분광법으로 정량분석 시 유의사항에 대한 설명으로 틀린 것은?

① 표준용액이 변질되거나 오염되지 않아야 한다.
② 표준물첨가법으로 매트릭스 효과를 보정할 때 표준용액과 시료용액의 조성이 달라야 한다.
③ 표준시료를 사용한 분석법의 신뢰성 점검이 필요하다.
④ 분광 간섭이 없는 분석선을 선택하여 사용하여야 한다.

✔ **표준물첨가법(stardard addition)**
- 미지시료에 아는 양의 표준물질을 첨가시킨 다음, 증가된 신호로부터 원래 미지시료 중에 얼마나 많은 양의 분석물질이 함유되어 있는가를 측정한다. **표준물질은 분석물질과 같은 화학종의 물질**이다.
- 시료의 조성이 잘 알려져 있지 않거나 복잡하여 분석신호에 영향을 줄 때, 매트릭스 효과가 있을 가능성이 큰 시료 분석에 유용하다.
- 매질효과의 영향이 큰 분석방법에서 분석대상 시료와 동일한 매질을 제조할 수 없을 때 매트릭스 효과를 쉽게 보정할 수 있는 방법이다.

73 원자흡수분광법에서 스펙트럼 방해를 제거하는 방법이 아닌 것은?

① 연속광원 보정
② 보호제를 이용한 보정
③ Zeeman 효과를 이용한 보정
④ 광원 자체 반전에 의한 보정

✔ **보호제를 이용한 보정은 화학적 방해를 제거하는 방법**이다. 보호제는 분석물과 반응하여 안정하고 휘발성 있는 화합물을 형성하여 방해물질로부터 분석물을 보호해 주는 시약으로, 종류로는 EDTA, 8-hydroquinoline, APDC 등이 있다.

Check
원자흡수분광법의 스펙트럼 방해는 방해 화학종의 흡수선 또는 방출선이 분석선에 너무 가까이 있거나 겹쳐서 단색화 장치에 의하여 분리가 불가능한 경우에 생긴다. 연속광원 보정법, 두 선 보정법, Zeeman 효과에 의한 바탕 보정, 광원 자체 반전에 의한 바탕 보정으로 보정한다.

74 광원의 세기를 변화시킬 수 있는 형광분광계에서 시료의 형광세기를 측정하니 눈금이 9.0을 나타내었다. 이 형광분광계에서 광원의 세기를 원래의 2/3로 하고 같은 시료의 농도를 1.5배로 할 때, 형광세기를 나타내는 눈금을 올바르게 예측한 것은? (단, 나머지 조건은 동일하며, 시료 농도는 충분히 묽다고 가정한다.)

① 6.0 ② 9.0
③ 13.5 ④ 20.3

✔ 형광의 세기(F)는 입사 복사선의 세기(P_0)와 시료의 농도(C)에 비례하므로 양자효율과 분자의 기하구조 및 다른 인자에 의존하는 비례상수(K)를 써서 다음과 같이 나타낸다.
$F = K \times P_0 \times C$
처음 형광세기 $F = K \times P_0 \times C = 9.0$에서 바뀐 광원의 세기와 시료의 농도로 형광 세기를 구하면 형광세기 $F = K \times \left(\frac{2}{3}P_0\right) \times (1.5C) = K \times P_0 \times C$이므로 나중 형광세기 F는 9.0으로 처음 형광세기와 같다.

75 적외선흡수분광법의 기준진동방식의 계산에서 예상되는 수보다 더 많은 수의 봉우리를 만드는 경우는?

① 분자의 대칭성으로 인해 진동에서 쌍극자 변화가 없는 경우
② 배진동 봉우리나 복합띠 봉우리가 나타나는 경우
③ 두 개 또는 그 이상의 진동에너지가 서로 같거나 거의 같을 경우
④ 진동에너지가 측정기기 범위 밖의 파장영역에 있을 때

✔ • **기준진동방식보다 더 적은 수의 봉우리**
1. 분자의 대칭성으로 인해 특별한 진동에서 쌍극자모멘트의 변화가 일어나지 않는 경우
2. 1~2개의 진동에너지가 서로 같거나 거의 같은 경우
3. 흡수 세기가 일반적인 방법으로 검출될 수 없을 만큼 낮을 경우
4. 진동에너지가 측정기기 범위 밖의 파장영역에 있는 경우

• **기준진동방식보다 더 많은 수의 봉우리**
1. 기준진동 봉우리의 2배 또는 3배의 주파수를 가진 **배진동(overtone) 봉우리가 나타난다.**
2. 광자가 동시에 2개의 진동방식을 들뜨게 할 경우 **복합띠(combination bands)가 나타난다.**

정답 | 72.② 73.② 74.② 75.②

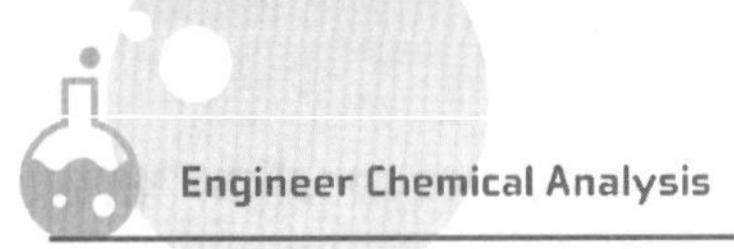

76 $H_3C_\alpha C_\beta OOC_\gamma H_3$**(아세트산 메틸)의** ^{13}C **NMR 피크에서 화학적 이동(δ)값이 작은 것에서 큰 순서로 나열한 것은?**

① $C_\alpha \rightarrow C_\beta \rightarrow C_\gamma$
② $C_\alpha \rightarrow C_\gamma \rightarrow C_\beta$
③ $C_\beta \rightarrow C_\alpha \rightarrow C_\gamma$
④ $C_\beta \rightarrow C_\gamma \rightarrow C_\alpha$

✔ 탄소의 화학적 이동(δ)이 탄소와 결합한 원자의 전기음성도에 의해 영향을 받는다. 산소, 질소 또는 할로젠과 같은 전기음성도가 큰 원자에 결합된 탄소는 알케인 탄소보다 낮은 장에서 흡수를 일으킨다. 전기음성도가 큰 원자는 전자를 당기기 때문에 인접한 탄소로부터 전자를 잡아당겨 탄소에 벗김이 일어나 더 낮은 장에서 공명이 일어나며 화학적 이동(δ)은 큰 값으로 나타난다.
따라서 화학적 이동(δ)이 작은 것에서부터 큰 순서대로 나열하면 $C_\alpha \rightarrow C_\gamma \rightarrow C_\beta$가 된다.

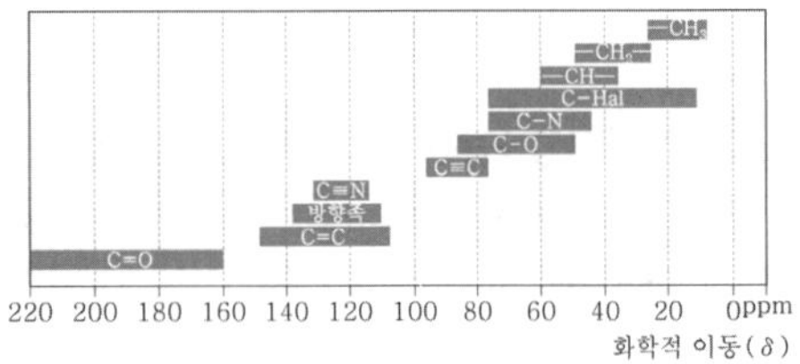

77 **C=O 결합의 신축 진동 주파수는 1,710cm^{-1}이다. 바닥상태($\nu'=0$)와 들뜬상태($\nu'=2$)에서의 진동 운동에너지(eV)는 각각의 얼마인가? (단, 플랑크상수(h)=6.626×10^{-34}J · s, 1J=6.2415×10^{18}eV)**

① 0.212eV, 0.424eV
② 0.212eV, 0.848eV
③ 0.106eV, 0.530eV
④ 0.106eV, 0.954eV

✔ 진동 운동에너지 $E=\left(\nu'+\frac{1}{2}\right)h\nu_m$으로 구할 수 있다. 여기서, ν'는 진동양자수, h는 플랑크상수, ν_m는 신축진동수이다. 진동수(ν)와 주파수($\bar{\nu}$)의 관계식 $\nu=\frac{c}{\lambda}=c\times\bar{\nu}$을 이용하여 C=O 결합의 신축 진동 주파수($\bar{\nu}$) 1,710cm^{-1}는 신축 진동수(ν_m)로 바꾸면 다음과 같다.
$\nu_m=3\times10^{10}\text{cm/s}\times1{,}710\text{cm}^{-1}=5.13\times10^{13}\text{s}^{-1}$
따라서 바닥상태($\nu'=0$)의 진동 운동에너지는
$E=\left(0+\frac{1}{2}\right)\times(6.626\times10^{-34}\text{J}\cdot\text{s})\times(5.13\times10^{13}\text{s}^{-1})$
$=1.6996\times10^{-20}$J이고, 단위 J을 eV로 변환하면
$1.6996\times10^{-20}\text{J}\times\frac{6.2415\times10^{18}\text{eV}}{1\text{J}}=0.106$eV이다.
들뜬상태($\nu'=2$)의 진동 운동에너지는
$E=\left(2+\frac{1}{2}\right)\times(6.626\times10^{-34}\text{J}\cdot\text{s})\times(5.13\times10^{13}\text{s}^{-1})$
$=8.4978\times10^{-20}$J이고, 단위 J을 eV로 변환하면
$8.4978\times10^{-20}\text{J}\times\frac{6.2415\times10^{18}\text{eV}}{1\text{J}}=0.530$eV이다.

78 **불꽃에서 분석원소가 이온화되는 것을 방지하기 위한 이온화 억제제로 가장 적당한 것은 어느 것인가?**

① Al
② K
③ La
④ Sr

✔ 분석물질보다 이온화가 더 잘 되어 불꽃에 높은 농도의 전자를 제공하는 이온화 억제제(ionization suppressor)를 사용함으로써 이온화 평형의 이동을 막고 시료의 이온화를 억제할 수 있다. 주로 K, Rb, Cs과 같은 알칼리금속이 사용된다.

79 **다이아몬드 기구에 의해 많은 수의 평행하고 조밀한 간격의 홈을 가지도록 만든, 단단하고 광학적으로 평형하고 깨끗한 표면으로 구성된 장치는?**

① 간섭필터
② 회절발
③ 간섭쐐기
④ 광전증배관

✔ **회절발**
많은 수의 평행하고 조밀한 간격의 홈을 가지고 있어 복사선을 그의 성분 파장으로 분산(회절현상에 의해 파장이 분산되는 원리를 이용)시키는 역할을 한다. 종류로는 에셀레트 회절발, 오목 회절발, 홀로그래피 회절발 등이 있다.

정답 | 76.② 77.③ 78.② 79.②

80 ^{1}H−NMR 스펙트럼의 적분비가 1 : 3일 때 옳은 것은?

① 탄소의 수가 1 : 3이다.
② 탄소의 수가 3 : 1이다.
③ 양성자의 수가 1 : 3이다.
④ 양성자의 수가 3 : 1이다.

^{1}H−NMR 흡수의 적분 : 양성자수 계산

1. 봉우리 아래의 면적은 그 봉우리가 나타내는 양성자의 수에 비례한다.
2. 봉우리 아래의 면적을 적분하여 분자 내 서로 다른 종류의 양성자의 상대적인 비를 알 수 있다.

따라서 적분비가 1 : 3이면 양성자의 수가 1 : 3임을 의미한다.

정답 I 80.③

화학분석기사 필기

2024. 4. 10. 초판 1쇄 발행
2025. 2. 5. 개정 1판 2쇄(통산 3쇄) 발행

지은이 | 박수경
펴낸이 | 이종춘
펴낸곳 | BM ㈜도서출판 성안당
주소 | 04032 서울시 마포구 양화로 127 첨단빌딩 3층(출판기획 R&D 센터)
10881 경기도 파주시 문발로 112 파주 출판 문화도시(제작 및 물류)
전화 | 02) 3142-0036
031) 950-6300
팩스 | 031) 955-0510
등록 | 1973. 2. 1. 제406-2005-000046호
출판사 홈페이지 | **www.cyber.co.kr**
ISBN | 978-89-315-8431-8 (13570)
정가 | **35,000원**

이 책을 만든 사람들
책임 | 최옥현
진행 | 이용화
전산편집 | 이다혜
표지 디자인 | 임흥순
홍보 | 김계향, 임진성, 김주승, 최정민
국제부 | 이선민, 조혜란
마케팅 | 구본철, 차정욱, 오영일, 나진호, 강호묵
마케팅 지원 | 장상범
제작 | 김유석